# Cichliden und Fischzucht

Hans J. Mayland

*Bildquellennachweis:*

Fischzeichnungen
Alois Bleichner, Gießen
Burkard Kahl, Stuttgart

Land- und Verbreitungskarten
Richard Achilles, Remagen

Vorsatz
Wilfried Weigel, Pfaffenhofen

*Fotos:*

Eugene T. Aldridge jr., Arlington, Va/USA
Dr. Raimund Apfelbach, Tübingen
Prof. Dr. George W. Barlow, Berkeley, Cal./USA
Heiko Bleher, Frankfurt
Franz Ehrler, Winnenden
Jaroslav Eliás, Brünn/CSSR
Dr. Stanislav Frank, Prag/CSSR
Erhard Frischmuth, Lüdenscheid
Hilmar Hansen, Berlin
Wolfgang Hirschfeld, Berlin
Dieter Höhle, Berlin
Jan 't Hooft, Hendrik Ido Ambach/Holland
Bernhard Jacobi, Delingsdorf
Heinrich Jung, Rüsselsheim
Burkard Kahl, Stuttgart
Karl Knaack, Wien
Horst Linke, Berlin
Paul V. Loiselle, Berkeley, Cal./USA
Gerhard Marcuse, München
Walter Matzanke, Gärtringen-Rohrau
Hans J. Mayland, Oberursel
Wolfgang Müller, Offenbach
Hans Joachim Richter, Leipzig/DDR
Erhard Roloff, Karlsruhe
Heinrich Scheuermann, Berlin
Thomas Schulz, Stockheim
Dr. Sverre Sjölander, Bielefeld
Douglas Smith, o. A., USA
Heinrich Stolz, Zwillikon/Schweiz
Volkhard Völzke, Berlin
Herbert Winkelmann, Berlin
Rainer Zieschang, Frankfurt
Rudolf Zukal, Brünn/CSSR

---



ISBN 3 7842 0194 6

Herstellung und Druck: Landbuch-Verlag GmbH, Hannover

Buchbinderische Verarbeitung:
Großbuchbinderei B. Gehring, Bielefeld

Farblithos: hc inter repro ag, Zürich/Schweiz

Printed in Germany

1978

# Inhalt

# Vorwort

## Verehrter Leser!

Unter dem Titel „Cichliden und Fischzucht" werden in diesem Band für viele Aquarianer äußerst interessante Themen behandelt. Dabei nehmen die Besprechungen der Buntbarsche wegen der Aktualität und Artenvielzahl einen entsprechend großen Raum ein, während sich der Autor beim Thema Fischzucht auf familien- oder gattungstypische Beispiele beschränken mußte, um den selbstgewählten Rahmen des Buches nicht zu sprengen.

Sicher wird der Cichlidenfreund Tatsachen aus Berichten wiederfinden, die „alten Hasen" nicht mehr neu sein können. Andererseits muß man bedenken, daß dieses Buch nicht für einige wenige geschrieben sein kann. Auch Leser mit geringeren Kenntnissen über Buntbarsche und ihre Lebensweise sollen mit dem Inhalt etwas anfangen können. Aus diesem Grunde hat der Autor auch darauf verzichtet, sich sprachlich zu weit von den Realitäten zu entfernen. Mit anderen Worten: Es wurden nur Fremdwörter verwendet, von denen man annehmen kann, daß sie in den aquaristischen Sprachgebrauch eingegangen sind und somit von einem breiten Leserkreis verstanden werden. Wenn sich das einmal nicht durchführen ließ, wurde der Ausdruck per Fußnote erklärt. Autor und Verlag bitten wissenschaftlich geschulte Leser und Rezensenten um Verständnis, wenn manche Ausdrücke selten oder gar nicht verwendet werden. Gewiß wird der Aquarianer mit Begriffen wie „Pharyngealknochen" oder „Bathypelagial" herzlich wenig anfangen können. Solche Zungenbrecher machen außerdem in einem populären Buch ein flüssiges Lesen unmöglich.

Um ein zügiges Auffinden der einzelnen Arten zu ermöglichen, wurden die einzelnen Gattungen und Arten — geordnet nach ihrer kontinentalen Verbreitung — in alphabetischer Reihenfolge angeführt. Wer trotzdem einen bekannten Namen nicht in dieser Folge findet, mag sich des Registers bedienen, in dem auch viele Synonyme angeführt sind. Möglicherweise wird der bekannte Name inzwischen eben nur noch als Synonym verwendet, und die Art ist inzwischen umbenannt. Da wir es bei der Aquaristik mit einem Teil einer lebendigen Wissenschaft zu tun haben, können Änderungen nicht ausbleiben. Bekannte Beispiele solcher Umbenennungen von Arten, die ihren alten, bekannten Namen ablegen mußten, sind *„Aequidens latifrons"*, der heute *Aequidens pulcher* heißt, und *„Pelmatochromis kribensis"*, der gleich Gattungs- und Artnamen wechselte und heute als *Pelvicachromis pulcher* bekannt ist.

Deutsche Namen wurden nur dann verwendet, wenn sie nach (zugegeben subjektiver) Ansicht des Autors als „fest integriert" anzusehen sind. Dies trifft in erster Linie für einen großen Teil der amerikanischen Arten zu, während die vielen Neuimporte aus den zentralafrikanischen Seen sich nur in Ausnahmefällen eines allseits bekannten deutschen Namens erfreuen können.

Es ist erstaunlich, wie viele Arten beispielsweise zur Gattung *Cichlasoma* gehören, und wie wenige wir nur davon kennen. Dem Autor gelang es, dank freundlicher Hilfe von Paul V. Loiselle einen Teil dieser Arten in diesem Buch abzubilden. Viele Zierfischfreunde wären vielleicht geneigt, die Vielzahl der Cichlasoma-Arten als Irrtümer ihrer Erstbeschreiber abzutun. Hier würde aber jeder Aquarianer irren, der sich einer solchen Meinung anschlösse. Die meisten der seinerzeit beschriebenen Arten sind auch heute in ihren heimatlichen Biotopen anzutreffen. Leider verbringen viele Aquarianer ihre Urlaubstage an afrikanischen Seen, anstatt sich auch einmal in die wunderschönen Landstriche von Guatemala, Nicaragua oder Costa Rica zu begeben. Diese Gebiete können es durchaus mit der (strichweisen) landschaftlichen Schönheit Afrikas aufnehmen. Man findet dort eine Vielzahl beinahe unbekannter Cichlidenarten und selbstverständlich auch Arten aus anderen Familien, darunter Lebendgebärende Zahnkarpfen, Salmler, Welse wie auch Ährenfische *(Thyrinops sardina)* und Grundeln *(Gobiomorus dormitor)*.

Das Verhalten vieler Cichlidenarten gibt Wissenschaftlern wie Aquarianern auch heute noch eine Reihe von Rätseln auf. Auf diesen Zweig der Verhaltensforschung oder Ethologie konnte in gestraffter Form eingegangen werden, doch hat der Autor bei einigen heiklen Themen keine Stellung bezogen, weil offenbar viele Themen, wie zum Beispiel das der Eiflecke, noch nicht erschöpfend erkundet ist.

# Das Wasser

Ergänzend zu den im ersten Band (Aquarium — Pflanzen — Fische) angesprochenen aquaristischen Grundkenntnissen über Wasserhärte, pH-Wert, Kohlensäure, elektrische Leitfähigkeit, osmotischen Druck sowie verschiedenen Themen der Wasserbehandlung, sollen diese Themen hier ergänzt werden. Was geschieht mit dem Aquarienwasser, wenn das Becken in Betrieb ist und wie verändert es sich? Was kann getan werden und was kann man unterlassen?

Im Anschluß an dieses Thema gehen wir dann von den Gewässern in den Heimatbiotopen unserer Zierfische im allgemeinen zu den Lebensbereichen der Cichliden im besonderen über.

## Eiweißabbauprodukte

Diese Schmutzstoffe (auch der Mulm gehört dazu) können normalerweise und ganz einfach durch einen Teilwasserwechsel beseitigt werden, zumindest aber zum Teil. Man kann sie auch mit Hilfe eines Aktivkohlefilters teilweise aus dem Wasser holen, muß dann aber darauf achten, daß die Kohle nach einiger Zeit erneuert wird, weil die Giftstoffe noch im Kreislauf (im Filtermaterial festgehalten) sind und sonst weitergammeln können.

Wir alle wissen, wie sehr die Zersetzung von Eiweiß oder eiweißhaltiger Stoffe mit ihrer Geruchsentwicklung, findet sie etwa im Küchenschrank statt, die Hausfrau — vor allem aber deren Nase — aufschreckt. Diese Eiweißzersetzung (auch Proteolyse genannt) ist von der Luftzufuhr unabhängig. Meerwasseraquarianer, mußten sie einmal ein in Verwesung übergegangenes Blumentier (Hohltier) aus dem Becken nehmen, können ein Lied davon singen. Man muß es erleben, wie stark der Gestank ist, der von einer solchen Zersetzung ausgeht. Was unsere Nase oberhalb der Wasserfläche des Aquariums kaum wahrnimmt, hat unter (bzw. im) Wasser stattgefunden: Eiweißrückstände werden in Aminosäuren umgewandelt (Desaminierung), und beim Abbau von Harnstoffen bildet sich unter anderem Ammonium-Stickstoff. Ammoniak ($NH_3$) aber ist bereits in sehr geringer Konzentration für Fische giftig; Ammonium dagegen erst bei höheren Anteilen. Dazu muß man wissen: Ammoniak ist ein in Wasser lösliches Gas, das sich mit Säuren zu Ammoniumsalzen verbindet. Im Gegensatz zu dem Ion Ammonium ist Ammoniak ein neutrales Molekül. Das Verhältnis weniger giftiger Ammoniumsalze zum hochgiftigen Ammoniak kann unter anderem durch Veränderung des pH-Wertes nach oben oder unten verschoben werden: Ist der pH-Wert niedrig, sind mehr Ammoniumsalze vorhanden, steigt der pH-Wert dagegen an, wird um so mehr giftiges Ammoniak aus den Ammoniumsalzen frei. Das kann beispielsweise für jene Aquarianer gefährlich werden, wenn sie glauben, ihre Cichliden aus den zentralafrikanischen Seen einen möglichst biotopgerechten pH-Wert (im Tanganjika-See etwa um 9,0) bieten zu müssen. Man sollte deshalb in jedem Aquarium, wenn die erwähnten einfacheren Wasserverbesserungen aus irgendwelchen Gründen nicht möglich sind, versuchen, entstandenes Ammoniak mit Hilfe von Bakterien über Nitrit zu Nitrat umzuwandeln. Dieser „Umbau" kommt einer Entgiftung gleich, kann aber nur bei pH-Werten über 6,5 stattfinden, denn bekanntlich ist stark saures Wasser bakterienfeindlich. Ammoniakvergiftungen lassen sich bisweilen schon bei geringen Anteilen von unter 1,0 mg/l erkennen. Sie ähneln in ihrer Wirkung einem Sauerstoffdefizit: Schwer atmend stehen die Fische unter der Wasseroberfläche, obgleich genügend Sauerstoff vorhanden ist. Wer jetzt einen Wasserwechsel durchführen will, muß das sehr sorgfältig tun und vorher den pH-Wert messen. Es könnte nämlich vorkommen, daß der pH-Wert noch im sauren Bereich liegt, der Teilwasserwechsel ihn jedoch hebt, weil die Torffilterung (auch wenn der Torf noch Säure abgibt) das Wasser nicht so schnell ansäuern kann. Das Aquarienwasser gerät dann vom sauren in den alkalischen Bereich, und der Ammoniakanteil beginnt sich mit zunehmendem pH-Wert spontan zu erhöhen. Nach der bekannten Tabelle von WUHRMANN und WOKER spaltet sich giftiges Ammoniak aus Ammoniumverbindungen wie folgt ab:

| pH-Wert | Ammoniak ($NH_3$) in % | Ammonium ($NH_4^+$) in % |
|---|---|---|
| 6,0 | 0 | 100 |
| 7,0 | 1 | 99 |
| 8,0 | 4 | 96 |
| 9,0 | 25 | 75 |
| 10,0 | 78 | 22 |
| 11,0 | 96 | 4 |

Was kann man daraus folgern? Bestimmten Fischarten sagt man eine hohe Empfindlichkeit gegen einen Wasserwechsel nach. Das muß nicht unbedingt stimmen. Sie sind eher empfindlich gegen das auf die beschriebene Weise mehr vorhandene Ammoniak. Hat das Wasser im Aquarium einen sauren pH-Wert, muß entweder ein nahezu totaler Wasserwechsel durchgeführt oder mit bereits vorgesäuertem Wasser ergänzt werden, der Torffilter ist ebenfalls zu erneuern. Wer keinen Torf zur Hand hat, kann zur Verhinderung einer Ammoniakbildung den pH-Wert auch mit Schwefelsäure (5%ig) senken. Dies darf aber auch nur langsam erfolgen, gewissermaßen in Schüben. Zwischendurch muß immer wieder gemessen werden, um sicherzustellen, daß bei jedem Schub die Wasserveränderung nur um eine halbe Meßeinheit (0,05) erfolgt. Im Wasser mit stärkerem Karbonatgehalt bewirkt das Zuführen von Ansäuerungsmaterial eine erhöhte Kohlensäurebildung, die für die Fische schädlich sein könnte. Daher sind solche chemischen Veränderungen des Aquarienwassers besonders vorsichtig vorzunehmen, zumal sie für uns optisch nicht wahrnehmbar sind, Fische und Pflanzen aber sofort reagieren.

## Nitrite und Nitrate

Seit Jahrzehnten geistert der Begriff Nitratvergiftung unseres Aquarienwassers (Süß- und Meerwasser) durch die Gespräche vieler Aquarianer. Was aber ist nun wirklich daran? Ausgangsmaterialien für diese Giftstoffe sind jene Abfallprodukte, die sich entweder durch Zersetzen abgestorbener Pflanzenteile, Fische, Schnecken usw. bilden oder über Mensch und Fisch ins Aquarienwasser gelangen (Ausscheidungen der Fische, nicht aufgenommenes, zuviel gegebenes Futter). Diese Substanzen verwesen oder — wie der Aquarianer sagt — vergammeln. Gleichgültig wie man es nennt, der Ab- und Umbau dieser Schmutzstoffe erfolgt über bakteriellen Eiweißabbau von Ammoniak über Nitrit zum Nitrat zwangsläufig. Dabei werden organische Stoffe in anorganische umgewandelt. Wie Sie beim Abschnitt über die Eiweißabbauprodukte und deren Umwandlung in Ammoniak gelesen haben, entsteht dabei die erste starke Giftstufe. Das Nitrit stellt nur eine Zwischenstufe bei der Umwandlung in Nitrat dar, dieser Prozeß dauert gewöhnlich nur wenige Stunden. Trotzdem, auch Nitrit ist ein starkes Gift, zumal es wegen der dauernd ablaufenden Veränderungen in stark belastetem Wasser ständig vorhanden ist, es wirkt negativ auf die roten Blutkörperchen. Im allgemeinen wird Nitrit ($NO_2$) nur in sehr geringen Mengen nachgewiesen, doch sind auch geringe Mengen bereits schädlich, wenn sie eine gewisse Marke (0,1 mg/l) erreichen. Zu ihrem Nachweis gibt es Meßreagenzien, die man im Zoofachhandel erwerben kann (Tetra, Hilena).

Nitrat ist die Endstufe beim Stickstoffabbau. Er vollzieht sich in freien Gewässern ebenso wie im Aquarium, nur kommen in den Heimatbiotopen unserer Fische niemals derartige Mengen vor, daß die Fische geschädigt würden. Normalerweise werden sie dort von den Pflanzen in jenem Maße aufgenommen, wie sie in den Gewässern entstehen, zumal (noch) ein biologisches Gleichgewicht herrscht! Im Aquarium ist das aber nur in Ausnahmefällen vorhanden. Die giftige Wirkung des Nitrats ($NO_3$) wird oft überbewertet. Seine Schadwirkung ist verhältnismäßig gering, zumal sich die Nitratanreicherung normalerweise nicht schubweise, sondern nur langsam vollzieht und die Fische sich daran gewöhnen können. Außerdem schafft ein gleichmäßig vorgenommener Teilwasserwechsel einen Teil des nitratangereicherten Altwassers aus dem Becken. Grundsätzlich sollte man in bestimmten Abständen den Nitratgehalt des eigenen Leitungswassers untersuchen (Meßreagenzien im Zoofachhandel erhältlich), denn es muß nicht nitratfrei sein! Hält sich der Nitratgehalt im Bereich bis zu 200 mg/l, kann man ihn noch akzeptieren. Ein Wasserwechsel, mit dem man das Problem zweifellos schnell lösen kann, erweist sich nur dann als schwierig, benötigt man besonders weiches Wasser für Haltung oder Nachzucht, es jedoch nicht passend aus der heimischen Leitung fließt. Viel schädlicher als das Endprodukt Nitrat sind dessen Vorstufen Ammoniak und Nitrit.

Was kann der Aquarianer tun, um den Stickstoffabbau in Grenzen zu halten? Er braucht nur die Ursachen zu reduzieren: Kein zu großer Fischbestand im Verhältnis zur Wassermenge. Eine ausgewogene, vor allem nicht zu starke Fütterung — die Fische sollen immer einen „guten" Hunger haben. Die Aquarienpflanzen müssen gute Lebensbedingungen vorfinden, damit sie kräftig heranwachsen und möglichst viel von den Stickstoffprodukten abbauen können. Regelmäßiger Teilwasserwechsel schadet niemals. Ein Tip zum Schluß: Falls Sie eine oder mehrere Zimmerpflanzen mit Luftwurzeln (Vertreter der Gattungen *Monstera* ADANSON oder der noch weitaus artenreicheren

*Philodendron* SCHOTT mit über 40 Arten) derart in die Nähe des Beckens plazieren können, daß einige der Wurzeln ins Beckenwasser reichen, entziehen diese großen Zimmerpflanzen dem Wasser viele Schadstoffe, auf die wir Aquarianer im Interesse unserer Fische gern verzichten — und die Pflanzen gedeihen dabei prächtig. — Außerdem haben Sie eine Art Hydrokultur geschaffen.

Damit mögliche Irrtümer vermieden werden, sei noch folgendes gesagt: Man kann organische Substanzen (Torfextrakt, Eiweißstoffe usw.) und chemische Präparate, wie man sie zur Bekämpfung von Fischkrankheiten verwendet, ferner Chlor und Ozon im verstärkten Einsatz bei Filterung über (frische!) Aktivkohle aus dem Aquarienwasser ganz oder größtenteils entfernen. Die vorher beschriebenen Stickstoffprodukte — wie Ammoniak, Nitrit und Nitrat — hingegen kann die Kohle indes nicht binden. Wer das glaubt, wartet lange. Es hat sich herausgestellt, daß man in einem Aquarium im allgemeinen auf eine ständige Filterung über Aktivkohle verzichten kann, wenn regelmäßiger Teilwasserwechsel stattfindet, bei dem die erwähnten Verbindungen ohnehin vermindert werden. Aber erst bei einem Vollwasserwechsel würden sie ganz entfernt werden. Ein derartiger Wechsel ist in den meisten Fällen jedoch nicht ratsam, weil die Umgewöhnung an das nun völlig andere Wasser den Lebewesen im Becken weniger gut bekommt wie teilweises Auswechseln unter dem Motto: „Mäßig aber regelmäßig."

## Kohlensäure

Die chemische Formel für Kohlendioxyd ist $CO_2$. Kohlensäure dagegen ist im Wasser gelöstes Kohlendioxydgas und wird chemisch mit $H_2CO_3$ bezeichnet. Diese Begriffe werden von Aquarianern häufig verwechselt und können daher gelegentlich zu Fehlverhalten führen. Stehendes Aquarienwasser, das nicht ausreichend durch die Strömung vermischt („umgerührt") wird, kann nicht in allen Bereichen des Beckens über gleichmäßige Anteile Sauerstoff verfügen. Weil aber die meisten Tiere Sauerstoff ein- und Kohlensäure ausatmen, würden sich in unvermischtem Wasser bald Schwerpunkte für das eine oder das andere Gas bilden. Kohlensäure, das wissen wir alle vom „Sprudelwasser", hat das Bestreben, an die Wasseroberfläche zu gelangen und dann aus dem Wasser zu entweichen. Von den Pflanzen wissen wir, daß sie Kohlensäure aufnehmen und Sauerstoff abgeben. Dies geschieht indes nur während der lichtbedingten Assimilation, meist also tagsüber. Dabei muß die Pflanze soviel Energie binden, daß die während (des Tages und) der Nacht ablaufende Dissimilation (das sind die zur Nahrungsaufnahme nötigen Verbrennungsvorgänge unter $O_2$-Verbrauch und $CO_2$-Abgabe) auch stattfinden kann, wenn nicht assimiliert wird. Weil die Pflanzen nachts keinen Sauerstoff erzeugen, nehmen sie auch keine Kohlensäure auf, sondern geben diese ab. Der Überschuß wird teils von Bikarbonaten gebunden. Der Sauerstoff im Wasser würde stark abgebaut werden, würden die Fische davon jetzt nicht auch weniger verbrauchen. Bei den erwähnten Bikarbonaten — auch den Karbonaten — handelt es sich um die Salze der Kohlensäure. Man unterscheidet die beiden Salze nach ihrer alkalischen Reaktion: Bikarbonatlösungen haben einen pH-Wert von 8,4 bis maximal 8,6. Karbonate hingegen sind noch stärker alkalisch, ihre pH-Werte liegen noch höher. Säuert man jetzt derartige Lösungen an, entsteht überschüssige freie Kohlensäure. Wir kennen sie von angereicherten Getränken und bezeichnen den Vorgang als „Brausepulvereffekt".

Bei einer Kohlensäurevergiftung entsteht der gleiche Effekt wie bei der bereits beschriebenen Ammoniakvergiftung: Die Fische stehen unter der Wasseroberfläche und atmen sehr tief, aber unregelmäßig, dabei werden die Kiemendeckel weit nach außen gespreizt. Eine Erhöhung des pH-Wertes um eine Einheit (ein Zehntel) würde hier bereits Abhilfe schaffen, doch könnte dann eine Ammoniakvergiftung möglich werden. Einfacher ist es, das Wasser eine Zeitlang kräftig zu durchlüften, weil dabei überschüssige Kohlensäure ausgetrieben wird.

## pH-Wert und Huminsäuren

Viele Aquarianer neigen zum Verallgemeinern. Man weiß aus Berichten, daß Huminstoffe das Wasser dunkel färben. „Ein über Torf gefiltertes Wasser wird bernsteinfarben", so kann man oft lesen. Mit Einschränkung stimmt das natürlich, wenn man dabei auch bedenken sollte, daß viele Leute unter „Bernsteinfarbe" unterschiedlich helle Grauntöne verstehen. Schwarzwasser dagegen, erhält es seine Farbe ebenfalls von vorhandenen Huminstoffen, ist nicht mehr bernsteinfarben; es ist aber auch nicht schwarz, man könnte sagen „kaffeebraun". Dieses eigentlich sehr klare Wasser ist lediglich wegen seines hohen Gehalts an Huminstoffen so dunkel. Man trifft in den Tropen häufig derart saure Gewässertypen an — häufiger, als man glaubt. Und weil wir gerade beim Wort „sauer" sind: ist ein Wasser sauer, dann liegt sein pH-Wert unterhalb der Neutralgrenze von 7,0. Die Höhe des Säuregehaltes bestimmt den Wert, der bei saureren Gewässertypen zahlenmäßig nach unten rutscht. Dabei ist zu berücksichtigen, daß eine Stelle (ein Zehntel) hinter dem Komma jeweils den doppelten Säurewert angibt. Beispiel: Ein Wasser mit einem pH-Wert von 6,3 ist doppelt so sauer wie eines mit dem Wert von nur 6,4! Es ist daher einleuchtend, daß jeder Aquarianer beim Umgang mit Säuren oder mit ansäuernden Präparaten äußerst sorgsam und vorsichtig sein muß — zumal wenn sich Fische im Aquarium befinden.

Die Färbung des Wassers gibt uns keinen genauen Hinweis auf seinen Gehalt an Huminstoffen! Andererseits bedeutet fehlender Braunton nicht, daß keine Säure enthalten ist. Auch in nicht braunstichigem Wasser können unsere Fische Säureschäden erleiden. Es empfiehlt sich daher immer, eine Kontrollmessung in regelmäßigen Abständen vorzunehmen. Bei den Säuretypen muß man organische (aus Holz, Laub oder Torf entstandene) und anorganische (Salz-, Schwefel- oder Kohlensäure) unterscheiden. Man kann sie analytisch nur schwer gesondert bestimmen, und soll deshalb pH-Wert-Messungen (mit den im Zoofachhandel erhältlichen Meßreagenzien) nicht in den frühen Morgenstunden vornehmen, wenn der Kohlensäuregehalt noch besonders hoch ist.

## Heimatbiotope unserer Zierfische unter Berücksichtigung der Wasserqualitäten

Unsere Aquarienfische entstammen den klimatisch unterschiedlichsten Teilen unserer Erde. Oft werden sie, obgleich sie in verschiedenen Gewässertypen beheimatet sind, in einem Gesellschaftsbecken untergebracht, und müssen dann sehen, wie sie darin zurechtkommen. Zugegeben, viele sind recht anpassungsfähig, andere bereits soweit domestiziert (an menschliche Pflege gewöhnt), daß sie sich mühelos den mehr oder weniger einheitlichen Werten der Aquarienwässer anpassen können. Will man aber Fische züchten, machen einige Arten Schwierigkeiten. Man nennt sie dann „Problemfische", weil man das Problem, sie nachzuzüchten, oft aus wasserchemischen Gründen nicht in den Griff bekommt. In den letzten Jahren ist dies durch die Möglichkeit, Wasserenthärtungsgeräte (sog. Teil- und Vollentsalzer) einsetzen zu können, etwas einfacher geworden. Doch will man sich mit Fischzucht oder -haltung befassen, muß man vom Ausgangswasser ausgehen, bevor man sich an schwer zu vermehrende Arten heranwagt. Bei den meisten Fisch-Einzelbesprechungen werden auch die Heimat-Wasserwerte angegeben, so daß an vielen Stellen darüber nachgelesen werden kann oder es leicht sein dürfte, sein Wissen aufzufrischen. Da wir uns nicht an das halten können, was die Leser dieses Buches anderen Werken entnehmen können, ist unerläßlich, dieses Thema abzuhandeln.

Sieht man einmal von den Ausnahmen ab, kann man sagen, daß es fünf „Generalbiotope" auf unserer Erde sind, aus denen die meisten der angebotenen Zierfische stammen: Da ist vor allem Amazonien zu nennen mit seinem weit über den südamerikanischen Subkontinent reichenden Einzugsbereich, ein Gebiet mit überwiegend mineralarmem Wasser. Sehr ähnlich zeigt sich das Wasser des großen Kongobeckens, dem heutigen Zaire-Fluß. Demgegenüber bietet der afrikanische Kontinent das Seengebiet des zentralafrikanischen Grabenbruchs mit Malawi- und Tanganjika-See an. Die Gewässer in diesem Bereich haben einen sehr unterschiedlichen Charakter. Ihr Wasser ist nicht weich, aber auch nicht allzu hart. Beeindruckend ist hauptsächlich deren pH-Wert, der sich vom Süden nach Norden verstärkt* und schließlich mit über 10,0 im Rudolf-See seinen höchsten Wert erreicht. An vierter Stelle wären die Gewässer im tropischen Süd- und Südostasien einschließlich der Inselwelt von Indonesien, Neuguinea und den Philippinen zu nennen. Das Wasser in diesen weitgestreuten Regionen ist überwiegend weich bis sehr weich, sein pH-Wert tendiert zwischen 5,5 und etwa 7,2. Als letztes wären noch jene Gebiete der Erde zu nennen, in denen Zierfische in Küstenlandschaften leben,

* Von dieser Reihenfolge sind die ausgesprochenen „Sodaseen" im Rift Valley auszunehmen (zum Beispiel Lake Natron, Lake Magadi, Lake Hannington und Lake Nakuru) mit durchweg einem pH-Wert von etwa 10,5.

deren Gewässer man noch nicht als Brackwasser bezeichnen kann, die aber doch mit soviel Salz angereichert sind, daß es sich auch im Aquarium empfiehlt, das Beckenwasser mit einigen Teelöffel voll Koch- oder Seesalz den Bedürfnissen der Fische besser anzupassen. Diese Fische vertragen nicht nur kein zu weiches Wasser, es macht ihnen sogar Schwierigkeiten, darin zu leben.

## Die Gewässer Südamerikas

Der südamerikanische Subkontinent ist seit Jahrzehnten eine Fundgrube für Entdecker und Forscher. Aquaristische Neuheiten sind zwar im vergangenen Jahrzehnt seltener geworden, doch stammt auch heute noch der überwiegende Teil der Aquarien-Zierfische aus diesem riesigen Süßwasserreservoir unserer Erde. Zweifellos nimmt Amazonien, die Senke, in die der Amazonas mit seinen Hunderten von großen und kleineren Nebenflüssen den zentralen Teil Südamerikas entwässert, den vorderen Platz ein. Weiter ist das Hochland von Guayana zu erwähnen, dessen Gewässer sich jedoch direkt in den Mittelatlantik ergießen (sieht man von den Zuflüssen zum Rio Negro ab). Im Norden kennen wir das fischreiche Tiefland im Grenzbereich zwischen Kolumbien und Venezuela, in dem sich der Orinoco mit seinen Nebenflüssen vereint. Schließlich ist noch der in südlicher Richtung fließende und im Rio de la Plata in den Südatlantik mündende Paraná zu nennen, der Teile Südbrasiliens (auch den südlichen Mato Grosso), Paraguays und des nördlichen Argentiniens entwässert. Alle jene Flüsse, die durch die erwähnten Gebiete ihren Weg nehmen, sind von Bewohnern bevölkert, die wir als Zierfische bezeichnen. Dabei werden, wie man leicht auf einer Landkarte erkennen kann, nicht nur hochtropische, sondern auch subtropische Regionen berührt. Diese Gewässer zu erforschen war nicht einfach. Veröffentlichungen, mit denen wir Aquarianer etwas anfangen können, verdanken wir vor allem den Wissenschaftlern Dr. FITTKAU, Dr. R. GEISLER, Dr. KLINGE und Prof. Dr. SIOLI. Die erwähnten Gewässer fließen alle durch ein sehr mineralarmes Gebiet, von dem Härte und pH-Wert geprägt sind. Die Armut an gelöstem Kalk läßt in vielen Großräumen die Härtewerte des Wassers, und seine elektrische Leitfähigkeit derartig tief absinken, daß selbst elektronische Meßgeräte kaum reagieren.

Grundsätzlich muß man die Gewässer des größten Flußsystems unserer Erde in drei Typen aufteilen: In Weißwasser, in Klarwasser und in Schwarzwasser, wie sie von SIOLI benannt wurden. Diese verschiedenen Grundtypen unterscheiden sich nicht nur optisch voneinander (Name), sondern teilweise auch in ihrer chemischen Zusammensetzung.

1. Das Weißwasser. Es ist nicht weiß, wie man das dem Namen nach vermuten könnte, sondern vielmehr trübe, an manchen Stellen so sehr, daß man durch das Wasser, füllt man es in ein Trinkglas, nicht hindurchsehen kann. Dieses Wasser enthält gelöste Sink- und Trübstoffe, die von den Flüssen auf ihren langen Wegen aufgeschwemmt und fortgespült wurden. Uferbefestigungen, wie sie in unseren Breiten teilweise üblich sind, haben in südamerikanischen Breiten wenig Sinn, gibt es doch Gebiete, in denen der Hochwasserstand bis zu 17 Meter über Niedrigwasser liegt!

2. Das Klarwasser. Meist kleinere Gewässer sind es, sie bilden die Zuläufe zu den größeren und führen klares und durchsichtiges Wasser. Gelegentlich weist es einen leichten Grünstich auf. Oft entstammt jenes Wasser steinigen und sandigen Flußläufen mit Steinen ohne Mineralsalzgehalt, in denen es sich auf natürliche Weise reinigt. Häufig hat man es mit Metamorphit* zu tun, einem Gemisch aus Gneis, schwarzem Glimmer und Muskovit. Untersuchungen an der Wasserscheide zwischen Orinoco (zum Mittelatlantik) und Rio Negro (zum Amazonas und Südatlantik) haben das ergeben.

3. Das Schwarzwasser ist grundsätzlich ebenfalls klar und nicht verschmutzt. Seine dunkle Färbung macht es jedoch undurchsichtig, etwa wie dunklen Kaffee. Ständig zugeführtes Laub sowie Hölzer umgestürzter Baumriesen reichern es derart mit Huminstoffen an, daß es diese dunkle Farbe annimmt. Dominierend dabei ist die Filterwirkung des Waldbodens, aus dem die Huminstoffe gelöst werden. Untersuchungen ergaben (KLINGE, 1971), daß im Amazonas-Gebiet auf einem Hektar Fläche jährlich

* Metamorphit ist ein Gesteinstyp, der durch Druck, Temperatur und Bewegung, die er im Verlauf der Erdgeschichte in seiner Kruste erlitten hat, in Struktur und Zusammensetzung aus seinem Ursprung umgewandelt wurde.

15 t Blätter niedergehen; hinzu kommen 1 t Stammholz und 2 t Äste.

Anhand der von den genannten Autoren veröffentlichten Unterlagen können folgende Durchschnittswerte angegeben werden:

| | Weißwasser (Agua branca) | Klarwasser (Agua clara) | Schwarzwasser (Agua prêta) |
|---|---|---|---|
| Beispiel: | Amazonas | Rio Tapajoz | Rio Negro |
| Farbe: | lehmgelb, trüb | gelb bis olivgrün, klar | oliv bis kaffeebraun, klar |
| Böden: | Braunlehme, Laterite | saure Braunlehme | Podsohle |
| Quellgebiete: | Anden-Vorland und Anden-Gebiet | Gebirge aus Granit und Gneis d. bras. und guayan. Schildes | amaz. Tiefland mit jungen Sanden und Kiesen |
| Sichttiefe: | 0,1—0,5 m | 1,1—4,3 m | 1,3—2,3 m |
| Reaktion, pH-Wert: | 6,2—7,2 | 4,5—7,8 | 3,8—4,7 |
| Karbonathärte in ° dH: | 0,2—0,4 | 0,0—0,3 | 0,0—0,1 |
| Gesamthärte in ° dH: | 0,6—1,2 | 0,3—0,8 | bis 0,1 |
| Freies Kohlendioxyd mg/l $CO_2$: | 3,9—7,2 | 0,8—3,5 und darüber | ausreichend |
| organische (Humin-) Säuren: | nicht vorhanden | meist nur in kleiner Menge nachweisbar | in großer Menge vorhanden |
| Chlorid mg/l Cl: | 0,0—0,3 | 0,1—0,5 | 0,0—Spuren |
| Ammonium $NH_4$ mg/l: | Spur | Spur—0,1 | Spuren |
| Nitrat $NO_3$ mg/l: | 0,0—0,2 | 0,0—2,0 | unter 0,1 |
| Leitfähigkeit µS bei 28° C und 20° C: | 30—70 | 15—30 | 8—15 |

Die gemessenen Werte indes sind nicht konstant, sondern schwanken hauptsächlich jahreszeitlich bedingt. Weil an Kalk ein ausgesprochener Mangel herrscht, ist die Pufferung des Wassers nur gering. Wegen der Einwirkung der erwähnten Huminsäuren wie auch von Kohlensäure liegt der pH-Wert im sauren Bereich, doch reichen Huminsäuren

Bleher

*Wo sich Amazonas und Rio Negro vereinigen, kann man deutlich die unterschiedlich gefärbten Gewässer erkennen: Das trübe „Weißwasser“ des Amazonas und das kaffeebraune „Schwarzwasser“ des Rio Negro.*

allein nicht aus, einen derart sauren pH-Wert zu schaffen. Laut GESSNER (1959) haben die Schwarzwasserflüsse ihren sauren pH-Wert als Folge der Ionenaustauscheigenschaften des Urwaldbodens. Kalk ist abhängig von dem vorhandenen Kohlendioxyd, das wir im gelösten Zustand Kohlensäure nennen. Man spricht dabei auch von Gleichgewichtskohlensäure. Weil Pflanzen ebenfalls Kohlensäure benötigen, kann es in pflanzenreichen Gebieten zur Minderung der freien Kohlensäure durch die Vegetation kommen. Dann aber geht das Kalkgleichgewicht verloren und der Kalk kann in solcher Menge nicht mehr in Lösung bleiben: er fällt als festes Kalziumkarbonat aus. Eine solche Reaktion ist wegen des Fehlens von Kalk nicht möglich, und die Einwirkung der Kohlensäure in Verbindung mit den Huminsäuren dominiert daher.

Die Reinheit des Wassers, auch wenn sie optisch nicht immer vorhanden zu sein scheint, ist chemisch beinahe optimal, das gilt auch für Stickstoffverbindungen (Ammonium und Nitrat), von denen sich nur Spuren messen lassen.

Wie bereits im Band I „Aquarium — Pflanzen — Fische“ erwähnt, ist solche Mineralarmut nicht nur ausschlaggebend

Mayland

*Im Orinoco und seinen Nebenflüssen findet man viele Schwarzwasserreviere. Hier eine sogenannte Laguna, ein an beiden Enden verschlossener Gewässerlauf, in dem sich durch abgelagertes Laub das Wasser tiefbraun färbt.*

für eine sehr geringe elektrische Leitfähigkeit, sondern auch für den osmotischen Druck. Er ist hauptsächlich für die Fischzüchter von Interesse. Osmotische Vorgänge versuchen in Eiern und überhaupt in allen Zellen die innere Salzkonzentration jener der Umgebung anzugleichen. Dadurch entsteht in der Zelle ein relativer Überdruck, wenn das umgebende Wasser sehr arm an Mineralien ist, beziehungsweise ein Unterdruck, wenn viele Mineralien vorhanden sind. Ist der osmotische Druck durch die erhöhte Mineralkonzentration (wie im erwähnten Beispiel) des umgebenden Wassers höher, wird dem Ei oder Spermium das Lösungsmittel in der Zelle entzogen und es damit zum Schrumpfen gebracht. Dies ist einer der Gründe dafür, weshalb sich viele aus extrem weichen Gewässern stammende Fische über lange Zeit nicht nachzüchten ließen: Ihre Eier schrumpften und starben ab. Erst als bessere und auch für den Laien effektivere Bestimmungsmethoden der Wasserhärte eingeführt wurden, gelang es, auch diese Fische teilweise nachzuzüchten.

Die erwähnten drei Gewässertypen vermischen sich dort miteinander, wo die Flüsse ineinander münden. Bekanntestes Beispiel ist das Mündungsgebiet in der Nähe von Manaús im nordwestlichen Brasilien, wo der Rio Negro (Schwarzwasser) in den Amazonas (Weißwasser) mündet. Als würden Naturgewalten aufeinandertreffen, vermischen sich die Gewässer nicht in wenigen Augenblicken. Es scheint vielmehr, als kämpfen die beiden Gewässertypen kilometerweit darum, wer wohl siegt, bis schließlich der Stärkere, der Amazonas, das Wasser des Rio Negro „schluckt". Ähnliches kann man auch in anderen Flußmündungssystemen beobachten, nur sind die Dimensionen dort weniger umfangreich (vgl. Foto Seite 14).

Reist man nach Südamerika zum Fischfang, dann sicher nicht an die großen Ströme. Zierfische, wie wir sie wünschen, finden sich überwiegend in kleinen und kleinsten Gewässern, in Bächen oder austrocknenden Tümpeln — Lagunas, wie man sie dort nennt. Fische, die in größeren Läufen leben, darunter besonders Skalare und Diskusfische, stehen stets im sicheren Schutz von Uferböschungen, und zwar an jenen Stellen, an denen umgestürzte Bäume mit ihrem bis ins Wasser reichenden Geäst den Fischen den nötigen Schutz bieten. Sie hier zu fangen, ist äußerst schwierig. Fische des reinen Schwarzwassers, wie etwa die beliebten Roten Neon *(Cheirodon axelrodi),* sind in ihrem Lebensrhythmus sehr von den Jahreszeiten abhängig. Das wissen auch die Importeure, denen die Fische verschieden groß „small", „medium", „large" und „jumbo" angeboten werden. Jene Gewässer, in denen die Fische leben, sind ihrer Mineralarmut wegen bekannt, außerdem bewirkt das Fehlen vegetarischer Kost (Wasser zu nährstoffarm für die meisten Pflanzen und Algen) Nährstoffmangel zur Zeit des Niedrigwassers. Während des Hochwassers jedoch, wenn die Flüsse oft meilenweit über ihre Ufer getreten sind, lassen sich die Fische nicht fangen. Sie finden jetzt bessere Futterangebote vor, schlagen sich den Bauch voll und entwickeln sich zu stattlicher Größe. Sinkt der Wasserspiegel wieder, bleiben viele Tiere in größeren Wasseransammlungen oder Tümpeln zurück und werden dann in großer Zahl Opfer der ebenfalls nun eingeschlossenen Raubfische oder, bei besonders flachen Gewässern, der Vögel. Die nach Absinken des Hochwassers von den Fängern erbeuteten Fische sind meist sehr gut genährt und entsprechen daher auch den angegebenen Größen wie „large" oder „jumbo".

Fische aus südlicheren Gewässern, etwa aus dem Einzugsgebiet des Paraná, sind nicht an besonders extreme Wasserwerte gewöhnt und können daher auch leichter gehalten und gezüchtet werden.

## Die Gewässer Afrikas

### a) das Kongobecken

Afrika ist ein riesiger Kontinent, und in seiner Ausbreitung ungefähr mit Südamerika gleichzusetzen. Ein vulkanischer Höhenrücken, der sich von Norden nach Süden über die Kontinentmitte erstreckt und eine Wasserscheide bildet, trennt die Landschaft in zwei sich grundsätzlich voneinander unterscheidende Grundbiotope. Während in den Gebieten um das Kongobecken organisches Material (Holz und Laub) das weiche Wasser im sauren Bereich hält, sorgen Felsen und aus dem Erdinneren hochgeschobene Mineralien im Bereich des zentralafrikanischen Grabenbruchs, ähnlich wie in weiten Gebieten Mittelamerikas, für weniger weiches und vor allem alkalisches Wasser.

Nur wenige Fisch-Gattungen konnten ihre Vertreter in beiden Grundbiotopen unterbringen, doch sind darunter so bekannte wie die Arten der Gattungen *Sarotherodon* (Cichliden), *Synodontis* (Fiederbartwelse) oder auch *Tilapia* (Cichliden). Die Wasserwerte im Einzugsbereich des Kongobeckens gleichen überwiegend denen des Amazonasbeckens: Die Mineralarmut in diesem Gebiet und die unüberschaubar großen Dschungelregionen haben das Lebenselement jener Fische sehr weich und leicht bis kräftiger angesäuert. Dieser Biotop ist der Lebensraum der meisten der aquaristisch bekannten afrikanischen Salmler, vieler Welsarten, ferner Barben und anderer Karpfenfische sowie der Vertreter aus der Familie der Buntbarsche *(Cichlidae)*, darunter die Stromschnellen- und Grundcichliden (u. a. die Gattungen *Steatocranus, Teleogramma, Lamprologus)*, zu denen man auch den blinden Höhlenfisch *Lamprologus lethops* rechnen kann. Ferner gehören die beiden Vertreter der derzeitigen Gattung *Hemichromis* dazu.

In seiner Ausdehnung erstreckt sich der afrikanische Äquatorialwald, in den das Kongobecken eingelagert ist, von einer schmalen Zunge im äußeren Westen — südlich der Sahel-Zone gelegen — bis in das eigentliche „schwarze Herz" des Kontinents. Mit einer Ausnahme, der Lukuga-Rinne — einziger Abfluß des Tanganjika-Sees — hat das Kongobecken keinen Zulauf aus dem Bereich des Grabensystems. Es reicht in seiner Nord-Süd-Ausdehnung von der Zentralafrikanischen Republik im Norden bis an Zambia und Angola heran. Der feuchte Gürtel mit seinen vielen Wasserrevieren erstreckt sich in seiner Breite über

*Das Wasser der Bäche und Flüsse im Kongobecken ist durch viel darin abgelagertes organisches Material braun gefärbt. Eine Aufnahme aus Ost-Zaire.*

Mayland

5 000 km weit aus, in Nord-Süd-Ausdehnung mißt er dagegen nur etwa 1 600 km. In diesem Dschungelbereich können die Lichtunterschiede gewaltig sein, so daß man bestimmte Fischarten schlecht unter der Rubrik „liebt helles" oder „bevorzugt dämmriges Licht" einstufen kann. Begreiflicherweise wird die Lebenszone der Fische um so dunkler, je schmaler die Gewässer sind. Können sich die Baumkronen erst über einem Bach schließen, wird er dort nie volle Sonne bekommen. Viele Flüsse mit Ursprung in den Sümpfen des Hochlandes sind zwar klar, dafür aber stellenweise auch recht schnellfließend. Der Zaire-Fluß schließlich nimmt alle Gewässer auf, führt sie ins Meer und wird dabei stellenweise aber sehr reißend. Häufig gibt es Stromschnellen und sogar Wasserfälle, von denen viele für die Fische ein kaum zu überwindendes Hindernis darstellen. Andererseits konnten Expeditionen beweisen, daß eine Reihe von Arten, die zweifelsohne einmal im Bereich des Kongo-Beckens beheimatet war und ist, in Albertville, dem heutigen Kalémié, also am Tanganjika-See gefunden wurde. Es handelt sich dabei nicht um Cichliden, sondern um Arten aus anderen Familien, wie beispielsweise Distichodus-Arten (auch *D. sexfasciatus)*, Alestes-, Tetraodon- und Barbus-Arten, außerdem sogar Exemplare eines Rüsselfisches *(Mormyrus longirostris* PETERS). Hier, an der einzigen Verbindung zur „Außenwelt", am Abfluß durch die Lukuga-Rinne, ist für die Bewohner des Tanganjika-Sees das „Tor zur weiten Welt", das aber eher in umgekehrter Richtung (in den See) benützt wird (?).

b) der afrikanische Grabenbruch

Die Gebiete des afrikanischen Grabenbruchs sind durch ihre vielen darin vorkommenden Cichliden in den letzten Jahrzehnten heftig ins Gespräch gekommen und außerdem in limnologische Untersuchungen — vor allem aus aquaristischen Gründen — mehr und mehr einbezogen worden. Es soll nun nicht der Eindruck erweckt werden, als würden die Seen ausschließlich von Buntbarschen bevölkert. Wie es der letzte Abschnitt des vorangegangenen Kapitels ausweist, leben auch viele Arten anderer Familien und Gattungen im See, darunter Eierlegende Zahnkarpfen *(Aplocheilichthys, Lamprichthys)*, Karpfenfische (*Labeo, Barbus)*, Salmler (*Distichodus, Alestes)* sowie Raubfische der Gattung *Hydrocyon* mit ihrem furchterregenden Gebiß, Heringe *(Limnothrissa)*, Flösselhechte *(Polypterus)*, Labyrinther *(Ctenopoma)*, Stachelaale *(Mastacembelus)*, Kugelfische *(Tetraodon)* und Nilhechte *(Mormyrus* und *Marcusenius)*. Allerdings muß dazu gesagt werden, daß viele der hier aufgeführten Arten in der Nähe des einzigen Abflusses (Lukuga-Rinne) gefunden wurden. Man kann sie also nicht unbedingt als typische Bewohner des Sees ansehen, wenngleich man sie in einer schmalen Zone innerhalb des Tanganjika-Sees fing.

Ein großer Teil des afrikanischen Grabensystems wird Ostafrika zugerechnet, und viele Touristen konnten sich in den letzten Jahrzehnten einen Begriff von der wildzerklüfteten Schönheit dieser Landschaft machen. Strenggenommen erstreckt sich dieses System vom Libanon bis hinunter nach Moçambique. Von den verschiedenen Seen in diesem Gebiet interessieren aus aquaristischer Sicht der Albert-See (jetzt Lake Mobuto Sese Seko) im Norden, sowie anschließend nach Süden der Eduard-See (jetzt vorerst Lake Idi Amin Dada), der Viktoria See, der Kivu-See, der Magadi-See, der Tanganjika-See und der Malawi-See, der in früheren Jahren als Nyassa-See bekannt war. Hinzu kommen noch einige kleinere Seen, die in dieser Aufzählung aber von sekundärer Bedeutung sind. Tanganjika- und Malawi-See haben uns die interessantesten Neuheiten an Cichliden beschert. Mit 1460 m ist der erste, der zweite mit „nur“ 790 m atemberaubend tief. Einen solchen Bruch findet man auf der Erde nicht ein zweites Mal (vergleichbar sind nur die verschiedenen Tiefgräben der Weltmeere), darum muß man seinen Gewässern auch außergewöhnliche Wasserwerte zubilligen. So bewirkt das Vorkommen von Natron und von anderen Mineralsalzen einen außerordentlich hohen pH-Wert, vergleicht man ihn mit den sonst üblichen Süßgewässern aquaristisch interessanter Prägung. Den Fischen blieb nur, sich anzupassen oder zugrundezugehen. Das gilt besonders für jene wenigen Arten, die in den sogenannten Sodaseen leben oder besser: Ihr Dasein fristen müssen. Bekannt sind die Natronseen im Grenzbereich zwischen Kenia und Tansania (Lake Natron und Lake Magadi). Mit ihrem hohen Gehalt an alkalischen Salzen machen sie in ihrem Bereich allen Lebewesen das Leben schwer. Nur eine Cichlidenart, *Sarotherodon alcalicum*, früher *Tilapia grahami* (mit der Unterart *S. a. grahami)*, konnte sich in diesem Wasser auf Dauer halten. In dieser unwirtlichen Region halten sich nur noch unüberschaubar große Scharen Flamingos auf. Unter der heißen Sonne Äquatorialafrikas seihen sie die Algen *(Cyanophyceae)* aus dem Sodawasser und sorgen bei dieser Gelegenheit auch gleich wieder für neue Düngung.

Verschiedene Berichte (ALBRECHT, APFELBACH, WICKLER) machten den Magadi-See im heißen Süden Kenias

*Blick von einem erhöhten Punkt auf die Sohle des Rift Valley, dem afrikanischen Grabenbruch.*

Mayland

Mayland

*Der Magadi-See ist stark sodahaltig. Trotzdem lebt hier* Sarotherodon alcalicus grahami, *die „Soda-Tilapia".*

bekannt. Er umfaßt die zweitgrößte Fläche festen Natriumkarbonats auf der Erde. Wie viele andere Seen im Grabenbereich, unterlag auch er im Verlauf der jüngeren Erdgeschichte einem Schrumpfungsprozeß. Das liegt einmal an der enormen Wasserverdunstung und zum anderen an den offenbar schwächer werdenden Zuflüssen. So wurde der See bis heute zu einem riesigen Salzlager. Weil man an verschiedenen Stellen seinen Wasserstand nur noch nach Zentimetern messen kann, ist die Konzentration der gelösten Mineralstoffe beträchtlich. Außerdem bewirkt die geringe Wassertiefe große Temperaturanstiege im Lebenselement der Fische. Zudem gibt es im See noch viele heiße Quellen und als Folge an manchen Stellen Wassertemperaturen schwankend zwischen 20 und 45° C. Ähnliche, wenn auch nicht ganz so extreme Bedingungen findet man ebenfalls in Wüstengebieten der USA (Kalifornien und Nevada). Dort ist der Wüstenfisch (verschiedene Arten der Gattung *Cyprinodon)* zu Hause. Die heißen Quellen des Magadi-Sees in Afrika führen dem Gewässer täglich über 4 000 Tonnen Soda zu. Dadurch bekommt das Wasser einen wesentlich höheren pH-Wert als das Meerwasser: bis zu 10,5 (Meerwasser bis zu 8,3). Hier lebt nur die bereits erwähnte, sogenannte Sodatilapie, *Sarotherodon alcalicum grahami* BOULENGER. Dieser Cichlide mußte sich anpassen, das machte ihn zum Alleininhaber des Reviers. Bis zu 12 cm groß werden die „Magadi-Maulbrüter" und kommen auch noch in einem anderen See* vor, in dem ähnlich hohe Konzentrationen an Mineralsalzen angetroffen werden (Lake Nakuru). Wenn man sie im Heimataquarium pflegen möchte, muß man deshalb aber nicht den pH-Wert derart hoch halten, er muß nur langsam (!) heruntergesetzt werden. Ich pflege derzeit einige Exemplare versuchsweise bei pH 7,0—7,3 mit einigem Erfolg. Von ähnlichen heißen Quellgebieten berichtete auch GEWALT (1966) über die (vermutete) Art *Sarotherodon leucostictum,* die neben den heißen Quellen in abgekühlten Gewässern des Semliki-Flusses in Uganda gefunden wurden. Die Tiere lebten überwiegend in 27° C warmem Wasser mit einem pH-Wert von 7,5, durchschwammen aber zuweilen „ungerührt" minutenlang den Quellbereich mit einer Temperatur von 40—50° C, wobei in einigen eilig durchquerten Zonen Temperaturen von 70° C bei einem pH-Wert um 9,0 herrschten! Nach den nicht allzu häufig stattfindenden Regenfällen und bei den dann geminderten Wärme- und pH-Werten des Wassers setzt bei den meisten Fischen eine wahre Bevölkerungsexplosion ein. Die Vögel, ihre Feinde, halten jedoch den Bestand regelmäßig kurz, so daß die Population sich allein aus diesem Grund in Grenzen hält. Manchmal, bei höherem Wasserstand, haben die Fische auch eine größere Chance. Im Jahre 1962 vermehrte sich *Sarotherodon alcalicus grahami* im Magadi-See infolge eines überhohen Wasserstandes so stark, daß selbst die ewig hungrigen Pelikane hier zu brüten begannen. Etwa 20 000 Pelikanpaare hatten sich angesiedelt und mußten für den Nahrungsbedarf immerhin täglich (!) an die 30 Tonnen Futter aus dem See fischen. Nach Absinken des Wasserspiegels war einige Zeit darauf der frühere Zustand wiederhergestellt.

* *S. a. grahami* ist ursprünglich für den Lake Magadi endemisch. Im Jahre 1964 wurden die Fische auch im Lake Nakuru ausgesetzt. In weiteren Seen kommen sie meines Wissens nicht vor.

Die Wasserwerte liegen nicht nur bei einzelnen, sondern bei allen Seen ausschließlich im alkalischen Bereich, das heißt, ihr pH-Wert steht jenseits der Neutralgrenze 7,0. Dabei steigt der Wert an, je weiter man von Süden nach Norden kommt. Bezogen auf 20° C Wassertemperatur ergaben sich bei verschiedenen Messungen folgende Zirkawerte: Malawi-See = 8,4, Tanganjika-See = 8,0 bis 9,0, Kiwu-See = 9,0, Eduard-See = 8,8—9,1, Albert-See = 9,4 und Rudolf-See bis zu 9,7. Indes, die Wasserhärte ist weniger hoch, als man das bei den extremen pH-Werten annehmen könnte: Sie liegt im Schnitt bei 10° dH, häufig sogar noch darunter. Eine wahrscheinlich exaktere Messung nach Mikro-Siemens (µS)* erbrachte folgende Werte: Malawi-See etwa 220, Tanganjika-See etwa 610, Kiwu-See etwa 1200, Eduard-See etwa 1000, Albert-See etwa 735 und schließlich Rudolf-See etwa 3000. Der Victoria-See, auch optisch liegt er bereits außerhalb des eigentlichen Grabens, steht auch mit seinen Werten etwas separat: pH = 7,1—8,5 und mit 96—145 µS, gemessen bei einer Wassertemperatur von 20° C. Das Wasser ist bei Windstille klar und durchsichtig. Das gilt besonders für die beiden großen Seen, in die man bei gutem Wetter 20 Meter und tiefer hineinsehen kann. In kleineren Seen ist die Sicht geringer. Einige sind verschlammt (Rukwa-See) oder ihr Wasser ist nicht klar mit vernebelten Zonen (Chilwa-See, Bangweulu-See, Georg-See). Es hat sich jedoch herausgestellt, daß eingeführte Buntbarsche aus dem Gebiet dieser Seen in unseren Aquarien auch ohne die gewohnt hohen pH-Werte gesund weiterleben und sich vermehren, vorausgesetzt, das Wasser ist nicht sauer oder liegt generell oberhalb des Neutralwertes. Langsames Umgewöhnen auf niedrigere Werte erfolgt in den meisten Fällen bereits während des Importes und in den Händlerbecken. Werden die Tiere jedoch zu plötzlich in Wasser mit stark veränderten Werten gesetzt, beginnen sie, als Folge der osmotischen Störung, zu „schaukeln". Teure Wildfänge werden von Spezialisten eher erworben als von Normalaquarianern, die jedoch bereits Nachzuchten erwerben können, bereits eingestellt auf europäische (oder amerikanische) Durchschnitts-Wasserwerte.

* Die deutsche Härte gibt nur den Gehalt an Ca-Carbonat an; µS gibt die Leitfähigkeit an (bezogen auf 20° C Wassertemperatur), ist also ein Maß für den Ionengehalt des Wassers und mit der dH oder der Gesamthärte nicht direkt vergleichbar.

## Die Gewässer Süd- und Südostasiens

Den Süden und Südosten des asiatischen Kontinents kann man ebenfalls nicht gerade als klein und abwechslungsarm bezeichnen. Die Zonen, aus denen unsere Zierfische und Aquarienpflanzen stammen, erstrecken sich von Südindien und Sri Lanka (früher Ceylon) bis zum Inselgebiet Indonesiens, der Philippinen und Neuguineas.

Zuerst wäre die Insel Sri Lanka zu nennen. Sie hat mit fast 66 000 km² etwa die Größe des Freistaates Bayern, dabei weist sie in der Nord-Süd-Ausdehnung eine Länge von 434 km und eine von West nach Ost größte Breite von 225 km auf. Im Hügelland fallen bei 27° C Durchschnittstemperatur 2,5 m Niederschläge pro Jahr. Im tropischen Regenwald herrscht eine Luftfeuchtigkeit von 95—100 %: Ein Paradies mit üppiger Vegetation, dessen Gewässer von vielen Zierfischen (u. a. Rasbora-, Puntius-, Aplocheilus- und Belontia-Arten) und bekannten Aquarienpflanzen (u. a. Lagenandra- und Cryptocoryne-Arten) bevölkert werden. Im Vergleich dazu hat ein Wald in Europa nur eine durchschnittliche Luftfeuchtigkeit von 60—70 %, ein normaler Tropenwald 85—90 %. Die Durchschnittstemperaturen in diesen Bächen und Flüssen liegen je nach Höhe bei 20—27° C. In höheren Lagen können die Nachttemperaturen im Wasser bis auf 5° C absinken; in Tallagen sogar auf 2—3° C. Die Bergbäche im südwestlichen Hochland entspringen kristallinem Gestein und sind daher sehr mineralarm, das drücken die Werte von 10—30 µS (Mikro-Siemens) aus, sie nehmen mit Länge der Gewässerläufe zu und erreichen maximal 90 µS. Der pH-Wert liegt im sauren Bereich: Zwischen 5,5 und 6,8. Von den über 50 Fischarten in den Süßgewässern der Insel sind die meisten den Karpfenfischen zuzuordnen, andere den Labyrinthern, ein bescheidener Rest setzt sich aus Eierlegenden Zahnkarpfen, Welsen, Aalen und Schlangenkopffischen (5 Arten) zusammen.

Geologisch gesehen ist Sri Lanka ein Teil Indiens, der durch die Palk-Straße vom Festland getrennt ist. Die Klimate Indiens werden von seinen unterschiedlichen Landschaften geprägt. Für die südindischen Gewässer sind das Hochland von Dekkan und die weiter südlich gelegenen Nilgiri-Berge zuständig. Hier entspringen die verschiedenen Flüsse und münden meist im Bereich der Koromandel-Küste in den Golf von Bengalen.

Ihr Wasser weist keine besonders extremen Werte auf; es ist weder besonders weich noch hat es einen durch viele Huminstoffe geprägten sauren pH-Wert. Auch in diesem Bereich leben ebenfalls einige Aquarienfisch-Arten. Ihre Fülle ist jedoch weniger überwältigend, wie etwa in den tropisch feuchteren Dschungelgebieten Thailands, Malaysias und Indonesiens. Viele der hier gefundenen Arten zählen nicht zu den sehr bekannten Aquarienfischen. Es sind Schlammbeißer *(Lepidocephalus)*, Flugbarben *(Esomus)*, Kiemensackwelse *(Heteropneustes)* oder Labyrinther *(Pseudosphromenus)*. Einige wenige, darunter Oberflächenfische *(Oxygaster)*, Karpfenfische *(Danio, Puntius, Barbus)* und Welse *(Bragidae)*, leben hier, hauptsächlich in einer schmalen Zone, deren Ausdehnung von der Godawari- bis zur Ganges-Mündung nordostwärts reicht. Die Fauna für die Zierfische ist größer. Jetzt begegnen wir auch *Colisa fasciata*, wogegen *Colisa lalia* ausschließlich in jener Tieflandzone vorkommt, die man zum Einzugsgebiet des Ganges rechnet.

Das fruchtbare weite vom Ganges durchflossene Tal ist die Kornkammer Indiens. In seiner Mitte liegt die Stadt Patna, ein Name, der uns an den weltbekannten Reis erinnert. Eine der größten Städte Indiens, Kalkutta, liegt an seinem Mündungsdelta. In diesem wildzerklüfteten Mündungsdelta, aus dem uns jährlich große Überschwemmungen gemeldet werden, liegt auch der junge Staat Bangla Desh. Es ist ein überaus wasserreiches Gebiet, denn in diesen Winkel des Golfes von Bengalen münden nicht nur der Ganges, sondern auch viele kleinere Flüsse, die dem Khasi-Gebirge und den Naga-Bergen in Assam entspringen. Hier wird das natürliche Angebot an Zierfischen bereits größer, obgleich man kaum erwarten kann, daß in diesen überbevölkerten Gebieten die Wasserqualitäten je einen außergewöhnlich guten Stand erreichen werden, denn zu viele Abwässer gelangen in diese Flüsse. Bedingt durch viele Reisfelder, haben hier die Labyrinther eine große Überlebenschance, können sie doch selbst flache, sauerstoffarme und stark verkrautete Gewässer bevölkern, sind sie doch durch ihr Labyrinth, ein besonderes Atmungsorgan zur Aufnahme atmosphärischer Luft, dieser Lebensweise angepaßt.

Die häufig als „Hinterindien" oder „Indochina" bezeichnete riesige Halbinsel mit den Ländern Burma, Thailand, Kambodscha, Laos und Vietnam ist ein immergrünes Gebiet, das von zwei Hauptströmen im gebirgigen Norden entwässert wird: Vom endlos langen Mekong und dem kleineren Chao Phraya, der durch Bangkok zieht. Das Einzugsgebiet dieser Flüsse ist riesengroß und besteht aus vielen kleinen und kleinsten Gewässern. Auch hier gibt es wieder Reisfelder. In manchen Bezirken findet sich ein kümmerlicher, oft mit Buschwerk gemischter Wald, der die wenigen Monate, in denen er überschwemmt wird, zu überdauern vermag. Jene „ertrunkenen Wälder" sind reich an organischen Stoffen und an Plankton. Sie bieten damit ideale Lebensbedingungen für eine Vielzahl von Aquarienfischen. Viele Bäche, die von höher gelegenen Landesteilen über steiniges Gelände schnellfließend ihren Lauf nehmen, werden von den verschiedensten Schmerlen-Arten *(Botia* und *Acanthophthalmus)* bevölkert. Bei Hochwasser dringen viele Fische aus den großen Flüssen in die umliegenden Gebiete ein, verbreiten sich dabei in fremde Reviere und müssen dort nach dem Rückgang des Wassers ihr Leben weiterfristen. Hier bereichern die größeren, gut genährten Exemplare die Speisekarte der Bewohner. Es ist auch das Land vieler Wasserpflanzenarten und besonders wieder der Cryptocorynen. Die Wassertemperaturen schwanken und sind begreiflicherweise während der Normalzeit mit 24—25,5° C geringer als in der heißeren Trockenzeit, dann kann man bis zu 30° C messen. Ebenso schwanken die anderen Werte leicht. Gemessen wurden eine Gesamthärte von 0,1 bis 1,0, wobei die $\mu S_{20}$-Werte zwischen 20 und 100 lagen. Der pH-Wert kann je nach Biotop sehr schwanken. Es gibt Angaben aus Thailand, die Werte von 5,6 bis 6,9 nachweisen (HORST). Eine Stelle, an einem Gewässer bei Ban Khuan Din Daeng, wies sogar einen pH-Wert von 8,2 auf. Andere Messungen im gleichen Biotop zeigten eine Härte von 11,4° dH sowie einen entsprechend hohen µS-Wert von 285. Cryptocorynen wurden hier nicht gefunden, wohl aber *Barclaya longifolia* und *Microsorium pteropus*, der Sumatra- oder Javafarn. Zum Thema über die pH-Wert-Messung schreibt der Autor: „Außerdem hat sich gezeigt, daß man sehr mißtrauisch allen Analysen gegenüber sein muß, die nicht an Ort und Stelle, sondern später im Labor gemacht werden. Der gelöste Sauerstoff im Wasser läßt sofort nach der Entnahme der Proben eine Oxydation in Gang setzen. Dies zeigt sich dadurch, daß eine fortschreitende Mineralisation in unseren Proben sich durch einen stetigen Anstieg der Leitfähigkeit bemerkbar machte. Der Anstieg der Leit-

*Südostasien mit der sogenannten Wallace-Linie.*

Achilles

fähigkeit nach Probenentnahmen aus einem Bach bei Chalong ergab folgende Werte:

| | |
|---|---|
| Sofort 38 µS | |
| nach 30 Minuten 43 µS | nach 90 Minuten 50 µS |
| nach 60 Minuten 48 µS | nach 120 Minuten 52 µS |

Des weiteren nahm der Gehalt an löslichem Eisen ab, während rostbraune Eisenausfällungen in den Proben zunahmen."

Der Malaiische Archipel mit den Inseln Sumatra, Borneo (unterteilt in den malaysischen Teil Sarawak und Sabah/Nordborneo und den indonesischen Teil Kalimantan), Java und Sulawesi (dem früheren Celebes), stellt in seiner Ausdehnung ein unvorstellbar großes und aquaristisch besonders interessantes Gebiet dar. Das gilt nicht nur für Fische, sondern auch für Wasserpflanzen. Hier liegt eine große und gute Cryptocorynen-Region, aus der in den letzten Jahrzehnten schon viele wunderschöne Neuheiten kamen. Eigentlich sollte man erwarten, daß die Flora und Fauna der westlichen Gebiete sehr viel mit Asien gemein haben, während die östlichen dagegen denen Australiens ähneln. Merkwürdigerweise gibt es aber viele Ausnahmen. So haben Untersuchungen von Botanikern

Mayland

*Viele bekannte Zierfischarten leben in den Gewässerzonen der Reisterrassen Südostasiens. Es sind jedoch keine Cichliden darunter. Man findet hier in erster Linie Labyrinther.*

ergeben, daß die Flora auf den weiter nordöstlich gelegenen Philippinen der des weit entfernten Australiens nähersteht als etwa die Flora der benachbarten Insel Borneo. Eine unsichtbare Schranke trennt diese Inselwelt. Nach Untersuchungen der Meeresböden sind Sumatra, Java und Borneo durch ein unterseeisches Plateau — das Sunda-Schelf — miteinander und mit dem asiatischen Kontinent verbunden, während im Gegensatz dazu das Sahul-Schelf die heutigen Inseln Sulawesi (Celebes), die Molukken, die kleinen Sunda-Inseln, Neuguinea und Australien zusammenschließt. Als zu Beginn des Quartärs die Gletscher auf den Kontinenten schmolzen, hob sich der Meeresspiegel und ließ nur die höhergelegenen Teile der Kontinente als Inseln in heutiger Größe aus dem Wasser ragen. Als Beweis für diesen Anstieg des Wasserspiegels dient unter anderem ein 480 km langes Barriere-(Korallen-)Riff südöstlich von Borneo. Es ist heute unter der Wasseroberfläche verschwunden, muß jedoch früher in seichterem Wasser aus Korallenpolypen entstanden sein. Man findet heute beispielsweise auf den Inseln Sumatra und Borneo teilweise die gleichen Fischarten. Gestützt auf diese und noch weitere Beweise aus Fauna und Flora, zog ALFRED RUSSEL WALLACE eine Grenzlinie zwischen den von ihm als indomalaiisch und austromalaiisch bezeichneten Regionen: Die Wallace-Linie (vergleiche Karte Seite 21).

Aus den vorgenannten Schilderungen ist erklärlich, weshalb die Ausbreitung etwa der Cryptocorynen und vieler Zierfischarten nicht weiter nach Süden auf die Inseln Sulawesi stattgefunden hat und man andererseits einige, völlig verschieden aussehende neue Fisch-Arten jetzt in Neuguinea entdeckte, die allein schon nach dem äußeren Habitus eher an die Fische des australischen Kontinents erinnern (besonders auffällig ist das bei den Regenbogenfischen der Gattungen *Nematocentris* und *Glossolepis).*

Neben den Exportgebieten Südamerikas sind es vor allem Länder Südostasiens und des Malaiischen Archipels, aus denen die meisten Fische eingeführt werden. Das gilt in ähnlichem Maße auch für Aquarienpflanzen. In Malaysia und in Indonesien findet man noch Gewässer, deren Reinheit und Mineralarmut denen Amazoniens gleichkommt. Aus diesem Grund haben viele Aquarianer gelegentlich noch Probleme mit einigen Arten aus diesen Regionen. Bekanntestes Beispiel ist die Keilfleckbarbe, deren Nachzucht vielen Generationen von Fischliebhabern Kopfzerbrechen bereitete. Die Art *(Rasbora heteromorpha)* lebt in ihren Heimatbiotopen in derart mineralarmen Gewässern, deren Karbonathärte gleich Null und Gesamthärte mit Werten unter 1,0 kaum feststellbar sind. Dagegen hält sich der pH-Wert mit 6,0 in Grenzen. Ähnliche, aber noch saurere Werte wurden beim Fang des Schokoladenguramis *(Sphaerichthys osphromenoides)* auf Sumatra gemessen: Gesamthärte 0,5, pH-Wert 5,5 (SCHMIDT-FOCKE, 1958). Die Nachzucht (vergleiche Zuchtbericht ab Seite 415) ist selbst heute noch nicht völlig geklärt. Gleiche Rätsel in der Nachzucht geben uns die Schmerlen und Dorngrundeln auf, deren Vermehrung heute ebenso im großen Stil möglich ist, wie die der meisten Labeo-Arten.

## Die Gewässer der Küstenzonen

In den Haltungsanleitungen für viele Zierfischarten findet man den Zusatz: „Nicht in zu weichem Wasser halten" oder „Es erweist sich für die Vitalität der Fische als förderlich, wenn man dem Aquarienwasser etwa einen Teelöffel Kochsalz auf 10 Liter Wasser zugibt". In solchen Fällen kann man damit rechnen, daß es sich um Fische handelt, deren Heimat in küstennahen Süßgewässern (nicht zu verwechseln mit Brackwasser, also um angesüßtes Meerwasser im Bereich von Flußmündungen) liegt. Zu ihnen gesellen sich weitere Arten mit Lebensräumen in besonders mineralreichen Wüstenstrichen oder ähnlichen Gebieten. Als bekannteste unter diesen Fischen mögen die Guppys und Helleries gelten. Sie leben alle in küstennahen Gewässern Mittel- und Südamerikas oder einiger karibischer Inseln. Auch bei einigen Buntbarschen des amerikanischen Kontinents kann man diese Lebensweise feststellen. Dagegen bewohnen die Zwergbuntbarsche Westafrikas fast ausschließlich die küstennahen Süßgewässer (Pelvicachromis-Arten und andere). Ähnliches gilt auch für einige Killifisch-Arten. Dabei kommt es in diesen Zonen zuweilen zu den erstaunlichsten Meßergebnissen. So veröffentlichte R. GEISLER Messungen aus einer Küstenlagune bei Lagos mit Werten von 5,8 pH, jedoch 4 900 $\mu S_{20}$. Ein derart saures Wasser, dazu noch so mineralreich (weil brackig), findet man sicher auch nicht alle Tage. Andererseits stellte SCHEEL im meerfernen Stanley-Pool oberhalb von Kinshasa/Zaire bei Messungen im Jahre 1958 bei einer Gesamthärte von 1,5° (KH = 0,9° dH) einen pH-Wert von sage und schreibe 8,5 fest und erklärt dazu, daß das Wasser selbstverständlich keine freie Kohlensäure enthielt. Der Stanley-Pool (heute Pool Malebo) ist an dieser Stelle des Zaire-Flusses etwa 3 km breit und zeigt bei Niedrigwasser in seiner Mitte einige hauptsächlich von Schwimmpflanzen umstandene und von Krokodilen bewohnte Inseln. Im weiteren Lauf des Flusses schließen sich Stromschnellen an. Man kann diese Region wohl kaum als küstennah bezeichnen (vgl. auch Wasserwerte Mittelamerikas, S. 30). Wie aus dem vorangegangenen Abschnitt zu ersehen war, zählt die Insel Sulawesi (früher Celebes) nach ihrer Fauna und Flora nicht mehr zur indomalaiischen, sondern zur austromalaiischen Region und weist demnach starke Zusammenhänge mit der Fauna und Flora Neuguineas und Australiens auf. Die Fische aus diesen Zonen in unseren Aquarien gehören fast ausschließlich zur Familie der Ährenfische *(Atherinidae)*. Sie leben in küstennahen flachen Süßwassergebieten. Viele von ihnen sind in die Brackwassergebiete der Flußmündungen vorstoßende Meeresfische und leben meist im Schwarm. Sie stehen den Meeräschen nahe. Von den bekannten prächtigen Aquarienfischen kommt eine große Zahl aus der erwähnten austromalaiischen Region: Dem nördlichen Ost- und West-Australien (Pseudomugil-Arten wie *P. signifer, P. signatus, P. gertrudae)*, den Gewässern von Neuguinea *(Iriatherina werneri* MEINKEN, 1974), der Insel Sulawesi — früher Celebes

Mayland

*Die Übergangszonen zwischen Süß- und Meerwasser sind „brackig". Bis hierher dringen die Mangroven vor.*

— *(Telmatherina ladigesi* — vergleiche auch Zuchtbericht ab Seite 416) und von Madagaskar *(Bedotia geayi)*. Weitere, in Aquarien selten gehaltene, Arten sind aus Kuba und Westflorida *(Alepidomus evermanni)* sowie aus der Mündung des Paraná in das La-Plata-Becken *(Austromenidia bonariensis)* bekannt.

Zu den bis ins Brackwasser vordringenden Arten, die sich aber im Aquarium auch in angesalzenem Süßwasser halten lassen, gehört der Schützenfisch. Zu seiner Haltung benötigt man größere Becken und sollte nur Jungfische eingewöhnen. Zu der Haltung dieser Art *(Toxotes jaculatris)* gibt man 2—3 Teelöffel Meersalz auf 10 Liter Wasser. Auf ähnliche Weise lassen sich auch verschiedene Grundeln (1—2 Teelöffel Salz auf 10 Liter Aquarienwasser) halten. Die bekannteste ist *Brachygobius xanthozona*, die Goldringelgrundel. Sie stammt aus den Küstenregionen Sumatras, Borneos und Javas, wogegen andere, in der Färbung ähnliche Verwandte *(B. nunus* und *B. aggregatus)* sowie die Glasgrundel *(Gobiopterus chuno)*, die Celebesgrundel *(Stigmatogobius hoeveni)* und die Gefleckte Grundel *(S. sadanundio)* noch über andere Teile Südostasiens und Neuguineas verbreitet sind. Ähnliche ursprünglich im Meer lebende und im Verlauf der Erdgeschichte in die Flußläufe gewanderte Süßwasserarten findet man in Westindien und im tropischen Westafrika.

# Cichliden

## Cichlidenbiotope in aller Welt

Wenn man heutzutage über Buntbarsche redet oder schreibt, denken die meisten Liebhaber, im Gegensatz zu früheren Jahren, an die Cichliden Afrikas. Unsere Väter dagegen kannten hauptsächlich die Cichliden aus Süd- und Mittelamerika. Erstaunlicherweise wurde die Fischfauna des südlichen und mittleren Teils der neuen Welt viel früher durchforscht als beispielsweise jene des Seengebiets im Grabensystem Zentralafrikas. Das hat seine Gründe wohl in erster Linie darin, daß man den afrikanischen Seen nichts Atemberaubendes abgewinnen konnte. Zudem lagen die Seen derart weit von den Küstenregionen entfernt, daß ihre Erkundung zwar in Angriff genommen wurde, jedoch nur wenige ausersehen waren, die damals damit verbundenen großen Strapazen auszuhalten und durchzustehen. Bereits 1871 trafen sich Stanley und Livingstone am Ostufer des Tanganjikasees, unweit der heutigen Hauptstadt von Burundi: Bujumbura. Daran erinnert noch heute ein Gedenkstein. Nun darf man nicht glauben, daß zu jenen Zeiten irgend jemand an Aquarienfische gedacht hätte. Livingstone (1813—1873) verstand sich vorwiegend als Missionar — Entdecker — Menschenfreund, wie es auf seiner Grabplatte in Londons Westminster Abbey geschrieben steht. Seine Expeditionen standen unter ständiger begründeter Furcht vor der Malaria und der Tsetsefliege. Der Sambesi wurde sein Schicksalsstrom, und er erreicht 1867 das Südende des Tanganjikasees. Im gleichen Jahr entdeckt er den Lake Mweru und ein Jahr darauf den Lake Bangweulu, Gewässer, die uns heute wegen der darin vorkommenden Cichliden gut bekannt sind. Als er als verschollen galt, brach Stanley (1841—1904) auf, um ihn zu suchen. Er fand ihn, wie erwähnt, am 25. Juli 1871 im damaligen Ujiji, dem heutigen Bujumbura. Dort traf er Livingstone bereits sehr geschwächt an. Der Forscher starb zwei Jahre darauf, am 30. 4. 1873, im tiefen Afrika. Stanley, der sich während der kurzen Zeit ihrer Begegnung mit Livingstone anfreundete, übernahm von ihm die Begeisterung für die Erforschung Afrikas und beschloß, das Lebenswerk seines Vorgängers fortzusetzen.

Im Frühjahr 1875 erreichte Stanley den Viktoriasee, nachdem er in einer Reihe von Kämpfen viele seiner einheimischen und auch weißen Begleiter verloren hatte. Als ihm kriegerische Stämme den Weg zum Albertsee verlegen, wendet sich Stanley erneut nach Süden, um den Tanganjikasee zu erforschen. Seine Vermutung, der See hänge über den Abfluß Lukuga mit dem Stromgebiet des Kongo zusammen, erweist sich später als richtig, und die Abgrenzung zum Stromgebiet des Nil ist somit gefunden. Seit dieser Zeit durchforscht Stanley überwiegend die Gebiete im Strombett des Kongo. Er hat festgestellt, daß es sich bei dem von ihm entdeckten Lualaba um nichts anderes als den Oberlauf des Kongo-Flusses handelt. Stanley geht noch zweimal nach Afrika und beteiligt sich von 1879 bis 1884 an der Begründung der Kongo-Kolonie, ursprünglich ein Privatunternehmen des belgischen Königs Leopold II. 1887 bricht er zum Albertsee auf und entdeckt anschließend den Eduardsee und das über 5 000 Meter hoch ansteigende Ruwenzori-Gebirge, die „Mondberge". Bei diesen vielen Reisen hat auch dieser Forscher sehr große Entbehrungen auf sich nehmen müssen. Nun werden Sie, verehrter Leser, fragen: „Was hat das alles mit den Cichliden zu tun?" Diese kleine Abschweifung in die Geschichte soll Ihnen vermitteln, wie verhältnismäßig spät der zentralafrikanische Kontinent erforscht wurde und welchen Gefahren sich die Entdecker dabei aussetzten: Es waren nicht nur die vielen teilweise unbekannten Krankheiten, die dort lauerten, es waren auch kriegerische Eingeborenen-Stämme (zum Teil Kannibalen) und natürliche, nur schwer zu überwindende Hindernisse, die den Expeditionen schwer zu schaffen machten.

Wenn man bei Vergleichen feststellt, daß beispielsweise Alexander von Humboldt, Bergassessor und begeisterter Naturforscher, der gemeinsam mit dem französischen Botaniker Aimé Bonpland von 1799—1804 seine fünfjährige Südamerika-Expedition unternahm, kann man sich anhand des Zeitunterschiedes den Vorsprung errechnen, den die auch an der Fischfauna interessierten Wissenschaftler hatten. Vereinfachter ausgedrückt: Als HECKEL im Jahre 1840 einen der beliebtesten Aquarienfische, den Diskusfisch *(Symphysodon discus* HECKEL, 1840), erstmals beschrieb, war Sir Henry Morton Stanley (geb. 1841) noch nicht einmal geboren! Einen entsprechenden Rückstand hat auch die Cichlidenforschung, soweit sie die zentralafrikanischen Seen betrifft. Allerdings muß man berücksichtigen, daß die Forschung heute über bessere Voraussetzungen verfügt, als man sie damals kannte: Heute erhalten die Wissenschaftler zu totem Untersuchungsmaterial auch lebende

Fische. In früheren Jahrzehnten und Jahrhunderten überbrachte man ihnen in Alkohol präparierte Fische, die bisweilen bereits Monate oder Jahre in dieser Flüssigkeit schwammen. Nach diesen Leichen (und ausschließlich danach!) wurden dann die vielen Arten, Gattungen und Familien aufgestellt, wie sie heute zum Teil noch gültig sind. Fehler, die dabei möglicherweise gemacht wurden, liegen nicht in der Taxonomie* begründet, sondern wohl eher darin, daß anhand von beinahe farblosem Untersuchungsmaterial Arten aufgestellt wurden, die man heute beim besten Willen nicht mehr wiederfindet. Das gilt vor allem für einige Vertreter der Gattung *Cichlasoma.* Andere Arten der gleichen Gattung beispielsweise, an deren Existenz mancher Aquarianer kaum glaubte, und von denen Bildmaterial praktisch nie veröffentlicht worden ist, existieren tatsächlich, wie sich aus den Fotos einer Reihe von Cichlasoma-Arten ergibt. Bei vielen Beschreibungen von GUENTHER, STEINDACHNER, PELLEGRIN oder REGAN sind den Autoren begreifliche Irrtümer unterlaufen, zumal sie vor achtzig oder hundert Jahren leider noch nicht jene Kommunikationshilfen kannten, die uns heute selbstverständlich sind. Andere, für ihre Veränderlichkeit bekannte Arten, erhielten verschiedene Namen, denn man erkannte noch nicht, daß es sich bei den unterschiedlichen Formen um ein- und dieselbe Art handelte. Das beste Beispiel dafür ist *C. labiatum* (bitte vergleichen Sie die Artbesprechung auf Seite 109).

Die Aktivitäten, die Fischfauna im süd- und mittelamerikanischen Raum zu erforschen, waren bereits in der zweiten Hälfte des vorigen Jahrhunderts sehr groß. Damit hat die „Neue Welt" auf diesem Gebiet einen Vorsprung vor dem afrikanischen Kontinent. Auf den ersten Blick erscheint das unbegreiflich, indes, als man beispielsweise in Zentralbrasilien bereits die Fischwelt bestimmte und mit Namen versah, begann man in Afrika gerade damit, die Fischfauna der Küstenzonen wissenschaftlich in Augenschein zu nehmen. Erste Beschreibungen der Arten wurden erst gegen Ende des Jahrhunderts vorgenommen. Hier sind in erster Linie die Arbeiten des Franko-Engländers BOULENGER bekannt. Er hat um die Jahrhundertwende eine Reihe heute noch beliebter zentralafrikanischer Aquarienfische, darunter beispielsweise *Pseudotropheus zebra,* erstmals beschrieben. In den Jahren darauf wurden Erstbeschreibungen überwiegend von Wissenschaftlern vorgenommen, die von der damaligen Kolonie Belgisch-Kongo aus ihre Unternehmungen zur Erforschung der Gewässer-Fauna starteten, darunter die Engländerin TREWAVAS und aus dem französisch-belgischen Raum POLL, MARLIER und MATTHES.

---

* Taxonomie ist ein Fachgebiet der Biologie, das sich mit den Verwandtschaftsbeziehungen der Lebewesen und ihrer Ordnung in einem hierarchischen System (Systematik) befaßt.



## Cichlidenbiotope in Südamerika

Die Lebensräume der südamerikanischen Buntbarsche, so unterschiedlich sie auch zuweilen angetroffen werden, weisen bei näherer Betrachtung doch eine gewisse Ein-

*Der südamerikanische Raum mit dem Amazonas-Becken und seiner ausgedehnten Cichliden-Fauna.*

Achilles

Bleher

*Rio Tibitis in Surinam. Ein typischer Cichliden-Biotop mit hellen und schattigen Plätzen.*

Bleher

*Südamerikanischer Buntbarsch-Biotop entlang der Transamazonica in der Höhe des Ortes Jacareacanga.*

heitlichkeit gegenüber anderen Biotopen auf. Selbst wenn man von Zeit zu Zeit steinige Gebiete oder weite Gewässerregionen mit vielen Sandbänken antrifft, darf man daraus nicht etwa schließen, daß bei Niedrigwasser an diesen Stellen das Wasser härter als normal wäre. So weisen auch Flüsse wie der Orinoço oder der Rio Negro derartige Regionen auf. Trotz dieser Zonen gibt es hier kein Kalkgestein, und das Wasser ist mineralarm, vor allem aber reich an organischen Stoffen, wie vielerorts auch die Braunfärbung zeigt. Zierfische findet man überwiegend in kleineren Gewässern, und zwar an Stellen, an denen Steine oder Geäst den Tieren Schutz vor Nachstellungen potentieller Freßfeinde bieten. Das gilt auch für Cichliden, die zum überwiegenden Teil als Raubfische gelten. Daher kann man jedem Aquarianer empfehlen, sein Becken mit Verstecken aller Art auszustatten. Die Gewässer Südamerikas weisen (fast) keine Stromschnellen auf, wie wir sie von vielen Flüssen in Afrika kennen. So haben sich auch unter den Cichliden nennenswerte Arten nicht herangebildet, die diesem Gewässertyp speziell angepaßt wären.

Wenn von südamerikanischen Fischen die Rede ist, denkt man dabei meist an die aus den flachen Gebieten Amazoniens. Hier werden wahrscheinlich auch die meisten Zierfische gefangen. Man darf jedoch nicht vergessen, daß der südamerikanische Subkontinent sehr groß ist und noch über andere Großregionen verfügt, die ebenfalls reich an Fischen sind. So finden wir im Bereich der Guayana-Abdachung, also in den Flüssen, die aus dem Hochland von Guayana kommen und dem Atlantik zufließen, reichhaltige Cichlidenbiotope. Weil wir durch die Arbeiten von LOWE-McCONNELL gut über jene Biotope informiert sind, kann festgestellt werden, daß mindestens zwischen 30 und 40 Buntbarscharten allein in diesem Gebiet vorkommen. In den kultivierten Zonen der Guayana-Länder findet man neben den natürlichen Gewässern auch künstlich angelegte Bewässerungsgräben, für den Reis- und Zuckerrohranbau, in denen sich die Fischfauna ebenfalls ausgebreitet hat. Im Südwesten und im Süden Amazoniens befinden sich weitere Gebiete, deren Entwässerung über den Rio Paraná erfolgt. Die Einzugsgebiete dieses Stromes erstrecken sich bis ins Hochland von Mato Grosso und den Gran Chaco, einem großen Trockenwaldgebiet. Während man im Mato Grosso die schönsten und ergiebigsten Biotope antrifft, fehlen im weitaus größten Teil des Gran Chaco fließende Gewässer überhaupt. Ständig wasserführende Flüsse sind der Rio Salado, der Bermejo und der Pilcomayo, die übrigen, ebenfalls aus den Anden kommenden Wasserläufe, versickern bald im Schlamm oder im Sand. Anders dagegen in den Gebieten im Bereich des Mato Grosso, jenes mächtigen Tafellandes aus Sandstein, das von Laterit bedeckt ist, einer durch Gesteinsverwitterung entstandenen Roterde. Sie liegt hier teilweise lose als Sand auf und läßt Mensch und Tier nur mühsam vorwärts kommen. Der Brasilianer nennt diesen Sand Canga. Im Norden wird der Sandstein

Mayland

*Eine Schwarzwasser-Uferzone an einem Seitenarm des Rio Inirida (Orinoco-Region), in dem wir* Pterophyllum altum *und, etwas entfernt,* Symphysodon aequifasciata axelrodi *fingen.*

von Glimmerschiefer, Gneis und Granit abgelöst, die bis in den Bereich des unteren Amazonas vorkommen. Wenn auch diese gewaltige Formation in die verschiedenen Richtungen entwässert wird, so werden die größten Wassermengen schließlich über den Rio Paraná abgeleitet. Wegen der von den Flüssen zerschnittenen Hochflächen findet man einige der erwähnten Wasserfälle: So stürzt der Paraná im Salto des Sete Quedas (auch Guaira-Fälle genannt) aus großer Höhe zu Tal. Bekannter jedoch wegen ihrer Schönheit und vom Tourismus gefördert, sind die Iguassú-Fälle.

Während Aquarianer meist vom Amazonas träumen, darf man eine Region nicht übersehen, aus der in den letzten Jahren immer mehr Zierfische, darunter auch wunderschöne und fast vergessene Cichlidenarten, eingeführt wurden: Kolumbien. Das Land wird von zwei Flußsystemen beherrscht: vom Rio Magdalena im Westen und den Zuflüssen des Orinoco im Osten. Aus den Biotopen des erstgenannten Gebietes kam beispielsweise in den letzten Jahren der Rothauben-Erdfresser *(Geophagus hondae)* zu uns, ein maulbrütender Cichlide, der ausgezeichnet Nachzuchten bringt. Von den vielen „klotzigen“ Buntbarschen aus der Orinoco-Region sei nur *Cichlasoma psittacum* erwähnt, der leider viel zu selten eingeführte Papageienbuntbarsch. Auch sollte man in dieser Aufzählung den „Hohen Skalar“ *Pterophyllum altum* nicht vergessen, der ebenfalls in diesem Gebiet vorkommt. Auch hier ist die Wasserhärte gleich null, und der pH-Wert liegt im sauren Bereich. Die vorkommenden Gesteinsarten entsprechen in etwa denen des Mato Grosso. Wichtig beim „Biotopdenken“ ist auch, daß es in den meisten Gewässerzonen jahreszeitlich unterschiedliche Hoch- und Niedrigwasserzeiten gibt. Geht das Hochwasser zurück, werden viele Fische in ihren sich schnell verändernden Biotopen eingeschlossen. Mit dem Sinken des Wasserspiegels werden nicht nur die Temperaturen höher: Viele Futterquellen werden abgeschnitten, und die miteingeschlossenen Raubfische müssen sich von ihren Mitbewohnern ernähren. Das Überleben ist kaum noch an Flucht und Verstecke gebunden, sondern hängt einzig und allein von Kraft und Wehrhaftigkeit ab. Da die sich bildenden „Lagunas“ oft ohne Baumbestand und damit ungeschützt sind, können bei Niedrigwasser auch bestimmte Vogelarten hier üppige Mahlzeiten halten. Was der Natur recht ist, sollte dem Menschen billig sein: Jetzt ist auch die „Hohe Zeit“ für die Fischfänger. In den erwähnten Lagunen finden sich, solange die kannibalische Zeit noch nicht eingesetzt hat, besonders viele Jungcichliden der verschiedenen Arten. Weil man die Arten kaum auseinanderhalten kann, kommen sie unter allen möglichen Händlernamen in die Preislisten und zum Versand.

## Buntbarschregionen Mittelamerikas

Eine Reihe von Cichliden kommt aus den Fluß- und Seengebieten Mittelamerikas. Die Zone südlich der Sierra Madre ist von Vulkanen geprägt. Die ursprünglichen Umrisse der Gebirgszüge liegen unter den Lavamassen begraben, die sich aus den vielen Kratern ergossen, von denen rund 850 über ein 200 km langes Gebiet zwischen Guatemala, Honduras und Nicaragua verteilt sind. So ist beispielsweise in 1 650 Meter Höhe durch die ausgestoßenen Massen dreier Vulkane — des Atitlán, des Toloman und des San Pedro — ein See entstanden, der nach dem alles überragenden Vulkan Atitlán-See genannt wird. Die Bewohner Guatemalas bezeichnen ihn stolz als den schönsten See der Welt, eine Aussage, die ich mit einigen Einschränkungen durchaus bejahen kann. Die Fundgebiete vieler mittelamerikanischer Cichliden beginnen in jenem Gebiet und enden südlich im Bereich der Küstenvulkane

*Die Buntbarschregionen Zentralamerikas reichen von den südlichen USA bis nach Panama.*

Nicaraguas und Costa Ricas. Das größte Süßwasserreservoir in diesem Gebiet liegt in der Nicaragua-Senke, in der sich der Managua-See und der noch weitaus größere Nicaragua-See gebildet haben. Beide Seen sind miteinander verbunden und haben Zu- und Abläufe. Sie und die umgebenden vulkanischen Seen bilden sehr interessante Cichlidenbiotope, wenngleich ihre Bewohner im Durchschnitt größer werden als die bekannten Felsencichliden der zentralafrikanischen Seen.

Der Nicaragua-See hat eine Länge von knapp 180 km bei eine Breite von 65 km, seine größte Tiefe wurde mit 80 Metern gemessen. Der Rio Tipitapa verbindet ihn mit dem Managua-See. Dieser kleinere See ist nur 65 km lang und 40 km breit, doch sind selbst diese Ausdehnungen, verglichen mit europäischen Verhältnissen, enorm. Soweit bis jetzt bekannt wurde, handelt es sich bei allen in diesen Seen vorkommenden Arten um Nichtmaulbrüter. Eine entsprechende Spezialisierung, wie wir sie von den zentralafrikanischen Cichliden kennen, läßt sich bei den mittelamerikanischen nur bedingt nachweisen. Der 8 000 km² große Nicaragua-See und der 1 000 km² große Managua-See bilden den Tiefpunkt im Grabengebiet Nicaraguas, das seinerseits als Bindeglied zwischen dem alten Zentralamerika des Erdmittelalters und der Isthmusregion des südlichen Teils Mittelamerikas, in dem sich die Erdkruste im Laufe der Erdgeschichte häufiger änderte als in anderen Gebieten dieses Kontinentteiles.

Die Grabensenke stellt heute für die Wissenschaft ein Gebiet dar, über deren geologische Geschichte es verschiedene Theorien gibt. Sie sind auch für den Fischfreund interessant, weil es beispielsweise im Nicaragua-See Süßwasserhaie gibt, deren Verbreitungsursprung mit jenen Theorien Hand in Hand geht. So soll nach der Auslegung von HAYES (1899) das Gebiet der heutigen nicaraguanischen Tiefebene bis zum Ende des Tertiärs eine Küstenzone des Flachmeeres dargestellt haben, das Pazifik und Atlantik verband. Später wurden der jetzige schmale Landstreifen emporgehoben und seine Küstenzone wiederholt verändert. Dabei wurde auch eine Bucht des Pazifiks geschlossen, deren Zugang zum Pazifik später noch einmal offen war und Meeresfische — wie Haie — Zutritt fanden. Weil nach diesen Theorien die Niederschläge in jenem Gebiet größer waren als die Verdunstung, stieg der Pegel im Seegebiet soweit an, daß sich ein Überlauf bildete und schließlich die Rinne des San-Juan-Flusses, wie er heute heißt, den See zu entwässern begann. Diese Theorie wird gestützt auf die Tatsache, daß die beiden Ichthyologen GILL & BRANSFORD (1877) die im See vorkommenden Haie einer im Pazifik lebenden Gattung *Eulamia* zuordneten. Die daraus abgeleitete Beschreibung von *E. nicaraguensis* wurde bereits zwei Jahre darauf durch die Aufstellung der Gattung *Carcharhinus* (LÜTKEN,

H.-I.
Yucatán
KARIBISCHES
MEER
PAZIFISCHER
OZEAN
MEXICO
GUATEMALA
BELICE
HONDURAS
EL SALVADOR
NICARAGUA
COSTA RICA
Bacalar
Corozal
Chetumal-Bay
Cayo Grande
Punta Buena Vista
Belice
Turneffe-In.
All Pines
1130
Cockscomb Mts
Golf v. Honduras
Islas de la Bahía
I. Roatán
I. Utila
I. Bonacá od. Guanaja
C. Honduras
Trujillo
Lag. Brus od. Brewer
pta Patuca
Caratasca-Lag.
C. Gracias a Dios
R. Mamantel
Río Candelaria
Río Hondo
R. Nuevo
Río Belice
R. Sibún
Río San Pedro
Flores
L. Peten Itza
Río Usumacinta
R. de la Pasión
G. de Amatique
C. Tres Puntas
Puerto Barrios
Livingston
R. Sarstún
R. Chixoy
Coban
R. Coban
L. de Izabal
El Golfete
R. Chixoy o Negro
R. Polochic
Yzabal
Sa de las Minas
Río Motagua
Río Chamelecon
Río Ulua
Río Santiago
Sta Barbara
L. de Yojoa
Río Humuya
P. Congrehoy
2450
Mas de Pija
Río Aguan
Río Negro (Tinto)
Río Sulaco
Río Patuca
Jutigalpa
Sa de Dipilto (Mas de Colon)
Río Coco (Segovia od. Wanks)
Comajagua
Tegucigalpa
Solola
L. de Atitlán
V. Tolimán
Guatemala
V. Atitlán 3524
V. de Fuego 3918
V. de Agua 3752
V. Pacaya 2544
V. Suchitan 2042
L. de Guija
Sa de Tambia
Sa de Opalaca
R. Lempa
Sta Ana
V. Sta Ana 2385
Río Paz
1950
V. S. Salvador
S. Salvador
La Libertad
L. de Ilopango
V. S. Vicente
S. Miguel
2174
V. de S. Miguel
1250
V. Conchagua
Jiquilisco-Lag.
G. v. Fonseca
V. Cosiguina
859
Río Choluteca
Ocotal
Estelí
Lago de Apanas
Río Tuma
Matagalpa
Río Grande
Mosquito-Küste
Puerto Cabezas
Prinzapolka
Río Prinzapolca
V. Telica
1060
León
1149
Gusisil
L. de Managua
V. Momotombo 1280
Managua
Río Siquia
Lag. de Perlas
R. Escondido
R. Rama
Bluefields
I. Zapatera
V. Mombacho 1345
Lago de Nicaragua
I. Ometepe
Rivas
S. Juan del Sur
S. Carlos
Río San Juan
S. Juan del Norte
1487
V. Orosi
V. Sta. Maria 1907
C. de Sta Elena
V. Miravalles
V. Tenorio
Liberia
Lag. Arenal
Peña de Nicoya
1017
V. Poas
2678
V. Barba
V. Turrialba 3342
V. Irazú 3432
S. José
G. de Nicoya
791
V. Herradura
Co Buena Vista 3480
Co Chirripo 3800
C. Blanco
0 50 100 km

Achilles

Prof. Dr. Barlow

*Eine Ansammlung von* Cichlasoma citrinellum *entlang der felsigen Uferzone des Lago Apoyo in Nicaragua — aufgenommen in einer Tiefe von 9 Meter.*

1879) korrigiert, so daß die Art heute den Namen *Carcharhinus nicaraguensis* (GILL & BRANSFORD, 1877) trägt. Die Hayessche Theorie wird jedoch mit der interessanten Arbeit von RIEDEL, aus der übrigens auch der Autor viele Kenntnisse bezog, in Frage gestellt. Er weist unter anderem auf verschiedene Arbeiten hin, denen zu entnehmen ist, daß sich die Süßwasserhaie des Nicaragua-Sees von den Angehörigen der karibischen Art *Carcharhinus leucas* (MÜLLER & HENLE, 1841) lediglich durch unwesentliche morphologische Unterschiede differenzieren lassen. COPP kam wegen der Vielzahl der Arbeiten im Jahre 1969 zu der Ansicht, daß es sich hier lediglich um eine Population handele, der nicht der Rang einer separaten Art zusteht, und stellte sie als Unterart zu *C. leucas.*

In diesen Gebieten herrschen unterschiedlichere Wasserwerte, als wir sie aus den Biotopen Südamerikas kennen und wie die folgende Tabelle von Messungen neuesten Datums beweist:

| See oder Fluß | Wasser-temperatur | Uhrzeit der Messung | dGH in ° | dKH in ° | pH | µS bez. auf Wasser-temperatur | Besonderes |
|---|---|---|---|---|---|---|---|
| Lago Jiloá Nicaragua | 33° C | 13.00 | 18,0 | 13,5 | 8,4 | + 4000 | |
| Lago Managua Nicaragua | 37° C | 14.50 | 4,5 | 21,0 | 8,8 | um 1000 | Messung ufernah |
| Lago Masaya Nicaragua | 29° C | 10.30 | 5,5 | 9,5 | 9,0 | 450 | |
| Lago Nicaragua Nicaragua | 32° C | 13.15 | 3,0 | 4,0 | 8,7 | 300 | Isletas b. Granada |

| See oder Fluß | Wasser-temperatur | Uhrzeit der Messung | dGH in ° | dKH in ° | pH | µS bez. auf Wasser-temperatur | Besonderes |
|---|---|---|---|---|---|---|---|
| Rio Ochomogo westl. Nicaragua | 32° C | 16.00 | 3,0 | 9,0 | 8,4 | 400 | mündet in L. Nicaragua |
| Rio Estelí Nicaragua, b. km 170 | 27° C | 13.00 | 4,0 | 8,0 | 8,4 | 315 | üb. R. Coco in Atlantik |
| Rio Mico Nicaragua | 27° C | 11.30 | 3,0 | 3,0 | 7,2 | 290 | üb. R. Escondido in Atlantik |
| Lago Patzcuaro Hochl. v. Mexiko | 22° C | 14.30 | 6,0 | 18,0 | 9,0 | 400 | |
| Laguna in „Cuatro Ciénegas" | 33° C | 11.30 | 54,0 | 9,0 | 7,6 | um 3400 | 850 m ü. M. |
| unbek. Bach bei Aquimos, Staat S. L. Potosi, Mexiko | 26° C | 13.00 | 8,0 | 10,0 | 7,8 | 360 | a. d. Straße Ciudad Valles-Tamazunchale — schattig — |
| Cueva chica, Nähe Ciudad Valles S. L. Potosi, Mexiko | 28° C | 13.00 | 15,0 | 15,5 | 6,7 | 600 | Biotop von A. jordani (bl. Höhlens.) |
| Rio Panuco Golfküste, Mexiko | 29° C | 11.00 | 24,0 | 8,0 | 7,8 | 1100 | Unterlauf bei gleichn. Stadt |
| Rio Grijalva Tabasco, Mexiko | 29° C | 9.30 | 8,0 | 7,0 | 8,0 | 440 | |
| Lago Montebello Chiapas, Mexiko | 24° C | 12.30 | 5,5 | 4,0 | 8,0 | 160 | nach Regenfall |

Von den aquaristisch interessanten Fischen gesellen sich aus der Fischfauna des Nicaragua-Sees und seines Einzugsgebietes zu den hier vorkommenden Cichlasoma-Arten noch Vertreter aus den Fischfamilien *Characidae* (Salmler), *Atherinidae* (Ährenfische), *Eleotridae* (Schläfergrundeln), *Lepisosteidae* (Knochenhechte oder Kaimanfische) und *Pimelodidae* (schuppen- und knochenschildlose

Welse) zu, von denen einige Arten in dieser Senke endemisch leben. Mit Ausnahme von *N. nematopus,* der auch die Fließgewässer der atlantischen Abdachung Südnicaraguas und des nördlichen Costa Ricas bewohnt, gelten auch viele der hier lebenden Cichlidenarten als im Managua- und Nicaragua-See endemisch, obgleich man inzwischen auch Vorkommen in diesen Fließgewässern gefunden hat.

Besonders an den farblich differenten Formen der Arten *C. citrinellum* und *C. labiatum* erkennt man, daß sich in diesem riesengroßen Seengebiet verschiedene Populationen mit unterschiedlichen Farbvarianten entwickeln konnten. Abweichungen in der Körperzeichnung findet man übrigens auch bei *C. nicaraguense,* von der ohnehin eine starke Unterscheidung in der Färbung der Geschlechter bekannt ist. In den beiden Seen, die in der Landessprache eigentlich Lago Xolotlán (Managua-See) und Lago Cocibolca (Nicaragua-See) heißen, ist die Vegetation relativ gering. Lediglich in sumpfigen überschwemmten Zonen um die Seen findet man verschiedene Simsen- oder Rohrkolbenarten *(Typha* und *Scirpus),* die sich stellenweise bis in seichte Regionen der Seen hineinziehen. Im nahegelegenen Lago Apoyo findet man dagegen Chara-Arten in verschwenderischer Fülle, Unterwassergewächse, die etwas an die uns besser bekannte Nitella erinnern. Sie wachsen nicht in den obersten Wasserschichten, sondern erst bei Tiefen ab drei bis vier Meter und reichen bis etwa 18 Meter hinab. Felsenzonen sind ebenso mit Algen bewachsen, wie wir das von den Biotopen in den zentralafrikanischen Seen kennen. Hier gibt es, wie man sieht, ebenfalls ein ausreichendes pflanzliches Futter, wenn auch das Angebot möglicherweise nicht überall gleich verteilt ist. Da jedoch, und das wissen viele Aquarianer aus Berichten von den zentralafrikanischen Seen, eine Reihe von Arten speziell diesen ökologischen Nischen* angepaßt sind und überwiegend die dort angebotene Nahrung verwerten, ist auch nur hier ihr Lebensraum.

Ebenso wie grobere pflanzliche Nahrung ist in den meisten Seen dieser Senke auch Phytoplankton (im Wasser schwebende kleinste pflanzliche Organismen, auf deren Vorkommen das Leben einiger spezialisierter Arten abgestimmt ist) vorhanden — zumindest in den fünf von BARLOW untersuchten Nicaragua-, Managua-, Masaya-, Jiloá- und Apoyo-Seen. Viele der großen Buntbarscharten, wie *C. citrinellum,* nehmen verschiedenartige Nahrung in unterschiedlicher Weise auf. Man sieht sie über den Boden oder über Felsen streifen, wobei sie gelegentlich in die Algenpolster beißen, wenn der Aufwuchs möglichst voll von Kleinstlebewesen steckt. Ähnliches sieht man auch bei

* Die Ökologie, als Teilgebiet der Biologie betrachtet, stellt die Lehre von den Beziehungen der Lebewesen zu ihrer Umwelt dar. In diesem besonderen Fall ist der Biotop angesprochen, in dem die Art ihre Nahrung findet und sich vermehrt. Gerade durch die bekannte verschiedenartige Spezialisierung der Cichliden werden die Tiere durch einen Evolutionsprozeß zum Leben in einem bestimmten Biotop angepaßt.

*Der Lago Apoyo, in dem auch Cichliden gefunden werden (vgl. linkes Foto), ist ein runder, großer Kratersee mit steil abfallenden Wänden.*

Mayland

*Der Lago Jiloá ist von der Straße aus gut erreichbar. Seine Ostküste ist feinsandig, während die übrigen Ränder dicht bewachsen sind.*

Mayland

*Die Grabenseen Nicaraguas.*

Achilles

Wasserpflanzen *(Chara)*, an denen ebenfalls kleine Wasserbewohner und deren Gelege sitzen und zur Beute der Fische werden. Es werden bei der Nahrungssuche aber nicht nur pflanzliche und tierische Teile aufgenommen, auch Detritus (tote Schwebe- und Sinkstoffe, abgestorbene Mikroorganismen) wird gefressen, ebenso junge Fische. Hierzu wurden Beobachtungen unter Wasser durch Mageninhalt-Untersuchungen ergänzt.

Wenn man aus den Bereichen der afrikanischen großen Seen immer wieder von endemisch vorkommenden Arten und Farbvarianten hört und liest, so darf man nicht glauben, daß Derartiges nur im afrikanischen Raum möglich wäre. Auch in Süd- und Mittelamerika kommen Farbvarianten innerhalb derselben Arten vor, wie viele Beispiele beweisen. Dagegen ist das Vorkommen endemisch lebender Arten wegen ihrer mangelnden relativen Isoliertheit seltener zu finden.

Es gibt aber auch solche Arten, wie der folgende kurze Bericht beweisen soll: In Nordmexiko, im östlichen Teil der Chihuahua-Wüste, liegt die kleine Stadt Monclova. Im

Westen dieses Ortes breitet sich, als Teil der Sierra Madre, ein isoliertes Gebiet aus, dem man den Namen „Cuatro Ciénegas“ gegeben hat, was soviel wie „vier Seen ohne Abfluß“ bedeutet. Es handelt sich hierbei um ein Becken mit einer Ausdehnung von 60×60 km, das durch einen Gebirgszug, die Sierra de San Marcos, in zwei Teile zerschnitten wird. Das Gebiet ist ohne Abfluß, auch Zuflüsse sind nicht zu erkennen. Vielmehr stammt das Wasser, das die Sumpfgebiete speist, aus einem unterirdischen Quellsystem, das an einigen Stellen sprudelnd an die Oberfläche tritt. Diese Landschaft, deren Oberfläche von Kalziumsulfat (Gips) und einem entsprechend hellen Bodengrund geprägt ist, weist dennoch verschiedene Lebensräume auf, je nach Höhe ihrer Lage. So trifft man ausgesprochene Sumpfgebiete, Teiche, dünne Flußläufe ebenso an wie wüstenartiges Gelände, in dem sich harte Gesteinshügel aus dünenartigen Aufschüttungen erheben. Bei den letzteren haben wir es mit kristallinen Formen des Kalziumsulfates zu tun, bei denen die einzelnen Körner vom Wind zu feinem Sand zerschliffen wurden.

*Im Bereich der Isletas (Inselchen), im Nordwesten, zeigt der Nicaragua-See eine Vielzahl von Felsenbiotopen, wie man sie in ähnlicher Art an den Küsten oder Inseln in den zentralafrikanischen Seen findet. Im Hintergrund der 1 258 Meter hohe Vulkan „Mombacho“.*

Mayland

Mayland

*In den Teichen der „Cuatro Ciénegas" mit ihrem besonders harten Wasser (ich maß 54° dGH!) leben insbesondere jüngere Cichliden in unvorstellbaren Mengen. Ältere Tiere weichen in geschütztere Zonen der Kanäle aus.*

Da eine solche Abgeschiedenheit über einen längeren Zeitraum hinweg eine speziell auf die Bedürfnisse dieses Biotops ausgerichtete Selektion auslöst, kommt es zwangsläufig zu Anpassungen und somit zur Spezialisierung der Arten. So entstehen nicht nur besondere Rassen, sondern auch neue Arten, wenn dieser Evolution genügend Entwicklungszeit bleibt.

Im Falle des hier angeführten Cuatro-Ciénegas-Beckens stellt man vier endemisch lebende Arten von Cichliden fest, die alle der Gattung *Cichlasoma* angehören. Eine Art besitzt einen besonders starken Kauapparat, mit dem bevorzugt Schnecken zerkleinert werden, eine weitere hat ausgesprochen kleine Zähne und ernährt sich von Algen und ähnlicher Kost. Die beiden übrigen haben eine gestreckte Körperform, ein tief gespaltenes Maul sowie längere (Fang-) Zähne in den vorderen Kiefern: Sie sind Räuber und ernähren sich von anderen Fischen. Wahrscheinlich sind diese vier Arten aus einer Urform entstanden, doch muß man feststellen, daß auch hier die durch die Isolation hervorgerufene Evolution mehrere zehn Jahrtausende benötigt hat. Auch in diesem Gebiet war offenbar die Ausschöpfung des vorhandenen Nahrungsangebotes eine wichtige Voraussetzung für die Anpassung der verschiedenen heutigen Arten, wie es auch in den zentralafrikanischen Seen der Fall war und noch ist.

## Lebensräume der Cichliden in den Gewässern des afrikanischen Äquatorialwaldes

Der tropische afrikanische Regenwald zieht sich von der Atlantikküste südlich der Sahel-Zone durch die westafrikanischen Länder bis an die schroffen Hänge der über 5 000 m hohen vulkanischen Gebirgszüge im Herzen des Kontinents, durch die der Äquatorialwald vom afrikanischen Grabenbruch und den Gebieten östlich davon getrennt ist. Die beiden größten Ströme, die dieses Gebiet entwässern, sind zweifellos der Kongo-Fluß (jetzt Zaire-Fluß) und der Niger. Dieser feuchte Urwaldgürtel mit seinen vielen Wasserrevieren erstreckt sich in einer Breite von 5 000 km, hat demgegenüber jedoch nur eine Nord-Süd-Ausdehnung von 1 600 km. Nur in Südamerika nimmt der Urwaldgürtel eine größere Fläche ein als hier. In Ghana und in Togo wird der Äquatorialwald von einer Savannenzunge unterbrochen, die sich bis ans Meer vorschiebt. In früheren erdgeschichtlichen Zeiten dehnte sich dieser Wald auch noch weiter nach Osten, Norden und Süden aus. Er erstreckte sich während der Pluvialzeit quer über den Grabenbruch nach Ostafrika und in die Hochländer Äthiopiens hinein. Leider muß diese riesige Landschaft aus Wald und Wasser nach und nach schrumpfen, weil auch hier stetig größere Teile entweder der Axt

*Die Unterwasserlandschaft der Flußgebiete Westafrikas kann recht unterschiedlich beschaffen sein. Sandzonen werden von Pflanzenregionen abgelöst...*

Sjölander

zum Opfer fallen oder für „Kulturland" gerodet (sprich: abgebrannt) werden. Die Versteppung weiter Gebiete, besonders im Anschluß an die Sahel-Zone im Norden, erfolgt somit überwiegend durch Einfluß menschlicher Hand; sie beschleunigt die Zerstörung des Waldes beängstigend. Die Cichlidenbiotope im Herzen Afrikas müssen aus diesen und anderen Gründen sehr differenziert gesehen werden.

Nicht alle Fische leben in den Gewässern tiefsten Dschungels. Bestimmte Arten ziehen ein Leben in sonnigen Bächen und Teichen der Savannen vor. Andere wiederum, wie der überwiegende Teil der westafrikanischen Zwergcichliden *(Pelvicachromis, Chromidotilapia, Thysia* und andere), leben in küstennahen Süßgewässern, die jedoch durch die regelmäßig einsetzende Flut auch angesalzen sein können. Dieser Fische wegen waren in den letzten Jahren hauptsächlich die Küstenstriche der Länder Nigeria und Kamerun von Interesse, in denen die erwähnten Arten samt ihrer verschiedenen Farbvarianten gefunden wurden. Hier wird durch den ständig wiederkehrenden Regen die Luftfeuchtigkeit hoch gehalten, und es gibt nur Temperaturunterschiede von etwa 3° C im Jahr, wobei die Durchschnittswärme zwischen 24 und 27° C schwankt. Die Luftfeuchtigkeit jedoch liegt meist bei 93 %. Erreicht man weiter im Norden dieser Länder die Steppengebiete, so registriert man bereits wesentlich höhere Temperaturschwankungen, die in extremen Fällen (von 45° C am Tag auf 18° C in der Nacht) 27° C betragen können. Das Wasser „puffert" diese Schwankungen zwar, doch müssen die Fische, die in den Gewässern dieser Gebiete leben, sehr anpassungsfähig sein. Die Gewässer in der Savanne wie in Küstennähe sind im allgemeinen sehr trüb, so daß Biotopbeobachtungen nicht so leicht durchzuführen sind wie etwa in den großen zentralafrikanischen Seen. Ein ähnlich trübes oder besser undurchsichtiges Wasser kennt man auch aus den meisten Bächen und Flüssen Südamerikas. Die Böden in Küstennähe sind oft sandig, und das aus den Waldgebieten zum Meer strömende Regenwasser lagert seine Sedimente hierauf ab. Die in diesem Raum angetroffenen Cichliden halten sich artmäßig in Grenzen. Die

*Es gibt auch Gebiete, in denen abgestorbenes organisches Material übereinandergeschichtet ist. Hierdurch wird das Wasser angesäuert. Freiwasseraufnahme.*

Sjölander

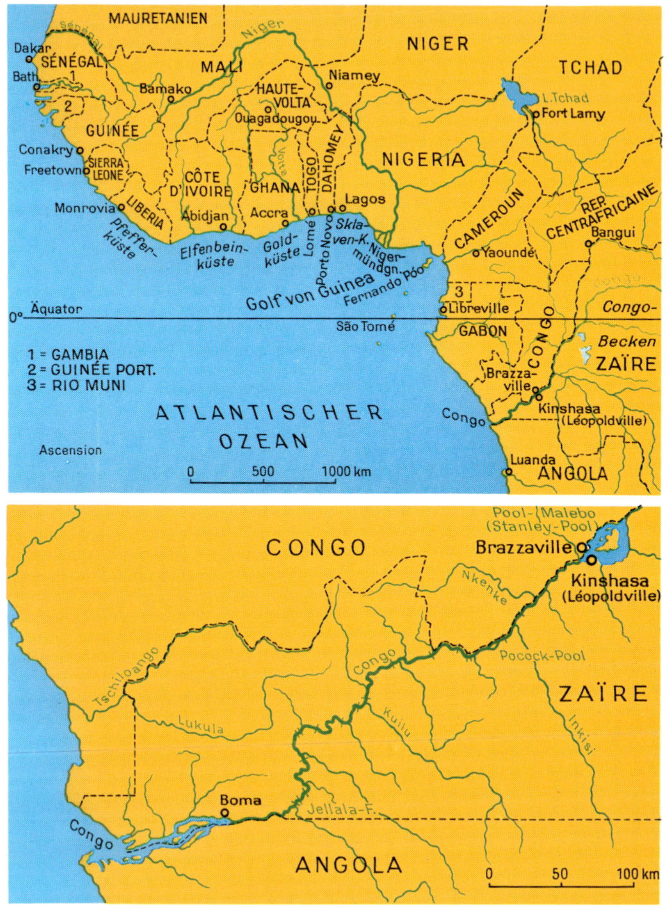

Achilles

*Die bevorzugten Lebensräume vieler Cichliden des afrikanischen Äquatorialwaldes liegen im Westen des Kontinents, zum größten Teil in Küstennähe.*

Sjölander

Tilapia mariae. *Die Streifen dienen als Schwarmsignal. Sie geben zu erkennen, zu welcher Art ein Fisch gehört. Freiwasseraufnahme.*

Nährstoffe übrigens auch. Es sind in erster Linie *Hemichromis fasciatus* und *H. bimaculatus,* ferner (in großen Mengen) *Tilapia mariae* und (weniger zahlreich) *Tilapia zillii.* Von den sogenannten Zwergcichliden leben hier *Pelvicachromis pulcher* und (weniger zahlreich) *P. taeniatus* sowie *Chromidotilapia guentheri.* Ergebnisse von Magen- und Darmuntersuchungen (SJÖLANDER, 1972) ergaben für die beiden Tilapia-Arten eine überwiegend vegetarische Kost aus Algen und Pflanzenteilen sowie Sand als Ballaststoff, wogegen andere Cichliden-Arten auch Kleintiere aus dem Bodengrund aufnehmen, die beim Aufwühlen des Grundes erbeutet werden. Hierbei tut sich besonders *C. guentheri* hervor.

Die meisten Waldgebiete im Bereich des Kongo-Beckens sind von Flüßchen und Bächen durchzogen. Zuweilen findet man auch kleine seichte Tümpel verstreut. Weil diese Gebiete teilweise an ihren Rändern größere Höhenunterschiede aufweisen, müssen diese auch von den Flüssen überwunden werden. Hierbei bilden sich Wasserfälle und Stromschnellen, wie man sie gerade im Bereich des Kongo-Flusses immer wieder findet. Wo die Flüsse auf den Plateaus nur ein geringes Gefälle haben, entstehen Überschwemmungszonen, die zu ausgebreiteten Sümpfen werden. Wälder in derartigen Sümpfen stehen auf schlecht entwässertem Boden. Hier leben auch die bekannten Lungenfische; sie gelten als lebende Fossilien. Die Sumpfgebiete sind begreiflicherweise nicht so sehr erforscht wie die zwar nährstoffarmen, jedoch recht klaren und leicht braunen Gewässer des Kongo selbst sowie einige seiner Nebenarme. Diese Wasserreinigung erfolgt über die immer wiederkehrenden Stromschnellen. Die Wasserwerte schwanken, je nach Zuflußgebiet, zwischen 2° und 6° dH. Der pH-Wert kann in manchen Gebieten extrem sauer (bis 5,0) sein, liegt jedoch im Durchschnitt zwischen 6,0 und 6,5. Neben den verschiedenen Tilapia-Arten, die überwiegend in den Einzugsgebieten des Kongo-Flusses gefunden werden *(Sarotherodon lepidurum, S. dolloi, Tilapia sparrmanii* und andere), sind für den Cichlidenfreund in erster Linie die verschiedenen gestreckten und unter dem Bauch abgeflachten Arten der Boden- und Stromschnellenbuntbarsche aus dem Kongobereich interessant. Viele davon leben in Höhlen, die sich in den Unebenheiten auf dem Gewässergrund gebildet haben. In diesen Lebensräumen, in denen die Strömungsgeschwindigkeit die größte Anpassung erfordert, ist deshalb auch das Nahrungsangebot nicht groß. Die flache Körperbauweise der Fische ist daher überwiegend als eine Anpassung an die natürlichen Gegebenheiten im großen Strom anzusehen. Sie verfügen ebenso über eine stark verkleinerte Schwimmblase, denn ein stärkerer Auftrieb könnte das Leben am Boden nur behindern. Auch die Größe der Fische darf ein gewisses Maß nicht überschreiten, weil sie sonst nicht mehr in die schmalen Spalten und Höhlen einzudringen vermögen. Sie brauchen viel Kraft, um nötigenfalls gegen die Strömung ankämpfen zu können, deshalb sind sie oft mit einer großen Schwanzflosse aus-

Chromidotilapia guentheri *vor seiner Nisthöhle. Freiwasseraufnahme in Nigeria.*

Sjölander

*Die oft schnell fließenden Gewässer in den Niederungen des Zaire-Flusses bilden auch schattige Plätze, in denen man die verschiedenen Cichlidenarten findet.* Mayland ▷

Sjölander

*Unterwasser-Landschaft im Ethiop-River in Nigeria. Freiwasseraufnahme.*

*Eine weitere Unterwasser-Region des Ethiop-River mit* Tilapia mariae. *Freiwasseraufnahme.*

Sjölander

gestattet. Da, wie erwähnt, das Nahrungsangebot nicht allzugroß ist, müssen sich die Fische ein größeres Revier von Nahrungskonkurrenten frei halten als man es nach der Größe der Tiere vermuten könnte. Dies gilt nicht nur für Tiere der eigenen, sondern auch für die einer fremden Art. WICKLER stellte bereits in den Jahren 1958 und 1959 verschiedene Verhaltensanalysen über Stromschnellencichliden auf. Von den verschiedenen Arten kann man *Steatocranus casuarius* wohl als den bekanntesten ansehen. Bei den zur Zeit noch regelmäßigen Transporten stellen diese Tiere auch das größte Kontingent. *Teleogramma brichardi* wird dagegen nur in sehr geringen Mengen eingeführt. Weitere bekannte Bewohner der Stromschnellengebiete sind *Lamprologus werneri,* der im Gebiet des früheren Stanley-Pool vorkommt, *L. congoensis, S. tinanti* und *L. mocquardii,* der im mittleren Kongo-Gebiet, etwa bei Ubangi, lebt.

Obgleich diese erwähnten Arten auch Höhlen bauen, kann man sie nicht als ausgesprochene Höhlenbewohner bezeichnen. Im Jahre 1976 wurde aber auch ein reiner Höhlenbewohner aufgespürt und beschrieben: *Lamprologus lethops.* Die Art lebt ebenfalls im Zaire-River (Kongo-Fluß) in der Gegend von Bulu und ist blind. Damit ist sie die einzig bekannte Art innerhalb der Barschähnlichen *(Perciformes),* die ein angeborenes Fehlen der Augenlidspalte aufweist und zudem keine Hautfarbstoffe (Pigmente) besitzt. Wie man sieht, haben sich auch hier in einem Evolutionsprozeß alle Formen der Anpassung herausgebildet.

## Das afrikanische Grabensystem

Relativ spät wurde die Fischfauna der beiden größten Seen wie auch einiger kleinerer in der Mitte des afrikanischen Kontinents von den Ichthyologen entdeckt, dagegen wurden von einigen anderen im Norden schon eher erste Berichte bekannt. Sie betreffen aber überwiegend einzelne Tilapia-Arten (heute auch Sarotherodon-Arten) und nicht die an alle möglichen Lebensräume angepaßten Cichlidenarten, wie wir sie heute aus den großen Seen kennen. Was versteht man nun unter dem Afrikanischen Graben? Vom Großen Graben sagt man, daß er nirgendwo auf der Erde ein Gegenstück besäße. Zwar gibt es noch andere Gräben, doch mit ihm sind höchstens noch die Gräben der Tiefsee in unseren Weltmeeren vergleichbar. Dieser Graben ist nicht, wie andere, durch Erosion geformt oder durch Eismassen in der früheren Erdgeschichte ausgeschliffen worden, sondern als Folge von Einbrüchen in der Erdkruste entstanden. Strenggenommen beginnt er bereits in Vorderasien und zieht sich über Äthiopien nach Südwesten fort. Das Rote Meer ist ebenso ein Teil dieses Grabens wie im Süden der Malawi-See. Ungefähr in Höhe des Rudolf-Sees teilt sich das System. Während ein flacher verlaufender Teil vom Rudolf-See (jetzt „Lake Turkana") aus nach Süden verläuft, und sich in seinem Bereich verschiedene kleinere Seen gebildet haben (darunter Nakuru-, Naivasha-, Magadi-, Natron- und Eyasi- sowie Manyara-See), schwenkt ein größerer Arm mit tieferen Einstürzen einige hundert Kilometer weiter westlich ab und darauf ebenfalls nach Süden. Den ersten, flacheren Graben nennt man auch das Rift Valley. Es ist unter anderem von den Fünf- und Sechstausendern, dem Mount Kenya und dem Kilimandscharo, gesäumt. Den weiter westlich verlaufenden Arm bezeichnet man als den zentralafrikanischen Graben. Er beginnt am Albert-See, der jetzt Lake Mobutu Sese Seko heißt. Über den Eduard-See (Lake Idi Amin Dada), den Kivu-See sowie die beiden größten, den Tanganjika- und den Malawi-See setzt er sich nach Süden fort. Zwischen den beiden Seen, dem Lake Kivu und dem Lake Idi Amin Dada, liegt eine Wasserscheide, die durch die Virunga-Berge mitbestimmt wird. Vom Eduard-See und dem ugandischen Gebiet in gleicher Breite fließen alle Flüsse nach Norden und vereinigen sich im Nil. Die Kette der Virunga-Vulkane trennt dieses Gebiet nach Westen hin zu den Niederungen des Kongo-Beckens ab. Durch die Arbeiten von FRYER & ILES, die sich der Cichlidenbiotope im Bereich des Zentralafrikanischen Grabens angenommen haben, wissen wir heute viel mehr, als das noch vor einem Jahrzehnt der Fall war.

Um Ihnen, verehrte Leser, einen Überblick über die bekanntesten Seen und ihr Größenverhältnis zueinander zu geben, sollten Sie sich zuerst einmal vor Augen halten, daß einer unserer größten europäischen Binnenseen, der Bodensee, eine Größe von 539 km² hat. Jetzt können Sie beim Vergleichen feststellen, welche Ausmaße die Seen in Afrika annehmen und wieso es bei diesen enormen Größen daher auch immer wieder möglich ist, daß neue Arten und Farbvarianten entdeckt werden (Tabelle Seite 40):

Das Alter dieser Kette wird mit etwa 10 Millionen Jahren angenommen. In dieser Zeit entstand auch ein Teil der Seenkette, deren größter, der Tanganjika-See, seit etwa



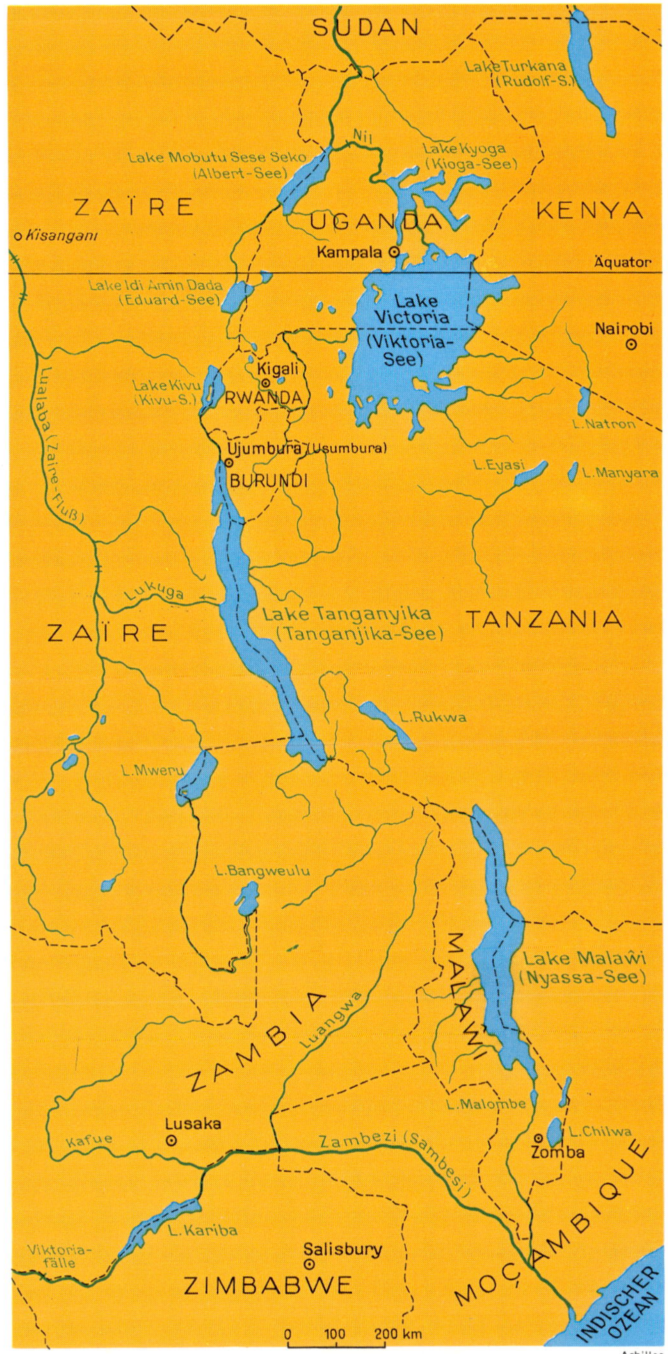


*Die Seen im afrikanischen Grabensystem teilen sich oberhalb des Viktoria-Sees in 2 Stränge, von denen der westliche Strang die größeren Gewässer einbettet. Zu den bekanntesten Cichlidengewässern in diesem Raum gehören der Tanganjika- und der Malawi-See. Beide zählen zu den größten und der Tanganjika-See auch zu den tiefsten Binnenseen unserer Erde.*

Tabelle über Größen- und Tiefenverhältnisse der Seen im Bereich des zentralafrikanischen Grabens:

Nach FRYER & ILES

Schlüssel für die Länderbezeichnungen: B = Burundi, K = Kenia, M = Malawi, Mo = Moçambique, R = Ruanda, T = Tanzania, U = Uganda, Z = Zaire, Za = Zambia, Zi = Zimbabwe oder Rhodesien

| Name des Sees | Länder-zugehörigkeit | Größe total in km² | Größenanteile an die Länder | Tiefe in Meter maximal | im Durchschnitt |
|---|---|---|---|---|---|
| Viktoria-See | K, U, T | 68 636 | U = 28 400 | 93 | 40 |
| Tanganjika-See | T, Z, Za | 34 000 | T = 13 000<br>Za = 2 100 | 1 470 | 570 |
| Malawi-See | M, Mo, T | 29 604 | M = 20 700 | 706 | 273 |
| Albert-See oder Lake Mobutu Sese Seko | Z, U | 6 800 | U = 3 590 | 58 | 29 |
| Mweru-See | Z, Za | 4 413 | Za = 2 590 | 37 | 8 * |
| Rukwa-See | T | 3 302 | | 64 | 3 * |
| Kivu-See | Z, R | 2 370 | | 485 | 170 |
| Eduard-See oder Lake Idi Amin Dada | Z, U | 2 325 | U = 610 | 117 | 34 |
| Bangweulu-See | Za | 2 077 | | | |
| und Bangweulu-Sümpfe | Za | 5 700 | | 10 | 2,5 |
| Chilwa-See | M | 673 | | | 1,5 * |
| Malombe-See | M | 400 | | | 3 * |
| Georg-See | U | 269 | | | 3 * |
| Kariba-Stausee | Zi, Za | 4 280 | Za = 1 810 | 115 | 46 |

* Versumpfte Gebiete sind einbezogen.

6 Millionen Jahren isoliert ist. Der jüngere Malawi-See wird auf ein Alter von 1 bis 2 Millionen Jahre geschätzt und ist wahrscheinlich ebenfalls seit dieser Zeit isoliert. Über die Ursache der Grabenbildung gibt es verschiedene Theorien, die möglicherweise auf demselben Vorgang basieren, mit dem der afrikanische Kontinent vom südamerikanischen getrennt wurde, und der den südlichen Atlantik entstehen ließ: Die enormen Kräfte im Erdinneren zerbrachen das harte Gestein der Kontinentsockel in mehrere Blöcke. Entlang zweier parallel verlaufender, gegeneinander schrägstehender Bruchlinien sank das Zwischenstück, der heutige Graben, ab, dadurch wurden die beiden Seitenteile noch weiter auseinandergetrieben. Im Verlauf der Jahrtausende kam es durch Erosion zum Abschliff der scharfen Grade. Die Kontinentalverschiebungstheorie, nach der sich die beiden erwähnten Kontinente ständig weiter voneinander entfernen, läßt auch vermuten, daß diese Spalte der Erdkruste im Verlauf der Zeit breiter wird. Die verschiedenen Vulkane oder Vulkanketten werden dabei als nichts anderes bewertet, als Risse in der Erdkruste, durch die sich gelegentlich die glühenden Massen aus dem Erdinneren an die Erdoberfläche ergießen.

Die Seen des Rift Valley bieten keine Vielzahl an besonders farbprächtigen Cichliden. Besonders die Art *Sarotherodon alcalicum* mit ihrer Unterart *S. a. grahami* (vergleiche auch Seite 299) ist in den stark sodahaltigen Seen verbreitet und hat sich in der Lebensweise diesen extremen Bedingungen gut angepaßt. Allerdings konnten gefangene Tiere mühelos (wenn auch vorsichtig!) wieder an normale Wasserwerte (pH-Wert 7,0—7,5) gewöhnt werden. Ebenfalls

Am Eduard-See (hier Ort Vitshumbi) werden die Cichliden als reine Nutzfische angesehen und daraus täglich in Mengen zu vielen Tonnen gefischt.
Blick in einen Teil der Aufbereitungshalle direkt am See.

Mayland

bekannt ist das Vorkommen von *Sarotherodon leucostictum,* der abgekühlte Gewässerzonen neben heißen Quellen bewohnt. GEWALT berichtete über das Vorkommen im Semliki-Fluß in Uganda, wo die Tiere überwiegend in Temperaturen von 27° C und einem pH-Wert von 7,5 leben. Auf der Flucht jedoch durchschwimmen sie minutenlang 40—50° C warmes Wasser und dabei Zonen, deren pH-Wert auf 9,0 und Temperatur auf 70° C (!) angestiegen ist. Nun, dies sind Ausnahmen, und derartige Extreme können lediglich vermitteln, wie groß der Spielraum der besonders angepaßten Arten reichen kann. Für den aquaristischen Gebrauch hingegen sind sie wertlos.

Wenn man die Werte der größeren Seen aus dem Zentralafrikanischen Graben analysiert, stellt man fest, daß sie alle alkalisch sind. Das wissen wir aber bereits aus dem Kapitel über das Wasser in den Heimatgebieten der Fische. Naturgemäß sind andererseits auch die Lebensbereiche der Fische an diese Werte gebunden, doch konnten sie sich im Verlauf von Jahrtausenden erstaunlich gut anpassen. Das Vorkommen der verschiedenen Arten, ihre Anpassung und Spezialisierung auf die einzelnen, von ihnen bevorzugten Biotope setzt keine Möglichkeit des Ausweichens voraus.

Der Albert-See (heute in „Lake Mobutu Sese Seku" umbenannt) ist beispielsweise stets mit dem Nil in Verbindung gewesen. Seine Fischfauna brauchte sich nicht anzupassen — höchstens an die hohen pH-Werte, die im Bereich zwischen 9,0 und 9,5 liegen. Von den etwa 10 dort vorkommenden Buntbarscharten sind nur wenige endemisch.

Der Eduard-See (heute „Lake Idi Amin Dada") und der mit ihm verbundene Georg-See, in deren Gewässern wegen der Verbindung durch den Kazinga-Kanal die gleichen Fische vorkommen, verfügen über viele flache und sumpfige Zonen, deshalb bleibt auch deren durchschnittliche Tiefe (vergleiche Tabelle) überaus gering. Diese Verbindung, eine etwa 36 km lange Passage, weist weder Stromschnellen noch sumpfige Gebiete auf, so daß in dem nur ruhig strömenden Verbindungsstück den Fischen kein Hindernis zum Durchschwimmen entgegensteht. Trotz dieser Verbindung zueinander ist das Wasser beider Seen in seinem Wert unterschiedlich. Der Georg-See, dessen Hauptzuflüsse Sibwe-, Nsonge- und Mubika-River sind, die alle den Ruwenzori-Mountains entspringen, verfügt mit seinem ausgesprochen seichten Gewässer über pH-Werte zwischen 9,3 und 9,9, damit entspricht er beinahe den extremen Werten (9,4—10,0) des Rudolf-Sees (jetzt „Lake Turkana"). Der Eduard-See ist demgegenüber mit 8,7—9,3 wesentlich weniger alkalisch. Das seichte Wasser des Georg-Sees mit seinen Papyrus-Sümpfen am Nordufer verfügt nur über wenige felsige Uferzonen, in denen Felsencichliden ihre Reviere fänden. Die einzigen felsigen Gebiete befinden sich in der Nähe der Kashaka-Bay und sind vulkanischen Ursprungs. Das Wasser im See hat nur eine geringe Sichttiefe und ist, teilweise durch stärkeren Algenwuchs bedingt, ziemlich trüb. Die Spezialisierung der im Georg-See vorkommenden Buntbarscharten, wie sie zweifellos verhanden ist, kann sich jedoch nicht nur auf Biotope beziehen, die als „ökologische Nischen" bekannt wurden, sondern ist möglicherweise noch eher als Anpassung an die schlechten Sichtverhältnisse im See anzusehen. So sind beispielsweise die übergroßen Eiflecke zu beobachten, die bei *Haplochromis eduardianus* ein Drittel der Afterflossengröße ausmachen. Oft tragen bei dieser Art auch die Weibchen derartige Flecke. Sie sind jedoch ohne den schwarzen, auffallenden Saum.

Beide von dem Kanal verbundenen Seen sind jedoch von den anderen Seen des Rift Valley so gut isoliert, daß sie eine ausgeprägte endemische Fauna aufweisen. So konnte GREENWOOD in seiner Arbeit 1973 im Lake George unter den 17 Haplochromis-Arten 16 Endemiten nachweisen. Die einzelnen Arten, die zur besseren Übersicht am Ende dieses Abschnittes namentlich angeführt werden, sind aquaristisch bisher nicht in Erscheinung getreten. Als einziger Nichtendemit gilt *H. nubilus* (BOULENGER, 1906), der außer im Eduard- und Georg-See auch im Viktoria-See, im Nabugabo-See sowie im Molindi- und Rutshuru-River vorkommt.

Die angesprochenen Arten sind: *H. aeneocolor* GREENWOOD, 1973; *H. angustifrons* BOULENGER, 1914; *H. eduardianus* (BOULENGER, 1914); *H. elegans* TREWAVAS, 1933; *H. labiatus* TREWAVAS, 1933; *H. limax* TREWAVAS, 1933; *H. macropsoides* GREENWOOD, 1973; *H. mylodon* GREENWOOD, 1973; *H. nigripinnis* REGAN, 1921; *H. oregosoma* GREENWOOD, 1973; *H. pappenheimi* (BOULENGER, 1914); *H. petronius* GREENWOOD, 1973; *H. schubotzi* BOULENGER, 1914; *H. schubotziellus* GREENWOOD, 1973; *H. squamipinnis* REGAN, 1921; *H. taurinus* TREWAVAS, 1933.

Der Eduard-See liegt an der Grenze zwischen Zaire und Uganda und ragt von Osten nach Westen in den Virunga-Nationalpark (Zaire) hinein. In den etwa 50 Fischarten, die sich auf rund 15 Gattungen verteilen, sind etwa 30 Cichlidenarten (5 Gattungen) eingeschlossen, von denen ungefähr 20 als endemisch angegeben werden. Der Fischreichtum in diesem See ist sehr groß. Die Fangrate in beiden Seen beträgt zusammen jährlich etwa 11 000 Tonnen, das kommt einem Durchschnitt von täglich fast 44 Tonnen gleich. Das Fischerdorf Vitshumbi auf der Zaire-Seite ist daher als einzige Siedlung im Virunga-Nationalpark zugelassen. Es versorgt die weite Umgebung mit frischen und getrockneten Fischen, und wer diese Region bereist, wird häufig „Tilapia" auf der Speisekarte finden. Auch hier ist der See von großen Savannengebieten umgeben. Es gibt jedoch auch eine Reihe felsiger Uferzonen, die meist wahrscheinlich vulkanischen Ursprungs sind. Viele der hier lebenden maulbrütenden Arten mußten sich spezialisieren, deshalb findet man unter diesen Arten wiederum Aufwuchs-, Plankton-, Phytoplankton- wie auch Molluskenfresser. Raubfische sind relativ selten und nur in der Art *Haplochromis squamipinnis* vertreten. Der Fisch erbeutet jedoch weniger adulte Opfer als mehr junge Tiere. Interessant ist damit, wie auch durch andere Übereinstimmungen, eine gewisse Ähnlichkeit verschiedener Arten mit einigen im Viktoria-See. Das läßt darauf schließen, daß es in erdgeschichtlicher Vorzeit einmal eine Verbindung zwischen beiden Seen gegeben haben könnte.

Der Kivu-See entstand nicht auf gleiche Weise wie die übrigen Seen des Grabengebietes und ist überdies auch nicht so alt. Seine frühere Verbindung zum System des Nil existiert nicht mehr. Die Aufstauung des Sees entstand durch vulkanische Tätigkeit, und die Lavaströme des Virunga-Vulkangebietes schufen einen Damm. Von den beiden noch heute tätigen Vulkanen, dem Nyamulagira und dem Nyiragongo, die bereits 1938 und 1948 ausbrachen, konnte ich den letzteren im Jahre 1975 noch besteigen. Im Jahre 1977, genauer gesagt in der Nacht vom 12. zum 13. Januar, erwachte der Nyiragongo erneut, und die ausströmende Lava schwemmte die Hütten der Bergführer und ihrer Familien fort. Ebenso lavaüberschwemmt wurde die Straße zu den Rutshuru-Fällen.

Der Kivu-See weist einen durchschnittlichen pH-Wert von 9,5 auf. Sein Wasser ist durch eine Abflußrinne mit dem Tanganjika-See verbunden. Die Fischfauna umfaßt höchstens 20 Arten, von denen 8—9 zu den Cichliden gerechnet werden. Sie sind jedoch fast alle im See endemisch. Die großen Magnesium-Vorkommen im Seengebiet könnten eine der Ursachen dafür sein.

*Wasserfälle wie dieser Ruthshuru-Fall im Virunga-Nationalpark in Ostzaire sorgen für eine Isolation bestimmter Gewässerabschnitte und machen ein Vordringen der Fische gegen die Stromrichtung unmöglich.* Mayland ▷

## Artenvielfalt auch im Viktoria-See

Seit den Arbeiten von GREENWOOD* wissen wir nicht nur mehr über die Buntbarsche des Eduard- und Georg-Sees, sondern erhielten durch die verschiedenen Revisionen und Berichte einen wesentlich erweiterten Einblick über Biologie und Evolution, insbesondere der Cichlidenfauna. Diese Arbeiten sind noch nicht abgeschlossen, so daß Wissenschaftler wie Aquarianer auch in naher Zukunft noch mit einer Vielzahl neuer Arten und Erkenntnisse werden rechnen können. Diese, nach der Artenzahl im Malawi-See, größte Vielfalt an Buntbarschen im Viktoria-See kann nach vorläufigen Schätzungen zu über 170 verschiedenen Cichliden-Arten führen, von denen der überwiegende Teil endemisch im See lebt. Die erstaunlich vielen Arten, und das ist sicher eine ebensolche Überraschung, sind auf nur wenige Gattungen verteilt, von denen aber auch nur eine die überwältigende Artenzahl aufnimmt: Die Gattung *Haplochromis.* Andere Gattungen sind monotypisch, das heißt, sie weisen lediglich eine einzige Art auf. Hierzu gehören Gattungen und Arten *Astatoreochromis alluaudi* PELLEGRIN, 1903; *Hoplotilapia retrodens* HILGENDORF, 1888; *Macropleurodus bicolor* (BOULENGER, 1906); *Paralabidochromis victoriae* GREENWOOD, 1956; *Platytaeniodus degeni* BOULENGER, 1906 und der altbekannten Art *Pseudocrenilabrus multicolor* (HILGENDORF, 1903), die früher zur Gattung *Haplochromis* beziehungsweise *Hemihaplochromis* (inzwischen eingezogen) gestellt wurde und mit *P. philander* noch einen weiteren Gattungsverwandten hat, der jedoch nicht im Viktoria-See lebt.

Die Arten der im Viktoria-See hauptsächlich vorkommenden Haplochromis-Vertreter waren offenbar nicht einem derart starken Selektionsdruck ausgesetzt wie die Fische der beiden weiter südlich gelegenen großen Seen, und eine derart fortgeschrittene Spezialisierung, verbunden mit teilweise stark differierenden Körperformen, ist bei ihnen nicht gegeben. Demgegenüber fällt aber auch die Unterscheidung der Arten untereinander nicht leicht. Sie läßt sich in erster Linie an der Bezahnung der Tiere sowie an der Färbung der Männchen bei der Balz feststellen.

Im Gegensatz zu den beiden folgend beschriebenen großen Seen des afrikanischen Grabenbruchs ist der Viktoria-See bei weitem nicht so alt, deshalb sind auch die verschiedenen Entwicklungsprozesse innerhalb der Cichlidenfauna noch nicht derart weit fortgeschritten wie in den beiden anderen Seen. So findet man die bekannte Anpassung an die felsigen Gebiete kaum. Derartige Zonen sind im Viktoria-See auch weniger anzutreffen. Dafür weist der verhältnismäßig flache See eine Vielzahl an Arten auf, die sich dem Leben über Sandgrund angepaßt haben. Weil sich in solchen Biotopen besser jagen läßt, ist andererseits aber auch die Zahl der Buntbarsche, die sich im Erwachsenenstadium ausschließlich auf das Erbeuten anderer Fische eingestellt haben, besonders hoch. Auch diese Räuber gehören der Gattung *Haplochromis* an — ebenso wie die Mehrzahl der Beutefische. Diesen Raubfischen stehen die verschiedenen Cichlidengruppen gegenüber, die ihre Nahrung entweder dem Bodengrund entnehmen (Molluskenfresser), sich von hartschaligen Wirbellosen (Krebstiere) ernähren oder von vegetarischer Kost (höhere Pflanzen, Algen, Phytoplankton) leben.

Aus dem Tanganjika- und Malawi-See wurden Fische bekannt, die ihre „ökologische Nische" darin gefunden zu haben scheinen, indem sie sich von den Schuppen anderer Fische ernähren. Sie wurden als „Schuppenfresser" bekannt *(Perissodus paradoxus* und *Genyochromis mento).* Eine Art, die sich auf die gleiche Art ernährt, findet man auch im Viktoria-See: *Haplochromis welcommei* GREENWOOD, 1965. Er nimmt bevorzugt die kleinen Schuppen von den Schwanzflossen anderer Cichliden auf.

Eine weitere Spezialisierung, wie sie von andere Gewässer bewohnenden Cichliden nur in sehr geringem Maße bekannt wurde, ist von einigen Haplochromis-Arten des Viktoria-Sees in den Arbeiten von GREENWOOD publiziert worden: Sie (darunter *H. cronus* GREENWOOD,

---

* GREENWOOD, P. H.: „The Monotypic Genera of Cichlid Fishes in Lake Victoria." Bull. Br. Mus. nat. Hist. Zool., 3 (1956), 295—333.

—: „A Revision of the Lake Victoria Haplochromis Species (Pisces, Cichlidae)." Pts. 1—6, Bull. Br. Mus. nat. Hist. Zool., 4 (1956), 223—244; 5 (1957), 76—97; 5 (1959), 179—218; 6 (1960), 227—281; 9 (1962), 139—213; 15 (1967), 29—119.

—: „The monotypic Genera of Cichlid Fishes in Lake Victoria, pt. II." Bull. Br. Mus. nat. Hist. Zool., 5 (1959), 163—177.

—: „The Cichlid Fishes of Lake Victoria, East Africa: The Biology and Evolution of a Species Flock." Bull. Br. Mus. nat. Hist. Zool., Supplement No. 6 (1974).

GREENWOOD, P. H., and GEE, J. M.: „A Revision of the Lake Victoria Haplochromis Species (Pisces, Cichlidae), pt. 7." Bull. Br. Mus. nat. Hist. Zool., 18 (1969), 1—65.

Mayland

*Gemischter Biotop — seichte Ufer mit felsigen Partien am Viktoria-See bei Homa Bay/Kenya.*

*H. maxillaris* TREWAVAS, *H. microdon* [BOULENGER], *H. obesus* [BOULENGER] und *H. parvidens* [BOULENGER]) ernähren sich in der Hauptsache von Eiern, Embryonen und Larven ihrer Gattungsverwandten. Dabei ist diese Ernährungsweise nicht gerade einfach, wenn man bedenkt, daß es sich bei allen Haplochromis-Arten um echte Maulbrüter handelt, die dieses Brutverhalten eigens zum Schutze ihrer Nachkommenschaft erworben haben. Das Elterntier, das die Eier im Maul trägt, muß zuerst einmal dazu gebracht werden, alle — oder zumindest einige von ihnen — auszuspucken, bevor der Laichräuber an seine Beute gelangt. Es ist bisher nicht klar festgestellt worden, auf welche Weise dies geschieht. Magenuntersuchungen der erwähnten Arten, und zwar bei Tieren beiderlei Geschlechts, haben jedoch in vielen Fällen belegt, daß eine große Zahl von Embryonen und Larven anderer Cichliden aufgenommen worden sind, so daß Mutmaßungen irgendwelcher Art fehl am Platze sind.

Eine weitere Parallele zu Tanganjika- und Malawi-See-Bewohnern finden wir bei *Haplochromis chilotes* (BOULENGER, 1911), der, wie seine Verwandten *Lobochilotes labiatus* (BOULENGER, 1898) und *H. euchilus* TREWAVAS, 1935, zu den Arten gehört, die mit Hilfe ihrer vorgestülpten und nach hinten umgelegten Lippen feines Insekten- oder Krustentierfutter in den Algenpolstern ertasten.

Cichlidenarten aus dem Viktoria-See sind in unseren Aquarien bisher noch selten. Einer der Gründe dafür ist das Fehlen von Fangstationen an diesem See. Durch die starke Bilharzia-Verseuchung in diesem See, die zwar die Fische nicht belästigt, jedoch bei Menschen starke Schäden hinterlassen kann, wird die Fischerei in nächster Zeit auch wohl nur auf den Fang mit Netzen beschränkt bleiben, bei der die Fischer nicht ins Wasser steigen müssen.

## Die Cichlidenfauna im Tanganjika-See

Der Tanganjika-See ist seiner Ausdehnung nach als zweitgrößter See im Afrikanischen Grabenbruch anzusehen. Ein Vergleich zwischen dem flächenmäßig größeren Viktoria-See mit 68 635 km² und dem Tanganjika-See mit 34 000 km² fällt jedoch dann zugunsten des letztgenannten aus, wenn man die mittlere Tiefe der beiden Gewässer miteinander vergleicht. Während der Viktoria-See lediglich eine mittlere Tiefe von 40 m aufweist (Maximaltiefe = 93 m), liegt dieser Wert beim Tanganjika-See immerhin bei 570 m (Maximaltiefe = 1 470 m). Damit wäre die Wassermenge im Tanganjika-See mehr als siebenmal größer. Dieser Vergleich erscheint auf den ersten Blick unwichtig, doch sollen auch nur die wirklichen Verhältnisse dargelegt werden. Der Tanganjika-See ist nicht durch einen plötzlichen Verriß in der Erdkruste entstanden, sondern die Senke bildete sich durch progressives Absinken einer bestimmten Landzone, nachdem sich Teile Zentralafrikas im Verlauf der Erdgeschichte vorher bis zu Höhen von 3 000 m angehoben hatten. Der Grund des Sees ist in zwei Bassins geteilt, die durch einen unterseeischen Gebirgszug voneinander getrennt sind. Dabei ergibt sich für das etwas flachere nördliche Becken eine Maximaltiefe von etwa 1 300 m und für das südliche 1 470 m. Damit ist der Tanganjika-See nach dem Baikal-See in Sibirien (1 742 m tief) der zweittiefste See unserer Erde. Der Canyon, den der Tanganjika-See, ebenso wie der Malawi-See, bildet, würde, wenn man ihn sich ohne Wasser vorstellt, im Zusammenhang mit seinen höchsten Erhebungen rundum, zu den gewaltigsten der

*Der Tanganjika-See.*

Welt zählen. Dieses große Wasserreservoir war und ist seit Millionen Jahren isoliert. Lediglich über den Rusisi-Fluß erhält der See aus dem Kivu-See abfließendes Wasser. Andere Flüsse, die den See speisen, sind relativ klein und entwickelten keine eigene Fauna. Einziger Abfluß des Sees ist die Lukuga-Rinne, ein nicht sonderlich breites und mit viel Röhricht überwuchertes Gewässer, das dem Tanganjika-See einen Kontakt zum Kongobecken verschafft. Durch diese Rinne konnten jedoch verschiedene Fischarten aus unterschiedlichen Gattungen und Familien aus dem Kongobecken, wo sie beheimatet sind, bis in den Tanganjika-See vorstoßen, sich aber darin nicht sonderlich ausbreiten. So spricht POLL in seiner Arbeit* viele Arten an (*Mormyrus, Polypterus, Alestes, Citharinus, Distichodus, Barbus* wie auch *Synodontis* und andere), deren Existenz an den Kontaktstellen des Sees mit seinen Zu- und Abflüssen sicherlich nur durch Vordringen aus diesen Flüssen zu erklären ist. Möglicherweise hätte eine jahrhundertelange Anpassung ihnen die Möglichkeit verschafft, weiter in den See vorzudringen.

Der Malagarasi-Fluß, der von Tansania her den größten Zufluß von Osten bildet, ergoß sich in länger zurückliegenden erdgeschichtlichen Zeiten geradewegs über die heutige Lukuga-Rinne in das Kongo-Becken. Durch die verschiedenen Erdbewegungen im Grabensystem ging dieser Durchstich jedoch verloren, und so trug der Fluß mit seinem zugeführten Wasser schließlich ebenso zur Entstehung des Sees bei wie viele andere. Durch die Abgeschlossenheit des Sees entstand ein Selektionsdruck innerhalb der Fischfauna, wobei sich bestimmte Arten herausbildeten, die an existierende Biotope angepaßt waren. Dabei haben die Cichliden eine besondere angepaßte Vielzahl an Arten entwickelt. Solche Sonderformen wurden übrigens nicht nur von den Fischen hervorgebracht, sondern auch von anderen Geschöpfen. So haben Schnecken und Muscheln nur hier vorkommende Arten entwickelt. Ebenso ist es mit einer Reihe von Krebstieren. Auch sei hier eine Unterart der Wasserkobra genannt, die schwarz und braun gebändert ist *(Boulengerina annulata stormsi).* Sie jagt bevorzugt Fische und ist völlig zum Leben im Wasser übergegangen. Sicherlich haben sie viele Aquarianer, die im Tanganjika-See tauchten, bereits gesehen oder sogar unangenehme Bekanntschaft mit ihr gemacht.

Durch den großen Mineralsalzgehalt liegt der pH-Wert des Wassers in den Seen des afrikanischen Grabenbruchs ziemlich hoch. Dieser Umstand trug aber auch zur Bildung einer großen Artenzahl tierischen und pflanzlichen Planktons bei, davon wiederum profitieren viele Fischarten. Das

* POLL, Max: „Exploration Hydrobiologique Du Lac Tanganika, 1946—1947, Résultats Scientifiques, Vol. III, Poissons Non Cichlidae, Fasc. 5 A." Inst. Royal des Sci. nat. de Belge, Bruxelles, 1953.

Mayland (2)

*Küstenzonen am östlichen Ufer des Tanganjika-Sees. Links ein Abschnitt mit gemischtem Geröll (aufgenommen südlich der Burundi-Hauptstadt Bujumbura). Rechts eine Uferzone mit feinem Geröll nördlich von Kigoma in Tanzania.*

Leben im See ist weitgehendst abhängig vom im Wasser gelösten Sauerstoff. Er reicht bis in Tiefen zwischen 100 und 250 m hinab. Wo er fehlt, ist jegliches aerobe Leben erloschen. In den Zonen jedoch, in denen sich Leben entfalten kann, geschieht dies meist in unvorstellbarem Reichtum. Um sich die Komplexität des Sees vor Augen zu halten und damit die Frage zu beantworten, wieso und warum sich so viele Arten bilden mußten und konnten, muß man alle Umstände berücksichtigen, die in dem langen Leben dieses Gewässers eine Rolle spielten: Das Alter des Sees, das sich über Millionen von Jahren erstreckt und den Prozeß der Spezialisierung erlaubte. Die Isolation des Sees und seine gleichzeitige Lage nahe am Äquator, seine unterschiedlichen Strände, die teilweise aus flachen Sandufern, Geröllzonen, abstürzenden Felsmassiven oder auch Sumpfgebieten, trugen, verbunden mit den verschiedenen chemischen Eigenschaften des Wassers, zur Artenvielfalt wie auch zur Bildung bestimmter Populationen und weiterer Farbvarianten bei. Die Seeufer erreichen eine Gesamtlänge von fast 3 000 km. Würden wir es anstelle eines Süßwassersees hier mit einem Meer und seinem entsprechend angesalzenen Wasser zu tun haben, hätten Hohltiere, wie die Korallenpolypen, möglicherweise die Biotope durch den Bau von Riffen anders aufgeteilt. So jedoch mußten die Fische mit den vorhandenen Formationen vorlieb nehmen und sich den physikalischen Gegebenheiten anpassen. Durch die günstigen klimatischen Verhältnisse wurde die Bildung dieser Artenvielfalt nur unterstützt und auch ihre Ernährung sichergestellt. Nur durch die Isolation des Sees wurde eine Anpassung erzwungen und damit die Bildung immer neuer endemischer Arten erreicht. Alle etwa 150—160 Cichlidenarten, die wir aus dem Tanganjika-See kennen, sind ausschließlich in diesem Gewässer beheimatet. Von den über 700 Cichlidenarten, die meist für Afrika angegeben werden, entfallen — grob gerechnet — demnach etwa knapp 200 auf Viktoria-, Eduard- und Georg-See, 150 auf den Tanganjika-See und rund 200 auf den Malawi-See. Die anderen Seen im Rift Valley weisen zusammen etwa 100 Arten auf. Das restliche Afrika ist demnach relativ arm an Buntbarschen, und in diese geringe Artenzahl muß man auch noch die Zwergbuntbarsche Westafrikas einschließen.

Wenn man das Alter jedes der drei großen Seen miteinander vergleicht, so ist der Tanganjika-See am ältesten: etwa 10 bis 15 Millionen Jahre. Sein relativ nährstoffarmes (oligotrophes) Wasser ist sehr klar. Man hat festgestellt, daß der See jedoch erst seit einer Zeit zwischen 1½ bis höchstens 6 Millionen Jahren völlig isoliert ist. Die Fischfauna in diesen drei Seen geht auf wenige, ursprüngliche

*Viele Uferzonen der Kasaba Bay am Südende des Tanganjika-Sees (Zambia) weisen derartig zerklüftete Felsen auf, die sich auch unter Wasser fortsetzen.*

und ähnliche Formen zurück. Diese Entwicklungsdauer weist zeitlich große Unterschiede auf, deshalb konnten sich auch mehr oder weniger unterschiedliche Anpassungsformen entwickeln. Während sich der Viktoria-See in einen Teil des oberen Nil-Bassins eingebettet hat, in dem überwiegend Vertreter der Gattung *Haplochromis* vorkamen, fand der heutige Malawi-See einen Platz im ursprünglichen Zambesi-Becken. In der längeren Entwicklungsepoche des Tanganjika-Sees konnten sich jedoch aus den ursprünglich überwiegenden Haplochromis-Formen auch die heutigen Lamprologus-Arten entwickeln. Weil der See bis zu seiner endgültigen Isolierung eine Verbindung zum Kongo-Becken hatte, mußte sich die Entwicklung der hier eingeschlossenen Fischformen auch in Zusammenhang mit der sich ändernden Wasserqualität weiterentwickeln. Das erkennt man ebenfalls an der relativ geringen Zahl der vorhandenen anderen Arten (Nicht-Cichliden). Während es im Kongo-Becken von den Vertretern der Gattung *Synodontis* nur so wimmelt, konnte sich im Malawi-See nur eine Art durchsetzen; im Tanganjika-See dagegen zählt man immerhin noch 8 Arten dieser Gattung, von denen sich einige zu interessanten Aquarien-Pfleglingen durchsetzten. Ähnlich verhält es sich mit den Stachelaalen der Gattung *Mastacembelus:* Während sich im Malawi-See ebenfalls nur eine Art aus dieser Gattung hielt, weist der Tanganjika-See immerhin 11 Arten davon auf. Man sieht, die Evolutionsgeschichte dieses Sees kann für den Interessierten so spannend sein, wie für andere ein Kriminalroman. Leider stehen dem Studium des Sees heute noch von zairischer Seite viele Hindernisse entgegen, so daß weitere Entdeckungen im Bereich der Cichlidenfauna vom Westufer des Sees wahrscheinlich noch auf sich werden warten lassen.

Es ist nicht erwiesen, warum die Haplochromis-Arten im Tanganjika-See im Verlauf ihrer Weiterentwicklung nur auf so wenige Arten dieser Gattung beschränkt blieben und nicht, wie es etwa im Viktoria-See der Fall ist, die gesamten küstennahen Zonen bevölkern. Auch die wenigen Arten, die übrigblieben, findet man nicht mit Populationen anderer Gattungen oder Arten zusammenlebend. Sie bevölkern vielmehr sumpfige Reviere der Ufer oder Zonen in größerer Tiefe *(H. benthicola).* POLL unterteilte die im See vorkommenden Arten naturgemäß in drei Gruppen: Die pelagischen Arten, die im Freiwasser des Sees leben; die benthonischen Arten, die zum Leben tiefere Gewässerzonen bevorzugen, und schließlich die uns allen so bekannten litoralen Arten, deren Biotope in den küstennahen Sand- oder Felsregionen liegen. Die Mitglieder der ersten Gruppe setzen sich in der Hauptsache aus Heringsfischen *(Clupeidae),* aber auch aus Cichliden und Centropomiden, wie Lates- und Luciolates-Arten, zusammen. Bei diesen Arten handelt es sich wahrscheinlich um Wanderfische, und ihr ökonomischer Aufwand ist relativ hoch. Über die in den Tiefen des Sees lebenden Fische ist nicht allzuviel bekannt, und die Untersuchungen dieser Arten begannen erst nach dem zweiten Weltkrieg. Auch ihr Leben verläuft nicht sonderlich ökonomisch, doch ist dessen Studium insofern interessant, weil die Fische eine ungewöhnliche Anpassung bei einem Leben in Tiefen zwischen 100 und 250 m aufweisen, wie man sie gewöhnlich bei Süßwasserfischen nicht findet.

Die den Aquarianer hauptsächlich interessierenden Bewohner der Litoralzonen wurden von POLL ebenfalls wieder in drei Gruppen unterteilt, und zwar in die Bewohner der Sumpfgebiete, in die der flachen Sandzonen und schließlich in die der Felsenregionen. Man findet allerdings auch Zwischenformen, die sich in keines dieser Schemen einordnen lassen. Wie bereits an anderer Stelle erwähnt, haben sich insbesondere die Bewohner dieser küstennahen Zonen stark den vorhandenen Lebens- und Ernährungsbedingungen anpassen müssen. Hier, im Tanganjika-See, denkt man sofort an die Tropheus-Arten, die Algenfresser, die ein besonderes Gebiß aus eng beieinanderstehenden Zähnen entwickelten, das ihnen erlaubt, den „Aufwuchs" — Algenbewuchs der Felsenzone — wie mit einer Schere abzuzwicken. Als einer der ersten Wissenschaftler konnte MARLIER, der mit automatischen Tauchgeräten in die Tiefen des Sees abstieg, von den Biotopen berichten, die von zu dieser Gattung gehörenden Arten besetzt gehalten werden. Er stellte fest, daß Tropheus-Arten über unstabilen Gründen nicht vorkommen, ob jene nun aus Sand oder Schlamm bestehen. Haben sie sich jedoch erst einmal an eine bestimmte Felsregion gebunden und diese ist von für die Fische unüberwindbaren Zonen isoliert, geht zwangsläufig der Kontakt zu anderen Populationen im See verloren. So kommt es, daß sich die verschiedenen Populationen nun unabhängig voneinander entwickeln müssen und so unterschiedliche Farbvarianten hervorbringen. Auch hier können wir wieder feststellen: jede Isolation fördert die Spezifikation, also die Entwicklung von geographischen Rassen, aus denen sich die Populationen, je nach Dauer der Isolierung, mehr oder weniger aus ihren ursprünglichen Mustern lösen. So wundert es nicht, daß bis heute allein über 20 verschiedene geographische Rassen von *Tropheus moorii* bekanntgeworden sind, obgleich das Westufer des Sees nur unvollkommen untersucht werden konnte (vergleiche auch Abbildungen auf Seite 341).

Die Tendenz, sich im Verlauf der Evolution in unterschiedliche Arten aufzuspalten, läßt sich jedoch nicht nur bei den Bewohnern des Litorals feststellen, sondern auch bei Arten des Freiwassers, die von der natürlichen Isolation der ersteren nicht betroffen sind. Hier seien nur die Bathybates- und Haplotaxodon-Arten erwähnt oder, von den Nicht-Cichliden, die Vertreter der Gattung *Lates*. Andererseits weist beispielsweise der Riese unter den Cichliden, *Boulengerochromis microlepis*, nur eine einzige Art auf. Man sieht, ob Isolation oder nicht: die genetische Stabilität hängt sicherlich nicht allein von wenigen Faktoren ab. Man müßte feststellen können, welche Umstände im Verlauf der Jahrmillionen einwirkten, vielleicht ganze Fischbestände in bestimmten Gebieten durch Naturkatastrophen vernichteten oder bereits eingebürgerten Populationen die Existenzgrundlage entzogen. Wie ist es zum Beispiel zu erklären, daß *Tropheus duboisi* an der Ostküste des Sees nur punktweise in Erscheinung tritt? Zwischen den einzelnen Vorkommen liegen zuweilen Entfernungen von mehreren hundert Kilometern. Sicherlich kann man diese punktförmige Aufteilung nicht damit erklären, daß bestimmte Populationen von einem Punkt zum anderen „gewandert" sind, eher noch könnte man genetische Ursachen annehmen. Wie man sieht, gibt der See auch heute noch viele Rätsel auf, von denen der Fragenkomplex hier nur schwach tangiert werden konnte, soweit er wenige Arten der sogenannten Felsencichliden berührt. Ähnliches gilt für den folgend besprochenen Malawi-See. Es bleibt für uns Aquarianer, die wir uns mehr oder weniger intensiv auf die Pflege von Cichliden konzentriert haben, zu hoffen, daß wenigstens Teile dieser Rätsel in absehbarer Zeit gelöst werden können.

## Buntbarsch-Lebensräume im Malawi-See

Über die Biotope und ökologischen Regionen des Malawi-Sees wußten wir vor einigen Jahrzehnten fast nichts. Verschiedene Arbeiten indes erweiterten dieses Wissen, doch ist es ebensowenig als umfassend anzusehen, wie das um den Tanganjika-See. Das gilt auch für die Arbeit FRYERS, dessen Untersuchungen und Beobachtungen sich vorwiegend mit den Zonen um die Nkhata-Bay beschäftigen. Der See weist an beinahe allen Stellen überaus klares Wasser auf, dadurch sind Sichtweiten zwischen 15 und 25 m durchaus möglich. Der Malawi-See (früher Nyassa-See) ist seit seiner Entstehung vor etwa 2 Millionen Jahren von der Außenwelt abgeschnitten. Diese Aussage ist zwar relativ, denn der See verfügt über einen Abfluß an seinem Südende, den Shire, der in den Zambesi einmündet. Die Murchison-Wasserfälle schirmen jedoch den See gegen Fische ab, die aus der Zambesi-Region vordringen könnten. Er ist für sie ein unüberwindbares Hindernis. Im Grunde kann man den See eher als Meer bezeichnen: 600 km lang, etwa 85 km breit und hat eine Wasseroberfläche von 27 000 km². Seine tiefste Stelle liegt bei

758 m. Seine Ufer säumen stellenweise breite Sandstrände — an anderen Stellen wiederum sind sie steinig oder felsig. Den Aquarianer interessiert in erster Linie die felsige Küstenregion, in der sich auch der größte Teil der für die Aquaristik interessanten Fische aufhält.

Der Malawi-See ist das Paradies der Maulbrüter — wenigstens erscheint es dem Taucher so, der gelegentlich einen

*Der Malawi-See.*

Achilles

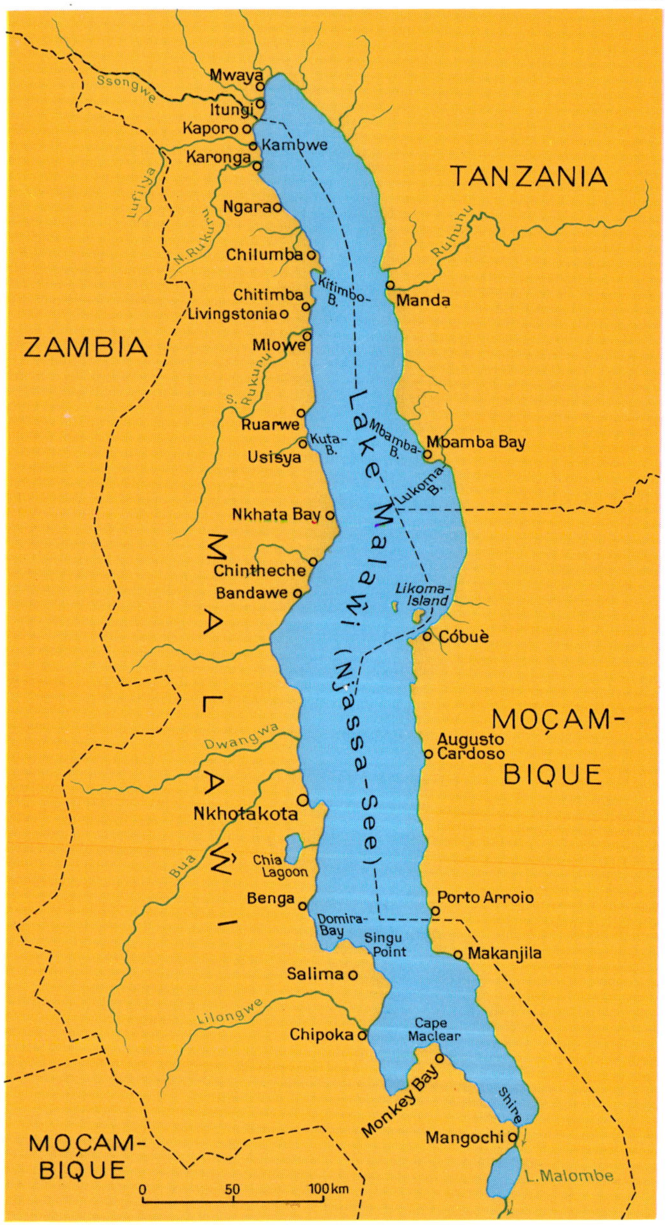


Schluck Wasser in den Mund nimmt, um festzustellen, daß es wirklich nicht der Ozean ist, in dem er sich befindet. Buntbarsche sind Bewohner der flacheren Wasserzonen. Ihre Zahl nimmt zusehends ab, je tiefer man hinabsteigt. Bei 10 m Tiefe findet man nur noch bestimmte, angepaßte Arten, und über 20 m Tiefe hinaus wird das Angebot ausgesprochen gering. Die Cichliden leben überwiegend in den Felsregionen und sind hier zum Teil außerordentlich hoch spezialisiert. Dies betrifft nicht nur allein die Spezialisierung zum Maulbrutverhalten, sondern darüber hinaus auch die unterschiedlichen Freßgewohnheiten. Durch die dichte Bevölkerung der Felsklippen mit Buntbarschen ergäben sich Probleme in der Ernährung der verschiedenen Arten, wenn die Natur hier nicht durch spezialisierte Anpassung ein Leben in der jeweiligen „ökologischen Nische" ermöglichte. Durch diese Spezialisierungen und einen damit einhergehenden evolutionären Prozeß paßten sich die Fische der jeweiligen Arten nicht nur im Territorialverhalten, sondern vielmehr noch in Körperformen, Bezahnung und Maulform sowie unterschiedlichen Freßgewohnheiten an. Diese Felsencichliden — auch Mbuna, nach einer Bezeichnung der Eingeborenen, genannt — tragen beispielsweise ein unterständiges Maul und eng beieinanderstehende Raspelzähne und sind in der Lage, den Algenrasen abzuweiden, in dem sich viele mikroskopisch kleinen Lebewesen aufhalten. Man findet diese Algenfelder auf großen Steinflächen nahe unter der Wasseroberfläche, die von der Sonne stark beleuchtet werden. Auszählungen haben ergeben, daß sich in einem Quadratmeter solcher Algenmatten bis zu 300 000 Lebewesen befinden. Diese Algenkost, international in Anlehnung an die deutsche Sprache auch „Aufwuchs" genannt, hat also einen hohen Nährwert für die Fische. Bei Tieren, die mit einem derart unterständigen Maul ausgestattet sind, wie die Vertreter der Art *Labeotropheus fuelleborni,* wirkt die verdickte Oberlippe nasenähnlich, so daß man sie auch „Nasenfische" nennt. Andere Arten, die sich ebenfalls von solchem Futter ernähren, haben Wulstlippen ausgebildet *(Haplochromis euchilus),* mit deren Hilfe sie die oft hartschalige Mikrowelt ertasten sollen.

Planktonfresser hingegen brauchen weniger ein „Werkzeug" zum Erbeuten der Nahrung, als vielmehr die Möglichkeit, viel planktonhaltiges Wasser zu filtern. Dazu entwickelte sich bei Ihnen ein Maul „wie ein Scheunen-

*Cichlidenreicher Abschnit beim Cape Maclear, im Südwesten des Malawi-Sees. Die Aufnahme zeigt gleichzeitig die Schönheit dieses Gebietes.*

Mayland

tor"! Zwei dieser Vertreter, die derart ausgestattet sind, gehören der Gattung *Haplochromis* an, sind aquaristisch jedoch weniger bekannt *(H. cyaneus* und *H. eucinostomus),* dagegen ist *Limnochromis permaxillaris,* der jedoch aus dem Tanganjika-See stammt, bekannter. Diese Spezialisierung ist möglicherweise einer der Gründe, weshalb man die eine oder andere Art im Aquarium nicht so gut halten kann. Eine Reihe von ihnen läßt sich bei normalem Futterangebot auch wieder zu normalen Freßgewohnheiten bringen, andere lassen von dem vorprogrammierten Freßverhalten nicht ab. Zu den letzteren gehört nach Berichten einiger Aquarianer der „Schuppenfresser" *Genyochromis mento.* Bei ihm haben wir es mit einer parasitierenden Art zu tun, die sich, soweit man bis jetzt weiß, ausschließlich (?) von den Schuppen anderer Fische ernähren soll. Solche Arten kann man im Aquarium nicht mit anderen Fischen zusammen pflegen, wenn sie diese Gewohnheiten nicht ablegen können. Dagegen sind die Arten, die sich etwa von kleinen Krustentieren ernähren, bessere Pfleglinge. Ihr Gebiß ist teilweise einem Greifwerkzeug ähnlich ausgelegt: die vorderen Zähne sind nach Greiferart nach vorn gerichtet. *Labidochromis vellicans* ist ein Vertreter dieser Gruppe. *Pseudotropheus zebra,* der viele Stellen des Malawi-Sees bevölkert und heute als einer der zuerst beschriebenen Felsencichliden (Mbuna) gilt, ist ein typischer Algenfresser, ebenso wie *P. fuscus* oder *P. tropheops,* seine nahen Verwandten. Er hat das typische, vorstülpbare Maul eines Buntbarsches und eine Bezahnung aus Schabezähnen. Bei geschlossenem Maul lassen sich jedoch keine weiteren Merkmale einer Spezialisierung erkennen. Das ist bei dem „Nagelbrettspezialisten", *Petrotilapia tridentiger,* anders. Dessen Lippen sind mit

Mayland

*Seichtwasserzone mit* Ceratophyllum demersum *in der Nähe von Salima am Westufer des Malawi-Sees.*

Vallisneria spiralis *findet man an vielen Stellen im Malawi-See.*

Mayland

kleinen Schabezähnchen besetzt und werden deshalb derart wulstig, daß die Tiere ihr Maul kaum ganz schließen können. Die vorstülpbaren Lippen können damit zu einer Raspelbewegung des Maules koordiniert werden, wobei die am Fels wachsenden Algen wie mit einer Nagelbürste abgeraspelt werden.

Einen wesentlichen Raum im Biotop nehmen natürlich die Raubfische ein, die auch hier, wie in den meisten Lebensräumen, für eine gesunde Auslese sorgen. Bekannteste Art ist zweifellos *Haplochromis compressiceps,* ein Fisch, der eine Zeitlang als „Augenfresser" einen zweifelhaften Ruf erlangte. Inzwischen hat man jedoch festgestellt, daß dieser Räuber zwar lebende Fische frißt, jedoch sogar im Gesellschaftsbecken zu halten ist, wenn die Mitbewohner nicht zu klein sind. Der Fisch wird nur etwa 24 cm lang und wirkt mit seinem fast spitz zulaufenden Kopf auf viele Beschauer furchterregend. Entschieden gefährlicher sind die Vertreter der Gattung *Rhamphochromis,* die bis etwa 40 cm groß werden und über eine starke Bezahnung verfügen. Sie haben Hechtform und ebenfalls ein tief gespaltenes Maul.

Sicherlich machen sich viele Aquarianer falsche Vorstellungen vom Litoralbereich des Malawi-Sees. Diese Zonen rund um das riesige Gewässer bestehen nicht etwa nur als Felsen. Wenn man die Seeufer einmal mit einem kleinen Sportflugzeug abfliegen kann, wie es mir vergönnt war, so entdeckt man wesentlich größere Strandgebiete, die entweder versumpft sind, oder einen hellen Sandstrand haben. Die erstgenannten Flachwasserzonen, häufig in Buchten mit sehr geringen Wasserbewegungen gelegen, können riesige Schilfbestände aufweisen, in denen die verschiedensten Vogelarten zu Hause sind. In diesen seichteren Gebieten mit schlammigem oder sandigem Grund findet der interessierte Aquarianer auch Wasserpflanzen, die ihm bekannt vorkommen: Da ist zuerst einmal *Pistia stratiotes,* die Muschelblume, zu nennen, eine Schwimmpflanze, die wir nicht nur aus afrikanischen Gewässern kennen, sondern beinahe in der ganzen Welt vorkommt. Das Gemeine Hornkraut, *Ceratophyllum demersum,* ein überaus hartes Gewächs mit drahtigen, jedoch leicht brechenden Blattquirlen. Diese Pflanze ist ebenfalls ein Kosmopolit. Die Stengelpflanze kann lange Ranken bilden. Ihr Vorkommen ist jedoch fast ausschließlich auf ruhiges Wasser beschränkt. *Vallisneria spiralis,* den meisten Aquarianern wohlbekannt, kommt (möglicherweise) in verschiedenen Formen vor. Ich fand sie, weniger dicht beieinanderstehend, in kleinen flachen Sandzonen, wie man sie gelegentlich zwischen Felsansammlungen findet. Sie standen dagegen in großen Feldern an jenen Stellen beisammen, an denen das Wasser seicht und leicht verschlammt war. Hier, direkt unter der Oberfläche, bekommen sie besonders viel Licht und vermehren sich entsprechend stark. Oft wachsen sie mit dem erwähnten Hornkraut zusammen in der gleichen Bucht. Eine weitere Pflanze, die ich in der sandigen Zone zwischen den Felsen fand, ist *Potamogeton pectinatus.*

Die Pflanzen wie auch die Röhrichtzonen nahe der Uferregionen bilden für viele Fischarten die Revier- und sogar Verbreitungsgrenzen: Sie können diese Schwelle, an denen der Schutz der Felsen mit den vielen Spalten und Verstecken nicht mehr vorhanden ist, nicht durchschwimmen und überwinden, weil sie im ungeschützten Wasser unweigerlich zum Opfer dort lauernder Raubfische würden. Hierin ist auch einer der Gründe zu sehen, weshalb Tiere derselben Art, die im Verlauf der langen Geschichte dieser Biotope einmal in eine andere Zone außerhalb ihres ursprünglichen Biotops verschlagen oder sonstwie abgetrennt wurden, im Laufe der Zeit eine eigene Population hervorbrachten, die sich dann von der Standardmusterung der Art unterscheidet. Die Sand- und Röhrichtzonen bilden aber nicht nur einen Grenzbereich für Felsencichliden, sie stellen auch einen Lebensraum eigener Art für Fische dar, die wiederum für ein Leben in dieser Litoralzone zumindest zeitweise angepaßt sind. Eine solche Zone kann einem Flußufer gleichen, wie wir es von einigen westafrikanischen Küstengebieten kennen. Für die Tiere, die hier dicht unter der Wasseroberfläche leben müssen, ist das Vorhandensein ausreichender Deckungsmöglichkeiten lebenswichtig, damit sie nicht Opfer der vielen Vögel werden, denen gerade die Röhrichtzone Wohn- und Brutstätte bietet. Auch sie haben unterschiedlichstes Jagdverhalten entwickelt. Neben den vielen Jungfischen, die man hier findet, haben sich auch verschiedene Räuber dem Leben in dieser Zone angepaßt. Einer der bekanntesten ist *Haplochromis compressiceps.* Sein schmaler Körperdurchmesser garantiert ihm eine relativ gute Tarnung nach oben, um nicht selbst Opfer der Vögel zu werden. Andererseits kann er sich mit seinem schlanken Körper im Röhrichtdschungel ausgezeichnet bewegen. Wegen ihrer

Mayland

*In den fischreichen Röhrichtzonen des Malawi-Sees haben die Fischer ihr Domizil. Man findet hier jedoch nur wenige Buntbarsche. Unterhalb der Wasseroberfläche zeigt sich die Enge des Schilfgürtels. Sie bietet Verstecke, doch lauern hier auch Räuber wie* Haplochromis compressiceps. *Freiwasseraufnahme.*

Mayland

Stolz

Mayland

*Die Steilwände des Sublitorals dienen mit ihrem Algenangebot den Mbunas als Nahrungsquelle. Die Felsenlandschaft um die Mbenji-Inseln sieht aus der Luft recht beeindruckend aus.*

geringen Größe ist diese Art auf die Jagd entsprechend kleiner Fische angewiesen. Hier findet der Räuber seine Beute — nicht nur Cichliden, denn man darf nicht vergessen, daß es im See auch eine Vielzahl Fische aus anderen Familien gibt.

Die Inseln im See haben für den Zierfischfang eine besondere Bedeutung; es sind „Schatzinseln" — aber nur für Fänger und Exporteure. Wenn man einmal von den zwei großen, Likoma und Chisumulu, absieht, liegen die meisten kleineren in der südlichen Hälfte des Malawi-Sees. Dabei handelt es sich um größere oder kleinere Bergspitzen, die vom Grunde des Sees bis über die Wasseroberfläche emporragen. Deshalb besteht auch der überwiegende Teil ihrer Küsten aus Felsen. Vielfach sind auch die entfernteren Küstenregionen dieser Inseln von flacheren Felsgebieten umgeben: eine Gefahr für die ohnehin geringe Schiffahrt auf dem See, zweifellos jedoch ein Tummelplatz besonderer Art für die hier lebenden Felsencichliden.

Viele dieser Inseln sind so klein, daß man sie auf keiner Karte findet, doch bilden ihre langen Küstenstreifen rundherum gute Fanggebiete nicht nur für die einheimischen Fischer, die hier ihrem Lebenserwerb nachgehen (auch sie werfen 10 cm lange „Mbunas", die sie mit Netzen gefangen haben, nicht wieder in den See zurück), sondern auch für die wenigen fast professionellen eingeborenen Zierfischfänger, die man bei fast jeder Insel antrifft. Sie stellen besonders feinmaschige Netze auf, aus denen sie die Cichliden dann später besonders vorsichtig herausnehmen können. Weil diese Fangmethoden oft nicht direkt unter der Wasseroberfläche angewandt werden, benötigen diese Fänger im allgemeinen eine umfangreichere Ausrüstung, bei der neben dem Schnorchel als einfaches Tauchgerät nun auch der Kompressor im Boot nicht fehlen darf, der es den Fängern ermöglicht, Tiefen, die über die 5-m-Grenze hinabreichen, gefahrlos zu erreichen.

Monkey Bay heißt ein kleiner Ort an der östlichen Seite einer in den südwestlichen Teil des Sees hineinragenden Halbinsel. In der Nähe dieser malerisch gelegenen Bucht liegt die 60 m über den See hinausragende Insel Tumbi East. Sie ist dicht bewachsen und nur während der trockenen Jahreszeit durchquerbar. Die im südlichen Teil des Landes stark vertretenen Baobabs (Affenbrotbäume = *Adansonia digitata* LINNÉ) haben sich auch über diese Insel ausgebreitet. Einige von ihnen ragen mit ihren bizarren Wurzeln bis in die Felsenzonen der Küstenstriche. Weiter im Südosten der Monkey Bay befindet sich noch ein kleines, jedoch ebenfalls stark bewaldetes Eiland: Kanchedeza. Die Insel ist mit Borassus-Palmen und stacheligen Euphorbien bewachsen. Bekannter als diese beiden dürfte die Insel Boadzulu, die etwa in der Mitte des südlichen See-Zipfels liegt — gegenüber der bekannten Nkopola-Lodge. Nach ihr benannte ILES bereits im Jahre 1960 eine Haplochromis-Art *(Haplochromis boadzulu).* Die Insel ist ein einziges Tierparadies — über und unter Wasser. Während sich auf ihren Felsen und im Strauchgeäst wassernaher Felsreviere riesige Kormorankolonien befinden *(Phalacrocorax carbo* und *P. africanus)* und in höheren Baumkronen die Schreiseeadler *(Cuncuma vocifer)* ihre Horste bewachen und nach Beute Ausschau halten, sonnen sich auf den Felsklippen mächtige Warane, die eine Länge von über 150 cm (meist *Varanus niloticus,* seltener *V. exthematicus)* erreichen können. Unterhalb der Wasseroberfläche erkennt man bereits vom Boot aus mit verdächtigem Glitzern blaue und gelbe „Edelsteine der Aquaristik": Es sind Felsencichliden, wie man sie in diesen Inselbiotopen immer wieder in Mengen findet. Die Insel ist nicht sonderlich groß, felsig und mit Sansevierien und Euphorbien bewachsen ragt sie etwa 50 m aus dem Wasser empor. Nördlich des Cape Maclear liegt Domwe Island. Mit einer Ausdehnung von immerhin 6,4 km Länge ragt dieser Felsbrocken stattliche 416 m aus dem Wasser des Malawi-Sees empor. Westlich davon liegt die kleinere Insel Tumbi West. Sie ist immerhin noch 150 m hoch und ebenfalls mit dichter Vegetation überzogen.

Weiter im Norden, und noch nördlich des kleinen Ortes Chipoka, liegen die Marelli-Islands, eine kleine Inselgruppe aus drei dicht beieinanderliegenden Inseln. Die Hauptinsel, Marelli, ist etwa 1,5 km lang und ragt etwa 150 m aus dem Wasser empor. Sie ist ein Domizil für Seeadler. Ungefähr 1 500 m entfernt davon liegt im Südwesten die kleinere Insel Katenga (gelegentlich auch Ntadza Island genannt). Sie ist die größte der drei, ist jedoch nur 18 m hoch an ihrem höchsten Punkt. Die kleinere Nangoma-Insel liegt nahe bei der Marelli-Insel und wird von einer Reihe von kleinsten Inselchen und Felsengruppen umrahmt.

Direkt vor dem Salima-Beach-Hotel liegt die winzige Insel Namalenji, doch hat auch sie für die Zierfischfänger große

*Die bekannte Insel Boadzulu im Süden des Sees ist nicht nur ein gutes Fanggebiet für Cichliden. Der Unterwasser-Algenrasen wird stets gut gedüngt durch die Bewohner des Vogelparadieses, die oberhalb der Wasserfläche leben.*

Mayland

*Wenn die Wellen des Malawi-Sees gegen die Ufer spülen, findet man vielfach auch Schneckenhäuser von Tieren der Gattung* Lanistes. *Sie dienen bestimmten Arten* (P. lanisticola) *als Unterschlupf.*

Mayland

Stolz

*Die Unterwasserlandschaft ist in den meisten Felsregionen dicht bevölkert.*

Bedeutung, wenn man bedenkt, daß jede dieser Inseln, auch wenn sie noch so klein ist, einen in sich abgeschlossenen Biotop darstellt. Im Bereich dieses kleinen Inselchens jedenfalls fand ich eine Reihe bisher in ihrer Färbung unbekannter Cichliden. Es wurde indes noch nicht festgestellt, ob es sich um neue Arten oder lediglich um differente Farbschläge handelt.

*Die Frage nach der Beckeneinrichtung mit Steinen kann nicht immer umfassend beantwortet werden. Hier ein Abschnitt, in dem ein besonders eindrucksvoller Lochstein dominiert.*

Mayland

Eine weitere Inselgruppe, die ebenfalls aus drei Erhebungen besteht, liegt etwa 14 km nördlich von Sungu Point, einem Landzipfel, der nördlich der Stadt Salima die Domira-Bay bildet: Es sind die Mbenji-Islands, benannt nach ihrer Hauptinsel, der größten. Sie besteht aus zwei über das Wasser hinausragende Landmassen, die durch einen sandigen kurzen Isthmus (Landenge) verbunden sind. Ihre höchste Erhebung beträgt 109 m. Während der eine der beiden Inselteile bewaldet ist, weist der andere überwiegend einen Bewuchs mit Sukkulenten auf. Ababi-Island heißt die nördlich an die Hauptinsel anschließende Erhebung, während die dritte noch ohne Namen ist. Alle sind unbewohnt und dienen nur den Fischern gelegentlich als Aufenthalt. Weiter dienen sie fraglos vielen Vögeln, besonders den bereits erwähnten Kormoranen als Wohn- und Niststätten. Aquaristisch ist im Augenblick die mehr als 50 km nordöstlich der Nkhata-Bay gelegene Sphinx Island noch nicht interessant. Sie ist die äußere Insel einer kleinen Gruppe und diente zur Zeit des ersten Weltkrieges einem deutschen Kanonenboot als Unterschlupf. Eine auf dieser Insel befindliche Bucht wurde „Sphinxhaven" benannt. Möglicherweise kommen eines Tages auch von dieser Inselgruppe neue Arten oder Farbvarianten zu uns.

Abschließend komme ich zu den beiden bekanntesten Inseln, die nahe der Küste von Mozambique liegen: Likoma ist die größere der beiden und hat mit einer Länge von 6,4 km und einer Breite von maximal 3,2 km eine stattliche Größe. Ihr Strand ist teils sandig, teils felsig. Viele bekannte Cichlidenarten werden ausschließlich im Bereich dieser oder der Nachbarinsel gefangen. Jene Nachbarinsel, Chisumulu mit Namen, liegt nur etwa 10 km westlich von Likoma. Sie ist stark gegliedert und weist deshalb eine Vielzahl von Buchten auf und mißt an ihrer längsten Stelle etwa 3,2 km. Ihre höchste Erhebung beträgt 166 m. Beide Inseln sind bewohnt und besonders Likoma, die größere, hat bereits eine längere Geschichte hinter sich. So geht beispielsweise das Gründungsjahr der dortigen Kathedrale von St. Peter auf das Jahr 1902 zurück.

„Na und?" wird mancher Aquarianer fragen. Zugegeben, aus der weit entfernten Sicht eines Aquarienfreundes in Europa oder aus den USA mögen solche Details nur wenige interessieren. Sie zu kennen ist jedoch wichtig für denjenigen, der sich etwas ausführlicher mit den Biotopen in einem der wichtigsten Fanggebiete der Cichliden befaßt.

*Zierfischfänger im Malawi-See bei der Arbeit.*

*Für den erfolgreichen Cichliden-Fang wird eine umfangreiche Ausrüstung benötigt.*

*Beim Verpacken der Fische auf der Likoma-Insel. Im Hintergrund das kleine Flugzeug, mit dem die Fischboxen zur Station transportiert werden.* Mayland (3)

Inseln, besonders, wenn sie nicht zu groß sind, hatten schon immer eine besondere Anziehungskraft auf mich. Hier, im Bereich des Malawi-Sees, verstärkte sich dieser Eindruck insofern, als es sich bei ihnen — zumindest aus der Sicht des Naturfreundes und Aquarianers — um wirkliche Schatzinseln handelt. Sollte Sie einmal Ihr Weg dorthin führen, vergessen Sie nicht, zumindest einige von ihnen aufzusuchen.

Inmitten der Felsgebiete in den verschiedenen Litoralzonen (auch der erwähnten Inseln) findet man auch Aushöhlungen, die das übliche Maß übersteigen und als echte Höhlen angesehen werden können. Auch sie werden von Fischen bewohnt, wie Zierfischfänger bei ihrer Suche nach immer neuen Arten feststellen konnten. In diesen Höhlen scheinen noch manche Geheimnisse zu liegen, die zukünftig den Aquarianern nicht nur neue Arten bescheren, sondern ihnen auch vielleicht einige nomenklatorische Änderungen bringen könnten. Der Fang in solchen besonders abgeschirmten Biotopen ist schwierig, wenn man berücksichtigt, daß die einheimischen Fänger nicht mit optimalen Geräten ausgerüstet sind und meist an einem Atemschlauch absteigen, der ein Erforschen von Tiefen unterhalb der 12-m-Grenze nicht möglich macht. Nur ganz Mutige gehen mit ungenügender Ausrüstung für kurze Zeit freischwimmend auf größere Tiefen hinunter, um dort schnell ihre Netze zu befestigen. Die meisten Importeure bestellen „male-fishes in breeding-colour". Deshalb sind die Fänger gehalten, Männchen eben nur dann zu fangen, wenn sie eine besonders intensive Balzfärbung zeigen. Meist sind es die dominierenden Tiere eines Reviers.

Nachdem die südlichen Ufer des Malawi-Sees seit Jahren zu den bevorzugten Fanggebieten der Exporteure zählen und in diesem Zusammenhang wahrscheinlich auch gut erforscht wurden, galt, nachdem auch die Nkhata-Bay und die Regionen um die Likoma-Insel später nach der Arbeit von FRYER in die Fanggründe mit einbezogen wurden, in letzter Zeit dem nördlichen Teil des Sees das Interesse der Ichthyologen und Fänger. Wer sich mit diesen Gebieten befaßt, muß bedenken, daß, bis auf die Südküste des Sees, nur seine westliche Seite der Hoheit des Staates Malawi untersteht, während der nördliche Teil der Ostküste Staatsgebiet von Tanzania ist und ihr mittlerer Teil zu Mozambique gehört. Im Gegensatz zur malawischen Westküste des Sees ist seine zu Tanzania gehörende Ostküste nicht so stark besiedelt und verkehrstechnisch entsprechend (noch) weniger erschlossen. Ähnliches gilt für das zu Mozambique gehörende Seeufer. Die Ursachen hierfür sind a) in der Landschaft mit ihren zum Teil recht steilen Ufern und b) in den innenpolitischen Gegebenheiten der anliegenden Länder zu suchen. Teilweise sind die Seeufer wegen stark abfallender Ufer nur schwer zugänglich, andererseits besteht der Übergang vom Land zum See aber auch aus Sumpfgebieten, die den Zugang ebenfalls schwer machen. So steigen beispielsweise im Bereich der Livingstone-Mountains, die zur Rungwe-Kette gehören, die Felsen sehr steil aus dem Wasser und erreichen im Hinterland eine Höhe von 2960 m. Gleichzeitig liegt in der Buchtmitte, östlich der malawischen Stadt Kaporo, die tiefste Stelle des Sees, so daß man sich vorstellen kann, welch riesiger Canyon hier von der Natur geschaffen wurde. Wäre er ohne Wasser, so würden gegen ihn manche Naturwunder unserer Erde wie Hügellandschaften aussehen. Im Bereich der steilen Felswände findet man auch unterhalb der Wasseroberfläche keine Landschaft aus kleineren Felsbrocken, wie man sie aus südlicheren Zonen kennt, sondern trifft ein wesentlich wuchtigeres Areal an. Trotzdem ist der Fischreichtum, dessen Schwergewicht auch hier wieder bei den Cichliden liegt, unübersehbar. Es gibt immer noch ausreichende Versteckmöglichkeiten, und das Nahrungsangebot ist nach wie vor vorhanden. Pflanzen gedeihen verständlicherweise nur in den seichten Zonen. Im Bereich der steil abfallenden Küstenränder fehlen sie vollständig.

In diesen Regionen, in denen die Küste nicht gut für Menschen erreichbar ist, fehlen die Siedlungen in Ufernähe und damit auch die Fischer. Sie, die vielerorts noch in Einbaumbooten ihrem Nahrungserwerb nachgehen (vergleiche Farbfoto Seite 53), entfernen sich in diesen schwankenden Gefährten nicht gern zu weit von ihrer heimatlichen Küste, und die Fischbestände haben durch diese Umstände im Bereich der steilen Küstenzonen von Menschenhand wenig zu befürchten.

## Buntbarschbiotope auf Madagaskar

Madagaskar, das ist eine andere Welt. Die Insel liegt zwar nahe dem afrikanischen Kontinent, nur getrennt durch den Kanal von Mozambique, doch liegt diese Trennung bereits über 20 Millionen Jahre zurück. Sie ist demnach noch weit älter, als es die zentralafrikanischen Seen sind, und stammt aus einer Zeit, als sich die meisten höheren Säugetiere unserer Erde zu entwickeln begannen. Die Fauna dieser Rieseninsel unterscheidet sich in vielerlei Hinsicht von der des afrikanischen Kontinents. Bekannteste Bewohner Madagaskars sind zweifellos die Halbaffen und Lemuren, deren Existenz heute durch das Vorrücken der Zivilisation in die Jahrtausende alten Lebensräume dieser interessanten Tiere stark bedroht ist.

Im Gegensatz zu den Besprechungen der verschiedenen Pflanzenbiotope, die dem belesenen Aquarianer sicherlich aus den Berichten BOGNERS bekannt geworden sind, wurde von den Fischarten der Insel kaum etwas bekannt. Dies gilt insbesondere auch für die Cichliden, die ja nicht erst seit kurzer Zeit bekannt sind, sondern zum großen Teil bereits im vergangenen Jahrhundert beschrieben wurden. Das mag vor allem daran liegen, daß sie als Aquarienfische nicht sonderlich attraktiv in Farbe und Verhalten sind. Soweit bisher bekannt wurde, handelt es sich bei allen der bisher festgestellten 9 Arten um Substratbrüter. Die Tiere bewohnen verschiedene Flüsse und Seen. Einige Arten dringen dabei bis in meernahe Zonen vor und sind auch gegenüber Salzkonzentrationen, wie sie in brackigem Wasser vorkommen, unempfindlich. Andere Arten, wie etwa *Paretroplus petiti* (vgl. auch Artenbesprechung auf Seite 355), sind gegenüber schlechter werdender Wasserqualität recht empfindlich und dringen auch nicht in angesalzene Wasserreviere vor, obgleich sie teilweise küstennah leben. Arbeiten über die Cichlidenvorkommen Madagaskars wurden in erster Linie durch PELLEGRIN, KIENER und MAUGE erstellt, wie aus der Fußnote * zu entnehmen ist.

* PELLEGRIN, J.: „Cichlides de Madagascar recueillis par G. Petit. Description d'une espèce nouvelle." Bull. Soc. Zool. France, 54, p. 252—255, 1929.

KIENER, A.: „Poisson, Pêche et Pisciculture à Madagascar." Centre Technique Forestier Tropical, Nogent-sur-Marne, 1963.

KIENER, A. & MAUGÉ, M.: „Contributions à l'étude systématique et écologique des Poissons Cichlidae endémiques de Madagascar." Mem. Mus. Nat. Hist. Nat., sér. A, Tom. XL, fasc. 2, p. 64, figs. 7, 8, 23/4, pl. I/2, 1966.

## Was versteht man unter Cichliden?

Buntbarsche oder Cichliden nehmen in der zoologischen Systematik innerhalb der Klasse der Knochenfische *(Osteichthyes),* in die die Ordnung der Barschartigen *(Percomorphi* oder *Perciformes)* eingereiht ist, den Rang einer Familie ein *(Cichlidae).* Die beiden wichtigsten und prägnantesten Unterscheidungsmerkmale von den echten Barschen *(Centrarchidae, Nandidae, Percidae)* liegen im Bau der Schlundknochen und der Nasenöffnung. Während beispielsweise bei den echten Barschen Naseneingang und -ausgang getrennt sind, und die Fische somit an jeder Kopfseite zwei Nasenöffnungen aufweisen, verfügen die Buntbarsche nur über eine Nasenöffnung auf jeder Seite des Kopfes, die, ähnlich wie bei uns Menschen, gleichzeitig Nasenein- und -ausgang darstellen. Als ihre nahen Meeresverwandten kann man die Riffbarsche der Familie *Pomacentridae* ansehen, doch weisen auch die Vertreter anderer barschähnlichen unter den sogenannten Korallenfischen *(Pomacanthinae* = Kaiserfische) zuweilen ein buntbarschähnliches Verhalten auf.

Cichliden erreichen eine Größe bis maximal 80 cm *(Boulengerochromis microlepis* aus dem Tanganjika-See), bleiben jedoch allgemein kleiner. Eine bestimmte Körperform für diese Fische anzugeben, ist nicht möglich. Weil sie sich im Verlauf der Evolution an alle möglichen Lebensbedingungen anpassen mußten, ist es kein Wunder, daß man unter den vielen Gattungen praktisch jede mögliche Form findet, von der hochrückigen mancher Tilapia-Arten, die hochflossigen der Gattung *Pterophyllum,* der scheibenförmigen der Diskusfische, der flachbäuchigen von Vertretern bodenbewohnender Arten, von denen einige gar mit Stützflossen ausgestattet sind, bis zu den gestreckten Formen ausgesprochener Raubfische, deren torpedoförmige Körperform mit der großen Schwanzflosse und dem tief eingeschnittenen Maul sofort die ausschließliche Ernährungsweise erkennen läßt. Das gilt nicht nur für Bewohner Afrikas, sondern auch für die des mittel- oder südamerikanischen Kontinents, dabei sei nur an die sehr gestreckten Arten der Gattung *Crenicichla* erinnert. Die meisten Cichliden haben einen großen, ausgeprägten Kopf, der sich bei den Männchen verschiedener Arten durch einen, teilweise enormen, Fettbuckel hervorhebt. Leider erreichen viele Arten, entgegen der stattlichen Größe in den natürlichen Heimatgewässern (z. B. *Cichlasoma managuense* wird 50 cm groß), diese Größe in normalen Aquarien nicht und daher auch ihr echt adultes Aussehen nur sehr selten. Die überwiegende Zahl der Buntbarsche ist auch auf das Erbeuten lebenden Futters angewiesen, deshalb verfügen sie über ein besonders weit vorstülpbares Maul (Foto S. 232), dessen wulstige Lippen beim Aufreißen vorgeschnellt werden können und so die Überraschung des Angriffs noch steigern.

Die Beliebtheit der Buntbarsche, die, wir ihr deutscher Name besagt, farblich oft recht bunt sind, reicht bis in früheste Zeiten der Aquaristik zurück und hat sich bis heute gehalten. Ihr häufig aufgezählter Artenumfang wird von der Realität zuweilen bei weitem übertroffen. So schrieb mir kürzlich ein junger, überwiegend mit den Cichliden der Neuen Welt (Süd- und Mittelamerika) beschäftigter Wissenschaftler, daß er eine genaue Aufstellung von 945 gültigen Cichlidenarten jener Regionen besitzt. Bereits im Jahre 1974 gab POLL für den afrikanischen Kontinent 675 Arten an, verteilt allerdings auf nur 115 Gattungen. Wenn man weiß, wie viele Arten gerade aus dem Bereich der beiden großen Seen Afrikas jährlich neu beschrieben werden, wird die Artenvielfalt besonders deutlich. Buntbarsche gibt es in den tropischen und subtropischen Zonen Amerikas, Afrikas (einschließlich Madagaskars und einer kleinen Zone an der Kontinentverbindung mit Vorderasien) und den küstennahen Zonen des indischen Subkontinents im asiatischen Raum; von dort sind aber nur die drei Etroplus-Arten bekannt. Um die Vielzahl der Arten überschaubarer zu machen, hat man versucht, sie zu bestimmten Gruppen zusammenzufassen; leider ist das nie zufriedenstellend gelungen. Es ist nicht bekannt, weshalb sich die Buntbarsche ausgerechnet über jene Zonen unserer Erde verteilten, in denen sie jetzt leben, doch wird auch beim Studium ihrer Verbreitung die Theorie von der kontinentalen Abdrift Südamerikas von Afrika erhärtet. Das ist besonders dann der Fall, hält man sich das Vorhandensein der Zwergcichliden und ihre zentrale Verbreitung ausgerechnet in jenem Bereich eines der beiden Kontinente vor Augen, in dem sie im Verlauf der Erdgeschichte entscheidende Berührungspunkte gehabt haben sollen: In Westafrika (von Guinea bis Kamerun) einerseits und den Guayana-Ländern andererseits.

Leider wird heute durch das Eingreifen des Menschen die ursprüngliche Abgrenzung der verschiedenen Cichlidenbiotope (wie auch der anderer Fischfamilien) stark verwischt. Das geschieht in den meisten Fällen im näheren oder weiteren Zusammenhang mit der Zierfischhaltung, nämlich dann, wenn in Ländern, deren Gewässer für Cichliden passende Lebensbedingungen bieten, die Tiere ausgesetzt werden, nachdem ein Aquarianer sie nicht mehr halten mag. So wie unsere Gesellschaft leider den „Wegwerfhund" erfand, kann man diesen Begriff abgewandelt und eigentlich noch eher auf bestimmte Zierfischarten anwenden, die Buntbarsche eingeschlossen. Ähnliches gilt auch für die südostasiatischen Züchtereien, wenn sie Zierfische nachzüchten (*Apistogramma,* Diskus usw.), die nicht aus den Biotopen eigener Regionen stammen. Dabei ist nie auszuschließen, daß gelegentlich Fische aus den Hälterungsbecken entweichen und in nahegelegene Gewässer gelangen und sich dann unter günstigen Bedingungen aus- und weiterverbreiten.

## Die Cichliden und ihr Verhalten
## Cichliden in der Verhaltensforschung

Verhaltensforschung nennt man die Fragestellung von Forschern, wenn deren Beantwortung von der Natur und ihren Geschöpfen selbst erteilt wird. Wir wissen von vielen Haustieren, daß sie ein bestimmtes Verhalten deutlich machen. Man rechnet dazu alle Bewegungen und Stellungen der Tiere, die sie uns wahrnehmen lassen. Im Gegensatz zu den Pflanzen, über deren Verhaltensforschung man kaum einmal etwas hört (weil sich bei ihnen weniger Bewegungen und Stellungen unterscheiden lassen), zeigen die Tiere bestimmte Reaktionen auf bestimmte Auslöser. In diese Art der Forschung werden Fische nicht nur miteinbezogen: Sie sind zum Teil besonders interessante Studienobjekte, zumal sie sich akustisch nur wenig äußern können. Verhaltensphysiologische Untersuchungen erstrecken sich daher hauptsächlich auf angeborene Verhaltensweisen, wie Brutpflege, Beutefang und Revierverteidigung (= Territorialverhalten) und auch auf erfahrungsabhängiges (erlernbares) Verhalten. Zum Sammeln von Informationen stehen dem Organismus zwei Speicher zur Verfügung: Das Genom* und das Gedächtnis. Jeder Verhaltensvorgang wird also durch eine Information aus einem der beiden Speicher ausgelöst. Damit kann sich das Tier mit Hilfe angeborener oder erlernter (oder noch zu erlernender) Anpassungen an die Umwelt in seinem Lebensraum zurechtfinden. Bei einer angeborenen Anpassung werden die Informationen dem Tier in der Erbsubstanz gleich mitgegeben. Um unterscheiden zu können, welche Verhaltensweisen angeboren sind und welche erlernt werden müssen, unternehmen die Wissenschaftler sogenannte Kaspar-Hauser-Experimente. Sie sind das übliche Verfahren zu prüfen, ob ein Tier auch ohne das Sammeln von Erfahrungen (zum Beispiel durch völlige Isolierung) in der Lage ist, bestimmte Bewegungsabläufe, die als angeboren gelten, zu vollziehen. Das, was wir allgemein als „Instinkt" bezeichnen (Fluchtinstinkt, Jagdinstinkt usw.), wird von mehreren Schlüsselreizen, die insgesamt die auslösende Reizsituation schaffen, in Gang gesetzt. Hierbei ist zu beachten, daß mehrere Schlüsselreize in ihrer Gesamtwirkung stärker sind als einer allein und in ihrer Gesamtheit mehr Wirkung zum Auslösen eines bestimmten Verhaltens bewirken. Ein Beispiel kann das deutlich machen, wie es beim Aufeinandertreffen zweier *Cichlasoma meeki*-Männchen, die ihre Prachtfärbung tragen, möglich wäre: Beide beginnen sofort zu imponieren, vollführen also eine Kampfbewegung geringer Intensität und stehen sich mit gespreizten Flossen gegenüber. Erhöht sich die Summe der Schlüsselreize, verstärkt sich auch die Aggressivität der beiden: Jetzt werden Mundboden und Kehlhaut ausgefahren, und die Gegner schicken durch intensives Flossenschlagen Druckwellen gegen den Körper des Kontrahenten. Im Verlauf weiterer Kampfhandlungen kommt es zum Maulzerren und zu Rammstößen in die Flanken. Weil der gerammte Fisch versucht, dem gegnerischen Angriff auszuweichen, dabei aber den Angreifer im Auge behalten will, kommt es unumgänglich zu kreisförmigem Umeinanderschwimmen. Bei solchen Kampfhandlungen wird von den Gegnern auch das Farbkleid verändert, denn Färbung, Bewegung und Stellung gehören bekanntlich zu den jeweils vom Gegner entsprechend erkannten und beantworteten Schlüsselreizen.

Setzt man als bekannt voraus, daß das Verhalten männlicher Wirbeltiere von den Geschlechtshormonen beeinflußt wird, ist ausrechenbar, daß dieses Verhalten nach Hormongaben durch Injektion im natürlichen Sinne zu

* Unter einem Genom versteht man die Gesamtheit der Gene, die in einem einfachen Chromosomensatz eines Zellkerns enthalten sind.

steigern wäre. Ich möchte an dieser Stelle daher (wie in MAYLAND, „Diskusfische") auf die Versuche von BLÜM und FIEDLER eingehen, die solche Versuche per Injektion durchführten. Dabei wurden die Versuchstiere vor dem eigentlichen Test abgesondert, damit die Auswertung so neutral wie möglich durchgeführt werden konnte. Die Ergebnisse wiesen nach, daß nach Verabreichen bestimmter Präparate (Testosteron und Gonadotropin) das Kampfverhalten gesteigert und durch andere Mittel (Antitestosteron Cyproteronacetat) teilweise oder (Antigonadotropin Methallibure) weitgehend gehemmt wird. Das Sexualverhalten von Buntbarschen und von Sonnenbarschen läßt sich sogar mit hohen Dosen Cyproteronacetat nicht ganz unterdrücken, wohl aber mit Methallibure.

„Im Verhalten von *Symphysodon aequifasciata axelrodi,* die bei den Versuchen von BLÜM als Testtiere benutzt wurden, zeigten sich fünf verschiedene Farbmuster, die jeweils mit einem bestimmten Verhalten einhergingen: Farbmuster 1 kommt nur im Kampf gleichstarker Tiere vor. Die Grundfärbung des Körpers ist graugelb bis ockerfarben; außer der deutlich hervortretenden Binde am Ansatz der Caudalis und einer kurzen, undeutlichen Binde am Kopfansatz fehlen vertikale Streifen. Der Kopf sowie die hinteren, sonst glasklaren Säume von Dorsalis und Analis färben sich matt grauschwarz. Farbmuster 2 tragen überlegene Tiere. Der Körper ist einheitlich gelbbraun gefärbt; als vertikale Streifen sind nur Augen- und Schwanzstielbinde schwach grauschwarz zu erkennen. Farbmuster 3 stellt die Normalfärbung dar. Auf gelbbraunem Grund treten neben der Augen- und der Schwanzstielbinde 7 dunkle vertikale Streifen mehr oder weniger deutlich hervor. Farbmuster 4 tritt bei unterlegenen Tieren und bei Beschwichtigungsgebärden auf. Es entspricht weitgehend Farbmuster 3, doch erscheinen die vertikalen Streifen hier auf ockergelbem Grund tiefschwarz. Augen- und Schwanzstielbinde sind besonders deutlich. Farbmuster 5 konnte ich nur beim Kampf gegen Attrappen, bei extremer Erregung und bei einer Verhaltensweise im Komfortbereich beobachten. Das Tier erscheint fast einheitlich tiefschwarzviolett"*.

Alle Muster können sekundenschnell ineinander übergehen. Das Muster der leuchtendblauen Streifen am Kopf,

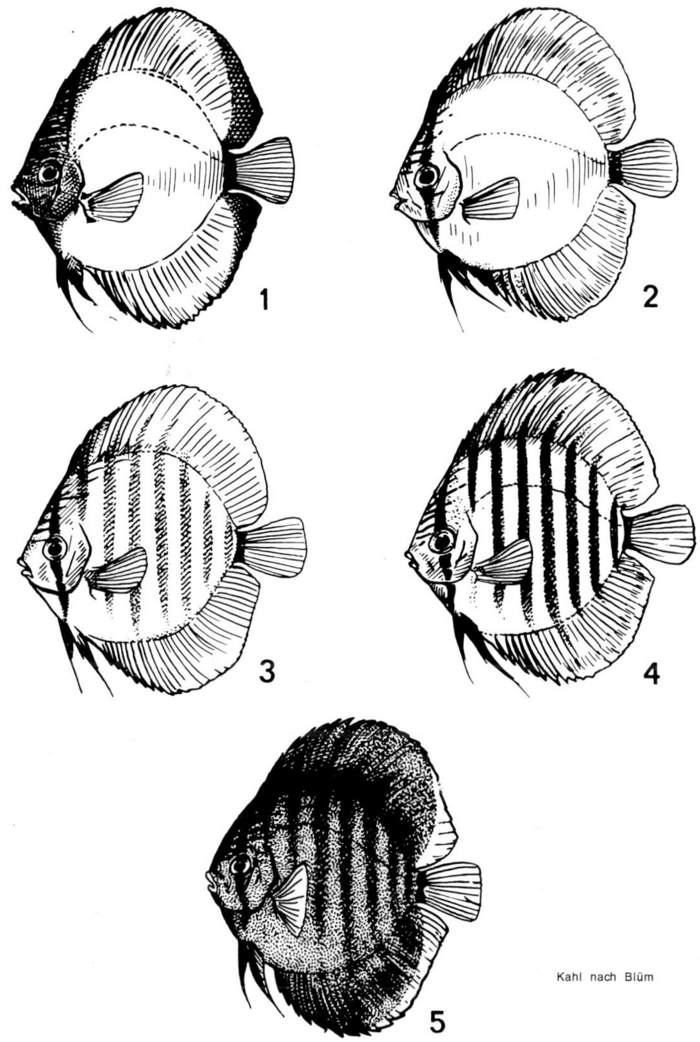


Kahl nach Blüm

an Rücken- und Afterflossen und an einzelnen Körperregionen wird bereits vor und bei Beginn der Geschlechtsreife gebildet und mit zunehmendem Alter ausgeprägter. Kämpferische Auseinandersetzungen, deren Bewegungsablauf teilweise mit dem Zeigen bestimmter Farbmuster parallel einhergeht, beginnen im allgemeinen mit dem Breitseitenimponieren. Hierbei werden die unpaaren „Imponierflossen" aufgerichtet und die Bauchflossen gespreizt. Oft pressen die Tiere dabei die Körper fest gegeneinander. Ein anderes Mal wird der Gegner frontal im Winkel von 90° animponiert. Diese kämpferische Betätigung ist mit den Farbmustern 1—3 gekoppelt. Schnapper und Stoß bilden bereits den offenen Angriff, reichen damit

* Bei der Beschreibung der Farbmuster wurde der Originaltext von Prof. Dr. BLÜM zitiert.

also über das bloße Imponieren hinaus. Geschnappt wird nach Kiemendeckel, Auge, Kehle, Flanke und Afterflosse des Gegners. Dieses Verhalten erfolgt ohne starkes Anschwimmen oder sogar aus dem Stand. Der Biß wird meist schräg von unten unter die Haut geführt. Der Autor berichtet, daß manchmal eine Körperstelle vor dem endgültigen Zuschnappen längere Zeit (bis zu 15 Sekunden) anvisiert wird. Ein Stoß ist fast immer gegen die Flanke des Gegners gerichtet. Dazu benötigt der Angreifer eine gewisse „Rammgeschwindigkeit“: Er muß über eine größere Entfernung anschwimmen. Auch beim Rammstoß kann zugeschnappt werden. Zeigt der Gegner (Attrappe) keine Reaktion, schwimmt der Angreifer, seiner Sache sicher, unter seinem Gegner hindurch, um einen ähnlichen Angriff auf die andere Körperseite zu versuchen.

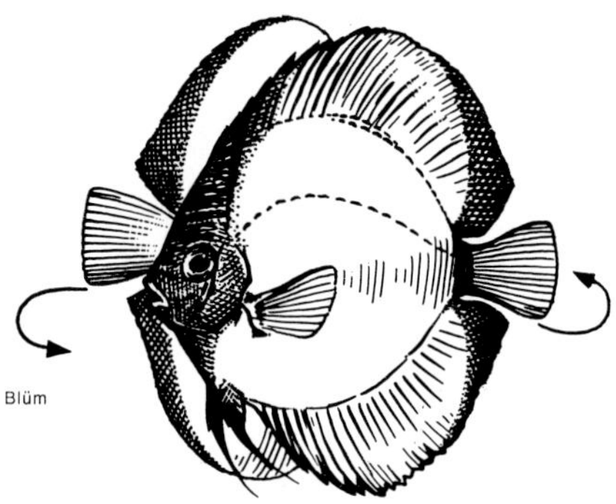

Kahl nach Blüm

*Breitseitenimponieren, Pressen und Schwanzschlagen bei gleichstarken Tieren.*

Der vielzitierte Maulkampf der Cichliden ist eine Auseinandersetzung gleichstarker Tiere; Maul gegen Maul wird ein mehr oder weniger „ritterlicher“ Kampf ausgetragen. Diskus-Fische praktizieren ihn ebenfalls, obgleich man ihn bei kämpferischeren Arten häufiger beobachten kann. Dabei stehen sich die Gegner entweder frontal gegenüber oder horizontal bzw. mit leicht geneigtem Kopf, die unpaaren Flossen stehen in Imponierstellung. Oft schiebt ein Fisch den anderen nach Art kämpfender Geweihträger, ein Stück vor sich her. Dabei zeigen sie das Farbmuster 1. Unterlegene Tiere können verschiedene Demutsstellungen annehmen. Dabei werden die Flossen eingezogen und eine entsprechende Färbung (3 oder 4) gezeigt. Meist erfolgt kurz darauf blitzschnell die Flucht des unterlegenen Tieres, während der Sieger ruhig weiterschwimmt oder auf Futtersuche geht.

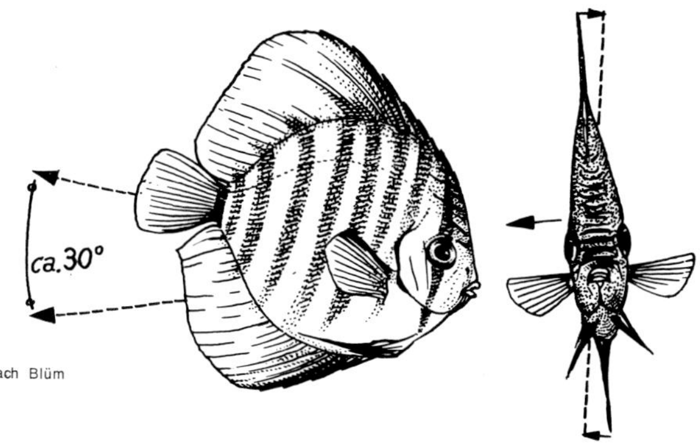


Kahl nach Blüm

*Breitseitenimponieren und Schwanzschlagen vor dem Gegner. Linkes Tier in Kopfunterstellung.*

Ein ähnliches Verhalten ist den meisten Cichliden zu eigen. Häufig bleibt es bei Drohgebärden; dabei sucht das drohende Tier durch Aufstellen der Flossen seinen Körperumfang optisch zu vergrößern. Ähnliches kennen wir auch vom Schutzverhalten her; hier sei auf das Aufblasen des Kugelfisches hingewiesen. Als gegenteilig sind die Beschwichtigungsstellungen, wie Darbieten der Kehle (Kopfhochstellen) oder ein Auf-den-Boden-Legen, zu deuten.

Alle Verhaltensweisen hängen ursächlich mit dem Testosteronspiegel im Blut zusammen und man faßt sie unter dem Begriff „männliches Sexualverhalten“ zusammen. Man könnte auch (neutraler) „testosteronabhängiges Verhalten“ sagen, besonders, wenn eine Hormon-Injektion vorausging.

Um auf bestimmte Reaktionen eines Gegners oder eines Partners mit einer Gegenreaktion antworten zu können, müssen die Fische über gewisse Sinnesleistungen verfügen, über ähnliche Wahrnehmungsinstrumente also, wie

*Schnapper nach der Kehle des Gegners. Linkes Tier in Kopfhochstellung und Inferioritätsfärbung.*

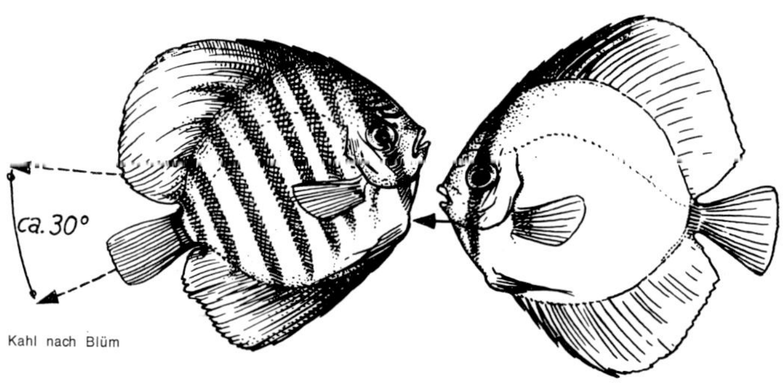


Kahl nach Blüm

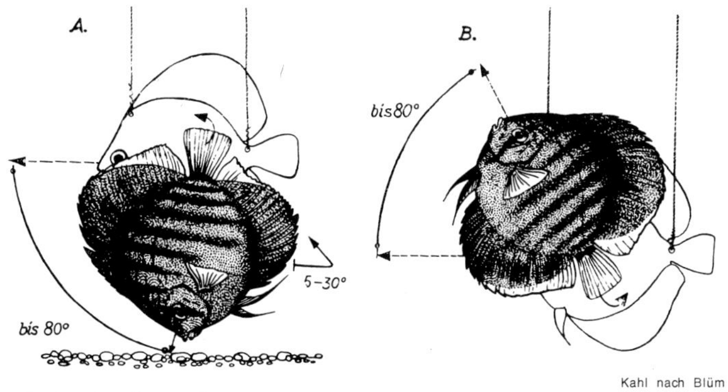


*Breitseitenimponieren*
*beim Kampf gegen eine Attrappe.*
*A: In steiler Kopfunterstellung. B: In steiler Kopfhochstellung.*

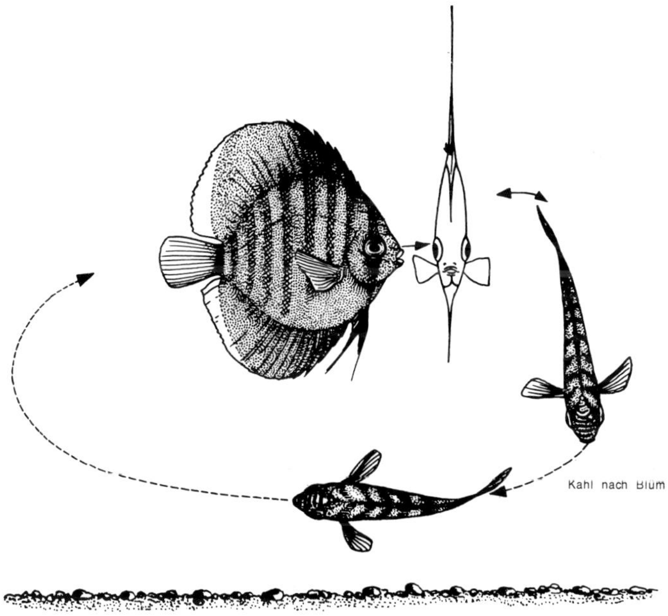


*„Unter dem Gegner hindurchtauchen“*
*beim Kampf gegen eine Attrappe.*

*Maulkampf mit Schieben.*

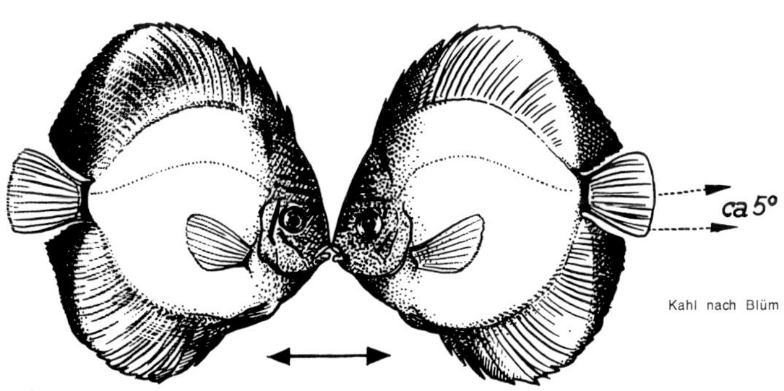


sie uns Menschen zum Wahrnehmen von Geräuschen, Gerüchen, Temperaturunterschieden, sichtbaren Dingen, Schmerzen usw. gegeben sind. Wie jeder Aquarianer wissen sollte, sind für Buntbarsche, wie auch für die meisten anderen Fische, die Sinnesgruben am Kopf und in den Seitenlinien von großer Bedeutung. Mit ihrer Hilfe werden zum Beispiel die verschiedenen Schlag- und Schüttelbewegungen vom Gegner oder Balzpartner nicht nur optisch, sondern auch — vor allem von den Sinnesorganen in den Seitenlinien — gefühlsmäßig wahrgenommen. Ebenso sind Geruchs- und Geschmackssinne ausgeprägt, mit denen die Fische bestimmte Futterarten und deren Duftstoffe unterscheiden können. Dabei sind die Buntbarsche im Nachteil, weil sie nur über eine Nasenöffnung an jeder Kopfseite verfügen, der Wasserstrom demnach also nicht ständig durch die Geruchsorgane fließen kann. Weil diese Öffnung als Ein- und Austritt dient, muß der Wasserstrom in bestimmten Abständen auch in umgekehrter Richtung fließen.

Bestimmte Verhaltensweisen werden erst nach einer Wahrnehmung in Gang gesetzt. Man spricht dann von einem Auslösemechanismus. Er kann jedoch nicht nur in einem Sinnesorgan sitzen, weil er sonst auf unterschiedliche Schlüsselreize nicht in gleicher Weise ansprechen könnte. Auch hier unterscheidet man wieder nach angeborenen Auslösemechanismen und solchen, die durch bestimmte Erfahrungswerte ergänzt werden können. In manchen Fällen verliert sich sogar der angeborene Teil des Auslösemechanismus im Laufe des Lebens ganz, und nur angelernte Schlüsselreize wirken noch. In einem solchen Fall spricht man von einem erworbenen Auslösemechanismus. Solche Mechanismen lösen Reaktionen aus, wie wir Aquarianer sie praktisch jeden Tag in unseren Becken vor Augen haben, wenn wir aufmerksam beobachten. Mit Maulzerren verbundene Kämpfe sehen wir häufig bei scheinkämpfenden Jungfischen, wenn sie ihre Kräfte messen. Sie verhalten sich dabei nicht anders als junge Säugetiere oder auch junge Menschen, die ihre jugendliche Kraft erproben wollen.

Das Verhalten zum Zwecke der Fortpflanzung birgt eine Reihe verschiedener Handlungen in sich. Zuerst muß die eigentliche Balz ausgelöst werden. Das kann durch eine Veränderung der Umgebungsverhältnisse geschehen, durch Versorgen der Tiere mit Frischwasser oder Erhöhen der Wassertemperatur. Form- und Farbauslöser spielen im sozialen Geschehen der Cichliden eine wesentliche Rolle. Sie können ebenso wichtig sein wie bestimmte Bewegungsmerkmale. Solche Signale sprechen einen angeborenen Auslösemechanismus spezifisch an. Er kann indes nicht immer eine besondere Balzbewegung hervorrufen, sondern das Tier wird zunächst nur in eine bestimmte Stimmung versetzt und eine Triebsituation wird aktiviert. Die Summe mehrerer Schlüsselreize (Reizsummation) setzt dann den weiteren Handlungsablauf in Gang. Dabei scheint jeder Einzelbewegung ein in der Stufenfolge jeweils höherer Impuls zugrundezuliegen. Es kommt zu verschiedenen, entweder männchen- oder weibchentypischen Verhaltensweisen, wie die Initiative beim Balzbeginn sowohl beim Männchen als auch beim Weibchen liegen kann. Zwischen Balz- und Kampfverhalten liegen die Beziehungen im System der Fortpflanzungsinstinkte nahe beieinander und hängen vom gleichen übergeordneten Zentrum ab. Dadurch kann es gelegentlich zu Aggressionsübertreibungen des einen oder anderen Partners kommen. Das aggressive Verhalten der Geschlechter während der Fortpflanzungszeit kann einsetzen: a) wenn es dazu dient, den Partner gegenüber Rivalen zu verteidigen, b) wenn das Männchen seine dominierende Stellung gegenüber dem Weibchen geltend machen will und c) wenn ein solcher „Kampf der Geschlechter" auf beide Partner eine stimulierende Wirkung hat, die geeignet ist, Ei- und Spermaabgabe zu fördern. Das Zusammenfinden eines Paares erfolgt bei Cichliden während des Ablaufes der Vorbalz durch Synchronisation männlicher und weiblicher Verhaltensweisen. Lebt das Paar nicht in einem separaten Zuchtbehälter, sondern in einem Gesellschafts- oder Artenbecken mit Rangordnungs- und Revierverhältnissen, so ist das Problem der Paarbildung damit eng verknüpft. Bei der Rangordnung in einem solchen Becken ist folgendes zu beachten: Die Überlegenheit (Dominanz) eines Tieres kann sich aus Revierbesitz, Geschlechtstrieb, Futtertrieb und aus anderen Faktoren ergeben. Wissenschaftler unterteilen dabei noch die verschiedenen Rangordnungserscheinungen, auf die hier aber aus Raumgründen nicht näher eingegangen werden kann. Diese Rangordnungsstellung kann, je nach Art und im Zusammenhang mit dem weiblichen Sozialzyklus, bei der Partnerwahl eine wesentliche Bedeutung haben. Bei bestimmten Typen sind die in der Rangordnung am höchsten stehenden Tiere am wenigsten angefochten und zeigen die höchste Eiproduktion, während bei den Rangniedersten eine „psychische Kastration" eintritt. Ranghöchste Tiere (männliche wie auch weibliche) zeigen überwiegend die intensivsten Balzbewegungen. Dabei handelt es sich in den meisten Fällen auch um die prächtigsten Tiere, die aufgrund ihrer Dominanz die schönste Färbung zeigen können. Die Dominanz entspricht nicht unbedingt der Größe des Tieres. Revierbesitz ist nicht nur für das Gelingen der Paarung von großer Bedeutung, sondern spielt auch bei der Gonadenreifung* eine Rolle. In der Natur hält vor der Paarung das Männchen meist ein Revier besetzt, in das ein Weibchen unter Zeigen von Unterwürfigkeit eindringen kann oder es wird vom Männchen mit entsprechendem Verhalten dazu gebracht. Werden die Territorien von Weibchen gehalten, muß das Männchen, meist unter Zeigen von Demut, in jene vordringen. Mit dem Revierbesitz sind Aggressionen des Weibchens verknüpft, die außerhalb der Ovulationsperiode** Paarungen verhindern. Es kann auch vorkommen, daß Weibchen in Balzstimmung ihr Revier verlassen und in das Revier eines Männchens eindringen.

Die eigentliche Balz dient bei Nichtmaulbrütern der Synchronisation späterer Abläufe bei Eiabgabe und -befruchtung. Dazu dienen bekannte Verhaltensweisen, wie Wedeln mit den Flossen, Körperzittern, Imponier-Umschwimmen, Picken am Boden, Putzen in verschiedenen Stellungen, und damit verbundene Tätigkeiten, wie Sandschieben, Transport von Kieseln, Schieben oder Ausreißen von Pflanzen oder Umrollen. Hinzu kommen symbolische aggressive Handlungen, wie Maulzerren, Fortbeißen, Scheuern usw. Sind die Jungfische erst geschlüpft, schwimmen entweder sie den Eltern nach oder die Eltern dem Jungfischschwarm. Jedenfalls dürfen die Jungfische beispielsweise das führende Weibchen nicht verlieren. Derjenige Jungfisch, der seine Mutter nicht erkennen würde, wäre verloren: Er würde schnell zur Beute fremder Fische. Woran erkennen die Jungfische ihre Mutter? Der Auslösemechanismus bei Jungfischen und das Verhalten des Weibchens müssen aufeinander abgestimmt sein. Viele Weibchen, wie beispielsweise diejenigen der Art *Nannacara anomala,* wenn sie allein die Pflege ihrer Brut und später auch der Jungfische übernehmen, legen ein

* Gonaden sind Keimdrüsen.
** Zeitraum, in dem die Eier heranreifen.

besonders auffallendes Brutkleid an. Später, beim Führen des Jungfischschwarms, kommt noch eine besondere ruckartige Schwimmweise hinzu, die den Jungfischen signalisiert, wo die Mutter zu finden ist.

Die Verständigung der Fische untereinander beschränkt sich nicht nur auf das erwähnte Verhältnis Mutter/Kind, sondern sie muß immer möglich sein. Weil sie nicht miteinander sprechen können, müssen sie die Fähigkeit haben, bestimmte Symbole zu Mitteilungen zusammenzusetzen, wie wir Menschen das, allerdings auf unsere Weise, etwa bei Tauchabstiegen unterhalb der Wasseroberfläche häufig tun müssen. Erste Voraussetzung dafür ist, einen Vertreter der eigenen Art von dem einer fremden unterscheiden zu können. Dazu aber muß der Fisch wissen, wer er selbst ist und es den anderen Fischen durch Signale mitteilen können. Diese Signale, wie sie von den einzelnen Arten ausgesandt werden, sind umweltbedingt und nicht immer nur optischer Art. Buntbarsche leben nicht nur im freien und durchsichtigen Wasser. Sie bevölkern helle wie dunkle Höhlen, klares, durchsichtiges wie auch trübes oder gar kaffeeschwarzes Wasser. Zum Signalgeben können sich die Fische akustisch bemerkbar machen (Knacklaute) oder sich durch Flossenschlagen und damit verbundener Vibration einem anderen Fisch mitteilen. Weibchen beispielsweise legen um ihren Laichplatz eine Duftwolke, die vorbeischwimmenden Fischen auch dann ein Signal gibt, wenn sie das Gelege oder das brutschützende Weibchen nicht sehen können. Signale teilen aber nicht nur mit, sie verraten auch! Durch Abgabe eines Signals kann ein Fisch einem Freßfeind auch mitteilen, wo er sich aufhält. Weil viele Raubfische ihre Opfer überwiegend mit Hilfe ihrer scharfen, großen Augen ausmachen, ist es für die Mehrzahl der Fische eines Biotops sinnvoll, keine allzu auffälligen Farben zu tragen. Das ist auch einer der Gründe dafür, weshalb Fische in der Lage sind, ihr Farbkleid zu verändern und es a) als Tarnung und b) zur Signalgabe verwenden. Nachtaktive Fische, wie viele Welse, Mormyriden, Aale oder Messerfische, können zur Signalübertragung auch elektrische Ströme verwenden, die sie selbst herstellen. Vor allem aber dient sie der Orientierung und der Mitteilung an Artgenossen. Bei diesen speziellen Verhaltensweisen im Dienste der Verständigung spricht man auch von Ritualisierung. Sie schließt freundliche wie auch drohende Gebärden ein.

## Geschlechtsbestimmung

Viele Zoohändler, zumindest aber die Importeure von Cichliden, wissen, daß es noch eine weitere Methode zur Geschlechtsbestimmung bei einer Reihe von Cichliden gibt, als männliche oder weibliche Tiere nach Art ihrer Flossen, ihrem Verhalten oder ihrer Körperfärbung zu unterscheiden. Nicht jede Art zeigt einen Sexualdimorphismus, nämlich eine äußere, sichtbare Unterscheidung der Geschlechter in Färbung oder Beflossung. Bei bestimmten Buntbarschen — ich denke jetzt besonders an die Felsencichliden der zentralafrikanischen Seen — sind beide Geschlechter sehr ähnlich in Körperform und Färbung. Als Beispiel könnte man den bekannten Brabantbuntbarsch *(Tropheus moorii)* nehmen, eine unter Cichlidenliebhabern verbreitete Art, von der viele Farbvarianten bekannt sind. Diese Fische sind nicht gerade preiswert, und deshalb muß der Aquarianer, der sie züchten möchte, möglichst wissen, welches Geschlecht die Tiere haben, die er erwerben will. Hand aufs Herz, verehrter Aquarianer, wissen Sie, wie man's macht?

Einschränkend muß zuerst gesagt werden, daß sich die folgende Methode (leider) nicht bei allen Buntbarscharten durchführen läßt, weil die Unterschiede bei ihnen mit bloßem Auge kaum erkennbar sind. Mit einer Lupe, die man ins Auge klemmen kann, wird eine derartige Prozedur erleichtert.

*Geschlechtliche Unterscheidung bei Cichliden:*
*Die Geschlechtsöffnung sitzt hinter dem Darmausgang (After).*
*Sie ist bei beiden Geschlechtern unterschiedlich ausgeprägt.*

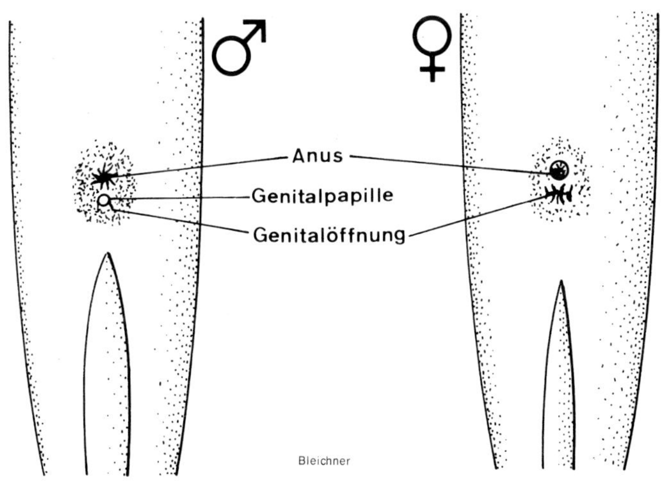

Zur Geschlechtsbestimmung muß man die Tiere aus dem Becken herausfangen. Das geschieht am zweckmäßigsten bereits beim Händler, auch wenn ihm — in Unkenntnis — die Prüfung vielleicht nicht geheuer vorkommen sollte. Zur Vermeidung von Beschädigungen an der Schleimhaut des Fisches soll die Hand des Fängers ebenfalls naß sein. Man greift den Fisch von oben her und dreht ihn nun herum, so daß die Analöffnung (After) und die Genitalöffnung, die beide hintereinander liegen, nach oben zeigen. Diese Zone am Körper des Fisches ist farblos, und man kann sie um so eher erkennen, um so dunkler die Körperfärbung des Tieres ist. Beide Öffnungen befinden sich stets vor der Afterflosse. Bei der vorderen der beiden, der größeren Öffnung, haben wir den Darmausgang vor uns. Um sie zu erkennen, müssen wir den Fisch eigentlich gar nicht aus dem Becken nehmen. Sie ist so groß, daß man sie mit bloßem Auge selbst bei kleineren Arten wahrnehmen kann. Jetzt jedoch wird die Sache schwierig, denn die hinter dem After liegende Öffnung birgt das kleine Geheimnis, das zu erkennen für den Züchter so wichtig sein kann. Im Gegensatz zur Analöffnung, die bei beiden Geschlechtern einigermaßen gleich ausfällt, weisen die Geschlechtsöffnungen bei Männchen und Weibchen einige wesentliche Unterschiede auf. Männliche Tiere lassen eine kegelförmig vorgetriebene Papille erkennen, die aus der nur schwer erkennbaren Öffnung leicht hervortritt. Bei weiblichen Tieren fehlt diese Papille, und ihre Genitalöffnung wirkt eher eingefallen. Dadurch erscheinen einige winzige Falten an dieser Stelle, meist nur mit Hilfe einer Lupe erkennbar. Diese Einbuchtung der Weibchen ist derart angelegt, daß eine Falte quer über die Öffnung zieht, während mehrere andere darüber in Längsrichtung liegen.

Das Erkennen der erwähnten Geschlechtsunterschiede erfordert einige Übung, wie man sich leicht vorstellen kann, und ist auch nicht nur bei Cichliden anzuwenden (Goldfischzüchter kennen diese Methode ebenfalls). Meist setzt sie eine bestimmte Fischgröße voraus, vor allem aber müssen die Tiere geschlechtsreif sein.

Nach wie vor werden sich die Aquarianer zuerst nach der Färbung, Körperform (Weibchen sind dicker und plumper), Größe und Beflossung richten, soweit man aus diesen sekundären Merkmalen geschlechtliche Unterscheidungen ableiten kann. Die Unterscheidung nach primären Geschlechtsmerkmalen, wie sie vorher angeführt wurden, gilt als „letztes Hilfsmittel".

## Familienformen bei den Buntbarschen

Man unterscheidet drei klassische Familienformen, in die sich die meisten Fischfamilien, also nicht nur die Cichliden und ihre brutpflegenden Arten, einordnen lassen. Mit der Einordnung in diese Familienformen soll grundsätzlich das Zusammenleben der Elterntiere mit ihren Jungen und ihr Verhalten zueinander definiert werden. Man kennt Grundformen, bei denen beide Eltern ihre Nachkommen pflegend großziehen. Es kann auch vorkommen, daß sich allein der Vater um die Jungen kümmert, die Mutter aber fortschwimmt oder vertrieben wird. Der dritte und am natürlichsten erscheinende Fall ist, daß die Mutter sich um die Brut wie auch die geschlüpften Jungfische kümmert, während der Vater entweder das äußere Revier bewacht oder sich um seine Nachkommen nicht kümmert. Entsprechend diesem Verhalten unterscheidet man Elternfamilien, Vaterfamilien und Mutterfamilien. Diese Begriffe wurden bereits im Jahre 1948 vom Tübinger Zoologieprofessor H. M. PETERS für die Grundtypen geprägt. Weil nun diese Unterscheidungen in der Literatur mehr und mehr Erwähnung finden, sollte sich vor allem der Cichlidenfreund, der mit diesen Begriffen häufiger konfrontiert wird, an sie gewöhnen, aber auch wissen, was sie genau bedeuten. Um sie richtig zu verstehen und gegebenenfalls wiedergeben zu können, muß man gewisse Feinheiten der Definition beachten:

### Die Elternfamilie

Man unterscheidet nach Elternfamilie im engeren und im weiteren Sinne. Der erstgenannte Begriff umschließt beide Eltern mit ihren Jungen. Bei einer Elternfamilie im engeren Sinne sind Männchen und Weibchen gleichermaßen an der Brutpflege beteiligt. Untersucht man Elterntiere dieses Typs auf ihre geschlechtlichen Merkmale hin, wird man feststellen, daß sie, abgesehen von den primären Merkmalen (Legeröhre usw.), sich optisch durch nichts unterscheiden. Ein solches einheitliches Aussehen der Elterntiere kann aber auch bei anderen Familientypen vorliegen, man sollte also nicht voreilig schlußfolgern.

Ein gutes Beispiel für die Elternfamilie im engeren Sinne ist der Diskusfisch (Symphysodon-Arten). Haben die Partner ein geeignetes Substrat gefunden, heftet das Weibchen die Eier an, und beide Eltern lösen sich bei der Arbeit des Befächelns und des Sauberhaltens des Geleges ab. Während ein Partner arbeitet, geht der andere auf Futtersuche, steht aber auch dem gerade brutpflegenden Partner beim Beseitigen einer Störung von außen her (Eindringling) bei. Ebenso wird die Arbeit geteilt, wenn die Eier erbrütet und die Larven geschlüpft sind oder die Jungen kurz darauf frei schwimmen. Von einer Elternfamilie im weiteren Sinne spricht man, wenn beide Partner zugleich Brutpflege betreiben, jedoch innerhalb dieser Tätigkeit besondere Aufgaben übernehmen, die der Partner nicht zu tun braucht oder zumindest nicht gleichzeitig zu leisten hat. Ein gutes Beispiel hierfür sind verschiedene Offenbrüterarten, deren Weibchen überwiegend mit der Pflege der Brut betraut sind, während das Männchen den engeren wie (meist auch) den weiteren Revierbereich überwacht. Gelegentlich löst das Männchen das Weibchen bei der Brutpflege ab, wie man es bei brutpflegenden *Aequidens pulcher* beobachten kann. Es tut dies aber nur widerwillig und macht seine Arbeit nicht mit gleicher Intensität wie das Weibchen.

## Die Vaterfamilie

Auch hier spricht man wieder von einer Vaterfamilie im engeren Sinne. In ihr hat kein Weibchen mehr Platz, sondern sie besteht nur aus einem Männchen und seinem Nachwuchs. Dieser Familientyp ist unter den Buntbarschen, die allgemein ein gutes Familienleben führen, kaum vertreten, wohl aber bei den verwandten Blaubarschen und Sonnenbarschen, ferner bei vielen Labyrinthern sowie beim Stichling und dem Spritzsalmler. Vaterfamilien dieses Typs haben keinen langen Bestand, und der Trieb, das Gelege (oder Nest) zu bewachen, erlischt bereits in vielen Fällen mit dem Schlüpfen der Jungen.

Von einer Vaterfamilie im weiteren Sinne könnte man bei der „Weibchen-Vaterfamilie" sprechen. Auch hier betreut der Vater das Gelege, erlaubt der Mutter jedoch, sich in bestimmten Zeitabschnitten im näheren Bereich der Brutstätte aufzuhalten und gegebenenfalls die Revierverteidigung zu übernehmen. Ein derartiges Verhalten zeigen einige Makropoden.

Das Weibchen bleibt in jedem Fall unterwürfig, hilft jedoch dem Männchen bei der Revierverteidigung.

## Die Mutterfamilie

Bei diesen Familientypen findet man auch äußerlich einen starken Sexualdimorphismus, also größere optische Unterschiede zwischen den Geschlechtern, die das Unterscheiden von Männchen oder Weibchen relativ leicht machen. Man unterscheidet die Mutterfamilie im engeren Sinne, die, entgegengesetzt zur engeren Vaterfamilie, nur aus der Mutter und ihren Jungen besteht. Es ist dabei leicht zu verstehen, daß in diesem Fall das Verhältnis zwischen Mutter und Nachkommen wesentlich intensiver abläuft, als es bei der Vaterfamilie der Fall ist. Männliche Tiere tragen, trotz angeborenen Instinktverhaltens, mehr Hektik in das Brut- und -pflegegeschäft und werden eher unduldsam. Man findet den Grundtyp besonders häufig bei Maulbrütern, bei denen den Männchen nach der Befruchtung der Eier ohnehin keine weitere Aufgabe mehr zufällt und sie deshalb später kaum imstande sind, die eigenen Nachkommen zu identifizieren. Das gilt nicht nur für die afrikanischen maulbrütenden Arten, sondern auch für die verschiedenen Geophagus- oder Gymnogeophagus-Arten Südamerikas.

Als Mutterfamilie im weiteren Sinne könnte man die „Mann-Mutterfamilie" ansprechen. Sie wird zwar, oberflächlich betrachtet, der Mutterfamilie zugerechnet, doch gewähren die weiblichen Tiere den männlichen Partnern noch gewisse Rechte, wenngleich sie diese beim eigentlichen Brutgeschäft nicht mehr dabei haben wollen, und sie überaus scharf attackieren, wenn sie dem Brutbereich zu nahekommen. Daher ist dieser Typ auch nur schwer gegen die reine Mutterfamilie abzugrenzen, zumal das Männchen noch gewisse Schutzfunktionen im Bereich der Brutstätte zu erfüllen hat.

Bekannte und oft zitierte Beispiele für eine Mutterfamilie im weiteren Sinne zeigen die verschiedenen Zwergbuntbarsche. Gleich, ob es sich um Nannacara- oder Apistogramma-Arten handelt: Fängt der Züchter aus den relativ kleinen Becken, die oft Verwendung finden, die Männchen nicht „nach getaner Arbeit" heraus, werden sie vom brutpflegenden Weibchen derart hart attackiert, daß sie eingehen können. In solchen Fällen ist das ausschließlich von Weibchen beanspruchte Innenrevier bereits größer als das Zuchtbecken, für das Männchen bleibt darin kein Raum mehr.

Dieses Kapitel könnte man beliebig ausdehnen, zumal das Thema praktisch kaum zu erschöpfen ist. Es gibt viele Zwischenstufen und damit Beispiele, bei denen eine genaue Zuordnung nur schwer oder gar nicht möglich erscheint. Dies ist aber auch nicht anzuraten, denn man sollte durch ein Zuviel an Einordnung die gewollt lockere Einordnung nach bestimmten brutpflegerischen Verhaltensweisen nicht erschweren. Vor allem sollte man allzu komplizierte und nur schwer zu definierende Begriffe aus der allgemeinen Aquaristik fernhalten, sonst würde alles zu akademisch.

# Die Arten der Buntbarsche

## Süd-, mittel- und nordamerikanische Arten

### *Acarichthys heckelii*
(MUELLER & TROSCHEL, 1848)
Heckels Buntbarsch

Die durchschnittlich 16, bei Haltung in größeren Becken auch 20 cm groß werdenden Tiere stammen aus dem nördlichen Amazonien. Man findet sie dort hauptsächlich in der Gegend um Manacapurú, im Lago Calado und im unteren Rio Negro. Wesentliches optisches Merkmal sind die stark verlängerten roten Strahlen der hinteren Rückenflossenpartie, die weit über die große Schwanzflosse hinausreichen können. Bei Untersuchungen des Mageninhaltes freilebender Tiere wurde folgendes festgestellt: „Dominierend kleine Fische (Salmler) und Süßwassergarnelen *(Macrobranchium)*. Ferner viele Pflanzenreste (Wurzeln des schwimmenden Grases *Paspalum repens* und von *Eichhornia;* vielleicht nebenbei aufgenommen beim Fressen der Garnelen, ferner unbekannte Pflanzensamen und Chitinreste von Käfern."

Acarichthys heckelii

Hansen

Die Balz ähnelt stark der von *Cichlasoma meeki*. Das Verhalten der Tiere kann man durchaus als friedlich bezeichnen. Bei der systematischen Zuordnung der Art in dieser monotypischen Gattung scheint es einige Unsicherheiten zu geben, und man räumt der Art eine Zwischenstellung zwischen den Vertretern der Gattung *Aequidens* und *Geophagus* ein. Die Jungfische des Heckel-Buntbarsches sind häufig nicht von denen der Art *Geophagus jurupari* zu unterscheiden, also ist anzunehmen, daß die selten gehandelte Art gelegentlich unter falschem Namen eingeführt wird. Über die Fortpflanzung ist nichts bekanntgeworden.

### *Acaronia nassa*
(HECKEL, 1840)
Reusenmaul

Hauptsächlich im Jahre 1840 machte sich HECKEL daran, die Arten aus NATTERERS Sammlung der Flußfische zu klassifizieren oder Erstbeschreibungen davon aufzustellen. Im Durchschnitt werden die Fische 20 cm lang, können unter optimalen Bedingungen im Aquarium auch 4—6 cm größer werden. Die Heimat der Art ist das nördliche Amazonien (Amazonas, Rio Negro sowie [nach Angaben REGANS] auch die Orinoco- und Guayana-Region). Das selten eingeführte Reusenmaul verdankt seinen Namen dem Vermögen, das Maul besonders weit vorstülpen zu können. Die Art gilt in freier Natur als Räuber, verhält sich im Aquarium aber verhältnismäßig friedlich — selbst kleineren Fischen gegenüber.

Die Fische bekommen einen hohen Rücken und eine schöne Blautüpfelung. Eine Längsbinde liegt über der braunsilbrigen Grundfärbung. Sie reicht vom Auge bis zur Schwanzwurzel und teilt den Körper optisch in eine

Hansen

Acaronia nassa

dunklere obere und eine hellere untere Körperzone. Etwa sechs Querbinden ziehen sich vom Rücken bis zur Längsbinde herunter. Sie können — stimmungsbedingt — kräftig oder schwach gezeigt werden. Oberhalb oder in der Längsbinde liegen drei dunkle Flecke, umrahmt von goldfarbenen Tüpfeln: Je einer am Anfang und am Ende der Binde, der dritte in der Mitte. Vom Auge bis zum unteren Kiemendeckelbogen zieht sich eine kurze, leicht schrägverlaufende Binde. Bei den Männchen sind die zartbraunen oder -grünen Rücken- und Afterflossen lang und spitz ausgezogen und von vielen Reihen kleiner Tüpfel überlagert. Weibliche Tiere tragen ebenfalls spitze Rücken- und Afterflossen, doch sind diese nie lang ausgezogen.

In der wissenschaftlichen Literatur sind noch zwei Arten bekannt: *A. rondoni* (RIBEIRO, 1918) und *A. trimaculata* (ALLEN, 1942), doch ist nicht bekannt, ob diese Arten jemals in einem Aquarium über längere Zeit gehalten wurden.

## Die Gattung *Aequidens*

Die Arten der Gattung *Aequidens* sind den Aquarianern bereits über einen langen Zeitraum bekannt, und einige von ihnen kann man getrost als zu den beliebtesten Aquarienfischen gehörend ansprechen. Die Gattung barg jedoch ein Geheimnis, das offenbar erst im letzten Jahrzehnt gelüftet wurde: Einige Arten gehören zu den Maulbrütern und zeigen ein Verhalten, wie man es ähnlich bereits bei *Geophagus jurupari* festgestellt hatte: Die Eier werden nach dem Ablegen auf ein Substrat eine gewisse Zeit betreut und erst sehr spät ins Maul genommen. Bei *A. paraguayensis* bilden sich etwa 36 Stunden nach dem Ablaichen auf dem Laichkorn dunkle „Augenflecke" und am Schwanzstiel der Larve ein schwarzer Strich. Dies ist für die Eltern das Signal, die Eier bereits kurze Zeit später ins Maul zu nehmen. Die Flecke verblassen wieder, wenn sich die Augen gebildet haben.

### *Aequidens awani*
HASEMAN, 1911
### Guaporé-Buntbarsch

Eine nur sehr selten (wenn überhaupt) nach Deutschland eingeführte Art aus Ostbolivien und dem westlichen Mato Grosso. Hauptsächliche Fundgebiete liegen im Rio Guaporé bei Sao Antonio de Guaporé. Dieser Fluß, der später in den Rio Madeira übergeht, bildet mit einem Teil seines Laufes ein Stück der Grenze zwischen Brasilien und Bolivien. Die bis zu 20 cm groß werdenden Fische erreichten, soweit bekannt, bei aquaristischer Haltung nur selten ihre volle Größe; oft bleiben sie wesentlich kleiner.

Aequidens awani

Richter

Aequidens curviceps.
*Paar mit Gelege.*

Besonders auffallend in ihrer Zeichnung ist ein fensterförmiger, bei Erregung kräftig dunkelrot leuchtender Schulterfleck. Das Weibchen trägt in der Mitte der Rückenflossenbasis ein bis zwei dunkle Flecke, die leuchtendgrün eingefaßt sind. Weil die Tiere, einzeln gehalten, stets scheu bleiben, empfiehlt es sich, entweder vier Exemplare anzuschaffen oder aber andere, nicht zu aggressive Zwergbuntbarsche oder Salmler hinzuzusetzen. Das Allgemeinverhalten dieser Art gilt als ruhig und friedlich. Die Zucht verläuft ähnlich wie bei *A. curviceps.* Die Fische sind Offenbrüter und legen ihre Eier in eine kleine Mulde ab, um sie dort zu erbrüten.

### *Aequidens curviceps*
(AHL, 1924)
### Tüpfelbuntbarsch

Ein kleiner Buntbarsch von nur 8 cm Länge, der deshalb aber bereits auf eine lange aquaristische Vergangenheit zurückblicken kann. Von der aus Amazonien stammenden Art sind mehrere Varianten bekannt, mit einer Färbung wie folgt:

a) Körpergrundfärbung silbriggrau. Eine schwarze, gut ausgeprägte Längsbinde verläuft vom Auge bis zur Schwanzflossenbasis. Die hellblauen Schuppen auf der

Bauchseite sind dunkel gesäumt. Kopf und Schwanzflosse weisen blaue Tüpfel auf.

b) Färbung wie vorige Variante, doch ist die Kehle bis zum Ansatz der Bauchflossen rot.

c) Färbung der weiblichen Tiere wie Variante a), bei den Männchen ist die schwarze Längsbinde in der vorderen Hälfte von einer kräftig roten Zone um- und teilweise überlagert. Hier zeigen sich also die Geschlechter in unterschiedlicher Färbung, eine Seltenheit bei Offenbrütern.

Die Art ist friedlich, wühlt nicht und ist damit sehr gut mit anderen Fischen gemeinsam zu halten. Als Bewohner der Amazonas-Biotope hält man den Tüpfelbuntbarsch am zweckmäßigsten in möglichst weichem Wasser bei leicht saurem pH-Wert. Das Becken sollte mit einigen Verstecken ausgestattet sein, besonders, beim Zusammenleben mit größeren Fischen. Die Tiere nachzuzüchten ist nicht schwierig, und gute Weibchen können Gelegegrößen bis zu tausend Eiern bringen. Für eine erfolgreiche Zucht sind abwechslungsreiche Nahrung und häufiger Wasserwechsel von größerer Bedeutung als die Wasserhärte.

### *Aequidens dorsigerus*
(HECKEL, 1840)
Halbbinden-Rotbrustbuntbarsch

Diese bis zu 12 cm groß werdende Aequidens-Art stammt aus dem Rio Paraguay. Als Fundstellen werden Villa Maria und Puerto Suarez auf bolivianischer Seite angegeben. Hier, in der Nähe der brasilianischen Stadt Corumba im südlichen Mato Grosso, liegen die großen Sümpfe von Sao Lourenço und Taquarí, durch die der Rio Cuiaba, der Rio Taquarí und der Rio Miranda ihren Weg in den Rio Paraguay nehmen — ein ausgezeichnetes Gebiet für den Zierfischfang. Die Bewohner dieser Regionen gaben dem Fisch den Namen „Bobo" (= der Dumme), weil er sich leicht mit den Händen fangen läßt.

Die Grundfärbung der Art ist bräunlich. Eine schwarze Längsbinde zieht sich vom Augenrand über die Körpermitte bis zu einem leicht goldengesäumten schwarzen Seitenfleck. Rücken- und Schwanzflosse tragen rote Säume. Die Schwanzflosse erscheint hinter der dunklen Basis zuweilen rötlich angehaucht, die Afterflosse leicht

Winkelmann

Aequidens dorsigerus

schwarzgesäumt. Über dem Körper verläuft eine Anzahl dunkler Querbinden, die stimmungsbedingt mehr oder weniger stark hervortreten.

Die Balzfärbung zeigt im Spiel der Farben einen wesentlich höheren Anteil an Rotfärbung. Die Rückenzone wird dunkler, doch das Feld um die kräftig schwarze Längsbinde in der vorderen Körperhälfte silbrighell. Die rote Zone in der unteren Körperhälfte der Weibchen zieht sich bis in die Basis der Afterflosse. Männliche Tiere tragen in der Mitte der Rückenflosse — etwa in der Mitte des hartstrahligen Teils — einen auffallend schwarzen goldfarben gesäumten eckigen Fleck. Offenbrüter, dessen Zucht läuft ähnlich wie die von *A. curviceps* ab.

### *Aequidens duopunctata*
HASEMAN, 1911
Zweipunktbuntbarsch

Eine weniger häufig gepflegte Art, deren Heimat im mittleren Amazonas-Gebiet (um Manaus) liegt. Die Fische erreichen eine Gesamtlänge von etwa 15—18 cm. Sein Namensmerkmal, zwei Punkte, trägt der Fisch über der

Aequidens duopunctata

Höhle

Körpermitte und zwar über der etwas blasseren Längsbinde. Der zweite Fleck liegt im oberen Winkel der Schwanzflossenbasis. Bei Wohlbefinden zeigen die Tiere über dem Kopf eine goldgelbe Färbung. Die grünlich irisierenden Schuppen sind hinten schwarz gerandet. Die Iris ist rotorange. Der Maulbrutpfleger gehört anscheinend nicht zu den Lieblingen der Aquarianer, denn über seine Lebensweise wurde bisher wenig Informatives verbreitet.

Nach neueren Beobachtungen laichen die Weibchen auf einem harten Substrat ab, danach werden die Eier von den männlichen Partnern befruchtet. Nach etwa zwei Tagen sind die Larven anscheinend schlupfbereit. Jetzt nehmen sich die Eltern ihrer Nachkommen maulbrutpflegend an und die Larven ins Maul. Ob sie dabei die Kleinen aus den Eihüllen kauen, konnte nicht beobachtet werden. Jedenfalls bleiben die Hüllen in den meisten Fällen am Substrat zurück. In der Maulbrutpflege lösen sich die Eltern ab, einmal nimmt das eine und einmal das andere Elterntier die Jungen ins Maul. Während dieser Zeit fressen beide Eltern nicht. Nach etwa einer weiteren Woche werden die Larven, die jetzt ihren Dottersack aufgezehrt haben, aus dem Maul entlassen und müssen sich ihre Nahrung selber suchen. Bei Gefahr nehmen die Eltern sie nur zögernd wieder ins Maul zurück. Die Jungen müssen jetzt kräftig gefüttert werden. Hierbei helfen wiederum die Eltern, indem sie groberes Futter zerbeißen und die feinen Futterpartikel wieder durch die Kiemen ausblasen. Während der Zeit, in der die Elterntiere Junge führen, verfärbt sich bei beiden die Kehlpartie meist bis zum Bauch hin dunkel. Das Weibchen wird jetzt auch im ganzen etwas kräftiger in den Farben, und der sonst meist beigegrundige Körper ist türkisgrün.

### *Aequidens flavilabris*
(COPE, 1870)
Goldrückenbuntbarsch

Diese ausgesprochene Schönheit unter den Aequidens-Arten stammt aus dem Amazonasgebiet. Dort hat der Fisch eine große Verbreitung, möglicherweise bis hinunter zum Rio Paraná. Sein hauptsächliches Fundgebiet liegt in Ostperu, zwischen Iquitos und der Mündung des Ampiyacú. In ihrem natürlichen Biotop erreichen die Fische eine Größe von rund 15 cm, doch bleiben sie im Aquarium klei-

Winkelmann
Aequidens flavilabris

ner und werden dann selten größer als 12 cm. Die allgemein recht scheuen Tiere zeigen oberhalb ihrer unterschiedlich stark gefärbten Längsbinde eine Reihe dunkler Zonen mit durchscheinender goldgelber Grundfärbung des Rückens, besonders unterhalb der Basis der harten Dorsalstrahlen. Unterhalb der Längsbinde überwiegt eine kirschrote Färbung, dabei treten die Zonen von Kehle bis Bauchpartie besonders hervor. Die Lippen sind zuweilen gelblich, doch nicht bei allen Tieren (Foto). Rücken- und Afterflosse zeigen im weichen Bereich die gleichen blauen feinen Tüpfellinien wie die Schwanzflosse. Bei Erregung färbt sich der Fisch intensiver. Besonders auffällig ist auch die Kopfzeichnung aus goldenen Linien, die den Kopf wie ein Zaumzeug einrahmt: Ein charakteristisches Merkmal dieser Art.
Über die Zucht gibt es leider im Augenblick noch keine brauchbaren Hinweise.

### *Aequidens geayi*
(PELLEGRIN, 1902)
Bauchstreifenbuntbarsch

Eine interessante Art, die zwar nicht häufig eingeführt wird, von der es jedoch für den Interessenten stets genügend Nachzuchtangebote bei den Händlern gibt. Die Fische sind im nordöstlichen Südamerika (nördliches Amazonasbecken und Guayana) beheimatet. Sie werden 10—12 cm groß. Die Körperfärbung ist nicht bei allen Exemplaren

Völzke
Aequidens geayi

gleichmäßig und wechselt zwischen einem Grüngelb über Ockerbraun bis Rostbraun. Meist ist die Zone hinter den Kiemendeckeln etwas heller und erscheint silbriger. Von der höchsten Erhebung des Kopfes zieht sich eine schmale schwarze Binde durch das Auge zur Kehle. Bei Wohlbefinden zeigen die Tiere keine weitere Linie — weder längs noch quer —, wohl aber einen kräftigen schwarzen runden Fleck über der Körpermitte. Die Schuppen sind goldfarben gerandet und irisieren derart, daß der Körper wie mit einem Netz überzogen erscheint. Die ersten beiden Flossenstrahlen sind in den meisten Fällen schwarz. Während der Balz verändert sich die Färbung beider Geschlechter. Ihr Körper wird sehr dunkel und nur die Iris leuchtet glühend hervor. Jungfische tragen einen nach oben und unten hin spitz zulaufenden Fleck über dem Körper, der auf dem Körper des Jungfisches mehr Raum einnimmt als später beim ausgewachsenen Tier.

### *Aequidens itanyi*
PUYO, 1943
Delphin-Buntbarsch

Auch der Delphin-Buntbarsch ist als Pflegling nicht häufig. Der Fisch trägt seinen Namen nach seinem Fundort: Dem Rio Itany im nordöstlichen Teil Südamerikas. Männliche Tiere erreichen eine Größe von höchstens 15 cm, die Weibchen bleiben dagegen meist etwas kleiner. Die Art bevölkert ruhigere Gewässergebiete. Das kann man schon von ihrer wenig gestreckten und eher eiförmigen Körperform ableiten. Beim Männchen sind die Enden der spitz zulaufenden Rücken- und Afterflosse lang und fahnenartig ausgezogen. Eine schräg nach oben verlaufende Längsbinde beginnt bereits auf der Oberlippe, zieht durch das Auge und endet an der hinteren Rückenflossenbasis. Die Binde ist kräftig schwarz, jedoch in ihrem Verlauf ungleichmäßig und erscheint zuweilen wie ein Fleckenmuster zusammengesetzt. In der Schwanzflossenbasis liegt zusätzlich ein kleinerer schwarzer Punkt. Der Oberkörper ist rostbraun, die Partie unterhalb der Längsbinde hingegen schimmert meistens hell blaugrün. Mit zunehmendem Alter verändert sich die Längsbinde und löst sich in ein Muster aus etwa sechs langgezogenen Flecken auf. Ihr Hervortreten ist sehr stimmungsabhängig.
Die Offenbrüter laichen an flachen Substraten (Steinen), die man ihnen ins Becken gibt. Das Becken sollte eine Länge um 100 cm haben. Das Gelege wird — nach Aequidens-Art — zuerst schnürenförmig angelegt, bis schließlich der Ablaichstein über und über mit mehreren hundert Eiern bedeckt ist, die gleich nach dem Ablegen vom Männchen befruchtet werden. Nach dem Schlüpfen lassen sich die Jungen gut — mit dem üblichen Aufzuchtfutter beginnend — großziehen. Häufiger Wasserwechsel von jeweils einem Drittel trägt mit zum schnellen Wachstum der Jungfische bei. Normalerweise legen die Fische keinen Wert auf extrem weiches Wasser, doch soll sich der Härtewert möglichst im Bereich zwischen 6 und 12° dH halten. Der pH-Wert soll leicht sauer (6,5—6,8) sein, die Haltungstemperatur etwa 24° C betragen.

### *Aequidens mariae*
EIGENMANN, 1922
Nackenbindenbuntbarsch

Die Fische werden bis zu 15 cm groß, sind Maulbrüter und im westlichen wie nördlichen Brasilien verbreitet. Ihre ockergoldgelbe Grundfärbung, bei den weiblichen Tieren geht sie auch ins Graugrüne über, wird in der Bauchpartie nur unwesentlich heller, schimmert dafür aber leicht rötlich. Eines der wesentlichen Merkmale der Art ist die Nackenbinde, die dem Fisch zu ihrem deutschen Namen verhalf. Sie läuft über die Stirn und folgt an der Schläfe dem Boden des Kiemendeckels ein kurzes Stück, um dann, etwa in Höhe der beginnenden Längsbinde, zu enden. Die breite

Höhle

Aequidens mariae ♂

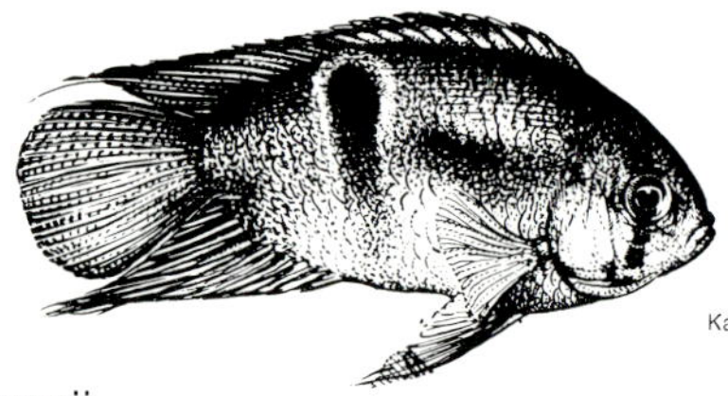

Kahl

Aequidens maronii

Längsbinde wird in der Körpermitte von einem kräftigen schwarzen Fleck unterbrochen und zieht weiter zur hinteren Dorsalbasis. Über und unter der Binde laufen stark goldfarben schimmernde Saumstreifen mit. Ein in der Schwanzbasis liegender kleinerer Fleck ist ebenfalls goldfarben gesäumt. Über dem Rücken „hängen" etwa sechs dunkle Querbinden, die sich markant von der goldgelbschimmernden Grundfärbung abheben. Die Körperschuppen sind größtenteils schwarz gesäumt.
Die Fische bilden Elternfamilien, beide Geschlechter beteiligen sich an der Brutpflege. Das Gelege wird anfangs in Offenbrütermanier betreut. Die eigentliche Maulbrutpflege beginnt recht spät, nämlich kurz vor dem Schlüpfen der Larven oder sogar erst während des Schlupfvorganges. PAULO hat zur Differenzierung für Maulbrüter, bei denen die Maulbrutpflege schon während des Ablaichens oder spätestens sofort darauf beginnt, und der ursprünglichen Form der Maulbrutpflege (bei denen die Eier eigentlich nicht im Maul der Eltern erbrütet werden) die Begriffe „Maulbrüter" und „Maulbrutpfleger" vorgeschlagen.

### *Aequidens maronii*
(STEINDACHNER, 1882)
Maroni-Buntbarsch

Die Heimat dieser Art liegt im nordöstlichen Südamerika in Guayana. Die Männchen des Maroni-Buntbarsches werden mit etwa 10 cm etwas größer als Weibchen. Die revierbildenden Pfleglinge kann man als ausgesprochen problemlose Friedfische bezeichnen. Trotzdem soll man ihnen keine zu empfindlichen Mitbewohner zugesellen. Die Wasserwerte sollten denen für *A. itanyi* entsprechen. Beide Geschlechter lassen sich gut unterscheiden: Männliche Tiere tragen spitz ausgezogene Rücken- und Afterflossen. Die Färbung der Tiere ist lehmgelb bis schokoladenbraun. Eine schmale, schwarze Binde verläuft vom unteren Kiemendeckelbogen aufwärts durch das Auge und weiter in leichtem Bogen zur Basis der Rückenflosse. Ein schwarzer, unregelmäßiger und vertikaler Fleck liegt beim Beginn der hinteren Körperhälfte über den Flanken. Zucht ähnlich wie bei *A. itanyi.*

### *Aequidens metae*
EIGENMANN, 1922
Meta-Buntbarsch

Im östlichen Kolumbien, dort, wo Rio Meta und Orinoco zusammenfließen, liegt die Heimat dieser relativ wenig bekannten Art, deren Vertreter die für Aequidens-Arten stattliche Größe von bis zu 20 cm erreichen.

Aequidens metae ♂

Loiselle

Die Grundfärbung der Tiere ist ockergrün. Jede der am Hinterrand dunkel gesäumten Schuppen irisiert metallisch. Der hochrückige Körper wird von einer dunklen Längsbinde überzogen, die in der Körpermitte von einem tiefschwarzen runden Fleck unterbrochen wird. Über diesem Fleck liegt eine etwas blassere dunkle und fleckartige Zone. Ein weiterer tiefschwarzer, jedoch etwas kleinerer Fleck liegt in der oberen Caudalbasis. Beide Flecke umgibt ein grünsilbernschimmernder Saum. Das dunkle Auge wirkt wie ein Fleck und seine Iris ist ebenfalls grünsilbrig in der Farbe wie die Säume der beiden Augenflecke. Vom Augenhinterrand verläuft eine kurze tiefschwarze Binde abwärts zum unteren Kiemendeckelbogen. Hinter ihr steht eine grünsilbrig irisierende Saumlinie, und über den Wangen zeigt sich ein Muster aus ebenso gefärbten schrägen Punkten und Strichen. Die Brustflossen sind transparent. Alle übrigen Flossen zeigen auf leicht milchiggrauem Grund ein Muster aus blaugrünirisierenden kleinen Tüpfeln. Männliche Tiere tragen zugespitzte Rücken- und Afterflossen. Die Schwanzflosse ist gerundet.

### *Aequidens paraguayensis*
EIGENMANN & KENNEDY, 1903
### Paraguay-Buntbarsch

Heimat dieser Art sind das zentrale und das nördliche Paraguay im Einzugsbereich des gleichnamigen Flusses, etwa nördlich der Hauptstadt Asunción, bis in das südliche Bolivien und westliche Brasilien hinein. Die maximale Größe der Tiere soll 12 cm nicht überschreiten. Männliche und weibliche Tiere weisen zwar eine ähnliche, jedoch nicht gleiche Färbung auf. Die Weibchen zeigen eine ockergelbe Grundfärbung, die über der Körpermitte von einem silbrigen Ton abgelöst wird. Kehle und Kopfspitze bleiben besonders goldgelb. Eine Ähnlichkeit mit *A. mariae* ist an Hand der Nackenbinde gegeben (und hat auch bereits zu Mißdeutungen geführt). *A. paraguayensis* ist jedoch, wie ein Vergleich zeigt, wesentlich hochrückiger. Seine Körperlängsbinde — hinter den Kiemendeckeln wird sie von einer Nackenbinde abgelöst — ist nur ein bis zwei Zentimeter lang und endet bei weiblichen Tieren abrupt, bei den Männchen ist sie eigentlich gar nicht vorhanden, sondern tritt als farblich stark ausgeprägter, schwarzer Fleck auf. Gemeinsam sind beiden Geschlechtern (wie übrigens auch denen der Art *A. mariae)* sechs über den Rücken „hängende“, angedeutete Querbinden, von denen die beiden ersten dichter beieinanderliegen. Männliche Tiere zeigen eine gelb und grün irisierende Körpergrundfärbung, in ihrem hinteren Bereich einschließlich der Flossen von blauen Tüpfeln überlagert. Die Bauchflossen zeigen leuchtend blaue Bänder, während Kehle und Bauch stimmungsabhängig rosa bis stärker rötlich schimmern. Ein Fleck in der Schwanzflossenbasis ist bei den Männchen nur schwach angedeutet (im Gegensatz zu denen von *A. mariae*). Ein weiteres abgrenzendes Merkmal zwischen beiden Arten ist in der Rückenflosse der Männchen zu

Scheuermann
Aequidens paraguayensis ♂

Aequidens paraguayensis ♀
Scheuermann

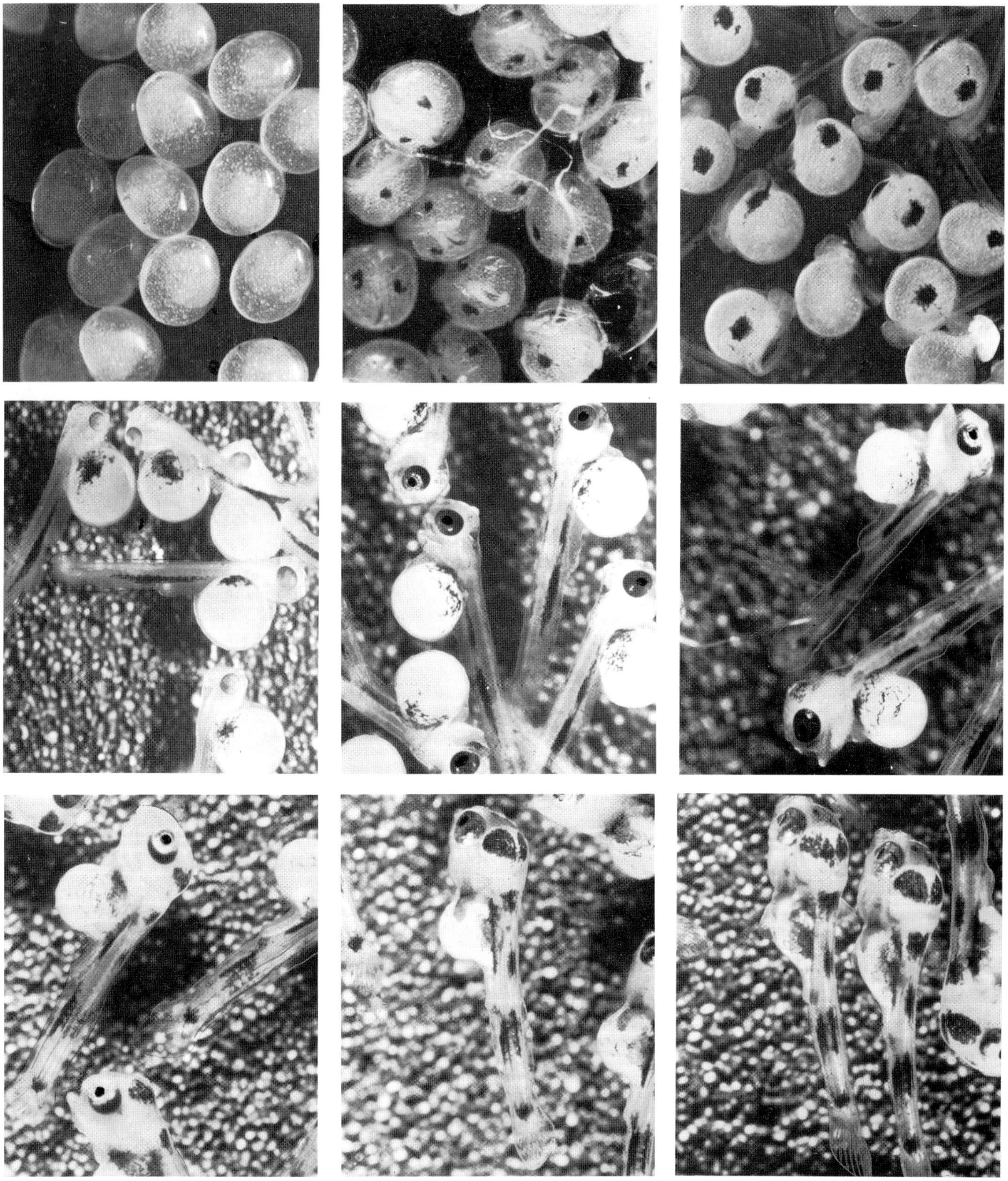

Scheuermann

*Laichentwicklung bei* A. paraguayensis

finden: Während die *A.-mariae*-Männchen unter dem meist kräftig roten Saum in der Dorsalen ein breiteres blaues Band tragen, zeigt sich bei den Männchen von *A. paraguayensis* unter dem blassen rotorangefarbenen Saum eine entsprechend verlaufende Reihe aus blau irisierenden Tüpfeln.

Interessant ist das Brutverhalten des Paraguay-Maulbrüters: Die Eier werden zuerst nach typischer Offenbrüter-Manier an ein Substrat geheftet. Etwa 34—36 Stunden darauf, die Eier haben sich nun sehr weit unter der Pflege der Eltern entwickelt, bilden sich auf jedem Laichkorn zwei dunkle Augenflecke und am Schwanzstiel der Larve im Ei ein schwarzer Strich. Dies ist für die Eltern das Signal, mit der Maulbrutpflege zu beginnen. Die Eier oder, wenn der Schlupf bereits eingesetzt hat, auch die Larven werden ins Maul genommen. Diese Augenflecke verblassen wieder, haben sich die Augen der Larven gebildet (vergleiche Fotoserie). Nachdem die Brut etwa 60 Stunden alt ist, beteiligt sich auch das Männchen an der Pflege.

Eine ähnliche Maulbrutpflege ist übrigens auch bei *A. potaroensis* EIGENMANN, 1912, nachgewiesen worden.

*Aequidens portalegrensis*
(HENSEL, 1870)
Streifenbuntbarsch

Hier haben wir es mit einem alten Bekannten von älteren Aquarianern zu tun. Die Heimat des Fisches ist bereits aus seinem Namen zu erkennen. Sie liegt in Südbrasilien, genauer, im Staate Rio Grande do Sul mit der Hauptstadt Pôrto Alegre. Er kommt jedoch auch weiter westlich bis nach Bolivien hinein vor. Die Tiere können mehr als 20 cm groß werden und gehören damit zu den größeren Aequidens-Arten. Trotz dieser Größe benehmen sie sich nicht sonderlich aggressiv oder kampflustig, wenn nur das Becken die passende Größe von mindestens 100 cm Länge aufweist. Die anspruchslosen Buntbarsche können praktisch in jedem normalen Aquarienwasser gehalten werden und benötigen eine Wassertemperatur zwischen 22 und 25° C. Die Nachzucht stellt den Pfleger vor keine großen Probleme. Unerfahrene Zuchttiere können allerdings anfangs ihr Gelege verspeisen, das aber kennt man auch von anderen Arten.

Jung

Aequidens potaroensis ♂

*Aequidens potaroensis*
EIGENMANN, 1912
Potaro-Buntbarsch

Heimat dieser erst in den letzten Jahren näher bekannt gewordenen Art ist der Rio Potaro, ein mittelgroßer Fluß, sowie einige weitere kleinere, die gemeinsam mit dem Hauptstrom Britisch Guayanas, dem Rio Essequibo, die Niederungen des Landes entwässern. Die Fische werden bis etwa 15 cm groß und weisen — beim genaueren Hinsehen — auch wieder Merkmale auf, wie sie uns bereits von den maulbrutpflegenden Arten *A. mariae* und *A. paraguayensis* bekannt sind. Lediglich die Nackenbinde ist bei *A. potaroensis,* zusammen mit den Querbinden über dem Rücken, etwas schwächer oder gar nicht ausgebildet. Eine Binde zwischen den Augen fehlt ganz, doch ist die dunkle Linie vom Auge abwärts zum Kiemendeckelrand ebenso vorhanden, wie die halbe, auf der Körpermitte abrupt abgebrochene Längsbinde. In der Färbung können die Fische, je nach Aquarienmilieu, etwas unterschiedlich sein. Der Körper kann grausilbrig sein und einen leichten Bronzeton über dem Rücken haben. Normaler erscheint hingegen eine Goldockerfärbung, dann treten Kehle und Bauchregion goldgelb hervor und zeigen, stimmungsbedingt, sogar zuweilen einen leichten Rotstich. Auch ein kleiner dunkler Fleck in der oberen Zone der Caudalbasis wird nur bei Wohlbefinden voll gezeigt. Als besonderes Charakteristikum für diese Art gilt, daß sich die Schwanzflosse adulter Tiere ausfranst. Alle Flossen zeigen einen bläulichen Schimmer. Unter dem dunklen Saum der bei den Männchen lang und spitz ausgezogenen Rückenflosse liegt ein Band blauer Tüpfelreihen.

Die Zucht dieser Art verläuft ähnlich wie bei *A. paraguayensis.* Auch diese Tiere sind Maulbrutpfleger, bilden eine Elternfamilie, und Gelege sowie Brut werden in den ersten Tagen nach Art der Offenbrüter betreut. Erst zur eigentlichen Brutpflege, etwa zum Zeitpunkt des Schlüpfens, werden Eier oder Larven zur weiteren Brutpflege ins Maul genommen.

### *Aequidens pulcher*
(GILL, 1858)
Blaupunkt-Buntbarsch

Die Art gehörte als *A. latifrons* (STEINDACHNER, 1878) über viele Jahre zu den beliebtesten Aquarienfischen, mußte dann aber aus Gründen der Namenspriorität (der Name *A. pulcher* ist 20 Jahre älter!) seinen ursprünglichen Namen wieder annehmen. Der Blaupunkt-Buntbarsch (welcher Cichlide hat keine blauen Punkte?) ist ein ausgesprochen guter Pflegling, weil verhältnismäßig anspruchslos und friedlich. Stimmungsbedingt kann sich seine Färbung ändern. Allgemein gilt folgende Beschreibung: Von der breiten Stirn verläuft eine ockergelbe Zone über den Rücken: sie geht etwa bis zur Seitenlinie in eine Vielzahl grüner Tüpfel über. Der Körper wird von 5 bis 8 undeutlichen Querbinden überzogen, die, je nach Stimmung, mehr oder weniger stark schwarz hervortreten. Am Kreuzungspunkt zwischen der vierten Querbinde und einer schmaleren, auch nur undeutlich erscheinenden Längsbinde steht ein dunklerer Seitenfleck. Jede Körperschuppe trägt einen mehr oder minder irisierenden farbigen Fleck, der entweder grünlich oder hellblau schimmern kann. Diese Flecke ergänzen sich, besonders in der unteren Hälfte der Flanken, zu einem Muster aus Tüpfelreihen, dabei treten besonders unter der angesprochenen Längsbinde drei grüne Tüpfellängslinien hervor. Auf den Kiemendeckeln stehen verschiedene metallisch-grünschimmernde Punkte und Striche. Die Flossen tragen ebenfalls Punkte, doch irisieren diese weniger stark und bleiben deshalb insgesamt blasser. Lediglich während der Balz leuchten diese Punkte stärker.

Aequidens pulcher

Mayland

Während der Aufzucht verändern die Fische nicht nur ihr Aussehen, sondern auch ihr Verhalten. Sie, sonst recht verträglich, beanspruchen nun ein bestimmtes Revier, dessen Größe sich nach den Ausmaßen des Aquariums richtet, in den meisten Fällen jedoch dessen gesamten Grund. Angaben über die Zucht dieser Art finden Sie im Kapitel „Fischzucht".

### *Aequidens rivulatus*
(GUENTHER, 1859)
Doppelweißbinden-Buntbarsch

Heimat dieser recht selten eingeführten Art ist die Ostabdachung Perus. Es wurden jedoch auch westlich der Anden Exemplare gefunden, etwa in Höhe der Hauptstadt Lima, doch sind die angetroffenen Exemplare wahrscheinlich mit menschlicher Hilfe dort ansässig geworden. Normalerweise kann die Maximallänge dieser Art 20 cm erreichen, doch nach bisherigen Erfahrungsberichten bleiben die Tiere im Aquarium meist kleiner. Bei den in der Färbung sehr prächtigen Tieren ist der große schwarze Fleck beiderseits von zwei helleuchtenden senkrechten Binden eingefaßt. Jede Körperschuppe über der Körpermitte irisiert blaugrün und ist schwarz gesäumt. Ebenso irisieren die Kehle der Tiere sowie die Membranen in den

Aequidens rivulatus

Jung

Flossenbasen. Die übrigen Körper- und Flossenzonen sind schwärzlich-blaugrün. Rücken- und Schwanzflossen tragen einen hellblauen Saum. Der Kopf weist zwischen Auge und Kehle Muster aus blauirisierenden Linien auf. Die Geschlechter sind nicht leicht zu unterscheiden. Gefressen wird, neben dem Üblichen, Rinderherz und besonders größeres Lebendfutter, etwa Regenwürmer.

Über das Verhalten der Art im Aquarium wird unterschiedlich berichtet, es reicht von „zänkisch“ bis „friedfertig“. Gelegentlich werden Tiere dieser Art (Jungfische) unter der Bezeichnung *„A. pulcher“* von Exporteuren angeboten. Die Zucht dürfte der von *A. pulcher* ähneln.

### *Aequidens tetramerus*
(HECKEL, 1840)
Grünglanz-Buntbarsch

Eine der größeren Aequidens-Arten. Bis zu 25 cm groß wird dieser Fisch. Er ist über das gesamte Amazonasbecken verbreitet und wird zudem auch in dessen Einzugsgebieten gefunden. Die Tiere haben eine gelbgraue Grundfärbung, zum Rücken hin dunkelt sie nach. Vom Auge bis in die Caudalbasis verläuft eine stimmungsbedingt ausgeprägte Längsbinde. Auf der Körpermitte liegt ein dunkler, unscharf begrenzter Fleck, gesäumt von zwei hellen, vertikal verlaufenden Zonen. Außerdem weitet sich das Ende der Längsbinde im oberen Bereich der Schwanzflossenbasis zu einem Fleck aus. Er wird ebenfalls von einer hellen, bindenartigen Zone gegen den Rest der Binde abgegrenzt. Unter den Augen befindet sich ein dunkler dreieckiger Fleck. Über der Körpergrundfärbung liegt ein grünblauirisierender Glanz; er verhalf dem Fisch zu seinem Namen. Mit zunehmendem Alter wird die Körperform bulliger, vor allem bei Männchen. Es gibt einige Farbvarianten (Lokalformen). Trotz ihrer Größe von über 20 cm pflanzen sich die Tiere aber bereits bei einer Länge ab 8 cm fort. Dabei werden die Fische häufig ungesellig, deshalb empfiehlt es sich, entweder alle Mitbewohner aus dem Becken zu entfernen oder nur gleichstarke Tiere zu belassen. Zu erfolgreicher Zucht sind gut

Jung

Aequidens tetramerus

eingespielte und harmonisierende Paare wichtiger als etwa die Wasserqualität. Nach etwa 11 Tagen schwimmen die Jungfische frei und fressen sofort Staubfutter, aber auch Artemia- und Cyclops-Larven. In sogenannten „keimfreien Zuchtbecken" sollte bei der Aufzucht vegetarische Beikost nicht vergessen werden.

### *Aequidens thayeri*
(STEINDACHNER, 1875)
Thayers-Buntbarsch

Diese Art findet man kaum einmal in einem Liebhaberbecken, so selten werden die aus Südbrasilien und Ostbolivien stammenden Tiere importiert. Sie haben eine gedrungene Gestalt und werden etwa 15 cm lang. Die Färbung der Geschlechter ähnelt sich weitgehend: Der Rücken ist olivbraun, zu den Flanken hinunter wird sie olivgrün bis grüngolden, eine braunschwarze Längsbinde reicht vom Augenhinterrand — parallel mit der Rückenlinie — bis zum Ende des Schwanzstieles. Eine weitere Binde liegt zwischen den Augen, und eine dritte zieht vom vorderen Augenrand zur Oberlippe. Wer genau hinschaut, wird noch eine undeutliche Binde feststellen: sie verläuft vom Augen- zum Kiemendeckelbogen. Die Färbung der Flossen ist grün bis grüngolden, und die Schwanzflosse ist schachbrettartig grüngelb und braun gemustert. Die dunkel gesäumten großen Körperschuppen heben sich durch diese Randmusterung gut ab.

Bei dieser Art haben wir es mit allgemein friedlichen Pfleglingen zu tun. Weder fremdartige Fische noch Artgenossen werden belästigt. Die Zucht verläuft ähnlich wie bei *A. pulcher.* Gelegentlich vergreifen sich die Eltern an ihrem Gelege. Man soll jedoch die Geduld nicht verlieren. Später ziehen die Tiere ihre Jungen, die von ihrer Jugend an die Färbung ihrer Eltern tragen, mit rührender Fürsorge auf.

### *Aequidens vittatus*
(HECKEL, 1840)
Gebänderter Buntbarsch

Die Heimatbiotope dieser Art liegen im Bereich des Solimoes, so heißt der Amazonas westlich von Manaus, bis hinein nach Peru. Die Tiere erreichen eine Größe bis zu 15 cm. Ihre Grundfärbung ist ein undefinierbares Graugelb; es verdunkelt sich zum Rücken hin etwas und hellt zur Bauchregion hin auf. Von der Oberlippe her zieht eine dunkle Längsbinde durch das Auge zur hinteren Dorsalbasis, ein weiterer schwarzer Streifen vom unteren Augenrand senkrecht zum Winkel des vorderen Kiemendeckels. Meist zeigen die Tiere sechs angedeutete dunkle Querbinden, von denen ihr Name abgeleitet wurde. Genaue Zuchtberichte von dieser Art sind bisher nicht bekannt, doch ähnelt sie der von *A. pulcher.*

Aequidens thayeri

't Hooft

## Die Gattung *Apistogramma*

Zwergbuntbarsche aus Südamerika sind häufig weitaus empfindlicher als ihre westafrikanischen Verwandten. Sie sind weniger anpassungsfähig an unterschiedliche Wasserwerte, vor allem bei der Nachzucht einer Reihe von Arten, und benötigen unbedingt weiches und leicht saures Wasser. Manche können zwar ganz gut gemeinsam mit anderen Arten gehalten werden, doch empfiehlt sich dem Züchter, um die Zucht ungestört ablaufen lassen zu können, die Tiere im Artenbecken unterzubringen. Zwergbuntbarsche brauchen Verstecke, vor allem, weil sie überwiegend zu den Höhlenbrütern zu rechnen sind, die ihr Gelege meist an Höhlendecken anbringen. Das muß der Pfleger von Apistogramma-Arten bedenken und sein Aquarium entsprechend einrichten.

Die Becken sollten nicht zu klein sein. Besatz: 1—2 Männchen und die 3- bis 4fache Anzahl Weibchen. Apistogramma-Arten bilden eine Mann-Mütter-Familie: Die Männchen betreuen in ihren Revieren mehrere Weibchen, die wiederum in eigenen, kleineren Revieren ablaichen. Dies jedoch ist nur in genügend großen Becken (Frontscheibenlänge ab etwa 80 cm) möglich, und erst so können wir die Sozialstruktur dieser Gattung beobachten. Bei einigen wenigen männlichen Vertretern dieser Gattung zeigen sich noch Reste eines Brutpflegetriebes, wenn die Brut von Feindfischen bedroht wird. Gelegentlich streiten sich dann Männchen und Weibchen darum, wer die Jungen führt.

In der Systematik stellen viele Apistogramma-Arten insofern die Aquarianer vor einige Probleme, als Kenner behaupten, daß viele Tiere, die wir seit Jahren als zu dieser oder jener Art zugehörig einstufen, nach dem zweiten Weltkrieg nicht mehr eingeführt worden seien und es sich bei dem zu jener (oder anderen) Art gestellten Tier um eine bisher unbeschriebene Art handele. So gibt die „Apistogramma-Szene", wegen verschiedener Überschneidungen optischer Erkennungsmerkmale, den Aquarianern kaum die nötige Sicherheit bei nomenklatorischen Fragen. Man kann also sagen, daß viele Aquarianer auch heute noch unbeschriebene Arten halten, bei anderen Arten ist eine seinerzeitige Beschreibung ungültig. So sind beispielsweise die beiden Arten *A. borelli* und *A. cacatuoides* keinesfalls identisch. Andererseits könnte der letztere Name korrekt für die Tiere sein, die wir heute als *A. reitzigi* kennen. Dies ist jedoch noch unbewiesen, weil es zuwenig Material über die Arten gibt. Ebenso ist zweifelhaft, ob die Art *A. ortmanni* jemals zu aquaristischen Zwecken eingeführt worden ist. Sie unterscheidet sich unbedingt von *A. steindachneri,* dagegen ist *A. wickleri* einwandfrei als Synonym für *A. steindachneri* anzusehen*. Man sieht, schneidet man das Thema Zwergcichliden auch nur an, wird die Diskussion kein Ende nehmen.

Kahl

Apistogramma agassizii

### *Apistogramma agassizii*
(STEINDACHNER, 1875)
Buntschwanz-Zwergbuntbarsch

Dieser sehr bekannte Zwergbuntbarsch ist hauptsächlich in Südwestamazonien beheimatet. Die Fische erreichen in den üblichen, kleineren Aquarianerbecken eine Größe von 8 cm bei den Männchen und 6 cm bei den Weibchen. In größeren Behältern, und bei der in der Gattungsbesprechung erwähnten Haltung, können die Tiere beider Geschlechter jeweils um etwa 2 cm größer werden.

* Eine Reihe derartiger Mitteilungen verdanke ich dem jungen schwedischen Wissenschaftler SVEN O. KULLANDER, der sich seit dem Jahre 1974 intensiv mit der Gattung *Apistogramma* beschäftigt und versucht, nomenklatorische Probleme zu lösen und Unklarheiten aufzudecken.

Man unterscheidet zwei Farbvarianten: die gelbe und die rote. Bei der gelben Form ist die Schwanzflosse rußig gesäumt, davor liegt eine gelbe Binde mit zur Basis hin dann wieder einem rußigen Saum. Die Glanzstreifen am Kopf sind grün. Tiere der roten Form tragen eine kräftig rote Rücken- und Schwanzflosse. Als Höhlenbrüter verstecken sie ihr Gelege gut. Deshalb sind entsprechende Verstecke Voraussetzung für das Gelingen der Zucht. Zur Nachzucht sollte man den Tieren ein Artenbecken einrichten, wie bei der Gattungsbesprechung beschrieben. Meist umfassen die Gelege 30—50 Eier, doch können ältere und vor allem größere Weibchen auch bis zu 250 Eier ablegen.

### *Apistogramma amoenum*
(COPE, 1872)

In Südbrasilien, Uruguay und im nördlichen Argentinien ist dieser Zwergbuntbarsch beheimatet. Zwar ist er schon vor über einem Jahrhundert erstmals beschrieben worden, doch als Aquarienfisch noch immer relativ schwach verbreitet. Männliche Tiere können bis zu etwa 7 cm groß werden, während die Körperlänge der Weibchen kaum einmal über 4 cm hinausreicht.

Die Körperfärbung ist bei den Männchen mausgrau mit violettem Schimmer. Alle Schuppen sind schwarz gerandet. Stimmungsbedingt tragen die Tiere 7—8 Querbinden. Eine Wangenbinde ist meist nur schwach sichtbar. Rücken- und Afterflosse schimmern im hartstrahligen Teil zumeist bläulich. Die Schwanzflosse ist groß und stark gerundet. Weibliche Tiere hingegen sind gelbgrau, zeigen jedoch in Brutpflegestimmung goldgelbe Färbung. In der Körpermitte sowie an der Dorsalbasis treten die sichtbaren Teile der 7—8 Querbinden lediglich als kleine schwarze Vierecke hervor, das verleiht dem oberen Teil der Flanken einen schachbrettartigen Charakter. Die Rückenflosse zeigt zwei schwarze erste Strahlen und ist im übrigen schwach orange, Afterflosse mit grünlichem Schimmer.

*A. amoenum* bildet ebenfalls Mann-Mütter-Familien. Die Eier dieser Höhlenbrüter werden — wie meistens — an der Höhlendecke abgegeben, sie können 80—100 Eier umfassen.

Apistogramma amoenum

Jung

### *Apistogramma borellii*
(REGAN, 1906)
Borellis Zwergbuntbarsch

Hier haben wir es mit einem ausgesprochen schönen Pflegling zu tun. Die Tiere entstammen dem südlichen Brasilien (südlicher Mato Grosso im Einzugsgebiet des Rio Paraguay). Männliche Tiere erreichen eine Größe von etwa 8 cm, Weibchen bleiben etwa 3 cm kleiner. Die Färbung der Fische ähnelt der von *A. reitzigi,* und es ist möglich, daß es sich hier um ein und dieselbe Art handelt. Die notwendigen Untersuchungen stehen allerdings noch aus. Im Gegensatz zu der bekannteren A.-reitzigi-Färbung haben die als *A. borellii* gehandelten und gepflegten Tiere eine auffallende Schwarzzeichnung. Als weiteres Merkmal dieser Art gelten außerdem rote Flecke in der Schwanzflosse, wie sie auch *A. cacatuoides* aufweist. Brutpflegende Weibchen sind gelb. Wie bei vielen Apistogramma-Arten, verläuft auch durch die Körpermitte von *A. borellii* eine schwarze Längsbinde.

### *Apistogramma cacatuoides*
HOEDEMAN, 1951
Kakadu-Zwergbuntbarsch

Zuerst einmal sei gesagt, daß *A. cacatuoides* und *A. borellii* nicht identisch sind! Der Kakadu-Zwergbuntbarsch stammt aus dem nördöstlichen Südamerika (Guayana). Der Name ist von den lang ausgezogenen ersten Strahlen der Rückenflosse abgeleitet, die stark verlängert sind und

Apistogramma cacatuoides

Jung

sich nach Art einer Kakadu-Haube hochstellen lassen. Die Männchen werden etwa 8 cm groß, Weibchen bleiben einige Zentimeter kleiner. Die Körpergrundfarbe ist ein kräftiges Oliv, doch wird bei den Männchen diese Färbung meist vom starken blaugrünen Irisieren der Schuppen überlagert. Kehle und Bauch bleiben heller und sind zuweilen gelblich. Die unpaaren Flossen schließen sich farblich dem Gesamteindruck an und irisieren meist ebenfalls blaugrün. Sehr effektvoll sind die unterschiedlich großen orangefarbenen Flecke in Rücken-, Schwanz- und Afterflossen. Sie sind schwarz gerahmt, und es läßt sich nicht leugnen, daß sie den Betrachter sofort an die Ei-Attrappen afrikanischer Maulbrüter erinnern (Foto). Bei Zuchtversuchen kann es bis zur Paarbildung zu argen Raufereien kommen. Zweckmäßig ist, mehrere Gruppen der gleichen Art (soweit vorhanden) in einem größeren Becken unterzubringen, wie es bei der Gattungsbesprechung beschrieben wurde.

## *Apistogramma commbrae*
(REGAN, 1906)
Corumba-Zwergbuntbarsch

Zur Namensgebung dieser Art gibt es eine Vorgeschichte: Im Jahre 1906 beschrieb REGAN diese Art anhand von Exemplaren, die von Prof. EIGENMANN in seinen Besitz kamen. In seiner Originalarbeit schrieb REGAN seinerzeit: „He also sent me photographs of three Paraguayan species of this genus, viz. *H. borellii* (named by him *Biotodoma taeniatum*), *H. trifasciatum* and the present species, named *B. commbrae,* which I had intended describing under another name. I have kept back this paper in the hope that his memoir containing the descriptions of these species might be published; but this not having occured, I have taken his name for this species, which should be called *H. commbrae,* EIGENMANN." Die falsche Auslegung des Namens *„corumbae"* basiert auf einem Lesefehler. Im Jahre 1907 erfolgte eine Beschreibung: *Apistogramma* *corumbae* (EIGENMANN & WARD), die zwar den ursprünglich von EIGENMANN gewünschten Namen wiedergibt, jedoch nach den internationalen Nomenklaturregeln nicht gültig sein kann, weil die Beschreibung von REGAN älter ist — dabei spielt die Schreibweise des Namens keine Rolle!

Die besonders kleinen Cichliden bewohnen das Einzugsgebiet des Rio Paraguay und Teile des oberen Paraná. Männliche Tiere werden höchstens 6 cm lang und sind bei ockergelber Grundfärbung über dem Rücken leicht grünlich. Von der Oberlippe bis zur Caudalbasis zieht sich eine schmale, aber kräftig schwarze, in einem Augenfleck endende Längsbinde. Von der Stirn verläuft eine nach hinten geschwungene Querbinde durch das Auge zum unteren Kiemendeckelrand. In der oberen Körperhälfte sind 6—7 mäßig dunkle Querbinden zu erkennen, während unterhalb der Längsbinde ein Muster aus 2—4 Reihen parallel verlaufender Punkte gebildet wird. Dieses Muster beginnt hinter dem Kiemendeckel und endet an der vorletzten Querbinde. Rücken- und Afterflosse sind spitz ausgezogen. Die Flossen sind transparent mit grauem und gelbem Schimmer. Zucht wie in der Gattungsbesprechung und bei *A. steindachneri* angegeben.

## *Apistogramma gibbiceps*
MEINKEN, 1969
### Ramskopf-Cichlide

Als Heimat dieser Art wird (nicht genauer definiert) das Rio-Negro-Gebiet angegeben. Männliche Tiere werden etwa 7—8 cm groß, weibliche etwa 5—6 cm.

Der Autor kann sich MEINKENS Erstbeschreibung anpassen: „Körper ziemlich hoch und seitlich kräftig zusammengedrückt. Das obere Schnauzenprofil bis in die Höhe der Augenmitte verläuft gerade. Oberhalb der Augen bildet die Stirnlinie, insbesondere bei ausgewachsenen Männchen, einen auffälligen Buckel, wie er von den westafrikanischen Steatocranus-Arten her bekannt ist, bei Apistogramma-Arten aber nur in ganz schwacher Andeutung vorhanden sein kann. Dadurch erscheint die Stirnlinie bei *A. gibbiceps* kräftig konkav. Die Tiere gehören nicht zu den farbprächtigen Arten und haben einen graugelben Körper, der zum Bauch hin weißlicher, zum Rücken hin dunkler wird. Über dem Kopf liegen bei beiden Geschlechtern unregelmäßige grünlich irisierende Tüpfel. Ebenso tragen beide Tiere eine schwarze Binde, die von der Augenmitte schräg nach hinten, zum unteren Kiemendeckelbogen verläuft. Das Männchen trägt eine kräftige schwarze Längsbinde, die über der Oberlippe beginnt und durch das Auge zur Schwanzflossenbasis zieht. Die Stirn schimmert bläulichviolett. Die Rückenflosse mit den nicht überlangen bläulichen Strahlen weist rötliche Membramen und einen ebenso rötlichen Saum auf. Die ersten Strahlen der Afterflosse sind kräftig blaugefärbt. Bei den Weibchen ist die Längsbinde normalerweise nicht sichtbar und zeigt sich nur bei Erregung oder Unwohlsein. Durch eine Musterung, die man mit einiger Phantasie als Schachbrett bezeichnen könnte (stimmungsabhängig), erinnert die Art gelegentlich an *C. filamentosa.*" MEINKEN schlägt in seiner Arbeit vor, der Art wegen der besonderen Kopfform den Namen „Ramskopf-Cichlide" zu geben. Zucht wahrscheinlich ähnlich wie bei *A. steindachneri.*

Apistogramma gibbiceps, *links ♂, rechts ♀*

Höhle

Höhle

## *Apistogramma hoignei*
MEINKEN, 1965
### Hoignes Zwergbuntbarsch

Diese verhältnismäßig unbekannte Art stammt aus dem Nordwesten Venezuelas. Als genauer Fundort werden die Camaguan-Sümpfe am Unterlauf des Rio Portuguesa angegeben. Die Fische gehören zu den kleineren Vertretern der Gattung *Apistogramma.* Männliche Tiere sollen eine Länge von 5 cm, weibliche 2,5—3 cm nicht überschreiten. Der Fischkörper ist hochrückig und seitlich stark zusammengedrückt.

Nach Angaben des Autors wurden folgende Färbungen bei Männchen und Weibchen festgestellt: „Männchen: Flanken goldgelb, Rücken ins Olivgrün übergehend, Bauchregion heller gelb. In der oberen Körperhälfte wirken die dunklen Schuppenränder wie ein Netzmuster. Vom Hinterrand des Auges zieht eine dunkle Längsbinde zur Schwanzflossenbasis. Sie ist über der Körpermitte zuweilen aufgelöst und in dunkle Flecke zerteilt. Am Ende der Binde befindet sich ein schwarzer Punkt. Eine weitere, aus unregelmäßig zusammengesetzten Flecken bestehende Binde verläuft unterhalb der Dorsalbasis. Über dem ockergelben Kopf liegen im Bereich der Kiemendeckel einige blaue Zeichnungen. Vom Nacken her zieht sich eine schmale dunkle Binde durch das Auge zum unteren Kiemendeckelbogen. Die gelbe Rückenflosse ist im Bereich der ersten Strahlen schwarz. Über ihrer ganzen Länge trägt sie einen schwarzen Saum und in ihrem weichen Bereich einen schwarzen Augenfleck, der grünirisierend gesäumt ist. Die Afterflosse wie die Schwanzflosse sind gelbgefärbt; über der letzteren liegt ein grünlicher Schimmer. Weibchen: Ihre Körpergrundfärbung ist heller als die der Männchen. Auch ihr Rücken zeigt eine ins Olivgrün gehende Färbung. Die Augenbinde ist ebenso vorhanden wie die beiden aus Punkten zusammengesetzten Längsbinden. Im weichen Bereich der Afterflosse, deren Strahlen schwarz sind, liegen einige große, hellblaue Flecke."

## *Apistogramma klausewitzi*
MEINKEN, 1962
### Klausewitz' Zwergbuntbarsch

Eine kleiner bleibende Art aus dem Norden Amazoniens. Männliche Tiere werden etwa 6 cm lang, Weibchen bleiben etwas kleiner. Die Tiere haben eine braunbeige Grund-

Jung

Apistogramma kleei ♂

färbung. Alle Schuppen sind dunkel gerandet und lassen dadurch den Fischkörper wie mit einem Netz überzogen erscheinen. Vom Auge zur Caudalbasis zieht sich eine dunkle Längsbinde. Über der Körpermitte steht ein dunkler, oft nur unscharf erkennbarer Fleck. Über den Kiemendeckeln liegen blaue irisierende Flecke, dazu ein schmaler Wangenstrich. Eine Anzahl roter Tüpfel am Hinterrand der Kiemendeckel gilt als arttypisch. Die After-, Schwanz- und Rückenflossen sind bei den Männchen spitz ausgezogen. Von dieser Art sieht man kaum je einmal einen Zuchtbericht, und es muß angezweifelt werden, ob es sich bei den gelegentlich veröffentlichten Fotos wirklich um Abbildungen von Fischen dieser Art handelt.

## *Apistogramma kleei*
MEINKEN, 1964
### Klees Zwergbuntbarsch, Querbinden-Zwergbuntbarsch

Im Jahre 1964 stellte HERMANN MEINKEN in der DATZ Nr. 10 diesen wunderschönen neuen Fisch vor und benannte ihn nach seinem Freund ALBERT J. KLEE, dem er die Bestimmungsexemplare verdankte.

Jung

Apistogramma kleei, ♂ *rechts*

Der friedliche Zwergbuntbarsch entstammt dem nördlichen Amazonasgebiet. Nach anfänglichen Beschreibungen mit Angaben kleinerer Größen werden jetzt Männchen von 8,5 cm Länge beschrieben. Damit wäre die Art bei den größerwerdenden einzustufen. Schon die sehr schöne Färbung der männlichen Tiere sowie deren imposantes Flossenkleid können dem Aquarianer viel Freude bereiten. Über dem silbrigen Körper mit hellerer Bauchpartie liegt eine breite schwarze Längsbinde, die hinter dem Auge beginnt und mit einem kräftigen Fleck endet, der sich bis in die Schwanzflosse zieht. Die Binde ist beiderseits mit hellblauen, zuweilen irisierenden Zonen gesäumt. Zum Rücken hin werden die männlichen Tiere dunkler und nehmen eine rostbraune Färbung an. Der Kopf ist von einem Muster blauirisierender Linien überzogen. Besonders die Längsbinde ist nach ihrem Hervortreten hinter dem Auge von ebensolchen Linien — leicht pfeilförmig — intensiv gesäumt. Die außerordentlich hoch entwickelte Rückenflosse mit den stark verlängerten ersten Strahlen verhilft vor allem balzenden Männchen in Prachtfärbung zu sehr imposantem Aussehen. Ausgewachsene Männchen zeigen als arttypisches Merkmal eine helle Querbinde in der Schwanzflossenbasis, sie ist jedoch nicht immer deutlich erkennbar. Weibliche Tiere sind überwiegend graugelb. Dabei leuchtet auch wieder der Bauch heller und kräftiger gelb. Sie tragen ebenfalls eine Längsbinde, die aber stimmungsbedingt eher einmal verblaßt. Dann jedoch tritt ein schwarzer Fleck auf der Körpermitte, wie ihn auch die Männchen tragen, besonders auffällig hervor. Ebenso ist bei den Weibchen eine kurze schwarze vom Auge bis zum unteren Kiemendeckelbogen laufende Binde meist wesentlich besser sichtbar als bei den männlichen Partnern.

Die Tiere bevorzugen überwiegend sehr weiches Wasser und sollten nicht zu kühl gehalten werden (etwa 26° C). Wie viele Zwergcichliden, ist auch *A. kleei* gegenüber nicht einwandfreiem Wasser (zu viele Giftstoffe) sehr empfindlich. Wer gesunde Tiere haben möchte, sollte seine Pfleglinge abwechslungsreich füttern. Wenn sie, wie viele Apistogramma-Arten, auch Trockenfutter nehmen, so heißt das nicht, daß sie lebende, zappelnde Nahrung verschmähen. Vielfresser sind sie nicht, deshalb soll man bei der Fütterung eher auf Qualität als auf Quantität Wert legen. Zuchtpaare führen fast immer eine gute Ehe. Trotz oftmals beachtlicher Größenunterschiede zwischen den Partnern nutzt das stärkere Männchen nie seine Überlegenheit aus. Die Eier werden vom Weibchen im Inneren einer Höhle an die Decke geklebt. Nach etwa 70 Stunden schlüpfen die Jungfische und schwimmen 120 Stunden später frei. Man kann sie dann mit Artemia-Nauplien füttern. Weil sie sich bei guter Fütterung prächtig entwickeln, sind sie im Alter von 6 Monaten bereits wieder fortpflanzungsfähig.

## *Apistogramma luelingi*
KULLANDER, 1976
### Lülings Zwergbuntbarsch

Heimat der Fische sind Todos Santos in Bolivien sowie das angrenzende Gebiet mit seinen Flüssen, besonders erwähnt sei der Rio Chaparé. Es ist noch nicht bekannt, wie groß die Tiere werden können. Das größte, bislang gefangene Exemplar war nur 29 mm lang.

Diese neue Art unterscheidet sich von den anderen Apistogramma-Arten normalerweise durch vier Analstacheln. Sexualdimorphismus scheint in Individuen von etwa 25 mm Länge auf verschiedene Färbung der Bauchflossen beschränkt zu sein. Es wurden insgesamt 15 Exemplare untersucht und unter anderem wurde folgende Diagnose gestellt: Mäßig gestreckt, Rücken- und Schwanzflosse beim größten Männchen von 26 mm Länge ohne ausgezogene Strahlen oder Flossenmembranen.

Die Lebendfärbung ist unbekannt.

Gefangen wurden die Tiere bereits 1966 anläßlich der Peru-Bolivien-Expedition von Dr. LÜLING.

## *Apistogramma ornatipinnis*
AHL, 1936
### Schönflossiger Zwergbuntbarsch

Diese Art stammt aus dem nördlichen Amazonasbecken und aus Westguayana. Die Männchen werden knapp 8 cm lang, die Weibchen bleiben kleiner.

Auch die in allen Farben des Regenbogens leuchtenden männlichen Tiere dieser Art tragen die hohe Rückenflosse, deren erste, dunkelgefärbten Stacheln jedoch weniger stark verlängert sind als bei der Art *A. kleei.* Bei Wohlbefinden zeigen die Männchen über dem Rücken bis in die Stirn hinein eine intensive Rotfärbung. Noch intensiver rot sind der obere und der untere Saum der abgerundeten Schwanzflosse. Eine schwach ausgebildete Längsbinde zieht sich, stimmungsbedingt in unregelmäßige Punkte aufgelöst, von der Oberlippe durch das Auge bis zu einem Augenfleck in der Caudalbasis. Ein schräg verlaufendes Vertikalband verläuft vom Unterrand des Auges zum unteren Kiemendeckelbogen. Rücken- und Afterflosse sind bräunlich und von einem bläulichen Saum begrenzt. Die Zucht ist möglich und verläuft ähnlich wie bei *A. steindachneri.*

## *Apistogramma ortmanni*
(EIGENMANN, 1912)
### Ortmanns Zwergbuntbarsch

Diese Art soll aus dem westlichen Guayana-Gebiet stammen, aus einer Region, die sich bis ins nördliche Amazonasbecken hinzieht. Männliche Tiere erreichen eine

Apistogramma ornatipinnis ♂

Jung

Richter

Apistogramma ornatipinnis ♂

Länge von etwa 8 cm, Weibchen ungefähr 6 cm. Gut informierte Wissenschaftler meinen, daß die Art zu aquaristischen Zwecken noch nie eingeführt wurde! Sollte diese Vermutung zutreffen, müßte es sich bei den unter diesem Namen gehandelten oder gepflegten Fischen um andere Tiere handeln, möglicherweise um noch unbeschriebene Arten. Bei den Männchen sind Rücken-, Schwanz- und Afterflosse spitz ausgezogen. Die Schwanzflosse hat einen geraden Hinterrand, aus dem die spitzen Endzipfel der oberen und unteren Strahlen nur bei adulten Männchen hervorschauen. Unter dem Rücken liegen blaßgelbe, gelegentlich auch rötlich schimmernde Flanken, und jede Schuppe trägt einen weißlichen, perlmutterartigen Fleck. Diese Tüpfel setzen sich bis in den Kopf fort, werden dorthin aber etwas größer und gehen farblich in kräftigeres Blau über. Die Oberlippen der männlichen Tiere sind oft von gleichem Blau irisierend gerahmt. Eine schmale Vertikalbinde verläuft, leicht schräg nach hinten, vom Unterrand des Auges zum unteren Kiemendeckelbogen. Eine Längsbinde ist ebenfalls vorhanden, doch ist sie unterschiedlich gut ausgebildet und verläuft vom hinteren Augenrand bis in den Schwanzstiel. Wo sie endet, liegt ein unübersehbarer dunkler Fleck, er zieht sich bis in die Membranen der Caudalen hinein. Diese Binde ist bei weiblichen Tieren meist stärker ausgeprägt. Männchen tragen zudem metallisch irisierende Tüpfel über den Flanken.

Die Rückenflosse hat einen mehr oder weniger kräftigen orangefarbenen Ton und ist zusätzlich mit einem braunroten Saum versehen. Auch bei dieser Art sind die beiden ersten Strahlen der Rückenflosse wieder tiefschwarz. Zur Zeit der Brutpflege zeigen die Weibchen ein kräftiges Gelb. Beide Geschlechter unterliegen stimmungsbedingt einem intensiven Farbwechsel. Zucht wie bei *A. steindachneri.*

### *Apistogramma pertense*
(HASEMAN, 1911)
Amazonas-Zwergbuntbarsch

Die Fanggebiete dieser Art liegen im zentralen Amazonasgebiet, genauer gesagt, im Bereich um Manaus. Nach Meinung einiger Wissenschaftler soll diese Art noch nie zu aquaristischen Zwecken eingeführt worden sein, andererseits darf man die verschiedenen Beipacktiere nicht vergessen, auf die vor allem Spezialisten unter den Apistogramma-Liebhabern „Jagd" machen. So dürfte gelegentlich doch das eine oder andere Tier unerkannt in Liebhaberbecken gelangen.

Männliche Tiere werden höchstens 6 cm, weibliche nur 4 cm lang. Die Körperfärbung beider Geschlechter ist graugelb. Besonders markant sind bei den Männchen die Schuppenränder gesäumt; es entsteht der Eindruck einer Netzzeichnung. Vom hinteren Augenrand zieht eine schwärzliche Längsbinde in die Schwanzflossenbasis, an deren Ende liegt ein aufrechtstehender ovaler Fleck. Eine weitere, schräg nach hinten ziehende Binde führt vom Unterrand des Auges zum unteren Kiemendeckelbogen. In ihrem Bereich zeigen die Fische einige rötliche Striche und grünliche Punkte. An einigen Stellen der grünlich schimmernden Rückenflosse erkennt man etliche leuchtende grünliche oder rötliche Tüpfel. Rücken- und Afterflossen der Männchen sind spitz ausgezogen, die Caudale hingegen abgerundet. Im Bereich der Schwanzflosse wie auch in der weichen Afterflosse zeigen sich in den Membranen einige schwach ausgeprägte Tüpfelreihen. Diese Art kann man nicht als besonders farbprächtig ansprechen, das hat ihre Verbreitung sicherlich auch nicht unterstützt.

Apistogramma pertense ♀

Höhle

### *Apistogramma pleurotaenia*
(REGAN, 1909)
Karierter Zwergbuntbarsch

Eine sehr seltene Art aus Brasiliens Süden, bis zum La-Plata-Gebiet. Die männlichen Tiere sollen bis zu 8 cm lang werden. Eine Bestimmung nach der Originalbeschreibung ist deshalb nicht einfach, weil nur ein einziges Exemplar vorlag. Die Fische haben eine in der Flankenmitte etwas gelblicher werdende Braun-Ocker-Grundfärbung. Jede Schuppe trägt einen großen, blaugrünirisierenden Fleck; der Schuppenrand erscheint dadurch wesentlich dunkler. Die dunklen Flossen haben grünliche Säume.

### *Apistogramma reitzigi*
AHL, 1939
Gelber Zwergbuntbarsch, Reitzigs Zwergbuntbarsch

Ein Artname, über dessen Gültigkeit man sich in letzter Zeit uneins ist und ihn möglicherweise eines Tages zugunsten von *A. borellii* REGAN, 1906 einziehen wird. Dieser überaus häufig gepflegte Zwergbuntbarsch bewohnt Biotope im Bereich des Rio Paraguay. Bis zu 6 cm groß werden die Männchen des Höhlenbrüters und sind ihren Partnerinnen in der Länge meist um 2 cm voraus. Ihr hinterer Körper ist häufig intensiv himmelblau, die hohe Rückenflosse ist in diese Färbung einbezogen. Kopf und Brust sind hingegen leuchtend gelb, dabei kontrahieren beide Farben gut gegeneinander. Grundfärbung von Bauch-, After- und Schwanzflossen ist gelb, ebenso die weichstrahlige Zone der hinteren Rückenflosse. Der

Richter

Apistogramma reitzigi

Schwanzstiel wie auch der Dorsalsaum zeigen sich zuweilen in abgeblaßtem Kirschrot. In den Membranen von Bauch- und Afterflosse sind blauschimmernde Striche erkennbar. Die Haltung der Fische ist problemloser als die mancher Art aus Zentralbrasilien. Der Wasserwert im Haltungs- und Zuchtbecken kann daher um 8° dH liegen, sollte aber zumindest bei der Zucht nicht höher sein, bei allgemein üblichem saurem pH-Wert zwischen 6,5 und 6,0. Die Fische können auch verhältnismäßig gut mit anderen Arten gemeinsam gehalten werden. Im übrigen verfahre man mit der Zucht bei diesen Höhlenbrütern so, wie in der Gattungsbeschreibung dargestellt. Aus ihren recht großen, rötlichen Eiern schlüpfte im Mittel eine Nachwuchszahl zwischen 80 und 150 Jungen. Das Weibchen übernimmt den größten Teil der Brutpflege. Geschlechtsunterschiede sind unschwer zu erkennen: Die größeren Männchen haben ausgezogenere Flossen, die jedoch bei beiden Geschlechtern zugespitzt sind. Auch weisen beide Geschlechter eine abgerundete Schwanzflosse auf.

### *Apistogramma steindachneri* (vgl. Foto Seite 91)

(REGAN, 1908)

### Steindachners Zwergbuntbarsch

Ein vollkommen gültiger Name für eine Art, von der, bei unterschiedlichen Farb- und Körpermerkmalen, auch eine Reihe von Standortvarianten gehandelt wird, bisweilen unter den unterschiedlichsten Artenbezeichnungen. Als Synonym dieser Art gilt zum Beispiel der Artenname *A. wickleri* MEINCKEN, 1960. Es basiert auf aquaristisch gehaltenen und gezüchteten Varianten, die wesentlich größer sind als alle je gefangenen Wildfänge.

Apistogramma reitzigi, ♀ *mit Eiern in der Höhle.*

Jung

*A. steindachneri* gelten als Bewohner des nordöstlichen Südamerika (Guayana). Die Tiere erreichen als Männchen eine Länge von etwa 8 cm, bleiben als Weibchen etwa 2 cm kleiner. Ihre Körperfärbung ist gelbbräunlich. Vom Ende der Oberlippe verläuft eine schmale schwarze Längsbinde bis in die Basis der Schwanzflosse hinein. Dahinter liegt ein leicht ovaler, aufrechtstehender schwarzer Fleck, über der Körpermitte ist ein nur schwach angedeuteter dunkler Fleck. Über dem Rücken zeigen sich stimmungsbedingt 6—7 Querbinden, die in der unteren Körperhälfte aber nie sonderlich hervortreten. Das Auge wird von einer pfeilartig gewinkelten Vertikalbinde durchzogen, deren unterer Teil rückwärts zum unteren Kiemendeckelbogen verläuft. Die ersten beiden Strahlen der Dorsalen sind schwarz, alle unpaaren Flossen spitz ausgezogen, dadurch tritt die Caudale zweizipfelig lyratailartig hervor.

Die Höhlenbrüter benötigen für die Zucht ein gut eingerichtetes Becken, am besten, wie es in der Gattungsbeschreibung beschrieben wurde. Wird die Zucht in einem kleineren Becken mit nur wenigen Tieren angestrebt, sollten eine Mindestgröße zwischen 60 und 80 cm eingehalten und viele Verstecke geschaffen werden. Gemeinsame Haltung mit anderen Arten empfiehlt sich nicht. Die Wasserwerte können etwa in folgenden Bereichen liegen: Wasserhärte höchstens 8—10°dH, pH-Wert zwischen 6,5 und 6,0, Wassertemperatur zwischen 24 und 26° C (zur Haltung ohne Zuchtbestreben etwa 2° C darunter). Das Weibchen übernimmt den größten Teil der Brutpflege (Mutterfamilie), während das Männchen das Revier in gebührendem Abstand zum Gelege bewacht. Dabei können die Weibchen sehr aggressiv werden, falls der Partner den Eiern zu nahekommt. Vor der Eiablage wird das Substrat, meist die Decke einer Höhle, geputzt, dabei scheint das Weibchen kein Ende zu finden. Dann werden in wenigen Stunden 150—300 Eier abgelegt, die Anzahl hängt jedoch von der Größe des weiblichen Tieres ab. Die rötlichen kleinen, leicht birnenförmigen Eier bedürfen einer guten Durchlüftung der Höhle. Die geschlüpften und kurze Zeit darauf freischwimmenden Jungen können dann sofort mit Artemia-Nauplien angefüttert werden.

### *Apistogramma sweglesi*
MEINKEN, 1961
Swegle's Zwergbuntbarsch

Leider kennen wir über die 1961 beschriebene Art aus der Literatur keine Hinweise aus Liebhaberkreisen. Heimat ist das Dreiländereck zwischen Kolumbien, Brasilien und Peru am Amazonas bei Leticia (Kolumbien). Dieser, den meisten Aquarianern noch recht neue, vielleicht sogar noch unbekannte Zwergbuntbarsch hat eine sehr schöne Färbung. Männchen erreichen wahrscheinlich eine Gesamtlänge von 8 cm (Totallänge der Holotype*: 73 mm), Weibchen 5—6 cm. Auch bei dieser Art verläuft eine Längsbinde vom Rand der Oberlippe durch das Auge zur Caudalbasis und endet in einem kräftigen, runden schwarzen Fleck. Bei den Weibchen treten Längsbinde und Endfleck meist nur sehr schwach ausgeprägt oder gar nicht in Erscheinung. Die Körpermitte beider Tiere zeigt jedoch ebenfalls einen prägnanten dunklen Fleck, beim Männchen tritt er aus der Längsbinde heraus. Die Grundfärbung ist beim Männchen silbrigblau, darüber liegt ober- und unterhalb der Längsbinde eine hellblauirisierende Zone. Der Rücken zeigt, besonders hinter dem Kopf, zusätzlich eine rostrote Färbung. Die zugespitzten unpaaren Flossen sind gelblich, dabei sind die ersten Strahlen der Rückenflosse lang ausgezogen und schimmern in den Spitzen rötlich. Die Afterflosse zeigt in der Basis eine besonders starke Gelbfärbung mit nur wenigen blauen Flossenspitzen. Die Bauchflossen sind kräftig rot. Weibliche Tiere sind überwiegend gelb mit einem schwarzen Fleck über der Körpermitte.

### *Apistogramma taeniatum*
(GUENTHER, 1862)
Peru-Zwergbuntbarsch

Angaben über die Herkunft dieser Art weichen stark voneinander ab, doch kommen Beifänge, wenn man sie als diese Art ansprechen könnte, aus peruanischen Gewässern des oberen Amazonas-Gebietes. Streng genommen, kann man sagen, daß von der Art nur die Bestimmungstypen festliegen. Die Fische dürften kaum einmal eingeführt worden sein. Männliche Tiere sollen 8 cm, weibliche 4 cm lang werden. Die hellgelben Männchen sind auf beiden Körperseiten metallisch blaugrüngetönt. Eine Vertikalbinde verläuft vom Auge zur Kehle, eine Längsbinde vom hinteren Augenrand zur Schwanzflossenbasis und endet in einem aufrechtstehenden Ovalfleck. Ein weiteres dunkles Band, es besteht aus etwa sechs dunklen Punkten (angedeuteten Querbändern), liegt auf dem Rücken unterhalb der Dorsalbasis. Über den Wangen zeigen sich einige leuchtend blaue und rostrote Punkte. Alle unpaaren Flossen sind zart blau. Rücken- und Afterflosse zeigen rötliche Saumfärbungen, wie auch die Ober- und Unterkante der Caudalen. Die nicht gezipfelte Schwanzflosse verlauft am Hinterrand gerade. Weibchen sind überwiegend gelblich.

### *Apistogramma trifasciatum*
(EIGENMANN & KENNEDY, 1903)
Dreistreifen-Zwergbuntbarsch

Für diese Art werden drei Unterarten angegeben:

a) *A. t. trifasciatum* (EIGENMANN & KENNEDY, 1903),

b) *A. t. maciliense* (HASEMAN, 1911) und

c) *A. t. haraldschultzi* MEINKEN, 1960.

Während als Fundort für die Unterart a) der obere Rio Paraguay angegeben wird, kommt die Unterart c) von jen-

* Holotypus = Typusexemplar

Jung

Apistogramma steindachneri ♂
*(vgl. Text Seite 89)*

Jung

Apistogramma trifasciatum ♂

seits der Wasserscheide aus dem Amazonasgebiet. Hier, im Bereich des Rio Guaporé, verläuft die Grenze zwischen Bolivien und Brasilien. Weiter östlich, im mittleren Amazonasgebiet, kommt die von HASEMAN beschriebene Unterart b) vor.

Der kleine Dreistreifen-Zwergbuntbarsch ist zweifellos sehr schön, ein Farbwunder ist er jedoch nicht. Über dem silbrigen Körper liegt ein hellblauer, besonders in der Zone zwischen den Längsbinden irisierend wirkender Schimmer. Die Zwerge erreichen als Männchen nur eine Länge von 6 cm, Weibchen werden ungefähr halb so groß. Über die Körpermitte zieht eine stark ausgeprägte, nach hinten breiter werdende schwarze Langsbinde. Sie nimmt ihren Anfang direkt an der Oberlippe und endet in der Schwanzflosse. Eine weitere Binde zieht unterhalb der Dorsalbasis über den Rücken. Mit Ausnahme der Brustflossen sind alle übrigen hellblau. Die Rückenflosse, deren erste kurze Stacheln schwarz sind, weist im Anschluß daran drei verlängerte rötliche Flossenstrahlen auf, alle übrigen sind rotgesäumt. Bis in die Strahlen der Rückenflosse hinein zieht die obere Längsbinde mit ihrer dunklen Färbung. Rücken- und Afterflosse sind zugespitzt. Der Hinterrand der Schwanzflosse verläuft gerade.

Die in letzter Zeit häufiger angebotene Unterart *A. t. haraldschultzi* hebt sich von der Nominatform durch folgende Merkmale ab: Die obere Längsbinde beginnt erst in Höhe der Brustflossen, während sie bei der Nominatform über die Stirn bis zur Oberlippe zieht. Auch die Längsbinde über der Körpermitte beginnt bei der Unterart erst etwas über der Oberlippe.

Für diese Art reicht bereits ein sehr kleines Becken (20 Liter Fassungsvermögen) aus. Es muß jedoch gut bepflanzt und mit Verstecken versehen sein, damit die Tiere ihre Brut nach Höhlenlaichermanier absetzen können. Der Bodengrund soll aus Sand bestehen, denn er ist in der Körnung für die kleinen Fische meist gerade groß genug, um einige Maulvoll aus der gewählten Behausung zu transportieren, damit das Domizil etwas geräumiger wird. Die Eier werden überwiegend an die Höhlendecke abgelegt, und nach 3 Tagen die geschlüpften Larven in einer Bodenmulde gesammelt. Freigeschwommen, lassen sich die Jungfische ziemlich mühelos mit Artemia-Nauplien anfüttern. Empfehlenswerte Wasserwerte für die Zucht sind: Härte bis zu 8° dH, pH-Wert leicht sauer (etwa 6,5) und Temperatur zwischen 26 und 29° C. Es ist ebenfalls möglich, zu Nachzuchten zu kommen, wenn man ein größeres Becken verwendet und es gemäß der Gattungsbesprechung einrichtet. Allerdings werden nicht viele Pfleger einen „Vorrat" derart vieler Zuchttiere haben.

Höhle

Apistogrammoides pucallpaensis

## Die Gattung *Apistogrammoides*

Die zur Zeit noch monotypische Gattung wurde im Jahre 1965 von MEINKEN aufgestellt. Hauptunterscheidungsmerkmal, verglichen mit den Vertretern der Gattung *Apistogramma,* ist die Zahl der Hartstrahlen in der Afterflosse. Im Gegensatz zu den 3 oder 4 bei den Tieren der Apistogramma-Arten, tragen die Vertreter der Gattung *Apistogrammoides* deren gleich 8! Pflege und Zucht entsprechen denen für die Apistogramma-Arten beschriebenen, zumal sich die Tiere kaum von ihren Verwandten unterscheiden.

### *Apistogrammoides pucallpaensis*
MEINKEN, 1965
### Pucallpa-Zwergbuntbarsch

Einziger Fundort dieser Art bisher ist ein Zufluß des Rio Ucayali nahe der Ortschaft Pucallpa, einer aufstrebenden Industriestadt nordöstlich von Lima in Zentralperu, hinter dem Zufluß des Rio Tamaya. Die Winzlinge werden nicht größer als 4 cm (Männchen). Weibliche Tiere bleiben etwas kleiner. In Körperform und Farbmusterung gleicht diese Art den Verwandten aus der Gattung *Apistogramma.*

Männliche Tiere sind in der oberen Körperhälfte graubraun bis dunkelgrau, in der unteren weißlich. Die Flanken zeigen metallischen Glanz. Die dunkelgerandeten Schuppen bewirken in der oberen Körperhälfte ein netzartiges Muster. Eine schwarze Längsbinde zieht von der Oberlippe zur Caudalwurzel. Im Bereich von Nacken und Rücken liegen einige dunkle Flecke. Vom Nacken zieht eine gebogte dunkle Binde durch das Auge zum unteren Kiemendeckelbogen. Auf der Schwanzflossenbasis liegen, übereinandergeordnet, drei schwärzliche Flecke, sie werden stimmungsbedingt mehr oder weniger stark gezeigt. Die Schwanzflosse ist rötlich und trägt ein Muster winziger, hellblauer Punkte. Die Bauchflossen sind leicht bläulich.

Weibliche Tiere sind in der Färbung unscheinbarer. Die schwarze Längsbinde über der Körpermitte kann bei Erregung von 5—6 Querstreifen überlagert werden.

## Die Gattung *Astronotus*

Von dieser Gattung ist den Aquarianern nur die Art *A. ocellatus* bekannt, und zwar in verschiedenen Zuchtformen. Trotzdem ist die Gattung nicht monotypisch, doch wird die von HASEMAN als *A. orbiculatus* beschriebene nicht eingeführt.

### *Astronotus ocellatus*
(CUVIER, 1829)
### Pfauenaugenbuntbarsch

Erstmals als *Lobotes o.* beschrieben, jedoch bereits mit der Aufstellung der neuen Gattung *Astronotus* SWAINSON 1839 zu dieser gestellt. Pfauenaugenbuntbarsche können, zumindest im Alter, nur von Pflegern mit besonders großen Becken gehalten werden. Die reichlich 30 cm groß werdenden Fische sind recht hoch gebaut und entsprechend stark. Deshalb sollten die Beckenscheiben entsprechend solide sein. Trotz der beachtlichen Größe werden die Tiere mit 10—12 cm Länge geschlechtsreif. Dies jedoch bedingt, daß sie bereits einige Zeit vorher „Kommentkämpfe" austragen, bei denen meist die schöne Aquariendekoration arg leidet. Jungfische dieser Art sehen sehr schön aus und sind meist anthrazitfarben marmoriert. Das verleitet leicht manche Aquarianer dazu, einige (!) der schönen Tiere zu erwerben, oft ohne zu wissen, welches „Kuckucksei" im wahrsten Sinne sie sich in ihr Aquarium bringen. Pfauenaugenbuntbarsche sollte man grundsätzlich nur dann anschaffen, wenn man über ein Aquarium von mindestens 120 cm Länge verfügt. Die Fische sind über weite Teile Südamerikas verbreitet und wurden im oberen Amazonas

Kahl

Astronotus ocellatus, *Zuchtform „Roter Oskar".*

ebenso gefangen, wie im Rio Negro oder südlich der Wasserscheide, im System des Paraná. Der Stimmungswechsel geht stets mit einem Farbwechsel einher. Erwachsene Tiere tragen oft ein helles Farbmuster mit Brauntönen über dem Rücken und einen weißlichen Unterkörper rötlicher Färbung. Die dunklen Flossen zeigen von hellen Bändern durchzogene fleckige Wolkenmuster. Manche Tiere werden auch insgesamt sehr dunkel. In den letzten Jahren wurden einige Zuchtvarianten auf den Markt gebracht, von denen der „Rote Oskar" (nach dem amerikanischen „Red Oscar") wegen seiner intensiven rostroten Zeichnung eine der bekanntesten geworden ist. Fische dieser Größe muß man entsprechend füttern, das sollte vor dem Kauf bedacht werden. Wer eine derartige Beckenbesatzung mit Tubifex ernähren will, braucht davon eine Menge und versorgt seine Fische nur bis zu einem gewissen Alter in etwa passend. Wer sie gemeinsam mit Neonfischen und Guppys hält, darf sich nicht wundern, wenn die Buntbarsche bald „aufräumen". Die Tiere wachsen rasch zu stattlichen Exemplaren heran und geben sich bereits bei einer Größe von etwa 10 cm nicht mehr mit Kleinfutter zufrieden. Jetzt muß der Aquarianer entweder den Metzger oder das Anglergeschäft aufsuchen — am zweckmäßigsten beide. Geschabtes Herz, Regenwürmer, Fliegenmaden und ähnliche, grobere Futterarten (es können auch gelegentlich einige Mehlwürmer sein) brauchen die Fische jetzt.

Die Geschlechtsunterscheidung ist nicht einfach. Zwar sind angeblich einige Merkmale bekannt, doch sollte man sich nicht darauf verlassen. Endgültigen Aufschluß kann nur die Balz bringen. Spätestens jetzt beginnen die Buntbarsche im Becken zu wühlen und eventuell vorhandene Unterwasserarchitektur bald in ein Trümmerfeld zu verwandeln. Putzt das Paar intensiv einen Stein, so steht das Ablaichen kurz bevor. Die gelblichen Eier sind nicht transparent und werden nach Offenbrüterart auf einem flachen Stein oder ähnlichem Substrat befestigt. Um den Schlupf zu beschleunigen, kann man die Durchschnittstemperatur (24—26° C) um 2—3° erhöhen. Nach dem Schlupf werden die Larven von den Eltern in eine vorbereitete Grube umgebettet. Die Nachkommenschaft bildet dort einen zitternden Haufen. Bis zum Freischwimmen brauchen die Jungen immerhin 6—8 Tage. Dabei kann es vorkommen, daß ungeübte Eltern dem Drang, diese zappelnde Masse aufzufressen, nicht widerstehen können. Die nach dem Freischwimmen schon recht großen Jungfische können sofort mit Cyclops-Nauplien und Trockenfutter ernährt werden. Sie wachsen schnell heran.

*Pfauenaugenbuntbarsche sehen im Jugendkleid ansprechend marmoriert aus, so daß sie gern auch von Besitzern kleinerer Aquarien erworben werden. Die schnellwüchsigen Tiere können jedoch bald für ein normales Becken zu groß und zu stark werden. Sie vergreifen sich dann auch einmal an kleineren Mitbewohnern.*

Kahl

Kahl

## Die Gattung *Batrachops*

Die Gattung *Batrachops* wurde 1840 von HECKEL aufgestellt. Die Fische der zu dieser Gattung gestellten Arten ähneln in ihrer Gestalt den Kammbuntbarschen oder Hechtcichliden der Gattung *Crenicichla,* sind Räuber wie jene mit einer entsprechend gestreckten Körperform. Ihr Körper ist wenig zusammengedrückt. Wie die Crenicichla-Arten verfügen auch sie über zwei Seitenlinien. Die Schwanzflossen sind immer abgerundet. Von den Crenicichla-Arten unterscheiden sie sich durch eine andere Bezahnung. Als Aquarienfische sind die folgenden Arten so gut wie unbekannt:

### *Batrachops cyanonotus*
(COPE, 1871)

Eine Art, deren Fundort im oberen Amazonas und dem Rio Maranon nachgewiesen ist. Die Art dürfte etwa 20 cm lang werden und trägt ebenfalls die olivgrünliche Tarn-Grundfärbung. Die Tiere haben 7 Querbinden über dem Rücken sowie eine dunkle Längsbinde vom Auge zum Kiemendeckelrand. Ein dunkler Augenfleck liegt in der oberen Basis der Schwanzflosse. Die Rücken- und Afterflossen sind nicht gemustert und im Basalbereich blau.

### *Batrachops ocellatus*
(PERUGIA, 1897)

Körperfärbung olivgrünlich mit undeutlichen dunklen Strichen auf den Schuppen. In der oberen Caudalbasis befindet sich ein schwärzlicher Augenfleck. Gefunden wurden die Tiere im Flußsystem des oberen Rio Paraguay. Sie erreichen eine Länge von mindestens 30 cm.

### *Batrachops punctulatus*
REGAN, 1905

Eine Art, deren Verbreitungsgebiet das Amazonas- und das Orinoco-Becken sind. Die Fische dürften eine Länge von 20 cm nicht überschreiten. Ihre Körperfärbung ist bräunlich, und jede Schuppe trägt einen dunklen Fleck auf der Basis. Vom hinteren Augenrand zieht eine kurze schwarze Längsbinde zum Kiemendeckelrand. Über dem Brustflossenansatz liegt ein dunkler Fleck, in dem die Binde endet. Ein schwarzer Augenfleck steht in der oberen Caudalbasis. Spuren von Querbinden, die wie blasse, in Längsreihe angeordnete Flecke über der Körpermitte aussehen, gaben der Art den Namen. Die Rückenflosse trägt eine feine schwarze Längsbinde.

### *Batrachops reticulatus*
HECKEL, 1840

Vom Norden Amazoniens bis nach Peru ist diese Art verbreitet. Die Tiere erreichen eine Länge von knapp 30 cm. Die Grundfärbung des Körpers ist bräunlich, doch hat jede Schuppe neben einem dunkelbraunen Fleck auf der Basis einen gelben Saum, dadurch entsteht über dem Körper ein netzartiges Muster. Vom Hinterrand des Auges zieht eine kurze dunkle Längsbinde zum Kiemendeckelrand. In der oberen Zone der Schwanzflossenbasis sitzt, wie bei den meisten Hechtcichliden, ein dunkler Augenfleck. Im hartstrahligen Teil der Rückenflosse beginnen Linien von drei übereinanderliegenden dunklen Punkten, die sich im Bereich des weichen Flossenteils auf sechs steigern. Die Afterflosse ist meist ohne Punkte, die Schwanzflosse zeigt oben und unten eine dunkle Längsbinde als Saum.

### *Batrachops semifasciatus*
HECKEL, 1840

Dies ist die am weitesten südlich vorkommende Art, deren Vertreter vom Rio-Paraguay-System bis in den Rio de la Plata verbreitet sind. Die Tiere dürften knapp 20 cm groß werden. Die gelblichen Schuppen der Körperflanken sind braun gesäumt. Vom Augenrand bis zum Rand des Kiemendeckels verläuft jene kurze Längsbinde, wie man sie bei den meisten Hechtcichliden findet, ebenso den Augenfleck auf der oberen Schwanzflossenbasis. 7 bis 8 kurze Querbinden laufen über den Rücken. Sie sind nicht sonderlich stark ausgeprägt und bedecken nur Zonen der oberen Körperhälfte. Alle Flossen sind nicht gemustert.

## Die Gattung *Biotodoma*

Auch diese, noch immer etwas umstrittene Gattung, ist nicht mehr monotypisch. Einige Ichthyologen vertreten noch die Meinung, daß die besonderen Merkmale von

Hansen

Biotodoma cupido

*Biotodoma cupido* nicht ausreichen, um eine systematische Sonderstellung zu rechtfertigen. WICKLER untersuchte 1956 den Haftapparat einiger Cichlideneier, darunter auch die von *Geophagus brasiliensis* und *Biotodoma cupido* und stellte fest, daß die Unterschiede größer sind als die der anderen untersuchten Cichlidengattungen und schreibt: „Die Ausbildung der Eier ist aber doch wohl ein deutliches Zeichen dafür, daß die umstrittene Gattung *Biotodoma* zu Recht besteht*." Durch die Revision von GOSSE wurde ein weiteres Merkmal bekannt.

### *Biotodoma cupido*
(HECKEL, 1840)
Schwanzstreifen-Erdfresser

Die recht spitzköpfige Art stammt aus dem Amazonasbecken, das Vorkommen beschränkt sich auf den mittleren und nördlichen Bereich. Die Exemplare erreichen eine Gesamtlänge von etwa 12—14 cm. Ob es sich bei dieser Aut um Maulbrüter handelt, ist bis jetzt noch nicht erwiesen.

Die Körpergrundfärbung der Tiere ist stimmungsbedingt einmal hell lehmbraun, dann wieder hell silbrig mit einem leicht gelblichen Schimmer in der Bauchregion. Von der Stirn her läuft eine schwarze Binde abwärts durch das Auge zum unteren Kiemendeckelbogen. Dabei läuft die Binde nicht ohne Unterbrechung, sondern wird am Oberrand des Auges etwas vorversetzt. Ein kräftig schwarzer Fleck liegt in der oberen Körperhälfte, unterhalb der weichen Rückenflossenstrahlen. Er ist von einer stark weiß irisierenden Zone gesäumt, Flossen wie Stirn tragen einen rotvioletten Schimmer, und der obere und untere Strahl der Schwanzflosse ist reinweiß. Über die Wangen ziehen sich zwei oder drei blau irisierende Tüpfelreihen. Man pflegt die Tiere wie andere Geophagus-Verwandte. Sie können ruppig werden.

### *Biotodoma wavrini*
(GOSSE, 1963)
Orinoco-Erdfresser

Als Fundgebiet gilt der obere Rio Orinoco im Grenzbereich zwischen Kolumbien und Venezuela, dort, wo unmittelbar beieinander der Rio Inirida, der Rio Guaviare und der Rio Atabapo mit dem Orinoco vereint werden. Hier liegen die beiden Städte Puerto Inirida auf kolumbianischer und San Fernando de Atabapo auf venezolanischer Seite. Als weiteres Fundgebiet gilt die südliche (in den Rio Negro) abzweigende Rinne: Der Casiquiare. Die Fische werden zwischen 10 und 15 cm groß.
Färbung: Hellbraune Grundfarbe; einige, in der Mitte weiße Schuppen bilden eine Längslinie. Eine dunkelbraune Nakkenbinde führt über den Hinterrand des Auges zum unteren Kiemendeckelbogen. Die Kopfzone zwischen Oberlippe und Augen ist etwas dunkler. Ein brauner runder Flankenfleck, kleiner als das Auge, befindet sich in Höhe der letzten dorntragenden Strahlen der Rückenflosse unterhalb der oberen Seitenlinie. Diesem Fleck folgt ein glasiges Band. Die gräuliche Rückenflosse ist über der dorntragenden Zone schwarz gerandet. Bauch- und Afterflosse sind ebenso graufarben wie die Brustflossen. Über eine Nachzucht der Tiere ist nichts bekannt.

## Die Gattung *Chaetobranchus*

Diese Gattung gibt es seit über hundert Jahren. Sie wurde 1840 von HECKEL aufgestellt. Der Autor beschrieb mit *C. flavescens* damals die erste und gattungstypische Art. Diese Cichliden sind kaum einmal in einem Aquarium zu finden.

* WICKLER, W.: „Der Haftapparat einiger Cichliden-Eier", Zeitschrift für Zellforschung, Bd. 45, S. 304—327, 1956.
WICKLER, W.: „Unterschiede zwischen den Cichliden-Gattungen, speziell *Geophagus* und *Biotodoma,* im Haftapparat der Eier". Die Naturwissenschaften, Jg. 43, Heft 14, S. 333—334, 1956.

Im Jahre 1875 beschrieb STEINDACHNER als weitere Art *C. semifasciatus,* stellte jedoch mit dieser Arbeit die Gattung *Chaetobranchopsis* auf und beschrieb dazu die neue Art *C. orbicularis.* Die Mitglieder von *Chaetobranchopsis* weisen als Unterscheidungsmerkmal m e h r als drei Hartstrahlen in der Afterflosse auf (Chaetobranchus-Arten besitzen drei). Im Jahre 1936 beschrieb AHL die Art *Chaetobranchopsis bitaeniatus* neu. Die Gattung *Chaetobranchopsis* wurde inzwischen eingezogen, und zugehörende Arten wurden zur Gattung *Chaetobranchus* gestellt.

### *Chaetobranchus bitaeniatus*
(AHL, 1936)
Gestreifter Goldcichlide

Die Tiere stammen aus dem mittleren Amazonasbecken, werden jedoch praktisch nicht eingeführt. Sie werden bis zu 15 cm lang und wirken wegen ihrer Hochrückigkeit gedrungen. Auf gelblichgrünem, metallisch schimmerndem Grund stehen zwei parallelverlaufende Längsbinden, deren obere hinter dem Auge beginnt und genau auf der Körpermitte mit einem Augenfleck versehen ist. Die zweite beginnt hinter dem Kiemendeckel. Beide enden vor dem Ansatz der Schwanzflosse. Zwischen den beiden Binden glänzt der Fisch besonders intensiv goldfarben. Jede Schuppe ist golden umrandet. Die Iris ist rot. Rücken- und Afterflosse sind sehr groß, mit weinroten Zeichnungen, die in Schwanz- und Bauchflossen ebenfalls vorhanden sind.

Die Tiere gelten als sehr ruhig und friedlich, selbst kleineren Fischen gegenüber, wühlen nicht sonderlich und lassen Pflanzen unbehelligt. Geschlechtsmerkmale sind die spitz zulaufenden Rücken- und Afterflossen bei den Männchen gegenüber den stumpferen der weiblichen Tiere.

Chaetobranchopsis bitaeniatus

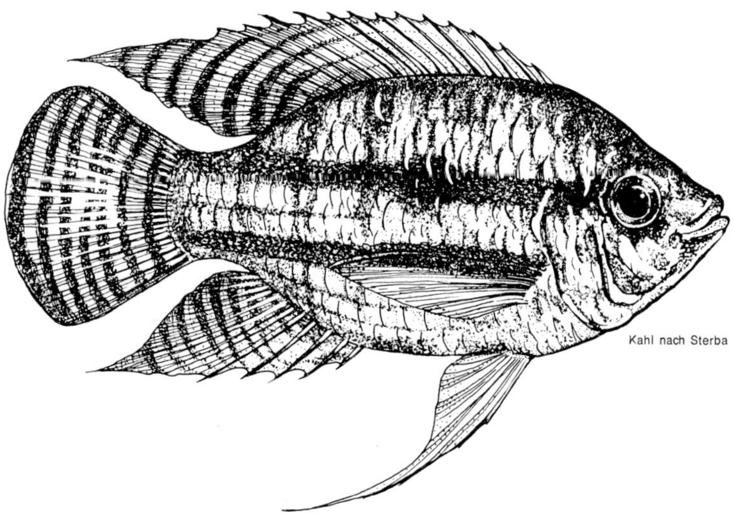

Kahl nach Sterba

### *Chaetobranchus flavescens*
HECKEL, 1840
Vierbandcichlide

Diese Art ist von Guayana über Brasilien bis nach Peru und Bolivien verbreitet. Die Fische werden über 25 cm groß und sind damit für die meisten Becken wohl kaum geeignet. *C. flavescens* hat eine graugrüne Grundfärbung. Da jede Schuppe um den Mittelpunkt heller gerandet ist, wirken die Tiere insgesamt wie gesprenkelt. Im oberen Bereich der Schwanzwurzel liegt ein schwarzer Augenfleck. Über den Flanken mit intensivem Silberglanz sind vier dunkle Querbinden angedeutet, die sich stimmungsbedingt heller oder dunkler abheben. Die Augen mit der gelblichen Iris und auch das Maul sind groß. In Rücken-, Schwanz- und Afterflosse liegen viele kleine Tüpfelreihen. Eine gelbliche Binde verläuft zwischen Auge und Maul. Bei ausgewachsenen Männchen sind die Enden von Rücken- und Afterflossen spitz ausgezogen sowie verlängert und in der unteren Hälfte rötlich getönt, wie auch die Schwanzflosse; die Bauchflossen sind orangerot. Die untere Kopfpartie und die Brust zeigen eine weißliche Tönung.

## Die Gattung *Cichla*

Bereits im Jahre 1801 wurde diese Gattung von BLOCH & SCHNEIDER aufgestellt, zu der in der gleichen Veröffentlichung *C. ocellaris* gestellt wurde. Die Holotypen* stammten aus den Sammlungen von Sir A. Schomburgk und Prof. A. Agassiz. Im Jahre 1855 beschrieb CASTELNAU die heute kaum bekannte Art *C. multifasciata* und im Jahre 1833 kam durch die Beschreibung von HUMBOLDT *C. temensis* hinzu.

Cichla-Arten sind gestreckte Fische, zwar etwas hochrückiger als unsere Hechte, jedoch an ihrem tief gespaltenen Maul und ihrer starken Schwanzflosse unschwer als Räuber zu erkennen. Für eine Haltung im Gesellschaftsbecken eignen sie sich deshalb nicht. Ausgewachsene Exemplare findet man gelegentlich in Schauanlagen.

* Holotypen sind Typenexemplare.

Hansen

Cichla ocellaris — *ein Räuber.*

Loiselle

Cichla temensis. *Ein noch nicht ausgewachsenes Tier.*

*Cichla ocellaris*
BLOCH & SCHNEIDER, 1801
Grüner Augenfleck-Kammbuntbarsch

Der Räuber aus dem tropischen Südamerika lebt in ruhigen bis stehenden Gewässern und soll bis ins Brackwasser vordringen. Bis zu 60 cm groß werden die Tiere und tragen zwar eine interessante Zeichnung, können aber nur mit gleichgroßen und gleichstarken Fischen gemeinsam gehalten werden. Obgleich die Färbung in den Grundtönen unterschiedlich ausfallen kann, herrschen allgemein intensiv grüne Farben über Flanken und Flossen vor. Wie die meisten Fische, ist auch dieser Vertreter zum Rücken hin etwas dunkler gefärbt, während die Bauchpartie von der Unterlippe bis zum Caudalstiel fast in reines Weiß übergeht. Von den vier schwarzen gelbgerandeten Augenflecken liegen drei ziemlich gleichmäßig verteilt über der Körpermitte, der vierte dagegen sitzt im oberen Drittel des vorderen Schwanzstiels. Ein weiterer kleinerer Fleck dieser Art sitzt auf dem oberen Kiemendeckel — zumindest bei adulten Tieren. Die Rückenflosse hat einen tiefen Einschnitt zwischen dem hartstrahligen und dem weichstrahligen Teil.
Die Fische beanspruchen als Tropenbewohner eine Wassertemperatur zwischen 22 und 25° C. Jungtiere wie erwachsene Exemplare benötigen kräftiges Futter. Je größer der Fisch, um so deftiger darf der Futterbrocken sein. Über Nachzucht im Aquarium ist nichts bekannt. Männchen mit Nackenbuckel, Offenbrüter.

*Cichla temensis*
HUMBOLDT, 1833
Goldener Augenfleck-Kammbuntbarsch

Die Heimat dieser Art liegt, soweit sie durch Funde belegt ist, zwischen Orinoco, Rio Negro und Amazonas. Die Endgröße dürfte in etwa der vorgenannten Art entsprechen, obgleich nur Tiere bis zu etwa 40 cm Größe gefangen wurden.
Farblich ist diese Art von *C. ocellaris* einwandfrei zu trennen. Sie weist zwar optisch sehr ähnliche Merkmale auf, wie man an dem abgebildeten Foto eines Jungfisches erkennt, doch ist die Grundfärbung von *C. temensis* goldgelb. Man beachte die vorstehende Unterlippe! In der oberen Körperhälfte liegen hellgelbe Tüpfel. Auch bei dieser goldfarbenen Art sind die vier Augenflecke gelb gerandet. Die in den Basen gelblichen Flossen (außer den transparenten Brustflossen) wirken wie rauchig schwarz gepudert. Haltung wie bei vorgenannter Art empfohlen.

## Die Gattung *Cichlasoma*

Die Gattung *Cichlasoma* ist eine der größten aus der Familie der Cichliden. Sie wurde 1839 von SWAINSON aufgestellt. Die Verbreitung jener Arten erstreckt sich vom Süden der USA bis in die Einzugsbereiche des Rio Paraná im Süden des südamerikanischen Subkontinents. Ein großer Teil der Arten stammt aus Mittelamerika, und hier sind es besonders die Seen von Guatemala bis Nicaragua, aber auch die Flüsse, Bäche und Sumpfgebiete, in denen man die verschiedensten Cichlasoma-Arten findet. Bei den meisten Arten sind die Geschlechter im ersten Lebensabschnitt etwa gleich groß, später aber werden die männlichen Tiere größer und bekommen mit zunehmendem Alter bei einigen Arten einen imponierenden Fetthöcker auf der Stirn. Sie können dann regelrecht zu Rauhbeinen im Aquarium werden. Sie beanspruchen für sich ein Aquarium und eine Partnerin allein und lassen keinen anderen Fisch in deren Nähe. Zweifellos ist dieses Verhalten nicht bei jedem Tier und in jedem Becken anzutreffen. Meist kann man es als Schutzreaktion in einem verhältnismäßig (zu) kleinen Becken erklären.

Von den zwischen 70 und 100 gültig beschriebenen Arten mögen einige „nur auf dem Papier" vorhanden sein. Andererseits wird der Leser überrascht sein, eine Reihe von Cichlasoma-Arten hier im Bild kennenzulernen, an deren Existenz er zumindest gezweifelt hat. Andere Arten ließen sich zwar importieren, doch wäre das für den Händler wenig effektiv: Die Fische werden zu groß und sind daher nicht sehr gefragt. Groß werdende Arten sind bei uns weniger beliebt ... dafür findet man sie um so häufiger auf den Märkten Mittelamerikas — als beliebte Speisefische.

*Cichlasoma arnoldi*
AHL, 1936
### Schwarzer Buntbarsch

Die Art stammt aus dem mittleren Amazonien und soll hauptsächlich in den aus Süden kommenden Nebenflüssen des Solimoes oder Amazonas vorkommen. Ausgewachsene Exemplare sollen — so wird berichtet — eine Gesamtlänge von etwa 16 cm erreichen. Weil die Fische praktisch nicht eingeführt werden, muß man sich auf die seinerzeitigen Angaben von Arnold (Hamburg) stützen, der AHL folgende Lebendfärbung gab: für gewöhnlich schwarzbraun mit dunkleren Strichen an den Wangen; ein schwarzer Doppelfleck am Rücken unter der Mitte der Rückenflosse, ein zweiter schwarzer Fleck an der Basis des weichen Teiles der Rückenflosse und ein großer länglichrunder Fleck auf der Schwanzwurzel vervollständigen die Körperzeichnung. Aus der dunklen Umgebung hebt sich das große Auge mit ovaler Pupille und tiefroter Iris scharf

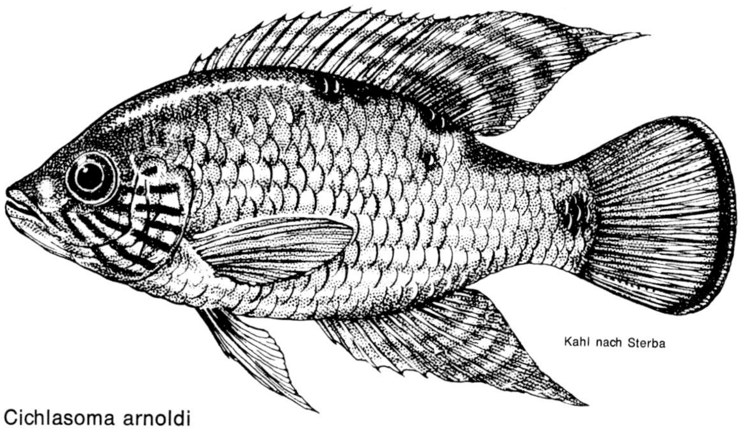
Kahl nach Sterba

Cichlasoma arnoldi

ab. Flossen dunkelgrau mit schwärzlicher Bindenzeichnung; Schwanzflosse mit schwarzem äußeren Saum. Bauchflossen schwarzgrau. Bei auffallendem Licht und greller Beleuchtung ist die Grundfärbung dunkelolivgrün.

Ganz anders wirkt der Fisch abends beim Schein einer elektrischen Lampe. Dann sind der ganze Rücken und fast die obere Hälfte des Körpers auf dunkelbraunem Grund gelb gebändert, Kiemendeckel grünlich glänzend, Rückenflosse mit schmalem, rötlichem oberem Saum.

*Cichlasoma aureum*
(GUENTHER, 1862)
### Goldbuntbarsch

Die Heimat dieser Art liegt in Südmexiko und in Guatemala. Ausgewachsene Exemplare werden etwa 16 cm lang. Die grünbraune Färbung der Körperseiten wird bei Wohlbefinden von einem goldroten Glanz überlagert. Dabei sind Kehle und Brust kräftig rot. Eine Längs- und mehrere Querbinden werden stimmungsbedingt gezeigt; meist sind sie nur schwach angedeutet und treten höchstens bei Erregung kräftiger hervor. Drei Punkte lassen sich dagegen bei fast jeder Stimmung erkennen: Ein kleiner ovaler, von kleinen gelblichen Punkten gesäumter, auf dem unteren Kiemendeckelbogen; ein unscharf begrenzter, in der Mitte der oberen Körperhälfte; und ein kleiner auf dem Schwanzstiel. Der Kopf läuft ziemlich spitz zu, Rücken- und Afterflossen der Männchen ebenfalls. Die Rückenflosse trägt einen roten Saum. Jüngere Tiere können wegen der rötlichen Kehl- und Brustpartie mit *C. meeki* verwechselt werden. Wird selten eingeführt.

Loiselle

Cichlasoma aureum ♂

Bleher

Cichlasoma axelrodi.
*Toter, jetzt schwarzer Fisch im Netz.*

*Cichlasoma axelrodi*
(A. FERNÁNDEZ-YÉPEZ, 1971)
Schwarzbrauner Cichlide

Noch ein „Schwarzer Cichlide", könnte man sagen, wenn man die Beschreibung der vorletzten Art gelesen hat. Ich habe Heiko Bleher gefragt, der mit Axelrod an mehreren Fangexpeditionen teilgenommen hat und den Fisch lebend in seinem Revier beobachtete. Danach weist *C. axelrodi* lebend nicht jene optischen Merkmale auf, wie sie von AHL beschrieben worden sind. Hierzu muß bedacht werden, daß es sich bei den schwarzen Exemplaren von *C. axelrodi* um Tiere handelt, die mit Hilfe von indianischem Pflanzengift, das im Wasser wirkt, erbeutet wurden. Die Fische waren überaus gewandt und ließen sich nur schwer fangen. Lebend sollen sie eher bräunlich aussehen.

Beschrieben wurde die Art unter dem Gattungsnamen *Chuco*. Diese Gattung wurde von Prof. AUGUSTIN FERNÁNDEZ-YÉPEZ im Jahre 1969 aufgestellt. Sie wird heute jedoch von den meisten Ichthyologen zur Gattung *Cichlasoma* gerechnet. Die Belegexemplare wurden anläßlich einer Expedition zum Rio Aguaro gefangen, der über den Rio Faltriquera und den Rio Guariquito etwa 20 km westlich der Stadt Cabruta in den Orinoco mündet. Die Tiere wurden nach Angaben des Autors „in verhältnismäßig flachen, stehenden Tümpeln gefunden, die sich in dem austrocknenden Fluß bildeten. Sie verstecken sich unter überhängenden Uferböschungen, wo sie regelrecht zwischen Sand und angehäuften toten Blättern ausgegraben werden mußten." Der Autor beschreibt außerdem, daß die dort gefangenen erwachsenen Exemplare „satt schwarz" waren. Im Bereich der Rückenflosse geht die Färbung in rötliches Schwarz über. Größe bis zu 20 cm.

*Cichlasoma beani* (siehe Farbbild auf Seite 100)
(JORDAN, 1888)
Beans Buntbarsch

Diese relativ unbekannte Art lebt in den Gewässern Mexikos, hauptsächlich im Bereich der pazifischen Abdachung der Bundesstaaten Jalisco und Sinaloa. Die Tiere werden etwa 20 cm lang.
Der helle, graugrüne Körpergrund ist mit einem braunen Fleck auf jeder Schuppe versehen. Etwa acht breite dunkle Querbinden liegen über den Körperseiten. Sie sind sehr markant — besonders bei jüngeren Tieren. Alle Flossen, besonders aber die unpaaren, sind milchig blauviolett und vor allem im Basisbereich mit dunklen Tüpfeln versehen. Ein schwer beschreibbares Muster: Das Foto gibt besser Auskunft.

*Cichlasoma bimaculatum*
(LINNAEUS, 1754)
Zweifleckbuntbarsch

Wie der Name schon sagt, trägt der Fisch zwei markante Flecke in seinem Farbkleid. Etwa 18 cm groß werden diese Südamerikaner und gelten in ihrer Heimat als willkommene Speisefische. Ihre Grundfärbung kann regional unterschiedlich ausfallen (Standortvarianten), ist im unteren

Loiselle

Cichlasoma beani ♀

Kahl

Cichlasoma bimaculatum

Teil indes meist bräunlich grau, über dem Rücken grünlich irisierend. Einige Millimeter hinter dem Augenrand beginnt eine unregelmäßig gezogene Längslinie, in deren Bereich einige dunkle Flecke liegen. Das markantere Namenszeichen — ein kreisrunder schwarzer Augenfleck — liegt auf der Körpermitte. Ein weiterer runder Augenfleck liegt in der oberen Caudalbais. Über der Stirn liegt ein Muster aus blassen Längsbinden. Die Färbung aller Flossen ist überwiegend milchig. Männliche Tiere tragen zugespitzte und ausgezogene Flossenspitzen. Zucht ähnlich wie bei *C. octofasciatum.*

### *Cichlasoma citrinellum*

(GUENTHER, 1864)

### Zitronenbuntbarsch

Eine sehr schöne, wenn auch etwas größer werdende Art (über 26 cm). Heimat ist Mittelamerika, genauer gesagt, das Gebiet etwa zwischen Südmexiko und Nicaragua. Dort kommen sie im gleichnamigen See ebenso vor wie beispielsweise im Yoyoasee in Honduras.

Die Art ist in der Jugend gescheckt, doch gewinnt die gelbe oder orangegelbe Färbung mit näherrückender geschlechtlicher Reife mehr und mehr Überhand. Erwach-

Cichlasoma bimaculatum *bei der Eiablage.*

Zukal

Zukal

Mayland

Cichlasoma citrinellum

sene Männchen lassen sich leicht an ihrem imposanten Stirnbuckel von den Weibchen unterscheiden. Voll ausgewachsene oder geschlechtsreife Weibchen haben neben einem verhältnismäßig spitzen Kopf ebenfalls spitz zulaufende Rücken- und Afterflossen! Sie sind also kein Unterscheidungsmerkmal der Geschlechter. Heranwachsende Fische entwickeln einen großen Appetit und sollten mit entsprechenden Futterbrocken ernährt werden. In diesem Punkt erinnern sie an *Astronotus ocellatus.* Bei der Beckeneinrichtung sollte man mit großen Steinen und einem mittelhohen Sandgrund vorliebnehmen. Zuerst sind die meisten Fische bestrebt, sich ein Versteck zu bauen. Das wird bei ihren Ausmaßen später problematisch.

Bei Feld- und Laborbeobachtungen kam ein interessantes Kontaktverhalten der Jungfische zutage: sie zupfen an der Körperoberfläche der Elterntiere. Daß die Jungfische dabei Schleim von der Haut der Elterntiere fressen, dafür spricht, daß das Kontaktverhalten im Verhältnis zur angebotenen Futtermenge steht: je geringer die Nahrungsmenge, um so stärker das Kontaktverhalten*.

### *Cichlasoma coryphaenoides*
(HECKEL, 1840)
Großkopfbuntbarsch

Eine hochrückige und deshalb gedrungen wirkende Art. Sie steht der Art *C. crassa* ziemlich nahe; das kommt auch in der Färbung zum Ausdruck. Weil die Fische einen ausgeprägten Farbwechsel vornehmen können, werden sie in der Literatur bei Abbildungen gelegentlich verwechselt. Bis zu 22 cm groß wird die Art und stammt aus dem nördlichen Amazonasbecken. Junge Fische, wie man sie meist erwirbt, haben eine leicht schmutzig wirkende lehmgelbe Färbung und einen zartrötlichen Farbton über Kehle und Bauch. Das kann den Eindruck erwecken, die Tiere seien leicht violett, das aber ist überwiegend auf die dunkelrotviolette Färbung der Flossen zurückzuführen. Bei Erregung zeigen die Fische einen besonders dunklen Rücken, über den 6—7 Querbänder laufen. Vom Auge bis zur Schwanzflossenbasis verläuft eine schmale Längsbinde, über der auf dem Kiemendeckel sich ein kleiner, markanter schwarzer Strich im Winkel von 45° aufrichtet. Der große Kopf der Männchen trägt im Alter einen Stirnbuckel. Gilt als Wühler.

* NOAKES & BARLOW, 1973.

### *Cichlasoma crassa*
(STEINDACHNER, 1875)
Smaragdbuntbarsch

Ausgewachsen, gehören die Tiere zu den größer werdenden Buntbarschen, doch dauert das eine Weile. Zudem läßt der Farbwechsel dieser wunderschönen Art wie auch ihr gesamtes, im Jungfischalter noch ruhigeres Verhalten (später sollen die Tiere wühlen?) sie zu gern gesehenen Pfleglingen werden. Leider findet man die Fische kaum

Cichlasoma crassa ♂

Winkelmann

Winkelmann

Cichlasoma crassa

einmal bei den Händlern. Die Bewohner des Amazonasbeckens können eine Länge bis zu 30 cm erreichen. Die Färbung der Tiere ist nicht immer gleich. Bei Wohlbefinden zeigen sie über der braunoliven Grundfärbung einen rotvioletten Schimmer. Die Tiere tragen über der Körpermitte eine Längsbinde, die bis in die Caudalbasis zieht. Sie wird nur stimmungsbedingt gezeigt und kann zuweilen unsichtbar bleiben. Die Längsbinde endet auf dem Schwanzstiel mit einem kleinen schwarzen Fleck. Ein weiterer Fleck liegt etwas höher und weiter zurück. Diesem Doppelfleck stehen zwei schräg verlaufende Querbinden gegenüber, die etwa von der Mitte der Dorsalbasis schräg nach vorn in die Längsbinde ziehen. Vor allem bei jüngeren Exemplaren sind sie deutlicher ausgeprägt und verschwimmen mit zunehmendem Alter. Naht die Geschlechtsreife, färben sich hauptsächlich die männlichen Tiere in bestimmten Partien: Kehle, Stirn und unpaare Flossen werden dunkelrotviolett. Unser Foto macht das deutlich.

Smaragdbuntbarsche lassen sich nur in größeren Becken vermehren. Die Offenbrüter (Elternfamilie) züchten etwa nach Art von *Astronotus ocellatus.* Jungfische haben noch recht spitz zulaufende Köpfe. Sie sind sofort auf kräftige Fütterung angewiesen. Die Art wurde fälschlich als *C. hellabrunni* LADIGES, 1942 geführt, doch ist diese eine eigenständige Art.

## *Cichlasoma cyanoguttatum*
(BAIRD & GIRARD, 1854)
## Perlcichlide

Die verschiedentlich unter der Gattungsbezeichnung *Herichthys* geführte Art wurde in letzter Zeit zunehmend von führenden Ichthyologen zur Gattung *Cichlasoma* gestellt, damit hat gleichzeitig die frühere Bezeichnung *Herichthys cyanoguttatus* als Synonym zu gelten. Der Perlcichlide stammt aus südlichen Teilen der USA sowie aus Nordmexiko. Er wird bis zu 30 cm lang. Das braucht jedoch den Cichlidenfreund nicht zu schrecken, zumal die Fische bereits ab etwa 10 cm Länge geschlechtsreif sind und dann auch schon für Nachwuchs sorgen. Die Haltung dieser herrlichen Fische ist nicht schwer. Nur ein ausreichend großes Becken von mindestens 100 cm Länge ist nötig (für größere Tiere ein größeres und vor allem tieferes Becken) mit einem soliden Steinaufbau (wühlen!) sowie nicht zu feinem Bodengrund. Pflanzen einzusetzen, ist nicht ratsam. Der Pfleger kann den Fischen behilflich sein, wenn er ihnen einen einsturzsicheren „Unterstand" aus groben Steinen baut. Er kann ihn so plazieren, daß die „Höhle" stets einzusehen ist. Übrigens, ein starker Filter für ein Becken mit Großcichliden sollte Voraussetzung sein.

Bei den verschiedenen Bildern braucht die Färbung der Tiere wohl nicht im einzelnen beschrieben zu werden.

Interessant ist eine Balzfärbung bei vielen Paaren, die jedoch nicht von allen getragen wird. Dabei färbt sich das gesamte untere Körperdrittel praktisch schwarz und läßt die Fische dadurch besonders imposant erscheinen. Möglicherweise stellt sich diese Zeichnung nur ein, wenn der Hütetrieb besonders aktiviert werden muß, etwa wenn noch andere große Cichliden im Becken sind und das Elternpaar gelegentlich bedrängen.

Unter natürlichen Bedingungen haben Perlcichliden zwei Fortpflanzungsperioden im Jahr, die mit den Regenzeiten zusammenfallen. Im Aquarium kann dieses angeborene Verhaltensmuster Störungen verursachen, weil die natürlichen Signale (Luftdruck- und Wassertemperaturänderung) fehlen, und mögliche Änderungen vom Pfleger bestimmt werden. Hält man die Tiere paarweise, kann man sie über einen langen Zeitraum fortlaufend zur Laichabgabe bringen, wenn man den frischen Laich aus dem Becken nimmt und eine zwangsläufig eintretende Laichpause nicht aufkommen läßt. Meist laicht das Weibchen dann nach etwa einer Woche erneut ab. Aus der Sicht des Cichlidenfreundes ist eine paarweise Haltung der in einem Gesellschaftsbecken vorzuziehen. Bei paarweiser Pflege können die Elterntiere ihre Jungen mit mehr Ruhe aufziehen. Eine passende Beckengröße ist hierbei zu beachten. Die Laichvorbereitungen laufen nach Art der meisten Cichlasoma-Vertreter ab und beginnen mit Putzen der Steine und Ausheben von Gruben im Bodengrund. Schließlich fangen die Tiere mit dem bekannten Schütteln an und umschwimmen sich mit gespreizten Flossen. Die Eiabgabe erfolgt sehr früh am Tage, wenn die Fische in der Lage sind (Standort des Aquariums), den Tag- und den Nachtrhythmus wahrzunehmen oder mit Hilfe einer Schaltuhr an der Beleuchtungsanlage die Fische an einen geregelten Tag- und Nacht-Ablauf gewöhnt sind.

Die Gelege umfassen etwa 400—600 Eier, die Menge ist wahrscheinlich von der Größe und dem Alter der Mutter abhängig. Weil die Tiere aus subtropischen Gebieten stammen, benötigen sie — auch zur Zucht — keine allzugroße Wärme. Der Schlupfzeitpunkt der Larven ist wassertemperaturabhängig, doch sollten 24° C nicht unter- und 30° C nicht überschritten werden. Sonst werden die Eier geschädigt. Bei einer Temperatur um 24° C dauert es bis zum Schlupf etwa 85 Stunden. Eine weitere Woche darauf ist der Dottersack der Larven aufgezehrt, und die

Hansen

*Ein altes Perlcichliden-Männchen mit einem imposanten Stirnhöcker. Die seegrün irisierenden Farbfelder in der Musterung sind hier etwas zu goldfarben geraten, woran der Blitz der Kamera nicht schuldlos ist.*

*Zur Balz zeigen die männlichen Tiere eine Färbung, die mehr Blautöne aufweist. Dieses stark balzaktive Tier zeigt von der Oberlippe an abwärts über Kehle, Brust und Bauch eine starke Schwarzfärbung, die auch von den meisten Weibchen angenommen wird.*

Mayland

Marcuse

Cichlasoma cyanoguttatum.
*Der Perlcichlide mit Jungfischen.*

Jungen schwimmen frei. Sie können sofort mit Artemia- oder Cyclops-Nauplien gefüttert werden und nehmen kurz darauf auch schon größeres Futter. Die Eltern bewachen ihre Jungen gut und können anfangs selbst der Pflegerhand gegenüber recht aggressiv werden, wenn sie sich dadurch gestört fühlen.

Perlcichliden sind einer bestimmten Krankheit gegenüber anfällig, deren Symptome man wohl nur bei dieser Art feststellen kann: Die Tiere bekommen kleine, bis zu einem halben Zentimeter große Geschwulste, deren Hauptherd im Bereich des Brustflossenansatzes liegt, die sich aber über den gesamten Körper ausbreiten können. Die fortschreitende Krankheit greift die Fische derart an, daß sie das Fressen einstellen und schließlich geschwächt eingehen.

## *Cichlasoma dovii*
(GUENTHER, 1864)
### Leopard-Buntbarsch

Wieder ein Mittelamerikaner, beheimatet in Nicaragua und Costa Rica. Der in seinem gepunkteten Farbkleid sehr räuberisch anmutende Fisch wird etwa 50 cm lang. Im Aquarium gehalten, benötigen die Tiere viel Platz und bleiben stets recht zänkisch.

Die Grundfärbung der Tiere könnte man als Kupferbeige bezeichnen, obgleich sie auch stimmungsbedingt gewechselt werden kann. Junge wie auch adulte Tiere sind gelegentlich von einem violetten Schimmer überzogen. Über der Körpermitte liegt eine aus großen ovalen Punkten bestehende Längsbinde. Je nach Wohlbefinden werden die Flanken von Querbinden überlagert, die sich unterhalb der Längsbinde teilen. Der Körper ist insgesamt von einem Muster aus schwarzen Punkten und Strichen überzogen, die auf den Flanken zu Längslinien zusammenlaufen. Besonders bei den Männchen ist die Rückenflosse lang ausgezogen und mit den übrigen unpaaren Flossen dunkeltürkisfarben sowie ebenfalls mit Tüpfelreihen überzogen. Männliche Tiere bekommen mit zunehmendem Alter einen Stirnbuckel, allerdings nicht in der immensen Form, wie sie beispielsweise bei *C. citrinellum* anzutreffen ist. Zucht ähnlich wie bei *C. cyanoguttatum.*

Cichlasoma dovii

Loiselle

Loiselle

Cichlasoma dovii ♂

*Cichlasoma facetum*
(JENYNS, 1842)
Chanchito

Hier wurde die Benennung, sie stammt angeblich von den Eingeborenen, ins Deutsche übernommen. Keiner kann sie jedoch richtig übersetzen, deshalb gibt es verschiedene Versionen.

Die Tiere galten seit den Anfängen moderner Aquaristik als die ideal zu pflegenden Buntbarsche, doch sind sie von bunteren Arten verdrängt worden. Bis zu 30 cm groß werden die aus Teilen Südamerikas stammenden Fische. Etwa südlich des Amazonas-Beckens liegen die Herkunftsgebiete, die Länder Argentinien, Uruguay, Paraguay und Teile Südbrasiliens eingeschlossen. Bei dieser Art stehen auf lehmgelben Körper schwarze Querbinden. Sie bilden bei Berühren der kaum sichtbaren Längsbinde über der Flankenmitte besonders kräftige schwarze Punkte. Die Flossen sind überwiegend transparent, doch ziehen Teile der Körpermusterung meist noch einige Millimeter in die Flossenbasen hinein. Gelegentlich können auch Farbvarianten auftreten, bei denen Schwanz- und Afterflossen dunkelgefärbt sind. Interessant anzuschauen ist das kleine Maul mit den dunklen Lippen; es erscheint durch die umgebende Hautfalte wie gerahmt und verleiht dem Fisch, im Zusammenwirken mit der goldgelben großen Iris, einen ansprechenden Gesichtsausdruck.

Zur Zeit der Balz und während der folgenden Zucht wird die Färbung der Fische intensiver und kontrastreicher. Die Zucht verläuft nach Art der meisten Offenbrüter: Überwiegend wird ein Stein gewählt, der nach intensivem Putzen als Substrat dient. Bei Freilandbeobachtungen in einem Gartenteich konnte festgestellt werden, daß diese Cichliden sich anders verhalten und beispielsweise ihre Eier auch an Pflanzenstengel heften. In jenem erwähnten Becken, in das man gut hineinschauen konnte (langes Fenster in seitlicher Beckenwand), wuchsen die Fische zu kompakteren Tieren heran. Ohne großes Zutun des Pflegers kamen Nachzuchten zustande, und die Jungfische wuchsen im gleichen Zeitraum wesentlich kräftiger heran als ihre Artverwandten im Wohnzimmerbecken.

Bei *C. facetum* lassen sich Geschlechtsunterschiede weniger sicher an der Beflossung (Männchen haben spitzer ausgezogene Rücken- und Afterflossen) als vielmehr am Verhalten bei der Balz erkennen.

*Cichlasoma fenestratum*
(GUENTHER, 1860)
Fensterbuntbarsch

Aquaristisch gesehen, sind die Fische kaum interessant, zumal sie weder eine besondere Färbung, noch ein interessantes Verhalten zeigen. Die bis zu 20 cm groß werden-

Cichlasoma facetum.
*Männchen führt die 10 Tage alten Jungfische.*

Marcuse

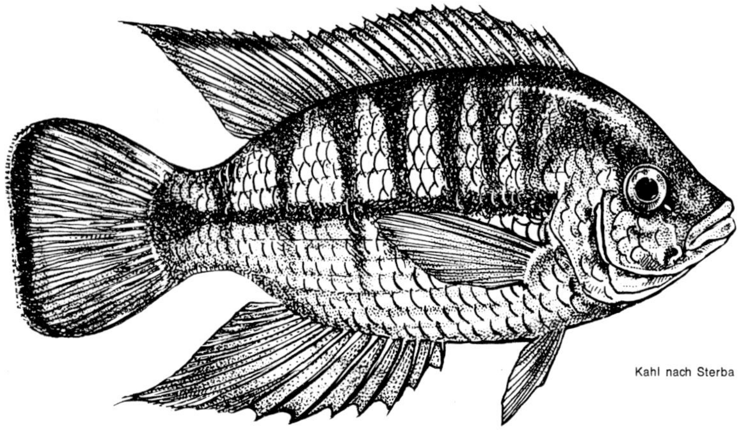


Cichlasoma fenestratum

den Tiere stammen aus Mexiko. Ihnen wird Unverträglichkeit (Rauflust, Bissigkeit) nachgesagt, die sie kaum geeignet macht, mit anderen Fischen in Gesellschaft zu leben. Eine weitere Unart aus Sicht des Aquarianers ist das Zerwühlen der gesamten Beckeneinrichtung. Wegen ihrer subtropischen Abstammung brauchen die Fische keine besonders hohen Temperaturen und können sich sogar bis auf 17—15° C noch anpassen. Wie viele Cichliden, kann diese Art dem Pfleger gegenüber besonders zutraulich werden.

Die Grundfärbung des Fensterbuntbarsches ist graugrün. Hinter dem Kiemendeckel beginnt eine kräftige, zur Caudalbasis hin schmaler werdende Längsbinde. Sie endet mit einem Augenfleck. Mehr oder weniger kräftig ziehen 7—8 Querbinden vom Rücken herab bis etwa in die Flankenmitte. Die ebenfalls grünlichen unpaaren Flossen tragen einen rotschwarzen Saum. Den dicken hellblauen Lippen steht das blaugrün marmorierte Muster auf den Kiemendeckeln kontrastreich gegenüber. Dies ist auch die einzige Farbe des Fisches. Während der Balz und der anschließenden Laichzeit wird die Bauchpartie des Männchens kräftig rot und bildet dann eines der wenigen Erkennungsmerkmale zur Geschlechtsunterscheidung. Während der übrigen Zeit ist das weniger einfach.

## *Cichlasoma festae*

(BOULENGER, 1899)

Diese kaum einmal gepflegte Art hat es noch nicht einmal zu einem Populärnamen gebracht. Bei vielen afrikanischen Arten ist das weniger verwunderlich als bei den amerikanischen, sind sie doch bereits in der Mehrzahl seit vielen Jahnzehnten Gast in unseren Aquarien.

Als Heimatbiotop sind das Guayos Basin in West Ecuador und der Rio Chancha belegt. Die Fische erreichen eine Länge von etwa 30 cm, vielleicht sogar mehr.

Die in ihrer Heimat zusammen mit *Aequidens rivulatus* vorkommende Art gilt als Pflanzenfresser. Die Fische sollen im Aquarium attraktiv wirken. Sie tragen vorwiegend eine rote Körperzeichnung. Die Schuppen sind leicht bläulich gerandet. Über die Flanken laufen neun schwarze Querbänder und lösen sich mit den rötlichen Feldern der Grundfärbung kontrastreich ab. Der hartstrahlige Teil der Rückenflosse ist schwarz gesäumt. Alle Flossen weisen die gleiche rötliche Färbung wie der Körper auf. Die Strahlen von After- und Bauchflossen sind dunkel. In der oberen Schwanzflossenbasis sitzt ein schwarzer, weißgesäumter Fleck.

## *Cichlasoma festivum*

(HECKEL, 1840)

### Flaggenbuntbarsch

Der Flaggenbuntbarsch gehört seit vielen Jahrzehnten zum festen Bestand der Aquarienfische. Wegen seiner üppigen Beflossung und seiner Schrägzeichnung ist er unverkennbar. Die Cichliden stammen aus Amazonien und West-

Cichlasoma festivum. *Junge Flaggenbuntbarsche.*

Kahl

guayana. Es sind ausgezeichnete Pfleglinge, zumal sie weder wühlen noch zänkisch sind und keine zu hohen Anforderungen an die Wasserqualität stellen. Die bis etwa 16 cm lang werdenden Fische können unbedenklich in bepflanzten Becken gehalten werden.

Je nach Stimmung und Herkunft kann das Erscheinungsbild der Tiere variieren. Ihre Grundfärbung kann ockergelb über hellgrünlich bis silbrig wirken. Eine schwarze breite Binde strebt vom hinteren Augenrand aufwärts in die letzten Zipfel der ausgezogenen Rückenflosse hinein. In der oberen Caudalbasis sitzt ein ovaler, aufwärts gerichteter Fleck. Der Rücken über der Längsbinde ist dunkler und mit vielen kleinen dunklen Tüpfeln übersät. Auch unterhalb der Binde findet man Schuppentüpfel über dem Körper verteilt, doch bilden diese im Bereich der gelegentlich gezeigten Querbinden meist eine kräftigere Zeichnung. Meist schimmern die Wangen intensiv grün.

Flaggenbuntbarsche brauchen ein nicht zu kleines Aquarium ab etwa 80 cm Länge. Das Wasser soll weich und leicht sauer sein. Die günstigsten Haltungstemperaturen liegen um 24° C. Nicht mit zu kleinen Fischen zusammensetzen, denn sie würden sonst als Beute angesehen. *C. festivum* gehört zu den Offenbrütern, die eine Elternfamilie bilden. Eine geschlechtliche Unterscheidung ist nicht einfach, zumal die Partner etwa gleich aussehen.

## *Cichlasoma friedrichsthalii*
(HECKEL, 1840)
Friedrichsthal-Buntbarsch

Eine Art, als deren Heimat normalerweise Guatemala, Honduras, Nicaragua und Costa Rica angegeben werden. Dabei darf man Ländergrenzen niemals mit Verbreitungsgrenzen gleichsetzen. Derartige Angaben dienen nur in etwa der Orientierung. So kann es durchaus vorkommen, daß man Tiere der Art auch über die angegebenen Bereiche hinaus findet. Gelegentlich gibt es Farbvarianten, wenn sich eine Änderung in der Art der Biotope ergibt. Die beiden zuerst abgebildeten Tiere stellen die Normalform dar, wie wir sie alle kennen. Eine andere Aufnahme dagegen zeigt einen Wildfang (♀) aus Belize, dem früheren British Honduras, das nördlich von Guatemala liegt. Diese Farbvariante weist eine wesentlich abweichende Zeichnung auf.

Richter

Cichlasoma friedrichsthalii

Die bis zu etwa 25 cm lang werdenden Fische zeigen auch in der Normalform stimmungsbedingt eine stark wechselnde Färbung und Musterung. Gewöhnlich sind sie über die Flanken hellbraun bis gelblichgrün. Über diese Grundfärbung verstreut liegt eine Anzahl kleinerer und größerer

Cichlasoma friedrichsthalii. *Eine goldgrundige Farbvariante aus Belize, dem früheren British Honduras.*
Loiselle

hell- und dunkelbrauner Punkte. Vom dunkleren Rücken ziehen 7—9 breite dunkle Querbinden über den Körper, die sich zur Bauchpartie hin auflösen. Jede dieser Binden trägt etwa in der Körpermitte einen tiefschwarzen, glänzenden Fleck, der auch zu sehen ist, wenn die Binden verblassen. Ein weiterer dunkler, grüngolden gesäumter Fleck liegt auf den Kiemendeckeln. Die Flossen sind schmutzigdunkelbraun, Rücken-, Schwanz- und Afterflossen bräunlich pigmentiert. Der stachelige Teil der Dorsalen ist gelbrot gesäumt, der restliche Teil trägt einen gelblichen bis orangefarbenen Rand. Die Brustflossen sind leicht gelblich. Im Verhalten und bei der Zucht entsprechen die Tiere etwa *C. salvini.*

### *Cichlasoma haitiensis*
TEE-VAN, 1935
### Haiti-Buntbarsch

Heimat dieser wenig bekannten Art ist jene Insel, auf der die Staaten Haiti und Dominikanische Republik liegen. Die Tiere werden etwa 14 cm groß — eine passende Größe für einen normalen Aquariencichliden. *C. haitiensis* ist nicht der einzige Cichlide der Insel. Es gibt eine weitere Art: *C. vombergi* LADIGES, 1938, die eine Größe von rund 24 cm erreicht und im Rio Yaque del Sur vorkommt.

Die Tiere haben eine sehr ansprechende Färbung. Männliche Tiere zeigen als Grundfärbung ein gelbliches Hellgrau; es glänzt bei auffallendem Licht wie mattes Gold.

Cichlasoma haitiensis ♂

Roloff

Der ganze Körper ist mit dunkelbraunen Tüpfeln bedeckt. Rücken-, Schwanz-, Bauch- und Afterflosse sind ebenfalls gelblichgrau, letztere ist nur in der Basis getüpfelt, während Rücken- und Schwanzflosse ganz durchgepunktet sind. Weibliche Tiere weichen, besonders während der Zucht, erheblich von ihren Partnern ab. Sie sind bei Wohlbefinden tiefschwarz und nur in den hinteren Zonen der Flossen läßt die Intensität der schwarzen Färbung nach. Außerhalb der Laichzeit sind die Weibchen bräunlich. Sie zeigen dann eine dunkle Längsbinde sowie einige verschwommene Querbänder. Mit Ausnahme der Färbung unterscheiden sich die Geschlechter noch durch zugespitzte Rücken- und Afterflossen bei männlichen und abgerundete bei weiblichen Tieren. *Cichlasoma haitiensis* ist nahe verwandt mit der auf Kuba vorkommenden *C. tetracanthus* (CUV. & VAL., 1831).

Im Aquarium ist diese Art recht haltbar, wenn auch unverträglich anderen Arten gegenüber. Weil die Fische gern buddeln, sollte man ihnen ein genügend großes Becken mit Steinen und Bodengrund einrichten, damit sie unter den Steinen (entsprechend plazieren!) eine Höhle baggern können. Die Tiere beginnen jedoch erst zu bauen, wenn sie größer sind. Die Zucht erfolgt bei Temperaturen von etwa 26° C. Dabei geben die Weibchen ihre Eier auf ein vorher geputztes Substrat, meist einen Stein. Die Zahl der abgelegten Eier beläuft sich auf 150—200. Das Verhalten der Tiere, nach der Befruchtung der Eier durch das Männchen, ist sehr interessant, weil dieser Familientyp vom üblichen bei Offenbrütern abweicht. Meist haben wir es bei Offenbrütern mit einer Elternfamilie zu tun. Diesem, bereits im Jahre 1939 von ROLOFF beschriebenen Verhalten nach, kann man die Tiere als Mutterfamilie im weiteren Sinne* ansprechen: Nach dem Laichakt übernimmt das Weibchen die Pflege. Das Männchen wird wütend fortgebissen, wagt es sich in die Nähe des Geleges. Vielleicht hätte sich der männliche Partner zumindest an der Revierverteidigung beteiligt, wenn der Beschreiber das Tier nicht hätte isolieren müssen, damit es nicht totgebissen wurde. Nach zwei Tagen werden die Eier, soweit sie nicht verpilzt sind, vom Weibchen in eine Grube gebracht, neun Tage später schwimmen die Jungen frei und können von der Mutter durch das Becken geführt werden. Sie sind jetzt bereits so groß, daß man sie mit Artemia- oder Cyclops-Nauplien anfüttern kann.

* Vergleiche Kapitel „Familienformen bei Buntbarschen".

Hansen

Cichlasoma kraussii

*Cichlasoma kraussii*
(STEINDACHNER, 1879)
Krauss' Buntbarsch

Die Art wurde von STEINDACHNER irrtümlich zur Gattung *Petenia* gestellt, doch korrigierte bereits REGAN in seiner Revision 1905 diesen Fehler (vergleiche auch Gattungsbesprechung *Petenia* auf Seite 150). Als Heimat gilt das nördliche Südamerika (Kolumbien und Venezuela). Die sehr selten eingeführte Art dürfte etwa 25 cm groß werden. Die „Rücksichtnahme" der Importeure hat Gründe, denn die Fische sind erstens farblich wenig attraktiv und zweitens arge Räuber, der Routinier wird das sicher unschwer am Foto erkennen.

Die Grundfärbung des Fischkörpers ist silbrig und, besonders über Kopf und Rücken, grünlich abgedunkelt. Über die Flanken laufen mehrere breite Querbänder unterschiedlicher Breite, deren äußere Ränder aus jeweils einer schwärzlichen Linie bestehen, deren Innenteil blaugrünlich schimmert. Auf dem unteren Kiemendeckelbogen liegt ein tiefschwarzer rundlicher Fleck. Ein nicht ganz so dunkler, fast dreieckiger Fleck mit einigen glänzenden Tüpfeln steht oberhalb des Brustflossenansatzes auf der Schulter. Innerhalb der mittleren Querbinde liegt ein kleiner dunkler Fleck auf der Körpermitte. In der oberen Caudalbasis befindet sich ein letzter, schwarzgrüner, weißgesäumter aufwärtsgerichteter Ovalfleck. Alle Flossen schimmern grünlich. In den Membranen der unpaaren Flossen zeigen sich unregelmäßige Muster grüner Tüpfel. Durch das Auge (nicht über den Kopf!) zieht vertikal eine schwarze Binde.

*Cichlasoma labiatum*
(GUENTHER, 1864)
Variabler Buntbarsch

Über diese Art, ihre Formen, Farbvarianten und andere Merkmale ist schon viel geschrieben worden. Die Vielgestaltigkeit (oder Polychromatismus) zeigt sich darin, daß es für *C. labiatum* Beschreibungen von noch zwei Arten gibt, die heute wohl als Synonyme geführt werden müssen: *C. erythraeum* (GUENTHER, 1869) und *C. lobochilus* (GUENTHER, 1869). In diesen Formenkreis muß man *C. citrinellum* ebenso einbeziehen, doch neigen Wissenschaftler dazu, anzunehmen, daß *C. citrinellum* den Status als selbständige Art vorerst wird beibehalten können. Interessant ist außerdem, daß Jungfische aller Formen, wie auch von *C. citrinellum*, ein Jugendkleid tragen, nach dem sich Art oder Form kaum bestimmen lassen. So zeigen Jungtiere von *C. citrinellum* beispielsweise im Jugendkleid eine täuschende Ähnlichkeit mit Jungtieren von *C. labiatum*, wie entsprechende Fotos beweisen. Die Tiere färben sich erst spät um und zeigen erst etwa im Alter von einem Jahr, wo sie zuzuordnen sind.

Cichlasoma labiatum. *Jungtier*.

Smith

Loiselle

Cichlasoma labiatum, *gescheckte Farbform.*

Loiselle

Cichlasoma longimanus, ♂ *führt Jungtiere.*

Als Heimat dieser Fische gilt Nicaragua mit seinem gleichnamigen See und dem sich anschließenden kleineren Managua-See. Die Tiere erreichen eine Größe von über 20 cm. Wie erwähnt, variiert die Färbung stark und ist abhängig von Alter und Herkunft. Während einige Arten blaß gelblich sind und stark an *C. citrinellum* erinnern, weisen andere über dem Körper eine rotorangefarbene oder auch bräunliche Fleckung auf. Zuweilen erkennt man auch ein Muster aus schwach angedeuteten Querstreifen. Bei einigen Exemplaren tragen ältere Tiere wulstige vorgestülpte Lippen, wie wir sie von verschiedenen afrikanischen Sauglippenbuntbarschen kennen (*Haplochromis euchilus* und andere).

Anmerkung: ASTORQUI vermutete, daß *C. erythraeum* als Synonym für *C. citrinellum* anzusehen sei. BARLOW & MUNSEY, 1976 verneinten dies jedoch, stellten *C. erythraeum* aber als Synonym zu *C. labiatum.*

Cichlasoma labiatum, *rote Farbform mit Wulstlippen.*

Aldridge

## *Cichlasoma longimanus*

(GUENTHER, 1869)

Eine sehr wenig bekannte Art ohne Populärnamen. Als Heimat gilt jener Teil Mittelamerikas, in dem Guatemala, Honduras, El Salvador und Nicaragua liegen. Die Fische erreichen eine Größe bis zu 20 cm.

Die Körpergrundfärbung ist silbrigweiß. Bei den verschiedenen Populationen können die Fische dunkler oder auch mit einem rötlichen Schimmer überzogen sein. Im allgemeinen reicht die silbrigweiße Färbung bis in die Bauchpartie. Über der Körpermitte liegt eine Längsbinde, gebildet aus aneinandergereihten unterschiedlich langen dunklen Rechtecken. Die Binde beginnt mit einigen Millimeter Abstand hinter dem Auge und endet in einem ovalen schwarzen Fleck in der Schwanzflossenbasis. Über dem Rücken liegen 7—8 Querstreifen, die kaum bis an die Längsbinde heranreichen. Hier gibt es Populationsunterschiede: Atlantische weisen 7 Binden, pazifische dagegen 8 auf. Bei jungen, gelegentlich auch bei größeren Tieren liegt über den Augen eine abwärtsgeneigte kurze Binde, zwei kurze Binden zwischen den Augen. Die Schuppen in der unteren Körperhälfte irisieren bläulich und tragen einen feinen hellblauen Strich in der Mitte. Außer den Brustflossen sind die übrigen von zartblauer Färbung und hauchfein rot gerandet. Rücken- und Afterflosse tragen hellblaue Tüpfelreihen in den Membranen. Die Bauchflosse hat einen kräftig hellblau irisierenden äußeren Strahl. Während der Balz zeigen die Tiere eine farbige rote Bauchpartie. Die Geschlechter sind nicht leicht zu unterscheiden. Größere Tiere sind meist Männchen. Ausgewachsene Fische weisen einen bescheidenen Stirnhöcker auf.

Loiselle

Cichlasoma maculicauda

## *Cichlasoma maculicauda*
REGAN, 1905
### Getupfter Buntbarsch

Eine sehr schöne Art mit einem „Pfeffer-und-Salz-Muster". Die seinerzeit von REGAN bestimmten Tiere stammen aus der Sammlung von O. SALVIN, der sie in verschiedenen Gebieten Mittelamerikas fing (Rio Motagua und Lake Yzabel). Die Fische werden etwa bis zu 25 cm groß und leben in ihrer Heimat in seichten Flußuferzonen der meist ruhigfließenden Gewässer und stoßen zuweilen bis in küstennahe Brackwassergebiete vor. Sie haben einen leicht eiförmigen Körperbau. Auf lehmgelber, zuweilen auch silbriger Grundfärbung, die stimmungsbedingt von einem blaugrünirisierenden Farbton überzogen wird, erkennt man ein Muster aus schwarzen Tüpfeln. Es ist so angeordnet, daß sich die Punkte in der Körpermitte wie am Ende des Schwanzstieles zu zwei dunklen Farbzonen verdichten, von denen die erste einer Vertikalbinde ähnelt. Sie reicht bis in die Rückenflosse hinein und zieht bis in die unterste Bauchpartie. Die dunkle Zone in der Caudalbasis dagegen gleicht einem unscharf begrenzten Augenfleck. Aus dem blauvioletten Kopf leuchtet meergrün die Iris. Kehle und vordere Bauchpartie sind während der Balz leuchtend weinrot. Weitere Querbinden sind nur schwach ausgebildet und treten nur stimmungsbedingt hervor. Auch diese Art ist, wie die meisten Mittelamerikaner, weniger empfindlich gegen niedrigere Temperaturen. Geschlechtsunterschiede werden erst während der Balz sichtbar (vergleiche Kehl- und Bauchfärbung). Die Zucht erfolgt nach Offenbrüterart.

## *Cichlasoma managuense*
(GUENTHER, 1869)
### Managua-Buntbarsch

Der ursprünglich vom Autor als *Heros managuensis* beschriebene Fisch wurde mit der Revision durch REGAN im Jahre 1905 zur Gattung *Cichlasoma* gestellt. Seine Verbreitung reicht von Ost-Honduras über Nicaragua bis zur atlantischen Seite Costa Ricas. Außerdem wurde die Art in einigen Seen ausgesetzt, zumal der Fisch in seiner Heimat als ausgezeichneter Speisefisch gilt. Der Riese unter den Cichliden erreicht eine Länge von ungefähr 70 cm. Das sind jedoch Ausnahmegrößen für alte männliche Exemplare. Im allgemeinen werden die Tiere in Längen zwischen 40 und 50 cm gefangen und landen auf dem Fischmarkt. Ebenso begehrt ist er von den im Nicaragua-See lebenden, etwa 2 m großen Süßwasserhaien. Weibliche Tiere bleiben wesentlich kleiner.

Die Färbung der Fische verändert sich stimmungsbedingt erheblich. Als Grundfarbe ist ein silbriges Weiß anzusehen. Durch die Körpermitte zieht eine schwarze Binde, die jedoch in einzelne Fleckpartien aufgeteilt ist. Jüngere Tiere

Cichlasoma managuense, *adultes Männchen.*

Mayland

Loiselle

Cichlasoma managuense.
*Jüngere Tiere beim Maulkampf.*

sind ziemlich rauflustig und tragen über dem Rücken ein Muster aus 5—8 Binden, die jedoch an jeder Körperseite nur keilförmig von der Dorsalbasis herunterhängen. Alle unpaaren Flossen sind blauviolett und mit rötlichen Tüpfeln durchsetzt. Die Iris ist golden. Bei älteren Tieren — überwiegend bei den größeren Männchen — verblassen die Querbinden, die Flossen werden hellgrau wie der Körper, und ein Muster aus violettgrauen Tüpfeln und wurmförmigen Linien überzieht den gesamten Körper. Zwischen den Augen fällt die Stirn leicht ein, und darüber bildet sich ein Fettpolster von bisweilen beachtlichen Ausmaßen. Die bei Jungfischen oft nur schwach angedeutete schmale Binde vom unteren Augenrand zum unteren Kiemendeckelbogen bleibt erhalten oder tritt noch deutlicher hervor.

Entsprechend ihrer Größe benötigen die Fische passende Becken mit viel Schwimmraum, aber auch mit einer Reihe von Versteckplätzen. Man sollte entweder große Steinstücke verwenden und sie so anbringen, daß sie nicht unterwühlt werden können oder am besten besonders schwere Steine derart solide miteinander verbinden, daß die Tiere sie beim Unterwühlen nicht zum Rutschen bringen und so die Aquarienscheiben gefährden. Bei diesem Nutzfisch tritt eine große Verlustrate auf, deshalb legen größere Weibchen dieser Offenbrüter 3 000 bis 5 000 Eier. Laich, Larven und Jungfische werden von beiden Eltern gepflegt (Elternfamilie). Weil sich die Tiere in ihren heimatlichen Biotopen überwiegend von lebenden Fischen ernähren, sollte man sie nicht mit kleineren Arten zusammen halten. In Gefangenschaft nehmen die Fische neben grobem Trockenfutter vor allem Mehlwürmer und gehacktes Rinderherz. Besonders große Exemplare schnappen bei der Fütterung auch nach den Fingern des Pflegers, wie ich es im Steinhardt-Aquarium in San Francisco erleben konnte. Die mittelamerikanischen Seen führen kein saures, sondern überwiegend alkalisches Wasser (ph-Wert unterschiedlich zwischen 7,0 und 9,0). Ein interessantes Ergebnis brachten Untersuchungen, bei denen sich herausstellte, daß viele der Tiere an Saugwürmern *(Digenea)* leiden.

## *Cichlasoma meeki*

(BRIND, 1918)

Feuermaulbuntbarsch

Der Feuermaulbuntbarsch gehört zu den bekanntesten und verbreitetsten Cichliden, zumal die Fische wahrscheinlich für den Aquarianer innerhalb der Buntbarsche viele vorteilhafte Merkmale mitbringen: Eine sehr schöne Färbung (besonders während der Balz und der anschließenden Pflege der Jungen), eine akzeptable Größe von maximal 15 cm sowie einigermaßen „gesellschaftsfähiges" Verhalten. Hinzu kommt, daß der Mittelamerikaner (von Mexiko bis Panama verbreitet) wie die meisten seiner Verwandten keine besonderen Ansprüche an Wasserqualität und Temperatur stellt. Um die Fische nachzuzüchten, genügen bereits halbwegs ausgewachsene Exemplare, denn die „Meekis" werden bereits bei einer Länge von etwa 8 cm geschlechtsreif. Damit ihre Rauflust in Grenzen gehalten werden kann, sollte man sie nicht mit Fischen ähnlicher Färbung zusammenbringen, sie würden „allergisch" reagieren.

Über die prächtige Färbung der Fische braucht nicht viel gesagt zu werden. Das nebenstehende Foto spricht für sich. Es zeigt eines der Elterntiere beim Führen der Jungen mit leicht vorgestelltem Mundboden. Die Geschlechtspartner lassen sich nur schwer auseinanderhalten, deshalb sollte der Pfleger — will er Zuchtpaare zusammenstellen — jene nach ihrem Verhalten aus einer Gruppe jüngerer Tiere heraussuchen, sobald diese sich der Geschlechtsreife nähern. Aus etwa sechs bis acht Jungtieren wird sich fast stets ein Paar bilden. Der für die Fische ideale Wasserwert liegt bei 8—10° dH mit einem pH-Wert zwischen 7,0 und 8,0. Das Wasser muß, wie bei allen Buntbarschzuchten, kräftig gefiltert und durchlüftet werden. Bei diesen Arten ließe sich auch ein Bodenfilter (vergleiche Band I, [Aquarium — Pflanzen — Fische], Seite 27) gut verwenden. Inwieweit jedoch ein solcher Filter in einem Zuchtbecken geeignet ist, habe ich leider noch nicht ausprobieren können. Feuermaulbuntbarsche wühlen gelegentlich gern (unser Foto spricht dagegen!), deshalb muß das Aquarium solide eingerichtet sein, das heißt, die Dekorationsbestandteile dürfen nicht zu leicht sein und Pflanzenwurzeln sollten mit Steinen derart abgesichert sein, daß sie nicht ausgewühlt werden können. Andererseits sollte man Verständnis haben und einen Teil des Beckenbodens mit weichem feinen Sand füllen, denn der „Baggertrieb" ist angeboren. Eine weitere Möglichkeit, dem Wühlen vorzubeugen, wäre, den Fischen fertig vorbereitete Höhlen anzubieten. Hierbei hat der Pfleger (und Fotograf?) dann die Gelegenheit, die Höhlen so zu plazieren, daß sie von der Frontseite her gut einzusehen sind.

Feuermaulbuntbarsche gehören zu den Offenbrütern, die ihre Eier meist auf einen flachen, sorgfältig geputzten Stein kleben. Das erwähnte Graben der Fische dient während der Laichvorbereitungen dem Ausheben verschiedener Gruben, dorthin werden die Larven nach dem Schlüpfen gebracht. Die Anzahl der gelegten Eier ist von der Größe der Elterntiere abhängig, deren Wachstum wiederum wird von der Beckengröße mitbestimmt (mindestens 80 cm Länge). Gelegegrößen von 200 bis 300 Eiern sind nicht selten. Ein Teil davon verpilzt, doch ist die Menge der Jungfische meist mehr als groß genug, es sei denn, man ist professioneller Züchter. Die Brut und später die Jungfische werden von beiden Eltern betreut und verteidigt. Nach dem Freischwimmen nehmen die Jungfische gleich Artemia- oder Cyclops-Nauplien, etwas später bereits gehackte Tubifex.

Cichlasoma meeki *mit ausgefahrenem roten Mundboden beim Führen der Jungen.*

Richter

Loiselle

Cichlasoma nicaraguense, ♀ *mit rötlichem Bauch.*

### *Cichlasoma nicaraguense*
(GUENTHER, 1864)
Nicaragua-Buntbarsch

Eine recht bekannte, jedoch wenig gepflegte Art, deren Verbreitungsgebiet in Nicaragua (gleichnamiger See) und Costa Rica (Rio San Juan) liegt. Die bereits vor über einem Jahrhundert als *Heros nicaraguensis* beschriebene Art wird etwa 25 cm lang, doch erreichen die Weibchen davon nur annähernd 70 %. Die Geschlechter unterscheiden sich — besonders während der Balz und der darauffolgenden Brutzeit — durch die wesentlich interessantere Körperfärbung der Weibchen. Bei dieser Art sind die weiblichen Tiere die schillernden Exemplare, das besagt aber nicht, daß die Männchen im Aussehen allzu trist wären.

Alle männlichen Tiere haben eine grünlichblaue Grundfärbung, überzogen von einem netzartigen Muster dunkelgerandeter Schuppen. Die steil aufragende Stirn läßt die Tiere recht bullig erscheinen. Auf dem Kiemendeckel beginnt eine stimmungsbedingt ausgeprägte Längsbinde, die in der Caudalbasis in einem dunklen Fleck endet. Über der Körpermitte liegt ein ebensolcher dunkler Fleck. Alle unpaaren Flossen sind ockerfarbig und in den Membranen von dunklen Tüpfelreihen durchzogen. Rücken- und Afterflosse tragen zudem einen zart bläulich irisierenden Saum. Der vordere Strahl der Bauchflosse ist nahezu weiß.

Weibliche Tiere leuchten über den gesamten Körper viel intensiver in blaugrünem Glanz. Diese Färbung zieht sich gleich kräftig in die Rückenflosse und mit einem stärkeren Blauanteil in die Afterflosse. Die Tiere haben eine gestrecktere Körperform, dabei fällt besonders die flachere Stirnpartie auf. Der stark leuchtende Kopf, die goldene Iris des Auges und die sich stark abhebende Längsbinde unterstützen die ausgeprägt farbliche Wirkung. Sie wird gekrönt von einer ockergoldfarbenen Brustpartie, direkt hinter dem Ansatz der Brustflossen. Alles in allem: Eine wunderschöne Art, sie häufiger einzuführen, sollten sich einige Importeure schon bemühen. Die friedlichen Tiere züchten wie die meisten Cichlasoma-Arten. Die schon länger bekannten Arten *C. spilotum* und *C. balteatum* gelten als Synonyme dieser Art.

Cichlasoma nicaraguense ♂

Loiselle

### *Cichlasoma nigrofasciatum*
(GUENTHER, 1869)
Zebra- oder Grünflossenbuntbarsch

Diese und die vorgenannte Art sind miteinander nahe verwandt. Auch hier ist die Weibchenfärbung während der Jungfisch-Pflegezeit besonders intensiv sowie bunt und übertrifft dann die der Männchen bei weitem. Die Tiere — häufig gepflegt — wurden bereits in verschiedenen Gebieten Mittelamerikas gefangen. Besonders schöne Exemplare kennt man aus dem Amatitlán-See in Guatemala; viele Bestimmungsexemplare früherer Jahre stammen von dort.

Wegen ihrer geringen Größe von weniger als 10 cm sind die Zebrabuntbarsche in den meisten Aquarien zu pflegen. Ihre Fortpflanzung ist nicht jahreszeitabhängig, denn die meisten Tiere bei uns leben bereits über Generationen in Gefangenschaft und pflanzen sich dann fort, wenn sie Gelegenheit dazu haben und sie in Stimmung sind. Wegen der verhältnismäßig problemlosen Nachzucht gelten sie auch gelegentlich als Anfängerfische. In Gesellschaft mit anderen Fischen benötigt man ein Becken von 100 bis 120 cm Länge. Für die Zucht beanspruchen die Grünflossenbuntbarsche ein relativ großes Revier, das sie hart und unerbittlich Eindringlingen gegenüber verteidigen. Dieses angeborene Territorialverhalten bringt die Fische gelegentlich in schlechten Ruf, doch liegt dann meist ein Haltungsfehler vor. Grundsätzlich sollte man Buntbarsche für die Zucht in ein besonderes Becken setzen, allein um einen ruhigen und ungestörten Ablauf bei der Zucht zu gewährleisten.

Männliche Tiere sind meist etwas größer als ihre Partnerinnen. Geschlechtsunterschiede ergeben sich eindeutig an der Ausbildung von Rücken- und Afterflosse. Beide sind bei den Männchen lang und spitz ausgezogen, die Weibchen dagegen tragen sie leicht abgerundet. Die Grundfarbe bei männlichen wie weiblichen Tieren ist Zartblau bis Blauviolett. Etwa ab dem sechsten Dorsalstrahl zieht sich ein Muster aus 6 schwarzen Querbinden über den Körper. Die Binden sind nicht gleichmäßig durchgefärbt und wirken eher fleckig. Sie reichen oben und unten bis in die Dorsal- und Analflossenbasis hinein. Die letzte der 6 Binden sitzt am Ende der Schwanzflossenbasis. Über Stirn und Nacken liegen drei unterschiedlich breite und lange Binden, die schräg nach hinten ziehen, dabei vereinigt sich deren mittlere hinter den Kiemendeckeln mit der ersten Vertikalbinde. Die unpaaren Flossen der Männchen sind meist grün und schimmern gelegentlich leicht orange. Einige orangefarbene Flecke liegen in der Bauchpartie. Weibchen sind — zumindest während der Brutzeit — über dem Kopf etwas heller. Ihre Bauchpartien leuchten feuerrot, und über den Basen der unpaaren grünen Flossen liegt leuchtend ein orangefarbener Schein.

Die Eier werden an unterschiedliche Substraten gelegt, meist an etwas versteckter liegenden Plätzen. Dabei klebt das Weibchen Schnüre mit 20—30 Eiern auf steinige Substrate, die gleich darauf vom Männchen besamt werden.

Winkelmann

Cichlasoma nigrofasciatum, ♀ *in Prachtfärbung.*

Die Prozedur wiederholt sich mehrmals, bis schließlich mit 150—200 Eiern das Gelege vollständig ist. In die Bewachung wie auch später in die Brutfürsorge teilen sich beide Eltern (Elternfamilie). Dabei bewacht das Weibchen das innere, das Männchen das äußere Revier. Trotzdem darf das Männchen jederzeit an das Gelege. Die Larven schlüpfen nach 4—5 Tagen, einige Tage darauf ist der Dottersack aufgezehrt, und die Jungen schwimmen jetzt frei. Sie nehmen sofort Artemia- oder Cyclops-Nauplien.

### *Cichlasoma octofasciatum*

(REGAN, 1903)

### Schwarzgebänderter oder Acht-Binden-Buntbarsch

Man hat festgestellt, daß es sich bei dieser und *Cichlasoma biocellatum* REGAN, 1909 um ein- und dieselbe Art handelt. Nach den internationalen Nomenklaturregeln gilt dann der ältere Name, der jüngere als Synonym. Die häufig gepflegte Art ist äußerst farbprächtig und wird bis etwa 20 cm lang. Heimat ist nicht, wie vielfach angenommen werden mußte, Südamerika, sondern es sind weite Teile Mittelamerikas. Mir liegen beispielsweise Fundinformationen aus Belize (früher British Honduras) vor. Dr. ROBERT R. MILLER von der Michigan-Universität war der erste, der beide Namen als zur gleichen Art gehörig identifizierte. Es

Mayland

Cichlasoma octofasciatum

kann daher als sicher gelten, daß es sich bei der Herkunfts-Lokalität Amazonas-Becken für *C. biocellatum* um einen Irrtum handelt. Solche Dinge können durch falsche Etikettierung oder dergleichen schon einmal vorkommen. Dazu muß ferner festgestellt werden, daß es noch nie vorgekommen ist, daß eine Art neben mittelamerikanischen Biotopen zusätzlich südamerikanische bewohnt. Das liegt zweifellos an den großen Unterschieden der jeweiligen Fischfauna.

Der Schwarzgebänderte oder Acht-Binden-Buntbarsch hat eine fast ovale, aber gestreckte Körperform. Nur wirklich alte Tiere werden etwas hochrückiger und wirken dann gedrungener. Auf ockerfarbenem Grund erkennt der aufmerksame Betrachter acht Querbinden, die nur bei besonderer Stimmung intensiv gezeigt werden und mit zunehmendem Alter verblassen. Jede der dunkelbraun gerandeten Schuppen trägt ein irisierendes Zentrum; es kann in verschiedenen Beige-, Braun-, Blau- und Grüntönen leuchten. Weitere Tüpfelreihen über dem dunkelbraunen Kopf sowie Musterungen aus Punkten und Strichen in den schwarzen unpaaren Flossen runden den Gesamteindruck eines „sternenübersäten Nachthimmels“ ab. Die ausgesprochen schönen Tiere sind seit Jahrzehnten bevorzugte Pfleglinge jener Aquarianer, die ihr zeitweilig ungebärdiges Verhalten in Kauf nehmen. An die Wasserwerte stellen die Fische, wie alle Mittelamerikaner, keine hohen Ansprüche. Sie sollten möglichst nicht härter als 20°dH sein und einen pH-Wert von nicht wesentlich über der Neutralzone (7,0) aufweisen. Wer die Tiere unter südamerikanischen Bedingungen (weiches Wasser und leicht saurer pH-Wert bei Temperaturen um 26° C) gehalten hat, weiß um das Wohlbefinden der Fische unter solchen Bedingungen. Auch bei dieser Art zeigt sich, daß ein regelmäßiger Teilwasserwechsel auf die Vitalität der Aquariuminsassen nur positiv wirkt.

Bei der Balz färben sich die Tiere noch dunkler, als sie ohnehin schon sind. Leider arbeiten die Paare beim Balzen das Becken derart durch, daß die dekorative Schönheit bald verschwunden ist und nur noch ein Trümmerfeld übrig bleibt. Man kann das vermeiden, wenn auf Bepflanzung verzichtet wird und man den Fischen einen höhlenartigen Bau aus schweren Steinen errichtet, der ihnen widersteht. Anstelle einer Steinhöhle kann man auch einen umgekippten Blumentopf benutzen. Der amerikanische „Jack Dempsey“ gehört zu den Offenbrütern, bei dem beide

Geschlechter die Brut pflegen und bewachen, sie bilden also eine Elternfamilie. Sobald die Larven geschlüpft sind, werden sie wiederholt nach Cichlasoma-Art umgebettet. Etwa vier Tage nach dem Schlupf ist der Dottersack aufgezehrt, die Jungen schwimmen frei und müssen jetzt vom Pfleger ernährt werden. Das ist nicht schwer, weil sie meist mit großem Appetit viele der angebotenen Futterarten annehmen, wenn sie nur bewältigt werden können. Als Anzuchtfutter für die ersten Tage nimmt man am besten Artemia-Larven. Man kann sie schon vorsorglich ansetzen, damit sie möglichst zum genauen Zeitpunkt zur Verfügung stehen. Die Jungfischchen können in den ersten Tagen noch nicht weit hinter den Futtertierchen herschwimmen. Deshalb verwendet man ein pipettenähnliches Glas- oder Kunststoffrohr entsprechender Länge und führt das Lebendfutter direkt vor die Mäulchen der Jungfische (vergleiche auch Band I [Aquarien — Pflanzen — Fische], Seite 177). Junge *C. octofasciatum* weichen in den ersten Lebensmonaten farblich stark von ihren Eltern ab, sind beigebraun und tragen eine dunkle Querbindenzeichnung. In dieser Zeit muß man sie häufig und reichlich füttern, ohne jedoch überzudosieren.

### *Cichlasoma ornatum*
REGAN, 1905

Eine fast nicht eingeführte Art ohne deutschen Namen. In seiner Beschreibung gibt REGAN Gebiete der pazifischen Abdachung in Südwestkolumbien (Patia-Basin und Rio Durango) sowie in Nordwestecuador (St. Javier) als Heimatbiotope an. Die Fische werden bis zu 30 cm groß. Ihre Grundfärbung ist olivgrün und wird unter den Augen und auf den Kiemendeckeln heller. Drei gelbe Streifen verlaufen vom vorderen Augenwinkel zum Maul. Über den Kiemendeckeln liegen silbriggelbliche Flecke. Über die Flanken zieht eine Anzahl dunkelgrüner Streifen. Bauch- und Brustflossen sind hellgelb-transparent. Die Rückenflosse ist tiefdunkelrotgetüpfelt. Die abgerundete Schwanzflosse ist orange bis tiefgelb, so auch die Afterflosse. EIGENMANN beschrieb 1922 eine Unterart vom Rio Dagua und von San Juan als *C. o. gephyrum.* Er schrieb, daß es sich bei den Tieren der Färbung nach um eine Kreuzung zwischen *C. atromaculatum* und *C. ornatum* handeln könnte. Beide Arten unterscheiden sich unter anderem in der Zahl der Dorsal- und Analstacheln.

### *Cichlasoma panamense*
(MEEK & HILDEBRAND, 1913)
Panama-Buntbarsch

Ursprünglich beschrieben die Autoren diese Art als zur Gattung *Neetroplus* gehörig. Die meisten Wissenschaftler neigen jedoch heute dazu, sie zur Gattung *Cichlasoma* zu stellen. Die sehr selten eingeführte Art aus dem Süden Mittelamerikas wird etwa 24 cm lang und verfügt über eine sehr ansprechende Färbung. Die über den Körper hellbeigen, fast fleischfarbenen Tiere tragen eine Zeichnung, die nur schwer zu beschreiben ist. Die vielen grün irisierenden Tüpfel über Kopf und Rücken sowie in den unpaaren Flossen verleihen dem Kleid ein brokatfarbenes Aussehen. Leider liegen keine weiteren Haltungs- oder Zuchtberichte vor, doch sollten unsere Importeure damit beginnen, sie einzuführen.

### *Cichlasoma psittacum*
(HECKEL, 1840)
Papageien-Buntbarsch

Beim Papageien-Buntbarsch haben wir es mit sehr schönen, leider aber selten eingeführten Tieren zu tun. Sie erreichen wahrscheinlich eine Größe von nahezu 30 cm, doch konnte noch nicht festgestellt werden, ob sie auch im Aquarium so groß werden. Die Heimat dieser Fische reicht vom nördlichen Amazonien (Rio Negro/Brasilien) bis zum Einzugsbereich des Rio Orinoco (Kolumbien/Venezuela). Ich konnte die Tiere im Gebiet des Rio Inirida in Kolumbien fangen.

Cichlasoma panamense

Loiselle

Loiselle

Cichlasoma psittacum ♂

Das Zentrum der Flanken unserer Fische irisiert stark grünlich, ebenso die Wangen. Die Kehle ist weißlich. Rükken, Bauch und alle Flossen sind von einem stark bläulichen Schimmer überzogen. Die Körperschuppen sind dunkel gerandet, dadurch erscheint der Körper wie mit einem Netz überzogen. Vom hinteren Augenrand bis in die Caudalbasis zieht eine Längslinie aus breiten schwarzen Strichen. Querbinden sind nur angedeutet und werden nur selten gezeigt. Vor den Augen zieht eine kurze schwarze Binde zur Oberlippe, ohne sie jedoch zu erreichen. Das Maul wird optisch von einer schwarzen feinen Linie in den Winkeln vergrößert. Ein schwarzer Augenfleck liegt in der oberen Schwanzflossenbasis. In Schreckfärbung wirkt der Fisch bei grünlicher Grundfärbung wie marmoriert. Jetzt treten jedoch stärkere Schwarzfärbungen hervor. Dabei färbt sich die Brust meist leuchtendrot.
Pflege und Zucht dürften der anderer südamerikanischer Offenbrüter entsprechen.

## *Cichlasoma robertsoni*
(REGAN, 1905)
Robertsons Buntbarsch

Diese Art wurde nach dem Sammler der Fische, dem Reverend J. Robertson, benannt. Bis zu etwa 20 cm lang werden die Tiere und stammen aus dem Nordwesten von Belize, dem früheren British Honduras (Stan Creek). Es sind auch Exemplare in Guatemala (Rio Tenendaras) gefangen worden.
Die Grundfärbung der Tiere ist hell braunoliv über dem Kopf und der Körpermitte, zum Rücken hin wird sie dunkler braun. Jede Schuppe ist hellblau gerandet, deshalb schimmert der Körper in verschiedenen Hellblautönen. Die Lippen haben die gleiche hellblau irisierende Färbung, und über den Wangen liegen ungezählte gleichfarbene Tüpfel. Über der Körpermitte befindet sich ein runder, schwarzer Fleck, ein kleinerer in der Basis der Schwanzflosse. Die unpaaren Flossen sind transparent mit ockerfarbenem Schimmer. Eine Färbung mit hellblauen Tüpfeln liegt über der Rückenflosse sowie in den Basen der beiden anderen. Der Fisch ist hochrückig und hat einen relativ spitzen Kopf. Längs- und Querbinden sind bei Wohlbefinden nur sehr schwach angedeutet und treten meist erst bei Schreckstimmung (Fang) hervor.
Über die Zucht ist nichts bekannt, doch dürfte sie sich nach Art der meisten Offenbrüter abspielen.

## *Cichlasoma rostratum*
(GILL & BRANSFORD, 1877)

Die bereits vor einem Jahrhundert als *Heros rostratus* beschriebene Art lebt im Managua- und Nicaragua-See und ist sehr nahe mit *Cichlasoma altifrons* (KNER & STEINDACHNER, 1863) verwandt. Die über 25 cm groß werdenden Tiere haben eine gelbe oder eine goldbraune Färbung — je nach farblicher Entwicklungsstufe. Normal sind die Fische in der oberen Körperhälfte goldbraun, doch verfärbt sich dieser Grundton, wenn sie in Balzstimmung kommen, sie zeigen dann einen gelben oder goldenen Schimmer. Die Brust ist dann tiefgelb. Im hartstrahligen Teil der Rücken-

Cichlasoma robertsoni ♂

Loiselle

Cichlasoma rostratum ♂

flosse zeigt sich ein diffuser Sattelfleck, ein leicht ovaler, ebenfalls nicht besonders kräftig ausgebildeter Fleck liegt zwischen den beiden Seitenlinien, ein noch kleinerer, aber intensiver schwarzgefärbter, aufrechtstehender flachovaler Fleck liegt am hinteren Ende der Caudalbasis. Sieben leicht angedeutete Querbänder verlaufen über die Flanken und sind bei jugendlichen Tieren stärker ausgeprägt. Die Schuppen der Flanken sind tiefgolden und dunkel gesäumt. Leicht irisierende, blaßblaue Flecke liegen verstreut in der unteren Körperhälfte.

Brütende Fische sind über Körper und Flossen bedeutend dunkler, bestimmte Farbschimmer jedoch treten deshalb intensiver hervor. Geschlechtsunterschiede sind schwer zu bestimmen. Oft hat man beobachtet, daß das größere Tier ein Weibchen war. Diese Art bekommt im Alter ebenfalls einen Stirnbuckel.

## *Cichlasoma salvini*
(GUENTHER, 1862)
Salvins Buntbarsch

Diese Art wurde nach ihrem Sammler O. Salvin benannt. Die Tiere stammen aus Mittelamerika (Guatemala, Südmexiko und Belize). Bekannte Fundorte sind beispielsweise der Lago Petén in der Nähe der Ruinenstätte Tikal in Guatemala sowie das Flußsystem des Rio de Santa Isabel. Die bis zu etwa 15 cm groß werdenden Fische gehören zu den schönsten Buntbarschen — das gilt überwiegend jedoch für ihre Balzfärbung, wie sie unser Foto zeigt.



Wie die meisten mittelamerikanischen Buntbarsche, ist auch *C. salvini* nicht sehr empfindlich, fallen die Wassertemperaturen einmal etwas ab, 20° C jedoch sollten nicht unterschritten werden. Zur Zucht muß die Aquarienwasserwärme etwa 4—5° höher eingestellt werden, damit wäre dann eine ganz normale Temperatur erreicht. In der Zeit der Balz und der anschließenden Zucht sind die Tiere anderen Fischen, wie auch Mitgliedern der eigenen Art gegenüber, sehr aggressiv und bissig. Sie lassen sich mit anderen Buntbarschen gleicher Größe gemeinsam gut halten. Mit zu kleinen Fischen sollte man sie aber nicht zusammenbringen. Die Zucht läuft ähnlich ab wie bei *C. meeki.*

## *Cichlasoma septemfasciatum*
REGAN, 1908

Eine Art, die in der meisten Literatur nicht vertreten ist. Bereits REGAN schrieb, daß die Art sehr nahe mit *C. spilurum* verwandt sei. Von I. ASTORQUI (1971) werden *C. septemfasciatum* und *C. cutteri* als Synonyme von *C. spilurum* angesehen.

Cichlasoma salvini, ♀ *beim Führen der Jungfische.*

Höhle

Cichlasoma septemfasciatum

Die Tiere stammen aus Costa Rica (Rio Iroquois und andere Flüsse) und Panamá. Bei Wohlbefinden wird die rötlichorangefarbene Körpergrundtönung von einem grünlichen Schimmer überlagert. Stimmungsbedingt (Fang) werden sieben dunkle Querbinden gezeigt. Auf der Körpermitte befindet sich ein kreisrunder schwarzer Fleck, ein etwas blasserer liegt auf der Caudalbasis. Die äußeren Ränder der unpaaren Flossen sind zuweilen stark grün. Weibchen schimmern dann besonders rötlich, wenn sie sexuell aktiv sind.

Dr. WILLIAM A. BUSSING von der Universität Costa Rica, eine der führenden Autoritäten auf dem Gebiet der Systematik mittelamerikanischer Cichliden, ist entschlossen, sich dafür einzusetzen, die Art *C. septemfasciatum* wieder gültig zu machen und sie damit nicht mehr synonymisch gelten zu lassen. Beim Betrachten der Fotos wird sicher auch dem Laien klar, daß es — zumindest optisch — wenig Übereinstimmung zwischen den Arten *C. spilurum* und *C. septemfasciatum* gibt. In einem späteren Schreiben teilt der Wissenschaftler mit, daß *C. septemfasciatum* eine gute Art ist, deren Vorkommen im Bereich des atlantischen Gefälles von Costa Rica und Panamá anzunehmen ist. Im Gegensatz dazu kommt *C. spilurum* auf der atlantischen Seite von Belize, Guatemala und Honduras vor. „Wir haben keine von beiden in Nicaragua gefangen."

Cichlasoma severum

Hansen

## *Cichlasoma severum*
(HECKEL, 1840)
### Augenfleck-Buntbarsch

Diese bekannte Art ist über weite Teile des nördlichen Südamerikas verbreitet. Bekannte Fundgebiete sind Guayana und die Gegend um Teffé am Amazonas. Die Fische werden auch im Aquarium etwa 20 cm groß. Sie gelten als sehr friedfertig und können wahrscheinlich nur während der Laich- und Aufzuchtzeit „ruppig" werden. Aber auch dann lassen sie die Pflanzen unangetastet. Weil manche Exemplare unter den Buntbarschen von Zeit zu Zeit auch vegetarische Kost benötigen, kann der Pfleger mit gewaschenen frischen Salatblättern testen, ob Appetit auf pflanzliche Kost besteht. Zudem benötigen Buntbarsche dieser Größe auch ein entsprechend kräftiges Futter. Versuche werden zeigen, ob die Fische sogar Mehlwürmer nehmen. Sicher werden sie kleine Regenwürmer fressen, dazu geschabtes Herz und andere grobere Futterarten.

Der leicht gestreckte eiförmige Körper kann verschiedene Grundfärbungen aufweisen. Sie ist, je nach Herkunft, ockerfarben, grünlich oder auch schokoladenbraun. Über den Körper ziehen sich feine Längsbänder aus Winkeln oder Strichen, die auf den Schuppen liegen. Das Muster verdichtet sich zum Kopf hin und wird feiner, daß auf den Wangen eine zarte Anordnung von Punkten, Strichen und Schlangenlinien übrigbleibt. Von den 8—9 Querbinden über dem Körper sind bis auf die vorletzte alle sehr blaß. Diese farblich kräftigere schwarze vorletzte Binde zieht von den weichen Strahlen der Rückenflosse durch die vordere Schwanzflossenbasis in die weiche Afterflosse: Ein markantes, unübersehbares Merkmal. Die Augen leuchten kräftig orangerot.

Obgleich die Vertreter von *C. severum* im allgemeinen keine großen Ansprüche an die Wasserqualität stellen, klappen die Nachzuchten manchmal wegen falscher Wasserzusammensetzung nicht. Wer bei Zuchtversuchen Probleme hat, sollte bei entsprechender Eingewöhnung das Wasser auf weicher und leicht sauer umstellen (etwa 6° dH). Dann müßte eine Zucht zustandekommen. Für die Sauberkeit im Becken ist — wie bei allen Buntbarschen — eine starke Pumpe oder ein entsprechend großer Filter notwendig.

## *Cichlasoma sieboldii*
(KNER & STEINDACHNER, 1863)

Durch eine Arbeit von BUSSING wurde jetzt wieder auf die Existenz dieser Art und auch *C. tuba* hingewiesen. „Siebolds Buntbarsch" kommt im südlichen Mittelamerika — Costa Rica und Panama — vor und erreicht eine Länge von etwas über 25 cm. In der Färbung sind beide Geschlechter recht ähnlich, obgleich die einzelnen Populationen beträchtliche innerartliche Variationsbreiten aufweisen. Als Grundfärbung kann eine grüngraue Flankentönung angenommen werden, die zum Rücken hin dunkler, zum Bauch hin hell bis blaßgrau wird. Der Übergang zu den einzelnen Farbzonen kann bei einigen Varianten abrupt erfolgen. Der Kopf ist einheitlich graugrün. Tiere einiger Populationen weisen über jeder Rückenhälfte feine dunkle Punktlinien auf. Stimmungsbedingt zeigen die Tiere etwa sechs Querbinden, die oft aber nur als Flecke erkennbar sind. Zwischen den Augen zeigt sich ein Muster aus dunklen Linien, das erst mit zunehmendem Alter deutlicher wird. Einige große Männchen tragen purpurrote Schuppenränder über den Flanken. Ebenfalls rötlich ist die Basis der Brustflossen. Ein bläulicher kleiner Fleck steht über und unter dieser Zone. Durch die gesamte Rückenflosse ausgewachsener Tiere läuft eine mehr oder weniger stark ausgeprägte rote bis orangerote Längsbinde. Bei den meisten Exemplaren finden sich rotbraune Flecke in den weichstrahligen Bereichen der unpaaren Flossen. Ihr hartstrahliger Teil ist bei einigen Weibchen schwarz. Brust- und Bauchflossen sind grau.

Beide Geschlechter zeigen eine ausgeprägte Brutfärbung. Oberlippe sowie der rückwärtige Teil des Kopfes färben sich tiefschwarz. Die untere Körperhälfte wird oft sehr dunkel und kontrastiert dann eindrucksvoll mit der grauweißen Brust- und der vorderen — hellbleibenden — Bauchpartie. Bei großen Exemplaren können die ersten Strahlen der Bauchflosse sowie die Zipfel der Rücken- und Afterflosse fadenartig verlängert sein. Die Tiere erlangen die Geschlechtsreife bereits mit einer Körperlänge von etwa 7 cm. Es liegen weder Haltungs- noch Zuchtberichte vor.

## *Cichlasoma spectabilis*
(STEINDACHNER, 1875)
### Glänzender Rotkehlbuntbarsch

Die vom Autor als *Petenia spectabilis* beschriebene Art wird bereits von REGAN, 1905 zur Gattung *Cichlasoma* gestellt und gehört zu jenen Arten, die als „Pseudo-Petenia-Arten" bezeichnet werden (vergleiche Gattungsbesprechung *Petenia*), weil ihre Stellung zu dieser Gattung bei einigen Autoren nicht auszurotten ist. Die Art dürfte eine Länge von etwa 20 cm erreichen, vielleicht auch etwas mehr. In den Aquarien amerikanischer Cichlidenfreunde werden sie eher zu finden sein, wie auch viele mittelamerikanische Arten, die man in Europa nur selten hält. Als Fundort gelten der mittlere und der untere Amazonas

Cichlasoma spectabilis

Loiselle

Linke

Cichlasoma spilurum. *Paar mit Jungfischen.*

(Manari Creek, Amazonas-Drainage, Rupununi-Distrikt). Die Farbbeschreibungen des Autors, offenbar ausschließlich nach totem Material gemacht, könnten nur zu Mißverständnissen führen. Deshalb sei hier auf das wunderschöne Äußere hingewiesen, wie es die Tiere auf dem Foto erkennen lassen. Bei einem direkten Vergleich ist eine leichte Ähnlichkeit mit *C. meeki* nicht zu leugnen. Die Geschlechter lassen sich, wie wir das auch von anderen Cichlasoma-Arten kennen, nicht leicht unterscheiden. Männchen weisen stark verlängerte Rücken- und Afterflossenspitzen auf. Bei Weibchen sind sie zwar zugespitzt, jedoch nicht verlängert.

### *Cichlasoma spilurum*
(GUENTHER, 1862)
### Kleiner Schwanzfleck-Buntbarsch

Erst einmal sollte gesagt werden, daß man inzwischen der Meinung ist, *C. cutteri* FOWLER, 1932 sei identisch mit dieser Art, und die für *C. cutteri* angegebenen abweichenden Merkmale würden nicht ausreichen, eine eigene Art aufrechtzuerhalten. Trotzdem wird der Aquarianer bei den Arten optisch eine Reihe Unterschiede feststellen können. Schließlich kennt er sie über viele Jahre als Artenunterscheidungsmerkmale. *Cichlasoma spilurum* ist eine in der Färbung ziemlich graue Art (Foto), über deren Körper etwa acht Querbinden laufen. Mit zunehmendem Alter verblassen sie und werden dann nur bei besonderer Stimmung gezeigt. Die letzten dieser Binden liegt am Ende der Schwanzflossenwurzel, über ihr ein runder schwarzer Fleck. Er kann auch oval sein und dann aufrecht stehen. Die Tiere stammen aus dem südlichen Teil Mittelamerikas und wurden zuerst von O. Salvin in Guatemala (Lago Yzabal und Rio Motagua) entdeckt. Männliche Tiere werden etwa 12 cm groß, weibliche bleiben einige Zentimeter kleiner. Ausgewachsene Fische bekommen eine recht einheitliche Graufärbung, bei Wohlbefinden schimmert sie bläulich. Alten Männchen wächst ein Stirnhöcker, der sie ihren Partnerinnen gegenüber als wesentlich hochrückiger erscheinen läßt. Die Offenbrüter brauchen im Aquarium eine Reihe von Verstecken, ohne die sie sich nie recht wohlfühlen. Eine Beckenbepflanzung hält meist nicht allzulange. Die Wasserqualität ist nicht sehr wichtig, Haltetemperaturen um 23° C (siehe auch *S. septemfasciatum* auf Seite 119).

### *Cichlasoma synspilum*
HUBBS, 1935
### Feuerkopf-Buntbarsch

Der „Firehead", wie die Amerikaner ihn nennen, stammt aus Guatemala und Belize (früher British Honduras). Eine farblich sicherlich attraktive Art, die bis zu 30 cm groß werden kann. Die starken Fresser sind nicht schwer zu halten, zumal ihre Ansprüche an die Wasserqualität nicht groß sind. Wer die Möglichkeit hat, Jungtiere zu erwerben, sollte sich anfangs einige mehr anschaffen, weil nicht alle gleich bunt werden. Das macht es auch unmöglich, ein einheitliches Farbkleid für diese Art anzugeben. Es kommen Tiere vor, die eine fast reinweiße Körperfärbung annehmen und einen rotgepudert wirkenden Körpersaum bekommen. Andere Tiere werden über und über buntgescheckt, rote und rötliche Tönungen überwiegen dabei. Oft sind die Schuppen zonenweise schwarzgerandet, der Rücken wird schwarz, und in der Caudalwurzel liegt eine kurze schwarze Längsbinde. Die unpaaren Flossen nehmen im Basalbereich noch die Körpergrundfärbung an, sind aber

Loiselle

Cichlasoma synspilum

in ihren äußeren Zonen meist transparent und bläulich getönt. Die Körperform ist oval, der Kopf gewölbt, und alte Männchen bekommen einen Stirnbuckel. Wie bei vielen Offenbrütern und Angehörigen einer Elternfamilie beim Brutgeschäft, sind auch beim Feuerkopf-Buntbarsch die Rücken- und Afterflossen beider Geschlechter zugespitzt.

Cichlasoma tetracanthus

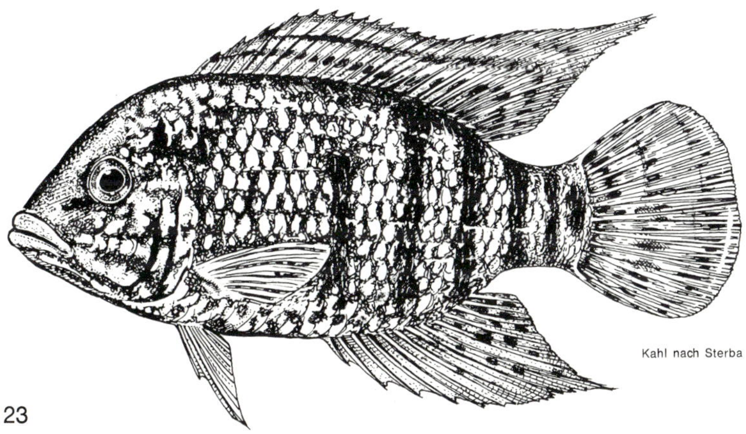

Kahl nach Sterba

## *Cichlasoma tetracanthus*
(CUVIER & VALENCIENNES, 1831)
Kuba-Buntbarsch

Wie der Name erkennen läßt, stammt diese Art aus dem karibischen Raum, genauer gesagt von Kuba und Barbados. Die Fische erreichen eine Gesamtlänge von etwa 20 cm.

Die Färbung des Kuba-Buntbarsches ist sehr veränderlich. In wenigen Augenblicken kann der Fisch seine Körperzeichnung und -färbung so grundlegend ändern, daß man der Meinung ist, ein anderes Tier vor sich zu haben. Die Grundfärbung an den Kopfseiten ist ein helles Beige, von dem sich schwarze Ornamentzeichnungen kontrastreich abheben. Der Körper ist bläulichgrün mit der üblichen Abdunkelung zum Rücken hin und in der Bauchpartie aufgehellt. Die großen Lippen sind bläulich. Auf den Kopfseiten wird die prächtige Ornamentzeichnung an den oberen Körperseiten fortgesetzt und geht in zahlreiche Tüpfel über, verstreut über die untere Körperhälfte und den Schwanzstiel. In der Mitte der Körperseiten und am Ende des Schwanzstieles befindet sich jeweils ein großer runder, von einer hellen Zone umgebener, schwarzer Fleck. Brust- und Bauchflossen sind schwärzlichgrau und transparent. Die dunkelgrüne Rückenflosse weist eine Musterung aus dunklen Punkten und Strichen auf mit einem gelbroten Saum im stacheligen Bereich. Die Schwanz- und die fast schwarzen Afterflossen sind dunkelgrau und zeigen einige Strichmuster. Die Tiere gelten als äußerst ruppig. Die Zucht dieser Raufbolde soll aber nicht schwierig sein.

### *Cichlasoma trimaculatum*
(GUENTHER, 1869)
Schulterfleckbuntbarsch

Bis zu 30 cm groß werden die Fische und wachsen nicht allzu schnell heran, können sich jedoch zu ausgesprochenen Schönheiten entwickeln. Sie sind in Mexiko und Guatemala beheimatet und brauchen unbedingt ein größeres Becken. Weil sie nicht als besonders friedfertig gelten, soll man sie nur mit entsprechend großen Tieren in Gesellschaft halten.

Auch bei dieser Art ist die Färbung veränderlich. Die Grundfarbe ist allgemein silbrig hellgrau, doch zeigen die Fische bei Wohlbefinden oft einen grünlich irisierenden Glanz über der Flankenmitte, der zum Rücken und zum Bauch hin bisweilen in hellviolette Zonen übergeht. Der Kopf ist goldockerfarben, besonders die Wangen. Über dem Körper liegt eine Anzahl stark grün irisierend gesäumter tiefschwarzer Flecke. Während der erste auf der Schulter liegt (Name), sind die anderen 4—5 wie aufgereiht über die Mitte des Hinterkörpers verteilt. Die unpaaren Flossen schimmern goldgrün und weisen im basalen Teil grünirisierende Tüpfelreihen in den Membranen auf. Kräftig orangefarben ist die Iris. Rückenflosse rot gesäumt, Schwanz- und Afterflosse zeigen einen feinen schwarzen Saum.

Cichlasoma trimaculatum

Hansen

### *Cichlasoma tuba*
MEEK, 1912

Eine wenig bekannte Art, die in Nicaragua, Costa Rica und Panama beheimatet ist. Die Tiere erreichen eine Größe von etwa 28 cm und sind daher für die gängigen Aquarien recht groß. Einzelne Exemplare beiderlei Geschlechts können vergrößerte fleischige Lippen aufweisen, die — nach Art von *C. labiatum* — rückwärtig umgebogen sind. Alle Stufen der Entwicklung von normalen zu fleischigen Lippen sind in mehreren Gebieten beobachtet worden (BUSSING). Diese Entwicklungsstufen haben jedoch nichts mit Alter oder Sexualität zu tun.

Beide Geschlechter sind gewöhnlich in der oberen Körperhälfte ziemlich dunkel. Gelegentlich ist diese beinahe schwarze Färbung von einem olivgrünen Schimmer überlagert. In der unteren Körperhälfte wird die Färbung üblicherweise etwas heller, doch bleibt sie auch hier blaß und düster. Zwei rot funkelnde Augen leuchten aus einer blaßgrauen Stirnpartie und sind durch zwei dunkle Linien miteinander verbunden. Über der Flankenmitte verläuft eine breite, 4—5 Schuppenreihen überlagernde Längsbinde von kräftig purpurroter Färbung. Sie beginnt hinter den Kiemendeckeln und endet nahe der Schwanzflossenbasis. Jede einzelne Schuppe innerhalb dieser Binde hat ein purpurrotes Zentrum und einen grün- oder goldfarbenen Saum. Bei einer Reihe von Tieren hat man lavendelfarbene Flecke auf den Wangen und den unteren Kiemendeckeln gefunden. Wenn sich die Grundfärbung zeitweilig etwas aufhellt, erkennt man etwa 9 schwarze Querbinden.

In den weichstrahligen Zonen der ebenfalls dunkel gefärbten unpaaren Flossen erkennt man unregelmäßig gefleckte Musterungen. Die äußeren Enden der Rückenflossenmembranen lassen ein leichtes Rosa erkennen und verleihen der Flosse damit einen unauffälligen farbigen Rand. Im Gegensatz zu den transparenten Brustflossen sind die

Bauchflossen ebenfalls wieder dunkel. Jungfische unter 5 cm Länge tragen noch unpigmentierte unpaare Flossen.

Auch bei dieser Art kommen verschiedene Farbpopulationen vor. So fand man im Rio San Juan ein männliches Tier von 17,5 cm Länge, dessen Körperlängsbinde rosafarben war. Es hatte eine goldolive Rückenfärbung und der Bauch zeigte eine ähnliche, nur hellere Tönung. Der violett gefärbte Kopf war zwischen den Augen von drei tiefschwarzen Binden überlagert. Durch seine intensive Schwarzfärbung wirkte der obere Rand der Schwanzflosse besonders auffällig. Haltungs- und Zuchtberichte sind nicht bekannt.

## *Cichlasoma umbriferum*

MEEK & HILDEBRAND, 1913

Eine selten eingeführte Art ohne deutschen Namen. Die Tiere stammen aus dem nordwestlichen Südamerika (Rio Chepo, Rio Tuyra, Rio Atrato und Rio-Magdalena-Becken), leben also in Flußsystemen westlich der Andenkette, die ihre Wasser nicht in den Mittel- oder Südatlantik ergießen, sondern — bis auf den Rio Magdalena — in den Pazifik. Die Fische erreichen eine Größe von etwa 30 cm, aber auch etwas mehr.

Farblich ist *C. umbriferum* keine Schönheit, bei dunkelgrüngrauer Grundfärbung ohne eine auffällige Bänderzeichnung im vertikalen Bereich. Eine schwarze Längsbinde dagegen zieht vom Hinterrand des Auges zur Schwanzflossenbasis über die Flanken und endet mit einem dunklen Augenfleck. Die gleichfarbenen unpaaren Flossen zeigen einige helle Tüpfel. Keine Angaben über die Zucht.

## *Cichlasoma urophthalmus*

(GUENTHER, 1862)

Großer Schwanzfleck-Buntbarsch

Das Verbreitungsgebiet dieses Mittelamerikaners erstreckt sich nördlich des Panama-Kanals. Die Tiere werden bis zu 20 cm lang. Ihre Grundfärbung variiert von Lehmbraun bis Olivgrün und trägt 6—7 nach unten hin spitz zulaufende und den Bauch nicht umschließende Querbinden. Auf dem oberen Schwanzstiel sitzt ein großer, kräftig schwarzer, gelbgesäumter Augenfleck. Die hellbraunen Rücken- und

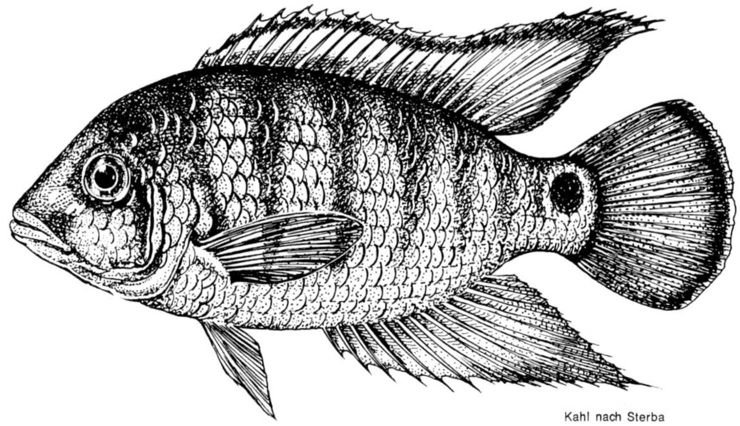

Kahl nach Sterba

Cichlasoma urophthalmus

Afterflossen tragen einen breiten, weinroten Saum, er wird von einem hellroten Saum abgeschlossen. Bauch und Afterlossen sind zart blau, Afterflossen im hinteren Teil ebenfalls weinrot. Die Iris ist orange bis rot.

## *Cichlasoma zaliosum*

BARLOW, 1976

Apoyo-Buntbarsch

Eine Neubeschreibung aus dem Lago Apoyo in Nicaragua. Die Fische werden etwa 15 cm groß. Möglich, jedoch nicht erwiesen ist, daß das Vorkommen dieser Art auf den Lago Apoyo beschränkt ist. Angeblich wurden Fische gleicher Erscheinungsform im Lago Jiloá (unter Wasser) beobachtet. Sie konnten jedoch nicht gefangen und als *C. zaliosum* identifiziert werden. Dies ist der einzige Cichlide Zentralamerikas, von dem bekannt ist, daß er sich an das Leben im freien Wasser angepaßt hat. Beim Lago Apoyo handelt es sich um einen sehr tiefen Kratersee. Außer dieser Art konnten dort keine Buntbarsche beobachtet werden. Die Tiere leben in der flachen Zone auch gemeinsam mit *C. citrinellum,* der bei Gefahr zwar in tiefere Regionen flieht, niemals jedoch den Bodenkontakt verliert.

Die aquaristische Haltung dieser Art ist weitgehend unbekannt, deshalb muß sich auch unsere Farbbeschreibung auf Oberflächlichkeiten beschränken. Die Grundfärbung ist bläulich- oder grünlichgrau mit schwarzer Musterung. Während der Brut zeigen die Tiere 7 schwarze Querbinden auf dem dann blassen Körper. Jedes dieser Bänder hat die Form einer Sanduhr, also in der Mitte verengt.

Crenicara filamentosa

Richter

## Die Gattung *Crenicara*

Von dieser Gattung sind vier* Arten bekannt, von denen man *C. maculata* kaum einmal bei Händlern findet. Alle Arten sind verhältnismäßig klein, ihre Länge kommt nicht über 10 cm hinaus. Es sind gut mit anderen Arten gemeinsam zu haltende Zwergcichliden.

### *Crenicara filamentosa*

LADIGES, 1959

Gabelschwanz-Schachbrettcichlide

Die Farbenpracht dieser Art stellt viele ihrer Zwergcichliden-Verwandten in den Schatten. Sie stammen aus dem mittleren Amazonasgebiet und sind im Aquarium recht anspruchsvoll. Die Regionen, in denen sie frei leben, verfügen über ausgesprochen mineralarmes und daher äußerst weiches Wasser. Der hohe Gehalt an Huminstoffen und andere chemische Wirkungen (vergleiche Thema „Wasser") hat Wasser mit stark saurer Reaktion zur Folge.

Männchen und Weibchen sind — oberflächlich betrachtet — in der Färbung sehr ähnlich. Über das Prachtkleid der Tiere braucht man keine Worte zu machen, hat man ein gutes Foto wie unseres. Eine Unterscheidung der Geschlechter kann man am ehesten mit einer Weibchenbestimmung vornehmen: Jungfräuliche Weibchen haben helle Bauchflossen. Werden sie laichreif, schlägt die Färbung in zartes Rot um. Nach dem Ablaichen wandelt sich erneut die Farbe endgültig in Kirschrot. Man kann also unschwer herausfinden, ob Weibchen bereits abgelaicht haben oder nicht.

* Die hier nicht erwähnte (gültige) Art, *C. altispinosa* HASEMAN, 1911, ist weitgehend unbekannt.

Zur Zucht sollte man den Tieren nicht zu kleine Becken anbieten, auch wenn gelegentlich von Nachzuchten in solchen Aquarien berichtet wird. Die Härte des Wassers sollte bei der Zucht erfahrungsgemäß nicht über 6—8° dH hinausgehen, außerdem scheinen die Fische bei recht saurem pH-Wert laichwilliger zu werden. Deshalb sollte man versuchen, den Wert auf etwa 5,5 einzustellen. Der Züchter stellt den Erfolg seiner Vorbereitungen nicht nur an der leichten Rosafärbung der Bauchflossen seiner Weibchen fest: Kommen beide Partner in Laichstimmung, legen sie ihr Alltagskleid — das Schachbrettmuster — ab und tragen nur noch eine von der Oberlippe bis in den Schwanzstiel durchgehende schwarze Längsbinde. Das Becken sollte verschiedene Verstecke haben. Bei mehreren Männchen muß man aufpassen, daß das oder die im Kampf unterlegenen Tiere nicht zu stark geschädigt werden, und sie alsbald aus dem Becken nehmen. Meist ist das stärkste Tier an der deutlicher ausgeprägten Längsbinde zu erkennen. Ist die Zeit des Ablaichens gekommen, werden die Laichkörner auf ein mäßig geputztes Substrat (Stein oder Blatt) gegeben und sofort befruchtet. Ist das Gelege komplett und das Männchen nicht mehr vonnöten, macht ihm das Weibchen durch verschiedene Attacken klar, daß es in der Nähe der Brut nichts mehr zu suchen hat. Dabei kann es vorkommen, daß das Weibchen anschließend seine Eier verspeist. Man muß dann auf neues Ablaichen warten. Die Larven schlüpfen nach etwa drei Tagen, sind ungefähr vier Tage später freigeschwommen und fressen bereits Artemia- und Cyclops-Nauplien.

### *Crenicara maculata*
(STEINDACHNER, 1875)
Schachbrettcichlide

Auch diese Art stammt vom mittleren Amazonas. Nach Literaturangaben werden die Männchen etwa 10 cm, die Weibchen nur etwa 5 cm groß. Leider bekam ich die Fische noch nie zu Gesicht, und von den verschiedenen Exemplaren, wie man sie in Magazinen abgebildet findet, ist die überwiegende Zahl als *C. filamentosa* zu identifizieren. In ihrer Körpermusterung unterscheidet sich diese Art — trotz des alteingeführten Namens „Schachbrettcichlide" — wesentlich und unübersehbar. Eigentlich kann man dieses Muster nicht als „Schachbrett" bezeichnen: Auf ockergelbem Grund stehen in einer dunklen Zone über der Körperlängsmitte orangefarbene Leuchtflecke. Diese Flecke bestehen aus zwei leuchtenden Schuppen, umgeben von einem punktförmigen, wesentlich dunkleren Feld. Stimmungsbedingt werden angedeutete Querbänder nur über der Rückenpartie gezeigt. Die ockergelben Flossen sind während der Laichzeit orangegelb. Unpaare Flossen tragen weinrote Tüpfelreihen. Die 1936 von AHL beschriebene Art *C. praetoriusi* gilt als Synonym von *C. maculata.*

### *Crenicara punctulata*
(GUENTHER, 1863)
Gepunkteter Zwergbuntbarsch

Über viele Jahre wurde diese Art als *Aequidens hercules* EIGENMANN & ALLAN, 1942 gehandelt und war unter diesem Namen bekannt, der jetzt als Synonym gilt. Obgleich die Tiere hochrückiger sind, zeigen sie, je nach Stimmung, ein gleiches schachbrettartiges Zeichnungsmuster über den Flanken wie ihre Gattungsverwandten. Sie sind nicht sonderlich bunt, und die farbwechselbedingte Veränderlichkeit ihres Aussehens macht genaues Identifizieren nicht immer einfach. Ihre Körpergrundfärbung ist etwa graubeige, Rücken-, After- und Bauchflossen schimmern bläulich. Die Rückenflosse trägt rötliche Strahlenspitzen, und die weiche Zone der Afterflosse zeigt meist einen kräftigen Rotanteil. Vier verschiedene Zeichnungsmuster konnten beobachtet werden:

Crenicara punctulata,
*verängstigtes Tier zeigt Schachbrettfärbung.*

Mayland

a) Eine schwarze Längsbinde zieht von der Oberlippe durch das Auge bis zur Hälfte der Schwanzflosse. Über jener Binde liegt ein helles, über der Körpermitte fast weißes Band. Der Rücken ist dunkelbraun.

b) Das unter a) angegebene helle, fast weiße Band bleibt erhalten, doch ist dann der Körper von einem dunklen Punktmuster (Schachbrett) überzogen.

c) Der Fisch zeigt Muster a) und zusätzlich in der jetzt helleren Längsbinde eine Anzahl dunkler quadratischer Flecke. Unter jener Stelle, an der die Längsbinde auf dem Kiemendeckel liegt, leuchtet eine orangefarbene, trapezförmige Zone.

d) Das Tier ist durchgehend hellgraubeige und mit Ausnahme einiger schwach angedeuteter dunkler Flecke im Längsbindenbereich wird keine Schwarzmusterung gezeigt. Die Schwanzflosse weist in ihren Membranen stets ein Muster aus blauen Tüpfellinien auf.

Vielleicht sind diese Färbungen nicht nur stimmungs-, sondern auch altersabhängig. Weil sich die Geschlechter nicht sonderlich unterscheiden, kann es sich kaum um eine geschlechtlich bedingte Variante stimmungsbedingter Verfärbung handeln. Über die Verbreitung der Art gibt es unterschiedliche Angaben. Von Guayana über Amazonien bis nach Ecuador und Peru reichen die Aussagen, und möglich ist, daß alle zutreffen. Die Tiere werden etwa 10 cm lang. Über Nachzuchten liegen noch nicht genügend Unterlagen vor, doch dürften sie der von *C. filamentosa* in etwa entsprechen.

## Die Gattung *Crenicichla*

Crenicichla-Arten werden meist „Kammbarsche" genannt, das aber läßt Mißdeutungen zu, zumal es sich nicht um Barsche, sondern um Buntbarsche handelt — eine Silbe nur, doch welch ein Unterschied! Kammbuntbarsche haben eine gestreckte Körperform, sind also Beutejäger. Sie erinnern an hechtartige Fische, die ihre Opfer mit dem Kopf voran nach blitzschnellem Vorstoß verschlingen. Die Gattung dieser Räuber umfaßt etwa 30 Arten, einige sind nur recht eintönig in der Färbung. Das Becken muß den Bedürfnissen der Fische angepaßt, mindestens 100 cm groß sein und gut bepflanzt. Die Fische werden im allgemeinen mindestens 20 cm lang und dürfen nicht mit Tieren gemeinsam gehalten werden, die von ihrer Größe her als Beute dienen können.

Die Zucht der Kammbuntbarsche oder Hechtcichliden ist schwieriger als man es von den meisten Cichliden gewohnt ist. Crenicichla-Arten laichen in Höhlen ab, die sie sich in Laichstimmung durch Unterwühlen von Steinaufbauten selbst herzurichten suchen. Entsprechend solide muß ein solcher Aufbau sein, sonst könnte sein Einsturz die Scheiben beschädigen. Anderen Angaben zufolge soll es sich bei den Vertretern dieser Gattung um Grubenlaicher handeln. Dabei laichen die Weibchen meist an der Höhlendecke ab, wie man unschwer beim Betrachten des *C.-lepidota*-Fotos erkennen kann. Ideale Wasserwerte sind 2—6° dH und ein möglichst saurer pH-Wert. Weil die Fische Kunstfutter ablehnen, und oft auch nicht an ein Fleisch-Ersatzfutter zu gewöhnen sind, hat sich der Pfleger wohl oder übel nach lebendem und möglichst zappelndem Futter umzusehen. Das müssen, je nach Größe der Räuber, nicht unbedingt Futterfische sein, es werden beispielsweise gern Bachflohkrebse genommen, auch Tubifex und Mückenlarven. Größere Tiere benötigen aber Mengen, die nicht leicht zu beschaffen sind. Dann werden auch Fische angeboten werden müssen, und für viele wird die Sache etwas problematisch.

Gelegentlich kommt es vor (wie bei manchen Cichlideneltern), daß die Eier gefressen werden. Der Züchter darf sich davon aber nicht entmutigen lassen. Kleben dann die ersten Eier, muß man etwa drei Tage bis zum Schlupf warten. Die Larven tragen jetzt noch einen Haftfaden an der Stirn und werden von ihren Eltern gleich umgebettet. Zweckmäßig erweist es sich nun, wenn den Tieren noch eine Höhle zur Verfügung steht. Sicher wird sie angenommen und die Larven werden mit Hilfe des Schleimfadens — ebenfalls unter der Decke — einquartiert. Sie hängen etwa 140 Stunden lang, bis sie sich so weit entwickelt haben, daß sie freischwimmen. Die Jungfische sind nun nicht immer gleich schwimmbereit, und es kann vorkommen, daß sie, nachdem sie abgefallen sind, noch etwa 2 Tage am Boden der Höhle oder in einer vorbereiteten Grube liegen und zappeln. Dann aber haben die Kleinen bereits eine Länge von etwa 4 mm angenommen und können nicht nur gut schwimmen, sondern nehmen auch schon kräftiges Futter auf. Neben dem üblichen Anzuchtfutter kann man Staubfutter anbieten — dann aber in entsprechend großer Menge. Weil es im Aquarium von Nachkommenschaft nur so wimmelt, muß der Züchter danach trachten, stets genügende Mengen an Futter bereitzuhalten. Nach dem Freischwimmen der Jungen beteiligt sich das Männchen meist an der Brutpflege. Ein gut harmonierendes Paar wird ohne vieles Zutun des Pflegers zwischen 500 und 800 Jungtiere in die Welt setzen.

### *Crenicichla alta*
EIGENMANN, 1912
Schulterfleck-Kammbuntbarsch

Diese bis zu 20 cm groß werdende Art hat ihre Heimat im nordöstlichen Teil des südamerikanischen Subkontinents (Venezuela, Guayana und die nordöstlichen Nebenflüsse des Amazonas). Die graue Körpergrundfärbung wird in der unteren Hälfte heller. Der namengebende Schulterfleck ist dunkel und von einer helleren Zone umgeben. Darunter zieht sich, über der Oberlippe beginnend, eine schwarze Längsbinde bis zum Hinterrand des Kiemendeckels. Die Fische haben mit dieser Musterung Ähnlichkeit mit *C. saxatilis,* der ebenfalls einen Schulterfleck und eine kurze Längsbinde besitzt. Ein weiterer dunkler Fleck befindet sich am Ende der oberen Caudalbasis. Männliche Tiere zeigen einige weißliche Tüpfel in der Rückenflosse. Eine selten eingeführte Art, deren Bestimmung, wie auch die einiger anderer Arten, wegen eines unterschiedlichen Jugend- und Alterskleides erschwert wird.

### *Crenicichla cincta*
REGAN, 1905
Querstreifen-Kammbuntbarsch

Diese Art stammt aus Nordostbrasilien, und ihre Vertreter erreichen eine Länge zwischen 16 und 18 cm. Sie gehört zu den seinerzeitigen Neubeschreibungen von REGAN, dadurch wird *C. brasiliensis* var. *fasciata* (non *Cychla fasciata* SCHOMBURGK) PELLEGRIN, 1903 (1904) zum Synonym erklärt.
Die Körperfärbung der Fische kann in der unteren Hälfte stimmungsbedingt grünweißlich sein, aber auch grauoliv. Im hinteren Rand des Auges liegt ein leuchtend roter Fleck; über dem meist hellgrün schimmernden Rücken eine unbestimmte Zahl (9—12) dunkelgrauer Querbinden, die jedoch nur bis etwa in Höhe des oberen Augenrandes reichen und sich dann verlieren. Hinter dem Auge beginnt eine kurze dunkle Längsbinde, die kaum über den Kiemendeckelrand hinausreicht. Der hintere Kiemendeckel zeigt zuweilen eine kräftige Gelbfärbung. Ein kleiner schwarzer Augenfleck liegt im oberen Bereich der Caudalbasis. Die Schwanzflosse selbst ist abgerundet, rostbraun und mit bläulichem Schimmer. Über ihre Mitte ziehen einige Reihen gelblicher Tüpfel. Rücken- und Afterflosse sind zugespitzt, schimmern — besonders in ihrem äußeren Bereich — rostbraun und zeigen in den weichen Zonen Muster aus gelblichen Tüpfeln. Die schwarzen und roten Flossensäume bei jüngeren Tieren gehen mit zunehmendem Alter zurück. Zucht wie in der Gattungsbesprechung angegeben.

### *Crenicichla dorsocellata*
HASEMAN, 1911
Flecken-Kammbuntbarsch

Diese Tiere werden bis zu 20 cm groß und stammen aus dem Amazonas-Becken. An vielen Stellen kann man sie dort finden. Nach FOWLER, 1954* lebt die Art unter anderem im Rio Parahiba im Nordosten Brasiliens. Der dunkelgrünblaue Rücken der Tiere geht in grünliche Flanken über, und die Bauchpartie zeigt gelegentlich einen hellen, leicht blauen Schimmer. Männchen wie Weibchen tragen ein recht auffälliges Artenmerkmal in der Rückenflosse: Männliche Tiere einen von einer weißen Saumbinde umgebenen großen Augenfleck in der Dorsalmitte. Fleck und Saum liegen in einer roten Zone; weibliche Tiere unterhalb des dunklen Dorsalsaumes eine dünne hellblaue Linie, unter der sich ein breiteres rotes Längsband durch die hintere Rückenflosse zieht. Innerhalb dieses Bandes liegen drei tiefschwarze Flecke. Beide Geschlechter tragen eine kurze Längsbinde, die über der Oberlippe beginnt, durch das Auge zieht und über dem Ansatz der Brustflosse endet. Dahinter liegt ein dunkler Fleck, der aber weniger markant und nicht gerandet ist. Die Schwanzflosse trägt einen schwarzen hinteren Saum und zeigt blaue Strahlen. Die spitz zulaufende Afterflosse ist an ihrer Unterseite ebenfalls schwarz gerandet und zeigt einen hohen Blauanteil. Eine sehr schöne, wenn auch nicht grellbunte Art. Zucht wie in der Gattungsbeschreibung angegeben.

* FOWLER, H. W.: Os peixes de agua doce do Brasil. Arqu. Zool. Est. Sao Paulo, vol. IX, p. 299, fig. 882, 1954.

*Crenicichla geayi*
PELLEGRIN, 1903
Grüner Kammbuntbarsch

Die Art ist im Einzugsgebiet des Amazonas und des Orinoco verbreitet. Die bis etwa 20 cm lang werdenden Hechtcichliden tragen eine grüngraue Tarnfärbung und können daher nicht zu den attraktiven Arten gerechnet werden. Jungfische zeigen eine durchgehende Längsbinde, die von der Oberlippe durch das Auge bis an die Schwanzflosse zieht. In der Binde liegt hinter dem Kiemendeckel ein großer Augenfleck. Junge Tiere haben gelegentlich schwach ausgebildete Querbinden.

*Crenicichla johanna*
HECKEL, 1840
Grauer Kammbuntbarsch

Hier haben wir es mit einem Riesen unter den Hechtcichliden zu tun, denn die Fische können über 30 cm lang werden. Die Verbreitung der Art reicht weit von Venezuela und Guyana über das Amazonasbecken bis nach Paraguay und Peru. Die Grundfärbung der Tiere ist ein bräunliches Grau. Jüngere Fische tragen am Kopf und in oberen Körperzonen Muster aus kleinen schwarzen Punkten, von denen einige in Längsreihen über jede Körperseite (Seitenlinien) ziehen. Die Schwanzflosse — sie ist ohne Augenfleck — weist in der dunklen Grundfärbung eine halbmondförmige schwarze Binde im Bereich der hinteren Zone auf. Nach außen wie nach innen liegt sie in einem hellen, saumartigen Feld.

Crenicichla lenticulata

Hansen

*Crenicichla lacustris*
(CASTELNAU, 1855)
Gepunkteter Kammbuntbarsch

Die bereits sehr früh beschriebene Art *(Cychla lacustris)* ist in ihrem Vorkommen auf die südlichen und östlichen Teile Brasiliens beschränkt. Weil sie fast nie eingeführt werden, kann man sich an die vorliegenden frühen Daten halten, die eine Länge bis etwa 20 cm ausweisen. Die Körperfärbung ist olivgrün. Zahlreiche dunkelviolette Punkte liegen in der oberen Zone von Kopf und Körper wie auch der unpaaren Flossen. Gelegentlich zeigt sich von der Oberlippe durch das Auge bis zum Kiemendeckelrand ein dunkles Band. Es wird nach hinten mit einer Zahl kleinerer Flecke fortgesetzt. Im oberen Teil der Schwanzflossenbasis liegt ein dunkler Augenfleck.

*Crenicichla lenticulata*
HECKEL, 1840

Eine kaum eingeführte Art, deren Vertreter über das ganze Amazonasbecken verbreitet sind und die stattliche Größe zwischen 30 und 40 cm erreichen. In Kolumbien, Venezuela und Guayana wurden ebenfalls Fundorte nachgewiesen. Die Körpergrundfärbung ist hellbraungrau. Im oberen Kopfbereich liegt eine Anzahl kleiner schwarzer Punkte. Sie ziehen sich etwa bis zum Ansatz der Rückenflosse in den grünlich schimmernden Rücken hinein. Stimmungsbedingt werden 8—9 querbandähnliche Flecke über der Rückenzone getragen, die oft auch nur vom ersten oberhalb der Brustflosse angezeigt werden. In der oberen Zone der Schwanzflossenbasis liegt ein großer schwarzer Augenfleck. Rücken-, Schwanz- und Afterflosse haben rußig schwarze Säume. Sonst sind diese Flossen graubläulich. Im hinteren Bereich der hartstrahligen Rückenflosse befindet sich eine Anzahl in Reihe angeordneter kleiner schwarzer Punkte.

*Crenicichla lepidota*
HECKEL, 1840
Pfauenaugen-Kammbuntbarsch

Nun haben wir es mit einer der bekanntesten Hechtcichlidenarten zu tun. Sie sind in Südamerika weit verbreitet und kommen vom nördlichen Amazonasbecken bis ins nördliche Argentinien vor. Die Tiere erreichen eine Körperlänge von etwa 20 cm. Bedingt durch die Verbrei-

tung über unterschiedliche Regionen gibt es auch farblich einige Unterschiede. Hinzu kommt das Vermögen der Fische, ihre Färbung zu ändern. Die Grundfärbung ist graubraun, sie kann bis in beinahe schwarze Farbtöne abgedunkelt werden. Der über dem Körper liegende Farbschimmer schwankt je nach Herkunft zwischen Goldocker, einem irisierenden Blauton oder einem ebenso schimmernden Grünton. Ausgewachsene Tiere haben einen dunkelolivfarbenen Rücken. Bauchpartie und besonders die Kehle sind etwas heller und werden weißlich. Eine auf der Oberlippe beginnende Längsbinde vom Augenhinterrand bis zum Ende des Kiemendeckels ist tiefschwarz und verläuft dann bis in die Schwanzwurzel hinein blasser. Sie kann in der hinteren Körperhälfte stimmungsbedingt auch vollkommen verschwinden. Über dem Ansatz der Brustflosse liegt ein unregelmäßig geformter und von einem weißen Saum begrenzter Schulter-Augenfleck. Über den Körper- und Flossenzonen hinter den Kiemendeckeln zeigen die Fische ein Muster aus silbrigweißen Vertikalstrichen. Sie treten je nach Stärke der gezeigten Grundfärbung mehr oder weniger kräftig hervor. Bauch- und Brustflossen passen sich im Farbton dem der Standortvariante an.
Die Zucht dieser Art ist schon häufiger geglückt. Wie bereits bei der Gattungsbeschreibung angeführt, konnte dabei beobachtet werden, daß die Weibchen die länglichen gelblichen Eier vertikal hängend an der Höhlendecke befestigen. Die Fische werden mit einer Länge von 12—18 cm geschlechtsreif. Die Gelege können aus 600 und mehr Eiern bestehen. Das Hochzeitskleid des Weibchens ist meist schöner als das des Partners. An die Wasserqualität werden keine besonderen Ansprüche gestellt.

Crenicichla lepidota *mit Jungfischen.*

Jung

Jung

Crenicichla lepidota.
*Weibchen mit Eiern in der Höhle.*

*Crenicichla lucius*
COPE, 1871
### Hechtköpfiger Kammbuntbarsch

Der in seinem Habitus an unseren heimatlichen Hecht *(Esox lucius)* erinnernde Fisch wird reichlich 20 cm groß. Sie sind im oberen Amazonasgebiet zu finden, genauer gesagt, wurden in dessen ecuadorianischen Quellflüssen nachgewiesen. Die Körpergrundfärbung ist olivgrün, gelegentlich sind weiße Flecke über dem Körper verteilt — eine ausgezeichnete Tarnfärbung für einen Räuber. Von der Oberlippe bis zum äußeren Rand des Kiemendeckels zieht eine schwarze Binde durch das Auge. Ein dunkler Augenfleck steht oberhalb des Brustflossenansatzes über der vorderen Seitenlinie, ein kleinerer in der oberen Hälfte der Schwanzflossenbasis. Alle Flossen haben ungefähr die Farbe des Körpers, nur die weiche Rückenflossenzone und die Schwanzflosse nicht. Beide sind leicht graugetönt und von hellen Flecken überlagert.

*Crenicichla lugubris*
HECKEL, 1840
### Rotflossen-Kammbuntbarsch

Im System des Rio Negro und des Rio Orinoco (Kolumbien und Venezuela) sowie in Flußsystemen der Guayana-Länder ist diese Art verbreitet. Die robusten Tiere werden über 30 cm groß, ein Grund, weshalb sie wahrscheinlich nur spärlich eingeführt werden. Die braune Grundfärbung von Kopf und Rücken wird zum Schwanzstiel hin von einer kräftig blauen Tönung abgelöst. Hinter dem Kiemendeckel liegt ein schwärzlicher, unscharf begrenzter Fleck. Demgegenüber ist der schwarze Caudalfleck sehr auffällig und scharf begrenzt. Die blaugrundigen unpaaren schwarz gesäumten Flossen tragen, vor allem in den äußeren Bereichen, kräftig rote Zonen. Unter dem schwarzen Dorsalsaum liegt außerdem eine feine hellblaue Linie. Der äußere Strahl der Bauchflosse ist weinrot. Die Art läßt sich, trotz ihrer Größe, im Aquarium gut nachzüchten, allerdings nur in Becken von etwa 150 cm Länge. Brutverhalten wie bei der Gattungsbesprechung angegeben.

*Crenicichla macrophthalma*
HECKEL, 1840
### Großaugen-Kammbuntbarsch

Eine kaum eingeführte Art von annähernd 30 cm Länge, deren Fundgebiet im Rio Negro und im Amazonas liegt. Die bräunlichen Tiere tragen vom Augenhinterrand zum Kiemendeckelbogen eine kurze dunkle Binde. Alle Schuppen im Bereich der Seitenlinien sind weißlich und haben einen schwärzlichen eiförmigen Fleck. Alle unpaaren Flossen sind grau und nicht gefleckt.

Crenicichla lugubris
Loiselle

*Crenicichla multispinosa*
PELLEGRIN, 1903
Vielstacheliger Kammbuntbarsch

Eine recht groß werdende Art, Längen von über 30 cm werden erreicht. Nachgewiesener Fundort ist eines der Guayana-Länder: das heutige Surinam. Farblich ein recht unscheinbarer Räuber, dessen Körper bräunlich ist und in der vorderen Hälfte wie auch in der Schwanzflosse von zahlreichen kleinen weißen Flecken übersät. Als einziges markantes Kennzeichen gilt ein auffälliger Augenfleck in der oberen Hälfte der Caudalbasis.

*Crenicichla ornata*
REGAN, 1905
Schmuck-Kammbuntbarsch

Ebenfalls keine farbenprächtige Art — trotz des vielversprechenden Namens. Er bezieht sich offenbar nur auf die schwarze Zeichnung. Etwa 20 cm groß werden die Tiere aus den Guayana-Ländern sowie dem nördlichen Amazonasgebiet. Die Körpergrundfärbung ist oliv, 7—8 dunkle Querbinden laufen über den Rücken, reichen jedoch nicht bis zum Bauch, sondern enden etwa in Höhe der Seitenlinien. Vom Augenhinterrand verläuft eine kurze Längsbinde bis zum Kiemendeckelrand. Der Kopf ist von einer Anzahl kleiner schwarzer Punkte überlagert, ein größerer schwarzer Fleck liegt in der oberen Hälfte der Schwanzflossenbasis. Alle unpaaren Flossen tragen dunkle Säume. In der Mitte des stacheligen Teils der Rückenflosse wird eine Reihe dunkler Flecke gezeigt, jeweils einer auf jedem Stachel.

*Crenicichla saxatilis*
(LINNAEUS, 1758)
Felsen-Kammbuntbarsch

Diese Art war als eine der ersten bekannt und wurde schon verschiedenen Gattungen zugeordnet. Altmeister LINNAEUS beschrieb den Fisch als *Sparus saxatilis,* BLOCH stellte ihn zur Gattung *Perca,* AGASSIZ zur Gattung *Cichla.* Ihre Verbreitung erstreckt sich überwiegend auf das Orinoco-Becken und die Guayana-Länder. Es sind jedoch auch Funde in Amazonien, im Staate Rio Grande do Sul (Südbrasilien) und auf der Insel Trinidad nachgewiesen. Mit einer Endgröße zwischen 35 und 40 cm gehört diese Art zu den größten unter den Kammbuntbarschen.

Hansen
Crenicichla saxatilis

Auf olivgrüner Grundfärbung — zum Bauch hin etwas aufgehellt — zieht auch bei dieser Art eine kurze schwarze Längsbinde von der Oberlippe durch das Auge zum Rand des Kiemendeckels. Über dem Brustflossenansatz liegt in der Seitenlinie ein dunkler, hell gerandeter Augenfleck mit unregelmäßig gezackten Konturen. Bei Wohlbefinden liegt hier das Zentrum einer weichen Roséstrahlung, die sich über den Bauch zieht, auf dem Kiemendeckel eine gelbliche Zone, im oberen Bereich des Körpers eine Anzahl weißer glänzender Punkte wahllos verstreut. Diese Flecke sind im Bereich von Rücken- und Schwanzflosse besonders auffällig. Verschiedentlich findet man noch einen kleinen dunklen Fleck in der oberen Caudalbasis. Im oberen Bereich der Schwanzflosse verlängert sich der dunkle Saum der Rückenflosse. Er ist mit einer helleren Längsbinde unterlegt. Unter der hellen Binde liegen in der Dorsalmitte zahlreiche dunkle Punkte auf den Flossenstrahlen. Der untere Teil der Schwanzflosse ist, wie auch die Afterflosse, blaugrün irisierend in der Farbe.

*Crenicichla strigata*
(GUENTHER, 1862)
Gestreifter Kammbuntbarsch

Dieser Kammbuntbarsch fällt mit seiner Streifenmusterung aus dem Rahmen. Der von GUENTHER als *Crenicichla johanna,* var. *vittata* (non *C. vittata* HECKEL, 1840)

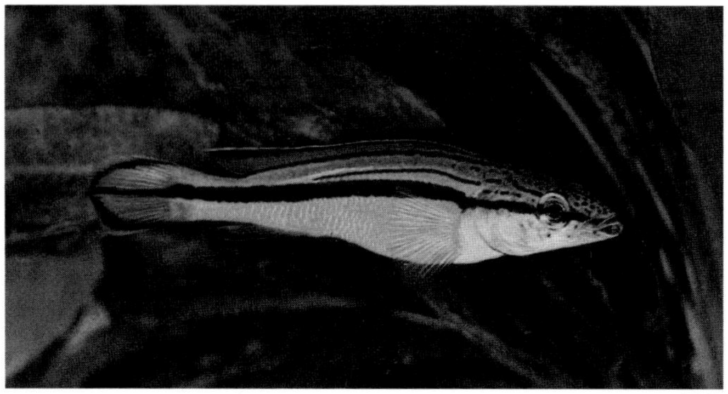

Crenicichla strigata. Hansen

beschriebene Fisch ging nach einem Namenswirrwarr mit diesem neuen Namen hervor. Heimat der Art sind das nördliche Amazonien und die Guayana-Länder. Die Tiere werden etwa 20 cm groß. Der Oberkörper ist olivgrün, der Unterkörper glänzt bei jüngeren Tieren noch silbrig hell, färbt sich jedoch mit zunehmendem Alter ebenfalls olivgrün um. Von der Oberlippe bis zum Kiemendeckelrand zieht eine schwarze Längsbinde durch das Auge. Bei den meisten Arten hört die Binde hier auf. Bei dieser Art jedoch wird sie von einem noch breiteren Band bis in die Caudalbasis hinein fortgesetzt. Ein schmaleres Band schließt sich an und vollendet die durchlaufende Binde bis in die äußere Schwanzflosse. Diese ist, ebenso wie Rücken- und Afterflosse, schwärzlich gesäumt. Vom oberen Hinterrand des Auges zieht ein dünnes schwarzes Längsband parallel zur breiten Binde, endet jedoch etwa in Höhe des Ansatzes der Analen. Ein drittes, ebenfalls feines, mehrfach unterbrochenes Band läuft von der Mitte der Oberlippe über den gepunkteten Kopf und zieht unterhalb der Dorsalbasis über den Rücken, bis in das Ende der Rückenflosse hinein.

### *Crenicichla vittata*
HECKEL, 1840
Gebänderter Kammbuntbarsch

Eine Art von etwa 20 cm Endgröße, deren Heimat im südlichen Teil Brasiliens sowie in Paraguay, Bolivien und Nordargentinien liegt (System des Rio Paraná und Mato Grosso). Der Fisch hat eine bräunliche Grundfärbung. Von der Oberlippe durch das Auge bis ins äußere Ende der Schwanzflosse zieht eine durchgehende dunkle Längsbinde. Über dem Rücken liegen zahlreiche Querbinden, reichen jedoch nicht zum Unterkörper hinab. Unterhalb des Auges verläuft eine schräg abwärts führende Binde zum unteren Kiemendeckelbogen. In der Caudalbasis liegt oberhalb der Seitenlinie ein schwarzer Augenfleck. Die körperfarbene Rückenflosse trägt zahlreiche hellgraue Punkte, die Schwanzflosse einen dunklen Saum. Farblich gesehen, ist diese Art keine Schönheit.

### *Crenicichla wallacii*
REGAN, 1905
Wallaces Kammbuntbarsch

Nach dem seinerzeit berühmten Naturforscher Dr. A. R. WALLACE ist diese Art benannt. Er fing die Bestimmungsexemplare im Rio Negro (1851) und zeichnete sie später. Darüber hinaus sind diese Tiere auch im Flußsystem des Rio Orinoco verbreitet. Auch sie dürften eine Länge von etwa 20 cm erreichen. Die Körpergrundfärbung ist bräunlich. Eine kräftig schwarze Längsbinde geht von der Oberlippe durch das Auge bis zum Kiemendeckelrand. Sie setzt sich, nur blaß ausgebildet, über die Flanken fort. Im oberen Bereich der Schwanzflossenbasis findet sich der vielen Arten eigene Augenfleck. Rücken- und Afterflosse sind schwärzlich gesäumt. Über der Schwanzflosse liegen einige feine Querbänder.

## Die Gattungen *Geophagus* und *Gymnogeophagus*

Bis vor einigen Jahren wurden alle heute bekannten Biotodoma-, Geophagus- und Gymnogeophagus-Arten zur Gattung *Geophagus* gestellt. In verschiedenen wissenschaftlichen Arbeiten (u. a. von WICKLER) wurde der Status der Arten und ihre Stellung zur Gattung *Geophagus* angezweifelt. Mit seiner Arbeit* hat GOSSE jetzt versucht, das nomenklatorische Dunkel zu erhellen. Mit seiner Revision der Gattungen *Biotodoma, Geophagus* und *Gymnogeophagus* aus dem Jahre 1975 wird festgestellt, daß sich die Vertreter dieser drei Gattungen vor allem durch das Vorhandensein oder das Fehlen des pfriemförmigen, einzeln vor den ersten harten Stacheln der Rückenflosse stehenden Knochens, den sogenannten

* GOSSE, J.-P., 1975: Revision du genre *Geophagus (Pisces, Cichlidae),* Academia royale des Sciences Naturelles et Medicales, N. S. XIX-3, Bruxelles.

Supraneuralen, unterscheiden. So besitzen die Vertreter der Gattung *Biotodoma* zwei jener Knochen, die von *Geophagus* nur noch einen und die der Gattung *Gymnogeophagus* schließlich keinen mehr. Den meisten Aquarianern werden solche Unterscheidungsmerkmale nicht viel bedeuten, doch sollte einmal erklärt werden, warum es den neuen Gattungsnamen gibt.

Unabhängig von diesen Unterscheidungsmerkmalen können die Vertreter beider Gattungen an der Art der Vermehrung erkannt werden. Sie ist nicht abhängig von der Gattungszugehörigkeit und verhalf vor einigen Jahren durch neue Erkenntnisse den südamerikanischen Buntbarschen zu neuem aquaristischem Höhenflug. Die Unterscheidung in Offenbrüter, ihr Gelege wird an ein Substrat geheftet, und in Maulbrüter, ihr Gelege wird im Maul zum Schlüpfen gebracht, machte verständlicherweise vor allen die maulbrütenden Arten interessant. Nun konnte man unterschiedliche Verhaltensweisen zu afrikanischen Arten direkt am Objekt — dem Fisch im Aquarium — studieren. Der Name *Geophagus* bedeutet soviel wie „Erdfresser" (aus dem Griechischen „geo" = Erde und „phagein" = fressen). Das sollte aber nicht mißverstanden werden, denn die Tiere fressen keine Erde, sondern durchwühlen (durchkauen) sie nach Freßbarem. Wie man im Aquarium feststellen kann, hält sich der Trieb, den Bodengrund nach Nahrung zu durchsuchen, bei ausgewogener Fütterung in Grenzen. Ein starker Filter ist jedoch für die Haltung dieser Tiere immer empfehlenswert. Ebenso sollte man keine empfindlichen oder zarten Pflanzen in das Becken setzen. Einige schwere Steine, die den Tieren das Wegrücken unmöglich machen, können Grundlage für eine Aquariendekoration sein. Pflanzen sollten, nur wenn es unbedingt sein muß, dann gut befestigt eingesetzt werden.

## *Geophagus acuticeps*
HECKEL, 1840
Vierfleckerdfresser

Die Heimat dieser Art liegt im gesamten Amazonasbecken, sie kommen jedoch nirgends so häufig vor, daß man sie auf Anhieb finden könnte. Die Tiere werden etwa 26 cm lang. Von einigen Autoren wird die Gültigkeit der Art angezweifelt, und man meint, daß sie als Synonym zu *G. daemon* gestellt werden müßte. GOSSE sagt jedoch in

Winkelmann

Geophagus acuticeps ♂

seiner Arbeit von 1975 (vergleiche Gattungsbeschreibung), daß es sich bei beiden um gute Arten handelt. Die Ähnlichkeit, zumindest in der Kopfzeichnung, ist unbestritten, die Maulpartie zeigt aber Abweichungen.

Die Offenbrüter werden mit etwa 10 cm Länge geschlechtsreif. Sie haben bei gestrecktem Körper einen großen Kopf. Das Maul ist endständig und nicht so tief gespalten wie bei der ähnlichen Art *G. daemon*. Die Grundfärbung ist ockergelb mit stark irisierendem Grünglanz über den Flanken. Die meisten Schuppen tragen hell glänzende Tüpfel in ihrer Basis. In der Kopfpartie zeigen sich einige hell irisierende Streifen und Zonen. Vom Ende des Kiemendeckels zieht eine schwärzliche Längsbinde zur Caudalbasis, in der, gleichmäßig verteilt, drei dunklere Punkte liegen. Ein vierter Punktfleck, hell irisierend gerandet, liegt im oberen Bereich der Schwanzflossenbasis. Stimmungsbedingt wird eine Anzahl von Querbinden über dem Rücken gezeigt, die sich etwa bis zur Längsbinde herunterziehen. Sie sind derart angeordnet, daß jede zweite zu einem der dunklen Punkte in der Musterung der Längsbinde führt. In den grünlichen Flossen treten die Strahlen durch intensive Blaustrahlung ebenso hervor wie verschiedene Tüpfel in den Membranen. Die ausgezogenen Strahlen der Bauchflosse zeigen blaugrüne oder rote Spitzen, die Iris zwei rote Flecke.

## *Geophagus brasiliensis*
(QUOY & GAIMARD, 1824)
Brasil-Perlmutterfisch

Der Brasil-Perlmutterfisch lebt im östlichen Brasilien bis in die atlantischen Mündungsgebiete der verschiedenen

Richter

Geophagus brasiliensis ♂

Mayland

Geophagus daemon

Flüsse hinein. Die Tiere werden fast 30 cm groß. Sie haben nicht ganz jene gestreckte Form vieler Gattungsverwandter, auch nicht den spitz zulaufenden Kopf jener Arten. Besonders die Männchen werden mit zunehmendem Alter hochrückiger. Die Größe könnte einige Liebhaber von der Haltung abhalten, jedoch im Aquarium wird die Endgröße nur langsam erreicht und nur in besonders geeigneten großen Becken. Aber bereits mit einer Länge zwischen 8 und 10 cm sind die Fische fortpflanzungsfähig.

Auf grauer bis lehmgelber Grundfärbung ist jede Schuppe mit einem hellgrün leuchtenden Fleck versehen, die Kiemendeckel tragen ähnlich gefärbte Punkte. Bei Wohlbefinden leuchten Lippen, Kehle und Brust wie die Brustflossen und die Iris in Goldockertönen. Gelegentlich zeigen die Tiere von der Stirn bis zum Kiemendeckelbogen eine kurze dunkle Binde. Jüngere Fische mit weniger ausgeprägter Färbung lassen ein dunkles Längsband über der Körpermitte erkennen, das in der Caudalbasis endet. Ein markantes Merkmal — es ist einigen anderen Arten ebenfalls zu eigen — zeigt sich in einem großen Punkt auf der Flankenmitte. Dieser kreisförmige Fleck ist tiefschwarz und wird nur schwach von einem Glanztüpfelmuster gesäumt. Bei älteren Tieren werden Rücken- und Afterflosse ungemein breit und lang ausgezogen. Die dann strahlenden Leuchtflecke auf den Schuppen überlagern selbst den markanten Körperfleck, allerdings nur bei männlichen Tieren. Weibchen sind weniger farbenprächtig, sie bleiben blasser. Dafür sind weibliche Tiere im Aquarium fast immer aktiver, oft sogar ausgesprochen rabiat gegenüber ihren männlichen Partnern. Gehen die Männchen nicht auf die Wünsche der Weibchen ein, kann es zu argen Beißereien kommen, bei denen die männlichen Tiere oft arg zerbissen werden. Deshalb ist die Zucht vor allem vom Harmonieren eines Paares abhängig. Man soll die Fische, haben sie ein laichfähiges Alter erreicht, stets mit kräftiger Kost ernähren, darunter viel Lebendfutter. An die Wasserqualitäten stellen die Brasil-Perlmutterfische keine besonderen Ansprüche. Die Zucht findet bei Temperaturen zwischen 25 und 26° C statt. Die Fische sind zudem so hart, daß sie sogar einen Temperaturabfall auf etwa 10° C überstehen. Die verhältnismäßig kleinen Eier werden nach Möglichkeit in eine dunkle Steinspalte abgelegt. Die Partner treiben gemeinsam und intensiv die Brutpflege (Elternfamilie). Gut harmonierende Paare können zwei Zuchten im Jahr bringen.

## *Geophagus daemon*

HECKEL, 1840

Dreifleckerdfresser

Einige Autoren meinen, daß es sich bei *G. acuticeps* und *G. daemon* um die gleiche Art handele. Wie bereits aus der Besprechung der erstgenannten Art hervorgeht, kommt GOSSE in seiner Revision aus dem Jahr 1975 zu der

Ansicht, daß beides gute Arten sind. Die Erstbeschreibung beider Arten erfolgte in einer Arbeit von HECKEL, die von *G. daemon* zuerst, dann die von *G. acuticeps.* Optische Unterschiede kann der Aquarianer feststellen, wenn er beide Fotos vergleicht: Der Körper von *C. daemon* hat über den Flanken zwei größere dunkle Flecke, von denen der erste auf der Körpermitte liegt, der zweite vor dem Beginn des Schwanzstieles, ein dritter weißgesäumter am äußeren oberen Ende der Caudalbasis, In der Kopfform erinnert die Art an *G. jurupari.* Die Stirn ist lang heruntergezogen, und die Kehlpartie verläuft fast horizontal. Über dem grünlich irisierenden Körper, dessen Schuppen in der Basis einen perlmutterfarben irisierenden Tüpfel zeigen, steht die leicht abgerundete Rückenflosse. Deren Strahlen jedoch, sonst zur Spitze verlängert, stehen extrem lang ohne Membranverbindung über die Flosse hinaus. Je nach Alter des Tieres bilden zwei bis vier eine Verlängerung. Bei männlichen Tieren sind diese Strahlen länger und zahlenmäßig größer; zudem weist die Rückenflosse der Männchen in ihrem äußeren Bereich, und bei Erreichen eines bestimmten Alters, eine Anzahl dunkler Punkte auf. Rücken- und Afterflosse sind transparent und wirken wie grünlich gepudert. Der Kopf trägt von der Oberlippe zum Unterrand des Auges eine dunkle Schrägbinde, sie ist von zwei bläulichen Säumen begrenzt. Meist ist auch die Oberlippe blau. Die Iris weist zwei rote Flecke auf. Die aus Amazonien stammenden Tiere erreichen eine Länge von etwa 30 cm.

Geophagus daemon ♂

Schulz

### *Geophagus harreri*

GOSSE, 1975

Harrers Erdfresser

Eine Neubeschreibung, deren Fundort im Ouaqui (ein Fluß im Maroni-Bassin) in Französisch Guayana nachgewiesen ist. Als maximale Größe der gefangenen Tiere werden 22,5 cm angegeben, doch kann es sicher auch größere Exemplare geben.

Der Körper der Fische trägt eine braunolive Grundfärbung. Zwei dunkelbraune Längsbänder laufen über die Flanken, das erste bis zum Ansatz der Rückenflosse, das zweite vom 5. bis 9. Strahl der Dorsalen bis zum unteren Brustflossenansatz. Ein dunkler Fleck steht im oberen Körper, etwa in Höhe der letzten weichen Strahlen. Rücken-, Schwanz- und Afterflosse tragen Körpergrundfärbung. Sie zeigen in ihrem weichen Bereich eine Musterung aus schmutzigbraunen und glashellen Tüpfeln. Die Brustflossen sind gräulich, die äußeren Strahlen der dunkelgrauen Bauchflossen außen faserig weiß gesäumt. Über die Nachzucht ist noch nichts bekannt.

### *Geophagus hondae*

REGAN, 1912

Rothaubenerdfresser

Synonyme: *Geophagus steindachneri* EIGENMANN, 1922
*Geophagus magdalenae* BRIND, 1943

Als vor einigen Jahren diese Geophagus-Art häufiger importiert wurde, geschah das anfangs unter verschiedenen Namen, weil niemand sich die Mühe machte, die Artzugehörigkeit genau festzustellen. Die unter den Namen *G. pellegrini* und *G. steindachneri* gehandelten Tiere erwiesen sich als äußerst interessante Pfleglinge und zeigten vor allem ein bis dahin fast nie beobachtetes Brutverhalten. Nach der Revision durch GOSSE steht einwandfrei fest, daß es sich bei dieser Art um *G. hondae* handelt, denn die Beschreibung von EIGENMANN für dieselbe Art erfolgte erst zehn Jahre später. Die Heimat der Fische ist der Oberlauf des Rio Magdalena in Kolumbien. Sie dürften etwa 25 cm lang werden, pflanzen sich jedoch bereits mit einer Größe von 8 cm fort.

Die ockergelbe Körperfärbung ist stellenweise von dunkleren Flecken überlagert. In verschiedenen Körperzonen

Richter

Mayland

Richter

*Das Weibchen von* Geophagus hondae *bewacht die Jungfische, die bei Gefahr im Maul der Mutter verschwinden (großes Bild). Männliche Tiere tragen aufgeworfene Lippen mit seitlichen (Ei?-)Flecken.*

weisen die Schuppen unterschiedlich breite, grün irisierende Ränder auf, so entsteht das bekannte Netzmuster. Über dem Rücken liegen etwa sechs Querbinden, deren dunkle Färbung sich zum Bauch hin merklich abschwächt. Vom Rücken her zieht eine rußigdunkle Zone bis zur Oberlippe und überschreitet dabei das markante Merkmal bei den Männchen: Sie tragen einen auffallend rostbraunen Stirnhöcker, wie ein Häubchen rückversetzt oberhalb der Augen. Er kann in wenigen Tagen zu besonderer Größe anschwellen. Es wurde nicht erwiesen, ob dieser Vorgang bei der Balz oder zur Herstellung einer Rangordnung dient. Ungeklärt ist auch die Frage nach dem Vorhandensein zweier orangefarbener leuchtender Flecke in den Maulwinkeln der Männchen. Sie schwellen während der Balz an und werden bereits beim Steinlutschen mit der wulstigen Oberlippe dem Weibchen auffallend präsentiert. Sicherlich werden sie nicht direkt bei der Befruchtung eingesetzt wie die Eiflecke bei den verschiedenen Haplochromis-Arten und Mbuna-Cichliden des afrikanischen Kontinents.

Für diese Fische sollte man ein Aquarium mit einer Mindestlänge von 100—120 cm verwenden, es genügen auch 80 cm lange, doch sollte man diesen doch größer werdenden Tieren nicht eine zu kleine Behausung anbieten, die man dann später aus mancherlei Gründen nicht mehr umstellen kann oder möchte. An die Wasserwerte stellen die Tiere keine unerfüllbaren Ansprüche, zumal in ihrer Heimat Wasserwerte Zentralamazoniens ebenfalls nicht immer anzutreffen sind. Als Richtlinie sollte dienen: etwa 10° dH, pH-Wert um 7,0 sowie eine normale Temperatur um 26° C, die man zur Zucht um etwa 2° C erhöht. Wer die Tiere zur Zucht bringen möchte, soll wissen, daß er etwas sehr Interessantes erleben wird: Die Fische sind Maulbrüter. Weil die Eier meist nach Art der Offenbrüter auf ein flaches Substrat (Steinplatte) abgegeben werden, beginnt das Zeremoniell der Synchronisation mit ausgedehntem Steinlutschen. Die orangegelben Eier werden sofort nach dem Ablegen ins Maul genommen (Rückwärtsschwimmen). Zur besseren Sicherung der Eier im Maul wird die Oberlippe während der Brutzeit tief heruntergezogen. Gelegentlich erkennt der Pfleger an den kauenden Bewegungen des Weibchens, daß es die Eier im Maul umbettet. Während der Brutzeit soll man die Weibchen nicht füttern, denn Versuche haben gezeigt (VIERKE, 1976), daß die Mutter bei der Futteraufnahme unvorsichtig werden kann und die Brut mitverspeist. Gefüttert wird erst wieder nach dem Freischwimmen der Jungen, etwa nach 20 Tagen. Die Kleinen sind dann bereits 10 mm groß und nehmen sofort Artemia- und Cyclops-Nauplien.

### *Geophagus jurupari*
HECKEL, 1840
Teufelsangel

Einer der bekanntesten Vertreter der Gattung aus den Guayana-Ländern (in denen Sir R. SCHOMBURGK seinerzeit die Beschreibungsexemplare fing) sowie aus dem Flußgebiet des Amazonas. Die bis etwa 26 cm groß werdenden Fische sollen nicht bei Temperaturen unter 22° C gehalten werden. Bei nicht abgeschirmter Wasseroberfläche (Schwimmpflanzen) benehmen sich die Fische stets etwas hastig und schreckhaft. Als Körpergrundfärbung gilt ein mittleres Oliv, das zum Rücken hin etwas dunkler wird. Jede Schuppe ist mit einem grün irisierenden Tüpfel versehen, doch leuchten nicht alle gleichmäßig hell. Eine besonders leuchtende Kopfmusterung sorgt dafür, daß die Art sich stets in schönster Färbung präsentiert. Zwischen den Augen liegt ein rostrotes Linienmuster, das sich bis zur Oberlippe herunterzieht. Die Zwischenräume sind irisierend grün. Sonst ist der Kopf von stark leuchtenden grünen Tüpfeln auf rostrotem Grund überlagert. Die ebenfalls grünlichen Flossen weisen, besonders im weichen Bereich, eine Vielzahl grüner Strahlen auf. Bei Schreckverhalten oder Unwohlsein zeigen die Tiere eine dunkle Musterung von Querbinden sowie gelegentlich auch eine dünne Längsbinde.

Auch diese Art zählt zu den Maulbrütern, obgleich man nach Zuchterfahrungen der letzten Jahre wohl eher von Maulbrutpflegern sprechen kann. Die Eier werden, nach Art der Offenbrüter, auf ein Substrat abgegeben. Die Gelegegröße hängt von der Größe des Weibchens ab, aber man kann auch bei jüngeren Tieren bereits mit jeweils 250 bis 300 Eiern rechnen. Sie werden nicht gleich ins Maul genommen, jedoch gepflegt und scharf bewacht, daran sind beide Eltern beteiligt. Nehmen die Tiere die Eier nach einigen Tagen ins Maul, beteiligen sich eben-

Eliás
Geophagus jurupari

Geophagus jurupari ♂
Jacobi

Winkelmann

G. jurupari-*Mutter mit Jungfischen im Maul*

falls beide Geschlechtspartner daran. Nach etwa 10 Tagen werden die Jungfische meist zum ersten Mal aus dem Maul entlassen. Dieses abwechselnde Behüten der Eier und später auch der Jungfische macht es den Elterntieren möglich, Nahrung aufzunehmen, während sie sich nicht um den Nachwuchs direkt zu kümmern brauchen. Die Jungfische nehmen jetzt das übliche Anzuchtfutter, wie Artemia- und Cyclops-Nauplien, und können einige Tage später bereits mit fein zerhacktem Futter anderer Art (Tubifex, Mückenlarven usw.) gefüttert werden. Dies reicht man den Jungen zweckmäßigerweise in einem etwa 10 mm starken Rohr, aus dem man das Futter in der Nähe des Standplatzes des führenden Elterntieres vorsichtig absinken läßt. Vom ersten Entlassen aus dem Maul bis zum Herumführen der Jungen im Becken vergehen reichlich 4 Wochen. Dann sind die Kleinen soweit herangewachsen, daß sie im Maul eines Elterntieres keinen Platz mehr finden. Die Eltern müssen sich dann ihrer erwehren, weil sie von den Kindern immer wieder bedrängt werden, sie ins Maul zu nehmen. Nach weiteren 4 Wochen erlischt das Pflegeverhalten der Eltern. Die Jungfische bleiben sich selbst überlassen. Erwachsene Tiere dieser Art vergreifen sich nur ausnahmsweise an kleineren Fischen und fressen sie, deshalb besteht für die Jungfische keine unmittelbare Gefahr. Besser ist jedoch, wenn man sie etwa von diesem Zeitpunkt an vollends von den Eltern trennt.

### *Geophagus surinamensis*

(BLOCH, 1791)

### Surinam-Perlfisch

Diese Art stammt aus dem nordöstlichen Südamerika — den Guayana-Ländern, deren mittleres, Surinam, ihr den Namen gab. Im Gegensatz zur vorgenannten Art, *G. jurupari,* haben die Tiere nicht einen solch langgezogenen Kopf, bekommen aber einen höheren Rücken und wirken mit zunehmendem Alter etwas untersetzter. Die bereits vor dem ersten Weltkrieg eingeführten Tiere konnten sich bei vielen Aquarianern nicht durchsetzen, vermutete man die unangenehmen Eigenschaften verwandter Arten *(G. gymnogenys)* doch auch bei ihnen. Der Surinam-Perlfisch trägt seinen Namen zu Recht Die Tiere kommen in verschiedenen Farbvarianten vor, sind in jeder Variante aber empfehlenswerte Pfleglinge. Sie erreichen eine Länge von etwa 20 cm.

Im Stadium der Geschlechtsreife zeigen die Fische eine lehmolivfarbene Körpergrundfärbung. Die Schuppen über den Flanken sind jeweils mit einem, doppelt übereinanderliegenden, grünblau irisierenden Glanztüpfel geschmückt. Über der Flankenmitte liegt ein großer, runder schwarzer Fleck, die Iris trägt deren zwei in Rot. Die zuweilen blauviolett schimmernden Flossen (Brustflossen ausgenommen) sind von rostroten Strahlen durchzogen. Die Flossen-

Richter

Geophagus surinamensis,
*Weibchen mit ausgetretener Legeröhre bei Eiabgabe.*

säume strahlen ebenso rostrot. Bei älteren Männchen sind die äußeren Strahlen der Bauchflossen lang ausgezogen. Geschlechtsunterschiede werden erst bei halbwegs erwachsenen Tieren (ab 10—12 cm Länge) erkennbar. Erwachsene Männchen werden größer und sind in der Färbung intensiver. Neben den bereits erwähnten verlängerten Bauchflossenstrahlen tragen die äußeren Schwanzflossenstrahlen die gleichen Zipfel wie die zugespitzten Strahlen der Rückenflosse.

Zur Zucht brauchen die Tiere ein mindestens 100 cm langes Becken. Sie können recht ruppig werden. Die Maulbrutpfleger laichen bevorzugt an flache Steine ab. Zuweilen werden auch Wurzeln und Mulden als Substrat gewählt. Die Tiere stellen keine großen Ansprüche an die Wasserqualität, doch soll es klar und sauerstoffreich sein. Ebenso wichtig ist eine ausgewogene (nicht einseitige) Fütterung. Die Beobachtungen von EIGENMANN, der ein Tier dieser Art mit Jungen im Maul fing, bestätigt die Maulbrutpflege, doch kann man wegen des Pflegeverhaltens sie nicht als ausgesprochene Maulbrüter betrachten. Zuerst werden die Eier nach Art der Offenbrüter gepflegt und bewacht. Nach etwa zwei Tagen ändern sie ihr Verhalten und nehmen die Eier häufiger ins Maul. Es scheint, als wollen die Eltern prüfen, wie weit die Larven in den Eihüllen entwickelt sind. Je näher der Schlupfzeitpunkt kommt, um so häufiger kann man diese „Kontrolle" beobachten. Kurz bevor die Larven die Eihülle sprengen, werden sie von beiden (!) Eltern ins Maul genommen. Gelegegrößen von 250—300 Eiern sind nicht selten und vielleicht — bei guter Schlupfrate — auch etwas viel für ein Elterntier. Die weitere Aufzucht kann wie bei *G. jurupari* erfolgen.

### *Gymnogeophagus australis*
(EIGENMANN, 1907)
### La-Plata-Erdfresser

Wie der Name bereits erkennen läßt, haben wir es hier mit einer sehr weit nach Süden verbreiteten Art zu tun. Die Tiere leben jenseits der Wasserscheide zum Amazonas-Becken, in einem Gebiet also, dessen Wasser zum Südatlantik fließen. Ihre Verbreitung liegt demnach im Bereich des Rio Uruguay und des Rio Paraná, der sich im La-Plata-Becken in den Atlantik ergießt. Der „südliche" Erdfresser (nach seinem Artennamen *„australe"*) wird etwa 18 cm lang und stellt im Aquarium keine besonderen Ansprüche an die Wasserqualität. Die Tiere haben die für die meisten Gattungsvertreter typische gestreckte Körperform mit längerem, spitz zulaufendem Kopf. Die Küstenbewohner trifft man zuweilen sogar im Brackwasser an. Sie besitzen eine sehr schöne Färbung, bei der über graugrünem Grundton ein kräftiger Perlmutterglanz liegt, der noch durch irisierende Tüpfel auf den Schuppen in der oberen Körperhälfte verstärkt wird. Etwa 7—8 Querbinden liegen in der oberen Körperhälfte und werden, vor allem bei Alttieren, oft nur stimmungsbedingt gezeigt. Ein unregelmäßig gerandeter dunkler Fleck liegt auf der Körpermitte. Eine zuerst schmale, dann breiter werdende Augenbinde zieht sich vom ersten Strahl der Rückenflosse durch das Auge zum unteren Kiemendeckelbogen. Auch sie wird nur stimmungsbedingt gezeigt. Alle Flossen sind graugrün; Rücken- und Afterflosse haben auf der Basis der weichen Strahlen große, blaugrün irisierende Tüpfel. Die Fische sind Substratbrüter.

### *Gymnogeophagus balzanii*
(PERUGIA, 1891)
### Paraguay-Maulbrüter

Der Paraguay-Maulbrüter (nicht zu verwechseln mit dem maulbrutpflegenden Paraguay-Buntbarsch *Aequidens para-*

Richter

Gymnogeophagus balzanii ♂

Richter

Gymnogeophagus balzanii, *Weibchen mit Jungfischen.*

*guayensis*) stammt aus den Flußgebieten des Rio Paraguay und des Rio Paraná. Diese Art ist ruhig und wühlt nicht, den Mitbewohnern im Aquarium gegenüber wird sie sich recht friedfertig verhalten. Die Tiere passen sich bald den als normal zu bezeichnenden aquaristischen Bedingungen an, dabei sollten eine Wassertemperatur von etwa 24° C und eine durchschnittliche Härte von maximal 22° dH (weicher ist besser) gehalten werden. Der pH-Wert kann im Neutralbereich (7,0) liegen. Auch diese Art (wird bis etwa 20 cm groß) benötigt ein Becken von mindestens 100 cm Länge mit nicht zu grobem Bodengrund (Sand oder feinen Kies), den sie nach Freßbarem durchsuchen können. Dabei wird das Material mit dem Maul vom Boden genommen, regelrecht durchgekaut und größtenteils durch die Kiemen wieder nach außen befördert. Um diesen Vorgang möglichst gering zu halten, soll man die Fische abwechslungsreich und kräftig füttern und eine gute und leistungsstarke Pumpe für klares Wasser sorgen.

Die Unterscheidung der Geschlechter ist bei dieser Art besonders einfach, zumal sich die Tiere nicht nur in der Form der Rücken- und Afterflossen unterscheiden, sondern vor allem eine so unterschiedliche Kopfform annehmen, an der man sie sofort auseinanderhalten kann (vergleiche Fotos). Die Grundfarbe der Tiere kann als ockergelb gelten, obgleich die Weibchen meist einen silberhellen Glanz über dem Körper haben. Die vom Rücken herunterhängenden Querbinden sind in der oberen Körperhälfte recht dunkel, wenn sie (stimmungsbedingt) gezeigt werden. Sie teilen sich unterhalb eines großen schwarzen Flecks in der Körpermitte in mehrere feinere Linien. Es entsteht der Eindruck, als sei an den Flanken Farbe heruntergelaufen. Männliche Tiere zeigen über den Flanken den erwähnten Silberglanz nicht. Sie sind dunkler und tragen in der oberen Körperhälfte einen leichten Blauglanz. Eine Reihe von Schuppen um den vorderen Teil der Seitenlinie weisen leuchtend blaue Tüpfel auf. Gleichfarbene Tüpfel finden wir auch auf den Wangen. Der Kopf der Männchen ist erheblich vorgewölbt und der Körper hochrückiger als bei den Weibchen. Deshalb machen die Tiere einen sehr wuchtigen Eindruck. In den dunklen, abgerundeten Flossen der Weibchen leuchten die Strahlen ockerfarben, während Rücken- und Afterflosse bei den Männchen zipfelig ausgezogen sind. Die Rückenflosse weist rote Strahlen auf, und in allen liegen zahlreiche blaue Tüpfel.

Die Zucht erfolgt nach dem üblichen Putzen des Substrates, auf das die Eier abgegeben werden sollen. Das Säubern dient jedoch nicht der Vorbereitung des Ablaichplatzes, sondern vielmehr noch der Synchronisation der zur Paarung nötigen Verhaltensweisen. Die Gelege umfassen etwa 200 bis 250 Eier. Nach der Befruchtung ist für das Männchen die Arbeit eigentlich getan, denn es kümmert sich kaum mehr um seine Nachkommenschaft. Nachdem das Weibchen 2—3 Tage das Gelege gehütet und gepflegt hat, werden die Eier ins Maul genommen und erbrütet. Etwa eine Woche später werden die inzwischen geschlüpften Jungfische, deren Dottersack fast aufgezehrt ist, zum ersten Mal aus dem Maul der Mutter entlassen. Die Jungfische sind dann etwa 5—6 mm lang und nehmen bereits Artemia- und Cyclops-Nauplien auf. Wie bereits erwähnt, soll man dieses Futter nicht über das gesamte Becken verteilen, sondern es mit Hilfe eines etwa 10 mm starken Kunststoff- oder Glasrohres (Filterrohr) der Mutter, und damit den Kleinen, direkt vors Maul geben. Bei guter Fütterung wachsen die Jungen schnell heran und sind nach etwa 4 Wochen bereits etwa 2 cm groß.

## *Gymnogeophagus gymnogenys*
(HENSEL, 1870)
Dunkler Perlmutterbuntbarsch

Über 20 cm groß wird diese Art und ist von Südbrasilien über Uruguay bis nach Argentinien verbreitet. Meist stammen die sehr selten eingeführten Tiere aus dem Staat Rio Grande do Sul (Südbrasilien). Die von HENSEL in der gleichen Arbeit beschriebene Art *Acara minuta** wurde längst als Synonym zu dieser Art gestellt, denn es hat sich bei den Holotypen um Jungtiere von *G. gymnogenys* gehandelt. Die Fische haben nicht den langen spitzen Kopf und die gestreckte Körperform von *G. jurupari,* sondern gleichen im Habitus eher *G. surinamensis,* nur ohne dessen lang ausgezogene Bauchflossen, auch eine abgerundete Caudale fehlt. Viele Aquarianer werden diesen Fisch lebend bewußt kaum zu Gesicht bekommen haben, obgleich die Existenz der Art zweifellos unbestritten ist. STERBA spricht von einer ähnlichen Nachzucht wie bei *G. acuticeps.* Wir haben in den letzten Jahren eine Reihe Überraschungen im Verhalten der Arten erlebt, deshalb möchte ich keine Hinweise über die Zucht geben.

Entsprechend ihrer südlichen Verbreitung sind die Tiere recht unempfindlich gegenüber etwas kühleren Temperaturen. Ausgewachsene Männchen bekommen einen Stirnbuckel. Wahrscheinlich werden die Vertreter dieser Art auch halbausgewachsen bereits geschlechtsreif. Die Fische haben eine mittel- bis dunkelbraune Grundfärbung und schimmern leicht grünlich. Die Körperschuppen schmükken kleine irisierende Punkte. Das Auge ist ohne Binde. Auf der Körpermitte steht ein mittelgroßer runder Fleck, meist aber nur schwach ausgeprägt. Ein anderer Fleck im oberen Bereich der Caudalbasis dagegen ist kräftiger abgesetzt. Die unpaaren Flossen sind braunrot und tragen feine grüne Linien in Rücken- und Afterflosse sowie einen groben Tupfen in der Schwanzflosse.

## *Gymnogeophagus rhabdotus*
(HENSEL, 1870)
Streifen-Erdfresser

Synonym: *Geophagus brachyurus* COPE, 1894

Genau übersetzt, müßte der Fisch „Stäbchen-Erdfresser" heißen, doch weist HENSEL in seiner Erstbeschreibung besonders auf die Längsstreifung hin: „Charakteristisch ist die Färbung der Seiten, auf denen helle silberglänzende Längsstreifen mit schmaleren dunklen abwechseln. Diese gehen über die Mitte der Schuppen, jene über die Seiten derselben. Bei *G. brasiliensis* und *G. gymnogenys* findet sich oft eine ähnliche Zeichnung, allein dann werden die hellen Längsstreifen von einzelnen silberweißen Flecken

Gymnogeophagus rhabdotus, *jüngeres Tier.*
Loiselle

* Laut GOSSE stellt dieser Name ein Synonym von *G. surinamensis* dar.

Richter

Herotilapia multispinosa,
*Weibchen bewacht das Gelege.*

Richter

*Die frisch geschlüpften Larven von* H. multispinosa
*werden abends wie Trauben an die Pflanzen gehängt.*

zusammengesetzt, die sich auf der Mitte jeder Schuppe befinden, aber nicht den freien Rand derselben erreichen, während die Seiten der Schuppen dunkel sind."
Das heißt in aquaristischem Deutsch: Auf der Schuppe befindet sich kein Leuchtpunkt, sondern ein Leuchtstrich, der bis zum hinteren Rand der Schuppe reicht. Dadurch ergibt sich als Körperzeichnung keine Punktreihe, sondern ein durchgehender Streifen. Weil die Schuppen jeweils einen braunen Ober- und Untersaum haben, ergibt sich ein Muster aus braunen und grünsilbern glänzenden Längsstreifen. Über dem Körper liegen mehrere dunkle, meist aber sehr undeutlich gezeigte Querbänder, deren drittes in der Körpermitte — unterhalb der Seitenlinie — einen großen schwarzen Fleck trägt. Mit Ausnahme der weißlich transparenten Brustflossen sind alle anderen bläulich und weisen Muster aus bläulichen Tüpfeln auf. Die Flossenstrahlen schimmern leicht rötlich. Die Tiere stammen aus Süd- und Südwestbrasilien.

## Die Gattung *Herotilapia*

Im Jahre 1903 wurde die Gattung von PELLEGRIN aufgestellt und unterscheidet sich von *Cichlasoma* lediglich in der Bezahnung. Sie ist monotypisch, das heißt: ihr gehört nur eine Art an. Von den Mitgliedern der Gattung *Cichlasoma* stehen ihr die der *C. nigrofasciatus*-Gruppe am nächsten.

## *Herotilapia multispinosa*
(GUENTHER, 1869)
Regenbogencichlide

Diese Mittelamerikaner konnten sich über weite Gebiete verbreiten, doch wird als ursprüngliche Heimat der Managua-See angenommen, der mit dem Nicaragua-See (im gleichnamigen Staat) direkt verbunden ist. Obgleich die Art seit über einem Jahrhundert bekannt ist, setzte sie sich als Aquarienfisch erst in letzter Zeit durch, und man findet die Fische heute fast in jeder Schauanlage. Für den Aquarianer, der das Verhalten eines Offenbrüters studieren möchte, geben diese Tiere geradezu ein Paradebeispiel ab. Sie erreichen nicht die Größe der vorher erwähnten Geophagus- und Gymnogeophagus-Arten und werden selten größer als etwa 14 cm (männliche Tiere). Weibchen bleiben etwas kleiner. Zur Haltung der

Richter

*Weibchen von* H. multispinosa *inmitten*
*des Jungfischschwarmes und in typischer Pflegefärbung.* ▷

Fische sollte man ein Becken von mindestens 70 cm zur Verfügung haben, ein größeres Aquarium aber bietet bessere Lebensbedingungen. Die Wasserqualität spielt, wie bei den meisten mittelamerikanischen Cichliden, nur eine untergeordnete Rolle.

Jungtiere, meist erwirbt man sie, sind stets quergestreift. Ein hell eingefaßter dunkler Fleck liegt über der Körpermitte und bleibt ebenfalls bei erwachsenen Tieren sichtbar, auch wenn er auf beiden Seiten von einem breiten unregelmäßig verlaufenden Längsband berührt wird. Wie bei vielen Cichliden, ist auch bei dieser Art das mehr oder weniger intensive Zeigen der dunkleren Körperzeichnung ein optisches Stimmungsbarometer. Das gilt nicht nur für die schwarzen Markierungen, sondern, beispielsweise bei der Balz und dem folgenden Laich-, Hüte- und Pflegeprozeß, auch für die Körpergrundfärbung. Sie kann bei dieser Art über dem Rücken, sowie über den unpaaren Flossen sehr abdunkeln. Dann treten deren bläuliche Säume und die der Bauchflossen intensiver hervor. Die meist helle hintere untere Körperpartie färbt sich während der Zeit, in der die Jungen im Becken „spazierengeführt" werden, so schwarz wie fast der gesamte Bauch (vergleiche Foto vorige Seite); möglicherweise ein Ausdruck äußerster Konzentration des führenden Tieres.

Zur Zucht: Die Balz beginnt mit Flossenspreizen und anderem Imponiergehabe und geht schließlich in das bekannte Putzen des Substrates über. Meist ist es ein flacher Stein. Auf ihn werden die Eier in geraden Reihen vom Weibchen geklebt und nach jedem Schub vom Männchen befruchtet. Ein Laichakt kann bis zu zwei Stunden dauern. Das Gelege ist groß, doch unterschiedlich in seinem Umfang. Man kann mit ein- bis dreitausend Eiern rechnen. Die Färbung der Eier hängt etwas von der Art der Fütterung ab, meist ist sie bernsteingelb. Das Weibchen hütet das Gelege und befächelt die Eier, während das Männchen das äußere Revier verteidigt und sich nähernde Fremdfische energisch vertreibt. Besteht Gefahr einer Verpilzung an einer Stelle des Geleges, werden die befallenen Eier mit dem Maul entfernt. Nach zwei bis drei Tagen schlüpfen die Larven und werden von ihren Eltern von dem meist freiliegenden Substrat an eine geschütztere Stelle gebracht. Das können besonders ausgehobene Gruben oder auch Pflanzen sein. In gleichmäßigen Abständen werden die Larven umgebettet. Hierbei helfen den Eltern Haftfäden, mit deren Hilfe sie ihre Jungen in dicken Trauben an Pflanzenteile kleben (Foto). Drei bis vier Tage später haben die Larven ihren Dottersack aufgezehrt und werden nun schwimmfähig. Sie müssen jetzt gefüttert werden. Als Anzuchtfutter dienen, wie bei den meisten Cichlidenjungen, Artemia- und/oder Cyclops-Nauplien. Die Jungfische werden jetzt durch das Aquarium geführt. Das führende Tier (Männchen oder Weibchen) nimmt dabei die erwähnte Schwarzfärbung in der unteren Körperhälfte an, sie verflüchtigt sich wieder, wenn der Partner die Arbeit übernimmt. Bei Gefahr gibt das jeweils führende Elterntier den Jungen ein Signal in Form eines bestimmten Flossenschlages, und die Fischchen lassen sich sofort zu Boden sinken. Das andere Elterntier übernimmt dann die Verteidigung, dabei wird der Gegner unverzüglich attackiert. Wer dann seine Hand ins Aquarium hält, wird es zu spüren bekommen. Eine derart große Kinderschar benötigt jetzt auch eine große Menge Futter, die rechtzeitig beschafft werden muß. Nach etwa zehn Wochen haben die Jungen eine Größe von 30—40 mm erreicht.

## Die Gattung *Nannacara*

Die Gattung *Nannacara* existiert seit dem Jahre 1905, als sie mit der bekannten Arbeit durch REGAN ins Leben gerufen wurde. Sie steht der Gattung *Aequidens* nahe, doch unterscheidet sie sich beispielsweise durch eine schräg nach oben verlaufende obere Seitenlinie, die in Richtung auf die harten Rückenflossenstrahlen zieht, von der sie an ihrem Ende nur noch von einer halben Schuppenreihe getrennt ist. Gleichzeitig mit der Aufstellung der Gattung erfolgte die Angliederung der ersten Art *N. anomale.*

### *Nannacara anomala*

REGAN, 1905

Glänzender Zwergbuntbarsch

Diese kleinen Buntbarsche gehörten früher einmal jahrzehntelang zu den beliebtesten Aquarienfischen, wurden jedoch von den ständigen Neuimporten anderer (interessanterer?) Arten etwas in den Hintergrund gedrängt. Die

Fische stammen aus dem nordöstlichen Teil des südamerikanischen Subkontinents: Venezuela und Guayana-Länder. Männliche Tiere erreichen eine Endlänge von etwa 9 cm, Weibchen bleiben kleiner. Im Jahre 1934 wurden die Tiere zum ersten Mal nach Europa eingeführt. Die Zwergbuntbarsche (*nanus* = Zwerg) stellen keine außergewöhnlichen Ansprüche an die Wasserqualität, wie sie die Züchter einiger Apistogramma-Arten gewohnt sind. Obgleich in den Heimatgewässern der Fische, wie auch in Amazonien, recht mineralarmes Wasser überwiegt, das dazu noch ziemlich sauer sein kann. Die Fische kann man bei Härtegraden von etwa 12—15° dH halten, der pH-Wert aber sollte möglichst nicht über 6,5 liegen. Auch bei dieser Art tragen wieder die männlichen Tiere die namengebende Färbung besonders zur Schau. Mit Ausnahme der Rückenzone sind alle Körperschuppen mit einem extrem irisierenden Grünglanz versehen. Das Zentrum jeder Schuppe weist einen vertikal länglichen Fleck dunkelbrauner Färbung auf. Alle unpaaren Flossen sind schokoladenbraun, und die Rückenflosse trägt einen blauroten Saum. Die untere Kopfhälfte irisiert ebenfalls stark grünlich.

Eliás

Nannacara anomala

## *Nannacara taenia*

REGAN, 1912

Gebänderter Zwergbuntbarsch

Diese Art ist im Verhalten der vorgenannten recht ähnlich. Die Bewohner des Amazonasbeckens erreichen jedoch mit einer Maximallänge von 6 cm nur zwei Drittel der Größe von *N. anomala.* Weil die Tiere in ihrem Heimatbereich weit verbreitet sind, entstand eine Anzahl von Farbvarianten, doch macht gerade das eine Standortbestimmung nicht einfach, zumal die Händler nur ausnahmsweise die genaue Herkunft importierter Tiere kennen. Die meist goldbraune Grundfärbung der Fische wird von einer kräftigen, sich zur Körpermitte hin verbreiternden Längsbinde vom Auge bis zur Schwanzflossenbasis durchzogen. Einige ebenso kräftige Querbinden werden stimmungsbedingt gezeigt. Die transparenten unpaaren Flossen (besonders Rücken- und Afterflosse) tragen einen rötlichen Saum mit schwarzen Spitzen.

Höhle

Nannacara taenia ♀

## Die Gattung *Neetroplus*

Im Jahre 1869 stellte GUENTHER diese Gattung bereits auf, der REGAN im Jahre 1905 die Gattung *Paraneetroplus* zugesellte. Sie unterscheiden sich von *Cichlasoma* durch eine differenzierte Bezahnung, wie sich beide Gattungen ebenfalls durch dentale Unterschiede voneinander abheben. Mit der Gattung *Pareneetroplus* stellte REGAN als erste Art *P. bulleri* REGAN, 1905 auf. Die Bestimmungsexemplare stammten aus dem Rio Sarabin in Mexiko und wurden nach ihrem Sammler, Dr. A. C. BULLER, benannt. Als Aquarienfische sind sie in Europa vollkommen unbekannt. Dagegen hat sich *Neetroplus nematopus,* die erste zu dieser Gattung gestellte Art, als interessanter Aquarienfisch erwiesen. 1913 beschrieben MEEK & HILDEBRAND *N. panamensis,* doch wird diese Art jetzt allgemein zur Gattung *Cichlasoma* gerechnet.

### *Neetroplus nematopus*
GUENTHER, 1869
### Weißbinden-Felsenbuntbarsch

Eine nicht allzubunte Art, deren Heimat in verschiedenen Gewässern von Nicaragua und Costa Rica liegt. Die Tiere erreichen eine Maximallänge von etwa 14 cm (Männchen); weibliche Tiere bleiben etwas kleiner.
Die Körpergrundfärbung ist ockerbraun. Sie verdunkelt sich in der oberen Körperhälfte einschließlich der Stirn. Von der Oberlippe aus steigt die Stirn steil an, wodurch die Tiere — besonders die Männchen — trotz ihres seitlich zusammengedrückten Körpers recht bullig erscheinen. Weil die Fische das Maul häufig etwas geöffnet halten, kann man die rötlichen Zähne erkennen. Die bei Jungfischen über der Körpermitte laufende weiße Querbinde verblaßt im Normalkleid erwachsener Tiere und wird schmaler. 7—8 dunkle Querbinden über dem Körper werden nur selten gezeigt. Über den dunklen Wangen mit dem gelegentlich rötlich schimmernden Kiemendeckel liegt eine V-förmige Markierung, deren spitzer Winkel in Augenhöhe liegt. Von den beiden abwärts strebenden Schenkeln läuft einer zur Oberlippe, der andere zum unteren Kiemendeckelbogen. Rücken- und Afterflosse sind graubeige-

Neetroplus nematopus *in Brutfärbung, ♀ oben.*
Höhle

Neetroplus nematopus ♂
Höhle

braun, die Strahlen sind etwas heller. Die übrigen Flossen zeigen eine leicht mittelbraune Transparenz.
Die in ihren heimatlichen Biotopen in bodennahen Felsenzonen lebende Art liebt es auch im Aquarium, bäuchlings möglichst bodennah zu bleiben, und färbt sich während der Balz sowie bei der anschließenden Brutpflege fast schwarz. Dadurch wird die weißliche Binde über der Körpermitte stärker hervorgehoben, und die silbrig roséfarbene Iris läßt sie wie kleine Teufel erscheinen. Ähnlich den Felsencichliden der zentralafrikanischen Seen laichen diese Fische bevorzugt in Höhlen ab. Man soll ihnen im Aquarium passende Gelegenheiten bieten. Eine weitere Eigenschaft, die sie mit einigen afrikanischen Arten gemein haben, ist das Aufnehmen vegetarischer Kost in Form von Algen, die sie mit den breiten, gut schneidenden Schabezähnen von den Felsen nagen.

## Die Gattung *Papiliochromis*

Mit der Aufstellung der neuen Gattung *Papiliochromis* durch KULLANDER 1977* und der damit verbundenen Zuordnung der seither zur Gattung *Apistogramma* gestellten Art *P. ramirezi* beendet der Autor eine jahrelang andauernde Unsicherheit über die Zugehörigkeit dieser Art. Die neue, vorerst monotypische Gattung steht den

* KULLANDER, S. O.: „Papiliochromis gen. n., a new genus of South American Cichlid fish (Teleostei, Perciformes)."
Zool. Scr., 6, p. 253—254, 1977.

Gattungen *Geophagus* und *Biotodoma* nahe. Die gattungstypische Art *P. ramirezi* unterscheidet sich von ihren Apistogramma-Verwandten durch Unterschiede im Verhalten wie in der äußeren Körpergestalt (Morphologie), auch wenn sie diesen sehr nahesteht.

### *Papiliochromis ramirezi*
(MYERS & HARRY, 1948)
Schmetterlingsbuntbarsch

Die zuerst gefangenen Tiere, benannt nach dem amerikanischen Importeur MANUEL V. RAMIREZ (Florida), nach denen die Arbeit der Autoren * erstellt wurde, stammen aus Südwest-Venezuela, einem Gebiet, in den der Rio Chivapuri aus Venezuela und der Rio Meta aus Kolumbien in den Orinoco fließen. Weitere Funde der Art in Bolivien beweisen jedoch, daß die Tiere auch dort verbreitet sind. Diese zuletzt gemachten Funde stammen aus dem kleinen Flüßchen in der Nähe von Todos Santos (Oberlauf des Rio Beni) sowie aus der Umgebung von Santa Cruz, etwa 550 km östlich der Hauptstadt La Paz.

Weil die Funde von *P. ramirezi* auch heute noch die Existenz der Art im bolivianischen Raum bestätigen, muß

* MYERS, G. S. & HARRY, R. R.: „Apistogramma ramirezi, a cichlid fish from Venezuela.“ Proc. Calif. zool. Club, 1, p. 1—7, 1948.

Papiliochromis ramirezi. *Das Paar hat soeben abgelaicht. Man erkennt beim rotbäuchigen Weibchen (Hintergrund) deutlich die Legeröhre. Auch beim kleineren Männchen ist die Genitalpapille erkennbar.*

Richter

angenommen werden, daß die Angaben über Funde in Venezuela irrtümlich sind, zumal eine Ausbreitung von einer Region in die andere (Entfernung etwa 6000 km) bei der geringen Wanderlust der Cichliden im allgemeinen als nicht gegeben angesehen werden kann. — So glaubte HERMANN MEINKEN im Jahre 1967 noch recherchieren zu können. Bereits 1968 aber wurde in der DATZ ein Protest aus Venezuela angemeldet, in dem die Funde der Art erneut ausdrücklich bestätigt wurden.

Eine so wunderschöne Art wie diese beschäftigt die Aquarianer begreiflicherweise mehr als andere unscheinbarere. Aus diesem Grund soll ihr auch an dieser Stelle etwas mehr Aufmerksamkeit geschenkt werden. Es hatte sich bei vielen Beobachtungen herausgestellt, daß sich der seinerzeitige *Apistrogramma ramirezi* im Verhalten bei normaler Haltung und vor allem während der Zucht anders verhält, als das allgemein bei Apistogramma-Arten üblich und bekannt ist. Untersuchungen durch WICKLER * ergaben, daß der Haftapparat der Eier bei dieser Art ganz anders gebaut ist als der bei den Eiern der von ihm untersuchten Arten *A. commbrae, A. cacatuoides* und *A. pleurotaenia.* Er ist dem der Eier der Geophagus-Arten gleich. Prof. G. S. MYERS, der Mitautor der Spezies *A. ramirezi,* erkannte die Wicklerschen Forschungsergebnisse an und schloß nicht aus, daß die Art möglicherweise zur Gattung *Geophagus* zu stellen sein würde. Die Art jedoch vorschnell als *„Microgeophagus"* einzustufen, wie es einige Autoren nichtwissenschaftlicher Werke machten, führte nur dazu, den nomenklatorischen Regeln zuwider zu handeln und durch diese, nicht den Regeln entsprechende Nennung eines Namens ein „nomen nudum" (nackter Namen) zu schaffen, der ungültig sein muß. Da KULLANDER die Zugehörigkeit der Spezies zur Gattung *Geophagus* nicht klar erschien, und die Gattungen *Geophagus* und *Biotodoma* ohnehin kürzlich durch GOSSE eine Revision erfahren hatten (1976), stellte er die neue Gattung *Papiliochromis* auf.

Der Schmetterlingsbuntbarsch liebt dichtbepflanzte Becken mit vielen Versteckmöglichkeiten. Ihr naturgebundenes Leben in flachen Wasserläufen der Savannen machte die Fische aber auch zu Sonnenkindern und hat sie teilweise an feinen Sandboden gewöhnt. Diesem Anspruch sollte der Pfleger folgen. Auch muß auf das unterschiedliche Pflegeverhalten anderen Apistogramma-Arten gegenüber erneut hingewiesen werden: Als Offenbrüter (!) bevorzugen die Fische keine versteckten und höhlenartigen Ablaichplätze, sondern heften ihre Eier auf ein flaches Substrat nach Art der bekannten Ablaichsteine. Hier werden Brut und später die Jungen gepflegt, wie es einige Geophagus-Offenbrüter ebenfalls tun. Bei *A. ramirezi* kümmern sich beide Eltern um das Gelege; wir können also von einer „Elternfamilie" sprechen. Die Jungfische schlüpfen nach 8—12 Tagen. Der Zeitpunkt ist wassertemperaturabhängig (bezogen auf Werte zwischen 29 bis 24° C). Die Jungfische können nach dem Freischwimmen sofort mit Artemia-Nauplien angefüttert werden. Ein wöchentlicher Teilwasserwechsel unterstützt die Wuchsfreudigkeit bei der Aufzucht.

## Die Gattung *Petenia*

Die Vertreter der Gattung *Petenia* sind europäischen Aquarianern wenig bekannt. Wer sich eingehender mit den nomenklatorischen Dingen dieser Gattung beschäftigt, trifft auf Widersprüche, die sich überwiegend mit der Artenzugehörigkeit zu dieser Gattung beschäftigen. So werden von einigen Autoren beispielsweise die Arten *Cichlasoma spectabile, C. kraussi* und nicht zuletzt *C. myersi* als Angehörige dieser Gattung apostrophiert. Die Wissenschaftler Dr. Robert R. MILLER von der Universität Michigan und Dr. William A. BUSSING von der Universität Costa Rica, die zwei führenden Autoritäten der Systematik mittelamerikanischer Cichliden, bezeichnen die Gattung *Petenia* als monotypisch (nur eine Art zugehörig). Sie begründen ihre Ansicht in den großen Unterschieden der Kieferknochen zwischen *P. splendida* und den drei genannten Arten.

Unser Foto von der orangeroten Form des *P. splendida* zeigt die teilweise ausgedehnte Maulpartie. Hier erkennt man bereits die außergewöhnliche Entwicklung des Oberkiefers. Ein Exemplar von etwa 30 cm Länge kann seine Kiefer fast 7,5 cm weit vorschnellen — eine beachtliche Entfernung! Keine der südamerikanischen Pseudo-Petenia-Arten verfügt über einen vergleichbaren Kiefermechanismus, obgleich sie ebenfalls zu den schnappenden und saugenden Beutemachern gehören. Anatomische Merk-

* WICKLER, W.: „Der Haftapparat einiger Cichlideneier." Zeitschr. Zellforsch. mikrosk. Anat., 45, S. 304—327, 1956.
WICKLER, W.: Über die systematische Stellung von Apistogramma ramirezi MYERS & HARRY." Aquarien und Terrarien, DDR, 7, S. 327—328, 1960.

male und andere Einzelheiten lassen sehr vermuten, daß es sich bei *P. splendida* um eine stark abgewandelte Art mit verwandtschaftlichen Beziehungen zur Untergattung *Parapetenia* handelt, mit der wiederum Arten wie *Cichlasoma dovii* und *C. managuense* verwandt sind. Die drei erwähnten Pseudo-Petenia-Arten hingegen, auch nahe miteinander verwandt, zeigen dagegen ebenfalls wenig Ähnlichkeit mit den typischen mittelamerikanischen Cichlasoma-Arten. Die Cichlasoma-Fauna Südamerikas unterscheidet sich im wissenschaftlich enger umgrenzten Sinne sehr von jener Mittelamerikas, das muß einmal erwähnt werden.

### *Petenia splendida*
GUENTHER, 1862
### Gefleckter Raubbuntbarsch

Diese Art erinnert in der Musterung an *Cichlasoma dovii* und ist in größeren Gewässern Mittelamerikas verbreitet. Die großen Räuber werden bis etwa 50 cm lang, wie bereits SALVIN beim Fang seiner Bestimmungsexemplare aus dem Lago Petén Itzá (Gattungsname) in Guatemala feststellen konnte. Er ist als Aquarienbewohner weitgehend unge-

Petenia splendida *mit seinen gewaltigen Kiefern.*

Loiselle

Loiselle

Petenia splendida

eignet, es sei denn in einem großen Schaubecken unter gleichgroßen Fischen. Wie die Abbildung erkennen läßt, ist nicht nur der große Kopf mit dem tiefgespaltenen Maul, sondern der gesamte Körper mit einem Muster aus dunklen Punkten und Zickzacklinien versehen — eine reine Tarnfärbung. Auch die Flossen sind schwarz gepunktet. Am Ende der Caudalbasis befindet sich ein sehr schmaler, aufrecht stehender Augenfleck. Maul und Stirn einiger Tiere sind rötlich.

## Die Gattung *Pterophyllum*

Die Vertreter der Gattung *Pterophyllum,* die Segelflosser, gehören seit vielen Jahrzehnten zu den meistgepflegten Aquarienfischen. Ihre Beliebtheit ist auch in den letzten Jahren trotz vieler bunter gefärbter Importe ungebrochen geblieben. Das ist wahrscheinlich damit zu erklären, daß sich diese Fische leicht nachzüchten lassen und daher zu einem verhältnismäßig geringen Preis angeboten werden können. Im Aquarium sind sie anderen Fischen gegenüber friedfertig, diese dürfen nur nicht zu klein sein. Ihre wunderschöne Beflossung und die inzwischen herausgezüchteten verschiedenen Varianten machen sie, was die Körper- und Flossenform anbetrifft, als Aquarienfische konkurrenzlos.

Mayland

◁ Pterophyllum altum

In den heimatlichen südamerikanischen Biotopen paßten sich die Fische im Körperbau ihrer Umgebung an. Sie leben in langsamfließenden, gelegentlich auch in stehenden Gewässern, in denen es seltener hohe Pflanzenbestände, dafür aber um so häufiger vom Ufer her umgestürzte Baumriesen gibt, in deren bis unter die Wasseroberfläche reichendem Geäst die Tiere stehen und wegen ihrer Vertikalmusterung ausgezeichnet getarnt sind. Entsprechend ihrem hohen Körper- und Flossenbau benötigen sie bei aquaristischer Haltung entsprechend höhere Becken. Die meisten der heute gepflegten Tiere sind Nachzuchtexemplare, deshalb stellen sie keine besonderen Bedingungen mehr an die Wasserzusammensetzung. Man hält sie bei Durchschnittstemperaturen von etwa 26° C. Geschlechtliche Unterschiede sind äußerlich nicht erkennbar. Der Laich wird an ein Substrat geheftet, niemals jedoch direkt in Bodennähe. Über die Zucht der Pterophyllum-Arten finden Sie einen Bericht im Fischzuchtteil ab Seite 407.

## *Pterophyllum altum*
PELLEGRIN, 1903
### Hoher Segelflosser

Unter den verschiedenen Segelflosser-Arten und -varianten nimmt der besonders hochflossige *P. altum* von jeher eine gewisse Sonderstellung ein. Im Gegensatz zu ihren Verwandten läßt sich die Art kaum nachzüchten. In letzter Zeit wird von dem einen oder anderen Autor die Gültigkeit dieser Art angegriffen. In seiner Revision von 1967* kommt Dr. L. P. SCHULTZ zu folgender Ansicht: „Zweifellos repräsentiert *P. altum* den P.scalare-Typ des Segelflossers im oberen Orinoco . . . es mag in Erwägung zu ziehen sein, ihn als Unterart von *P. scalare* anzusehen; jedoch, seit *P. altum* in seinem Vorkommen lediglich im oberen Orinoco festgestellt wurde, tendiere ich dazu, ihn wieder als eine sich unterscheidende Art anzuerkennen."
In der Zwischenzeit entdeckte H. AXELROD im Rio Negro oino Sogolfloccorvarianto, dio nicht nur nach der Anzahl der Dorsal- und Analstacheln, sondern auch rein optisch

* L. P. SCHULTZ: „Review of South American Freshwater Angelfishes — Genus *Pterophyllum*." Proc. USNM, Vol. 120, Nr. 3555, 1967.

als eine Zwischenform von *P. scalare* und *P. altum* angesehen werden kann (vergleiche TFH, Januar 1976). Bei früher beispielsweise als Unterscheidungsmerkmal angesehenen Kopfformen der Arten wies *P. altum* eine als arttypisch geltende „Sattelnase" auf, eine nach innen gebogte Stirnlinie zwischen Oberlippe und erster Augenbinde. Dieses Merkmal zeigt auch die jetzt im Rio Negro entdeckte Form, weist jedoch eine ganz andere Beflossung auf.

Bei allen drei Pterophyllum-Arten verläuft die erste schwarze Querbinde durch das Auge. Erst am folgenden Muster der Querbinden lassen sich die Arten farblich unterscheiden: Bei *P. altum* folgt der ersten schwarzen Querbinde eine graue, die ganz um den Hals herumführt. Ihr schließt sich wieder eine schwarze an. Das ist bei den anderen Arten nicht der Fall. Hohe Segelflosser können — selbst im Schwarm — bei falscher Beckeneinrichtung sehr schreckhaft werden und benötigen unbedingt guten Pflanzenbewuchs sowie einige durch das Becken ziehende Äste oder eine ähnliche Dekoration und auch andere zur Tarnung dienende Einrichtungsgegenstände. Aus meiner Erfahrung stellt sich die Schreckhaftigkeit weniger in einem entsprechend großen (!) Wohnzimmerbecken mit gleichmäßiger Bewegung vor dem Aquarium ein, als in einem Becken, vor dem sich der Pfleger nur wenige Minuten am Tage aufhält.

### *Pterophyllum dumerilii*
(CASTELNAU, 1855)
Spitzkopfsegelflosser

Der Spitzkopfsegelflosser bewohnt ebenso die weit ausgedehnten Gewässer des Amazonasbeckens wie auch *P. scalare*. Die Fische erreichen eine Maximallänge von etwa 15 cm und werden ungefähr doppelt so hoch. Im Gegensatz zu den beiden übrigen Pterophyllum-Arten läuft der Kopf dieses Fisches spitz zu. Die Männchen bekommen mit zunehmendem Alter einen leichten Stirnbuckel.

Bei *P. dumerilii* gibt es außerdem einige charakteristische Merkmale in der Körperzeichnung: Der Querbinde über dem Auge, die jeder Pterophyllum-Art zu eigen ist, folgen bei Spitzkopfsegelflossern zwei vom Nacken herunterreichende schwarze Halbbinden. Daran schließt sich eine kräftig schwarze Querbinde an, die in den ersten Dorsalstrahlen beginnt und vor der Afterflosse endet. Es folgt, etwa in der Mitte der Dorsalbasis, ein schwarzer Fleck, von dem aus schattenartig eine kaum sichtbare Binde körperabwärts läuft. Wieder folgt eine tiefschwarze Querbinde, die sich von der nun steil aufragenden hinteren Rückenflosse, die meist auch tiefschwarz ist, über das letzte Körperdrittel in die lang ausgezogene Afterflosse hineinzieht. Über der meist grünlich irisierenden Schwanzflossenbasis laufen zwei weitere tiefdunkle Vertikalbänder. Die Tiere werden verhältnismäßig wenig eingeführt, darum findet man sie in den Liebhaberbecken nur selten.

Pterophyllum scalare,
*Zuchtform „Schleierskalar"*

### *Pterophyllum scalare*
(LICHTENSTEIN, 1823)
Normaler Skalar oder Segelflosser

So bekannt wie der Skalar ist, so alt ist auch sein Name. Eine Reihe von Autoren nennt als Erstbeschreiber CUVIER & VALENCIENNES, die 1831 die Art als *Platax scalaris* beschrieben. Mit der Schaffung der Gattung *Pterophyllum* durch HECKEL, 1840 fand die Art auch die

heute noch gültige Gattung. Zuerst beschrieb jedoch LICHTENSTEIN diese Art im Jahre 1823 als *Zeus scalaris.* Das war GUENTHER und REGAN offenbar nicht bekannt, die in ihren Arbeiten 1862 und 1905 CUVIER & VALENCIENNES als Erstbeschreiber nannten. In der bereits bei *P. altum* angeführten Revision von SCHULTZ wird jedoch Klarheit geschaffen.

Normale Segelflosser sind in Amazonien weit verbreitet, entsprechend groß ist die Möglichkeit zur Herausbildung farblicher Standortvarianten. Weil sich die Fische, im Gegensatz zu ihren noch höherflossigen Verwandten *P. altum*, bei aquaristischer Haltung sehr gut nachzüchten lassen, konnten sich die verschiedenen vorhandenen

Pterophyllum scalare. *Goldskalar (oben).*
Pterophyllum scalare.
*Marmorierte Zuchtform (unten links).*
Pterophyllum scalare.
*Schwarze Zuchtform (unten rechts)*

Kahl (3)

Mutationen bilden. Heute gelten die Tiere beinahe als Anfängerfische, so gut haben sie sich im Laufe der Jahrzehnte anpassen können. Für Haltung und Zucht eignen sich besonders hohe und räumlich große Becken, die den Tieren bei reichlicher Bepflanzung den notwendigen Raum zum freien Schwimmen lassen. Die wärmeliebenden Fische sollten nur bei Wassertemperaturen nicht unter 24° C gehalten werden. Robuste Exemplare vertragen durchaus auch einmal 32° C, sollte sich solche Erhöhung zur Bekämpfung einer Krankheit als notwendig erweisen. Es muß dann nur für genügend Sauerstoff gesorgt werden, weil bei höheren Wassertemperaturen sich der Sauerstoff schneller verflüchtigt. Skalare nehmen praktisch jedes Futter, doch sollte der Pfleger sich nicht dazu verleiten lassen, sie ausschließlich mit Trockenfutter zu versorgen. Als Cichliden brauchen sie auch Lebendfutter, das kommt vor allem ihrer Vitalität zugute. Werden Skalare, wie man es häufig sieht, gemeinsam mit Lebendgebärenden in einem Becken gehalten, so darf man sich nicht wundern, daß sie deren Nachwuchs nachstellen und die Jungen fressen. In einem gut bepflanzten Aquarium haben jedoch kräftige und wendige Jungfische eine große Chance, den Skalaren zu entkommen, und es wird dabei sogar eine gewisse Auslese erreicht. Wer jedoch Wert auf viele Nachkommen seiner Helleries und Guppys legt, muß aus einem solchen Becken die Skalare heraushalten. Bei der Zucht bilden die Tiere eine Elternfamilie — beide Geschlechter kümmern sich um den Nachwuchs. Einzelheiten zur Zucht des Skalars finden Sie im Zuchtteil ab Seite 407.

## Die Gattung *Symphysodon*

Die Mitglieder dieser Gattung sind für viele Aquarianer von ganz besonderer Bedeutung. Gemeint sind die Diskus-Fans, die Liebhaber des „Königs der Aquarienfische", wie die Tiere oft überschwenglich genannt werden. In der Tat ranken sich viele Histörchen um die Fische, um ihre Entdecker und ihre Fänger. Diskusfische sind in Amazonien weit verbreitet und kommen ebenfalls an einigen Stellen im Bereich des Orinoco und einigen seiner Nebenflüsse vor. Der Diskusfisch lebt ausschließlich in besonders mineralarmen Gewässern. Man kann ihn zwar im Aquarium auch bei mittleren Härtegraden halten, doch ist in einem

Mayland

Symphysodon discus. *Der sogenannte echte Diskus.*

solchen Wasser an Nachzucht nicht zu denken. Zu der Mineralarmut des Wassers kommt dessen Säuregrad, wie er in den meisten Gewässern vorkommt, in denen man Diskusfische antrifft. Der pH-Wert soll stets unterhalb der Neutralgrenze liegen, doch muß er nicht unbedingt Werte um 5,0 erreichen, wie man in manchen Veröffentlichungen lesen kann. Ein guter Mittelwert zwischen den beiden angegebenen Marken dürfte das rechte Maß sein (6,0).

Diskusfische sind schon seit 1840 offiziell bekannt, seit Dr. Joh. Jacob HECKEL, ein Ichthyologe aus Wien, in einer großen Arbeit eine für damalige und heutige Begriffe ungewöhnliche große Zahl von Erstbeschreibungen veröffentlichte, unter denen sich auch der Diskusfisch mitsamt der Gattung *Symphysodon* befand. In der von NATTERER zusammengestellten „Sammlung der Flußfische Brasiliens" gibt es aber nur ein einziges Exemplar der Species, die wir heute als *S. discus* kennen, und es wurde im Gebiet um Manaus gefangen. Die Tiere galten auch in den folgenden Jahrzehnten als Raritäten, wenngleich der Sammlung durch Fänge von ANTONY (Rio Negro) und Dr. J. BACH (Teffé) neue Exemplare angegliedert wurden. Unter jenen waren auch Tiere ohne den intensiv schwarzen und breiten vertikalen Mittelstreifen über dem Körper, wie er vom erst-

Jung

Symphysodon aequifasciata aequifasciata, *der Grüne Diskusfisch. Man beachte die roten Tüpfel über der Körpermitte.*

beschriebenen Exemplar bekannt war, deshalb schuf bereits im Jahre 1903 PELLEGRIN* den neuen Artennamen *S. aequifasciata.* Eine grundlegende Revision machte L. P. SCHULTZ im Jahre 1960**. Darin wurden zu der von PELLEGRIN geschaffenen Art zwei Unterarten gestellt: *S. a. aequifasciata* und dazu *S. a. axelrodi* sowie *S. a. haraldi.* Ihre Gültigkeit wird zwar von Zeit zu Zeit angezweifelt, doch steht eine klärende Veröffentlichung bis heute aus. Nach der Arbeit von SCHULTZ unterscheidet man heute:

### *Symphysodon aequifasciata aequifasciata*
PELLEGRIN, 1903
### Grüner Diskusfisch

Diese Unterart lebt hauptsächlich im oberen Amazonasgebiet (von Teffé in Brasilien über Leticia in Kolumbien bis Iquitos in Peru) sowie im Rio Putumayo. Die braunen Fische zeigen über und über grünlich schimmernde, wellenförmige Längsbinden und Punkte. Nur schwach ausgeprägt sind die Querbänder über dem Körper. Über dem schwarzen, halbmondförmigen Saum in Rücken- und Afterflosse liegt bei den meisten Tieren ein roter von gleicher Form.

### *Symphysodon aequifasciata axelrodi*
L. P. SCHULTZ, 1960
### Gewöhnlicher oder Brauner Diskusfisch

Diese braune Unterart ist wohl am weitesten verbreitet. Wie die meisten Diskusfische, können auch die Tiere dieser Unterart maximal etwa 20 cm Größe erreichen. Nun sind vor allem von dieser Unterart viele Nachzuchttiere auf dem Markt, darum kann es vorkommen, daß es Exemplare gibt, die nur halb so groß werden. Als Heimat dieser Unterart gelten der Amazonas mit Teilen seiner Nebenflüsse, etwa von Manacapurú (westlich von Manaus) bis zu seiner Mündung, sowie der Orinoco und seine Nebenflüsse.

Symphysodon aequifasciata axelrodi. *Ein Exemplar, das einen hohen Rotanteil in der Färbung aufweist und als sogenannter Roter Diskus gelegentlich gehandelt wird.*

Mayland

* PELLEGRIN, J.: „Contribution à l'étude anatomique biologique et taxonomique des poissons de la famille des Cichlides." Mém. Soc. Zool. France, XVI, p. 250, 1903.

** SCHULTZ, Leonhard P.: „A Review of the Pompadour or Discus fishes, genus *Symphysodon* of South America." Tropical Fish Hobbyist, U.S.A., Juni 1960, S. 5—17.

Mayland

Symphysodon aequifasciata, *Zuchtform „flächigblau“*

*Symphysodon aequifasciata haraldi*
L. P. SCHULTZ, 1960
### Blauer Diskusfisch

Eine Unterart aus dem mittleren Amazonasgebiet, dort wird der Fluß Solimoes genannt. Bei diesen Tieren ist der Rand der Körperflanken bis in die Flossen hinein mit blauen Linien überzogen, während das Körperzentrum frei bleibt. Die Ränder von Rücken- und Afterflosse sind breit schwarz gesäumt, und die Caudalbasis zeigt ebenfalls an der Tangente zu diesen Flossen ein besonders schwarzes Querband, so entsteht der Eindruck eines durchgehenden schwarzen Bogens.

Viele Zucht- und Hochzuchtversuche in aller Welt brachten eine Reihe von Farbvarianten zustande, deren Urahnen farblich besonders intensive Tiere der einen oder anderen Unterart gewesen sind. So unterscheidet man die Zuchtform Royal Blue, eine durchgehend blau gewellte Variante, dann den sogenannten Wattleys Türkis-Diskus mit intensiv türkisfarbenen breiten Wellenbändern über dem Körper. Er besitzt neben einer roten Iris auch lange rote Bauchflossenstrahlen. Als er vor einigen Jahren auf den Markt kam, galt er als schönste aller Zuchtvarianten. Die Entwicklung ist jedoch weitergegangen. Aus deutschen Zuchten stammt wahrscheinlich eine weitere Variante, ebenfalls als Türkis-Diskus bezeichnet. Im Gegensatz zu Wattleys Türkis-Diskus hat man beim Betrachten der deutschen Variante den Eindruck, als wäre Türkisfarbe die Grundfarbe, weil diese Färbung überwiegt, und braune Anteile nur noch in unterbrochenen Linien erkennbar sind. Hier mag es aber auch Abweichungen züchterisch bedingter Art geben. Was lag nun näher, als darauf Wert zu legen, die braunen Farbanteile ganz wegzuzüchten und den flächig blauen oder türkisfarbenen Diskusfisch entstehen zu lassen. Dies ist geschehen, und das Foto beweist es — die Tiere können ausgesprochen schön ausfallen.

Den alten Traum einiger Aquarianer zu verwirklichen, machten sich einige Züchter daran, eine Variante herauszuzüchten, die als Rote Zuchtform durch verschiedene Berichte geistert. Dazu muß gesagt werden: Man muß unterscheiden zwischen Tieren mit herangefütterter roter Färbung — sie stammen überwiegend aus südostasiatischen Nachzuchten — und Tieren, bei denen seriöse Züchter versuchen, die bei einigen Exemplaren vorgefundene rote Flächenfleckung durch Kreuzung entsprechend zusammengestellter Paare weiter auszudehnen. Das aber ist ein schwieriges Unterfangen, weil die Anteile roten Pigments stets durch das gleichzeitig vorkommende schwarze Pigment unterdrückt werden. Die Ausbeute an Nachkommen mit ansprechender Rotfärbung ist deshalb sehr gering, und solche Tiere werden von den Züchtern meist für neue Zuchtversuche zurückgehalten. Kommerziell gesehen, ist dabei ein Geschäft kaum zu machen. Die aus asiatischen Zuchten stammenden rot gefärbten Tiere sollten bei uns nicht als „rote" Tiere verkauft werden, das wäre unredlich. Nach meinen Informationen, die von den Züchtern, beispielsweise aus Bangkok, stammen, werden dort zur Aufzucht der braunen Diskus-Jungfische rot gefärbte Eier einer bestimmten Garnelenart verwendet. Anderes Futter ist den meisten Züchtern unbekannt. Hongkong-Züchter verwenden zur Anzucht solches Futter nicht. Sie benutzen meist eine besonders kleine Daphnien-Art, die sich in umliegenden Tümpeln während der warmen Jahreszeit vermehren. Die so gefütterten Jungfische werden nicht rötlich.

Über die Zucht des Diskusfisches finden Sie eine Besprechung im Fischzuchtteil ab Seite 409. Aber noch etwas macht einigen Aquarianern bei der Diskushaltung Sorgen. Das sind verschiedene Krankheiten, von denen besonders Diskusfische befallen werden können. An dieser Stelle ist nicht der Raum, sich ausführlicher darüber auszulassen. Im Band I (Aquarium — Pflanzen — Fische) ist in einer Diagnose- und Therapie-Tabelle nachzulesen, wie man die verschiedenen Kiemenwürmer, Fadenwürmer, Band- und Saugwurmlarven oder Geißeltierchen bekämpfen kann.

*Symphysodon discus*
HECKEL, 1840
### Echter oder Heckel-Diskus

Diese zuerst beschriebene Art lebt in verschiedenen Uferregionen im Bereich des Rio Negro. Große Exemplare können etwa 20 cm lang werden, bleiben jedoch meist kleiner. Die Fische unterscheiden sich optisch insofern von der anderen Art und ihren Unterarten durch eine besonders stark und dunkel ausgeprägte mittlere Querbinde, die zwischen den übrigen blassen deutlich hervortritt. Die Körpergrundfärbung ist ein rötliches Braun, das über dem gesamten Körper von welligen blauen Längsbändern überzogen

Symphosodon aequifasciata,
*Zuchtform „türkisgrün“*

Mayland

ist. In der Dorsal- und Analbasis liegt ein breites schwarzes Band, es scheint die hintere Körperhälfte des Fisches zu umschließen. Rücken-, After- und Bauchflossen zeigen eine Zeichnung kräftig blauer Linien. Brust- und Schwanzflossen sind überwiegend transparent. Die bei Diskusfischen obligatorische Augenbinde tritt bei dieser Art besonders kräftig hervor.

## Die Gattung *Taeniacara*

Sie gilt noch bis heute als monotypisch, wurde aber bereits im Jahre 1935 von MYERS aufgestellt. Die zu den Zwergcichliden gerechnete Art hat eine besonders gestreckte Körperform. Von den anderen Zwergcichliden, etwa den Apistogramma-Arten und vor allem auch von der ebenso gestreckten Art der Gattung *Apistogrammoides* unterscheidet sich der Vertreter der Gattung *Taeniacara* durch die teilweise oder völlig fehlende Seitenlinie.

### *Taeniacara candidi*

MYERS, 1935

Torpedo-Zwergbuntbarsch

Synonym: *Apistogramma weisei* AHL, 1936

Als Fundort dieser Art wird der mittlere Amazonas angegeben. Möglicherweise fand man die Tiere auch im Rio Negro. Bei seiner Beschreibung von *A. weisei,* dem heuti-

Winkelmann

Taeniacara candidi

gen Synonym, gab AHL die Gewässer um Santarem als Fundort an. Die Fische erreichen als Männchen eine Länge von maximal 5,5 cm, Weibchen bleiben etwas kleiner. Von der Gesamtlänge nimmt aber bereits die in ihrer Mitte lang und spitz ausgezogene Schwanzflosse einen großen Teil ein. Die Körpergrundfarbe dieses torpedoförmigen Fischchens ist grauoliv. Kehle und Bauch bleiben hell, beinahe weißlich. Von der Oberlippe zieht sich eine dunkle Längsbinde über den Körper, läuft durch das Auge und beginnt sich hinter dem Ansatz der Brustflosse zu verbreitern, reicht über die Caudalbasis hinaus bis in die letzten Zipfel der fadenförmig verlängerten Strahlen der Schwanzflosse hinein. Die Bauchflossen sind ebenfalls zipfelig verlängert. Die hinteren Enden von Rücken- und Afterflosse sind leicht zugespitzt, doch weisen die ersten Strahlen der Dorsalen jene Verlängerung nicht auf, wie wir sie von einigen Apistogramma-Arten kennen. Bis auf die Brustflossen schimmern die Flossen schwärzlich grau und sind mit einem olivgrünen Schimmer überzogen wie auch die dunkle Längsbinde des Körpers. Die Flossensäume sind schwach rot, werden jedoch im oberen und unteren Teil der Schwanzflosse kräftiger. Wangen und Oberlippe zeigen grünlich irisierende Tüpfel.

## Die Gattung *Uaru*

In seiner Arbeit in den Annalen des Museums Wien von 1840 beschreibt HECKEL auch die neue Gattung *Uaru.* Als einziger Vertreter wird die Art *U. amphiacanthoides* ebenfalls neu beschrieben. Die Gattung ist bis heute wahrscheinlich monotypisch geblieben, zumal es sich bei den beiden später beschriebenen Arten *U. obscurum* GUENTHER, 1862 und *Acara (Heros) imperialis* (STEINDACHNER, 1879) wahrscheinlich um ein- und dieselbe Art handelt.

### *Uaru amphiacanthoides*
HECKEL, 1840
### Keilfleckbuntbarsch

Die etwa 30 cm groß werdenden Tiere wurden inzwischen, nach der Erstbeschreibung der aus dem Rio Negro stammenden Tiere, auch in anderen Teilen Amazoniens sowie in den Guayana-Ländern gefunden. Nach einer Angabe HECKELS hat er den Gattungsnamen der brasilianischen Eingeborenensprache entnommen: „Uarù bedeutet in der brasilianischen Ursprache Kröte (*Asterodactylus* WAG.)."

Im Laufe ihres Werdegangs vom Jungtier bis zum erwachsenen Fisch machen die Keilfleckbuntbarsche einen erstaunlichen Farbwechsel durch. Junge Fische sind dunkelbraun — fast schwarz. Nur die weichstrahligen Teile von Rücken- und Afterflosse sowie die Schwanzflosse sind transparent. Bei ihnen ist auch die bullig wirkende, teilweise steil abfallende Stirn, wie wir sie bei einer Reihe adulter Männchen finden, noch nicht ausgebildet. Als halbwüchsige Fische beginnen die Tiere sich umzufärben. Ihre ursprünglich dunkle Färbung macht jetzt einem schmutzigen Lehmgelb Platz, unter dem noch ein geschecktes Tarnmuster erkennbar bleibt. Erst mit einer Größe von 7—8 cm, kurz vor der Geschlechtsreife, legt der Keilfleckcichlide sein namengebendes Erwachsenenkleid an. Es ist

Uaru amphiacanthoides, *der Keilfleckbuntbarsch.*

Kahl

jetzt lehmgelb und leuchtet zeitweise goldockerfarben. Stirn- und Rückenpartie tragen einen graublauen, gelegentlich kräftig irisierenden Schimmer. Parallel zur Seitenlinie, jedoch etwas tiefer, verläuft ein tiefschwarzer, von der Brustflossenbasis bis zum Schwanzstiel reichender Keilfleck. Am Ende der Caudalbasis liegt ein ovaler, aufrechtstehender schwarzer Fleck. Alle lehmbraunen Flossen wirken wie schwarz überpudert. Das in einem dunklen Feld liegende Auge hat eine rotorangefarbene Iris. Die vorderen Bauchflossenstrahlen leuchten blau.
Zur Zucht ist ein Becken von mindestens (!) 100 cm Länge vonnöten. Das Wasser soll über 6° dH nicht hinausreichen und der pH-Wert kräftig im sauren Bereich (6,0—6,5) liegen, dazu empfiehlt sich Filterung über Torf. Die übliche Hälterungstemperatur von etwa 26° C wird für die Zucht bis ungefähr 30° C angehoben. Wichtig ist das Zusammenbringen gut harmonierender Elterntiere. Sie geben ihre Eier an ein Substrat; der Laich wird von beiden Eltern gehütet und gepflegt. Auch bei der Pflege der Kinderschar lösen sich die Partner ab. Das Anfüttern der Jungen nach dem Freischwimmen kann zuweilen schwierig sein, vor allem, wenn das nötige Kleinst-Lebendfutter fehlt. Wer einen Teich in der Nähe hat, sollte es mit Tümpelplankton versuchen.

## Afrikanische Arten

Zu den Gattungs- und Artbeschreibungen afrikanischer Cichliden sei folgendes erwähnt: Die Erstbeschreibungen der meisten afrikanischen Arten sind wesentlich jüngeren Datums als die der süd-, mittel- und nordamerikanischen Cichliden. Ein großer Teil dieser Arten ist bei den Aquarianern noch nicht so bekannt, daß sich populäre (deutsche) Artnamen hätten bilden können. Verschiedene Versuche, solche Namen zu integrieren, schlugen insofern fehl, als sie entweder von den Aquarianern nur ungern oder gar nicht angenommen wurden („Beulenkopfcichlide" für *Haplochromis moorii*) oder in ihrer Aussage zu oberflächlich waren, weil es mit ähnlichem Aussehen eine Vielzahl von Arten gibt („Schwarzflossenmaulbrüter" für *Melanochromis melanopterus* oder „Hellblauer Spitzkopfmaulbrüter" für *Labidochromis caeruleus*). Sind gewisse Namen jedoch über Jahrzehnte hinaus ohne fremde Hilfe „gewachsen", sind sie den meisten der „alteingesessenen" Aquarianer auch dann ein Begriff, wenn diese Aussage inzwischen ebenfalls überholt erscheint, weil es Cichliden mit einem ähnlichen Aussehen oder Kennzeichen gibt („Blaupunktbuntbarsch" für *Aequidens pulcher* oder „Buckelkopfcichlide" für *Steatocranus casuarius*). Aus diesen Gründen wird der Leser in dem vorliegenden Buch fast ausnahmslos deutsche Bezeichnungen finden, von denen der Autor annimmt, daß sie als „fest eingebürgert" angesehen werden können, anderenfalls wird ein deutscher Name fehlen.
Einen auch nur annähernd kompletten Katalog afrikanischer Cichlidenarten kann man in einem Buch mit diesem Umfang nicht aufstellen. Durch das jährliche Hinzukommen einer Reihe von Neubeschreibungen nähert sich die Zahl der afrikanischen Cichliden immer mehr der 1000-Arten-Marke. Viele dieser Buntbarsche sind Raubfische; manche werden mit zunehmendem Alter farbloser und dafür größer, so daß sie für eine aquaristische Haltung nicht in Betracht kommen. So konnten auch bei den folgenden Beschreibungen nur Arten berücksichtigt werden, die aquaristisch entweder interessant sind, oder deren Aufnahme dem Autor aus anderen Gründen wichtig erschien.

### Die Gattung *Aristochromis*

Die Vertreter dieser im Jahre 1935 von TREWAVAS aufgestellten Gattung sind im Malawi-See endemisch. Im Augenblick gilt sie noch als monotypisch, doch sind bereits Arten bekannt, die dieser Gattung recht nahezustehen scheinen und von denen einige als Höhlenbewohner angesehen werden müssen. Die mit der Aufstellung der Gattung erstbeschriebene Art *A. christyi* TREWAVAS, 1935 ist als Aquarienfisch ziemlich unbekannt. Von den neueren, noch unbeschriebenen Arten nehmen die Männchen eine kräftig blaue Färbung an.

## Die Gattung *Astatoreochromis*

Bereits im Jahre 1903 stellte PELLEGRIN diese Gattung und als ihre erste Art *A. alluaudi* auf. Die von POLL bereits 1944 als *Haplochromis straeleni* beschriebene Art wurde vom gleichen Autor 1974 ebenfalls zu dieser Gattung gestellt. GREENWOOD schuf im Jahre 1959 die Unterart *A. a. occidentalis,* die jedoch später wieder eingezogen wurde.

### *Astatoreochromis alluaudi*
PELLEGRIN, 1903

Eine Art, die im Gebiet des Victoria-Sees und der umliegenden Gewässer beheimatet ist. Die Fische erreichen eine Größe von über 16 cm. Der Maulbrüter, der früher von BOULENGER zur Gattung *Haplochromis* gestellt wurde, ähnelt *H. vanderhorsti.*

Farblich besteht zwischen den Geschlechtern von *A. alluaudi* kein großer Unterschied. Wie alle der inzwischen bekannten Astatoreochromis-Arten, weist auch dieser Vertreter eine goldene Körpergrundfärbung auf. Sie wird von olivgrünen Tönen überlagert — besonders in der oberen Körperhälfte, so daß die Bauchpartie wieder goldgelb erscheint. Ein dunkles Band läuft von der Stirn durch das Auge und zieht weiter zum unteren Kiemendeckelrand. Alle Flossen sind olivgelb, nur die Brustflossen bleiben klar und transparent. After- und Rückenflosse tragen schwarze Säume; letztere hat häufig einige dunkle Tüpfel.

In der Balz ist die Farbe der Männchen der weiblichen Färbung recht ähnlich, doch ist bei den männlichen Tieren dann der hartstrahlige Teil der Rückenflosse kastanienbraun gefärbt wie die gesamte Afterflosse, und der weiche Teil der Dorsale ist mit braunen Flecken übersät. Außerdem weist die Afterflosse eine Zahl von gelben Eiflecken auf, die wie in Reihen beieinanderliegen. Die Bauchflossen sind jetzt schwarz, und ihrer erster Strahl ist weiß.

### *Astatoreochromis straeleni*
(POLL, 1944)

Ursprünglich ist diese Art, deren Vertreter man auch im Tanganjika-See antrifft, nicht in diesem Gewässer ansässig gewesen. Die Tiere sind — wie eine Reihe anderer Arten auch — über die Lukuga-Rinne eingewandert, die den See als einziger Abfluß zum Kongo-Becken hin entwässert. Die Fische erreichen eine Maximallänge von etwa 12 cm (soweit belegt).

Die Grundfärbung des Körpers besteht aus einem Graugoldton, der zum Rücken hin dunkler wird und zum Bauch hin in Richtung weiß aufhellt. Männliche Tiere zeigen, besonders in der oberen Körperhälfte, einen seegrün schimmernden Glanz. Ein schmales Längsband zieht sich von der Schläfe durch das Auge zur Oberlippe, um dann in Richtung auf den unteren Kiemendeckelbogen abzuschwenken. Hinter dem Kiemendeckel liegt eine Musterung aus kurzen roten und goldfarbigen Längsstrichen, die sich untereinander ablösen. Die Flossen zeigen keine besonders attraktive Färbung: Sie sind überwiegend transparent und nur in bestimmten kurzen Zonen zeigen sich Gelbtöne. Lediglich im basalen Bereich der Afterflosse liegt ein blauschimmerndes Feld, aus dem bei adulten Männchen 8—10 Eiflecke orangefarben hervorleuchten.

### *Astatotilapia strigigena*
(PFEFFER, 1893)

Eine ebenfalls wenig bekannte Art, die bereits zur Zeit deutscher Kolonialisierung zwischen 1888 und 1889 von Dr. F. Stuhlmann im Bereich des oberen Nil (früheres Deutsch-Ost-Afrika) bei Mbusini, Matomondo und Ungúu gefunden und einige Jahre darauf von Dr. Georg PFEFFER beschrieben wurde. Die Tiere sollen ebenfalls eine Größe von etwa 12 cm erreichen.

Farblich stehen die Tiere der nahe verwandten Art *Pseudocrenilabrus multicolor* nicht viel nach. Die Grundfärbung des laichreifen Männchens ist graugrün bis blaugrün und ändert sich zum Rücken hin in graubraun. Der obere Kopf und die Kiemendeckel sind goldgelb gefärbt und tragen einen grünlichen Schimmer. Am Ende des Kiemendeckels befindet sich ein olivgrüner, goldfarben eingefaßter Augenfleck. Der Unterkiefer ist himmelblau gerandet. Die Iris leuchtet goldfarben, und die Pupille trägt einen feinen roten Ring. Ein schwärzlicher Streifen zieht vom Auge zum Maul herunter. Die Flankenpartien über dem weißen Bauch sind gelblich, doch färbt sich zur Laichzeit die untere Körperpartie bis zur Kehle und einschließlich der Bauch- und Brustflossen tiefschwarz. Einen entscheidenden Anteil am farblichen Gesamteindruck dieser Art haben die Schuppenränder. Sie sind jeweils mit einem feinen Saum versehen, der in Regenbogenfarben, überwiegend jedoch grün und kupferrot schimmert. Dadurch wirken die Fische wie mit einem metallisch irisierenden Netz überzogen. Die gelblich gefärbte Rückenflosse ist mit einem Muster himmelblauer Punktreihen überzogen, die im hinteren Teil der Flosse zu Strichen werden. Der vordere Dorsalrand ist tiefschwarz gesäumt. Unter diesem Saum liegt ein feines rotes Band, das sich bis zum Ende der Flosse zieht.

## Die Gattung *Aulonocara*

Diese Gattung, bereits im Jahre 1921 von REGAN aufgestellt, umfaßt bis heute drei Arten, *A. macrochir* TREWAVAS, 1935, *A. nyassae* REGAN, 1921 und *A. rostrata* TREWAVAS, 1935. Das besondere Unterscheidungsmerkmal dieser Art sind vier kleine Grübchen, die unterhalb der Augen liegen, und deren Bedeutung wissenschaftlich noch nicht völlig geklärt ist. Man nimmt an, daß sie ähnliche Aufgaben wie die Seitenlinien zu erfüllen haben, nämlich auf gewisse Druckreize anzusprechen. Nach unseren bisherigen Kenntnissen über die Lebensweise der Arten bevorzugen sie Höhlen oder höhlenähnliche Ausbuchtungen; dort benötigen die Tiere möglicherweise diese zusätzlichen Sinnesorgane. Die Gattung ist im Malawi-See endemisch. Da in diese Gattung eine Reihe weiterer Spezies zu gehören scheint, deren Erstbeschreibung noch aussteht, kann mit diesen Arbeiten in absehbarer Zeit gerechnet werden.

### *Aulonocara nyassae*
REGAN, 1921
Kaiser-Buntbarsch

Die Verbreitung der Art ist nur aus bestimmten See-Zonen bekannt. Sie leben (nach FRYER) bevorzugt in Übergangsgebieten zwischen der felsigen Zone und der Sandregion. Neue Untersuchungen weisen jedoch darauf hin, daß die Art Höhlen oder ähnliche Felsgebilde bewohnt. In der Natur erreichen sie eine Länge von nahezu 18 cm, bleiben aber im Aquarium meist etwas kleiner. Ausgewachsene Männchen sind besonders schön, während die weiblichen Tiere blaß und unscheinbar bleiben.

Mayland

Aulonocara nyassae, *eine Farbvariante, der die orangerote Färbung der Brust fehlt.*

Färbung der Männchen: Der gesamte Körper strahlt in einem kräftigen, etwas dunkleren Blauton. Nur bei deutlichem Hinsehen erkennt man etwa acht Querbinden, die hinter den Kiemendeckeln beginnen und vor dem Schwanzstiel enden. Über dieser Blaufärbung liegt ein rotorangefarbener Schimmer. Auch er beginnt hinter den Kiemendeckeln und läßt zur Körpermitte hin merklich nach. Er verleiht dem Fisch in diesem Bereich ein glühendes Aussehen. Die Schuppen der mittleren und hinteren Körperzonen sind hell gerandet, so daß ein netzartiger Eindruck entsteht. Die Kopffärbung entspricht dem Blau des übrigen Körpers, doch wirkt die strukturierte Oberfläche wie zusammengepreßtes Stanniol. Die Pupille des Auges hat einen schmalen roten Ring. Mit Ausnahme der

Aulonocara nyassae
*mit Sinnesgruben, die über den Kopf verteilt sind.*

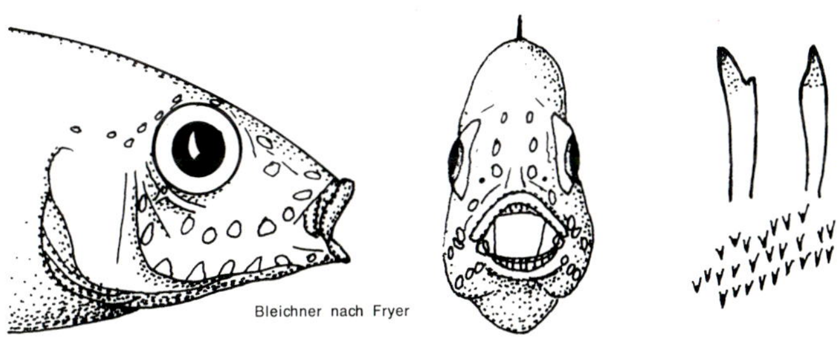

Bleichner nach Fryer

Brustflossen sind alle übrigen Flossen ebenfalls blau gefärbt. Sie weisen einige rote Zonen — besonders in der Afterflosse — auf, die beim Hochstellen der Analen wie Eiflecke (?) wirken. Es sind einige geographische Rassen bekanntgeworden, bei denen die Tiere heller in der Grundfärbung sind. Die rote Zone hinter dem Kiemendeckel entfällt zugunsten einer Rotfärbung jedes einzelnen Schuppenzentrums. Ebenfalls rot gefärbt sind die Membranen der Schwanzflosse, während die äußeren Säume von Rücken-, Schwanz- und Afterflosse weißlich hellblau gefärbt sind und darunter eine rußigschwarze Zone haben.

Weibliche Tiere sind dunkelbraunbeige gefärbt und zeigen schwarze Querbinden und Flossensäume. Sie sind Maulbrüter. Ihre Nachzucht ist nicht allzu schwierig, doch werden die Weibchen häufig bis zur Erschöpfung getrieben.

## Die Gattung *Aulonocranus*

Eine nur wenig bekannte Gattung mit nur einer Art (monotypisch), die endemisch im Tanganjika-See lebt. REGAN stellte im Jahre 1920 die Gattung auf. Auch bei diesen Tieren findet man wieder die bei der vorigen Gattung erwähnten Sinnesgruben am Kopf.

### *Aulonocranus dewindti*
(BOULENGER, 1899)

Der Endemit aus dem Tanganjika-See wird etwa 14 cm groß und bewohnt die Übergangszone zwischen Fels- und Sandgebieten. Männliche Tiere errichten einen Brutkegel, der meist in der Höhe ihrer Körperlänge entspricht und innen eine Vertiefung aufweist.

Die Männchen haben eine gelbliche Körpergrundfärbung, unter der dunkle Flecken unregelmäßig verteilt hervorschauen. Der Kopf mit dem tiefgespaltenen Maul ist relativ groß, und der hochrückige Körper läßt die Fische gedrungen erscheinen. Die über die Flanken laufenden etwa sieben Längsbinden bestehen aus blassen, hellblau gefärbten Schuppenreihen. Die Flossen sind milchig gelb gefärbt und weisen keine besonderen Merkmale oder Muster auf. Lediglich die ersten Strahlen der Bauchflossen sind fadenförmig verlängert. Bei genauem Hinsehen entdeckt man gelborange gefärbte Spitzen in den Flossenstrahlen der Dorsalen, die, insgesamt gesehen, einen feinen Saum darstellen. Während der Balz sollen sich die Männchen besonders dunkel verfärben. Weibliche Tiere sind, wie bei den meisten Maulbrütern üblich, unscheinbar und blaß gefärbt.

## Die Gattung *Bathybates*

Obwohl die Vertreter dieser Gattung zweifellos nicht zu den Aquarienfischen gehören, sollen sie hier einmal kurz angesprochen werden, um Lebensweisen anderer Cichlidenarten aufzuzeigen, die von denen unserer bekannten Aquarienfische abweichen. Nach POLL (1956) weist die Gattung sieben verschiedene Arten auf. Es sind neben den hier besprochenen Arten: *B. fasciatus* BOULENGER, 1901; *B. minor* BOULENGER, 1906; *B. vittatus* BOULENGER, 1914 und *B. leo* POLL, 1956. An Körperform und tiefgespaltenem Maul läßt sich unschwer der Räuber erkennen. Das große Auge hilft nicht nur in normalen Gewässern, gut zu sehen, sondern läßt sie auch in tiefen Seebereichen mit extrem schwachem Licht noch etwas erkennen. Bei Fängen im Tanganjika-See, in dem die Tiere endemisch leben, fand man Tiere dieser Gattung noch in Tiefen von etwas über 200 Metern! Das ist um so erstaunlicher, als der dort gemessene $O_2$-Anteil weniger als 1,50 ppm ( = parts per million, „Teile auf eine Million") betrug, und man der Ansicht ist, daß in Temperaturbereichen zwischen 15 und 26° C (die man dort vorfand) ein Leben in Wasser mit Werten bis zu 2,9 ppm gerade noch möglich ist — darunter nicht mehr. Es spricht für sich, daß die Tiere nicht nur vegetierten, sondern auch aktiv waren (nach G. W. COULTER). Der Autor nimmt deshalb an, daß die Fische nicht nur den im Wasser gelösten Sauerstoff verwerten können, sondern auch weitere Sauerstoffquellen zu erschließen in der Lage sind.

### *Bathybates ferox*
BOULENGER, 1898

Die im Tanganjika-See endemische Art wird bis etwa 30 cm lang. Der Fischfresser zeigt eine ausgesprochene

Bathybates ferox

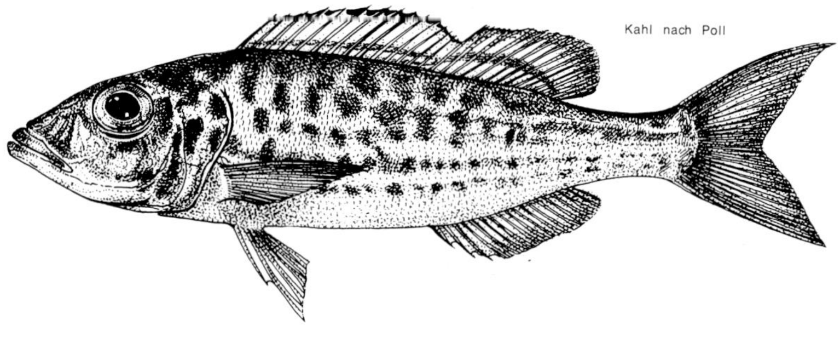

Tarnfärbung nach Art unserer Hechte: Ein blasses Blaugrün, das über den Rücken irisiert und den Bauch hell läßt. Die Rückenflosse ist zwischen dem harten und dem weichen Strahlenbereich vertieft, jedoch nicht gespalten. Im hinteren Teil steht eine schmale Längsbinde. Rücken- und Afterflosse sind bläulich-grau gefärbt, alle übrigen Flossen gelblich. Stimmungsabhängig zeigen die Fische über den Körper 4—5 Längsreihen dunkler Flecke, deren Größe vom Rücken zum Bauch hin abnimmt. Die Schwanzflosse ist gegabelt.

*Bathybates graueri*
STEINDACHNER, 1911

Ein weiterer Endemit aus dem Tanganjika-See. Die Fische erreichen eine Größe zwischen 20 und 30 cm. Über die Flanken laufen fünf Längsreihen grauvioletter, an den Rändern verschwommener Flecke. Die Flecke der oberen Reihen sind weitaus größer und zugleich intensiver gefärbt als die unteren. Etwa 4—5 Flecke in der vorderen Körperhälfte sind vertikal durch dunkle Querbinden miteinander verbunden. Die folgenden Flecke der einzelnen Reihen fließen, mehr oder weniger vollständig, zu Längsbinden zusammen. Der obere Rand der stacheligen

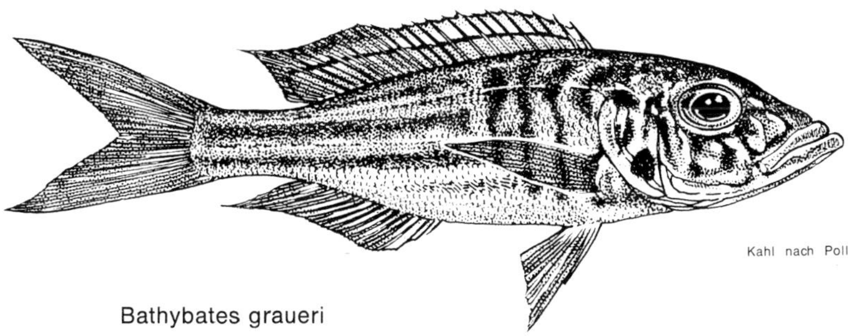
Kahl nach Poll

Bathybates graueri

Rückenflosse ist intensiv violett gesäumt. Oberhalb der Dorsalmitte liegt eine gut wahrnehmbare, scharf abgegrenzte braunviolette Längsbinde, die sich parallel zum oberen Flossenrand zieht. Die Schwanzflosse ist tief eingeschnitten. Der Kopf läuft spitz zu, und das Maul ist tief gespalten. Das Auge fällt durch seine überdimensionale Größe auf. Auf dem Kiemendeckel befinden sich zwei unübersehbare violette Flecke.

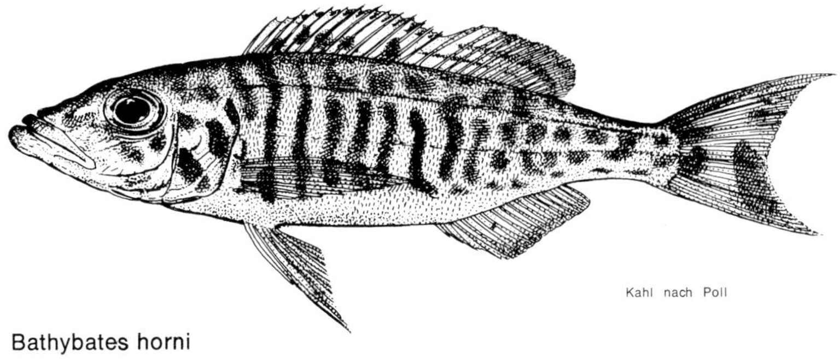
Kahl nach Poll

Bathybates horni

*Bathybates horni*
STEINDACHNER, 1911

Dieser Tanganjika-See-Endemit erreicht eine Größe bis zu 30 cm. Die Tarnfärbung des Körpers besteht aus auffälligen braunen Vertikallinien und Punktmustern auf grünlichgrauem Grund. In der vorderen Körperhälfte liegen 5—6 Querbinden über der Körpermitte. Sie sind leicht vertikal gewellt und enden oben und unten in einem Fleck. Etwas hinter dem Ansatz der Afterflosse beginnt das Muster aus dunklen größeren Punkten. Die Rückenflosse ist zwischen dem harten und dem weichen Teil am Oberrand eingekehlt, die Schwanzflosse nur leicht gegabelt. Auf dem hinteren Kiemendeckel liegen etwa drei längliche dunkle Flecke. Auch diese Art hat einen spitz zulaufenden Kopf mit tief gespaltenem Maul und auffällig große Augen.

*Boulengerochromis microlepis*
(BOULENGER, 1899)
Riesencichlide

Hier haben wir es mit der größten Buntbarschart zu tun, die wir kennen. Die im Tanganjika-See endemisch vorkommenden Tiere erreichen eine Länge von bis zu 80 cm und sind Fischräuber überwiegend des freien Wassers. An ihrer torpedoförmigen Gestalt, dem tief gespaltenen Maul und der großen gespaltenen Schwanzflosse sind die kleingeschuppten Fische als Räuber erkennbar.
Von der Färbung her sind die Tiere, im Gegensatz zu ihren Verwandten aus der vorgenannten Gattung, ausgesprochen hübsch anzusehen. Jungtiere zeigen lediglich eine Grautönung mit einigen Flecken über den Flanken. Erst mit Erreichen der Geschlechtsreife bei einer Länge von ungefähr 15 cm färben sich die Tiere um. Hierbei nehmen die Männchen die kräftigere Färbung an. Während die Flanke

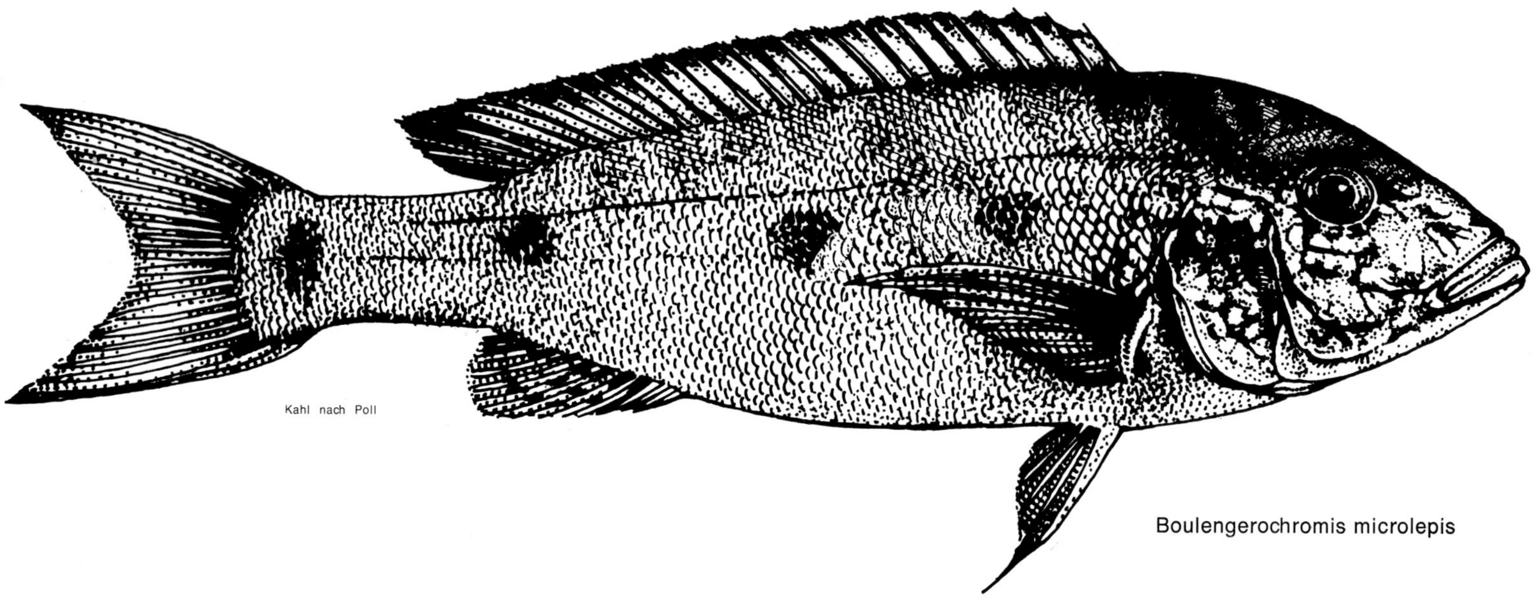

Boulengerochromis microlepis

in der Mitte ihren silbergrauen Ton behält, färben sich Kehle, Bauch und Rücken goldgelb. Die Kiemendeckel werden dabei von blausilbrigen Tüpfeln überlagert. Die Flossen sind graubeige und zeigen nur gelegentlich einige gelbe Strahlen.
Im Freiwasser ihres Heimatbiotops jagen die Tiere in Rudeln, dabei gelangen sie auch gelegentlich in die Uferzone. Von den einheimischen Fischern wird das Fleisch des Räubers sehr geschätzt, und die Art ist dort als Speisefisch ebenso begehrt wie entsprechende Raubfische in unseren Breiten.

## Die Gattung *Callochromis*

Die Vertreter dieser Gattung, die im Jahre 1920 von REGAN aufgestellt wurde, leben endemisch im Tanganjika-See. Von anderen, nahe verwandten Gattungen unterscheiden sie sich durch eine differenzierte Bezahnung, besonders der Schlundzähne. Im Augenblick kennen wir erst zwei Arten, wovon die erste wiederum in zwei Unterarten aufgeteilt ist.

### *Callochromis macrops*
(BOULENGER, 1898)

Die Tiere mit dem relativ großen Kopf und dem unterständigen Maul leben in ihren Heimatbiotopen des Tanganjika-Sees in etwa 10—20 Meter Tiefe hauptsächlich in der Sandzone, dringen aber auch gelegentlich in die Übergangszone (Geröll) vor. Man unterscheidet die beiden Unterarten

*C. m. macrops*
(BOULENGER, 1898)

*C. m. melanostigma*
(BOULENGER, 1906)

Die zuerst genannte Art bewohnt den mittleren und südlichen See, während die zweite nur nördlich der Stadt Nyabisindu angetroffen wird. Die weiblichen Tiere beider Unterarten sind unscheinbar silbrig bis weißlichgrau gefärbt, die Männchen sind etwas bunter. *C. m. macrops* wird etwa 15 cm lang und hat eine grauolive Grundfärbung, die zum Rücken hin dunkler und zum Bauch hin heller wird. Die normalerweise dunkleren Schuppenränder irisieren je nach Lichteinfall heller, so daß über dem Körper ein Netzmuster entsteht. Ein rötlicher Schimmer liegt über Flanken und unpaaren Flossen der Männchen. Die Vertreter der Unterart *C. m. melanostigma* erreichen die gleiche Größe wie *C. m. macrops,* haben jedoch eine etwas kürzere vordere Kopfpartie. Bei den Männchen dieser Unterart ist die Bauchpartie rötlicher gefärbt. Eine

Callochromis macrops

Hirschfeld

Zahl von schwarzen Flecken in der hinteren Körperhälfte und auch in der Rückenflosse macht die Unterscheidung etwas leichter. Die Maulbrüter werden nur selten eingeführt.

### *Callochromis pleurospilus*
(BOULENGER, 1906)

Die bis zu 10 cm langen Maulbrüter trifft man recht häufig in der sandigen Uferzone des Tanganjika-Sees an. Es ist den Tieren möglich, sich bei Gefahr schnell im Bodengrund zu verstecken. Hierbei erweisen sich ihr spitzer Kopf und der sich von der Schulter zum Schwanzstiel stark verjüngende Körper als sehr zweckmäßig.

Die auf den Körperseiten hellgrün leuchtenden Schuppenränder verleihen den Tieren das bekannte Netzmuster. Etwa in Höhe der Seitenlinie befindet sich eine Zahl unregelmäßig angeordneter rostroter Tüpfel. Auf den Kiemendeckeln liegt jeweils ein dunkler Fleck. Die Bauchpartie von *C. pleurospilus* ist nicht so stark abgeflacht wie die von *C. macrops*. Die Geschlechter lassen sich nur schwer unterscheiden. Männliche Tiere zeigen einen kräftigeren Rotanteil.

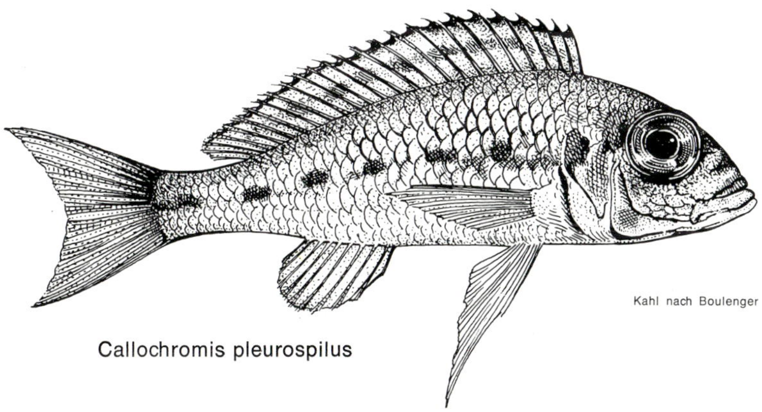
Kahl nach Boulenger

Callochromis pleurospilus

## Die Gattung *Chalinochromis*

Eine recht neue Gattung, die erst im Jahre 1974 von POLL aufgestellt worden ist. Ihre Mitglieder sind denen der Gattung *Julidochromis* nahe verwandt und entwickeln auch in der Gefangenschaft ein ähnliches Territorialverhalten. Es kann deshalb zeitweise oder bei falscher Vergesellschaftung zu argen Beißereien unter den Tieren kommen. Die verwandtschaftliche Beziehung zu den Julidochromis-Arten zeigt sich ebenfalls in der Gestalt der Tiere. Beide

Zieschang

Chalinochromis brichardi

Gattungen haben auch die hohe Zahl von Hartstrahlen in der Rückenflosse gemein. Außerdem liegt die Zahl der Hartstrahlen (6—7) in der Afterflosse weit über der üblichen Anzahl (3) und gilt daher auch als besonderes Merkmal der Gattung *Chalinochromis.* Von den drei inzwischen bekannten Arten ist *C. brichardi* am weitesten verbreitet, jedoch kann man hier nicht zu sicheren Ergebnissen kommen, da die Westküste des Sees noch relativ unerforscht ist — besonders was die in neuerer Zeit entdeckten Arten anbetrifft.

Zwei weitere, bisher unbeschriebene Arten sind im Handel (vergleiche Seite 350).

### *Chalinochromis brichardi*
POLL, 1974

Die Art verdankt ihren Namen Pierre Brichard, der über eine lange Zeit in Bujumbura als Fänger arbeitete und neben dieser Art noch eine Reihe anderer neuer Aquarienfische im Tanganjika-See entdeckte. Die bis zu 12 cm lang werdenden Tiere leben endemisch in diesem Gewässer.

Die Färbung der Tiere kann man fast als reinbeige bezeichnen. Lediglich zum Rücken hin wird sie etwas dunkler. Die Musterung, die man über der Stirn erkennt, besteht aus drei dunkelbraunen Linien, von denen die unterste von Auge zu Auge über der Oberlippe entlangläuft. Eine mittlere zieht auf direktem Wege vom Kiemendeckelbogen der einen Kopfseite zu dem der anderen, dabei führt sie durch beide Augen. Eine dritte Binde liegt über dem Nacken und reicht bis auf die oberen Kiemendeckel, berührt die mittlere Linie jedoch nicht. In der Zone zwischen Kiemendeckel und Ansatz der Brustflosse liegt eine Musterung, die man mit etwas Phantasie für ein verbogenes „x" ansehen könnte. In der hinteren Dorsalbasis befindet sich ein dunkelbrauner Punkt. Die Schwanzflosse ist nicht völlig abgerundet und die Bauchflossen sind lang ausgezogen. Die verdickten Lippen sind mit kleinen Hautwarzen bedeckt. Die Tiere leben in der Felszone des Sees.

## Die Gattung *Chilotilapia*

Diese monotypische Gattung wurde bereits im Jahre 1908 von BOULENGER beschrieben. Die mächtigen Kiefer dieses Molluskenfressers aus dem Malawi-See sind mit breiten Mahlzähnen ausgestattet, die es den Fischen erlauben, ihre hartschalige Beute einfach zu zerbrechen.

### *Chilotilapia rhoadesii*
BOULENGER, 1908

Die bulligen, etwa 22 cm großen Tiere mit dem geraden, dicklippigen Maul sind in großen Becken ausgezeichnete Pfleglinge. Ihre weit nach vorn gerückten Augen geben den

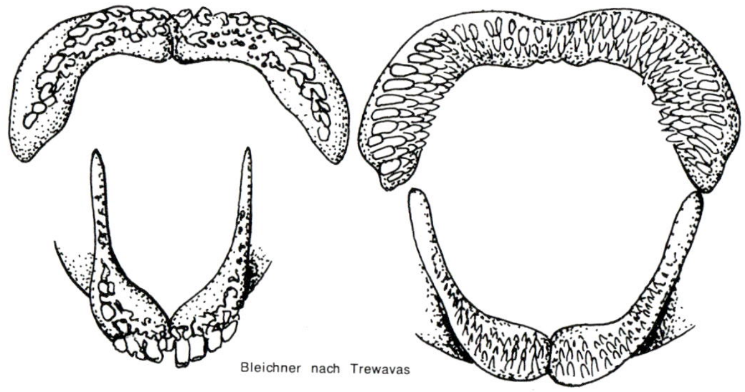


*Die Abbildungen zeigen die Änderung in der Form wie bei der Bezahnung zwischen Jungtieren und ausgewachsenen Exemplaren von* Chilotilapia rhoadesii.

Tieren stets einen „fragenden" Gesichtsausdruck. Die Körpergrundfärbung ist ein helleres oder mittleres Blau. Zwei dunkle Längsbänder überziehen den Körper, von denen eines etwa in Augenhöhe vom Ansatz der Rückenflosse an über die Flankenmitte läuft und in der Caudalbasis endet. Das andere verläuft etwa parallel mit der Rückenlinie, beginnt auf dem Nacken und endet in einer rußartigen Zone auf dem First des Schwanzstieles. Eine Zahl von 8—10 Querbändern liegen stimmungsabhängig über dem Körper. Alle Flossen schimmern bläulich. Je nach Lichtauffall glänzen Kopf, Stirn und Rücken blau metallisch. Die Pupille weist einen feinen rotorangefarbenen Ring auf, der in gutem Kontrast zum übrigen blauen

Chilotilapia rhoadesii ♂

Mayland

Chromidotilapia batesii

Linke

Farbkleid steht. Die Körperschuppen sind dunkel gerandet, und in den Membranen der unpaaren Flossen erkennt man bei genauem Hinsehen rostrote Punkte und Linien.

## Die Gattung *Chromidotilapia*

Die Gattung wurde im Jahre 1898 von BOULENGER ins Leben gerufen und mit *C. kingsleyae* die erste Art zu ihr gestellt. Mit der Revision der Gattung *Pelmatochromis* durch THYS im Jahre 1968 erhielt die Gattung *Chromidotilapia* nur den Rang einer Untergattung. Ihr wird jedoch mehr und mehr der Rang einer selbständigen Gattung zugestanden. Ausnahmslos aus den küstennahen Gewässern Westafrikas stammen ihre Mitglieder, und im Gegensatz zu anderen Zwergbuntbarschen aus diesem Raum sind sie Maulbrüter.

### *Chromidotilapia batesii*
(BOULENGER, 1901)

Die recht friedliche Art ist im Gebiet um Fernando Poo und Südkamerun (Einzugsgebiet des Kienké-Flusses) beheimatet. Männliche Tiere erreichen eine Länge von etwa 12 cm, die Weibchen des Maulbrüters werden dagegen nur 10 cm lang. Die Färbung der weniger bekannten Cichlidenart kann man nicht gerade als prächtig bezeichnen. Bei den Tieren stehen auf dunkelbraunem Körpergrund bis zu sechs oft tiefschwarze Querbinden. Bei Erregung ist der Kopf ebenfalls tiefschwarz (sonst schwärzlich). Die Rückenflosse weiblicher Tiere besitzt einen silbrig-orangefarbenen Streifen. Beide Geschlechter zeigen in der oberen Schwanzflosse einen breiten, rotweißen Streifen in unterschiedlicher Stärke. Die Rückenflosse der Männchen ist rot gesäumt. Beide Geschlechter tragen auf goldfarbenem Grund einen blauen bis blaugrünen Kiemendeckelfleck. Er kann bei Erregung ebenfalls sehr dunkel werden.

Die Zucht erfolgt oft ohne viel Beihilfe des Pflegers. Es wird an feststehenden, meist schrägen Unterlagen abgelaicht. Beide (!) Eltern nehmen den Laich ins Maul, den sie gleichzeitig oder auch abwechselnd tragen. Die Anzucht der Jungen erfolgt mit den allgemein bekannten üblichen Lebendfuttersorten.

Linke

Chromidotilapia finleyi

### *Chromidotilapia finleyi*
TREWAVAS, 1974

Das Vorkommen dieses Maulbrüters erstreckt sich über die weite Regenwaldzone in Kamerun. Männliche Tiere erreichen eine Größe von ungefähr 12 cm; die Weibchen bleiben etwas kleiner.

Als Grundfarbe der Tiere kann ein schöner Goldockerton angenommen werden. Diese Färbung wird über dem Bauch etwas heller und weist einen helleren, zuweilen rötlich schimmernden Fleck in der unteren Flankenmitte auf. Stimmungsbedingt kann die Grundfärbung auch in eine schmutziggraue Ockerfärbung übergehen, doch schimmern die Tiere dann olivgrün. Silbrige, orangefarbene Streifen in der Rückenflosse und ein unterschiedlich stark gefärbter roter Bauch sind auch hier, wie bei allen Chromidotilapia-Arten, das Merkmal für die weiblichen Tiere. Die Rückenflosse der Männchen ist mit einem roten Saum versehen. Halbwüchsige Tiere sind zartrosa bis schwach rötlich gefärbt, und im ausgewachsenen Stadium verstärkt sich diese Färbung zu einem kräftigen Rostbraunrot. Ein goldumrandeter, blaugrün irisierender Fleck liegt auf dem unteren hinteren Kiemendeckel. Tiere dieser Farbform, wie sie bisher in der Campo-Reservation im

Einzugsgebiet des Lobeflusses bis Rio Muni in Südwest-Kamerun gefunden wurden, haben jetzt in einer weiteren, differenzierten Farbform, wie sie hier abgebildet ist, Konkurrenz bekommen. Bei dieser Form werden anstelle des Kiemendeckelflecks große Teile des Kopfes mit blaugrün leuchtenden Schuppenreihen bedeckt, die sich großflächig bis in die Körpermitte ziehen. Vereinzelt bilden sich diese leuchtenden Schuppenreihen bis kurz vor der Caudalbasis aus. Tiere dieser Form bleiben etwas kleiner und sind mit 9—10 cm ausgewachsen. Die nördlichen Nebenflüsse des Mungo-Rivers in West-Kamerun sind das natürliche Verbreitungsgebiet dieser Farbform. Bei der Haltung sind die unterschiedlichen Wasserwerte zu beachten, die in den Lebensbereichen dieser Farbformen herrschen: Während die Werte im Campo-Gebiet eine Härte unter 1° dH und eine Leitfähigkeit von 6—20 µS bei 24,5° C Wassertemperatur aufweisen (der pH-Wert liegt zwischen 4,8 und 5,6!), ergeben sich weiter nördlich im Gebiet der Mungo-Nebenflüsse bereits 170 µS bei 25° C, und der pH-Wert steigt auf 7,8! Es ist durchaus möglich, daß weitere Farbformen gefunden werden.

An den starken Unterschieden in den verschiedenen Gewässern, die nicht besonders weit voneinander entfernt liegen, erkennt man auch eine gewisse Anpassungsfähigkeit der Fische. Was ihre aquaristische Pflege anbetrifft, kann man die Tiere nur dann in relativ kleinen Becken (60 cm Länge) halten, wenn man lediglich ein Paar einsetzt. Viele Paare beanspruchen nur ein Revier von etwa 40 × 40 cm. Das zeigt sich besonders in größeren Behältern, in denen die Fische das Revier mit anderen Chromidotilapia-Arten teilen müssen. Die Tiere lassen sich leicht ernähren, da sie sogar Trockenfutter annehmen. Das sollte jedoch keinen Pfleger verleiten, sich darauf zu beschränken. Lebendfutter ist nach unseren Kenntnissen immer noch das beste Futter. Die Zucht kann im gleichen Becken stattfinden. Vor der Eiabgabe wird eine Sandgrube ausgehoben, in welche die Weibchen das Gelege geben. Es kann auch vorkommen, daß die Eier auf einen Stein gelegt werden, doch nehmen die Eltern sie bereits wenige Zeit später ins Maul. Möglicherweise ist hier das Maulbrutverhalten noch nicht so weit ausgebildet, daß es bei allen Tieren einheitlich ist. Da beide Eltern die Eier ins Maul nehmen, kann immer das Tier Futter aufnehmen, dessen Maul gerade leer ist.

## *Chromidotilapia guentheri*
(SAUVAGE, 1882)

Eine seit vielen Jahren bekannte Art, die früher zur Gattung *Pelmatochromis* gestellt wurde. Die Westafrikaner leben im Raum von Sierra Leone bis zum östlich davon gelegenen Südkamerun, wo sie die Gewässer des Regenwaldes und der Savannen bewohnen. Gefangene Exemplare von Wildformen erreichten eine Länge bis zu 18 cm, während sich die Tiere im Aquarium nur in Ausnahmefällen über eine Größe von 14—16 cm hinaus entwickeln.

Zusammen mit der Körperfärbung nimmt man auch die Unterscheidungsmerkmale der Geschlechter wahr. Bereits bei relativ jungen Tieren erkennt man — wie bei allen Chromidotilapia-Arten — die Weibchen an dem hell irisierenden Randstreifen in der Rückenflosse (vergleiche Foto), die bei dieser Art mit zahlreichen kleinen schwarzen Flecken an der Dorsalbasis ausgestattet ist. Die Flecke sind jedoch nicht bei allen Tieren vorhanden. Ein weiteres typisches Merkmal für Weibchen ist der rotglühende Bauch. Männliche Tiere sind dagegen relativ wenig auffallend gefärbt. Ihre Körpergrundfärbung ist ockergelb. Die Flanken können stimmungsbedingt in der mittleren und oberen Körperzone eine Musterung aus Längs- und Querbändern zeigen, die jedoch so blaß ausfällt, daß davon nur

Chromidotilapia guentheri. *Männchen in Tarnfärbung vor der Nisthöhle. Freilandaufnahme.*

Sjölander

Chromidotilapia guentheri ♀

Matzanke

an den Tangenten die dunklen Flecke übrigbleiben. Auf der hinteren Spitze des Kiemendeckels liegt ein dunkler Fleck, hinter dem sich eine, nicht immer gut erkennbare, rote kurze Längsbinde bis in den Fleck der zweiten Querbinde zieht. Von der Oberlippe reicht ein schwarzes Band bis zum vorderen Augenrand. Die Flossen sind leicht gelblich, und bis auf die Brustflossen tragen alle blaue Strahlen. Rücken- und Schwanzflosse haben einen oberen roten Saum.

Die ruhigen aber nicht immer friedlichen Tiere brauchen ein gut bepflanztes und mit Verstecken eingerichtetes Becken, wenn sie ihr scheues Verhalten ablegen sollen. Im allgemeinen werden die Gewächse nicht beschädigt, es kann aber passieren, daß einige in der Nähe des gewählten Laichplatzes ausgebuddelt werden. *C. guentheri* ist ein guter Futterverwerter, der überraschend anspruchslos ist. Im übrigen gilt für diese Art Ähnliches, wie es für die Fütterung von *C. finleyi* angeführt wurde.

*C. guentheri* ist ein Maulbrüter. Das Gelege wird auf einen Stein oder in einer ausgehobenen Sandgrube abgegeben. Hier widersprechen sich einige Angaben — oder der Widerspruch ist nur scheinbar, und bei der Art kommen beide Formen der Laichabgabe vor. Das Becken sollte eine Größe von etwa 80—100 cm Länge haben, wenn man zur Zucht ein Paar ansetzt. Die Eier werden nach der Ablage von beiden Elterntieren ins Maul genommen und zwar abwechselnd. Auf diese Weise hat immer ein Elterntier das Maul frei, um Nahrung aufnehmen zu können. Die Übergabe erfolgt meist nach Einschalten der Beleuchtung. Das abgebende Tier nimmt zuerst eine Schräghaltung des Körpers an und legt dabei den Mundboden auf den (Sand-) Grund. Meist dreht sich das Tier anschließend noch einmal sichernd im Kreis, bevor die Eier ausgestoßen werden. Befruchtete und unbefruchtete Eier werden gleichermaßen behandelt. Die ersteren sind ockergelb, die anderen weiß gefärbt und beide werden nun vom anderen Partner ins Maul genommen. Hierbei ist zu beachten, daß beim Erbrüten der Eier das Männchen über den längeren Zeitraum die Eier im Maul trägt. Daraus wäre zu schließen, daß sich bei zunehmender Spezialisierung im Verhalten die Art auf die reine Vaterfamilie hinbewegt, obgleich man *C. guentheri* zur Zeit noch als Vater-Mutter-Familie ansprechen kann.

Im Jahre 1962 wurde von TREWAVAS die Unterart *Pelmatochromis g. loennbergi* (später — 1974 — in *C. g. loennbergi* umbenannt) beschrieben, wodurch der von SAUVAGE beschriebenen Art nun ebenfalls der Rang einer Unterart *(C. g. guentheri)* zuzuweisen wäre. Die Verbreitung der neuen Unterart beschränkt sich auf das westafrikanische Gebiet um den Barombiba-Kotto-See sowie den damit in Verbindung stehenden kleineren Mboandong-See in Westkamerun. Leider steht kein lebendes Material zur Verfügung. Die Beschreibung einer weiteren Unterart wird bereits seit einiger Zeit angekündigt, ist jedoch noch nicht erfolgt. Diese Tiere sollen aus den südlicheren Zonen (Gabun bis Zaire) stammen.

Chromidotilapia kingsleyae Linke

### *Chromidotilapia kingsleyae*
BOULENGER, 1898

Die Art, die von *C. guentheri* nur schwer zu unterscheiden ist, lebt in küstennahen Gebieten von Südkamerun bis Gabun, und wurde bereits vom Autor unter diesem vollen Namen beschrieben. Es wird sich noch herausstellen, ob es sich hierbei um eine „gute Art" handelt. Mit einer Größe von bis zu 20 cm kann man die Tiere kaum noch als „Zwergbuntbarsche" bezeichnen. In verschiedenen Beschreibungen werden die Fische als nicht so friedlich, oft sogar als bissig, im Vergleich mit *C. guentheri* dargestellt. Darüber gehen die Meinungen auseinander. Hier wird die Beckeneinrichtung sicherlich eine wesentliche Rolle bei dem Verhalten im Aquarium spielen. Deshalb sollte sich die Einrichtung weniger nach den Vorstellungen über eine „schöne Unterwasserarchitektur" richten, sondern vielmehr den Bedürfnissen der Fische angepaßt sein (bepflanzter Boden mit vielen höhlenartigen Verstecken und Unterständen, weicher Bodengrund usw., wie an vielen anderen Stellen beschrieben). In der weiteren Haltung wie auch in der Zucht unterscheiden sich beide Arten im wesentlichen nicht voneinander. Die wissenschaftliche Unterscheidung der Arten zeigt lediglich klare Unterschiede bei Zahl und Form der Oberkieferbezahnung sowie der Kiemenrechen auf.

### *Chromidotilapia schoutedeni*
(POLL & THYS, 1967)

Eine noch nicht allzulange bekannte Art, die im Lualaba-Flußbereich, einem der Quellflüsse des Zaire- oder Kongo-Flusses in Katanga in Südost-Zaire, gefunden wurde. Den Angaben des Autors Dr. THYS zufolge handelt es sich hier um die kleinsten Vertreter der Gattung, bei denen (zumindest nach dem vorliegenden Material) die Männchen etwa 9 cm und die Weibchen etwa 8 cm groß werden. Über Verhalten und Zucht ist noch nichts bekannt.

## Die Gattung *Corematodus*

Neben *Genyochromis mento* sind die Vertreter dieser Gattung ebenfalls Malawi-See-Arten, die sich darauf spezialisiert haben, parasitär von den Schuppen anderer Fische zu leben. Dazu ahmen die Tiere die Körperzeichnung bestimmter Arten, hauptsächlich der Gattung *Sarotherodon (Tilapia)* nach. Hier spricht man von einer Mimikri, über die Frau Dr. TREWAVAS, die bekannte englische Wissenschaftlerin, eine interessante Arbeit verfaßt hat. In dieser zum speziellen Zweck des Parasitierens angenommenen Färbung schließen sich die Fische einem solchen Sarotherodon-Schwarm an und ernähren sich von den dabei abgeraspelten Schuppen der Fremdfische.

### *Corematodus shiranus*
BOULENGER, 1896

Die Bewohner des Malawi-Sees erreichen eine Länge von etwa 26 cm. Der hochspezialisierte Endemit schmarotzt in erster Linie an den Sarotherodon-Arten der S.-squamipinnis-Gruppe. Der Körper dieser Tiere ist mit sieben schmalen, schwärzlichen Querbinden überzogen, deren erste am Beginn der Rückenflosse liegt und deren letzte am Schwanzstiel endet. Die Färbung kann vom *C. shiranus* dieser Zeichnung angepaßt werden, so daß sich die Fische unauffällig unter die Fremden mischen können.

Eine weitere Art, *C. taeniatus* TREWAVAS, 1935, ist kleiner und besitzt ein abweichendes Farbmuster. In ihrem Habitus ähneln die Tiere Lethrinops-Arten und schmarotzen auch an ihnen. Sie tragen ein schwarzes Band, das sich vom Nacken bis zur Caudalbasis hinzieht.

Die aquaristische Haltung dieser beiden Arten müßte experimentell ermittelt werden, da hierüber keine Erfahrungsberichte aufzufinden sind. Es ist wahrscheinlich, daß sich die Fische im Aquarium an eine andere Kost gewöhnen lassen.

## Die Gattung *Cunningtonia*

Die Vertreter dieser Gattung erinnern im Erscheinungsbild etwas an die der Gattung *Ophthalmochromis:* Die Tiere beider Gattungen besitzen stark verlängerte Bauchflossen. Die Gattung *Cunningtonia* ist monotypisch, das heißt, es wurde nur die folgende Art zu ihr gestellt.

### *Cunningtonia longiventralis*
BOULENGER, 1906

Die bis zu etwa 14 cm groß werdenden Fische leben endemisch im Tanganjika-See. Wie der Artenname bereits anzeigt, tragen sie verlängerte Bauchflossen (Ventralen), die fadenartig ausgezogen sind und nahezu die zweifache Kopflänge erreichen. Die Grundfärbung ist allgemein graubläulich. Kräftigere Farben findet man in Form von orangefarbenen Flecken auf Wangen und Kiemendeckeln. Schön gelb-orange gesäumt sind die Rückenflosse, die beiden äußeren Zipfel der Schwanzflosse, der Saum der Afterflosse und die nach unten verbreiterten „Fäden“ der Bauchflossen. Die Brustflossen bleiben blaß und transparent. Eine selten gepflegte Art.

## Die Gattung *Cyathochromis*

Von dieser Gattung kennt der Aquarianer eine Art. *C. obliquidens* lebt hauptsächlich in der felsigen Uferzone

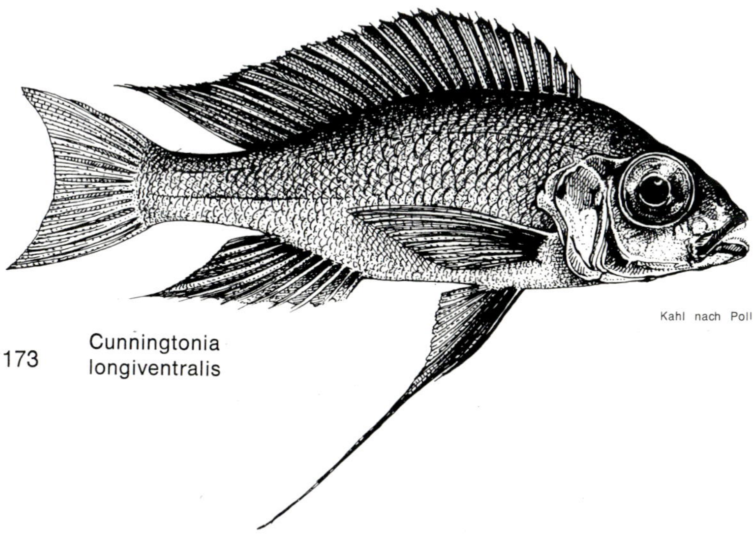

Cunningtonia longiventralis

Kahl nach Poll

Cyathochromis obliquidens ♂

Knaack

des Malawi-Sees, wo die Tiere mit ihrem speziell dazu ausgebildeten Gebiß die Algen abschaben. Es hat sich aber herausgestellt, daß die Fische bis in Zonen mit Pflanzenbeständen vordringen, um von den Pflanzen ebenfalls die Algen abzuweiden. Diesen Nahrungserwerb haben sie gemein mit ihrem Namensvetter *Haplochromis obliquidens,* der im Victoria-See beheimatet ist. Aus diesem Grunde trifft man die Fische bevorzugt an den Stellen der Uferzone an, in der sich Sandzonen mit Vallisnerien-Beständen und felsige Gebiete berühren.

### *Cyathochromis obliquidens*
TREWAVAS, 1935

Der Maulbrüter lebt endemisch im Malawi-See und erreicht eine Größe von etwa 15 cm. Die auch als „Gelbkehlmaulbrüter“ bezeichnete Art gilt als reiner Aufwuchsfresser und hat eine nicht besonders attraktive Färbung. Da die Fische bei ihrer Ernährungsweise die felsige Zone verlassen, um Reviere mit Wasserpflanzen aufzusuchen, die ihnen weniger direkten Schutz bieten, wäre eine auffälligere Färbung, wie wir sie von einigen „Mbuna“ gewöhnt sind, sicherlich nicht von Nutzen. Die graue Körpergrundfärbung der Tiere wird zum Bauch hin etwas heller, bis sie fast weiß ist. Kehle und Brust sind schwach gelb gefärbt. Über den

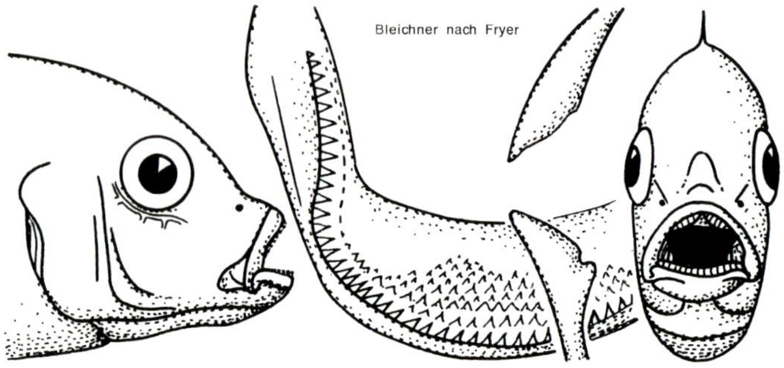


Cyathochromis obliquidens, *Kopf und Bezahnung.*

Körper ziehen zwei blasse dunkle Längsbinden, von denen die unterste sich vom hinteren Augenrand bis zum Ende der Caudalbasis hinzieht. Eine zweite liegt darüber und erstreckt sich vom Nacken bis zum hinteren Ende der Dorsalbasis. In der schmalen Zone zwischen dieser oberen Binde und der Dorsalbasis liegt häufig eine stark grünlich irisierende Zone. Alle Flossen sind grautransparent und schimmern zuweilen bläulich. Manche Tiere zeigen feine blaßgelbe Säume in den hinteren Bereichen der unpaaren Flossen. Der vordere Kopf ist von zwei blauen Linien überzogen. Sie verlaufen pfeilförmig über die Wangen zum Mundwinkel.

## Die Gattung *Cyathopharynx*

Eine weitere Gattung, die REGAN im Jahre 1920, in einer seiner größeren Arbeiten aufstellte und veröffentlichte. Sie ist bis heute monotypisch geblieben und weist nur die folgende Art auf, die im Tanganjika-See endemisch lebt. Das besondere Merkmal der Art besteht in lang ausgezogenen Bauchflossen. Sie erinnern damit in gewisser Weise an die noch schöneren Ophthalmochromis-Arten, die im gleichen See leben. Sie sind relativ klein beschuppt, wodurch sich ihre hohe Zahl auf der Seitenlinie erklärt.

### *Cyathopharynx furcifer*
(BOULENGER, 1898)
Großer Fadenmaulbrüter

Dieser recht groß werdende Cichlide lebt in der sandigen Litoralzone (Uferzone) des Tanganjika-Sees und erreicht eine Länge von etwa 20 cm. Das ist, übertragen auf aquaristische Verhältnisse, viel für einen Fisch, der nicht gern allzu bodennah lebt und infolgedessen einen größeren Schwimmraum benötigt. Die Forderung nach einem entsprechend großen Becken war ihrer Verbreitung bisher sicherlich nicht dienlich. Auch in ihren natürlichen Biotopen bilden die Männchen Reviere, die sie resolut und in nicht kleinem Abstand zum Zentrum verteidigen.

Wie es sich für schnelle Schwimmer gehört, ist diese Art ziemlich hochrückig und seitlich stark zusammengedrückt. Die Grundfärbung der Männchen kann man als blasses Graugold bezeichnen. Die Färbung hellt sich zum Bauch hin auf und ist über dem Rücken schmutziggrau. Tiere in Balzstimmung ändern naturgemäß ihre Körper- und Flossenfärbung. Bei unserem Vertreter wird die obere Körperhälfte dann mit einem Netz feiner blauer Linien überzogen, das dadurch zustandekommt, daß sich die Ränder der kleinen Schuppen stark blau färben. Diese Blaufärbung strahlt über die Flossen ins Violett ab und zieht sich bis in den oberen Kopf. Die bis dahin blasse Unterseite des Körpers leuchtet jetzt goldgelb und bildet einen schönen Kontrast. Nur bei den männlichen Tieren sind die Bauchflossen derart verlängert, daß sie zusammengelegt bis über die Schwanzflosse (!) reichen. Die unpaaren Flossen sind bei diesen Tieren zugespitzt und verlängert. Die Schwanzflosse ist außerdem tief gegabelt. Weibchen und Jungtiere sind unscheinbar blaß gefärbt.

Nach Freiwasserbeobachtungen legen die Männchen Brutkegel an, die wie bei einem Krater am Außenrand hochgewölbt und innen eingebuchtet sind.

Cyathopharynx furcifer ♂

Mayland

## Die Gattung *Cynotilapia*

Die Vertreter der Gattung Cynotilapia gehören zur Gruppe der Felsencichliden oder „Mbuna", die das Litoral des Malawi-Sees bewohnen. Sie sind Maulbrüter, erreichen nur eine Länge von höchstens 8—10 cm und ernähren sich überwiegend von Zooplankton.

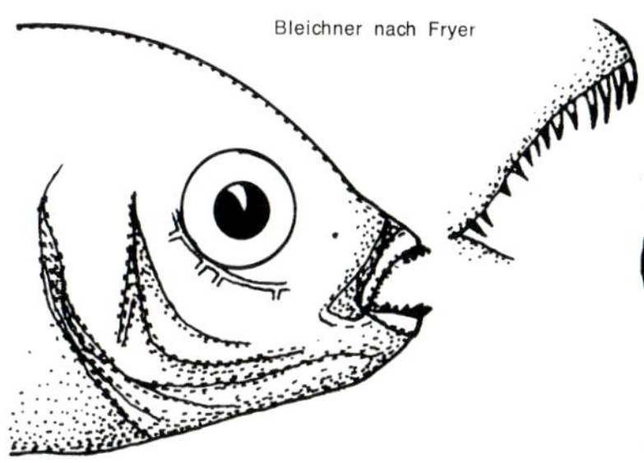


Cynotilapia afra, *Kopf und Bezahnung.*

### *Cynotilapia afra*
(GUENTHER, 1893)

Eine etwa 10 cm groß werdende Art, die in ihrem Aussehen leicht an *Pseudotropheus lombardoi* (Weibchen und Jungfische) und *P. zebra* erinnert. Die Art weist jedoch in der Rückenflosse häufig (nicht immer!) gelbe Farbtöne auf. Die in letzter Zeit unter dem Händlernamen *C. „eduardi"* angebotene Farbform von *C. afra* (so wird sie von BURGESS aufgefaßt) ist ebenso klein. Die Fische haben eine mittel- bis dunkelblaue Grundfärbung, über der stimmungsbedingt eine Anzahl schwarzer Binden gezeigt wird. Da die Färbung der Rückenflossen unterschiedlich ausfallen kann (sie ist oft in der Basis schwärzlich und hat einen gelben Saum, der aber auch weißlich sein kann), ist eine Unterscheidung nur bei sorgfältigem Vergleich möglich (soweit er nur optisch vorgenommen wird). Die Afterflosse hat, wie auch bei der folgenden Art, einen rußigdunklen hartstrahligen Teil, während die hintere Zone der Flosse heller blau gefärbt und mit mehreren Eiflecken besetzt ist.

Cynotilapia afra

Scheuermann

Verhalten und Pflege kommen denen anderer, bekannterer „Mbunas" gleich. Ähnliches gilt für die Zucht, über die jedoch noch keine Erfahrungen vorliegen.

### *Cynotilapia axelrodi*
BURGESS, 1976

Eine Neubeschreibung aus dem Jahre 1976. Der Endemit aus dem Malawi-See wurde im Südende des Gewässers entdeckt (Holotype 6 cm; Paratypen etwa 4,5—5 cm). Die lebhaften kleinen Cichliden zeigen eine ansprechende Blaufärbung auf schlankem, gestrecktem Körper. Die Färbung der Rückenflossen differiert etwas und schwankt zwischen einem blassen Grau und einem gelblichen Farbton. Das breite, schwarze Band in der Dorsalbasis, wie wir es bei *C. afra* antreffen, ist bei dieser neuen Art nicht vorhanden. Die Afterflosse ist, ebenso wie die Bauchflossen, im vorderen Teil tiefschwarz und mit einem weißen Saum versehen. Die hinteren Zonen dieser Flossen sind hellblau. In diesem Teil der Afterflosse findet man einen oder zwei Eiflecke. Auf dem Kiemendeckelwinkel liegt ein meist schwarzer Punkt. Zwischen den Augen ist eine hellere Zone, durch die eine schwärzliche Binde führt. Zwischen den Geschlechtern dieser Art finden wir einen ausgeprägten Sexualdimorphismus (unterschiedliches Aussehen der Geschlechter), wie wir ihn von den meisten Felsencichliden kennen. Das Weibchen hat eine blassere Färbung, und die Bauchpartie ist fast nur noch als grau zu bezeichnen.
Aquaristische Beobachtungen liegen nur in sehr beschränktem Maße vor, doch dürften sich die Tiere im Verhalten bei Pflege und Zucht nicht wesentlich von den meisten „Mbuna" unterscheiden.

Mayland

Cyphotilapia frontosa ♂

## Die Gattung *Cyphotilapia*

Unter der Vielzahl der durch REGAN im Jahre 1920 aufgestellten Gattungen befand sich auch diese. Von den beiden mehr oder weniger bekannten Arten konnte sich *C. frontosa* als Aquarienfisch durchsetzen, während *C. demeusii* (BOULENGER, 1899), dessen Heimat im oberen Kongo liegt, kaum einmal eingeführt wird. Die zu dieser Gattung gestellten Arten bekommen mit zunehmendem Alter in beiden Geschlechtern einen starken Buckelkopf.

### *Cyphotilapia frontosa*
(BOULENGER, 1906)
Tanganjika-Beulenkopf

Das Vorkommen dieser recht bekannten Art bleibt auf die Uferregionen des Tanganjika-Sees beschränkt. Die bis zu 30 cm groß werdenden Tiere werden auch im Aquarium recht kompakt. In ihren Heimatgewässern leben sie nicht in den obersten Wasserschichten, sondern man findet sie in Tiefen zwischen 20 und 30 m. Hier ernähren sie sich auf verschiedene Art von Weich- und Schalentieren wie auch von Fischen. Daher ist bei der Vergesellschaftung darauf zu achten, daß die Mitbewohner nicht zu klein sind, damit sie nicht als Futtertiere angesehen werden.

Die Art zeigt auf sandfarbenem Körpergrund sechs schwarze breite Querbänder. Für das Auge eines ungeübten Aquarianers ist, besonders bei jüngeren Tieren, eine Verwechslung mit den beiden Lamprologus-Arten *L. sexfasciatus* und *L. tretocephalus* möglich, die ähnlich gezeichnet sind und sechs beziehungsweise fünf schwarze Querbinden tragen. Eine Unterscheidung der Geschlechter ist optisch kaum möglich, da die Geschlechtspartner sich weder farblich noch durch andere Merkmale unterscheiden. Man muß am Verhalten der Tiere untereinander das gewünschte Geschlecht erkennen. Die zur Zucht gebrachten Paare pflanzen sich nicht mit großer Nachkommenschaft fort. Die bewohnten Reviere sind nicht so eng beieinander wie in höheren Wasserschichten, und damit ist die Überlebenschance der Jungfische größer. Die Maulbrüter produzieren etwa zwischen 40 und 60 Eier, die etwa 6—7 mm groß sind. Die Zeitigungsdauer beträgt bei etwa 24° C Wassertemperatur 50—54 Tage. Die Jungen sind bereits im frühen Stadium gefärbt wie die Eltern. Die Aufzucht ist ziemlich problemlos.

## Die Gattung *Cyprichromis*

Hier handelt es sich um Verwandte der Gattung *Limnochromis,* die früher zu dieser Gattung gestellt waren. Mit der Aufstellung der Gattung *Cyprichromis* durch SCHEUERMANN im Zusammenhang mit einer partiellen Revision der Gattung *Limnochromis* * wurden die drei hier beschriebenen „Heringscichliden" *C. leptosoma, C. microlepidotus* und *C. nigripinnis* überführt.

Wie der Autor berichtet, fand er die Tiere in einer Tiefe zwischen 5 und 15 m in Gebieten, die mit Felsstücken von über 1 m Höhe durchsetzt sind. Zwischen den Felsen gibt es längere enge Passagen, die man als bevorzugten Aufenthaltsort während der Zeit der Beobachtungen feststellen konnte. Mehrere hundert Tiere hatten sich zu Schulen zusammengefunden (SCHEUERMANN) und es war augenfällig, daß sich die männlichen Tiere am Rand dieser Ansammlung aufhielten, während sich die Weibchen in ihrem

* SCHEUERMANN, H., „A partial revision of the genus Limnochromis REGAN, 1920." Cichlidae, 3, 2, p. 69—73, 1977.

Cyprichromis leptosoma Mayland

mittleren Teil konzentrierten. Von Zeit zu Zeit verließ eine Gruppe bruttragender Weibchen (Maulbrüter) die Schule, um zu einem flacheren, seichteren Teil der Küstenzone zu schwimmen. Dort, in etwa 3 m Abstand, entließen sie ihre Jungen aus dem Maul und kehrten schnell in die Schule zurück. Der Autor führt weiter an: „Obgleich nur bruttragende Weibchen in der Schule angetroffen wurden, vermute ich (wie POLL für die von ihm beschriebene Art *L. microlepidotus* anführt), daß alle die drei hier angeführten Arten normalerweise im freien Wasser (pelagisch) leben, woraus verständlich würde, daß man die Fische so selten an der Küste des Tanganjika-Sees antrifft."
Bei der Haltung im Aquarium konnten ebenfalls ähnliche Verhaltensweisen beobachtet werden. So suchen die Fische niemals die angebotenen Höhlen auf — wenn sie nicht gerade in diese hineingetrieben werden. Sie stehen überwiegend im freien Wasser des Beckens.

### *Cyprichromis leptosoma*
(BOULENGER, 1898)

Von dieser Art gibt es verschiedene Farbvarianten, die in großen Ansammlungen bestimmte Zonen des Litorals und Sublitorals (mehr oder weniger tiefe küstennahe Regionen) bewohnen. Die vom Autor ursprünglich als *Paratilapia l.* beschriebene Art stellte REGAN 1920 als erste zur neugeschaffenen Gattung *Limnochromis.* Die Fische halten sich stets in der schützenden Nähe von Felsen auf — zumindest dann, wenn sie sich mit der Nachzucht beschäftigen. Da die Cyprichromis-Arten auch ins offene tiefere Wasser gehen, kann man annehmen, daß diese Art in diesen Bereichen ebenfalls auf Nahrungssuche geht. Die Zooplanktonfresser lassen sich im Aquarium leicht ernähren, doch nehmen sie nur Futtertiere, die an ihr natürliches Futter erinnern und nicht gleich zum Boden absinken. Das sind in erster Linie Wasserflöhe (klein), Cyclops und ähnliche Teichbewohner. Die Fische beziehen auch im Aquarium keine Höhlen wie andere Cichliden des Tanganjika-Sees, sondern leben vor den angebotenen Aufbauten aus Steinen. Falls das Becken eine Vallisnerien-Bepflanzung (oder etwas Ähnliches) aufweist, stellen sich die Tiere gern zwischen die Pflanzen. Zucht ähnlich wie bei *C. nigripinnis* angegeben. Länge maximal 14 cm.

Die Färbung der Männchen weist einige Unterschiede auf; dabei handelt es sich allem Anschein nach nicht um Standortvarianten, denn die Tiere kommen nebeneinander vor. Die Unterschiede lassen sich hauptsächlich in der Färbung der Schwanzflosse erkennen. Während die einen Männchen eine violettblaue Caudale aufweisen, ist die Schwanzflosse bei den anderen Gruppen leuchtend goldgelb. In der übrigen Färbung zeigen die Tiere keine nennenswerten Abweichungen: Die Körper beider Gruppen sind graubraun getönt und werden zu Bauch und Brust hin silbrig bis gelblich. Rücken- und Afterflosse sind schwärzlich. Weibchen bleiben kleiner. Siehe Farbbild S. 177.

### *Cyprichromis microlepidotus*
(POLL, 1956)

Die Art lebt ebenfalls endemisch im Tanganjika-See. Dort kommen die Tiere, die eine ähnliche braunolive Färbung wie die vorgenannte Art aufweisen, in gleichen Biotopen vor wie *L. leptosoma:* Körperlänge bis etwa 14 cm. Sonst gilt für sie ähnliches wie für die vorgenannte Art.

Cyprichromis microlepidotus

Hirschfeld

### *Cyprichromis nigripinnis*
(BOULENGER, 1901)

Wieder eine sehr gestreckte Art, deren Vertreter ausschließlich im Tanganjika-See vorkommen. Sie leben gelegentlich in der felsigen, küstennahen Flachwasserzone, gehen jedoch meist ins freie Wasser hinaus. Einzelne Tiere sollen gelegentlich in Schwärmen von *C. leptosoma* gesehen worden sein. Die 10—12 cm langen Fischchen lassen sich im Aquarium gut eingewöhnen, benötigen jedoch eine besondere Art der Fütterung, weil sie verschiedene Futterarten (Wasserflöhe, Cyclops usw.), die im Wasser schweben, besser aufnehmen können als andere, die an der Wasseroberfläche schwimmen oder auf dem Boden liegen (Trockenfutter, Tubifex). Da die meisten Aquarianer diese Pfleglinge nicht in Schwärmen halten können, sondern meist wenige Tiere anschaffen, kommt es innerhalb der Artverwandten immer wieder zu Reibereien. Gegenüber anderen Arten verhalten sich die Tiere dagegen friedlich. Sie suchen keine Höhlen im Becken auf, sondern stehen immer in der freien Wasserzone vor der Dekoration.

Die Färbung männlicher Tiere unterscheidet sich in einigen Feinheiten von der der Weibchen. Beide Geschlechter zeigen eine rötlich braungraue Grundfärbung. Die Schuppenreihen unterhalb der durchgehenden Seitenlinie zeigen in ihren oberen und unteren beiden Reihen einen horizontalen grauen Strich über jeder Schuppe. Er weist in der hinteren Körperhälfte einen zusätzlichen kleinen hellen Leuchtpunkt auf. In den drei Schuppenreihen, die dazwischen liegen, stellt man gelbliche Längsbänder (3—4) fest, die an beliebiger Stelle über die Schuppen ziehen. Die bräunlichen Flossen (Brustflossen sind transparent) zeigen farbige Zeichnungen. So sind die Rücken- und Afterflosse in ihrem hinteren, weichen Bereich gelb gefärbt und an diesen Stellen blau gesäumt. Der harte Bereich der Rückenflosse weist einen blau und schwarz gemusterten Saum auf. Ebenfalls einen blauen Saum zeigen die äußeren Zonen der Schwanzflosse und der beiden Bauchflossen. Übor dom cpitz zulaufondon Kopf mit dom ondctändigon Maul kann eine blasse blaue Binde sichtbar werden. Die Stirn schimmert gelblich. Je nach Lichtauffall erkennt man auf den Kiemendeckeln einen Goldfleck. Weibchen zeigen eine dunkle, fast schwärzliche Schwanzflosse. Bei balzenden Männchen färbt sich die Afterflosse tiefdunkel.

Cyprichromis nigripinnis

Mayland

Die Nachzucht der Art ist wiederholt gelungen. Das Weibchen legt die Eier auf ein hartes Substrat (Stein), wo sie vom Männchen befruchtet und gleich darauf ins Maul genommen werden. Nun ist das Weibchen vor weiteren Nachstellungen des Männchens nicht mehr sicher, da die Tiere normalerweise keine Verstecke aufsuchen. Möglicherweise finden sie sich deshalb in ihrem natürlichen Lebensbereich in großen Schwärmen zusammen, wenn sie das Maul voll Eier haben. Im Aquarium muß man das männliche Tier entfernen, falls es das Weibchen nicht in Ruhe läßt. Die Jungfische werden erst aus dem Maul der Mutter entlassen, wenn sie freischwimmen. Das dauert 28—30 Tage. Während dieser Zeit nimmt das weibliche Tier kaum oder gar keine Nahrung zu sich. Die Jungfische lassen sich mit kleinstem Lebendfutter (das schweben muß!) anfüttern. Wieder erweisen sich hierbei Artemia-Larven wie auch Cyclops als sehr geeignet. Man kann die Fischchen aber auch an Staubfutter gewöhnen.

## Die Gattung *Diplotaxodon*

Bei den Mitgliedern dieser Gattung handelt es sich um reine Raubfische, die, zusammen mit den Vertretern der Gattung *Rhamphochromis,* die tiefere Freiwasserzone (Bathypelagial) des Malawi-Sees gruppenweise auf der Suche nach Fischnahrung durchschwimmen. Gelegentlich dringen sie auch in die flachere Küstenzone ein. Da die meisten Cichliden in diesem See eng an das Felslitoral gebunden sind, dienen diese Fische den größeren Räubern auch nur in Ausnahmefällen als Nahrung. Ihre Beute besteht in erster Linie aus kleineren Karpfenfischen der Art *Engraulicypris sardella.* Die genauere Lebensweise dieser und anderer im tiefen Freiwasser des Sees lebenden Arten ist bisher nur wenig erforscht. Da nach Beobachtungen und Fängen anzunehmen ist, daß sich zu den beiden bisher beschriebenen Arten noch die vier- bis fünffache Menge gesellen wird, ist mit zukünftigen weiteren Artbeschreibungen zu rechnen.

### *Diplotaxodon ecclesi*

BURGESS & H. AXELROD, 1973

Die Beschreibung erfolgte nach einem einzigen Exemplar, das mit einem Schleppnetz in knapp 80 m Tiefe in der Monkey-Bay gefangen wurde. Die Art ist im Malawi-See endemisch, und die Holotype hatte eine Länge von etwa 15 cm. Wie die meisten Räuber des Freiwassers zeichnet sich auch diese Art durch keine allzu prächtige Färbung aus. Tarnung ist hier wichtiger. Der Körper ist dunkelbronzefarben, wird aber zum Rücken hin etwas silbriger. Die Spitzen von Rücken und Afterflosse sind weiß. Im unteren Teil der Afterflosse befinden sich einige längliche, gelbliche Eiflecke, was darauf schließen läßt, daß es sich bei dieser Art um einen Maulbrüter handelt. Diese Art unterscheidet sich von der bereits etwas länger bekannten Art *D. argenteus* TREWAVAS, 1935 nur durch die kleinere Anzahl der Schuppen in der Seitenlinie.

## Die Gattung *Eretmodus*

Hier haben wir es mit den sogenannten Grundelbuntbarschen zu tun, deren Vertreter nicht nur zur Gattung *Eretmodus* gehören. Grundelbuntbarsche kennt der Aquarianer inzwischen auch aus den Gattungen *Spathodus* und *Tanganicodus*. Es handelt sich bei diesen Tieren um sehr interessante kleine und hochrückige Fische, deren Flanken stark zusammengedrückt sind. Ihren deutschen Namen verdienen sie zu Recht, weil sie sich nach Art der Grundeln *(Gobiidae)* und Schleimfische *(Blenniidae)* stets bodennah aufhalten und dabei, meist auf die entsprechend umfunktionierten Brust- und Bauchflossen gestützt, nahe bei ihrem Versteck aufhalten. Meerwasseraquarianer, die sich mit der Haltung der Grundeln und Schleimfische weniger befassen, kennen vielleicht einige Vertreter aus der Familie der Korallenwächter oder Büschelbarsche *(Cirrhitidae)*, die den Grundelbuntbarschen in ihrer Lebensweise noch näher kommen.

Die kleinen Endemiten aus dem Tanganjika-See leben in der dicht besiedelten Geröllzone der seichteren Uferregionen, und es ist für den schnorchelnden Aquarianer nicht schwer, nur wenige Meter unter die Wasseroberfläche in das Biotop dieser Fische hinabzutauchen. Obwohl sie scheinbar unbeholfen sind, können sie jedoch unerhört schnell in ihrem Schlupfwinkel verschwinden, wenn der Taucher eine falsche Bewegung macht. Falls man sich ruhig verhält, kommen die Köpfe jedoch bald wieder neugierig hervor. Ein ähnliches Verhalten kann man bei den Fischen auch zeitweilig im Aquarium beobachten.

Eretmodus cyanostictus, *Kopf und Bezahnung*.

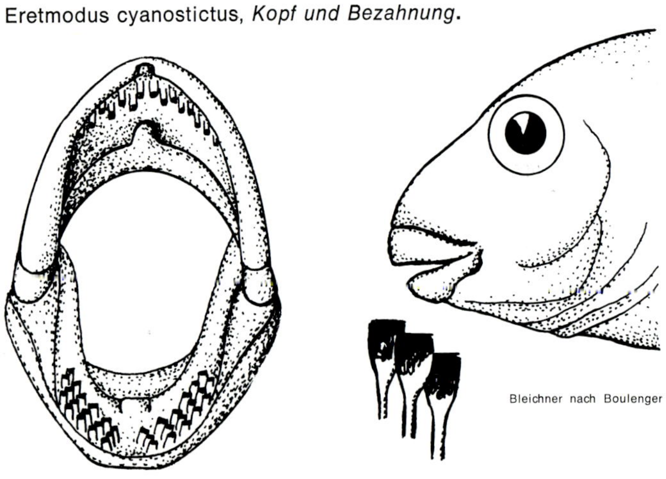

Bleichner nach Boulenger

Hansen

Eretmodus cyanostictus

Grundelbuntbarsche haben in ihren Lebensbereichen verschiedene ökologische Nischen besetzt; dadurch unterscheiden sich ihre Ernährungsgewohnheiten voneinander wesentlich. Während beispielsweise *E. cyanostictus* kleines Lebendfutter aus den Algenpolstern wie auch dem Sandboden heraussucht, kann man *S. erythrodon* als reinen Aufwuchsfresser ansehen — was sich mit den verschiedenen aquaristischen Wahrnehmungen deckt. Dagegen lebt *Tanganicodus irsacae* von vielerlei Wirbellosen (Kleinkrebsen). Abgesehen davon, daß die hier angesprochenen Arten auch unterschiedlich tiefe Wasserschichten bevölkern, war es nötig, daß sie im Laufe der Anpassung ein zur Aufnahme der Nahrung gemäßes Gebiß entwickelten. Die Bezahnung ist eine der Ursachen dafür, daß wir die Grundelcichliden heute in den verschiedenen Gattungen wiederfinden, und sie nicht alle in einer Gattung zusammengefaßt werden konnten. Alle sind Maulbrüter.

### *Eretmodus cyanostictus*
BOULENGER, 1898
Gestreifter Grundelbuntbarsch

Der kleine Maulbrüter aus dem Tanganjika-See wird kaum einmal länger als 7,5 bis höchstens 8 cm. Die Fische haben sich als dankbare Pfleglinge erwiesen, wenn man ihnen ein entsprechend felsig eingerichtetes Aquarium zur Verfügung stellt. Bei Wassertemperaturen um 25° C sind die Fischchen den Wasserwerten gegenüber nicht allzu anspruchsvoll. Da der pH-Wert im See um 9,0 liegt, macht es den Tieren nicht viel aus, wenn man ihn aus praktischen Erwägungen etwas absenkt, doch darf er nicht vom alkalischen in den sauren Teil überwechseln. Wie bereits in der Gattungsbesprechung erwähnt, halten sich die Fische gern vor ihrem höhlenartigen Versteck auf.

Dem weit verbreiteten Vorkommen im See entsprechend haben sich einige Farbvarianten herausgebildet. Meist ist die Grundfärbung des Körpers graubraun und von 8—9 schmalen, eierschalfarbenen Querbinden überzogen. Je nach Herkunft der Tiere können diese Binden wie auch ihre Abschattierung in die Flossen hinein in eine goldgelbe Tönung übergehen. Gelegentlich findet man statt der gelben auch orangefarbene Farbtöne in den Querbinden vor. Bei einigen Tieren, die ich vom Südende des Sees (Kasaba Bay) mitbrachte, erinnern die Tiere im Habitus bereits an *Tanganicodus irsacae,* das heißt, die schmalen Querbinden findet man nur noch in der unteren Körperhälfte, und auch dort ist ihre Zahl auf 5—6 reduziert. Anstelle einer Streifenmusterung liegen nun einige wenige blaue Flecke über dem sonst dunklen Rücken.

Grundelbuntbarsche, wie diese Art, gehen zwar nicht unbedingt eine Dauerehe ein, doch halten sie an ihrem einmal gewählten Partner über einen langen Zeitraum fest. Ihr Verhalten ist sehr auf das einmal abgegrenzte Revier zugeschnitten, und dieser Raum wird von beiden Geschlechtspartnern stark verteidigt. Vor der Eiablage wird das meist flache Substrat (Steinplatte) vom Weibchen gesäubert. Nach jedem Schub der Eiabgabe (etwa zwei Stück) werden die Eier ins Maul genommen, dabei wird das Substrat erneut abgesaugt. Weil das Männchen bei diesem Zeremoniell stets zugegen ist und hierbei seine Analzone präsentiert, kann bei diesen Saugvorgängen auch das Sperma mit aufgenommen werden. Nach Abschluß des Laichprozesses trägt das Weibchen bis zu 30 der länglich-ovalen und mit 5 mm Länge recht großen Eier im Maul. Unter keinen Umständen darf man das brutpflegende Paar trennen! Bei dieser Art haben wir es nämlich mit einer bei Maulbrütern sehr selten vorkommenden Elternfamilie zu tun, bei der sich das Männchen aktiv an der Brutpflege beteiligt. Es übernimmt etwa ab Mitte der Zeitigung (ungefähr ab dem 12. Tag) die Eier/Larven vom Weibchen, behält sie weiter im eigenen Maul. Dort bleiben sie solange aufbewahrt, bis ihre Entwicklung abgeschlossen ist.

Genychromis mento,
*Kopf mit Beispielen zwei- und dreispitziger Zähne.*

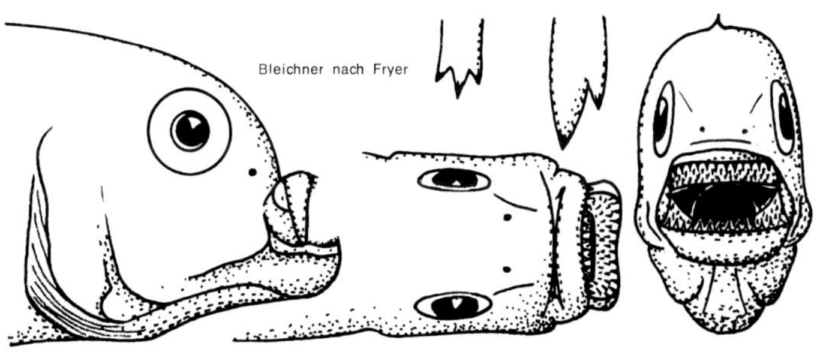


## Die Gattung *Genyochromis*

Unter den vielen, besonders spezialisierten Cichlidenarten der zentralafrikanischen Seen nehmen die parasitierenden Arten einen Platz ein, der sie als Aquarienfische ungeeignet erscheinen läßt. Wer wünscht schon Parasiten unter seinem Dach zu beherbergen? Als Schuppenfresser haben diese Cichliden eine erstaunliche Art der Ernährung gebildet, an die man kaum glauben kann. Magenuntersuchungen ergaben, daß der Inhalt bei der Art *Genyochromis mento* mit nur sehr geringen Ausnahmen aus Schuppen anderer Fische bestand, die säuberlich gespeichert waren. Sie werden im Magen von einem Verdauungssekret zu einer zähflüssigen Masse zersetzt. Weiter wurden Reste von Flossen wie auch wenige Algen nachgewiesen. Opfer dieser parasitären Lebensweise sind hauptsächlich die Mitglieder der Art *Labeo cylindricus,* die zu den Karpfenfischen gehören. Aus diesem Grund kann man die Fische nicht in ein Gesellschaftsaquarium geben; sie würden ihren Mitbewohnern sicherlich einigen Schaden zufügen — zumindest die Flossen stark beschädigen.

### *Genyochromis mento*
TREWAVAS, 1935
Malawi-Schuppenfresser

Der Endemit aus dem Malawi-See wird etwa 18 cm groß, und wird nur in Ausnahmefällen gesondert eingeführt, gelangt aber gelegentlich zusammen mit *Pseudotropheus-zebra*-Importen in die Händlerbecken. Sie ähneln dieser bekannten Pseudotropheus-Art bei oberflächlichem Hinsehen. Da ihre Ernährungsweise auf den Verzehr von Schuppen anderer Fische abgestellt ist, muß *G. mento* ein entsprechend geformtes Gebiß haben, das durch den be-

Loiselle

Genyochromis mento ♀

sonders ausgebildeten und leicht vorspringenden Unterkiefer der Fische auffällt. Ähnlich den ihm in der Ernährungsweise nahestehenden Gegenstücken aus dem Tanganjika-See, den Vertretern der Gattung *Perissodus* (früher *Plecodus*), hat der Fisch Schabezähne ausgebildet. Im Gegensatz zu den Zähnen der Arten aus dem Tanganjika-See, die recht lang und gebogen sind, sind die Zähne der *G.-mento*-Vertreter aus dem Malawi-See relativ klein. Sie liegen in sechs Reihen hintereinander und haben ebenfalls den Effekt einer raspelnden Feile, wenn der Fisch sie entsprechend einsetzt.

Neben der Standardfärbung, bei der eine Reihe von dunklen Querbändern auf blaugrauem oder blauem Grund stehen, sind auch gescheckte Farbformen bekanntgeworden, wie man sie von *P. zebra* kennt. Der Sinn dieses Polymorphismus (Verschiedenfarbigkeit) ist noch nicht geklärt. Meist handelt es sich bei diesen gescheckten Formen um weibliche Tiere, doch ist diese Variante nicht ausschließlich auf sie beschränkt.

Leider liegen keine ausreichenden Erfahrungsberichte vor, ob die Fische in Gefangenschaft, und in einem mit Überlegung zusammengestellten Gesellschaftsbecken nicht zu geringer Größe eventuell doch ihre Freßgewohnheiten ablegen und normales Futter nehmen. Experimente ähnlicher Art hatten häufig überraschende Ergebnisse und räumten mit fest eingeprägten Vorurteilen auf.

## Die Gattung *Gephyrochromis*

Eine für die meisten Aquarianer unbekannte Gattung, obgleich die beiden bekannten Arten *G. lawsi* und *G. moorii* im Malawi-See nicht selten sind. Beide Arten ernähren sich auf unterschiedliche Weise. Während sich *G. lawsi* als Algenfresser wie auch von totem Futter ernährt, lebt *G. moorii* überwiegend über Sandboden, den er mit seiner baggerartig ausgebildeten Unterlippe durchpflügt und nach Nahrungspartikeln absucht. Die Gebisse der Fische sind den unterschiedlichen Ernährungsweisen angepaßt.

### *Gephyrochromis lawsi*
FRYER, 1957

Die im Malawi-See endemische Art wird hauptsächlich im Bereich der Florence- und Nkhata-Bay gefunden. Die Fische erreichen eine Länge bis zu 15 cm. Sie ernähren sich vom Algenbewuchs („Aufwuchsfresser"), den sie in ihrem bevorzugten Lebensraum, der Geröll- und Felslitoralzone, abweiden.

Männliche Tiere haben eine gelbliche oder bronzefarbene Tönung über dem Rücken; der Bauch schimmert bläulich. Die Kehle ist deutlich schwarz. Über den Flanken liegen 7 Querbinden, die stimmungsabhängig mehr oder weniger intensiv gezeigt werden. Zwischen Maul und Auge verlaufen feine blaue Binden. Die Rückenflosse ist zitronengelb, die Afterflosse schwärzlich, trägt aber einen deutlich sichtbaren orangefarbenen Eifleck im hinteren Teil. Die gelbliche Schwanzflosse hat eine dunkle Basis, die dunkle Bauchflosse einen weißen Saum. Weibliche Tiere sind heller gefärbt. Ihr Bauch ist nicht bläulich, sondern silbrig. Lediglich in der Kiemenregion läßt sich ein leichter Blauton erkennen. Die 7 Querbinden sind nur recht schwach angedeutet, Schwanz- und Afterflosse ziemlich dunkel, und die Rückenflosse ist hell. In der Analen zeichnet sich im weichen Teil ein kleiner, gelber oder orangefarbener Eifleck ab.

### *Gephyrochromis moorii*
BOULENGER, 1901

Die ebenfalls aus dem Malawi-See stammende Art kommt weiter im Norden, bei Karonga, vor. Sie wurde irrtümlich von BOULENGER im Original (coll. Moore) als im Tanganjika-See beheimatet beschrieben. Das ist jedoch nicht der Fall! — Mit einer Maximallänge von ctwa 12 cm bleiben die Tiere etwas kleiner als ihre vorgenannten Verwandten. Die Männchen besitzen eine blaue und orange Färbung, wie sie auch für Arten der Pseudotropheus-Gruppe charakteristisch ist. Bei beiden Geschlechtern findet man große, orangefarbene Flecke im hinteren Teil der Afterflosse. *Christyella nyassana* TREWAVAS, 1935, muß als Synonym dieser Art angesehen werden.

## Die Gattung *Haplochromis*

Aus den vielen Haplochromis-Arten hat nur eine begrenzte Zahl Eingang in die Aquaristik gefunden. Obwohl aus Raumgründen hier nur die wichtigsten Vertreter besprochen werden, wird der Aquarianer dennoch eine stattliche Zahl finden. Wer sich eingehender mit der Systematik dieser Gattung beschäftigt, möchte eine Überarbeitung als wünschenswert ansehen, denn die Systematik der Gattung kann man keinesfalls als geordnet ansehen, wie auch LOISELLE in seiner Arbeit* feststellt. Sicherlich hat es bereits Bemühungen verschiedener Art gegeben, die über 200 Haplochromis-Vertreter zu Artengruppen nach ihrer Lebensweise zusammenzufassen. So führt ILES (1960)** beispielsweise in seiner Arbeit die „Utaka-Gruppe" an, verschiedene Haplochromis-Arten aus dem Malawi-See, die als Zooplanktonfresser eine besondere Ernährungsweise entwickelt haben. Weiter ist die Bloyeti-Gruppe bekannt geworden (Bloyeti/Burundi, Bloyeti/Niger-Chad usw.), die im Zusammenhang mit den Arbeiten über *H. wingatii* und *H. desfontainesii* genannt wird. Für die meisten Aquarianer sind diese Angaben jedoch zweitrangig. Sein Interesse gilt den Exemplaren, die in seinem Becken schwimmen und weniger theoretischen Überlegungen.

Von der Vielzahl der Arten lebt die überwiegende Zahl im Malawi- und Viktoria-See, während die Haplochromis-

* LOISELLE, P. V.: „A Review of Haplochromis Nomina commonly Utilized by Aquarists and the Taxa to which they apply". Buntbarsche Bulletin (Journal of the American Cichlid Association), 1975, Nr. 49.

** ILES, T. D.: „A Group of Zooplankton Feeders of the Genus Haplochromis (Cichlidae) in Lake Nyasa". Ann. Mag. nat. Hist., Ser. 13, 2, 1960, p. 257—280.

Loiselle

Gephyrochromis moorii

Arten im Tanganjika-See nur in geringer Artenzahl vorkommen. Sie bevölkern nicht nur die oberen, sondern auch tiefere Wasserschichten (*H. benthicola* wird beispielsweise in Tiefen um 25 m gefunden). Viele Arten weisen einen auffälligen Sexualdimorphismus (Männchen und Weibchen unterschiedlich gefärbt) auf. Besonders in Balzstimmung zeigen die männlichen Tiere ausgesprochen kräftige, leuchtende, meist blaue oder blaugrüne Färbungen. Die Vertreter der Gattung *Haplochromis* sind ausschließlich über den afrikanischen Kontinent verbreitet, dafür sind wenige Arten aber weit über den Erdteil verstreut. Alle Arten sind Maulbrüter, ein großer Teil von ihnen hat sich in seinen Lebensgewohnheiten bestimmten Voraussetzungen anpassen und spezialisieren müssen.

### *Haplochromis adolphifrederici*
(BOULENGER, 1914)

Eine wenig bekannte Art, die aus dem Kivu-See stammt und etwa 12 cm lang wird. Sie ist nahe verwandt mit *H. burtoni* und in ihrer Färbung *Macropleurodus bicolor* aus dem Viktoria-See sehr ähnlich. Die Tiere weisen in der oberen Körperhälfte eine dunkelbraune, in der unteren Hälfte dagegen eine silbrig-weiße Färbung auf. Dunkelbraune Flecke fließen zu sehr unregelmäßigen Querbändern über den Flanken zusammen. Unter den Augen verläuft eine dunkle

Binde. Am unteren Maulwinkel liegt ein schwärzlicher Fleck. Ein weiterer, dunkelbrauner Punkt befindet sich auf jedem Kiemendeckel. Alle Flossen sind gelblich. Die erwähnten Querbinden ziehen bis in die Rücken- und Afterflosse hinein. Das obere Drittel der Schwanzflosse ist schwärzlich. Ein Maulbrüter, der keine besonderen Ansprüche stellt.

### *Haplochromis altigenis*
REGAN, 1922

Eine kaum eingeführte Art, die im Gebiet zwischen Viktoria- und Kiwu-See in Ostzaire beziehungsweise Uganda in einigen Farbvarianten vorkommt. Die farblich nicht sonderlich attraktiven Fische erreichen eine Größe von etwa 25 cm.

### *Haplochromis angustifrons*
BOULENGER, 1914

Die bis etwa 12 cm groß werdende Art lebt bevorzugt im Georg- und Eduard-See (jetzt Lake Idi Amin Dada) sowie im Kazinga-Kanal. Die schön gefärbten Tiere weisen in der oberen Kopfpartie wie auch über dem Rücken eine irisierende Violett-Färbung auf. Die Farbe zieht sich teilweise hinab bis auf die Flanken, dort wirkt sie wie ein türkisfarbener Hauch und geht darauf in eine grünlich-goldene Bauchpartie über. Brust und Unterkiefer sind rußig. Auf den Wangen liegt wieder ein türkisgrüner Schimmer. Zwei sattelförmige und zwei parallele Streifen umziehen das Maul. Die Rückenflosse ist dunkeltransparent und zeigt gewundene schwarze Bänder, die sich über die gesamte Länge der Flosse hinziehen. Ebenso dunkeltransparent ist die Afterflosse gefärbt, doch trägt sie zusätzlich einige orangefarbene Eiflecke.

### *Haplochromis barbarae*
GREENWOOD, 1967

Eine relativ neue Art aus dem Viktoria-See. Es sind bisher Größen bis zu 12 cm bekanntgeworden, doch können die Tiere möglicherweise auch größer werden. Sie leben in sandigen Buchten oder über steinigen Böden in der Nähe der Pflanzenzone. Hier wird selten ein tieferer Wasserstand als 3 m gemessen. Von der Art sind mehrere Farbmuster bekannt. Als Grundfärbung kann ein dunkles Gelbbraun angenommen werden, doch ist selbst diese Tönung stimmungsabhängig variabel. Über den Körper verlaufen mehrere unterschiedlich breite schwarze Querstreifen. Der Kopf kann schwarz gefärbt sein. Die Flossen sind meist gelblichbraun und etwas „rußig". Ein weiteres Farbmuster präsentiert schwarzgescheckte Tiere mit silbriggelber bis gelbbrauner Grundfärbung. Auch bei diesen Varianten sind alle Flossen gelblich. Ein drittes Muster hat schließlich eine orange-gelbe Grundfärbung, über der eine „Pfeffer-und-Salz"-Musterung aus dunklen Punkten liegt. Bei diesen Tieren sind auch die Flossen in die Musterung mit einbezogen, doch wirken die Punkte in den Flossen blasser.

### *Haplochromis bayoni*
(BOULENGER, 1909)

Ein bis zu 15 cm lang werdender Endemit aus dem Viktoria-See, der kaum bei einem Händler zu erwerben ist. Das Maul der Fische ist mit spitzen Zähnen bewehrt und gibt dem gedrungenen Körper mit dem relativ großen Kopf ein bulliges Aussehen. Interessant sind bei dieser Art die ausgezogenen Bauchflossen, die in gewisser Weise an die fadenartig verlängerten Bauchflossen der Ophtalmochromis-Arten erinnern, jedoch nicht die gleiche Länge erreichen.

### *Haplochromis boadzulu*
ILES, 1960

Die aus dem südlichen Malawi-See stammende Art wurde vom Autor im Zusammenhang mit seiner Arbeit über die Utaka-Gruppe (vergl. Gattungsbesprechung) zum ersten Mal beschrieben. Ihren Artnamen verdankt sie der gleichnamigen Insel (vergl. S. 55) im südlichen Arm des Sees. Die bis etwa 14 cm groß werdenden Fische fand ich in der Felsenzone nahe bei der Insel, die als großer Nistplatz für viele Vogelarten bekannt ist (hauptsächlich Kormorane und Fischseeadler). Hier werden viele Cichliden auch von einheimischen Fischern gefangen und selbst in Größen von etwa 6 cm aufwärts verzehrt.

Die Fische tragen normalerweise eine silbriggraue Grundfärbung, die mit einem Muster aus wenigen Längs- und einer Vielzahl von Querstreifen überlagert ist. Männliche

Tiere erkennt man äußerlich nur an ihrem bläulichen Schimmer. Erst laichbereite Männchen färben sich um und legen ein prächtigeres blaues Balzkleid an. Dann leuchten die einzelnen Schuppen in ihrem Zentrum dunkelblau und sind zudem etwas blasser dunkelrot gerandet. Das metallisch wirkende Blau überdeckt insbesondere den Kopf und die Nackenpartie. Jetzt tritt vor allem die schwarze Längsbinde über der Körpermitte hervor, während die Querbinden stimmungsbedingt mehr oder weniger kräftig wirken. Alle Flossen sind transparent und mit Mustern aus orangerötlichen Tüpfeln überdeckt. Rücken- und Bauchflosse tragen einen weißlichen Saum, neben dem sich die orangerote Färbung leicht verstärkt. Bei meinen Beobachtungen im See hatte ich den Eindruck, als ob diese Art in größeren Gruppen zusammenlebt. Die Männchen bilden zwar Reviere, doch war immer ein gewisser Zusammenhalt innerhalb der Gruppe zu beobachten. Ebenso glaube ich, bei einzeln gehaltenen Tieren im Aquarium eine Anfälligkeit gegen verschiedene Krankheiten (?) festgestellt zu haben.

### *Haplochromis brownae*
GREENWOOD, 1962

Diese Art stammt aus dem Viktoria-See und erreicht eine Größe von 10—13 cm. Ihre Verbreitung ist auf sandigen Untergrund beschränkt, wozu man kieshaltige Buchten mit einbeziehen kann. Meist ist in den Zonen, in denen sich die

Haplochromis boadzulu

Mayland

Loiselle

Haplochromis brownae

Fische aufhalten, die Wassertiefe geringer als 10 m. Solche Gebiete werden oft gut von Wellen überspült und saubergehalten. Dagegen wurden keine Tiere über einem weichen, schlammigen Boden nachgewiesen. Als Futter werden Insektenlarven bevorzugt, nachweislich aber auch Jungfische nicht verschmäht.

Wenn man die Färbungen der verschiedenen Haplochromis-Arten aus dem Viktoria-See und den angrenzenden Gewässern miteinander vergleicht, kommt man schnell zu der Feststellung, daß Tiere, die man bei uns kurzerhand als *„H. burtoni"* oder *„H. wingatii"* zu bezeichnen pflegt, zu einer ganz anderen Art gehören können. Wir tun das in Unkenntnis der vielen unbekannten Arten, aber „das Kind muß ja einen Namen haben!".

Männliche Tiere haben normalerweise einen grau-grünen Rücken, der zum Bauch hin einen silbrigen Ton annimmt. Dominierende Tiere zeigen mehr Färbung, und die Flanken nehmen in der oberen Hälfte einen rötlichen Schimmer, im unteren Bereich ein irisierendes Grün an. Stimmungsbedingt zeigen die Tiere ein Muster von 8—10 Querbinden über den Körperseiten. Über den hell-silbrig-blau irisierenden Kopf zieht sich die bei vielen Haplochromis-Arten dieser Biotope bekannte schräge Augenbinde vom Nacken durch das Auge zum Maulwinkel. Eine sehr schöne Färbung weisen die unpaaren Flossen auf: Alle Stacheln irisieren hellblau. Die Membranen im hartstacheligen Teil der Rückenflosse haben die gleiche Färbung, dagegen weisen die des weichstrahligen Teils rote Punkte und Linien auf blauem Grund auf, wie man sie auch in der ähnlich gefärbten Schwanzflosse findet. Die Dorsale trägt einen roten Saum; die Caudale zeigt eine kräftigere Rotfärbung im Saum des oberen und unteren Randes. Die blau-rot gefärbte Afterflosse weist in ihrem hinteren, weichstrahligen Teil mehrere (3—4) dottergelbe, schwarz gerandete Eiflecke auf. Weibchen haben im Gegensatz zu ihren männlichen Artgenossen eine wesentlich hellere, silbrig-graue Färbung. Die Brustflossen sind bei beiden Geschlechtspartnern transparent, die Bauchflossen bei den Weibchen zitronengelb, bei sexuell aktiven Männchen dagegen schwarz. Bei einigen Weibchen sind in der Afterflosse sehr kleine orangefarbene (Ei-)Flecke zu sehen.

Zukal

Haplochromis burtoni.
*Männchen der helleren Farbform im Balzkleid.*

## *Haplochromis burtoni*
(GUENTHER, 1893)

Von verschiedenen Autoren werden *H. burtoni* und *H. desfontainesii* als eine Art angesehen. Andere Autoren widersprechen dieser Vermutung (vergleiche Artbeschreibung *H. desfontainesii*). Hätten die Autoren der erstgenannten Ansicht recht, so müßte der Name *H. burtoni* als Synonym gelten, weil *H. desfontainesii* aufgrund der früheren Beschreibung die Priorität hätte. Die Fische sind über weite Teile Afrikas verbreitet und kommen daher in verschieden gefärbten Populationen vor. LOISELLE erwähnt in seiner Arbeit (vergleiche Seite 189) zwei bekannte Farbformen, die blaue und die gelbe. Sicherlich sind es nur die besonders ins Auge fallenden Varianten. Obgleich man von verschiedenen Autoren unterschiedliche Größenangaben liest, kann hier bestätigt werden, daß die Fische auch im Aquarium eine Länge von 12—15 cm erreichen können. Die Geschlechtsunterscheidung ist unter Umständen nicht einfach, weil auch die Weibchen eine prächtige Färbung annehmen können und sich dann farblich stark den Männchen nähern. Manche Weibchen tragen einen leuchtenden roten Saum in der Rückenflosse, doch kommen auch Tiere der gleichen Geschlechter vor, deren Rückenflosse dunkelrot gesäumt ist — genau wie die der Männchen. Eiflecke sind ebenfalls bei diesen weiblichen Tieren deutlich zu sehen, doch weichen sie in der Farbe von denen der Männchen ab und sind nicht dotter-, sondern zitronengelb. Die bei den Männchen ausgeprägten roten Tüpfelreihen in der Rücken- und Schwanzflosse sind bei weiblichen Tieren zwar nur angedeutet, aber dennoch gut zu sehen. In ihrer Heimat leben die Tiere allgemein nicht in Gewässern, deren pH-Wert unter dem Neutralwert (7,0) liegt. Man sollte sie daher im Aquarium auch nicht in leicht saurem Wasser pflegen und bei der Beckendekoration kein orga-

Haplochromis burtonl,
*blaue Variante, ♀ oben, ♂ unten.*

Kahl

nisches Material (Holz, Kork usw.) verwenden. Empfohlene Härte: 12—16° dGH. Wassertemperatur 25—26° C — zur Zucht 2° C mehr. Zucht wie bei *H. desfontainesii* angegeben.

### *Haplochromis chromogynos*
GREENWOOD, 1959

Ein Endemit aus dem Viktoria-See, der in den allgemein flachen Gewässern die Litoralzone bewohnt. Die Tiere erreichen eine Länge bis zu etwa 12 cm. Männliche Tiere tragen eine bräunlich überlagerte graue Körpergrundfärbung, die von 6—8 dunklen, stimmungsbedingt mehr oder weniger ausgeprägten Querbinden bedeckt werden. Vom Nacken zieht die Schrägbinde durchs Auge zum Maulwinkel, die wir bei den meisten Haplochromis-Arten dieser Gruppe finden. Die unpaaren Flossen zeigen in ihrem hartstrahligen Bereich dunkle Töne, werden jedoch in den hinteren Zonen kräftig gelborangefarben. Im weichstrahligen Bereich der Afterflosse liegen 2—3 gelbe, schwarz gerandete Eiflecke. Weibliche Tiere zeigen eine wesentlich andere, sich geradezu absetzende Färbung; ein Sexualdimorphismus, wie er sich beispielsweise auch bei *Macropleurodus bicolor* (aus den gleichen Biotopen) zeigt (vergleiche Fotos Seiten 250 und 251): Die Tiere zeigen auf silbrigbeigem Untergrund eine Musterung unregelmäßig verteilter und geformter schwärzlicher Flecke.

### *Haplochromis chrysonotus*
(BOULENGER, 1908)

Ein in den letzten Jahren häufiger importierter Endemit aus dem Malawi-See, der eine Größe bis zu etwa 16 cm erreicht und im See weit verbreitet ist, so daß von Fängen im Südteil des Sees (Monkey Bay) wie auch in seinem nördlichen Teil (Karonga) berichtet wird. Die Tiere sind nicht so sehr an ein besonderes Futter gewöhnt und fressen neben Algenbeständen auch Insektenlarven und gelegentlich Zooplankton.

Die Bezeichnung „Gelbrückenmaulbrüter" für die Art ist insofern etwas verwirrend, als die wesentlich bekanntere Art mit gelbem Rücken, *H. venustus*, den meisten Aquarianern geläufiger sein dürfte. Männliche Tiere tragen auf dunkelblauem Körpergrund eine Reihe von schwärzlichen Querbinden. Bei jüngeren Tieren beider Geschlechter ist die adulte Färbung noch nicht ausgeprägt. Sie sind noch bräunlichgrau. Die irisierenden Schuppen auf den Flanken erwachsener Tiere lassen die Färbung je nach Lichteinfall intensiver leuchten. Die gelbliche Nackenlängsbinde wird in erster Linie von männlichen Tieren getragen, während die Weibchen höchstens eine hellere Zone über dem Nacken sowie einen weißlichen schmalen Saum in der Rückenflosse zeigen. Trotzdem sind gut ausgefärbte weibliche Tiere nicht weniger farbig als ihre männlichen Partner. Die Dunkelblaufärbung ihres Körpers ist stellenweise von Brauntönen überlagert. Alle Querbinden treten auffallend zurück. Dafür dominieren drei tiefschwarze runde Flecke, von denen der vorderste unterhalb der Seitenlinie etwa in der Körpermitte liegt, der mittlere unterhalb des weichstrahligen Teils der Rückenflosse und der dritte direkt vor der Schwanzflossenbasis. Bei den Männchen sind diese Flecke bei genauem Hinsehen ebenfalls sichtbar, doch gehen sie meist in der Musterung der kräftigeren Querstreifen unter. Die Haltung dieser Art gleicht der vieler anderer Haplochromis-Arten. Bei Fangversuchen im Malawi-See gingen sie häufig und relativ leicht ins Netz, denn an manchen Stellen trifft man sie in größeren Stückzahlen dicht beieinander an.

Mayland

Haplochromis chrysonotus ♂

Haplochromis compressiceps Mayland

*Haplochromis compressiceps*
(BOULENGER, 1908)

Der „Messerbuntbarsch" trägt seinen deutschen Namen zu Recht. Die nur im Malawi-See vorkommenden, seitlich besonders stark zusammengedrückten Fische werden etwa 25 cm groß. Als besonders hervortretendes Merkmal gilt jedoch nicht die Körperform, sondern die Form des Kopfes. In Verbindung mit dem spitz zulaufenden Kopf und dem bereits etwa vom sechsten Rückenflossenstrahl an abfallenden Rücken hat dieser Fisch die überaus gestreckte Gestalt eines Räubers. Hierbei nimmt der Kopf allein beinahe 40 % der gesamten Körperlänge ein, und

Haplochromis compressiceps. *Auf der Zeichnung erkennt man besonders deutlich die seitlich zusammengedrückte Körperform sowie den eingefallenen Nasenrücken und das tiefgespaltene Maul.*

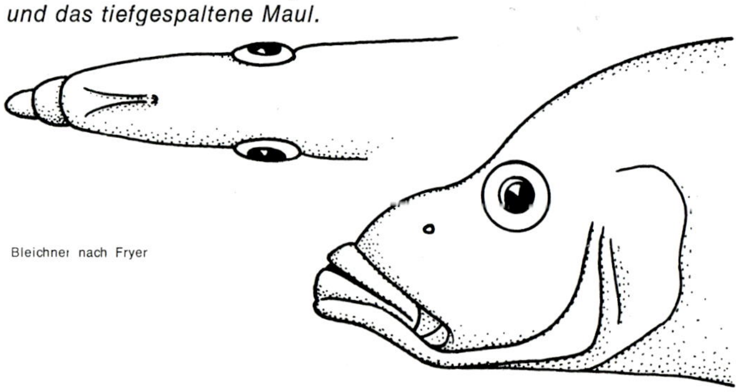

Bleichner nach Fryer

das weit vorschnellbare Maul ist tief gespalten. In einer Beschreibung von WICKLER* aus dem Jahre 1966 wurde den Tieren sicherlich insofern ein pauschales Unrecht zugefügt, als man sie als „Augenfresser" bezeichnete. Eine derartige Ernährungsweise erscheint vielen Wissenschaftlern und Aquarianern wider die Natur, außerdem ist sie wohl auch nicht voll bewiesen.

Durch Selektionsdruck in diesem Gewässer, bei dem die Arten in unterschiedliche Lebensräume gepreßt werden und sich entweder anpassen oder zugrunde gehen müssen, hat sich *H. compressiceps* durch die evolutionäre Anpassung einem Leben über flacherem Sandgrund anpassen müssen und dabei die erwähnte Körperform entwickelt. Man findet die Fische vorwiegend in bewachsenen Zonen (Röhricht, Vallisneria- und Ceratophyllum-Arten), in denen sie sich verstecken und so getarnt auf Jagd gehen können. Die beigegraue Grundfärbung mit den Längsbändern in der oberen Körperhälfte (Foto) verleiht den Tieren in ihrem Biotop unter Einbeziehung der meist in diesen Gewässertypen vorhandenen Sonnenkringeleffekte eine optimale Tarnung. Durch seine komprimierte Körperform ist er auch für die „Räuber von oben", die vielen Vogelarten (allen voran die Kormorane), nur schwer auszumachen und zu erbeuten. Da die Fische im Aquarium ihrer natürlichen Jagdneigung ebenfalls nachzugehen pflegen, kann man sie nur mit größeren Arten vergesellschaften. Das ist einer der Gründe, daß sich die interessante Art im Aquarium nicht sonderlich durchsetzen konnte.

*Haplochromis desfontainesii*
(LACÉPÈDE, 1802)

Es hat über lange Jahre Meinungsverschiedenheiten gegeben (und gibt sie noch), ob *H. desfontainesii* und *H. burtoni* identisch sind. Als das ältere Taxon hat nach den Nomenklaturregeln zweifellos die Arbeit LACÉPÈDES Priorität — vorausgesetzt, die Identität ist gegeben. Ihre getrennte Beschreibung erklärt sich aus der weiten Verbreitung der Fische, die sich vom Südostrand des Atlasgebirges (KIRCHSHOFER, 1953**) bis zum Tanganjika-See

* WICKLER, Wolfgang: „Ein Augen fressender Buntbarsch"; Natur und Museum, 96 (1966), 311—315.

** KIRCHSHOFER, Rosa: „Aktionssystem des Maulbrüters Haplochromis desfontainesii." Zeitschr. f. Tierps., 10, S. 297 bis 318, 1953.

(POLL, 1956*) und möglicherweise noch weiter südlich über das tropische Afrika erstreckt. Die Tiere erweisen sich dabei als sehr anpassungsfähig und haben verschiedene geographische Rassen herausgebildet, mit denen wir es bei den unterschiedlich benannten Spezies sicherlich zu tun haben. Dabei hat LACÉPÈDE gewiß die Rasse beschrieben, von der KIRCHSHOFER in ihrer Arbeit berichtete, denn beide Autoren gaben als Fundort die warmen Quellen der Oasenstadt Gasfa in Tunesien an. In Nordafrika leben die Fische selbst in kleineren Wasseransammlungen und bilden bereits in solchen, nahe beieinanderliegenden Gebieten Populationen unterschiedlicher Färbung. Typisch sind für alle Varietäten die schwarze Binde, die vom Auge aus senkrecht zum Maulwinkel herunterzieht und diesen Winkel von hinten her umschließt. 1975 ist LOISELLE** anderer Meinung und schreibt: „*H. desfontainesii* ist eine gültige Art aus der Sahara und ihrem nördlichen Rand. Diese Art wurde von KIRCHSHOFER im Feld beobachtet und in Deutschland 1953 als Aquarienfisch eingeführt. Sie scheint verlorengegangen zu sein. Es gibt keine Anzeichen dafür, daß sie später wieder eingeführt wurde. Der Name wurde fälschlich für die blaue Variante von *H. burtoni* benutzt. *H. desfontainesii* unterscheidet sich von *H. burtoni* durch das Vorhandensein moraliformer Pharyngealbezahnung (Schlundzähne) und dem Fehlen des orangeroten Schulterflecks bei adulten Männchen." Im übrigen sei hier auf die Beschreibung von *H. burtoni* hingewiesen, wie sie von LOISELLE in der gleichen Arbeit angeführt wird, in der sich der Autor für die Gültigkeit der Art einsetzt: „*H. burtoni* ist eine gültige Art, die auf das Tanganjika-See-Becken beschränkt ist, wo sie in einer größeren Zahl von Fundorten vorkommt. Die Art tritt in zwei Farbformen auf. Bei der einen ist die Grundfarbe blau, bei der anderen gelb. Die genetische Grundlage dieses Farbdimorphismus (Mehrfarbigkeit) bleibt zu untersuchen. Es scheint mit hoher Wahrscheinlichkeit eine Beziehung zwischen den Varianten (Morphen) in der Natur und der Trübheit des Fundortes der Art zu geben. Die Existenz der zwei Farbformen hat die Herausgabe einer richtigen Bestimmung dieser Art erschwert. Die gelbe Variante wurde fälschlich mit dem Nigerianischen Maulbrüter verwechselt, und der Name *H. wingatii* wurde fälschlich für beide genutzt." Mit diesen Ausführungen über unterschiedliche Auffassungen im Hintergrund fällt es nicht leicht, die Fische farblich zu beschreiben. Statt dessen möge sich der Leser beide Farbformen betrachten, wie sie zumindest bei Aquarianern bekannt sind.

Die Fische können auch im Aquarium eine Größe von etwa 12—16 cm erreichen, wie eigene Feststellungen in letzter Zeit ergaben. In der Färbung unterscheiden sich beide Geschlechter deutlich. Männliche Tiere weisen, vor allem während der Zucht, eine besonders intensiv irisierende Körperfärbung auf (Fotos). Die Körperfärbung der Weibchen bleibt blasser, und viele zeigen keinen roten Saum in der Rückenflosse. Es sind aber auch weibliche Tiere bekannt, bei denen die Rückenflosse dunkelrot gesäumt ist. Die Eiflecke in der Afterflosse sind deutlich zu erkennen, jedoch bleiben sie meist in der Stückzahl wie auch in der Färbung zurück und werden blaß zitronengelb.

Höhlen aus Steinaufbauten bevorzugen die Fische als zusätzliches Versteck. Man kann ihnen Pflanzen ins Becken setzen, die sie in den meisten Fällen in Ruhe lassen. Bei einer Wasserqualität von etwa 12—16° dGH und einem pH-Wert zwischen 7 und 8 geben die Weibchen ihre Eier auf ein hartes Substrat ab und nehmen sie bald darauf ins Maul. Bei dem Versuch des Weibchens, die vom Partner präsentierten Eiattrappen in der Afterflosse ebenfalls aufzulesen, sollen die Eier (nach der Theorie von WICKLER*) vom Männchen befruchtet werden. Bis zum Schlupf der Larven im Maul der Mutter vergehen — je nach Wassertemperatur — etwa 16—24 Tage. Während dieser Zeit halten sich dic Weibchen entweder in ihrem Versteck auf oder bleiben im freien Wasser vor den Steinaufbauten. Dies richtet sich, unterschiedlichen Beschreibungen zufolge, offenbar nach der Beurteilung der eigenen Sicherheit durch das Weibchen. Nachdem die Mutter die Jungfische aus dem Maul entlassen hat, müssen die Kleinen sofort angefüttert werden. Hierzu verwendet man in den ersten Tagen Salinenkrebslarven, später groberes Futter.

* POLL, Max: „Résultats scientifigues de l'Exploration hydrobiologique du lac Tanganjika, fasc. 5 B, Poissons Cichliadae." Bruxelles, 1956.

** LOISELLE, Paul V.: „A Review of Haplachromis Nomina commonly utilized by Aquarists and the Taxa to which they apply." Buntbarsche Bulletin, 49, p. 5—13, 20—28, 1975. (Anmerkung: Das „Buntbarsche Bulletin" ist das Journal der ACA — American Cichlid Association.)

* WICKLER, Wolfgang: „Ei-Attrappen und Maulbrüten bei afrikanischen Cichliden". Zeitschr. f. Tierps. 18, S. 129—164, 1962.

## *Haplochromis eduardianus*
(BOULENGER, 1914)
Synonym: *Schubotzia eduardiana*

Die nur bis zu 10 cm groß werdende Art stammt aus dem Eduard- und dem Georg-See sowie den Revieren des die beiden verbindenden Kazinga-Kanals. Die Grundfärbung der Männchen ist ein silbriges Blaugrün mit einem leichten weißen Schimmer in der Brustregion. Eine Vielzahl der Schuppen auf den Flanken besitzt ein tiefrotbraunes Zentrum. Die Zahl und Farbintensität der so gefärbten Schuppen hängt vom Grad der sexuellen Erregung ab. Die transparente Rückenflosse ist an ihrem Ende scharlachrot und gezipfelt. Eine ebenfalls leicht rötliche Färbung weisen die Flossenmembranen auf. Die in ihrer vorderen Zone schwärzliche Afterflosse ist in ihrer hinteren Hälfte ebenfalls rosarot bis scharlachrot. Die meist runden Eiflecke (1—2 Stück) sind außergewöhnlich groß und leuchten gelb. Die Schwanzflosse trägt lediglich einen rosaroten Schimmer — meist jedoch ist sie gräulich-grün pigmentiert. Die schwärzlichen Bauchflossen weisen scharlachrote Membranstreifen zwischen den Flossenstrahlen auf. Weibliche Tiere sind einfacher in der Färbung, vor allem besitzen sie nicht die großen, leuchtenden Eiflecke in der Analen. Durch ihre geringere Größe sind sie allgemein unauffälliger.

Haplochromis euchilus, *Porträt*

Mayland

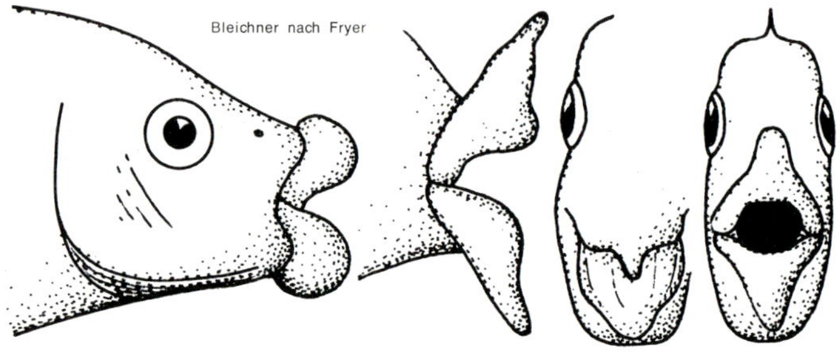


Haplochromis euchilus. *Der „Sauglippenbuntbarsch" zeigt sein besonderes Merkmal aus verschiedenen Positionen.*

## *Haplochromis euchilus*
TREWAVAS, 1935

Der „Sauglippenbuntbarsch", ein Endemit aus dem Malawi-See, stellt einen der besonders spezialisierten Vertreter unter den Buntbarschen dar. Die fleischig-dicken aufgeworfenen Lippen der Tiere, die sich jedoch erst mit zunehmendem Alter bilden, sind nach Meinungen vieler Wissenschaftler in erster Linie zum Ertasten des in den Algenpolstern verborgenen Lebendfutters gebildet, von dem die Tiere unter anderem leben. Dieses Lebendfutter besteht hauptsächlich aus Muschel- und Ruderfußkrebschen, Zuckmückenlarven und anderen Organismen, die auch ihre Nahrung wieder dem „Aufwuchs" entnehmen.

Zur Haltung der Art sollte man kein zu kleines Becken verwenden, da die Fische — und hier besonders männliche Tiere — zur stattlichen Größe von etwa 20 cm heranwachsen können. Im Aquarium vertragen sie einen pH-Wert, der zwischen 7,5 und 8,5 liegen sollte. Dabei brauchen die Werte, wie sie im See vorkommen (8,4 im Mittel), nicht unbedingt erreicht zu werden. Auch die Härte, die im Malawi-See nicht hoch ist (dGH 3—4°, dKH 6—7°), darf mit 10—15° dGH etwas höher liegen. Die Tiere sind anderen Arten gegenüber friedfertig. Zwar sind manche Tiere körperlich stark, können aber dennoch von anderen aggressiven Arten derart belästigt werden, daß sie scheu und dann in der Nähe ihres Verstecks bleiben.

Jungtiere und Weibchen tragen im Gegensatz zu paarungsbereiten Männchen ein farbloses Kleid von weißlich-beiger Grundfärbung, über die drei sehr breite Längsbinden laufen, die mittlere von der Oberlippe durch das Auge bis in

Kahl

Haplochromis euchilus ♂

die Schwanzflossenbasis. Eine weitere zieht parallel dazu über die obere Flankenhälfte. Über die untere Körperhälfte läuft ebenfalls eine breite Längsbinde, doch ist sie bei weitem nicht so kräftig und meist nur angedeutet. Männliche Tiere dagegen, soweit sie sich in ihren prächtigsten Farben (vergleiche Farbfoto) zeigen, erweisen sich als ausgesprochen bunte Tiere, deren farbige Vielfalt kaum zu beschreiben ist. Bei dieser Balzmusterung verschwinden die Längsstreifen über den Flanken zeitweilig, können aber auch tiefschwarz erhalten bleiben. Besonders der Kopf der Männchen schimmert dann in irisierenden blauen und grünen Tönen und die Musterung in den Flossen kommt jetzt ebenfalls erst recht zur Geltung. Die Zucht dieser Art ist im Aquarium, wie bei manchen Haplochromis-Arten, nicht einfach, weil den Tieren in Gefangenschaft wahrscheinlich der nötige ausreichende Schwimmraum fehlt. Maulbrüter.

### *Haplochromis eucinostomus*
REGAN, 1921

Eine weniger bekannte Art aus dem Malawi-See, deren Fundorte hauptsächlich im Gebiet der Nkhata-Bay zu suchen sind. Die bis zu etwa 15 cm groß werdenden Fische sehen *H. mloto* sehr ähnlich. Beide leben endemisch im See. Von den Fischern am Malawi-See werden beide Arten als „Mloto" bezeichnet, genauer besehen aber wird *H. eucinostomus* als „Mloto mchenga" (sandliebender Mloto) beschrieben, was seine natürliche Lebensweise in etwa umreißt. Die Tiere werden hauptsächlich mit Schleppnetzen über sandigen Zonen gefangen.

Balzbereite Männchen sind schön gefärbt: Der ganze Körper leuchtet in irisierendem Hellblau, das zum Rücken hin etwas dunkler wird. Die Schuppen sind im Zentrum gelblich golden, so daß die Flanken ein netzartiges Muster bekommen. Die Rückenflosse ist dunkelblau und weist einen weißen Saum auf. Zwischen den Flossenstrahlen leuchten goldgelbe Tüpfel. Bei vielen Tieren ist die Dorsale ausgezogen und der zipfelige Teil dann goldgelb gefärbt. Brust- und Bauchflossen haben eine dunkelblaue Färbung. Die ebenso gefärbte Afterflosse trägt tiefgelbe Eiflecke. Männchen in dieser Balzfärbung trifft man gelegentlich über dem Sandgrund an. Sie errichten ein Revier und bauen dann eine Nistmulde, indem sie lockeren Sand zu einem Hügel zusammenwedeln. Dieser Kegelbau hält aber nur bedingt lange, weil zuweilen andere Fischarten, die bei ihrer Nahrungssuche den Sandboden durchbaggern, Hügel und Mulde zerstören.

Knaack

Haplochromis fuscotaeniatus

### *Haplochromis flavimanus*
ILES, 1960

Ebenfalls ein Bewohner aus dem Malawi-See, der hauptsächlich im Bereich der Nkhata-Bay gefunden wurde. Die endemisch im See lebenden Tiere erreichen eine Maximallänge von etwa 15 cm. Die Art bevorzugt Sandgebiete der felsigen Litoralzone, deshalb wird *H. flavimanus* von den einheimischen Fischern auch als „Kajose mchenga" („mchenga" = sandliebend) bezeichnet. Normalerweise ernähren sich die Tiere von Zooplankton, Phytoplankton und Fadenalgen, sie brauchen also bei der Haltung im Aquarium auf alle Fälle vegetarische Zusatzkost. Farblich weisen die Fische keine Musterung aus Flecken und Streifen auf. Sie haben eine silbrige Grundfärbung mit deutlich sichtbaren gelben oder orangefarbenen Schuppenzentren. Die gelblichen unpaaren Flossen zeigen kräftiger gelbe oder orangefarbene Flecke auf den Membranen. Eine nicht allzu häufig eingeführte Art.

### *Haplochromis fuscotaeniatus*
REGAN, 1921

Dieser „Leopardmaulbrüter" lebt im Malawi-See und kann eine Größe von über 20 cm erreichen. Schon beim ersten Anblick erkennt man am tiefeingeschnittenen Maul und der gut ausgebildeten Schwanzflosse (schneller Schwimmer) den Räuber. Die marmorierte Tarnfärbung, die aus einem braunbeigen Fleckenmuster auf silbrigem Grund besteht, erinnert an andere Räuberarten aus der Haplochromis-Gattung *(H. polystigma),* deren Tarnkleid recht ähnlich ist. Die Färbung, die beiden Geschlechtern zu eigen ist, ändert sich bei den Männchen nur während der Balz: dann zeigen sie einen orangefarbenen Saum in der Rückenflosse, und die sonst blassen und kaum sichtbaren Eiflecke in der Afterflosse treten nun deutlich hervor. Jetzt weist auch die Kopfpartie ansprechende, metallisch schimmernde Blau- und Grüntöne auf, die sich bis zur Kehle erstrecken können. Größere Exemplare sind nicht für das Gesellschaftsaquarium geeignet, da sie jeden Mitbewohner in einer für sie passablen Größe als Beute ansehen. Über die Nachzucht dieser recht groß werdenden Art liegen noch keine Berichte vor. Die Maulbrüter brauchen entsprechend große Becken.

### *Haplochromis graueri*
BOULENGER, 1914

Eine der weniger bekannten Arten aus dem nördlichen Gebiet des Rift Valley. Die Fische leben im Albert-, Eduard- (mit Georg-) sowie Kivu-See und erreichen dort eine Länge bis zu etwa 15 cm. Farblich sind sie nicht sonderlich attraktiv und deshalb wohl auch als Aquarienpfleglinge weitgehend unbekannt.
Männchen haben eine graue bis bräunliche Grundfärbung, und die wenigen Binden auf den Flanken werden nur stimmungsbedingt sichtbar. Der Bauch ist oft schwärzlich. Unter den Augen verläuft eine senkrechte dunkle Binde. Alle unpaaren Flossen sind braun. Meist leuchten in der Afterflosse 2—3 große Eiflecke. Die Bauchflossen sind

schwärzlich. Weibliche Tiere sind in der oberen Körperhälfte einförmig braun und werden zum Bauch hin heller. Sie zeigen einen mehr oder weniger deutlichen Kiemenfleck. Die Flossen der Weibchen sind meist transparent und grau. Im weichen Teil der Rückenflosse sowie auf der Schwanzflosse befinden sich kleine runde braune Flecke.

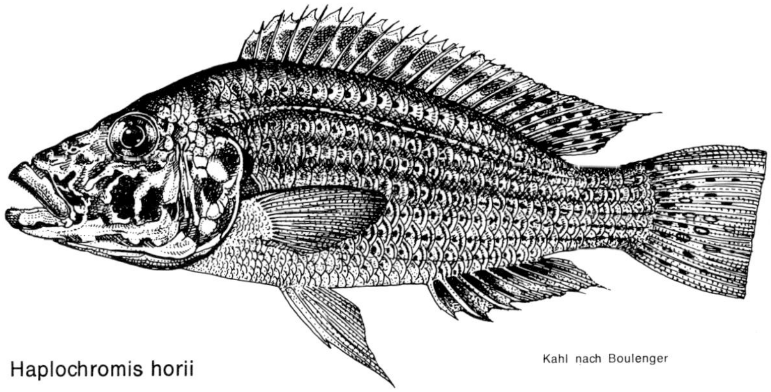

Haplochromis horii

Kahl nach Boulenger

*Haplochromis hennydaviesae*
BURGESS & H. AXELROD, 1973

Die Art stammt aus dem Malawi-See, in dem man die Fische in etwa 8—10 m Tiefe fängt. Für die Erstbeschreibung lagen den Autoren nicht viele Exemplare vor. Der Holotypus (einziges beschriebenes Tier) wies eine Länge von knapp 7 cm auf. Wahrscheinlich dürften die Fische jedoch eine Länge von über 10 cm erreichen. Sie werden ziemlich hochrückig und erinnern in Kopf- und Maulform an Lethrinops-Arten. Ihr Körper wird von etwa acht dunklen Querbinden überzogen, die stimmungsbedingt stärker oder schwächer ausgeprägt sein können. Die Rückenflosse, bei adulten Männchen mit einer langen Fahne, hat eine grünbraune Färbung und trägt einen feinen orangegelben Saum. Die ebenfalls grünbraune Afterlosse weist eine Reihe von Eiflecken auf. Dieser Maulbrüter, der farblich nicht sonderlich attraktiv ist, wird kaum eingeführt, so daß weitere (Zucht-)Angaben leider nicht gemacht werden können.

*Haplochromis heterodon*
TREWAVAS, 1935

Ebenfalls eine Art, über deren Verhalten im Aquarium bisher leider nur sehr wenig bekannt wurde. Die Fische stammen aus dem Malawi-See, in dem sie endemisch leben. Sie werden überwiegend im Bereich der Likoma-Insel gefunden. Männchen erreichen eine Größe von etwa 20 cm, Weibchen bleiben mit einer Höchstlänge von etwa 17 cm ein wenig kleiner. FRYER erwähnt in einer Arbeit* eine interessante Beobachtung: „Die Weibchen dieser Art, obgleich gewöhnlich nur 13—17 cm groß, bauen eine kreisförmige Nistmulde in den Sand, die einen Durchmesser von über 50 cm und ihr Kegel eine Höhe von 15—20 cm (gemessen vom Boden bis zur Spitze) aufweist. In der Mitte ist die Mulde etwa 7—8 cm tief."
Männliche Tiere, die ein Revier besitzen, zeigen ein helles, zuweilen auch tiefes Blau. Besonders auffallend ist bei ihnen der leuchtend blaue Kopf. Über den Körper verteilen sich etliche größere dunkle Flecke, die sich bei Erregung zu Querbändern vereinigen. Weibchen haben eine gelbe bis braune Grundfärbung.

*Haplochromis horei*
(GUENTHER, 1893)

Der „Rotpunkt-Maulbrüter" lebt in der Felszone des Tanganjika-Sees und zählt somit zu den wenigen Haplochromis-Arten, die in diesem See vorkommen. Die Tiere erreichen eine Länge bis zu etwa 18 cm. Die grünliche Grundfärbung der an sich nicht stark getönten Fische — die Kehle und der Bauch sind silbrigbeige — wird durch ein Muster aus unregelmäßig angeordneten roten Punkten unterbrochen. Diese Tüpfel, die sich bei genauerem Hinsehen als kleine Dreiecke in den oberen Schuppenwinkeln entpuppen, sind mit unterschiedlicher Farbintensität über beide Flanken verteilt. Sie setzten sich als rundliche Flecke oder Striche in den Membranen der unpaaren Flossen fort. Vom Auge her zieht eine ebenfalls rote Zone bis zum äußeren Kiemendeckelbogen. Darüber liegt ein kleiner, intensiv grüner Fleck im oberen Winkel des Kiemendeckels. Die transparenten, leicht grünlichen Flossen zeigen bis auf die erwähnten roten Tüpfel keine weitere Musterung. Lediglich in der Rückenflosse läßt sich ein feiner weißer Saum erkennen, über dem sich wiederum die roten Spitzen der Flossenstrahlen zu einer feinen Linie zusammenfinden. Am nicht übermäßig tief gespaltenen Maul glaubt man den Räuber erkennen zu können. Diese Beschreibung gilt für männliche Tiere. Weibchen sind überwiegend graubraun.

* FRYER, G.: „Biological notes of some cichlid fishes of Lake Nyasa." Revue Zool. Bot. afr., 54, p. 1—7, 1956.

*Haplochromis jacksoni*
**ILES, 1960**

Ein Endemit aus dem Malawi-See, den ILES zur Utaka-Gruppe gestellt hat. Die Tiere werden allgemein etwa 18 bis 20 cm groß und zählen damit zu den größten Arten dieser Gruppe, deren Vertreter sich überwiegend von Zooplankton ernähren. Jungfische der Art sowie unterdrückte Männchen tragen die silbergraue Weibchenfärbung. Diese Tiere zeigen über den Flanken zwei dunkle Flecke, von denen der vordere etwa in der Körpermitte, der zweite in der Basis der Schwanzflosse liegt. Männchen in der Balz tragen diese Flecke ebenfalls, doch fallen sie bei der kräftigen Blaufärbung nicht so auf. Die hochrückigen Tiere mit ihren großen Augen im relativ kurzen Kopf wirken durch ihre Bauweise gedrungen. Während der Balz zeigen die Männchen kräftig blau irisierende Schuppen, allerdings ergibt die gesamte Körperfärbung kein einheitlich blaues Bild. Das liegt daran, daß die Schuppenbasis meist etwas dunkler als ihr Zentrum erscheint und eine Vielzahl von Schuppen silbriggrau irisieren — je nach Lichtauffall. Die leicht transparenten Flossen zeigen eine bläuliche Grundtönung und tragen rötliche Fleckenmuster in den Membranen der unpaaren Flossen. Über der Dorsalbasis verläuft eine Reihe schwarzer, aufwärts nach hinten gerichteter länglicher Flecke. Die Fische werden bei manchen Importen mit eingeführt, meist jedoch nicht unter ihrem Namen gehandelt.

*Haplochromis johnstoni*
(GUENTHER, 1893)

Diese Art aus dem Malawi-See ist auch als „Sechsstreifenbuntbarsch" bekanntgeworden. Die Fische leben in ihrem heimatlichen Sandlitoral endemisch. In Gefangenschaft erweisen sie sich als ausgezeichnete Pfleglinge, die sich gut vergesellschaften lassen, sich nicht an Pflanzen vergreifen und auch ihre Mitbewohner aller Größen nicht belästigen. Die bis zu etwa 18 cm groß werdenden Cichliden nehmen in den meisten Fällen fast jedes angebotene Futter.

Da die Fische in ihrem Heimatbiotop, wo sie häufig zwischen dichten Vallisnerienbeständen angetroffen werden, einer guten Tarnung bedürfen, ist ihr Kleid einem solchen

Knaack

Haplochromis johnstoni ♂ *in Normalfärbung.*

Leben angepaßt: Besonders jüngere Exemplare zeigen eine Tarnfärbung, bei der auf grüngelbem Grund eine Musterung aus sechs kräftig schwarzen und breiten Querbändern über den Körper läuft. Die unpaaren Flossen zeigen rötliche Tüpfelreihen besonders in den Membranen. Vom Mundwinkel verläuft eine weniger kräftig ausgebildete Schrägbinde. Der bereits bei den Jungtieren vorhandene rote Dorsalsaum bleibt mit zunehmendem Alter erhalten. Weibchen zeigen eine Färbung, bei der die dunklen Töne etwas weniger kräftig sind. Sie liegen eher im schwarzbraunen Bereich, hierdurch wird die Tarnung im Grunde noch verstärkt. Balzbereite Männchen ändern ihre Körperfärbung so weitgehend, daß der Ungeübte glaubt, eine andere Art vor sich zu haben. Sie legen jetzt ein ausgesprochenes Prachtgewand an. Die im Zentrum roten Schuppen tragen einen grünlichen Saum, so daß ein rotgrünes Netzmuster über dem Körper entsteht. Die unpaaren Flossen nehmen jetzt eine grünblaue Färbung an, und die Membrantüpfel verstärken ebenfalls ihr Rot.

Die Fische lassen sich verhältnismäßig gut nachzüchten. Gelege von ungefähr 100 Eiern sind nicht selten und eine für Maulbrüter stattliche Zahl. Das Weibchen trägt die Eier im Kehlsack. Sie benötigen bis zum Schlüpfen und Heranwachsen etwa 20 Tage, dann werden sie meist zum ersten Mal aus dem Maul der Mutter entlassen und müssen nun angefüttert werden, was mit den üblichen Futterarten nicht sonderlich schwierig ist.

## *Haplochromis kiwinge*
AHL, 1927

Eine im Malawi-See endemische Art, die sich als Aquarienfisch kaum eignet. Die Tiere sind durchgehend silbrig und arge Räuber. Von den Fischern wird er gern im Netz gefunden. Mit 30 cm Größe haben die Fische ihre Maximallänge erreicht, so daß den Tieren als Nutzfischen eine gewisse Bedeutung zukommt. Der Name „Kiwinge" entstammt der Bezeichnung der einheimischen Fischer und bedeutet schlicht soviel wie „Fisch".
Balzende Männchen, wie sie ebenfalls gelegentlich ins Netz gehen, nehmen ebenso eine leuchtendblaue Färbung an wie andere Räuber (beispielsweise *H. compressiceps),* bei denen meist nur silbrige Farben angegeben werden. Bei *H. kiwinge* weist während der Balz jede der blauen Schuppen einen goldenen Fleck auf. Zusammen mit dieser Art beschrieb AHL einen *H. fuelleborni.* Diese Art wird jedoch heute zu *H. kiwinge* gerechnet, so daß der Name als Synonym anzusehen ist.

## *Haplochromis labrosus*
Synonym: *Melanochromis labrosus,* TREWAVAS, 1935

Bei genauem Studium der Fischfauna der afrikanischen Seen fällt auf, daß in den unterschiedlich großen Seen trotz der langen Isolation Fischarten entstanden sind, die — wahrscheinlich aus Gründen der Anpassung an existierende Biotope — ähnliche Körperformen, Kauapparate oder Tastorgane entwickeln mußten. In dem hier besprochenen Fall handelt es sich um die fleischigen, umgestülpten Lippen, wie sie den „Dicklippenbuntbarschen" zu eigen sind. Erstaunlicherweise handelt es sich nicht nur um eine Art, die diese Lippen entwickelt hat, sondern um verschiedene Arten wie *H. chilotes* aus dem Viktoria-See, *Lobochilotes labiatus* aus dem Tanganjika-See, *H. euchilus* und der hier besprochenen Art *H. labrosus* aus dem Malawi-See. Sogar aus dem mittelamerikanischen Nicaragua-Gebiet ist die Art *Ciclasoma labiatum* bekannt, bei der sich jedoch diese Lippen nicht gleichmäßig bei allen Tieren bilden. Die Dicklippenbuntbarsche benutzen ihre eigens entwickelten Lippen in erster Linie zum Ertasten der in den Algenpolstern des Felslitorals verborgenen wirbellosen Futtertiere.
Die ausschließlich im Malawi-See vorkommende Art wird nicht größer als etwa 12—14 cm. Damit stände ihrer Verbreitung im Aquarium von der Größe her nichts im Wege. Mit den extravaganten Lippen ist der äußere Reiz dieser Art aber leider auch bereits hinreichend erklärt. Farblich bieten die Fische jedenfalls mit ihrer überwiegenden Dunkelgraufärbung weder eine farbliche Bereicherung der Aquarienfauna, noch zeigen sie durch ihr Vermehrungsverhalten etwas Neues oder zumindest Interessantes. Über gelungene Nachzuchten sind mir keine Berichte bekanntgeworden.

Haplochromis labrosus

Kahl

## *Haplochromis lateristriga*
(GUENTHER, 1864)

Ein Endemit aus dem Malawi-See, der nicht zu den Schönheiten gezählt werden kann — soweit es sich nicht um ein Männchen in Balzstimmung handelt. Die seitlich stark zusammengedrückten Tiere mit dem gestreckten Körper werden etwa 20 cm groß. Ihr Kopf läuft auffällig spitz zu. Über der braungrauen Körperfärbung, die sich in der Bauchpartie etwas aufhellt, liegt eine meist nur schwach angedeutete schräge Längsbinde. Sie beginnt über dem Nacken, jedoch noch vor den ersten Strahlen der Rückenflosse und verläuft abwärts in die obere Hälfte der Caudalbasis. Die ebenfalls grauen Flossen zeigen, wahrscheinlich nur bei den Männchen, eine Zahl schwach angedeuteter Eiflecke in Form von gelborangefarbenen Strahlen in der Afterflosse. Wie alle Haplochromis-Arten ist auch *H. lateristriga* ein Maulbrüter. Über gelungene Nachzuchten in Gefangenschaft wurde bei dieser Art seither nichts bekannt.

Kahl

Haplochromis lepturus ♀

Mayland

Haplochromis linni

### *Haplochromis lepturus*

REGAN, 1921

Diese Art ist ein Räuber, wird bis zu etwa 40 cm groß und lebt endemisch im Malawi-See über sandigem Boden wie auch in offenem Wasser. Als Nutzfisch hat die Art eine gewisse Bedeutung; sie wird geangelt und noch häufiger in Schleppnetzen gefunden. Das Hauptvorkommen dieser Fische scheint sich weniger auf den südlichen als mehr auf den nördlichen Teil des Sees zu erstrecken. Entsprechend der Endgröße der Tiere sind zur Haltung nur größere Becken zu empfehlen.

Die Normalfärbung der Fische kann wie folgt angesehen werden: Flanken silbrig, zum Rücken hin etwas dunkler werdend. Unter den ersten Strahlen der Rückenflosse beginnt eine dunkle Binde und zieht sich bis in die Caudalbasis hinein. Bei größeren Tieren kann die Binde stark verblassen. In der Rückenflosse, in Reihen angeordnet, augenfleckähnliche dunkle Punkte unter einem breiten weißen Saum. Auch die Schwanzflosse weist in ihrer Mitte derartige Flecke auf. Die Afterflosse ist ebenfalls mit einem weißen Saum ausgestattet. Der erste Strahl der dunklen Bauchflosse ist weiß und häufig stark verlängert. Zuweilen erscheint der ganze Fisch wie gelb gepudert.

### *Haplochromis linni*

BURGESS & H. AXELROD, 1975

Die in früheren Zeiten als „Rüsselpolystigma" bekannten Spezies wurden Anfang 1975 von den Autoren als gültige Art* beschrieben und so mit einem Namen belegt. Beide Arten, *H. polystigma* und *H. linni,* sind nahe miteinander verwandt, wie man auch aus den recht ähnlichen Färbungen der Tiere erkennen kann. Es bleibt dahingestellt, inwieweit die angegebenen Unterscheidungsmerkmale arttypisch sind.

Beide Arten leben in küstennahen Gebieten. Von der verwandten Art *H. polystigma* ist bekannt, daß sich diese Tiere fast ausschließlich von Fischen ernähren. Die bis zu 25 cm großen Räuber sind seit langem bekannt, doch liegen über *H. linni* leider nur Berichte über aquaristische Haltung vor, jedoch nicht über eventuell andere Lebensgewohnheiten im See. Da es sich bei der verlängerten Kopfform mit der rüsselartig vorgezogenen Schnauze offenbar um eine besonders spezialisierte Form handelt, wäre es interessant, festzustellen, ob sich diese Art auch ausschließlich von Fischen ernährt.

Der Maulbrüter trägt ein Farbkleid in rotbraun marmorierten Tönungen. Nachdem anfänglich nur kleinere Exemplare eingeführt wurden, kann man heute feststellen, daß auch bei *H. linni* 20—25 cm große Tiere durchaus keine Seltenheit sind. Als selten muß man im Verhältnis zu *H. polystigma* die ganze Art ansehen. Möglicherweise deutet das auch wieder auf eine Spezialisierung hin. Außerdem konnte bisher nicht festgestellt werden, welche Balzfärbung *H. linni* aufweist.

* BURGESS & H. AXELROD: „Haplochromis linni, a New Species of Cichlid from Lake Malawi." Tropical Fish Hobbyist, 23, Jan, 1975, p. 36—41.

## *Haplochromis lividus*
GREENWOOD, 1956

Eine Art, die im Viktoria-See ziemlich verbreitet und als Endemit dieses Sees anzusehen ist. Man kennt sie als ausgesprochene Vegetarier, also als Algenfresser und Vertilger höherer Pflanzen, dabei geben sie allerdings in den meisten Fällen den Algen den Vorzug. Die Tiere werden kaum einmal größer als rund 10 cm, und vor allem die sexuell aktiven Männchen sind prächtige Tiere.

Die Brutfärbung der Männchen ist möglicherweise die ausgeprägteste morphologische Kennzeichnung und wiederholt sich nicht annähernd bei anderen Haplochromis-Arten (GREENWOOD*).

In der Normalfärbung zeigen die Männchen eine hell-olive Grundfarbe, die zum Bauch hin in Schiefergrau übergeht. Bei sexuell aktiven Tieren ist diese Färbung von einem stark blaugrün irisierenden Ton überlagert, wobei sich über der Flankenmitte eine verstärkt grüngoldene Zone ausbreitet. Vom Nacken zieht die bekannte Augenbinde durch die Augenmitte zu den Maulwinkeln. Stimmungsbedingt zeigen die Fische eine mehr oder weniger intensive dunkle Längsbinde, die sich vom oberen Kiemendeckelrand bis in die Schwanzflossenbasis zieht. Vom Rücken her laufen mehrere Querbinden über die Körperseiten. Sie bilden an Berührungspunkten mit der Längsbinde dunkle Flecke, die fast immer sichtbar sind. Auch die unpaaren Flossen sind blaugrün. Der hartstrahlige Bereich der Rückenflosse irisiert stark, und die Membranen im weichstrahligen Teil sind ebenso von roten Flecken und Strichen durchsetzt wie die der Schwanzflosse. In der hinteren Zone der ebenfalls leuchtenden Afterflosse liegen 2—4 gelbe, schwarz gesäumte Eiflecke. Die Bauchflossen sind schwarz, und die Brustflossen, wie meistens, transparent. Weibliche Tiere haben eine helle, graugrüne Grundfärbung, die zum Bauch hin silbrig wird. After- und Bauchflossen sind gelb, während die übrige Beflossung transparent bleibt.

* GREENWOOD, P. H.: „A Revision of the Lake Victoria Haplochromis species (Pisces: Cichlidae).“ Pts 1—6, Bull. Br. Mus. nat. Hist. Zool., 4, p. 223—244; 5, p. 76—97 + 179—218; 6, p. 227—281; 9, p. 139—213; 15, p. 29—119; 1956—1967.

Haplochromis lividus

Loiselle

Haplochromis livingstonii

Mayland

## *Haplochromis livingstonii*
(GUENTHER, 1893)

Auch diser im Malawi-See endemisch lebende Maulbrüter erreicht eine Länge von über 20 cm und zählt mit *H. polystigma* und *H. pardalis* zu den bekannten Fischfressern unter den Haplochromis-Arten der Litoralzone, wo die Tiere hauptsächlich in der mit Pflanzen bewachsenen Sandregion ihrem Nahrungserwerb nachgehen. Die Musterung ihres Körpers ist der eines Räubers angemessen. Sie besteht aus dunkelbraunen Flecken, die auf hellbeigefarbenem Grund stehen. Bei den meisten Tieren überwiegt dabei die dunkle Zeichnung, die beiden Geschlechtern zu eigen ist. Bei balzbereiten Männchen überzieht sich dieses Muster mit einem blauen, metallisch irisierenden Schimmer, der sich unterschiedlich weit ausbreiten kann. Die Rückenflosse ist bei beiden Geschlechtern rot gesäumt, und in der Afterflosse der Männchen zeigen sich einige, meist kräftige gelbe Flecke, die bei weiblichen Tieren nur angedeutet sind.

Man hat festgestellt, daß sich die Fische bei ihrer Jagd nach Beute wie tot auf eine Körperseite legen und abwarten, bis ein neugieriges Opfer sich an sie heranmacht. Dann „erwachen" sie blitzschnell und versuchen, sich der Beute zu bemächtigen.

## *Haplochromis longimanus*
TREWAVAS, 1935

Eine bis zu etwa 15 cm lang werdende Art, deren Vertreter endemisch im Malawi-See leben. Die Tiere werden kaum einmal importiert. Sie sind hochrückig und erinnern in ihrer fleckigen Zeichnung etwas an *H. venustus.* Über Haltung und Zucht liegen leider keine Angaben vor.

## *Haplochromis macrostoma*
REGAN, 1921

Wie die vorgenannte Art wird dieser Endemit aus dem Malawi-See nur in Ausnahmefällen eingeführt. Da die Tiere farblich nicht viel zu bieten haben und zudem große Räuber sind, muß man den Grund dafür darin suchen. Sie haben eine gestreckte Körperform. Ihr relativ großer Kopf mit dem tief eingeschnittenen Maul läßt unschwer den Nahrungserwerb erkennen. Im Habitus erinnern die Fische an die großen Zackenbarsche, die man in den Korallenriffen tropischer Meere antrifft, doch erreichen sie deren Größe bei weitem nicht und werden nur bis zu etwa 26 cm lang. Ihr Vorkommen scheint sich überwiegend auf den südlichen Teil des Sees zu beschränken.

## *Haplochromis mloto*
ILES, 1960

Der Bewohner des Malawi-Sees wird nicht größer als etwa 14 cm und ernährt sich überwiegend von Zooplankton. Bei den Fischen fällt die in gemäßigtem Bogen gleichmäßig abfallende Stirn auf. Der Körper ist relativ hoch.

Die Färbung der Männchen ist schmutziggrau blauviolett. Die Flanken sind von einem Muster unregelmäßig langer, unregelmäßig dunkler und in unregelmäßigen Abständen beieinanderstehender Querbinden überlagert. Oft sind die ersten Binden etwas stärker ausgeprägt als die übrigen, doch sollte das nicht mit Verwechselungen mit anderen Haplochromis-Arten führen, die derartige Binden überwiegend in der vorderen Körperhälfte zeigen. Die Rücken-

Haplochromis mloto

Marcuse

flosse ist über der Basis mittelgrau. Sie trägt einen breiten weißen Saum, unter dem eine schwärzliche Zone liegt. Dieser Saum zieht sich bei vielen Tieren beiderlei Geschlechts als weißliche Farbzone bis in die Stirn. Dominierende Männchen zeigen eine intensiv leuchtende Glanzzone oberhalb des Brustflossenansatzes. Der Vorderkopf ist dunkel gefärbt. Die blaugraue Schwanzflosse trägt einen transparenten hinteren Rand. Nach Berichten von FRYER & ILES leben *H. mloto* und *H. virginalis* ILES in Biotopen der Felsenzone. Sie bevorzugen zur Brut dasselbe Gebiet — jedoch nicht gleichzeitig. Die unterschiedlichen Brutzeiten (*H. mloto* hauptsächlich im frühen Oktober) verhindern das.

### *Haplochromis mola*
TREWAVAS, 1935

Eine wenig eingeführte, dafür aber um so interessantere Art ist dieser Schneckenfresser, der die sandigen Flachwasserzonen des Malawi-Sees bewohnt. Wegen ihres Nahrungserwerbs mußten die Tiere im Verlauf der Evolution entsprechend starke Schlundknochen entwickeln. Damit stehen die Tiere dieser Art in Verwandtschaft mit *H. incola* TREWAVAS und *H. placodon* REGAN aus dem Malawi-See, die sich auf die gleiche Weise ernähren. Die bekannten Parallelen finden sich in den Arten *A. straeleni* (POLL) nicht zu verwechseln mit *Perissodus straeleni* POLL!), *Lamprologus tretocephalus* BOULENGER aus dem Tanganjika-See, *Astatoreochromis alluaudi* PELLEGRIN, *H. ishmaeli* BOULENGER und *H. pharyngomylus* REGAN aus dem Viktoria-See. Die Art, die überwiegend im nördlichen Teil des Sees, etwa ab der Nkhata-Bay vorkommt, erreicht eine Maximallänge von rund 16 cm und trägt ein leicht graubraun marmoriertes Farbmuster. Männliche Tiere legen sich in Balzstimmung eine zusätzliche Blaufärbung zu.

### *Haplochromis moorii*
(BOULENGER, 1902)

Um es gleich vorwegzunehmen: Die hier angeführte Schreibweise des Artnamens mit zwei „i" ist insofern gerechtfertigt, als der Autor seinerzeit den Namen Prof. Moore's, zu dessen Ehren er diese Art ebenso benannte wie *Tropheus moorii,* latinisierte (Moorius), bevor er ihn mit dem Genitiv des Artennamens versah.

Mayland

Haplochromis mola

Der „Blaue Delphin" vieler Aquarianer ist eine bekannte Erscheinung in vielen Becken, deren Besitzer enthusiastische Cichlidenfans sind. Die Art bewohnt die litorale Sandzone des Malawi-Sees, wo die Tiere ausschließlich vorkommen. Sie nehmen ihre Nahrung vom Bodengrund auf. Im Aquarium kann man oft beobachten, daß sie sich besonders für ein Futterstück interessieren, wenn es von einem anderen Fisch verspeist und dabei zerbissen wird. Die Fische stoßen dann schnell zu, um die abfallenden Krumen zu erreichen. Die bis zu etwa 20 cm groß werdenden Buckelköpfe benötigen ein Becken von mindestens 100 cm Länge.
Die Nachzucht der Tiere ist nicht ganz leicht, vor allem, wenn sich die Tiere durch eine Vielzahl anderer Mitbewohner stark bedrängt fühlen. Nach einer kurzen Balz, bei der die Tiere ihr schönstes Blau zeigen, legt das Weibchen seine Eier ab und nimmt sie gleich darauf ins Maul. Nach der Befruchtung durch das Männchen bringt sich das weibliche Tier mitsamt seiner Eier in einen Abschnitt des hinteren Beckens in Sicherheit. Der Laich ist recht gelb gefärbt. Die Mutter, die sich allein um Brut, Larven und Jungfische kümmert (Mutterfamilie), kaut gelegentlich, wie man gut beobachten kann, ihr im Maul befindliches Gelege durch. Die Larven schlüpfen etwa am 6.—7. Tag, doch erst um den 20. Tag entläßt die Mutter ihre Jungen zum ersten Mal. Dann sollte gleich mit kleinem Lebendfutter wie Artemia angefüttert werden.

Mayland

Haplochromis moorii ♂, *Porträt*

Der Blaue Delphin ist eigentlich kein Fisch für Anfänger! Er stellt zwar keine großen Ansprüche an das Futter, benötigt jedoch eine sehr gute Filterung oder einen gleichmäßigen Teilwasserwechsel. Junge Fische zeigen noch eine leicht marmorierte Musterung über den Flanken und tragen keinen Stirnbuckel, der sich erst mit zunehmendem Alter bei beiden Geschlechtern einstellt. Männliche Tiere bekommen einen stärkeren Buckel. Ein anderes Problem stellt sich gelegentlich den Aquarianern, die *H. moorii* pflegen: Einzelne Tiere oder nach und nach der gesamte Bestand werden von einer Sporentier-Krankheit befallen, bei der sich zuerst ein dunklerer Fleck, dann eine Auftreibung — meist am Bauch oder an der Schwanzwurzel — zeigt, die sich bald zu einer roten, blutunterlaufenen Geschwulst auswächst. Öffnet man diese Geschwulst, nachdem man den Fisch herausgefangen hat, so tritt eine eitrige, übel riechende Substanz heraus. Sie enthält, wie man festgestellt hat, tausende von Sporen, die normalerweise sogenannte Polfäden ins Wasser entlassen. Es handelt sich um eine noch nicht bestimmte Art der Ordnung *Myxosporidia,* die man zu den Protozoen, den Einzellern, rechnet. Ein Medikament zur Bekämpfung dieser Plage ist im Augenblick noch nicht in Sicht. Der Pfleger, der eine derartige Krankheit entdeckt, sollte die Fische auf jeden Fall isolieren und versuchen, die Sporen auf mechanischem Wege (Diatomfilterung*) aus dem Wasser zu entfernen, damit eine Neuinfektion verhindert wird. Es sei noch angemerkt, daß der Erreger der Neonkrankheit, *Plistophora hyphessobryconis,* ebenfalls ein Sporentierchen ist und eine Krankheit hervorruft, die bis heute noch nicht medikamentös behandelt werden kann. Ein häufiger Teilwasserwechsel bekommt den Fischen nicht nur „normal" gut, sondern auch die Jungfische bleiben gegenüber jenen, bei denen während der Aufzuchtzeit kein regelmäßiger Wasserwechsel (hier zwei- bis dreimal in der Woche!) stattfindet, wachstumsmäßig weit im Vorteil. Damit ist wieder aufgezeigt, wie vorteilhaft sich besonders bei dieser Art ein gleichmäßig stattfindendes Erneuern eines bestimmten Wasseranteils auswirkt.

* Diatomfilter erfüllen besondere Ansprüche und werden nur kurzzeitig eingesetzt. Die Basis dieser Filter ist Diatom-Erde. Sie hält alle Partikel zurück, die größer als 1 Mikron (1 $\mu$ = 0,001 oder $^{1}/_{1000}$ mm) sind, darunter auch Larven verschiedener Krankheitserreger.

Haplochromis moorii

Bleichner

## *Haplochromis nigricans*
(BOULENGER, 1906)

Diese Art ist nicht im Viktoria-See endemisch, sondern ihr Verbreitungsgebiet erstreckt sich über den See hinaus auf den Viktoria-Nil und den Kioga-See (vergleiche Karte Seite 39). Hier halten sich die Tiere meist in der Nähe der flacheren Uferzonen auf, wo sie sich von pflanzlichen und anderen organischen Substanzen ernähren, die sie von Steinen abweiden. Sie haben auch in der Bezahnung Ähnlichkeiten mit den Vertretern der Gattungen *Tropheus* und *Pseudotropheus* aus dem Tanganjika- bzw. dem Malawi-See, die sich dort auf ähnliche Weise ernähren. Die bis zu etwa 12 cm groß werdenden Männchen werden im Durchschnitt rund 2 cm größer als ihre weiblichen Artgenossinnen.

Sexuell aktive Männchen haben eine dunkle, doch ausgesprochen schöne Färbung. Über die dunklen Körperseiten breitet sich ein blaugrün irisierender Schimmer aus, der sich zum Teil bis in die ebenfalls dunkelgrundigen unpaaren Flossen hineinzieht. Die Rückenflosse trägt eine rote Marginalbinde und ein Muster roter Flecken in den Membranen des weichstrahligen Bereichs. Über der Schwanzflosse liegt nur ein unbedeutender rötlicher Schimmer, die Anale hingegen ist kräftiger rot getönt. In ihrem hinteren Teil liegen 2—4 gelbe, dunkel gerandete Eiflecke. Die Brustflossen bleiben meist transparent, zeigen jedoch eine leichte Schwarztönung. Die Bauchflossen sind tiefschwarz. Weibliche Tiere sind blaß grünlich und zeigen eine ockerfarbene Zone über der Körpermitte. Auch die unpaaren Flossen sind nur schwach gelbgrün gefärbt.

## *Haplochromis nototaenia*
(BOULENGER, 1902)

Eine der besonders groß werdenden Arten aus dem Malawi-See, die eine Größe von etwa 40 cm erreicht und allein aus diesem Grunde schon für eine Haltung im Aquarium ungeeignet erscheint. Die Tiere dienen in ihrer Heimat in erster Linie als Nutzfische. Sie sind hauptsächlich durch ihre Verbreitung im südlichen Teil des Sees bekannt geworden. Berichte über farbliche Unterscheidungen und das Verhalten der Art liegen nicht vor.

## *Haplochromis obesus*
(BOULENGER, 1906)

Im Viktoria-See, dem Viktoria-Nil und dem damit verbundenen Kioga-See hat sich diese Art ausgebreitet (vergleiche Karte Seite 39). Wie GREENWOOD (1959)* berichtet, haben sich die Fische mehr oder weniger darauf spezialisiert, die Larven frisch geschlüpfter Fische zu erbeuten, die sie über hartem Bodengrund jagen können. Sie gehen dabei auf Tiefen bis etwa 18 m hinunter, bewohnen normalerweise aber auch die Flachwasserzone des Litorals. Bei den bis zu etwa 20 cm groß werdenden Tieren hat man auch Anzeichen von Polymorphismus (Vielgestaltigkeit, Vielfarbigkeit) gefunden wie gescheckte Formen.

Sexuell aktive Männchen tragen über den Flanken ein dunkles Grün, das in der unteren Körperhälfte von einem blau irisierenden Schimmer überlagert ist. Über die Flanken zieht — stimmungsbedingt mehr oder weniger intensiv — eine dunkle Längsbinde. Die unpaaren Flossen sind überwiegend dunkelgrüngrau, darüber liegt eine schwache rötliche Tönung. In der Afterflosse liegen etwa 4 dottergelbe Eiflecke, die schwarz gerandet sind. Kiemendeckel, Kehle und Brust glänzen zeitweise metallisch braun. Weibliche Tiere tragen eine graue Grundfärbung, die zum Rücken hin in braunolive Tönungen übergeht. Die Flossen sind ohne Färbung und transparent.

## *Haplochromis obliquidens*
(HILGENDORF, 1888)

Mit dieser Beschreibung als „*Chromis (Haplochromis) obliquidens* subgen. nov. spec. nov." hat der Autor die später in den Gattungsrang erhobene Gattung *Haplochromis* geschaffen, als deren Typus *H. obliquidens* gilt. Die im Viktoria-See und Viktoria-Nil lebenden Fische erreichen hier eine Größe von ungefähr 10 cm. Sie ernähren sich von Algen (Diatomeen), die sich auf Steinen und Pflanzen angesiedelt haben. Ihr bevorzugtes Lebensgebiet ist die seichte Uferzone mit sandigem wie auch steinigem Untergrund.

Sexuell aktive Männchen zeigen einen strahlenden Grünglanz über den Flanken, der über Kiemendeckel und

* GREENWOOD, P. H.: „A Revision of the Lake Victoria Haplochromis species (Pisces: Cichlidae)." Bull. Br. Mus. nat. Hist. Zool., Pt. 3, 5, p. 179—218, 1959.

Loiselle

Haplochromis obliquidens ♂

Rückenzone von hellen, kupferfarbenen Tönen abgelöst wird. Der Kopf bleibt verhältnismäßig dunkel und nimmt, besonders im vorderen Bereich, blaue Farbtöne an. Vom Nacken zieht eine schwarze Binde durch das Auge zum Maulwinkel. Sie ist für die meisten Arten dieser Gruppe typisch. Die über die Flanken verlaufenden Querbinden werden stimmungsabhängig mehr oder weniger intensiv gezeigt. Die Strahlen der unpaaren Flossen zeigen eine bläuliche Tönung. Die dazwischen liegenden Membranen sind bei Rücken- und Schwanzflosse schwach rotorange gefärbt. Die blaßblaue Afterflosse zeigt eine rötliche Marginalfärbung sowie mehrere organgefarbene, schwarz gerandete Eiflecke im hinteren Bereich. In der Weibchen- und Jugendfärbung sind die Fische silbriggelb und zeigen schwarzgelbliche Flossen. Es sind dunkle, beinahe olivgrüne Weibchenformen bekannt.

### *Haplochromis pappenheimi*
(BOULENGER, 1914)

Im Albert-, Eduard- und Georg-See sowie im Kazinga-Kanal, der die beiden letztgenannten Seen verbindet, ist diese Art beheimatet. Die Tiere erreichen eine Größe bis zu etwa 15 cm. Grundfärbung beider Geschlechter ist eine Silbertönung, die oberhalb der Seitenlinie grünlich schimmert. Die Bauchpartie ist weißlich und alle Flossen sind transparent. Bei den Männchen sind die Zipfel der Rücken- und Bauchflosse schwarz. Die Afterflosse des Zooplanktonfressers weist bei den Männchen 1—3 gelbliche Eiflecke auf.

### *Haplochromis pardalis*
TREWAVAS, 1935

Wie bereits der Artenname vermuten läßt, handelt es sich bei dieser Art um einen Fischräuber. Er lebt in den Felsrevieren ausschließlich des Malawi-Sees, ähnlich wie *H. polyodon* TREWAVAS. Das gut bezahnte Maul mit dem vorstehenden Unterkiefer ist tief eingeschnitten und läßt sich entsprechend weit öffnen und vorschnellen. Der bis zu etwa 20 cm groß werdende Räuber trägt die übliche, wenig schöne Tarnfärbung und ist aus den verschiedenen angeführten Gründen in einem Aquarium nicht gesellschaftsfähig.

### *Haplochromis pectoralis*
(PFEFFER, 1893)

Der in Ostafrika beheimatete kleine Cichlide ist bei Aquarianern weitgehend unbekannt. Er erreicht nur eine Größe bis zu etwa 10 cm und weist eine recht schöne und ansprechende Färbung auf. Die dunkelolivgrüne Grundfärbung des Maulbrüters wird zur Flankenmitte hin etwas gelblich. 10—12 dunkle Streifen ziehen sich wellenförmig über die Körperseiten. Bei auffallendem Licht leuchtet der Fisch wie mit Rot übergossen. Die unpaaren Flossen sind wie die Flanken gelblichgrün und weisen eine Zahl hellerer Tüpfel auf. Sie sind zudem weißlichgelb gesäumt. An der Basis der weichen Dorsalen befindet sich ein heller Fleck, der von drei oder vier hellen und ebenso vielen bogigen Binden umgeben ist. Einen sehr ähnlichen Augenfleck weist die Afterflosse auf, doch ist dieser mit einem breiten dunklen und einem helleren Saum umgeben. Über Pflege und Zucht sind keine Angaben bekannt, doch dürften beide nicht wesentlich von denen der anderen Haplochromis-Arten abweichen.

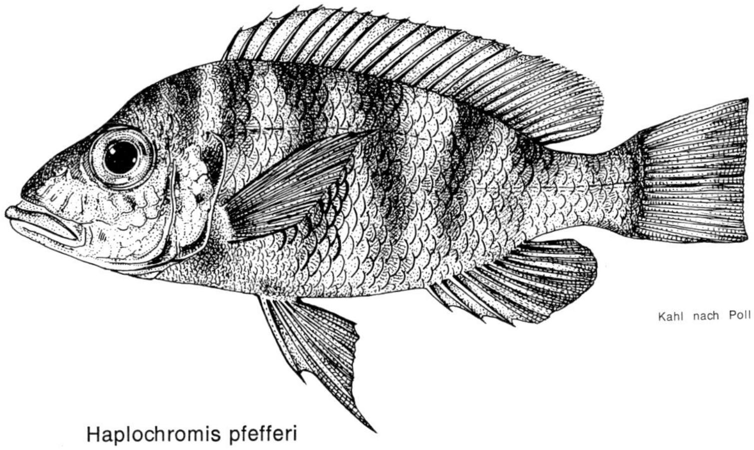

Haplochromis pfefferi

*Haplochromis pfefferi*
(BOULENGER, 1898)

Der Endemit aus dem Tanganjika-See wurde in früheren Jahren zur Gattung *Limnochromis* gestellt. In ihrer Heimat bevölkern die Fische die Fels- und Geröllzonen. Im Aquarium sind sie recht schwimmfreudig und oft im freien Teil des Beckens anzutreffen. Sie vertragen sich im allgemeinen mit den Vertretern anderer Arten recht gut, sind aber untereinander zuweilen rauflustig. Nur in größeren Becken (etwa ab 100 cm Länge) fühlen sie sich offensichtlich wohl und zeigen ihre schöne Färbung.
Die Färbung der Tiere ist nicht einfach zu beschreiben: Normalerweise sind die Tiere schlicht grau. Durch das dunkle Zentrum der Körperschuppen und ihren hellen Saum erscheinen die Flanken wie mit einem Netz überzogen. Stimmungsbedingt zeigen die Tiere eine helle und dunkle Kopfpartie, bei der die Zone unterhalb des Auges silbrig-hellgrau gefärbt ist und die obere Hälfte dunkel. Ebenso stimmungsbedingt werden verschiedene unregelmäßig verteilte wie auch in der Stärke verschiedene Querbinden gezeigt, deren Intensität besonders in der oberen Körperhälfte auffällt. Geschlechtsunterschiede sind mit Hilfe der Körperfärbung insofern feststellbar, als bei erwachsenen Tieren die Afterflossen der Männchen drei bis fünf zitronengelbe Eiflecke aufweisen, die man bei weiblichen Tieren kaum oder gar nicht findet. Außerdem liegen auf den Kiemendeckeln der Männchen wenige, kräftig orangerote Flecke, die bei den Weibchen fehlen. Balzbereite Männchen legen ihre Prachtfärbung an und zeigen dann über dem angegebenen Muster ein blaugrün irisierendes Schimmern. Jetzt zeigt sich auch der normalerweise blasse Dorsalsaum in intensivem Gelb.

Im gut eingerichteten Becken ist die Nachzucht dieser Art nicht schwierig. Wenn das Weibchen die Eier im Maul trägt, zieht es sich meist in die hinteren Regionen des Beckens zurück. Die Fütterung soll jetzt eingestellt oder nur mit großer Vorsicht vorgenommen werden, damit das Weibchen nicht irrtümlich einige der Eier mitverspeist. Die Larven schlüpfen im Maul der Mutter nach etwa 7 Tagen, und die Jungfische werden nach etwa 20 Tagen zum ersten Mal aus dem Maul der Mutter entlassen. Sie müssen jetzt sofort angefüttert werden und entpuppen sich gleich als gute Fresser, da sie bereits recht groß sind. Bald nehmen sie verschiedene Futterarten.

*Haplochromis polli*
THYS, 1964

Der „Rotkehlmaulbrüter" ist leider wenig bekannt. Das liegt daran, daß er nicht aus den großen Seen Zentralafrikas stammt, sondern vom unteren Lauf des Zaire, des früheren Kongo-Flusses. In diesen Revieren, die eine ganz andere Wasserqualität als die Seen aufweisen, ist das Wasser sehr weich und leicht sauer. Die bekanntesten Fundorte liegen im Gebiet des früheren Stanley Pool, der jetzt Pool Malebo heißt. Die Männchen der Rotkehlmaulbrüter werden etwa 10 cm groß, Weibchen bleiben etwas kleiner. Obwohl die Fische relativ klein sind, sollte man sie nicht in zu kleinen Becken halten, eine Beckenlänge ab 60 cm erscheint angeraten. Die Einrichtung — auch dabei sei noch einmal auf die Herkunft der Tiere hingewiesen — sollte nicht ausschließlich aus Steinen bestehen. Vielmehr sollte hierbei organisches Material, wie Moorkienholz und Torf, verwendet werden. Ebenso muß man den Tieren Verstecke einbauen, weil sich manche Männchen gegenüber ihren Partnerinnen ziemlich unverträglich zeigen.
Männliche Tiere sind allgemein dunkelbraun, diese Grundfärbung geht über den Flanken in ein Braunoliv über. Wie die meisten Fische wird auch diese Art zum Rücken hin dunkler, wogegen die Bauchpartie heller, in unserem Fall bläulicher erscheint. Die gedrungen wirkenden Tiere haben einen großen Kopf. Mundboden und Kehle der Männchen sind tiefrot (Name). Die Afterflosse weist nur einen einzigen Eifleck auf und die ersten Strahlen der Bauchflosse sind lang ausgezogen. Sie schimmern an ihren Enden ebenfalls schwach gelblich. Stimmungsbedingt werden einige Querbinden gezeigt. Weibliche Tiere bleiben blaß.

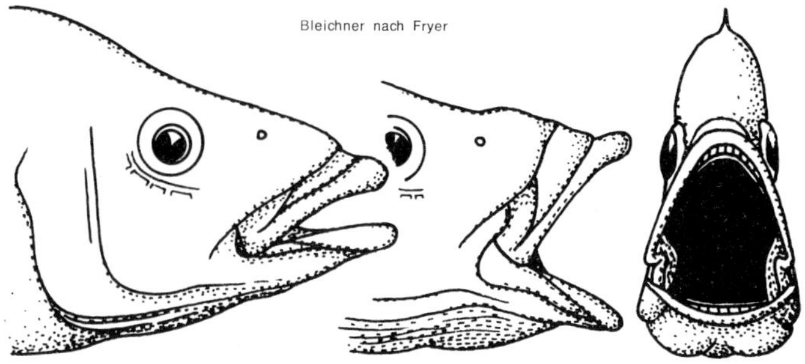


Haplochromis polyodon.
*Das Maul dieses Räubers kann weit geöffnet werden.*

### *Haplochromis polyodon*
TREWAVAS, 1935

Eine aquaristisch wenig bekannte Art, die als ausgesprochener Räuber die Felsenreviere des Malawi-Sees nach Beute absucht. Dabei ernähren sie sich überwiegend von pflanzenfressenden Fischarten und tragen auf diese Weise dazu bei, die Zahl der Bevölkerung dieser Arten zu regulieren. Die bis etwa 30 cm groß werdenden Tiere haben einen langen, gestreckten Körper und sind entsprechend schnelle Schwimmer. Ihr leicht spitz zulaufender Kopf weist ein tief eingeschnittenes Maul auf, das weit geöffnet werden und entsprechend große Beutetiere aufnehmen kann. Die Bezahnung ist dem räuberischen Leben angepaßt: Lange, leicht nach hinten gerichtete Zähne sorgen dafür, daß eine einmal gefaßte Beute so leicht nicht mehr entwischen kann. Raubfische wie dieser werden nur in Ausnahmefällen eingeführt. Sie dienen gelegentlich als Schautiere, benötigen größere Becken und fressen in den meisten Fällen hier nur lebende Fische.

Haplochromis polystigma

### *Haplochromis polystigma*
REGAN, 1921

Bei dieser bis zu 24 cm groß werdenden Art, die endemisch im Malawi-See lebt, haben wir es mit einem reinen Fischräuber zu tun. Trotzdem gehört der „Vielfleckmaulbrüter" zu den gern gesehenen Pfleglingen im Aquarium. Seinem Namen macht er alle Ehre: Das Tarnkleid besteht aus einem Muster aus tausenden von kleinen, unterschiedlich braunen Tüpfeln, die auf hellbeigem Grund stehen. Diese Färbung ist beiden Geschlechtern eigen. Männliche Tiere werden jedoch während der Balzzeit in ihrer Färbung leuchtender und ihr Tarnmuster überzieht sich mit einem blaugrünen Glanz. Auch die roten und orangefarbenen Tüpfel, die sich normalerweise der braunen Färbung anpassen und nicht sonderlich auffallen, leuchten jetzt intensiver.

Die Balz selbst kann bei den Tieren recht stürmisch verlaufen. Unwillige Weibchen werden meist rauh behandelt und in eine Ecke gedrängt, dabei werden sie häufig kräftig gebissen. Bei Zusammenstößen solcher Art kann es gelegentlich auch zu Todesfällen kommen. Die Zucht und Aufzucht der Jungfische ist dagegen ziemlich problemlos. Bei der Aufzucht der Jungen muß der Pfleger darauf achten, daß sich die schnell heranwachsenden Tiere bei der Verfütterung lebender Wasserflöhe und Mückenlarven besonders lebendig zeigen. Man soll nur Lebendfutter solcher Art geben. Oft kommt es im Becken zu regelrechten Balgereien, da sich die Jungfische meist im Trupp beieinander bewegen. Von einer Vergesellschaftung mit anderen Jungfischen muß unbedingt abgeraten werden, weil diese sicher bald als Beute angesehen würden. Die Fische nehmen neben Lebend- auch Trockenfutter und erweisen sich dabei ebenfalls als überaus verfressen. Obgleich die Tiere grundsätzlich keine Pflanzen ausreißen, schätzen diese reinen Fischräuber gelegentlich auch vegetarische Zusatzkost und fressen besonders gern das zartere „Gemüse".

### *Haplochromis rostratus*
(BOULENGER, 1899)

Wieder haben wir es mit einem Fisch aus dem Malawi-See zu tun, der eine respektable Größe von rund 26 cm erreicht. Wer einmal diesen Fisch gepflegt hat, wird bestätigen können, wie schwer es ist, die Farbe dieses „Chamäleons“ wiederzugeben. Jungtiere tragen ein Muster aus schwarzbraunen Flecken über einer beigen Grundfärbung. Die Flecke stammen von der ursprünglichen Querbindenzeichnung, von der jedoch nur noch Teile über dem Rücken sowie über der Körpermitte übriggeblieben sind. Mit zunehmendem Alter verblassen diese Flecke mehr und mehr, und die Grundfärbung geht in silbrige Töne über. Während der Geschlechtsreife färben sich die unpaaren Flossen bläulich und zeigen rotorangefarbene Schuppenränder. Vollends erwachsene Tiere zeigen meist eine Musterung mit blauvioletten Schuppen, die orangefarbene Ränder haben. Je nach Lichteinfall kann man auch blaugrüne Schuppen entdecken. Über dem Rücken tragen alle Tiere, gleichgültig in welcher Färbung sie irisieren, Schuppenreihen, auf denen eine stärkere Orangefärbung liegt. Die unpaaren Flossen zeigen blauviolette Strahlen. In den Membranen liegen Muster aus orangeroten Flecken und Linien. Die Strahlen der Rückenflosse zeigen weiße Spitzen, die jedoch an ihrem äußeren Ende noch einmal orangerot gerandet sind. Die Afterflosse hat einen hellblauen Rand.

Über dem ufernahen Sandboden lebt *H. rostratus,* häufig gefolgt von *H. moorii.* Die Tiere wühlen den Sand auf, wobei ihnen ihr leicht gestreckter Kopf gute Dienste leistet. Der Blaue Delphin, *H. moorii,* der auch im Aquarium gern das frißt, was ihm andere Fische vom Boden hochwirbeln, beschränkt sich in seinem Heimatbiotop hauptsächlich darauf, Futterpartikel zu fressen, die beim Wühlen anderer Fische „maulgerecht“ aufgewirbelt werden. Von einheimischen Fischern wird die Art „Chigumbuli“ genannt und als recht intelligent angesehen. Im Aquarium geben manche Exemplare ihren Pflegern Rätsel auf. So setzte sich einst in einem meiner Becken ein solcher Fisch häufig, wie es beispielsweise *Eretmodus* oder einige Lamprologus-Arten tun, auf den Sandboden — offenbar um sich auszuruhen und ruhig seine Umgebung zu betrachten.

Haplochromis rostratus.
*Jüngeres Männchen in Weibchen- bzw. Jungtierfärbung.*

Mayland

Mayland

Haplochromis rostratus ♂

### *Haplochromis sauvagei*

(PFEFFER, 1896)

Eine weniger bekannte Art, deren Heimat der Viktoria-See ist. Die Tiere werden nicht sonderlich groß und kaum länger als 10 cm. Männliche Tiere haben allgemein eine graugrüne Grundfärbung, die jedoch auch bläuliche Tönungen aufweisen kann. Flanken und Bauch lassen zeitweise einen kupferfarbenen Glanz erkennen. Bauch- und Rückenflossen sind gelblich; letztere erscheint an der Basis schwärzlich und im übrigen Bereich leicht rußig. Die Strahlenspitzen sind rot gefärbt. Die Schwanz- und Afterflosse sind in ihrer dunklen Grundfärbung ähnlich, während in der ersteren viele orangerote Flecke sind, trägt die Afterflosse reingelbe Eiflecke. Weibliche Tiere haben eine goldgrüne Grundfärbung und gelblichgrüne Flossen. Sie bleiben jedoch im Gesamteindruck blasser. Bei den Vertretern beider Geschlechter sind stimmungsbedingt 6—10 dunkle Querbinden sichtbar.

## *Haplochromis schubotzi*
BOULENGER, 1914

Eine bis zu etwa 15 cm groß werdende Art, deren Verbreitungsgebiet sich über die beiden miteinander verbundenen Lake Edward und Lake George sowie den Kazinga-Kanal erstreckt. Der Körper der Männchen hat eine bläulichgraue Grundfärbung. Die Oberseite des Kopfes, Schnauze und Kiemendeckel, weisen eine blaßrosa bis leicht orangerote Färbung auf. Die Brust ist rußig. Die Lippen zeigen zum Teil ein irisierendes Blau. Rücken- und Afterflosse sind dunkelgrundig; die erstere zeigt orangerote Linien in den Membranen und ist in ihrem hinteren Bereich wie rötlich gepudert. Dagegen haben die Eiflecke in der Afterflosse eine gelbliche Färbung. Die transparente Schwanzflosse läßt feine rötliche Linien zwischen den Flossenstrahlen erkennen. Die Bauchflossen erscheinen rußigschwarz. Bei weiblichen Tieren ist die Grundfärbung silbriggrau. Die unpaaren Flossen sind transparent und leicht gelblich gefärbt. Von der äußerst selten eingeführten Art liegen keine Haltungs- und Zuchtberichte vor.

## *Haplochromis similis*
REGAN, 1921

Neben den verschiedenen Algenfressern, die aus dem Malawi-See bekannt wurden, gibt es auch eine Anzahl von Fischen, die ihren Nahrungserwerb überwiegend auf den Verzehr höherer Pflanzen abgestellt haben. Zu ihnen gehört neben der bekannteren Art *Hemitilapia oxyrhynchus* auch die hier besprochene Art. Beide ernähren sich auf ähnliche Weise vor allem von Vallisnerienblättern. Man findet die Tiere daher nicht nur im Bereich der Flußmündungen, sondern auch überall dort im See, wo es derartige Pflanzenbestände gibt. Die bis zu etwa 16 cm groß werdenden Tiere sind hochrückig. Ihre Grundfärbung ist silbrig, doch über den Flanken ist jede Schuppe mit einem goldbraunen Punkt und einem grünlich irisierenden hinteren Saum versehen. Eine stimmungsbedingt gezeigte dunkle Musterung läßt eine Längsbinde vom Kiemendeckel bis zur Schwanzwurzel erkennen. Darüber hinaus zeigen die Fische eine dunkle Zone, die sich von der Stirn über den Rücken bis zum Ende der Dorsalbasis zieht. Diese Zone ist ziemlich breit, in ihrem Zentrum aber wiederum aufgehellt. Die Strahlen der Rücken- und Schwanzflosse sind rostrot und mit kleinen grün leuchtenden Strichen überlagert. In den Afterflossen beider Geschlechter befinden sich gut ausgebildete Eiflecke.

## *Haplochromis spekii*
(BOULENGER, 1906)

Bei dieser und den folgend angegebenen Arten, wie *H. longirostris* (HILGENDORF, 1888); *H. mento* REGAN, 1922; *H. serranus* (PFEFFER, 1896); *H. estor* REGAN, 1929; *H. dentex* REGAN, 1922; *H. xenostoma* REGAN, 1922 und *H. prognathus* (PELLEGRIN, 1904) handelt es sich um Bewohner des Viktoria-Sees, die sich überwiegend von Fischen und Insektenlarven ernähren. Sie leben in Tiefen von 3 bis 10 m über unterschiedlichem Grund.

## *Haplochromis sphaerodon*
REGAN, 1921

Ein endemisch im Malawi-See vorkommender Maulbrüter, dessen gestreckte Gestalt beim ersten Hinsehen vielleicht einen furchterregenden Eindruck erwecken kann. Bei dieser Art handelt es sich jedoch um keinen Raubfisch. Kopfform und Maul lassen auf den Nahrungserwerb schließen, wie wir ihn von den verschiedenen Geophagus-Arten des südamerikanischen Kontinents kennen: Die Tiere graben tatsächlich den Sandboden mit ihren Lippen durch, wie man das von einigen Lethrinops-Arten *(L. brevis* und *L. furcifer)* aus dem Malawi-See ebenfalls kennt. Dabei schwimmen sie, leicht kopfab geneigt, über den Sandboden und nehmen einen Teil des Bodengrundes ins Maul, um ihn nach freßbaren Partikeln, wie Insektenlarven, durchzufiltern. Durch die Kiemen wird der so kontrollierte Sand wieder ausgestoßen.

Der Fischkörper hat allgemein eine silbrige Färbung. Erwachsene Männchen wie auch bereits geschlechtsreife jüngere Tiere dieses Geschlechts tragen eine zitronengelbe Färbung über Kopf und Rücken, die zuweilen den

Hansen

Haplochromis sphaerodon

ganzen Körper einbeziehen kann. Balzende Männchen erstrahlen über Körper und Flossen in kräftiger, blaugrün irisierender Färbung, die sich besonders stark auf dem Vorderkopf und den Kiemendeckeln zeigt. Die Strahlen von Rücken-, Schwanz- und Afterflosse zeigen eine zarte Rotfärbung; die Afterflosse eine Reihe von ebenso gefärbten Punkten (Eiflecke?). All diese Muster werden bei der Balzfärbung kräftiger. Die Dorsale trägt einen feinen weißen Saum. Eine sehr interessante Art, die größere Becken mit ausreichendem Sandboden benötigt.

### *Haplochromis spilorhynchus*

REGAN, 1921

Ein ausgesprochener Raubfisch — wie *H. lepturus* und *H. macrostoma* — aus dem Malawi-See. Einige aus dieser Gruppe, darunter auch die hier besprochene Art, tragen eine auffällige Schrägbinde, die unter der Rückenflossenbasis beginnt und im Schwanzstiel endet. Dadurch können die Fische beim oberflächlicheren Hinsehen leicht verwechselt werden. In seiner Revision im Jahre 1921 sorgte REGAN* hier für Klarheit zwischen den Arten. Diese Arten haben weitere Merkmale, die allen gemein sind: der torpedoförmige Körper, eine dem räuberischen Leben angepaßte Bezahnung in beiden Kiefern sowie einen Lebensbereich, der sich auch aufs offene Wasser erstreckt. Die Maulbrüter erreichen eine Länge von rund 26 cm und sind damit auch körperlich vielen anderen ihrer Beutefische überlegen. Der Fisch besitzt zudem das tiefeingeschnittene Maul der meisten Raubfische, das sich besonders weit öffnen läßt, so daß die Kiemendeckel bei den einzelnen Exemplaren unter dem Mundboden durchhängen. Wie fast alle Räuber hat auch unsere Art eine silbrige Körperfärbung, auf der die erwähnte, schräg nach hinten abfallende Längsbinde steht. Zwischen Augen und Mundwinkel liegt auf jeder Kopfseite ein dreieckiger schwarzer Fleck. Stimmungs- oder tarnungsbedingt zeigen die Fische eine Anzahl von dunklen Querbinden über den Flanken.

Brutpflegende Weibchen besitzen eine ausgeprägte Brutfärbung, bei der die gesamte untere Körperhälfte, die Bauch-, After- und untere Teile der Schwanzflosse tiefschwarz sind. Männliche Tiere erstrahlen während der Balz kurzzeitig in verschiedenen Grün- und Blautönen. Bei Freiwasserbeobachtungen wurde festgestellt, daß ein etwa 26 cm großes brutpflegendes Weibchen annähernd hundert rund 2 cm große Jungfische betreute und sie bei Gefahr auch wieder ins Maul nahm. Eine stattliche Leistung, wenn man sich einmal das Gesamtvolumen dieser Jungfische vor Augen hält.

### *Haplochromis vanderhorsti*

GREENWOOD, 1954

Vorwiegend in den Überschwemmungsgebieten von Katare, aber auch im Flußsystem des Malagarasi/Tanzania kommt diese Art vor und ernährt sich dort von Samen, Pflanzen, Schnecken und Insekten. Die bis zu etwa 15 cm lang werdenden Fische sind bei den meisten Aquarianern noch nicht bekanntgeworden.

Die Maulbrüter zeigen auf Flanken und Rücken eine dunkle graugrüne Grundfärbung; Bauch und Brust sind dunkelgelb gezeichnet — Wangen und Kiemendeckel ebenso. Die Lippen und die obere Grenze der Wangen leuchten in irisierendem Blau. Über den Flanken liegen sechs waagerecht verlaufende Reihen dunkelroter Flecke, die sofort hinter den Kiemendeckeln beginnen und sich über fünf Schuppenreihen erstrecken. Alle Flossen tragen eine gelbliche Grundfärbung. In der Dorsale zeigen sich dunkelrote

* REGAN, C. Tate: „The Cichlide Fishes of Lake Nyasa." Proceedings of the Zool. Soc. London, p. 675—727, 1921.

Loiselle

Haplochromis vanderhorsti

Tüpfel auf den Membranen zwischen den Flossenstrahlen. Die Afterflosse trägt einen schwarzen Saum. Auf ihr stehen mehrere Reihen gelber Eiflecke (Männchen). Bei den Weibchen sind die Eiflecke kleiner und blasser. Die Schwanzflosse ist dunkel. Beide Geschlechter zeigen farblich, bis auf die unterschiedlichen Eiflecke, keine Unterschiede.

### *Haplochromis venustus*
BOULENGER, 1908

Mit dieser Art stellt sich ein ausgesprochen schöner Bewohner des Malawi-Sees vor. Wegen einer Maximalgröße von ungefähr 24—26 cm sind die Tiere leider nur für größere Becken geeignet. In ihren heimatlichen Gewässern leben sie in Zonen über dem Sandboden, wo sie sich von vielerlei Futterarten ernähren. Sie finden oft Schutz in den teilweise ausgedehnten Vallisnerien-Beständen und stöbern dort Beutetiere auf, darunter Schnecken und kleinere Fische. Wer in seinem Becken einen Fütterungsversuch mit mittelgroßen Apfelschnecken macht, wird feststellen, wie gierig sich die Fische selbst auf Futtertiere stürzen, die sie mit ihrem relativ kleinen Maul kaum fassen können.

Die Fische haben einen hochrückigen Körper und eine flach nach hinten verlaufende Stirn. Jungtiere und Weibchen zeigen auf hellbeigem Grund ein Muster von vertikalen, teilweise rhombischen dunklen Flecken. Geschlechtsreife Männchen haben eine herrliche Färbung, die ihnen den deutschen Namen „Pfauenmaulbrüter“ eingetragen hat: Bei ihnen hat jede Körperschuppe ein goldgelbes Zentrum und trägt einen breiten, hellblau irisierenden Saum. Die Gelbfärbung des Schuppenzentrums geht zum Rücken hin in metallisch schimmernde Goldtöne über und füllt dabei in den obersten Körperzonen die gesamte Schuppe aus. Je nach Stimmung kann der Fisch noch das bei den Jungfischen erwähnte rhombische Muster zeigen. Es bleibt dann jedoch blaß. Im Gegensatz zu diesem Körpermuster, bei dem die goldgelben Töne überwiegen, erscheint der Kopf in strahlendem Blau. Lediglich das goldene Band, das sich längs der Dorsalbasis über den Rükken zieht, reicht über Nacken und Stirn bis nahe an die Oberlippe heran. Die unpaaren Flossen sind in ihren Basen mehr oder weniger kräftig gelb und tragen auffällig blau

irisierende Säume. Die ersten Strahlen der Bauchflossen sind ebenfalls blau.
Die Zucht dieser herrlichen Tiere ist bereits gelungen. Bis zum Freischwimmen haben die Eier, Larven und Jungfische eine Entwicklungsdauer von etwa 20 Tagen. Nach dem ersten Freilassen aus dem Maul nimmt die Mutter ihre Jungen noch weitere Tage schützend auf. Die Kleinen sind sofort gute Fresser und wachsen bei häufigem Teilwasserwechsel schnell heran. Es kann mit Gelegen von etwa 120 Eiern gerechnet werden.

### *Haplochromis welcommei*
GREENWOOD, 1965

Eine etwa 14 cm lang werdende Buntbarschart, die aus dem Viktoria-See stammt und in ihrer Ernährungsweise an *Genyochromis mento* erinnert: Die Tiere ernähren sich von den Schuppen anderer Fische. Entsprechend ist die Bezahnung von *H. welcommei* mit großen Unterschieden zu den Algenrasplern oder Fischfressern. So hat der Mund nur eine geringe Öffnung und die Zähne sind vor allem dreispitzig. Sie sind damit besonders geeignet, die kleineren Schuppen auf den Schwanzflossen anderer Cichliden abzubeißen. Bisher sind die Fische wohl noch nicht für die aquaristische Haltung eingeführt worden, es fehlen deshalb nähere Angaben zur Haltung und zur Zucht.

### *Haplochromis wingatii*
(BOULENGER, 1902)

Bevor ich zur Beschreibung dieser Spezies komme, wie sie allgemein als gegeben angesehen wird, möchte ich einen Auszug aus einer Arbeit des Amerikaners Paul V. LOISELLE, einem ausgezeichneten Kenner der Gattung *Haplochromis,* vorausschicken: „1. *Haplochromis wingatii* ist eine gültige Art vom Bahr-el-Jebel und Albertseebassin. Die Art ist nur durch den Holotyp und eine kleine Anzahl zusätzlichen Materials bekannt und wurde nie als Aquarienfisch eingeführt. Der Gebrauch des Namens *H. wingatii* für irgendeine Haplochromis-Art ist deshalb absolut unangebracht.“ LOISELLE, dem ich eine ganze Zahl von interessanten Hinweisen, Artbestimmungen und

Haplochromis bloyetii

Loiselle

Haplochromis venustus ♂

auch Fotos in diesem Buch verdanke, fährt fort: „2. Die Art, die von WICKLER unter dem Namen *H. wingatii* untersucht wurde, ist eine unbeschriebene Art der Haplochromis bloyetii-Gruppe aus den Malagarasi-Sümpfen und Burundi. Diese Tanganjikabassin-Art wurde unter dem Namen *H. bloyetii/Burundi* weit verbreitet. 3. Das Haplochromis-Material vom Niger- und Tschadbassin wurde aufeinanderfolgend *H. desfontainesii* und *H. wingatii* zugeschrieben, stellt jedoch eine unbeschriebene Art der H. bloyetii-Gruppe dar. Während diese Art, hier als *H. bloyetii/Niger-Tschad,* Ichthyologen bis nahe der sechziger Jahre bekannt war, gibt es kein Anzeichen dafür, daß die Art jemals als Aquarienfisch importiert werden kann."

Man kommt zu dem Schluß, daß wir alle, soweit wir glaubten, ein oder mehrere Exemplare von *H. wingatii* in unseren Aquarien zu pflegen, umdenken müssen. Leider kann niemand im nachhinein die Fische bestimmen oder mit einem gültigen Namen belegen, auch wenn es sich um eine (vorläufige) Neubeschreibung handeln muß. Oder doch?

Die Arten der von LOISELLE erwähnten *H. bloyetii*-Gruppe *(H. bloyetii* [SAUVAGE, 1883]) leben überwiegend im mittleren und Teilen des nördlichen Afrikas. Wie man sieht, ist es sicher nicht einfach, genau abzugrenzen. Die in unseren Aquarien gepflegten Tiere überschreiten allgemein nicht die Größe von 14 cm. Gegenüber den Wasserwerten sind sie nicht empfindlich, und ihre Haltung ist keineswegs schwierig. Die Tiere benötigen in ihrem Aquarium eine ausreichende Zahl von Verstecken, da sie, besonders gegen Artgenossen, recht aggressiv werden können.

Dominierende Männchen zeigen eine mittel- bis anthrazitgraue Färbung über den Flanken, die zuweilen grünlich irisiert. Eine Augenbinde, wie man sie auch von *H. burtoni* kennt, erinnert an die Verwandtschaft. Ebenso wird eine kräftige schwarze Längsbinde, die ungleichmäßig intensiv farbig ist, nur stimmungsbedingt gezeigt. In Balzstimmung zeigen die Männchen eine kräftig blaue Rückenflosse, die mit einem schwärzlichen, zuweilen leicht rötlich schimmernden feinen Saum versehen ist. Jungtiere und Weibchen zeigen statt der erwähnten Färbung einen graubraunen Grundton über den Flanken und stimmungsbedingt ausgeprägte Muster einer Zahl von Querstreifen. Das gleiche Muster weisen übrigens auch nichtdominierende Männchen auf. Im Gegensatz zu den Weibchen tragen

Mayland

Haplochromis woodi ♂

ihre Partner intensiv ausgeprägte Eiflecke (3—4) in der Afterflosse mit schwarzem Saum. Sie beginnen jedoch erst ab dem 7. oder 8. Flossenstrahl (bei *H. burtoni* bereits beim 3. Strahl).

Haplochromis species — *eine Art, die in Aquarianerkreisen pauschal als* H. wingatii *angesehen wird.*

Kahl

## *Haplochromis woodi*

REGAN, 1921

Bei dieser Art handelt es sich wieder um einen Bewohner des Malawi-Sees. Der Endemit erreicht eine Größe von maximal 25 cm. Die Tiere haben eine gestreckte Körperform mit flacher, über den Augen leicht eingefallener Stirn und eine gerade Bauchpartie. Man findet die Art weit über den See verbreitet. Jungfische, Weibchen und nichtdominierende Männchen zeigen eine dunkelbraune Körpergrundfärbung, in der lediglich einige noch dunklere Querbinden angedeutet sind. Dominierende Männchen zeigen dagegen eine außerordentlich intensive Blaufärbung, die zuweilen rötlich schimmert, hauptsächlich über Kopf und Rücken. Jede Schuppe auf den Flanken ist mit einem weinroten Zentrum versehen, das irisierend blau gesäumt wird. In der Rücken- und Afterflosse befinden sich rote Tüpfel sowie Muster hellblauer Linien. Der weiße Saum der Dorsale ist auch bereits bei jüngeren Männchen sichtbar. Die überwiegend rote Afterflosse zeigt im hinteren und unteren Bereich helle neonblaue Striche.

## Die Gattung *Hemichromis*

Hemichromis-Arten gehören zu den Offenbrütern und sind bei einer Haltung im Aquarium als ruppige Tiere bekannt. Die bereits Mitte des vergangenen Jahrhunderts (1857) durch PETERS aufgestellte Gattung umfaßt nicht viele bekannte Arten. Am bekanntesten ist zweifellos neben dem Gattungstypus *H. fasciatus* der „Rote Cichlide" *H. bimaculatus.* Mit der im Jahre 1976 neu hinzugekommenen Art *H. fugax** beschrieben die Autoren eine Spezies, die vielen Aquarianern schon bekannt war. In einem Hinweis** erklären sie (1977): „Jetzt fanden wir heraus, daß es sich dabei um einen echten *Hemichromis bimaculatus* GILL, 1862 handelt, und daß die von uns (und vielen anderen Autoren) für *H. bimaculatus* gehaltene Art einen anderen Namen erhalten muß, wahrscheinlich einen der früher als Synonyme angesehenen. Eine ausführliche Bearbeitung zu diesem Thema wird an anderer Stelle erscheinen." Leider ist dies bisher noch nicht geschehen; andererseits wird man eine sicherlich in naher Zukunft veröffentlichte Revision der Gattung *Hemichromis* abwarten müssen, mit der hoffentlich einige in letzter Zeit publizierte Ungereimtheiten aus der Welt geschafft werden.

Mayland

Hemichromis bimaculatus,
*beige Form (auch ♂ in Brutfärbung!).*

### *Hemichromis bimaculatus*
GILL, 1862

Der „Rote Cichlide" war und ist immer noch ein gern gesehener Pflegling, obwohl er — wie viele Offenbrüter — seine Ruppigkeit im beengten Raum eines Aquariums besonders ausgeprägt zeigt. Von diesen Tieren, deren Heimat in Afrika westlich des Nils (bevorzugt im Einzugsgebiet des Niger und des Zaire) liegt, kennen wir zwei Farbformen, deren artbezogener Rang wohl mit der kommenden Revision festgelegt werden wird, da die widersprüchlichen Angaben im Zusammenhang mit der Erstbeschreibung von *H. fugax* keine Klarheit bringen können. Die bis zu etwa 15 cm groß werdenden Tiere tragen eine graugelbe, zuweilen auch olivgrüne Grundfärbung (geographische Rassen) mit rötlicher Kehl- und Bauchpartie. Über den Flanken läuft ein in Längslinien angeordnetes Muster aus leuchtend blauen Tüpfeln. Dieses Muster setzt sich in allen Flossen — außer den Brustflossen — fort, und die Punktreihen liegen jetzt parallel zu den Strahlen. Über dem Kopf hingegen sind die Tüpfel unregelmäßig verteilt. Ein größerer, tiefschwarzer Fleck liegt auf dem hinteren Kiemen-

Hemichromis bimaculatus.
*Weibchen über dem Gelege.*

Richter

* PAYNE, A. I. & TREWAVAS, E.: „A new species of Hemichromis (Pisces, Cichlidae) of Sierra Leone und Liberia." Bull. Brit. Mus. nat. Host. (Zool.), 30, p. 159—168, 1976.

** TREWAVAS, E. & PAYNE, A. I.: „Hinweis und Korrektur." DATZ, 30, S. 251, 1977.

deckelbogen, ein weiterer auf der Körpermitte. Zur Fortpflanzungszeit färben sich die Weibchen dieser Farbform leuchtendrot. Dagegen bekommen die männlichen Partner, die meist die größeren sind, lediglich eine intensiv rote Kehl- und Bauchpartie, zu der sich noch die rote Bauch-, After- und die vordere Rückenflosse gesellen. Der restliche Körper bleibt ockergelbbraun. Die zweite Farbform hat eine bei beiden Geschlechtern durch und durch gehende Rotfärbung, die sich außerhalb und während der Fortpflanzungszeit gleich stark zeigt.
Obwohl man *H. bimaculatus* in verschiedenen Biotopen bei Wasserwerten ab 0,5° dGH aufwärts antrifft, lassen sich die Tiere im Aquarium auch in härterem Wasser von 8 bis 16° dGH zur Nachzucht bringen. Dabei kann der pH-Wert im Neutralbereich (7,0) liegen und die durchschnittliche Haltungstemperatur von 24—25° C um 2° C angehoben werden. Vor allem während der Fortpflanzungszeit sind die Tiere beider Geschlechter besonders aggressiv gegenüber Eindringlingen in ihr Revier, so daß jedem Pfleger geraten werden kann, spätestens jetzt andere Mitbewohner aus dem Becken zu nehmen. Ist das nicht mehr möglich, kann man sich mit dem Einbringen zusätzlicher, vom Laichplatz entfernter Verstecke behelfen. Dabei muß man vorsichtig sein, denn die Fische attackieren jetzt auch die Hand des Pflegers als Störenfried. Pflanzen werden nur selten beschädigt. Die Männchen balzen sehr und umschwimmen ihr Weibchen mit weitgespreizten Flossen. Erstmals laichende Weibchen brauchen etwa zwei Stunden ab diesem Zeitpunkt, bevor ihr Gelege vollends auf dem Substrat untergebracht und vom Männchen befruchtet ist. Die folgenden Laichprozesse laufen dann schneller ab. Je besser und ausgewogener die Fütterung ist, um so höher kann die Eizahl werden. Bei einer Wassertemperatur von 26° C schlüpfen die Larven nach rund 48 Stunden. Die Eltern bringen den Nachwuchs nun in einer Grube unter, in der die Kleinen bis zum Freischwimmen fünf weitere Tage bleiben. Während dieser Zeit werden sie streng bewacht. Die Unterscheidung der Geschlechter ist außerhalb der Laichzeit schwierig. Die Offenbrüter bilden eine Elternfamilie, bei der sich beide Partner die Arbeit bei der Pflege und dem Beschützen der Brut teilen. Sie ist nicht einfach, weil die Zahl mit 700—800 Jungtieren ziemlich hoch sein kann.

*Nur mit Mühe kann man die frisch geschlüpften Larven am Boden erkennen.*

Richter

Hemichromis bimaculatus, *rote Form, ♀ führt Junge.* ▷

Richter

### *Hemichromis elongatus*
(GUICHENOT, 1859)

Eine Art, deren Name über viele Jahre als Synonym zu *H. fasciatus* angesehen wurde und erst in Verbindung einer Arbeit von LOISELLE* und ihren Folgerungen wieder Anerkennung als gültige Art erhielt. Die bereits Mitte des vergangenen Jahrhunderts als *Chromichthys elongatus* beschriebene Art wurde bereits von BOULENGER in seinem Werk** als ein Synonym angesehen. In der Tat gleichen sich beide Arten auch in vielen Merkmalen, wie ROLOFF jetzt in einer Arbeit*** anführte. Ihre Unterscheidung fällt sprechend schwierig aus. Da jedoch der Name *H. elongatus* auch in einer Arbeit von TREWAVAS**** erwähnt

* LOISELLE, P. V. & WELCOMME, R. L.: „Description of a new genus of cichlid fish from West Africa." Rev. Zool. Bot. afr., 85, p. 37—57, 1972.

** BOULENGER, G. A.: „Catalogue of the fresh-water fishes of Africa." Brit. Mus. nat. Hist., vol. III, p. 428, 1915. Nachdruck 1964 J. Cramer, 3301 Lehre.

*** ROLOFF, E.: „Hemichromis elongatus (GUICHENOT, 1859) und die übrigen Angehörigen der Gattung Hemichromis." DATZ, 30, S. 149—154, 1977.

**** TREWAVAS, E.: „The freshwater fishes of Rivers Mungo and Meme and Lakes Kotto, Mbaodong and Soden, West Cameroon." Bull. Br. Mus. nat. Hist. Zool., 26, p. 331—419, 1974.

Roloff

Hemichromis elongatus. *Männliches Tier oben.*

wurde, kann man annehmen, daß er inzwischen wieder weltweite Anerkennung gefunden hat. Im Vergleich zu *H. fasciatus* muß man die metallisch glänzenden grünen Schuppenflecke auf den Körperflanken als charakteristisches und arttypisches Merkmal ansehen, wie man sie der früheren „B-Form" (nach der Beschreibung von BURCHARD & WICKLER aus dem Jahre 1965) zuschrieb. Im Verhalten erweisen sich die Tiere nicht ganz so aggressiv wie *H. fasciatus.* Ansonsten sei auf die Beschreibung von *H. fasciatus* verwiesen, da sich beide Arten im übrigen äußeren Erscheinungsbild wie auch bei der Zucht stark gleichen.

### *Hemichromis fasciatus*
PETERS, 1857

Diese Art ist durch ein besonderes Merkmal bei vielen Aquarianern nicht besonders populär geworden. Aufgrund ihrer sprichwörtlichen Unverträglichkeit im Aquarium gelten die Vertreter dieser Art als die bissigsten Aquarienfische schlechthin. Trotzdem gelingt es, die Tiere nachzuzüchten, wie es beispielsweise ROLOFF beschreibt: „Um sie trotz ihrer gewaltigen Unverträglichkeit nachzüchten zu können, brachte ich ein Pärchen in einem Meterbecken unter, das ich durch eine transparente Glasscheibe in zwei Hälften geteilt hatte. Meistens standen sich beide Exemplare wütend an der Trennscheibe gegenüber. Als sie laichreif geworden waren, und das Männchen eine rötliche Färbung angenommen hatte, änderte sich ihr Verhalten, und sie begannen, an der Scheibe zu balzen. Erst als bei beiden Exemplaren die Geschlechtspapillen stark hervorgetreten waren, wagte ich, die Trennscheibe zu entfernen. Sie hatten jetzt nur noch den gleichen Wunsch und laichten bereits zwei Stunden später an einem Stein ab, den sie nur auffallend flüchtig geputzt hatten. Das Gelege wurde vom Weibchen überwacht, während das Männchen den Stein mit dem Laich in größerer Entfernung umkreiste. Als die Jungfische geschlüpft waren, wurden sie in den von den Elterntieren ausgehobenen Gruben untergebracht und nach dem Freischwimmen von beiden Tieren vorbildlich betreut." Wie man sieht, muß der Pfleger nur den richtigen Weg finden, die Fische bei derartiger Unverträglichkeit zu überlisten und den Sexualtrieb zur Zusammenführung geschlechtsdifferenter Tiere ausnutzen. Die über Westafrika verbreitete Art stößt in ihren Heimatbiotopen bis in die Mündungsgebiete der Flüsse vor und kommt daher gelegentlich auch in brackigem Wasser mit entsprechend veränderten Werten vor. Dies setzt ein Anpassungsvermögen voraus und kann dem Aquarianer dann von Nutzen sein, wenn die Wasserwerte seiner Wasserleitung über dem Neutralwert von 7,0 stehen und die Härtegrade über 12° dGH liegen. Der „Fünffleckbuntbarsch", wie man diese Tiere benannt hat (obgleich beispielsweise auch *Thysia ansorgii* über ein ähnliches Fünfpunktemuster verfügt), erreicht eine Länge bis zu 25 cm und benötigt einen entsprechend großen Behälter (mindestens 100 cm Länge),

Hemichromis fasciatus

Kahl

auch wenn die Tiere noch nicht ihre volle Länge erreicht haben. Die Aufteilung der Aquariendekoration in revierähnliche Abteilungen und der Zusammenbau einiger höhlenartiger Unterstände bei der Beckeneinrichtung schafft einige Vorteile bei der Eingewöhnung und setzt möglicherweise die Unverträglichkeit der Tiere etwas herab.

Die Körperfärbung der Tiere kann, je nach Herkunft, einen messinggelben oder aber auch einen silbriggrauen Unterton haben. Über die Flanken der Männchen ziehen drei oder vier schmale rote Längsbinden, die dadurch zustande kommen, daß auf jedem unteren Schuppenrand ein kleiner roter Fleck liegt. Die Intensität dieser Färbung nimmt mit dem Heranwachsen der Tiere zu. Über der Körpermitte liegen fünf tiefschwarze, etwas hochstehend ovale Flecke, deren erster gleich hinter den Kiemendeckeln steht und bis in den halben Rücken hochreicht. Vier weitere Flecke von etwa gleicher Größe ziehen in gleichmäßigem Abstand bis auf den hinteren Schwanzstiel. Eine unübersehbare dunkle Binde führt von den Maulwinkeln durch die Augen zur Stirn. Ein kleinerer schwarzer Fleck, der auf dem hinteren Kiemendeckelbogen liegt, und in den ersten der fünf erwähnten Flecke einbezogen scheint, ist durch zwei leuchtendrote Schrägstriche abgegrenzt. Alle Flossen sind fast farblos und lassen bei einigen Populationen höchstens einen goldfarbenen Schimmer im Basalbereich erkennen. Die Rückenflosse weist einen feinen Saum aus rötlichen und weißen Tüpfeln in jeder Strahlspitze auf.

## Die Gattung *Hemitilapia*

Die Gattung *Hemitilapia* ist monotypisch; zur Zeit gibt es außer *H. oxyrhynchus* keine weitere Art, die zu ihr gestellt ist. Die Küsten des Malawi-Sees, in dem die beschriebene Art vorkommt, sind nicht immer felsig. Oft sind diese Felsenzonen von sandigen Flachwassergebieten begrenzt oder die Gebiete, in denen ein sandiger Seegrund vorherrscht, sind sehr weit und verlaufen über viele Kilometer an der Küste entlang. Oft sind diese Unterwasserreviere von üppigen Vallisnerienbeständen überwachsen und man kann sicher sein, daß hier auch der Vertreter der Gattung *Hemitilapia* vorkommt. Das hat seinen Grund darin, daß man diese Art zu den Periphyton-Essern zählt. Als Periphyton versteht man Algen, die sich auf oder unter den Blättern von Pflanzen ansiedeln, in unserem Fall den Vallisnerien. Die Algen werden von den Fischen regelrecht abgeweidet. Bei Tauchgängen sieht man es zuweilen in den Pflanzenbeständen aufblitzen: Die Fische schwimmen, teilweise auf der Seite liegend, von unten an den grasähnlichen Blättern der Vallisnerien empor und schaben, das Blatt zwischen den Lippen, mit dem eigens dafür entwickelten Gebiß den Algenbewuchs ab. Von den verschiedenen Zahnreihen, die ihr Kiefer aufweist, ist praktisch nur die äußere von besonderem Nutzen. Um das jeweilige Blatt in der angegebenen Weise abweiden zu können, ist der Kopf des Fisches wie auch sein Maul zugespitzt und die Lippen können dadurch das Blatt besser halten. Im Viktoria-See lebt übrigens auch eine Art, die ein ähnliches Freßverhalten entwickelt hat: *Haplochromis lividus* GREENWOOD.

Knaack

Hemitilapia oxyrhynchus

### *Hemitilapia oxyrhynchus*
BOULENGER, 1902

Der „Vallisnerienlutscher" aus dem Malawi-See ist ein interessanter Pflegling im Aquarium, der hier allerdings seinen erwähnten Freßgewohnheiten kaum zufriedenstellend nachkommen kann. Die bis zu etwa 20 cm groß werdenden Tiere haben einen hochrückigen Körper und meist eine graue Körpergrundfarbe, soweit es sich um

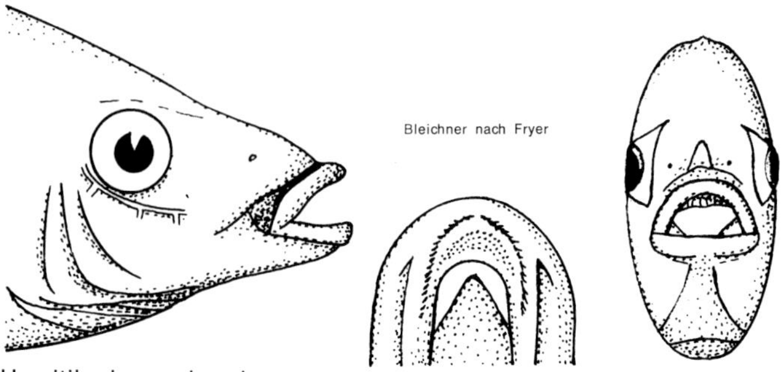


Hemitilapia oxyrhynchus.
*Die Lippen des „Vallisnerienlutschers“ sind fein bezahnt.*

Jungfische, Weibchen und heranwachsende, nicht dominierende Männchen handelt. Über den Flanken zeigen sich stimmungsbedingt einige meist unregelmäßig intensive Querbinden. Balzbereite Männchen dagegen zeigen ein intensiveres Querbindenmuster, jedoch auf beigebraunem Grund, über dem einige unregelmäßig verteilte schwarze Flecke liegen. Der Kopf zeigt bis zu den Kiemendeckeln einen starken Blauglanz, der sich besonders auf die Zone vor den Augen erstreckt. Die unpaaren Flossen zeigen jetzt ebenfalls einen intensiv blauen Glanz und weiße Säume, wie man sie auch im ersten Bauchflossenstrahl erkennt. Die Gesamterscheinung der Tiere ist damit äußerst farbenprächtig. Falls die Tiere im Aquarium nicht mit ausreichender Menge vegetarischer Zusatzkost versorgt werden, machen sie sich unweigerlich über die Pflanzen her.

## Die Gattung *Hoplotilapia*

Die Gattung ist monotypisch — ihr gehört also zur Zeit nur eine Art an. Die Tiere haben sich in erster Linie darauf spezialisiert, Weichtiere (Mollusken), wie Schnecken, im Sandgrund oder an Pflanzenbeständen ihres Biotops im Viktoria-See zu erbeuten. Sie sind dazu mit einem starken Gebiß ausgestattet, das es ihnen erlaubt, die Beute zu zerbeißen, meist mitsamt ihrem Gehäuse.

### *Hoplotilapia retrodens*
HILGENDORF, 1888

Die bis zu etwa 12 cm groß werdenden Schneckenfresser aus dem Viktoria-See ernähren sich auf die gleiche Weise, wie die im gleichen See vorkommende Art *Macropleurodus bicolor* oder der viel bekanntere *Chilotilapia rhoadesii* aus dem Malawi-See (vergleiche Abb. Seite 168), die alle mit einem ähnlich starken Gebiß ausgestattet sind. Dazu gehören kurze, breite Kiefer, die mit einer äußeren Reihe verhältnismäßig kurzer, starker und kegelförmig zulaufender Zähne ausgestattet sind.

Die Färbung der Männchen ist dunkel graugrün über den Flanken sowie dem vorderen Teil der Rückenflosse, deren weicher Teil oben rote Farbanteile aufweist. Brust und Kehle sind dunkel. Schwanz- und Afterflosse weisen ebenfalls, nach einer dunklen Basis, einige Rotanteile auf. Die Brustflossen sind transparent, die Bauchflossen schwarz. In der Analen stehen einige Eiflecke. Weibliche Tiere haben über Flanken und Rücken eine hellolivfarbene Grundtönung, die sich zum Bauch hin gelblichweiß aufhellt. Gewöhnlich zeigen die Tiere zwei Längsbinden unterschiedlicher Farbintensität. Die Lippen sind gelb. Rücken- und Schwanzflosse sind so olivfarben wie die oberen Flanken und die Afterflosse, auf der sich wenige kleine, blaßgelbe Eiflecke zeigen. Brust- und Bauchflossen sind gelblich.

Iodotropheus sprengerae. *Man erkennt deutlich die unterschiedliche Länge der Zähne in den einzelnen Zahnreihen.*

Bleichner nach Oliver und Loiselle

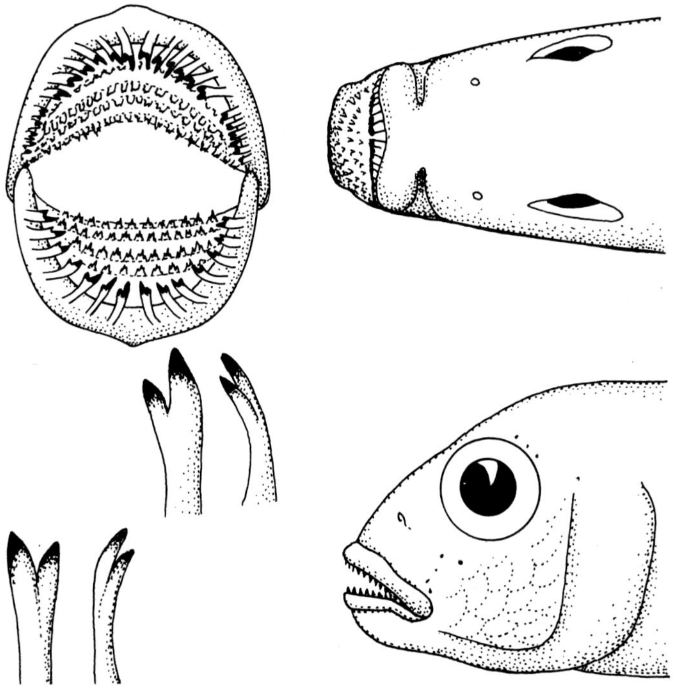

## Die Gattung *Iodotropheus*

Zusammen mit der neu beschriebenen Art stellten OLIVER & LOISELLE im Jahre 1972 auch diese Gattung auf. Die Fische waren aber bereits vorher unter den verschiedensten Pseudonymen im Handel und wurden zum Teil sogar unter verschiedenen gültigen Namen, wie als Arten von *Melanochromis* und *Petrotilapia* gehandelt. Im Augenblick kann man die Gattung noch als monotypisch (nur eine Art zugehörig) ansehen. Die Tiere gehören der Mbuna-Gruppe an, den sogenannten Felsencichliden. Der Gattungsname setzt sich zusammen aus dem griechischen Wort *„iodes“* und weist auf die „rost“-farbenen Anteile im Farbkleid der erstbeschriebenen Art hin. Den zweiten Teil des Namens können wir ebenfalls vom griechischen *„trophos“* ableiten, was soviel wie „sich ernähren“ bedeutet. Die Gattung des Namens *Tropheus* ist den meisten Aquarienfreunden von den Endemiten dieser Gattung aus dem Tanganjika-See bereits bekannt, ebenso die Gattung *Pseudotropheus* (aus der Mbuna-Gruppe), die endemisch im Malawi-See lebt. Die Vertreter der Gattung *Iodotropheus* ernähren sich auf ähnliche Weise wie die beiden genannten Arten und weisen morphologisch (in der Körpergestalt) viel Ähnlichkeit mit den Vertretern dieser Gattungen auf.

### *Iodotropheus sprengerae*
OLIVER & LOISELLE, 1972

Die Beschreibung basiert auf einem Holotypus (Typusexemplar) und sieben Paratypen (jedes Exemplar einer Typusserie, das nicht der Holotypus ist). Die Fische sind bisher ausschließlich im Bereich der Boadzulu-Insel (im südöstlichen Arm des Malawi-Sees) gefangen worden (vergleichen Sie die Biotop-Besprechung S. 55). Die Unterwasserlandschaft um diese Felseninsel besteht aus einer steinigen Uferzone, die stark mit Algen bewachsen ist. Die auf der Insel nistenden Vögel sorgen mit ihren Ausscheidungen für kräftige Guanobildung, die, in den See gespült, wiederum die Algen düngt. Allgemein enthält eine Kollektion nur Fische der oberen Wasserzone. Da *I. sprengerae* in den Sammlungen der Fänger meist fehlt, muß angenommen werden, daß diese Art tiefere Wasserschichten bevorzugt. Im Aquarium erreicht sie eine maximale Länge von etwa 10 cm (Männchen). Weibliche Tiere

Loiselle

Iodotropheus sprengerae

bleiben meist etwas kleiner. Die Zucht erfolgt nach Maulbrüterart, wie wir sie von anderen Mbuna-Arten kennen.

Männliche Tiere zeigen über den Flanken eine dunkelblaue Grundfärbung, doch sind die Ränder der Schuppen rußigschwarz gesäumt, so daß auf den Körperseiten ein leichtes Rhombenmuster entsteht. Kopf, Rücken sowie die unpaaren Flossen scheinen mit einer rostbraunen Färbung überzogen zu sein (Foto). Auch die transparenten Brustflossen zeigen einen leichten Hauch dieser Färbung. In der Afterflosse liegen mehrere, goldgelb leuchtende, schwarz gerandete Eiflecke. Die Art weist nur einen geringen Geschlechtsdimorphismus (äußere Unterscheidung der Geschlechter) auf. Die Männchen werden größer und haben eine gerundetere Schädelpartie. Einen weiteren Unterschied kann man bei den Eiflecken feststellen: Die der Weibchen sind kaum schwarz gerandet und auch weniger stark ausgeprägt und häufiger in geringerer Stückzahl vorhanden (Männchen bis zu fünf, Weibchen bis zu drei).

## Die Gattung *Julidochromis*

Die Vertreter dieser Gattung stammen ausschließlich aus dem Tanganjika-See. Dort bevölkern sie, in felsiger Ufernähe und daher oft in voneinander isolierten Populationen,

Mayland

Julidochromis dickfeldi

Biotope, in denen schmale Felsschlitze horizontaler und vertikaler Anordnung vorkommen. Julidochromis-Arten sind „leidenschaftliche" Kämpfer. Der Pfleger kann jedoch nicht leicht feststellen, ob es sich bei diesen Prügeleien im heimischen Aquarium um Rang- oder Revierkämpfe handelt. Es kommt immer wieder vor, daß bestimmte Tiere gejagt und schließlich sogar getötet werden, ohne daß man genau sagen kann, aus welchem Grunde dies geschieht. Bei der spezialisierten Lebensweise der Tiere im Tanganjika-See geht es wohl in erster Linie darum, den Wohnbereich energisch zu verteidigen. Das kann allerdings zuweilen dazu führen, daß beispielsweise ein Männchen außer dem auserwählten Weibchen alle anderen Artgenossen bis zu deren Tod bekämpft.

Die Geschlechtsunterscheidung ist bei den verschiedenen Arten nicht einfach, doch erkennt der erfahrene Pfleger meist die Partner am Gesamteindruck, zuweilen die Weibchen auch an ihrem fülligen Körperumfang. Abgelaicht wird in Höhlen und Felsspalten (Versteckbrüter), dabei werden die Eier meistens an die Höhlendecke geklebt. Das kleinere Tier der beiden Eltern bleibt beim Gelege und kümmert sich auch in nächster Zeit darum, während der größere Partner das Revier verteidigt. Die Larven schlüpfen nach 2—3 Tagen und werden vom brutpflegenden Elternteil an einen anderen Versteckplatz umgebettet. Nach weiteren 4—5 Tagen kann der Pfleger die meist noch winzigen Jungen am Höhleneingang erblicken. Die Fischchen können jetzt erstmals angefüttert werden. Dazu wird kleinstes Lebendfutter benötigt. Es kann vorkommen, daß die Eltern schon kurze Zeit darauf erneut ablaichen. Das braucht den Pfleger jedoch nicht zu erschrecken, denn die Tiere sind gewöhnt, mehrere Bruten nebeneinander aufzuziehen.

### *Julidochromis dickfeldi*
STAECK, 1975

Hier haben wir es gleich mit der jüngsten Entdeckung aus dieser Gattung zu tun. Soweit man bis jetzt weiß, ist die Art hauptsächlich im Gebiet um die Kasaba-Bay in Zambia, am südlichen Ende des Tanganjika-Sees, beheimatet. Nach Mitteilungen des Autors leben die Fische überwiegend in senkrechten Felsspalten, die so eng sind, daß man die Tiere nur selten darin fangen kann. Sie erreichen eine Länge von etwa 8 cm.

Die Grundfärbung der Fische kann man als braun ansehen. Durch einen hellen, weißlichbeigen Saum der einzelnen Schuppen entsteht eine netzartige Körper- und Flossenzeichnung. Besonders in der unteren Körperhälfte wird die Färbung von einem blau irisierenden Ton überlagert. Eine schwarze Längsbinde zieht von der Schwanzwurzel über die Flanken unter dem Auge vorbei, schlägt einen Bogen über der Oberlippe und läuft den gleichen Weg auf der anderen Flanke zurück. Vom oberen Augenrand zieht eine weitere, parallel zur ersten verlaufende Längsbinde zur oberen Caudalbasis. Zwischen den Augen liegen mehrere (3—4) schmale schwarze Binden. Ein weiteres schwarzes Längsband liegt in der Dorsalbasis. Alle unpaaren Flossen tragen einen unübersehbaren, kräftig irisierenden blauen Saum. Die Flossen selbst sind tiefbraun und weisen helle Tüpfel in den Membranen auf. Im Gegensatz zu den blauviolett schimmernden Bauchflossen sind die Brustflossen farblos. Im Bereich des Auges ist die Längsbinde blau gesäumt. Zucht wie in der Gattungsbeschreibung angegeben. Man benötigt keine allzugroßen Becken zur Artenhaltung — etwa 50—60 cm Gesamtlänge. Ein regelmäßiger Teilwasserwechsel hält die Tiere vital und sorgt bei Nachzuchten für ein gleichmäßig gutes Wachstum der Jungfische. Bei der Haltung haben sich folgende Wasserwerte als günstig erwiesen: etwa 10° dGH, pH-Wert um 7,5—8,0 und eine Wassertemperatur von etwa 25° C.

*Julidochromis marlieri*
POLL, 1956

Hier haben wir es mit einer Art zu tun, deren Vertreter etwa 15 cm lang und ausgewachsen recht „bullig“ werden können. Obgleich man gelegentlich von einem friedlichen Nebeneinander unter diesen Tieren liest, kann es zu argen Kämpfen kommen. Eine Teilschuld daran kann man unter Umständen dem Pfleger geben, dann nämlich, wenn er das Becken nicht mit genügend Verstecken ausgestattet hat, so daß unterlegene Tiere dem Gegner schutzlos ausgeliefert sind.

Das Farbmuster der Tiere weist ausschließlich gelbliche und braunschwarze Töne auf, so daß die herrliche Schwarzweißaufnahme genügend Aussagekraft haben dürfte. Die gelbe Tönung über Flanken und in den Flossen leuchtet nicht, sondern erscheint eher etwas „schmutzig“. Dafür sticht der hellere Saum der unpaaren Flossen besonders hervor.

Kahl

Julidochromis ornatus

*Julidochromis ornatus*
BOULENGER, 1898

Im Gegensatz zu den meisten ihrer Verwandten bleibt diese Art kleiner, denn ihre Vertreter sind mit rund 8,5 cm ausgewachsen. Auch diese Bewohner des Tanganjika-Sees, deren gestreckte, fast torpedoförmige Körperform besonders ins Auge sticht, leben in ihrem heimatlichen Biotop in Höhlen und benötigen in Gefangenschaft ähnliche Lebensbedingungen. Das Aquarium sollte so eingerichtet sein, daß mehr Unterstände im Becken vorhanden sind, als vermutlich benötigt werden, damit auch jedes schutzbedürftige Tier ein Versteck findet. Die Beckenlänge kann zwischen 50 und 80 cm liegen. Bei dieser Art werden ebenfalls oft harte Revierkämpfe ausgetragen. An die Wasserwerte stellen die kleinen Tiere keine erwähnenswerten Ansprüche. Die Wasserhärte darf allerdings nicht zu hoch sein und sollte allgemein etwa 15° dGH nicht überschreiten. Der pH-Wert kann im Bereich zwischen 7,5 und 8,0 liegen. Da von dieser Art in den meisten Fällen Nachzuchten gehandelt werden, sind die Tiere bereits über mehrere Generationen angepaßt.

Julidochromis marlieri

Kahl

*J. ornatus* hat einen goldgelben Körper. Über den Flanken liegen drei tiefschwarze Längsbinden, von denen die unterste auf der Schwanzflossenbasis beginnt und dann den Fischkörper durch die Augen und über die Oberlippe „umrundet“. Es folgt die zweite Längsbinde in der oberen Körperhälfte, während die letzte die Rückenflossenbasis einbezieht. Die beiden letztgenannten Binden enden etwa mit der Rückenflosse. Rücken-, Schwanz- und Afterflosse weisen einen doppelten Saum auf, von denen der innere weiß, der äußere schwarz gefärbt ist. Der weiße Saum zeigt zuweilen einen bläulichen Schimmer.

Kahl

Julidochromis regani

Kahl

Julidochromis transcriptus

## *Julidochromis regani*

POLL, 1942

In den letzten Jahren wurde diese Art wieder häufiger nachgezüchtet. Die bis zu 15 cm langen Tiere wirken durch ihre gestreckte Körperform und in Verbindung mit dem schwer zu beschreibenden Längsstreifenmuster sehr elegant, so daß man sie als die schönste Julidochromis-Art bezeichnen kann. Zucht und Verhalten der Tiere ähneln ihren Gattungsverwandten (vergleiche Gattungsbesprechung). Bei Vergleichen von Tieren aus unterschiedlichen Nachzuchten fällt jedoch auf, daß sich größere, ins Auge fallende Abweichungen in der Körperfärbung ergeben haben. Dabei lassen vor allem die intensive Gelbfärbung und der Blauschimmer in den Flossen stellenweise sehr zu wünschen übrig. Hier sollte der Züchter versuchen, nur optimal durchgefärbte Tiere miteinander zu paaren. Die vermutliche Idealfärbung ist aus dem Farbfoto zu entnehmen.

Julidochromis regani.
*Neben den verpilzten Eiern erkennt man die geschlüpften Larven.*
Matzanke

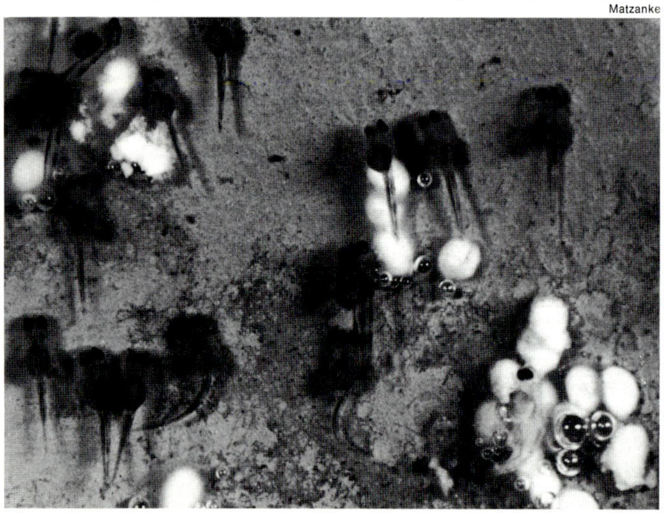

## *Julidochromis transcriptus*

MATTHES, 1959

Beim ersten Hinsehen hat man den Eindruck, eine Kreuzung aus *J. marlieri* und *J. ornatus* vor sich zu haben. Die attraktive Art zählt zu den kleinsten Julidochromis-Vertretern und erreicht nur eine Länge von rund 7 cm. Auch bei dieser Art sind wieder die drei schwarzen Längsbinden auf gelbem Körpergrund zu erkennen. Wie bei *J. marlieri* werden diese Längsbinden durch schwarze Querbinden verbunden, doch reichen sie nicht bis zum Bauch hinunter, sondern nur bis zur untersten Längsbinde, die etwa über der Flankenmitte verläuft. Zwischen den beiden oberen Längsbinden zeigen sich jedoch, im Gegensatz zu *J. marlieri,* kaum noch gelbe Zwischenräume, so daß man diese Zone als beinahe schwarz ansehen kann. Das Kopfprofil unterscheidet sich hingegen völlig von der erwähnten Art:

Die Stirnlinie verläuft flach und trägt keinen Buckel. Die Rückenflosse, die bei allen Julidochromis-Arten sehr lang ist und sich beinahe über den gesamten Rücken erstreckt, ist ebenfalls fast schwarz und zeigt nur in ihrem oberen und hinteren Teil eine schmale bräunliche Zone mit wenigen hellen Tüpfeln. In der Schwanzflosse ist die braune Zone hingegen schon ausgedehnter, und die Schwarzfärbung wird auf einen basisnahen Teil zurückgedrängt. Sie ist in der Afterflosse ganz verschwunden und nur die hellen Tüpfel sind geblieben. Auch die Bauchflossen sind bräunlich gefärbt, die Brustflossen bleiben transparent. Alle unpaaren Flossen tragen einen unübersehbaren leuchtendblauen Saum. Bei den Bauchflossen ist der zweite Strahl, der länger als der erste ist, ebenfalls in seiner hinteren Zone blau.
Obwohl sie nicht groß sind, können sich die Vertreter von *J. transcriptus* zu erbitterten Gegnern entwickeln, wenn es bei Anwesenheit mehrerer Männchen zu Rangkämpfen kommt und nicht genügend Versteckplätze vorhanden sind. Kokosnußschalen, wie sie auf unserem Foto zu sehen sind, eignen sich hervorragend als Unterstand für die Tiere. Es müssen nicht unbedingt nur Steinhöhlen eingerichtet werden. Die Wasserqualität kann in den Bereichen liegen, wie sie bei *J. ornatus* angegeben wurden. Ein zu weiches Wasser vertragen die Fische nicht.

## Die Gattung *Labeotropheus*

Diese Gattung wurde im Jahre 1926 (veröffentlicht 1927) von AHL aufgestellt. Der Wissenschaftler stellte damals fest: „Besonders merkwürdig ist eine neue Gattung dieser absonderlichen Fischfamilie, deren Maul vollständig unterständig und dicht mit einem feinen Raspel von Zähnen besetzt ist, mit denen sie vermutlich Algen und die zwischen diesen lebenden Kleintiere von den Felsen und Steinen abschaben". Gleichzeitig mit der dieser Arbeit beigegebenen Erstbeschreibung der Art *L. fuelleborni* beschrieb AHL eine weitere Art: *L. curvirostris.* Diese wurde in den nachfolgenden Jahren von allen Ichthyologen, die sich mit dieser Gattung beschäftigt haben, als Synonym zu *L. fuelleborni* angesehen. Die beiden bisher einzigen bekannten Vertreter dieser Gattung — *L. fuelleborni* und *L. trewavasae* — unterscheiden sich von allen anderen bekannten Cichliden durch ihr stark unterständig ausgebildetes Maul, dessen fleischige Oberlippe so weit übersteht, daß man sie bei manchen Exemplaren fast als „Nase" ansehen könnte. Die als Aufwuchsfresser bekannten Tiere haben sich darauf spezialisiert, den Algenrasen abzuweiden, der die Felsen ihrer Heimatbiotope überzieht, ohne dabei ihre normale Schwimmhaltung verändern zu müssen. Arten anderer Gattungen, die nicht über ein derart unterständiges Maul verfügen und ebenfalls die Algen von den Felsen abschaben, sind bei dieser Art der Nahrungsaufnahme gezwungen, sich auf den Kopf zu stellen oder die Algen von senkrecht abfallenden Wänden abzuweiden. Zu diesen Arten gehören einige Vertreter der verwandten Gattung *Tropheus*.

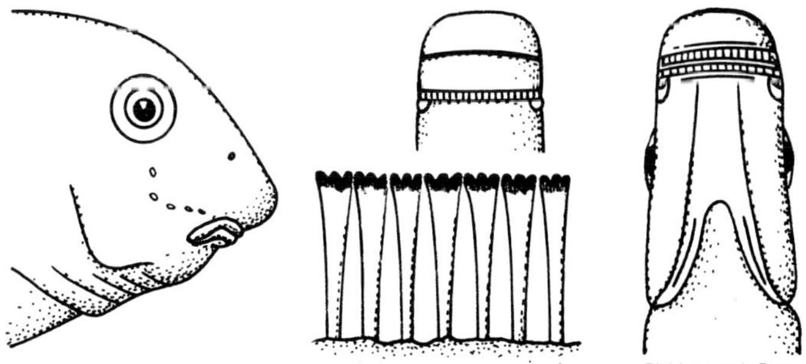

Bleichner nach Fryer

Labeotropheus fuelleborni. *Die Abbildung zeigt das unterständige Schabemaul mit den gleichlangen dreispitzigen Zähnen.*

Labeotropheus fuelleborni, ♂ *oben.*

Kahl

Hansen

Labeotropheus fuelleborni ♂

## *Labeotropheus fuelleborni*
AHL, 1927

Der Endemit aus dem Malawi-See erreicht eine Größe von etwa 15 cm. Im Gegensatz zu ihren anschließend beschriebenen Verwandten werden die Tiere wesentlich höher, dabei bezieht sich die Höhe auf die Rücken- und die weiter durchhängende Bauchpartie. Dadurch unterscheidet sich der „Schabemundbuntbarsch" vor allem von seinem Verwandten. Farblich sind beide Arten einander sehr ähnlich. Beide zeigen über dem Körper eine irisierende Blaufärbung, nur in den Brustflossen nicht. Selbst der grünlich umrandete Kiemendeckelfleck ist bei beiden Arten vorhanden. Je nach Stimmung zeigen die Tiere, deren Männchenfärbung hier beschrieben wird, acht bis elf mehr oder weniger intensiv ausgeprägte Querbinden. In den Afterflossen beider Maulbrüterarten befinden sich einige goldgelb schillernde Eiflecke. Die Gesichtsmaske — ein Muster aus dunklen, oft tiefschwarzen Querstreifen über der Stirn — ist ebenfalls bei beiden Arten zu erkennen. Es sind verschiedene Standortvarianten bekannt, die sich bei den Männchen in unterschiedlicher Flossenfärbung, bei den Weibchen jedoch in Abweichungen der gesamten Körperfärbung ausdrücken. Normalerweise zeigen die Weibchen eine blassere Färbung in der Grundfarbe der männlichen Tiere. Die erwähnten Standortvarianten können jedoch gescheckt und in verschiedener Grundfärbung (grau, gelblich, bläulich, rosé) vorkommen. Haltung und Zucht wie bei der folgenden Art beschrieben.

## *Labeotropheus trewavasae*
FRYER, 1956

Der „Gestreckte Schabemundbuntbarsch" hat eine sehr ähnliche Grundfärbung (besonders die Männchen) wie die vorgenannte Art. Der stromlinienförmigere Körper dieser Maulbrüterart weist jedoch eine größere Zahl von farblichen Standortvarianten auf als das bei *L. fuelleborni* der Fall ist. Neben der Normalfärbung (vergleiche vorgenannte Art) kennen wir bei männlichen Tieren vom Norden des Sees Tiere mit kräftig rot gefärbter Rückenflosse und rötlichem Schimmer in Schwanz- und Afterflosse (Foto). Eine weitere Variante ist vom südlichen Teil des Sees bekannt. Hier ist die gesamte obere Körperhälfte von einer leichten rotbraunen Färbung überlagert. Weibliche Tiere sind in noch größerer Variantenzahl bekannt, von denen hier die bekanntesten vier (neben der graublauen Normalfärbung) erwähnt seien: 1. Gescheckte Form — auf gelblich- oder rosaweißem Grund zeigt sich eine Vielzahl schwarzer kleiner Punkte, die sich stellenweise zu größeren zusammenfinden; 2. Gescheckte Form — das Grundmuster zeigt orangefarbene Schuppenzentren, die leuchtendblau gesäumt sind. Über dieser Färbung liegt wieder das erwähnte schwarze Punktmuster (Foto); 3. Ziemlich reinfarbige Tiere, meist mit eingetöntem Weißgrund — selten; 4. Orangerote Tiere, deren Schuppenränder silbrigblau schimmern. Die Tiere, deren Körper meist einige kleine tiefschwarze Flecke aufweist, stammen aus dem Südteil des Malawi-Sees (Foto).

Labeotropheus trewavasae

Marcuse

Zur Haltung der Fische reicht ein Beckenwasser aus, dessen Gesamthärte sich etwa zwischen 10 und 20° bewegt. Der pH-Wert sollte im Bereich zwischen 7,5 und 8,0 liegen. Es sind bereits Zuchterfolge gemeldet worden, bei denen das Zuchtwasser (angeblich) im sauren Bereich bei 6,5 lag. Das sollte man nicht zur Regel werden lassen. Die Wassertemperatur liegt in den meisten Aquarien mit 24—26° C richtig. Die Tiere sind gute Fresser, die gern fleischliche Kost (Rinderherz, Mückenlarven usw.) nehmen. Man soll sich jedoch bei dem Aufwuchsfresser daran erinnern, daß er im heimatlichen Biotop sehr an vegetarische Kost gebunden ist, und darf ein derartiges Futter nicht vergessen.

Knaack

Labeotropheus trewavasae, ♀ *gefleckt.*

Die Zucht der Labeotropheus-Arten ist nicht sonderlich schwierig. Man stellt meist spät fest, daß das Weibchen abgelaicht und das Männchen (wahrscheinlich) die Eier befruchtet hat, denn sie befinden sich bereits im Kehlsack des weiblichen Tieres, der nun durch die Aufnahme des Geleges stark angeschwollen ist. Unerfahrene Mütter neigen gelegentlich dazu, während dieser Zeit zu fressen und verspeisen dabei versehentlich auch ihre Eier. Wem es möglich ist, das Weibchen herauszufangen und in ein anderes, separates Becken umzusetzen, in dem das Tier allein ist, sollte es tun. Das ist jedoch nicht einfach, weil das Weibchen bei der Gefahr, gefangen zu werden, die Eier leicht ausspuckt. Man kann dies mit Vorsicht verhindern, und aus meiner Erfahrung können zwei Methoden erfolgreich sein: 1. Je nach Standplatz des Tieres kann man das Weibchen bei abgeschaltetem Licht mit Hilfe einer Taschenlampe suchen, um es dann mit einem feinmaschigen (!) Netz herauszufangen. Obwohl es dunkel ist, muß das sehr vorsichtig geschehen. Das Wasser im Zweitbecken sollte in Zusammensetzung und Temperatur dem Wasser des Hauptbeckens so nahe wie möglich kommen. Das Netz ist im Zweitbecken vorsichtig auszuleeren, denn das Weibchen kann auch nach dem Fang im Netz seine Eier noch ausspucken. Sollte das der Fall sein, so müssen die Eier, die sich im Netz befinden, ebenfalls in das Zweitbecken gegeben werden, damit das Weibchen sie nach dem späteren Einschalten des Lichtes (Beruhigungspause abwarten) wieder einsammeln kann. Das Zweitbecken kann völlig ohne Dekoration sein, doch ist es aus psychologischen Gründen richtiger, dem Tier einen Schutz nach oben einzurichten (2 Steine mit Platte darüber). 2. Eine weitere Methode besteht darin, einen glasklaren Behälter (Einmachglas) umgekippt derart ins Becken zu legen, daß man das Weibchen ruhig (!) entweder mit einem Netz oder mit Hilfe eines Stabes in diesen Behälter bugsiert. Auf diese Weise kann das Tier ohne Verletzungsgefahr und Risiko für die Eier umgesetzt werden. Nach ungefähr drei Wochen haben sich die Jungfische im Maul der Mutter soweit entwickelt, daß diese sie frei schwimmen läßt. Die Beleuchtung im Zweitbecken sollte während dieser Zeit nicht zu hell sein. Meines Ermessens liegt ein Problem bei der Nachzucht weniger im Umsetzen des Weibchens, als vielmehr bei seiner Rückbeförderung (nachdem sich die Jungen soweit entwickelt haben, daß sie ohne Mutter aus-

Labeotropheus trewavasae, ♀ *rot.*

Knaack

kommen können) in das Gesellschaftsbecken. Da sich das Tier jetzt von seinen Artgenossen entfremdet hat, wird es als Fremdkörper innerhalb der Aquariengruppe angesehen und angegriffen. Es kann gelegentlich sogar zur Tötung eines eingesetzten Tieres kommen.
In letzter Zeit ist eine Zwischenform aufgetaucht, die weder die Hochrückigkeit von *L. fuelleborni* noch die schlanke, gestreckte Form von *L. trewavasae* aufweist. Sie ist noch nicht wissenschaftlich untersucht und somit weder zur einen noch zur anderen Art gestellt worden. Möglicherweise wird der Aquarianer hier auch eines Tages mit einer neuen Art konfrontiert. Die Tiere werden unter verschiedenen Namen angeboten. Sie sind wie ihre Gattungsverwandten mit einem unterständigen Maul ausgestattet. Die Körpergrundfärbung der Männchen ist gelb bis orangegelb, und die unpaaren Flossen sind über der Basis zartblau getönt. In der Analen liegen in der hinteren Zone ein bis zwei Eiflecke. Die schwarzen Bauchflossen sind hellblau gerandet. Stimmungsbedingt werden Querbinden und Kopfmaske gezeigt.

## Die Gattung *Labidochromis*

Im Jahre 1935 stellte die englische Wissenschaftlerin E. TREWAVAS diese Gattung auf und beschrieb als erste Art *L. vellicans.* Die Vertreter dieser Gattung unterscheiden sich äußerlich kaum von denen anderer Mbunas, wie etwa der Gattung *Pseudotropheus.* Deshalb hat es in vergangener Zeit auch verschiedene Fehlinterpretationen bei der Bestimmung gegeben. Merkmale, wie die Bezahnung, dienen hauptsächlich der Unterscheidung. Alle Arten der Gattung leben im Malawi-See und scheinen dort ausschließlich die felsige Litoralzone zu bewohnen.

### *Labidochromis caeruleus*
FRYER, 1956

Diese wunderschönen, leuchtendblauen Maulbrüter aus dem Malawi-See erreichen eine Länge von etwa 10 cm. Beide Geschlechter tragen diese intensive kobaltblaue Färbung, und wir erkennen vor dem schlanken Körper einen relativ spitz zulaufenden Kopf. In ihrem heimatlichen Biotop ernähren sich die Tiere hauptsächlich von Insektenlarven. Aus diesem Grund sind die Vertreter dieser Gattung

Kahl
Labidochromis caeruleus

mit einspitzigen äußeren Zähnen ausgestattet, die zudem noch teilweise verlängert sind. Auch bei dieser Art der Bezahnung bieten sich wieder Parallelen zu den Vertretern anderer Gattungen an, die den Tanganjika-See *(Tanganicodus)* oder den Viktoria-See (*Paralabidochromis)* bewohnen. Sie verfügen über eine ähnlich ausgebildete Bezahnung (vergleiche Abb. Seite 321). Über den Flanken der Fische liegen stimmungsbedingt mehr oder weniger intensive dunkle Querbänder. In der Rückenflosse befindet sich ein breites schwärzliches Längsband, über dem die äußeren Spitzen der Flossenstrahlen weißlichblau gefärbt sind und so noch den Eindruck eines weißlichen Saumes hinterlassen. Von der Oberlippe ausgehend zieht sich eine Zone schwärzlicher Schuppen über den Rücken bis zur Schwanzwurzel; unter der Dorsalbasis wird sie sehr schmal und mißt an ihrem Ende nur eine Schuppenreihe. Die Schwanzwurzel weist lediglich einige schwärzliche Membranen in der sonst blauen Flosse auf. In der transparenten Afterflosse zeigen sich nur ein bläulicher Saum und die Eiflecke, die recht klein und goldgelb sind. Die Brustflossen sind transparent; die Bauchflossen tragen einen blauen Saum.

### *Labidochromis freibergi*
JOHNSON, 1974

Hier haben wir es ebenfalls mit einem Vertreter aus dem Malawi-See zu tun, der seit vielen Jahren (auch bereits vor seiner Erstbeschreibung) ein guter Bekannter der meisten Mbuna-Freunde ist. Die Fische, die eine Länge von etwa

Loiselle

Labidochromis freibergi ♂

Loiselle

Labidochromis fryeri, ♂, *ein silberweißes Tier.*

8 cm erreichen, wurden in früheren Jahren als *„L. ewarti"* geführt, einem heute ungültigen Namen. Soweit bis jetzt bekannt wurde, stammen sie ausschließlich aus den Biotopen um die beiden Inseln Chisumulu und Likoma nahe der Moçambique-Küste. L. freibergi-Exemplare sind hellblau. Über den Flanken der Tiere liegen 7—9 Querbinden, die stimmungsbedingt intensiv gezeigt werden. Aus gleichem Anlaß werden die zwei oder drei kurzen Binden zwischen den Augen mehr oder weniger intensiv sichtbar gemacht. In den Membranen der Rücken- und besonders Afterflosse zeigen sich schwärzliche Endzonen. Die schwarzen Bauchflossen sowie der vordere Teil der an dieser Stelle ebenso dunklen Afterflosse sind hell gesäumt. Die Anale trägt einen oder zwei Eiflecke, die schwarz umrahmt sind. Der auf unserem Foto gezeigte gelbe Fleck in der Rückenflosse ist normalerweise nicht üblich. Beide Geschlechter dieses Maulbrüters sind sehr ähnlich gefärbt, so daß eine Unterscheidung nicht einfach ist.

### *Labidochromis fryeri*
OLIVER, 1973

Auch diese Art erreicht eine Endgröße von nur 8 cm. Die Tiere leben endemisch im Malawi-See, in dem die Maulbrüter die Zonen des Felslitorals bevölkern. Sie ernähren sich überwiegend von Mückenlarven, wozu ihr Gebiß speziell ausgebildet ist (vergleiche *L. caeruleus).* Da der Autor in direktem Zusammenhang mit seiner Erstbeschreibung noch keine Farbangaben machte, ist anzunehmen, daß verschiedene Farbformen existieren. Das hier abgebildete Foto, das mir von LOISELLE zur Verfügung gestellt wurde, soll die bekannteste Form abbilden. Sie sind überwiegend hellgrau silbrig glänzend. In Rücken- und Schwanzflosse zeigen nur die Membranen zwischen den äußeren weichen Strahlen eine transparente leicht schwärzliche Zone. Die Afterflosse trägt einen rußigen schwarzen breiten Saum, in dessen hinterem Ende der meist einzige dottergelbe Eifleck liegt.

Es sind weitere Varianten beschrieben worden, bei denen die Rückenpartie braun und olivgrün sein soll. Leider sind nicht bei allen Beschreibungen die kompletten Körperfärbungen angegeben worden, so daß man sich kein abgerundetes Bild machen kann.

### *Labidochromis mathotho*
BURGESS & H. AXELROD, 1976

Die genaue Herkunft dieser Art konnten die Autoren nicht angeben. Die Fische erreichen eine Höchstlänge von nur etwa 8 cm und sind besonders hochrückig, zeigen andererseits jedoch keine besonders attraktive Färbung, die eine künftige weite Verbreitung als Aquarienfisch voraussehen ließe. Männliche wie weibliche Tiere tragen ein unscheinbares, man könnte fast sagen „verwaschenes" Farbkleid, das bei Männchen zur blaugrauen, bei Weibchen zur braungrauen Färbung tendiert. Rücken-, Schwanz- und Afterflosse zeigen einen blassen rotorangefarbenen Saum. Im hinteren Teil der Analen tragen die Männchen zwei orangegelbe Eiflecke.

Scheuermann

Labidochromis textilis

## *Labidochromis textilis*

OLIVER, 1975

Der erst kürzlich beschriebene „Brokatbuntbarsch“ stammt von der Ostküste des Malawi-Sees. Nach Angaben des Autors* soll diese Art nicht über einen farblichen Sexualdimorphismus verfügen — auf gut deutsch: beide Geschlechter sind gleichfarbig. Die im Jahre 1976 von BURGESS erstmals beschriebene Art *Melanochromis exasperatus*** hat viel Ähnlichkeit mit der hier besprochenen Art, doch unterscheiden sich beide Arten optisch in erster Linie durch die unterschiedliche Breite in der Streifenzeichnung der Tiere und ihrer entsprechenden Anzahl. Wenn man einmal unterstellt, daß die Körperfärbung leuchtend hellblau irisiert (man kann sie auch umgekehrt, wie hier beschrieben, sehen), so zählt man acht bis neun orangefarbene, nicht allzu intensive Längsstreifen, die zum Teil auf der Stirn, zum Teil aber auch erst hinter den Kiemendeckeln beginnen und bis in die Schwanzflossenbasis ziehen. Rücken- und Afterflosse tragen Muster aus orangebraunen Flecken, die meist in den Membranen liegen, während die Strahlen leuchtendblau irisieren. Die Afterflosse ist ähnlich gefärbt, jedoch in ihrer Basis stark weißlich aufgehellt und trägt mehrere schwarz gerandete orangefarben leuchtende Eiflecke.

Im Aquarium stellen diese Fische keine besonderen Ansprüche und sind gute Fresser. Sie sind keine ausgesprochenen Höhlenbewohner, schätzen es jedoch, wie ihre Gattungsverwandten, sich zeitweilig zurückzuziehen. Die Zucht klappt meist von allein, und die Jungfische machen bei der Anfütterung keinerlei Schwierigkeiten. Die Mütter behüten ihre Jungen auch nach dem Freischwimmen ausgezeichnet. Leider ist die Geschlechtsunterscheidung nicht einfach, da keine unterschiedlichen Färbungen dabei helfen.

## *Labidochromis vellicans*

TREWAVAS, 1935

Diese Art wurde als erste zur 1935 neu aufgestellten Gattung *Labidochromis* gestellt. Die Tiere erreichen eine Länge von etwa 8 cm, und durch den kurzen Kopf wirken sie trotz ihrer flachen Stirnlinie gedrungen. Farblich sind die Fische nicht besonders attraktiv. Die Grundfärbung ist ein blau irisierendes Braun. Die Flankenmitten bleiben blaßsilbrig. Je nach Stimmung sind die Körperseiten mit etwa neun Querbinden überzogen, die jedoch selten einmal kräftig dunkel werden. Alle unpaaren Flossen haben dunkelgraublaue Strahlen und hellere Membranen. Sie sind in ihrem hinteren Bereich mit einem blassen, nicht

Labidochromis vellicans ♀

Loiselle

---

* OLIVER, Michael K.: „Labidochromis textilis, a New Cichlid Fish (Teleostei: Cichlidae) from Lake Malawi.“ Proc. Biol. Soc. Wash., 88, p. 319—330, 1975.

** BURGESS, Warren E.: „A new Melanochromis from Lake Malawi, with comments on the genus.“ Tropical Fish Hobbyist, 24 (Febr. 1976), p. 61—65.

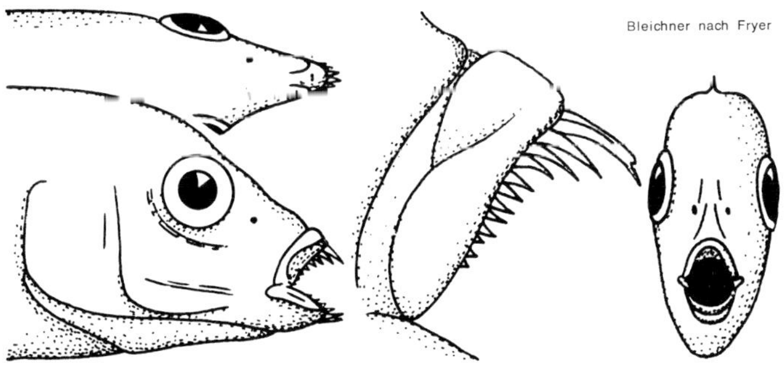


Labidochromis vellicans. *Zum Erbeuten von Insektenlarven und Krustentieren sind die Zähne in den vorderen Kiefern besonders verlängert und zugespitzt.*

scharf begrenzten orangefarbenen Saum versehen. Ebenfalls einen orangefarbenen Schimmer weisen die sonst transparenten Brustflossen auf. Die schwärzlichen Bauchflossen haben einen hellblauen Saum. Männliche Tiere tragen in der Afterflosse einige orangefarbene Eiflecke. Vor dem oberen Kiemendeckelbogen liegt ein kleiner tiefschwarzer Fleck, der von einigen blau irisierenden Tüpfeln umgeben ist, und dessen hinterer Rand einen feinen roten Saum aufweist. Die Unterscheidung der Geschlechter ist nicht leicht. Die Tiere lassen sich jedoch gut halten und stellen keine besonderen Ansprüche an den Pfleger. Ihre Nachzucht ist nicht schwierig. Die Wasserwerte sollten im Idealfall etwa bei 12° dGH und der pH-Wert zwischen 7,5 und 8,0 liegen. Die Zuchttemperatur liegt bei rund 26° C. Die Jungen werden etwa knapp 4 Wochen nach der Eiablage aus dem Maul des Weibchens entlassen und können dann angefüttert werden.

## Die Gattung *Lamprologus*

Bereits im Jahre 1891 wurde die Gattung von SCHILTHUIS aufgestellt. Bei ihren Mitgliedern haben wir es mit sehr unterschiedlichen Arten zu tun, die sich an die differenziertesten Biotope anpassen mußten. Lamprologus-Arten findet man im Tanganjika-See, wo sie meist endemisch leben, und auch im Kongo-(Zaire-)Becken. Aus dem Kongo-Becken sind den Aquarianern sicher hauptsächlich die verschiedenen Arten im Gedächtnis, die Stromschnellengebiete des Flußsystems bewohnen und daher eine entsprechend gestreckte und flachbauchige Körperform annehmen mußten. Sie sind alle keine Maulbrüter wie viele andere Cichliden, die wir aus den Seen des Grabenbruches kennen, sondern legen ihre Eier auf ein meist hartes Substrat, um sie dort zum Schlüpfen bringen zu lassen. Viele dieser Arten, besonders jedoch *L. brichardi,* konnten sich in den letzten Jahren, wohl auch wegen ihrer Vermehrungswilligkeit, zu den bekanntesten Aquarienfischen entwickeln. Nur wenige Arten der Gattung erreichen eine Größe über 16 cm. Man vermutet, daß die Vertreter der Gattung *Lamprologus* ihren Ursprung im Tanganjika-See hatten und die im Kongo-Becken vorkommenden Arten über den Abfluß des Sees (Lukuga-Rinne) ihren Weg in dieses tiefer gelegene Gebiet fanden, in dem sie sich den gegebenen neuen Verhältnissen anpassen mußten, so daß sich neue Arten bildeten. Lamprologus-Arten unterscheiden sich von den Vertretern anderer Gattungen durch die höhere Zahl von Hartstrahlen in Rücken- und Afterflosse. Auch bei ihnen gelten die Zahnreihen wieder als Merkmal zur Unterscheidung mit anderen Gattungen. Die Zähne sind alle kegelförmig. Im Ober- und Unterkiefer der Fische befinden sich jeweils einige besonders verlängerte Zähne, die sogenannten Hundszähne. Sie dienen wie die Fang- oder Reißzähne bei bekannten Raubsäugern in erster Linie zum Festhalten der Beute und sind nicht unbedingt gleichmäßig angeordnet, sondern können auch weiter im hinteren Kiefer plaziert sein.

### *Lamprologus attenuatus*
STEINDACHNER, 1909

Eine etwa 15 cm lang werdende Art, deren Vertreter im Tanganjika-See endemisch vorkommen. Man kann sie an sehr vielen Stellen finden, so daß man sie zu einer der verbreitetsten Arten rechnet. Die Fische kommen sowohl in der felsigen Uferzone als auch über Sandboden vor. Obwohl sie eine relativ gestreckte Körperform haben, sind sie nicht an ein bodennahes Leben gebunden. Die Fische sind Allesfresser, wie man auch bei aquaristischer Haltung feststellt (was aber nicht ausschlaggebend für ihre natürliche Nahrung ist). In einer Arbeit* berichtet MATTHES

* MATTHES, H.: „Les communautés écologiques des poissons cichlidae au Lac Tanganika." Folia sci. Afr. Centralis, 6, p. 8 bis 12, 1960.

Zieschang

Lamprologus attenuatus

darüber, daß sich die Tiere gelegentlich an die Flanken anderer Fische heranmachen, um Schuppen abzubeißen. Die Fische haben einen recht spitz zulaufenden Kopf, der mit Zähnen (darunter auch die in der Gattungsbesprechung erwähnten „Hundszähne“) ausgestattet ist, die bei leicht geöffneten Lippen im tief gespaltenen Maul gut sichtbar sind.
Ausgewachsene Tiere haben eine graubraune Körpergrundfärbung, die stellenweise mit einem feinen Gelbschimmer überzogen ist. Über den Flanken laufen etwa sechs Querbinden, die stimmungsbedingt mehr oder weniger gut sichtbar sind. Bei auffallendem Licht (wie auf unserem Foto) irisieren die Flankenschuppen stark silbrig. Alle Flossen sind der Färbung des Körpers ungefähr angepaßt. Die Rückenflosse ist dunkelrußig gesäumt und in den Membranen liegen, in Reihen übereinander angeordnet, blaßorangefarbene Tüpfel. Die Zipfel der Bauchflossen zeigen silbrighelle Säume.

### *Lamprologus brichardi*
POLL, 1974

Da diese Art sehr vermehrungsfreudig ist, gehört sie zu den bekanntesten Arten dieser Gattung. Unter der deutschen Bezeichnung „Prinzessin von Burundi“ erwarb sie viele Freunde. Zuerst wurden die Tiere noch als Subspezies *L. savoryi elongatus* geführt, und erst POLL erkannte diese Unterart unter neuem Namen mit seiner Beschreibung im Jahre 1974 als selbständige Art an. Bei den bis zu 10 cm groß werdenden Endemiten aus dem Tanganjika-See haben wir es mit einer besonders eleganten Erscheinungsform der Gattung *Lamprologus* zu tun. Die weniger durch ihre Färbung als durch ihre Beflossung attraktiven Substratbrüter lassen sich relativ einfach pflegen, doch können sie anderen Mitbewohnern arg zusetzen, wenn sie einer Revierbildung im Wege sind. Dabei spielt es keine Rolle, ob diese Mitbewohner etwas größer sind: Sie werden attakkiert und durch Rammstöße vertrieben. Dies ist einer der wesentlichen Gründe dafür, daß das Becken, in dem die Fische untergebracht werden, mit einer Vielzahl von Höhlen ausgestattet wird, um unterlegenen Tieren einen besseren Schutz zukommen zu lassen. Dabei ist darauf zu achten, daß kaum oder zumindest nicht zuviel Holz Verwendung findet, weil organisches Dekorationsmaterial das Wasser ansäuert und damit den pH-Wert unter die Neutralmarke (7,0) drückt, die für eine Haltung vieler Cichliden aus den Seen unvorteilhaft ist.

*L. brichardi* ist eine dezente Schönheit. Seine Körperfärbung besteht aus einem zarten Beigebraunton mit einem leichten Roséschimmer über der Körpermitte. Die elegante Körperform mit den weiß gesäumten, lang ausgezogenen Flossen rundet den positiven Gesamteindruck ab. Wenn man einmal von dem dunklen Schuppensaum absieht, der ein leichtes Netzmuster über die Flanken legt, zeigt der Körper keine Musterung. Der Kopf dagegen hat folgende Zeichnung: Von den Maulwinkeln zieht sich eine unscharf abgegrenzte dunkelbraune Binde zum Auge. Sie läuft, kräftiger werdend, vom Auge auf den Kiemendeckel. Zwischen dem hinteren und dem unteren Kiemendeckelbogen liegt ein größerer dunkelbrauner Fleck, vor dem, im oberen Kiemendeckelbogen, ein kräftiger gelber Fleck liegt. Diese Musterung ist von unregelmäßigen, hellblau irisierenden Bändern umgeben; dadurch wird der gesamte Kiemendeckelbogen gesäumt.

Zur Zucht dieser Art verwendet man ein Becken von etwa 70 cm Länge. Es kann mit Steinaufbauten, aber auch mit Pflanzen eingerichtet werden. Wie erwähnt, soll der pH-Wert nicht im sauren, sondern im alkalischen Bereich liegen (7,5—8,0). Es genügt eine Wassertemperatur zwischen 23 und 25° C. Die Fische sind gute Allesfresser. Die Auswahl der Elterntiere ist die einzig mögliche

Schwierigkeit bei der Zucht. Man muß bereits beim Erwerb darauf achten, ein Paar zu erhalten, weil ein kräftiges, bald dominierendes Männchen keinen gleichgeschlechtlichen Nebenbuhler in seiner Nähe — also im Becken — duldet. Die Eier werden meist auf ein hartes Substrat abgegeben, wie die Fische das aus ihrem Heimatbiotop gewöhnt sind. Sie werden an einer möglichst versteckten Stelle in einer der eingebauten Höhlen abgegeben, die nach einer wahren „Putzorgie" vorher peinlichst gesäubert wurde. Auf dem abgebildeten Foto wurde der Deckenstein der Höhle zum besseren Erkennen der Eier gewendet. Das Männchen besamt die Eier gleich im Anschluß an die Abgabe durch das Weibchen, indem es neben seiner Partnerin schwimmt. Je nach Wassertemperatur benötigen die Larven zwischen 60 und 72 Stunden bis zum Schlupf. Nachdem die Larven geschlüpft sind, werden sie von der Mutter umgebettet. Sie schwimmen nach etwa 5 Tagen frei und benötigen jetzt kleinstes, doch kräftiges Futter. Die Jungen haben eine marmorierte Tarnfärbung, bleiben stets in Bodennähe und ducken sich bei Gefahr, von der Mutter signalisiert, noch enger an den Boden. Der Vater wird vom weiblichen Tier auf absolute Distanz gehalten.

## *Lamprologus callipterus*
BOULENGER, 1906

Der Endemit aus dem Tanganjika-See bewohnt in seinen Heimatgewässern überwiegend die Felszone, doch werden auch Exemplare im Übergang zur und sogar über der Sandzone angetroffen. In ihrer vertikalen Verbreitung erscheinen die Tiere ebenso anpassungsfähig, denn man hat einzelne Exemplare in Tiefen von über 50 m angetroffen. Die räuberisch lebenden Tiere haben ein starkes Gebiß und sind mit ihrer Länge von etwa 15 cm durchaus in der Lage, kleinere Fische zu überwältigen. Ihre marmorierte Tarnfärbung, das Farbkleid vieler Räuber, hilft ihnen dabei. Die Tiere gehören zu den Substratbrütern.

Der gestreckte Körper zeigt auf den beigegrauen Flanken Reihen aus weißlichen Punkten. Dieses Muster kommt dadurch zustande, daß die beigefarbenen Schuppen, die einen sehr feinen dunklen Saum aufweisen, in jeder zweiten Reihe übereinander einen breiten, rechteckigen weißen Fleck tragen. Zuweilen gerät dieses Muster bei einigen Exemplaren in Unordnung. Auch die Flossen weisen, bis auf die Brustflossen, weiße, jedoch feinere Tüpfel in den

Lamprologus brichardi, *Paar.*

Richter

Kahl

Lamprologus callipterus, ♂, *in Normalfärbung.*

Flossenstrahlen auf. Die Spitzen der Rückenflossenstrahlen tragen schwarze Spitzen; darunter liegt ein feiner, aber unübersehbarer weißer Saum. Einen ebenso gefärbten Doppelsaum weist die abgerundete Schwanzflosse auf, nur ist bei ihr der weiße Saum wesentlich breiter ausgebildet. Auf dem hinteren Kiemendeckelbogen liegt ein dunkler Fleck. Eine nur stimmungsbedingt intensiv gezeigte kurze dunkle Binde verläuft vom Auge bis zu den Maulwinkeln. Die leicht rötlichen Wangen und die blauen Lippen kontrastieren mit der sonst eintönigen Körperfärbung.

Lamprologus callipterus, ♀, *in Schreckfärbung.*

Frischmuth

## *Lamprologus christyi*

TREWAVAS & POLL, 1952

Als Aquarienfisch ist dieser Endemit aus dem Tanganjika-See bisher nur wenig — oder unerkannt — aufgetaucht. Die Tiere werden bis zu etwa 10 cm groß. Es wurde berichtet, daß sie in Tiefen von nur 2—4 Metern über felsigem Boden leben, wo man sie schon mit Würmern als Köder geangelt hat. Nachgewiesen sind die Fische in der Mtosi-Bay an der Südküste des Sees; dort kommen sie im Bereich großer Felsen (Klippen) vor. *L. christyi* hat eine schokoladenbraune Körperfärbung. Sie hellt sich zum Rücken hin etwas auf und wird auf der Köperunterseite etwas dunkler. Der Rücken trägt zeitweilig eine nicht allzu intensive Querbänderung. Die Flossen sind einheitlich dunkelbraun und nicht gezeichnet. Die Art ähnelt mit ihrer gegabelten Schwanzflosse *L. furcifer.*

## *Lamprologus compressiceps*

BOULENGER, 1898

Ein aquaristisch wenig bekannter Räuber, der aber von manchem Spezialisten nicht ungern gepflegt wird. Die Art kommt in mehreren Farb- und Zeichnungsvarianten vor, von denen uns zwei näher bekannt sind. Die erste trägt über Körper und Flossen eine ockerfarbene Grundtönung, über der ein Muster von etwa sechs dunkleren Doppelquerbinden der gleichen Farbe liegt. Eine ebenso gefärbte schmalere Binde verläuft von den äußeren Maulwinkeln zu den Augen und von dort abwärts zum unteren Kiemendeckelbogen. Die Flossen tragen keine Zeichnung. Diese

Lamprologus compressiceps
*kann sein Maul, wie viele Cichliden, tütenförmig vorstülpen.*

Scheuermann

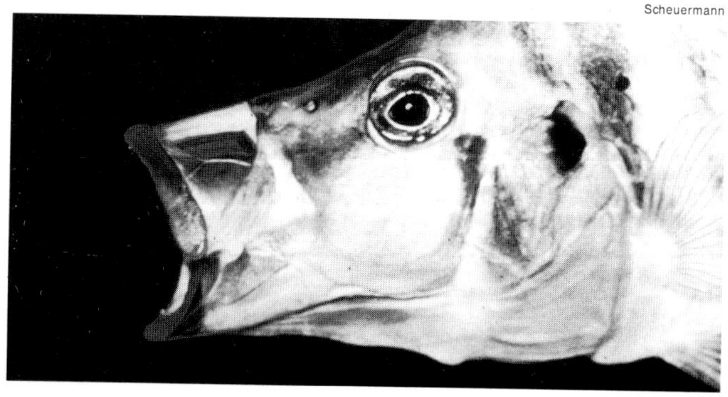

Mayland

Lamprologus compressiceps, *gelbbraune Farbform.*

Farbvariante wird bereits seit vielen Jahren aus nördlichen Gebieten des Tanganjika-Sees (Burundi) eingeführt. Die Variante, die aus dem Süden des Sees stammt, hat eine weißlichbeigefarbene Grundfärbung über den Flanken. Diese Tönung wird von kaffeebraunen Querbinden überlagert, von denen zwei — hinter den Augen liegend — über dem unteren Kiemendeckel zusammenlaufen. Eine kurze Binde zieht, parallel zur Profillinie des Kopfes, von der Oberlippe zum Auge. Über dem Rücken beginnt eine dunkelbraune Zone, die sich aus den verbreiternden Querbinden ergibt und bis in die Rückenflosse hineinzieht. Auch die übrigen Flossen, mit Ausnahme der transparenten Brustflossen, sind recht dunkel gefärbt. Die Schuppen der hinteren Körperhälfte zeigen hell irisierende, pfeilförmige Bogen, die sich in den Flossen in ebenso helle Tüpfel ändern und auf dem dunklen Grund wie ein Sternenhimmel aussehen. Rücken-, Schwanz-, After- und Bauchflossen tragen einen hellen Saum in der Farbe der Tüpfel.

Lamprologus compressiceps, *südliche Farbform.*

Winkelmann

Die bis etwa 15 cm lang werdenden Raubfische bewohnen im See überwiegend die felsige Uferzone, in der sie meist einzeln vorkommen, jedoch nicht ausgesprochen selten sind. Die Tiere sind außerordentlich hochrückig und ihre, meist angelegte, Rückenflosse läßt sich zudem auch noch zu attraktiver Größe aufrichten. Durch blitzschnelles Vorschnellen des Maules können sie die meisten Opfer ergreifen und dann überwältigen. Dabei kann das Tier wegen der begrenzten Größe des Maules nur Fische bis zu einer bestimmten Größe verschlingen. Das geschieht in der Art, daß sich der Räuber möglichst unbemerkt, mit dem Kopf nach unten schwimmend, an das Opfer heranschiebt. Auf diese Weise bietet er dem Beutetier nur seine äußerst schmale und stark zusammengedrückte (komprimierte = Name) obere Körperlinie. Ein ähnliches Anschwimmen kennen wir übrigens auch von seinem Namensvetter aus dem Malawi-See *(Haplochromis compressiceps),* der sich als Lebensbereich allerdings die dichten Pflanzenbestände über der Sandzone ausgewählt hat.

### *Lamprologus congoensis*
SCHILTHUIS, 1891

Wie bereits der Name erkennen läßt, handelt es sich bei dieser Lamprologus-Art nicht um einen Bewohner des Tanganjika-Sees, sondern um einen Grundfisch, dessen Heimat in den Stromschnellen des Zaire (der früher „Kongo" hieß) liegt. Wildfänge erreichen im Aquarium eine Maximallänge von etwa 15 cm. Nachzuchten sollen nicht ganz so groß werden. Entsprechend ihrer bodennahen Lebensweise in dem sehr sauerstoffreichen, doch schnell bis reißend fließenden Wasser des Flusses haben wir es bei dieser Art nicht mit besonders guten Schwimmern zu tun. Die Schwimmblase der Tiere ist zurückgebildet und erlaubt den Fischen nicht, wie andere Arten gemächlich in mittleren Wasserschichten zu schwimmen. Dem meist bräunlichen Wasser des Flusses, das sehr weich ist und dessen pH-Wert im sauren Bereich liegt, hat der Fisch seine Grundfärbung angepaßt. Die gestreckten Körper mit der gerade verlaufenden Bauchlinie haben eine graubraune Tönung, die sich bis in alle Flossen (ausgenommen die transparenten Brustflossen) hineinzieht. Diese Färbung

Winkelmann

Lamprologus congoensis

verdunkelt sich zum Rücken hin und wird stimmungsbedingt von etwa sechs schwärzlichen Querbinden überlagert. Die Bauchpartie bleibt heller. In der hinteren Körperhälfte sind alle Schuppen mit einem hellen, leuchtenden Punkt versehen. Durch die dunkle Umrandung einer jeden Schuppe entsteht ein leichtes, nicht besonders intensives Netzmuster über beiden Körperseiten. Die bereits über dem Kiemendeckelbogen ansetzende Rückenflosse ist mit einem blaßgelben Saum ausgestattet und weist wie die abgerundete Schwanzflosse und die Afterflosse Muster aus gelblichen Punkten und Strichen auf. Der Kopf mit den wulstigen Lippen hat keine erwähnenswerte Musterung außer einem blassen Fleck auf dem hinteren Kiemendeckelbogen. Ältere Männchen bekommen einen kleinen Stirnbuckel.

Werden die Tiere in Gefangenschaft gehalten, so sollte das Becken eine Größe ab 70 cm Länge aufweisen und gut mit Höhlen und anderen Verstecken aus Steinen und Wurzelholz ausgestattet sein. Die Fische führen ein mehr oder weniger verstecktes Leben und lassen sich meist nur zur Futterannahme sehen. Von ihrer Balz und der Eiablage (Versteckbrüter) sieht der Pfleger normalerweise nichts. Wenn das Weibchen aber seinen Partner energisch aus seiner Behausung zu verdrängen sucht, kann man annehmen, daß das Tier seine Jungen schützen will. Die Nachkommen zeigen sich erst nach dem Freischwimmen, reichlich eine Woche nach der Eiablage, und müssen jetzt gut gefüttert werden. Meist liegen die Größen der einzelnen Gelege bei 30—40 Eiern.

## *Lamprologus elongatus*
BOULENGER, 1898

Eine Art, die endemisch im Tanganjika-See lebt und dort in Küstennähe sehr verbreitet ist. An der runden Bauchlinie erkennt man, daß es sich bei dieser Art nicht um einen Bodenbewohner handelt. Die räuberisch lebenden Fische erreichen eine Größe von etwa 20 cm, die damit über das Normalmaß für die meisten Lamprologus-Vertreter hinausragt.

Über der graubeigen Grundfärbung des Körpers, die sich bis in die Flossen hineinzieht, liegt ein Längsmuster aus grellweißen Fleckenreihen. Zwischen diesen Reihen zeigen sich dunkle Punkte, so daß eine Musterung entsteht, die sich in leichter Abwandlung bis in die Flossen hineinzieht. Der hintere Teil der Schwanzflosse jedoch bleibt ebenso ungemustert wie die Bauchflossen und die transparenten Brustflossen. Der Kopf zeigt ebenfalls keine hellen Flecken, doch bildet sich auf Wangen und Kiemendeckeln eine blasse, orangefarbene Zone. Der vordere Kopf und die dicken Lippen irisieren leicht grün. Das Muster verleiht dem Fisch im Jagdbereich der Flachwasserzone mit ihren Sonnenkringeleffekten eine ausgezeichnete Tarnung.

Relativ leicht ist die Art nachzuzüchten. Obgleich sich die Tiere ohnehin nur bedingt mit anderen Fischen zusammen halten lassen, werden sie bei der Verteidigung ihrer Nachzucht ausgesprochen aggressiv. Zu ihrer Vermehrung benötigt man Becken ab ungefähr 80 cm Länge. Sie müssen reichlich bepflanzt sein und eine Reihe von Verstecken aufweisen. Da sich die Tiere überwiegend (oder ausschließ-

Lamprologus elongatus

Kahl

lich) von lebendem Futter ernähren, muß man eine gelegentliche zusätzliche Fütterung mit lebenden Fischen als geraten ansehen (etwa einmal in der Woche). Die Tiere sind mit einer Länge von 8—10 cm geschlechtsreif. Die Geschlechtsunterscheidung ist nicht einfach. Männliche Tiere werden kräftiger und auch etwas größer. Abgelaicht wird meist an vertikalen Flächen, die etwas versteckt liegen. Große Gelege von rund 400 Eiern sind keine Seltenheit. Die Larven schlüpfen nach 3—4 Tagen (je nach Wassertemperatur) und schwimmen nach weiteren 5—6 Tagen frei. Während der Brutzeit tragen die Eltern ein sehr dunkles, beinahe schwarzes Farbkleid. Nach dem Anfüttern entwickeln die Jungfische einen gewaltigen Appetit auf Lebendfutter, das nicht zu jeder Jahreszeit leicht zu beschaffen ist. Die Kleinen wachsen entsprechend schnell heran, vor allem auch dann, wenn man ihnen das Wasser im Aufzuchtbecken etwa zweimal in der Woche zum Teil erneuert. Die Wasserwerte sollen zur Zucht bei etwa 8—14° dGH liegen und einen pH-Wert im alkalischen Bereich aufweisen (7,5—8,0). Zur Zucht stellt man die Durchschnittstemperatur (24° C) um etwa 2° C höher ein.

*Lamprologus fasciatus*
BOULENGER, 1898

Die bis zu etwa 15 cm lang werdenden Endemiten aus dem Tanganjika-See leben in ihren Heimatgewässern über der Geröllzone des Litorals. Ihr gestreckter Körper ist unterseits abgeflacht, ein Zeichen für eine bodennahe Lebensweise. Ebenso läßt das tief gespaltene Maul die räuberische Lebensweise dieser Art erkennen.
Als aquaristischer Pflegling ist diese Art bisher weniger in Erscheinung getreten. Die Körperfärbung ist ockerbeige. Über der Körpermitte liegt eine Längsreihe von dunkelbraunen flächigen, aber unregelmäßig ausgebildeten Punkten. Sie sind durch ebenso unregelmäßig breite Querbinden miteinander verbunden, die nur über den Rücken laufen. Über der Oberlippe liegt, mit ihr parallel verlaufend, ein dunkler Bogen, von dem aus zwei kurze Binden zu jedem Auge ziehen. Auch die Augen sind wiederum durch zwei kurze, parallele Binden dunkelbrauner Färbung verbunden. Die Flossen tragen so gut wie keine Musterung und haben die Färbung des Körpers.

Mayland
Lamprologus furcifer

*Lamprologus furcifer*
BOULENGER, 1898

In seiner eigenartigen Bauweise ist dieser Endemit aus dem Tanganjika-See eigentlich unverkennbar. Die bis zu etwa 15 cm groß werdenden Tiere haben eine gestreckte Körperform mit einer abgeflachten Unterseite. Ihre gegabelte Schwanzflosse gehört ebenso zu ihrem arttypischen Habitus wie der Fetthöcker, der sich auf der Stirn adulter Männchen bildet. Überhaupt erscheint der Kopf mit den großen Augen im Gegensatz zum restlichen Körpervolumen überdimensioniert. *L. furcifer* ist ein verstecksüchtiger Höhlenbewohner, der ein Halbdunkel der Helligkeit anderer Zonen auch im Aquarium vorzieht. Entsprechend dieser Lebensweise sind die Tiere auch nicht sonderlich farbig. Ihre graubraune Grundfarbe ist über den Flanken zwar in den Schuppenzentren etwas aufgehellt, wodurch ein leichtes Netzmuster entsteht, doch fehlen die attraktiven Farbmuster, wie man sie bei anderen Arten findet. Der gelbe Augenring und ein ebenso zarter Gelbton in den Brustflossen sind die einzigen Farbpunkte auf dem Fischkörper. Trotz ihres versteckten Lebens soll man die Fische nicht in zu kleinen Becken halten (ab 70 cm Länge). Sie ernähren sich ausschließlich von Lebendfutter.

*Lamprologus hecqui*
BOULENGER, 1899

Diese Endemiten aus dem Tanganjika-See gehören zu den kleinsten bekannten Arten dieses Biotops. Sie erreichen eine Länge von im Durchschnitt etwa 6 cm, höchstens 8 cm und leben über sandigem Grund. Die Tiere ernähren sich von Garnelen und anderen Krustentieren wie etwa Ruderfußkrebschen, also Futtertieren, die so klein sind, daß sie von den meisten anderen Lamprologus-Arten nicht aufgenommen werden. Im Gegensatz zu einer Reihe anderer Gattungs-Verwandten mit dieser Größe, die man nur selten einmal antrifft, kommt diese Art in bestimmten Gebieten in größeren Stückzahlen vor. Das ist aber nur in Gebieten der Fall, in denen man leere Gehäuse der Schnecke *Neothauma* auf dem Boden findet. Diese Eigenart findet man auch bei anderen Lamprologus-Arten, die nicht größer als 6 cm werden. Da bisher keine Maulbrüter-Arten unter denen der Gattung Lamprologus bekanntgeworden sind, mußte man feststellen, daß die kleinen Cichliden ihre Nachzuchten in den Gehäusen der erwähnten Schneckenart heranzüchten. Ein ähnliches Leben führt die noch kleiner bleibende Art *L. brevis* BOULENGER, 1899, deren Vertreter selten über eine Länge von nur 5 cm hinauswachsen.

Im Gegensatz zu den anderen bodenbewohnenden Arten hat *L. hecqui* eine nach unten gerundete Bauchlinie. Auf der bräunlichen Körperfärbung stehen über den Flanken fünf bis neun aufrechte, ovale dunkle Flecke, die an die üblichen Querbinden bei anderen Cichlidenarten erinnern, jedoch Rücken- und Bauchpartie freilassen. Die Schwanzflosse ist gerundet, und die übrigen unpaaren Flossen sind an ihren Enden zugespitzt. Als Vertilger von Krustentieren sind auch diese beiden erwähnten kleinen Cichlidenarten mit verlängerten Hundszähnen (vergleiche Gattungsbesprechung) ausgestattet, die ihnen zum Festhalten der Beute dienen. Als Synonym für *L. hecqui* gilt *Julidochromis boulengeri* STEINDACHNER, 1909.

## *Lamprologus kendalli*
POLL & STEWART, 1977

Eine Neubeschreibung, deren Typusexemplare im südlichen Tanganjika-See, nordwestlich von den Mutondwe-Inseln (Zambia), von Dr. Robert KENDALL in 40 m Tiefe gefangen wurden. Die Art ist in die Gruppe einzuordnen, zu der auch *L. attenuatus, L. cunningtoni, L. elongatus* und *L. profundicola* gehören. Das größte der gefangenen Tiere hatte eine Gesamtlänge von rund 16 cm.

Als Grundfärbung ist ein bräunliches Gelb anzusehen. Über die obere Körperhälfte ziehen drei dunkle Längsbinden. Sie machen zwar einen etwas ungeordneten Eindruck, sind aber nicht in einzelne Flecke zerlegt. Die oberste Binde liegt unter der Rückenflossenbasis, die mittlere führt über die und entlang der Seitenlinie, während die untere ziemlich genau über die Körpermitte läuft. Sie ist etwas blasser gefärbt. Der Kopf weist eine kontrastreiche Zeichnung auf: Wurmförmige, scharfe dunkle Linien bilden Muster über der Stirn, unter den Augen und um das Maul. Die untere Körperhälfte ist heller gefärbt. Die unpaaren Flossen haben eine dunkelbraune Färbung und sind mit vielen kleinen runden Flecken überlagert. Die Brustflossen sind transparent.

## *Lamprologus kungweensis*
POLL, 1956

Ein Endemit aus dem Tanganjika-See, den man aufgrund seiner geringen Größe als Zwergcichliden bezeichnen kann. Die bisher gefangenen Exemplare wiesen Größen auf, die in ihrer Gesamtlänge 4 cm nicht überschritten. In 10—40 m Tiefe wurden die Tiere angetroffen. Ihre Färbung beschränkt sich auf blasse Braun- und Grautöne. Als besonderes Merkmal kann ein ovaler, in Längsrichtung liegender schwarzer Augenfleck in der Mitte der unteren Rückenflosse gelten. Dieser Zwergcichlide gilt als die kleinste bekannte Buntbarschart aus dem Bereich der Seen im afrikanischen Grabenbruch. Die kleinen Substratbrüter tragen ein leichtes Netzmuster über den Flanken, das dadurch entsteht, daß alle Schuppen einen etwas dunkleren Saum tragen. Die Schwanzflosse ist abgerundet. Obgleich die Fische sicherlich interessante Aquarientiere abgäben, wurden sie leider bisher noch nicht eingeführt.

## *Lamprologus leleupi*
POLL, 1956

Diese Art müssen wir in zwei Unterarten teilen:

*L. leleupi leleupi*
POLL, 1956

*L. leleupi melas*
MATTHES, 1959

Der sogenannte Goldcichlide lebt endemisch im Tanganjika-See. Er wird höchstens 10 cm lang und gehört zu den Höhlenbrütern. Man vermutet, daß sich die schönere

Richter

Lamprologus leleupi

Goldform erst aus der später beschriebenen Unterart *L. l. melas* entwickelt hat, bei der die Tiere eine schwärzliche Färbung aufweisen. Die meisten Zuchten, die bekannt sind, werden jedoch mit goldgelben Tieren durchgeführt, und die Nachzuchttiere sind ebenfalls alle gelb.
Die Nachzucht dieses Höhlenbrüters verläuft ähnlich wie die verschiedener Julidochromis-Arten. Viele Tiere sind jedoch noch scheuer als die Vertreter der genannten Gattung. Die Geschlechtsunterscheidung ist nicht so einfach, wie es gelegentlich beschrieben wird. Das gilt besonders dann, wenn die Tiere zwar geschlechtsreif, aber figürlich noch nicht voll ausgewachsen sind. Solange die Geschlechtsreife noch nicht eingetreten ist, verhalten sich die Tiere untereinander ziemlich ruhig. Später sind sie dann weniger friedlich. Starke männliche Tiere versuchen zu dominieren, dabei bekommen auch Weibchen meist ihren Teil an „Prügel" ab. Bei diesem Verhalten könnten die ersten Unterscheidungen vollzogen werden. Der Stirnbuckel, der erwachsenen Tieren wächst, wäre ein zweites Unterscheidungsmerkmal, auch wenn er noch nicht voll ausgebildet ist. Die dritte Möglichkeit ergibt sich im Erkennen des Geschlechtes an der Genitalpapille (vergleiche Kapitel „Geschlechtsbestimmung"). Wichtig für das Gelingen einer Zucht ist, wie bei den Nachzuchten vieler Substratbrüterarten, das gute Harmonisieren eines Paares. Vor dem Ablaichen wird die gewählte Höhle im Aquarium in den gewünschten, nicht zu engen Zustand versetzt. Dazu müssen die Tiere meist einiges Material aus der Höhle befördern. Dabei ist das Männchen oft aktiver. Die abgegebenen Eier werden fast immer auf den Boden der Höhle gegeben, können aber auch an die Decke geheftet werden. Nach dem Schlüpfen (etwa 70 Stunden) liegen die Larven meist am Höhlenboden. Es dauert weitere sechs Tage, bevor die Kleinen ihren Dottersack soweit aufgezehrt haben, daß sie hüpfend die ersten Schwimmversuche machen. Sie müssen jetzt schleunigst angefüttert werden. In diesem Stadium vor dem Freischwimmen kann es vorkommen, daß ein Elterntier, meist eine ungeübte Mutter, die Jungen verspeist. Wer das befürchtet, muß die großen Tiere herausfangen. Das Wachstum der Jungfische hält sich, auch bei guter Fütterung, in Grenzen. Ein Teilwasserwechsel etwa zweimal in der Woche, wobei die Wasserwerte nicht verändert werden sollten, fördert das Wachstum der Kleinen sichtlich.

Richter

Lamprologus leleupi. *Auf diesem Porträt erkennt man die Hundszähne, die zum Halten der Beute dienen.*

*Lamprologus leloupi*
POLL, 1948

Eine Art mit ähnlichem Namen wie die vorgenannte. Bitte nicht verwechseln! Auch diese Tiere leben als Endemiten in der Litoralzone des Tanganjika-Sees. Dort kommen sie allerdings nach Angaben des Autors nur in geringen Stückzahlen vor. Wie rar sie sind, erkennt man auch daran, daß die Tiere bei den Händlern nie anzutreffen sind. Sie sind nicht besonders attraktiv, doch würde das Studium ihres Verhaltens sicherlich interessante Aufschlüsse ergeben. Die in der Felszone des Sees vorkommenden Tiere werden nicht viel größer als 6 cm. Sie haben eine schwärzliche Färbung, die keine weitere Musterung aufweist. Lediglich die ebenfalls graue Schwanzflosse, die an beiden Enden zugespitzt ist, zeigt ein tiefschwarzes Marginalband (Saum), hinter dem zwei weitere feine, dunkle Linien parallel verlaufen. Zwischen dem Marginalband und der ersten feinen Binde befindet sich ein helles, weißliches Feld.

*Lamprologus lemairii*
BOULENGER, 1899

Eine der größeren Lamprologus-Arten, die erst mit etwa 24 cm ausgewachsen ist. Der relativ schlanke, aber doch gedrungen wirkende Körper trägt einen großen Kopf mit einem ebenfalls großen Auge. Das tief gespaltene Maul läßt den Räuber erkennen, der auch mit einem entsprechenden Gebiß ausgestattet ist. Die Tiere leben in verschiedenen Lebensbereichen über Fels- und Sandgrund, verlassen jedoch die Uferzone nicht.

Im Gegensatz zu jüngeren Tieren, bei denen über den Flanken noch eine hellbeige Grundfärbung vorherrscht, sind die ausgewachsenen Fische dunkler graubraun getönt. Die Tarnfärbung der Räuber besteht in der Hauptsache aus einem groben Muster von drei unregelmäßigen Flecken, die schräg über den Flanken liegen und sich zum Teil bis in die Rückenflosse hineinziehen. Ein weiterer kleiner, aufrecht stehender Ovalfleck liegt in der Schwanzflossenbasis. Stimmungsbedingt zeigen die Tiere eine ebenfalls aus unregelmäßigen Flecken bestehende Längsbinde, die sich jedoch nur durch den Farbkontrast von den Vertikalflecken abhebt. Über dem schmutzig graubeigen Kopf liegt ein gelblicher Schimmer. Von der Mitte der Oberlippe und von deren Außenwinkel zieht jeweils eine braune, unregelmäßig begrenzte Binde zu jedem Auge. Rücken- und Schwanzflosse sind mit einem dunklen und einem darunter liegenden helleren Saum ausgestattet.

*Lamprologus lethops*
ROBERTS & STEWART, 1976

Bei dieser Art handelt es sich um eine ganz besondere Anpassungsform an ein Leben in der Dunkelheit der

Lamprologus lemairii

Hansen

Höhlen. Wir haben es mit der einzigen bekannten Art innerhalb der Barschähnlichen *(Perciformes)* zu tun, die ein angeborenes Fehlen der Augenlidspalte aufweist und somit blind ist. Zudem besitzen die Tiere keine Hautfarbstoffe (Pigmente). Von den Autoren wurden daher keine Farbbeschreibungen angegeben. Der Körper dürfte aber, wie beim Blinden Höhlensalmler *(Anoptichthys jordani)* und seinen Verwandten, eine weißlich-roséfarbene Fleischtönung aufweisen. Möglicherweise werden adulte Tiere etwas dunkler.

Der Kopf der etwa 9—10 cm groß werdenden Fische ist relativ flach und der Körper nahezu zylindrisch. Ferner unterscheidet sich die Art, deren Typusexemplare im Zaire-Fluß bei Bulu gefangen wurden, von anderen bekannten Cichlidenarten im Fluß durch verhältnismäßig kleine Schuppen. In den Gattungsmerkmalen stimmt *L. lethops* mit dem Typus der Gattung *Lamprologus* völlig überein. Als Aquarienfische sind diese Tiere bisher noch nicht eingeführt worden. Man ist aber immer wieder erstaunt, Parallelen zu Fischformen aus anderen Gewässertypen anzutreffen.

### *Lamprologus meeli*
POLL, 1948

Nach M. L. VAN MEEL, einem Botaniker und Mitglied der hydrobiologischen Expedition, benannte der Autor *L. meeli,* eine Art mit einer Länge von etwa 7—8 cm, die in der Litoralzone des Sees lebt. Die Fische, die man noch nicht als Aquarientiere angetroffen hat, haben eine gelbolive oder bräunliche Grundfärbung. Über den Flanken liegen unregelmäßig begrenzte, aufrechtstehende grauschwarze Flecke, deren Intensität von der Stimmung des jeweiligen Tieres abhängt. Der Endemit aus dem Tanganjika-See weist keine Musterungen über dem Kopf auf. Seine unpaaren Flossen sind sehr fein gesäumt. Über der Schwanzflosse liegen mehrere breitere, jedoch nicht stark ausgeprägte runde Querbinden, die parallel zueinander verlaufen.

### *Lamprologus mocquardii*
PELLEGRIN, 1903

In ihrem Habitus erinnert die Art stark an *L. congoensis.* Beide stammen aus dem Flußgebiet des Zaire (früher Kongo), wo sie im mittleren bis unteren Flußabschnitt (Ubangi) gefunden werden. Die Substratbrüter erreichen eine Gesamtlänge von ungefähr 122 cm. Ein optisches Unterscheidungsmerkmal zwischen beiden Arten sind das Fehlen der Goldtüpfel sowie die Einbuchtung auf der Kopfprofillinie über den Augen. Da die Männchen einen deutlichen Stirnbuckel bekommen, tritt dieses letztgenannte Merkmal noch deutlicher hervor. Leider werden die Tiere kaum einmal eingeführt, so daß Haltungs- und Zuchtbeschreibungen dieser Art fast völlig fehlen.

Jung

Lamprologus modestus

### *Lamprologus modestus*
BOULENGER, 1898

Eine nur im Tanganjika-See verbreitet lebende Art. Die Fische bevölkern an vielen Stellen das Felslitoral bodennah, ohne jedoch ausgesprochen eng an das Bodenleben gebunden zu sein. Sie haben eine schwarzbraune Grundfärbung, die auch die Flossen mit einbezieht. Die Körperschuppen weisen helle, teilweise silbrig irisierende Zentren auf. In der Rückenflosse befinden sich helle kleine Tüpfel. Dorsale und Caudale tragen einen unübersehbaren schwarzen Saum, unter dem eine feine orangefarbene Linie parallel verläuft. Dominierende Männchen zeigen einen schwachen blauen Schimmer über dem Körper, der in der Kopfregion intensiver leuchtet und hierbei besonders die Lippen sowie einige, sonst als Musterung kaum sichtbare Binden zutage treten läßt. Man findet auch Exemplare, bei

Mayland

Lamprologus moorii, *Jungtier.*

denen der erwähnte Schimmer grünlich gelblich oder rötlich ausfällt. Ob es sich dabei um Standortvarianten handelt, ist nicht bekannt. Ebenso wird angenommen, daß eine unterschiedliche Form der Schwanzflossen (abgerundet, gerandet oder eingebuchtet) auf das Vorhandensein geographischer Rassen zurückzuführen ist.

### *Lamprologus moorii*
BOULENGER, 1898

Die Tiere leben im Flachwasser der felsigen Küstenzone. Die heute in Aquarien gepflegten Exemplare scheinen ausschließlich von der Südküste des Tanganjika-Sees zu stammen, in dem die Endemiten beheimatet sind. *L. moorii* ist in seinem Jugendkleid keine auffällige Erscheinung, denn er ist jetzt noch gelblich gefärbt. Mit zunehmendem Alter nehmen die Fische eine dunklere Tönung an. Sie geht mehr und mehr ins Dunkelbraune über. Wenn die Fische ihre schönste Färbung zeigen, sind die unpaaren Flossen kräftig blau gesäumt und der dunkle Körper ist von einem bläulichen Glanz überzogen. Durch die heller irisierenden Schuppenränder erhält der Körper eine netzartige Musterung. Der „Spätbraune Cichlide" ist sehr hochrückig gebaut und weicht damit von der gestreckten Körperform der meisten Lamprologus-Arten merklich ab. Die bis zu 10 cm groß werdenden Tiere zeigen in Schreckfärbung mehrere kurze Querbinden, die sich jedoch eher wie Flecke ausnehmen, über dem Rücken. Über Nachzuchten dieser Art wurde bisher noch nichts bekannt; doch weiß man, daß die Tiere während der Brutzeit ein beinahe schwarzes Farbkleid anlegen und dabei die blauen Säume ihrer unpaaren Flossen besonders intensiv leuchten.

### *Lamprologus multifasciatus*
BOULENGER, 1906

Wie bereits der Name dieser Art anzeigt, handelt es sich um einen Buntbarsch mit vielen Streifen (multi = viel; fasciatus = gebändert). Dieser Cichlide gehört ebenfalls zu den sehr klein bleibenden Arten und erreicht nur eine Gesamtlänge von etwa 4—5 cm. Die Tiere haben eine flache Rückenlinie und sind seitlich nicht so stark zusammengedrückt wie viele andere Lamprologus-Arten, so daß ihr Durchschnitt eher rundlich erscheint. Die nur selten eingeführte Art ist über die sandige Uferzone des Tanganjika-Sees, in dem die Tiere ausschließlich leben, nur stellenweise verbreitet. Wie bereits bei *L. hecqui* angeführt, gehört diese Art auch zu den kleinen Cichliden, die ihr Leben mit dem Vorkommen leerer Gehäuse der Schneckengattung *Neothauma* abstimmen. Diese Schnecken, deren Gehäuse etwa einen Umfang besonders großer Apfelschneckenhäuser aufweisen (vergleiche Foto Seite 55), liegen mit der Öffnung nach oben im Sand vergraben, so daß der Eingang nur schwer wahrnehmbar ist. In solche Gehäuse geben die Fische ihre Eier, die dort vor Freßfeinden gut geschützt sind.
Die Bänderung der Körperseiten ist bei dieser Art anders angeordnet, als man das von den meisten Buntbarschen gewohnt ist: Auf braungelbem Grund stehen etwa 16—20 dunkle Querbinden, die hinter den Kiemendeckeln beginnen und sich durchgehend bis in die Schwanzflosse hineinziehen. Sie schließen aber nicht nur die Caudale ein, sondern reichen auch aufwärts bis in die Rückenflosse. Von der Bauchlinie bleibt nur der untere Bogen frei von Binden. Männliche Tiere tragen einen schwarzen Saum im hinteren Teil der Dorsale. Beide Kiefer weisen in ihrem vorderen Teil je zwei Hundszähne auf, die den Fischen üblicherweise zum Greifen der Beute dienen (vergleiche Gattungsbesprechung).

## *Lamprologus ornatipinnis*
POLL, 1949

Auch diese Substratbrüter sind im Tanganjika-See endemisch. Sie werden etwa 8—9 cm lang und leben in verschieden tiefen Zonen des Sees über Sandgrund. Es sind Exemplare bis zu einer Tiefe von über 100 m nachgewiesen worden. Der gestreckte und im Durchschnitt fast rundliche Körper trägt einen Kopf mit kräftigem Gebiß, das oben und unten mit einigen verlängerten Hundszähnen ausgestattet ist.

Die Fische haben eine ansprechende Körperfärbung: Auf goldockerfarbenem Grund liegen über den Flanken 3—5 breite, silbrigblau irisierende Längsbinden, die hinter den Kiemendeckeln beginnen und bis in die Schwanzwurzel ziehen. Querbinden werden nur stimmungsbedingt angedeutet; dagegen liegen über dem Rücken drei oder vier dunkelbraune flächige, jedoch unregelmäßig begrenzte Flecke. Sie geben den Fischen, besonders gegenüber Sicht von oben, eine besonders gute Tarnung. Die Stirn ist ebenfalls vom Goldockerton überzogen, doch bleibt der untere Kopf in heller Graufärbung. Das Auge ist von einer intensiv gelben Zone umgeben, unter der eine blau irisierende, bogige Binde hindurchgeführt. Die dunkel gefärbten unpaaren Flossen weisen Muster von hellen Tüpfeln im Bereich der Flossenstrahlen auf. Das Rückenflossenprofil verläuft ziemlich gerade. Wegen seiner aufgeführten charakteristischen Merkmale stellt sich die Art in eine Gruppe mit *L. ocellatus* (STEINDACHNER, 1909), *L. stappersi* PELLEGRIN, 1927 und *L. wauthioni* POLL, 1949, über die hier keine Artbesprechung vorliegt.

## *Lamprologus petricola*
POLL, 1949

Bis etwa 13—14 cm groß werden die Fische und leben endemisch im Tanganjika-See. Bisher wurden sie allerdings nur am westlichen und südwestlichen Ufer — etwa von Kalémié (Zaire) bis Mupulungu (Zambia) — gefunden (vergleiche Karte Seite 46). Hier lebt die Art im Felslitoral. Es ist noch nicht klar, ob die beiden Farbformen, die man bisher gefunden hat, unterschiedliche Biotope innehaben und dabei auch verschiedene Gewässertiefen bevorzugen.

Hirschfeld

Lamprologus petricola

Während die schönere Art leuchtend orangegelb ist, weist die dunklere Farbform lediglich eine schmutzig braungelbe Tönung über dem Körper auf, die Flossen bleiben gelb. Bei beiden Formen irisiert die Kehlpartie grünlich. Auf dem oberhalb rußigdunklen Kopf hebt sich das Auge mit der messinggelb gerandeten dunklen Iris ab. Männliche Tiere bekommen mit zunehmendem Alter eine leichte Stirnwölbung. Verhalten und mögliche Nachzucht (die noch aussteht) laufen wahrscheinlich ähnlich ab wie bei *L. leleupi*, zu dem die Art einige Verwandtschaft aufweist.

Lamprologus petricola. *Man erkennt deutlich in den Vorderkiefern die unterschiedlich langen Hundszähne.*

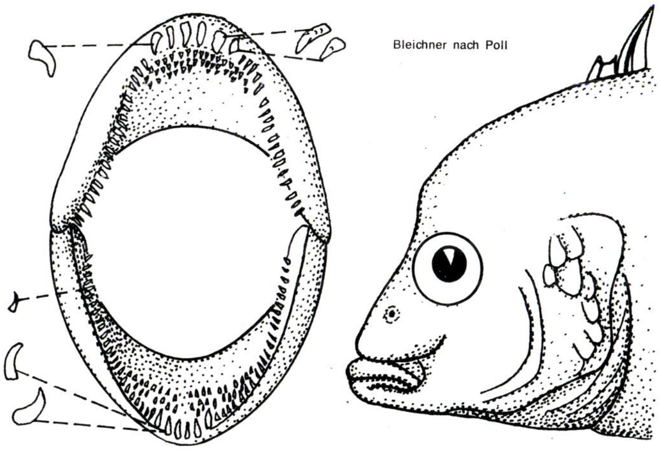

Hooft

Lamprologus pleuromaculatus

## *Lamprologus pleuromaculatus*
TREWAVAS & POLL, 1952

Sand- und Mulmzonen der Uferzone bewohnt dieser bis zu etwa 12 cm groß werdende Räuber. Die Tiere bevorzugen dieses Gebiet, stoßen aber auch zum Nahrungserwerb gelegentlich in die felsigen Zonen vor oder gehen auf Tiefen bis zu etwa 40 m hinab. Die meisten Fundorte des Endemiten sind vom nördlichen Teil des Tanganjika-Sees bekannt, darunter Städte und Orte wie Bujumbura (Usumbura), Rumonge, Lubindi oder der Golf von Burton. Für ihr räuberisches Leben sind sie gut angepaßt: Gestreckte Körperform mit relativ großer Beflossung, ein leicht vorstehender Unterkiefer, der wie der Oberkiefer mit einer stattlichen Zahl von Hundszähnen ausgestattet ist, und schließlich die Tarnfärbung.

Die Grundtönung des Körpers ist schmutzig gelblich und hellt sich zum Bauch hin leicht silbrig auf. Über die Flanken ziehen vier breite, jedoch nicht sehr intensiv dunkle Längsbänder, von denen das obere über der Seitenlinie liegt, das untere bereits die Bauchregion tangiert. Die Bänder enden bereits vor dem Schwanzstiel. Dieses Muster ist von bräunlichen groben Flecken überlagert, die stimmungsbedingt mehr oder weniger intensiv gezeigt werden können. Über der Körpermitte hebt sich deutlich ein dunkler Fleck ab. Die unpaaren Flossen sind von Linien durchzogen, die in Rücken- und Afterflosse horizontal, in der Schwanzflosse vertikal angeordnet sind, zuweilen aber auch schräg verlaufen können. Die Rückenflosse trägt wie die Schwanzflosse einen schwarzen Saum. Caudale nicht bogig oder gegabelt.

## *Lamprologus pulcher*
TREWAVAS & POLL, 1952

Ein kaum bekannter Endemit aus dem Tanganjika-See, dessen Maximalgröße nicht über 10 cm hinausreicht. Die in der Uferzone lebenden Tiere haben eine bräunliche Grundfärbung. Die Hauptschuppen sind jeweils mit einem dunklen Fleck versehen, wodurch sich in der Gesamtansicht der Flanken ein Muster von 6—7 Längsreihen ergibt. Auf dem ebenfalls bräunlichen Kopf beginnt ein dunkler Streifen hinter den Augen und biegt sich abwärts entlang der hinteren Kante des vorderen Kiemendeckels, dem Praeoperculum. Die ebenfalls braune Rückenflosse zeigt eine Zahl schwarzer Flecke. Die Afterflosse ist leicht bräunlich und hat nur wenige blaßdunkle Flecke. Die gegabelte Schwanzflosse ist ähnlich gefleckt. Leider fehlen weitere Angaben. Da die Fische bisher nicht eingeführt wurden, liegen auch keine Haltungs- und Zuchthinweise vor. Nahe verwandt mit *L. brichardi* und *L. savoryi.*

## *Lamprologus savoryi*
POLL, 1949

Eine Art, über die wieder etwas mehr bekannt wurde. Die bis zu etwa 8 cm großen Endemiten aus dem Tanganjika-See leben in ihrem heimatlichen Biotop in der Fels- und Geröllzone des Litorals. Ihre Verwandtschaft mit *L. brichardi* ist gut bekannt, weil dieser in früheren Jahren als Unterart von *L. savoryi (L. s. elongatus)* geführt wurde. Obwohl anfänglich viel nachgezüchtet und sich diese Art

Lamprologus savoryi

Jung

ebenso vermehrungsfreudig zeigte wie *L. brichardi*, findet man sie heute nicht mehr in Aquarien. Wahrscheinlich sind die anfänglichen aquaristischen Bestände zugunsten von *L. brichardi* aus dem Markt gedrängt worden. In ihrem heimatlichen Biotop ernähren sich die Fische auf verschiedene Weise. Ihr nicht gerade kleines Maul ist mit einer Reihe von Hundszähnen ausgestattet. Ihre Schwanzflosse ist gespalten und beinahe ebenso langzipfelig wie die von *L. brichardi*.

Die Fische sind meist dunkelbraungrau, doch kann dieser Grundton auch stimmungsbedingt heller ausfallen. Jede Schuppe hat einen feinen hinteren Saum, wodurch die Körperseiten ein leichtes Netzmuster aufweisen. Über dieser Grundfärbung liegen sechs Querbinden, die auf dem Rücken breit beginnen, jedoch in Höhe des unteren Brustflossenansatzes bereits zugespitzt enden. Alle Flossen — mit Ausnahme der transparenten Brustflossen — sind graubraun und irisieren zuweilen leicht bläulich. Bei genauerem Hinsehen entdeckt man einige blasse Flecke. Der Kopf hat die Farbe des Körpers. Ein schräges Band läuft vom gelben Hof des Auges aus schräg nach hinten und weiter abwärts zum Kiemendeckel, dessen äußerer Bogen hinter einem tiefschwarzen länglich aufrechten Fleck weißlichgrau gesäumt ist.

## *Lamprologus sexfasciatus*
TREWAVAS & POLL, 1952

Der etwa 15 cm groß werdende Cichlide lebt in der Fels- und Geröllzone des Flachwassers. Er kommt ausschließlich im Tanganjika-See vor, in dem er hauptsächlich an seiner westlichen und südlichen Küste gefunden wird. Die Art darf weder mit *Cyphotilapia frontosa* noch mit *Lamprologus tretocephalus* verwechselt werden, die eine ähnliche Grundfärbung und Bindenzeichnung aufweisen. Die Tiere der erstgenannten Art bekommen mit zunehmendem Alter einen imposanten Fettbuckel über der Stirn, und die Vertreter der letztgenannten Art weisen nur fünf Querbinden über dem Körper auf. Durch die starke Ähnlichkeit dieser Arten ist es auch zu erklären, daß *L. tretocephalus* bereits im Jahre 1899 beschrieben wurde, und die Beschreibung dieser Art über fünfzig Jahre auf sich warten ließ.

Mayland

Lamprologus sexfasciatus

Auffällig sind die sechs breiten schwarzen Querbinden, die sich über den sonst hellen silbrigen Körper ziehen. Zwischen den Augen liegt ebenfalls eine recht breite schwarze Binde. Alle Flossen, mit Ausnahme der transparenten Brustflossen, zeigen auf milchigem Grund eine kräftig blau irisierende Färbung. Der vordere Kopf mit den Lippen zeigt eine ähnliche Blautönung. Durch den hellen Saum der Schuppen weisen die Körperstellen, die silbrig bleiben, ein wabenartiges Muster auf. Die Querbinden ziehen etwa 8—10 mm in die Rückenflosse hinein. Die Tiere zählen zu den Höhlenbrütern und ziehen ihre Jungen in einer Elternfamilie groß.

## *Lamprologus signatus*
POLL, 1952

Wieder eine sehr klein bleibende Art, die im Tanganjika-See endemisch lebt und nicht größer als 6 cm wird. Im Bereich der Litoral- und Sublitoralzone hat man sie in Tiefen zwischen 10 und 100 m angetroffen. Sie ernähren sich hauptsächlich von verschiedenen Krustentieren. Ihr Gebiß ist kräftig und in beiden Kiefern mit 4—6 besonders langen, stark gebogenen Hundszähnen ausgestattet.
Die Körperfärbung ist bräunlich. Durch die dunkel gerandeten Schuppen entsteht eine Netzmusterung über dem Körper. Die Flanken sind von etwa 10—12 grauen Querbinden überzogen. Die braunschwarzen Flossen (Brustflossen transparent) haben lange Strahlen und wirken

Ehrler

Lamprologus tetracanthus

daher recht imposant. In der Basis der Rückenflosse wie auch in ihrem weichstrahligen Bereich werden helle, eiförmige Tüpfel gezeigt. In der Schwanzflosse sieht man einige dunkle Binden, die quer zur Strahlenrichtung verlaufen. Der flachstirnige Kopf mit den großen Augen zeigt keine nennenswerte Musterung. Die Fische, die im See nur selten zu finden sind, wurden bisher nicht eingeführt.

### *Lamprologus tetracanthus*
BOULENGER, 1899

Die Höhlenbrüter des Tanganjika-Sees gehören zu den bekannten Aquarienfischen. Sie leben in der Übergangszone zwischen Geröll- und Sandbiotopen, weil sie zum Erbrüten ihrer Eier die entsprechenden Verstecke benötigen. Die Größe der Tiere kann etwa 19 cm erreichen, doch bleiben die importierten Fische unter diesem Maß und wachsen auch im Aquarium nicht auf diese Größe heran. Von den vielen hundert Mustern, die in der Literatur registriert werden, erreichten nur sehr wenige Exemplare eine Länge über 15 cm. Sie stammen fast alle aus der Bay von Utinta (POLL), die hinter einem Landvorsprung nordwestlich der Ortschaft Mtakuja in Tanzania liegt (vergleiche Karte Seite 46). In ihren heimatlichen Gewässern halten sich die Tiere meist über dem Sandboden mit ihrem Hauptfutter auf: Krebstiere und Insektenlarven. Bei Tauchgängen findet man vor ihren Wohnbezirken viele leere Schneckenhäuser, woraus man schließen kann, daß auch diese Tiere zu ihren bevorzugten Leckerbissen gehören. Im Aquarium machen die Fische nur dann einen nichträuberischen Eindruck, solange sie mit gleichgroßen Tieren zusammen gehalten werden. Sobald sie jedoch auf kleinere Fische treffen, betrachten sie diese als Beute und fressen sie gierig.

Das beigebraune Farbkleid der Tiere ist zuweilen von einem stark grünlichen Schimmer überlagert. Die Flanken werden von etwa vier Reihen aus kleinen leuchtenden Tüpfeln überzogen, die im Zentrum der Schuppen jeder zweiten Reihe liegen. Die Tüpfel breiten sich auch über die unpaaren Flossen aus, wo sie auf den Membranen liegen. Nur wenige Punkte finden sich im weichen Bereich der Bauchflossen, und in den transparenten Brustflossen fehlen sie ganz. Rücken- und Schwanzflosse sind auffällig schwarz gerandet. Darunter liegt ein ebenso attraktiver weißer Saum. Der dunkle Kopf trägt keine nennenswerte Zeichnung. Er irisiert grün, besonders über den Lippen zeigt sich ein kräftig grüner Glanz.

### *Lamprologus toae*
POLL, 1949

Etwa 10—12 cm groß wird diese Art aus dem Tanganjika-See. Wegen des wenig attraktiven Farbkleides hat sie wenig Chancen, ein begehrter Aquarienfisch zu werden. Die Tiere sind Bewohner der felsigen, küstennahen Flachwasserzone. Hier ernähren sie sich überwiegend von Krustentieren und sind deshalb mit einem kräftigen Gebiß ausgestattet, das in beiden vorderen Kiefern lange gebogene Hundszähne trägt. Der Körper erreicht über dem hinteren Kiemendeckelbogen seinen höchsten Punkt. Der lange, spitz zulaufende Kopf trägt große Augen. Die Färbung des gesamten Körpers einschließlich der Flossen ist schokoladenbraun. Die Schuppen im Bereich der Körpermitte zeigen ein gelbliches Zentrum, sind jedoch dunkelbraun gerandet, so daß man das bekannte Rautenmuster über dem Körper antrifft. In der Brutzeit färben sich die Fische sehr dunkel.

## *Lamprologus tretocephalus*
BOULENGER, 1899

Diese attraktive Art weist einige Ähnlichkeit zu *Cyphotilapia frontosa* und *L. sexfaciatus* auf. Der „Fünfstreifen-Tanganjikabuntbarsch" wird etwa 14 cm groß und bewohnt die Fels- und Geröllzone der flachen Küstengewässer. Im Aquarium erweisen sich die Allesfresser als streitsüchtig gegenüber Artgenossen. Die Geschlechter sind schwer zu unterscheiden. Die Nachzucht der Tiere ist nicht ganz einfach, doch ergibt eine erfolgreiche Vermehrung des Substratlaichers 400—700 Nachkommen.

Als Grundfärbung der Fische kann man ein silbriges Grau über den Flanken angeben. Durch die teilweise dunkel gerandeten Schuppen entsteht ein Wabenmuster. Über den Körperseiten liegen fünf breite schwarze Querbinden, die sich in der unteren Körperhälfte verjüngen. Die drei mittleren ziehen über den Rücken in die Dorsale hinein, in der sie rußig enden. Zwischen den Augen liegt ein weiteres dunkles Band. Mit Ausnahme der transparenten Brustflossen sind alle übrigen grau und wirken schwarz gepudert. Über diesen Flossen und auch über dem Kopf und der unteren Körperhälfte liegt ein kräftiger Blauschimmer. Rücken- und Afterflosse tragen zudem einen blauen Saum.

## *Lamprologus werneri*
POLL, 1959

Nicht im Seegebiet des afrikanischen Grabenbruchs lebt diese Art. Es handelt sich vielmehr um einen Stromschnellencichliden, dessen Vorkommen hauptsächlich im Pool Malebo, dem früheren Stanley Pool, nachgewiesen ist. Hier, in der Nähe der zairischen Hauptstadt Kinshasa am Unterlauf des Zaire (dem früheren Kongo), liegen die Fanggebiete. Der Höhlenbrüter wird etwa 12 cm lang, hat eine langgestreckte Körperform, wie sie den meisten Grundcichliden zu eigen ist.

Lamprologus tretocephalus

Kahl

Hansen

Lamprologus werneri

Die Grundfärbung von *L. werneri* besteht aus einem blassen Braunton, der sich über der Körpermitte durch die beigen Schuppenzentren aufhellt. Durch diese Beigezeichnung der Schuppen und in Verbindung mit ihren dunkleren Säumen entsteht ein intensives Netzmuster. Ein kleiner heller Leuchtpunkt, der an der Basis eines jeden Schuppenzentrums sitzt, verstärkt diesen Eindruck. Kleine helle Tüpfel finden sich auch in den Membranen der Rücken- und Schwanzflosse, dagegen zeigt die Afterflosse nur wenige in ihrem weichstrahligen Bereich. Der Kopf ist leicht gestreckt, und der Unterkiefer ragt etwas über den Oberkiefer hinaus. Außer einer meist blaß bleibenden Binde, die sich von den Maulwinkeln am unteren Augenrand zum oberen Kiemendeckelbogen zieht und dort in einem dunkleren Fleck endet, zeigt der Kopf keine nennenswerte Musterung. Ältere Männchen bekommen einen Stirnbuckel. Stimmungsbedingt erscheint der ganze Fisch mit einem violettblauen Glanz überzogen.

Die Gattung *Lethrinops*

Diese Gattung umfaßt etwa 30 Arten. Ihre Vertreter leben über sandigem Grund, wo die Fische „baggernd" ihre Nahrung suchen, die in erster Linie aus Insektenlarven besteht. Mit Hilfe ihres spitz vorgezogenen und zudem leicht abwärts vorschiebbaren Maules ist es den Tieren möglich, den sandigen Grund nach Freßbarem durchzuarbeiten. Der auf diese Weise kontrollierte Sand wird durch die Kiemen wieder ausgespült. Wie bereits in verschiedenen Fällen erwähnt, haben auch die im Malawi-See beheimateten Mitglieder dieser Gattung ihr Gegenstück in Form von anderen Arten, die sich auf gleiche Weise ernähren und im Verlauf evolutionärer Prozesse mit ähnlichen Freßwerkzeugen ausgestattet wurden. Aus dem Tanganjika-See ist beispielsweise *Callochromis pleurospilus* bekannt, der — wenn auch wesentlich gestreckter gebaut — doch die gleiche Kopfform mit der lang heruntergezogenen Stirn und dem unterständigen Maul aufweist. Die Lethrinops-Arten erreichen eine Größe zwischen 15 und 20 cm. Einige Arten hat man im Tiefwasser gefunden. Die Vertreter der Gattung konnten bisher noch nicht ausgiebig untersucht werden. Möglicherweise ergeben sich bei einer Revision Übereinstimmungen innerhalb der Arten, so daß einige Taxa (Artennamen) zu Synonymen erklärt werden müssen. Alle Arten gelten als Maulbrüter. Viele werden als Speisefische geschätzt.

*Lethrinops argenteus*
AHL, 1927

Der Malawi-See-Endemit wird etwa 30 cm lang. Die Grundfärbung der Männchen ist gelblichsilbern mit einigen stimmungsabhängigen dunklen Querbinden. In der Rückenflosse sieht man einige in Reihen angeordnete helle Flekken. Die Afterflosse weist zwei Reihen großer Eiflecke auf. Die Schwanzflosse ist mit einem unregelmäßigen weißlichen Querband versehen. Der erste Strahl der schwarzen Bauchflossen ist weiß. Weibliche Tiere bleiben blasser. Maulbrüter.

*Lethrinops aurita*
(REGAN, 1921)

Diese Art zeigt eine flach verlaufende Bauchlinie, wie die meisten ihrer Gattungsverwandten. Ihr Körper hat eine silbrige Tönung, über der ein gelblicher Glanz liegt. Die bis zu 14 cm groß werdenden Tiere tragen ausschließlich transparente Flossen, auf denen einige weißliche Tüpfel liegen, zu denen noch einige mäßig ausgebildete Eiflecke in der Afterflosse zu rechnen sind. Bei Unbehagen zeigen die Fische ein Muster aus mehreren dunklen Querbinden über den Flanken. Begehrter Speisefisch.

*Lethrinops brevis*
(BOULENGER, 1908)

Die Art stammt aus dem Malawi-See und erreicht eine Größe von 16—18 cm. Wie ihr naher Verwandter, *L. furcifer,* leben die Fische in den Sandzonen, durchpflügen mit dem Maul den feinen sandigen Grund und ernähren sich beinahe ausschließlich von Mückenlarven. In diesem Gebiet, das auch von einigen Tilapia-Arten bewohnt wird, gibt es nur wenig Schutz, so daß sich die Fische beim Nahen eines Feindes nur durch wilde Flucht retten können.

*Lethrinops furcifer*
TREWAVAS, 1931

Eine verbreitete Art, deren Exemplare hauptsächlich im nördlichen Teil des Malawi-Sees gefangen werden. Der maulbrütende Endemit ernährt sich überwiegend von Larven der Zuckmücken, die er aus dem sandigen Bodengrund herausfiltert, über dem er lebt (vergleiche Gattungsbeschreibung). Wahrscheinlich werden auch andere Krustentiere genommen. Von den wenigen Exemplaren, die man bisher in größeren Aquarien gehalten hat, weiß man,

Lethrinops brevis. *Der „Diggerfisch" baggert mit seinem abwärts vorstülpbaren Maul den Sandboden nach Freßbarem durch.*

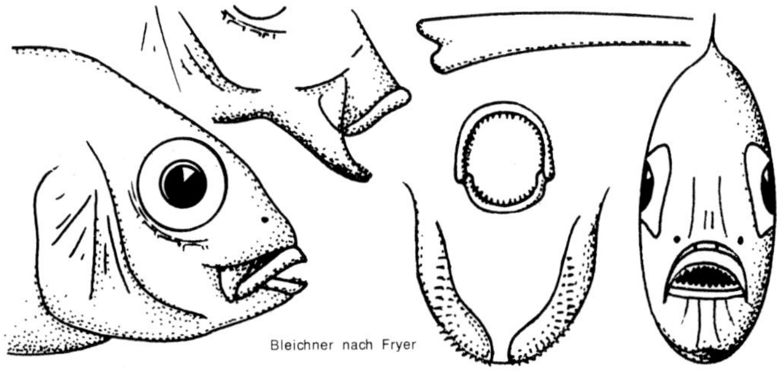

daß sie neben Mückenlarven auch Tubifex nehmen. Die Fische werden 15—20 cm groß, bleiben jedoch meist an der unteren Grenze stehen. Auch diese Art hat einen silbrigen Körper, der sich zum Rücken hin graugelb verdunkelt. Maul und Kehle sind gelblich. In der Afterflosse zeigen sich einige schwach ausgebildete Eiflecke. Möglicherweise ist die Brutfärbung der Tiere wesentlich kräftiger.

### *Lethrinops gossei*
BURGESS & H. AXELROD, 1973

Eine Beschreibung aus neuerer Zeit, deren Typusexemplare aus der Monkey-Bay im südlichen Teil des Malawi-Sees stammen. Die Holotype hatte eine Länge von knapp 15 cm. Die Art hat die gattungstypische Gestalt mit der flachen Bauchlinie, der weit heruntergezogenen Stirn- und Frontpartie des Kopfes, an deren unterem Ende das Maul sitzt. Die Färbung der Fische ist silbrig-bräunlich. Etwa acht dunkle Querstreifen liegen, stimmungsabhängig mehr oder weniger intensiv, über den Flanken des hochrückigen Körpers. In der Afterflosse stehen einige Eiflecke, die jedoch blaß bleiben. Männliche Tiere zeigen eine interessante Balzfärbung, bei der sich ein kräftiger blauer Schimmer über den gesamten Fisch legt. Besonders der Kopf und der vordere Rücken irisieren stark blau, während der hintere Körper mehr in blaugrüne Tönungen übergeht. Die hinteren Strahlen der weichen Rücken- und Afterflosse sind lang ausgezogen und können bei älteren Tieren bis an das Ende der Schwanzflosse reichen.

## Die Gattung *Limnochromis*

Die Mitglieder dieser Gattung leben ausschließlich im Tanganjika-See. REGAN stellte die Gattung im Jahre 1920 auf und ordnete ihr als erste Art *L. leptosoma* zu, die 22 Jahre früher von BOULENGER bei ihrer Erstbeschreibung zur Gattung *Paratilapia* gestellt worden war. Inzwischen wurde *L. leptosoma,* zusammen mit den beiden Arten *L. microlepidotus* und *L. nigripinnis,* nach der Arbeit von SCHEUERMANN* in die neu geschaffene Gattung *Cyprichromis* SCHEUERMANN, 1977 überführt. Die Art *L. pfefferi,* ursprünglich ebenfalls der Gattung *Limnochromis* zugeordnet, mußte inzwischen zur Gattung *Haplochromis*

Hansen

Limnochromis auritus

gestellt werden, was sich aus systematischen Gründen als notwendig erwies. Die Vertreter der Gattung leben teilweise in der felsigen Litoralzone, gehen aber auch ins offene, tiefere Wasser hinaus. Sie ernähren sich überwiegend von Zooplankton. Die Gattungsvertreter verfügen über ein von Nacken und Brust her gleichermaßen leicht rund zulaufendes Kopfprofil, wobei sich im äußeren Erscheinungsbild die meisten Arten in dieser Kopfform weitgehendst unterscheiden. Dies gibt Anlaß zu der Vermutung, daß mit der erwähnten Revision das letzte Wort noch nicht gesprochen ist.

### *Limnochromis auritus*
(BOULENGER, 1901)

Die Tiere erreichen eine Größe von ungefähr 18 cm. Im Aquarium gehaltene Exemplare erreichen diese Länge jedoch kaum und bleiben 4—6 cm kleiner. Die Maulbrüter lassen sich nicht leicht nachzüchten, sollen jedoch für eine große Nachkommenschaft von mehreren Jungen sorgen, da sich beide Elterntiere an der Maulbrut beteiligen; ein sehr seltenes Brutverhalten, von dem DE FAZIO* berichtet. Eine sehr schöne Färbung hat *L. auritus.* Auf der silbrigen Körpergrundfärbung liegen meist drei feine Längsbänder, die dadurch entstehen, daß die entsprechenden Schuppen in diesen Reihen im Zentrum einen silbrig oder hellblau irisierenden Strich oder Punkt aufweisen. Die Tiere kön-

* SCHEUERMANN, H.: „A partial revision of the genus Limnochromis REGAN, 1920." Cichlidae, 3, 2, p. 69—73, 1977.

* DE FAZIO, Sam: „Spawning Limnochromis auritus". Buntbarsch Bulletin, 41, p. 29—30, 1974.

nen zudem in verschiedenen Färbungen gleichzeitig schimmern. Während der Rücken eine feine rötlich-violette Tönung aufweist, liegt über der Flankenmitte eine feine, gelblich schimmernde Längszone. Über der dunkleren Bauchregion liegt eine grünliche Fläche. Die Flanken werden zudem von vier breiten schwarzbraunen Querbinden überlagert, die aber nicht bis zum Bauch hinunterreichen. Die transparenten Flossen tragen unterschiedlich blaue Randzonen. Die Rückenflosse ist blaßrosa gesäumt. Unter diesem Saum steht eine Längsreihe stark leuchtender rosa Punkte, die in den Membranen sitzen. Schwanz- und Afterflosse weisen hellblaue Strichmuster auf. Die transparenten Brustflossen schimmern gelblich. Der silbrige Kopf irisiert in der Färbung des Rückens. Auf dem Kiemendeckel liegt ein runder schwarzer Fleck.

### *Limnochromis permaxillaris*
DAVID, 1936

Dieser im Tanganjika-See endemisch lebende Zooplanktonfresser hat eine andere Körperform als die drei vorgenannten Arten. Sein Körper ist nur mäßig gestreckt und wesentlich höher. Die Tiere erreichen eine Länge von 14—16 cm und wurden in Tiefen bis zu 100 m (POLL) nachgewiesen. Auch COULTER* erwähnte sie im Zusammenhang mit seiner Arbeit über die Fischfauna im tiefen, sauerstoffarmen Wasser des Tanganjika-Sees. Zur Aufnahme des feinen planktonischen Futters kann der Fisch sein Maul „wie ein Scheunentor" öffnen. Hierbei kommen ihm sein weit vorstreckbarer Oberkiefer und seine Kiemenrechen, mit deren Hilfe er das Futter aus dem Wasser filtert, zur Hilfe. Entgegen früheren Annahmen, daß es sich bei dieser relativ wenig erforschten Art um einen Substratbrüter handelt, muß man heute, nach Kenntnis des Brutverhaltens anderer zu der Gattung *Limnochromis* gehörenden Arten schließen, daß auch diese Art zu den Maulbrütern zu rechnen ist. Exakte Berichte hierüber liegen allerdings bisher noch nicht vor. Die Tiere haben eine bräunliche Körperfärbung, die zum Rücken hin ins Olivgrüne übergeht. Über den Flanken liegen etwa vier dunkle Querbinden. Auf dem Kiemendeckelbogen liegt ein unübersehbarer dunkler Fleck, der grün irisiert. Rücken- und Afterflosse tragen einen feinen dunklen Saum und laufen an ihren Enden spitz zu. Auch die Bauchflossen sind zugespitzt. Keine Geschlechtsunterschiede optisch feststellbar.

Limnochromis permaxillaris

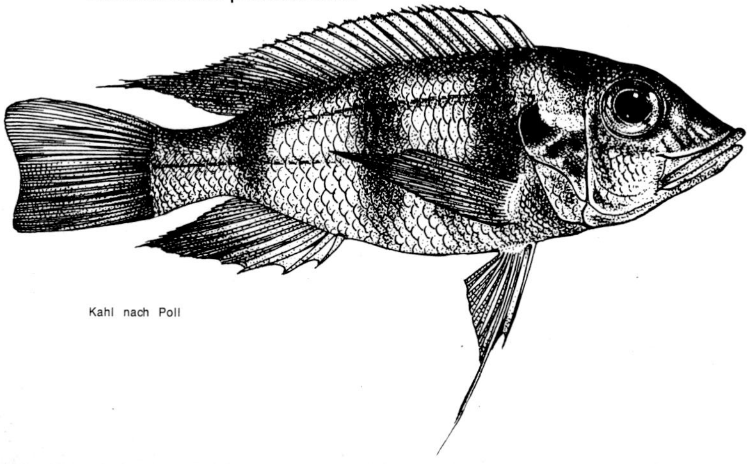

Kahl nach Poll

Bleichner nach Poll

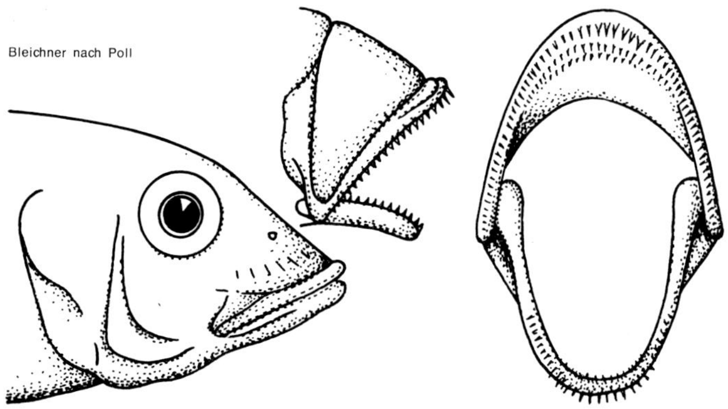

Limnochromis permaxilaris. *Der Zooplanktonfresser kann sein Maul „wie ein Scheunentor" aufklappen.*

### *Limnochromis staneri*
POLL, 1949

Eine weitere Art aus dem Tanganjika-See, die in ihren Heimatgewässern in weiten Küstenbereichen Tiefen bis zu 125 m bewohnt. Die Fische erreichen eine Größe bis zu etwa 20 cm. Die nur sehr selten in den Handel gelangenden Maulbrüter besitzen länger ausgezogene Flossen. Geschlechtsunterschiede sind bei ihnen kaum festzustellen. Die Tiere haben eine braune Färbung über Kopf und Rücken. Flanken und Bauch werden heller bis weißlich. Drei bis vier Querbinden, die vornehmlich bei jüngeren Tieren auftreten, verschwinden mit zunehmendem Alter wieder. Auf den silbernen Kiemendeckeln sitzt ein schwarzer Fleck. Die unpaaren Flossen sind teilweise hell getüpfelt. Weitere bekannte Arten dieser Gattung sind

---

* COULTER, G. W.: „Los Apparent Oxygen Requirements of Deep-Water Fishes in Lake Tanganjika." Nature, 215, p. 317—318, 1967.

*L. abeelei* POLL, 1949 und *L. dhanisi* POLL, 1949, von denen die erstgenannte eine Größe von etwa 21 cm erreichen kann. *L. dhanisi* bleibt dagegen unter 10 cm groß und erinnert im Habitus, zusammen mit den großen Augen, an einige Soldatenfischarten der Gattung *Myripristis,* die wir aus tropischen Meeren kennen.

## Die Gattung *Limnotilapia*

Diese Gattung umfaßt nur wenige Arten, von denen die hier beschriebene weit verbreitet ist. Sie sind besonders stark in der Nähe von Einmündungen von Zuflüssen in den Tanganjika-See vertreten, in dem sie endemisch leben. Die Pflanzenfresser finden hier eine besonders große Auswahl an Nahrung. Neben der folgenden Art wurde gelegentlich das eine oder andere Exemplar von *L. loocki* POLL, 1949 eingeführt. Das sind hochrückige Tiere, die kaum größer als 10 cm werden, mit einem engen Maul und keiner attraktiven Färbung.

### *Limnotilapia dardennii*
(BOULENGER, 1899)

Eine Art, die dem Cichlidenfreund nicht durch kräftige Farben, aber durch eine interessante Musterung auffällt. Die Fische, die ausschließlich im Tanganjika-See vorkommen, haben eine silbrighelle Körperfärbung. Von der Stirn zieht eine grüngelb irisierende Zone über den Rücken. Über den Flanken liegen etwa neun Querbinden, die in der oberen Körperhälfte von zwei ebenso schwarzen Längsbinden gekreuzt werden. An den Kreuzungspunkten ist die Färbung besonders intensiv und erinnert insgesamt an das Muster einer Küchengardine. Die Rückenflosse ist in die gelblichgrüne Färbung des Rückens mit einbezogen, jedoch rußig-dunkel anzusehen und mit einem kräftigen hellen Saum ausgestattet. Zwischen den Augen verlaufen dunkle Binden, denen sich eine zu den Maulwinkeln anschließt. Die übrigen Flossen sind transparent.

Die Fische, welche im See die Litoralzone bevölkern, gelegentlich aber auch ins freiere Wasser hinausschwimmen, erreichen eine Größe bis zu 26 cm und sind damit vielen der mittelgroßen Fischräuber ebenbürtig. Sie sind auch in Gefangenschaft robuste Tiere und wissen, ihren Platz im Becken zu behaupten. Die Maulbrüter lassen sich geschlechtlich kaum optisch voneinander unterscheiden.

Kahl

Limnotilapia dardennii

## Die Gattung *Lobochilotes*

Eine monotypische Gattung, deren (einziger) Vertreter über besonders fleischige, aufgestülpte Lippen verfügt. Die Art steht als einziger Vertreter der Wulstlippenbuntbarsche im Tanganjika-See als Gegenstück zu den Vertretern dieser Gruppe, die im Malawi-See *(Haplochromis labrosus, H. euchilus)* und Viktoria-See *(H. chilotes)* ebenfalls vorkommen. Diese Fische haben sich darauf spezialisiert, mit Hilfe ihrer dafür speziell ausgebildeten Lippen kleine Futtertierchen in den Algenpolstern der Felsen aufzuspüren.

### *Lobochilotes labiatus*
(BOULENGER, 1898)

Der „Zebra-Wulstlippenbuntbarsch", der im Tanganjika-See endemisch lebt, wurde ursprünglich als *Tilapia labiata*

Lobochilotes labiatus

Kahl

beschrieben. Er erreicht eine stattliche Größe, wenn man ihm ein entsprechendes Aquarium zur Verfügung stellt. POLL hat Tiere bis zu einer Länge von rund 37 cm mit einem Gewicht von 750 g nachgewiesen. Damit erscheinen die Fische für die aquaristische Haltung als wenig geeignet, doch sind es auch die Jungtiere von etwa 10 cm Länge, die gelegentlich in den Verkaufsbecken einiger Händler schwimmen und im Aquarium durchaus eine Daseinsberechtigung haben. Nun sind allerdings Exemplare dieser Größe nicht ausgewachsen, und das Merkmal, das sie in erster Linie von vielen ihrer Mitbewohner im Becken unterscheiden könnte, ist noch nicht ausgebildet: Die Wulstlippen. Junge Tiere haben ihren erwachsenen Verwandten gegenüber den Vorteil, daß sie farblich etwas attraktiver sind, wenn man auch eingestehen muß, daß Farbigkeit nicht gerade die Stärke von *L. labiatus* ist. Jüngere Tiere haben eine gelblichgrüne Grundfärbung über den Flanken. Von den Kiemendeckeln bis zum Ansatz der Schwanzflosse überziehen etwa zwölf kräftig dunkle, verhältnismäßig schmale Querbinden den Körper. Meist sind sie bei den Weibchen noch kräftiger ausgebildet als bei männlichen Tieren. Eine ebenso schwarze Binde zieht vom einen Maulwinkel durch die Augen über die Stirn zur anderen Seite des Kopfes und zum dortigen Maulwinkel. Diese einheitliche Körperfärbung wird über den Flanken durch ein Muster aus dunklen feinen Punkten überdeckt, die in Längslinien angeordnet erscheinen. Mit Zunahme von Alter und Größe wird die Grundfärbung der Tiere immer grauer, so daß schließlich beim ausgewachsenen Tier auf hellgrauer Körperfärbung ein Muster aus schwärzlichen Querbinden sichtbar ist. Alle Flossen sind ebenfalls dunkelgrau und mit einem bläulichen Schimmer überlagert. Stirn und Lippen zeigen eine bläuliche Tönung. Die ersten Strahlen der Bauchflossen irisieren hellblau. Die Rückenflosse zeigt einen blassen hellen Saum und in ihrer Mitte ein Längsband aus feinen rötlichweißen Punkten.

## Die Gattung *Macropleurodus*

Eine monotypische Gattung, der nur eine Art angehört, wie ihr Name (mono = einzeln) anzeigt. Dieser Vertreter lebt im Viktoria-See und ist damit eine der wenigen Arten, die nicht zur Gattung *Haplochromis* gerechnet werden, in der dieser Vertreter auch ursprünglich seinen Platz hatte *(H. prodromus*)*. Die Fische leben in der küstennahen Flachwasserzone über sandigem Grund, wo die Gegend teilweise aus sumpfigen, mit Wasserlilien bedeckten, schwer durchdringbaren „Swamps" (Sümpfen) besteht.

Loiselle

Macropleurodus bicolor ♀

### *Macropleurodus bicolor*
(BOULENGER, 1906)

Dieser einzige Vertreter der Gattung stammt aus dem Viktoria-See und erreicht eine Länge von maximal 15 cm. Zusammen mit einigen Arten der Gattung *Haplochromis* und der einzigen Art der Gattung *Hoplotilapia* gehört *M. bicolor* zu den im Viktoria-See vorkommenden Mollusken-Fressern. All diesen Endemiten des Sees ist ein besonders für diesen Nahrungserwerb ausgebildetes kräftiges Gebiß mit mächtigen Kiefern eigen, mit dessen Hilfe die Fische die Gehäuse der Schnecken aufbrechen bzw. zerbeißen können. Ein derart kräftiges Gebiß kennen wir auch von anderen Arten in benachbarten Seen, wie etwa von *Chilotilapia rhoadesii* (vergleiche Abbildung Seite 168) aus dem Malawi-See.

Die Brutfärbung der Männchen ist schiefergrau bis blau. In der Bauchpartie werden die Tiere heller, dagegen sind sie auf der Brust, über dem Unterkiefer sowie auf den Wangen schwarz gefärbt. Kiemendeckel und Flanken sind stimmungsbedingt mit einem scharlachroten Hauch über-

* GREENWOD, P. H.: „The monotypic genera of cichlid fishes in Lake Victoria." Bull. Br. Mus. nat. Hist. Zool., 3, p. 295—333, 1956.

Loiselle

Macropleurodus bicolor, ♂, *in Normalfärbung*

zogen. Die rußigdunkle Rückenflosse weist in den Membranen tiefrote Tüpfel und Linien auf, die besonders intensiv im weichstrahligen Teil der Flosse auftreten. Die ebenfalls rußige Afterflosse zeigt einige gut ausgeprägte Eiflecke. Die Bauchflossen sind schwarz. Die maulbrütenden Weibchen sind weniger intensiv gefärbt.

Es sind bereits mehrere Farbvarianten gefunden worden; so zum Beispiel Tiere mit einer grünlich-gelben Grundfärbung, die zum Bauch hin silbrig aufhellt. Bei diesen Tieren sind Rücken- und Afterflosse gelblichgrün; die erstere mit zwei angedeuteten länglichen dunklen Bändern, die letztere mit 2—4 blasseren gelben Flecken in ihrem weichstrahligen Teil. Die Schwanzflosse bleibt meist ebenso farblos wie die Brust- und Bauchflossen. Gelegentlich tritt bei den letzteren eine rußige Färbung auf. Jungfische und inaktive Männchen weisen die Weibchenfärbung auf.

## Die Gattung *Melanochromis*

Die dieser im Jahre 1935 von TREWAVAS aufgestellten Gattung zugeordneten Arten sind alle im Malawi-See endemisch. Die Gattung ist nahe verwandt mit der Gattung *Pseudotropheus.* Ausschlaggebend für eine Zuordnung in eine der beiden Gattungen sind Größe und Anordnung der Schlundzähne (Pharyngealbezahnung), die bei den Melanochromis-Vertretern größer und in höherer Anzahl vertreten sind. Dementsprechend schlug BURGESS in einer Arbeit anläßlich der Neubeschreibung einer Melanochromis-Art* vor, die beiden bis dahin noch zu *Pseudotropheus* gestellten Arten *P. auratus* und *P. johannii* aufgrund der erfolgten dentalen Untersuchungen nun zur Gattung *Melanochromis* zu stellen. Für das optische Erkennen der in diese Gattung gehörenden Arten: Sie vereinigt in der Mehrzahl Arten, bei denen die ausgewachsenen Männchen dunkel gefärbt sind — abgesehen von einigen hellfarbigen (bläulichen oder weißlichen) Streifen auf den Flanken. Die von JOHNSON im Jahre 1975 beschriebenen beiden Arten *M. interruptus* und *M. loriae* gelten im Status als nicht gesichert (vergl. Fotos S. 256 unten).

### *Melanochromis auratus*
(BOULENGER, 1897)

Die früher zur Gattung *Pseudotropheus* gestellte Art wurde aus Gründen, die in der Gattungsbesprechung angeführt sind, zu *Melanochromis* gestellt. Mit dem Import dieser Fische wurde praktisch die Cichlidenwelle in der neuzeitlichen Aquaristik wieder in Gang gesetzt. Die Art, die bereits seit über siebzig Jahren wissenschaftlich benannt und somit bekannt ist, gilt auch heute noch, trotz aller zwischenzeitlichen Neubeschreibungen weiterer attraktiver Arten, als einer der schönsten Aquarienfische. Der Felsencichlide aus dem Malawi-See benötigt, wie die meisten „Mbuna"-Arten, ein mit viel Gestein eingerichtetes Becken, in dem auch Höhlen und ähnliche Unterstände eingerichtet sind. Der „Türkisgoldbuntbarsch" ist von Haus aus ein Algenfresser, der — ähnlich wie *P. zebra* und *P. fuscus* — mit seinem eigens dafür ausgebildeten Gebiß aus spitz zulaufenden Zähnen (vergleiche Abbildungen S. 287 und 295) den Algenbewuchs („Aufwuchs") von den Felswänden des heimatlichen Biotops abweidet. Im Tanganjika- und im Viktoria-See finden sich Gegenstücke, deren Bezahnung ähnlich beschaffen ist und deren Ernährungsweise der dieser erwähnten Arten gleichkommt. Es sind die Tropheus-Arten im Nachbarsee und *Haplochromis nigricans* im Lake Victoria. Die Fische im Aquarium lassen sich unschwer umgewöhnen, da man ihnen in Gefangenschaft weniger Algenkost, als vielmehr andere Arten vegetarischer Nahrung anbieten muß. Sie fressen aber auch verschiedenes Lebendfutter. Ein bepflanztes Becken

* BURGESS, Warren E.: „A new Melanochromis from Lake Malawi, with comments on the genus." Tropical Fish Hobbyist, Vol. XXIV, p. 61—65, 2/1976.

Knaack

Melanochromis auratus, ♀ *oben.*

eignet sich naturgemäß nicht so gut wie ein Aquarium, dessen Aufbauten den natürlichen Gegebenheiten im See entsprechen und überwiegend aus Steinen bestehen. Die Wasserwerte sollten im Bereich zwischen 7,5 und 8,0 pH liegen, womit sie sich zwar etwas unterhalb von den natürlichen pH-Werten im See (8,4) befinden, doch reicht dieser im alkalischen Bereich liegende Wert aus. Das Einbringen von Wurzelholz ins Becken ist nicht empfehlenswert, weil es das Wasser ansäuert und damit den pH-Wert möglicherweise unter die Neutralmarke (7,0) absenkt.

Die Art weist den typischen Polymorphismus innerhalb der Geschlechter auf, also die Verschiedenfarbigkeit zwischen männlichen und weiblichen Tieren, wie er für die Vertreter dieser Gattung allgemein üblich ist. Männliche Tiere tragen auf schwarzem Körpergrund eine hellblaue, teilweise weiß gesäumte Längsbinde, die vom Kiemendeckelrand bis in die Schwanzflossenbasis zieht. Die Binde setzt sich von Kiemendeckel zu Kiemendeckel über der Stirn fort, ist jedoch im Bereich des Kopfes nicht hellblau, sondern ockerbraun und breiter weiß gesäumt. Unter der Dorsalbasis sitzt eine weitere schmale hellblaue Binde. Die Rückenflosse selbst erscheint in einem schmutzigen Goldockerton und ist von einigen unregelmäßig angeordneten schwarzen Tüpfeln überlagert. Die Schwanzflosse hat ein schwarz „ausgefranstes" Zentrum, das heller beigebrau gesäumt ist. After- und Brustflossen sind schwarz und hellblau gerandet. Die Anale trägt einen Eifleck.

Weibliche Tiere unterscheiden sich vor allem durch ihre leuchtendgelbe Grundfärbung, über der ein Muster aus weißen und schwarzen Längsbinden unterschiedlicher Anordnung (Foto) läuft. Dominierend sind die beiden schwarzen breiten Längsbinden, von denen die obere unterhalb der Profillinie des Rückens verläuft und einen weißen unteren Saum trägt. Die untere schwarze Binde zieht von der Stirn durch das Auge über die Flanke und endet im Ansatz der Schwanzflosse. Über der Rückenflosse liegt eine breite schwarze Längsbinde, die von ihr lediglich einen oberen und unteren beigen Saum übrigläßt. Die gelbe Schwanzflosse weist eine unregelmäßige weiße Streifung auf und zeigt in der oberen Zone eine Reihe schwarzer Punkte. Die Afterflosse kann gelblich oder auch bläulich sein und ist in ihrer vorderen Zone dunkel gerandet. Bei manchen Tieren zeigt sich in der hinteren Zone ein Eifleck. Man kennt bei den Tieren dieser Art einige Varianten, die der hier geschilderten Färbung nicht voll entsprechen. So kann beispielsweise die Kopfbinde bei den Männchen graublau und ihre Rückenflosse weniger Ockerton aufweisen und graublau sein. Bei Tieren dieses Farbschlages fehlt auch der beige Saum in der Schwanzflosse. Die Färbung der Tiere beider Geschlechter ist bereits ab einer Länge von etwa 3 cm zu erkennen: Die Afterflosse der Männchen nimmt jetzt schon eine recht dunkle Färbung an. Wer „Prügeleien" unter den Tieren vermeiden möchte, sollte bereits in diesem Stadium die Paare für die spätere Zucht zusammenstellen. In jedem Fall sollte man über mehrere Weibchen verfügen. Ist später ein Männchen paarungsbereit, das ihm zugedachte Weibchen jedoch noch nicht laichreif, kann das Männchen seine Partnerin unter Umständen so lange jagen, daß die Partnerin sich tot auf die Seite legt. Überhaupt können Kämpfe, die sich bei der Haltung dieser Art einstellen, manchen Aquarianer zur Verzweiflung bringen! Ich habe es versucht, in dem ich den Tieren kein (!) Artenbecken einrichtete, sondern sie mit verschiedenen anderen Mbuna-Arten in einem Becken hielt. Das hat möglicherweise den Nachteil, daß man den Ablauf der Nachzucht nicht beobachten kann und gerade noch feststellt, daß eines Tages eines der Weibchen Eier im Maul hat. Jedenfalls aber lebt dieses Weibchen dann noch! Normalerweise entläßt die Mutter ihre Jungen zwischen dem 24. und 28. Tag nach der Eiaufnahme aus dem Maul. Die Kleinen sind dann bereits recht gut herangewachsen, haben ihren Dottersack aufgezehrt und entwickeln großen Appetit. Es ist möglich, die Mutter während der Hütezeit zu füttern, und sie wird auch Futter nehmen. Die Gefahr, daß sie versehentlich mit einem größeren Futterstück ein Jungtier mitverschluckt, ist aber hierbei gegeben. Andererseits kann man auch, falls der Pfleger glaubt, die Mutter würde zu sehr hungern müssen, die Jungen aus dem Maul der Mutter schütteln (Weibchen herausfangen, Kiemendeckel zuhalten) und die Kleinen in einer Schale, die im Aquarium schwimmt (Artemiasieb) aufziehen. Die Jungfische fressen bereits, bevor ihr Dottersack vollends aufgezehrt ist.

### *Melanochromis brevis*
TREWAVAS, 1935

Der „Rostbraune Maulbrüter", der als Felsencichlide die Litoralzone des Malawi-Sees bewohnt, wird zwar in der Natur bis zu 12 cm lang, doch erreichen die Tiere diese Größe im Aquarium kaum. Ihre intensive Färbung erlangen sie durch die Aufnahme vieler Krebstiere (wie Daphnien und Cyclops), die sie auch im Aquarium benötigen, soll ihre Färbung nicht eine schmutzigbraune Tönung annehmen. Dominierende Männchen zeigen überdies einen zusätzlichen Blauton. Beide Geschlechter weisen auf den Kiemendeckeln einen grünlich irisierenden Fleck auf. Die Flossen sind transparent, schimmern jedoch mehr oder weniger intensiv in der Körperfärbung. In der Afterflosse der Männchen zeigen sich meist zwei dottergelbe Eiflecke, die schwarz gerandet sind. Weibliche Tiere haben diese Flecke nicht oder höchstens blasse Andeutungen davon. Haltung und Zucht ähnlich wie bei *M. auratus* angegeben.

Hansen
Melanochromis brevis

### *Melanochromis chipokae*
JOHNSON, 1975

Wie bei den meisten Beschreibungen dieses Autors, ist auch bei dieser Art die Gattungszugehörigkeit umstritten. Die Tiere leben endemisch im Malawi-See und erhielten ihren Artnamen nach der kleinen Stadt Chipoka am Südwestufer des Sees (vergleiche Karte Seite 50). Die Aufwuchsfresser, als Bewohner der algenbewachsenen Felsküste zu den „Mbuna“, den Felsencichliden, gerechnet, erreichen eine Länge von etwa 12—14 cm. Meist bleiben die Weibchen etwas kleiner. Der Maulbrüter hat in beiden Geschlechtern eine Färbung, die leicht mit der anderer Arten verwechselt werden kann.

Männliche Tiere zeigen eine schwarzblaue Grundfärbung. Die Flanken werden von zwei hell- bzw. mittelblauen Längsbinden überzogen, von denen die unterste auf der Oberlippe beginnt und sich durch das Auge bis in die Mitte der Schwanzflosse hineinzieht. Der zweite Längsstreifen steigt über dem Auge steiler empor und verläuft oberhalb der Seitenlinie. Er endet an der hinteren Dorsalbasis. Bei besonders intensiv gefärbten Tieren breitet sich diese mittelblaue Binde über die gesamte Stirn sowie bis hoch zum Rückenprofil aus. Die meist schwarze Rückenflosse trägt einen hellblauen Saum. Schwanz- und Afterflosse sind in ihren Basen schwarz gefärbt und transparent bis hellblau gesäumt. Einen leuchtendblauen Saum tragen die ebenfalls schwarzen Brustflossen.

Weibliche Tiere zeigen eine Gelbfärbung, die erst mit zunehmendem Alter kräftiger wird. Bei ihnen laufen zwei schwarze Längsbinden über den Körper, die einen ähnlichen Verlauf wie die Längsbinden bei den Männchen nehmen. Die untere ist mit einem schmutzigweißen beiderseitigen Saum versehen. In der Rückenflosse liegt über einem gelben Feld eine schwarze Längsbinde, die in ihrem hinteren Ende fast senkrecht nach unten abknickt. Sie ist mit feinen weißen Strichen gesäumt. Über der Schwanzflosse liegt ein Muster aus schwarzen Punkten, die sich hinter der Basis vereinigen. Das Flossenende ist schmutziggelb gerandet. Die ebenfalls schmutziggelbe Afterflosse weist, wie die ebenso getönten Bauchflossen, einen schwarzen unteren Rand auf, der bei den Ventralen dazu noch blau gesäumt ist. Haltung und Zucht ähnlich wie bei *M. auratus* angegeben. Nur das Männchen zeigt zwei Eiflecke in der hinteren Afterflosse.

### *Melanochromis exasperatus*
BURGESS, 1976

Eine Art, die erst in jüngster Zeit beschrieben wurde und deren Weibchenfärbung Ähnlichkeit mit *Labidochromis textilis* aufweist, lebt in der steinigen Litoralzone des Malawi-Sees und wird etwa 8 cm groß. Die vorerst aus dem Bereich um die Likoma- und Chisumulu-Inseln stammenden Tiere leben, soviel man bisher feststellen konnte, ausschließlich in den seichteren oberen Zonen der erwähnten küstennahen Gebiete ihres Biotops.

Weibliche Tiere wie auch Jungfische haben eine überwiegend blaugrün irisierende Körpergrundfärbung. Darüber liegen verschiedene Längsreihen unregelmäßig angeordneter goldockerfarbener Flecke. Man kann diese Reihen nicht korrekt auszählen, weil sie teilweise ineinander übergehen. Es können vier oder auch fünf sein. Sie liegen ebenfalls noch in der Schwanzwurzel über der Grundfärbung, die bis dorthinein reicht. Das Ende der Caudale besteht aus einem Muster aus ockerfarbenen Linien, die auf den weichen Flossenstrahlen sitzen. Auch die Rücken-

Melanochromis chipokae ♂

Loiselle

Melanochromis exasperatus ♂

Jung

Linke

Melanochromis exasperatus ♀

Mayland

Melanochromis johannii ♂

flosse weist ein Muster von ockerfarbenen Punkten auf, die auf einem blassen blaugrünen Grund stehen und sich bei genauerem Hinsehen zu einer submarginalen Binde vereinigen. Auf dem hinteren Kiemendeckelbogen sitzt ein grün irisierender Fleck in einem leuchtendblauen Feld. Vom vorderen Kiemendeckelbogen zieht eine hellblau irisierende schmale Binde abwärts, um dann in Richtung auf die Maulwinkel abzubiegen.

Männliche Tiere tragen in ihrem jungen Leben noch die Weibchenfärbung. Mit zunehmendem Alter tritt jedoch ein kräftiges Blau über den Flanken stärker in den Vordergrund und verdrängt die ockerfarbenen Punktlinien. Rücken- und Afterflosse bekommen eine auffällige breite Längsbinde, über der in der Rückenflosse noch ein weißer Saum liegt. Dieses submarginale Band ist — neben der intensiv blauen Färbung — das augenfälligste Kennzeichen der M. exasperatus-Männchen. Bei einigen Weibchen findet man diese schwarze Binde ebenfalls, doch kann es sich dabei auch um nicht dominierende Männchen handeln, bei denen der geschlechtliche Schein trügt. In der Afterflosse der männlichen Tiere findet man einen oder mehrere Eiflecke. Je nach Stimmung werden über den Körpern bei beiden Geschlechtern etwa neun dunkle Querbinden sichtbar.

## *Melanochromis johannii*
(ECCLES, 1973)

Ursprünglich wurde diese Art aus der „Mbuna"-Gruppe vom Autor zur Gattung *Pseudotropheus* gestellt (vergleiche auch Gattungsbeschreibung). Im Aquarium verhalten sich die Tiere meist friedfertig, wenn sie in Gesellschaft anderer Mbuna-Arten gehalten werden. Sie erreichen eine Länge zwischen 8 und 10 cm. Auch bei diesem Vertreter sind die Männchen wieder wesentlich anders gefärbt als ihre weiblichen Partnerinnen. Männliche Tiere zeigen auf schwarzblauem Grund zwei leuchtend hellblaue Längsbinden über den Flanken, von denen die obere (breitere) etwa auf der Seitenlinie liegt und die untere über dem Ansatz der Brustflossen beginnt. Beide ziehen bis ans Ende des Schwanzstiels. Zwischen den Augen liegen zwei schmale hellblaue Binden. In der Basis der Rückenflosse liegt ein feines hellblaues Band, das sich im weichstrahligen Bereich der Flosse strahlenartig verbreitert. Ein weißblaues Marginalband (Saum) liegt über der Rückenflosse ebenso wie über Schwanz-, After- und Bauchflossen. Hinter einer schwarzen Zone in der Caudalwurzel folgt in der Schwanzflosse ebenfalls wieder eine sich strahlenartig ausbreitende Blautönung. In der Afterflosse erkennt man Spuren von dottergelben Eiflecken.

Weibliche Tiere von *M. johannii* sind durchweg goldgelb bis goldorangefarben getönt. Die früher unter dem Handelsnamen *„P. daviesi"* bekannte Art wurde vom Autor zum Andenken nach dem Fischer John James benannt, der im See beim Fang von Cichliden ertrunken ist.

### *Melanochromis melanopterus*
TREWAVAS, 1935

Auch dieser Maulbrüter lebt, wie alle seine Gattungsverwandten, endemisch im Malawi-See. Die Tiere erreichen eine Gesamtlänge von etwa 12—14 cm und zählen damit zu den größer werdenden Arten der Gattung. In ihrer natürlichen Heimat, dem Felslitoral, ernähren sich die Fische überwiegend von Wirbellosen. Sie haben dazu einen spitzer zulaufenden Kopf entwickelt, der ihnen die Futteraufnahme erleichtert. Die Tiere sind auch schon beobachtet worden, wie sie kleinere Fische erbeutet haben, obgleich das Fischfressen sonst kein Merkmal bei Cichliden der Mbuna-Gruppe ist.

Die Körperfärbung der Tiere ist durchweg schwarz, hellt jedoch über dem Kopf auf und zieht mit einem anthrazitgrauen Band über den Rücken. Vom Auge bis in die Schwanzflossenbasis hinein zieht eine silbrige, zuweilen auch bläulich schimmernde Längsbinde über die Flankenmitte. Die Rückenflosse ist ebenso schmutziggelb gefärbt wie der breite, zur Innenseite hin unsauber begrenzte Saum der sonst schwarzen Schwanzflosse. After- und Bauchflossen tragen einen feinen hellblauen Saum. Die Haltung der Art entspricht der vieler Felsencichliden.

Knaack

Melanochromis melanopterus ♂

### *Melanochromis parallelus*
BURGESS & H. AXELROD, 1976

Mit dieser Neubeschreibung erhielt ein alter Bekannter den Rang einer Art und somit einen eigenen Namen. Es ist der frühere „Schwarzweiße Auratus", der unter diesem Pseudonamen in vielen Becken schwimmen mag. *M. parallelus* erreicht eine Länge von etwa 12 cm und stammt — wie seine Mbuna-Verwandten — aus dem Malawi-See, in dem die Fische ausschließlich leben. In Haltung und Pflege entsprechen sie ihren nahen Verwandten *M. auratus*.

Die Färbung der Tiere entspricht wieder dem Muster der Gattung: Dunkle Körperfärbung bei den Männchen und hellere bei den Weibchen. Männliche Tiere tragen auf schwarzer Grundfärbung zwei mittelblaue, parallel ver-

Melanochromis loriae ♀ *(vgl. Gattungsbesprechung S. 251)*

Melanochromis interruptus, ♂ *links und* ♀ *rechts.*

Loiselle (3)

Loiselle

Melanochromis parallelus ♂

Loiselle

Melanochromis simulans ♂

laufende Längsbinden, deren untere vom Auge über den Kiemendeckel bis etwa in die Mitte der Schwanzflosse zieht. Die zweite Binde, meist etwas schmaler, beginnt auf der Nackenmitte und zieht, etwa in ihrer Mitte die Seitenlinie tangierend, zum Ansatz des letzten Rückenflossenstrahls. Die schwarze Dorsale trägt eine feine weißblaue Marginalbinde, die besonders in ihrem hinteren Teil von einigen gelben Spitzen durchsetzt ist. Die durchweg schwarze Schwanzflosse zeigt ebenfalls einen helleren Rand, der auf den beiden äußeren Flossenstrahlen sehr schmal ist, im hinteren weichen Bereich dagegen breiter wird. Dieser hintere Rand kann weißlich oder bläulich sein und wird seinerseits wieder von einem feinen gelblichen Marginalband begrenzt.

Weibliche Tiere zeigen eine ähnliche, jedoch farblich konträre Musterung. Bei ihnen ist die Grundfarbe weißlichgelb. Die beiden Längsbinden sind weißlich gesäumt. Alle unpaaren Flossen sind von breiten schwarzen Binden überzogen, die ihrerseits weiß gesäumt sind. Die Binden liegen in der Schwanzflosse im Bereich der beiden oberen und unteren Flossenstrahlen. Die hintere Zone der Flosse ist von mehreren, fächerförmig angeordneten schwarzen Linien überzogen, die jeweils rundum weiß gesäumt sind.

### *Melanochromis perspicax*
TREWAVAS, 1935

Dieser Felsencichlide von den Uferzonen des Malawi-Sees erreicht nur eine Länge von etwa 8—10 cm. In der Männchenfärbung kann man die Tiere mit ihren Geschlechtsgenossen anderer Melanochromis-Arten verwechseln. Sie haben ebenfalls wie sie eine dunkle Grundfärbung, die von zwei Längsbinden überzogen wird. Diese Binden leuchten jedoch nicht intensiv, sondern sind eher blaugrau gefärbt. Die erste Binde, die über der Körpermitte liegt, beginnt erst hinter dem Kiemendeckel und zieht bis in die Wurzel der dunklen Schwanzflosse hinein. Die zweite Binde ist sehr breit. Sie erstreckt sich etwa von der Seitenlinie bis unter das Rückenprofil und reicht in Längsrichtung vom Nacken bis zum Ende der Dorsalbasis. Zwischen den Augen liegen ebenfalls zwei graue Binden. Markantestes Merkmal ist die bei den meisten Tieren leuchtende hellblaue Rückenflosse, die einen feinen weißen Saum trägt und in ihrem hinteren Teil einige gelbe Töne aufweist. Die schwarze Schwanz- und Afterflosse zeigen in ihrem weichstrahligen, hinteren Bereich eine gelbe Zone. Weibliche Tiere tragen eine ähnliche, doch farblich konträre Musterung, bei der die Grundfärbung grauweiß ist. Die Maulbrüter lassen sich ähnlich pflegen wie *M. auratus.*

### *Melanochromis simulans*
ECCLES, 1973

Der Maulbrüter aus dem südlichen Malawi-See hat in seiner Färbung eine überraschende Ähnlichkeit mit *M. auratus.* Erst bei genauerem Hinsehen stellt man verschiedene Unterschiede fest. Da ist in erster Linie der lange,

Hansen

Melanochromis vermivorus

zugespitzte Kopf mit dem tiefer gezogenen Maul zu nennen, das den Tieren ein räuberisches Aussehen verleiht. Darüber hinaus weisen die bis zu 12 cm langen Tiere (Weibchen bleiben etwas kleiner) eine gestrecktere Körperform auf. Sie ernähren sich in ihrem heimatlichen Felslitoral überwiegend von Wirbellosen, werden aber — wie ihre Verwandten *M. melanopterus* — einen kleineren Fisch gelegentlich als Beute nicht verschmähen. Im Aquarium sind sie kaum an Trockenfutter zu gewöhnen. Sie verhalten sich gegenüber ihren Mitbewohnern friedlich und fressen in Gefangenschaft überwiegend kleineres Lebendfutter.

Es ist bisher nicht festgestellt worden, ob diese Mimikry den Fischen einen Vorteil verschafft oder die Ähnlichkeit zu *M. auratus* rein zufällig ist. Männliche Tiere von *M. simulans* zeigen über den ganzen Körper eine blauschwarze Grundfärbung, die zuweilen mit einem braunen Schimmer überdeckt sein kann. Eine hellblaue Längslinie zieht über den Körper durch die Augen und über die Stirn. Sie endet beiderseits in der Schwanzflossenbasis. Meist ist diese Zeichnung auf den Kiemendeckeln etwas versetzt. Die obere Körperhälfte wird von einer weiteren, jedoch weniger intensiven hellblauen Längsbinde durchzogen. Sie beginnt über dem Kiemendeckel und endet im äußersten Ende der Dorsalbasis. Die Rückenflosse weist ein schmutziges Hellblau auf. Unter einer weißlichen Marginalbinde (Saum) liegt eine submarginale Binde, die tiefschwarz ist und nicht immer regelmäßig verläuft. Die schwarzgrundige Schwanz- und Afterflosse zeigen Muster von hellblauen Tüpfeln und Linien. Bei den Weibchen läuft die Punktierung der Caudale durch die ganze Flosse, während sie bei den Weibchen von *M. auratus* nur in der oberen Hälfte zu finden ist. Entsprechend der M. auratus-Färbung sind auch die Weibchen von *M. simulans* gelbgrundig und weisen in dieser Konträrfärbung ein Muster aus schwarzen Längsbinden auf, die weiß gesäumt sind. Die gelbgrundigen Rücken-, After- und Bauchflossen zeigen einen weißlichgelben Saum, unter dem eine submarginale schwarze Binde liegt.

### *Melanochromis vermivorus*

TREWAVAS, 1935

Bei der Vielfalt ähnlich gefärbter Arten erscheint nun hier die letzte Beschreibung der Gattung *Melanochromis.* Auch diese Tiere stammen, wie alle ihre Gattungsverwandten, aus dem Malawi-See. Sie haben wieder eine gestrecktere Kopfform: In Freiheit haben sich die Tiere darauf spezialisiert, wurmähnliches Futter aus dem Bodengrund zu ziehen. Die Maulbrüter erreichen eine Gesamtlänge von rund 14 cm und zählen damit zu den größer werdenden Melanochromis-Arten. Auch bei dieser Art gibt es wieder die Verschiedenfarbigkeit zwischen männlichen und weiblichen Tieren. Männchen zeigen auf schwarzblauem Körpergrund das bekannte Muster einer fast weißlichen, in den Randzonen jedoch bläulichen Längsbinde. Sie ist nicht so scharf gegenüber der dunklen Körperfärbung abgegrenzt, sondern strahlt häufig noch etwas aus. Die Binde zieht von den Augen aus bis in die Caudalwurzel hinein. Über dem Kiemendeckel wird sie von einem vertikalen blassen Fleck unterbrochen. Das Band setzt sich zwischen den Augen in einer feineren Linie fort. Je nach Alter und Herkunft erkennt man in der oberen Körperhälfte noch eine mehr oder weniger stark ausgeprägte zweite Binde, die ziemlich nah unter dem Rückenprofil verläuft. Die hellblaue Rückenflosse trägt in ihrem Ansatz eine dunkle Längsbinde. Die Schwanz- und Afterflosse sind ebenfalls schwarz gefärbt wie die Bauchflossen. Ihre äußeren Säume sind hellblau. Manche Tiere zeigen in der weichen Schwanzflosse ein breites, blaßgelbes Marginalband. Weibliche Tiere fallen in ihrer Grundfärbung unterschiedlich aus: Sie können hellblau, mittelblau oder rußigblau gefärbt sein. Das konträre Muster in der Weibchenfärbung bestätigt sich aber auch bei dieser Art in Form der diesmal schwarzen oder schwärzlichen Längsbinden, die anstelle der hellen Männchenbinden über den Körper ziehen. Auch bei ihnen ist die Rückenflosse hellblau, zeigt jedoch kaum eine Binde. After- und Schwanzflosse so wie Bauchflossen sind schwarz und mit einem äußeren hellblauen Saum versehen. Bei beiden Geschlechtern finden sich goldgelbe Eiflecke in der Afterflosse. Haltung wie bei *M. auratus* angegeben.

## Die Gattung *Microchromis*

Sie wurden von JOHNSON im Jahre 1975, zusammen mit der folgend beschriebenen Art, die als Typusexemplar gilt, aufgestellt. Der zur Zeit noch monotypischen Gattung gehört die Spezies an, die in früheren Jahren unter dem Pseudonym „Zwergzebra" gehandelt und gepflegt wurde.

### *Microchromis zebroides*
JOHNSON, 1975

Die ausschließlich im Malawi-See verbreiteten Fische dieser Art erreichen eine Größe zwischen 8 und 10 cm. Sie sehen in ihrer Färbung dem als Standard angenommenen Muster von *Pseudotropheus zebra* sehr ähnlich. Die Männchen sind meist dunkelgraublau, die Weibchen hellgraublau. Das Männchen zeigt stimmungsabhängig ein Muster hellblauer Querbänder über den Flanken. Die Binden ziehen bis in die Rückenflosse hinein, die dazu noch einen hellblauen Saum trägt. Beide Geschlechter zeigen in der Afterflosse sowie im weichen Teil der Rückenflosse eine Anzahl von (Ei-)Flecken, deren Menge mit zunehmendem Alter ansteigt. Bei männlichen Tieren sind die Flecke deutlich größer. Pflege und Zucht wie *P. zebra.* Der Status von Gattung und Art erscheint noch nicht gesichert.

## Die Gattung *Nanochromis*

Bei den Vertretern der Gattung *Nanochromis,* die in den letzten Jahren um einige, aquaristisch bisher noch nicht in Erscheinung getretene, neubeschriebene sehr kleinbleibende Arten erweitert wurde, haben wir es mit sogenannten Zwergcichliden zu tun. Ihre größten Vertreter werden zwar bis zu 13 cm lang, doch gehören ausgerechnet diese Arten nicht zu den von den meisten Aquarianern bevorzugten Arten dieser Gattung. Die aus Zentral- und Westafrika stammenden Tropenkinder benötigen ein möglichst weiches Wasser, wie es die Tiere in ihren heimatlichen Biotopen vorfinden. Da die meisten Arten jedoch keine übermäßigen Ansprüche stellen, nehmen sie eine härtere Wasserqualität auch dann noch nicht übel, wenn sie einmal zwischen 15 und 18° dGH liegt. Zur Zucht ist dieses Wasser allerdings zu hart! Die „Kongozwergbuntbarsche" lieben ein gut bepflanztes Aquarium, das zudem mit Höhlen ausgestattet sein muß. Probleme für den Züchter bringt in vielen Fällen das Zusammenführen der Paare mit sich, da sich nicht harmonierende Tiere im schlimmsten Fall bis auf den Tod bekämpfen können. Mit Hilfe einer Trennscheibe kann man die Tiere erst aneinander gewöhnen und Reviere in Besitz nehmen, bevor man sie „hautnah" zusammenkommen läßt. Nanochromis-Arten gehören zu den sogenannten Höhlenlaichern. Ist ihnen ihre Behausung nicht groß genug, helfen sie nach und transportieren weiteren Sand oder Kies aus der Höhle heraus. Die Eier werden an die Höhlendecke abgegeben und dort vom Weibchen an Fäden aufgehängt. Es werden meist 60—100 orangefarbene Eier, manchmal sogar noch mehr. Die Larven schlüpfen je nach Wassertemperatur nach etwa drei Tagen und benötigen noch einmal die gleiche Zeit, bis die Dottersäcke aufgezehrt sind und die Jungfische freischwimmen können. Die Zuchttemperatur soll etwa 26° C betragen. Wenn sich Fische nach dem Ablaichen streiten, soll man das männliche Tier vor der Verfolgung des Weibchens schützen und aus dem Becken nehmen. Die Mutter bleibt in jedem Fall bei den Jungen und kümmert sich auch nach dem Freischwimmen noch eine Weile um sie.

### *Nanochromis caudifasciatus*
(BOULENGER, 1913)

Synonym: *Pelmatochromis caudifasciatus*

Eine selten gepflegte Art, deren Heimat in Süd- und West-Kamerun, Nord-Gabun bis an die Grenzen nach Rio Muni reicht (vergleiche Karte Seite 35). Die Fische erreichen

Linke

Nanochromis caudifasciatus

eine Größe bis zu etwa 11 cm. Sie sind farblich keine besonderen Schönheiten, sondern zeigen eher eine ocker-olive Grundfärbung über dem Körper, die den Fischen in ihrem Biotop sicherlich bestmöglichen Schutz bietet. Jede Schuppe hat einen dunkleren Rand, so daß die Tiere über den Flanken ein Wabenmuster tragen. Stimmungsbedingt sind sechs dunkle Querstreifen zu sehen, die an Breite von vorn nach hinten abnehmen. Die ebenfalls grünliche Rückenflosse trägt eine schwarze Marginalbinde, unter der ein weißes submarginales Band liegt. In den Flossenmembranen sind rötliche Zonen sichtbar, die sich im weichstrahligen Teil vergrößern. Über der Schwanzflosse liegt ein Muster aus rötlichen, vertikalen Punktreihen (Artname). Diese, fast kreisrunde, Flosse zeigt am oberen Rand die gleichen Binden wie die Dorsale. Die Afterflosse ist in ihrem Zentrum ebenfalls rötlich und zeigt wie die Schwanzflosse einen zartblauen unteren Rand. Die Bauchflossen tragen einen hellen äußeren Saum. Weibliche Tiere unterscheiden sich optisch durch eine kräftigere silbern glänzende Zone in der Rückenflosse. Haltung und Zucht siehe Gattungsbeschreibung.

## *Nanochromis cavalliensis*

THYS & LOISELLE, 1971

Eine Art, die aquaristisch noch nicht eingeführt worden ist, und von der im Augenblick wohl nur konservierte Exemplare vorliegen. Die bis zu 8—10 cm lang werdenden Fische leben im Gebiet der Elfenbeinküste und von Liberia in Westafrika. Möglicherweise sind sie Endemiten im Cavalli-Fluß (Artname), dem Grenzgewässer zwischen beiden Ländern. Äußerlich hat die Art Ähnlichkeit mit *Chromidotilapia guentheri,* doch werden diese Fische noch ein Stück größer. Über die Lebendfärbung der Tiere ist noch nichts bekannt. Im Jahre 1976 erschien eine Erstbeschreibung von *Nanochromis consortus* ROBERTS & STEWART, einer neuen Art, die aus dem Kongogebiet stammt und ebenfalls bisher aquaristisch noch weitgehend unbekannt geblieben ist.

## *Nanochromis dimidiatus*

(PELLEGRIN, 1900)

Der bekannte Aquarienfisch stammt aus dem Grenzgebiet zwischen Zaire und der Zentralafrikanischen Republik (Ubangi mit dem gleichnamigen Nebenfluß des Zaire — also des Kongo). Die bekannten Fangplätze liegen um Bangui, der Hauptstadt des letztgenannten Landes. Die etwa 8 cm groß werdenden Männchen und die etwas kleiner bleibenden Weibchen lassen sich leicht unterscheiden: Markantestes Merkmal ist zweifellos der kleine schwarze Fleck, der im letzten Drittel der weißen Marginalbinde in der Rückenflosse der Weibchen liegt. Weiterhin liegt bei den weiblichen Tieren seitlich über der Geschlechtsöffnung ein intensiv leuchtender, kleiner weißer Fleck. Den Männchen fehlt ferner die intensive Rotviolettfärbung, welche die weiblichen Tiere in der Schwanzflosse und der hinteren Rückenflosse zeigen. Der kirschrote Bauch der Weibchen hellt sich auf, wenn die Tiere nachzüchten. Er wird dann stellenweise reinweiß. Männchen sind wie folgt gefärbt: Die obere Flankenhälfte ist braunoliv, der Bauch schimmert rötlich. Die Spitzen der hinteren Rückenflosse sind ebenso weißlich gefärbt wie der obere Rand der fast kreisrunden Schwanzflosse. Alle unpaaren Flossen weisen Muster von gelblichen Punkten auf, die sich reihenweise fächerförmig ausbreiten. Stimmungsbedingt zeigen die Tiere einen schwärzlichen Rücken und eine unregelmäßig begrenzte dunkle Längsbinde über den Flanken. Die Bauchflossen sind bei Tieren beiderlei Geschlechts weiß gesäumt. Während der Balz sowie der Brut- und Hütezeit zeigen beide Partner eine goldgelbe Kehle und eine rote Zone um die Maulpartie. Die Tiere bilden eine sogenannte Elternfamilie (vergleiche Kapitel „Familienformen bei Buntbarschen"), bei der sich beide Eltern um das Aufziehen der Jungen bemühen. Weitere Haltungs- und Zuchthinweise lesen Sie in der Gattungsbeschreibung.

### *Nanochromis longirostris*
(BOULENGER, 1903)

Synonym: *Pelmatochromis longirostris*

Das Verbreitungsgebiet dieser Art entspricht dem von *N. caudifasciatus.* Wie bei früheren Beschreibungen leider üblich, sind die Angaben über die Lebendfärbung nur in seltenen Fällen vorhanden. Aquaristisch sind die Tiere bisher noch nicht in Erscheinung getreten; deshalb muß sich der Autor auch nur auf wenige Angaben beschränken. Die konservierten Exemplare haben eine schlanke Gestalt und erreichen die stattliche Länge von 13,5 cm. Die Schwanzflosse ist im Bereich ihrer mittleren Strahlen verlängert.

### *Nanochromis minor*
ROBERTS & STEWART, 1976

Von den Autoren werden diese Tiere als sehr klein bezeichnet. Ihre Größe (Typusexemplar) wird mit 24 mm beschrieben. Man muß jedoch annehmen, daß diese Cichliden sicherlich die doppelte Länge erreichen. Ihre Heimat ist der untere Zaire-Fluß (Kongo), wo man die Art nur in relativ ruhigem Stauwasser gefunden hat. Diese Gewässer waren jeweils zum Hauptstrom hin offen. Der Bodengrund ist an diesen Stellen gemischt — felsig und schlammig versandet. Die Tiere kamen nur vereinzelt vor. Beide Geschlechter haben eine bräunliche Körpergrundfärbung. Bei den Männchen sind Kiemendeckel und Brust rötlich. Rücken- und Afterflossen zeigen dunkelbraune vertikale Musterungen. Das obere erste Drittel der Schwanzflosse ist gelblich. In den unteren beiden restlichen Dritteln stehen in 5—6 senkrechten Binden der sonst transparenten Flosse verschiedene rundliche braune Flecke. Über den Flanken, deren Schuppenränder dunkel gerandet erscheinen, zieht sich eine dunkle Längsbinde vom Kopf bis zur Schwanzflossenbasis. Weibliche Tiere zeigen eine violette Zone zwischen dem Ansatz der Brustflossen unter der Bauchlinie hindurch. Die Längsbinde über den Flanken setzt sich bei ihnen bis zum Ende der mittleren Schwanzflossenstrahlen fort. Die so geteilte Flosse zeigt in ihrer oberen und unteren Hälfte je ein marmoriertes Parallelband. Rücken- und Afterflosse sind schwärzlichbraun und ohne Musterung. Bei Tieren beiderlei Geschlechts zeigen sich ein rostroter Fleck am oberen Augenhöhlenrand und eine weiße Iris.

Nanochromis dimidiatus, ♀ *mit Jungfischen.*

Jung

Jung

Nanochromis nudiceps.
*Die Eier hängen an Stielchen an der Höhlendecke.*

Jung

Nanochromis nudiceps.
*Die Larven sind umgebettet worden.*

## *Nanochromis nudiceps*
(BOULENGER, 1899)

Beim „Blauen Kongocichliden“ haben wir es wieder mit einer bekannten und gern gepflegten Art zu tun. Die in der Nähe des Pool Malebo, dem früheren Stanley-Pool, nicht weit von Kinshasa (Zaire) nachgewiesenen Tiere werden 8 cm (Männchen) bzw. 6 cm (Weibchen) lang und somit meist zu den Zwergcichliden gerechnet. Die gestreckten kleinen Cichliden, die in ihrer Körperform dem schnell fließenden Wasser der erwähnten Zonen im unteren Kongo angepaßt sind, eignen sich für eine Haltung in mittleren bis kleinen Becken. Man sollte sie nur im Artbecken halten. Auch bei dieser Art beteiligen sich beide Partner an der Aufzucht und dem Hüten der Jungfische (Elternfamilie). Die Zucht wird in der Gattungsbeschreibung angegeben.

Die Tiere zeigen häufig als Normalfärbung eine gelbliche Tönung. Kommen sie jedoch in Balzstimmung, überzieht sich der obere Kopf mitsamt dem Rücken und der hinteren Flankenhälfte mit einer dunklen Olivfärbung. Wangen, Kiemendeckel sowie die vordere obere Flankenhälfte irisieren smaragdgrün. Der Bauch schimmert jetzt zartviolett. In diesem Zustand gleiten die kleinen Cichliden wie glitzernde Edelsteine durchs Aquarium. Die dunklen Flossen sind unauffällig. Rücken- und Schwanzflosse zeigen in ihren oberen Bereichen einen schwarzen Saum, unter dem eine leuchtendweiße Längsbinde liegt, die wiederum an ihrer unteren Grenze in einer schwärzlichen Zone liegt.

## *Nanochromis parilus*
ROBERTS & STEWART, 1976

Eine neue Art aus dem unteren Zaire-Fluß (nahe bei Wombe). Ihre endgültige Größe ist leider noch nicht bekannt. Die präparierten Typusexemplare haben eine maximale Länge von 44 mm und dürften damit noch nicht voll ausgewachsen sein. Beide Geschlechter sind ähnlich gefärbt. Die Körperfärbung ist ein zartes Blaugrün, das zur Bauchpartie hin in ein rosiges Violett übergeht. Die Rückenflosse und der obere Teil der Schwanzflosse tragen einen schwarzen Saum, unter dem eine submarginale weiße Binde liegt. Im unteren Bereich der Schwanzflosse liegt ein weiteres Band, das gelborange gefärbt ist. Die untere Hälfte der Schwanzflosse ist ebenso violett wie die Afterflosse. Letztere ist ohne erkennbare Zeichnung. Die Bauchflossen weisen einen dunklen Rand auf. Der obere Kopf ist wie der Rücken olivgrün abgedunkelt. Die Wangen leuchten blau, und die Kiemendeckel schimmern rötlich. Über dem oberen Rand der Augenhöhle liegt ein rostroter Fleck. Die Iris ist dunkel. Geschlechtsreife Weibchen zeigen in der Bauchpartie eine intensivere rotviolette Färbung als ihre männlichen Partner. Diese Art scheint *N. nudiceps* — zumindest von der Färbung her — sehr nahezustehen. Haltung und Nachzucht würden, falls man die Tiere einmal im Handel erhält, sicherlich gleichgeartet sein.

## *Nanochromis robertsi*
THYS & LOISELLE, 1971

Seit einer Reihe von Jahren ist diese Art bekannt, die aus dem Südosten von Ghana stammt, wo die Fundgebiete im Birium-Fluß, zwischen Kibi und Asiakwa, nachgewiesen sind (LINKE). Im Gebiet des Birium-Flusses und den hierin einmündenden Bachläufen leben die Fische in ein bis zwei Meter breiten, bis zu 40 cm tiefen Waldgewässern. LINKE gibt auch die Wasserwerte an: 24° C beträgt die Temperatur, der pH-Wert liegt bei 6,0 und die Leitfähigkeit betrug (bei 20° C) 230 µS. „Der Bodengrund bestand aus feinem hellen Kies. Unterschiedlich große, dunkelgraue, lavaähnliche Gesteinsbrocken boten, neben den Uferböschungen, gute Versteckmöglichkeiten. Wasserpflanzen fehlten völlig in diesem Gebiet ... Meine Bemühungen, diese Tiere zu fangen, waren trotz großem Einsatz nahezu erfolglos. Ein einziges Weibchen dieser Art (Foto) kam als Ergebnis dieser Fangexpedition mit nach Berlin."

*N. robertsi,* erreicht eine Maximalgröße von 11 cm weibliche Tiere bleiben meist etwas kleiner. Die Körperfärbung ist ockergelb. Sie dunkelt zum Rücken hin in eine graubraune Tönung nach. Die untere Körperpartie ist üblicherweise heller gefärbt; Bauch und Kehle können in goldgelben Tönen erstrahlen. Eine dunkle, braunschwarze Längsbinde zieht von den Maulwinkeln aufwärts zu den Augen und von hier als Längsbinde über die Kiemendeckel bis über die Schwanzwurzel hinaus in die transparente Caudale hinein. Alle Flossen sind einschließlich der letztgenannten transparent, schimmern jedoch leicht gelblich bis rötlich. Rücken- und Schwanzflosse (oberer Rand) tragen eine erdbeerfarbene Marginalbinde, unter der ein meist sehr blasses weißes Band liegt. Auf dem Kiemendeckel zeigen sich über der Längsbinde einige orangefarben irisierende Tüpfel. Die äußeren Strahlen der Schwanzflosse sind bei den Männchen lang ausgezogen.

## *Nanochromis splendens*
ROBERTS & STEWART, 1976

Die Heimat dieser Art liegt in dem Bereich des unteren Zaire-Flusses (Kongo), wo die Typusexemplare in der Nähe von Inga gefangen wurden. Auch diese neue Art bleibt, soweit man die Exemplare als Maßstab nehmen kann, unterhalb der 5 cm-Grenze. Nach Angaben der Autoren soll es sich um die schönste Art der Gattung handeln, und es würde sich lohnen, die Tiere als Aquarienfische einzuführen. Die schlanken Schönheiten (Artname) haben eine gelbliche Grundfärbung, die jedoch in den verschiedenen Körperzonen variiert: Die Körperschuppen tragen schwach graue Ränder. 5—6 undeutliche Querbinden werden stimmungsbedingt gezeigt. Die Wangen der Männchen irisieren blau, die der Weibchen kanariengelb. Die Kiemendeckel beider Geschlechter unterscheiden sich ebenfalls: Während sie bei den Männchen rot gefärbt sind, erscheinen sie bei weiblichen Tieren nur düster gelblich. Die Rückenflosse des Männchens ist gelblich und weist Muster von braunen Streifen auf, die parallel zu den Strahlen verlaufen, deren Enden zipfelig sind. In der oberen Zone der weichstacheligen Dorsale liegt ein dunkelgraues Band. Die obere Hälfte der Schwanzflosse hat eine gelborangefarbene Tönung, in der horizontal einige braune Streifen liegen. In der unteren Caudalhälfte, die transparent ist, stehen vertikal 7—8 karminrote Streifen. Dieses attraktive Muster in der Schwanzflosse setzt sich im weichstrahligen Bereich der Afterflosse fort, deren vorderer basaler Teil ebenfalls karminrot und im mittleren Bereich dunkelgrau ist. Die äußeren Strahlen der sonst weißlichen Brustflossen sind schwarz. Weibliche Tiere zeigen eine violette Bauch- und Analregion. Im basalen Bereich der hartstrahligen Rückenflosse zeigt sich eine rotorangefarbene Zone. Die gelbliche Schwanzflosse weist im basalen Bereich ebenfalls eine rötliche Tönung auf. Die Afterflosse ist einheitlich zartblau. „Von den gefangenen Weibchen, einschließlich der noch jungen Tiere von 9 mm Größe, besaßen bis zu 30 % einen großen schwarzen Fleck im weichstrahligen Teil der Rückenflosse, der zum Teil von einer hellen Zone umgeben war. Bei anderen Vertretern der Gattung *Nanochromis* wurde ein solcher Fleck nicht gefunden", schreiben die Autoren. Im Jugendstadium sind die Querbinden über den Flanken deutlicher ausgeprägt als bei älteren Tieren oder Jungfischen der Arten *N. consortus* und *N. parilus.*
Zur Geschlechtsunterscheidung sei auf die unübersehbaren fadenartig ausgezogenen Strahlen der Rücken-, After- und Brustflossen der Männchen bei dieser Art hingewiesen.

Nanochromis robertsi

Linke

## Die Gattung *Ophthalmochromis*

Hier haben wir es mit einer Gattung zu tun, deren wenige Vertreter ausschließlich im Tanganjika-See leben. Sie wurde im Jahre 1956 von POLL aufgestellt. Das besondere Merkmal dieser Arten erkennt man in den extrem verlängerten Bauchflossen der männlichen Tiere. Die Fische ähneln damit dem einzigen Vertreter der Gattung *Ophthalmotilapia (O. boops* BOULENGER, 1901, der etwa 15 cm lang wird), einer Art, die ebenfalls endemisch in diesem See lebt. Bei diesen männlichen Tieren liegen die Eiflecke nicht in der Afterflosse, sondern befinden sich in Form von zwei kleinen Hautlappen am Ende der Bauchflossen, damit sind sie beweglicher angebracht. Beide Gattungen unterscheiden sich in der Bezahnung voneinander.

### *Ophthalmochromis nasutus*
POLL & MATTHES, 1962

Im Gegensatz zu seinem Verwandten *O. ventralis* ist dieser Endemit aus dem Tanganjika-See farblich nicht so attraktiv. Die Fische, welche beinahe eine Länge von 20 cm erreichen, tragen ebenso verlängerte Bauchflossen wie *O. ventralis,* an deren Ende sich die Hautläppchen mit den Eiattrappen befinden. Weibliche Tiere tragen dieses Merkmal nicht. Die „Fadenmaulbrüter" zeigen zudem eine fleischige Verdickung der Oberlippe, die sie wie eine Nase (Artname) erscheinen läßt. Man findet die Fische im See bereits in Tiefen ab 1 m. Sie sind sehr sauerstoffbedürftig und reagieren beim Fang sehr nervös. So sind auch die Empfindlichkeit beim Transport zu erklären und damit die

Opthalmochromis nasutus ♀

Scheuermann

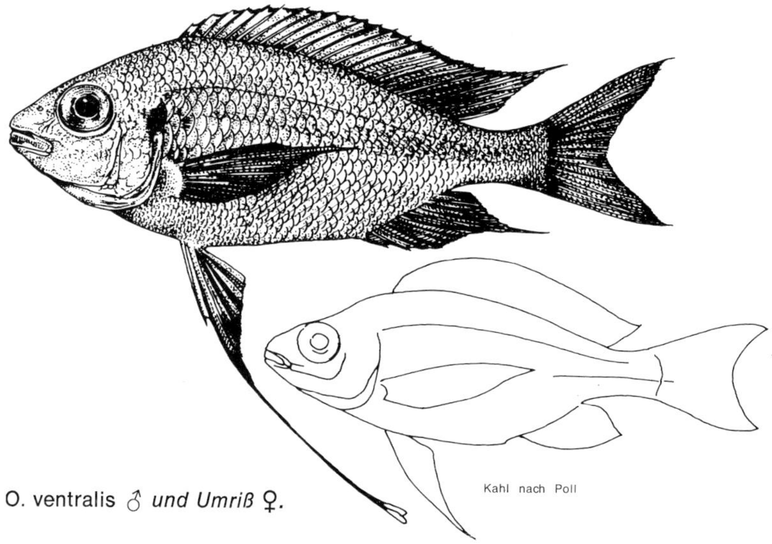
Kahl nach Poll

O. ventralis ♂ *und Umriß* ♀.

Tatsache, daß die Fische kaum einmal angeboten werden. In Gefangenschaft sind die Tiere ebenfalls empfindlich gegen zu enge Becken und sauerstoffarmes Wasser.

Männchen haben eine grauschwarze Grundfärbung mit einer helleren, leicht bräunlichen Bauchpartie. Über dem Rückenprofil liegt eine schmale goldockerfarbene Zone, die man auch über der Schwanzwurzel findet. Die unpaaren Flossen irisieren kräftig blaugrün. Weibliche Tiere bleiben wesentlich heller und haben eine weißlichbraune Grundfärbung. Sie schimmern in der oberen Körperhälfte ebenso goldfarben wie die Männchen und zeigen auch blaugrün irisierende unpaare Flossen. Die Bauchflossen sind bei den Weibchen ebenfalls länger als üblich ausgezogen, doch reichen sie nur bis zur Afterflosse und sind ohne Eiattrappe am Ende. Stimmungsbedingt zeigen die Tiere ein Muster aus Querbinden über dem Körper. Durch die hellere Körperfärbung fallen sie bei weiblichen Tieren eher auf als bei den Männchen.

### *Ophthalmochromis ventralis*
(BOULENGER, 1898)

Die bereits Ende des vorigen Jahrhunderts beschriebene Art wurde im Jahre 1962 durch POLL & MATTHES in zwei Unterarten aufgegliedert: *O. v. ventralis* (BOULENGER, 1898) und *O. v. heterodontus* POLL & MATTHES, 1962. Beide unterscheiden sich in der Länge des Maules und der Schlundbezahnung anatomisch, in farblichen Abstufungen morphologisch sowie im Fortpflanzungsverhalten durch unterschiedliche Eiablage. Farbliche Varianten kommen allerdings bereits innerhalb der Unterarten

Hirschfeld

Opthalmochromis ventralis ♀

vor, von deren Existenz ich mich selbst im südlichen Teil des Sees überzeugen konnte. So fand ich beispielsweise in der Nähe der Kasaba-Bay (vergleiche Karte Seite 46) dominierende Männchen in derart kräftiger, blau irisierender Färbung in einer Tiefe zwischen 1 und 2 m, daß man diese Leuchtflecke bereits vom Boot aus erkennen konnte. Neben Männchen dieser Färbung findet man auch welche, deren Körper mit dunklen Schuppen überlagert ist, oder Tiere, deren Färbung insgesamt wesentlich dunkler wirkt. Einige tragen dann hellere Rücken- und Afterflossen, andere zeigen eine silbrige Zone, die vom Nacken über den Rücken zieht. Während die bis etwa 15 cm lang werdenden Fadenmaulbrüter der erstgenannten Unterart im südlichen Teil des Sees vorkommen und fast ausschließlich die Felsenzone des Litorals bewohnen, bevorzugen die Mitglieder der im nördlichen See vorkommenden zweiten Unterart die Übergangszone zu sandigem Bodengrund. Entsprechend laichen die Weibchen von *O. v. ventralis* überwiegend auf horizontal verlaufenden Felsstücken ab, während die Männchen der Unterart *O. v. heterodontus* Laichgruben in Kraterform für ihre Partnerinnen ausheben.

Die weiblichen Tiere beider Unterarten unterscheiden sich in ihrer Färbung kaum voneinander. Bei ihnen sind Rücken- und Afterflosse nicht zugespitzt, und die Bauchflossen reichen nur bis an die Afterflosse heran, wogegen sie bei männlichen Tieren die Schwanzflossenbasis erreichen. Weibchen haben eine einfachere Färbung. Ihre Körper samt aller Flossen irisieren bei auffallendem Licht seegrün, wobei naturgemäß die Rückenpartie zuungunsten der Bauchregion kräftiger leuchtet. In ihrem heimatlichen Felslitoral ernähren sich die Fische aus gemischter Kost: Sie weiden Algen von den Felsen und nehmen auch Zooplankton als Nahrung zu sich. In Gefangenschaft benötigen sie ausgedehnte Aquarien und viel Sauerstoff. Sie sind ausgezeichnete Fresser.

## Die Gattung *Orthochromis*

Für die im Jahre 1937 als *Haplochromis malagaraziensis* beschriebene Art, die im Malagarazi-Fluß vorkommt, wurde die Schaffung dieser neuen Gattung durch GREENWOOD* nötig. Dieses Typusexemplar, nach dem die neue Gattung geschaffen wurde, weist so viele anatomische Ähnlichkeiten zur Gattung *Telmatochromis* auf, daß man annehmen kann, daß die Tiere entweder direkt von dieser Gattung abstammen oder zumindest aus der Gruppe, aus der sie sich entwickelt haben. Diese Vermutungen leuchten um so mehr ein, als der Malagarazi-Fluß direkt im Tanganjika-See endet, in dem die Vertreter der Gattung *Telmatochromis* endemisch leben. Von dieser Gattung unterscheiden sie sich durch gleichartige äußere Zähne und eine geringere Anzahl von Analstacheln.

### *Orthochromis malagaraziensis*
(DAVID, 1937)

Die etwa bis zu 15 cm lang werdenden Tiere leben im Malagarazi-Fluß und einigen seiner Zuflüsse. Dieses Flußsystem entwässert große Teile des westlichen Tanzanias in den Tanganjika-See. Bei der aquaristisch kaum gepflegten Art ist kein besonders ausgeprägter Geschlechtsdimorphismus bekannt. Die Tiere zeigen eine bräunliche Körperfärbung mit olivbraunem Rücken und perlweißem Bauch. Die Körperschuppen über den Flanken tragen in ihrem oberen Winkel einen irisierenden bronzefarbenen Fleck. Im unteren Kiemendeckelbogen liegt eine orangefarbene Tönung. Die gelbe Rückenflosse trägt orangefarbene Zipfel sowie einige dunkle Bänder. Die Schwanzflosse ist farblos und transparent, weist jedoch eine unregelmäßige

* GREENWOOD, P. H.: „On two species of cichlid fishes from the Malagarazi River (Tanganyika) with notes on the pharyngeal apophysis in species of the Haplochromis group.“ Ann. Mag. nat. Hist., (12), 7, p. 401—414, 1954.

Befleckung auf, besonders im unteren Teil. Meist ist die Afterflosse ebenfalls farblos; doch sind auch Exemplare bekannt, bei denen sie in der Basis rot und zum äußeren Rand hin schwärzlich war. Einige Männchen zeigen tiefrote Lippen. Diese erwähnten verschiedenen Rotfärbungen werden als sekundäre Geschlechtsmerkmale angesehen, was jedoch bei genauerer Beobachtung sexuell nicht aktiver Weibchen nicht bestätigt werden kann. Farblich weichen die Geschlechtspartner jedenfalls nicht wesentlich voneinander ab.

## Die Gattung *Paralabidochromis*

Der einzige Vertreter dieser monotypischen Gattung bleibt endemisch auf den Viktoria-See beschränkt. Als GREENWOOD, der diese Gattung aufstellte*, die Fische zum ersten Mal sah, war er von ihrer Ähnlichkeit zu den verschiedenen Labidochromis-Arten aus dem Malawi-See derart beeindruckt, daß er diese neue Art aus dem Viktoria-See zu einer neugeschaffenen Gattung stellte, deren Unterscheidung in erster Linie auf ihrer geographischen Trennung beruhte. Die Gattung steht ebenfalls der Haplochromis-Gruppe nahe, und das Typusexemplar unterscheidet sich von dieser Gattung durch eine andersartige Bezahnung. Die Erstbeschreibung der Art erfolgte nach nur einem Exemplar, einem Männchen von 91 mm Länge, das über sandigem Boden in der Litoralzone in der Nähe von Nasu Point (Buvuma Channel) gefangen wurde.

Die Fische sind taxonomisch** und phylogenetisch*** sehr interessant, da sich keine Merkmale fanden, die diese Art von anderen Exemplaren der Gattung *Labidochromis* aus dem Malawi-See trennt. Das Vorhandensein eines submarginalen Bandes in der Rückenflosse von *L. vellicans* ist, im Gegensatz zu seinem Fehlen bei dieser Paralabidochromis-Art, von einiger Wichtigkeit. Ebenso ist ein solches Band nicht bei den Haplochromis-Arten aus dem Viktoria-See bekannt. Mit großer Wahrscheinlichkeit repräsentiert diese Art ein erstaunliches Beispiel von exakter und detaillierter Parallel-Evolution mit *Labidochromis.*

* GREENWOOD, P. H.: „The monotypic genera of cichlid fishes in Lake Victoria." Bull. Br. Mus. nat. Hist. Zool., 3, p. 295—333.

** Taxonomie ist die Einordnung der Lebewesen in systematische Einheiten aufgrund ihrer verwandtschaftlichen Beziehungen.

*** phylogenetisch: Die Stammesgeschichte betreffend.

### *Paralabidochromis victoriae*
GREENWOOD, 1956

Über die Färbung dieser Art in lebendem Zustand ist seither nichts bekanntgeworden. Dasselbe gilt auch für die Biologie der Fische. Die Färbung des einzigen Präparates ist hellbraun mit Spuren von 7 undeutlichen querlaufenden Bändern über den Flanken und einem dunklen, „tränenförmigen" Streifen unter dem Auge („lachrymal stripe"). Die Bauchflossen sind schwarz, alle anderen farblos.

Abgesehen von den vergrößerten Zähnen weichen weder Labidochromis-Arten noch diese Paralabidochromis-Art groß von den meisten Haplochromis-Arten ab, die in den Flüssen von Ost- und Zentralafrika vertreten sind. Deshalb ist es möglich, daß sich die beiden Gattungen unabhängig aus den ursprünglichen Haplochromis-Arten entwickelt haben und sich später — wie auch immer — von den in den Flüssen lebenden Arten getrennt haben. *P. victoriae* ist morphologisch, also in äußerer Gestalt, eng mit *L. vellicans* aus dem Malawi-See verwandt. Im Vergleich zu den Haplochromis-Arten steht diese Art näher zu *H. chilotes* (unter anderem auch wegen ihrer verdickten Lippen), während — phylogenetisch betrachtet — *H. chilotes* näher zu der H. crassilabris-Arten-Gruppe aus dem Viktoria-See gerechnet werden muß.

## Die Gattung *Pelmatochromis*

Seit der Revision durch THYS van den AUDENAERDE im Jahre 1968*, bei der die Arten zu den drei Untergattungen *Pelmatochromis, Chromidotilapia* und *Pelvicachromis* gestellt wurden, ist eine gewisse Ordnung im verschiedenen nomenklatorischen Wirrwarr eingekehrt, obgleich weder der Ichthyologe noch der Aquarianer, vor allem aber nicht der Systematiker von dem augenblicklichen Stand voll befriedigt sein können. Noch immer ist nämlich eine Reihe Affinitäten (Ähnlichkeiten) ungeklärt, es gibt die verschiedensten Farbschläge aus benachbarten Flußgebieten und -systemen, und schließlich wäre zu klären, ob wir nicht einigen Artennamen noch die Treue halten, die längst in die Synonymliste hätten aufgenommen werden müssen. Inzwischen sind die erwähnten drei

* THYS van den AUDENAERDE, Dirk: „A preliminary contribution of a Systematic Revision of the Genus Pelmatochromis HUBRECHT sensu lato." Rev. zool. Bot. Afr., p. 349—391, 1968.

Untergattungen in den Rang selbständiger Gattungen erhoben worden, doch hat das an wesentlichen Dingen auch nichts geändert. Bei den Vertretern der Gattung *Pelmatochromis* handelt es sich um kleine bis mittelgroße Cichliden, deren Heimat überwiegend im tropischen Westafrika zu suchen ist. Bei den Angehörigen, die heute noch zu dieser Gattung gerechnet werden, sind die Beschreibungen um die Jahrhundertwende oder Anfang dieses Jahrhunderts erfolgt. Die meisten dieser Pelmatochromis-Arten sind den Aquarianern kaum bekannt, doch sollen sie hier kurz angeführt werden.

Roloff

Pelmatochromis buettikoferi ♂

### *Pelmatochromis buettikoferi*
(STEINDACHNER, 1894)

Die Art stammt zweifellos aus Liberia, doch erscheint die Größenangabe bis zu 18 cm recht hoch gegriffen. STEINDACHNER beschrieb als Fundstellen den Duqueah-Fluß bei Hill-Town, den Junk-Fluß und Bäche um den Fischermann-See. Das sind Namen, die wir mit einiger Sicherheit heute nicht mehr vorfinden.

Männliche Tiere zeigen grüngrundige Körperschuppen, über denen ein sehr breiter blaßrosafarbener Streifen liegt, der jedoch nicht bis zum Schuppenende reicht. Dadurch entsteht ein grobes, nicht intensives Punktmuster, dessen rötliche Tönung sich in der oberen Körperzone verbreitert. Auf dem hinteren oberen Kiemendeckelbogen liegt ein großer dunkler, metallisch glänzender Fleck, der häufig von kleineren, hellblau, grün oder goldfarben irisierenden Punkten umgeben ist. Auf dem Körper zeigen sich stimmungsbedingt fünf nicht besonders hervortretende Querbinden, von denen die mittleren am breitesten sind. Über dem Rücken, im Basisbereich der weichstrahligen Dorsale, liegt eine große dunkle Zone. Alle Flossen sind transparent und gelblich. Nur bei genauem Hinsehen erkennt man ein rußigbraunes Marginalband in der Rückenflosse. Haltung wie bei *Pelvicachromis pulcher* angegeben.

### *Pelmatochromis nigrofasciatus*
(PELLEGRIN, 1900)

Heimat dieser Art ist das zentrale Kongo-Bassin, der heutige Zaire-Fluß. Nachgewiesene Vorkommen stammen aus dem Gebiet von Yangambi bis Kinshasa, einschließlich der Flüsse Rubi, Chuapa, Ja und Kasai. Die bis zu 12 cm groß werdenden Fische leben von verschiedenen Nahrungsarten, darunter auch pflanzlicher Kost.

Wie bei allen Tieren, von denen keine lebenden Exemplare vorliegen oder vorgelegen haben, muß man sich auf ältere Beschreibungen verlassen oder auf die ausgewaschenen Färbungen (die dann nur noch die meist schwarzen Töne wiedergeben) von Alkohol- oder Formalinpräparaten zurückgreifen. Beide sind aus der Sicht der Aquarianer nicht sehr geeignet. Bei dieser Art lautet eine solche Beschreibung wie folgt: Braunbeige Grundfärbung. Junge Männchen weisen schwache Querbinden und Flecke auf. Die Basis der Rückenflosse ist gelblich und zeigt eine Serie von Flecken, die im vorderen Flossenbereich schwarz und im hinteren rot sind. Die Afterflosse zeigt eine rötliche Färbung im mittleren Bereich und trägt schwarze Flecke im Basisbereich. Die Strahlen der Brustflossen sind gelblich, ihre äußeren Strahlen dagegen schwarz. Die äußeren Strahlen der genannten Flossen sind fadenartig ausgezogen.

### *Pelmatochromis ocellifer*
BOULENGER, 1899

Eine Art, deren Vorkommen bei Monsembe im unteren Kongo nachgewiesen ist. Als durchschnittliche Größe werden 12—15 cm angegeben. Braunolive Grundfärbung.

Der hintere Rand der Schwanzflosse ist mäßig nach außen gerundet. Über der Körpermitte liegen, in einer Längsreihe angeordnet, fünf dunkle, grauviolette Flecke von ungleicher Größe. Von ihnen ziehen ebenso viele Querbinden noch blasserer Färbung zur Rückenlinie hinauf, von denen die drei ersten bei größeren Exemplaren weniger stark hervortreten. Bei kleineren Tieren sind sie fast ganz unsichtbar. Am oberen Rand der zweiten Querbinde liegt stets ein großer rundlicher, tief schwarzvioletter Augenfleck, der mit seiner oberen Hälfte in die Basis der Rückenflosse hineinreicht. Zudem erscheint bei größeren Tieren über der Dorsalbasis eine mattgrauviolette Längsbinde von ungleicher Höhe. Eine ebenso blaß gefärbte Längsbinde zieht über die Afterflossenbasis und den basalen Teil der Schwanzflosse. Der obere Rand der Rückenflosse ist grauviolett und hell gesäumt. Der intensiv schwarzviolette Fleck am hinteren Rand des Kiemendeckels ist höher als breit und bei den meisten Tieren scharf abgegrenzt.

### *Pelmatochromis thomasi*
(BOULENGER, 1915)

Zumindest aus der Sicht des Aquarianers will diese Art nicht so recht in das Schema der Pelmatochromis-Arten passen. Der „Thomas'-Prachtbuntbarsch" ist im westlichen Afrika zu Hause, nämlich in Sierra Leone und angrenzenden Gebieten von Südost-Guinea und West-Liberia (vergleiche Karte Seite 35). Die Geschlechter lassen sich erst dann klar erkennen, wenn eine Paarbildung erfolgt. Männliche Tiere werden zwischen 8 und 10 cm groß, die kleiner bleibenden Weibchen erreichen nur eine Größe von maximal 7 cm. Sind die Weibchen ausgewachsen, erkennt man sie auch an der etwas rundlicheren Körperform. Die Allesfresser lieben ein weiches Wasser von etwa 8—10° dGH, das leicht sauer (pH um 6,5) sein soll. Die Wassertemperaturen sind weniger bedeutend und sollten etwa im Bereich zwischen 25 und 26° C liegen. Die Fische sind friedlich und graben keine Pflanzen aus.

Beide Tiere bilden, wenn sie sich zu einem Paar zusammengefunden haben, eine Elternfamilie (vergleiche Kapitel „Familienformen bei Buntbarschen"). Nach eifrigem Putzen des Laichsubstrats, meist eines Steines, legt das Weibchen 300 Eier und mehr (Foto), die vom Partner sofort befruchtet werden. Von nun an kümmern sich beide Eltern um das Gelege und den aufwachsenden Nachwuchs. Bereits zwei Tage nach der Eiablage schlüpfen die Larven, dabei sind ihnen die Eltern zuweilen behilflich. Sie werden jetzt in vorbereitete Gruben befördert, in denen sie solange bleiben, bis sie ihren Dottersack aufgezehrt haben und freischwimmen. Dieser Larvenzustand dauert weitere 4—5 Tage. Sofort nach dem Freischwimmen der Jungfische muß eine gute gezielte Fütterung einsetzen, die — im Interesse des guten Wachstums der Jungen — von einem zwei- bis dreimaligen Teilwasserwechsel je Woche begleitet sein sollte.

Pelmatochromis thomasi, ♀ *bei der Eiablage.* ▷
Richter

Der Thomas'-Prachtbuntbarsch ist ein besonders farbprächtiger Pflegling. Die Grundfärbung kann rötlich bis grünlich sein, die Bauchpartie bleibt heller. Auf den Schuppen der oberen Körperhälfte liegt ein kurzes gebogenes Band, das blaugrün irisiert. In manchen Zonen des Körpers befinden sich auch nur kurze Linien oder nur Tüpfel auf den Schuppen, doch bleibt dadurch stets der funkelnde Gesamteindruck des Tieres erhalten. Über den Flanken liegen fünf Querbinden, die jedoch meist nur als dunkle Flecke wahrgenommen werden können. Ebenso kann stimmungsbedingt eine Längsbinde über der Flankenmitte gezeigt werden, doch auch sie bleibt meist auf die kräftigeren dunklen Flecke an den Berührungspunkten zwischen Quer- und Längsbinden beschränkt. Die unpaaren Flossen sind leicht transparent und erscheinen fächerförmig rot (Membranen) und blau (Strahlen) gestreift. Unter dem roten Marginalband der Rückenflosse und der oberen Schwanzflosse liegt eine weitere, blau irisierende Binde aus feinen Längslinien.

## Die Gattung *Pelvicachromis*

Diese Gattung galt ursprünglich und nach der Revision der Gattung *Pelmatochromis* (vergleiche Gattungsbesprechungen *Chromidotilapia* und *Pelmatochromis*) als eine der Untergattungen, die inzwischen in den Rang einer selbständigen Gattung erhoben wurden. Ihre Mitglieder stammen ebenfalls aus West- und Zentralafrika. Sie sind Höhlenbrüter, die eine Elternfamilie bilden und somit zu gleichen Teilen die Jungen aufziehen.

## *Pelvicachromis humilis*
(BOULENGER, 1916)

Die weniger bekannte Art stammt aus Sierra Leone. Dort kommt sie auch noch über den Grenzbereich nach Südost-Guinea hinein vor (vergleiche Karte Seite 35). Die Tiere erreichen eine Länge von knapp 13 cm. Die Kenntnisse über sie verdanken wir in erster Linie den Aktivitäten von ROLOFF, der sich intensiv mit dieser Art sowie mit *P. roloffi* beschäftigte. Wie bei vielen der Pelvicachromis-Arten, wird der Aquarianer auch bei dieser Art mit zwei Formen konfrontiert.

Die Männchen der K e n e m a - F o r m weisen eine gelbe Kehl-, Brust- und teilweise auch Bauchpartie auf. Die Afterflosse ist in ihrem unteren Teil rot. THYS bezeichnet die im Kenema-Distrikt gefundenen Fische als in der Form mit dem Typus übereinstimmend und weist darauf hin, daß sich beide Formen, abgesehen von den farblichen Abweichungen, auch durch einen Zipfel in der Schwanzflosse unterscheiden, der nur bei den Tieren der Kasewe-Form vorhanden ist.

Die K a s e w e - F o r m wird verschiedentlich bereits als *P. spec. affin. humilis* angesprochen. Diese Art erwähnt THYS in seiner Arbeit in einem Nachtrag nur kurz, da sie ihm zu spät durch Farbfotos von ROLOFF bekannt wurde. Beide versuchten, bei einer gemeinsamen Sierra-Leone-Expedition im Jahre 1969 — leider erfolglos — nach weiterem Material zu sammeln. Ob diese Form in den Rang einer guten Art erhoben wird, kann erst nach einer genaueren Untersuchung festgestellt werden. Färbung der Männchen: Brust gelb, Afterflosse vorn rot, Schwanzflosse im oberen Teil spitz ausgezogen zum Mittelstrahl hin (bei Kenema-Form ist dies nur angedeutet), oben gelb, Zipfel rot. Weibchen: Kehle und oberer Brustteil gelb, Bauch rot, Analpartie gelb.

ROLOFF ist, nach einem weiteren Aufenthalt in Liberia, bei dem er in der Firestone Plantation hinter Monrovia wie auch in einem etwa 50 km vom Flughafen Robertsfield entfernten Bach weitere Exemplare fand, nach wie vor überzeugt, daß es sich bei der Kasewe-Form um eine andere Art als *P. humilis* handeln muß. Obgleich nämlich die in Liberia ermittelten Fundorte über 200 km von Kenema entfernt sind, zeigen die hier gefangenen Tiere keine erkennbaren Unterschiede gegenüber der ursprünglichen Kenema-Form aus dem gleichnamigen Distrikt.

Sobald die Fische einigermaßen ausgewachsen sind, kann man sie — nach Art vieler Pelvicachromis-Arten — zur Zucht bringen. Sie benötigen dazu ein weiches Wasser von etwa 6—8° dGH mit einem leicht sauren pH-Wert. Die Wassertemperatur soll 24—26° C betragen. Die Höhlenbrüter laichen nur in einem entsprechenden Unterstand ab. Man kann als Höhle auch einen umgestülpten Blumentopf oder eine halbe Kokosnußschale verwenden, die mit einer Einschlupföffnung zu versehen sind. Die Fische benötigen ein kräftiges und hormonreiches Futter aus verschiedenen Insektenlarven. Nach Zuchtangaben von ROLOFF betreut bei dieser Art in der Hauptsache das Weibchen die Jungfische, doch wird das Männchen in der Nähe geduldet.

Pelvicachromis humilis ♂

Roloff

## *Pelvicachromis pulcher*
(BOULENGER, 1901)

Der „Purpur-Prachtbuntbarsch" ist vielen älteren Aquarianern unter seiner früheren Bezeichnung *„Pelmatochromis kribensis"* bekannt. Dieses Pseudonym wurde zwar für *P. pulcher* benutzt, von BOULENGER jedoch für eine Form von *P. taeniatus* gewählt.

Die in Südnigeria (Niger-Delta) beheimateten Tiere wurden in der seinerzeitigen Revision von THYS (vergleiche Gattungsbeschreibung zu *Pelmatochromis*) in zwei Formen unterteilt, die Form A und die Form B. Bei der Form B handelt es sich wohl um Tiere, die man heute allgemein als *P. pulcher* ansieht, wogegen die Vertreter der

Form A eine noch kräftigere Rotzeichnung über Kehle, Brust und Bauch zeigen und unter der Bezeichnung *P. spec. affin. pulcher* bekannt wurden, eine Form, die in Kürze in den Rang einer eigenen Art erhoben werden dürfte. „Schön“ ist er wirklich, wie sein Artname ausdrückt. Zur Haltung benötigt man ein nicht zu kleines, reichlich bepflanztes Becken, in dessen dekorativem Aufbau sich einige Höhlen befinden, die aus Steinen, umgestülpten Blumentöpfen (mit Schlupfloch!) oder ähnlich hergerichteten halben Kokosnußschalen bestehen können. Da die Tiere gelegentlich bis in brackwassernahe Zonen vordringen, braucht ihr Aquarienwasser nicht ausgesprochen weich zu sein. Normalerweise hält und züchtet man sie in einem Wasser von etwa 8—12° dGH, dessen pH-Wert leicht im sauren Bereich liegt und bei Temperaturen zwischen 24 und 26° C. Bei dieser Art sucht sich zuerst das Männchen ein Revier aus, verteidigt es gegen mögliche Eindringlinge und versucht dann, das Weibchen seiner Wahl in seine Unterkunft zu locken. Nach dem Säubern der Höhlendecke ist die Eiabgabe nicht mehr fern. Nachdem der Laichprozeß einschließlich der Befruchtung beendet ist, wird nur das Männchen weiterhin sein Revier beschützen. Die Brutpflege dagegen übernimmt ausschließlich die Mutter. Da sich bei guten Gelegen eine Eizahl von 200—300 zusammenfindet, hat das Weibchen einige Arbeit. Sind die Kleinen erst aus dem Larvenstadium heraus, und das dauert etwa eine reichliche Woche, läßt sie, nach dem Freischwimmen, ihren Partner wieder gleichberechtigt am Hüten der Kinderschar teilhaben. Das etwa 10 cm große Männchen (Weibchen bleibt kleiner) hat jetzt seine Aufmerksamkeit den Jungen zuzuwenden, die mit jedem Tag sichtbar größer werden, weil sie gute Fresser sind. Auch hier sollte der Pfleger neben einer ausgewogenen und abwechslungsreichen Fütterung den mehrmaligen Teilwasserwechsel je Woche nicht vergessen.

*P. pulcher* haben einen gestreckten Körper mit einem ziemlich runden Querschnitt. Die Grundfarbe der Tiere beiderlei Geschlechts ist ein helles Gelb. Die Körperzeichnung ist bei männlichen Tieren ausgeprägter als bei den Weibchen. Bei beiden zieht sich eine dunkle, schwarzbraune Längsbinde vom Maulwinkel über die Flanken und endet in der Schwanzflossenbasis. Ein weiteres Band liegt direkt unterhalb des Rückenprofils. Es beginnt auf der Stirn und endet, sich verjüngend, bei den letzten Strahlen der Dorsalbasis.

Linke

Pelvicachromis pulcher, ♀ *unten.*

Über der Stirn liegt eine dunkle Querbinde. Sehr auffällig ist die blaugrün irisierende Musterung, die über den Kiemendeckeln liegt. Kehle und vordere Brust sind goldgelb und zuweilen leicht blau getönt. In der Bauchgegend zeigt sich eine leicht rotgetönte Zone. Im Gegensatz zu ihren Partnern zeigen die Weibchen eine ausgesprochen aufdringliche rote Bauchfärbung, und dieser Sexualdimorphismus macht das Unterscheiden der Geschlechter bei dieser Art leicht. Daß auch die Bauchflossen der Weibchen in diese Rotfärbung mit einbezogen sind, macht die Sache noch einfacher. Im Gegensatz zur Rückenflosse des Weibchens ist die des Männchens in den letzten Strahlen weit ausgezogen. Die feine rötliche Marginalbinde mit der darunter liegenden blauen Linie ist bei der weiblichen Dorsale nicht so sehr ausgebildet, was ebenso für die Zeichnung in der oberen Schwanzflosse zutrifft (Foto).

### *Pelvicachromis roloffi*
(THYS, 1968)

Aus Sierra Leone und den angrenzenden Gebieten Ost-Guineas und Liberias stammt die Art. Die Fische erreichen eine Größe von 8,5 cm (Männchen) und 6 cm (Weibchen). Männliche Tiere sind über dem Körper und den unpaaren Flossen intensiv gelborange gefärbt und nur die äußeren Strahlen der Bauchflosse sind dunkel. Von der Maulspalte

Roloff

Pelvicachromis roloffi, ♀.

zieht eine dunkle Längsbinde über die Flanken und endet im Schwanzstiel. In der Rückenflosse wie auch im oberen Rand der Schwanzflosse liegt ein rötliches Marginalband, unter dem eine kräftig blau irisierende Längsbinde zu sehen ist. In der Dorsal- und Caudalbasis befindet sich (auch bei weiblichen Tieren) eine Anzahl tiefschwarzer, eiförmiger Flecke, von denen meist die in der weichen Rückenflosse und die in der Schwanzflosse blau gesäumt sind. Die Anzahl dieser Flecke läßt keine Rückschlüsse auf das Geschlecht zu. So können beispielsweise weibliche Tiere mehr Flecke tragen als Männchen, die ihrerseits aber an den verlängerten Strahlen von Rücken- und Afterflossen zu erkennen sind. Die Weibchen dieser Art zeigen eine ähnliche Färbung wie die männlichen Partner, doch haben sie zudem eine besonders kontrastierende intensiv violett gefärbte Bauchpartie, wie wir sie auch bei den Weibchen anderer Pelvicachromis-Arten finden. Nach den Angaben von ROLOFF sind die Tiere in der Lage, ihre wunderschöne Färbung bei bestimmten Vorgängen, wie etwa dem Herausfangen, fast völlig zu verlieren, so daß sie dann nur noch graubeige getönt sind.
Die Zucht des Höhlenbrüters entspricht den Angaben, wie sie bei *P. humilis* gemacht wurden und im Grunde auf alle Pelvicachromis-Arten zutreffen. Biotopuntersuchungen in den Fanggebieten dieser Art ergaben 1—2° dGH und einen pH-Wert um 7,0.

### *Pelvicachromis spec. affin. pulcher*

Diese Art zählt zu einer der schönsten aus der Gattung. Es handelt sich hierbei um Tiere, die in früheren Jahren in weiten Kreisen ebenfalls zu *„Pelmatochromis kribensis"* gerechnet oder mit dem Pseudonym *„P. camerunensis"* belegt wurden. Wichtigstes Unterscheidungsmerkmal für den Aquarianer sind im Vergleich zu *P. pulcher* die abgerundete Kopfform und vor allem die kräftig weinrote Zone in der unteren Körperhälfte, die sich von der Schnauze über die Brust zur Analzone zieht. Da im oberen Körperbereich der Tiere eine allgemein dunklere Färbung vorherrscht (Rückenflosse), leuchtet die gelbe Zone zwischen den beiden tiefschwarzen Längsbinden nun um so intensiver hervor. Weibliche Tiere zeigen die Rotfärbung nur in der Bauchzone. Die restliche untere Körperhälfte ist sehr dunkel — fast schwarz — gefärbt. Nur über den Kiemendeckeln zeigt das Weibchen in der unteren Körperhälfte neben der Bauchfärbung eine leuchtende Musterung in Form einiger grün irisierender Tüpfel und

Pelvicachromis spec. affin. pulcher

Linke

einem kurzen Längsband. Im Gegensatz zu der schwärzlichgelb grundierten Rücken- und Schwanzflosse, die neben einer roten Marginalbinde ein blaues, submarginales Band zeigt, ist die Afterflosse der Männchen blaurot gemustert, wobei die blauen Strahlen in der Färbung überwiegen. Die Bauchflossen sind durchweg rot und dazu blau irisierend gesäumt.

Die Zucht dieser Spezies hat sich, Berichten zufolge, als nicht ganz so einfach erwiesen wie die von *P. pulcher.* Die Haltungsbedingungen gleichen hingegen denen von *P. pulcher.* Größe der Fische etwa 10 cm.

Jung

Pelvicachromis subocellatus

### *Pelvicachromis subocellatus*
(GUENTHER, 1871)

Auch diese Art, deren Heimat von Gabun bis in das Zaire- (= Kongo-)Gebiet hineinreicht, wird etwa 10 cm groß. Die Färbung der Tiere, besonders aber wieder der Weibchen, kann sehr kräftig sein, aber auch leicht variabel. Als Körpergrundfärbung kann man einen ockerfarbenen Ton annehmen, der zuweilen aber auch ins Silbrige abgleiten kann. Über dem Körper liegt eine dunkle Binde, die vom Maulwinkel durch das Auge über die Flanke bis in die Schwanzflossenbasis zieht. Bei den Männchen liegt nur eine zartviolett schimmernde Zone in der Bauchgegend. Weibchen hingegen sind über dem Bauch kräftiger rotviolett gefärbt. Im Balzkleid, wenn sich die silbrigbeige Körperfärbung in ein tiefes Schwarz verwandelt und den Körper farblich in drei Zonen aufteilt, bleibt die mittlere Zone silbrig über dem Rücken, während die intensive Bauchfärbung noch zunimmt. Der hintere Körper, etwa von der Analöffnung an, ist durchgehend schwarz. Ebenso ist das vordere Körperdrittel getönt, doch bleibt die kräftige Goldtönung über Kehle, Wangen und Schläfen erhalten. Durch diesen goldenen Bereich läuft die schwarze Binde. In der Normalfärbung der Tiere zeigen die Weibchen auch rotviolette Töne in der oberen Schwanzflosse sowie in After- und Bauchflossen. Alle unpaaren Flossen wie auch die Bauchflossen sind mit einem schwachen weißlichen Rand ausgestattet.

Die Haltungsbedingungen entsprechen denen der übrigen Pelvicachromis-Arten. Zucht wie bei *P. pulcher* angegeben.

### *Pelvicachromis taeniatus*
(BOULENGER, 1901)

Die Art *P. taeniatus* ist mit ihren verschiedenen Farbformen ebenfalls über bestimmte Gebiete Westafrikas verbreitet. Neben den bereits seit einer Reihe von Jahren bekannten Farbformen „Lobé", „Kienké" und „Nigeria" beschrieb LINKE kürzlich zwei weitere Farbformen, die allem Anschein nach ebenfalls zu dieser Art gerechnet werden müssen. Bei der „Lobé"-Form handelt es sich um die eigentliche, im Jahre 1901 von BOULENGER beschriebene Farbform von *P. taeniatus.* Die „Kienké-Form" entspricht der Spezies, die BOULENGER im Jahre 1911 als *Pelmatochromis kribensis* beschrieb. Dieser Name wurde später aber für fast alle jetzigen Arten verwendet, besonders aber für die Art, die wir heute als *P. pulcher* kennen (und die damals bereits beschrieben war!). Diese Beschreibung von BOULENGER, deren Artname nach dem Kribi-Fluß mit dem gleichnamigen Ort gegeben wurde, entspricht also der heutigen „Kienké-Form" (der Kienké hat ein weitverzweigtes Einzugsgebiet und fließt durch die Stadt Kribi in den Atlantik). Bei der „Nigeria-Form" schließlich handelt es sich um die Exemplare, die von MEINKEN im Jahre 1960 fälschlich als *„Pelmatochromis klugei"* beschrieben wurde. Wie man den Farbfotos entnehmen kann, weisen diese Farbformen ein teilweise recht unterschiedliches Aussehen auf. THYS erkannte jedoch in allen dreien die gleiche Art *P. taeniatus!*

1

2

3

4

5

6

Pelvicachromis taeniatus, *sechs Farbformen:*
*1 = Lobé-Form ♀* *2 = Lobé-Form ♂*
*3 = Kienké-Form ♂* *4 = Nigeria-Form ♀ u. ♂*
*5 = Moliwe-Form ♂* *6 = Moliwe-Form ♀*
Linke

LINKE berichtet nun von zwei weiteren Farbformen aus West-Kamerun: Sie unterscheiden sich, bei genauerer Betrachtung, erheblich von den bisher bekannten Formen. Beide neuen Formen kommen zwischen den Orten Kumba und Victoria vor. Die erste, als „Muyuka-Form" bezeichnet, wurde in einem Gewässer zwischen den Orten Muyuka und Malende gefunden. Dieser, nach einiger Entfernung scheinbar versiegende Bach, fließt unterirdisch weiter und mündet nach einigen Kilometern in den Mungo-Fluß. Hier gibt es also für diese Population kein Weiterkommen mehr! Die Männchen dieser Form tragen eine grüne Zeichnung auf den Kiemendeckeln sowie wenige blasse Punkte in der oberen Schwanzflosse. Meist erreichen die Tiere dieser Form in beiden Geschlechtern eine etwas größere Länge. Die zweite, als „Moliwe-Form" bezeichnete Population, wurde in einem Wasserlauf zwischen den Dörfern Moliwe und Mile (Straße Kumba-Victoria) gefunden.

Interessant ist in diesem Zusammenhang der Wasserwert, der in diesem Gebiet ermittelt wurde, und bei dem besonders der alkalische pH-Wert ins Auge fällt: Während bei den Formen „Lobé" und „Kienké" in deren Gebieten Werte von 5,5 bis 6,5 angetroffen wurden (Leitwerte zwischen 6 und 20 µS bei 24,5° C), stieg in den Gebieten der Formen „Muyuka" und „Moliwe" der pH-Wert auf 7,7 bis 7,9 (Leitfähigkeit zwischen 130 und 190 µS bei 24° C). Beide Gewässertypen sind klar und sauber.

Mit diesen angeführten Farbformen sind sicherlich nicht alle bekannt. Die Zukunft wird zeigen, ob die eine oder andere von ihnen einmal in den Rang einer selbständigen .Art erhoben werden kann.

## Die Gattung *Perissodus*

Die Vertreter dieser Gattung leben endemisch im Tanganjika-See. Sie sind keine beliebten Aquarienfische und werden infolgedessen auch kaum einmal eingeführt. Dies liegt in der überwiegend parasitären Lebensweise dieser Schuppenfresser. Mit ihrem speziell zu diesem Nahrungserwerb ausgebildeten Gebiß reißen sie anderen Fischen, die sie mit

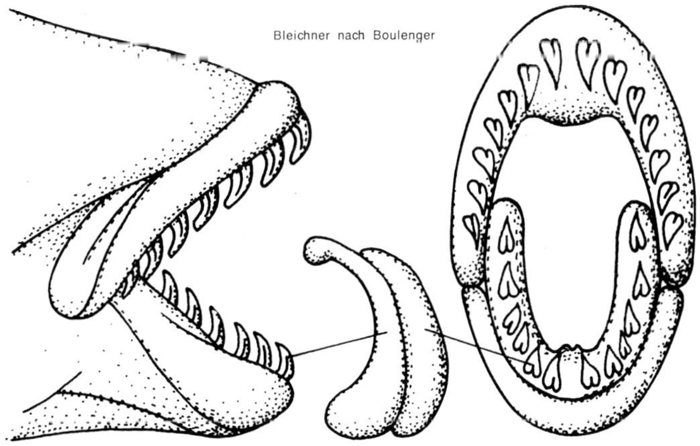

Perissodus paradoxus. *Der Schuppenfresser hat speziell für diesen außergewöhnlichen Nahrungserwerb ausgebildete lange und gebogene Raspelzähne.*

schnellem Vorstoß angreifen, die Schuppen vom Körper. Die Schuppen werden später, wie Magenuntersuchungen ergaben, im Verdauungstrakt „wie Dachpfannen gestapelt" und darauf zersetzt. Die meisten Arten haben gestreckte, teilweise torpedoförmige Körperformen (*P. microlepis, P. paradoxus* und andere). Das gilt jedoch nicht grundsätzlich für alle Arten, wie zum Beispiel *P. straeleni,* der ausgesprochen hochrückig ist. Mit der Revision von LIEM & STEWART im Jahre 1976* wurde die Gattung *Plecodus* eingezogen und die zu ihr gestellten Arten der Gattung *Perissodus* zugeführt. Entsprechend dieser Arbeit wurden auch hier die Arten (soweit angesprochen) der früheren Gattung *Plecodus* in dieser Gattung mit beschrieben.

### *Perissodus microlepis*
BOULENGER, 1898

Eine kaum eingeführte Art von gestreckter Gestalt. Die im Tanganjika-See endemisch lebenden Schuppenfresser erreichen eine Länge von etwa 12 cm und sind wahrscheinlich Maulbrüter. Die silbergraue Grundfärbung dunkelt zum Rücken hin nach und erhellt sich in der Bauchzone. Vom

* LIEM, K. F. & STEWART, D. J.: „Evolution of Scale-Eating Cichlid Fishes of Lake Tanganyika: A Generic Revision with a Description of a New Species". Bull. Mus. Comp. Zool., Harvard Univ., vol. 147, 7, pp. 319—350, 1976.

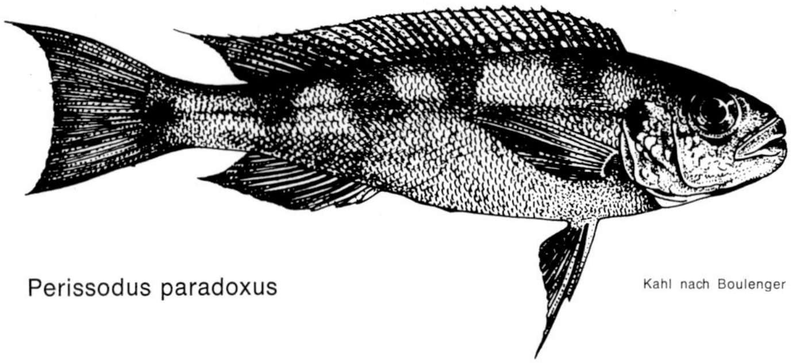

Perissodus paradoxus — Kahl nach Boulenger

hinteren Rand des Kiemendeckels ziehen zwei übereinanderliegende, blau irisierende Tüpfelreihen bis zur Schwanzflossenbasis. In der oberen Körperhälfte liegen 5—7 meist nur schwach ausgeprägte Querbinden über den Flanken, die sich in dunklen Flecken — gegeneinander versetzt — zeigen. Die Rückenflosse wird von drei gelblichen Tüpfelreihen, die jedoch sehr blaß sind, durchzogen. Ein schwarzer Fleck im hinteren Kiemendeckelbogen ist besonders auffällig. Die Musterung der Rückenflosse ist in der oberen Schwanzflosse ebenfalls zu sehen, dagegen ist die Caudale in ihrem unteren Bereich dunkelgrau.

### *Perissodus paradoxus*
(BOULENGER, 1898)

Ein weiterer Endemit aus dem Tanganjika-See. Auch er verfügt über eine gestreckte Körperform. Der Schuppenfresser ist zur Vergesellschaftung mit anderen Arten ebensowenig geeignet wie seine Gattungsverwandten. Die bis zu 30 cm lang werdenden Tiere haben eine silbrige Körpergrundfarbe, über der zuweilen ein rötlicher Glanz liegt. Einige blasse gelborangefarbene Längsbänder ziehen über die Flanken. Eine Zone, die längs der Rückenlinie verläuft, weist eine ähnliche Färbung auf. Auf dem Schwanzstiel sitzt ein runder dunkler Fleck. Die lange Rückenflosse zeigt eine ähnliche gelbe Musterung, wie sie bei *P. microlepis* beschrieben wurde. Diese Art mit den ausgesprochen großen Raspelzähnen ist im Tanganjika-See weit verbreitet. Man findet die Tiere jedoch nie in größeren Ansammlungen. Sie sind mehr oder weniger Einzelgänger, bei der Art ihres Nahrungserwerbs könnten sie auch kaum in Scharen auftreten.

Perissodus straeleni *zeigt sein beeindruckendes Gebiß.*

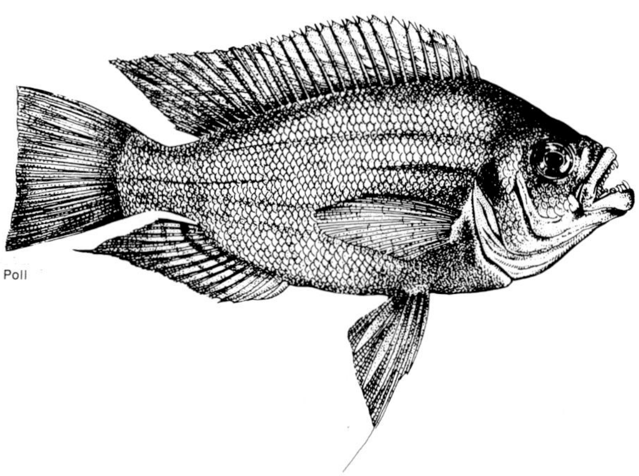

Kahl nach Poll

### *Perissodus straeleni*
(POLL, 1948)

Im Gegensatz zu vielen ihrer Gattungsverwandten hat diese Art einen erhöhten Rücken wie auch eine weit durchhängende Bauchlinie. Trotz dieses morphologischen Unterschiedes gehört die Art in diese Gattung, weil ihre Bezahnung (breite, nach innen gebogene Zähne der Schuppenraspler) und die Art der Nahrungsaufnahme sie als zugehörig zum Kreis der Schuppenfresser macht. Die Tiere erreichen eine Maximalgröße von etwa 16 cm und sind wahrscheinlich Maulbrüter. Sie bewohnen nicht nur die oberen Wasserschichten, sondern tauchen auch zumindest in Tiefen bis zu 30 m hinab, in denen sie schon nachgewiesen wurden (POLL). Diese hochrückige Form eines Schuppenfressers ist in ihrer Körperzeichnung an verschiedene im Tanganjika-See vorkommende Cichlidenarten angepaßt, ohne ihnen jedoch direkt ähnlich zu sehen. Ob es sich hierbei um eine Mimikry (Nachahmung) handelt, mit der sich der Fisch beim Anpirschen an seine Opfer einen Vorteil verschafft, ist nicht zu sagen. Bei *P. straeleni* liegen, auf silbrigem Körpergrund, fünf recht breite, dunkelbraune Querbinden über den Flanken, die sich über Nacken und Stirn mit 3—4 weiteren Binden fortsetzen. In den Flossen sowie über dem Kopf liegen Muster aus blauen Tüpfeln und Linien, die bei den unpaaren und den Bauchflossen auf gelblichem Grund stehen.

## Die Gattung *Petrochromis*

Bereits im Jahre 1898 wurde diese Gattung von BOULENGER aufgestellt. Als Typusexemplar wurde *P. polyodon* zu ihr gestellt. Die Gattung ist nicht besonders artenreich. Ihre Vertreter leben in der felsigen Küstenzone des Tanganjika-Sees, wo sie endemisch vorkommen. Die Fische ernähren sich überwiegend von Algen, die sie von den Felswänden abweiden. Sie tun das in horizontaler Schwimmweise (an senkrechten Felswänden) oder sie schwimmen kopfab, wenn sie die Algenpolster von horizontal angeordneten Felsen zu sich nehmen. Das Maul einiger Petrochromis-Arten *(P. polyodon, P. trewavasae, P. famula)* ist besonders dicklippig, und die Kehlpartie erscheint vorgewölbt. Damit erinnern die Fische in gewisser Weise an *Petrotilapia tridentiger* aus dem Malawi-See, denn auch ihre Lippen sind mit kleinen Zähnen ausgestattet, die sich vorn verbreitern und, einer Hacke gleich, umgebogen sind. Mit diesen dreispitzigen Zähnen fällt es den Fischen nicht schwer, das Aufwuchsfutter schnell und in entsprechenden Mengen aufzunehmen. Alle Arten sind Maulbrüter.

### *Petrochromis famula*
MATTHES & TREWAVAS, 1960

Dies ist die letztbeschriebene aus dem Kreis der fünf bisher bekannten Petrochromis-Arten. Die bis zu 15 cm groß werdende Art lebt in der felsigen küstennahen Flachwasserzone des Tanganjika-Sees. Ihre Färbung ist ein ziemlich einheitliches Schokoladenbraun bei den Männchen, das durch organgerote Farbtöne in der Rückenflosse sowie in den Brustflossen überdeckt wird. Weibliche Tiere sind im ganzen blasser gefärbt. Über der Stirn liegt eine blaugetönte Zone, die sich von der Oberlippe bis zum oberen Rand der Augen erstreckt. Ein ausgezeichneter, wenn auch etwas düster wirkender Aquarienfisch.

### *Petrochromis fasciolatus*
BOULENGER, 1914

Eine Art, die im Körperbau, vor allem über Brust, Kopf und Lippen, deutliche morphologische Unterschiede zu den meisten anderen Arten dieser Gattung aufweist. Die Tiere haben eine leicht gestreckte Körperform mit einem abgerundeten Kopf. Die üblichen Wölbungen über Nacken, Kehle oder Bauch fehlen. Das endständige Maul ist leicht abwärtsgerichtet. Die bis etwa 15 cm lang werdenden Tiere sind im Tanganjika-See nur sporadisch verbreitet. Die Färbung der Tiere ist stimmungsabhängig mehr oder weniger dunkelbraun. Über den Flanken liegen 10—12 schwarzbraune Querbinden. Im oberen Kiemendeckelbogen befindet sich ein kleiner, aber tiefschwarzer Fleck. Die Flossen sind ungemustert graubraun. Keine attraktive Art.

### *Petrochromis polyodon*
BOULENGER, 1898

Eine im Tanganjika-See weit verbreitete Art, die inzwischen auch häufiger eingeführt wird. Die meisten dieser Tiere erreichen im Aquarium eine Länge bis etwa 14 cm.

Zieschang

Petrochromis polyodon

Petrochromis polyodon *raspelt seine Algennahrung mit Hilfe der umgebogenen, speziell zu diesem Zweck entwickelten Zähne von den Felsen im See.*

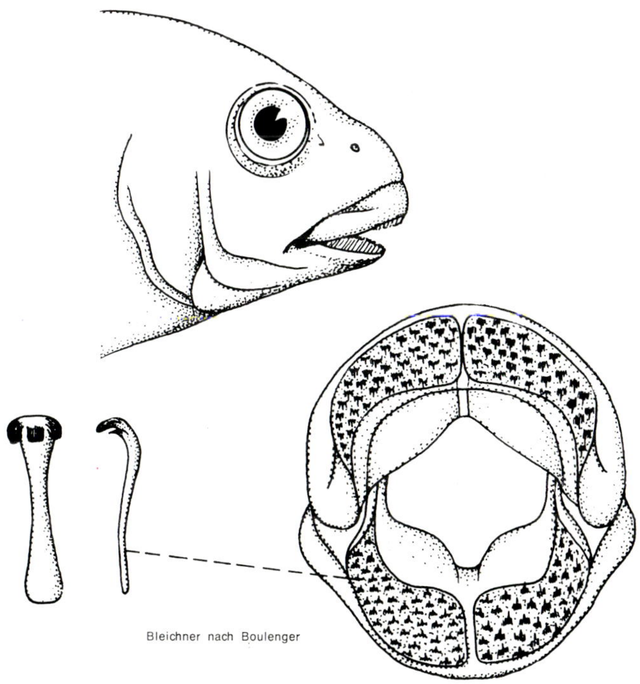
Bleichner nach Boulenger

In der Natur können die Tiere Größen von über 20 cm erreichen, wie POLL berichtet, und solch große Exemplare liegen auch in verschiedenen Sammlungen (LELEUP = 200 mm, Miss. am See = 205 mm) vor. Der figürlich untersetzt wirkende Fisch mit dem relativ großen Kopf hält sich überwiegend in der Geröllzone des Sees auf und bleibt dabei in den obersten Wasserschichten. Bei dieser Art sehen wir (Foto), ebenso wie bei *P. trewavasae,* wie sehr die dicken Lippen nach außen gewölbt sind, so daß sie kaum noch völlig geschlossen werden können. Ähnlich ergeht es auch der im Malawi-See beheimateten *Petrotilapia tridentiger,* die ebenfalls ständig mit leicht geöffnetem Maul umherschwimmt. Die Grundfärbung von *P. polyodon* ist ein mittleres Schokoladenbraun, das auch auf dem Kopf, der unteren Körperhälfte sowie der Schwanzflosse vorhanden ist. Vom Rücken herunter ziehen sich 5—6 rechteckige, heller braune Felder bis auf die Körpermitte herunter. Die Rückenflosse trägt eine schwärzliche Marginalbinde. Sie zeigt eine kräftige Orangefärbung im hartstrahligen Bereich, während die Färbung der weichstrahligen Flosse, und hier besonders in der basalen Zone, olivgrün wird. Die Afterflosse zeigt eine überwiegend olivgrüne Färbung, und nur die beiden ersten Strahlen lassen noch eine Orangetönung erkennen. Voll orange ist wiederum die Färbung der beiden Bauchflossen. Die Brustflossen sind kaum transparent und zeigen, wie die untere Körperhälfte, eine braune Tönung. Über dem Vorderkopf liegt eine blaugraue Binde, die über die Oberlippenspitze von Auge zu Auge zieht. Die Afterflosse zeigt bei diesem Maulbrüter im hintersten Bereich eine Zahl kleinerer Eiflecke.

Petrochromis trewavasae.
*Man beachte die dicht bezahnten Lippen.*

Hirschfeld

Hirschfeld

Petrochromis trewavasae

## *Petrochromis trewavasae*
POLL, 1948

Diese Endemiten aus dem Tanganjika-See sind über den ganzen Körper und die Flossen pechschwarz. Die bis etwa 16 cm groß werdenden Tiere haben eine sehr ähnliche Körperform wie *P. polyodon:* Hochrückig, mit gewölbter Kehle und Bauchpartie. Sie wirken dadurch gedrungen, wozu noch der relativ große Kopf beiträgt. Die dauernd leicht geöffneten Lippen sind gelb und lassen die Raspelzähnchen gut erkennen. Ebenso gelb ist die Iris. Über dem Körper und den unpaaren Flossen liegt eine Musterung aus unregelmäßig geformten und verstreuten weißen Tüpfeln, und lediglich die untere Bauchpartie schimmert leicht gelbgrün. Rücken-, After- und die gegabelte Schwanzflosse sind an den Enden zugespitzt und verlängert. Ebenso gilt das für die Bauchflossen. Männliche Tiere tragen in der Afterflosse einige recht große Eiflecke. Nachzuchten dieses Maulbrüters ergaben relativ kleine Gelege von nur einem Dutzend Eiern, die dafür jedoch ungewöhnlich groß sind. Entsprechend groß werden die Jungtiere. Sie werden nach einer Brut- und Hütezeit rund 4 Wochen nach der Eiablage aus dem Maul der Mutter entlassen und sind dann bereits etwa 20 mm groß.
Wie ihre Gattungsverwandten lebt auch diese Art überwiegend von den Algenpolstern in den oberen, seichteren Wasserschichten des Sees. Die Fische bevorzugen Biotope mit vielen Verstecken. Sie wurden bisher nur im Bereich südwestlicher Küstenzonen festgestellt, aus denen auch das hier abgebildete Tier stammt.

## Die Gattung *Petrotilapia*

Wie schon der erste Teil des Gattungsnamens („petro" = stein...) erkennen läßt, lebt auch diese Art wiederum in der felsigen Zone des Litorals. Der einzige Vertreter dieser monotypischen Gattung ist jedoch ein Endemit aus dem Malawi-See. Ähnlich seinem Gegenstück aus dem Tanganjika-See (die Vertreter der vorgenannten Gattung *Petrochromis*) zeigt auch diese Art eine entsprechende Anordnung feiner Zähnchen auf den ständig leicht geöffneten Lippen. Die zum Abraspeln von Algen nach Art eines Nagelbrettes angeordnete Bezahnung veranlaßt die Fische, stets im rechten Winkel zum algenbewachsenen Fels anzuschwimmen und so die Nahrung aufzunehmen. So kann es vorkommen, daß man bei Tauchgängen die Fische über horizontalen Felsen kopfstehend antrifft.

### *Petrotilapia tridentiger*
TREWAVAS, 1935

Diese Maulbrüter werden den Mbunas zugerechnet, also den Felsencichliden, zu denen auch beispielsweise die Melanochromis- und die Pseudotropheus-Arten gehören. Sie erreichen die Größe von 25 cm, doch werden die Tiere mit einer Länge von durchschnittlich 10—12 cm eingeführt und wachsen dann im Aquarium nicht so schnell. Sie benötigen ein größeres Aquarium, in dem sie meist lebhaft und mit leicht geöffneten Lippen umherschwimmen. Entsprechend der weitgefächerten Vorkommen an vielen Stellen im Malawi-See unterscheidet man eine Reihe von Farbvarianten, von graublau über blaßgelb bis zum strahlenden Blau mit besonders attraktiven schwarzen Submarginalbinden über den unpaaren Flossen und den Bauchflossen. Als schönste Variante kann man jedoch die blauen Tiere bezeichnen, deren Kehl- und Maulpartie goldgelb ist und vom südöstlichen Seeufer stammt. Über dem Körper aller Varianten laufen 8—9 dunklere Querbinden, die stimmungsbedingt intensiv gezeigt werden. Die Musterung in den Flossen kann recht unterschiedlich sein. Während die Flossen bei der erwähnten blaugelben Art bis auf einen weißen schmalen Dorsalsaum kaum eine Musterung zeigen, bieten die einheitlich blau gefärbten Tiere in der Flossenmusterung einen sehr schönen Kontrast: Alle

Mayland

Petrotilapia tridentiger.
*Blick auf den Mundboden und die bezahnten Lippen.*

Petrotilapia tridentiger, *dessen Lippen stark mit feinen Zähnchen bewachsen sind, raspelt seine Nahrung von den Felsen, indem er sie im rechten Winkel anschwimmt.*

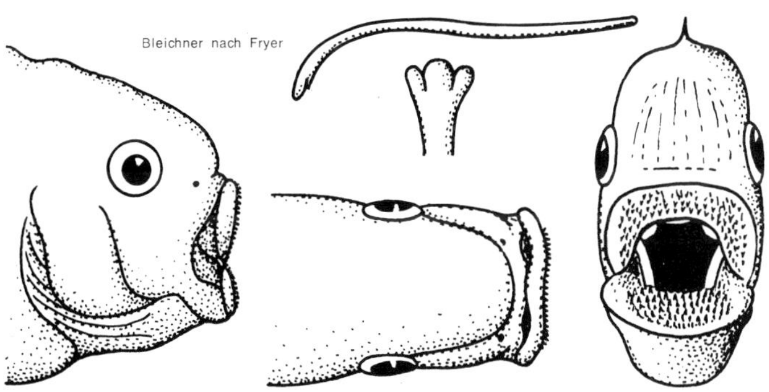

Bleichner nach Fryer

Mayland

Petrotilapia tridentiger,
*Gelbkehl-Farbvariante ♂.*

unpaaren Flossen sowie die Bauchflossen tragen an allen horizontal verlaufenden Flossenrändern unter einer weißen Marginalbinde ein breites, tiefschwarzes Band. Die vertikalen Flossenränder sind hingegen zart gelb getönt. Bei jeder Farbvariante zeigen die Männchen eine Reihe von goldgelben Eiflecken am Ende der Afterflosse.

## Die Gattung *Platytaeniodus*

Eine weitere monotypische Gattung, deren Vertreter endemisch im Viktoria-See leben, und die durch die Aufsplitterung der Gattung *Haplochromis* in diesem Gewässer neu aufzustellen war. Im Gegensatz zu den anderen Vertretern der erwähnten monotypischen Gattungen aus dem Viktoria-See *(Astatoreochromis, Hoplotilapia, Macropleurodus, Paralabidochromis),* die sich überwiegend von Mollusken (Weichtieren) ernähren, hat diese Art eine ausgewogene und weniger einseitige Ernährungsweise. Das Maul der Fische ist mit breiten Zahnrändern besetzt. Damit raspeln und lösen sie ihr Futter von Steinen und aus dem Sandboden, wodurch ihr Lebensraum in der Übergangszone schon deutlich umgrenzt ist. Die Fische fressen Algen und verschiedene Mikroorganismen, verschmähen aber auch gelegentlich eine Beute in Form eines Fisches nicht.

### *Platytaeniodus degeni*
BOULENGER, 1906

Die Art, ein ausschließlich im Viktoria-See lebender Litoralbewohner, ist bereits an vielen Stellen im See nachgewiesen worden, so unter anderem in Bunjako (Uganda) und in der Mbita-Passage in Kenia. Die Tiere erreichen eine Größe von über 15 cm und vermehren sich als Maulbrüter. Die Färbung der Männchen (in Brutstimmung): Vor einem hellblaugrauem Körper, dessen Färbung die Kopfpartie weitgehendst mit einschließt, liegt die schwarze Brust mit der ebenso dunklen unteren Kiemenpartie. Die Lippen irisieren stark blau. Die etwas rußig wirkende Rückenflosse ist am Ende ausgezipfelt und zeigt in ihrem weichstrahligen Bereich eine Anzahl rötlicher Flecke. Die Schwanzflosse trägt einen rötlichen Schimmer, der sich zu ihrem Ende hin verstärkt. Auch die noch dunklere Afterflosse zeigt diese Rottönung und außerdem eine Reihe von gelben Eiflecken.

Weibliche Tiere zeigen eine rehbraune Grundfärbung, die leicht ins Goldgelbe übergeht. Alle Flossen sind transparent. Auch bei Tieren dieses Geschlechts ist die Rückenflosse zipfelig. Diese Endzone ist leicht orangefarben und zeigt zudem im weichstrahligen Teil einige ähnlich gefärbte Flecke, wie man sie auch in der Schwanzflosse findet. Der äußere Saum der Caudalen ist ebenfalls orange getönt. Die Afterflosse zeigt eine Reihe mehr oder weniger intensiv gelber Eiflecke.

## Die Gattung *Pseudocrenilabrus*

Vielen älteren Aquarianern mag diese Gattung neu vorkommen — die zu ihr gestellten Arten sind jedoch alte Bekannte, die in früherer Zeit den Gattungen *Haplochromis* oder *Hemihaplochromis* angehört haben. Von den Haplochromis-Arten (die Gattung *Hemihaplochromis* wurde inzwischen wieder eingezogen) unterscheiden sich die Fische durch das Fehlen der Eiflecke in den Afterflossen der Männchen. Diese Flecke sind zumindest nicht in der gewohnten Form vorhanden, doch haben auch die Männchen dieser beiden Arten Flecke in der Afterflosse, die den weiblichen Tieren Eier vortäuschen. Dazu muß die Flosse in eine bestimmte, halb zusammengelegte Stellung gebracht werden, so daß die Musterung entsprechend komprimiert wird. Man hat festgestellt, daß — zumindest teilweise — die Weibchen dieser Arten die Eier bereits nach der Ablage ins Maul nehmen, bevor sie vom männlichen Partner befruchtet wurden. In diesen Fällen folgt das Weibchen dem Männchen, um das abgegebene Sperma, das beim Vorwärtsschwimmen an der Afterflosse vorbeistreicht, nahe der andersgearteten Eiattrappe aufzunehmen.

### *Pseudocrenilabrus multicolor*
(HILGENDORF, 1903)

Diese seit vielen Jahrzehnten „Kleiner Maulbrüter" genannte Art war vielen Aquarianern bereits bekannt, bevor noch die vielen bunten Cichliden aus den zentralafrikanischen Seen als Zierfische Aufsehen erregten. In ihrer ausgesprochenen Genügsamkeit waren sie auch der Aquaristik ohne großen technischen Aufwand eher angepaßt als einige der heute bekannten neueren Maulbrüterarten. Die Heimat des Kleinen oder Vielfarbigen Maulbrüters ist das östliche Afrika, also das Stromgebiet des Nils mit den in diesem System befindlichen Seen. Das gilt besonders für das obere Nilgebiet und den Teil des afrikanischen Grabens, in dem die Länder Uganda und Zaire zusammentreffen (vergleiche Karte Seite 39). *P. multicolor* erreicht eine Gesamtlänge von etwa 8 cm. Normalerweise sind die Fische in Aquarium recht anpassungsfähig, doch sollte die Wasserhärte nicht unbedingt in extremen Höhen liegen, da die Härtegrade in diesen afrikanischen Gewässertypen 12° dGH kaum einmal überschreiten. Der pH-Wert sollte neutral (7,0) sein oder leicht im alkalischen Bereich liegen (bis 7,5). Man hält die Fische bei rund 24° C und stellt die Temperatur vor und während der Zucht etwa 2° C höher ein.

In einem nicht zu kleinen Becken setzt man die Tiere zur Zucht an. Ob man dabei mehrere Weibchen zu einem Männchen setzt, liegt im Ermessen des Pflegers. Eine Nachzucht mit mehreren Weibchen ist meines Ermessens dann am effektvollsten, wenn für jedes Weibchen ein gesondertes Becken zur Verfügung steht. Da die Weibchen, während die Eier erbrütet und die Jungen anschließend gehütet werden, nicht fressen und bei Gelegegrößen zwischen 50 und 100 Eiern sehr viele Opfer bringen müssen, sollte man, um sie vor Schaden und zu schneller erneuter Eiabgabe zu bewahren, das Männchen nur zum Zwecke einsetzen, den Laichprozeß in Gang zu setzen und die Eier zu besamen. Ist dies geschehen, kann man den männlichen Partner wieder entfernen und — falls vorhanden — in ein weiteres Becken überführen, in dem ein Weibchen auf ihn wartet. Je nach Wassertemperatur entläßt die Mutter ihre Jungen nach etwa 10—14 Tagen zum ersten Mal aus dem Maul. Jetzt muß kräftig gefüttert werden, wobei man beide Teile, die Jungfische und die Mutter, mit dem entsprechend kleinen und gröberem Futter versorgen muß. Die Unterscheidung der Geschlech-

Pseudocrenilabrus multicolor ♂ Richter

Pseudocrenilabrus philander dispersus ♂ Richter

ter läßt sich fast nur bei ausgewachsenen Tieren vornehmen. Das plumpere Weibchen übertrifft meist ein Männchen. Es hat eine blasse Gelbfärbung und zeigt ein Muster von dunklen Querbinden über den Flanken. Männliche Tiere können, besonders in Brutstimmung, ausgesprochen schön und vielfarbig sein, wie unser Foto beweist.

### *Pseudocrenilabrus philander*
(WEBER, 1897)

Eine Art, die im Habitus *P. multicolor* ähnelt, jedoch weiter südlich in Afrika verbreitet ist. Die bekannten Reviere dieser Art liegen hauptsächlich im System des Sambesi und hier besonders in einigen der größeren, in ihn mündenden Flüsse wie Kafue und Luangwa. Aufgrund der Isolierung dieses Flußsystems gegenüber den Gewässern des afrikanischen Grabens konnten sich einige Varianten selbständig entwickeln. TREWAVAS nahm im Jahre 1936 eine Aufteilung in zwei Unterarten vor: *P. p. philander* (WEBER, 1897) und *P. p. dispersus* (TREWAVAS, 1936). Diese letztgenannte Unterart hat sich bei den Aquarienfreunden eine Zeitlang unter dem deutschen Namen „Messingmaulbrüter" gehalten, doch wurde auch diese Art durch viele neue Maulbrüterarten aus den zentralafrikanischen Seen in den Hintergrund gedrängt. Die Fische zeigen im Aquarium — je nach Lichtfarbe — einen messinggelben oder leicht grünlichen Farbton. Die verschiedenen Vertreter von *P. philander* können eine durchschnittliche Größe von 8 cm erreichen und werden damit ebenso lang wie die gattungsverwandten *P. multicolor.* Man hat bei *P. philander* aber auch schon Tiere von 10—12 cm Länge angetroffen. In der Nachzucht entspricht die Art *P. multicolor.*

## Die Gattung *Pseudosimochromis*

Sie wurde erst im Jahre 1977 vom belgischen Wissenschaftler NELISSEN aufgestellt. Als Gattungs-Typenexemplar gilt *P. curvifrons* (POLL, 1942), eine Art, die vorher zur Gattung *Simochromis* gehörte. NELISSEN schreibt in seiner Begründung: „Während der Studien zur Systematik der Gattungen *Simochromis* und *Tropheus* aus dem Tanganjika-See stellte sich heraus, daß *S. curvifrons* in vielerlei Hinsicht von den anderen Simochromis- und Tropheus-

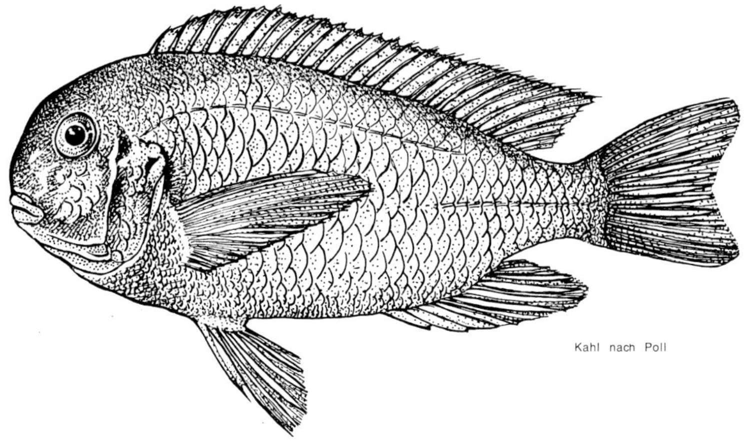


Pseudosimochromis curvifrons. *Charakteristisch für diese Art ist die steil ansteigende Stirn, die an die nahe Verwandtschaft mit den Tropheus-Arten erinnert.*

Arten abweicht, daß die Art zu einer neu zu schaffenden Gattung gestellt werden muß." Weitere Angaben sind im Druck*.

### *Pseudosimochromis curvifrons*
(POLL, 1942)

Die Art unterscheidet sich allein optisch von den bekannten Simochromis-Arten durch ihren sehr kurzen Kopf, dessen Stirnpartie steil vom hohen Rücken abfällt, so daß ihr Profil schließlich fast vertikal verläuft. Das Maul ist zwar nicht so tief am Kopf angesetzt wie bei *Tropheus moorii,* das man schon als unterständig bezeichnen kann, doch ist auch bei derartigen allein optischen Vergleichen eine nahe Verwandtschaft nicht zu verkennen. Die Art lebt endemisch im Tanganjika-See, in dem die bis zu 14 cm großen Tiere die Geröllzone bevölkern. Sie sind keine sehr guten Schwimmer und halten sich daher immer nahe bei ihrem Versteck auf, das sie bei Gefahr dann schnell erreichen. Sie sind spezialisierte Algenfresser, deren Nahrung „direkt vor der Haustür" wächst. Man trifft sie bei Tauchgängen verhältnismäßig selten an. Im Aquarium benötigen sie eine ähnliche Pflege wie die Tropheus-Arten.

Die Färbung dieser Art kann man nicht gerade als attraktiv bezeichnen: Der gelbbraune Körper wird über Kopf und Rücken dunkler. In der Bauchpartie hellt sich die Färbung gelblich auf. Zuweilen liegt über Körper und Flossen ein grünlicher Schimmer. Die Tiere zeigen stimmungsbedingt

* NELISSEN, M.: „Pseudosimochromis, a new genus of the family Cichlidae (Pisces) from Lake Tanganyika." Rev. Zool. afr., 91, 3, 1977.
NELISSEN, M.: „A taxonomic revision of the genera Simochromis, Pseudosimochromis and Tropheus (Pisces, Cichlidae)." Ann. Mus. Roy. Afr. Sc. Zool. (im Druck), 1978.

etwa 7—8 Querbinden. Auf dem Kiemendeckel liegt ein goldfarbener Fleck, der heller gelb umrahmt ist. Die Flossen tragen eine graue Grundfärbung. Einige Tiere zeigen Eiflecke in der Afterflosse.

## Die Gattung *Pseudotropheus*

Eine der bekanntesten Gattungen mit einer Vielzahl an Arten, deren Zugehörigkeit zur Gattung *Pseudotropheus* in einzelnen Fällen umstritten ist. Im Jahre 1921 stellte REGAN die Gattung auf, deren Artenzahl seither einerseits ständig zunahm, auf der anderen Seite durch verschiedene Revisionen reduziert wurde, weil ursprüngliche Pseudotropheus-Arten dabei anderen Gattungen angegliedert wurden. Die Vertreter dieser Gattung gehören zu den sogenannten Felsencichliden („Mbuna") und sind mit denen der Gattungen *Melanochromis* und *Tropheus* eng verwandt. So weisen die Arten der Gattung *Melanochromis* gleiche Anordnungen und Bezahnungsformen in Ober- und Unterkiefer auf, jedoch unterscheiden sich die Vertreter der Gattung *Melanochromis* beispielsweise durch eine geringere Zahl an Schlundzähnen (Pharyngealbezahnung), die dafür größer ausfallen.

Alle Pseudotropheus-Arten sind Maulbrüter aus dem Malawi-See. Die Nachzucht dieser verschiedenen Arten klappt jedoch nicht immer in der gewünschten Form, weil manche Weibchen aus bisher ungeklärten Gründen bei irgendeiner Störung die Maulbrut abbrechen: Die Eier werden ausgespuckt und entwickeln sich nicht mehr weiter. Sie künstlich aufzuziehen, bringt kaum nennenswerte Erfolge, und es hat viele Versuche gegeben, die künstliche Aufzucht von Maulbrüter-Eiern zu erforschen und aquaristisch in den Griff zu bekommen*. Die Verpilzung der Eier, zu der es nach dem Ausspucken durch die Mutter bald kommt, findet aber nur bei bereits abgestorbenen Eiern statt. Der Pilz ist nicht in der Lage, die Embryonen und Larven von Maulbruteiern direkt abzutöten. Er setzt sich erst auf die bereits zu Schaden gekommenen oder toten Eier, wie Versuche von SHAW & ARONSON** bestätigt haben. Zum Glück kommt dieses erwähnte Ausspucken der Eier nicht bei allen Weibchen und in allen Aquarien vor. Eigentlich ist die Nachzucht — zumindest bestimmter Arten — nicht nur unproblematisch, sondern auch ausgesprochen leicht. Eine andere Sache sind die innerartlichen Kämpfe bei der Neubesetzung eines Aquariums, bei denen die Rangfolge innerhalb der eingesetzten Tiergruppe festgelegt werden muß. Hierbei kann es zu harten Attacken kommen, und nicht selten erleiden unerwünschte Mitbewohner tödliche Verletzungen. Nach meinen eigenen Feststellungen hat ein aufmerksamer Pfleger gute Erfolge mit Nachzuchten, wenn er in einem großen, mit vielen revierähnlichen Zonen ausgestatteten Becken eine ganze Reihe von Mbuna-Arten (wozu man bei großzügiger Auslegung dieses Begriffes auch bestimmte Vertreter der Gattung *Haplochromis* zählen kann) zusammenbringt. Bei einer derartigen Ansammlung bleiben die Kämpfe größtenteils aus. Jetzt geht es nur noch darum, Weibchen herauszufangen, die den Kehlsack voll Eier haben. In einem großen Becken unternimmt man diese Versuche am zweckmäßigsten bei abgeschalteter Beleuchtung (nachts), nachdem man vorher den Standplatz des Tieres ermittelt hat. Das Weibchen wird mitsamt den Eiern (zum Fangen möglichst ein Glas verwenden, damit ausgespuckte Eier nicht verlorengehen!) in ein kleines Becken ohne weitere Einrichtung überführt. Wichtig hierbei ist die gleiche Wasserqualität in beiden Becken.

### *Pseudotropheus aurora*
BURGESS, 1976

Die Endemiten aus dem Malawi-See stammen aus flachen und felsigen küstennahen Zonen um die Chisumu- und Likoma-Insel. Sie leben in ihrem heimatlichen Biotop im Bereich der Übergangszone, also zwischen dem felsigen und dem sandgrundigen Litoral. Die bis zu etwa 10 cm groß werdenden sehr schön gefärbten Fische findet man bereits in wenigen Metern Tiefe, in der man sich noch schnorchelnd fortbewegen kann. Von dieser Neubeschreibung* liest man Berichte über Fehlverhalten weiblicher Tiere während der Balz und der Eiabgabe. Die Pflege und auch die Nachzucht der Art sollten jedoch normalerweise keine

* SCHOENEN, P.: „Der Versuch einer künstlichen Erbrütung von Maulbrüter-Eiern und Beobachtungen bei der Larvenentwicklung." DCG-Info (Informationsblatt der Deutschen Cichliden-Gesellschaft), 8, 1, S. 12—20, 1977.

** SHAW, E. S. & ARONSON, L. R.: „Oral Incubation in Tilapia macrocephala." Bull. of the Amer. Mus. of nat. Hist., 103, p. 397—415, 1954.

* BURGESS, W. E.: „Pseudotropheus aurora, A New Species of Cichlid Fish from Lake Malawi." Tropical Fish Hobbyist, 24, 5, p. 52—56, 1976.

Mayland

Pseudotropheus aurora

größeren Schwierigkeiten machen wie die anderer Pseudotropheus-Arten.

Der Körper mitsamt dem oberen Teil des Kopfes ist normalerweise hellblau. Man trifft jedoch auch Tiere an, bei denen die Blaufärbung über dem Kopf kaum noch vorhanden ist. Sie hat einem kräftigen goldgelben Farbton Platz gemacht, der über Bauch und Kehle liegt. Stimmungsbedingt zeigen die Tiere etwa 7—8 mehr oder weniger dunkle Querbinden über den Flanken. Rücken- und Schwanzflosse sind ebenfalls gelb und mit einem weißlichen oberen Saum versehen. Die blaue Afterflosse trägt einen oder mehrere Eiflecke. Die ersten Strahlen der Bauchflossen sind weiß, die übrige Flosse blaugelb. Weibliche Tiere sind einfacher gefärbt und zeigen nicht die intensive Gelbfärbung über Maul und Kehle. Viele Tiere tragen ebenfalls Eiflecke in der Analen.

### *Pseudotropheus elegans*
TREWAVAS, 1935

Eine weniger bekannte Art, die man bei ähnlichem Namen nicht mit *P. elongatus* verwechseln sollte. Der „Braune Malawi-Maulbrüter" zeigt schon von seinem deutschen Namen her, daß er nicht zu den bunten Erscheinungen gehört. Der Bewohner aus dem Malawi-See hat eine kaffeebraune Färbung, die in der oberen Körperhälfte sogar fast schwarze Töne zeigt. Zum Bauch hin wird die Färbung sehr hell — zuweilen sogar weißlich — und trägt einen bläulichen Schimmer. Eine undeutliche Längsbinde zieht sich vom Auge bis zur Schwanzflossenbasis. Auf dem hinteren Kiemendeckelbogen liegt ein schwarzer Fleck, der blau irisierend gesäumt ist. Ähnlich blau gefärbt sind einige Linien auf dem Kopf. Die braunschwarzen Flossen zeigen weißliche schmale Säume. Die Afterflosse trägt ein schwarzes submarginales Band. Diese von Aquarianern selten gepflegte Art läßt sich wie die übrigen Pseudotropheus-Arten halten. Der Maulbrüter erreicht eine Länge von rund 10 cm.

### *Pseudotropheus elongatus*
FRYER, 1956

Der „Schmalbuntbarsch" ist eine elegante Erscheinung. Im Gegensatz zu den meisten Gattungsverwandten haben die Fische eine überaus gestreckte Körperform und erreichen eine Länge von etwa 12 cm. Die Fische haben eine Grundfärbung, die je nach Herkunft weißblau oder kobaltblau ist. Kopf und Körper vor dem Ansatz der Brustflossen sind tiefdunkelbau. Über die Flanken laufen etwa 5—7 samtschwarze Querbinden, deren letzte meist bereits vor der Afterflossenmitte liegt. Bauch und Rücken zeigen ebenfalls derartig dunkle Zonen. Die Rückenflosse ist tiefschwarz, und nur die hinteren weichen Strahlen weisen einige hellere Blautöne auf. Der Saum der Rückenflosse hat das unterschiedliche Blau der Grundfärbung. Sehr schön ist die Schwanzflosse gezeichnet: Zwischen den blauen Strahlen liegen schwarze Membranen. Der obere und untere Saum ist hellblau, und innen liegt ein breites schwarzes submarginales Band. Die Afterflosse ist in ihrem vorderen Bereich schwarz und in der weichstrahligen Zone blaßblau. Hierin liegen einige gelbe, schwarz gerandete Eiflecke. Der vordere Strahl der Brustflossen ist weiß, die restlichen Flossen sind samtschwarz.

Der Schmalbuntbarsch lebt in seinen Heimatbiotopen von Algenrasen, den er von den Felswänden weidet. Die vielartigen Mikroorganismen, die in den Algenpolstern leben, werden ebenfalls mitverwendet. Im Aquarium zeigen die Fische ihr besonders ausgeprägtes Territorialverhalten, indem sie das Revier, welches sie einmal in Besitz genommen haben, wütend verteidigen und dabei auch nicht vor größeren Störenfrieden zurückschrecken. Selbst die graueren Weibchen, die farblich gegenüber den eingangs beschriebenen Männchen optisch stark abfallen, beziehen zuweilen ein eigenes Revier und zeigen dort ein ähnliches, anderen Fischen gegenüber aggressives Verhalten. Aus diesen Gründen soll man *P. elongatus* nicht in zu kleinen Becken pflegen und ihnen ihren Wohnbereich durch umfangreiche Steinaufbauten (nicht nur in die Breite, sondern auch in die Höhe!) biotopgerecht gestalten.

Die Zucht entspricht bei *P. elongatus* dem bekannten Verhalten der Maulbrüter. Männchen und Weibchen kommen erst kurz vor der Eiabgabe zusammen. Der Laichplatz wird nach dem Putzen von dem erwählten Weibchen angenommen und weitere weibliche Tiere, die möglicherweise in das Revier einzudringen versuchen, werden vertrieben. Das balzende Männchen versucht nun, dem Weibchen zu imponieren, spreizt alle Flossen und zeigt der Partnerin in dieser Haltung die volle Breitseite. Da auch seine Farben jetzt in schönsten und intensivsten Tönen leuchten, lockt das Männchen die künftige Mutter nun zum Laichplatz, wobei die zögernde Partnerin durch schlängelnde Schwimm- und Schüttelbewegungen von den ernsthaften Bemühungen des Männchens überzeugt wird. Folgt das Weibchen dem Partner, findet kurz darauf auch die Eiabgabe statt. Bleibt diese jedoch aus, wird das Männchen ungeduldig und versucht, die Partnerin erst durch leichtes Knuffen von seinen Absichten zu überzeugen. Sollte alles nichts nützen, so muß das Weibchen bald erfahren, wie unangenehm der enttäuschte Partner werden kann: Es wird mit kräftigen Rammstößen aus dem Revier gejagt. Meist kehrt das Weibchen aber wieder zurück, und die Balz beginnt von neuem. Ist die Eiablage beendet, und das Weibchen hat das Gelege ins Maul genommen, interessiert es sich intensiv für die Eiattrappen in der Afterflosse des Männchens. Das Weibchen schnappt nun nach dieser Flosse und nimmt dabei die gleichzeitig vom Partner abgegebenen Spermien mit dem Maul auf, so daß die Eier befruchtet werden. Es vergehen, je nach Wassertemperatur, 18—22 Tage, ehe die Mutter ihre Jungen aus dem Maul entläßt. Jetzt muß die Fütterung der Jungen einsetzen, doch darf auch die Mutter, die in vielen Fällen während der letzten Zeit kein Futter genommen hat, nicht vergessen werden. Sie benötigt selbstverständlich ein groberes Futter. Mit der Zeit läßt der Hütetrieb des Weibchens nach, und gleichzeitig werden jetzt auch die Jungfische von Tag zu Tag selbständiger, bis der Kontakt zur Mutter schließlich ganz abreißt.

Kahl

Pseudotropheus elongatus

### *Pseudotropheus fainzilberi*
STAECK, 1976

Eine neue Art aus dem Malawi-See, deren Vorkommen an der nordöstlichen Seite des Sees, auf dem Gebiet von Tansania, unweit der Ortschaft Makonde, nachgewiesen wurde*. Als besonderes Merkmal dieser hochrückigen Art ist die dicklippige Form des Maules anzusehen, die in Aussehen und Bezahnung an *Petrotilapia tridentiger* erinnert und sich von der anderer Pseudotropheus-Arten unzweifelhaft unterscheidet. Sie nimmt damit innerhalb der Gattung eine Sonderstellung ein, doch hält es der Autor aufgrund dieser Eigenschaften nicht für gerechtfertigt, diesen Cichliden zu einer neuen, monotypischen Gattung zu stellen. Andererseits ist der neuen Art eine gewisse Verwandtschaft mit *P. zebra* im Habitus nicht abzustreiten. Da der Autor seiner Beschreibung kein Foto eines Tieres in Normalfärbung beifügte und Importe noch ausbleiben, kann ich hier nur seine Farbangaben zitieren: „Die Grundfarbe adulter, revierbesitzender Männchen besteht aus einem leuchtenden Hellblau, das sich über große Teile des Kopfes, des Körpers, aller unpaaren Flossen sowie der Ventralen erstreckt. Zwischen dem hinteren Rand des Kiemendeckels und dem hinteren Ende der Rückenflosse ziehen über die Körperseiten sechs bis sieben schwarze Querstreifen, deren Farbintensität von vorn nach hinten

* STAECK, W.: „Ergebnisse einer Ichthyologischen Sammelreise zum Nordende des Nyassasees (II)". Das Aquarium, Wuppertal, 10, 89, S. 486—492, 1976.

Pseudotropheus fuscoides Kahl

abnimmt, so daß die beiden letzten nur noch andeutungsweise in Erscheinung treten. Der Bereich zwischen dem unteren Rand des Auges und der Oberlippe ist gleichfalls schwarz gefärbt. Die Augen sind mit einer schwarzen Binde verbunden, die über die Stirn zieht. Eine weitere derartige Binde verläuft über den Nacken und verbindet den oberen Winkel des rechten und linken Kiemendeckels. Der untere Bereich des Kopfes, die Kehle, die Brust sowie die Bauchregion bis kurz hinter dem Ansatz der Bauchflossen sind lehmgelb bis zitronengelb gefärbt. Auch der weiche Teil der Rückenflosse sowie die hintere Region der Schwanzflosse zeigen im Bereich der Flossenhäute gelbe Farbtöne. In dieser Region trägt die Rückenflosse eine Anzahl orangegelber Flecken von ovaler Form. Die bläuliche Afterflosse weist in ihrem weichen Teil im allgemeinen vier bis sechs deutlich ausgebildete, hellgelbe Eiflecken auf, die einen dunklen bis schwärzlichen Hof besitzen. Revierlose, geängstigte oder sonst in ihrem Wohlbefinden beeinträchtigte Männchen zeigen statt der hellblauen eine taubenblaue Grundfarbe. Die normalerweise schwarzen Querstreifen der Flanken sehen dann häufig gelb aus. Weibchen und Jungtiere sind blaugrau bis graubraun gefärbt. Das Muster dunkler Querstreifen ist bei ihnen nur andeutungsweise ausgebildet. In Formalin konservierte Fische sehen einfarbig graubraun aus."

### *Pseudotropheus fuscoides*
FRYER, 1956

Aus der Gruppe der Mbuna stellt sich mit *P. fuscoides* eine Art vor, die etwa 10 cm groß wird. Die Färbung der einzelnen Exemplare kann recht unterschiedlich sein, dadurch wird ihre Unterscheidung zu anderen Arten nicht erleichtert. Neben zitronengelben und gelbbraunen Farbformen findet man auch Tiere von sehr dunkler brauner Färbung. Diese Art gehört ebenfalls den algenverzehrenden Felsencichliden an, die mit einem starken Schabegebiß ausgestattet sind. Die vordere Reihe des Gebisses besteht aus meißelförmigen und scharf schneidenden Zähnen, mit denen die einzelnen Algenportionen regelrecht abgetrennt werden. Andererseits ernähren sich die Tiere auch durch Wirbellose — meist Krebstiere —, die in diesen Algenpolstern leben. Die Art steht den Vertretern der Gattung *Melanochromis* nahe, doch sind die Zähne von *P. fuscoides* schärfer und die Schlundbezahnung ist breiter, was auf eine besondere Vorliebe der Fische für wirbellose Kost hinweist. Die Zucht der Tiere ähnelt der anderer Pseudotropheus-Arten (vergleiche *P. elongatus).* Männliche Tiere tragen mehrere Eiflecke in der Afterflosse.

### *Pseudotropheus fuscus*
TREWAVAS, 1935

Die im Gebiet der felsigen Flachwasserzonen des Malawi-Sees verbreitete Art weist ähnliche Merkmale auf wie *P. fuscoides.* Die Bezahnung der Kiefer besteht aus mehreren Zahnreihen (vergleiche Abbildung). Die äußeren Zähne sind gedrungen und zweispitzig, während die Zähne der inneren Reihen kleiner bleiben und zusätzlich dreispitzig ausfallen. FRYER hat in einer Arbeit* auf die verschiedenartigen Beziehungen der litoralen Cichlidengesellschaft hingewiesen und einen Beitrag über die Evolution dieser Mbuna-Gruppe geliefert. Mit dem kleinen abgerundeten Kopf und den scharfen Vorderzähnen knabbern die Tiere im heimatlichen Biotop hauptsächlich Algen von den Felswänden. In Gefangenschaft nehmen die Tiere vielerlei des angebotenen Futters, so daß man sie praktisch als Allesfresser bezeichnen kann. Die als „Blaustreifenmaulbrüter" bezeichnete Art (wie viele Arten könnten diesen Namen tragen?) hat eine etwas gedrungenere Körperform als Pseudotropheus- oder Melanochromis-

* FRYER, G.: „The tropic interrelationship and ecology of some littoral communities of Lake Nyasa with especial reference to the fishes, and a discussion of the evolution of a group of rock-frequenting Cichlidae." Proc. zool. Soc. Lond., 132, p. 153—281, 1959.

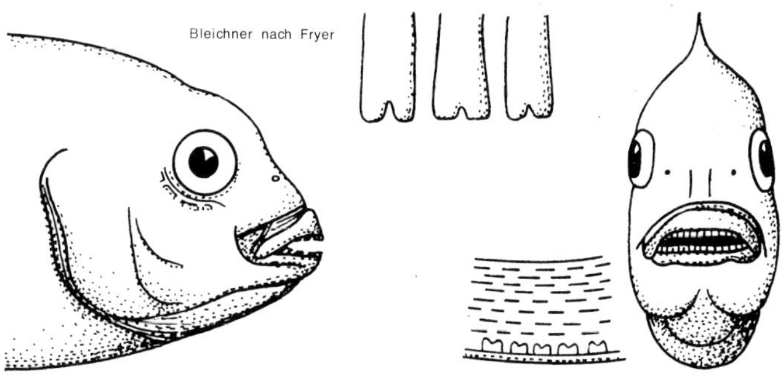


Pseudotropheus fuscus *mit seinen Raspelzähnen. Sie sind fein und schaben Algen von den Felsen im See.*

Arten, denen sie in der Männchen-Färbung ähnlich ist. Die 10—12 cm lang werdenden Fische, die in ihrer Färbung (♂) besonders an *M. auratus* erinnern, zeigen meist eine schwarze, seltener eine schwärzliche Grundfärbung. Über die Körpermitte zieht eine hellblaue Längsbinde, die vom Augenrand bis in die Mitte der Schwanzflosse reicht. Eine zweite Binde läuft zur ersten parallel. Sie beginnt auf der Stirn und endet auf dem oberen Profil des Schwanzstiels. Die hellblaue Rückenflosse ist im Basalbereich dunkel. Sie hat eine sehr helle, fast weißliche Randzone und weist im hinteren vertikalen Rand zuweilen einige gelbe Flecke auf. Die schwarze Schwanzflosse trägt einen oberen und unteren hellblauen Saum. Ihre äußere Randzone ist von einer gelben Tönung überdeckt, und die vielen hellblau gefärbten Strahlen ergeben ein zartes Fächermuster. Die hellblaue Afterflosse ist im vorderen Basalbereich schwarz. An ihrem hinteren Saum zeigen sich mehrere unterschiedlich große gelbe Eiflecke, die dunkel gesäumt sind. Auch die schwarzen Bauchflossen sind weißlichblau gesäumt. Weibliche Tiere zeigen nicht den farblichen Kontrast. Bei ihnen sind die Abstufungen weicher, um nicht zu sagen verwässerter. Die Grundfärbung ist bei diesen Tieren nicht schwarz, sondern blaugrau.

Die Zucht der Art bereitet keine großen Probleme. Meist bauen die Männchen eine Sandgrube, dabei werden auch kleinere Steine zur Seite befördert. Pflanzen bleiben allgemein unbehelligt.

Abgelaicht wird unter einem Versteck, das bei dieser Buddelei geschaffen wird. Das Weibchen hält sich auch während der Zeit, in der die Eier im Maul getragen werden, dort auf und nimmt während dieser Spanne kein Futter.

## *Pseudotropheus joanjohnsonae*

(JOHNSON, 1974)

In der seinerzeitigen Beschreibung von JOHNSON als *Labidochromis j.* wurden einige Fehler festgestellt. Die Beschreibung wurde zudem (OLIVER) mit der Begründung ins Abseits gestellt, daß es sich bei dieser neuen Art um *Labidochromis fryeri* handele und *L. joanjohnsonae* ein jüngeres Synonym sei. Mit seiner Erstbeschreibung von *Melanochromis exasperatus* schuf BURGESS im Jahre 1976 eine neue Unsicherheit, wie überhaupt verschiedene Meinungen über die Zugliederung der Arten zu *Melanochromis* und *Pseudotropheus* (den beiden sehr eng verwandten Gattungen) herrschen. Schließlich erschien die Arbeit von STOCK*, in der sich der Autor mit den nomenklatorischen Daten auseinandersetzt und die Art aufgrund dentaler Merkmale zur Gattung *Pseudotropheus* stellt.

Die vor den verschiedenen Beschreibungen unter den Händlernamen *„Labidochromis caeruleus ‚likomae'"* oder „Perle von Likoma" gehandelten und in Artikeln beschriebenen Fische sind also in ihrer Gattungs- und Artzugehörigkeit noch nicht klar zu fixieren. Den Fischen macht dieses Geplänkel natürlich nichts aus, wenn wir sie in unseren Becken pflegen. Sie lassen sich nach Art der anderen Pseudotropheus- oder Melanochromis-Arten halten und sind auch bereits verschiedentlich nachgezüchtet worden. Die Balz sollte der Pfleger dann gut beobachten, da das stark treibende Männchen seiner Partnerin, falls sie sich nicht bald laichwillig zeigt, Schaden zufügen kann. Bei der üblicherweise eingestellten Zuchttemperatur von 26—28° C entläßt das Weibchen nach einer Brut- und Hütezeit von 20—24 Tagen die Jungen aus dem Maul. Die Zahl der Jungfische bleibt mit 15—20 in vielen Fällen relativ klein, doch wachsen die Kleinen, die sich schon im Maul der Mutter gut heranbilden konnten, schnell heran. Nach etwa zwei Wochen bekommen sie einen leuchtend roten Bauch, der jedoch später wieder verschwindet. Bis zur Unterscheidung der Geschlechter nach den Farben muß der Züchter noch einige Zeit warten. In der unterschiedlichen Färbung weisen die Fische die gleichen Töne und Musterungen auf wie *Melanochromis exasperatus.*

* STOCK, A. D.: „The Taxonomic Status of Labidochromis joanjohnsonae JOHNSON, Labidochromis fryeri OLIVER and Melanochromis exasperatus BURGESS." Buntbarsche Bulletin (Organ der ACA — American Cichlide Association), 6/7, p. 14—19, 1976.

Loiselle

Pseudotropheus lanisticola

## *Pseudotropheus lanisticola*
BURGESS, 1976

Mit dieser neuen Art stellt der Autor einen der kleinsten Cichliden aus dem Malawi-See vor, der nach bisherigen Kenntnissen eine Größe von 6 cm nicht überschreiten soll. Als Typenlokalität ist Cape Maclear (vergleiche Karte Seite 50) belegt. Der kleine hochrückige Endemit unterscheidet sich in seiner Färbung völlig von den üblichen Mustern der Pseudotropheus-Arten. Die Tiere zeigen eine nahe Verwandtschaft zu *P. livingstonii.* Sie leben beide in den Schneckenhäusern von Arten der Gattung *Lanistes,* weshalb die Beschreibung dieser neuen Art möglicherweise erst jetzt, nach eingehenderem Studium, erfolgte. Damit haben die Fische im Malawi-See eine ähnliche Lebensweise entwickelt, wie man sie auch von einigen Arten *(Lamprologus brevis* und *L. hecqui* in Gehäusen der Gattung *Neothauma)* aus dem Tanganjika-See kennt. Wie der Autor in seiner Arbeit* anführt, konnte innerhalb der Geschlechter kein sexueller Dimorphismus festgestellt werden. Die Grundfärbung der Tiere ist hellgrau bis fleischfarben. Durch die dunklere Randung der Schuppen entsteht über den Flanken ein Netzmuster. Interessant ist die Musterung der unpaaren Flossen, bei denen auf kräftig hellblauem Grund eine streifige gelbe Zeichnung im weichen (hinteren) Bereich der Rückenflosse sowie über die gesamte Schwanzflosse vorhanden ist (Foto). Die Afterflosse ist in ihrer unteren Hälfte ebenfalls goldgelb und zeigt in ihrem hinteren hellblauen Teil meist nur einen Eifleck. Die schwarzen Bauchflossen tragen innen einen hellen, außen dagegen einen schmalen hellblau irisierenden Saum. Auf dem hinteren Kiemendeckelboden liegt ein dunkler Fleck. Außer den blau irisierenden Lippen liegt über dem Kopf ein Muster aus blau schimmernden Farbzonen. Über den Flanken sehen wir 5—6 sehr schwach angedeutete breite Querbinden.

In seiner Arbeit erwähnt der Autor noch die mögliche Lebensgemeinschaft dieser Art zusammen mit einem kleinen Wels der Gattung *Leptoglanis,* doch konnte noch nicht nachgewiesen werden, ob es sich hierbei um eine echte Biozönose (= Lebensgemeinschaft) handelt, bei der die eine Art aus dem Vorhandensein der anderen einen Vorteil hat (vergleiche auch Foto Seite 55 rechts).

* BURGESS. W. E.: „A New Shell-dwelling Cichlid from Lake Malawi and Its Inquiline Catfish." Tropical Fish Hobbyist, 25, 9, 1976.

## *Pseudotropheus livingstonii*
(BOULENGER, 1899)

Der „Maulbrütende Schneckenbuntbarsch" aus dem Malawi-See lebt über felsigem wie auch über sandigem Grund. Sein deutscher Name läßt erkennen, daß diese Art in den Gehäusen von Schnecken lebt und sich auch bei Gefahr immer wieder darin zurückzieht. Ähnlich wie *P. lanisticola,* der kleiner bleibenden vorgenannten Art des gleichen Biotops, hat auch *P. livingstonii* ein derartiges Schutzverhalten entwickelt. Da die großen Wasserschnecken der Gattung *Lanistes* (vergleiche Foto Seite 55) am Seegrund eine Menge leerer Gehäuse hinterlassen, fällt es den Fischen nicht sonderlich schwer, stets eine neue Behausung zu finden, wenn die bisherige nicht mehr passend erscheint. Die Größe dieser Cichliden, wenn sie die Schneckengehäuse als Zufluchtstätte wählen, liegt mit 7—8 cm geringfügig über der von *P. lanisticola,* der zu den kleinsten Vertretern dieser Gattung zählt. Ob es sich bei diesem Schutzverhalten nur um das jüngere Tier handelt, ist noch nicht festgestellt worden. Da *P. livingstonii* eine Endgröße von immerhin 15 cm erreicht, wird er sich in dieser Größe kaum in einem Schneckenhaus verstecken können.

In Gefangenschaft nehmen die Tiere vielerlei Futter. Sie sind nicht sonderlich anspruchsvoll, was die Wasserqualität anbetrifft. Wenn man verschiedenen Berichten trauen darf, kann man sie selbst in leicht saurem Wasser halten und darin auch zur Nachzucht bringen, obgleich der pH-Wert im Malawi-See immerhin bei 8,4 liegt. Die Nachzuchten erbringen im Durchschnitt etwa 30—50 Jungfische. *P. livingstonii* hat eine graublaue bis violette Grundfärbung. Über den Flanken liegen, stimmungsbedingt mehr oder weniger ausgeprägt, 5—6 dunkle Querbinden. Der gedrungene Körper mit dem kurzen Kopf weist ein hellblau irisierendes Band über den Lippen sowie ebenso irisierende Linienmuster über Stirn und Kiemendeckel auf. Die Brust, einschließlich der transparenten Brustflossen, ist von einem gelben Schimmer überzogen. Sehr interessant ist die Zeichnung der unpaaren Flossen im Vergleich zu denen von *P. lanisticola.* Hier kann man einige Übereinstimmungen feststellen. Zwischen den hellblauen Strahlen der Rücken- und Schwanzflosse stehen goldgelbe Membranen. Die Afterflosse hingegen zeigt dieses Muster nicht. Bei ihr ist die hintere untere Flossenzone gelblich und zeigt am oberen Hinterende einen oder mehrere gelbe, dunkel gerandete Eiflecke. Die schwarzen oder schwärzlichen Bauchflossen tragen einen hellblau irisierenden vorderen Saum.

Knaack

Pseudotropheus livingstonii ♂

### *Pseudotropheus lombardoi*
BURGESS, 1977

Ein alter Bekannter, der früher unter dem Händlernamen *„P. liliancinius"* gehandelt und bekanntgemacht wurde. Bei der wissenschaftlichen Erstbeschreibung gab der Autor den Tieren ihren neuen Artennamen zu Ehren eines amerikanischen Zierfisch-Importeurs (John Lombardo). Als belegter Fundort im Malawi-See gelten die Mbenji-Inseln (vergleiche Text und Foto Seiten 54—56). *P. lombardoi* kann man als Musterbeispiel des Sexualdimorphismus (geschlechtliche Verschiedenheit) ansehen. Im Gegensatz zur meist strahlendblauen Körperfärbung der Weibchen, über der eine Anzahl (5—6) schwarzblauer Querbinden liegt, zeigen die männlichen Partner nach dem Erreichen der Geschlechtsreife eine goldgelbe Flossen- und Körperfärbung. Bei den Männchen sind die Querbinden zwar ebenfalls erkennbar, doch bleiben sie meist sehr blaß. Jungfische zeigen in ihrem ersten Lebensabschnitt die

Pseudotropheus lombardoi, *links ♀, rechts ♂.*

Richter

Mayland

Weibchenfärbung. Die männlichen Tiere färben sich erst ab einer Gesamtlänge von 3—4 cm um, indem sie blasser werden und zuerst einmal eine gräuliche Körperfärbung annehmen, in der man die Querbinden jedoch stets wahrnehmen kann. Weibliche Tiere, bei denen auch die Flossen die gleiche Blaufärbung wie der Körper zeigen, tragen keinen Eifleck in der Anale. Er ist nur den Männchen vorbehalten (Fotos).

Die Nachzucht von *P. lombardoi* ist verhältnismäßig einfach. Man soll die Tiere jedoch nicht allein pflegen, sondern stets mit anderen Mbuna-Arten zusammen halten. Auf diese Weise können die sonst üblichen Prügeleien innerhalb der artverwandten Tiere weitgehend abgestellt werden.

## *Pseudotropheus lucerna*
TREWAVAS, 1935

Um Mißdeutungen entgegenzutreten, soll hier zuerst einmal erklärt werden, daß mit der Erstbeschreibung von *P. aurora* durch BURGESS (bitte vergleichen Sie die Beschreibung) im Jahre 1976 diese Art nicht ins Synonym gesetzt wurde. Der Autor schreibt: „Der Fisch, welcher hier beschrieben werden soll, ist im aquaristischen Handel als *P. lucerna* bekannt gewesen. Nach Prüfung vieler Exemplare dieser Spezies wie auch der Typusexemplare von *P. lucerna* komme ich zu dem Schluß, daß es sich weder um die gleichen Spezies handelt, noch diese neuen Fische einer anderen Art der Gattung *Pseudotropheus* angehören." Damit wird lediglich erklärt, daß es sich bei dieser neuen, bisher wissenschaftlich noch nicht beschriebenen Spezies n i c h t um *P. lucerna* handelt.

*P. lucerna* lebt endemisch im Malawi-See. In ihrem heimatlichen Biotop bewohnen die Fische die Übergangszone zwischen Fels- und Sandgebieten des Litorals. Sie sind damit in die ökologische Nische ausgewichen, in der ein Nahrungswettbewerb weniger groß ist als im reinen Felslitoral. Der bis knapp 14 cm groß werdende Maulbrüter bleibt, im Gegensatz zu vielen seiner Gattungsverwandten, farblich eher bescheiden. Die schwärzlich blaugrundigen Körper der Männchen werden zum Rücken hin ockerbraun. Diese Färbung wird in der unteren Kopfregion blasser. Rücken- und Schwanzflosse haben blaugraue Strahlen, zwischen denen die Flossenmembranen meist schwarz

Kahl

Pseudotropheus macrophthalmus. *Orangebraune Form.*

sind. Die Säume dieser Flossen zeigen eine gelbliche Tönung. Die blaugraue Afterflosse hat eine breite submarginale Binde über einem sehr feinen weißlichen Saum. Die Flanken sind von 8—9 dunklen Querbinden überlagert, die stimmungsbedingt mehr oder weniger stark hervortreten. Über dem Ansatz der Brustflossen liegen einige feine gelbliche Tüpfel. Weibliche Tiere bleiben in der Färbung wesentlich blasser. Bei ihnen wird auch der Bauch heller. Die aquaristische Haltung der Art entspricht der Pflege der meisten hier angeführten Pseudotropheus-Vertreter.

## *Pseudotropheus macrophthalmus*
AHL, 1927

In einer Arbeit aus dem Jahre 1959* schlägt FRYER vor, die Zahl der Pseudotropheus-Arten um drei *(P. macrophthalmus, P. microstoma* und *P. novemfasciatus)* Arten zu verringern und diese zur Art *P. tropheops* zu stellen. Dies ist auch der Grund dafür, daß FRYER in seinem großen Werk, das er zusammen mit ILES schrieb**, diese drei Arten (abgesehen von einer Erklärung in Kap. 17, „Evolution IV") mit keiner Silbe erwähnt. Diese Anregung wurde

* FRYER, G.: „The trophic interrelationship and ecology of some littoral communities of Lake Nyasa with especial reference to the fishes, and a discussion of the evolution of a group of rock-frequenting Cichlidae." Proc. zool. Soc. London, 132, p. 153—281, 1959.

** FRYER, G. & ILES, T. D.: „The Cichlid Fishes of the Great Lakes of Africa; Their Biology and Evolution." Oliver & Boyd, Edinburgh, 1972.

Kahl

Pseudotropheus microstoma ♂

aber allgemein wenig beachtet, so daß wir uns auch heute noch dieser Namen bedienen. Inzwischen sind von *P. macrophthalmus* Farbvarianten aufgetaucht, die den Status dieser Art möglicherweise weiter beeinflussen werden. Der maulbrütende Felsencichlide aus dem Malawi-See wird ungefähr 12 cm lang. Männliche Tiere zeigen eine kräftige Blaufärbung über den Flanken, die durch eine unterschiedliche Zahl (je nach Variante) von Querbinden überlagert wird. Die blaugrundige Rückenflosse wird von einer weißen Marginalbinde gesäumt, unter der ein schwärzliches submarginales Band liegt. Die Schwanzflosse trägt hellblaue Strahlen, die von schwarzgrauen Membranen umgeben sind. Beide Flossen tragen in ihren weichstrahligen Endzonen einen gelblichen Schimmer. Die Afterflosse ist in ihrer vorderen Region dunkel, in der hinteren meist hellblau gefärbt. Eine feine weiße Marginalbinde säumt den unteren Rand der Flosse. In der blauen Zone erkennt man ein bis zwei gelbe, schwarz gesäumte Eiflecke. Die schwärzlichen Bauchflossen tragen hinter dem weißen Saum ein tiefschwarzes submarginales Band. Von dieser beschriebenen Männchenfärbung kennen wir einige Varianten wie eine orangebraune Form, bei der die vordere Körperhälfte wie rostbraun gepudert erscheint. Ferner ist eine orangewangige Variante bekannt, bei der über Wangen, Schläfen und vorderen Flanken verschiedene orangefarbene Flecke liegen. Weibliche Tiere zeigen, im Gegensatz zu ihren männlichen Artgenossen, eine blaßblaue bis graubraune Färbung, zu der sich unter Umständen eine gelbe Zeichnung der unpaaren Flossen gesellen kann. Auffällig ist das Kopfprofil, das bei beiden Geschlechtern vor den Augen stärker gewölbt ist und dann zur Oberlippe steil abfällt.

## *Pseudotropheus microstoma*
TREWAVAS, 1935

Auch bei dieser Art gilt nomenklatorisch das bei *P. macrophthalmus* angeführte. Man findet bei diesen Vertretern ebenfalls eine Reihe von farblichen Varianten. Der Maulbrüter aus dem Malawi-See erreicht eine Länge von etwa 10 cm. Die Tiere leben im Felslitoral in den bekannten Biotopen, die in der Gattungsbeschreibung angegeben wurden. Die farbliche Beschreibung der Fische wird oft als „blaß" oder „bescheiden" abgetan, was sicherlich auf eine Reihe von Tieren zutrifft. Andererseits existieren Exemplare, die eine solche Beschreibung nicht verdienen. Fotos sind nicht immer ein exaktes Belegmaterial. Wenn beispielsweise die Aufnahme mit zuviel Oberlicht gemacht wurde, ist dem Tier damit viel von seiner Färbung „weggeleuchtet" worden. Man kennt neben graugelben Weibchen auch solche, die leuchtend gelb sind. Männliche Tiere zeigen normalerweise im Aquarium auf blauem Grund eine Anzahl von 6—8 dunklen Querbinden, wie sie auch die Weibchen gelegentlich haben. Wie verschiedentlich berichtet wurde, gehört diese Art zu den empfindlicheren Tieren, die sich weniger gut anpassen, wenn zum Beispiel der pH-Wert unter die Neutralmarke (7,0) in den sauren Bereich absinkt oder die Becken nicht groß genug sind. Dieser Cichlide zählt zu den mittelgroßen Zierfischen und benötigt ein Aquarium von mindestens 100 cm Länge. Nur Tiere, die sich wohlfühlen, zeigen ihre Querbindenmusterung schwach oder gar nicht. Bei *P. microstoma* sind in den meisten Becken die vertikalen Binden immer zu sehen. Auf zwei unserer Fotos erkennen Sie, daß das nicht sein muß. So können männliche Tiere ebenfalls ohne Querbinden sein und dazu eine strahlendblaue Körperfärbung mit perlmutterfarbenem Glanz zeigen. Die Musterung in den Flossen beschränkt sich in einem weißen Marginalband in der Rückenflosse, einem leuchtendblauen Saum der sonst rußig dunklen Brustflossen und einem oder mehreren Eiflecken in der Afterflosse. Farbvarianten, die gelegentlich auch eingeführt werden, zeigen eine orangefarbene Flekkung im Bereich von Schläfen und Brustflossenansatz.

### *Pseudotropheus minutus*
FRYER, 1956

Eine Art, von der FRYER bei seiner Erstbeschreibung nur kleine Exemplare belegte. Inzwischen wurde aber festgestellt, daß diese relativ friedliche Art recht groß werden kann und 10 cm Länge erreicht. Die Fische leben, oft zusammen mit *P. fuscus,* eng an die felsigen Zonen des Litorals gebunden und gehören zu den reinen Aufwuchs-(= Algen-)Fressern.

Von dieser Art sind mehrere Farbvarianten bekannt. FRYER beschrieb damals folgende Färbung: Hellblau mit fünf Querbinden. Die blaue Rückenflosse trägt ein dunkles Band. Die Afterflosse zeigt hell-orangefarbene Eiflecke (meistens zwei). Weitere Varianten sind hellblau mit gelblichen bis gelben Flossen oder sie zeigen eine einfarbige Orangetönung ohne Querbinden, dafür aber mit blauen Sprenkeln über den Flanken. Die Haltung und Zucht von *P. minutus* gleicht der der meisten Pseudotropheus-Arten.

### *Pseudotropheus novemfasciatus*
REGAN, 1921

Der „Neunstreifige Malawibuntbarsch" ist ein alter Bekannter der Cichlidenfreunde. Die Tiere leben im Felslitoral des Malawi-Sees endemisch und erreichen eine Länge von rund 10 cm. Geschlechtsunterschiede lassen sich mit einiger Sicherheit erst bei Tieren ab etwa 8 cm Länge erkennen, dann nämlich, wenn die Geschlechtsreife eintritt und die sexualdimorphe (geschlechtsunterscheidende) Färbung eintritt. In Gefangenschaft erweisen sich die Fische als gute Fresser, die sich auch bedingt friedlich verhalten. Man darf ihnen kein zu kleines Becken anbieten und muß das Aquarium mit entsprechenden Steinaufbauten bestücken, damit sich die Fische annähernd heimisch fühlen. Pflanzen werden sie nicht ganz verschonen, weil alle Felsencichliden vegetarische Kost zu sich nehmen. Ebenso muß man abraten, die Fische paarweise halten zu wollen. Bei dem ständigen Gezänk der polygamen* Pseudotropheus-Arten sollte sich die Angriffslust möglichst auf mehrere Tiere verteilen. Es müssen auch nicht Tiere gleicher Art sein, die miteinander im selben Becken leben. Man kann verschiedene Mbunas einsetzen, wenn man die Abwechslung liebt. Die Nachzucht ist, wie bei den meisten Arten der Gattung, kein großes Problem. Die *P.-novemfasciatus*-Mütter sind recht aufopferungsvoll bei der Brut und dem Hüten der Nachzucht. Die Eier haben eine Zeitigungsdauer von 20—22 Tagen, wenn die Wassertemperatur nicht unter 26° C während dieser Zeit liegt.

Männliche Tiere sind rost- bis rotbraun und kompakt im Körperbau. Neun schmale, meist blaß bleibende Querbinden überlagern die Flanken. Sie reichen nur selten bis zum Bauch, der bei günstiger Beleuchtung kräftig blauviolett schimmert. Weibchen bleiben in Färbung und Körperbau etwas zurück. Beide Geschlechter zeigen in der Afterflosse einen oder mehrere Eiflecke, die bei weiblichen Tieren ebenfalls blasser ausfallen.

Pseudotropheus novemfasciatus

Marcuse

### *Pseudotropheus socolofi*
JOHNSON, 1974

Eine Art, die unter dem Händlernamen *„P. pindani"* verbreitet und bekannt wurde. Die farbkräftigen Tiere stammen, wie viele schöne Mbuna-Arten, aus dem Bereich um die Inseln Likoma und Chisumulu wie auch von der Ostküste des Sees, die zu Moçambique gehört. In der Jugend sind die Tiere noch sehr gestreckt, doch bekommen sie mit zunehmendem Alter eine höhere Rückenlinie wie auch eine durchhängende Brust, dadurch wirkt der kurze Kopf besonders bullig.

Der Körper der Fische ist leuchtend hellblau, und eine Körperzeichnung in Form von Querbändern zeigen die Fische nur bei Unwohlsein — sofern es sich um Männchen handelt. Bei Weibchen hingegen sind die dunklen

* polygam = in Vielehe lebend.

Vertikalbinden häufig anzutreffen. Da diese Fische sich innerhalb der Geschlechter farblich nicht sonderlich unterscheiden, sind die Querbinden (neben der etwas blasseren Färbung) ein guter Anhaltspunkt. Die Musterung der ebenfalls hellblauen Flossen ist markant: Die Rückenflosse weist einen reinweißen Saum auf, unter dem eine tiefschwarze submarginale Binde liegt. Diese Musterung zeigt sich auch in den Bauchflossen wie im horizontalen Teil der Afterflosse. Der vertikale Saum der Afterflosse hingegen weist einen oder mehrere schwarz gerandete gelbe Eiflecke auf. Die weißblauen Strahlen in der Afterflosse sind von schwarzen Parallellinien eingefaßt, wodurch sich ein schönes, fächerförmiges Muster ergibt. Auf dem äußeren Kiemendeckelbogen erkennt man bei genauem Hinsehen einen blauen Fleck, der jedoch innerhalb der ebenfalls blauen Gesamtfärbung nicht wesentlich auffällt. Die bis zu 12 cm groß werdenden Fische benötigen ein größeres Becken, damit sie nicht übermäßig aggressiv werden. Ab einer Größe von etwa 8 cm und mit Einsetzen der Geschlechtsreife können die Kämpfe im Becken beginnen, bei denen auch Pflanzen nicht verschont werden. Jüngere Tiere zeigen noch die Weibchenfärbung — gleich welchen Geschlechts sie sind. Bei Nachzuchttieren, die man meist im separaten Aufzuchtbecken heranfüttert, zeigen die Jungfische zuerst eine fleischfarbene Tönung, bevor sie langsam eine blaue Farbe annehmen.

Loiselle

Pseudotropheus socolofi ♂

### *Pseudotropheus tropheops*

REGAN, 1921

Auch die P. tropheops-Vertreter sind, wie ihre vielen Gattungsverwandten, Bewohner der Felsenküste im Malawi-See. Die recht groß werdenden Tiere können eine Länge über 15 cm erreichen und gehören damit zu den größten Arten dieser Gattung. Weibchen bleiben etwas kleiner. Die Maulbrüter benötigen, entsprechend ihrer Größe, ein möglichst großes Becken, das mit vielen Verstecken eingerichtet sein soll. Wie bereits bei der Artbeschreibung von *P. macrophthalmus* angeführt, hat FRYER in einer seiner Arbeiten die drei Arten *P. macrophthalmus, P. microstoma* und *P. novemfasciatus* in diese Art einbeziehen wollen. Im Jahre 1935 unterteilte die britische Ichthyologin TREWAVAS die Art in zwei Unterarten auf: *P. t. tropheops* REGAN, 1921 und *P. t. gracilior* TREWAVAS, 1935. Die Mitglieder der letztgenannten Unterart sind etwas schlanker, wie ihr Name bereits aussagt. Wie man feststellt, handelt es sich hier um eine äußerst polymorphe* Art, zu der sich noch einige Farbvarianten gesellen, um die Verwirrung vollständig zu machen.

Die Geschlechter sind verschiedenfarbig. Männliche Tiere sind in der Regel von dunkelbrauner Grundfärbung, und der Körper wird von schwarzen Querbinden überlagert. Unter dem weißen Saum in der Rückenflosse liegt ein schwarzes submarginales Band. Die Zwischenräume (Membranen), welche die zartblauen Schwanzflossenstrahlen säumen, sind tiefschwarz, doch sind die äußeren Säume der Flossen goldgelb gefärbt. Auch die schwärzliche Afterflosse trägt einen feinen weißen unteren Saum sowie einen oder mehrere goldgelbe Eiflecke. Die schwarzen Bauchflossen sind ebenfalls weiß gesäumt, und der Kiemendeckelrand irisiert kräftig hellblau. Weibliche Tiere können in der Färbung unterschiedlich ausfallen. Einige sind goldgelb, andere nur ockergelb; letztere zeigen ein Muster von gelbweißen Tüpfeln, von denen jeweils ein Punkt auf jedem hinteren Schuppenwinkel steht. Eine weitere Farbvariante zeigt auf braungelbem Körper dunkel gerandete Schuppen über den Flanken (Netzmuster). Bei dieser Form zeigt die Rückenflosse einen leuchtend weißen Saum mit einer darunter liegenden schwarzen Submarginalbinde. Je nach Stimmung können alle Weibchen zur beschriebenen Färbung ein Muster aus dunklen Querbinden zeigen. Eine

* polymorph = vielgestaltig (poly = viel, mehr; Morphe = Gestalt, Form, Aussehen).

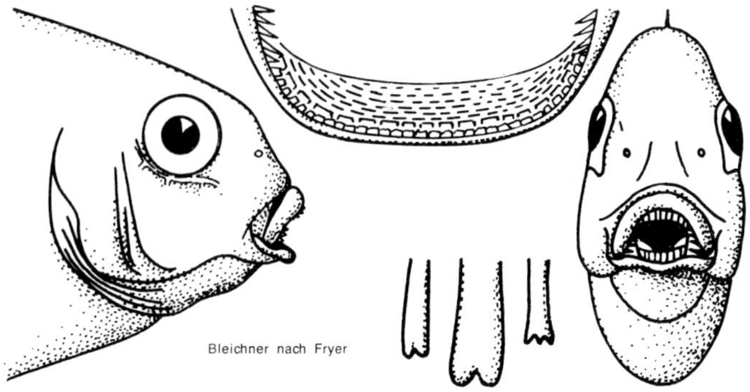


Pseudotropheus tropheops
*trägt in den verschiedenen Zahnreihen zwei- und dreispitzige Schabezähne, mit denen er Algen von den Felsen weidet.*

weitere, weniger bekannte Farbvariante stellt das gescheckte Weibchen dar. Bei diesen Tieren ist der Körper rötlichblau gemustert und mit einer Vielzahl schwarzer Punkte unregelmäßig überlagert.

Auch *P. tropheops* wird gezüchtet, wie bei einigen der Arten dieser Gattung beschrieben. Man erhöht zur Zucht die Temperatur auf 26—27° C und achtet darauf, daß der pH-Wert nicht unter die Neutralmarke (7,0) absinkt. Ebenso soll das Wasser nicht zu hart sein (6—10° dGH).

## *Pseudotropheus tursiops*
BURGESS & H. AXELROD, 1975

Die bis etwa 12 cm groß werdende Art ist an verschiedenen Stellen des Malawi-Sees anzutreffen, jedoch nirgends häufig. Nachgewiesene Fundgebiete liegen an der Ost- und Nordostküste sowie im Bereich der Chisumulu- und Likoma-Insel. Tiere, die auch im Aquarium Wohlbefinden zeigen, sind durch und durch blau gefärbt, und die Flossen zeigen keine erwähnenswerte Musterung mit Ausnahme verschiedener eifleckähnlicher Tüpfel in den weichstrahligen Zonen von Rücken- und Afterflosse. Die Flecke sind goldgelb und schwarz gerandet. Stimmungsbedingt können die Fische ein Muster von 8—9 Querbinden über den Flanken zeigen. Dabei sind zeitweise die Stellen über der Körpermitte derart betont, daß dieses Muster wie eine angedeutete Längsbinde erscheint. Die Flossenmembranen zeigen eine schwärzliche Färbung, dadurch entsteht an diesen Stellen ein fächerartiges Muster. Weibliche Tiere bleiben insgesamt blasser und ihre Körperfärbung tendiert mehr in gelbbraune Töne. Die erwähnten Eiflecke sind bei ihnen ebenfalls blasser und bleiben kleiner. Haltung der Tiere wie bei Pseudotropheus-Arten üblich, jedoch braucht die Art große Becken zum Wohlbefinden und um ständige Reibereien zu vermeiden.

Pseudotropheus tropheops ♂

Kahl

## *Pseudotropheus zebra*
(BOULENGER, 1899)

Der „Zebrabuntbarsch" aus dem Malawi-See zählt, neben *P. livingstonii* und *Melanochromis auratus,* zu den am

Pseudotropheus zebra

Jung

Pseudotropheus tursiops

Loiselle

längsten bekannten Maulbrütern, die wir aus der Gruppe der Mbunas, den Felsencichliden, kennen. Wie bereits bei *P. tropheops* festgestellt, haben wir es auch bei dieser Art wieder mit einer sehr polymorphen, also verschieden gestalteten oder gemusterten Spezies zu tun. Innerhalb der Art findet man aber nicht nur verschiedenfarbene Weibchen, sondern auch Männchen. Wenn sich verschiedengeschlechtliche Tiere einer Art durch unterschiedliche Färbung unterscheiden, spricht man von Sexualdimorphismus*. Dies hat nichts mit den geographischen Rassen zu tun, wie sie sich infolge absoluter Isolation bei bestimmten Populationen herausgebildet haben. Sie entstehen durch eine Veränderung der Erbmasse (Mutation), wie man sie auch künstlich zum Erhalt andersformiger Nachzuchttiere auslösen kann. Bei der hier beschriebenen Art *P. zebra* kann man davon ausgehen, daß in absehbarer Zeit einige der Farbformen, vor allem die bekannten Varianten „Bright Blue" und „Roter Zebra", entweder als selbständige Art oder als Unterart beschrieben werden. Von den vielen Farbformen, die im Handel viele Aquarianer verunsichern, seien hier die bekanntesten angeführt: 1. Normalform, 2. wie Normalform, jedoch mit orangeroter Rücken- und Schwanzflosse, 3. Hellblau („Brigth Blue"), 4. Orangerot („Roter Zebra"), 5. Blaugescheckt. Zu diesen Männchenfärbungen gesellen sich die Weibchen verschiedenartiger Färbung und Musterung, von denen hier das graublaue Weibchen (Normalform), das gelbgescheckte Weibchen, das rosagescheckte Weibchen, das gelbe Weibchen und das weiße Weibchen genannt werden sollen. Einige der hier erwähnten Männchen- und Weibchen-Formen sind in Farbe abgebildet, so daß der Leser Vergleiche anstellen kann.

*P. zebra* erreicht eine Größe von rund 15 cm. Männliche Tiere können mit zunehmendem Alter einen leichten bis mittleren Stirnbuckel bekommen. Die Bezahnung wird mit zunehmendem Alter ebenfalls besser sichtbar als bei jüngeren Tieren, weil sich die Lippen fleischig vorwölben. Der Zebrabuntbarsch ist bei vielen Aquarianern verbreitet. Daraus kann man normalerweise schließen, daß die Tiere „hart" sind. Die Auslegung dieses Begriffes sollte man jedoch nicht dem einzelnen überlassen, weil sonst bei manchen Pflegern die Vernachlässigung der Tiere über-

*Das Maul von* Pseudotropheus zebra *ist größer und auch beweglicher als das der meisten anderen Pseudotropheus-Arten.*

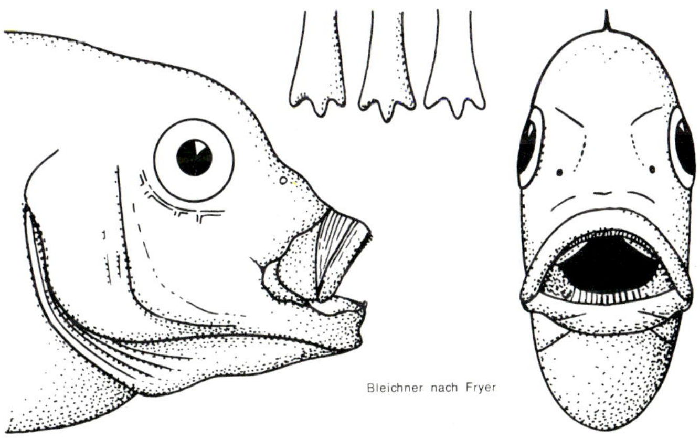

Bleichner nach Fryer

* sexual = das Geschlecht betreffend; dimorph = zweiformig, zweigestaltig.

trieben wird: Wie die meisten Cichliden bedarf auch der Zebrabuntbarsch einer bestimmten Pflege, und sein Becken ist derart einzurichten und instandzuhalten, daß sich die Fische wohlfühlen. Wichtig für die meisten Zierfischarten ist der regelmäßige Teilwasserwechsel. Das gilt vor allem auch für die maulbrütenden Buntbarsche aus dem Malawi-See, die beispielsweise in der Gattung *Pseudotropheus* zusammengefaßt sind. Steinaufbauten — in größerer Zahl und zu höhlenartigen Unterständen zusammengerückt — dürfen in keinem der Becken fehlen. Die Beleuchtung soll nicht zu schwach sein, damit sich zumindest an den oberen Steinaufbauten Algen bilden, auch wenn diese nur eine bescheidene Zusatzkost zum üblichen Futter darstellen. Aus diesem Grund soll für die im See stark vegetarisch lebenden Fische stets ein gewisses Quantum vegetarischen Futters gereicht werden (Salat, überbrühter Spinat). Im allgemeinen kann man diese Buntbarsche als ausgezeichnete Fresser bezeichnen, die kaum einmal eine Futterart verschmähen. Die Becken sollten eine Mindestbodenfläche von einem halben Quadratmeter (100 × 50 cm oder ähnlich) haben. Bei der Ermittlung der Härtegrade muß man vorsichtig sein: Die deutsche Gesamthärte (dGH) liegt im Malawi-See nach eigenen Messungen selten einmal über 5°, dagegen erreicht die Karbonathärte (dKH) etwa den doppelten Wert. Man sollte deshalb, wenn man es genau nimmt, das Leitungswasser für das Aquarium auf beide Härtegrade hin untersuchen (Meßreagenzien).

*Sechs Farbvarianten von* Pseudotropheus zebra:
*1 = Rosa Variante, ♂* | *2 = Gescheckte Variante, ♂*
*3 = Rote Variante, ♂* | *4 = Normalform, ♂*
*5 = Gelb gescheckte Variante, ♀* | *6 = Rosa gescheckte Variante, ♀*

▷

1, 2, 6: Knaack, 4: Jung, 3, 5: Hirschfeld

Normalerweise nehmen die Fische jedoch eine Härte nicht übel, wenn sie 15—20° dGH nicht überschreitet. Der pH-Wert schwankt im See zwischen 7,8 und 8,4. Dabei liegt im offenen Wasser (im Gegensatz zu den Buchten) der Wert eher in Nähe der höheren Marke. Haltetemperaturen sollen bei 24—25° C, Zuchttemperaturen bei 26—27° C liegen.

Wer züchterische Ambitionen hat, sollte wissen, daß sich nicht jede Variante mit einer beliebigen anderen kreuzen läßt. Andererseits lassen sich konkrete Angaben zur Frage „Wer gehört zu wem?" nur unzureichend machen. Die häufig gelesene Forderung zur Reinerhaltung der einzelnen Varianten bei Zuchtversuchen halte ich für unsinnig, weil unter den vielen Aquarianern, die diese Fische halten, sicher kaum einer sein wird, der seine Nachzuchten nicht hochzubringen versucht, weil möglicherweise (!) der Vater nicht zur Mutter gepaßt hätte. Wenn sich die Fische selbst an die Regel halten, so ist das eine andere Sache und läßt die Möglichkeit naheliegend erscheinen, daß die Tiere, die sich untereinander nie vermischen, unterschiedlichen, noch zu beschreibenden Arten angehören.

Pseudotropheus zebra, *blau mit roter Rückenflosse, ♂.*

Mayland

Pseudotropheus zebra, *Variante „Bright Blue", ♂*

Mayland

1

2

3

4

5

6

## Die Gattung *Pungu*

Eine erst 1972 von TREWAVAS aufgestellte neue monotypische Gattung, deren einziger Vertreter vorher zur (ebenfalls monotypischen) Gattung *Barombia* gestellt war, die von der gleichen Wissenschaftlerin im Jahre 1962 aufgestellt wurde. Da dieser Gattungsname jedoch nicht mehr verfügbar war, wählte die Wisssenschaftlerin als Ersatz- und heutigen Gattungsnamen die Bezeichnung aus der Barombi-Sprache*.

### *Pungu maclareni*
(TREWAVAS, 1962)

Synonym: *Barombia maclareni* TREWAVAS, 1962

Die Heimat dieses wunderschönen Cichliden ist Barombi Mbo, ein Krater-See im westlichen Kamerun, der jedoch bei den unterschiedlichen Stämmen viele Namen hat (Lac Kumba u. a.). Der See ist klar und liegt auf einem kleineren bewaldeten Krater. *P. maclareni* ist ein relativ kleiner Cichlide mit einer Länge bis etwa 10 cm. Er ist von goldgelber Färbung und trägt eine Musterung von schwarzen Flecken, die auf einzelnen Körperschuppen liegen. Oft sind diese Musterungen zu Längsbändern aneinandergereiht, die jedoch nicht über den ganzen Körper laufen, sondern unterbrochen werden. Diese harte Zeichnung macht die Fische so auffällig. Jüngere Tiere sind eher silbrig, tragen jedoch keinen „Tilapien-Fleck", wie er bei Jungtieren der zu dieser Gattung gehörenden Arten üblich ist. Die Tiere haben ein kleines Maul und dicke Lippen. Ferner ist das außergewöhnlich gut ausgebildete kräftige Gebiß zu erwähnen. Über diese Art liegen kaum weitere Angaben vor, die aquaristisch interessant wären. Auch ist über das Zuchtverhalten nichts bekanntgeworden. Die Art wird hier jedoch kurz vorgestellt, weil dem Autor Bestrebungen bekannt sind, diese wunderschöne Art möglicherweise als Aquarienfisch einzuführen.

---

* TREWAVAS, E.: „Fishes of the crater lakes of the Northwestern Cameroons." Bonner Zoolog. Beiträge, 13, S. 146—192, 1962.
TREWAVAS, E., GREEN, J. and CORBET, S. A.: „Ecological studies on crater lakes in West Cameroon — Fishes of Barombi Mbo." Proceedings of the Zool. Soc. London, 167, pt. 1, p. 41 bis 95, 1972.

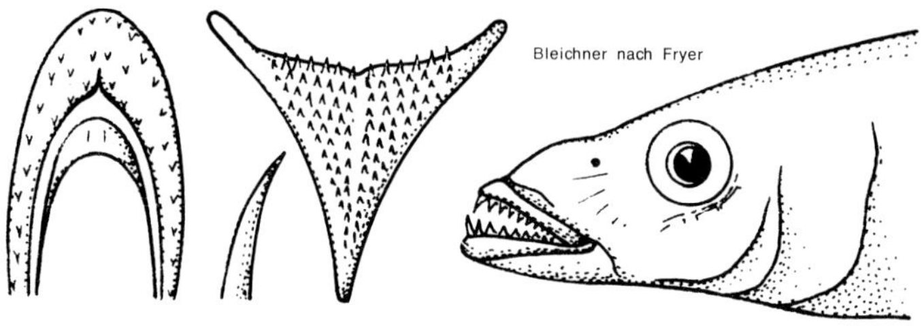


Rhamphochromis macrophthalmus.
*Der langgezogene Kopf mit dem gefährlich bezahnten und tief gespaltenen Maul ist für viele Räuber der Familie charakteristisch.*

## Die Gattung *Rhamphochromis*

Bei den Vertretern dieser Gattung haben wir es mit ausgesprochenen Raubfischen des freien Wassers zu tun. Sie haben eine langgestreckte Gestalt und einen ebenfalls langgezogenen Kopf mit tiefgespaltenem Maul, mit vorstehendem Unterkiefer und einem Gebiß mit langen Fangzähnen. Die Fischräuber erreichen eine Gesamtlänge bis etwa 50 cm und sind aus den verschiedenen, angeführten Gründen als Aquarienfische nicht geeignet. Sie gleichen damit jenem Fischtyp, der im Tanganjika-See durch die Vertreter der Gattungen *Bathybates* und *Boulengerochromis* vertreten ist (vergleiche Seiten 164 und 165). Im seichteren Viktoria-See wird dieser Fischtyp durch Haplochromis-Arten ersetzt. Ähnlich wie die ebenfalls im Malawi-See vorkommenden Räuber der Gattung *Diplotaxodon* (vergleiche Seite 179) besteht auch die Nahrungsgrundlage der verschiedenen Rhamphochromis-Arten aus den kleinen Karpfenfischen der Gattung *Engraulicypris.* FRYER berichtet, daß in Nkhata Bay, einem kleinen Ort an der mittleren Westküste des Malawi-Sees, sich bestimmte Fischer auf den Fang dieser Karpfenfische spezialisiert haben und dazu besondere Angelhaken verwenden. In diesem Gebiet versammeln sich auch die Raubfische, die wiederum anderen Fischern als gesuchte Fänge an die Angel oder ins Netz gehen. Andererseits werden die großen Räuber auch gelegentlich Opfer der nächtlich raubenden Stachelwelse aus der Familie *Bragidae,* die eine stattliche Größe von über 80 cm erreichen können. Der Körper der meisten Rhamphochromis-Arten hat eine silbrigweiße Färbung — auch, wenn die Tiere in Balzstimmung sind. Sie tragen dann eine stahlblaue Rückenflosse. Ansonsten sind die Rücken- und Schwanzflosse grau bis schwärzlich getönt. Die Afterflosse zeigt eine gelbliche Färbung und die Bauchflossen sind goldgelb. Bekanntere Arten sind *R. longiceps* (GUENTHER), *R. macrophthalmus* REGAN und *R. woodi* REGAN.

## Die Gattung *Sarotherodon*

Noch vor ihrer bekannten und vielzitierten Arbeit aus dem Jahre 1973** machte sich die englische Ichthyologin TREWAVAS im Jahre 1972* Gedanken über die Gattung *Tilapia* und ihre Untergattung *Sarotherodon.* Sie schreibt: „Der Name *Sarotherodon* RÜPPELL, 1852 wurde als eine Untergattung von *Tilapia* durch REGAN (1920) und kürzlich auch durch THYS (1968) benutzt. Durch vermehrte Kenntnis, nicht zuletzt durch die Cichliden von Barombi Mbo, erscheint es in einigen Punkten angeraten, hier den vollen genetischen Rang zu verwenden." In der Arbeit von 1973 wird diese Ansicht erneut untermauert. Alle Sarotherodon-Arten sind Maulbrüter, wogegen die substratlaichenden, brutbewachenden Arten bei der Gattung *Tilapia* verbleiben. Zwischen beiden Gattungen bestehen auch anatomische Unterscheidungsmerkmale wie Differenzen in den Kiemenrechen, Schlundknochen usw.

Sarotherodon-Arten gehören zu den Großcichliden, für die man ein möglichst großes Becken einrichten soll. Eine Reihe von Arten sind starke Wühler, denen man einen entsprechenden Bodengrund, einen sehr (!) soliden Aufbau und eine starke Filterung ins Aquarium geben muß, will man nicht ständigen Ärger haben. Sarotherodon-Arten sind ausgezeichnete Fresser, die man, je nach Größe, mit kräftigem Futter versorgen muß. Das übliche kleine Lebendfutter (Tubifex, Mückenlarven usw.) ist nur für Jungtiere ausreichend. Mittelgroße Tiere nehmen bereits Mehl- und Regenwürmer, große Tiere lassen sich an fettfreies Warmblüterfleisch (Herz, Leber usw.) gewöhnen. Die meisten Arten lieben Verstecke und höhlenartige Unterstände. Sind sie nicht vorhanden, so versuchen sie, solche selbst durch Unterwühlen von Steinplatten anzulegen. Bei der Größe der Tiere kann es schwierig werden, die richtigen Partner für die Nachzucht zusammenzustellen.

### *Sarotherodon alcalicum*
(HILGENDORF, 1905)

Diese Art, die in den sodahaltigen Gewässern zu Hause ist, weist eine nahe Verwandtschaft zu *S. grahami* auf. Es erschien der englischen Wissenschaftlerin TREWAVAS daher angeraten, diese Art als Unterart zu *S. alcalicum* zu stellen. Sie veröffentlichte diese Meinung auch in einer Arbeit. Demnach haben wir es mit den Unterarten

### *Sarotherodon alcalicum alcalicum*
(HILGENDORF, 1905)

und

### *Sarotherodon alcalicum grahami*
(BOULENGER, 1912)

zu tun, zwei überaus interessanten Spezies, über die bereits auf Seite 40 berichtet wurde. Die auch heute noch unter dem Begriff „Soda-Tilapien" bekannten Fische leben in dem stark natriumhaltigem Wasser des Lake Natron in Tanzania bzw. des Lake Magadi in Kenia. Insbesondere *S. a. grahami* konnte gelegentlich durch Eigeninitiative nach Europa gebracht und hier auch vermehrt werden. Die bis etwa 12 cm groß werdenden Fische konnten sich inzwischen den lebensfeindlichen Bedingungen in diesen Gewässern anpassen und widerstehen Wärmegraden über 40° C wie auch Wasserwerten, bei denen der pH-Wert beispielsweise um 10,5 liegt. Das entspricht einer Konzentration an gelösten Mineralien mit einer Dichte zwischen 1,018 und 1,030, wie man sie ähnlich (1,022 bis 1,025) auch für Meerwasserfische zusammenstellt. Da diese Seen ziemlich flach sind, müssen die Fische sich vor den Nachstellungen der Vögel schützen. Sie tun dies überwiegend durch große Aufmerksamkeit und bleiben daher auch im Aquarium recht scheu. Die Wasserwerte in den Seen, denen sich die Fische zwangsläufig anpassen mußten, besagen aber nicht, daß sie auch im Aquarium aufrechterhalten werden müssen! Die Fische lassen sich durchaus auf normale Wasserwerte umgewöhnen, wie wir sie für die Cichliden der anderen afrikanischen Seen auch verwenden. Bei Importtieren muß selbstverständlich eine langsame Anpassung erfolgen.

Wie die meisten Sarotherodon-Arten, läßt sich auch der „Magadi-Maulbrüter" (wie man *S. a. grahami* nennt) nachzüchten. Bei der Aufzucht von Jungfischen stellte ich fest, daß das stärkste männliche Tier, welches fast 50 % an Länge seinen Brüdern und Schwestern voraushatte, mit der Zeit alle weiteren Männchen dieses Wurfes umbrachte. So blieben nur noch die weiblichen Tiere übrig,

* TREWAVAS, E.: GREEN, J. and CORBET, S. A.: Ecological studies on crater lakes in West Cameroon — Fishes of Barombi Mbo, Nomenclature." Proceedings of the Zool. Soc. London 167, pt. 1, p. 41, 1972.

** TREWAVAS, E.: „On the cichlid fishes of the genus Pelmatochromis with proposal of a new genus for Pelmatochromis congicus; on the relationship between Pelmatochromis and Tilapia and the recognition of Sarotherodon as a distinct genus." Bull. Br. Mus. nat. Hist. (Zool), 25, 1, p. 1—26, 1973.

Mayland

Sarotherodon alcalicum grahami, ♂

über die er dann wie ein Pascha herrschte. Sind die Jungfische einmal aus dem Maul der Mutter entlassen, erlischt der Hütetrieb bei manchen Weibchen fast augenblicklich, und die Kleinen werden nur noch als Beute angesehen. Dies mag kein angeborenes Verhalten sein, sondern ist wohl eher auf ungewohnte Verhältnisse in Gefangenschaft zurückzuführen. Zu diesem Zeitpunkt empfiehlt es sich, das Weibchen über einen Rost zu setzen, so daß die Jungfische bei Nachstellungen durch die Mutter durch die Öffnungen nach unten entweichen können.

Der Magadi-Maulbrüter hat eine silbrige Grundfärbung, über der ein hellblauer Glanz liegt. Bei Unwohlsein oder der Haltung in einem zu kleinen Aquarium (keine Einrichtung, Sandboden genügt) zeigen die Fische 9—11 dunkle Querbinden — hauptsächlich in der oberen Körperhälfte. Da alle Schuppen dunkel gerandet sind, ergibt sich ein Netzmuster über den Flanken. Die grauen Flossen schimmern stark bläulich (dominierendes Männchen) und sind in den Membranen der Rücken- und Afterflosse mit weißen Tüpfeln übersät. After- und Bauchflossen zeigen eine tiefe Blaufärbung mit einem rußigschwarzen Saum. Bei manchen Männchen zeigt sich eine Rotfärbung in der Schwanzflosse. Besonders bemerkenswert ist der breite weiße Strich über der Unterlippe. Er ist besonders in den Maulwinkeln, in denen sich die Haut zusammenschiebt, gut zu erkennen, weil er sich dort zu einem ähnlichen (Ei-?)Fleck verbreitert, wie wir ihn von *Geophagus hondae* kennen. Ob diese Markierung bei der Vermehrung bedeutungsvoll ist, konnte nicht festgestellt werden. Weibliche Tiere bleiben etwas kleiner. Sie sind bereits an ihrer blasseren Färbung, der höheren Rückenlinie wie auch an der bereits frühzeitig durchhängenden Kehlpartie zu erkennen.

## *Sarotherodon aureum*
(STEINDACHNER, 1864)

Ein Afrikaner, dessen Heimat vom Senegal-Fluß, mittleren Niger, Tschad-See bis hinüber zum unteren Nil (Kairo bis Delta-Seen, jedoch nur im Süßwasser) reicht. Es wurden sogar Exemplare im Na'aman-Fluß (zwischen Haifa und Akko), im Yarkon-Fluß sowie im Tal des Jordan nachgewiesen. Ältere Berichte lesen sich abenteuerlich: Die Tiere werden zwar über 30 cm groß, doch sollen bei einem etwa 25 cm großen Weibchen aus dem Tiberias-See etwa 4300 Eier gezählt worden sein. Und das bei einem Maulbrüter!

Als Grundfärbung kann man bei den Fischen ein Graublau annehmen. Diese Farbe wird über dem Rücken dunkler. Je

Sarotherodon aureum, ♂

Kahl

nach Stimmung zeigen die Tiere ein Muster von Querbinden über dem Körper. Die Rückenflosse ist blau. Sie leuchtet besonders intensiv, wenn die Männchen ihre Balzfärbung annehmen. Über dieser Färbung liegt ein Muster aus hellen (fast weißen) und dunklen Flecken, die ersteren liegen in den Membranen, die letzteren auf den Strahlen. Eine ähnliche Musterung findet man auch in der Schwanzflosse, deren Grundfärbung im oberen Teil mit bläulich, im unteren Teil mit resedagrün bezeichnet werden kann. Beide Flossen tragen im oberen Rand einen kräftig rosafarbenen Saum. Dieser Saum zeigt sich bei den männlichen Tieren intensiver als bei den Weibchen. Er verdickt sich bei der Balz derart, daß sich die Kerben zwischen den Strahlen des hartstrahligen Teiles der Flosse schließen. Dieser Vorgang wurde nur bei geschlechtlich voll ausgereiften Tieren beobachtet, nicht jedoch bei jüngeren. Einen sogenannten Tilapia-Fleck, wie ihn viele Jungtiere der Tilapia- und Sarotherodon-Arten in der Rückenflosse tragen, zeigen Jungfische von *S. aureum* nicht. After- und Bauchflossen, die normalerweise blaß bleiben, färben sich bei den Männchen während der Balz ebenso grün wie Teile des Kopfes. Da es bei dieser weit verbreiteten Art auch zu farblichen Varianten kommen kann, muß man mit dem Auftreten geographischer Standortvarianten rechnen. So haben Tiere aus dem östlichen Verbreitungsgebiet einen rötlichen Bauch, Tiere aus Westafrika dagegen sind über Kehle und Bauch gräulich oder zeitweilig auch gelblich gefärbt, jedoch niemals rot.

STEINITZ beschrieb im Jahre 1951 die Unterart *Tilapia nilotica exul.* Dabei ging der Autor von der Meinung aus, bei den untersuchten Exemplaren die Art. *T. nilotica* vor sich zu haben. Hierzu schreibt TREWAVAS im Jahre 1965, daß bis 1954 diese Art in der Literatur als *T. nilotica* angesprochen wurde, weil sich die konservierten Tiere beider Arten sehr ähnlich sehen. Die Ichthyologin bemerkte weiter: „Ich bin geneigt, trotz der Nennung der rötlichen Färbung, die in Teilen des Brustbereiches von *T. n. exul* zu sehen ist, diese als eine isolierte Population von *T. aurea* (jetzt *S. aureum)* anzusehen, deren unterschiedliche Merkmale unter dem Einfluß der Umwelt entstanden sind (heiße alkalische Gewässer)." STEINITZ beschrieb 1951 die Herkunft der Tiere mit Ein Feshkha (Nordwestküste des Toten Meeres) und fand diese Cichliden besonders wegen ihrer geographischen Isolation und den dort herrschenden ökologischen Bedingungen sehr interessant.

Loiselle

Sarotherodon busumanum, ♂.

## *Sarotherodon busumanum*

(GUENTHER, 1902)

Diese Art ist im Lake Bosumtwe in Ghana nachgewiesen, wo der Maulbrüter die tieferen Wasserschichten bevorzugt. Er ähnelt *S. galilaeum,* einem maulbrütenden Cichliden der umliegenden Gewässer. Bei dem See handelt es sich um eine kreisrunde Wasseransammlung ohne Abflüsse. Die Vertiefung ist entweder durch Meteoreinschlag oder durch eine Vulkanexplosion entstanden. Hier steigt der Wasserspiegel vor Jahr zu Jahr, wie man an den abgestorbenen Bäumen erkennt, die 30—40 m weit im See stehen. Durch den fehlenden Abfluß hat sich der See im Verlauf der Jahre aufgesalzen: Bei nur 6° dGH weist sein Wasser eine Karbonathärte von 28° dKH und einen pH-Wert von 8,0 auf. Es herrscht am See ein religiöses Verbot, mit Schiffen auf das Gewässer hinauszufahren (eine Ausnahme macht der Regierungsarzt), und die Fischer müssen zum Nahrungserwerb auf Schwimmbrettern, mit den Händen rudernd, zu den Fischgründen fahren*.

Männliche Tiere — wie das hier abgebildete — haben über den Flanken eine hellblaue Grundfärbung. Durch die dunklere Randung der Schuppen entsteht eine Netzmusterung. Kopf und Flossen sind ebenfalls blau, jedoch dunkler gefärbt. Der hintere Teil der Rückenflosse und die obere

* nach PAULO, J.: „Fischfang am Lake Bosumtwe." Aquarien Magazin, 10, 6, S. 246—247, 1976.

Rundung der Schwanzflosse sind weiß gesäumt. Bei jüngeren Tieren erkennt man auf dem Übergang von harten zu weichen Dorsalstrahlen über der Basis den sogenannten Tilapia-Fleck. *S. busumanum* trägt, wie die meisten Arten der Gattung, ein weißes Band auf der Unterlippe. Auf dem Kiemendeckel liegt ein schwach grün irisierender Fleck, um den herum sich eine lilarote Zone ausbreitet. Weitere Grüntöne sieht man am hinteren Augenrand, über der Rückenlinie und auf dem Bauch, vor dem Ansatz der Afterflosse. Zur Färbung der Art bemerkt TREWAVAS: „Die hintere Ecke der Schwanzflosse und die verlängerte Spitze des weichen Teiles der Rückenflosse sind leicht weiß oder rot gesäumt, je nachdem, wie die farbliche Umgebung beschaffen ist. Obgleich dies ein gemeinsames Muster von *Chromidotilapia* und *Pelvicachromis* ist, wurde dieses noch bei einigen Tieren der Gattung *Tilapia* (= teilweise heute *Sarotherodon*) gefunden, so *T. louka* THYS und *T. mariae* BOULENGER."

## *Sarotherodon dolloi*
(BOULENGER, 1899)

Eine weitere Art aus dem westlichen Afrika mit einem Verbreitungsgebiet etwa von Rio Muni bis Zaire (vergleiche Karte Seite 35). Die Tiere erreichen eine Länge von über 15 cm. Die ansprechende Färbung von *S. dolloi* kann wie folgt beschrieben werden: Flossen, Rücken, Nacken und obere Kopfpartie haben einen grünlichbraunen Farbton, über dem ein schöner Messingglanz liegt. Die Flanken sind seegrün und tragen einen Perlmutterglanz. Die Schuppen sind über dem Rücken leicht schwarz gerandet, die der Körperseiten am oberen und unteren Rand braunviolett. Diese Zeichnung fließt zu mehreren zickzackförmigen Längsbinden zusammen, deren Färbung sich auffällig vom seegrünen Grund abhebt. Die beiden mittleren Längsbinden sind kräftig schwarzviolett. Mit zunehmender Geschlechtsreife werden Kehl-, Brust- und Bauchpartie samtschwarz. Die hintere Bauchpartie ist gelblichweiß. Die Wangen und die Zone unter den Augen glänzen blaugrün. Die gelbe Iris zeigt schwarze Flecken. Die Basis der Rückenflosse ist gelb und dunkelt im hinteren Bereich nach. Die äußere Flosse ist tiefschwarz. Im vorderen Teil des weichstrahligen Flossenabschnittes liegt ein schwarzer, von mehreren helleren und dunkleren Ringen umgebener Augenfleck. Die Schwanzflosse ist schokoladenbraun, die Afterflosse blaßbraun und schwarz gesäumt. Im Gegensatz zu den transparenten Brustflossen tragen die Bauchflossen eine tiefschwarze Färbung. Weibliche Tiere sind nicht so ansprechend gefärbt. Die Art wird heute von einigen Wissenschaftlern als *S. nigripinne* angesehen. In diesem Fall gilt der bekanntere Name *S. dolloi* als Synonym.

Sarotherodon dolloi

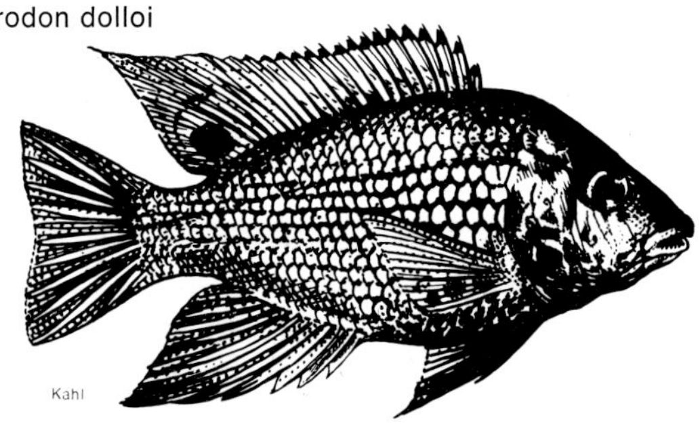


## *Sarotherodon esculentum*
(GRAHAM, 1928)

Die 40—50 cm groß werdenden Fische stammen aus Uganda, Kenia und Tanganjika, wo sie beispielsweise im Viktoria-, Kyoga- und Nabugabo-See nachgewiesen wurden. In diesen Biotopen liegt die Brutzeit der Maulbrüter meist in den Monaten September bis Mai. Dann heben die Tiere „Nester" im schlammigen Boden aus, die über 30 cm breit und einige Zentimeter tief sind. Diese Mulden liegen in einer Wassertiefe von rund einem Meter dicht beieinander.

Die Färbung der Fische ist rötlichbraun mit schwachen Flecken über den Flanken. Die Rückenflosse trägt einen Saum, der entweder farblos oder tiefrot ist (nie orange). Während der Brutzeit tragen die Männchen rußige Bauchflossen und eine „wie mit Ruß gepuderte" Körperfärbung. Die Flanken schimmern nun rötlich. Jungfische sind silbergrau gefärbt.

## *Sarotherodon galilaeum*
(ARTEDI, 1757)

Diese bis zu etwa 30 cm groß werdende Art gehört zu den verbreitetsten Maulbrütern des afrikanischen und vorderasiatischen Kontinents. Die Hauptverbreitungsgebiete liegen in Israel und im Albert-See (Lake Mobutu Sese Seko) an der Grenze zwischen Uganda und Zaire. Besonders ihre Verbreitung nach Norden wird zur frühen Beschreibung der Art beigetragen haben. Durch die weitgestreute Ausdehnung der Spezies konnten sich verschiedene Formen bilden. Es wurden folgende Unterarten beschrieben:

*S. g. borkuanum* (PELLEGRIN, 1919)
*S. g. multifasciatum* (GUENTHER, 1902)
*S. g. pleuromelum* (DUMERIL, 1859)

APFELBACH (1966) spricht von zwei verschiedenen Rassen dieser Art, die zu der Zeit, als der Wissenschaftler den Bericht verfaßte, noch zur Gattung *Tilapia* gestellt wurde. Der Autor führt folgendes an: „Bei den Tieren aus Afrika (Albert-See) übernehmen allein die Weibchen die Brutpflege, was allgemein für maulbrütende Tilapia-Arten gilt; die israelische *Tilapia galilaea* dagegen ist der bisher einzige bekannte Maulbrüter dieser Gattung, bei dem Männchen und Weibchen gleichermaßen brutpflegen. Jedoch fehlt eine Paarbindung, die bei brutpflegenden Substratbrütern dieser Gattung die Regel ist. Die Männchen dieser *T. g.* gründen im Gesellschaftsbecken weder Reviere wie die Männchen anderer Arten der Gattung *Tilapia,* noch gibt es lang andauernde Kämpfe. Vorher isoliert gehaltene Tiere lassen sich ohne Schwierigkeiten in den locker lebenden Schwarm einfügen". Der Autor, dessen interessante Arbeit* ich hier im Ausschnitt zitiere, fährt fort: „Die Eier werden regelmäßig nach jedem Eischub, sobald das Männchen sie besamt hat, aufgenommen. An isoliert gehaltenen Paaren jedoch beobachtete ich (Anmerkung: = Apfelbach) wie FISHELSON und HEINRICH, daß die Eier erst nach Vervollständigung des Geleges aufgenommen wurden. Mit geschlossenem Maul und schräg gestelltem Körper drängen die Fische Artgenossen vom Laich ab. Meistens nehmen beide Tiere Eier

Sarotherodon galilaeum

Kahl

Mayland

Sarotherodon galilaeum, ♂

auf, doch auch in diesem Fall besteht keine weitere Beziehung zwischen den Geschlechtspartnern ... Meist entlassen die Eltern die Kinder zwischen dem 14. und 16. Tag erstmals, nehmen sie nicht mehr zurück und kümmern sich nicht mehr um sie. Die Kinder halten weder untereinander noch mit den Eltern zusammen."

Die in ihrer Heimat beliebten Speisefische werden bereits mit einer Größe von etwa 8 cm geschlechtsreif. Ihre Grundfärbung kann man als Goldocker bezeichnen. Bei Wohlbefinden erscheinen sie wie grünlich überpudert. Die grün irisierenden Flossen tragen nur unregelmäßig begrenzte rötliche Säume. Ebenso rötlich schimmern die Flossenstrahlen. Die ausgeprägten Lippen tragen eine leicht rosa Tönung. Die Kehle bleibt weiß. Beim Ausheben der Laichgrube übernimmt das Weibchen die Hauptarbeit. Aus diesem Grund soll der Aquarienboden mit einer Schicht aus feinem Sand bedeckt sein.

### *Sarotherodon karomo*
(POLL, 1948)

Die Biotope dieses interessanten Maulbrüters liegen im Flußsystem des Malagarasi, der sein Wasser in den

* APFELBACH, R.: „Maulbrüten und Paarbindung bei Tilapia galilaea." Die Naturwissenschaften, 53, 22, 1966.

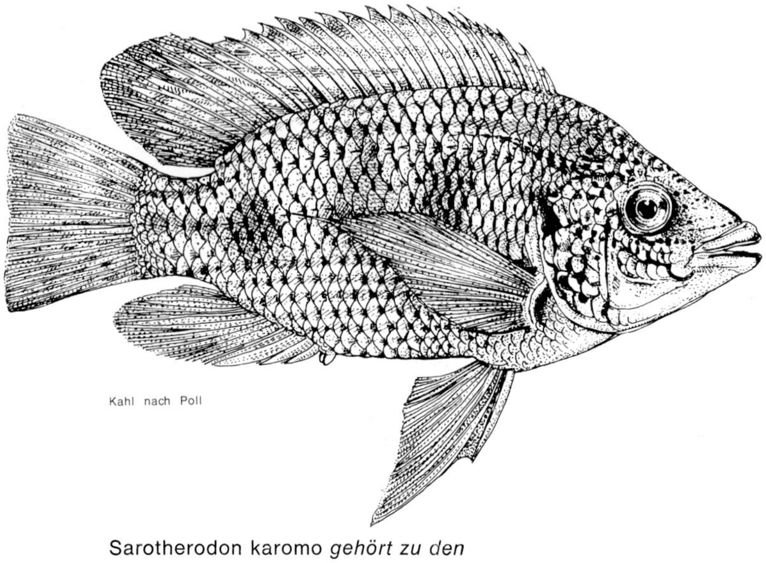

Kahl nach Poll

Sarotherodon karomo *gehört zu den sogenannten Geißeltilapien, bei denen die Befruchtung in abgewandelter Form stattfindet.*

Tanganjika-See leitet und zwischen diesem und dem Viktoria-See ein großes Sumpfgebiet von über 1 100 km² bildet. Verschiedene Feldbeobachtungen (unter anderem von LOWE*) brachten unter anderem folgende Ergebnisse: Nur fortpflanzungsbereite Männchen besetzen Reviere; in jedem Revier befindet sich nur ein „Nest". Diese Plätze lagen am Beobachtungsort in 0,5—1,5 m Tiefe. Der Bodengrund bestand aus feinem Sand, und es gab keinen Bewuchs über dem „Nest". Der Abstand zwischen den Laichplätzen betrug 3—4 m, ihr Durchmesser etwa 10—15 cm und ist damit kleiner als die Männchen selbst. Sie sind sehr sauber und heben sich gut von der Umgebung ab. Manchmal liegen die Laichplätze auf flachem Grund, oft aber auch auf einer Erhebung von bis 30 cm Höhe. Neue „Nester" werden in der Ebene begonnen und wachsen allmählich in die Höhe.

Wichtig in diesem Zusammenhang ist, darauf hinzuweisen, daß *S. karomo* zu den sogenannten Geißel-Tilapien gehört (wie auch *S. macrochir*). Bei den Männchen dieser Art steht während des Laichvorganges der Weibchen die Genitalpapille weit aus dem Körper heraus. Sie ist in ihrem unteren herabhängenden Bereich quastenartig ausgebildet und trägt einzelne Anhänge von etwa 5 cm Länge. Weibliche Tiere zeigen bei Balzbeginn von sich aus nur wenig Interesse an den Männchen. Wenn das Männchen in die Nähe des Weibchens gekommen ist, dreht es ihm die Breitseite zu und präsentiert seine Farben. Läßt sich das Weibchen schließlich zum Nest führen, wird es umkreist und mit dem Maul bearbeitet. Schließlich zieht das Männchen seinen Genitalanhang über die Laichgrube, wobei es heftig zittert. Die gleiche Bewegung vollführt das Männchen später auch bei der Befruchtung der Eier. Nun kommt das Weibchen ins „Nest" und legt einen Klumpen Eier ab, die darauf sofort ins Maul genommen werden. Der Partner zieht inzwischen wieder unter Zittern seinen Genitalbereich durch die Laichgrube, und das Weibchen bearbeitet darauf erneut das Nest mit dem Maul, wobei die Eier befruchtet werden. Insgesamt erfolgt die Eiabgabe nach diesem Schema in drei oder noch mehr Portionen. Mehrere Minuten nach Beendigung des Vorganges verläßt das Weibchen die Laichgrube und hat insgesamt zwischen 90 und 240 Eier im Maul. Die später aus dem Maul entlassenen Jungfische sind etwa 11 mm groß und lassen noch einen großen Dottersack erkennen.

Männliche Tiere sind im Hochzeitskleid sehr prächtig. Der Körper ist blaugrau gefärbt und trägt einen purpurnen Schimmer. Von dem blaugrünen Kopf heben sich die pfauenblauen Lippen gut ab. Die hinteren Enden von Rücken- und Schwanzflosse sind mit blauen Flecken geziert und die Ränder dieser Flossen leuchten orangefarben. Auch der Genitalanhang, der eine Gesamtlänge von 10—15 cm erreichen kann, zeigt eine orangefarbene Tönung. Er besteht bei dieser Art aus einem zweiteiligen Bündel halbdurchsichtiger Fäden, die mit Gewebeknötchen besetzt sind. Weibliche Tiere bleiben mit 18—25 cm hinter ihren männlichen Partnern in der Größe merklich zurück.

### *Sarotherodon korogwe*

(LOWE, 1955)

Heimat dieser Art ist das Korogwe-Teichgebiet in Ostafrika. Die Art kann über 20 cm groß werden. Sie wurde ursprünglich als Unterart zu *S. mossambicum* beschrieben, der sie auch sehr nahesteht, und unterscheidet sich unter anderem durch 4 Analstacheln in der Afterflosse. Die Tiere treten in einigen Fischteichen der experimentierenden Fischfarmen im Regierungsbezirk Korogwe/Tanzania auf. Vermutlich stammen sie vom Pangani-Fluß, der diese Teiche speist.

Die Körper der Fische sind dunkel-silbriggrau. Längliche schwarze Bänder laufen entlang der unteren Seitenlinie. Stimmungsabhängig zeigen die Fische sieben Querbinden über den Flanken, die das horizontale Band kreuzen. Über dem Rückenprofil liegt ein Band, das aus 4—5

* LOWE, R. H.: „The breeding Behaviour of Tilapia Species in Natural Waters: Observation on T. karomo POLL and T. variabilis BOULENGER." Behaviour, 9, p. 140—163, 1956.

schwarzen Flecken besteht. Jungtiere zeigen den sogenannten Tilapia-Fleck im hinteren Ende der Rückenflosse. Die graue Schwanzflosse ist ungefleckt. Rücken- und Afterflosse sind bei männlichen Tieren lang ausgezogen. Die Schwanzflosse dieser ausgewachsenen Männchen ist grau bis weißlich gerandet. Meist zeigen die Tiere auch eine weiße, etwa 2 mm hervorstehende Genitalpapille. Bei dieser Art führen die Weibchen die Maulbrutpflege durch.

### *Sarotherodon lepidurum*
(BOULENGER, 1899)

Eine weniger gut bekannte Art, die von Zaire bis Angola verbreitet ist. Die Tiere erreichen eine Größe von etwas über 20 cm. Während Jungtiere noch eine silbrige Färbung zeigen, bekommen sie mit zunehmendem Alter einen schönen Messingglanz. Der Rücken färbt sich dann bräunlich- bis olivgrün. Über den Flanken zeigen die Tiere ein Muster von 6—8 unregelmäßigen Querbinden, die stimmungsbedingt mehr oder weniger intensiv gezeigt werden. Die Binden werden zum Bauch hin schmaler, erreichen das Bauchprofil jedoch nicht. Die Brust wie die vordere Bauchpartie sind — je nach Herkunft — gelblich, orangefarben oder karminrot. Jede Schuppe in der unteren Körperhälfte ist an ihrer Basis mit einem karminroten Fleck versehen, so daß eine Anzahl roter Tüpfelreihen entsteht. Auch die silbrig glänzenden Schuppen weisen karminrote Flecken auf. Die unpaaren Flossen haben eine gelblichgrüne Grundfärbung mit einer dunklen, in der Rückenflosse am stärksten hervortretenden schrägen Bänderung. In der Schwanzflosse liegen einige bogige Binden. Auch diese Art zählt zu den „Geißel-Tilapien", bei denen die Männchen während des Laich- und Befruchtungsvorganges eine stark verlängerte und fransige Genitalpapille tragen.

### *Sarotherodon leucostictum*
(TREWAVAS, 1933)

Der Maulbrüter stammt aus den Seen des nördlichen Grabenbruchs in Ostafrika und wird hauptsächlich im Gebiet im und um den Eduard-See (Lake Idi Amin Dada) im Grenzgebiet zwischen Uganda und Zaire gefunden. Gerade in den Gewässern außerhalb des Sees gibt es eine Reihe von heißen Quellen, in deren Nähe sich die Fische trotz wesentlich erhöhter Wassertemperaturen und verschlechterter

Hansen

Sarotherodon leucostictum ♂

Wasserqualität (hoher pH-Wert) behaupten müssen, wie bereits GEWALT* 1967 feststellte.

In der Natur ernähren sich die Fische überwiegend von pflanzlichem Futter, dabei spielt Phytoplankton neben den Algen eine wichtige Rolle. Bei der Futtersuche schwimmen die Fische meist schnellschnappend durch das Wasser. Im Aquarium sind sie auch mit feinem Trockenfutter zufrieden, wobei dann eine ähnliche Art der Nahrungsaufnahme festzustellen ist. Zur Haltung der Art wird ein größeres Becken von mindestens 100 cm Länge benötigt. Die Zucht ist nicht sonderlich schwierig. Zuerst wird das Substrat vom weiblichen Tier gereinigt, eine Arbeit, an der sich das Männchen nur symbolisch beteiligt. Bereits ab diesem Zeitpunkt werden Störenfriede recht unsanft aus dem Revier der sonst recht friedlichen Fische gedrängt. Jetzt treten die Genitalpapillen voll hervor. Dabei fällt auf, daß die des Männchens nicht nur länger, sondern an ihrem Ende auch eiförmig verdickt ist. PAULO** berichtet in einem Zuchtartikel über Einzelheiten. Das Weibchen, das die Verdickung der Genitalpapille für ein Ei ansieht, schnappt nach dieser und nimmt Sperma auf. Dies geschieht jedoch erst nach einer Reihe von Scheinpaarungen. Nachdem die Partnerin auch ihre Eier auf das Substrat gegeben hat (über 100 Stück), werden sie vom weiblichen Tier ins Maul genommen. Bald endet das gegenseitige Interesse der Partner füreinander und sie gehen auseinander. Die Eier entwickeln sich im

* GEWALT, W.: „Fische, die sich selber kochen." Aquarien Magazin, 1, 12, S. 493—497, 1967.

** PAULO, J.: „Tilapia leucosticta." DATZ, 22, 8, S. 231—233, 1969.

Maul der Mutter, bis sie die Jungfische nach etwa 20—24 Tagen aus dem schützenden Kehlsack läßt und in den meisten Fällen nicht mehr aufnimmt.

Im Normalzustand ist die Körperfärbung der Fische hellgrau bis braun, und die Flanken schimmern perlmuttern. Diese Färbung ändert sich jedoch, wenn die Tiere in Balzstimmung kommen (Foto). Die Schuppen erhalten einen dunklen Saum, Kopf und Rücken werden ebenso dunkel wie die Flossen. In den Membranen der unpaaren Flossen liegen silbrigweiße Tüpfel, wie sie auch die Schuppenwinkel in der unteren Körperhälfte tragen. Über Kehle und Wangen breitet sich ein grüngolden schimmerndes Feld aus, und die Iris schimmert schwarz-orange. Ein sicherlich schöner Anblick.

## *Sarotherodon macrochir*

(BOULENGER, 1912)

Innerhalb der Gattung *Sarotherodon,* in der die „maulbrütenden Tilapien" zusammengefaßt sind, nehmen die sogenannten Geißel-Tilapien eine besondere Stellung ein. Nachdem bereits bei *S. karomo* auf die Arbeit von LOWE (1956) hingewiesen wurde, möchte ich hier auf die Arbeit von WICKLER (1966)* aufmerksam machen, mit der sich der Wissenschaftler insbesondere der Art *S. macrochir* angenommen hat. Die zum Teil beigefügten Fotos aus der Wicklerschen Arbeit dokumentieren besonders eindrucks-

* WICKLER, W.: „Über die biologische Bedeutung des Genital-Anhanges der männlichen Tilapia macrochir." Senck. biol., 47, 5, S. 419—427, 1966.

Sarotherodon macrochir. *Das Weibchen besamt die im Maul befindlichen Eier an der Geißel (Genitalanhang) des Männchens.*

Apfelbach

voll den Befruchtungsvorgang, wie er bei *S. macrochir* und auch bei anderen Arten der Gruppe in ähnlicher Weise beobachtet werden kann (über den Vorgang selbst lesen Sie bei *S. karomo* auf den Seiten 303—304).

*S. macrochir* hat im zentralen bis südlicheren Afrika eine weite Verbreitung. Die Art wurde von Katanga (Zaire) bis hinunter in die Okavango-Sümpfe nachgewiesen. Ebenso in einigen Flüssen Zambias, wie dem Zambesi und den darin einmündenden Kafue und Luangwa (vergleiche Karte Seite 39). Die Tiere erreichen eine Gesamtlänge bis zu 40 cm (HUET 1952) und sind Maulbrüter im weiblichen Geschlecht. Über Freilandbeobachtungen hat RUWET * mehrere Arbeiten verfaßt, auf die hier aus räumlichen Gründen nicht näher eingegangen werden kann. Auch bei dieser Art geben die Weibchen ihre Eier in die von den Männchen hergerichteten Gruben ab, um sie gleich darauf ins Maul zu nehmen und davonzuschwimmen. Die Männchen besamen die Eier, indem sie die Gelege verschiedener Weibchen in deren Maul befruchten, wobei die Partnerinnen, wenn diese die Reviere wechseln, ebenfalls gewechselt werden können. Bei der aquaristischen Haltung der Art muß das zwangsläufig verändert erfolgen, weil unsere Becken im Revierumfang nur ein dominierendes Männchen zulassen.

Beide Geschlechter unterscheiden sich optisch in der Normal- wie auch in der Balzfärbung. Während Weibchen und revierlose (nicht dominierende) Männchen graugelb sind, zeigen dominierende Männchen auch im Aquarium überwiegend die schönere Färbung: Sie ist schwarz über Körper und Flossen, doch sind die Zentren der Körperschuppen von grünlich silbrigem Glanz, so daß die Flanken metallisch schimmern. Ein grün irisierender Schimmer liegt auch über dem schwarzen Kopf. In den Membranen der unpaaren Flossen zeigen sich ebensolche irisierende Tüpfel, die jedoch in ihrer Mehrzahl auf die Rückenflosse beschränkt bleiben. Besonders schön sind die Ränder der Rücken- und Schwanzflosse gezeichnet: Ein goldgelbes Marginalband liegt über dem horizontalen Dorsalrand, während bei der Schwanzflosse der vertikale Saum eine solche Binde trägt. In diesem Band sind die Spitzen der harten Rückenflossenstrahlen jeweils mit einem orangefarbenen Punkt versehen. Unter diesem goldgelben Saum liegt eine weitere hellblaue Binde.

* RUWET, J. C.: „Remarques sur le comportement de Tilapia macrochir BLGR. et T. melanopleura (DUM.) (Pisces: Cichlidae) au lac barrage de la Lufira (Katanga)." Rev. Zool. Bot. Afr., 66, p. 243—271, 1961/62.
RUWET, J. C.: „Observations sur le comportement sexuel de Tilapia macrochir BLGR. (Pisces: Cichlidae) au lac de retenue de la Lufira (Katanga)." Behaviour, 20, p. 242—250, 1963.

Kahl
Sarotherodon melanotheron

## *Sarotherodon melanotheron*
RUEPPELL, 1854

Dieser Westafrikaner erreicht eine Länge von über 20 cm. Die Tiere leben in den Fluß- und Deltagebieten der westafrikanischen Gewässer, die nicht nur Süß-, sondern teilweise auch Mischwasser führen. Die adulten Fische machen einen gestreckten Eindruck, da ihre Bauchlinie ziemlich flach verläuft. Das Rückenprofil ist dagegen mittelhoch. Jungfische, die in der noch transparenten Rückenflossenbasis den sogenannten Tilapia-Fleck tragen, haben eine durchhängende Bauchlinie und wirken dadurch im ganzen viel höher.

In einer zurückliegenden Revision der Gattung *Tilapia,* zu der die Art zu jener Zeit noch gerechnet wurde, erklärte THYS die Art *T. macrocephala* (BLEEKER, 1863) für ungültig, da es sich dabei um ein Synonym von *T. melanotheron* handele.

In ihrer Grundfärbung weichen die Tiere — je nach Herkunft — zum Teil beträchtlich voneinander ab. Es gibt rosarote Exemplare und solche goldgelber Färbung. Die Tiere tragen jedoch immer eine gelbe, längsbindenartige Zeichnung über der Flankenmitte, die man verständlicherweise bei einer Nichtgelbfärbung des Körpers besser erkennen kann. Die unpaaren Flossen zeigen viel rötlichen

Marcuse

Sarotherodon mossambicum. *Kopf eines Männchens.*

Farbanteil. Charakteristisches Merkmal sind jedoch die Schwarzzeichnungen, die überwiegend im Bereich des Kopfes liegen (Fotos). Man findet ebensolche schwarzen Musterungen über die unpaaren Flossen verteilt, doch können sie recht unterschiedlich verteilt sein.

### *Sarotherodon mossambicum*
(PETERS, 1852)

Über diese weltweit bekannte Art gibt es viele Publikationen. Die Fische haben, bedingt durch eine Einbuchtung unterhalb der Stirn, ein delphinähnliches Aussehen, das ihnen, im Zusammenhang mit ihrer Vermehrungsfreudigkeit, aquaristisch zu großer Popularität verhalf. Der „Mosambik-Maulbrüter" schwimmt aus diesem Grund auch in vielen wärmeren Gewässern unserer Erde, in denen sich die Fische schnell anpassen konnten, wenn sie dorthin ausgesetzt wurden. Die frühere Bezeichnung *Tilapia natalensis* (WEBER, 1897) muß heute als ein Synonym angesehen werden. Im Jahre 1955 beschrieb LOWE die Unterart *S. m. korogwe,* die durch TREWAVAS (1966) und THYS (1968) in den Rang einer selbständigen Art aufgewertet wurde.

Der Mosambik-Maulbrüter ist kein besonders bunter Fisch. Er ist in der Normalfärbung „nur" schwarz und grau anzusehen. Die mausgraue Färbung erstreckt sich vom oberen Kopf über die obere Körperhälfte bis zur Schwanzflossenbasis. Die untere Körperhälfte sowie die unpaaren Flossen zeigen eine dunklere, eher anthrazitfarbene Tönung. Unterlippe, Kehle, Brust und die vordere Bauchpartie bleiben jedoch auffällig hellgrau. Die Rückenflosse läßt einen zarten rosafarbenen Saum erkennen. Ebenso gefärbt sind die Ober- und Unterkante der Schwanzflosse sowie die Brustflossen. Balzende Männchen zeigen während der Brutzeit, manchmal (als dominierende Tiere im Aquarium!) auch etwas länger, die viel intensivere Brutfärbung, bei der sich die dunklen Farbtöne in Richtung Schwarz vertiefen und das frühere Rosa der Flossen und Flossensäume in ein leuchtendes Karminrot übergeht.

Ursprünglich waren die Vertreter dieser Art im ostafrikanischen Raum über Moçambique hinaus bis Natal (Südafrika) verbreitet. Durch die Größe von rund 40 cm, welche die Tiere erreichen können, soll man sich nicht schrecken lassen: Bereits mit einer Länge um 10 cm sind die Fische ausgefärbt und geschlechtsreif, so daß bereits jetzt einer Nachzucht nichts mehr im Wege steht. Wegen ihrer Stärke muß man die Fische in ein möglichst großes Becken set-

Sarotherodon mossambicum. *Weibchen führt Jungfische im Maul.*

Marcuse

zen, und die Einrichtung soll aus groben Steinen und der Bodengrund aus feinem Sand bestehen. Die Steinaufbauten müssen derart plaziert werden, daß sie, wenn die Fische sie unterwühlen, nicht zusammenstürzen und die Aquarienscheiben zerschlagen können. Eine Vergesellschaftung mit anderen Tieren ist — zumindest während der Balz — nicht empfehlenswert, weil die Mosambik-Maulbrüter dann nicht gerade friedlich mit vermeintlichen Störenfrieden umgehen. Die Fische nehmen fast jede Art von Futter, darunter auch verschiedene Aquarienpflanzen!

Hat das Männchen Platz genug, so hebt es eine ziemlich große Laichgrube aus, die in manchen Fällen einen Durchmesser von 35 cm erreichen kann. Es verwendet dazu größtenteils das große Maul mit den dicken Lippen und dem vorgeschobenen Unterkiefer (vergleiche Foto). Das Weibchen gibt das Gelege in die Grube ab und nimmt beim Aufnehmen der Eier ins Maul auch gleich das vom Männchen abgegebene Sperma mit auf. Je nach Größe des Weibchens kann ein solches Gelege mehrere hundert Eier haben. Entsprechend groß ist das Gewimmel, wenn die Mutter die Jungen aus dem Maul entläßt und sie zur „Futterkrippe" führt. Hier beginnt für den Pfleger eine Zeit, in der er sich stark auf die Fütterung der Jungfische konzentrieren und genügend Futter herbeischaffen muß. Die Zeitigungsdauer beträgt — je nach Wassertemperatur — annähernd 4 Wochen, und die Mutter nimmt während dieser fast futterlosen Zeit merklich ab. Sie braucht, nachdem sie wieder fressen kann, eine angemessene Aufbaukost wie beispielsweise Regenwürmer, Mehlwürmer und auch mageres Fleisch von Warmblütern (Herz). In der ersten Zeit nehmen die Jungfische noch im Maul der Mutter Zuflucht, wenn sie eine Gefahr vermuten. Mehr und mehr läßt dieser Trieb in der Folgezeit nach. Die Kleinen sind nunmehr damit beschäftigt, viel Futter zu suchen, um schnell heranzuwachsen.

### *Sarotherodon niger spilurum*
(GUENTHER, 1894)

Diese Unterart ist als „Momella-Maulbrüter" bekanntgeworden. Er bewohnt neben den Momella-Seen in Nordtansania weitere See- und Flußgebiete Ostafrikas im Grenzgebiet zwischen Kenia und Tansania. Von den beiden Unterarten *S. n. niger* und *S. n. spilurum* konnte sich

Hansen

Sarotherodon niger spilurum, ♂.

nur die letztere bedingt aquaristisch durchsetzen. Sie werden reichlich 30 cm lang, sind aber bereits, ähnlich wie *S. mossambicum,* mit einer Länge von 10—12 cm fortpflanzungsfähig.
Männliche Tiere zeigen in der Normalfärbung ein gründgelbes Kleid, das nur selten von 6—8 dunklen Querbinden überlagert wird. Die unpaaren Flossen werden in die Körperfärbung einbezogen. Eine Zone über den Oberlippen sowie über Wangen und Kiemendeckeln ist ebenso rotviolett wie die Brustflossen. Die Bauchflossen sind bläulich. Werden die so gefärbten Männchen sexuell aktiv, färben sich ihre Kehle, die Brust und die Bauchpartie fast schwarz (Name). Eine zweite dunkle Zone führt von der rußigen Oberlippe über Stirn und Nacken und löst sich über dem vorderen Rücken sowie in der unteren Rückenflosse auf. Unter dem weißen Marginalband der Dorsale liegt eine weitere dunkle Zone.

### *Sarotherodon niloticum*
(LINNAEUS, 1757)

Diese Art wurde bereits vor über 200 Jahren erstmals beschrieben. Das kann man als ein Zeichen dafür ansehen, daß diese Art weit in den Norden Afrikas hinein ver-

Hansen

Sarotherodon niloticum

breitet gewesen sein muß, denn um diese Zeit drangen die europäischen Wissenschaftler noch nicht weiter ins Innere Afrikas vor. Anfang dieses Jahrhunderts wurden zu dieser Art zwei Unterarten beschrieben, so daß man jetzt im Grunde drei Unterarten anspricht:

*S. n. niloticum* (LINNAEUS, 1757)
*S. n. eduardianum* (BOULENGER, 1912)
*S. n. cancellatum* (NICHOLS, 1923)

Diese Unterarten sind aquaristisch jedoch nicht sonderlich interessant. Die Nilbuntbarsche haben erstens keine besonders schöne Färbung und erreichen schließlich eine Länge von rund 60 cm. Bei dem hohen Körperbau der Tiere können die Fische zu äußerst starken Aquarienbewohnern heranwachsen, die am Ende nur in einem großen Schaubecken Platz finden. Der in seinen Heimatländern, von Syrien über das gesamte Stromgebiet des Nils bis in das Kongobecken hinein geschätzte Speisefisch kann aufgrund seiner Anpassungsfähigkeit in (fast) jedem Gewässertyp überleben. Entsprechend dieser Verbreitung muß man auch mit geographischen farblichen Varietäten rechnen. Die Grundfärbung bisher eingeführter Exemplare war meist silbergrau mit einem leichten Beigeton über dem Rücken. Auf der Basis jeder Flankenschuppe (Bauchpartie ausgenommen) steht ein schwarzer vertikaler Strich, der den Tieren ihr Farbmuster verleiht. Bei männlichen Tieren sind die Enden von Rücken- und Afterflosse spitz ausgezogen, die der Weibchen dagegen abgerundet. Ältere Tiere zeigen gelegentlich ihre 6—7 Querbinden über den Flanken. Ein weiteres Merkmal, der schwarze Fleck auf den Kiemendeckeln, tritt nicht immer deutlich hervor. Die Rückenflosse trägt einen feinen gelblichen Saum. Kommen die Männchen in Balzstimmung, nehmen Kehle, Brust- und Bauchflossen einen rotvioletten Glanz an. Die kleiner bleibenden Weibchen färben ihre Kehle während der Brutzeit ebenfalls rötlich.

## *Sarotherodon rukwaense*

(HILGENDORF & PAPPENHEIM, 1903)

Eine endemisch im Rukwa-See lebende relativ kleine Art dieser Gattung, die man zu den „Geißel-Tilapien" rechnet. Die Heimat dieses Fisches liegt im Südwesten Tansanias (vergleiche Karte Seite 39). Die nur 25 cm groß werdenden Fische sind nicht die einzige Cichliden-Art dieses Sees, doch ist die Artenzahl (2) in dem immerhin 3 302 km² großen See überdurchschnittlich gering. Zum See gehören ausgedehnte Sumpfgebiete, und die Sauberkeit des Wassers läßt daher zu wünschen übrig. Die Sicht unter Wasser reicht nicht über 10 cm (Zentimeter!) hinaus.

Mit ihrer Normalfärbung haben sich die Fische der lehmbraunen Färbung des Wassers im See angepaßt. Das gilt insbesondere für die Weibchen. Männliche Tiere sind — vor allem während der Balz — dunkler, beinahe schwarz. Ihre Stirn ist heller und läßt eine Binde erkennen, die zwischen beiden Augen liegt. Rücken und Schwanzflosse, die ebenfalls dunkelgrundig sind, tragen einen orangeroten Saum. Unter der erwähnten „Geißel" versteht man eine Verlängerung der Genital-Papille, die sich, zum Zeitpunkt des Befruchtungsvorganges, weit aus der Genitalöffnung der Männchen hervorschiebt. Sie ist mit fransenartigen Auswüchsen besetzt und wird von den Weibchen „gemolken", wenn diese die noch unbefruchteten Eier bereits im Maul tragen. Durch diese weibchenaktive Handlung ist die maulbrütende Partnerin des Männchens in der Lage, die Eier zu befruchten. Ähnliche Verhaltensweisen bei der Vermehrung sind bei den Arten *S. karomo* und *S. macrochir* beschrieben.

## *Sarotherodon shiranum*
(BOULENGER, 1896)

Ihren Namen trägt die Art nach dem Shire-Fluß, der den Malawi-See zum Süden hin entwässert. Im Jahre 1966 beschrieb TREWAVAS eine Unterart aus dem Chilwa-See (vergleiche Karte Seite 50), der südöstlich vom südlichen Zipfel des Malawi-Sees liegt. Demnach haben wir es jetzt mit den beiden Unterarten

*S. s. shiranum* (BOULENGER, 1896) und

*S. s. chilwae* (TREWAVAS, 1966)

zu tun. Die erste Unterart erreichte eine Größe von rund 30 cm. Die Weibchen bleiben stets etwas kleiner als ihre männlichen Partner. Beide zeigen eine ähnliche Normalfärbung, ein metallisch schimmerndes Grün über den Flanken, die bei weiblichen Tieren etwas in graugelbe Töne abrutscht. Bei sexueller Aktivität färben sich beide Tiere goldgelb, wobei die Bauchpartie heller bleibt. Eine ebenso helle, querbindenförmige Zone liegt über der Caudalbasis. *S. s. chilwae* unterscheidet sich anatomisch von der erstgenannten Unterart durch den Besitz von 4 Analstacheln, morphologisch durch Unterschiede in der Färbung. In der Normalfärbung zeigen sich die Tiere mit silbriger Grundfärbung, die grünlich schimmert und über dem Rücken dunkler wird. Der hintere Zipfel der Rückenflosse trägt einen roten Saum, wie auch die hintere Hälfte der Schwanzflosse zinnoberrot ist. Zum Zeitpunkt sexueller Aktivität färben sich die Männchen wunderschön um: Ihr Körper nimmt eine samtschwarze, bläulich schimmernde Färbung an, bei der die Zentren der Körperschuppen (Bauchpartie ausgenommen) smaragdgrün irisieren. Die roten Säume von Rücken- und Schwanzflosse werden noch intensiver, so daß ein phantastischer Gesamteindruck entsteht. Zudem kann der Fisch stimmungsbedingt noch ein Muster aus schwarzen Querbinden zeigen. Die Männchen beider Unterarten bekommen mit zunehmendem Alter einen Stirnhöcker.

Sarotherodon shiranum chilwae, ♂

Loiselle

*Sarotherodon variabile*
(BOULENGER, 1906)

Der „Veränderliche Maulbrüter" (Name) lebt in Ostafrika. Die Fische können reichlich 30 cm groß werden und gehören zur Gruppe der „Geißel-Tilapien", bei deren Männchen die Genitalpapille zum Zeitpunkt der Eibefruchtung mehrere Zentimeter lang aus der Genitalöffnung heraushängt, fransig verästelt ist und kleine Knötchen als Anhängsel trägt. Diese Knötchen kann man ebenfalls (wie die Eiflecke) als eine Art Ei-Attrappen ansehen, zumal sie auch oft eine eiähnliche Färbung aufweisen. FRYER* hat im Viktoria-See diese Art untersucht und konnte dabei feststellen, daß die Weibchen nach der Eiaufnahme ins Maul und deren Befruchtung den Platz der Paarung verließen, um sich an einen anderen Aufzuchtort zu begeben. Im Gegensatz zum ersten Platz mit sandigem Untergrund war der Boden des Aufzuchtortes felsig und hatte einen besonders flachen Wasserstand. Diese Küstenabschnitte waren häufig nicht sehr ausgedehnt und trotzdem mit vielen Müttern besetzt, die hier ihre Jungen spazierenführten: Ein Kindergarten sozusagen. Bei diesen Platzwechseln müssen die Fische manches Mal bis zu 50 km Entfernung zurücklegen, doch die meisten kehren immer wieder an diese Stelle zurück. Bei einem Leben in derart flachen Gewässern darf es nicht wundern, wenn die Fische gelegentlich Opfer von fischfressenden Vögeln werden. So gehört *S. variabile* zur bevorzugten Beute des Purpurreihers *(Ardea purpurea).*

Ihren Artnamen verdanken die Tiere zwei unterschiedlich gefärbten Varianten. Die Art ist an vielen Stellen weit verbreitet, an anderen wiederum selten. Diese letzteren Gebiete stellen aus verschiedenen Gründen teilweise Barrieren dar, welche die eine Population von der anderen in gewisser Weise isoliert — wenn auch nicht vollständig. So kommt es zur Bildung der erwähnten Varianten. Im Normalfall sehen die Maulbrüter graugrün aus. Ihr Bauch ist heller, und die Spitze der Rückenflosse trägt — zumindest bei männlichen Tieren — einen geröteten Saum. Im Gegensatz zu ihren weiblichen Partnerinnen nehmen die Männchen in der Zeit sexueller Aktivität eine dunkle bis schwarze Färbung an. Jetzt fällt besonders der inzwischen auch intensiver rot gefärbte Saum in der Rücken- und Schwanzflosse auf. Die zweite, seltenere Farbvariante zeigt ein Muster aus Flecken auf zart orangefarbenem Untergrund.

* FRYER, G.: „Observations on the biology of cichlid fish Tilapia variabilis BOULENGER in the northern waters of Lake Victoria (East Africa)." Revue Zool. afr., 64, p. 1—33, 1961.

## Die Gattung *Serranochromis*

Die Vertreter dieser Gattung sind aquaristisch nicht interessant. Sie sind reine Fischräuber. Mit Ausnahme einer Art, die hier anschließend kurz beschrieben werden soll, sind die übrigen wenigen Arten der Gattung in den drei großen Seen des afrikanischen Grabenbruchs nicht vertreten, sondern verteilen sich hauptsächlich auf den Lake Bangweulu und den Lake Mweru (vergleiche Karte Seite 39). Die Tiere werden über 40 cm groß und erinnern im Habitus an die großen Zackenbarsche der Korallenriffe *(Serranidae),* die sich ebenso zum Beutemachen ähnlicher überraschender Angriffe auf die Opfer bedienen, wie diese Buntbarsche aus afrikanischen Süßgewässern.

*Serranochromis robustus*
(GUENTHER, 1864)

Diese Art ist die einzige der Gattung, die in einem der drei großen afrikanischen Seen vorkommt. Die beinahe einen halben Meter groß werdenden Fische sind robuste (Name) Räuber, und ernähren sich auch von den Fischarten, die wir als Aquarientiere schätzen. Die Bewohner des Malawi-Sees sind in diesem Gewässer jedoch keine Endemiten, sondern noch in anderen Regionen, wie dem Flußsystem des Sambesi und benachbarten Gebieten, beheimatet.

Der Oberkörper ist lehmgelb gefärbt, während die untere Körperhälfte, besonders zum Bauch hin, heller wird. Eine breite Längsbinde zieht vom hinteren Augenrand in die Schwanzwurzel. Sie ist von zwei helleren Zonen gesäumt. Eine Anzahl von Querbinden, die jedoch nur noch über dem Rücken angedeutet sind, kann man an den Körperseiten erkennen. Alle Binden werden stimmungsbedingt mehr oder weniger intensiv gezeigt. Die tarnende Körpermusterung wechseln zu können, ist gerade für einen großen Räuber wie diesen wichtig. Der Maulbrüter trägt in der hinteren Zone seiner schmutzigtransparenten Afterflosse eine Anzahl blasser kleiner orangefarbener Eiflecke. Zu den weiteren Gattungsverwandten zählen: *S. angusti-*

*ceps* (BOULENGER), *S. macrocephalus* (BOULENGER) und *S. stappersi* TREWAVAS. Bei dem häufiger erwähnten *S. thumbergi* (CASTELNAU, 1861) handelt es sich um eine gute Art, die zuweilen mit *S. robustus* verwechselt wird.

## Die Gattung *Simochromis*

Die Vertreter dieser Gattung sind mit denen von *Tropheus* eng verwandt und gehören wie diese zu den Algen verzehrenden Bewohnern der litoralen Geröllzone im Tanganjika-See. Man trifft sie nicht an jeder Stelle des Sees an, doch gehen sie nicht über Tiefen von 10 m hinab. Diese Litoralzone ist unter anderem auch ein Paradies für die vielartigen Jungfische, die sich im Gewirr von Spalten und kleinsten Ritzen so weit zurückziehen können, daß ihnen räuberische Verwandte nicht mehr zu folgen in der Lage sind. Aus diesem Grunde ist die Besiedlungsdichte in diesem Gebiet stückzahlmäßig außerordentlich hoch. Die Endemiten dieses Sees sind in den letzten Jahren durch NELISSEN* verschiedentlich untersucht worden. Bei dieser Gelegenheit wurde die seither zur Gattung *Simochromis* gestellte Art *S. curvifrons* POLL, 1942 aus dieser Gattung herausgenommen und als Typus zur neu geschaffenen Gattung *Pseudosimochromis* (vergleiche Seite 282) gestellt.

### *Simochromis babaulti*
PELLEGRIN, 1927

Die Art lebt im Tanganjika-See endemisch und erreicht eine Größe von ungefähr 11 cm. Sie nimmt einen eigentümlichen Platz in der Simochromis-Tropheus-Gruppe ein, weil sie die einzige Spezies mit einem ausgeprägten Sexualdimorphismus darstellt (NELISSEN). Damit meint der Autor Unterschiede im stimmungsbedingten Intensivieren des Querbindenmusters (Transversalstreifen) über den Flanken: Das Männchen von *S. babaulti* zeigt acht solcher Binden, und zwischen ihnen ist der Körper meist gelblich-orange gefärbt. Lebende oder präparierte Männchen kann man sofort durch eine schwarze Binde von den Weibchen unterscheiden, die horizontal vom ersten bis zum achten Hartstrahl über die Rückenflosse zieht. Im Gegensatz zu den transparenten, milchigen Flossen ist die Afterflosse im vorderen Teil rötlich, dagegen werden in der hinteren transparenten Zone, nahe der Basis, zwei oder drei Eiflecke sichtbar. Das Weibchen bleibt kleiner und blasser als sein Geschlechtspartner. Auch dieses Tier zeigt acht Querbinden über den Flanken, doch bleiben sie stets heller als die des Männchens. Besonders über dem Bauch treten die Querbinden beim Männchen stärker hervor. Die Flanken der Weibchen zeigen nie die Gelborangefärbung. Ferner fehlt in der Dorsalen der weiblichen Tiere die schwarze, submarginale Binde. Ebenfalls bleibt die Afterflosse ohne Färbung.

Im Aquarium gehaltene Tiere können ein starkes Aggressionsverhalten entwickeln. Die Männchen beanspruchen ein Territorium, aus dem sich alle anderen Fische heraushalten müssen. Ist das Becken nicht groß genug, kann man keine anderen Fische zu ihnen gesellen, will man nicht ihren Tod riskieren. Eine gesonderte Beschreibung des Aggressionsverhaltens dieser Art haben BAERENDS & BAERENDS-VAN ROON* geliefert. Entsprechend den vorher gemachten Angaben, sollte die Größe für ein Aquarium, in dem *S. babaulti* gepflegt wird, eine Bodenfläche von 120 × 50 cm nicht unterschreiten. Um den Fischen ausreichenden Schwimmraum zu lassen, soll man die Steinaufbauten, die zweifellos notwendig sind, dicht an die Rückwand heranbringen. Eine Bepflanzung ist nur bedingt zu empfehlen (sehr hartfaserige Arten), weil die Fische — als Vegetarier — sich bestimmt an ihnen zu schaffen machen. Wasserbeschaffenheit: Härte etwa zwischen 8—16° dGH bei einem pH-Wert zwischen 7,5 und 8,0 und einer Wassertemperatur von 24—25° C, die zur Zucht um 2° C erhöht wird. Im Artenbecken gehalten empfiehlt sich eine Gesellschaft von drei bis fünf Weibchen zu einem Männchen. In größeren Becken ist auch eine Zusammenführung mit anderen Cichlidenarten möglich. Die Tiere nehmen neben dem üblichen Futter gern einen

* NELISSEN, M.: „Sound Production by Simochromis diagramma (GUENTHER), (Pisces: Cichlidae)." Acta Zool. et Path. Antv., 61, p. 19—24, 1975.
—,—: „Contribution to the Ethology of Simochromis diagramma (GUENTHER), (Pisces: Cichlidae)." Acta Zool. et Path. Antv., 61, p. 31—46, 1975.
—,—: „Sexual Behaviour in Simochromis diagramma (GUENTHER), (Pisces: Cichlidae)." Acta Zool. et. Path. Antv., 62, p. 203—206, 1975.
—,—: „Contribution to the Ethology of Simochromis babaulti PELLEGRIN, (Pisces: Cichlidae)." Annales Soc. r. Zool. Belg., 106, 2—4, p. 167—175, 1976.

* BAERENDS, G. P. and BAERENDS-VAN ROON, J. P.: „An Introduction to the study of the Ethology of cichlid fishes." Behaviour, 1, p. 1—243, 1950.

Zusatz an vegetarischer Kost in Form von überbrühtem Spinat und Kopfsalat.

Die Zucht von *S. babaulti* macht keine anderen Umstände als die der Tropheus-Arten. Die Maulbrüter laichen nach kurzer Reinigung des harten Substrats. Die Eier nimmt das Weibchen ins Maul und läßt sie nach der von WICKLER beschriebenen Methode vom Männchen befruchten. Der ganze Vorgang dauert etwa 15 Minuten und bringt ein Gelege von rund 50 Eiern. Die Tiere zeigen jetzt eine intensivere, jedoch keine andersfarbige Tönung. Die Zeitigungsdauer der Eier beträgt ungefähr 21 Tage — je nach Wassertemperatur. Das Weibchen nimmt in dieser Zeit keine Nahrung auf und muß nach dem Freilassen der Jungen besonders gut und ausreichend mit einem anderen Futter als dem Aufzuchtfutter für die Jungfische ernährt werden.

### *Simochromis diagramma*
(GUENTHER, 1893)

Der Maulbrüter stammt aus dem Tanganjika-See, in dem alle Vertreter der Gattung endemisch leben. Die bis zu 20 cm groß werdenden Tiere bewohnen die Felsreviere wie auch die sandigen Zonen des Litorals in einer Tiefe von 3 bis maximal 10 Metern. Die Färbung der Tiere entspricht einem Tarnkleid, das die Fische besonders in der Zone höherer Pflanzen gut schützt, in die sie aber nur gelegentlich hineinschwimmen. Es schimmert im oberen Körperbereich grünlich, dagegen bleibt das untere Körperdrittel von der Unterlippe bis zum Schwanzstiel weiß, 9—10 Querbinden überziehen die Flanken vom Rücken bis über den Bauch. Werden sie weniger intensiv gezeigt, liegen sie nur über der Flankenmitte. Unter der Basis der weichstrahligen Dorsale laufen zwei dieser Binden schräg gegeneinander, so daß sie ein Y-Muster bilden. Alle Flossen haben einen grünlichen bis ockerfarbenen Schimmer. Auch die Schläfe kann diesen Farbton besonders intensiv und irisierend zeigen. Dominierende Männchen tragen zudem einen zusätzlichen Blauglanz über den Flanken. Auf den Kiemendeckeln liegt ein dunkler, goldgelb gerandeter Fleck, und die schwarze Zone unter dem Mundboden zwischen den Kiemendeckeln ist arttypisch. Die Rückenflosse trägt eine schwarze Marginalbinde, unter der eine Reihe rötlicher ovaler Flecke liegt. Die Schwanzflosse hat keine Musterung. Die Afterflosse zeigt über der weißlichen Basis eine intensiv grüne Zone, an deren Ende 1—2 dottergelbe, schwarz gerandete Eiflecke liegen.

Simochromis diagramma

Hansen

NELISSEN bezeichnet es als unmöglich, mehrere Exemplare über einen langen Zeitraum in einem kleinen Aquarium zu halten. Der dominierende Fisch zeige ein sehr aggressives Territorialverhalten und versucht, alle anderen Tiere aus diesem Gebiet zu vertreiben. Da ein kleines Becken ihnen jedoch keinen Ausweg zur Flucht läßt, werden sie angegriffen und gebissen. Man fand häufiger tote Tiere, denen jede Flosse fehlte, weil sie zerbissen war.

Die Weibchen legen 15—90 orangefarbene Eier, die einen Durchmesser von etwa 3,5 mm haben. POLL berichtet (1956) von gräulichen Eiern, die 6 mm lang waren. Die Mutter benötigt (nach NELISSEN) 6—7 Wochen, bevor sie ihre Jungen erstmals aus dem Maul freigibt. Darauf verteidigt sie das Revier noch wesentlich aggressiver, als man das von revierbesitzenden Männchen gewohnt ist. Sind jedoch in einem großen Becken zu viele Mitbewohner, kann sie ihre Jungen trotzdem nicht ausreichend beschützen.

### *Simochromis marginatus*
POLL, 1956

Ein im Tanganjika-See endemisch lebender Maulbrüter, der die felsigen Zonen des Litorals bewohnt und eine

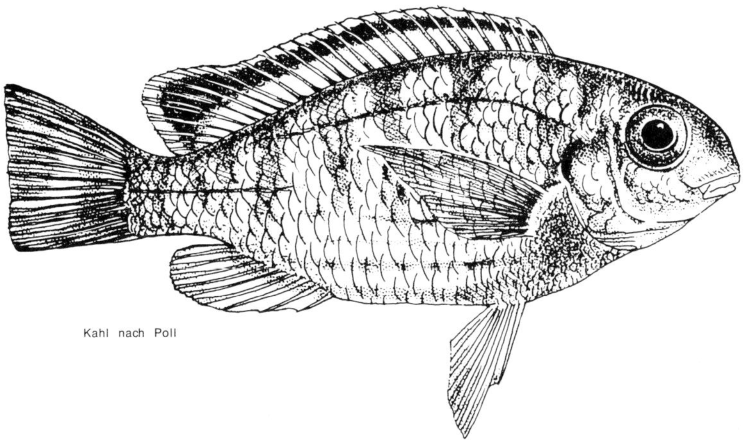


Simochromis marginatus *fällt durch seine nur kurz und steil ansteigende und somit relativ flache Kopfform auf.*

Länge zwischen 12 und 16 cm erreichen dürfte (POLL beobachtete nur Tiere bis zu 9 cm Länge). Die Art steht verwandtschaftlich *S. babaulti* nahe, dem die Tiere in Haltung und Zucht entsprechen dürften. Sie wurden bisher kaum eingeführt.

Rücken und Flanken der Fische zeigen eine bräunlichgrüne Grundfärbung. Die Bauchpartie bleibt silberfarben. 7—8 Querbinden sind über den Körperseiten meist nur schwach angedeutet. Auf dem hinteren Kiemendeckelbogen liegt ein schwärzlicher Fleck. Die farblich nicht hervortretende Rückenflosse zeigt ein breites submarginales Band, das durch den hart- und weichstrahligen Teil der Flosse zieht (vergleiche Abbildung). Die Schwanzflosse ist schwärzlich und zeigt ein ähnliches Band wie die Dorsale. Die gräuliche Afterflosse zeigt in ihrem hinteren Zipfel einen oder mehrere kleine, dunkel gerandete Eiflecke. Brust- und Bauchflossen sind farblos. Die Kopfpartie zeigt Spuren einer orangefarbenen Tönung.

## Die Gattung *Spathodus*

Die Vertreter dieser Gattung gehören, zusammen mit den Arten der Gattungen *Eretmodus* und *Tanganicodus* zu den sogenannten Grundelbuntbarschen (Gattungsgruppe *Eretmodini*). Sie unterscheiden sich von anderen Buntbarschen zum Teil beträchtlich, haben aber andererseits viele gemeinsame Merkmale entwickelt, so daß eine mögliche Stellung zu einer gemeinsamen Gattung nicht unmöglich erscheint. Da die beiden monotypischen Gattungen *Eretmodus* BOULENGER und *Tanganicodus* POLL zusammen mit der Gattung *Spathodus*, die im Jahre 1901 durch BOULENGER aufgestellt wurde, nach augenblicklichem Stand die übersichtliche Zahl von nur vier Arten aufweisen, dürften auch die noch fehlenden ethologischen* Erkenntnisse nicht mehr lange auf sich warten lassen.

Die beiden Spathodus-Arten bewohnen, wie ihre übrigen erwähnten Verwandten, als Endemiten die felsigen Reviere der Litoralzone nach Art von Grundeln oder Schleimfischen (die den Meerwasser-Aquarianern besser bekannt sein dürften). Sie leben dort stets bodennah und ernähren sich von Algenpolstern sowie vor allem den darin lebenden Wirbellosen (Insekten, deren Larven und verschiedenen Krebstieren). Zum Beutefang sind sie mit einer besonderen Bezahnung ausgestattet (vergleiche Abbildung), deren verlängerte Greifzähne den Fischen gestatten, die Futtertiere aus den Aufwuchspolstern herauszupicken. Diese Unterschiede in der Bezahnung sind die Hauptursache dafür, daß man die Grundelbuntbarsche verschiedenen Gattungen zugewiesen hat. Bei Vergleichen der hier zu jeder Gattung abgebildeten Bezahnung läßt sich dies bereits auf den ersten Blick feststellen.

Die Nachzucht aller Grundelbuntbarsche ist nicht einfach. Vor allem scheinen den Tieren veränderte Wasserwerte nicht gut zu bekommen. In den meisten Fällen hält man die Fische im Aquarium bei erhöhten Härtegraden, dafür aber gesenktem pH-Wert — im Gegensatz zu den Werten ihrer Heimatbiotope. Abgesehen von leichten Schwankungen konnte ich im Tanganjika-See (am Nordufer wie am Südufer) folgende Wasserwerte ermitteln: dGH = um 11°; dKH = 18—18,5°; elektrischer Leitwert (20° C) = 540 bis 558 μS; pH = 8,7—9,0 (wobei der letztere Wert überwog).

Nach eigenen wie auch fremden Beobachtungen leben die Grundelbuntbarsche meist paarweise. Man findet Tiere — wahrscheinlich beiderlei Geschlechts —, die ihre Jungen betreuen. Dabei stellte man verschiedene Entwicklungsstufen der Eier (noch im Maul), Larven (ebenfalls im Maul) und Jungfische fest. Beim Herannahen des Tauchers versuchen die Elterntiere, ihre Nachkommen schleunigst in Sicherheit zu bringen, soweit sie sich außerhalb ihres Maules aufhalten.

* Ethologie = Verhaltensbiologie oder die Erforschung von Mensch und Tier aus biologischer Sicht unter besonderer Berücksichtigung artspezifischen Verhaltens, der Anpassung und der Evolution. Dabei bedienen sich die Forscher einer Reihe von Methoden, die in Systematik, Morphologie und Embryologie bereits mit Erfolg zur Klärung von Vorgängen und Zusammenhängen eingesetzt wurden.

## *Spathodus erythrodon*
BOULENGER, 1900

Die Art ist im Tanganjika-See verbreitet, kommt an vielen Stellen vor, ohne jedoch in großen Stückzahlen aufzutreten. Die etwa 8 cm langen Tiere haben eine abgeflachte Bauchlinie, die sie als Bodenbewohner kenntlich macht. Durch die Rückbildung der Schwimmblase, die sich bei ihnen, wie bei den meisten Bodenfischen, vollzogen hat, gehören sie nicht zu den guten Schwimmern. Ihr Schwimmvermögen reicht aber immer noch aus, sich bei Gefahr blitzschnell in ihr Versteck zu bewegen. Sie erinnern mich — auch bei Unterwasserbeobachtungen — an die Vertreter aus der Familie der Korallenwächter oder Büschelbarsche (Meeresfische: *Cirrhitidae*), die ebenso — meist beobachtend — auf Steinen liegen, wobei sie sich teilweise mit den Strahlen der Brustflossen abstützen (Foto). Ihr Maul ist vorderständig, doch kann der Unterkiefer derart bewegt werden, daß diese Grundelbuntbarsche auch in Bodennähe schwimmend unterwärtiges Futter aufnehmen können.

Die braunolive Grundfärbung der Tiere wird von 2—3 Längsreihen hellblau irisierender Punkte überlagert, die über der Flankenmitte meist von orangefarbenen Zonen oder Flecken umgeben sind. Über dem Kopf weiten sich die Punkte zu Linien aus. Die unpaaren Flossen sind schmutzig olivgrün und ebenfalls von hellblauen Tüpfellängsreihen bedeckt. Dies gilt besonders für die Rückenflosse.

Spathodus erythrodon, ♂.

Linke

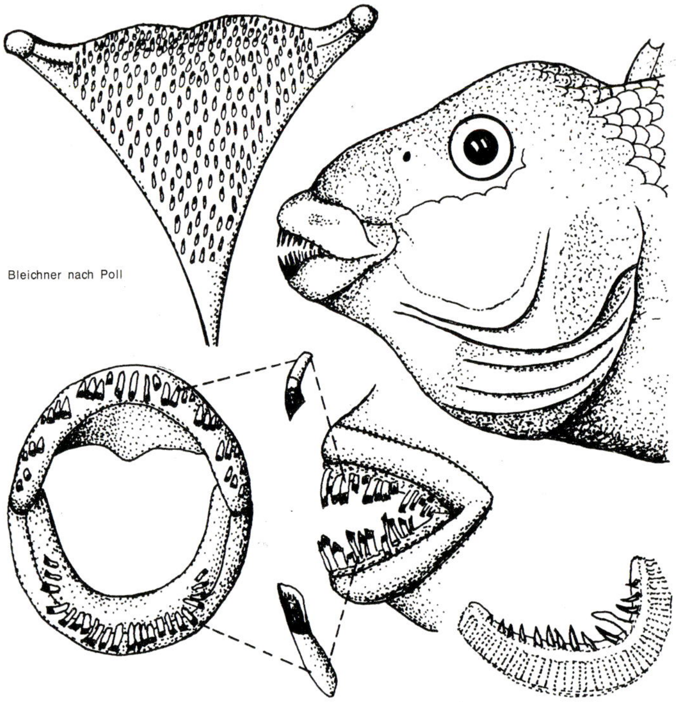
Bleichner nach Poll

Spathodus marlieri *ist mit einem starken Gebiß aus unregelmäßig langen Zähnen ausgestattet. Männchen tragen einen Fettbuckel auf der Stirn.*

## *Spathodus marlieri*
POLL, 1950

Eine erst spät beschriebene, buckelköpfige Art, deren Vorkommen bisher nur im Bereich des Litorals am nördlichen Seeufer nachgewiesen wurde. Die Fische erreichen eine etwas größere Länge als die vorgenannte Art, dürften aber 9—10 cm nicht überschreiten.

In der Färbung zeigen sich die Tiere äußerst zurückhaltend. Eine eintönig bräunliche Grundfärbung mit geringen Farbschwankungen zu einem bläulichen Schimmer, der sich überwiegend bei dominierenden Männchen zeigt, machen die Fische aus rein optischer Sicht für das Aquarium nicht interessant. Diese blaue Tönung erfaßt die fast transparenten Flossen sowie Kehle und Lippen. Der obere Rand von Rücken- und Schwanzflosse zeigt einen blassen braunorangefarbenen Saum.

## Die Gattung *Steatocranus*

Von den verschiedenen Vertretern dieser Gattung sind im Grunde aquaristisch nur zwei gut bekanntgeworden: Der

Buckelkopfcichlide *(S. casuarius)* und *S. tinanti,* der früher zur Gattung *Leptotilapia* PELLEGRIN, 1928 gestellt wurde, die mit der Arbeit von ROBERTS & STEWART (1976)* als Synonym zur Gattung *Steatocranus* erklärt wurde. Gleichzeitig stellten die Autoren in dieser Arbeit einige neue Arten (Erstbeschreibungen) vor, die in der Folge ebenfalls beschrieben werden sollen.

Die Gattung *Steatocranus* wurde im Jahre 1899 von BOULENGER aufgestellt. Die zu dieser Gattung gestellten Cichliden sind Bewohner der verschiedenen Stromschnellengebiete im Zaire-Fluß (dem früheren Kongo). Sie haben sich den widrigen Lebensverhältnissen in diesen Biotopen mit den hohen Strömungsgeschwindigkeiten des Wassers anpassen müssen und dies besonders im Hinblick auf eine flache Körperform auch getan. In ihrer Heimat leben die Fische überwiegend in kleinen Höhlen und anderen, von der Natur gebildeten Unterständen. Die Vertreter dieser Gattung müssen aber in dem Stromschnellengebiet nicht unbedingt im Bereich der reißendsten Wasser leben, sie können sich an manchen Stellen auch in etwas ruhigere und strömungsgünstigere Bezirke zurückziehen und dort ihren Wohnplatz beziehen. Zu diesen Vertretern gehört *S. casuarius* — vielleicht ein Grund dafür, daß diese Fische am häufigsten von allen Gattungsverwandten eingeführt werden: Sie lassen sich in diesen ruhigeren Gewässern besser fangen.

## *Steatocranus casuarius*

POLL, 1939

Dieser bis etwa 10 oder 11 cm große „Buckelkopfcichlide" bewohnt die ruhigen Gebiete der Stromschnellen im Zaire-(Kongo-)Fluß. Ihr auffälligstes Merkmal ist, besonders bei den Männchen, der große Kopf mit dem Stirnbuckel. Diese Fetthöcker bekommen die Tiere erst mit zunehmendem Alter. Er ist bei den männlichen Tieren wesentlich ausgeprägter, während er bei den Weibchen nur angedeutet ist. An diesen Höcker schließt sich bereits die Rückenflosse an, die bei diesen Tieren sehr langgezogen ist und bis an die Schwanzwurzel heranreicht. Die weit vorgezogenen (brustständigen) Bauchflossen dienen den Fischen kaum als Schwimm-, sondern mehr als Stützorgane. Die kleinen

Kahl

Steatocranus casuarius, *Männchen mit Stirnhöcker.*

Bodenrutscher sind keine guten Schwimmer, da ihre Schwimmblase nicht voll ausgebildet ist. Im Zusammenklang mit den wulstigen Lippen verleiht der gewölbte Kopf den Fischen ein etwas bulliges Aussehen.

Farblich kann man die Fische, die mit einer Tarnfärbung einem Leben in den erwähnten Gewässertypen angepaßt sind, nicht als Schönheiten bezeichnen. Der Reiz, sie zu pflegen, liegt in ihrem sehr interessanten Verhalten. Ihre Grundfärbung ist mausgrau, und die Körperschuppen tragen einen hellen Rand, so daß über den Flanken ein leichtes Netzmuster entsteht. Ein Muster von 4—5 dunkelgrauen Querbinden liegt über den Körperseiten, das stimmungsbedingt mehr oder weniger stark intensiviert werden kann. Über den Kiemendeckeln wie auch über den Bauchflossen liegt zuweilen ein blauer Glanz. Die Iris ist meist leuchtend blau.

Obwohl sie relativ klein sind, soll man Buckelkopfcichliden nicht in zu kleinen Aquarien halten. Die Wasserhärte ist dagegen, auch für die Nachzucht, nicht so wesentlich, da sich die Fische offenbar an fast jede Härte anpassen können. Die Haltetemperatur soll um 24—25° C liegen. Man erhöht sie zur Zucht um 2° C. Wichtig für die Haltung ist nicht so sehr die Wasserqualität als vielmehr die Beckendekoration. Hierbei kommt es, wie in der Heimat der Fische, auf das Vorhandensein von verschiedenen Höhlen an. Die Fische sind äußerst unverträglich gegenüber Artgenossen wie auch gegen andere Fische, wenn diese ihr abgestecktes Revier durchkreuzen. Buckelkopfcichliden nehmen fast jedes Futter, besonders gern Lebendfutter jeder bekannten Art.

* ROBERTS, T. & STEWART, D. J.: „An Ecological and Systematic Survey of Fishes in the Rapids of the Lower Zaire or Congo River." Bull. Mus. Comp. Zool., 147, p. 239—317, 1976.

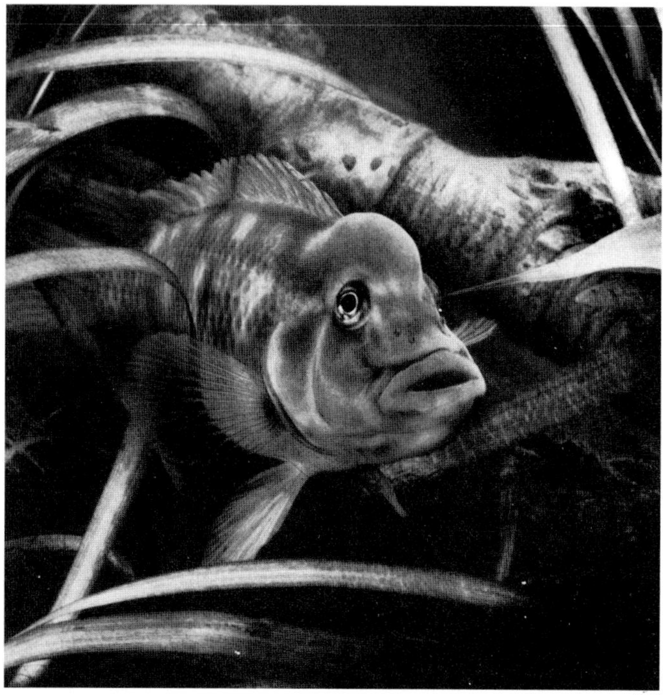

Steatocranus casuarius. *Porträt eines Männchens.* Kahl

Wie aus vielen Berichten hervorgeht, ist *S. casuarius* ein ausgeprägter Brutpfleger. Die 30—60 Eier umfassenden Gelege werden immer in Höhlen abgegeben. Die einzelnen Laichkörner sind mit 2,5—2,8 mm verhältnismäßig groß. Bereits nach 24 Stunden schlüpfen die Larven, um nach etwa 14 weiteren Tagen freizuschwimmen. Die Jungfische werden von der Mutter noch eine Zeitlang betreut. Verlassen sie jedoch ihr Elternhaus — die Höhle ihrer Geburt —, so erlischt auch bei der Mutter der Bruttrieb und damit die Fürsorge. Die Kleinen werden, wenn sie aus der Höhle herausschwimmen, mit Artemia-Larven gefüttert.

### *Steatocranus gibbiceps*
BOULENGER, 1899

Fundort dieser Art ist ebenfalls der Zaire-Fluß, genauer gesagt: das Flußgebiet bei Inga. Die Tiere erreichen eine Größe zwischen 8 und 9 cm. Sie bleiben damit etwas kleiner als die vorgenannte Art. Auch diese Art wurde von ROBERTS & STEWART untersucht, und Tiere dieser Art gehören zu den meistvertretenen Exemplaren in der Sammlung. Präparierte Tiere, die in der Arbeit abgebildet sind, zeigen deutlich, daß auch die Vertreter dieser Art einen ausgeprägten Stirnbuckel (wie *S. casuarius*) bekommen, doch ist dieser schon bei kleineren Tieren von *S. casuarius* deutlich höher. Unterschiede anatomischer Art bestehen in der Bezahnung.

*S. gibbiceps* hat eine oliv-braune Grundfärbung. Die Körperschuppen haben ein heller gefärbtes Zentrum, wodurch ein Netzmuster entsteht. Die Kiemendeckel zeigen eine einheitlich dunkelbraune bis schwärzliche Färbung. Die Brust ist cremefarben. Haltung und Zucht wie bei der vorgenannten Art angegeben.

### *Steatocranus irvinei*
(TREWAVAS, 1943)

Synonyme: *Gobiochromis irvinei* TREWAVAS, 1943
*Leptotilapia irvinei* TREWAVAS & IRVINE, 1947

Belegte Fundorte werden im Zaire-Fluß (Kongo), im Volta-Fluß in der Nähe der Senchi-Fähre und im Stauwasser des Akosombo-Dammes angegeben. Die Tiere aus dem Volta erreichen — soweit bekannt — eine Größe von rund 15 cm, die aus dem Zaire werden nur etwa 9 cm groß. Die Art unterscheidet sich von den anderen der Gattung durch die Beschuppung der Kiemendeckel sowie durch weitere Merkmale, die hauptsächlich für Wissenschaftler erkennbar und interessant sind. Wenn die Steatocranus-Arten aus dem Zaire-Bassin und *S. irvinei* aus dem Volta-Becken eine monophyletische (einstämmig, von einer Urform abstammend) Gruppe darstellen, so kann man diese Art als eine interessante Parallele zu der rheophilen (strömendes Wasser bevorzugenden) Mormyriden-Art *Campylomormyrus tamandura* ansehen.

Durch die überhängende Schnauze und das unterständige Maul stimmt diese Art mit *S. mpozoensis* überein, unterscheidet sich aber doch von allen anderen Steatocranus-Arten aus dem Zaire. TREWAVAS & IRVINE (1947) beschrieben die Färbung der Tiere als dunkel gräulich-grün. ROBERTS & STEWART (1976) beschrieben ihre Tiere als dunkelbläulich bis schwarz — besonders auf dem Kopf, den Kiemendeckeln, der Rücken- und Afterflosse sowie den Brustflossen. Als dunkelbraun bis schwärzlich werden auch Brust und Bauch beschrieben.

*Steatocranus mpozoensis*
ROBERTS & STEWART, 1976

Eine erst vor kurzem beschriebene Art, die noch nicht eingeführt wurde. Die Heimat der Art liegt im unteren Zaire-Fluß-Gebiet (dem früheren Kongo), genauer gesagt: im reißenden Wasser des Flusses Mpozo. Die Bestimmungsexemplare wurden einige Kilometer unterhalb der Brücke an der Straße von Kinshasa nach Matadi gefangen. Das größte der Typusexemplare hatte eine Gesamtlänge von 54,7 mm.

Von den meisten der anderen Steatocranus-Arten (Ausnahme: *S. irvinei*) unterscheidet sich die Art durch eine überhängende Schnauze. Die äußeren Zähne im Unterkiefer sind bei geschlossenem Maul von oben zu sehen. Die Flossen der Tiere sind relativ kurz. Auch eine farbliche Differenz ist vorhanden: Der Körper hat eine grünliche Grundfärbung. Durch die helleren Schuppenzentren und die dunkle Grundfärbung des unteren Schuppenrandes entsteht ein durch Strichellinien betontes Netzmuster über den Flanken. Die Kiemendeckel zeigen eine gelblichgrüne Tönung. Die unpaaren Flossen sind rot schattiert.

*Steatocranus tinanti*
(POLL, 1939)

Durch die Arbeit von ROBERTS & STEWART (1976) wurde die Art, die in früheren Jahren zur Gattung *Leptotilapia* gestellt war, in diese Gattung überführt (vergleiche Gattungsbeschreibung). Mit dieser Art stellt sich ein weiterer Höhlenbewohner und -brüter aus dem Stromschnellengebiet des Pool Malebo (dem früheren Stanley-Pool) vor. So flach die Tiere gebaut sind, so bullig wirken sie, wenn man ihren Kopf als Maßstab nimmt (Fotos). Im Habitus erinnern sie an *S. casuarius,* doch ist ihre Färbung wesentlich anders. Der kleine, etwa 10 cm groß werdende Grundcichlide ist kein Schwarmfisch, wie manche andere Bodenbewohner, sondern kann als ausgesprochener Einzelgänger angesprochen werden. Die Tiere finden sich nur zur Vermehrung zusammen. Dabei zieht das Weibchen in die „Wohnung" seines Partners. Die früher zur Gattung *Gobiochromis* gerechneten Fische lassen bei diesem Gattungsnamen ihre grundelähnliche Lebensweise erkennen.

Die Färbung von *S. tinanti* ist nicht immer gleichmäßig, weil die Fische in der Lage sind, die Helligkeit des Grundtones

Steatocranus tinanti Jung (2)

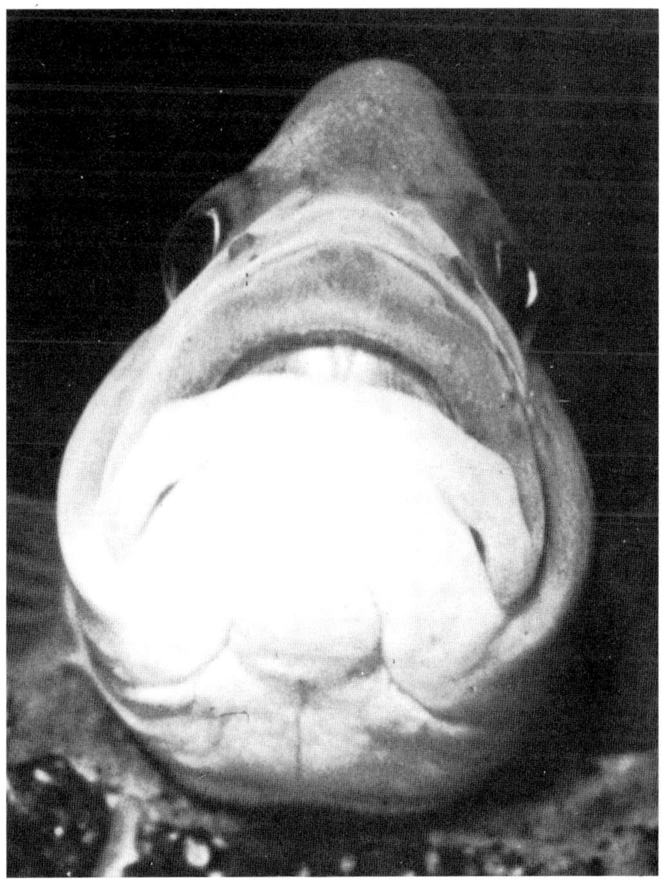

zu steigern oder herabzusetzen — je nach dem Untergrund, dem sie sich anzupassen haben. Als Grundfärbung kann man ein helles Grüngrau angeben, doch zeigt bereits die Farbaufnahme, daß dieses Tier nur noch den Kopf in dieser Tönung zeigt. Auf dem hellen Sandgrund hat der Fisch neben dem ständig hellen Bauch auch die Flanken aufgehellt. Der goldgelbe Rücken bleibt in jeder Farbtonvariante weitgehend farblich erhalten. Ebenso zeigen die unpaaren Flossen stets einen mehr oder weniger starken Goldton. Ein arttypisches Merkmal erkennt man in dem schwarzen Fleck, der in der vorderen Basis des weichstrahligen Teiles der Rückenflosse liegt. Er verblaßt mit zunehmendem Alter. Zuweilen können die Tiere auch ein Muster aus 4 breiten dunklen Querbinden über den Flanken zeigen. Der Kopf hat ein großes „Schaufelmaul", das nur die männlichen Tiere bekommen und zum Graben bestimmt ist. Ebenso beeindruckend sind bei den Männchen die lang ausgezogenen Strahlen der Rückenflosse, die bei einigen Tieren so lang werden können, daß sie über den Hinterrand der Schwanzflosse hinausragen. Haltung und Zucht ergeben sich ähnlich wie bei *S. casuarius* beschrieben.

### *Steatocranus ubanguiensis*
ROBERTS & STEWART, 1976

Eine weitere Erstbeschreibung aus der Arbeit der beiden Autoren. Als Biotop wird das Gebiet des unteren Zaire-Flusses (früherer Kongo) angegeben — genauer: der Mbomou-Fluß in der Nähe von Gozobangui. Die Größe des Typusexemplares betrug 52,8 mm. Diese neue Art unterscheidet sich von den anderen Steatocranus-Arten durch einen extrem steilen Vorkopf, kürzere Kiefer und weniger Zähne. Ferner wird eine reduzierte Schuppenzahl auf dem Vorderkörper und dem Bauch angeführt. Eine weitere Unterscheidung sehen die Autoren in einer differenten Schuppenfärbung im Vergleich zu *S. casuarius*, wie durch kürzere Flossen, einen längeren Schwanzstiel, einen kürzeren Kopf und kleinere Augen.

Die Färbung des Körpers und des Kopfes ist dunkelbraun bis schwärzlich. Die einzelnen Schuppen zeigen ein dunkelbraunes Zentrum mit einem helleren Rand. Die Kiemendeckel tragen ein bräunliches Zentrum und einen scharf abgrenzenden dünnen schwarzen Rand. Die Nachzucht der Tiere wie auch ihre Haltung dürfte sich jenen der übrigen Gattungsverwandten anpassen. Die Tiere wurden noch nicht eingeführt.

## Die Gattung *Tanganicodus*

Diese monotypische Gattung wurde von POLL im Jahre 1950 aufgestellt und als Typus die einzige bisher bekannte Art *T. irsacae* dazugegeben. Für die Gattung gilt Ähnliches, wie es bereits bei den Gattungsbeschreibungen *Eretmodus* und *Spathodus* angegeben wurde. Die Grundelbuntbarsche dieser und der hier zu beschreibenden Gattung *Tanganicodus* unterscheiden sich in erster Linie durch ihre Bezahnung, die man bereits beim Vergleich der zu jeder Gattungsbeschreibung mitgegebenen Zeichnungen erkennen kann. In seiner Arbeit* untersuchte der Autor Typusexemplare von 50 und 63 mm Länge. Die vorderen Zahnreihen in Ober- und Unterkiefer weisen, besonders in der Kiefermitte, außergewöhnlich lange Zähne auf, die zudem noch zugespitzt sind. Für besonders Interessierte sei auf die Aufstellung von POLL** hingewiesen, bei der die Formeln aller vier Grundelbuntbarscharten der drei erwähnten Gattungen für Rückenflosse, Afterflosse, Schuppen und Kiemenbogen angeführt sind.

### *Tanganicodus irsacae*
POLL, 1950

Die Vertreter dieser Art haben einen besonders zugespitzten Kopf, durch den die Fische — zusammen mit den vorstehenden langen Zähnen — in die Lage versetzt werden, Krebstiere, die sie aus dem Algenrasen der Felsen erbeuten, besonders gut zu packen und festzuhalten. Die 7—8 cm lang werdenden Bewohner des Felslitorals könnte man farblich als eine Kreuzung aus *S. erythrodon* (Oberkörper) und *E. cyanostictus* (Unterkörper) ansehen. In ihrer ockeroliven Grundfärbung tragen sie über dem Kopf und der oberen Körperzone ein Muster aus hellblauen Linien (Vorderkopf) und Tüpfeln, während die untere

---

* POLL, M.: „Tanganicodus irsacae, gen. n., sp. n." Rev. Zool. Bot. Afr., 43, 4, p. 297, fig. 4—6.

** POLL, M.: „Poissons Cichlidae; Résult. scient Exploration hydrobiologique du lac Tanganika 1946—47." Bruxelles, vol. 3, fasc. 5 B, p. 449—454, 1956.

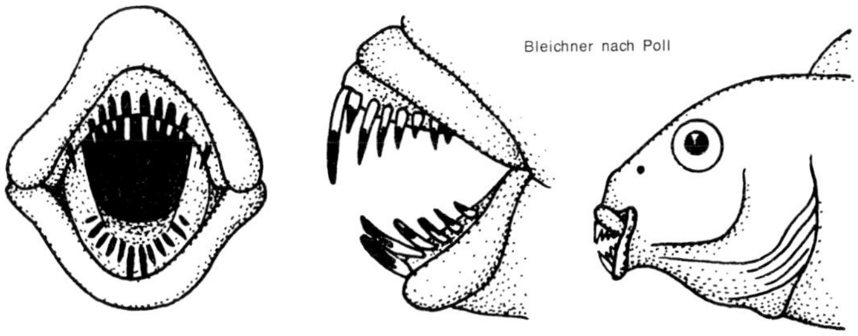


*Bei* Tanganicodus irsacae *erkennt man lange, zugespitzte Zähne in der ersten Zahnreihe, die dazu dienen, Insektenlarven und Krustentiere zu erbeuten.*

Körperhälfte mit einer Musterung aus Querbinden nach Färbung der Eretmodus-Art ausgestattet ist. Bei derartigen Vergleichen tritt die nahe Verwandtschaft innerhalb der Arten auch für den Laien deutlich zutage. Ein besonderes Merkmal ist ein dunkler Fleck in der Rückenflossenbasis. Er erinnert an den sogenannten Tilapia-Fleck. Fest steht, daß sich alle drei Gattungen aus einer frühen Haplochromis-Gruppe entwickelt haben. Auch *T. irsacae* ist Maulbrüter, doch gibt es bisher keine aquaristischen Nachzuchtergebnisse oder Berichte darüber, die hier wiedergegeben werden könnten.

## Die Gattung *Teleogramma*

Die Vertreter dieser Gattung leben bevorzugt in den stark strömenden Gewässern des Zaire-Flusses, wie ihre Körperform auch vermuten läßt. Wenn als Fanggebiet der Pool Malebo (der frühere Stanley-Pool) angegeben wird, so kann es sich bei Nennung dieser seeartigen Ausweitung des Zaire-Flusses (vergleiche Karte Seite 35) eher um einen Pauschalbegriff handeln. Es gibt um diesen Pool eine Reihe von Stromschnellen, die im Grunde wohl eher als die Heimat dieser Fische angesehen werden dürften. Die Tiere leben in der Natur sehr revierbetont als Einzelgänger. In seiner Arbeit* stellt POLL im Jahre 1959 Recherchen über die ichthyologische Fauna in diesem und um dieses Gebiet an. Neben der bekannteren und hier angeführten Art *T. brichardi* existieren noch zwei weitere Arten der Gattung, von denen *T. gracile* BOULENGER, 1899 die bekanntere ist, weil sie als Gattungstypus gilt. Sie stammt aus der Gegend von Matadi. Die zweite Art, *T. monogramma,* kommt aus einem Nebenfluß des Revière Zaire, dem Kasai.

### *Teleogramma brichardi*
POLL, 1959

Die Vertreter dieser schlanken und zeitweise sehr versecksüchtigen Art stammen aus dem unteren Zaire-Fluß. Männliche Tiere können eine Länge von rund 12 cm erreichen, Weibchen wachsen vermutlich nicht über 9 cm hinaus. Die Tiere werden regelmäßig — jedoch nur in sehr geringen Stückzahlen — eingeführt und erzielen hohe Preise. Der schlangenförmige, im Durchschnitt rundliche Körper ist mit dieser Form an ein Leben in schnellfließenden Gewässern bestens angepaßt. Mit seinen zu Stützorganen umgewandelten Bauchflossen kann sich der Fisch am Boden Halt verschaffen. Im Aquarium ist es schwer, die Fische zu entdecken. Meist liegen sie ruhig neben oder auf ihrem Versteck, in das sie bei Gefahr blitzschnell verschwinden können. Untereinander sind die Fische nicht verträglich. Das zeigt sich bereits bei kurzer Zusammenführung, bei der das stärkere Tier das schwächere beiseite zu schieben versucht. Die natürlichen Reviere sind so groß, daß in einem Aquarium üblicher Prägung nur für ein Männchen Platz ist. Dagegen ist die Höhe des Wasserstandes in einem solchen Aquarium zweitrangig, weil die Fische ihr Revier nur in zwei Dimensionen abgrenzen. Eine Bepflanzung des Aquariums stört die Fische nicht. Sie lassen alle Pflanzen ungeschoren.

Die Geschlechter unterscheiden sich durch eine differenzierte Körperform und -färbung. Abgesehen von den erwähnten Größenunterschieden sind männliche Tiere meist tiefschwarz gefärbt. Sie zeigen jedoch darüber hinaus stimmungsbedingt eine schwache Querbindenmusterung über dem Körper, die sich in hellerfarbenen 5 Binden zeigt. Die lange Rückenflosse ist in der Basis schwärzlich, trägt eine weiße Marginalbinde, unter der ein weiteres tiefschwarzes Längsband liegt. Die Form der Flosse sieht bogig aus, was daran liegt, daß die Männchen den weichstrahligen Teil der Rückenflosse meist anlegen, während der hartstrahlige hochgestellt wird. Besonders imposant ist die breite, löffelförmige Schwanzflosse. Sie

* POLL, M.: „Recherches sur la faune Ichthyologique de la région du Stanley Pool." Annales du Musée Royal du Congo Belge, Sciences zool., Tervuren, vol. 71, p. 75—174, 1959.

Teleogramma brichardi, ♂. Mayland

ist ebenfalls schwärzlich und trägt bei den Männchen einen oberen weißen Saum. Weibliche Tiere sind weniger schwarz als mehr grau gefärbt, und die Querbinden über dem Körper sind dauernd gut sichtbar. Die Bauchpartie ist bei den Weibchen zart rot. Bei sexueller Aktivität verstärkt sich die Färbung.

Soweit bisher bekannt wurde, sind diese „Quappenbuntbarsche“ noch nicht nachgezüchtet worden. Sie sind ebenfalls Höhlenbrüter, legen nur wenige, dafür aber recht große Eier.

## Die Gattung *Telmatochromis*

Die Vertreter der Gattung *Telmatochromis* leben endemisch im Tanganjika-See, in dessen Litoralzone sie die felsigen und Geröllregionen bewohnen. In ihrer Körperbauweise erinnern die Fische etwas an die Stromschnellencichliden des Zaire-Flusses — wie *Steatocranus casuarius* —, die auch eine relativ schlanke, flachbauchige Linie aufweisen und dazu mit einem stirnhöckerigen, bullig wirkenden Kopf ausgestattet sind. Auch bei den Telmatochromis-Arten handelt es sich um bodennah lebende Tiere, die mit den Vertretern der Gattungen *Chalinochromis, Julidochromis* und *Lamprologus* eng verwandt sind. POLL hat in verschiedenen Arbeiten* die Biotope des Tanganjika-Sees angesprochen, in denen die Fische dieser Gattung leben. In diesem Wohnbereich der Geröllzone, in denen es einmal „Steine geregnet“ zu haben scheint, ist über und unter der Wasseroberfläche die Küstenzone mit einer schotterartigen Schicht aus 10—30 cm großen Steinen bedeckt. Diese Geröllmassen bieten unter der Wasseroberfläche in erster Linie durch ihre vielen Zwischenräume kleineren Arten und Jungfischen idealen Schutz. Die bereits im Jahre 1898 aufgestellte Gattung, der sogleich die beiden Arten *T. temporalis* und *T. vittatus* zugefügt wurden, konnte in der Zwischenzeit um mehrere Arten bereichert werden. Andererseits zog POLL die von ihm beschriebene Art. *T. lestradei* POLL, 1942 wieder ein und erklärte die entsprechende Spezies als zu *T. temporalis* gehörig.

Die Bezahnung der Tiere, eines ihrer Bestimmungsmerkmale, weist in den äußeren Zahnreihen des Ober- und Unterkiefers kräftige, konisch zulaufende Hundszähne auf, während die inneren Zahnreihen dreispitzig sind (Abb.). Die Zahl der Hundezähne differiert jedoch innerhalb der Arten stark. Ein weiteres interessantes Bestimmungsmerkmal der Gattung ist die höhere Zahl der Hartstrahlen in der Afterflosse (gewöhnlich 3), die bei diesen Arten zwischen 5 und 8 liegt.

### *Telmatochromis bifrenatus*
MYERS, 1936

Eine Art, die nicht so bodenverbunden lebt wie *T. caninus* und *T. temporalis.* Sie erreicht eine Größe von höchstens 6 cm und lebt ausschließlich in der felsigen Litoralzone des Tanganjika-Sees. Auch diese Art gehört zu den Höhlenbrütern. Sie wurde bereits verschiedentlich nachgezüchtet und ist in Kreisen ernsthafter Cichlidenfreunde gut eingeführt.

---

* POLL, M.: „Revision de la faune ichthyologique du lac Tanganika.“ Annales du Musée du Congo Belge, Zool., Tervuren, Ser. I, vol. 4, p. 141—364, 1946.

POLL, M.: „Histoire du peuplement et origine des espèces de la faune ichthyologique du lac Tanganika.“ Annales de la Société Royal zoologique de Belgique, 81, p. 111—140, 1950.

POLL, M.: „Ecologie des Poissons du lac Tanganika.“ XIV. Internat. Congress of Zoology, 1953 (Copenhagen), p. 465—468, 1956.

POLL, M.: „Contribution à la faune ichthyologique du lac Tanganika, d‘ après les récoltés de P. Brichard.“ Rev. Zool. Bot. afr., 88, p. 99—110, 1974.

Der Körper hat einen ockerfarbenen Grund, über den eine Längsbinde von der rußigen Oberlippe durch den unteren Augenrand zu einem schwarzen Punkt in der Schwanzflossenbasis läuft. Auf dem Kiemendeckel, jedoch unterhalb der Binde, liegt ein weiterer schräger schwarzer Ovalfleck. Eine weitere Längsbinde zieht von der Oberlippe zwischen den Augen hindurch über das Rückenprofil, so daß sie je zur Hälfte die rechte wie die linke Seite der Rückenlinie bedeckt. Mit dieser Markierung hat diese Art viel Ähnlichkeit mit *T. vittatus,* doch fehlt dieser Art eine Musterung in der erstgenannten Längsbinde: Über die Binde, welche die Körpermitte überzieht, laufen bei *T. bifrenatus* teils wenige, teils eine Vielzahl diagonaler Striche. Die gelbliche Rückenflosse zeigt eine schwarze Marginalbinde, unter der ein weiteres weißes Band liegt. Diese Musterung wird in der oberen Rundung der abgerundeten Schwanzflosse fortgesetzt. Die Afterflosse und die Bauchflossen sind ebenfalls gelblich gefärbt, jedoch ohne erwähnenswerte Musterung, wenn man einmal von den weißlichen Zipfeln der Bauchflossen absieht.

## *Telmatochromis caninus*
POLL, 1942

Die am größten werdende Art der Gattung, die eine Länge von etwa 12 cm erreichen kann. Sie leben ebenfalls in der

Telmatochromis bifrenatus *mit der arttypischen Zickzack-Zeichnung über der mittleren Längsbinde.*

Richter

Mayland

Telmatochromis bifrenatus

Litoralzone des Tanganjika-Sees, in dem sie endemisch vorkommen. Die Höhlenbrüter fallen durch ihr besonders aufwärts gerichtetes Maul auf, das sehr ausgeprägt im bulligen Kopf der größer werdenden Männchen wirkt. Dieses Geschlecht hat ferner eine stärker gewölbte Stirn und länger ausgezogene Bauchflossen. Bei weiblichen Tieren ist der Streifen in der Rückenflosse ausgeprägter.

Die Fische haben eine hellbeige Grundfärbung, die stimmungsbedingt abgedunkelt und von einer Anzahl von Querbinden überlagert werden kann. Durch die dunklere

Telmatochromis caninus *liebt tierische Nahrung und hat dazu ein kräftiges Gebiß entwickelt, in dem die langen Hundszähne deutlich zu erkennen sind.*

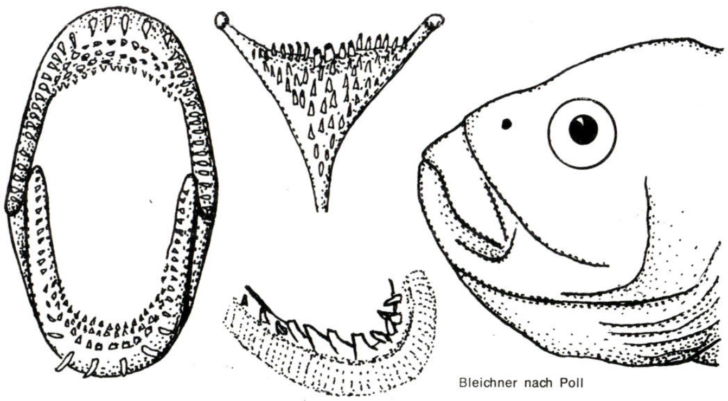

Bleichner nach Poll

Richter

Telmatochromis caninus. *Männchen bewacht das Revier und greift dabei selbst die Hand des Pflegers an. Im Hintergrund das Weibchen am Gelege.*

Randung der Schuppen entsteht über dem Körper ein Netzmuster. Die Farbe der Flossen gleicht sich der Färbung des Körpers an. In den Strahlen liegen ähnlich gefärbte Tüpfelreihen. Die Rückenflosse trägt einen feinen schwarzen Saum. Vom hinteren Augenrand läuft eine ockerfarbene bis bräunliche gebogene Binde, die zum oberen Ansatz der Brustflosse zieht. Eine ebenso gefärbte Zone liegt über der Basis der Rückenflosse.

Der revierbildende Cichlide stellt im Aquarium keine großen Ansprüche. Er mag allerdings keine weiteren Männchen der eigenen Art, wie auch keine Störung anderer Art (vergleiche Foto). Normalerweise hält man die Fische zum Zwecke der Nachzucht paarweise oder gesellt zu einem männlichen Tier mehrere Weibchen, da die Tiere wahrscheinlich eine polygame Lebensweise haben. Die Eier werden in mehr oder weniger engen Höhlen (auch umgestülpten Blumentöpfen mit Schlupfloch) abgegeben, dabei kann es zu stattlichen Gelegen von bis zu 500 Eiern kommen. Die Larven schlüpfen — je nach Wassertemperatur — nach etwa vier Tagen und schwimmen nach weiteren fünf bis sechs Tagen frei. Jetzt müssen sie bereits gefüttert werden, weil ihr Dottersack verzehrt ist. Das ist nicht immer einfach, denn die Jungfische bleiben noch einige Zeit in der Höhle oder schauen nur vorsichtig aus dem Eingang hervor. Als Erstfutter kann man ihnen Cyclops- oder Artemia-Nauplien geben.

## *Telmatochromis temporalis*
BOULENGER, 1898

Dieser Endemit aus dem Tanganjika-See erinnert von den Arten dieser Gattung am ehesten an *S. casuarius.* Die Höhlenbrüter erreichen eine Gesamtlänge von etwas mehr als 10 cm. Männliche Tiere werden größer und kräftiger als die Weibchen. Ihr Stirnbuckel ist stark gewölbt, und die Spitzen der Bauchflossen sind lang ausgezogen. Im Aquarium entwickeln sich die Tiere meist zu sehr interessanten Pfleglingen, die ein revierbetontes Leben führen. Bei falscher Besetzung kommt es häufig zu Kämpfen, dabei siegt schließlich das stärkere Tier. In einem Becken, in dem diese Fische gehalten werden, müssen mehrere Höhlen eingebaut sein. Zu einem Männchen kann man ein oder mehrere Weibchen gesellen. Obgleich die Tiere als Allesfresser angesehen werden können, bevorzugen sie lebendes, möglichst zappelndes Futter.

Die Färbung ist ein dunkles Mausgrau, das bei revierbesitzenden Männchen mit einem starken blauen Glanz überzogen ist. Die Schuppenränder sind dunkel, wodurch über dem Körper ein Netzmuster entsteht. Die Rückenflosse zeigt einen sehr schmalen goldockerfarbenen Saum, unter dem eine ebenso feine hellblaue Binde liegt. Schwanz- und Afterflosse sowie die beiden Bauchflossen tragen eine kräftigere Blautönung bei den Männchen. Bei ihnen sind sexuell aktive Tiere auch mit blauen Lippen und einer blauen Kehle versehen. Diese Blaufärbung zieht sich bis auf die Kiemendeckel hoch. Eine kurze hellblaue

Telmatochromis caninus ♀

Kahl

Hansen

Telmatochromis temporalis, ♂.

Binde steigt vom Maulwinkel zum hinteren Augenrand, die Iris zeigt eine ähnliche Tönung.

Die Eier werden innerhalb der Höhlen in Klumpen abgegeben und daraufhin vom Männchen, das wegen seiner Größe oft nicht in die Höhle folgen kann, von außen her durch Spermawolken befruchtet (!). Bei Zuchtansätzen ist darauf zu achten, daß die Wasserwerte im Tanganjika-See nicht extrem weich sind und vor allem der pH-Wert über dem Neutralwert (7,0) liegt. Dementsprechend muß das Zuchtwasser angerichtet sein: Härte etwa 10—14° dGH, pH-Wert 7,5—8,0. Die Wassertemperatur soll zur normalen Haltung 24—25° C, zur Zucht 2° C mehr betragen. Ein geregelter Teilwasserwechsel fördert nicht nur das Wohlbefinden der Fische, sondern auch das Wachstum der Jungtiere.

## *Telmatochromis vittatus*
BOULENGER, 1898

Ein weiterer, ausschließlich im Tanganjika-See vorkommender Cichlide, der leider immer wieder mit *T. bifrenatus* verwechselt wird. Zur Unterscheidung von dieser Art sei bei *T. vittatus* auf das Fehlen der Diagonalstriche in der mittleren Körperbinde hingewiesen. Diese Binde ist nicht so scharf begrenzt und weitet sich zuweilen fleckig aus. Die wenig eingeführte Art wird mit einer Endgröße von etwa 9 cm um 50 % größer als *T. bifrenatus*.

Der Körper trägt eine schmutzige Ockerfärbung. Von der Oberlippe zieht sich eine schwarze Längsbinde, die an ihren Rändern unscharf begrenzt und zuweilen zu einem Fleck am Ende der Schwanzwurzel ausgeweitet ist. Eine weitere dunkle Binde liegt auf jeder Seite der Dorsalbasis und läuft bis über die Stirn. Die Rückenflosse trägt einen feinen schwarzen Saum, der durch einen Punkt auf jeder Flossenstrahlspitze gebildet wird. Darunter liegt eine sehr feine blaue Binde. Beide ziehen sich als Saum auch über die gerundete Schwanzflosse. Hinter dem Kiemendeckelrand liegt ein aufrechtstehender Längsfleck. Die Zone davor ist von einigen orangefarbenen Flecken überlagert und weist zusätzlich blau irisierende Tüpfel auf. Die Haltungs- und Zuchtansprüche der Art dürften denen der übrigen Arten dieser Gattung weitgehend gleichen.

## Die Gattung *Thysia*

Durch die Revision der Gattung *Pelmatochromis* erhielten die heutigen Gattungen *Chromidotilapia* und *Pelvicachromis,* wenn auch auf einigen Umwegen, ihren heute gültigen Rang. Bei dieser Arbeit (vergleiche Gattungsbeschreibung *Pelmatochromis)* wurden zwei Arten nicht berücksichtigt und standen künftig ohne Anschluß an eine Gattung da. Diesen Arten nahmen sich LOISELLE & WELCOMME in einer Arbeit an, mit der die neue Gattung *Thysia* aufgestellt und damit eine verwandtschaftliche Brücke zur augenblicklichen Gattung *Hemichromis*

Telmatochromis vittatus. *Bei dieser Art fehlt das Zickzack-Muster über der mittleren Längsbinde.*

Scheuermann

Thysia ansorgii. *Links ein silbrigfarbenes Tier; rechts die ockergelbe Variante.*

geschaffen wurde. Bei dem geringen Belegmaterial, das nur über die Art *Thysia annectens* (BOULENGER, 1913), existiert, gilt diese als nicht gesichert. Die zweite, *Thysia ansorgii,* kann man inzwischen wohl als gute Art ansehen. Im übrigen sollte man auf die in Kürze erscheinende Revision der Gattung *Hemichromis* warten, mit der sicherlich die eine oder andere noch herrschende Unklarheit ausgeräumt werden kann.

Ihre besondere Aufmerksamkeit widmeten die Autoren LOISELLE & WELCOMME* der möglicherweise noch guten Art *Thysia arnoldi* (BOULENGER, 1912), von dem bei der Erstbeschreibung aus der Sammlung von P. ARNOLD drei Exemplare von etwa 9 cm Länge vorlagen. „Arnolds Delphinbuntbarsch" weist als einzigen morphologischen Unterschied im Vergleich zu *T. ansorgii* seine Buckelkopfform auf. Aus eigenen und den Beobachtungen anderer Autoren folgern L. & W., daß diese Kopfform bei T. ansorgii-Nachzuchten auftritt, wenn sie in zu kleinen Becken nachgezogen werden. Damit wäre die Art als Synonym von *T. ansorgii* anzusehen. Da andererseits die Farbbeschreibungen von ARNOLD sich von denen für *T. ansorgii* wesentlich abheben, wollen die Autoren die Lösung dieser Frage zurückstellen, bis neues lebendes Material gefunden wird. Man muß also abwarten, wie sich die Zukunft der beiden als nicht gesichert anzusehenden Arten *T. annectens* und *T. arnoldi* entwickelt.

## *Thysia ansorgii*
(BOULENGER, 1901)

Diese Art gilt als Typus der neugeschaffenen Gattung. Die Bearbeitung erfolgte am Bestimmungsmaterial von BOULENGER und an neuem Material von unterschiedlichen Fundorten in Westafrika. Als Heimat dieser Art können die Küstenregionen von Nigeria bis zur Elfenbeinküste angesehen werden. Die Gesamtlänge der Tiere kann man mit maximal 13 cm annehmen. Die Offenbrüter zeigen eine Tendenz zum Höhlenbrüten.

Die Färbung der Art ist stimmungsabhängig, vielleicht auch abhängig von der geographischen Abstammung. Während Tiere der einen (?) Herkunft eine ockerfarbene Körpertönung aufweisen, sind andere beinahe silbrig. Zwischen den beiden Geschlechtern kann man eine unterschiedliche Färbung feststellen: Weibchen sind bei sexueller Aktivität intensiver gefärbt und zeigen neben einem roten Bauch auch eine rote Afterflosse. Besonders auffällig zeigt sich in diesem roten Bereich ein leuchtend weißer Fleck in der Analgegend. Zudem ist in der Kehlpartie eine weiße Zone zu erkennen, die vom Maulwinkel zum Kiemendeckel zieht, um darauf noch vor dem Brustflossenansatz rechtwinklig abzuknicken. Über ihrer Grundfärbung zeigen beide Geschlechter ein Muster aus schwarzen Flecken, die in ihrer Anordnung unregelmäßig sind. Sie liegen, nach Art einer Längsbinde, hintereinander über der Flankenmitte, sind jedoch in ihrer Größe und dem Abstand zueinander verschieden. Von diesen 5—6 Flecken liegt der vorderste über dem hinteren Kiemendeckelbogen und der letzte auf dem Schwanzstiel. Bei der ockerfarbenen Variante tragen die Rückenflosse und die obere Schwanzflosse einen weißen Saum; bei der silbrigen fehlt diese Markierung. Bei beiden findet man jedoch Reihen blaß-

* LOISELLE, P. V. & WELCOMME, R. L.: „Description of a new genus of cichlid fish from West Africa." Rev. Zool. Bot. afr., 85, p. 37—57, 1972.

roter Tüpfel in den Membranen der unpaaren Flossen (Afterflosse der Weibchen ausgenommen). Die Männchen der ockerfarbenen Variante tragen einen weißen Fleck auf dem unteren Kiemendeckelbogen, bei denen der silbrigen Variante zeigt sich um den ersten schwarzen Fleck eine Musterung blau, rot und golden irisierender Tüpfel.

## Die Gattung *Tilapia*

Die Gattung *Tilapia* wurde bereits im Jahre 1840 durch A. SMITH aufgestellt. Die von Syrien bis nach Südafrika verbreiteten Vertreter dieser Gattung konnten in der sehr großen Artenzahl vermindert werden, weil die maulbrütenden Arten vor einiger Zeit zur Gattung *Sarotherodon* gestellt wurden. Die noch bei der Gattung *Tilapia* gebliebenen Arten gehören zu den Offenbrütern, die ihr Gelege auf ein vorher gereinigtes (meist hartes) Substrat geben und die Eier pflegen und behüten, bis die Larven geschlüpft sind. Die freischwimmenden Jungfische werden auch weiterhin von beiden Eltern beschützt (Vater-Mutter-Familie), wobei die Mutter sich direkt um die Jungen kümmert und der Vater das Revier bewacht. Dabei hat die Mutter mit ihren Nachkommen eine wesentlich intensivere Arbeit zu leisten als ihr Partner*.

Aus Gründen ihrer Größe sind Tilapia-Arten nur bedingt als Pfleglinge in einem normalen Heimaquarium geeignet. In Schauaquarien kann man die interessanten Cichliden dagegen häufig bewundern. In der Forschung bewährten sich bestimmte Arten besonders in Fragen der Ethologie und der Entwicklungsgeschichte**. Auf der anderen Seite darf man das Interesse der Wissenschaftler in tropischen und subtropischen Gebieten an den Vertretern der Gattung in erster Linie wegen ihrer Eigenschaft als Eiweißlieferanten (sprich: Nutzfische) ansehen.

* APFELBACH, R.: „Vergleichend quantitative Untersuchungen des Fortpflanzungsverhaltens brutpflegemono- und -dimorpher Tilapien." Zeitschr. f. Tierps., 26, S. 692—725, 1969.

** APFELBACH, R. & LEONG, D.: „Zum Kampfverhalten in der Gattung Tilapia." Zeitschr. f. Tierps., 27, S. 98—107, 1970.

PETERS, H. M.: „Zur morphologischen Kennzeichnung der ethologischen Gruppen der Gattung Tilapia (Teleostei: Cichlidae)." Zool. Anz., 166, S. 470—487, 1951.

LOWE, R.: „Breeding behaviour patterns and ecological differences between Tilapia species and their significance for evolution within the Genus Tilapia." Proceedings of the Zool. Soc. London, 132, p. 1—30, 1959, und andere.

### *Tilapia buettikoferi*
(HUBRECHT, 1881)

Diese Art ist alten Aquarianern als „Zebratilapie" gut bekannt. Die farblich wenig attraktiven großen Cichliden konnten trotz dieses Handikaps immer auf einen festen Freundeskreis zurückgreifen. Die Heimat der Art liegt am westlichen Bogen des afrikanischen Kontinents, etwa in Gebieten in und um die Staaten Sierra Leone und Liberia (vergleiche Karte Seite 35). Die Tiere erreichen eine Größe von über 30 cm. Im Aquarium ernähren sie sich als Jungtiere von verschiedenem Lebendfutter. Werden sie größer, nimmt ihr Appetit zu: Sie benötigen jetzt größere Futterstücke in Form von Regenwürmern, mageres Fleisch von Warmblütern (Rinderherz). Sie verschmähen auch Wasserschnecken und kleinere Fische nicht. Pflanzen mögen sie in ihrem Becken nicht und graben sie mit der Zeit aus. Gemäß ihren heimatlichen Biotopen schätzen sie einen Boden aus feinem Sand und einige große Steine darauf, die man zu einem höhlenartigen Aufbau möglichst einsturzfest zusammensetzt. Die Wasserwerte in den Heimatbiotopen der Fische sind recht weich und leicht sauer. Die Fische hält man bei den üblichen Temperaturen von 24—25° C, die während der Zucht um rund 2° C erhöht wird.

Das Zebramuster der Fische besteht aus acht Querstreifen, von denen fünf den Körper überziehen, einer als Augenbinde über den Kopf läuft und die beiden restlichen über

Tilapia buettikoferi ♂

Roloff

dem Schwanzstiel liegen. Bei Jungtieren hat die Grundfärbung einen Beigeton, ältere Tiere bekommen eine silbergraue Färbung zwischen der Körperstreifung. Die graue Rücken- und Afterflosse schimmert gelegentlich bläulich, und die graubraune Schwanzflosse trägt einen feinen blaßblauen Saum. Die Lippen zeigen ebenfalls eine zarte Blautönung. Die Tiere züchten nach Art der Offenbrüter (vergleiche Familienbeschreibung). Jungtiere tragen den typischen „Tilapia-Fleck".

*Tilapia congica*
POLL & THYS, 1960

Ein Bewohner, dessen Existenz erst recht spät bekannt wurde. Die Tiere wurden im Becken des Zaire-Flusses (Kongo) entdeckt und könnten sich als gute Aquarienbewohner entwickeln. Mit einer Endgröße von rund 25 cm scheinen sie ausgewachsen zu sein. Die Fische, ursprünglich als Vertreter von *T. tholloni* angesehen, haben eine hochrückige Körperform, und erwachsene Männchen bekommen einen Stirnbuckel.

In ihrer Färbung erinnern die Fische an die bereits erwähnte Art *T. tholloni:* Die braunen Körperschuppen tragen in ihrem Zentrum einen silbrigweißen Fleck und einen schwärzlichen Rand an der Basis. Kehle, Brust und Bauch sind kräftig rot gefärbt. Die Rückenflosse schimmert bei sexuell aktiven Männchen blaugrün. Sie trägt dann eine rötliche Marginalbinde, unter der ein sehr feines blaues Band liegt. Bei jüngeren Tieren fehlt die Binde noch, und man erkennt an ihrer Stelle den sogenannten Tilapia-Fleck. Schwanz- und Afterflosse zeigen ebenfalls eine ins Blaugrüne gehende Färbung. Auf dem Kiemendeckelbogen liegt ein kleiner schwarzer Fleck. Die Bauchflossen zeigen eine bräunliche Tönung, während die Brustflossen transparent bleiben. Jungtiere zeigen über den Körperseiten zuweilen ein Muster von Querbinden, die wiederum von zwei Längsbinden überlagert werden. Dieses Muster wird nur stimmungsbedingt gezeigt. An den Berührungsstellen der Binden zeigen sich unregelmäßige Flecke.

*Tilapia guinasana*
TREWAVAS, 1936

Die Heimat der Tiere ist ihrem Namen zu entnehmen: Der Lake Guinas im nördlichen Namibia. Die friedliche Art

Roloff

Tilapia guinasana ♂

wird selten eingeführt und ist daher aquaristisch nicht sehr verbreitet. Die Tiere erreichen eine Länge von ungefähr 15 cm. Entsprechend ihren natürlichen Lebensbedingungen bevorzugen die Fische eine vegetarische Zusatzkost. Sie weiden in den heimatlichen Biotopen Algen von den Steinen der steilen Felsufer des Kratersees.

Die Tiere haben nicht die hochrückige Körperform vieler Tilapia-Arten, sondern sind eher als gestreckt zu bezeichnen. Da es von den Fischen einige Farbvarianten gibt, ist ihre Beschreibung nicht einfach. Als Grundfärbung kann man einen Silberblauton angeben, der zum Rücken hin dunkler wird. Bei auffallendem Licht erhalten die Körperseiten einen grünlich irisierenden Schimmer. Die Unterseite des Körpers ist grauschwarz. Die grüngelbe Rücken- und Schwanzflosse zeigt ein Muster unregelmäßig verlaufender rostroter Binden. Alle übrigen Flossen sind beinahe farblos. In diesem heißen Teil des afrikanischen Kontinents sinken die Wassertemperaturen im Kratersee kaum einmal unter die 22° C-Marke, deshalb sind die Fische empfindlich gegen Unterkühlung. Die durchschnittliche Haltetemperatur soll bei 25° C liegen.

*Tilapia guineensis*
(BLEEKER, 1863)

Die Erstbeschreibung erfolgte bereits vor über hundert Jahren als *Haligenes guineensis.* Ghana in Westafrika kann man als das Zentrum des Vorkommens dieser Art bezeichnen. Mit rund 25 cm Gesamtlänge scheinen die Tiere ausgewachsen zu sein. Im Aquarium gehalten, wachsen sie jedoch kaum zu dieser Größe heran. Gelegentlich trifft man große Tiere in Schauanlagen an und ist dann erstaunt über die Wucht ihrer Erscheinung. Meist benehmen sich die Fische recht friedlich, doch nimmt ihre Aggressivität zu, wenn sie sexuell aktiv werden. Sie benötigen ein großes Aquarium, das mit einigen Verstecken aus Steinaufbauten versehen ist und einen sandigen Bodengrund. Wie die meisten Tilapia-Arten ist *T. guineensis* ein guter Fresser, der eine vegetarische Zusatzkost zu schätzen weiß (Kopfsalat, überbrühter Spinat, Haferflocken). Die Grundfärbung des Körpers kann man als silbrigweiß bezeichnen. Über dem Schuppenansatz liegt ein kleiner dunkler Vertikalstrich, der naturgemäß mit jeder untereinanderfolgenden Schuppenreihe versetzt wird. Über Körper und Flossen liegt ein blauer Schimmer, der stimmungsbedingt intensiviert werden kann. Durch eine Musterung mit rostroten Punkten in Rücken- und Schwanzflosse und den weißen Säumen dieser Flossen wird die Art sehr attraktiv. Männliche Tiere tragen zipfelig verlängerte Rücken- und Afterflossen und stimmungsbedingt ein Muster von 4—5 schwarzen runden Punkten, in einer Längsreihe angeordnet, über der Flankenmitte. Aufgrund ihrer Größe und Stärke ist die Art nicht für Becken unter 120 cm Länge geeignet.

Tilapia guineensis ♂ Jung

Tilapia joka ♀ Roloff

## *Tilapia joka*
THYS, 1969

Eine relativ wenig bekannte Art aus Sierra Leone, wo die Tiere im Bereich um Pejehum nachgewiesen wurden. Ihre Größe dürfte mit den in der Erstbeschreibung angegebenen 12 cm sicherlich noch nicht endgültig festgelegt sein.

Die Grundfärbung des Körpers ist dunkelbraun bis schwärzlich, gelegentlich mit einigen schmalen gelblichen Binden über Flanken und Kopf. Die erste Querbinde liegt direkt hinter den Augen, eine weitere zieht vom Hinterkopf über den hinteren Rand des Kiemendeckels und bis vor die Basis der Brustflosse, worauf sich die weiteren sechs Binden anschließen, deren achte und letzte schließlich über dem Schwanzstiel liegt. Über dem dunkelbraunen Kopf liegen ebenfalls mehrere schmale, helle gelbliche Binden, die beide Augen miteinander verbinden. Eine weitere liegt horizontal über dem Maul, und schließlich verbindet eine andere den hinteren Augenrand mit dem Maulwinkel. Die Intensität dieser Binden wird nervlich gesteuert und ist somit stimmungsbedingt. Auf dem hinteren Bogen des schwärzlichen Kiemendeckels befindet sich ein kleinerer gelber Fleck. Unpaare Flossen sind dunkelbraun bis schwarz mit dunklen Tönen besonders im basalen Bereich. Der hartstrahlige Teil der Rückenflosse zeigt gelegentlich einige hellere Flecke. Der obere Rand der Dorsale wie ein Teil des Schwanzflossensaumes sind bei erwachsenen Tieren rot, verblassen jedoch zeitweilig etwas. THYS stellt diese Art in die Nähe des Subgenus *Pelmatotilapia* THYS, 1968 und der Art *T. mariae*.

Mayland

Tilapia mariae, ♂.

*Tilapia mariae*
BOULENGER, 1899

Der „Marienbuntbarsch" kann eine Länge von über 35 cm erreichen. Dies ist jedoch nur bei jahrelanger Haltung in Schauanlagen beobachtet worden. Normalerweise erreichen die Tiere im Heimaquarium bereits in einer Größe von etwa 8 cm ihre wunderschöne Färbung und wachsen darauf nur langsam auf etwa 15 cm weiter. Bei Feldbeobachtungen in Westafrika fand SJÖLANDER* im Ethiop River (vergleiche Fotos Seite 38) Tiere dieser Art und spricht hier von einer Durchschnittsgröße vorgefundener Tiere von 15—20 cm. Hier lebten die Fische in Schwärmen von bis zu 25 Tieren. Alle waren ziemlich ortstreu, und man konnte sie immer an einem bestimmten Gewässerabschnitt von 30—50 m Länge wiederfinden. *T. mariae* ernährt sich überwiegend von Algen und höheren Pflanzen, wodurch sich in diesem planktonarmen Flußabschnitt der Individuenreichtum erklärt.

Auch über das Laichverhalten in der Natur kann SJÖLANDER berichten: „Laichende Paare fanden wir durchschnittlich alle 20 m, aber sie waren keinesfalls gleichmäßig verteilt. Sie legten ihre Eier auf irgendeinen flachen, harten Gegenstand, und wenn die Jungen nach etwa 60—80 Stunden schlüpften, wurden sie in eine kleine Grube gebracht. Diese Gruben waren oft höhlenartig seitwärts unter Pflanzenbeständen eingegraben und gewöhnlich nur 10—15 cm breit. Insofern folgte die Fortpflanzung dem wohlbekannten Cichlidenmuster. Das Herauffächeln von sauerstoffreichem Wasser über Gelege und Jungen wurde aber von uns nie beobachtet, was sich ja leicht aus dem Sauerstoffreichtum und der Stromgeschwindigkeit des Wassers erklärt. Ein Paar von 15 cm Länge hatte gewöhnlich ein Gelege von 1 000 bis 2 000 Eiern. Während der ersten Wochen des Freischwimmens nahm die Zahl der Jungen schnell ab, so daß bei 15 mm Länge der Jungfische etwa 100—200 übrigblieben. Nach unseren Beobachtungen verschwanden die meisten während der ersten Woche. Bei einer Größe von etwa 15 mm schienen die Jungen nicht mehr so gefährdet zu sein, und gewöhnlich bestanden die Bruten noch aus 30—100 Individuen, wenn sie sich von den Eltern trennten". Wie man aus derartigen Beschreibungen erkennen kann, hat es keinen Sinn, den Tieren ein „schön" mit Pflanzen eingerichtetes Aquarium anzubieten, weil sie sicher kein Auge dafür hätten, und ihr Appetit am Ende die Szenerie der Unterwasserlandschaft sicherlich stark mitprägen wird. Die Art ist über ganz Westafrika verbreitet und wird besonders häufig im Bereich der Niger-Mündung angetroffen. Bei falscher Haltung (zu kleine Becken und Gesellschaft mit zu vielen und nicht wehrhaften Fischen) darf man sich nicht wundern, wenn *T. mariae* seine Revieransprüche nach Cichlidenart durchsetzt: Störende Mitbewerber werden kurzerhand umgebracht. Dies darf man dann aber nicht den relativ (!) friedlichen Pflanzenfressern anlasten, sondern dem Pfleger, der sich über die Ansprüche der Fische nicht informierte. Wie aus dem nebenstehenden Foto zu erkennen ist, haben die Fische bereits bei einer Größe von rund 10 cm eine überaus ansprechende Farbe. Der Körper ist in der Grundtönung ockerbraun überzogen. Kehle und Kiemendeckel schimmern goldfarben, und die weiße Unterlippe, wie sie vielen Tilapia- und Sarotherodon-Arten zu eigen ist, leuchtet kontrastreich hervor. Hinter dem Ansatz der Brustflossen liegt auf beiden Körperseiten eine rechteckige Zone, in der die Schuppen breite rote Ränder tragen. Über der Körpermitte liegen in Längsrichtung fünf bis sechs große, unregelmäßig begrenzte Flecke. Die unpaaren spitz zulaufenden Flossen erwachsener Tiere tragen ebenfalls eine ockerfarbene Grundtönung mit rötlichen Tüpfelreihen

* SJÖLANDER, S.: „Feldbeobachtungen an einigen westafrikanischen Cichliden." Aquarien-Terrarien, DDR, 19, S. 42—45, 1975.

im weichstrahligen Bereich von Rücken- und Schwanzflosse. Diese beiden Flossen werden auch von einem weißen Saum geziert, unter dem noch ein sehr feines submarginales Band sichtbar wird. Afterflosse und Bauchflossen zeigen ebenfalls Ockerfärbung. Die Brustflossen sind farblos. Es gibt in der Färbung keine wesentlichen Geschlechtsunterschiede.

### *Tilapia ruweti*
(POLL & THYS, 1965)

Eine vom Zaire-Fluß bis zum Zambesi verbreitete Art, deren Größe über 10 cm hinausreicht. Die Haltung der Fische entspricht der der meisten Tilapia-Arten. THYS stellte die Art zum Subgenus *Tilapia,* dessen Typus *T. sparrmanii* ist.

Die Grundfärbung der Tiere ist ein grünlicher Gelbton. Jede Körperschuppe trägt in ihrem Zentrum einen senkrechten, blau irisierenden Strich. Von der Stirn aus läuft eine dunkle Zone über den Rücken bis auf die Schwanzflosse. Der Kopf zeigt unterhalb dieser Region einen starken gelbgrünen Glanz, und die Lippen sind blau gefärbt. Die unpaaren Flossen sind rußig abgedunkelt, doch bilden die grünblauen Tüpfelmuster, die in den Membranen liegen, schöne Bogenmuster. Die Rückenflosse trägt in horizontaler und vertikaler Richtung einen gelbgrün irisierenden Saum, unter dem ein schwarzes submarginales Band liegt. Die Unterkanten von Schwanz- und Afterflosse sind ebenso tiefschwarz wie die Bauchflossen. Stimmungsbedingt zeigen die Fische über Flanken und Schwanzstiel ein Muster aus 8—9 Querbinden, die keilförmig von der Rückenlinie „herunterhängen", jedoch nur bis etwa in Höhe der Unterkante des Schwanzstieles reichen. Ferner werden gelegentlich zwei sehr schmale, wenig ausgeprägte Längsbinden oberhalb der Seitenlinie sichtbar.

### *Tilapia sparrmanii*
SMITH, 1840

Die erste, als *Tilapia* beschriebene Art, deren Verbreitungsgebiet etwa von der Provinz Katanga in Zaire bis Angola reicht. Die Tiere werden etwas über 20 cm groß und lassen sich ähnlich wie andere Arten dieser Gattung halten und züchten.

Loiselle

Tilapia ruweti, ♂.

Die Körperseiten von *T. sparrmanii* sind gelbgrün; der Rücken wird rötlich- bis dunkelolivbraun. Kiemenpartie und Kehle sind bronzefarben. Die Zentren aller Schuppen — besonders aber über der Körpermitte — tragen einen gelbroten bis dunkelroten Fleck. Auf dem Kiemendeckel liegt ein schwarz glänzender, bei auffallendem Licht schwarzgoldener Fleck. Die Unterlippe wird von einem blau irisierenden Band überzogen, das sich bis auf die Kiemendeckel zieht. Stimmungsbedingt zeigen die Fische über der Stirn drei kurze Binden, ferner über den Flanken 7—9 dunkle Querbinden. Ebenso ziehen vom Kiemendeckelrand bis zur Schwanzwurzel zwei Längsbinden. Die unpaaren Flossen haben die gleiche Grundfärbung wie die Flanken. Sie sind rot und blau getüpfelt und gelbrot gerandet. Manche Tiere zeigen dazu noch einen schwarzen Innensaum, die sogenannte Submarginalbinde. Die Brust- und Bauchflossen sind fast farblos, und nur die Ränder der letzteren tragen dunkelblaue bis blaugrüne Tönungen.

### *Tilapia tholloni*
(SAUVAGE, 1884)

Diese altbekannte Art wurde (nach THYS*) in die Sektion II: *Herotilapia* und *Coptodon* sensu lato (= im weitesten Sinne) gegeben und zur Untergattung *Coptodon* GERVAIS, 1853 gestellt. Typus dieser Untergattung ist

* THYS van den AUDENAERDE, D. F. E.: „An annotated bibliography of Tilapia." Konin. Mus. Afr., Tervuren, Zool. Doc. no. 14. (Eine Arbeit, die der Autor im Rahmen seiner Dissertation erstellte. In ihr sind alle Arbeiten über die Vertreter der Tilapien bibliographisch erfaßt. 406 Seiten.) 1968.

*T. zillii.* Die bis zu 30 cm groß werdenden Tiere stammen aus Westafrika, in dem sie von Kamerun bis zum südlichen Zaire verbreitet sind. Wegen ihrer Unverträglichkeit und ihres Wühlens sind sie nicht bei allen Aquarianern gleichermaßen beliebt. Außerdem ernähren sie sich zum Teil vegetarisch, so daß sie auch die Pflanzen im Aquarium nicht ungeschoren lassen. Die Färbung von *T. tholloni* ist durch ihren Rotanteil nicht unattraktiv. Die goldgrünen Flanken werden zum Rücken hin nur schwach dunkler. Jungtiere tragen bei vielen Tilapia- und Sarotherodon-Arten einen sogenannten Tilapia-Fleck in der mittleren Rückenflossenbasis. Dieser Fleck bleibt bei *T. tholloni* zeitlebens erhalten. Andere Binden dagegen werden nur stimmungsbedingt gezeigt. Dazu gehören kurze schwarze Querbänder, die vom Rücken herunterziehen und sich mit zwei schmalen Längsbinden kreuzen. Alle sind jedoch meist so blaß, daß man sie kaum wahrnehmen kann. Auf den Kiemendeckeln liegt ein breiter schwarzer Fleck, der sich bei erwachsenen Tieren am oberen Rand entlang bis zum Auge ziehen kann. Die unpaaren Flossen sind gelblichgrün und tragen violette Tüpfel. Sie sind rot gesäumt. Wenn die Tiere in Balzstimmung kommen und damit sexuell aktiv werden, färben sie ihre Kehlpartie kräftig rot.

## *Tilapia zillii*
(GERVAIS, 1848)

Eine sehr früh bekanntgewordene und beschriebene Art, wie man am Datum der Erstbeschreibung sehen kann. Die etwa 30 cm groß werdenden Tiere werden, wie die meisten Cichliden dieser Gattung, bereits mit 8—10 cm geschlechtsreif. Das ist für jeden Aquarianer günstig, der nicht über ein außergewöhnlich großes Becken verfügt und trotzdem die Fische nachzüchten möchte. Durch die weite Verbreitung der Art von Westafrika über weite Teile des Kontinents nördlich des Äquators bis Jordanien und Syrien haben sich bei unterschiedlichen Populationen verschiedene Farbvarianten entwickelt. Das hatte bei den geringeren Vergleichsmöglichkeiten und den zeitraubenderen Forschungen im Vergleich zu heute zur Folge, daß Exemplare der Art unter verschiedenen Namen veröffentlicht und zu unterschiedlichen Gattungen gestellt wurden. Bei der Erstbeschreibung im Jahre 1848 wurde die Art zur Gattung *Acerina* gestellt, aber schon wenige Jahre später (1853) erfolgte eine Umstellung in die vom gleichen Autor neugeschaffene Gattung *Coptodon* (die heute noch als Untergattung gültig ist). GUENTHER beschrieb Tiere der Art als *Haligenes tristrami* (1859) und stellte sie später zur neugeschaffenen Gattung *Chromis* (als *C. andreae*). Als letzte mir bekannte Art wurde *T. melanopleura* DUMERIL, 1859 zum Synonym von *T. zillii* erklärt. Man könnte diese Aufzählung fortsetzen, doch ist hier nicht der Raum dafür vorhanden.

In natürlichen Gewässern hat der Fisch eine gräuliche Körperfärbung und trägt nur selten eine schwarze Querstreifung, doch auch diese Art trägt noch im erwachsenen Stadium den sogenannten Tilapia-Fleck in der Basis der Rückenflosse der Männchen. Bei untersuchten Exemplaren im Ethiop-River (Bereich des Niger-Delta, Nigeria) stellten

*Jungtiere von* Tilapia zillii *im heimischen Biotop. Bei ihnen gilt der sogenannte Tilapia-Fleck als Signal zur gegenseitigen Erkennung.*

Sjölander

BURCHARD und SJÖLANDER* einen Mageninhalt aus Algen und höheren Pflanzen fest. Die Tiere leben — zumindest in diesem Gebiet — in kleineren Schwärmen von 5—8 Tieren. Sie sind sehr ortstreu und bleiben stets in einem Umkreis von 10—15 m. Die Autoren berichten, daß sie zwar mehrere Bruten sahen, nie aber laichende Paare. Sie schließen daraus, daß es sich bei der Art vielleicht um Maulbrüter handele. Demgegenüber gibt es jedoch eine Reihe von Zuchtberichten, die diese Meinung widerlegen und bestätigen, daß *T. zillii* zu den Offenbrütern zählt. Die Eier werden vom Weibchen abgelegt und sogleich vom Männchen befruchtet. Darauf pflegen und behüten beide Eltern das Gelege, dabei wird den Eiern ständig frisches und sauerstoffreiches Wasser zugeführt. Nach etwa vier Tagen schlüpfen die Larven, wobei ihnen die Eltern helfen und eine Reihe der Nachkommen aus den Eihüllen kauen. Sie werden sofort umgebettet und in eine vorbereitete Grube befördert. Bis zum Aufzehren des Dottersackes und dem anschließenden Freischwimmen vergehen weitere fünf Tage. Jetzt muß der Pfleger die Jungfische anfüttern, wozu man am zweckmäßigsten Artemia-Nauplien verwendent. Bei der Fütterung der Tiere aller Größen soll man ihrem Verlangen nach vegetarischer Kost nachgeben und zusätzlich zum üblichen Lebendfutter Kopfsalat oder überbrühten Spinat anbieten. Aquarienpflanzen werden in einem solchen Becken keine allzuhohen Lebenserwartungen haben und sollten von vornherein fortgelassen werden. An die Wasserqualität stellen die Fische keine besonderen Ansprüche.

Durch die erwähnte große Verbreitung kann man auf verschiedene farbliche Varianten treffen. Die Grundfärbung der Fische reicht meist vom Silbergrau bis zu einem dunklen Olivgrün. Wangen und Kiemendeckel weisen gewöhnlich metallischgrün glänzende Farbzonen auf. Entsprechend der jeweiligen Variante können die Flossen eine gelbliche, blaßbraune oder rostbraune Grundierung haben. Sexuell aktive Tiere beiderlei Geschlechts zeigen eine intensivere Allgemeinfärbung, zu der eine kräftige Rotfärbung von Kehle und Bauch hinzukommt. Darüber hinaus zeigen sie jetzt häufiger (bei Erregung) Muster aus dunklen Längs- und Querbinden, durch die der Körper zuweilen wie mit einem Schachbrettmuster überzogen erscheint.

* SJÖLANDER, S.: „Feldbeobachtungen an einigen westafrikanschen Cichliden." Aquarien — Terrarien, DDR, 19, S. 86, 1972.

Kahl

Tilapia zillii, ♂.

## Die Gattung *Trematocranus*

Die Vertreter der Gattungen *Aulonocara* und *Trematocranus* leben endemisch im Malawi-See und sind eng miteinander verwandt. Beide besitzen über dem Kopf — und hier insbesondere zwischen Auge und Unterkiefer — sogenannte Sinnesgruben, die der Wahrnehmung einer Annäherung an feste Körper oder einer Bewegung solcher fester Körper dienen. Sie haben damit eine ähnliche Funktion wie die Sinnesorgane in den Seitenlinien der Fische. Diese zusätzliche Ausstattung der Arten läßt auf eine besondere Anpassung für ein Leben in dunklen Unterwasserzonen schließen, wie sie beispielsweise Höhlen darstellen. Ähnlich wie bei vielen Vertretern anderer Gattungen, finden sich auch bei *Aulonocara* und *Trematocranus* Gegenstücke in den Gattungen *Aulonocranus* und *Trematocara*, die man beide im Tanganjika-See antrifft. Sie haben bisher jedoch aquaristisch keinerlei Bedeutung gewinnen können.

Die Gattung *Trematocranus* wurde im Jahre 1935 von TREWAVAS aufgestellt. Bisher sind fünf Arten beschrieben worden, doch deuten sich in naher Zukunft Beschreibungen neu entdeckter Arten an. Außer den hier beschriebenen drei Arten gehören noch *T. brevirostris* TREWAVAS, 1935 und *T. microstoma* TREWAVAS, 1935 der Gattung an.

## *Trematocranus auditor*
TREWAVAS, 1935

Eine Art, die fälschlich im Handel als *T. jacobfreibergi* angesprochen wird. Die Tiere stammen, wie alle ihre Gattungsverwandten, aus den Gewässern des Malawi-Sees. Bei dieser Art findet man, wie wahrscheinlich bei allen Arten der Gattung, einen Sexualdimorphismus vor (unterschiedliche Gestalt und Färbung zwischen männlichen und weiblichen Tieren), den man auch bei vielen Arten aus anderen Gattungen des Malawi-Sees kennt. Männchen erreichen eine Länge von ungefähr 15 cm, Weibchen bleiben in der Größe etwas zurück.

Die farblich wesentlich attraktiveren Männchen tragen über dem vorderen Kopf — unterhalb des Auges von der Maulspitze bis zum Kiemendeckelrand — eine kräftig stahlblau glänzende Zone. Die Sinnesgruben, die sich von der Maulspalte unter dem Auge hindurch zum oberen Rand des Kiemendeckels ziehen, sind nur schwer erkennbar. Das sehr große Auge bildet an seinem oberen Rand mit dem Stirnprofil eine Ebene. Die Iris hat eine Goldfärbung. Etwa von der Augenmitte zieht sich eine ockergoldfarbene Zone entlang der Rückenflossenbasis zum Schwanzstiel und reicht dabei mehrere Millimeter in die Dorsalbasis hinein. Der Rest der Rückenflosse sowie der obere und untere Rand der Schwanzflosse sind hellblau bis mittelblau. Durch die Mitte dieser blauen Zone läuft in der Rückenflosse ein Band aus orangefarbenen Tüpfeln. Das Zentrum der Schwanzflosse ist tiefschwarz und mit einem bräunlichen Hof versehen. Ebenso schwarz sind die Basen der After- und Bauchflossen, doch zeigt die erstere einen kräftig orangefarbenen breiten Saum und die letzteren tragen eine feine hellblaue Marginalbinde. Je nach Herkunft der Tiere kann die Flankenmitte bräunlichschwarz oder auch blauschwarz sein. Jede Schuppe trägt einen dunkleren Rand, wodurch ein Netzmuster über den Körperseiten entsteht. In der Nacht- oder Schreckfärbung zeigen die Tiere (Männchen) ein Muster von 8—10 Querbinden über den Seiten. Weibchen und Jungtiere zeigen auf silbrig-bräunlichem Grund ebenfalls eine Querbindenmusterung. Bei ihnen sind die Binden schwärzlichbraun und stehen nicht immer in regelmäßigem Abstand zueinander. Die Tiere tragen keine Eiflecke in der Afterflosse.

Ebenso gelten die Hinweise über die Haltung sowie über die Zucht in der nebenstehenden Spalte.

## *Trematocranus jacobfreibergi*
JOHNSON, 1974

Die Art, die man nicht mit *T. auditor* verwechseln sollte, stammt aus dem Süden des Malawi-Sees, wo die Tiere in der Nähe von Cape Maclear entdeckt wurden (vergleiche Karte Seite 50 und Foto Seite 51). Auch bei dieser Art, die sich in Wassertiefen bis zu 10 m versteckt aufhält, zeigen männliche und weibliche Tiere eine unterschiedliche Färbung, dabei sind die Männchen farbprächtiger und ähneln den Vertreterinnen von *T. auditor.* Die bis etwa 15 cm groß werdenden Cichliden (Weibchen bleiben etwas kleiner) sind auch in Gefangenschaft gut einzugewöhnen und relativ friedlich. Die Wasserwerte sollten den Werten entsprechen, die allgemein für die Haltung von Tieren aus dem Malawi-See empfohlen werden (dGH 8—14°, pH 7,5—8,0 und 24—25° C Wassertemperatur, die man zur Zucht um etwa 2° C höher einstellt). Gleichartige Männchen werden vom stärkeren Tier selbst im gleichen Revier — dem Aquarium — geduldet. Für die Höhlenbewohner müssen entsprechende Unterstände hergerichtet werden, so daß jedem Tier ein Unterschlupf angeboten werden kann. Nicht dominierende Männchen tragen die Färbung der Weibchen mit einem Muster von neun dunklen Querbinden auf graubraunem, leicht metallisch glänzendem Untergrund. Weibliche Tiere erkennt man trotzdem an einem rötlichen Saum in der Rückenflosse. Die Tiere sind Maulbrüter, die eine Mutterfamilie (vergleiche Kapitel „Familienformen bei Buntbarschen“) bilden.

Männliche Tiere tragen eine leuchtend blauviolette Grundfärbung, die sich bis in den unteren Kopf wie auch in Rücken- und Schwanzflosse hineinzieht. Etwa ab Höhe des unteren Augenrandes zieht eine breite, kräftig orangefarbene Zone zur Rückenflossenbasis aufwärts und wird über dem vorderen Rücken immer schmaler. Sie setzt sich jedoch in einem mehrere Millimeter breiten Längsstreifen fort, der in gleicher Orangefärbung in der Rückenflossenbasis liegt. In der Mitte der Dorsale liegt ein weiteres Längsband, das aus aufrechtstehenden ovalen orangefarbenen Flecken besteht. Eine schwärzliche orangefarbene Zone befindet sich in der basalen Schwanzflosse. Die Afterflosse ist fast gänzlich rotorange gefärbt und trägt lediglich über der Basis ein feines blaues Band sowie einen blauen Saum. Die Bauchflossen sind gräulich und zeigen hinter einem blauen einen orangefarbenen Saum.

Aus den Felsenzonen im Flachwasser um die Chisumulu- und Likoma-Insel stammt eine weitere, noch unbeschriebene Art, die anhand bisher erkannter Merkmale zu dieser Gattung zu stellen ist. Die Tiere sind überwiegend ockergelb gefärbt. In diese fast goldfarbene Tönung sind auch die Flossen eingeschlossen (Brustflossen ausgenommen). Bei geschlechtsreifen Männchen, wie dem hier abgebildeten Tier, zeigen sich nur über dem Kopf und in der Schwanzflosse einige Muster aus blau irisierenden Tüpfeln. Zudem trägt die Rückenflosse einen bläulichweißen Saum, wie er auch die Bauchflossenkanten ziert. Stimmungsbedingt können die Tiere darüber hinaus über den Flanken etwa neun dunkle Querbinden zeigen, die bei den anderen Arten der Gattung ebenfalls üblich sind. Auch bei dieser möglichen Art zeigen Weibchen und Jungtiere eine nichtssagende Einheitsfärbung. Die Männchen sind mit rund 15 cm Länge ausgewachsen. Weibliche Tiere bleiben um einige Zentimeter kleiner.

### *Trematocranus peterdaviesi*

BURGESS & H. AXELROD, 1973

Eine Art, deren Bestimmungsexemplare aus der Monkey Bay im Malawi-See (vergleiche Karte Seite 50) stammen. Sie wurden dort mit Schleppnetzen in rund 80 m Tiefe gefunden. Dabei muß es zukünftigen Fängen überlassen werden, festzustellen, ob die Tiere auch in Tiefen leben, in denen eingeborene Fänger an sie herankommen. Die Fische erreichen die üblichen Größen aller Gattungsvertreter: Männchen bis zu 15 cm, Weibchen 12—13 cm.

Der Körper ist recht hochrückig. Auf gelblichbrauner Grundfärbung verläuft eine Vielzahl von Querbändern. Die Rückenflosse ist leicht gelblich und trägt helle Spitzen. Ihr letzter Zipfel ist lang, fadenartig ausgezogen und reicht fast bis ans Ende der Schwanzflosse. Die Caudale zeigt am oberen und unteren Rand einige gelbliche Töne und ist in ihrem Zentrum fast transparent, doch wird diese Zone von einigen gelben Linien überlagert. Die ersten Strahlen

Trematocranus jacobfreibergi *sieht* T. auditor *ähnlich,* ♂.

Richter

der Bauchflossen sind schwarz, der übrige Teil der Flossen ist milchig. Ähnlich ist die Afterflosse gefärbt. Die Brustflossen sind transparent. Wenn man die rußige Brustpartie und die düstere Schnauze hinzurechnet, stellt man fest, daß die Art kaum zu den Cichliden aus dem Malawi-See zu zählen ist, die aquaristisch von sich reden machen werden.

## Die Gattung *Triglachromis*

Eine bisher monotypische Gattung, die von POLL und THYS im Jahre 1974* für die seither in der Gattung *Limnochromis* geführte Art *T. otostigma* aufgestellt wurde. Der Gattungsname wurde abgeleitet vom Familiennamen der *Triglidae,* Meeresfischen, die in der Lage sind, ein knurrendes Geräusch auszustoßen und deshalb als „Knurrhähne" bezeichnet werden. Ein besonderes Merkmal dieser Arten ist eine Krümmung der vorderen Spitzen der Brustflossen, mit denen sie sich, auf dem Boden des Meereslitorals liegend, abstützen. Beim Aufstellen dieser neuen Gattung führten die Autoren Unterschiede in der Form des Maules und der Brustflossen an. So liegt der Ansatz der Brustflossen viel tiefer als bei allen anderen Limnochromis-Arten — fast an der Bauchseite. An ihrem äußeren Rand stehen die Flossenstrahlen etwas über die Membranen hinaus und diese Verlängerungen hängen herunter, so daß sie wie kleine Krallen aussehen. Im Aquarium halten sich die Fische stets in Bodennähe auf, doch läßt diese Beobachtung und ihre Relation zu den Verhältnissen im Tanganjika-See, wo die Fische endemisch leben, noch keine Schlüsse zu.

### *Triglachromis otostigma*
(REGAN, 1920)

Nach der Beschreibung von POLL (1956)** lebt die Art im Tanganjika-See in 10—50 m Tiefe über Schlammflächen! Man kann sich leicht vorstellen, daß die Tiere in diesen Tiefen und über einem solchen Bodengrund ein unterschiedliches Verhalten zu gefangenen Exemplaren in Aquarien mit sauberem Bodengrund und hellem Licht zeigen. Der „Tanganjika-Knurrhahn", wie ihn THYS künftig zu nennen vorschlägt***, hat einen gestreckten Körper und erreicht eine Länge von etwa 12 cm. Der abgeflachte Bauch und das breite, am unteren Kopfprofil liegende Maul lassen auf eine bodennahe Lebensweise schließen. Die über die Membranen der Brustflossen hinaus verlängerten Strahlen lassen sich einzeln krümmen, so daß die Fische in die Lage versetzt sind, mit diesen Hilfsmitteln nach Futter im schlammigen Bodengrund zu suchen, über dem sie leben. Die Tiere kann man als ruhige und friedfertige Aquarienfische bezeichnen, die man nicht in zu kleinen Becken pflegen sollte. Die Bauchflossen der Fische sind lang ausgezogen und sollen, einigen Berichten zufolge, empfindlich gegen Flossenfäule sein. An das Futter stellen die Tiere keine unerfüllbaren Ansprüche. Neben kleinem Lebendfutter, das die Tiere allein durch plötzliches Öffnen ihres großen Maules einsaugen, nehmen sie auch gefriergetrocknetes, sonstiges Trockenfutter und sogar Futtertabletten. Die Vermehrung der Art im Aquarium scheint nicht einfach zu sein, jedenfalls bleiben die sonst häufig zu lesenden Nachzuchtberichte aus.

Triglachromis otostigma Kahl

Die Grundfärbung der Tiere ist lehmfarben bis schokoladenbraun. Über Körper und Flossen liegt zuweilen ein

* POLL, M. et THYS van den AUDENAERDE, D.: „Genre nouveau Triglachromis proposé pour Limnochromis otostigma REGAN, Cichlidae du lac Tanganika." Rev. Zool. afr. 88, p. 127—130, 1974.

** POLL, M.: „Poissons Cichlidae. Résult. scient. Exploration hydrobiologique du lac Tanganika 1946—1947." Bruxelles, vol. 3, fasc. 5 B, p. 449—454, 1956.

*** THYS van den AUDENAERDE, D.: „Der Tanganjika-Knurrhahn, Triglachromis otostigma." DATZ, 27, S. 120—121, 1974.

rosiger bis blau irisierender Glanz, der auch die Flossenstrahlen mit einbezieht. Neben den bereits erwähnten Brustflossen zeigen auch die Rückenflossenstrahlen eine Verlängerung, die über die Membranen hinausreicht. Die Flosse selbst ist am hinteren Ende bei männlichen Tieren ausgezipfelt. Von den Körperschuppen bilden bestimmte, in vertikalen Reihen zu 3—5 angeordnet und irisierend blau gefärbt, ein Muster, das dem Fischkörper zu einem unverwechselbaren Aussehen verhilft. Brust- und Afterflossen schimmern kräftig blau. Die Schwanzflosse trägt hinter ihrer blaugrauen Färbung einen rauchigen Saum. Der Kopf zeigt eine blau irisierende Binde, die vom unteren Augenrand zum Maulwinkel zieht. Vor dem tiefschwarzen Fleck auf dem hinteren Kiemendeckelbogen liegen ein oder zwei kurze blaue Punkte oder Striche.

## Die Gattung Tropheus

*Tropheus* ist eine im Tanganjika-See endemisch vorkommende Gattung, die bereits im Jahre 1898 von BOULENGER aufgestellt wurde. Das Leben aller Tropheus-Arten ist eng an das felsige Ufer dieses Sees gebunden. Von den drei bisher beschriebenen Arten stammt *T. moorii* — als Gattungstypus — bereits aus dem Jahre 1898. Der Autor beschrieb zwei Jahre später (1900)* mit *T. annectens* eine weitere Art, die, wie *T. polli,* vier Analstacheln besitzt und daher bei ihrer Wiederentdeckung durchaus als gültige Art angesehen werden könnte. Augenblicklich betrachtet man sie als geographische Rasse und verwendet ihren Namen als Synonym. Die Art *T. duboisi* wurde dagegen erst im Jahre 1959 von MARLIER** beschrieben. Im Gegensatz zu *T. moorii,* der in einer durchschnittlichen Tiefe von 1—5 m lebt, sucht *T. duboisi* Tiefen von bis zu 12 m auf. Im Jahre 1975 fügten NELISSEN & THYS*** mit *T. brichardi* die dritte Art hinzu. MARLIER fand bei seinen Untersuchungen bereits im nördlichen Teil des Sees von *T. moorii* vier lokale Farbrassen. In der Zwischenzeit sind von dieser Art, die offenbar besonders zu Bildung von Varietäten neigt, fast zwanzig neue geographische Rassen festgestellt worden, die man überwiegend am nördlichen, östlichen und südlichen Seeufer gefunden hat. Mit der Erstbeschreibung von *T. brichardi* wurde erstmals eine der bisher als Lokalrasse eingestuften Spezies in den Rang einer Art erhoben. Im Jahre 1977 erfolgte dann die erste Beschreibung einer Unterart von *T. moorii* durch NELISSEN*, *T. moorii kasabae.* Hier wurde eine lokale Rasse in den Rang einer Unterart erhoben.

Tropheus-Arten, und unter ihnen gerade der „Brabantbuntbarsch" ** *T. moorii,* sind seit langen Jahren beliebte Studienobjekte der Verhaltensforscher***, wobei Fragen nach der Bedeutung des Farbkleides, der Gruppenbildung, des Laich- und Brutpflegeverhaltens und des Kampfverhaltens im Vordergrund standen.

Die Zucht der Tropheus-Arten ist nicht allzu schwierig. Voraussetzung sind die richtigen Wasserwerte, wie sie aus dem Tanganjika-See den meisten Aquarianern bekannt sind (Härte 10—16° dGH, pH-Wert 7,5—8,0 und eine Wassertemperatur von etwa 24—25° C, die zur Zucht um 2° C erhöht wird). Meist putzt das Männchen ein Substrat und hebt eine kleine Grube aus. Balzend wird darauf das Weibchen an den Platz der Wahl gelockt. Nach einer oder mehreren Scheinpaarungen stößt das Weibchen die Eier aus, die sofort und unbefruchtet ins Maul genommen werden. Die Befruchtung erfolgt, nachdem das gesamte Gelege, das nur geringe Eizahlen aufweist, ins Maul des Weibchens gewandert ist. Das höchstens 10 Eier umfassende Gelege wird dadurch befruchtet, daß das Weibchen sich jetzt dem

* BOULENGER, G. A.: „Tropheus annectens sp. n." Ann. Mus. Congo, Zool. i. p. 148, 1900.

** MARLIER, G.: „Observations sur la biologie littorale du lac Tanganika." Revue de Zoologie et de Botanique Africaines, 59 p. 164—183, 1959.

*** NELISSEN, M. & THYS van den AUDENAERDE, D. F. E.: „Descripton of Tropheus brichardi sp. nov. from Lake Tanganyika (Pisces, Cichlidae)." Rev. Zool. afr., 89, 4, p. 974 bis 980, 1975.

* NELISSEN, M.: „Description of Tropheus moorii kasabae n. sspec. (Pisces, Cichlidae) from the south of Lake Tanganyika." Rev. Zool. afr., 91, 1, p. 237—242, 1977.

** Brabantbuntbarsch: „In den Farben Brabants." Brabant ist eine Landschaft in Belgien, dessen Nationalfarben schwarz-gelb-rot sind. Die bekannteste Rasse von *T. moorii* ist die gelbrote Variante; ein Farbmuster, das auf schwarzem Grund steht womit die seinerzeit verbreitetste Rasse in den Nationalfarben Belgiens auftrat.

*** WICKLER, W.: „Zur Klassifikation der Cichliden, am Beispiel der Gattungen Tropheus, Petrochromis, Haplochromis und Hemihaplochromis n. gen. (Pisces, Perciformes)." Senck. Biol., 44, 2, S. 83—96, 1963.
WICKLER, W.: „Zur Soziologie des Brabantbuntbarsches, Tropheus moorii (Pisces, Cichlidae)." Z. Tierpsychol., 26, 8, S. 967 bis 987, 1969.
NELISSEN, M.: „Contribition to the ethology of Tropheus moorii BOULENGER (Pisces, Cichlidae) and a discussion of the significance of its colour patterns." Rev. Zool. afr., 90, 1, p. 17—29, 1976.
und andere

Männchen zuwendet und seine Genitalregion betupft. Wahrscheinlich wird hierbei das Sperma aufgenommen und damit werden die Eier befruchtet. Die jetzt bereits 6—7 mm großen orangebraunen Eier werden in der Folgezeit im Maul der Mutter ausgebrütet. Wegen ihrer Größe und dem daraus resultierenden großen Dottersack dauert es immerhin 4 Wochen, bevor die Mutter ihre Jungen zum ersten Mal aus dem Maul entläßt. In den darauffolgenden 10—14 Tagen können die Kleinen auch immer wieder bei Gefahr ins schützende Maul der Mutter zurückkehren.

### *Tropheus brichardi*
NELISSEN & THYS, 1975

Die Tiere leben, wie ihre Gattungsverwandten, in der felsigen Litoralzone des Tanganjika-Sees und erreichen eine Größe von rund 12 cm. Wie die Autoren in ihrer Erstbeschreibung feststellen, unterscheiden sich die beiden restlichen Tropheus-Arten, *T. duboisi* und *T. moorii,* ausschließlich durch ihre Färbung voneinander und nicht durch biometrische* Unterschiede. „Mr. P. Brichard sandte uns freundlicherweise 12 lebende Exemplare von *T. moorii* — Fische von Nyanza an der Küste Burundis. Während einer vergleichenden ethologischen Studie der Gattung *Tropheus* durch NELISSEN stellte sich bald heraus, daß die Fische von Nyanza einige fundamentale Unterschiede zu *T. moorii* (herausgefunden durch WICKLER, 1969** und NELISSEN, 1976**) und *T. duboisi* aufweisen. Diese Unterschiede haben uns veranlaßt, eine neue Art aufzustellen."

Bei dieser Art handelt es sich um die Spezies, die MATTHES (1962)*** als seinerzeit neue Farbrasse ansprach, die in Aquarianerkreisen als „Schokomoorii" oder „Braune Variante" bekannt war (vergleiche Seite 344).

* Biometrie: Vermessung und statistische Zählung körperlicher Merkmale.

** WICKLER, W.: „Zur Soziologie des Brabantbuntbarsches, Tropheus moorei (Pisces, Cichlidae)." Z. Tierpsychol., 26, 8, S. 967—987, 1969.
NELISSEN, M.: „Contribution to the ethologie of Tropheus moorii BOULENGER (Pisces, Cichlidae) and a discussion of the signifiance of its colour patterns." Rev. Zool. afr., 90, 1, p. 17—29, 1976.

*** MATTHES, H.: „Poissons nouveaux ou Interessants du lac Tanganika et du Ruanda." Annales du Musée Royal de l'Afrique centrale, Sciences Zool., 111, p. 27—88, 1962.

Die Fische tragen eine schwarzbraune Grundfärbung, in die alle Flossen eingeschlossen sind. Über dem vorderen Rücken liegt ein schmutziggelber Fleck, der sich, etwa bis zum zehnten Rückenflossenstrahl, auch über Teile der Dorsalbasis erstreckt. Weitere Gelbtöne, die jedoch von braungelber Färbung überlagert sind, zeigen Wangen, Kehle und Bauch. Die weiße Iris trägt einen feinen gelben Rand, und das Maul liegt in einer dunkleren schwärzlichen Zone. Als Unterschiede zu *T. moorii* werden von den Autoren unter anderem ein breiteres Maul und ein längerer Kopf gesehen, die man jedoch erst bei Vermessungen an präparierten (toten) Tieren feststellen kann. Im übrigen stellen die Tiere bei aquaristischer Haltung wie auch bei der Zucht die gleichen Ansprüche, wie sie in der Gattungsbeschreibung oder bei *T. moorii* angeführt werden. Die Tiere leben in der Geröllzone. Es dürften auch von dieser neuen Art wiederum Farbvarianten auftauchen.

### *Tropheus duboisi*
MARLIER, 1959

Die bis zu 12 cm groß werdenden Tiere dieser Art sind mit *T. moorii* eng verwandt. Belegte Fundstellen liegen (bisher) nur am östlichen und nordwestlichen Ufer des Tanganjika-Sees, in dem auch diese Art ausschließlich vorkommt. Die Tiere leben als spezialisierte Algenfresser in der felsigen oder steinigen Litoralzone, wo sie den dünnen Rasen des sogenannten Aufwuchses abweiden. Man trifft erwachsene Tiere überwiegend in Wassertiefen zwischen 5 und 15 m, findet die Fische aber auch in noch höheren Wasserschichten. Wichtig für das Leben und Überleben sind die

Tropheus duboisi, *schwarze Form. Bei dieser lokalen Rasse fehlt der gelbweiße Schulterstreifen.*

Kahl

Versteckmöglichkeiten, von denen die Fische bei jeder vermeintlichen Gefahr Gebrauch machen. Das gilt für natürliche Biotope ebenso wie für das Aquarium. Im Gegensatz zu *T. moorii,* der in der Natur in Gruppen zu mehreren Tieren zusammenlebt, kann man die Tiere von *T. duboisi* eher als Einzelgänger bezeichnen. Im Aquarium hingegen ändern die Tiere beider Arten ihr Verhalten beinahe ins Gegenteil um: *T. duboisi* läßt sich zu mehreren Tieren in einem Becken halten, jedoch ist ein harmonisches Zusammenleben an eine strenge Rangordnung gebunden.

*T. duboisi* unterscheidet sich in Jugend- und Altersfärbung stark. Dafür sind Geschlechtsunterschiede am schwimmenden Exemplar kaum wahrzunehmen. Um das Geschlecht eines Tieres klar festzustellen, verwendet man die im Kapitel „Geschlechtsbestimmungen" empfohlene Methode, die sich bei Tropheus-Arten einigermaßen zufriedenstellend durchführen läßt. Jungfische zeigen auf tiefschwarzem Grund ein Muster kleiner, meist leuchtendweißer Punkte, die hauptsächlich über Kopf und Flanken verteilt sind. Flossen und Bauch zeigen solche Flecken nicht immer. Aus diesem Grunde hat man den Fischen — etwas voreilig — den Namen „Weißpunktbuntbarsch" gegeben. Mit zunehmendem Alter färben sich die Tiere um und bekommen einen anthrazitfarbenen Körper, bei dem eine schiefergraue Kopfmarkierung sichtbar wird. Es gibt jedoch bei der Mehrzahl der vorkommenden Populationen, die heute eingeführt werden, Tiere, die nach der Umfärbung auf anthrazitfarbenem Grund eine weißliche oder gelblichweiße Körperbinde tragen. Die am östlichen Seeufer gefangenen Tiere unterscheiden sich nach Fanggebieten, die voneinander durch größere Sandzonen strikt getrennt sind, so daß sich auch an diesen Stellen Populationen mit unterschiedlichen Farbvarianten bilden konnten, wie wir sie bereits von *T. moorii* in größerem Umfang kennen. Durch diese Isolation wird ein Prozeß in der Veränderung der Erbanlage in Gang gesetzt, in dessen Folge es zu unterschiedlichen Färbungen kommen kann. So tragen bestimmte Populationen beispielsweise eine gelbliche, andere eine weiße Querbinde über dem Körper.

Wie bereits erwähnt, kann man diese interessanten Cichliden im Aquarium gut halten und auch nachzüchten. Zur Fortpflanzung finden sich die Paare zusammen und bilden eine Mutterfamilie. Die geringe Zahl der Eier (8—10) wird

Mayland

Tropheus duboisi

raummäßig durch ihre Größe von 6—7 mm wieder ausgeglichen. Die Nachzucht verbleibt etwa 4 Wochen im Maul der Mutter.

## *Tropheus moorii*

BOULENGER, 1898

Eine altbekannte Art mit einer Vielzahl an Farbvarianten, die laufend größer wird. Durch die neuere Erstbeschreibung einer Unterart wird das „Spiel der Farben" und jetzt auch noch der Unterarten immer verwirrender — zumindest für den Normal-Aquarianer, der dem Lauf der Dinge kaum noch folgen kann und zwischen Arten, Unterarten, Formen und Farben unterscheiden muß. Zukünftig wird man auch mit der Beschreibung weiterer Unterarten zu rechnen haben. Im Augenblick können hier die beiden ersten vorgestellt werden:

*Tropheus moorii moorii* BOULENGER, 1898 und
*Tropheus moorii kasabae* NELISSEN, 1977*.

Mit der letztgenannten Unterart haben wir es mit der Variante zu tun, die STAECK** als „Regenbogenmoorii" beschrieb und als solche auch bereits in der Literatur***

* NELISSEN, M.: „Description of Tropheus moorii kasabae n. sspec. (Pisces, Cichlidae) from the south of Lake Tanganyika." Rev. Zool. afr., 91, 1, p. 237—242, 1977.

** STAECK, W.: „Die südlichen Rassen von Tropheus moorei." Aquarien Magazin, 9, S. 518—521, 1975.

*** MAYLAND, H. J.: „Die Buntbarsche Afrikas." Philler Verlag, Minden, 1976.
STAECK, W.: „Cichliden; Verbreitung, Verhalten, Arten." Bd. II, Engelbert Pfriem Verlag, Wuppertal, 1977.

aufgenommen worden ist. Der Autor (NELISSEN) führt in seiner Erstbeschreibung an, daß bei dieser Unterart im Vergleich zu *T. m. moorii* das Maul breiter, das Auge kleiner sowie die Brust- und vor allem die Bauchflossen kürzer seien. Biometrische Unterschiede werden als nicht vorhanden angeführt. Weil das graphische Material dieses Buches bereits vor Veröffentlichung dieser Beschreibung fertiggestellt war, wird diese neue Unterart in der Grafik auf Seite 341 ebenfalls als „Regenbogen-Variante" geführt und farblich beschrieben.

*Tropheus moorii moorii* ist ein beliebter Aquarienfisch. Unabhängig von den farblichen Varianten, die unzweifelhaft aus unterschiedlichen Populationen stammen, können neu eingesetzte Tiere im Aquarium in Gruppen leben oder sich hart bekämpfen. Das hängt, wie WICKLER* anführt, von der Vorgeschichte des Schwarmes ab. „Waren die Tiere einander fremd, so schwimmen bald einige mit gespreizten Flossen und greifen die anderen heftig an. Die Unterlegenen fliehen zunächst nach unten in einen dunklen Winkel, aus dem sie aber sehr rasch wieder herausgetrieben werden. Schließlich klemmen sie — nach Gegenwehr oder ohne — oben am Beckenrand, versuchen auch wohl herauszuspringen und werden allmählich zerbissen und umgebracht. Der Kampf geht unter den Siegern weiter, bis ein Tier schließlich alle anderen besiegt und gegebenenfalls umgebracht hat. Männchen und Weibchen verhalten sich dabei gleich, doch bleibt in der Regel bei gleichgroßen Tieren ein Männchen der endgültige Sieger. Revierbesitz ist dabei offenbar eine Begleiterscheinung, nicht Voraussetzung fürs Kämpfen. In versteckreicher, auch ganz fremder Umgebung fallen die Tiere ohne jede Andeutung von Revierbesitz übereinander her. Setzt man jedoch eine Gruppe einander bekannter Tiere in fremde Umgebung, so gibt es nach kurzer Schwarmpause zwar auch einige kurze Kämpfe, die aber harmlos verlaufen, und nach kurzer Zeit herrscht im Becken wieder Frieden." Da, wie man sieht, die Tiere zur Gruppenbildung neigen, die man auch im natürlichen Biotop beobachten kann, muß man es nach vielen Erfahrungen als nahezu unmöglich ansehen, in eine bestehende Gruppe der gleichen Art neu hinzugekommene Tiere zu integrieren. Das geht nicht! Diese neuen Tiere werden getötet oder zumindest bedrängt, daß sie ein entfernt gelegenes Versteck aufsuchen, das so eng bemessen ist, daß die Tiere dort ebenfalls nach einiger Zeit an einem anderen Gebrechen eingehen. WICKLER schließt aus seinen Beobachtungen: „Kennenlernen allein reicht noch nicht zur Gruppenbildung. Was die Gruppenmitglieder aneinander bindet, wissen wir noch nicht. Ferner ist individuelles Kennen noch kein ausreichendes Kampfhindernis." Die logische Frage auf diese Beschreibungen: „Wie soll man die Tiere denn zusammenbringen, ohne Gefahr laufen zu müssen, daß sie sich zu Tode prügeln?" Man hat gelesen, daß es auch innerhalb einer harmonisierenden Gruppe nicht immer friedlich zugeht. Jedes Tiere kennt innerhalb der Rangordnung seinen Platz in der Gruppe und wirkt, weil es unterlegen ist, dem Angreifer aus der eigenen Gruppe durch Beschwichtigungsgebärden entgegen. Auch dieses Verhalten wurde von WICKLER erstmals erforscht und in einer Arbeit* veröffentlicht. Die Schwierigkeit in der Haltung bzw. Zusammenstellung einer im Aquarium harmonisierenden Besetzung liegt einzig und allein darin, eine bereits zusammengefügte Gruppe zu bekommen. Das geschieht am ehesten mit dem Erwerb von Jungtieren, die — aus einer oder verschiedenen Zuchten — seit ihrer frühesten Jugend an zusammen sind und sich als Gruppe verstehen. Es ist ebenfalls möglich, eine harmonisierende Gruppe aus einem fremden (Händler-)Becken zu übernehmen. Ebenso wichtig ist ein möglichst großes Becken mit möglichst vielen Verstecken; sie nützen zwar fremden, verfolgten Tieren in der Regel wenig, doch ist ein solches Becken auch aus biotopgerechten Gründen vorteilhaft. Die Zucht erfolgt, wie in der Gattungsbeschreibung angeführt.

Die verschiedenen Farbvarianten, zweckmäßiger als geographische Rassen zu bezeichnen, sind nach dem augenblicklichen Stand wie folgt:

Variante Orange I: Vorkommen Nordwestküste nahe Bemba. Bereits 1959 von MARLIER beschrieben. Sehr

*Die Verbreitung einiger Varianten von* Tropheus moorii, *soweit sie bis jetzt bekannt wurden. Wie sich leicht erkennen läßt, wurde das westliche, zu Zaire gehörende, Seeufer bisher noch nicht wesentlich erforscht.*

Fotos: Hirschfeld 2, Müller 1, Scheuermann 4, Winkelmann 1, Zieschang 1; Karte: Achilles

* WICKLER, W.: „Soziologische Forschungen im Aquarium." Aquarien Magazin, 4, S. 282—289, 1970.

* WICKLER, W.: „Zur Soziologie des Brabantbuntbarsches, Tropheus moorei." Zeitschr. f. Tierps., 26, S. 967—987, 1969.

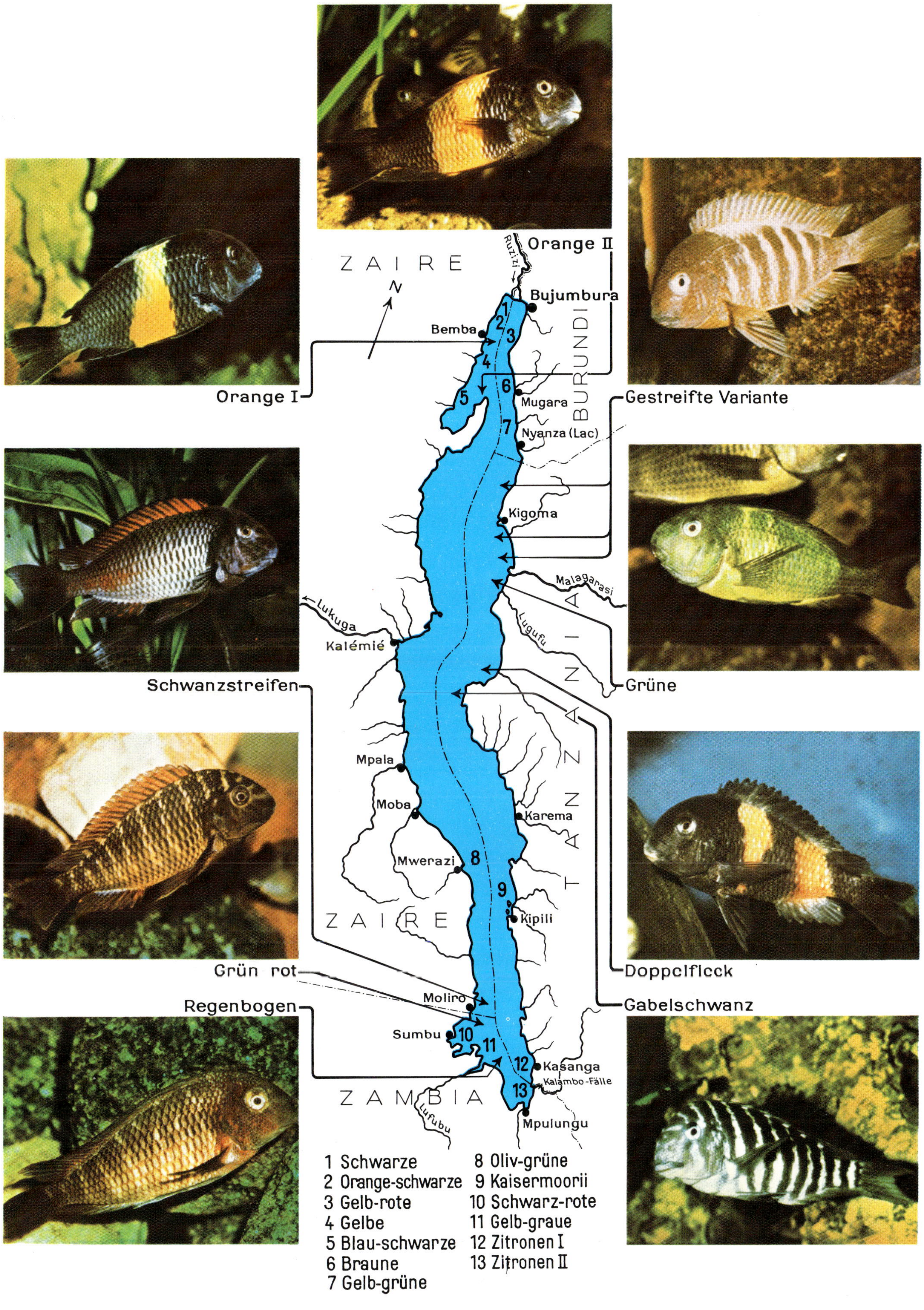

ZAIRE
Ruzizi
Orange II
Bujumbura
Bemba
BURUNDI
Orange I
Mugara
Gestreifte Variante
Nyanza (Lac)
Kigoma
Malagarasi
Lukuga
Kalémié
Lugufu
Grüne
Schwanzstreifen
TANZANIA
Mpala
Moba
Karema
Mwerazi
ZAIRE
Kipili
Doppelfleck
Grün rot
Moliro
Gabelschwanz
Regenbogen
Sumbu
Kasanga
Kalambo-Fälle
ZAMBIA
Lufubu
Mpulungu
1 Schwarze
2 Orange-schwarze
3 Gelb-rote
4 Gelbe
5 Blau-schwarze
6 Braune
7 Gelb-grüne
8 Oliv-grüne
9 Kaisermoorii
10 Schwarz-rote
11 Gelb-graue
12 Zitronen I
13 Zitronen II

schöne tiefschwarze Tiere mit einer breiten Querbinde über der Körpermitte. Die Binde beginnt im Rücken gelb und färbt sich zum Bauch in leuchtende Orangetöne um. Die Gelbfärbung zieht bis in die Rückenflosse hinein.

Variante Orange II: Die Tiere unterscheiden sich von „Orange I" durch ein ebenfalls breites, über der Körpermitte liegendes Querband, das im oberen Teil nicht gelb ist, und dessen Färbung sich bis in die Afterflosse hineinzieht. Hauptverbreitungsgebiet ist der Norden der Halbinsel Ubwara. Bei dieser Rasse ist die schwarze Grundfärbung nicht so gleichmäßig schwarz. Iris goldgelb.

Gestreifte Variante: Verbreitet an der Ostküste des Sees. Von STAECK beschriebene Vorkommen von Grenze Burundi/Tansania bis zur Mündung des Malagarasi. Die Tiere haben eine braune bis olivgrüne Grundfärbung. Hinter den Kiemendeckeln beginnt eine Musterung von 5—8 gelblichen Querbinden, die sich bis auf den Schwanzstiel zieht. Eine schmale Zone, die über das Bauchprofil verläuft und auf der Kehle beginnt, zieht sich goldgelb bis zum Ende der Analbasis. Die hell bleibende Rücken- und Afterflosse sind goldgelb gesäumt. Durch ihre relativ große Verbreitung differieren die Färbungen der einzelnen Populationen etwas.

Variante Grün: Die Grüne Variante ist auch als „Goldtropheus" bekannt. Sie wurde erstmals von SCHEUERMANN (1975) erwähnt. Ihr Vorkommen erstreckt sich über eine Küstenzone südlich des Malagarasi-Einflusses in Tansania, an der Ostküste des Sees und endet etwa beim Einfluß des Lugufu-(Rugufu-)Flusses. Die Tiere der Grünen Variante können sehr schön ausfallen. Bei ihnen zieht sich ein Grünton, der auf gelblichem Grund liegt, über Kopf und Körper. Die Flossen bleiben durchweg gräulich, ebenso der Schwanzstiel. Lediglich die Rückenflossenbasis zeigt grünliche Ansätze. Die Iris schimmert leicht hellblau.

Doppelfleck-Variante: Von vielen Aquarianern auch „Kirschfleck-Variante" bezeichnet. Sie wurde zuerst von STAECK (1977) beschrieben. Ihr Vorkommen erstreckt sich auf eine Küstenzone nahe der Ortschaft Magambo, an der Ostküste des Sees. Die Tiere erinnern in ihrer Färbung stark an die Variante Orange II, nur daß die Tiere zwei Querbinden von kräftig orangeroter Färbung auf tiefschwarzem Körpergrund tragen. Die erste Binde setzt etwa am 6. Rückenflossenstrahl an, die zweite etwa am 15. Strahl. Beide Binden liegen nur sehr wenig in den Basen von Rücken- oder Afterflosse. Die Intensität der Färbung ist populationsbedingt.

Variante Gabelschwanz: Diese Form, die auch als „Wimpel-Moorii" bekannt wurde, stammt ebenfalls von der Ostküste des Sees. Diese Küstenzone liegt gegenüber des einzigen Tanganjika-See-Abflusses, dem Lukuga und der Ortschaft Kalémié. Die Form zeigt äußerlich bereits stärkere Abweichungen von der Stammform, was den Ichthyologen GLEN AXELROD jetzt veranlaßte, durch eine Neubeschreibung diese Spezies in den Rang einer Art zu erheben und mit dem Namen *Tropheus polli* zu belegen (siehe Artbeschreibung). Die Tiere zeichnen sich nicht durch übermäßige Farbfreudigkeit aus: Über der schwarzbraunen Grundfärbung, die zeitweilig von einem olivgrünen Schimmer überdeckt ist, liegen acht oder neun hellbeige Querbinden, die sich bis in die Basen der unpaaren Flossen hineinschieben. Der eher graue Kopf mit dem unterständigen Maul weist ebenfalls einige Muster aus hellen Binden aus, von denen die auffälligsten die beiden sind, welche beide Augen miteinander verbinden. Hauptsächliches Merkmal ist jedoch die tief gegabelte Schwanzflosse.

Regenbogen-Variante = *T. moorii kasabae:* Diese, inzwischen zur Unterart erklärte, frühere Variante bewohnt ein litorales Küstengebiet an der zu Zambia gehörenden südwestlichen Uferzone des Tanganjika-Sees — westlich von Mupulungu. Die Variante wurde zuerst durch SCHEUERMANN und STAECK beschrieben. Durch die relativ große Populationsbreite kommt es zu Unterschieden in der Färbung. So zeigen die Vertreter des nördlicheren Verbreitungsgebietes eine hellere, blassere Färbung mit einigen angedeuteten hellen Querbinden, die Tiere der südlicher vorkommenden Populationen sind hingegen durchweg dunkler gefärbt und zeigen kaum Querbänder. Über der tiefschwarzen oder nur schwärzlichen Grundfärbung liegt ein mehr oder weniger intensiver olivgrüner Schimmer. Hinter den Kiemendeckeln beginnt eine hellere Zone, deren Schuppen oben und unten rötliche Längsstriche aufweisen. Kehle und Wangen sowie die

Zonen um den Ansatz der Brustflossen sind tiefrot. Die Tiere der helleren Spielart zeigen über dem Kopf Muster aus grünen Punkten und über den Kiemendeckeln auffällig rötlich gesäumte Schuppen. In der Rückenflosse stehen rote Tüpfel auf rußig grünlichem Grund.

Variante Grünrot: Diese Variante fällt ausgesprochen attraktiv aus. Die Form aus Zambia, die 1975 wie die vorgenannte von SCHEUERMANN und STAECK erstmals beschrieben wurde, kommt nördlich des Sumbu Nationalparks vor. Als nördliche Begrenzung dieses Vorkommens muß die Nkamba Bay angesehen werden. Der schwarzgraue Körper, dessen Flanken von 8—10 hellen Querbinden überzogen werden, irisiert meist grünlich. Weitere helle, gelbliche Binden ziehen auch über Nacken und Stirn. Die Bänder, welche die Augen verbinden, sind ebenfalls hell, jedoch von einem rußigen Farbton überdeckt. Die Rückenflosse zeigt in den beiden vorderen Dritteln eine kräftige Rotorangetönung. Die hinteren Strahlen sind dagegen ebenso schwarzoliv wie die Schwanzflosse und fast die gesamte Afterflosse, bei der nur die ersten Strahlen eine leichte Rottönung erkennen lassen. Die Analbasis zeigt eine hellblaue Zone.

Schwanzstreifen-Variante: Zweifellos ist diese Variante die attraktivste von allen. POLL beschrieb diese herrlichen Tiere bereits im Jahre 1956 nach einem Exemplar, das aus den Fängen während der Hydrobiologischen Expedition des Jahres 1947 stammte. Das Vorkommen der Tiere ist in der Nähe von Moliro belegt, einem kleinen Ort in Zaire nahe der Grenze zu Zambia. Kopf und Schwanzflosse der Fische sind tiefschwarz. Die Körperschuppen hingegen zeigen eine silbergraue Färbung und unterschiedlich breite schwarze Säume. Über die Mitte des Schwanzstiels zieht ein feuerrotes Längsband, das nach allen Seiten unscharf begrenzt ist. Es endet in seiner vorderen Ausdehnung in Höhe des Anfangs der Afterflosse. Die Rückenflossenmembranen sind ebenfalls rot.

Die schwarze Rückenflosse trägt in den ersten 8—10 Membranen eine kräftige Rotfärbung und über die gesamte Flossenlänge einen, durch schwarze Strahlen unterbrochenen, gelblichen Saum. Die schwarze Schwanzflosse ist rundum gelblich gesäumt. Über der Basis der schwarzen Afterflosse liegt eine leuchtend weiße Zone. Die ersten Strahlen der Analen sind rötlich. Die Iris ist rotorange.

Variante Schwarz: Die einheitlich schwarz oder braunschwarz gefärbten Tiere wurden bereits von MARLIER (1959) beschrieben. Sie stammen aus einem Gebiet im nordwestlichen Winkel des Tanganjika-Sees, das sich zwischen den Ortschaften Makobola und Uvira ausdehnt. Diese Variante findet wenig Interesse bei den Aquarianern. Importe aus diesem Teil an der Grenze nach Zaire sind in den letzten Jahren seltener geworden.

Variante Orange-Schwarz: Diese Variante schließt sich im Vorkommen an die vorgenannte an. Nach der Beschreibung von MATTHES (1962) wurde sie bei einem kleinen Ort zwischen Makobola und Bemba, mit Namen Kashekezi, nachgewiesen. Die Fische zeigen auf schwarzgelber Grundtönung gelborangefarbene Punkte und Querstreifen über den Flanken. Sie sind, wie die meisten Fische der Zaire-Seite, in den letzten Jahren nicht eingeführt worden.

Variante Gelbrot: In früheren Jahren, als diese Variante fast ausschließlich eingeführt wurde, machten die Fische, welche die „Nationalfarben Belgiens" tragen und daher als „Brabantbuntbarsche" angesprochen werden, vielen Aquarianern Freude. Die Tiere stammen aus dem

Tropheus moorii, *Variante Gelbrot, die durch das Zeigen der belgischen Nationalfarben den Namen „Brabantbuntbarsch" erhielt.*

Kahl

nordöstlichen Teil des Tanganjika-Sees, der zu Burundi gehört. Sie wurden bereits durch MARLIER (1959) beschrieben. Die Färbung der Fische ist ansprechend: Auf braunschwarzem Grund zeigen die dunkel gerandeten Schuppen ein graubeiges Zentrum und dazu eine wiederum dunkle Basis. Dadurch entsteht ein sehr plastisches Wabenmuster, das sich bis über Teile des Kopfes zieht. Bis auf die fast transparenten Brustflossen sind alle übrigen in die braunschwarze Grundfärbung mit einbezogen. Die vierten bis neunten Strahlen der Rückenflosse sind karminrot. An der Flossenbasis wird diese Rotfärbung durch einen beigegelben Farbton abgelöst, der sich bis zur Flankenmitte zieht und, dort spitz nach unten zulaufend, ein Dreieck bildet. Vom Bauch zieht ein ähnlich zugespitztes, jedoch rotes Dreieck zur Körpermitte hoch, dessen Spitze sich mit der des beigegelben Dreiecks trifft. Der obere Augenrand zeigt einen roten Halbbogen.

Variante Gelb: Diese bisher nicht eingeführte Variante wurde ebenfalls (1959) von MARLIER beschrieben. Das Vorkommen ist eng begrenzt. Man findet die Tiere dieser Rasse unweit des Ortes Mboko, dem eine kleine Inselgruppe vorgelagert ist: Die Kifumbwe-Inseln. Dieses Gebiet liegt im äußeren Nordwesten des Sees und damit auf dem Staatsgebiet von Zaire. Nach der erwähnten Beschreibung haben die Tiere eine schwarze Grundfärbung und zeigen unmittelbar hinter den ersten Strahlen der Rückenflosse eine breite, unscharf begrenzte gelbe Querbinde.

Variante Blauschwarz: Die Belegstelle dieser Farbvariante, die 1962 von MATTHES beschrieben wurde, liegt am westlichen Seeufer, auf dem Staatsgebiet von Zaire. Gefangen wurden die Exemplare in der Nähe des Ortes Lueba, das an der früheren Burton-Bucht liegt. Die Tiere zeigen eine blauschwarze Färbung, die von keinem weiteren Farbmuster unterbrochen wird. Die Fische dieser Spielart wurden bisher noch nicht eingeführt.

Variante Braun = *Tropheus brichardi:* Die Braune Variante, vielen Aquarianern besser als „Schokomoorii" bekannt, wurde im Jahre 1975 durch NELISSEN & THYS in den Rang einer Art erhoben (vergleiche Artbeschreibung Seite 338).

Variante Gelbgrün: Die von MATTHES (1962) beschriebene Farbform stammt vom östlichen Seeufer, unweit des Ortes Nyanza/Burundi. Die Tiere wurden häufiger eingeführt. Die Variante trägt auf schwarzbraunem Grund ein kräftig gelbes Band, das an seinen Rändern grünlich schimmert. Diese Binde reicht nicht bis zum Bauch. Im letzten Drittel stellt man lediglich eine blasse gelbliche Zone fest. Eine weitere, allerdings nur schwach gelbliche Zone liegt über dem Schwanzstiel und verbindet in ihrem vorderen Bereich die Enden von Rücken- und Afterflosse.

Variante Olivgrün: Diese Farbform wurde bereits 1956 von POLL nach drei Tieren beschrieben, die während der Hydrobiologischen Expedition gefangen wurden. Die Exemplare stammen von einem Küstenstreifen in der Nähe von Mwerazi an der südlichen Westküste des Tanganjika-Sees. Da die Fangplätze auf dem Staatsgebiet von Zaire liegen, war ein Import dieser Variante bisher nicht möglich. Nach POLL haben die Tiere eine olivgrüne Grundfärbung und eine gelbliche Bauchpartie. Über den Flanken tragen sie Muster aus zitronengelben Flecken und Linien. Bei diesen Mustern, so kann man folgern, muß es sich um einen Rest der juvenilen Färbung handeln, so daß der Fisch im Erwachsenenkleid dieses Muster nicht mehr zeigen wird. Über dem vorderen Kopf liegen drei orangebraune Querbinden.

Breitband-Variante oder Kaisermoorii: Eine sehr schöne und von Aquarianern begehrte Variante, die von der südöstlichen Seite des Sees stammt. Die Tiere werden nördlich von Kipili gefunden. Ihr Körper scheint in drei Farbzonen geteilt, deren vordere und hintere meist tiefschwarz, die mittlere leuchtend goldgelb ist. Hier handelt es sich um eine besonders breite Querbinde, die sich tief in die Rückenflossenbasis zieht und auch den basalen Bereich der Afterflosse gelblich färbt.

Variante Schwarzrot: Diese Rasse wurde zum Jahresende 1975 von STAECK und SCHEUERMANN beschrieben. Sie wurde am südwestlichen Ufer in Zambia entdeckt, wo die Tiere ein engbegrenztes Gebiet nördlich der Ndole Bay bewohnen. In der Normalfärbung sind die Tiere schwarzgrundig, und diese Farbe wird von einer röt-

Hirschfeld

Tropheus moorii. *Vier Farbvarianten:*
*1 = Zitronen-Variante I*
*2 = Zitronen-Variante II*
*3 = Variante Gelbgrün*
*4 = Kaisermoorii*

lichen Tönung überlagert. Rückenflosse, Wangen und Lippen zeigen eine leicht kräftigere Rotfärbung. In der Schreckfärbung allerdings sind die Fische durch und durch rot.

Z i t r o n e n - V a r i a n t e I : Diese und die folgende Variante kommen im Süden des Tanganjika-Sees vor. Die Variante I wurde von STAECK entdeckt (1975) und im gleichen Jahr von SCHEUERMANN kurz beschrieben. Ihr Vorkommen liegt im Grenzbereich zwischen Tanzania und Zambia. Die Grundfarbe des Körpers ist schwarz, doch wird diese Färbung von blassen Gelbtönen von der Kehle bis zur Analen überlagert, dadurch entsteht ein olivgrüner Schimmer in diesem Körperbereich. In ihrem Zentrum ist diese Zone zitronengelb.

Z i t r o n e n - V a r i a n t e II: Die Variante kommt auf dem Staatsgebiet von Zambia vor, in der Nähe der Stadt Mupulungu, wo sich einige Inseln in der Litoralzone der Küste befinden. STAECK ist der Ansicht, daß es sich bei dieser Rasse um die Variante handelt, die MOORE bei Kinyamkolo sammelte und die später BOULENGER als Typusmaterial bei seiner Erstbeschreibung von *Tropheus moorii* diente. Die Färbung der Tiere ist insgesamt heller,

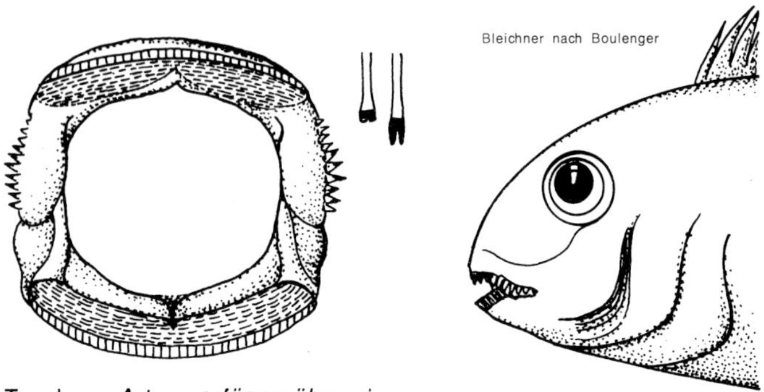


*Tropheus-Arten verfügen über ein feines Raspelgebiß, mit dem Tiere Algen von den Felsen des Sees abweiden.*

und der Fischkörper weist eine in Zonen unterteilte hellere oder dunklere schwarzolive Tönung auf. An einigen Stellen verstärkt sie sich zu zitronengelben Flecken. Die Rückenflosse ist schwarzgrau, doch nimmt diese Färbung, besonders im vorderen Bereich, eine leicht hellblaue Tönung an.

### *Tropheus polli*
G. AXELROD, 1977

Mit dieser jüngsten Beschreibung einer neuen Tropheus-Art durch GLEN AXELROD* wurde die Artenzahl der Gattung *Tropheus* auf vier erhöht. Auch diese neue Art steht *T. moorii* nahe. Die Tiere haben eine durch und durch braune Körperfärbung, die von einem Muster weißlichbeiger bis olivfarbener Querbinden überlagert ist. Die Tiere tragen einen tief gegabelten Schwanz und sind zweifellos mit der Variante „Gabelschwanz" identisch. Die zu dieser Beschreibung gesammelten Exemplare wurden alle im Gebiet des Bulu-Point und der Bulu-Insel im Kigoma-Distrikt (vergl. Karte S. 341) gefunden. Die Tiere erreichen eine Gesamtlänge von über 16 cm und übertreffen damit die Vertreter von *T. moorii,* deren Größe 12 cm kaum einmal übersteigt. Als weiteres besonderes Merkmal gelten die vier Analstacheln (Stachel in der Afterflosse), die außer bei dieser Tropheus-Art nur noch bei *T. annectens* BOULENGER, 1900 angetroffen wurden. Seither hielt man die Art, deren Bestimmungsexemplar vor der Jahrhundertwende von Captain Hecq in der Nähe von Albertville, dem heutigen Kalémié (Zaire) gesammelt worden war, für eine geographische Rasse von *T. moorii* und damit für ein Synonym. Jetzt muß man damit rechnen, daß diese Art wieder für gut erklärt werden kann, sobald es möglich ist, die Cichlidenbestände an diesem Teil des Sees genauer zu untersuchen.

* AXELROD, Glen S.: „A new species of Tropheus (Pisces: Cichlidae) from Lake Tanganyika." J. L. B. Smith Institute of Ichthyology, Rhodes University, Grahamstown, South Africa, special publ. No. 17, Nov. 1977.

## Die Gattung *Tylochromis*

Die wenigen Verteter der Gattung, die vor ihrer Aufstellung durch REGAN (1920) bekannt waren und zu ihr gestellt wurden, gehörten vorher zur Gattung *Pelmatochromis.* Es handelt sich um Tiere mit hohem Rücken und flacher Bauchlinie. Sie sind als Speisefische begehrt und werden auch von Raubfischen, Vögeln und Krokodilen nicht verschmäht. Nur wenige von ihnen gelangen als Pfleglinge in Aquarien. Einer der Hauptgründe dafür dürfte ihre Größe sein, die bei einigen Arten nahe der 50-cm-Marke liegt. Die Verbreitung der Arten ist nicht auf ein bestimmtes Gebiet beschränkt, sondern sie leben in vielen, unterschiedlichen Gewässertypen, denen sich die einzelnen Populationen angepaßt haben.

### *Tylochromis lateralis*
(BOULENGER, 1898)

Die Art ist über das westliche zentrale Afrika weit verbreitet. Es sind Fische in vielen Teilen des Zaire-(Kongo-) Beckens vom Pool Malebo (dem früheren Stanley Pool) bis zum oberen Zaire-Fluß (Lualaba) und einigen angrenzenden Seen (Lac Mweru und Lac Bangweulu) gefunden worden. Die Tiere sollen eine Größe bis zu etwa 30 cm erreichen. Je nach Herkunft variiert ihre Färbung. Die Grundtönung ist goldgelb bis oliv, mit und ohne dunklen Flecken über den Flanken. Ferner liegen über den Körperseiten 7—9 dunkle Querbinden, die meist nur bis zur unteren (hinteren) Seitenlinie hinabreichen. Die Kopfseiten sind marmoriert oder mit wurmartigen schwärzlichen Streifenmustern versehen. Rücken- und Schwanzflosse können gefleckt, marmoriert oder gestreift sein. Gelegentlich können neben der schwarzen und weißen Musterung

Marcuse

Tylochromis lateralis, *juv.*

auch leicht orange getönte Flecke auftreten. Diese Flecke, die man, weil sie meist scharf begrenzt sind, auch als feine Rechtecke bezeichnen kann, verlaufen in der Rückenflosse in kurzen schrägen Reihen. Über die Haltung im Aquarium ist wenig bekannt, doch dürfte die Haltung der anpassungsfähigen Tiere nach Art vieler Tilapien — ein größeres Becken vorausgesetzt — nicht schwierig sein.

### *Tylochromis polylepis*
(BOULENGER, 1900)

Eine ebenfalls selten eingeführte Art, die von BOULENGER wie die vorgenannte, ursprünglich als *Pelmatochromis* beschrieben wurde. Obgleich der Autor eine Gesamtlänge von 30 cm für die Fische angibt, hat man Tiere gefunden, die eine Länge von rund 45 cm aufwiesen! Demgegenüber beschreibt POLL (1956) nur Exemplare, die bis zu 33 cm groß wurden. Die Fische leben endemisch im Tanganjika-See, in dem sie sich in seichteren wie etwas tieferen Gewässern des Sublitorals aufhielten. POLL beschreibt den Fang eines Exemplars in 70—80 m Tiefe, bezeichnet das Vorkommen der Art in dieser Region aber als große Ausnahme. Die Färbung der Tiere kann recht variabel sein und ist abhängig von Herkunft, Alter, Größe und Stimmung. Als Grundtönung kann man ein goldfarbenes Olivbraun annehmen, das auch in eine eher gräuliche Färbung übergehen kann. Über den Flanken verlaufen 5—6 Querbinden, die jedoch bei Wohlbefinden nicht gezeigt werden. Der Rücken wird unter der Dorsalbasis merklich dunkel. Eine schmale Binde zieht sich von der Stirn schräg nach hinten, berührt dabei den oberen hinteren Kiemendeckelbogen und zieht bis zum Ansatz der Brustflossen. Besonders im Stirnbereich ist dieses Merkmal fast immer sichtbar. Rückenflosse und gelegentlich auch die Schwanz- und Afterflosse zeigen rötliche oder purpurbraune Streifen, die fast rechtwinklig zu den Flossenstrahlen verlaufen. Das Maul ist relativ klein und sitzt tief unten am Kopf, jedoch vorderständig.

## Die Gattung *Xenotilapia*

Mit den Vertretern dieser Gattung stellen sich Arten vor, die man als sehr interessante Pfleglinge im Aquarium bezeichnen kann. Bei der Mehrzahl der Arten haben wir es mit Bodenbewohnern zu tun, deren Bauchflossen im Gegensatz zu denen anderer Cichliden so umgestellt wurden, daß sie von den Fischen beim Ruhen auf einem Stein als Stützorgane verwendet werden können. Aus diesem Grund sind die hinteren Strahlen der Flossen verlängert. Die Gattung wurde im Jahre 1899 von BOULENGER aufgestellt und umfaßt inzwischen etwa dreizehn Arten und Unterarten, von denen hier nur die bekanntesten beschrieben werden. Einige der Arten sind mit einer dritten Seitenlinie ausgestattet. Die Vertreter der Gattung leben endemisch im Tanganjika-See. Sie sind Maulbrüter.

### *Xenotilapia boulengeri*
(POLL, 1942)

Die Bodenfische leben in größeren Tiefen des Sublitorals im Tanganjika-See, wo sie nicht nur die felsige, sondern auch die sandige Zone bewohnen. Ihre gestreckte Körperform mit dem gerundeten Kopf, auf dem die großen Augen recht hoch liegen und über die Profillinie hinausragen, ist einem derartigen Leben angepaßt. Das leicht unterständige Maul dient der besonderen Art der Futteraufnahme: Die Fische nehmen Sand mit dem Maul auf, behalten verwertbare Futterpartikel zurück und spucken den Sand wieder durchs Maul (nicht durch die Kiemen) aus. Das Futter besteht aus kleinen Weichtieren wie auch Insektenlarven, die sich im Bodengrund verborgen halten. Die Bauchlinie ist abgeflacht, und der Schwanzstiel ist auffällig lang. Der silbrige Körper wird zum Rücken hin dunkler. Man erkennt über der Rückenlinie Ansätze von Querbinden, die stimmungsbedingt gezeigt werden können. Hinter den Kiemendeckeln ziehen mehrere Reihen hellblauer Tüpfellinien über die Flanken. Am Oberrand des hinteren Kiemendeckelbogens sitzt ein kräftiger meergrüner Fleck. Die transparente Rückenflosse ist von zwei saumbildenden orangefarbenen Tüpfelreihen überzogen. Alle übrigen Flossen weisen eine leicht milchige Färbung auf und schimmern zudem leicht bläulich. Über den Wangen liegen verschiedene stark bläuliche Linien. Die Fische erreichen eine Länge von etwa 15 cm. Sie wurden bisher in Gefangenschaft noch nicht nachgezüchtet. In Freiheit läuft die Zucht ab, wie bei der folgenden Art beschrieben.

### *Xenotilapia melanogenys*
(BOULENGER, 1898)

Der maulbrütende Endemit aus dem Tanganjika-See erreicht eine Länge von ungefähr 15 cm. Die Fische leben in der Litoral- wie auch in der Sublitoralzone in Tiefen bis zu 40 m. Ihre Grundfärbung ist grau. Sie wird zum Bauch hin heller. Auf jeder Rückenschuppe liegt ein hellblauer Fleck. Die graue Rückenflosse zeigt einige weißliche Streifen und Flecke sowie einen oder mehrere schwarze Punkte in der Mitte des hartstrahligen Teils. Die übrigen Flossen tragen eine überwiegend graue Färbung. Die Schwanzflosse schimmert zudem gelblich und ist von einigen halbmondförmigen dunklen Bändern überlagert. Auf dem hinteren Kiemendeckelbogen liegt ein schwarzer Fleck.

In Freiheit leben die weiblichen Tiere in Schulen zusammen und zeigen eine einheitliche Brutfärbung. Laichreife Weibchen geben ihre Eier zur gleichen Zeit am gleichen Ort ab und nehmen sie nach der Befruchtung ins Maul. Später entlassen sie ihre Jungen wiederum zum gleichen Zeitpunkt am gleichen Ort und bewachen sie gemeinsam.

Xenotilapia melanogenys

Kahl nach Poll

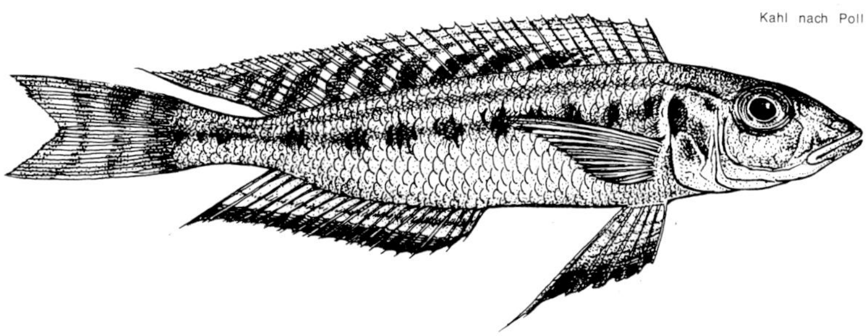

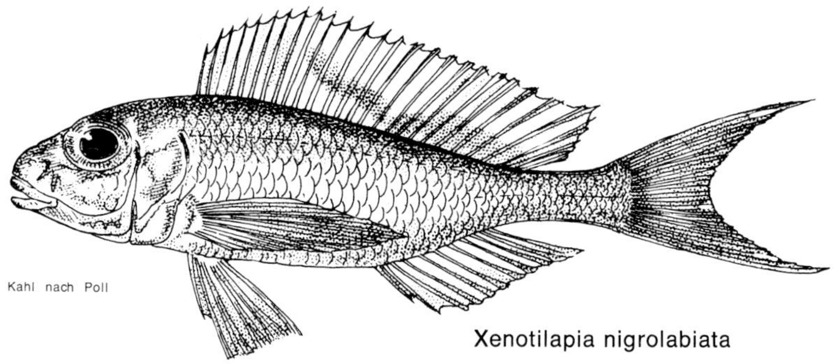

Kahl nach Poll

Xenotilapia nigrolabiata

Vermutlich ist somit eine größere Sicherheit für die Nachkommen gewährleistet. Beobachtungen zeigten, daß die Arten *X. melanogenys* und *X. ochrogenys* ihre „Nester" im gleichen Gebiet graben, die dann von den Männchen bewacht werden. Während dieser Zeit halten sich die weiblichen Tiere im freien Wasserraum auf. Jetzt steigen die Männchen zur Weibchen-Schule auf und suchen ein laichwilliges Weibchen. Haben sie es gefunden, so schwimmen sie mit der Partnerin ins „Nest" und laichen ab. Darauf verläßt das Weibchen das Nest, um einem anderen Weibchen Platz zu machen. Dieser Prozeß hält über Stunden an und endet, wenn alle laichreifen Weibchen befruchtete Eier im Maul tragen.

### *Xenotilapia nigrolabiata*
POLL, 1951

Die ausschließlich im Tanganjika-See vorkommende Art lebt überwiegend in der dem Litoral vorgelagerten tieferen Zone (Sublitoral) und wurde in Tiefen zwischen 10 und 100 m gefunden. Die etwa 13—14 cm groß werdenden Fische sind Bodenbewohner und nahe mit *X. ornatipinnis* BOULENGER, 1901 verwandt. Männliche Tiere haben eine schwärzlichgraue Körperfärbung. Ihre Rückenflosse trägt einige orangefarbene Bänder, weist aber auch, wie die Afterflosse, angedeutete graue Bänder auf. Die übrigen Flossen sind gräulich. Die Kiemendeckel tragen feine schwarze Säume und zeigen einen schwärzlichen Fleck im hinteren Bogen. Kehle und Oberlippe sind ebenfalls schwärzlich. Weibliche Tiere haben eine insgesamt blassere Färbung.

### *Xenotilapia ochrogenys*
(BOULENGER, 1914)

Von dieser Art sind zwei Unterarten bekannt:
- *X. o. ochrogenys* (BOULENGER, 1914) und
- *X. o. bathyphilus* POLL, 1956.

All diese maulbrütenden Vertreter leben im Tanganjika-See endemisch und erreichen eine Gesamtlänge von rund 12 cm. Die obere Körperhälfte von *X. ochrogenys* ist bräunlich, die untere gelblich. Kehle und Brust bleiben weißlich. Lippen und Kinn zeigen eine hellgelbe Tönung. Über den Flanken dieses Schwarmfisches liegen zwei oder drei Reihen schwarzbrauner Flecken. Auf dem hinteren Kiemendeckelbogen sowie auf der Schwanzflossenbasis liegt jeweils ein schwarzer Fleck. Die helle Rückenflosse weist gelbliche Zonen auf und trägt ebenfalls einen Streifen, der zwischen zwei gelben Binden liegt. Bauchflossen und Schwanzflosse tragen gelbe Flecken; in der letzteren liegen zwei purpurne, halbmondförmige Bänder. Die Unterscheidung der erstgenannten Unterart zur zweiten ist nicht einfach und läßt sich bei Aquarientieren am ehesten durch das flachere Stirnprofil bei *X. o. bathyphilus* erklären. Die Tiere werden kaum einmal eingeführt, weil sie in der Tiefe, in der sie leben, schwer zu fangen sind und nicht sogleich an die Oberfläche gebracht werden können, denn auch sie müssen eine Art Dekompression durchmachen. Über das Ablaichen dieser Art wurde bei *X. melanogenys* berichtet.

### *Xenotilapia sima*
BOULENGER, 1899

Auch bei dieser Art haben wir es mit einem Schwarmfisch zu tun, der litorale und sublitorale Küstenzonen bewohnt und dabei ein Leben über sandigem Untergrund vorzieht. Die endemisch im Tanganjika-See vorkommenden Tiere werden etwa 16 cm lang. Sie ernähren sich von den verschiedensten Kleinlebewesen, die sie beim Durcharbeiten des Bodengrundes erbeuten. Die Färbung dieses Bodenbewohners ist nicht sonderlich attraktiv. Ihr Körper ist lehmgelb gefärbt, eine Tönung, die zum Rücken hin dunkler und zum Bauch weißlich hell wird. Die Flanken glänzen leicht metallisch silbriggelb. In der milchiggrauen Rückenflosse liegt ein orangefarbener Saum. Die übrigen Flossen sind milchigtrüb und tragen blaßgelbe Ränder. Auch diese Art wurde bisher nur selten eingeführt und dürfte kaum nachgezüchtet worden sein. Weitere Arten und Unterarten sind: *X. ornatipinnis* BOULENGER, 1901, *X. longispinis longispinis* POLL, 1951, *X. l. burtoni* POLL, 1951, *X. caudafasciata* POLL, 1951, und *X. tenuidentata* POLL, 1951.

Xenotilapia sima

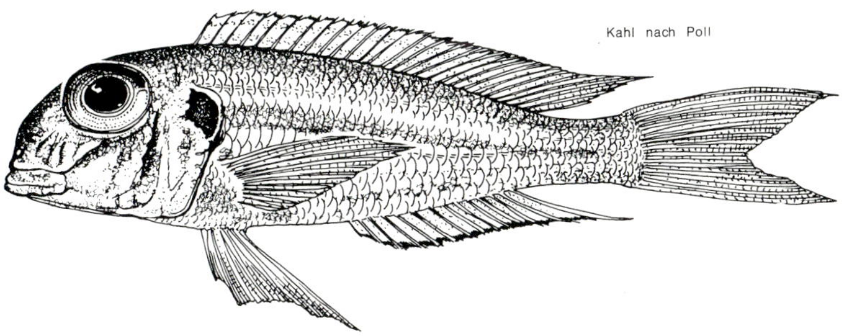

Kahl nach Poll

Mayland

Aulonocara species *(„Gelbbauch")*

## Unbeschriebene Spezies

In fast gleichmäßigen Abständen tauchen neue, bisher unbekannte Spezies auf, die mit einem sogenannten Händlernamen belegt wurden, weil eine Erstbeschreibung noch aussteht. Erst mit der Belegung eines Artennamens ist festgestellt, daß es sich bei einer solchen Spezies um eine gültige Art handelt und nicht um eine Farbvariante (oder geographische Rasse) oder eine Unterart. Die meisten Cichlidenfreunde sind in der Lage, einige nicht beschriebene Spezies anzuführen, die bisher nur mit Händlernamen gehandelt werden. Hier sollen nun verschiedene solcher Spezies mit ihren Händlernamen angeführt werden, um den Aquarianern, die diese Tiere pflegen, Gelegenheit zu geben, ihre Beschreibung zu lesen.

### *Aulonocara species*

Der als „Gelbbäuchiger Kaiserbuntbarsch" gehandelte Fisch scheint der Gattung *Aulonocara* anzugehören; eine

Mayland

„Chalinochromis bifrenatus"

Mayland

„Chalinochromis ndobhoi"

Vermutung, die erst durch eine Erstbeschreibung bestätigt werden kann. Die Tiere stammen aus dem Malawi-See und zeigen eine kräftige Blaufärbung im oberen Körperbereich, dagegen weisen die Bauchpartie, der untere Schwanzstiel und die Schwanzflosse starke Gelbtöne auf. Die Rückenflosse und die Bauchflossen tragen einen weißen Saum. In der Afterflosse liegen eiförmige, große Flecke auf schokoladenbraunem Grund.

### *„Chalinochromis bifrenatus"*

Im Gegensatz zur gültigen Art *C. brichardi* weisen die Vertreter dieser Spezies neben dem bekannten Kopfmuster der erwähnten Art zwei schwarzbraune Längsbinden über dem gattungstypisch gestreckten Körper auf, deren untere sich vom hinteren Kiemendeckelbogen bis in die Schwanzflossenbasis zieht. Die obere ist etwas schmaler und beginnt wenige Millimeter hinter dem oberen Augenrand. Sie läuft über die obere Körperhälfte und endet am Ende der Rückenflossenbasis.

### *„Chalinochromis ndobhoi"*

Eine weitere Spezies in der unverkennbaren Körperform und dem typischen Kopf der Chalinochromis-Vertreter. Die Tiere weisen eine ähnliche — meist jedoch etwas blassere Kopfzeichnung auf wie *C. brichardi.* Über dem beigefarbenen Körper verlaufen zwei Reihen aus unregelmäßig begrenzten Punkten, ähnlich angeordnet wie die bei *„C. bifrenatus"* beschriebenen Längsbinden; außerdem tragen die Tiere über der Dorsalbasis 4—5 schwarzbraune Flecke. Vorkommen: Tanganjika-See.

### *„Haplochromis jahni"*

Eine ausgesprochen schöne neue Art, die jedoch stets einen Preis in der „gehobenen" Klasse haben wird. Die Fische leben in einer durchschnittlichen Tiefe von rund 25 m und sind entsprechend schwer zu fangen. Ich entdeckte sie in den Unterwasserbiotopen der Likoma-Insel. Ihr markante-

„Haplochromis jahni"

Mayland

stes Merkmal sind zwei tiefdunkle, vertikale Binden direkt hinter dem Kopf. Weibchen haben eine beigegraue Färbung und sind ihren männlichen Partnern meist in der Größe unterlegen. Männchen hingegen können eine unterschiedliche Färbung aufweisen und (nach meinen Feststellungen) eine Größe bis zu etwa 16 oder 18 cm aufweisen. Geschlechtlich nicht aktive Tiere tragen eine silbrige Färbung und zeigen an einigen Körperstellen einen bläulichen Schimmer. Kommen die Männchen jedoch in Balz- und Brutfärbung, so leuchten sie kräftig blau. Die normalerweise über dem Körper nur schwach sichtbaren Querbinden bleiben, mit Ausnahme der beiden erstgenannten, auch jetzt nur kaum sichtbar. Hinter dem Kopf verstärkt sich jedoch die Zone zwischen den beiden markanten Vertikalbinden und nimmt eine allgemein dunkle Färbung an. Viele Männchen zeigen darüberhinaus über Kiemendeckel und zuweilen auch Nacken eine dunkelgrün irisierende Zone. Die Fische sind inzwischen auch unter dem erwähnten Pseudonym eingeführt und nachgezüchtet worden.

### *„Labeotropheus pernostus"*

Diese Spezies stammt von der zu Moçambique gehörenden Ostküste des Malawi-Sees und ist keiner der bisher beschriebenen Labeotropheus-Arten zuzuordnen. Der Körper der Fische ist gelb bis orangebraun gefärbt, ein Farbton, der sich auch über die Basen von Rücken- und Schwanzflosse hin fortsetzt. Die unpaaren Flossen sind hellblau. Die Afterflosse trägt ein bis zwei Eiflecke. Die schwarzen Bauchflossen zeigen einen hellblauen Saum. Stimmungsbedingt können die Tiere über den Flanken ein Muster aus dunklen Querstreifen zeigen.

### *„Pseudotropheus chamaeleo"*

Der „Chamäleon-Buntbarsch" ist bereits seit einer Reihe von Jahren eingeführt und wird sicherlich bald einen gültigen Artnamen erhalten. Die Tiere stammen aus dem Malawi-See und leben dort im Bereich des Litorals der Likoma-Insel. Sie erreichen eine Länge von rund 15 cm. Als Grundfärbung kann man einen goldockerfarbenen Ton annehmen, der an verschiedenen Körperstellen metallisch schimmert. Über diesem Grund liegt ein Muster aus

Mayland

„Pseudotropheus chamaeleo"

schwarzen Querbinden, die zum Bauch hin spitz zulaufen, jedoch nicht geradlinig begrenzt sind. Eine breitere dunkle Zone, der man die Form einer Längsbinde zubilligen könnte, liegt über der Körpermitte. Die Querbinden ziehen bis in die Rückenflosse hinein, die übrigen Flossen zeigen hingegen eine milchiggelbe Färbung. Männchen tragen in der Afterflosse einen oder mehrere Eiflecke. Seinen Populärnamen trägt der Fisch, weil er in der Lage ist, das beschriebene Farbkleid innerhalb von Sekunden entweder in Richtung auf eine völlige ockergelbe Färbung oder in ein durch und durch schwärzliches Fleckenmuster zu verwandeln.

### *„Pseudotropheus dinghani"*

Die Fische haben die gestreckte Körperform von *P. elongatus,* zeigen jedoch eine weißlichgraue Grundfärbung, die von einem rötlichgrünen Schimmer überlagert ist. In der vorderen Körperhälfte liegen etwa 5—6 dunkle Querbinden, während der Schwanzstiel und die Analzone meist frei von dieser Musterung bleiben. Die grünlich schimmernde Rücken- und Afterflosse trägt hinter einem weißlichblauen Saum eine tiefschwarze breitere submarginale Binde wie die Bauchflossen. Die untere Kopfpartie bleibt beinahe reinweiß, während über der rötlichbraunen Stirn zwei blasse schwärzliche Streifen beide Augen verbinden. Die Schwanzflosse schimmert grünlich und zeigt bläuliche Strahlen. Die weiblichen Tiere dieser Spezies tragen

Mayland

Trematocranus species

ähnliche Körpermuster wie die Männchen, doch fallen die in ihrer Intensität wesentlich schwächer aus. Die Fische stammen aus dem Malawi-See und werden etwa 12 cm lang.

*„Pseudotropheus eduardi"*

Eine Art mit blauer Grundfärbung und einem Muster von 7—8 dunklen Querbinden. Stirn, Rücken wie auch die Flankenmitte sehen rußig düster aus. Die schmutzigblaue Rücken- und Afterflosse tragen einen weißlichen Saum, unter dem in der Rückenflosse eine tiefschwarze schmale Zone liegt. Die Afterflosse trägt im hinteren Bogen einen oder mehrere goldgelbe, schwarzgerandete Eiflecke. Die Schwanzflosse ist transparent, oben und unten bläulich gesäumt und in ihrem Zentrum rußig. Die schwärzlichen Bauchflossen tragen einen bläulichweißen Saum. Der Malawi-Cichlide wird nur etwa 8 cm lang und entspricht in seinen Ansprüchen denen der meisten anderen Pseudotropheus-Arten.

*„Pseudotropheus kingsizei"*

Die gestreckten kleinen Cichliden, die aus dem Malawi-See stammen und nur 8 cm groß werden, zeigen im männlichen Geschlecht eine sehr schöne hellblaue Grundfärbung, die über den Flanken und auf den Wangen metallisch schimmert. Bauch, Kehle und Vorderkopf zeigen eine etwas dunklere Färbung. Die Rückenflosse ist ebenfalls hellblau und ohne jegliche Musterung. In der Schwanzflosse ergeben die hellblauen Strahlen zusammen mit der dunkleren Tönung der Membranen ein fächerförmiges Muster. Die in der Basis hellblaue Afterflosse zeigt einen rußigen breiten äußeren Rand. Auf der hinteren Flossenkante liegen ein oder mehrere Eiflecke zitronengelber Färbung, die dunkel gerandet sind. Die lang ausgezogenen rußigblauen Bauchflossen tragen einen feinen hellblauen Saum an der Vorderkante.

*„Pseudotropheus thomasi"*

Ein klein bleibender Cichlide aus dem Malawi-See mit etwa 8 cm Länge. Der verhältnismäßig hochrückige Körper zeigt über den Flanken eine hellblaue Schuppentönung. Basis und Ränder der Schuppen sind mit einem feinen ockergoldenen Rand versehen, dadurch erscheint der Körper wie mit einem Goldnetz überzogen. Besonders intensiv schimmert dieser Goldton im Bereich der Kiemendeckel, wogegen der vordere Kopf dunkel und düster wirkt. Die vordere Körperhälfte ist zudem von 4—6 dunklen Querbinden überlagert, die in ihrer Intensität nach hinten abnehmen. Rücken- und Afterflosse sowie die Bauchflossen zeigen einen weißlichen Saum auf mittelblauem Grund. Die düstere blaue Schwanzflosse hat über den oberen und unteren Flossenstrahlen eine tiefdunkelblaue Randfärbung, die ihrerseits wiederum mit einem sehr feinen heller blauen Rand abgesetzt ist. In der Afterflosse zeigen sich mehrere blaßgelbe Eiflecke.

### *Trematocranus species*

Diese neue ockergelbe (wahrscheinliche) Trematocranus-Spezies stammt aus dem Malawi-See und ähnelt äußerlich sehr stark der Art *T. auditor,* doch ist bei diesen Tieren eine Blaufärbung nur noch im Bereich des vorderen Kopfes und der Schwanzflossenmusterung erkennbar. Möglicherweise kann es sich aber auch um eine Farbvariante dieser Art handeln, die bei bestimmten isolierten Populationen im Bereich des Likoma-Insel-Litorals vorkommt. Jedenfalls handelt es sich um sehr attraktive Aquarienfische, wie unsere Aufnahme zeigt.

## Die Arten Madagaskars

Von den bekannten Cichlidenarten Madagaskars wurde der überwiegende Teil bereits in der zweiten Hälfte des vorigen Jahrhunderts beschrieben. Von den neun Arten, die auf fünf Gattungen (davon vier monotypisch) verteilt sind, steht die eine Gruppe *(Paretroplus)* verwandtschaftlich den asiatischen Cichliden (Gattung *Etroplus*) nahe, während die *Paratilapia*-Gruppe und die daraus abgeleiteten weiteren Gattungen verwandtschaftliche Beziehungen zum kontinentalen Afrika aufweisen. Alle neun Arten sind auf der großen Insel endemisch. Bisher wurden die Arten aquaristisch nicht zur Kenntnis genommen, obgleich es weder an wissenschaftlicher Literatur* mangelt, noch die Tiere als ausgesprochen unattraktiv bezeichnet werden können. Allerdings haben die meisten Arten eine Endgröße von 30 cm und mehr; das hält sicher viele Aquarianer davon ab, diese Tiere zu pflegen.

### Die Gattung *Oxylapia*

Eine monotypische Gattung, die erst im Jahre 1966 von KIENER & MAUGÉ aufgestellt wurde. Die ihr zugehörige eine Art ist auf Madagaskar endemisch. Die etwa 13 cm groß werdenden Fische sind auf ein eng umgrenztes Gebiet beschränkt, was ihre späte Entdeckung erklärt.

### *Oxylapia polli*
KIENER & MAUGÉ, 1966

Als Heimat dieser Art kann ein Gebiet angesehen werden, das etwa 450 m über dem Meeresspiegel in der Provinz Tamatave gelegen ist. Das engbegrenzte und gewässermäßig isolierte Areal um Marolambo sorgte mit seinen ebenso begrenzten Ernährungsmöglichkeiten dafür, daß sich die Fische zur spezialisiertesten Cichlidenart der Insel entwickelt haben. Die kleinen gestreckten Fische erinnern in ihrem äußeren Erscheinungsbild an die Vertreter der Gattung *Eretmodus* aus dem Tanganjika-See. Sie besitzen eine kräftige Bezahnung. Farblich sind sie nicht sonderlich ansprechend. Ihre Grundfärbung ist graubraun, der Bauch ist hell, und die Kopfunterseite sowie die Ansätze der bauchseitig ansetzenden Flossen tragen eine gelbe Tönung. Über dem Oberrand des Kiemendeckels befindet sich ein runder dunkler Punkt. Über eine aquaristische Lebensweise einschließlich der Nachzucht wurde seither nichts bekannt.

### Die Gattung *Paratilapia*

BLEEKER stellte die Gattung im Jahre 1868 auf und stellte als Gattungstypus die Art *P. polleni* hinzu. Seit dieser Zeit wurde keine weitere Art dieser Gattung beschrieben.

### *Paratilapia polleni*
BLEEKER, 1868

Eine ursprüngliche Art, die auf der großen Insel alle möglichen Gewässerarten bewohnt: Ströme, Flüsse,

* ARNOULT, J.: „Poissons des eaux douces. Collection Faune de Madagascar." I. R. S. M., 10, p. 1—162, Tananarive, 1959.
BERTIN, L.: „Cosidérations biogéographiques sur les poissons d'eau douce de Madagascar." I. R. S. M., 1, p. 159—160, Tananarive, 1948.
PELLEGRIN, J.: „Les cichlides de Madagascar." C. R. Ac. Sci., 188, p. 939—941, 1929.
KIENER, A. & MAUGÉ, M.: „Contributions à l'étude systematique et écologique des poissons cichlidae endémiques de Madagascar." Mém. Mus. Nat. Hist. Nat. Zool. (N. S.), 40, 2, p. 4—99, 1966.
REGAN, C. T.: „Freshwater fishes from Madagascar." Ann. Mag. Nat. Hist., 9, 5, p. 419—424, 1920.

Teiche, Seen, Sümpfe, Lagunen, Flußmündungen und Mangrovengebiete. Die Tiere sind entsprechend anpassungsfähig, da sie zeitweise von Brackwasser ins Süßwasser und umgekehrt wechseln. Sie erreichen eine Größe bis zu etwa 30 cm. In ihrer Heimat gelten die Tiere als ausgezeichnete Speisefische. Sie sollen in mehreren geographischen Rassen vorkommen. Ältere Exemplare bekommen einen Stirnbuckel. Bei aquaristischer Haltung stellen die Fische keine großen Ansprüche an die Wasserwerte und vertragen selbst Temperaturen bis zu 12° C noch. Diese Angabe entspricht den Wärmegraden von Gebirgsbächen, in denen man die Tiere auch bereits gefangen hat. Die Fische wählen diese Bäche jedoch nicht zum dauernden Aufenthalt, sondern durchqueren sie nur. Bei der Pflege in Gefangenschaft sind sehr große Becken erforderlich.

Die Grundfärbung der Tiere ist graugrün. Der Bauch bleibt heller. Jungtiere zeigen zu dieser Färbung zusätzlich mehrere dunkle Querbinden. Während der Brutzeit zeigen die Fische ihr Prachtkleid: Der Körper färbt sich schwarzbraun bis schwarz, und über dem Körper liegen zahlreiche blau irisierende Glanztüpfel. Die Iris schimmert ebenfalls metallisch grün.

Geschlechtsunterschiede sind bei dieser Art nur schwer zu erkennen. Männliche Tiere tragen länger ausgezogene Spitzen in der Rücken- und Afterflosse. Die Substratbrüter laichen in Gruben, dabei kann es zu Gelegegrößen von 800—3 600 Eiern kommen. Nach etwa 10 Tagen schlüpfen die Larven und schwimmen nach weiteren 9 Tagen frei. Die Brutpflege der Eltern (Elternfamilie) dauert 4—5 Wochen, darauf sind die Jungfische sich selbst überlassen. In einer Laichperiode läuft ein solcher Vermehrungsprozeß mehrere Male ab.

## Die Gattung *Paretroplus*

Eine sehr alte Gattung, die bereits im Jahre 1868 von BLEEKER aufgestellt wurde. Sie ist als einzige nicht monotypisch (eine monotypische Gattung hat nur eine Art). Zur Gattung *Paretroplus* sind zur Zeit fünf Arten gestellt. Die Vertreter dieser Arten, die — wie erwähnt — der asiatischen Gattung *Etroplus* verwandtschaftlich nahestehen, tragen acht bis zehn Stacheln in der Afterflosse und unterscheiden sich allein daher von ihren Verwandten der afrikanischen kontinentalen Linie, bei denen man meist nur drei Analstacheln findet. Wir haben es bei den Vertretern der Gattung mit hochrückigen Tieren zu tun, die über ein kräftiges Gebiß verfügen. Die Tiere sind als Nutzfische in ihrer Heimat begehrt. Ihr Vorkommen erstreckt sich auf die nördliche Hälfte der Insel sowie auf Teile an der Ostküste.

### *Paretroplus damii*
BLEEKER, 1868

Die Art wurde von BLEEKER als Gattungstypus beschrieben. Die Tiere kommen stets in küstennahen Gewässern vor. Sie sind hochrückig und haben eine relativ flache Bauchlinie. Ihr Kopf mit der steil ansteigenden Stirn ist zwischen den Augen leicht eingebuchtet. Das Maul ist klein. Die Gesamtlänge der Art beträgt rund 30 cm. Die Körpergrundfarbe ist graubraun mit dunklerer Rückenzone. Als einzige Musterung erkennt man hinter dem letzten Kiemendeckelbogen, oberhalb des Brustflossenansatzes, einen runden schwarzen Fleck.

### *Paretroplus kieneri*
ARNOULT, 1960

Aus einem eng begrenzten Gebiet im nordwestlichen Teil der Insel stammt die Art. Dies kann man vielleicht als Grund für die späte Beschreibung annehmen. Die bis zu etwa 22 cm groß werdenden Tiere leben in pflanzenreichen Gewässern und stoßen nicht, wie die vorgenannte Art, in die Flußmündungen und ihr angesalzenes Wasser vor. *P. kieneri* hat eine bräunlichgraue Grundfärbung. Die Flanken der Tiere werden von einem Muster breiter gelber Längslinien überlagert. Die Fische vermehren sich ebenfalls in den erwähnten Gebieten mit kräftigem Pflanzenwuchs und geben ihre Gelege auf Pflanzenblätter ab, wo diese nach Art der Offenbrüter zum Schlüpfen gebracht werden.

### *Paretroplus maculatus*
KIENER & MAUGÉ, 1966

Eine weitere Art, deren Vorkommen auf ein eng umgrenztes Gebiet im Inneren der nördlichen Insel beschränkt ist. Auch diese bis zu 16 cm lang werdende Art lebt nicht in küstennahen Zonen und kann demnach als reiner Süßwasserfisch angesehen werden. Ihr hochrückiger Körper zeigt auf ockergelbem Grund einen bräunlichen Schimmer und eine Zahl dunkler Längsbinden über den Flanken, zwischen denen sich einige helle Binden schieben. Wie bereits bei *P. damii* festgestellt, tragen auch die Vertreter dieser Art über dem Ansatz der Brustflossen einen runden schwarzen Fleck von über einem Zentimeter Durchmesser.

### *Paretroplus petiti*
PELLEGRIN, 1929

Die bis zu 40 cm groß werdenden Tiere kommen in der Küstentiefebene im Nordwesten der Insel vor. Dort leben sie in pflanzenreichen Gewässern. Das Verbreitungsgebiet setzt sich aus mehreren getrennten Vorkommen zusammen. Nachgewiesen wurde die Art in der Region Maintirano und hier insbesondere im Fluß Maintimaso, im Konkony-See und den Gewässern um den See sowie weiter nördlich bei Ambanja. Ein weiteres Vorkommen ist im Landesinneren bei Tsaramandroso und dem kleinen Ampijoroa-See bekannt. Die Art fehlt dagegen in bestimmten Zwischenzonen, und es ist bemerkenswert, daß die Tiere nicht im Gebiet um den Sahapy-See, den Amparihy-See und den Matsabory-See sowie bei Tsianaloka und südlich von Soalala vorkommen. Nach Angaben der alten Fischer von Kamoro kam diese Art früher auch in ihrem Gebiet vor, doch findet man die Tiere heute in dieser Region nicht mehr. Dies ist wahrscheinlich darauf zurückzuführen, daß in zunehmendem Maße Lateritschlamm von den Hochplateaus in die Flüsse des Tieflandes geschwemmt und dadurch die Wasserqualität beeinträchtigt wird.

*P. petiti* ist eine reine Süßwasserform, die nicht ins Brack- oder gar Meerwasser vordringt — trotz ihres küstennahen Vorkommens. Mit Pflanzen bestandene Uferzonen von Seen werden — wie erwähnt — bevorzugt. Jungtiere wachsen schnell heran. Sie zeigen auf silber- oder messingfarbenem Grund ein Muster unregelmäßig dunkler Flecken und Streifen. Nach einem grau-gelben Übergangskleid zeigen sie nach der Geschlechtsreife eine weinrote bis violette Färbung, die sie zu einem der schönsten Cichlidenvertreter der Insel werden läßt.

Bei aquaristischer Haltung erweisen sich die Tiere recht empfindlich gegen ein nicht einwandfreies Wasser. Die Weibchen dieses Substratbrüters legen, wenn sie 25—30 cm lang sind, rund 2 000 Eier je Laichgabe (2—3mal pro Saison). Die rosafarbenen Eier werden gern am Fuße von Wasserpflanzen abgesetzt.

### *Paretroplus polyactis*
BLEEKER, 1878

Das Vorkommen dieser Art dehnt sich über die gesamte Länge der Ostküste Madagaskars aus. Die Tiere leben in Gewässertypen aller Art, stoßen jedoch nicht ins Brackwasser vor. Andererseits steigen die Tiere auch nie in Höhen auf, die 250—300 m über dem Meeresspiegel liegen. *P. polyactis* wird im Durchschnitt 25—30 cm groß. Selten nur findet man Exemplare von etwa 40 cm Gesamtlänge. Die Grundfärbung der Fische ist gelbbraun bis goldgetönt. Vom Rücken herab laufen 6—7 braune Querbinden, die nur bis zur Flankenmitte reichen. Die Flossen zeigen einen rötlichen Schimmer; die Kiemendeckel haben eine orangefarbene Tönung und die Iris ist leuchtend rot.

Der Substratbrüter laicht an untergetauchten Baumstümpfen und Ästen. Die Larven werden in eine Grube überführt. In Madagaskar fällt die Laichzeit in die Monate zwischen November und März. Bei aquaristischer Haltung benötigen die Fische viel Raum, also ein möglichst großes Becken. Sie sind anspruchsvoll und mögen weder Verschmutzung des Wassers noch Sauerstoffmangel.

## Die Gattung *Ptychochromis*

Eine monotypische Gattung, deren Vertreter im Jahre 1868 als *Tilapia oligacanthus* von BLEEKER beschrieben wurde. Bereits 1880 beschrieb STEINDACHNER die Art unter dem Gattungsnamen *Ptychochromis*, der SAUVAGE 1891 das jetzige Synonym *P. madagascariensis* folgen ließ. Jedoch erst im Jahre 1966 trennten KIENER & MAUGÉ diese und die folgende Gattung endgültig voneinander.

### *Ptychochromis oligacanthus*
(BLEEKER, 1868)

Die bis zu etwa 30 cm groß werdenden Tiere sind über weite Teile der Insel verbreitet, teilen sich jedoch — entsprechend dem geographischen Vorkommen — in vier Lokalformen:

a) Nördliches Binnenland um Mandritsara
Färbung: Kopf und Kiemendeckel schillern blau und treten dadurch deutlich aus dem silbrig-blauen Körper hervor. Der Bauch ist silberweiß. Die blau-violette Rückenflosse zeigt am Ende des weichstrahligen Teils eine rote Spitze. Schwanz- und Afterflosse sind ebenfalls weinrot.

b) Ostküste in ihrer gesamten Länge
Körper grünlich (Rücken) bis gelblich (Seiten und Bauch). 3—4 große schwarze Flecken entlang der Körpermitte. Die Flossen sind grünlich und durchscheinend. Jungtiere mit etwa 10 dunklen Querbinden. Sie ähneln im Erscheinungsbild stark der Art *Tilapia mariae.*

c) Südost-Seite der Insel im Einzugsgebiet der Flüsse Manombo und Fiherenana
Einfarbig graubraune Rasse mit bräunlicher Schwanzflosse.

d) Nordwest-Küste zwischen den Orten Majunga und Diego-Suares
Einfarbig graubraun. Jungtiere häufig mit Flecken wie Form „b". Eine Zwischenform zwischen „a" und „b".

Die Art zählt zu den schönsten Cichliden der Insel. Die Lippen sind wulstig, die Stirn steigt steil und relativ gerade an. Im Erscheinungsbild erinnern manche Tiere an einen Vertreter der Gattungen *Lobochilotes* oder *Geophagus.* Bei aquaristischer Haltung werden größere Becken benötigt. Die Tiere bevorzugen warmes Wasser mit Temperaturen zwischen 24 und 30° C. Die Allesfresser gehören zu den Substratbrütern, die ihre Eier in Gruben abgeben, dazu benötigen sie einen sandigen Bodengrund.

### Die Gattung *Ptychochromoides*

Die Gattung hat eine ähnliche Geschichte wie die vorgenannte. Nach der Erstbeschreibung der Art als *Tilapia betsileana* durch BOULENGER im Jahre 1899 stellte PELLEGRIN sie in einer Arbeit im Jahre 1907 zur Gattung *Ptychochromis,* bevor die Trennung der nahe verwandten Gattungen im Jahre 1966 durch KIENER & MAUGÉ vorgenommen wurde.

#### *Ptychochromoides betsileanus*
(BOULENGER, 1899)

Die Art erhielt ihren Namen nach dem Betsileo, dem Westabfall des Tanala-Gebirges auf Madagaskar. Ihre Vertreter erreichen eine Länge von knapp 30 cm. In ihren Heimatbiotopen besiedelt die Art ausschließlich Gewässer im Inneren des südlichen Inselteiles. Die Tiere sind nicht so anpassungsfähig wie Arten, die in die angesalzenen Gewässer der Küstenregionen hinausschwimmen, und daher bei aquaristischer Haltung empfindlicher gegen Wasserverschmutzung und Sauerstoffmangel. Bei älteren Tieren — etwa ab 14 cm Länge — entwickelt sich auf deren Stirn ein Fettbuckel, der an die Wölbung bei *Cyphotilapia frontosa* aus dem Tanganjika-See erinnert.

## Asiatische Arten

So groß die Zahl der Buntbarsche auf dem afrikanischen und dem amerikanischen Kontinent ist, so überraschend gering ist die Artenzahl dieser Fischfamilie in Asien. Es wurden bisher nur zwei Arten eingeführt, die beide der Gattung *Etroplus* angehören. Eine dritte Art, *E. canarensis* DAY, 1878, ist zwar gültig, wurde jedoch meines Wissens noch nicht eingeführt.

### Die Gattung *Etroplus*

Von den drei Vertretern dieser kleinen Gattung kann man nur eine Art als beliebten Aquarienfisch ansprechen, während die zweite den meisten Aquarianern nicht nur weniger schön, sondern vor allem auch zu groß erscheint. Beide sind seit langem bekannt und wurden bereits gegen Ende des 18. Jahrhunderts erstmals beschrieben. Die Fische stammen beide aus Südindien bzw. von der Insel Sri Lanka (Ceylon). *E. maculatus* bewohnt Süß- und Brackwassergebiete, während man *E. suratensis* wohl als ausgesprochenen Brackwasserbewohner bezeichnen kann. Dies ist ein weiterer Grund, der gegen die Haltung der letztgenannten Art spricht. *E. maculatus* hat aquaristisch eine große Verbreitung gefunden. Eine Verwandtschaft dieser Gattung mit den Vertretern von Cichlidengattungen des afrikanischen Kontinents ist nicht so sehr gegeben wie mit denen der Gattung *Paretroplus* von der Insel Madagaskar. So weisen die Vertreter beider Gattungen

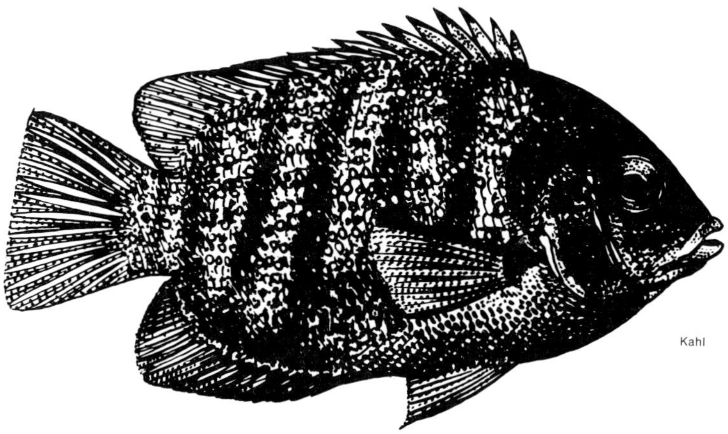

Etroplus maculatus

eine hohe Zahl an Hartstrahlen in der Afterflosse auf. Diese Verbindung läßt zoogeographische Fragen aufkommen, beispielsweise nach der Gültigkeit der kontinentalen Drifttheorie, nach der der indische Subkontinent zusammen mit Sri Lanka in erdhistorischer Zeit mit Madagaskar verbunden gewesen sein soll. Andere Überlegungen (HOEDEMAN) sehen in diesen Arten Relikte aus marinen Übergangsformen, aus denen sich die Küstenbewohner entwickeln, die später tiefer in die Süßgewässer eindringen konnten.

### *Etroplus maculatus*
(BLOCH, 1795)

Der „Punktierte Buntbarsch“ tragt einen deutschen Namen, der ihn kaum von anderen Arten wesentlich unterscheidet. Er ist jedoch seit vielen Jahrzehnten unter diesem Namen bekannt. In ihrer Heimat Südindien und Sri Lanka (Ceylon) trifft man die Fische an vielen Stellen entlang der Küstenzone von Malabar, Süd-Canara und Madras sowie rund um diese Zonen der Insel Sri Lanka an. Männchen werden selten einmal größer als 8 cm: Weibchen bleiben stets etwas kleiner. Die aquaristische Haltung der friedlichen Fische ist nicht schwer. Nur sehr weiches Wasser mögen die Tiere nicht. Ihm fügt man etwa einen Eßlöffel Salz auf 10—20 Liter Wasser zu. Ebenso sind keine besonders großen Becken erforderlich: Ein normalgroßes Aquarium von etwa 80 cm Länge reicht aus. Die Cichliden nehmen jede Art von Futter — auch Trockenfutter. Sie wühlen nicht und lassen Pflanzen ungeschoren.

Die Färbung des Punktierten Buntbarsches ist bei den Männchen normalerweise goldgelb, bei weiblichen Tieren graugelb. Die Farbe intensiviert sich um die Laichzeit. Männliche Tiere bekommen jetzt eine orangegelbe Tönung, bei der sich der Rücken grauschwarz färbt und dabei dunkle Flecke und Binden in der oberen Körperhälfte zeigt. Ferner zeigen sich schwärzlichgrüne längliche Farbzonen in der unteren Körperhälfte. Auf der Körpermitte liegt ein markanter, tiefschwarzer Fleck. Dunkelt der Körper während der Balz- und Laichzeit in der Färbung nach, so bleibt um diesen (namengebenden) Fleck ein hellerer Hof stehen. Über den Körper ziehen, von den Kiemendeckeln bis kurz vor den Schwanzflossenansatz, 15—18 Reihen orangeroter Tüpfel. Die orangegelbe Rückenflosse trägt einen feinen, kräftig orangefarbenen Saum. Die zur Laichzeit orangerote Afterflosse ist in ihrem hartstrahligen Vorderteil breit schwarz gesäumt. Die Bauchflossen sind ebenfalls tiefschwarz. Schwanzflosse und Brustflossen sind milchig transparent. Über der ersten liegt ein orangeroter Schimmer. Der gelbe Kopf ist meist ohne Musterung, und das Auge tritt durch seine samtschwarze Färbung plastisch hervor.

Die Zucht der Art ist nicht schwer. Während das Weibchen der Offenbrüter die Eier bewacht, sichert das Männchen den Bereich um das gebildete Revier. Dabei werden fremde Fische aber nie gebissen oder gar getötet. Die Jungfische sind schwärzlich gefärbt und nehmen gleich feines Staubfutter. Empfehlenswert für ein schnelles Wachstum der Jungen ist ein häufiger Teilwasserwechsel. Die Haltungstemperaturen sollen nicht unter 25° C liegen.

### *Etroplus suratensis*
(BLOCH, 1790)

Die 30—40 cm groß werdenden Tiere kommen — hauptsächlich auf Sri Lanka — in den Mündungsgebieten der Bäche und Flüsse sowie in brackigen Lagunen vor. Sie bevorzugen Brackwasser, gehen aber auch in reines Meerwasser, jedoch ungern in reines Süßwasser. In ihren heimatlichen Biotopen sind sie nirgends selten. Zur Haltung im Aquarium werden große Becken benötigt. Da die Fische gern Pflanzen fressen, wird unbedingt eine Zugabe vegetarischer Kost empfohlen. Geschlechtsunterschiede und Nachzucht sind weitgehendst unbekannt.

Richter

Etroplus maculatus, *Weibchen führt Jungfische.*

Der „Gestreifte Buntbarsch“ zeigt eine Färbung, die vom Wohlbefinden der Tiere (also auch der Wasserzusammensetzung) abhängig ist. Außerhalb der Laichzeit sind die Fische in leicht brackigem Wasser grünlich bis graugrün oder graubraun gefärbt. Bei auffallendem Licht zeigt sich ein perlmuttfarbener Glanz. Über den Flanken werden etwa 7 Querbinden gezeigt, die mehr oder weniger intensiv hervortreten können. Fast jede Schuppe auf den Körperseiten ist in ihrem Zentrum mit einem leuchtend grünen, blaugrünen oder blauen Punkt versehen. Ebenso leuchtend blaue Striche und Flecke liegen auf den Kiemendeckeln, den Wangen und der Stirn. Die graugrünen Flossen tragen einen dunklen Saum. Die hellgelben Brustflossen haben einen dunklen Fleck über der Basis. Nach DAY sind die Tiere im Meerwasser zur Laichzeit prächtig tiefpurpurn gefärbt, und in der tiefschwarzen Bänderung zeigen sich lebhaft hervortretende leuchtende Flecke. Ganz junge Tiere haben in der Rückenflosse einen dunklen Augenfleck, der vom vierten bis zum zehnten weichen Flossenstrahl reicht. Der Fleck ist hell gerandet.

# Fischzucht

## Einleitung

Unter Fischzucht versteht man allgemein die Vermehrung von Fischen. Dabei spielt es keine Rolle, ob hierzu die überwiegende Aktivität von den Fischen oder vom Pfleger ausgeht. Manche Arten pflanzen sich — wie man weiß — sogar unter ungünstigen Umständen fort, während man anderen die Kinderstube herrichten muß und bestimmte Feinheiten dabei nicht übersehen darf. Wer sich über lange Zeit der Haltung von Zierfischen verschrieben hat, möchte sie sicherlich auch zum Fortpflanzen bringen, aber — Hand aufs Herz — man darf sich eigentlich nur dann Züchter nennen, hat man als Pfleger einen echten Beitrag zum Gelingen der Nachzucht geleistet.

Wenn hier von der Fischzucht die Rede sein soll, und dieses Kapitel in einem Band mit den Cichliden abgehandelt hat, so hat der Leser bereits erfahren, daß über die Nachzucht einer Reihe von Buntbarschen schon bei der Artbesprechung soviel gesagt wurde, daß Zuchtbeispiele an dieser Stelle daher unterbleiben können.

Viele Aquarienfreunde, die bereits mit nicht schwer zu züchtenden Arten erfolgreich waren, merkten alsbald, daß ihre Kenntnisse, wenn es schwieriger wurde, nicht ausreichten oder ihnen ein bestimmter Kniff, das „Gewußt-wie", fehlte, um auch bei diesen Arten zu Erfolgen zu kommen. Die hier an die Hand gegebenen Zuchtanleitungen stammen nur begrenzt von mir selbst, etliches erfuhr ich von Freunden, mit denen ich aquaristisch in engem Kontakt stehe. Sie teilten mir ihre Erfahrungen mit, die hier wiedergegeben sind.

Es gibt Fische, die ihr Brutgeschäft sogar in einem Marmeladenglas vollbringen. Auch viele lebendgebärende Arten vermehren sich ohne besonderen Beitrag des Pflegers schon in kleinen Behältern. Im Grunde sind das aber Ausnahmen, denn die Mehrzahl unserer Aquarienfische benötigt aquaristische Bedingungen, die denen in ihrer Heimat so nahe wie möglich kommen. Die Kenntnisse darüber sind meist mehr als lückenhaft, doch genügt es meist bereits, wenn die Wasserqualität gut angepaßt werden kann, die Einrichtung des Beckens den Wünschen der Fische entspricht und die Fütterung optimal ist. Hinzu kommt eine Anpassung an die klimatischen Verhältnisse in der Heimat der Fische, deren natürlicher Lebensablauf von den verschiedenen Regenzeiten, dem damit verbundenen Hochwasser und der wiederum daraus entstehenden Abkühlung des Wassers bestimmt wird. Auch die chemische Beschaffenheit des Lebenselements Wasser kann sich beim Jahreszyklus verändern, weil die Gewässer beim Ausufern möglicherweise mit anderen Bodenarten in Berührung kommen und deren Mineralstoffe aufnehmen. Wo früher ein Sumpfbiotop war, steht dann eine ganze Landschaft hoch unter Wasser. Dadurch werden, besonders in mineralarmen Flüssen mit nur geringer oder gar keiner Flora, auch wegen der nun unter der Wasseroberfläche befindlichen Sumpfpflanzenregionen, viele Versteckplätze und Brutplätze geschaffen, die es bei Niedrigwasser nicht gibt. Ähnlich positiv kann sich das Hochwasser auf die Futterquellen für die Fische auswirken. Hier bieten Mikrofauna und -flora den Jungfischen, von denen viele während dieser Periode schlüpfen, ein reichhaltigeres Nahrungsangebot an, als sie bei Niedrigwasser vorfinden. Man muß also vieles, über das man sich als Aquarianer sonst kaum den Kopf zerbricht, unter dem Gesichtspunkt solcher biologischer Prozesse betrachten, um zu verstehen, warum zur Zucht vieler Zierfischarten mehr notwendig ist, als ein sauberes Aquarium und gute Fütterung.

### Welchen technischen Aufwand muß ein Züchter betreiben?

Es ist modern geworden, sich zuerst den technischen Dingen zuzuwenden, wenn es darum geht, den Fischen im Aquarium gute Lebensbedingungen zu schaffen. Das ist richtig, wenn man bedenkt, welchen Aufschwung die Aquaristik nach dem Zweiten Weltkrieg genommen hat, den sie in vielerlei Hinsicht zweifellos technischen Hilfsmitteln neuer Prägung verdankt. Hier seien nur einmal die thermostatischen Steuerungen für die Heizung, die Leuchtstoffröhren oder verschiedene Methoden der Wasserentsalzung erwähnt — von Hilfsmitteln wie dem Silikonkautschuk ganz zu schweigen. Wer Fische züchten will, muß nicht zuerst an solchen technischen Aufwand denken. Fischzüchtereien in Südostasien treiben nur einen Bruchteil des technischen Aufwandes — und sind erfolgreich. Dabei sind ihnen die natürlichen Gegebenheiten zwar eine große Hilfe, befreien sie aber trotzdem nicht von bestimmtem Aufwand. So müssen beispielsweise die Becken für die Diskuszucht in Hongkong über längere Zeit im Jahr beheizt werden, weil die Lufttemperatur auch dort zuweilen unter die 10° C-Marke sinkt. Oder große Zuchtkombinate, wie wir sie etwa in der DDR finden, arbeiten ebenfalls ohne größeren technischen Aufwand und sind trotzdem sehr produktiv.

Aus diesen Ausführungen ist zu entnehmen, daß die Nachzucht von Zierfischen auch heute das ist, was sie immer war: Eine Liebhaberei und für den Geldbeutel eine nicht ungebührliche Belastung.

Zum technischen Rüstzeug eines angehenden Züchters gehören alle jene Dinge, die ein Aquarianer üblicherweise braucht, wie Zuchtaquarium, Heizung und Durchlüftung, die mit einem nicht zu starken Filter gekoppelt sein kann, und schließlich eine Beleuchtung. Für den Ablauf der Zucht werden, je nach Fischart, Laichroste, Ablaichkästen und Trennwände benötigt. Für viele kleine Arten braucht man nur ein Becken von etwa 60 cm Länge (Zuchtanleitungen sind vielen Artbesprechungen beigefügt). Diese und auch kleinere Behälter verwendet man heute, ebenso wie große Becken in geklebter Ausführung, also Aquarien, bei denen die Scheiben mit Hilfe von Silikonkautschuk zusammengeklebt werden. Sie haben keine Metallrahmen und bringen den Vorteil, daß es (ähnlich wie beim Vollglasbecken) keine uneinsehbaren Ecken gibt und dem Züchter totaler Einblick gewährt wird. Das Klebematerial ist vollkommen neutral und kann die chemische Zusammensetzung des Wassers keinesfalls verändern oder gar Giftstoffe abgeben. Man achte beim Kauf auf Markenqualität. Die Heizung des Zuchtbeckens ist deshalb besonders wichtig, weil manche Jungfischarten gegenüber Temperaturschwankungen besonders empfindlich sind. Sehr empfehlenswert sind die neuartigen Heizmatten, die unter den Aquarienboden gelegt werden können und das Beckenwasser gleichmäßig von unten nach oben durchwärmen. Damit wird die Bildung unterschiedlicher Wärmezonen im Aquarienwasser, wie sie bei Stabheizern oft entstehen, weitgehend verhindert. Weil warmes Wasser das Bestreben hat, nach oben zu steigen und kaltes Wasser aus dem oberen Bereich zu verdrängen, ist eine bescheidene Umwälzung nach diesem physikalischen Vorgang bereits gegeben. Je nach Art des Fischbesatzes und bei größeren Tieren reicht diese Umwälzung jedoch nicht aus. Eine Mattenheizung (Hilenaplan) wird über einen separaten Thermostaten gesteuert, dessen Temperaturfühler außen an der Aquarienscheibe befestigt wird. Von Vorteil ist, daß später der Züchter beim Hantieren im Becken nicht behindert werden kann.

Die Filterung und die damit verbundene chemische Reinerhaltung des Aquarienwassers ist in einem Zuchtbecken besonders wichtig. Starke, von Elektro-Motoren getriebene Pumpen sind jedoch unangebracht, die würden das Wasser zu sehr bewegen und das Laichgeschäft der meisten Fische stören sowie später die Jungtiere an ersten Schwimmversuchen in ruhigem Wasser hindern. Deshalb verwenden die meisten mir bekannten Züchter — wie auch ich selbst — motorbetriebene Außenfilter, deren Umwälzgeschwindigkeit regulierbar ist. Innenfilter sind allein schon deshalb fast wertlos, weil der Schmutz im Becken bleibt, häufig beim Reinigen unnütz Unruhe verursacht wird und als Fremdkörper im Zuchtbecken darum nicht verwendet werden sollten. Wichtig ist, das Rohr für den Wassereinlauf (Beckenüberlauf) derart abzuschirmen, daß Jungfische nicht in den Filter gelangen können. Dazu bindet man entweder feinmaschige Gaze vor die Abschirmtülle oder „bohrt" in das Rohr seitlich feinste Öffnungen (heiße Nadel) und verschließt die große untere Rohröffnung ganz. Beide Maßnahmen haben den Nachteil, daß sie die Geschwindigkeit des Wasserdurchlaufes mindern. Weil die feinen Öffnungen auch schneller verstopfen, muß häufiger das Funktionieren des Filterkreislaufes kontrolliert werden. Meist benutzt man eine gute Filterkohle als Filtermaterial, die in nicht zu langen Abständen (vergleiche Thema „Filterung" Band I [Aquarium — Pflanzen — Fische]) erneuert werden muß, weil ihre Wirkung stark nachläßt.

Zusammen mit der Filterung kann die Durchlüftung des Aquarienwassers in einem Arbeitsgang erfolgen. Dies ist die heute übliche weil zweckmäßigere Methode. Weil das Aquarienwasser ohnehin nicht so stark umgewirbelt werden soll, ist die Verwendung von Ausströmersteinen nur für seltene Fälle anzuraten. Sauerstoffzufuhr ist in einem Zuchtbecken immer nötig, nicht nur, um Elterntieren und Jungfischen ein gut durchlüftetes Wasser anzubieten, sondern auch, um die Bildung unerwünschter Mikroorganismen zu unterbinden, die gerade in sauerstoffarmem Wasser leicht entstehen können. Hier sei auf die Ausführungen zur Durchlüftung des Aquarienwassers in Band I (Aquarium — Pflanzen — Fische) hingewiesen. Für Aquarianer aus Industriegebieten mit schlechter Außenluft sei auf den Kohle-Luftvorfilter hingewiesen, wie er ebenfalls in Band I besprochen wurde.

Die Beleuchtung der Zuchtbecken braucht eigentlich nicht anders zu sein, als die normaler Aquarien. Die Ansprüche der Zuchttiere können jedoch recht unterschiedlich sein. Zu starke Beleuchtung mögen die wenigsten Fische während ihrer Vermehrungs-Periode. Weil die meisten Aquarien heute fast ausschließlich mit Leuchtstoffröhren erhellt werden, und sogenannte Pflanzenstrahler selten fehlen, sei darauf hingewiesen, daß diese Röhren, überdosiert man mit ihnen das Licht der roten und blauen Farben, eher schädlich auf den gesamten Ablauf der Vorgänge wirken, allein schon wegen der unerwünschten Vermehrung bestimmter Algenarten.

Weitere Hilfen stehen dem Züchter mit Geräten zur Verfügung, die er sich entweder selber bauen oder im Fachgeschäft kaufen kann. Gemeint sind Laichroste, künstliche Ablaichgespinste (Laichsubstrate) und Ablaichkästen. Sie sind für die erfolgreiche Zucht und für eine hohe Rate an Jungfischen bei vielen Arten unentbehrlich. Denkt man einmal an die vielen Laichräuber aus der Familie der Karpfenfische (Barben und andere), die ihren Laich schon bald nach der Ablage verspeisen würden oder an Lebendgebärende, die sich gern an ihrem Nachwuchs vergreifen. Hier hat der Aquarianer und Züchter Hilfsmittel zur Verfügung, die, obgleich preiswert, doch viel retten können. Wie sehen solche Dinge aus und wie sollen sie beschaffen sein? Bekanntlich sind Aquarianer meist begeisterte Bastler, und weil ein Laichrost exakte Maßarbeit sein muß, soll er nicht wirkungslos bleiben, hat es sich bei vielen Versuchen mit unterschiedlichster Aquarien-Grundfläche als gut erwiesen, solche Roste selbst zu basteln. Neben den in früheren Jahren häufiger verwendeten Rahmen mit Überzug aus Metallgespinst, haben sich heute mehr und mehr die leichter zu bauenden Hart-PVC-Gestelle durchgesetzt. Für solche Roste benötigt man zwei oder mehrere, etwa 2 cm breite Streifen aus PVC in etwa 4 mm Stärke. Sie müssen in Beckenbreite zugeschnitten werden (feine kleine Säge). Mit einer nicht zu groben, abgerundeten Kunststoff-Feile bringt man die gewünschte Zahl Vertiefungen an einer Kantenseite der Streifen an, so daß man später in Beckenlängsrichtung eine entsprechende Zahl Voll- oder Hohlstäbe darüberlegen und (mit Tangit) festkleben kann. Bei diesem Vorgang und bei richtiger Anwendung des Klebers werden die tangierenden Stellen beider Teile erst angelöst und dann fest miteinander verbunden. Man spricht hier von Kaltverschweißen. Es ist darauf zu achten, daß die eingefeilten Vertiefungen sich bei allen Stegen genau gegenüberliegen, damit die Stäbe auch parallel zueinander liegen (alle während des Feilens mit Zwinge zusammenhalten). Der fertige Rost soll möglichst genau auf den Aquarienboden passen, doch ist vor (!) dem Verkleben darauf zu achten, daß sich der Rost später auch leicht ins Becken einbringen läßt. Ablaichkästen selbst herzustellen wäre dagegen unsinnig, zumal man diese Hilfsmittel preiswert und in verschiedenen Ausführungen im Zoo-Fachgeschäft kaufen kann. Wie bereits erwähnt, dienen beide Geräte dazu, Eier oder Jungfische vor den Nachstellungen ihrer Eltern zu schützen. Ein Laichrost soll daher die abgegebenen Eier durchlassen, jedoch einen so hohen Bodenabstand haben, daß es den Fischen nicht möglich ist, an die Eier heranzukommen. Für eine nur vorübergehende Zucht erfüllen Glasmurmeln oder auch gut abgerundete Kieselsteine den gleichen Zweck. Man legt sie Stück an Stück auf den Aquarienboden, daß die Eier in die seitlichen Zwischenräume fallen können und auch hier einigermaßen sicherliegen. Ablaichkästen müssen in ihrer Größe den Fischen angepaßt sein. Sie dürfen die Weibchen keinesfalls zu sehr beengen, denn unruhige Weibchen bekommen häufig Frühgeburten, die dann nicht lebensfähig sind. Die Kästen bestehen aus durchsichtigem Kunststoff und können, wenn sie allein züchterischen Zwecken dienen sollen, etwa halb so groß wie das Becken sein. Dann kann man mehrere trächtige Weibchen hineinsetzen. Die Behälter sind so gestaltet, daß die Jungfische sich jederzeit Nachstellungen entziehen können, indem sie (je nach Konstruktion des Kastens) entweder in einen tiefer gelegenen Raum schwimmen oder durch feine Öffnungen aus dem Behälter entweichen können.

## Das Zuchtwasser

Nicht jedes Aquarienwasser eignet sich zur Nachzucht bestimmter Arten. Zwar wird der Zusammenhang zwischen Möglichkeiten der Zucht und bestimmten, eng umgrenzten Rezepten für die Wasserbeschaffenheit häufig überschätzt, doch hat sich in den letzten Jahrzehnten herausgestellt, daß es gerade unzureichend zusammengesetzte Wasserwerte einigen Arten unmöglich machte, zur Fortpflanzung zu kommen. Auf den Wasserchemismus soll hier nicht erneut eingegangen werden, denn er wurde in diesem Band bereits detailliert abgehandelt. Der Züchter soll berücksichtigen, daß eine Nachzucht meist nur in Wasser erfolgreich werden kann, dessen Werte denen im Heimatbiotop der Fische möglichst nahekommen. Das gilt nicht nur bis zum Schlüpfen, sondern für das Heranwachsen der Jungfische gleichermaßen. Versuchsreihen haben bewiesen, daß ein zu hoher Grad an Sulfathärte im Aufzuchtwasser einen schädigenden Einfluß auf das Heranwachsen vieler tropischer Zierfische haben kann, die in der Natur normalerweise in weichem und somit mineralarmem Wasser leben. Dabei wurde beispielsweise herausgefunden, daß Nachzuchttiere gleichen Alters, jedoch in unterschiedlicher Wasserhärte gezogen, wesentliche Größenunterschiede aufwiesen. Bei Härtegraden von 0 — 8 — 16° dH wiesen *Betta splendens* (Kampffische) Längen von 36 — 28 — 23 mm auf. Beim Mosaikfadenfisch *(Trichogaster leeri)* sind die Unterschiede mit 35 — 28 — 20 mm noch extremer. Mit dem südamerikanischen Aripiranga-Salmler *(Nannostomus beckfordi aripirangensis)* wurden Ergebnisse von 25 — 23 — 19 mm erzielt. Ist kein weiches Wasser in der Hauswasserversorgung vorhanden, muß es der Züchter entweder einem nahen Weichwassergebiet entnehmen oder sein Leitungswasser entsprechend aufbereiten. Durch Teil- oder Vollentsalzung werden dem Wasser härtebildende Mineralstoffe entzogen. Das passend gemachte Wasser (vergleiche Band I [Aquarium — Pflanzen — Fische], Seiten 48/49) kann man nach einem bestimmten Schema mit Hilfe kleinerer Zugaben Leitungswasser genau auf gewünschte Härte bringen. Dasselbe kann auch mit Hilfe der Berechnung nach µS (Mikrosiemens) erfolgen, hat man ein entsprechendes Meßgerät zur Hand. Wie ebenfalls bereits in Band I besprochen, steht der osmotische Druck, er sorgt für einen Ausgleich zwischen dem unterschiedlichen Mineralgehalt der Flüssigkeiten im Eiinneren und dem umgebenden Wasser, in direktem Zusammenhang mit dem Gelingen oder Nichtgelingen vieler Zuchten. Bei zu starken Unterschieden im Mineralgehalt kann die Osmose — die selbsttätige Stoffvermischung durch die Eimembrane — die Eier auftreiben oder schrumpfen lassen. Beides ist für deren Lebensfähigkeit gefährlich, erfolgt es im Übermaß.

Für jede Zucht ist also die Qualität des Wassers wichtig, und kein Züchter wird hergehen und ohne Kenntnis über genaue Werte seines Leitungswassers — von dem er meist ausgehen muß — Zuchten ansetzen. Die Verwendung von Regenwasser — galt in früheren Jahren als „totsicherer Tip“ für viele Arten — ist heute fragwürdig geworden, weil umweltbedingt selbst das Regenwasser dann nicht mehr als einwandfrei anzusehen ist, wenn es zu seinem Sammelbehälter über stark verschmutzte Oberflächen fließt. Von einigen Fischarten ist bekannt, daß sie in Gewässern leben, deren pH-Wert extrem hoch oder extrem niedrig ist. Es ist aber erwiesen, daß solche extremen Werte für die Zucht der Tiere nicht ausschlaggebend sind. So hat man beispielsweise in den Heimatgebieten des Roten Neon *(Cheirodon axelrodi)* einen pH-Wert unter der 5,0-Marke festgestellt. Andererseits wissen wir von vielen Cichlidenarten, speziell denen des nördlichen Mittelamerikas und der Seen im afrikanischen Rift Valley, daß die pH-Werte in diesen Gewässern bei 9,0 und sogar darüber liegen. Wollte man zu Zuchtzwecken das Wasser auf solche Werte einstellen, würden manche unangenehme Folgereaktionen nicht zu vermeiden sein. Glücklicherweise ist es auch nicht nötig, denn Nachzuchten vieler Arten aus dem Tanganjika-See haben gezeigt, daß auch pH-Werte knapp über dem Neutralwert (= 7,0) genügen. Trotzdem muß oft der Wert mehr oder weniger stark angepaßt werden. Das gilt insbesondere für die Zuchten, bei denen der pH-Wert nach unten, in den sauren Bereich hinein, eingestellt werden muß, um zu guten Ergebnissen zu gelangen. Das ist aber überwiegend bedingt durch die Tatsache, daß saures Wasser ärmer an eierschädlichen Mikroorganismen ist (Verpilzung). Filtern über Torf ist jedem Aquarianer bekannt. Die Huminstoffe des Torfs übertragen ihre pilz- und bakterienhemmende Wirkung auf das Aquarienwasser. In solchem Wasser werden einige Arten besonders laichwillig. Urheber sind wahrscheinlich Hormonstoffe, die im Torf nachgewiesen wurden. Torffilterung und übliche Filterung können in einem Arbeitsgang verlaufen, doch kann man den Torfextrakt auch gesondert mit einem Filter ins Aquarienwasser bringen. Die bernsteingelbe Färbung des Wassers sagt nichts über die Qualität des Torfes aus! Nicht jeder Torf enthält gleiche Anteile an organischen Säuren. Der Züchter muß beim Kauf aufmerksam wählen, zumal heute viele Fabrikate mit unterschiedlichen Bestandteilen auf dem Markt sind. Er sollte sich das so wichtige Material im Zoo-Fachhandel kaufen und nicht in einer Gärtnerei. Den Gärtner-Torfpräparaten sind häufig Düngemittel beigemischt, die bei der Zucht, wie auch bei normaler Haltung von Aquarienfischen, schaden können.

Wie bereits erwähnt, können Mikroorganismen Eier und Jungfische in ihrer Entwicklung ungünstig beeinflussen, ja sogar töten. Dies gilt um so mehr, je länger besonders die Brut der Einwirkung ausgesetzt ist. Eier von längerer Zeitigungsdauer (= Zeitraum zwischen Eiablage bis zum Schlüpfen der Jungfischlarven), wie wir sie vor allem von einigen bodenlaichenden Killifischen (= Eierlegende Zahnkarpfen) kennen, wären dann besonders gefährdet, wenn sie nicht in Torf gelagert würden. Kann es einmal nicht so sein, muß der Züchter Sorge tragen, die Eier vor schädigenden Mikroorganismen zu schützen. In solchen Fällen werden die Eier in einen separaten Behälter getan, dessen Wasser (das gleiche, wie im Aquarium, aus dem die Eier stammen) pilz- oder bakterientötende Mittel beigegeben werden. Einige Mittel sind dem Aquarianer seit langem für die Heilbehandlung bekannt: Trypaflavin und Methylenblau. Außerdem können durch Bestrahlung des Aquarienwassers mit UV-Licht die meisten Bakterien abgetötet werden. Dazu setzt man eine im Zoofachhandel erhältliche UV-Lampe nach Gebrauchsanweisung (je nach Fabrikat etwas verschieden) ein (vergleiche auch Band I [Aquarium — Pflanzen — Fische]).

*Trypaflavin* gilt als ausgezeichnetes Chemotherapeutikum bei der Bekämpfung von Bakterien und Pilzen. Weil seine Wirkung auch bei stärkerer Verdünnung erhalten bleibt, wird es bei der Behandlung vieler äußerer Erkrankungen häufig eingesetzt. Im Gegensatz zu Konzentrationen, wie sie für die Behandlung von Erkrankungen der Schleimhäute oder ähnlichen nötig sind, genügt zum Schutz der Eier eine Verdünnung um das Fünf- bis Sechsfache, auf etwa 1 : 600 000 (= 1 g auf 600 Liter Wasser), in einzelnen Fällen sogar 1 : 800 000. Die Eier der Killifische mit einer Zeitigungsdauer von bisweilen vielen Monaten, wie auch die verschiedener Panzerwelsarten, bleiben durch ein derart präpariertes Aufbewahrungswasser geschützt.

*Methylenblau* kann wesentlich höher dosiert werden, denn es schadet praktisch in keiner Konzentration. Höhere Gaben allerdings machen das Wasser undurchsichtiger und behindern damit genaues Beobachten der Eier. Man muß also mit dem Beimischen aufhören, wenn die Trübung ein sichtbehinderndes Stadium erreicht hat. Diesen Farbstoff setzt man häufig auch bei Heilbehandlungen ein, und wer schon einmal eine Importstation besucht hat, weiß, daß dort oft „blaues Wasser“ in einigen Aquarien enthalten ist. Man will auf diese Weise transportbedingte Erkrankungen oder Wunden schneller abheilen.

Beide Präparate kann man mit einen Kohlefilter auf einfache Weise wieder aus dem Aquarienwasser entfernen. Meist hat der Züchter die Eier unter Kontrolle und kennt den Zeitpunkt des Schlüpfens. Dann müssen die Chemikalien aus dem Wasser entfernt werden.

## Laichsubstrate

Nicht jede Art benötigt zum Ablaichen ein Substrat, aber doch die meisten. Unter einem Laichsubstrat versteht man einen lebenden oder toten Gegenstand im Aquarium, an den die Eier geheftet oder an dessen Basis sie auf den Bodengrund gegeben werden. Überwiegend laichen die Fische auf oder an Substrate, die sie von ihren heimatlichen Biotopen her gewohnt sind. So kennen wir beispielsweise die Offenbrüter, die ihren Laich auf einen flachen Stein abgeben, oder die Höhlenbrüter, die ihre Eier, mit dem Bauch nach oben schwimmend, an Decken von Höhlen mit möglichst engem Eingang abgeben. Zu beiden Gruppen gehören die meisten Cichlidenarten, sieht man einmal von den Maulbrütern ab, bei denen einiges anders ist. Zu den Offenbrütern gehören jedoch auch Arten, die ihren Laich an ein pflanzliches Substrat ablegen. Sie sind dabei nicht wählerisch, vor allem, wenn den Tieren der Platz behagt. Bei einigen Cichlidenarten, darunter den verschiedenen Pterophyllum-(Skalar-) und Symphysodon-(Diskusfisch-)Arten sind die Tiere weniger wählerisch, als daß sie andere Substrate ausschließen, sondern legen ihre Eier im Aquarium auch an Äste, aufrecht stehende Steinplatten oder gar den Aquarienwänden ab. Entsprechend dieser Gewohnheit bevorzugen sie bei der Eiablage an Pflanzen hartblättrige Gewächse, vor allem deren Blattspreiten oder -stiele (Echinodorus-Arten). Diese Wahl der unterschiedlichen Blattformen ist den Pflanzenlaichern angeboren, denn stets werden bestimmte Pflanzenarten bevorzugt. Weil die Eier vieler, nicht brutpflegender Arten (sie fächeln den Eiern frisches, sauerstoffhaltiges

Wasser zu) vor allem der Sauerstoffzufuhr bedürfen, legen viele Fischarten ihr Fortpflanzungsprodukt möglichst in der Nähe besonders feinfiedriger Pflanzen ab, denn diese nehmen bei der Assimilation Kohlendioxyd auf und geben dafür Sauerstoff ab. Darum ist es nicht gleichgültig, ob man beispielsweise für bestimmte Arten anstelle echter Pflanzen Gebilde aus Plastik ins Zuchtbecken gibt. Ähnlich ist es mit einigen Schwimmpflanzenarten, deren feinverästelte Wurzeln in das Beckenwasser hängen und sich bestimmten Fischarten als Laichsubstrat anbieten. Darüber hinaus finden später Jungfische viele kleine Verstecke im Wurzelgeäst dieser Pflanzen. Hier tut sich bei den professionellen Züchtern in Südostasien eine Pflanze besonders hervor: *Eichhornia crassipes.* Man findet, speziell im Gebiet um Hongkong, viele mittlere Züchtereien, in denen Zwergcichliden paarweise in kleinen Gestellaquarien untergebracht sind, von denen aberhundert nebeneinander stehen. In diese nicht ganz mit Wasser gefüllten Becken hängen nur die Wurzeltriebe jeweils einer dieser Wasserhyazinthen hinein, sonst nichts.

Es gibt auch Meinungen gegen den Einsatz natürlicher Pflanzen. Jene Auffassungen nämlich, die wegen der Bakterien- und Infusorienbildung, wie sie absterbende Triebe verursachen, echte Pflanzen verdammen und künstlichen Substraten den Vorzug geben. Dazu gehört hauptsächlich das synthetische Laichsubstrat aus Perlonfasern. Natürlich werden die Züchtermeinungen bei bestimmten Dingen immer wieder auseinandergehen. Wer jedoch echte Pflanzen aus Gründen der Hygiene im Becken nicht duldet, der darf genaugenommen auch keinen Bodengrund zulassen und muß sein Zuchtaquarium ganz auf steril umstellen, wenn man logisch bleiben will.

Welche Pflanzen eignen sich als Laichsubstrat besonders? Vor allem sei von den Schwimmpflanzen noch einmal die *Eichhornia crassipes* erwähnt. Ihr Einsatz ist dann fragwürdig, wenn das Zuchtbecken gleichzeitig ein wohleingerichtetes Wohnzimmeraquarium sein soll. Die hochwüchsigen Pflanzen reagieren auf aufgesetzte Leuchtkästen allergisch und gehen bald aus mehreren Gründen (Sauerstoffmangel, Stauwärme usw.) ein. Zur Oberflächenabdekkung in einem Labyrintherbecken eignet sich *Riccia fluitans,* das Flutende Lebermoos, ausgezeichnet. Es braucht viel Licht und vermehrt sich so stark, daß man den Oberflächenbewuchs von Zeit zu Zeit auslichten muß. Unterhalb dieser Pflanzendecke bauen die Labyrinthfische gern ihr Schaumnest. Eine ebenso feinfiedrige Pflanze, an der freilaichende Arten gern ihre Eier abgeben, ist das Javamoos *(Vesicularia dubyana).* Zu den feinfiedrigen Arten, die von manchen Fischgruppen zur Eiabgabe bevorzugt werden, gehören die bekannten Cabomba- und Myriophyllum-Arten. Sie lassen sich in tropenwarmem Wasser um 24—26° C gut halten. In ähnlicher Weise kann man Limnophila-Arten einsetzen. Als Laichpflanze für kühleres Wasser hat sich die Wasserpest (Elodea-Arten) bewährt. Den Arten, die bevorzugt an härteren, breitblättrigen Pflanzen ablaichen und meist ihre Eier an die obere oder untere Seite einer Blattspreite abgeben, kann mit Echinodorus- oder größeren Cryptocoryine-Arten gedient werden. Weil der Spritzsalmler *(Copella arnoldi)* seine Eier zwar auch immer an die Unterseiten großer, aber außerhalb der Wasseroberfläche befindlicher Blätter heftet, muß man diesen Fischen, sollen sie ablaichen, einen freien Raum zwischen Wasseroberfläche und Leuchtkasten schaffen, damit die Blätter entsprechender Pflanzen dort genug Platz haben. Man schafft diesen Raum, indem man entweder ein hohes Becken nur zu ²/₃ mit Wasser füllt oder zwischen der Wasseroberfläche in einem Normalbecken und dem Leuchtkasten eine Zarge aus vier mit Silikonkautschuk zusammengeklebten Glasscheiben (die Sicht sollte dem Züchter ja bleiben!) anbringt. So erhält man einen freien Raum oberhalb des Wasserspiegels mit einem hohen Anteil an Luftfeuchtigkeit.

Bei einigen bodenlaichenden Arten kommt es auf die besondere Beschaffenheit des Bodengrundes an. Bestimmte Arten der Killifische dringen zur Eiabgabe entweder tief in den torfhaltigen Bodengrund ein oder sie legen ihre Eier auf dessen Oberfläche ab. So bohren sich beispielsweise die Vertreter der Gattungen *Cynolebias* und *Pterolebias* aus Südamerika tief in die Oberschicht des Bodens, während afrikanische Nothobranchius-Arten ihre Eier auf dessen Oberfläche ablegen. Die Afrikaner haben allerdings eine besondere Methode entwickelt; sie schleudern ihre Eier derart mit einem kräftigen Schlag der Schwanzflosse einzeln in oder gegen den Bodengrund, daß sie sich mit ihren kleinen haarigen Fortsätzen fast immer unlösbar darin verfangen. Dieser Laichprozeß wird für den aufmerksamen Züchter zu einem Schauspiel ersten Ranges. Es versteht sich von selbst, daß man diesen Fischarten zur

Zucht keinen Bodengrund aus Sand und Kies anbieten darf: sie wüßten damit nichts anzufangen. Man verwendet statt dessen feinen, über längere Zeit gewässerten Torfmull. Viele Züchter entnehmen die so in den Boden beförderten Eier dem Becken und bewahren sie gesondert auf, und man kann sich vorstellen, welche Arbeit da auf sie zukommt.

## Auswahl der Zuchttiere

Die besten technischen Voraussetzungen wie auch ein gutes und abwechslungsreiches Futter nützen nicht viel, wenn man nicht gut harmonierende Zuchttiere zusammenstellt oder zusammenstellen kann. Unter Zuchttieren versteht man gesunde und farbkräftige Tiere, entweder aus gesunden Nachzuchten oder aus Importen. Im allgemeinen wird ein Züchter darauf Wert legen, daß er von seinen Fischen eine normale Zahl möglichst schöner Nachkommen erhält. Das läßt sich zwar nur bedingt beeinflussen, beginnt aber bereits mit der Auswahl der Elterntiere. Werden Fische aus einem kleinen Kreis von Zuchttieren immer wieder nachgezogen, bekommt man nicht selten immer kleineren und weniger ansehnlichen Nachwuchs. Eine gelegentliche Blutauffrischung ist deshalb dringend notwendig. Man erreicht sie am ehesten, wenn man zum vorhandenen Stamm kräftige Importtiere gibt und sie einzukreuzen versucht. Über die Größe der zu verwendenden Fische herrschen oft unterschiedliche Meinungen: Zuchttiere müssen nicht unbedingt voll ausgewachsen sein. Man kann durchaus mit Fischen züchten, die zwar bereits geschlechtsreif, jedoch noch nicht ausgewachsen sind. Die Tiere sind dann im besten Alter und besonders vermehrungswillig. Es ist möglich, daß die ersten Zuchten keine besonders großen Nachkommenzahlen bringen, doch dafür zeigen die Jungen meist eine bestechende Kondition und wachsen schnell zu kräftigen Fischen heran.

Ältere Tiere lassen sich ebenfalls zur Zucht verwenden. Sie bringen an Eiern meist auch die erwünschten hohen Stückzahlen, doch klappt bei vielen Arten die Synchronisation der Bewegungsabläufe und die damit verbundene Befruchtung der Eier häufig nicht mehr so gut, dann bleiben viele Eier der Gelege unbefruchtet — womit am Ende wieder ein Ausgleich erreicht wäre. In der Natur überleben meist nur die kräftigsten Tiere. Kränkelnde Individuen, oder mit körperlichen Gebrechen behaftete, werden bald von Räubern erbeutet. So entsteht eine natürliche Auslese, die wir Aquarianer bei unseren Nachzuchten leider nicht immer vornehmen, weil die Haltung von Fischen im Aquarium eben nicht „natürlich“ ist. Deshalb sollte der Züchter nicht unbedingt bestrebt sein, eine möglichst hohe Zahl von Fischen nachzuzüchten und nur die besten Tiere zur Nachzucht verwenden. Anderenfalls und mit nicht einwandfreien Zuchttieren wird es vorkommen, daß von den unter der Nachkommenschaft vorhandenen Schwächlingen oder degenerierten Exemplaren der vorhandene Stamm immer mehr verschlechtert wird, und dabei im Laufe der Zeit immer mehr lebensuntaugliche Exemplare anfallen, die nur deshalb am Leben bleiben, weil die natürliche Auslese im Aquarium fehlt.

Von der Vielzahl an Aquarienfischen kann man nur einen geringen Teil nach äußeren Merkmalen geschlechtlich unterscheiden. In Fällen, in denen das nicht möglich ist, muß man sich auf Beobachtungen, gelegentlich auch auf Vermutungen verlassen und darf auch in schwierigen Fällen kleine Experimente beim Zusammensetzen möglicher Partner nicht unterlassen. Bitte vergessen Sie aber nicht, daß man dabei nichts erzwingen kann. Wer keine Geduld mitbringt oder sein streßgeplagtes Ego bei der Fischzucht nicht in Zaum halten kann, sollte die Finger von der Fischzucht lassen. Man liest gelegentlich in Fachmagazinen von wissenschaftlichen Versuchen mit Hormongaben und ähnlichen Kunstgriffen, doch sollte man das den Wissenschaftlern überlassen, die vorwiegend keine Fischzucht betreiben, sondern das Verhalten der Fische in bestimmten Situationen erforschen wollen.

Bei der Auswahl der Zuchttiere kann man nicht nur nach körperlichem Wohlbefinden selektieren, sondern auch nach einer bestimmten Art der Beflossung oder nach anderen äußeren Merkmalen, wie Färbung und Körperbau. Eine derartige Auslese findet in der Natur ebenfalls statt, wenn sie auch nicht auf menschliches Schönheitsdenken, sondern meist auf reine Zweckmäßigkeit ausgerichtet ist und ein Vielfaches an Zeit benötigt, wie unsere Hochzucht bei Heimtieren. Bei solchen natürlichen Abläufen in der Veränderlichkeit der Arten spricht man von Evolution, und der englische Forscher Charles DARWIN (1809—1882) war der erste Wissenschaftler, der in seiner damals vielbeachteten — vielfach auch geschmähten — Arbeit („The

Origin of Species", 1859) seine Vorstellungen in derartigem Umfang darlegte. Weil man Darwin als den „Vater der Evolutionstheorie" feierte, spricht man auch heute noch vom Darwinismus. Wie man in der Botanik die verschiedensten Zuchtformen von Zierpflanzen (Rosen, Tulpen usw.) kennt, so kennt man bei der Zucht von Haustieren die verschiedensten Rassen und Farbvarianten. Aus aquaristischer Sicht seien nur die verschiedenen Rassen der Farbkarpfen und Goldfische, die verschiedenen Helleri- und Guppyformen, die Langflossenzucht bei Kampffisch, Barben oder Skalar und schließlich die Zucht besonders farbkräftiger oder gar flächigblauer und -grüner Diskusfische erwähnt. Keine dieser Hochzuchten kann man als einfach bezeichnen, wenn auch manche Fischarten als ausgesprochen leicht nachzüchtbar gelten. Die ständige Auslese und die damit verbundene Vielzahl an Becken bedingen einen gewissen Aufwand, den ein „normaler" Züchter sich kaum leisten kann.

Als Züchter muß man sich darüber klar sein, daß Tiere, wie man sie vielfach aus Gründen menschlicher Auffassung von Schönheit züchtet, in der Natur kaum lebensfähig wären. Da werden die Flossen verändert, die Farben oder bestimmte andere Merkmale. Mit solchen Äußerlichkeiten sind jene Fische vielfach aber den natürlich angepaßten Artgenossen nicht nur unterlegen: Sie werden auch eher eine Beute von Raubfischen (weil sie schlechter schwimmen können), können vielfach weder Weibchen noch Eier befruchten (weil ihre Schleierflosse am normalen Schwimmen hindert) oder sie werden, da im artfremden Farbkleid, von Artgenossen nicht nur als Außenseiter, sondern gar als Feinde angesehen und bekämpft. Die bekanntesten Beispiele solcher von Menschen verursachten Geschmacksverirrungen (oder wie man sie nennen soll) sind verschiedene Goldfischrassen. Als Beispiel sei hier nur das „Blasenauge" angeführt. Dieser Fisch ist weder besonders schön noch ist er ein Prachtstück eigener Art. Die Zuchtform oder Mutante (= ein Individuum, dessen Genotyp mindestens um ein Locus* durch Mutation verändert wurde, so daß Merkmalsunterschiede gegenüber dem Normaltyp sichtbar oder meßbar sind) ist ein ausgesprochen schlechter Schwimmer, und zu seiner Haltung wird vorgeschlagen, ihn in einem gesonderten Becken zu pflegen, weil er in Gesellschaft mit schnellen Schwimmern kaum an das nötige Futter kommt. Hier wird bei Vergleichen der Unterschied bald klar, ob einem Fisch von der Natur die nötigen Voraussetzungen mitgegeben sind, beispielsweise durch schnelles Anschwimmen (und starke Schwanzflosse) gute Beute zu machen, oder ob ihm der Mensch eine Schleierflosse anzüchtete, die ihn zwar im Schwimmen stark behindert, jedoch bei Ausstellungswettbewerben preisgekrönt wird. Hier gäbe es der Beispiele viele, doch kann ich mich sicherlich auf die Phantasie der Leser verlassen.

## Gibt es eine bestimmte Laichzeit?

Grundsätzlich kann man diese Frage mit „ja" beantworten. Die Zeit, in der die Fische für Nachkommenschaft sorgen, ist von der Natur durch die Jahreszeiten und die damit verbundenen Regenfälle wie alle kettenreaktionsartig aufeinanderfolgenden Abläufe bedingt. Das gilt natürlich nicht für alle Arten. In solchen Fällen verändert sich die Wasserqualität ebenso wie auch seine Temperatur. Seen und Flüsse treten über die Ufer, und die Wasserlandschaft nimmt an Umfang zu. Dies ist die Zeit, in der auch das Futterangebot für die baldschlüpfenden Jungfische am größten ist. Diese jahreszeitlich bedingten Unterschiede sind auch der Grund dafür, daß unsere Zuchttiere oft mit teilweisem Wasserwechsel zum Beginnen des Laichgeschäftes angeregt werden. Gleiches gilt auch für das bessere Heranwachsen der Jungfische, nur, daß man sich jetzt das Erhöhen der Wassertemperatur (Senken kann denselben Zweck erfüllen!) um ± 2—3° C ersparen kann.

Die natürliche Laichzeit unserer Tropenfische fällt in die Monate November bis März, doch gilt das hauptsächlich für Importtiere, die ihren Rhythmus noch nicht angepaßt haben, wie die meisten Fische aus Nachzuchten. Mit der heute vielfältigen technischen Ausrüstung ist man in der Lage, den Wahrnehmungsapparat der Fische hinters Licht zu führen. In den meisten Fällen geschieht das aber nicht mit Absicht. Rezepte, wie sie später gegeben werden, haben stets das Risiko verhaltensbedingter Fehlschläge, zumal wir es mit lebenden Individuen zu tun haben, die sich (Gott sei Dank!) nicht ganz programmieren oder moti-

* Unter „Locus" versteht man den Ort, den ein bestimmtes Gen im Chromosom einnimmt. Jeder L. erstreckt sich über einen bestimmten, unterschiedlich großen Chromosomenabschnitt.

Zukal

*Sind zwei rivalisierende Männchen im selben Becken, kommt es — bei gleichstarken Tieren — unweigerlich zu Raufereien oder härteren Kämpfen. Hier zwei männliche Tiere von* Nannacara anomala.

vieren lassen. Man findet Becken, in denen die Fische eigentlich „unter unmöglichen Umständen" ablaichen. Dabei spielt es keine wesentliche Rolle, ob auch tatsächlich Nachkommen entstehen. Während ich dies schreibe, setzte ich ein Cichliden-Paar, das bisher nie in besondere Beziehung zueinander getreten war, in ein separates, für sie allein bestimmtes Becken um: Nur wenige Stunden später begann das bekannte Spiel: Buddeln, Balz und Paarung. Dabei hatte ich gar nicht die Absicht gehabt, das Paar zur Nachzucht anzuregen. Doch hat die neue Umwelt, vom Pfleger ungewollt, bei den Tieren die entsprechenden Reize ausgelöst. Derartige Programme (Verhaltensweisen) sind den Fischen angeboren und werden durch äußere Umstände lediglich „abgerufen". Wer sich einmal die Mühe macht, und die vom Holländer VAN IERSEL publizierten und in Fernsehsendungen gelegentlich zitierten Versuche nachzuvollziehen, wird feststellen, wie richtig beispielsweise der Versuch mit Stichlingen *(Gasterosteus aculeatus)* ist und welche Verwunderung es auslöst, kommt man bei eigenem Experimentieren zu dem Ergebnis — viel besser und einprägender, als hat man davon nur gelesen: Stichlingsmännchen zeigen flachbäuchigen Weibchen gegenüber überhaupt kein Interesse. Hält man ihnen jedoch eine Holzattrappe ins Becken, die einem Stichlingsweibchen nur entfernt ähnelt, dafür aber dickbäuchig ist, also ein laichbereites Weibchen vortäuscht, versucht das Männchen, seine vermeintliche Partnerin unter kräftigem Anbalzen zum Nest zu führen. Das ist jedoch nur der halbe Versuch, will man das ausgesprochen stark ausgebildete Revierverhalten überprüfen. Nun setzt man verschiedene lebende Fische ins Aquarium. Fast alle bleiben unbehelligt, wenn sie in ihrer Färbung nicht dem Stichlingsmännchen gleichen. Setzt man ihm nun eine Männchenattrappe mit rot gefärbtem Bauch gegenüber, wird der Reiz zum Attackieren sofort ausgelöst und der vermeintliche Nebenbuhler spontan angegriffen. Was kann man daraus schließen? Der Fisch ist auf bestimmte Signale, in diesem Fall auf optische, programmiert.

## Abläufe der Balz und die Paarung

Liebesspiele, wie sie Fernsehzuschauer aus vielen Sendungen über die Tierwelt kennen, sind nicht ein Ausdruck gesteigerter Lebensfreude im Augenblick des Vollzugs. Man darf diese Abläufe nicht vermenschlichen und unterstellen, daß Tiere dieses oder jenes Verhalten aus gleicher oder ähnlicher Motivierung zeigen, wie es bei uns Menschen allein schon wegen unseres wesentlich umfangreicheren, besser ausgebildeten Gehirns im allgemeinen der Fall ist. Aber man kann unterstellen, daß der Mensch, wenn er — etwa bei der Fischzucht — mit überlegten Eingriffen in den Lebensablauf der Fische bestimmte Verhaltensweisen auslöst, unentbehrlich geworden ist. Balz und Paarung gelten der Art-Fortpflanzung und sind sicher besonders stark an bestimmte Verhaltensmuster gebunden. Beide Begriffe soll man nicht verwechseln, weil sie für unterschiedliche Aktionen gelten. Die Balz gilt beiden artgleichen Geschlechtern: a) um herauszufinden, wen man vor sich hat und b) um die Paarung einzuleiten. Das dabei gezeigte Imponiergehabe vieler Männchen gilt nicht hauptsächlich (wie bei uns Menschen) den Weibchen, sondern möglichen konkurrierenden Männchen gleicher Art. Ist die Rangordnung noch nicht festgelegt, so geschieht das spätestens jetzt. Bei vielen Arten sind männliche und weibliche Tiere in der Färbung gleich, man kann also nicht ohne weiteres das Geschlecht erkennen. Deshalb balzt ein paarungsbereites Männchen zuerst das nächstbeste Tier seiner Art an. Flüchtet es, handelt es sich um einen furchtsamen (weil schwächeren) Nebenbuhler. Bleibt es jedoch stehen und balzt zurück, handelt es sich um einen Rivalen, und die Rauferei beginnt. Weibliche Tiere dagegen bleiben meist unbeteiligt und — sind erkannt. Dieser Ablauf gilt für bestimmte Cichlidenarten wie auch für Sonnenbarsche. Bei anderen Arten kennt man ebenso interessante, jedoch anders ablaufende Verhaltensmuster, und nicht alle werden von optischen Wahrnehmungen ausgelöst.

Die Balz ist das Vorspiel zur Paarung. Bei diesen wichtigsten Vorgängen zur Arterhaltung kommt es auf Harmonisierung und damit Synchronisierung unter den Partnern an. Weil sich diese Vorgänge im Wasser abspielen, können beispielsweise Pannen bei der Besamung unbefruchtete Eier zur Folge haben, und der gesamte Paarungsvorgang ist nutzlos gewesen. Die Eimembrane ist nur für kurze Zeit über die sogenannte Mikropyle für die Aufnahme des Spermas geöffnet, deshalb müssen Samenabgabe und -aufnahme genau zu bestimmter Zeit erfolgen. Eiabgabe und Befruchtung verlaufen bei den einzelnen Arten unterschiedlich, also muß auch die Synchronisation diesen Abläufen entsprechen. Freilaichende Arten, wie die verschiedenen Salmler, haben dazu ein Paarungsprogramm entwickelt, bei dem sich die Partner umschlingen. Dabei ist das Männchen meist der aktivere Teil. Hier kommt es auf eine wirklich synchron verlaufende Ei- und Samenabgabe beider Partner an, zumal das Weibchen die Eier beim Aufwärtsschwimmen zur Wasseroberfläche auspreßt, und die Eiballen bei den schnellen Schwimmbewegungen sofort auseinandergerissen werden. Deshalb muß die Vereinigung der Keimzellen bereits unmittelbar nach dem Herausquellen der Eier aus dem weiblichen Körper erfolgen, weil sonst eine Befruchtung nicht mehr möglich wäre. Bei Substratlaichern, zu denen auch die Cichliden gehören, ist eine derart genaue Synchronisation nicht erforderlich. Da das Weibchen sein Gelege an oder auf ein Substrat abgibt, braucht der männliche Partner nur unmittelbar darauf — dicht über dem Gelege schwimmend — die Eier zu befruchten. Im Gegensatz zu den freilaichenden Salmlern, deren Eier meist verstreut liegen und nicht bewacht werden, bilden substratbrütende Arten in den meisten Fällen (zumindest während der Zeit der Brut) Reviere, die sie verteidigen.

## Maulbrüter und Eiflecke

Maulbrütende Buntbarsche kennt heute jeder moderne Aquarianer, zumindest dem Namen nach. Das war nicht immer so, weil die Methode, Laich und Jungfische im Maul der Mutter aufzubewahren, nur von einer sehr begrenzten Artenzahl (Kleiner Maulbrüter) bekannt war. Erst mit dem Import einer Vielzahl von Cichliden aus den zentralafrikanischen Seen wurden diese Fische populär, das heißt, einer großen Zahl von Aquarianern bekannt. Der Begriff „Substratlaicher", wie man ihn im Gegensatz zu heute (= „Substratbrüter") immer falsch anwandte, war schon deshalb nicht richtig, weil auch die maulbrütenden Arten erst einmal ihre Eier auf ein Substrat ab*laichen* müssen, bevor sie die Brut ins Maul nehmen können. Inzwischen weiß man, daß maulbrütende Arten nicht nur auf dem afrikanischen Kontinent vorkommen, sondern maulbrütende Cichliden — wenn auch überwiegend in einer Übergangsform — auf dem südamerikanischen Kontinent in den Gattungen *Aequidens, Geophagus* und *Gymnogeophagus* vorkommen.

Den Ursprung des Maulbrütens sieht MYERS (1939) darin, daß die Gewohnheit der Buntbarsch-Eltern, ihre Jungen in bestimmten Abständen umzubetten, weiterentwickelt wurde. Solche Methoden zur Sicherung der Nachkommen wurden nicht von heute auf morgen entwickelt, sondern unterlagen — wie alle derartigen Vorgänge — einem langwierigen Evolutionsprozeß. Betrachtet man die Gruppe der Offenbrüter auf der einen und die beiden Gruppen der Versteck- und Maulbrüter auf der anderen Seite, stellt man einen markanten Unterschied fest: Während die Weibchen von Offenbrütern eine in die Tausende gehende Zahl sehr kleiner glasiger, graugrüner Eier abgeben, sind die Gelege der zweiten und dritten Gruppe an Stückzahl wesentlich kleiner, die einzelnen Eier dagegen aber viel größer und auffälliger. Es hat also bereits eine Anpassung als Folge der Art des Erbrütens stattgefunden. Während die Eltern von Offenbrütern große Mühe haben, ihre nach Tausenden zählenden Jungfische zu beschützen, werden die Nachkommen der Versteck- und Maulbrüter allein schon dadurch geschützt, daß die einen während eines wichtigen Lebens-Stadiums in einem Versteck heranwachsen, das so beschaffen ist, daß Räuber kaum herankommen und andererseits die Jungfische der Maulbrüter auch nach dem

Schlüpfen noch eine Zeitlang im Maul der Mutter leben und auch hier vor Nachstellungen geschützt sind. Wenn Berichte von wissenschaftlichen Untersuchungen stimmen, bringen Eltern von Offenbrütern als Folge der großen Verluste an Jungfischen trotz ihrer nach Tausenden zählenden Nachzucht im Durchschnitt je Paar im Leben (!) nur zwei (!) Junge groß. Das mag vielen Lesern unglaublich erscheinen, doch würden alle Offenbrüter in freier Natur — wie bei Aquariennachzuchten — ihre gesamten Jungen großziehen können, wäre der Lebensraum dieser Fische sicher bald übervölkert. Wieder einmal hat die Natur durch Selbsthilfe für Gleichgewicht gesorgt. So steht auch die Spezialisierung der einzelnen Maulbrüter- und Maulbrutpfleger-Gruppen durchaus nicht auf gleicher Entwicklungsstufe. Von den bekannten südamerikanischen Maulbrütern sind, soviel man bisher feststellen konnte, die Vertreter der Art *Geophagus hondae* (Rothauben-Maulbrüter) und vielleicht auch der von *Gymnogeophagus balzanii* am weitesten entwickelt, so daß man sie als *echte* Maulbrüter bezeichnen kann. Über beide liegen bereits viele Zuchtberichte vor.

Auch bei der Partnerbildung kann man, besonders beim Vergleich der Maulbrüter mit der Gruppe der Offenbrüter, äußere Unterschiede feststellen. Während sich die Geschlechter der letztgenannten Gruppe äußerlich nicht oder nur durch wenige Merkmale unterscheiden, erkennt

*Eiflecken-Muster einiger Haplochromis-Arten. Die Flecke unterscheiden sich nach Größe, Färbung und Zahl. Meist sind die gelben Zentren von einem schwarzen Hof umgeben. Die hier abgebildeten Eiflecke stammen:*
*1 von* H. lividus
*2 von* H. vanderhorsti
*3 von* H. brownae
*4 von* H. obliquidens

Loiselle

Zukal

*Zur Belegung seiner Eifleck-Theorie verwendete Wickler Fotos wie diese: Das Weibchen visiert die vom Männchen präsentierten Eiflecke an.* (H. burtoni). — *Bilder oben und unten.*

man das Männchen des Maulbrüters allein schon an seinem prächtigen Farbkleid. Hinzu kommen Verhaltensunterschiede, beispielsweise bei der Vorbereitung zur Zucht: Während bei den Maulbrütern das Männchen nur die Laichgrube vorbereitet, in die das Weibchen später die Eier schubweise abgibt, hat bei den Offenbrütern der männliche Partner mehrere Aufgaben, die meist mit dem Weibchen gemeinsam erledigt werden: Das Putzen des Laichplatzes (und) oder den Grubenbau, die Pflege des Geleges und nach dem Schlüpfen auch das Bewachen des Jungfischschwarms. Auch ist für das Maulbrütermännchen die Besamung der Eier vereinfacht. Während sich bei Offen- und Versteckbrütern die Paare erst nach einer längeren Balz aufeinander einstellen und den Ablauf von Eiabgabe und Besamung synchronisieren müssen, zeigt das Maulbrütermännchen nur mit besonders intensivem Leuchten seiner Farben an, daß es besamungsbereit ist. Bei diesen Arten sind Synchronisation und Balz nicht notwendig.

Zukal

Über die Möglichkeiten der Eibefruchtung bei Maulbrütern gab und gibt es Meinungsverschiedenheiten. Sie beziehen sich vor allem auf die Auslegung, weshalb die Eiflecke in der Afterflosse männlicher Tiere vorhanden sind. Während nichtmaulbrütende Cichliden und auch eine Reihe Arten, die nicht zur Familie der Buntbarsche gehören, ihre Eier schubweise abgeben, und die Männchen während der Legepause die Eier besamen, erfolgt die Besamung der Gelege bei den Maulbrütern unterschiedlich. Es gibt Arten, bei denen die Eier erst nach der Befruchtung durch das Männchen vom Weibchen ins Maul genommen werden und andere, bei denen die Besamung im Maul erfolgt. Zur ersten Gruppe gehört mit Einschränkung der Kleine Maulbrüter *(Pseudocrenilabrus multicolor).* Die Männchen dieser Art zeigen keine Eiflecke, doch tragen sie statt dessen am hinteren Ende der Afterflosse einen gelblichen oder orangefarbenen Saum, der, zusammengelegt, durchaus die Funktion eines Eiflecks erfüllen könnte. Man gibt dieser Art eine Zwischenstellung in der Besamung (eine Reihe von nicht befruchteten Eiern werden im Maul nachbefruchtet), deshalb muß das Weibchen aktiv werden und das Männchen zur Abgabe des Spermas bewegen. Es schwimmt dazu besonders dicht an seinen Partner heran, stößt nach dessen Genitalgegend und gegen den hinteren Rand der Afterflosse, wobei der wie Eiattrappen wirkende zusammengelegte Saum eine auslösende Wirkung hat. Die Bedeutung der Eiflecke ist aus verschiedenen Publikationen (hauptsächlich von KIRCHSHOFER, FRYER und WICKLER) einer breiteren Schicht von Aquarianern bekanntgeworden. Die Farbenpracht vieler afrikanischer Buntbarsche und weil sie problemlos nachzuzüchten sind, haben diese Pfleglinge zu Favoriten vieler Aquarienfreunde werden lassen.

Die Männchen vieler maulbrütenden Arten tragen in der Afterflosse mehrere Eiflecke, gelbe oder orangefarbene, hintereinander angeordnete meist ovale Punkte, von denen etliche dunkel gerandet sind. Diese Eiflecke sollen, wie man heute weiß, dem Weibchen vortäuschen, daß an dieser, vom Männchen dargebotenen Stelle, noch Eier einzusammeln und ins Maul zu nehmen seien. Nun hat das Weibchen bereits die abgelegten, noch unbefruchteten Eier im Maul. Wenn es nun versucht, auch noch den „Rest" aufzunehmen, gibt das Männchen sein Sperma ab. Wie eine Wolke umgeben nun die Spermien die Afterflosse des Männchens und das weibliche Tier bekommt bei jedem Zuschnappen nach den vermeintlichen Eiern Sperma ins Maul, die Befruchtung der Eier findet statt. Diese erstaunliche Entwicklung im Verhaltensmuster zeigt, wie weit die natürlichen Sicherheitsvorkehrungen zur Art-Erhaltung sich vom üblichen Verhalten entfernen. Die Befruchtung mit Hilfe von Eiattrappen ist jedoch nicht die alleinige Methode, mit der maulbrütende Cichlidenweibchen die Befruchtung der Eier im Maul erreichen. Auch die Weibchen einiger Sarotherodon-(Tilapia-)Arten — etwa *S. mossambicum* — nehmen die Eier bereits vor der Befruchtung ins Maul. Dann ist die Geschlechtspapille des Männchens schon hervorgetreten. Über die Besamung der Eier gibt es in unterschiedlichen Berichten auch differenzierte Beobachtungen. Vielen zur Folge, nimmt das Weibchen das Sperma mit den Lippen direkt von der Papille. Diese totale Eigeninitiative des Weibchens ist bei einigen anderen Arten noch stärker ausgeprägt: Den Männchen wächst die Genitalpapille in zwei fransenartig verlängerte Lappen aus, die bis zu 15 cm lang werden können. Man nennt sie „Geißel-Tilapien". Dieser Begriff entstand, als die heutigen Sarotherodon-Arten noch zur Gattung *Tilapia* gestellt wurden. Die bekanntesten Arten dieser Gruppe sind *S. macrochir, S. ruckwaense* und *S. karomo.* Bei ihnen ist das „Spermamelken" der Weibchen, die schon Eier im Maul tragen, noch intensiver ausgebildet. Das Männchen gibt sein Fortpflanzungsprodukt nun nicht mehr in feinen Wölkchen, sondern in 0,5 mm starken und mehrere Zentimeter langen Fäden ab, die von den Weibchen eingeschlürft werden.

Maulbrütenden Arten, wie wir sie inzwischen vom amerikanischen Kontinent kennen, fehlen die Eiflecke dort ganz, wo wir sie bei Haplochromis-Arten und denen der Felsencichliden *(„Mbuna")* aus afrikanischen Seen kennen: in der Afterflosse. Noch ist das Geheimnis nicht gelüftet, auf welche Weise etwa *Geophagus hondae* ihre Eier befruchtet. Die Eiattrappen liegen (nach VIERKE) in den Maulwinkeln der Männchen und dienen damit nicht zum Absichern der Laichbefruchtung, wie es die Eiflecke im Analbereich anderer Arten tun. Sie werden bereits beim Steinlutschen dem Weibchen besonders auffällig präsentiert, also schon bei der Balz eingesetzt. Während der Eiabgabe hält das Männchen seinen Kopf dicht an die Laichöffnung des Weibchens und zeigt ihm auf diese Weise an, wo die Eier, die es schnell aufnehmen muß (Freßfeinde), zu suchen hat. Nach jedem Eischub schwimmt nun das Weibchen rückwärts und nimmt sein Vermehrungsprodukt sofort ins Maul. Folgt man dieser Theorie, dienen die Eiattrappen bei dieser Art nicht der Befruchtungs-Sicherung, sondern vielmehr der beschleunigten Aufnahme des Laichs.

Jung

Melanochromis auratus. *Weibchen trägt Eier im Maul, die man aus dieser Perspektive gut erkennen kann.*

Andere Arten maulbrütender Cichliden aus Südamerika — ebenfalls aus der Gattung *Geophagus* oder *Gymnogeophagus* — verfahren nach anderem Muster. Sie hängen ihre Eier zuerst an ein Substrat und nehmen sie erst nach einem oder zwei Tagen ins Maul. Es zeigt sich also eine Übergangsphase vom Substratbrüter zum Maulbrüter. Das geht auch aus der höheren Zahl abgegebener Eier hervor. Bei *Geophagus jurupari* und *Gymnogeophagus balzanii*

Sarotherodon macrochir, *eine der sogenannten Geißel-Tilapien. Das Weibchen nähert sich, nachdem es die abgelegten Eier ins Maul genommen hat, dem männlichen Genitalanhang, um die eigenen Geschlechtsprodukte durch Absaugen der Spermafäden (unten) zu befruchten.*
Apfelbach (3)

oder *Geophagus surinamensis* sind es zwischen 200—400 Stück je Gelege, außerdem sind sie klein mit geringen Farbanteilen. Im Gegensatz dazu die wesentlich größeren, leuchtend gelborangefarbenen Eier ohne Haftapparat von *G. hondae.* Deren Gelege sind zahlenmäßig kleiner (etwa 50—100 Stück). Die Menge der abgegebenen Eier je Gelege steht im Verhältnis zur Gefahr, der der Laich während der Brutzeit ausgesetzt ist. Da die Eier im Maul der Mutter einen weitaus größeren Schutz haben als auf einem Substrat, ist ihre Stückzahl reduziert, was im Volumen durch größere Eier ausgeglichen wird.

## Natürliches und künstliches Erbrüten der Eier

Fast immer, wenn man „Fisch-Züchter" sagt, sollte es eigentlich „Zucht-Fisch" heißen, denn überwiegend sind es die Elterntiere, die eine Zucht bewerkstelligen. Ein Züchter, wie wir ihn verstehen, schafft im Aquarium jene Voraussetzungen, daß uns die Fische „die Ehre geben". Gehen wir also einmal davon aus, daß sich die Fische um die Brut kümmern, hat der Pfleger dennoch die Aufgabe, möglichst alles Feindliche vom brutpflegenden Paar fernzuhalten. Dazu gehören nicht nur die mit dem Auge erkennbaren Feinde, sondern auch die unsichtbaren, etwa Wasserqualität und -temperatur. Die meisten brutpflegenden Arten werden mit sichtbaren Feinden, soweit sie abgewehrt werden können, sehr gut fertig. Hat eine negative Situation jedoch ihre Ursache in einer Unaufmerksamkeit des Pflegers, kann leicht die gesamte Brut verlorengehen. Daher ist gerade während der Brutpflegezeit größte Sorgfalt in der Handhabung technischer Geräte vonnöten. Besonders wichtig dabei ist die Durchlüftung des Aquarienwassers.

Brutpflegende Arten — viele Aquarianer denken dabei sicher zuerst an Cichliden — befächeln im Zuchtbecken die Eier ständig. Dabei werden gleichzeitig alle notwendigen Verrichtungen vorgenommen — wie das Aussortieren verpilzter Eier und das Säubern der Umgebung sowie natürlich auch das Bewachen vor Freßfeinden. Nun wird es vorkommen, daß ein Paar besser harmoniert als ein anderes, wie es außerdem selbst bei Arten mit hohem Brutinstinkt vorkommen kann, daß das Gelege verspeist wird. Davon können besonders die Pfleger von Symphysodon-Arten (Diskus-Fischen) ein Lied singen.

Bei brutpflegenden Arten, und hier besonders bei den Buntbarschen, unterscheidet man verschiedene Formen der Familienbildung. Die Bezeichnung hängt davon ab, wer von den Elterntieren die Brut pflegt und behütet. Teilen sich die Eltern in der Arbeit, so nennt man das eine Elternfamilie. Bleibt die Arbeit dem männlichen Partner überlassen, sagt man Vaterfamilie, wenn umgekehrt die Mutter sich um den Nachwuchs kümmert, Mutterfamilie. Der jeweilige Familientyp läßt sich bald herausfinden, ist er doch im Instinkt der Tiere bereits vorgeprägt, und selten verläuft die Zucht einmal anders, als sie den einzelnen Arten „einprogrammiert" ist. Vaterfamilien sind recht selten, Mutterfamilien dagegen kommen häufig vor, beispielsweise bei verschiedenen Zwergcichlidenarten. Weil sich bei den Maulbrütern das Männchen wenig um seinen Nachwuchs kümmert — auch hier müssen meist die Weibchen das gesamte Brutgeschäft übernehmen —, muß man sie wohl zu den Mutterfamilien rechnen. Elternfamilien finden wir hauptsächlich bei den substratbrütenden sogenannten Großcichliden, auch wenn kleiner bleibende Arten dabei sind *(Aequidens, Cichlasoma, Tilapia* usw.). Diese Bezeichnungen sind nur aquaristisch voll gültig, denn in freier Natur müssen andere Maßstäbe gesetzt werden. So wird vielfach auch bei einer Mutterfamilie das Männchen nicht fortschwimmen, sondern in größerem Umkreis als im Aquarium das Revier vor potentiellen Feinden zu schützen trachten.

Man soll aber stets bedenken, daß die meisten Fische nicht den brutpflegenden Arten angehören. Aquaristisch sind deshalb vielleicht die Cichliden interessanter. Sie sind ebenfalls bevorzugte Studienobjekte für Verhaltensforscher.

Wird die Brut nicht von den Eltern gepflegt, bleibt sie sich zwangsläufig — wie auch die Larven und die Jungfische — selbst überlassen. Man unterscheidet Larve und Jungfisch so: wenn ein junger Fisch gerade die Eihülle verlassen hat, nennt man ihn seiner Unfertigkeit wegen Larve. Eine Fischlarve kann noch keine Nahrung aufnehmen, sie ernährt sich von ihrem Dottersack, zumal sie auch noch nicht schwimmen kann (die Flossen sind zu einem einheitlichen Saum verbunden). Larven sind, erst halbentwickelt, besonders vielen Gefahren ausgesetzt, weil sie sich zwar bereits bewegen, jedoch noch nicht in ein Versteck flüchten können. Mit weiterer Entwicklung wird der Magen- und Darmtrakt durchgängig, die Fischchen werden schwimmfähig und gehen allein oder unter Führung der Eltern auf Nahrungssuche. Man spricht jetzt von „freischwimmenden" Jungfischen. Werden sie von ihren Eltern betreut, lassen sie sich während der ersten Lebenstage für kurze Zeit zur Nahrungsaufnahme ausführen. Dabei verlassen die Kinder der Versteckbrüter nach und nach ihren Unterschlupf, und die Jungen der Maulbrüter verlassen immer häufiger das beschützende Maul der Mutter. Junge Diskusfische — auch als „Säugefische" bekannt — leben in den ersten Tagen nach dem Freischwimmen von einem Hautsekret ihrer Eltern und halten sich dabei ständig in deren hochgebautem Körperbereich. Dabei setzt sich der Jungfischschwarm einmal zum Vater und einmal zur Mutter ab. Der Partner bleibt dabei ständig in der Nähe des gerade führenden Elterntieres, um den Bereich, der als Revier betrachtet wird, zu überwachen.

Die verschiedenen lebendgebärenden Arten, von denen die meisten Aquarianer nur die Vertreter aus der Familie der Lebendgebärenden Zahnkarpfen *(Poeciliidae)* kennen, praktizieren — genau genommen — einen umgewandelten Schutz für ihre Brut. Weil deren Junge bereits schwimmfähig und voll ausgebildet aus der Bauchhöhle entlassen werden, kann man sie deshalb nicht mit echten Säugetieren vergleichen. Bei ihnen ist das Jungtier mit der Mutter über die Nabelschnur verbunden und wird auf diese Weise ernährt. Echte Säuger entlassen ihre Jungen aber nicht in einem derart entwickelten Stadium aus dem Schutz des Mutterleibes, wie das bei lebendgebärenden Fischen der Fall ist. Man kennt die Begriffe „Nesthocker" und „Nestflüchter" bei jungen Säugetieren, die entweder nach der Geburt eine Zeitlang von der Mutter gepflegt werden müssen oder sich sofort auf die Beine stellen und fortbewegen können. Jungtiere der ersten Gruppe (beispielsweise junge Kätzchen) könnte man einer Art Larvenstadium zurechnen, weil sie unmittelbar nach der Geburt weder laufen noch sehen, wohl aber schon Nahrung aufnehmen (bei der Mutter trinken) können. Lebendgebärende Fische entwickeln sich und wachsen bis zur notwendigen Größe im Mutterleib heran. Können sich die Jungen nicht mehr aus dem Ei ernähren, werden sie aus dem Körper der Mutter entlassen — geboren. Ähnlich, wenn auch in anderer Form, verläuft die Entwicklung von Seepferdchen: Das Weibchen gibt seine unbefruchteten Eier in eine offene oder geschlossene Bruttasche an der Bauchseite des Männchens, dort wird das Gelege befruchtet. Die Jungen werden der Obhut des männlichen Partners anvertraut und nach einer bestimmten „Tragezeit" aus seiner Obhut — der Tasche — entlassen. Sicher kann man hier nicht von „geboren" sprechen. Diesen Vorgang kann man in einem Meerwasseraquarium gut beobachten.

In unseren meist überbesetzten Aquarien sind die Eier der nicht brutpflegenden Arten großer Gefahr ausgesetzt: Sie gelten bei Mitbewohnern, oft aber auch bei den eigenen Eltern als Leckerbissen und werden verspeist (Laichräuber). Will der Pfleger die Brut großziehen, muß er es auf „künstliche" Weise tun. Das gilt auch für Gelege brutpflegender Arten, wenn sie ihre Eier auffressen. Gelegentlich kommt das vor, wenn ein Fehlverhalten oder eine sonstige Störung vorliegt. Von künstlicher Aufzucht sollte man aber nur im Zusammenhang mit Gelegen brutpflegender Arten sprechen, zumal sich die Eier nicht brutpflegender Arten auch in der Natur selbst überlassen bleiben und bei ihnen die Bezeichnung „künstlich" fehl am Platze zu sein scheint, eher könnte man dann von „Bruthilfe" sprechen.

Was geschieht mit bereits geschlüpften Jungfischen, wenn wir sie von ihren Eltern oder von der Mutter entfernen müssen? Manche Pfleger glauben, daß jene bessere und kräftigere Fische würden. Daß das nicht stimmen kann, sagt einem der gesunde Menschenverstand. In der Tat haben Versuche bewiesen, daß beispielsweise Maulbrüter, wenn sie geprägt durch ihr Instinktverhalten bei ihrer Mutter bleiben, besser heranwachsen als ihre abgesondert aufgezogenen Geschwister (PAULO). Neuerdings weiß man, daß viele Cichliden ihre Jungen füttern. Das gilt besonders für jene Arten, die es ohnehin schwer hatten, sich den harten Umweltbedingungen anzupassen, etwa die Stromschnellencichliden aus den Gattungen *Lamprologus, Leptotilapia, Steatocranus* oder *Teleogramma.* Die Jungfische dieser Arten müssen erst eine gewisse Selbständigkeit und vor allem gute Schwimmfähigkeit erreicht oder entwickelt haben, ehe sie das schützende Versteck ihrer Geburt verlassen können, sonst würden sie von der starken Strömung abgetrieben. Entsprechend muß sich der Instinkt der Elterntiere, den Jungen das Futter vorzukauen, erst als Folge erschwerter Umweltbedingungen herausgeprägt haben. Schon deshalb erscheint es einleuchtend, daß Jungfische, deren Instinktverhalten an die Eltern oder die Mutter gebunden ist, auf sich allein gestellt weniger gut mit dem Leben fertigwerden, obgleich Freßfeinde ferngehalten werden. Zu lernen, bestimmtes Futter von bestimmten Plätzen aufzunehmen, klappt unter Anleitung eines führenden Tieres besser, als wenn die Jungen sich allein orientieren müssen. So wird auch verständlich, daß von der Mutter oder den Eltern geführte, gepflegte und beschützte Jungtiere schneller heranwachsen und besser gedeihen, als wären sie auf sich allein gestellt. Gerade das unterschiedliche Instinktverhalten gibt jenen Arten, die auch in freier Natur sich selbst überlassen sind, bessere Voraussetzungen mit als denjenigen, die eine Zeitlang an Elterntiere gebunden sind.

Bei der künstlichen Aufzucht von Jungen direkt aus dem Ei muß der Pfleger die natürlichen Voraussetzungen der Gattung oder der Art schaffen. Bei den Freilaichern, Fischen also, die ihre Eier mehr oder weniger wahllos abgeben, fängt man nach dem Ablaichen die Eltern heraus und überläßt Eier und Schlupf den im Zuchtaquarium geschaffenen Vorbedingungen, die man dann bis zum Schlupf nicht mehr verändern darf. Bei anderen Arten kann man die Eltern, auch wenn sie sich nicht oder nur selten um die Brut kümmern, im Becken belassen (Zuchtanleitungen beachten). Eier sind überwiegend recht sauerstoffbedürftig, also muß während der Brutzeit besonders auf das Funktionieren der Wasserdurchlüftung geachtet werden. Sollen Eier brutpflegender Arten künstlich erbrütet werden, muß man sie besonders belüften, denn die Eltern können ihnen kein Wasser zufächeln. Dazu richtet man am besten den frisch aus dem Filter einfließenden Wasserstrahl (Motorpumpe) indirekt und vorsichtig auf das am Substrat hängende Gelege. Wer keinen Motorfilter besitzt, kann einen Ausströmerstein derart in die Nähe der Eier plazieren, daß diese von der Aufwärtsströmung nicht abgerissen werden. Müssen größere, nichthaftende Eier von

Maulbrütern künstlich erbrütet werden, hängt man sie, falls man keinen eigens dafür vorgesehenen Behälter hat, in einem feinmaschigen Teesieb über einen schwach betriebenen Ausströmerstein ins Aquarienwasser.

## Aufzucht und Aufzuchtfutter

Viele Jungfische gehen an zu großem Bakterienbestand, entstanden aus überschüssigem Futter, zugrunde. Deshalb findet man in vielen Aufzuchtbecken professioneller Züchter blaues Wasser: Zur Bekämpfung der Bakterien wird Methylenblau in 2- bis 3prozentiger Lösung eingesetzt. Man bereitet die Lösung vor wie beim Thema „Zuchtwasser" angeführt. Auf den Zusammenhang zwischen Wachstum der Jungfische und Qualität des Zuchtwassers wurde beim gleichen Thema hingewiesen. Die Fütterung der Kleinen indes ist ein Thema für sich: bei einer Reihe von Arten kann sie Probleme mit sich bringen, bei anderen wiederum treten gar keine auf. Man sagt: „Jungfische müssen im Futter stehen." Damit ist nicht gemeint, daß das Becken ein großer Futtertopf sein soll! Soll den Jungen die Möglichkeit gegeben sein, ständig zu fressen, muß man entweder Lebendfutter geben oder totes Futter in genau kontrollierten Gaben. Je nach Größe der Jungfische muß aus Tümpeln selbst beschafftes Futter gesiebt und erst auf unerwünschte Zusätze kontrolliert werden. Vielen Aquarianern und Züchtern ist die Fütterung von empfindlichen Jungfischen mit (teilweise) schwer kontrollierbarem Tümpelfutter zu gefahrvoll. Deshalb mißglückt nämlich vielfach die Aufzucht bereits geschlüpfter Jungfische anscheinend ohne jeden Grund. Auch wer lebende Futtertierchen reicht, kann sie nicht in unbegrenzten Mengen ins Aufzuchtbecken geben, damit die Fische im wahrsten Sinne des Wortes im Futter „stehen". Vielmehr bringt eine zu große Gabe ebenso die Gefahr des Absterbens (hoher Sauerstoffverbrauch) mit sich, wie eine zu große Menge von Trocken(Staub)futter, dessen übrigbleibender Teil schnell in Verwesung übergeht. Deshalb sollte ein Aufzuchtbecken für eine größere Jungfischmenge grundsätzlich ohne Bodengrund aufgestellt werden. Dann kann der Beckenboden in bestimmten kurzen Abständen abgesaugt werden (Gazestreifen vor den Schlauch binden).

Die Fütterung muß sofort nach dem Freischwimmen der Jungen einsetzen, deshalb ist es erforderlich, bereits frühzeitig über die Art der Futternahme sowie über das nötige Futter und dessen Beschaffenheit möglichst genau Bescheid zu wissen. Gleichmäßige, über den Tag verteilte Futtergaben sind nicht immer leicht zu verabreichen, zumal auch Aquarianer ihrer Arbeit nachgehen müssen. Jedoch muß in jedem Fall eine passende Lösung gefunden werden, etwa daß ein Familienmitglied genau nach Anweisung füttert. Vor allem in den ersten Lebenstagen der Kleinen, in denen sich der Magen- und Darmtrakt erst voll entwickeln muß, ist das vorrangig zu beachten. Die Fischchen schlagen sich jetzt den Bauch bereits voll, wie man unschwer evtl. mit einer Lupe erkennen kann, doch hält dieser Vorrat höchstens 2—3 Stunden vor. Jungfische, die sofort Staubfutter in Pulverform annehmen, können gegebenenfalls, und je nach den Möglichkeiten des Gerätes, während der Stunden der Abwesenheit mit Hilfe eines Fütterungsapparates versorgt werden. Damit können aber die meisten Lebendfutterarten, wie beispielsweise die Larven von *Artemia salina,* den Salinenkrebschen, nicht verfüttert werden. Eine Methode, gleichmäßige Mengen von Infusorien in zeitlichen Abständen in ein Aufzuchtbecken zu geben, funktioniert so: man stellt einen vorbereiteten Infusorienbehälter (Einmach- oder Marmeladenglas) auf die Abdeckscheibe des Beckens oder an einer anderen Stelle oberhalb des Wasserspiegels auf, läßt mit Hilfe eines Luftschlauches und einer Schlauchklemme — also einer Tropfvorrichtung — das mit Infusorien angereicherte Wasser aus dem Behälter in vorher getesteten Abständen in das Beckenwasser tropfen. Starke Filter oder dergleichen dürfen bei dieser Methode aber nicht in Betrieb sein, wie sie sowieso bei wirklich kleinen Jungfischen nicht am Platze sind. Eine andere „naturgerechte" Methode, den stets hungrigen Kleinen Zusatzkost anzubieten, kann darin bestehen, bereits vor Beginn der Zucht ein Aufzuchtbecken vorzubereiten, in dem sich mit Hilfe starker Beleuchtung (auch Sonneneinstrahlung) eine Mikroflora und -fauna bilden läßt. In ein solches Becken sollte man organisches Material (Moorkienholz) einbringen. So wird meist gesunderes Wasser erzielt und bei der Aufbereitung unter Einsatz von Huminstoffen eine übermäßige Bakterienflora unterbunden. Steht ein solches Becken einmal über mehrere Wochen ohne Fischbesatz, wird man erstaunt sein, welche Vielzahl an kleinen Lebewesen (leider meist auch an Schnecken) sich gebildet hat. Man kann die Tierchen schon mit bloßem Auge erkennen. Werden die

Jungfische nach dem Freischwimmen in ein solches Becken umgesetzt (auf annähernd gleiche Wasserqualität achten!), sollen deren Ernährung nicht nur auf diese Mikrowelt beschränkt sein! Das übliche, bereits erwähnte Futter bleibt dabei stets die Hauptnahrung.

Infusorien sind als Futter in den ersten Lebenstagen vieler Jungfischarten unentbehrlich. Nach Aufzehren der Nahrung aus dem Dottersack beginnt die Fischlarve zu schwimmen und Futter zu suchen. Sie ist aus dem Larvenstadium nun heraus — ist bereits Jungfisch. Ihr Mäulchen ist indes noch sehr klein, die Nahrung muß also feinkörnig sein. Je nach Art und Größe des Fischchens kann und muß man sie eine — nach Art und Größe schwankende — Anzahl von Tagen mit Infusorien ernähren. Das gilt für jene Arten vor allem, die auch als erwachsene Tiere nur wenige Zentimeter lang werden. Eine Infusorienzucht anzulegen, ist nicht schwierig. Die mikroskopisch kleinen Einzeller züchtet man in sogenannten Aufgüssen. Aus ihrer Vielgestaltigkeit kennen wir nach verschiedenen Berichten Glocken-, Pantoffel- und Trompetentierchen, deren volkstümliche Namen aus ihrer Körperform abgeleitet wurden. Zu den Wimpertierchen gesellen sich auch andere Mikroorganismen, die eigentlich keine Infusorien sind, für Aquarianer indes noch unter diesen Sammelbegriff fallen. Wir setzen die Kultur am besten in zwei oder drei Einmachgläsern mit 3—5 Liter Inhalt (große Gurkengläser) an. Wir füllen sie, gelegentlich eines Wasserwechsels, mit altem Aquarienwasser und „impfen" es mit kleinen (!) Mengen Infusoriennährboden, etwa mit einem halben Teelöffel voll Trockenfutter, mit getrockneten Salatblättern (fein zerrieben) oder auch mit einigen Rüben- oder Kohlrabischnitzeln. Den gleichen Zweck erfüllt ein Stückchen getrockneter, zerbröselter Bananenschale. Nun beginnen Bakterien sich zu bilden und zu vermehren. Die Bakterien wiederum sind das Futter für die Infusorien. Unsere Nahrungskette steigt jetzt stets um eine kleine Menge an. Man stellt diesen Zuchtansatz hell an einen mittelwarmen Platz, nie jedoch in pralle Sonne. Diesen Gläsern entströmt ein wenig guter Geruch, nicht gerade zum Wohlgefallen der Hausfrau, deshalb sollte man sie abseits plazieren. Setzt nun eine Trübung des Wassers in den Gläsern ein, ist der Zeitpunkt, in dem sich die Infusorien entwickeln, gekommen. Wird die Flüssigkeit nach einigen Tagen wieder klar, ist unser Zusatzfutter fertig. Das infusorienangereicherte Wasser kann nun mit einer Pipette den Jungfischen gegeben werden. Entnommenes Wasser muß gleich ergänzt werden. Die bei dieser Gelegenheit vorgenommene Fütterung der Infusorien erfolgt durch ein paar Tropfen Milch, wenige Hefebröckchen oder auch eine Teelöffelspitze Eipulver.

Salinenkrebslarven stehen auf der Rangliste als Jungfischfutter an folgender Stelle. Ihre Aufzucht wie auch die Verwendung weiterer Futterarten wurde im Band I (Aquarium — Pflanzen — Fische) — mit Abbildung — ausführlich beschrieben. Die Larven dieses Krebschens stellen bei den sehr kleinen Arten als Erstfutter bereits die zweithöhere Stufe dar, während man sie vielen Jungfischen größerer Arten als „Futter der ersten Tage" sofort nach dem Freischwimmen anbieten kann. Auch beim Darreichen dieser Futtertiere kann man wieder eine Pipette zur Hilfe nehmen. So kann man gewährleisten, daß die Larven in die unmittelbare Nähe des Jungfischschwarms abgegeben werden, noch bevor sie sich im Becken verteilen können. Vorher sollte man die Futtertiere noch durch ein „Artemiasieb" geben und sie vom Salzwasser befreien. Dabei werden noch beigemischte abgestorbene Eier, wie auch leere Eischalen im Sieb zurückbehalten. Artemiasiebe kann man im Fachhandel kaufen.

Cyclops zählen, wie auch die Diaptomus-Larven, zu den Ruderfußkrebsen. Weil sie sich nur ruckweise fortbewegen, nennt man sie auch „Hüpferlinge". Als Larven oder Nauplien sind diese Tiere ebenfalls ein gutes Aufzuchtfutter, das größer werdenden Arten bereits in den ersten Lebenstagen gereicht werden kann. Man findet sie in kleinen Gewässern und fängt mit einem engmaschigen Netz mit möglichst viel Tiefe (50—70 cm) an einem langen, elastischen Stab. So kann man vom Ufer aus schöpfen und die Futtertiere herausfiltern. Die Tierchen sind sehr sauerstoffbedürftig und können nicht in zu großer Menge transportiert werden, weil sie sonst schnell sterben. Dem Aufbewahrungsbehälter muß eine kräftige Wasserdurchlüftung angeschlossen werden. Bei einem Gartentümpel ist diese Arbeit nicht nötig. Bei zunehmender kalter Jahreszeit nimmt die Zahl der Krebschen in den Gewässern ab. Man darf nie zu große Mengen verfüttern, sie würden dann nicht gefressen und recht schnell zu kleinen Krebsen heranwachsen, die sich nur allzuleicht an den Jungfischen vergreifen.

Mit dem Heranwachsen nehmen die Jungfische auch bald größeres Futter. Man kann vorsichtig testen, inwieweit sie bereits größeres Futter aufzunehmen in der Lage sind. Das ist keine Frage des Appetits, sondern der Möglichkeit der Aufnahme. Ein Menschenbaby kann Kartoffeln auch noch nicht unzerkleinert essen. Genauso müssen wir es mit größerem Futter halten, soll es trotzdem einmal verfüttert werden. Das kann mit Enchyträen oder Tubifex (gut gewaschen!) geschehen, die man mit einem scharfen dünnen Messer oder mit einer Rasierklinge in feinste Teilchen zerschneidet.

Wichtig bei jeglichem Füttern ist, gleichzeitig zu beobachten, was, wie schnell und wie es genommen wird. „Man muß den Jungfischen aufs Maul schauen", selbst wenn dazu eine Lupe nötig wäre. Gelingt ein Fütterungsversuch einmal nicht und stellt sich heraus, daß für die Jungfische das gebotene Futter noch zu groß war oder es aus anderen Gründen nicht annehmen, müssen die Überreste sofort wieder abgesaugt werden, damit sie das Wasser nicht unnötig belasten. Bei dieser Gelegenheit sei auch auf die Verfütterung von Essigälchen (vergleiche Band I) hingewiesen, die wegen ihrer Winzigkeit eher für manche Jungfischarten geeignet sind als zerkleinerte Enchyträen oder Tubifex. Vielen Aquarianern sind Essigälchen auch als „Mikro" bekannt.

Jungfische und das Beckeninnere sollten nicht nur, wie im letzten Abschnitt erwähnt, zum Feststellen regelmäßiger Futteraufnahme beobachtet werden, man sollte auch Boden, Wände und vorhandene Einrichtungsgegenstände mit den Augen absuchen und für dunkle Ecken eine Taschenlampe zur Hilfe nehmen. Jungfische können auch im Aufzuchtaquarium Feinde haben, die man mit dem Tümpelfutter einschleppt und die sich erst jetzt — bei der beschriebenen Fütterung — so recht entwickeln. Neben den gefürchteten Larven des Gelbrandkäfers (die wahrlich schnell unter den Jungfischen aufräumen würden), sollte auch darauf geachtet werden, daß kein fremder Laich (etwa von Fröschen usw.) eingeschleppt wird. Auch können sich verschiedene Süßwasserpolypen im Becken als Folge von Unvorsichtigkeit ansiedeln. Sie werden meist zwar nur kleinsten Fischen gefährlich, können aber doch einigen Schaden anrichten. Jungfische werden auch schon von Hautparasiten befallen! Man trifft sie zwar wegen der besonderen, in einem Zuchtbecken herrschenden Hygiene relativ selten an, doch muß trotzdem auf sie hingewiesen werden. *Ichthyophthirius multifilis* kann man aus einem bereits verseuchten Becken leicht übertragen (Fangnetze und anderes Gerät nach jedem Wechsel von Becken zu Becken desinfizieren!) und auch andere parasitär bedingte Krankheiten: *Oodinium pillularis* (Samtkrankheit), die Hauttrüber *Chilodonella cyprini* oder *C. hexasticha* und *Costia necatrix* wie die verschiedenen Trichodina-Arten. Auch hier wieder hilft die Taschenlampe, die Feinde unserer Jungfische zu erkennen. Die Diagnose-Merkmale sind aus der Tabelle im Band 1 zu ersehen, ebenso die Therapie, die Behandlung zur möglichen Heilung also.

## Einige Zuchtanleitungen

Eingangs muß einschränkend bemerkt werden, daß in diesem Buch nicht die Zucht jeder Art abgehandelt werden kann. Bei den vielen Artbesprechungen in den Bänden II und III sind entsprechende Hinweise gegeben. Die hier angeführten Beispiele werden zum großen Teil mit Bilddokumenten unterstützt und auf diese Weise wird das Verstehen erleichtert. Auch muß festgestellt werden, daß Zuchtanleitungen stets subjektiven Charakter haben und ihn haben müssen. Beruhen sie doch auf Beobachtungen des Autors oder auf denen seiner Informanten. Wer nach den hier angeführten Beschreibungen arbeiten will, sollte aber wissen, daß ihm auf jeden Fall Mittelwerte für die Haltungsbedingungen an die Hand gegeben werden. Bisweilen muß der Leser auch zwischen den Zeilen lesen und seine eigenen aquaristischen Kenntnisse einsetzen, will er zum Erfolg kommen. Fischzucht kann niemals eine sichere, vorauszuberechnende Angelegenheit sein, gibt es doch viele unvorhersehbare Kleinigkeiten, die Fische von der Nachzucht abhalten können, wie man von Berichten hört und liest, nach denen Zierfische unter „unmöglichen" Bedingungen abgelaicht haben und deren Junge dann auch noch großgezogen werden konnten. Zierfischzucht ist häufig ein Geduldsspiel, wie mir sicherlich die meisten aus der Garde beispielsweise der Diskus-Züchter bestätigen werden. Wer glaubt, er habe „die Sache" im Griff, muß oft feststellen, daß nichts mehr „geht". Wirft man dann gleich die Flinte ins Korn, kann man sich nicht als echten Aquarianer bezeichnen. Schon mancher hat den „Kram"

Pantodon buchholzi.
*Ei und frisch geschlüpftes Jungtier (links).*

*Jungtierschwarm von* Pantodon buchholzi — *3 Wochen alt (rechts).*

*Jungfisch* (P. buchholzi) — *3 Monate alt (unten).*

Richter (3)

in die Ecke gestellt und nach wenigen Wochen schon wieder hervorgeholt. Die Fischzucht kann ein süßes Gift sein, gelegentlich mit einem leichten Beigeschmack nach „Galle". Das indes kann wohl gerade den besonderen Reiz ausmachen.

## Schmetterlingsfische
## *Pantodon buchholzi*

Tagsüber verhält sich der Schmetterlingsfisch ruhig, erst abends wird er richtig munter. Dieser Fisch steht nicht deshalb am Anfang der Berichte, weil die Art besonders leicht nachzüchtbar wäre, sondern einfach deshalb, weil sich der Autor auch hierbei das Schema der Systematik zu eigen gemacht hat, denn dort nimmt diese Art einen der vorderen Plätze ein. Schmetterlingsfische lieben weiches Wasser von etwa 6—10° dH und einem leicht sauren pH-Wert (um 6,5). Entsprechend ihrer natürlichen Lebensweise in den westafrikanischen Biotopen, liebt er als Oberflächenfisch viel Wärme, 28° C sollten nicht unterschritten werden. Die Unterscheidung nach Geschlechtern ist bei ausgewachsenen Tieren leicht: Während der Hinterrand der Afterflosse weiblicher Tiere gerade durchgeht, ist er bei den Männchen in der Mitte tief eingeschnitten, dort ist der hintere Flossensaum von beiden Seiten aus leicht nach innen gebogt. Weil diese Art im Gesellschaftsbecken schwer zu halten ist, setzt man sie separat in Becken von etwa 60 cm Länge. Vorteilhaft sind flache Behälter, denn sie bieten bei gleicher Wassermenge den Fischen eine größere Oberfläche. Man muß solche Behälter aber selbst anfertigen, weil es sie handelsüblich nicht gibt. Bei derart niedrigem Wasserstand kommen die Tiere eher und besser an das Futter. Bei reichlicher und abwechslungsreicher Ernährung (auch Insekten) bekommen die Weibchen einen rundlichen Bauch und zeigen bald Laichansatz. Es wird von dem Männchen stark bedrängt, deshalb sucht es bald wieder ein Versteck auf. Ein Unterschlupf ist während der Zeit des Treibens wichtig. Man kann ihn leicht durch das Einsetzen einer oder mehrerer aufrechtstehender Scheiben oder Platten schaffen. Auch Schwimmpflanzen sind geeignet, den Fischen Schutz nach oben zu gewährleisten. Man muß bei einer solchen Einrichtung jedoch darauf achten, daß nicht zuviel Freiraum an der Oberfläche verlorengeht. Ein Bodengrund ist wegen der besseren Übersicht nicht notwendig. Die vorher angegebenen Wasserwerte gelten als äußere Grenze nach oben, können durchaus aber unterschritten werden!

Nach dem ersten stürmischen Treiben verläuft die Synchronisation mit der Zeit etwas ruhiger. Das Weibchen wird laichwilliger und duldet jetzt mit abgespreizten Flossen die Umkreisungen des Männchens, denen es sich anschließt. Dabei bleibt das weibliche Tier bisweilen stehen, um dem Partner, leicht zur Seite geneigt, seinen Bauch darzubieten. Lange dauert es nicht, bis das Männchen seine Bauchpartie dagegen drückt. So verharren die Tiere mehrere Sekunden. Beim Lösen voneinander gibt das Weibchen einen ersten Schub Eier ab, bald folgen weitere. Erst sind es nur wenige Eier, später über dreißig. Das jeweilige Fortschwimmen läßt die Eier durcheinander wirbeln, bald jedoch treiben sie wieder an die Wasseroberfläche. Die Eier sind anfangs transparent, werden aber im Verlauf der nächsten Stunden dunkel braunschwarz. Man kann sie schon bald nach dem Hochschwimmen abschöpfen (mit einem Löffel) und in ein separates kleines Aufzuchtbecken mit gleichem Wasser geben. Hier schlüpfen die Larven bei einer Temperatur von etwa 30° C an der Oberfläche (!) nach etwa zwei Tagen. Einzelne verpilzte Eier müssen bald entfernt werden. Drei Tage später ist der Dottersack aufgezehrt und die Kleinen beginnen träge zu schwimmen. Ihr Kopf ist extrem groß. Man muß ihnen jetzt Deckung nach oben bieten. Ein Stückchen Korkrinde würde reichen, doch ist es nicht einfach, die Jungfische darunter wiederzufinden. Die Schwierigkeit bei der Zucht dieser Art besteht nicht im Erbrüten der Eier, sondern im Aufziehen der Jungfische. Man kann die Jungen, wegen der geringen Größe ihres Mäulchens, nicht mit Artemia-Nauplien füttern. Infusorien scheinen sie gern zu nehmen, auch feinzerhackte Enchyträen, die man besser noch durch ein Leinentuch preßt — eine mühsame Arbeit. Derartiges Futter muß nur während der ersten Tage nach dem Freischwimmen gereicht werden, denn anschließend formt sich das Mäulchen der Fische um und ist dann leicht nach oben gerichtet. Den Fischchen ist es nun möglich, auch etwas größeres oder an der Wasseroberfläche schwimmendes Futter aufzunehmen. Bereits nach etwa 2 Wochen kann man dann mit Artemia-Larven füttern, die schwierigste Phase ihres jungen Lebens haben die Jungen nun überwunden. Man muß ihnen aber immer noch soviel Futter anbieten, daß sie davon umgeben sind, weil sie zu träge sind, um den Futtertieren nachzuschwimmen. Es kann also leicht zur Verschmutzung des Wassers im Aufzuchtbecken kommen, weil man gezwungen ist, weitaus mehr Futter zu reichen, als die Jungfische verzehren können. Nach etwa einem Jahr sind sie ausgewachsen. Bis dahin sind sie gegen Umsetzen in Wasser anderer Qualität recht empfindlich.



## Salmlerartige
## *(Characoidae)*

Die Salmler bilden eine riesige Gruppe, aufgeteilt in eine Reihe von Familien und Unterfamilien. Ihre Formenvielfalt ist beachtlich, zumal sie Arten vom großen Räuber (Piranha) bis zu kleinsten friedfertigen Arten umfaßt; außerdem Schrägsteher (Kopf nach oben) und Kopfsteher (Kopf nach unten), Oberflächenfische (Beilbäuche) oder (fast) reine Pflanzenfresser (Scheibensalmler und Distichodus-Arten). Den meisten indes ist ein Merkmal gemeinsam: Die Fettflosse, ein kleiner Hautlappen ohne Strahlen zwischen Rücken- und Schwanzflosse. Ihre Heimat liegt auf dem amerikanischen Kontinent in den südlichen USA bis nach Argentinien sowie im gesamten Afrika. Entsprechend ihrer Vielfalt muß man die Salmler auch in mehrere Formen der Fortpflanzung einteilen: in Freilaicher, in brutpflegende Arten sowie in die weniger bekannten Arten mit Vorratsbefruchtung, zu denen gehören die selten gehaltenen Vertreter der Gattungen *Boehlkea, Stevardia, Creagrutus, Gephyrocharax* und *Glandulocauda,* alle stehen — selbst für gut informierte Aquarianer — ein wenig abseits der allgemein bekannten Aquarienfische.

Brutpflegende Salmler sind ebenfalls nicht häufig anzutreffen, doch gehören zu ihnen einige der bekanntesten Aquarienfische, nämlich die Mitglieder der Gattungen *Copella* und *Copeina,* deren aquaristisch verbreitetste Arten der Forellensalmler *(Copeina guttata)* und der noch interessantere Spritzsalmler *(Copella arnoldi)* sind. Ferner einige Mitglieder der Gattungen *Crenuchus* und *Pyrrhulina.*

## Spritzsalmler
## *Copella arnoldi*

Spritzsalmler tragen ihren Populärnamen zur Recht: Die Bewohner des zentralen Südamerikas bevorzugen kleinste, mit Pflanzen überwachsene Wasseransammlungen als Lebensraum. Ihr Gelege heften die Fische an die Unterseite von Blättern, und zwar außerhalb des Wassers. Die meisten der Sumpfgewächse ragen mit ihren Blättern — sicher aber mit einem Teil — aus dem Wasser — in der Natur wie auch im besonders dafür eingerichteten Aquarium. Die Fische pflanzen sich zwar auch im Gesellschaftsbecken fort, doch ist es günstiger (allein schon wegen der besonderen Laichweise und möglicher Umbauten am

Aquarium), sie gesondert zu halten, dabei muß darauf geachtet werden, daß zwischen der Wasseroberfläche und dem Beleuchtungskasten genügend Raum für die Überwassertriebe der Pflanzen bleibt. Es genügt bereits, wenn man ein Becken mittlerer Größe halb mit Wasser füllt. Eleganter ist, zwischen Becken-Oberkante und Abdeckleuchte eine Glaszarge (je nach Beckengröße von 15—20 cm Höhe) aufzusetzen, zumal man die passend geschnittenen Scheiben heute problemlos mit Silikonkautschuk zusammenkleben kann. Die Fische sind zielsichere Springer, deshalb muß alles gut abgedichtet sein, auch kann die notwendige Luftfeuchtigkeit über dem Wasserspiegel nicht so bald entweichen.

Nach unruhigem Umherschwimmen beider Partner (das Männchen sucht den Laichplatz aus) ergreift das Weibchen meist die Initiative. Dabei wird zuerst das paarweise Seite-an-Seite-Anschwimmen an die Wasseroberfläche geprobt. Nach einiger Zeit schnellen dann beide Tiere aus dem Wasser in Richtung auf das gewählte Substrat, leicht werden etwa 5—7 cm überbrückt. Finden sie an der gewählten Unterlage Halt, klammern sie sich mit den paarigen Flossen fest, auch der Unterkiefer wird dabei eingesetzt; mißlingt der Versuch, fallen sie ins Wasser zurück. Das Weibchen fällt nach jeder Eiabgabe zuerst ins Wasser zurück, das Männchen befruchtet und folgt einige Sekunden später. Der „akrobatische" Akt wird so oft wiederholt, bis das Gelege vollendet ist, dessen Umfang recht unterschiedlich sein kann, in extremen Fällen zwischen 30 und 150 Eier. Meist liegt die Anzahl etwa in der Mitte. Jetzt beginnt für den männlichen Partner eine beschwerliche und konstante Arbeit: Das Gelege darf nicht austrocknen und muß daher in Abständen mit Wasser bespritzt werden (Name). Dazu wird die Schwanzflosse eingesetzt und eine beträchtliche Zielgenauigkeit erreicht. Bei einer Wassertemperatur von durchschnittlich 25° C schlüpfen die Jungen nach knapp 30 Stunden und werden bald von den Wasserspritzern des Männchens ins Becken gespült. Die Larven schwimmen bei der erwähnten Temperatur etwa drei Tagen später frei. Sie sind noch klein und ihr Mäulchen kann nur feinstes Futter aufnehmen. Man füttert anfangs mit Infusorien und Staubfutter. Erst nach etwa 10 Tagen sind die Fischchen so weit entwickelt, daß sie Artemia-Larven und Cyclops fressen können. Nach Beendigung des Laichgeschäfts pflegen die Eltern die Brut nur solange, bis die Larven vom Männchen ins Beckenwasser befördert werden. Darauf sind sie sich weitgehendst selbst überlassen.

Im Gegensatz zur vorgenannten Art laichen Forellensalmler *(Copeina guttata)* an submersen Pflanzen oder in selbst ausgefächelten Sandgruben. Im Gegensatz zum Spritzsalmler, bei denen die Männchen prächtig gefärbte, spitz zulaufende Flossen haben und größer sind, lassen sich die Geschlechter bei dieser Art schwerer unterscheiden. Auch hier übernimmt das Männchen die Vor- und Nacharbeit bei der Brut. Ähnlich verläuft auch die Zucht von *Copella callolepis,* einer anderen Art dieser Gattung, bei der ebenfalls das Männchen die Pflege (auch Befächeln) des Geleges übernimmt.

Freilaichende Salmler bilden die weitaus größte Gruppe aus der Salmlerfamilie. Die Geschlechtsunterscheidung ist für ein geübtes Auge nicht allzu schwer: Meist sind die Männchen schlanker als die Weibchen, außerdem kleiner. Die Paarung vollzieht sich nach der üblichen Balz, die zur Synchronisation zwischen Eiabgabe und Befruchtung dient. Dies ist bei den Salmlern deshalb sehr wichtig, weil ihre Körper (je nach Art) nur kurze Zeit tangieren. Sind mehrere Männchen im Becken, so kommt es zu Rivalitätskämpfen. Dabei kann es vorkommen, daß man sein Weibchen vergißt. Deshalb ist es besser, zwei Weibchen zu einem Männchen zu geben als umgekehrt zu verfahren. Bei der Balz werden die Flossen gespreizt, und die Tiere schwimmen, eng aneinandergeschmiegt, parallel und mit vertikal verdrehtem Körper durch das Becken. Einige Arten haben kleine Widerhaken an bestimmten Flossenstrahlen. Sie erleichtern ihnen bei der Paarung das Beieinanderbleiben. Je nach Art geht die Paarung wieder mit zusammengepreßtem Beieinanderschwimmen einher, bis die Tiere schließlich ruhig stehen bleiben und — teilweise auf dem Rücken liegend — ihre Fortpflanzungsprodukte abgeben. Andere Arten schwimmen senkrecht aufwärts; dabei erfolgt die Befruchtung der Eier beim Umschlingen durch das Männchen. Die Menge der ausgestoßenen Eier kann unterschiedlich sein. Während einer jahreszeitlich bedingten Fortpflanzungsperiode paaren sich die Tiere in einem Zyklus von 2—3 Wochen (artbedingt). Es empfiehlt sich, die Partner in der Zwischenzeit getrennt zu halten. Jeweils nach Beendigung der Paarung nimmt man die Elterntiere aus dem Zuchtbecken, sie könnten sich sonst

Zukal (3)

Copella arnoldi. *Das Paar schmiegt sich eng aneinander und visiert dabei das Laichsubstrat außerhalb des Wassers an (links).*
*Mehrere Weibchen des Spritzsalmlers bemühen sich um die Gunst eines Männchens. Dies hat Vorteile, weil auf diese Weise das männliche Tier seine Partnerin nach bester Harmonisierung aussuchen kann (Mitte).*
*Bei der Umschlingung der Partner, die hier außerhalb des Wassers unter dem Blatt erfolgt, vereinigen sich die Zellen: Die Eier werden ausgestoßen, angeklebt und gleichzeitig befruchtet (rechts).*

an den Eiern vergreifen. Wegen ihres nur begrenzten Haftvermögens fallen die Eier meist zu Boden. Ein vorsichtiger Züchter benutzt einen Laichrost oder eine ähnliche Vorrichtung. Die Eier sind klar und nicht getrübt. Wenn auch nur der Eikern getrübt ist, hat das Ei seine Lebensfähigkeit verloren. Je nach Temperatur und Wasserqualität schlüpfen die Fischlarven nach 18—36 Stunden. Der Schlupf dauert eine Weile, weil sich die äußere Eihülle nur langsam auflöst und nicht, wie wir es von Arten anderer Familien kennen, von den Larven aufgebrochen wird. Die jeweilige Größe der frei schwimmenden Jungfische bestimmt das anzubietende Erstfutter, man muß also die Feinheit des Futters den Aufnahmemöglichkeiten der Jungfische anpassen.

## Neonfische
## *Cheirodon axelrodi* und *Paracheirodon innesi*

Nahe Verwandte und „nur etwas mehr Rot" in der Körperfarbe des *C. axelrodi.* Trotzdem ist der Unterschied, die beiden Neonfische zu züchten, beträchtlich. Der „Rote Neon" *(C. axelrodi)* stammt aus Schwarzgewässern des oberen Rio-Negro-Systems und denen des mittleren Orinoco. Das Wasser dort ist nicht nur mineralarm, sondern beinahe schon minerallos! Mein Mikro-Siemens-Meßgerät zeigte zuweilen trotz guten Zuredens und vieler Meßversuche am Rio Inirida Werte um 1 µS an! Das muß nicht überall gleich sein. Die Angaben von GEISLER gehen bei den Gewässern des oberen Rio Negro auch nicht über 5,4—11,8 µS hinaus, damit wird eine Härte von ungefähr 0,00—0,11° dH angegeben. Der pH-Wert liegt in diesem Gebiet zwischen 4,85 und 5,12. Extreme Werte! Auch wenn die Tiere in unseren Aquarien in härterem und weniger saurem Wasser leben, zur Zucht soll es dem natürlichen Lebenselement möglichst sehr nahekommen — weniger im pH-Wert als in den Härtegraden (vergleiche Thema „Osmotischer Druck" in Band I [Aquarium — Pflanzen — Fische]. Im Gegensatz zu der anschließend gegebenen Zuchtanleitung von *P. innesi,* dem Neonsalmler oder Neon-Tetra, braucht der „Rote Neon" eine um 3—4° C höhere Zuchttemperatur, und der Zyklus zwischen den einzelnen Laichabgaben währt etwa 3—4 Tage länger.

Der Neonsalmler *(P. innesi)* gehört ebenfalls nicht zu den leicht nachzuzüchtenden Arten, auch wenn Profis ausreichende Zuchterfolge melden können. Hier werden

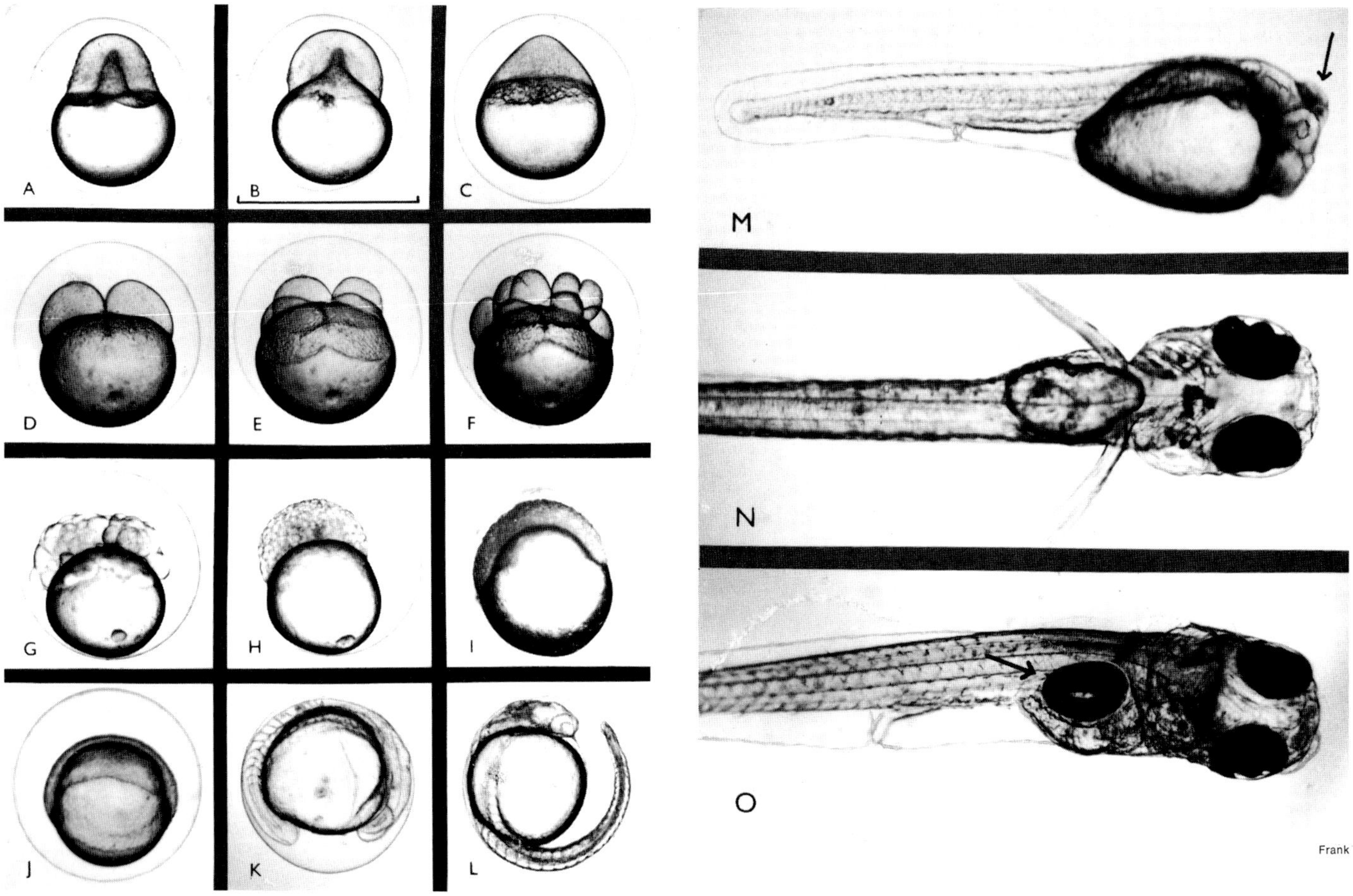


Entwicklung der Eier, Embryonen und Larven des Roten Neon *(Cheirodon axelrodi)* bei einer Wassertemperatur von 27° C, Karbonathärte 0,2 dKH, Nichtkarbonathärte 1,5 dNKH, pH-Wert 5,8. Die durchschnittliche Größe der Eier beträgt 0,85—1,00 mm.

**A + B:** Zwei unbefruchtete Eier, A etwa eine Stunde nach der Eiablage; B etwa 4 Stunden nach dem Ablaichen, das Ei wird bald trüb und zerfällt — eventuell sekundär verpilzt. Der Strich unter dem Ei „B“ zeigt die Länge von 1 mm an.

**C:** Das Ei etwa 10 Minuten nach der Besamung. Die befruchtete Zelle oben begründet die werdende Keimscheibe.

**D:** Keimscheibe aus zwei Zellen, sogenannte Blastomeren. Das sind Furchungszellen, die bei der Furchung aus der Eizelle hervorgehen — Tochterzellen. Alter etwa 30 Minuten.

**E:** Die beiden Blastomeren haben sich im Alter von 45 Minuten wieder geteilt. Man erkennt hier vier Tochterzellen.

**F:** Im Alter von etwa 60 Minuten teilen sich die vier Blastomeren erneut, jetzt sind es acht Tochterzellen.

**G:** Bei weiterer Teilung der Zellen der Keimscheibe entsteht das sogenannte frühe Diskoblastula-Stadium. Alter jetzt 90 Minuten.

**H:** Spätere, mehrschichtige Diskoblastula etwa 180 Minuten nach der Eibefruchtung.

**I:** Beginn der sogenannten Gastrulation (Diskogastrula). Eine breite Schicht der somatischen Zellen (Körperzellen) beginnt den Nährdotter, den späteren Dottersack, zu umwachsen. Das Ei hat jetzt ein Alter von drei Stunden und dreißig Minuten.

**J:** Der Embryo formt sich. Sein Kopf liegt rechts im Bild. Alter jetzt: Vier Stunden und dreißig Minuten.

**K:** Weiterentwicklung. Embryo mit sichtbaren Augenblasen im Kopfteil (im Bild rechts). Im Rückenteil deutliche Segmentation (Somiten, Ursegmente). Der Schwanzteil des Embryos (auf dem Bild links) beginnt, sich vom Dottersack abzutrennen. Alter: Neun Stunden und dreißig Minuten.

**L:** Der vierzehn Stunden alte Embryo sieht bereits recht organisiert aus. Bis zum Schlüpfen fehlen ihm aber dennoch vier Stunden.

**M:** Der frisch geschlüpfte Embryo ist jetzt achtzehn Stunden alt. Er trägt auf dem Kopfscheitel (Pfeil) eine große Haftdrüse. Sie sondert ein Klebesekret ab, und mit ihrer Hilfe kann sich die Larve am Substrat anheften. Gesamtlänge 2,7 mm.

**N:** Die zweiundsechzig Stunden alte Larve hat schwarzpigmentierte Augen, und der Dottersack ist winzig klein geworden. Hier die Bauchseitenaufsicht. Gesamtlänge 3,9 mm.

**O:** Im Alter von einhundertundfünf Stunden überstand die Larve (mit einheitlichem Flossensaum) ihr kritisches Entwicklungsstadium: Die Füllung der Schwimmblase (Pfeil). In dieser Zeit ist die Brut gegenüber der Wasserqualität (jede Art der Wasserverschmutzung) höchst empfindlich. Der freischwimmende Jungfisch geht jetzt von der endogenen (= vom Körperinneren kommend) Ernährung aus dem Dottersack auf die exogene Ernährung über. Das heißt, die jungen Fische müssen selbst aktiv Futter fangen. Durchschnittliche Gesamtlänge 4,2 mm.

wieder Kenntnisse für das Präparieren des Zuchtwassers verlangt. Man verwendet am besten rahmenlose Aquarien, weil es keine nicht einsehbaren Ecken hat, außerdem müssen sie nicht groß sein, eine Länge bis zu 30 cm genügt. Das Wasser soll eine Härte von etwa 1—4° dH aufweisen und einen pH-Wert ungefähr im Bereich zwischen 6,3 und 6,8. Bei der Auswahl der Zuchttiere sollten nur geschlechtsreife Jungtiere angesetzt werden, zumal deren Zucht-Erfolgs-Quote als günstiger einzuschätzen ist. Wann sind Neonsalmler geschlechtsreif? Keinesfalls erst, wenn sie ausgewachsen sind. Wenn man Jungfische ab einem Alter von 4 Monaten beobachtet, erkennt man bald die Männchen an der schlankeren Körperform (auch von oben betrachtet) und die Weibchen an der fülligeren Bauchpartie. Ungefähr 24 Stunden vor dem Ansetzen zur Zucht stellt man das Füttern der Zuchttiere ein. So wird verhindert, daß durch unnötige Kotabgabe das Wasser vorzeitig im kleinen Zuchtbecken belastet wird und die Infusorienbildung zu früh beginnt. In das Becken wird ein Laichrost gegeben. Dabei soll man darauf achten, daß der Züchter jederzeit den Aquariumboden einsehen kann. Falls das von oben her nicht mehr möglich ist, kann man das kleine Becken derart aufstellen, daß von unten — also durch den Aquarienboden — eingesehen werden kann (aufbocken). Die abgegebenen transparenten Eier sollen auch im Halbdunkel (!) des Zuchtbeckens zu beobachten sein. Auf den Laichrost gibt man entweder einige kleinere Büschel Javamoos oder (wem Hygiene über alles geht) entsprechend Perlon-Laichgespinst. Auftrieb verhindert man mit Beschweren dieses Materials durch einen Glasstab. Pflanzen, die man in ein Zuchtaquarium bringt, sollten vorher desinfiziert werden. Ein kurzes Bad in übermangansaurem Kali (Kaliumpermanganat) reicht aus. Die Zuchttemperatur (Wassertemperatur) darf nicht wesentlich über 22° C liegen.

Das Einsetzen der Zuchttiere sollte am Abend geschehen. Ist die Wasserhärte im Hälterungsbecken wesentlich höher gewesen, muß man sie vorher senken, damit die Tiere nicht zu großer Schwankung ausgesetzt werden. Einem Männchen gibt man ein bis zwei Weibchen bei. Man muß sie jetzt beobachten, um festzustellen, ob Balz und Paarung wie erwartet eintreten. Die Fische laichen gern im Dämmern ab, deshalb muß man das Becken entsprechend abdunkeln. Nach der Balz erfolgt das Umschlingen, dem sich das Ausstoßen der Eier und deren Befruchtung anschließen. Nach dem Ablaichvorgang entfernt man die Zuchttiere. Sind die Jungfische geschlüpft und schwimmen frei, kann man sie vorsichtig mit einem Glasrohr nach Pipettenart entnehmen und in einen Laichkasten überführen, den man in das Becken setzt, aus dem die Zuchttiere stammen. Das Zuchtbecken kann nun für den nächsten Laichvorgang vorbereitet werden. Die Jungfische füttert man unmittelbar nach dem Freischwimmen mit Infusorien. Der Laichkasten darf deshalb zum Becken hin nicht durchlässig sein. Selbstverständlich kann man auch einen einfachen Behälter (beispielsweise ein kleines Plastikaquarium) zur Aufzucht verwenden. Später fressen die Jungen gern Artemia-Nauplien. Während der Brut- und Aufzuchtzeit soll streng auf Sauberkeit geachtet werden. Futter- und Verdauungsrückstände sind stets zu entfernen.

Richter

Paracheirodon innesi. *Das Weibchen gibt seine Eier in eine Spermawolke des Männchens.*

*Das Männchen von* Nannostomus espei *„reitet" auf dem Weibchen.*

Richter (2)

*Laichendes Weibchen; gerade wird ein Ei abgestoßen.*

## Espes Ziersalmler
*Nannostomus espei*

Bleistift- oder Nadelfische, wie diese Mitglieder aus der Familie der Schlanksalmler *(Lebiasinidae)*, gehören ebenfalls zu den Freilaichern. Bei der Zucht sind sie weniger heikel gegenüber der Wasserhärte, wie die vorher beschriebenen Neonfische. Sie stammen aus dem westlichen Teil von Britisch Guayana, von dort aus werden die Fische nur gelegentlich mitimportiert. Wasser mit bis zu 18° dH macht den Fischen bei normaler Haltung nichts aus, zur Zucht jedoch sollte man auf etwa 5° dH absenken. Der pH-Wert dagegen muß im sauren Bereich liegen, zur Zucht möglichst bei 6,0, zur Haltung etwas höher. Die Fische schätzen kristallklares Wasser. Sie werden etwa 4 cm lang und benötigen nur ein kleines Becken, wenn man sie zur Zucht ansetzt. 10—15 Liter Inhalt reichen aus. Das Becken wird mit einem Laichrost ausgestattet, auf den man ein Substrat legt und es mit einem Glasstab gegen den Auftrieb beschwert. Hierzu eignen sich alle feinfiedrigen Pflanzen, aber auch kleinblättrige, denn besonders wählerisch sind die Fische nicht. Die Wassertemperaturen, im Hälterungsbecken im Bereich um 24° C, erhöht man im Zuchtbecken um 2° C. Zweckmäßig ist, wenn ein Paar, das bereits im Hälterungsbecken gut harmonierte, für ein bis zwei Wochen getrennt und dann zur Zucht angesetzt wird. Gute und abwechslungsreiche Fütterung während der Vorbereitungszeit ist selbstverständlich. Nach dem Umsetzen braucht die Beleuchtung nicht besonders abgedunkelt zu werden, doch schätzen die Tiere auch kein zu helles Licht. Bald beginnt das Männchen zu treiben und drückt seinen Körper gegen das zögernde Weibchen, das sich zuweilen „stocksteif" macht. Das Weibchen schwimmt anschließend weiter und sucht sich ein passendes Substrat aus — auf unserem Foto ein Aponogeton-Blatt. Das Substrat wird jedesmal wieder mit dem Maul betupft. Bald überschwimmt das Männchen das Weibchen und berührt dabei mit dem Maul den Rücken seiner Partnerin. Man spricht hier vom „Reiten". Nach kurzer Zeit schwimmt das Weibchen die gewählte Stelle am Substrat an, drückt die Analregion dagegen und verharrt, das Männchen eilt herbei, drückt sich gegen die Partnerin und verharrt ebenfalls. Am bald eintretenden leichten Zittern erkennt der Züchter, daß es zu Eiabgabe und Befruchtung gekommen ist. Die Eier sind nur wenig haftfähig und kleben entweder am Substrat oder fallen zu Boden, also unter den Laichrost. Die abgegebene Menge kann bei den Nannostomus-Arten unterschiedlich sein. Bei *N. espei* ist sie klein, es sind selten mehr als 30—40 Stück. Meist ist die Anzahl bei den nahen Verwandten doppelt so hoch. Es kann aber vorkommen, setzt man das Paar bereits am Tag darauf erneut an, daß es gleich zu laichen beginnt. Nachdem die Eltern aus dem Zuchtbecken entfernt wurden, kann man beobachten, wie die Jungen nach etwa 30 Stunden schlüpfen. Bis zum Freischwimmen vergehen etwa drei Tage. Das Mäulchen kann nur winzigkleine Kost aufnehmen, deshalb müssen sie anfangs mit Infusorien-Nahrung versorgt werden. Nach etwa zwei Wochen nehmen sie bereits Artemia-Nauplien.

## Karpfenfische
*(Cyprinidae)*

Dieser großen Familie gehört eine Vielzahl von Gattungen an. Viele der Arten sind zu Aquarienfischen geworden, ob sie nun im Kaltwasser- oder im tropischen Warmwasserbecken gehalten werden. Die meisten von ihnen sind anspruchslos und ihre Zucht gibt keine allzugroßen Probleme auf. Sie sind Freilaicher und überwiegend auch Laichräuber. Je nach Größe erwachsener Tiere müssen auch die Zuchtbecken sein. Fast alle werden mit einem Laichrost ausgestattet und die Eltern nach dem Ablaichen aus dem Zuchtbecken entfernt. Ausnehmen kann man nur jene Arten, mit denen man im sogenannten Daueransatz züchtet. Hierbei bleiben die Eltern bei den Eiern und den Jungfischen, zumal sie ihnen kaum nachstellen.

Wenn man die Tiere gruppenweise hält, wird man feststellen, daß mit einsetzender Geschlechtsreife sich Paare zusammenfinden. Dieser natürlichen Bindung sollte der Züchter nachgeben, zumal Tiere unterschiedlichen Geschlechts nicht auch unbedingt ein Paar werden. Sie müssen gut harmonieren, nur so kann zur Paarung, Eiabgabe und Befruchtung die bestmögliche Synchronisation angeborener Verhaltensmuster erlangt werden. Der Beginn der Laichreife kündigt sich mit besonderer Lebhaftigkeit an. Auch hier wieder geben die Weibchen bei jeder Paarung nur einen Teil ihres Eivorrates ab. Man muß sie nach mehreren Tagen oder Wochen erneut ansetzen und erhält so Jungfische verschiedenen Alters.

Richter (3)

*Die Balz der Schleierprachtbarbe mit dem Treiben des Männchens.*

### Prachtbarben, Schleierprachtbarben
*Barbus conchonius*

Prachtbarben sind den meisten Aquarianern wohlbekannt, aber erst in den letzten Jahren sind die Schleierprachtbarben bekanntgeworden, Mutationen, bei denen erbliche Veränderungen zur Weiterzucht besonders ausgeprägter Flossenformen genutzt wurden. Das Ergebnis sind selten schöne Exemplare (Fotos). An die Wasserwerte stellen die Tiere weniger große Anforderungen als einige Salmler

*Das Schleierprachtbarben-Männchen treibt sein Weibchen.*

*Unter Zittern laichen die Tiere ab.*

oder Arten aus besonders weichen Gewässertypen. RICHTER erwähnt in seinem Bericht ein Zuchtwasser von 22° dH (Leitfähigkeit ungefähr 1 500 µS) bei einem pH-Wert um 7,0. Die Wassertemperatur kann zwischen 24 und 25° C schwanken. Als Zuchtaquarium genügt ein 15-Liter-Becken. Wieder wird ein Laichrost eingelegt (auf unserer Fotoserie Sandboden, auf dem die Eier liegen bleiben) und ein Stückchen Substrat eingebracht, das feinfiedrig sein soll (*Myriophyllum* o. ä.). Hat man junge, eben geschlechtsreife Tiere vorher gut gefüttert und getrennt gehalten, beginnt das Männchen meist bald nach dem Zusammensetzen mit der Balz. Dabei treibt das Männchen das Weibchen durch das Becken und stupst es in dessen Bauchregion. Das weibliche Tiere ziert sich nicht lange und ist nach wenigen Minuten schon laichbereit. Mit Umschlingen des Weibchens mit der Schwanzflosse leitet das Männchen Eiabgabe und gleichzeitige Befruchtung ein. Im hellen (!) Licht eines Zuchtbeckens ist dieser Vorgang ebenso gut zu erkennen wie auf unserem Foto. Jeder Laichgang bringt etwa 20 Eier. Die Paarungen wiederholen sich kurz hintereinander und der Züchter kommt bald zu einer Ausbeute von zusammen etwa 300 Eiern. Das Ende der Paarung erkennt man daran, daß das weibliche Tiere den Nachstellungen des Männchens nicht mehr nachgibt und sich zu verstecken sucht. Man muß die Zuchttiere jetzt schnell aus dem Becken nehmen, kann sie aber nach einer Pause von einigen Tagen oder Wochen (Laichansatz abwarten) bei guter Fütterung erneut ansetzen.

Die Jungfische schlüpfen nach etwa 30 Stunden, haben drei Tage später ihren Dottersack aufgezehrt und schwimmen frei. Sie können mit Infusorien angefüttert werden, doch ist das bei diesen gut entwickelten Jungfischen eigentlich nicht nötig. Sie können gleich Artemia-Nauplien oder auch ausgesiebte kleine Cyclops fressen und wachsen schnell heran. Wegen der häufig großen Zuchtausbeute von mehreren hundert Jungtieren, braucht man bald ein geräumigeres Becken. Dort wachsen die Tiere bei guter Fütterung und gleichmäßigem Teilwasserwechsel bald prächtig heran. Es braucht auf die Unterscheidung der Geschlechter bei der unterschiedlichen Färbung zumindest dieser Art nicht besonders hingewiesen werden: Das Männchen ist in der Färbung wesentlich kräftiger als das silberbraune Weibchen. Bei den verschiedenen anderen Barbus-Arten, die von verschiedenen Autoren auch zu den Gattungen *Barbodes, Capoeta* und *Puntius* gestellt worden sein können (vgl. Gattungsbesprechung Band II), ist die geschlechtliche Unterscheidung ebenfalls nicht schwer. Die Männchen sind (auch von oben gesehen) schlanker als die Weibchen und erscheinen deshalb etwas länger (gestreckter), weibliche Tiere haben eine fülligere Bauchpartie. Andere Unterscheidungsmerkmale sind in den jeweiligen Artbesprechungen zu finden.

## Kardinalfische, Schleierkardinalfische
## *Tanichthys albonubes*

Der Kardinalfisch und (auf den Fotos) dessen Schleierzuchtform werden bis etwa 4—5 cm lang. Die Tiere stammen aus einem Gebiet der Provinz Kanton in China und sind demnach auch in Kaltwasser zu pflegen. Temperaturen zwischen 16 und 20° C vertragen sie gut, aber auch darunter- oder darüberliegende Werte machen ihnen nichts aus. Wenn der Fisch im tropischen Gesellschaftsbecken bei einer Dauertemperatur um 24° C zu warm gehalten wird, entwickelt er nicht sein echtes Temperament. Die Unterscheidung nach Geschlechtern macht keine Schwierigkeiten, zumal die Männchen sich weitaus farbkräftiger präsentieren und weibliche Tiere leicht an der Körperfülle, laichtragende sogar am Hängebauch zu erkennen sind.

Man richtet den Tieren ein 10- bis 15-Liter-Zuchtbecken ein und stattet es mit einem Laichrost aus. Die Fische gelten als Laichräuber, stellen also den eigenen Eiern nach. An die Wasserqualität werden keine großen Ansprüche gestellt, deshalb kann man normales Leitungswasser einfüllen (Zucht bis 25° dH nachgewiesen). Die Temperatur des Hälterungsbeckens sollte vor dem Um-

*Ein Männchen des Schleierkardinalfisches von etwa 5 cm Länge.*

Richter

Richter (3)

1

Das Weibchen schwimmt, gefolgt vom Männchen, zur Laichstelle (1).

Das Männchen umschlingt mit dem Hinterteil die Rückenflosse des Weibchens (2).

Unter heftigem Zittern werden die Geschlechtsprodukte abgegeben (3).

3

2

setzen auf etwa 20° C eingestellt werden, damit die Fische in 22° C warmem Wasser (nach dem Umsetzen) die Temperaturerhöhung wahrnehmen können. Die Paarung erfolgt meist in einem Pflanzendickicht, dem muß der Pfleger Rechnung tragen und Perlongespinst oder Javamoos (auf den Fotos sieht man beides) einbringen. Nach dem Einsetzen der Partner kommt es trotz heftiger Balz des Männchens nicht sofort zur Paarung. Wahrscheinlich hängt die Abgabe der Eier von deren Reife ab und sie müssen, stimuliert durch den männlichen Partner, kurz nachreifen. Das wird durch weiteres Anschwellen des Weibchenbauches deutlich. Das Weibchen wird immer stärker bedrängt, und die Aktivitäten des größeren Männchens nehmen für den Betrachter anscheinend beängstigende Formen an. In der Folge wird das Weibchen tiefer und tiefer in das Laichgespinst gedrückt (Foto) und sucht sich schließlich einen Laichplatz aus. Mit Senken des Hinterkörpers signalisiert das Weibchen den bevorstehenden Laichaustritt. Das Männchen ist blitzschnell zur Stelle, umschlingt seine Partnerin, und beider Geschlechtsöffnungen nähern sich eng. Die Eier werden nun ausgestoßen und sogleich besamt. Die Tiere trennen sich wieder, um sich bald darauf zur nächsten Laichphase zusammenzufinden. Bei jeder Laichphase werden nur vier bis sechs Eier abgegeben, deshalb kann es bis zu zwei Tage dauern, bis der Laichvorrat des Weibchen erschöpft ist. Danach werden beide aus dem Becken genommen und getrennt gehältert. Sie haben, bevor man sie erneut ansetzt, eine Erholungspause bei guter Fütterung verdient. Bis zum Schlupf der Larven vergehen 48—60 Stunden (Wassertemperatur), und es dauert noch drei bis vier Tage, bevor die Jungfische freischwimmen. Anfangs halten sie sich in der oberen Beckenhälfte auf und lassen sich gut mit Infusorien, aber auch schon mit Staubfutter und Eipulver ernähren. Nach einer Woche kann man beginnen, mit kleinen Cyclops- und Artemia-Nauplien zu füttern.

Andere Erfahrungen gehen dahin, daß die Fische bei guter Fütterung weder dem Laich noch den Jungfischen nachstellen und infolgedessen für einen Daueransatz geeignet seien. Dann braucht kein Laichrost mehr im Zuchtbecken zu sein, doch wird sich der vorsichtige Züchter auf die Kieselsteinmethode besinnen und den Aquarienboden entsprechend herrichten. Auch kann die Bepflanzung in einem Dauerbecken (etwa 50 cm lang) etwas üppiger ausfallen als in einem Nur-Zucht-Behälter. Nach einiger Zeit befinden sich Fische aus verschiedenen Laichzyklen im Becken, deshalb soll die Fütterung zwar ausreichend für alle sein, doch darf darüber die Hygiene nicht vergessen werden, weil sonst die Brut, unerwünschter Infusorienbildung wegen, Schaden nehmen kann. Auch ist die Verfütterung von Cyclops nur in kleinen Mengen angezeigt, damit die Krebstiere nicht überleben und heranwachsen, könnten sie doch den Jungfischen Schaden zufügen.

## Goldfische
*Carassius auratus*

China und Japan sind heute die klassischen Goldfisch-Zucht-Länder. In Südeuropa züchtet man die Fische nicht in Aquarien, sondern in Freilandanlagen größerer Züchtereien. Wir wollen uns jetzt für die Goldfischzucht im Aquarium interessieren und gleich feststellen, daß diese Zucht, obgleich es sich „nur“ um Goldfische handelt, gar nicht so einfach ist, wie sicher allgemein angenommen wird. Man benötigt gute Zuchttiere mit einem Mindestalter von zwei Jahren. Das Zuchtbecken soll eine möglichst große Grundfläche haben, der Wasserstand dagegen braucht nicht höher als 25 cm zu sein. Obgleich Goldfische zu den Laichräubern zählen, werden sie trotzdem meist ohne Laichrost im Zuchtbecken angesetzt. Eine dichte Bepflanzung mit feinfiedrigen Arten (*Myriophyllum* und andere), die nicht nur eingesetzt, sondern auch eingewachsen sein soll, ist sehr hilfreich. Die Unterscheidung nach Geschlechtern ist nicht einfach, zumal alle Tiere mehr oder weniger dickbäuchig sind und angezüchtete verlängerte Flossen besitzen. Man soll daher die Fische vorsichtig herausfangen und die Zone um die Geschlechtsöffnung begutachten: Bei den Weibchen ist die Partie, vor allem während der Laichzeit, leicht vorgewölbt, bei den Männchen dagegen eingesenkt. Männliche Tiere bekommen auf den Kiemendeckeln kleine weißliche Knötchen, die sich bis über die ersten Strahlen der Brustflossen erstrecken. Man nennt das „Laichausschlag“ oder „Triebwarzen“. Die Laichzeit beginnt im Februar (für im wärmeren Zimmerbecken gehaltene Tiere) beziehungsweise im April für kalt überwinterte Zuchtexemplare und kann bis in den August hinein anhalten.

Vor dem Einsetzen ins Zuchtbecken erhöht man seine Wassertemperatur gegenüber dem im Hälterungsbehälter um mehrere Grade, etwa auf 18—22° C. Einem kräftigen, laichtragenden Weibchen gesellt man zwei (meist kleinere) Männchen zu. Wird heftig getrieben, achte man darauf, daß die oft eleganten Schwimmer keine Pflanzenteile losreißen und diese nach oben treiben, denn sie sollen die Eier gegenüber den Nachstellungen der Eltern schützend verbergen. Nach dem Ablaichen fängt man die häufig erschöpften Weibchen und auch die Männchen heraus, zumal die Weibchen sonst von den Männchen weiter bedrängt und unnütz gehetzt werden. Die Larven sind anfangs sehr klein und wirken zerbrechlich. Sie schlüpfen nach 5—7 Tagen. Die Aufzucht ist nicht schwer, zumal sie schon Staubfutter, Eipulver und bald auch Artemia- und Cyclops-Nauplien aufnehmen können. Für die Zucht sind große Becken ab etwa 150 Liter Inhalt notwendig, und weil die Jungfische darin auch zur Welt kommen, kann deshalb mit Infusorien nicht gefüttert werden, die notwendigen Mengen würden das Wasser zu stark belasten. Überhaupt ist in einem solchen Becken eine verhältnismäßig gute Hygiene vonnöten. Die Jungfische sind anfangs transparent, werden später gräulich und färben sich erst mit zunehmendem Alter vollends um. Schon früh muß aussortiert werden, vor allem, weil bereits früh langbefloßte Jungfische weniger gut schwimmen können und ihnen die kürzer befloßten Geschwister die beste Nahrung wegfressen würden. Man muß die nach menschlichem Schönheitsprinzip gezüchteten und deshalb behinderten Fische herausnehmen und gesondert aufziehen. Später, wenn man bei den Tieren die Merkmale der Rasse eindeutig feststellen kann, müssen alle diese Auslese nicht überstehenden Tiere getötet werden, will man nicht viele ungeliebte Bastarde am Leben erhalten. Leider werden heute derartige Tiere „unter der Hand“ Händlern angeboten, und man muß im zoologischen Fachhandel mancherorts lange suchen, bis man Tiere findet, die in allen Punkten dem Standard entsprechen.

## Bitterlinge
*Rhodeus sericeus*

Den Bitterling kann man nur unter bestimmten Voraussetzungen nachzüchten: Man benötigt dazu als „Laichsubstrat“ eine Malermuschel *(Unio pictorum),* in deren Atemschlitz das Weibchen die Eier mit Hilfe der überlangen Legeröhre abgibt. Bitterlinge betrachtet man daher als brutpflegende Art, wenngleich die Fische die Pflege nicht selbst übernehmen, sondern Eier, Larven und Jungfische bis zu einem bestimmten Alter in der Obhut der Muschel belassen.

Bitterlinge stammen aus Mittel- und Osteuropa, gehören zu den Kaltwasserfischen und werden bis etwa 10 cm lang. Ihre Laichzeit liegt im Frühjahr. Dann nehmen die Fische ihre Balzfärbung an, die sich hauptsächlich beim Männchen mit leuchtend grünem Rücken und überwiegend violett schimmernden Flanken zeigt. Der Bauch ist bis zur Kehle hin rot. Gleiches Rot zeigen Rücken- und Afterflosse, die beide einen schwarzen Saum haben. Ähnlich wie wir es vom Goldfisch wissen, tragen die Männchen des Bitterlings einen sogenannten Laichausschlag — kleine weiße Knötchen im Bereich der Kiemendeckel und den ersten Strahlen der Brustflossen. Das Problem dieser überaus interessanten Zucht besteht darin, Fische und Muscheln gleichzeitig zu besitzen. Wie viele Freunde der Meerwasseraquaristik wissen, lassen sich Muscheln im Aquarium nur schwer halten. Als Wirbellose fressen sie nur planktonisches Futter und müßten in Gefangenschaft hauptsächlich mit Infusorien ernährt werden. Die Muschel muß zuerst einmal an das Futter gewöhnt und für eine Zeit allein gehalten werden.

Das Laichaquarium bekommt einen Bodengrund aus feinem Sand, kann etwa 40 cm lang sein und ungefähr 30 Liter fassen. Im Hintergrund können einige Pflanzen eingesetzt werden. Weil die Muschel viel im Becken umherwandert und dabei vieles durcheinanderbringen würde, muß man ihren Bewegungsraum beschneiden. Man grenzt ihr Revier mit einigen Steinen oder mit einem unter dem Sandboden befestigten Plexiglashalbring ein, dabei bleibt die Sicht von der Frontscheibe her frei. Die Wassertemperatur darf 20° C nicht übersteigen, vor allem, weil die Muschel auf höhere Werte empfindlich reagiert. Zu einer Muschel setzt man nur ein Paar Bitterlinge. Mehr Tiere würden sich beim Laichgeschäft gegenseitig stören.

*Eiablage des Bitterlings,* Rhodeus sericeus.
*Das Gelege wird in den Kiemenraum einer Süßwassermuschel gegeben.*

Das Brutgeschäft beginnt wieder mit einer Balz, Eiablage und Befruchtung schließen sich an. Die Spermienabgabe erfolgt über dem Atemsiphon der Muschel, deshalb befinden sich die männlichen Samenzellen oft schon eher als die Eier in den Atemwegen des Wirtstieres. Reagiert das Weibchen auf die Balz des Männchens positiv, folgt es ihm zur Muschel. Dann schwimmt der männliche Partner dicht über den Atemsiphon des Wirbellosen und stößt einige Spermienwolken aus, die die Muschel mitsamt dem Atemwasser inhaliert. Leicht vornübergeneigt, stellt sich nun das Weibchen über die Muschel und schiebt die lange Legeröhre in deren Atemöffnung. Bei der Eiabgabe entweicht auch ein wenig Harn und die Eier werden so besser und tiefer in das Muschelinnere befördert. Das alles vollzieht sich blitzschnell, man hat Mühe, es wahrzunehmen. Der Vorgang wiederholt sich fast ein dutzendmal, zumal bei jeder Abgabe nur etwa 4 Eier in die Muschel gelangen. Die befruchteten Eier sind in der Muschel gut aufgehoben, denn sie werden dort ständig mit frischem Atemwasser versorgt. Die Muschel entläßt die kleinen Bitterlinge erst, wenn sie nach dem Schlüpfen ihren Dottersack aufgezehrt haben und vollentwickelte, freischwimmende Jungfische geworden sind. Ihre Ernährung ist jetzt nicht mehr schwierig, man kann sie mit Artemia-Nauplien oder mit Staubfutter füttern.

## Welse und Welsähnliche
*(Siluroidae)*

Es gibt zwei Gruppen, Gepanzerte und Ungepanzerte Welse. Zur ersten Gruppe gehören die Familien Panzerwelse, Dornwelse und Harnischwelse, alle sind beliebte Aquarienfische. Ein großer Teil der Ungepanzerten Welse indes sind für eine Haltung im Aquarium ungeeignet (werden zu groß, fressen andere Fische). Während aquaristisch geeignete Arten aus der Gruppe der Gepanzerten Welse im Aquarium zur Nachzucht gebracht werden konnten, blieb die Vermehrung Ungepanzerter Welse noch weitgehend im Dunkeln.

Panzerwelse (Weibchen) der Gattung *Corydoras* kleben die befruchteten Eier an irgendein Substrat. Sie hängen dort

1

4

*1—3 Die Barteln des Weibchens werden beim Laichakt von den Brustflossenstacheln des Männchens eingeklemmt. Das aktivere Weibchen „wedelt“ darauf das Männchen an, wobei dieses wahrscheinlich zur Spermaabgabe veranlaßt wird.*

Richter

2

5

3

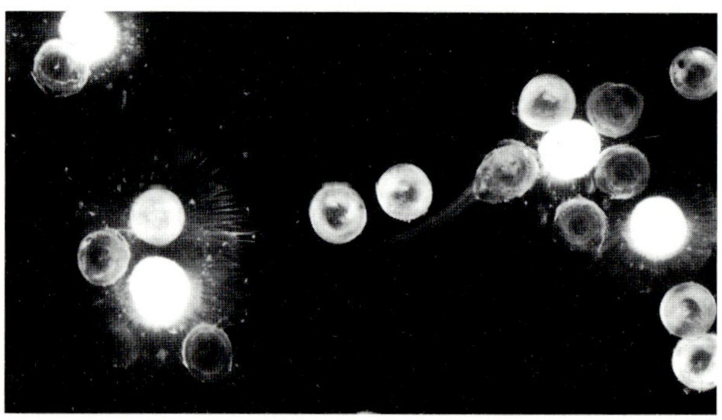

6

*4—5 Die befruchteten Eier werden in einer Tasche, die aus den zusammengelegten Bauchflossen gebildet wird, zum Ablogoplatz (Scheibe oder Blatt) befördert und dort angeklebt.*

*6 Deutlich erkennt man verpilzte und entwickelte Eier. Oben rechts eine soeben geschlüpfte Larve.*

sichtbar und können bald von den eigenen Eltern gefressen werden. Harnischwelse der Familie *Loricariidae* dagegen geben ihre Eier in eine enge Spalte zwischen Steinen oder Wurzeln ab (im Aquarium auch eine enge Röhre). Anfangs wird das Gelege vom Männchen betreut. Man kann sie aber nicht auf die gleiche Weise zum Laichen ansetzen, wie es bei den Salmlern und Karpfenfischen beschrieben wurde. Sie brauchen vielmehr ein Becken, das ihren Bedürfnissen entsprechend eingerichtet ist und in dem sie möglichst ungestört paarweise leben.

### Metall-Panzerwelse
### *Corydoras aeneus*

Wie alle Corydoras-Arten, stammt der Metall-Panzerwels aus den Gewässern Südamerikas, in denen die Tiere truppweise den Boden seichter Gewässer nach Freßbarem absuchen, wie sie das auch im Aquarium gern tun. Die Geschlechtsunterschiede der Partner sind nicht leicht zu erkennen. Weibchen sind oft etwas größer, Männchen dagegen schlanker und ihre Rückenflossen laufen spitzer zu. Man kann die Tiere nicht zur Zucht ansetzen, deshalb ist die Vermehrung stets Glückssache. Meist sind Welse nicht sonderlich zimperlich, wenn es um die Wasserqualität geht. Bei Laichstimmung, kann die Wasserhärte 6 oder 16° dH betragen, der pH-Wert bei 6,5 oder 7,5 liegen. Gleiches gilt für die Wassertemperaturen, soweit sie zwischen 22 und 28° C gehalten werden. Auf jeden Fall sollte man den Tieren, will man züchten, möglichst naturnahe Lebensbedingungen schaffen, wie sie es in den Heimatbiotopen gewohnt sind: weiches, leicht saures Wasser und Durchschnitts-Temperaturen eines Tropenaquariums. Plötzlich sieht man, daß sich ein Paar anbalzt. Man versucht, die Geschlechter zu erkennen und setzt die Tiere in ein vorbereitetes, nicht zu kleines Becken von 50—60 cm Länge. Die Beleuchtung darf nur mäßig sein, denn Panzerwelse mögen kein besonders helles Licht. Zweckmäßigerweise richtet man einen Bodengrund aus feinem Sand her, weil sich feinfiedrige Pflanzen (in Gruppen eingesetzt) darin schneller verankern lassen und die „Landschaft" dann übersichtlicher wird. Den Tieren behagt feiner Sand zum Buddeln, deswegen ist ein guter Filter empfehlenswert.

Ist man sich über eine Paarbildung nicht klar und setzt die Tiere auf Verdacht in ein Zuchtbecken, gesellt man einem vermutlich laichreifen Weibchen zwei oder drei Männchen zu. Man kann am Verhalten des Weibchens bald herausfinden, für welches Männchen es sich entschieden hat, und fängt das überzählige männliche Tier wieder heraus, damit Ruhe eintritt. Das Vorspiel zur Balz beginnt damit, daß das sonst ruhige Weibchen besonders aktiv umherschwimmt und dabei — allerdings meist wahllos — Steine oder Stellen der Aquarienscheibe putzt. Kurz darauf, bei der Balz, wird das Weibchen von seinem Partner mit den Brustflossen gestreichelt. Die eigentliche Paarung mit Eiabgabe und Befruchtung fällt in die Morgenstunden und kann bis zum Mittag dauern. Dabei klemmt das Männchen die Barteln des Weibchens mit den Brustflossenstacheln ein. Dann beginnt das Männchen mit dem Körper zu wedeln, wahrscheinlich (?) zum Auslösen der Spermaabgabe. Nun wandern einige Eier in die zu einer Tasche geformten Bauchflossen des Weibchens und werden dort befruchtet. Nach jeder derartigen Phase schwimmt das Weibchen zum Eierankleben an ein Substrat. Glasig sind die Eier und recht groß, unbefruchtete verpilzen bald und werden weiß. Unmittelbar nach dem Laichprozeß muß man die Eltern aus dem Becken entfernen, sie könnten sonst bald Appetit auf ihre Fortpflanzungsprodukte bekommen und das ganze Gelege auffressen. In freier Natur ist das Brut-Revier wesentlich größer und alles weniger eingegrenzt, deshalb stellt sich dieses Problem dort kaum. Die Größe des Weibchens bestimmt den Umfang des Geleges, es kann 100 bis 200 Eier umfassen. Weil die Eier stark kleben und ein Hantieren damit schwierig ist, empfiehlt es sich, sie nur zu beobachten. Meist schlüpfen die Jungfische, bevor eine Verpilzung größere Ausmaße annimmt. Am dunklen Kern in ihrem Ei-Inneren erkennt man das keimende Leben und an dessen Größe das Heranwachsen der Fischlarve. Nach etwa 5—7 Tagen platzen die Hüllen und geben die Larven frei. Sie schwimmen bereits nach 24 weiteren Stunden frei, ihr Dottersack hält nicht länger vor. Die Aufzucht der bereits gut entwickelten Jungfische kann mit Artemia-Nauplien begonnen werden. Die Kleinen wachsen bei guter Fütterung schnell heran und sind nach einem Jahr schon fortpflanzungsfähig.

### Harnischwelse
### *Loricaria-Arten*

Harnisch- oder Zwergharnischwelse sind bei vielen Aquarianern beliebt. Am bekanntesten sind *L. parva* und *L. fila-*

Richter

Loricaria filamentosa;
*Männchen bewacht das Gelege.*

*mentosa,* beide stammen aus Südamerika. Im Gesellschaftsbecken ist ihre Haltung problemlos, zumal sie ohne gesonderte Fütterung ein nachtaktives Zusammenleben den Tag-Aktivitäten der übrigen Aquarienbesatzung vorziehen. Sehr sauerstoffbedürftig und an bodennahes Leben gewöhnt, darf die Haltungstemperatur nicht übertrieben hoch sein. Zur Zucht soll das Aquarienwasser möglichst dem des Heimatbiotops entsprechen, also nicht zu hart und leicht sauer sein. Haltungstemperatur etwa 22° C. Regelmäßiger Teilwasserwechsel ist für sie besonders wichtig, dabei sollte nicht nach Wochen, sondern höchstens nach Tagen gewechselt werden. Wenn man Harnischwelse zur Zucht in ein besonders eingerichtetes Bekken gegeben hat, darf man sie nicht mehr nur „mit der linken Hand" ernähren. Man muß ihnen jetzt abwechslungsreiche Kost anbieten, das gilt bekanntlich für die meisten Zuchttiere. Das Futter reicht man am Abend, bevor das Licht ausgeschaltet wird. Bald schon zeigen die Welse eine große Aktivität, und schwimmen unbeholfen über den Sandboden, auf dem man ihnen verschiedene Verstecke eingerichtet hat (Steinhöhlen, enge Tonröhren, umgestülpte Blumentopfhälften oder Kokosnußschalen). Vorteilhaft ist es, die Unterschlupfe derart zu gestalten, daß man mit einer Taschenlampe hineinleuchten und die mögliche Zucht überwachen kann. Weibliche Tiere, die überwiegend kleiner und zierlicher sind, setzen bei guter Pflege Laich an und bekommen einen prallen Bauch. Die wuchtigeren Männchen mit dem breiteren Kopf (alte Tiere bekommen einen richtigen „Backenbart") werden von ihren Partnerinnen animiert, indem jene sich ständig neben sie legen und wedelartige Bewegungen ausführen. Hat das Weibchen Erfolg gehabt, putzt das Männchen das Substrat — meist eine sehr enge und versteckte Stelle in einer Röhre oder Höhle —, bald gesellt sich das Weibchen zu ihm. Nach einigen kurzen, für den Beschauer nicht eben attraktiven Balzakten beginnen die Ablaichvorbereitungen, sie dauern bis in die Nachmittagsstunden. Abgelaicht wird meist während der Nacht. Die Prozedur dauert mehrere Stunden, währenddessen das Weibchen etwa 100—200 Eier im Versteck anheftet, die unmittelbar vom Partner befruchtet werden.

Die anfangs bernsteinfarbenen Eier werden im Verlauf ihrer Entwicklung dunkler. Das Männchen übernimmt die Brutpflege, fächelt dem Gelege ständig Frischwasser zu und sortiert unbefruchtete oder anderweitig nicht entwicklungsfähige Eier aus. Die Larven schlüpfen nach 8—10 Tagen und verlassen meist, so gut es ihnen jetzt schon möglich ist, das Versteck und hängen sich, für den Züchter gut sichtbar, an Scheiben oder Steine. Zwei Tage später haben sie ihren Dottersack aufgezehrt und beginnen mit der Futteraufnahme. Die weitere Aufzucht kann zu Anfang etwas problematisch sein, denn sie können nur Kleinstfutter nehmen, und dessen Verteilung ist in einem eingerichteten Becken schwierig. Es empfiehlt sich daher, die Jungen, soweit man sie fangen kann, in ein kleines Aufzuchtbecken ohne Einrichtung zu überführen. Nun kann man das Infusorienfutter besser dosieren und den notwendigen täglichen Wasserwechsel vornehmen. Unter solch günstigen Umständen wachsen die Jungen gut heran und nehmen bald schon größeres Futter an. Sie sind nun etwa 3 Wochen alt. Den Pflanzenfressern (Algen) sollte man bereits jetzt vegetarische Zusatzkost anbieten. Versuche haben ergeben, daß man ein flaches Steinchen mit einer Futterpaste und Spinat aus der Gefriertruhe bestreichen und diese Masse eintrocknen lassen kann. Dann reicht man den Fischchen diese Kost und kann beobachten, ob sie das Angebot annehmen.

## Eierlegende Zahnkarpfen
## *(Cyprinodontidae)*

Überwiegend sind die beliebten „Killifische" sehr klein, und für ihre Zucht braucht man nur kleine, ja sogar kleinste Behälter. Die Vermehrung Eierlegender Zahnkarpfen allerdings ist nicht immer so leicht, wie manche Aquarianer das aus vielen Berichten glauben könnten. Killifische sind weit verbreitet, entsprechend unterschiedlich läuft ihre Vermehrung ab. In dieser Fischfamilie finden wir Arten aus Bächen und Tümpeln mit extremem pH-Wert (4—5) und geringer Härte (0,5° dH) sowie mit recht warmen Wassertemperaturen. Andererseits fand ich Arten in kühleren Hochlandbächen Kolumbiens mit weit höheren Wasserwerten. Recht bekannt, jedoch weniger häufig gepflegt, ist der, hauptsächlich durch die Veröffentlichungen von KNAACK bekanntgewordene Wüstenfisch (Gattung *Cyprinodon*) aus den warmen Gebieten Kaliforniens und Nevadas (USA). So zeigte beispielsweise die Lufttemperatur am Nachmittag im Death Valley — dort fand ich im Salt Creek die Art *C. salinus* — 128° F (Celsius-Wert etwa 55°); selbst in der Nacht, gegen 1 Uhr, maß ich 40,5° C! Weil sich die Tümpel im Creek wegen ihrer geringen Tiefe entsprechend erwärmen, kann man sich vorstellen, unter welchen Umweltbedingungen die Fische ihr Leben fristen müssen.

Entsprechend dem ständigen Auf und Ab in der Natur trocknen viele Tümpel zeitweilig aus und bringen ihren Bewohnern damit den sicheren Tod. Das Überleben der Art, das bei natürlichen Abläufen in der Natur stets besonders gewährleistet sein muß, verlangt hier besondere Anpassung bei der Vermehrung. So verwundert es nicht, daß Arten, die in freier Natur derartigen Anpassungsanforderungen unterworfen sind, außergewöhnliche Methoden entwickeln mußten, damit deren Eier in der Zeit zwischen dem Austrocknen eines Tümpels und seiner Wiederbewässerung durch Regen eine Entwicklungspause einlegen. Daraus erklärt sich, daß bei Aquariennachzuchten dieser Arten die Entwicklung des Embryos im Ei erst mehrere Monate nach dessen Befruchtung beginnt: Eine Extravorstellung der Natur.

Bei der Nachzucht von Killifischen müssen wir nach folgenden Gruppen unterscheiden: Haftlaichende Arten (Eier haften am Substrat) und Bodenlaichende Arten. Die letzte Gruppe ist wieder aufgespalten in Oberflächenlaicher und „Bodenbohrer" (die Fische dringen nebeneinander mit dem Kopf voran in den weichen Bodengrund ein), um dort ihre Vermehrungsprodukte abzugeben. Eierlegende Zahnkarpfen sind keine Laichräuber, wie viele Arten anderer Familien. Die Größen der zu wählenden Aquarien müssen zu denen der Fische in entsprechender Relation stehen. Als Faustregel kann man annehmen: für Fische bis zu einer Länge von 6 cm benötigt man ein 10-Liter-Becken. Sind die Zuchttiere größer, muß das Zuchtaquarium doppelt so groß sein. Killifische soll man nicht zu warm halten! 22—24° C werden als Durchschnittswert angesehen. Bei höheren Haltungstemperaturen wird der Lebensablauf der Tiere entsprechend beschleunigt. Zur Zucht allerdings erhöht man die Temperatur auf 24—28° C. Bei den meisten Arten kann man die Geschlechter gut an äußeren Merkmalen erkennen. Man trennt die Zuchttiere nach Geschlechtern etwa zwei Wochen vor dem Ansatz, wie das auch bei Arten aus anderen Familien geschieht, verschiedene Arten benötigen einen geringen Salzzusatz.

Knaack

Cyprinodon macularius *bei der Balz.*
*Das Männchen ist jetzt leuchtendblau gefärbt.*

H a f t l a i c h e n d e  A r t e n sind unter den Killifischen nicht selten. Zu ihnen gehören beispielsweise viele Hechtlinge *(Aplocheilus, Pachypanchax, Epiplatys)* und Vertreter der Gattungen *Rivulus, Fundulus, Aphyosemion* und *Roloffia,* um nur die bekanntesten zu nennen. Diese Aufzählung ist allerdings nicht ausschließlich, denn sie gilt nur für bestimmte Arten dieser Gattungen, so daß man nicht alle Arten, die zu einer Gattung gestellt sind, ihren Laichgewohnheiten gemäß „in einen Topf" werfen kann.

### Stahlblaue Wüstenfische
### *Cyprinodon macularius*

Zur Gattung sind eine Reihe von Arten gestellt, die sich in einem Evolutionsprozeß aus ursprünglichen Lokalpopulationen entwickelt haben. Man hat sie in den USA größtenteils geschützt. Die Fischchen dürfen nicht einfach den Fundstellen entnommen werden. Die Möglichkeit, sie nachzuziehen, kann aus diesem Grund sehr wichtig sein. Zuerst werden die Fische wieder über mehrere Wochen getrennt gehalten, bevor man ein etwa 5 cm langes Männchen und ein 4 cm langes Weibchen in ein 10-Liter-Becken gibt. An das Wasser stellen die Fische keine Ansprüche, zumal ihre Wüstentümpel ohnehin sehr mineralreiches Wasser führen, 20—30° dH dürfen es getrost sein. Dabei braucht man dann über den pH-Wert nicht zu reden. Er liegt oberhalb der Neutralgrenze. Auf den feinen Sandboden gibt man einige feinfiedrige, mit Hilfe eines Steines am Boden festgehaltene Pflanzen. Meist lassen Balz und Paarung nicht lange auf sich warten. Das stark erregte Männchen erstrahlt dabei in schönstem Blau. Bald wird das Weibchen heftig getrieben, und der Pfleger sollte aufpassen, damit das Tier nicht zu stark geschädigt wird. Das Weibchen legt, wenn es ihm zu hart zugeht, eine marmorierte Schreckzeichnung an. Deshalb sind die eingebrachten Pflanzen wichtig: nicht allein als Substrat für die Eiablage, sondern auch als Unterschlupf für das Weibchen, wenn es von seinem Partner zu stark bedrängt wird. Bei der Balz wird das Weibchen von unten her angeschwommen, darauf von der Seite animponiert und die Partnerin mit Maulstößen zum Ablaichen aufgefordert. Ist das Weibchen schließlich bereit, schwimmen beide in die Nähe des gewählten Substrats. Jetzt stehen sie Seite an Seite und halten ihre Körper bei der folgenden Eiabgabe stark gekrümmt. Alle 2—3 Sekunden wird ein an einem Faden hängendes Laichkorn abgegeben und am Substrat verankert. Der Informant, dem ich diesen Bericht verdanke, Karl KNAACK aus Wien, gibt an, daß die Wüstenfische keine Laichräuber sind und nicht von ihrer Brut genommen zu werden brauchen. Die Entwicklung der Eier ist — wie üblich — von der Wärme des umgebenden Wassers abhängig. KNAACK gibt eine Zeit von 11 Tagen bei 24° C an. In den Originalbiotopen müßte das Wasser wärmer sein. Man kann bei den Larven, die seitlich gekippt auf dem Boden liegen, die dunklen großen Augen und den großen Dottersack erkennen, von dem ernähren sich die Larven über eine Woche lang weiter, und werden nach einigen zuckenden Versuchen schwimmfähig. Als Futter nehmen die Jungfische sogleich Artemia- und Cyclops-Nauplien. Wenn diese Ernährungsphase überwunden ist, hat der Züchter den schwierigsten Teil hinter sich gebracht. Die Jungfische wachsen jetzt heran und sind ausgezeichnete Allesfresser.

## Zwerghechtlinge
## *Epiplatys annulatus*

Die Art stammt aus Westafrika und fällt mit ihrer Färbung den meisten anderen eierlegenden Zahnkarpfen gegenüber aus dem Rahmen. Der „Ringelhechtling“, wie man ihn auch nennt, wird nur wenige Zentimeter lang und kann daher in Kleinaquarien gehalten und gezüchtet werden. Am besten verwendet man rahmenlose Aquarien, bei denen es uneinsehbare Ecken nicht gibt. Das Zuchtwasser soll eine Härte von etwa 6—8° dH haben und einen leicht sauren (um 6,5) pH-Wert. Die besten Erfolge hat man bei einer Wassertemperatur von 25° C. Die Beckengröße mit einem Fassungsvermögen von 5—8 Litern ist ausgesprochen begrenzt. Dem Haftlaicher muß man ein Substrat anbieten, an das die Eier gebracht werden. Dazu verwendet man entweder Javamoos oder (für die Freunde der Hygiene) Perlongespinst. Balz und Paarung lassen in den meisten Fällen nicht allzulange auf sich warten. Dabei zeigt besonders das Männchen seine schönsten und intensivsten Farben. Die Partnerin ist nicht immer gleich wie erwartet laichwillig, ergibt sich jedoch nach einiger Zeit ihrem schönen Liebhaber. Sie führt das Männchen zu einem mit nur wenig Müheaufwand ausgewählten Laichplatz. Später findet man die Eier an allen möglichen Stellen. Weil sich die Harmonie bei den vom Züchter ausgewählten Paaren nicht immer einstellt, ist es ratsam, vier Weibchen jeweils zwei Männchen beizugeben. Damit haben die Tiere eine bessere Möglichkeit zur Partnerwahl und der Erfolg zur Nachzucht ist eher gegeben. Vor dem Ansetzen hält man die Fische etwa zwei Wochen nach Geschlechtern getrennt und füttert sie ausgiebig mit bestem Futter. Nach dem Zusammensetzen bleiben die Tiere trotz Balz und Paarung friedlich. Kämpfe unter rivalisierenden Männchen kann man kaum beobachten, weil bei der Balz sich das schwächere Männchen alsbald zurückzieht. Bei Paarung mit Eiabgabe und Befruchtung schwimmen beide Tiere eng aneinandergeschmiegt, dabei versucht das Männchen stets von unten an seine Partnerin heranzukommen (Foto). Nach dem Auspressen der Eier und nach deren Befruchtung werden sie mit einer schnellen Körperkrümmung in das Substrat geschleudert. Bei einer Temperatur um 25° C schlüpfen die Larven nach 10 Tagen und hängen dann anfangs an der Wasseroberfläche, von dort kann man sie leicht abschöpfen. Hechtlinge zählen zu den kleinen Räubern, deshalb muß man ihre Jungen vorsichtshalber vor ihren Erzeugern in Sicherheit bringen, obwohl keine Berichte darüber vorliegen, daß sich Eltern oder ältere Geschwister an Kleinen vergriffen hätten. Ist der Dottersack aufgezehrt, sind die Jungfische schon 3—4 mm groß und können bereits Artemia-Nauplien bewältigen, allerdings müssen sie frisch geschlüpft sein — also noch winzig. Infusorien-Aufgüsse werden nicht von allen Arten gern genommen, dagegen sind gesiebte Cyclops-Nauplien ein willkommenes Futter. Von beiden darf man jedoch nur jeweils kleinste Mengen verfüttern, weil abgestorbene Infusorien das Wasser belasten und herangewachsene Cyclops sich an den Jungen vergreifen können. Staubfutter, wie man es im Handel erwerben kann, wird ebenfalls nicht abgelehnt.

## Kap Lopez und andere Pflanzenlaicher
*Aphyosemion australe*

Bei einigen Arten fällt die Unterscheidung nach Haft- oder Bodenlaicher insofern nicht leicht, als die Tiere ihre Eier zwar an die Pflanzen abgeben, häufig aber in Bodennähe. Umgekehrt kann es vorkommen, daß Bodenlaicher ihr Vermehrungsprodukt gern am Fuße von Pflanzen auf oder in den Boden geben. Bei den Aphyosemion-Arten findet man die verschiedenen Ablaichformen. Eine der bekanntesten Arten, der „Kap Lopez" oder der „Bunte Prachtkärpfling" *(Aphyosemion australe),* ist zweifellos Haftlaicher, der seine Eier an feinfiedriges Pflanzensubstrat heftet. Die Unterscheidung nach Geschlechtern ist, wie bei den meisten Arten dieser Gattung, einfach, weil das Männchen ein ausgesprochenes Prachtkleid trägt — auch außerhalb der Laichzeit. Man kann in einem Gesellschaftsbecken züchten, doch eignet sich ein vorbereitetes Zuchtbecken eher, zumal die Tiere dann nicht gestört werden. Keinesfalls kann man im Gesellschaftsbecken nachzüchten, wenn die Mitbewohner temperamentvoll sind oder zu den Laichräubern zählen.

Nach der Trennung der Geschlechter und vorher einer entsprechend reichlichen und abwechslungsreichen Fütterung, setzt man die Tiere in das Zuchtbecken (etwa 5—10 Liter Inhalt, Härte bis 10° dH, pH-Wert sauer 5—6) bei Wassertemperaturen von etwa 22° C. Zur rationellen Zucht bringt man die Fische nicht paarweise, sondern in Gruppen mit einem Überhang an Männchen zusammen. So wird

Knaack

Epiplatys annulatus *bei der Balz.*

*Auch die Balz von* Aphyosemion australe *dient der Synchronisation für die spätere Vereinigung.*

Knaack

eine ausgeglichenere Geschlechterverteilung in den Nachzuchten erreicht, weil die Weibchen bei den Paarungen die Partner wechseln können, zumal oft nicht besonders zur Zucht geeignete (nicht befruchtungsfähige) Männchen für Verluste durch Nichtbefruchtung verantwortlich sind. Man muß Fehlschläge daher nicht unbedingt in der Wasserqualität suchen. Während der Zuchtperiode kann die Temperatur tagsüber um 4—6° C höher liegen, muß jedoch nachts wieder entsprechend absinken. Nach der üblichen Balz erfolgt die Paarung mit Aneinanderdrücken der Leiber, worauf unter Krümmen Eier und Sperma abgegeben und vereinigt werden. Ein gutes Weibchen kann über mehrere Wochen hinweg täglich bis zu 50 Eier abgeben.

Der Schlupf ist von einer Reihe von Faktoren abhängig. Um beste Ergebnisse zu bekommen, nimmt man täglich die abgegebenen Eier vom Substrat ab. Man kann einfachheitshalber ein Stück des Substrats mit abzupfen oder -schneiden, und überführt Eier bzw. Substrat mit Eiern in eine flache, etwa 5 cm hoch mit Wasser gefüllte Schale. Um die Temperatur gleichmäßig zu halten, hängt man den Behälter (vorher scharfe Kanten und Zapfen abfeilen) in das Aquarium. Der Aquarienbeleuchtung gegenüber soll man sie abdecken, weil sich sonst Algen bilden, die Eier angreifen könnten. Nichtbefruchtete Eier von weißlicher Färbung sortiert man täglich aus. Man kann, um die Bildung von Infusorien und Bakterien zu verhindern, in die Schale Trypaflavin im Verhältnis 1 : 600 000 geben. Methylenblau ist weniger empfehlenswert, zumal die Eier einmal den Farbstoff sehr stark aufnehmen und außerdem das Zuchtwasser zu undurchsichtig und damit unkontrollierbar wird. Die Jungfische schlüpfen im allgemeinen nach 10 bis 14 Tagen, legt man eine Haltungstemperatur von nur 20° C zugrunde. Bei höheren, aber nicht ratsamen Wärmewerten verringert sich die Zeit entsprechend. Die Aufzucht der Jungfische erfolgt bei Temperaturen zwischen 20 und 24° C in einem größeren Aufzuchtbecken. Man kann ihnen sofort Artemia-Nauplien und anderes Kleinstlebendfutter anbieten. Sie wachsen schnell heran und müssen später nach Größen abgesondert werden, denn größere Tiere stellen ihren kleineren Geschwistern nicht nur nach, sondern töten und fressen sie auch.

Garmanella pulchra. *Das Männchen führt seine Partnerin zum vorbereiteten Laichplatz, nachdem diese ihre Laichbereitschaft zu erkennen gab.*

Richter

## Yukatan-Kärpflinge
## *Garmanella pulchra*

Aus der zur Zeit noch monotypischen Gattung (nur eine Art) *Garmanella* wurde der Yukatan-Kärpfling durch eine Veröffentlichung von RICHTER bekannt. Die in küstennahen Gewässern lebenden Fischchen sind mit denen der Gattungen *Jordanella* und *Cyprinodon* verwandt, wie sich aus dem gedrungenen Körperbau mit dem kräftigen Schwanzstiel unschwer erkennen läßt. Es sind Bodenlaicher. Gegenüber dem Männchen mit seinen rotgerandeten Flossen bleibt das Weibchen unscheinbar und zeigt über der silbergrauen Grundfärbung nur einige dunkle Querbinden. Den nicht großen Fischen richtet man ein Zuchtaquarium mit etwa 30 Liter Inhalt ein. Die Fische sind in ihrem Lebensraum im Bereich der Flußmündungen an stetigen Wassernachschub und wechselnden Salzgehalt gewöhnt, deshalb muß auch im Zuchtbecken regelmäßiger Wasserwechsel mit einer jeweils neuen Seesalz-Zugabe (5—8 g/l) erfolgen. Nur so behalten die Tiere ihre große Vitalität. Entsprechend wenig Wert braucht man auf die sonst zu berücksichtigenden Wasserwerte zu legen (dH und pH). Der Wassertemperatur ist ebenfalls ein weiter Spielraum überlassen: 16—24° C. Nach den üblichen Vorbereitungen, wie getrenntem Halten der Geschlechtspartner und kräftiger, abwechslungsreicher Fütterung, werden sie zur Zucht angesetzt. Anschließend soll man die Tiere möglichst unter Beobachtung halten, weil das Männchen

Richter (2)

*Gefolgt vom Männchen drückt das Weibchen von* Garmanella pulchra *seinen Körper eng an die Algen oder an das Perlongespinst (links).*

*Deutlich erkennt man das Umschlingen durch die roten Flossen des Männchens. Die Eier werden abgegeben und befruchtet (rechts).*

überaus stark treibt und, wenn die Partnerin noch nicht laichbereit ist, das weibliche Tiere zu starker Belastung ausgesetzt ist. Als zweckmäßig hat sich erwiesen, ein Versteck einzubauen, das dem Weibchen Schutz gewähren kann.

Bei der Balz, die der Paarung wie üblich vorangeht, werden die Flossen nicht, wie sonst, steil aufgestellt, sondern das Männchen scheint sie förmlich an den Körper zu klemmen. Weshalb das geschieht, konnte noch nicht geklärt werden. Nach einigen Umkreisungen versucht nun das Männchen, von allen Seiten an die Fischdame heranzukommen. Ist sie laichbereit, gibt sie zögernd nach, wenn nicht, entweicht sie schleunigst und muß die stürmischen Attacken weiter über sich ergehen lassen. Ein laichbereites Weibchen läßt den Partner an seine Seite kommen, der es bald mit Rücken- und Afterflosse umschlingt (Foto). Unter Zittern werden dann die Fortpflanzungsprodukte ausgestoßen. Um den Eiern guten Halt sowie Sicherheit vor Nachstellungen der eigenen Eltern zu gewährleisten, legt man das Zuchtbecken (oder einen Teil von dessen Boden) mit einem Laichgespinst aus. Die kurzen Paarungen wiederholen sich in knappen Abständen, bis die erschöpften Partner eine längere Pause einlegen. Man beläßt die Zuchttiere mehrere Tage im Becken, hält aber alles unter Beobachtung. So können die Partner sich weiterhin um Nachkommen bemühen und die Eier sich entwickeln. Auch der freßlustbedingte Appetit der Alttiere auf die Eier muß mitkontrolliert werden. Bereits nach zwei bis drei Tagen verfärben sich die anfangs transparenten Eier und nehmen eine milchigweiße Färbung an.

Es muß gesagt werden, daß bodenlaichende Arten, wie sie meistens gezüchtet werden, eine längere Schlupfzeit (Zeitpunkt von der Eiabgabe bis zum Schlüpfen der Larven) haben. Sie kann bis zu einem Jahr betragen, als Anpassung an die eingangs besprochenen natürlichen, biotopgegebenen Verhältnisse (Zeitpunkt vom Eintrocknen des Tümpels bis zu dessen erneuter Füllung während der Regenzeit). Bei dieser Art jedoch schlüpfen die Jungen (wie übrigens auch die der verwandten Gattung *Jordanella)* bereits nach 9—10 Tagen. Die erwähnte Umfärbung der Eier in milchiges Weiß hat nichts mit Verpilzung zu tun! Hier muß der Züchter genau hinsehen, am besten mit einer Lupe. Inzwischen wurden die Eltern herausgefangen, denn die gefräßigen Tiere würden sich totsicher an ihren Nachkommen vergreifen. Die Larven liegen meist auf dem Boden des Zuchtbeckens und zehren eine Woche von ihrem Dottersack, bevor sie freischwimmen. Sie nehmen jetzt bereits kleine Krebstierlarven, wie Artemia- und

Cyclops-Nauplien, wachsen jedoch nicht allzuschnell heran. Nach etwa einem halben Jahr und bei guter Fütterung (Wasserwechsel nicht vergessen!) erreichen sie Geschlechtsreife. Nach einem weiteren halben Jahr sind sie ausgewachsen.

Knaack

## Blaue Prachtkärpflinge und andere Bodenlaicher
*Aphyosemion sjoestedti*

Wie bereits bei der letztbesprochenen Art angezeigt, ist die Schlupfzeit der einzelnen bodenlaichenden Arten von recht verschiedener Dauer — und damit den unterschiedlichen, klimatisch bedingten Biotopverhältnissen angepaßt (Dauer der Trockenzeit, in denen die Regentümpel austrocknen können). Sie ist auch nicht unbedingt für alle Eier eines Geleges gleich lang. Hier hat die Natur vorgesorgt, damit die Arterhaltung allen Unbillen zum Trotz nicht gefährdet wird. Die hier mit Zuchtbericht angeführte Art *A. sjoestedti* ist also nur als „Muster" zu betrachten. Andere Arten der bodenlaichenden Gruppe vermehren sich auf sehr ähnliche Weise, wenn auch, wie gesagt, die Schlupfzeiten sich nicht gleichen. Folgend gebe ich daher die Zeiten für einige bekannte Arten:

| Art | Schlupfzeit |
|---|---|
| *Aphyosemion arnoldi* | 30 bis 50 Tage |
| *Aphyosemion fallax* | 70 bis 100 Tage |
| *Aphyosemion filamentosum* | 30 bis 90 Tage |
| *Aphyosemion gardneri* | 25 bis 40 Tage |
| *Aphyosemion sjoestedti* | 40 bis 150 Tage |
| *Roloffia occidentalis* | 80 bis 150 Tage |

Viele Aquarianer hält die sprichwörtliche Kurzlebigkeit vieler Aphyosemion- und Roloffia-Arten von deren Haltung ab. Im allgemeinen kann man mit einer Lebensdauer von 18 Monaten rechnen, die Fische können aber auch älter werden. So kurz auch ihr Leben ist, so gut klappt die Vermehrung — sieht man einmal von der Warterei auf den Schlupf der Jungen ab. Trotz der Größe von annähernd 12 cm für Männchen und 10 cm für Weibchen, braucht man für die Nachzucht kaum ein größeres als ein etwa 20 Liter Wasser fassendes Becken. Man weiß auch von Zuchten in weitaus kleineren Behältern. Die Zucht des Dauerlaichers ist an keine Jahreszeit gebunden. Man richtet das Zuchtbecken mit einem Grund aus abgebrühter Torffaser ein, entnimmt einen Teil Wasser dem Hälterungsbecken und füllt mit Frischwasser auf. An die Wasserqualität werden keine Ansprüche gestellt. Die übliche Haltungstemperatur von 20—22° C wird um etwa 2° C erhöht. Zu einem Männchen gibt man mehrere (2—3), vorher als laichreif erkannte, Weibchen. Es beginnt ein stürmisches Treiben (Foto). Die Eier werden in den Torfgrund fallengelassen. Etwa eine Woche später gibt man die Fische wieder in das Hälterungsbecken zurück, entnimmt und lagert den Torf mitsamt den Eiern feucht, völliges Austrocknen muß vermieden werden. Nach etwa 6 Wochen (die Lagerung kann aber auch bis zu 5 Monaten dauern) übergießt man den an der Oberfläche trockenen Torf mit Beckenwasser. Die Jungen schlüpfen bereits nach wenigen Stunden und schwimmen und fressen sofort. Sie sind bereits so weit entwickelt, daß sie Artemia-Larven fressen können und schnell heranwachsen.

Aphyosemion sjoestedti, *rote Variante. Das Männchen drückt seine Partnerin gegen den weichen Bodengrund.*

Knaack

## Saisonfische
## *Pterolebias peruensis, Nothobranchius rachovi* und andere

Die als Saisonfische bezeichneten Arten unter den „Killis" sind noch kurzlebiger als die Vertreter der vorgenannten Gruppe. Zu ihnen gehören überwiegend die Arten, die ihre Eier tiefer in den Bodengrund befördern, sei es durch Eindringen bei der Eiabgabe oder durch Einschleudern mit Hilfe der Flossen. Zu den Fischen, die als „Bodenbohrer" bekannt wurden, gehören die Vertreter der Gattungen *Austrofundulus, Cynolebias* und *Pterolebias.* Sie stammen alle vom südamerikanischen Kontinent. Nothobranchius-Arten, die ihre Eier mit einem Flossenschlag in den Sand- oder Torfgrund schleudern, kommen aus Ostafrika. Die meisten von ihnen sind farblich wunderschöne Arten, ob sie nun Südamerikaner oder Afrikaner sind.

*Pterolebias peruensis,* er soll hier stellvertretend für jene Killifische besprochen werden, die in den Bodengrund eindringen, ist ein schlanker, etwa 10 cm langer Fisch. Die Art ist erst seit 1954 bekannt geworden. Die Geschlechtsunterschiede lassen sich anhand der auffälligeren Färbung und Beflossung des Männchens leicht feststellen. Normal hält man die Fische bei einer Temperatur von 22° C, weil sie etwas wärmebedürftiger als die westafrikanischen Arten sind. In freier Natur werden die Fische nur 7—8 Monate alt (im Aquarium können sie etwas länger leben), deshalb muß ihre Gesamtentwicklung ebenfalls schnell ablaufen. So kommt es, daß die Tiere bereits mit drei Monaten geschlechtsreif sind und frühzeitig für die Erhaltung der Art sorgen. Die Zucht ist nicht schwierig und gelingt bereits in kleinsten, einmachglasgroßen Behältern. Man braucht kein allzu weiches Wasser (bis 12° dH) und manchmal eine leichte Salzzugabe. Vor dem Ansatz muß man die Geschlechter wieder für etwa 14 Tage trennen und dabei optimal füttern. Der Zuchtbehälterboden wird mit überbrühtem Torfmull eingerichtet. Die Schicht soll nicht zu flach, aber locker sein. Weil die Männchen ein einzelnes Weibchen meist zu stark bedrängen, gibt man ihnen besser jeweils zwei Partnerinnen bei, auf die sie ihr Liebeswerben verteilen können. Die Zeit bis zum Ablaichen ist je nach Gattung etwas unterschiedlich. Man rechnet für die südamerikanischen Arten *(Pterolebias* und *Cynolebias)* etwa 8—10 Tage. Danach fängt man die Zuchttiere heraus. Der Torf wird vorsichtig und über einer Auffangvorrichtung

Knaack

*Auch in einem Zuchtbecken für* Pterolebias peruensis *muß der Grund aus einem weichen Material wie Torffasern bestehen, damit die Zuchttiere darin eindringen können.*

(damit kein Ei verlorengeht) entwässert und in einen verschließbaren Behälter (Marmeladenglas) gegeben und bei einer Temperatur von 20—22° C dunkel aufbewahrt. Übergießt man nach einiger Zeit die Eier wieder mit Wasser (man spricht hier vom „Aufguß"), müssen die Embryonen so weit entwickelt sein, daß sie schlupffähig sind. Kommt der Aufguß zu früh, sterben die Eier ab. Es ist also auch hier ratsam — zumindest für die bekanntesten Arten — die Schlupfzeiten zu kennen:

| Art | Schlupfzeit |
|---|---|
| *Austrofundulus dolichopterus* | 130 bis 150 Tage |
| *Austrofundulus transilis* | 150 bis 180 Tage |
| *Cynolebias belotti* | 60 bis 90 Tage |
| *Cynolebias nigripinnis* | 80 bis 120 Tage |
| *Cynolebias whitei* | 70 bis 90 Tage |
| *Pterolebias longipinnis* | 60 bis 80 Tage |
| *Pterolebias peruensis* | 80 bis 100 Tage |

Als Faustregel für unseren Perukärpfling *(P. peruensis)* gilt: Nicht vor Ablauf von drei Monaten aufgießen. Man kann die Eier sogar länger im Torf aufbewahren und macht dabei keinen Fehler. Das hat dann seine Vorteile, wenn gerade das passende Aufzuchtfutter nicht zur Hand ist. Übergießt man den Torf schließlich mit 20—22° C warmem Wasser (es kann aus der Leitung sein), schlüpfen die gleich schwimmfähigen Jungfische innerhalb weniger Stunden. Ohne einen Nahrungsreserven bietenden Dottersack sind sie gleich hungrig. Weil sie sich naturgemäß schnell entwickeln müssen, soll die Fütterung entsprechend reichlich und abwechslungsreich sein.

Zu einer weiteren Gruppe, deren Vertreter ihre Eier Stück für Stück sofort nach der Befruchtung mit der Schwanzflosse im wahrsten Sinne in den Boden peitschen, gehören die Nothobranchius-Arten, für die *N. rachovi* stellvertretend besprochen werden soll. Auch bei diesen Arten ist die Geschlechtsunterscheidung nicht schwierig, weil die Männchen das weitaus prächtigere Farbkleid tragen. Die Balz im Zuchtbecken (Einrichtung wie bei der vorgenannten Art) geht beim Männchen mit der Präsentation der gespreizten Flossen einher. Das Weibchen zeigt sich anfangs oft unwillig und wird dann von seinem Partner dergestalt bedrängt, daß das Männchen versucht, sich von hinten an das weibliche Tier heranzumachen und es mit eigener schräger Körperlage zu Boden zu drücken. Hier spricht man vom „Reiten". Ist das Weibchen über dem Bodengrund angelangt, umfaßt der Partner es von oben mit seiner Rückenflosse, und die Paarung nimmt ihren Lauf (Foto). Nach Abgabe eines jeden Eies richten sich die Tiere auf und schlagen das befruchtete Ei in den (möglichst lockeren und gut aufnahmebereiten) Bodengrund aus Torffasern oder Laichgespinst. Man hält die Tiere in einem Ansatz von mehreren Wochen und kann einem Männchen auch mehrere Partnerinnen zugesellen. Bei diesem sogenannten Dauerlaichen braucht man nur kleinste Behälter. Nach 6—8 Wochen, wenn sich 100 bis 200 Eier im Torf befinden, entfernt man die Tiere und gießt das Wasser vorsichtig ab. Bodengrund und Eier werden in einem kleinen, verschließbaren Behälter (Marmeladenglas) aufbewahrt und während der gesamten Schlupfzeit leicht feucht gehalten. Die Entwicklungszeit der Embryonen kann je nach Art unterschiedlich sein. Man rechnet beispielsweise für die Arten *N. orthonotus* und *N. palmquisti* 60—90 Tage, bei *N. rachovi* 140—180 Tage. Zum Aufguß verwende man möglichst weiches Wasser, weil die Schlupfrate dann höher ist.

Richter
Austrofundulus dolichopterus. *Imponierende Männchen.*

*Arten wie* Pterolebias longipinnis *bohren ihre Körper tief in den weichen Bodengrund, um dort ihre Vermehrungsprodukte abzugeben.*
Knaack

## Lebendgebärende Zahnkarpfen *(Poeciliidae)* und andere vivipare Arten

Lebendgebärende Zahnkarpfen gehören zu den bekanntesten und verbreitetsten Aquarienfischen überhaupt. Sie sind von den südlichen USA über den mittelamerikanischen Kontinent bis nach Südamerika verbreitet. Während eine Reihe von Arten sich wegen ihrer blassen Färbung weniger gut in der Aquaristik durchsetzen konnten, sind es hauptsächlich die Vertreter der Gattungen *Poecilia* und *Xiphophorus,* die durch Hochzucht und die damit verbundenen bunten Färbungen und schleierartigen Beflossungen viele Aquarianer erfreuen.

Im Gegensatz zur Vermehrung Eierlegender Zahnkarpfen, tragen die Weibchen von Lebendgebärenden Eier, Embryonen und Larven in der Bauchhöhle, bis sie als vollentwikkelter Jungfisch ausgestoßen (lebend geboren) werden. Diese Art beschützten Heranwachsens der Nachzucht im Mutterleib setzt jedoch voraus, daß die Eier bereits im Körper des Weibchens befruchtet werden können. Dazu sind die Männchen mit einem speziell gebauten Befruchtungsorgan ausgestattet, dem sogenannten Gonopodium. Die Paarung findet auf folgende Weise statt: das Männchen führt sein Gonopodium in die Geschlechtsöffnung des Weibchens ein und gibt sein Sperma ab. Bei männlichen Jungfischen ist dieses Begattungsorgan noch nicht voll entwickelt und nimmt erst mit deren Entwicklung bis zur Geschlechtsreife seine endgültige Form an. Es gibt Frühentwickler (= Frühmännchen) und Spätentwickler (= Spätmännchen). Spätmännchen nehmen eine weibchenhafte Gestalt an und man hielt sie lange Zeit für Weibchen, die erst nach Geschlechtsumwandlung zu Männchen werden. Das stimmt nicht (vergleichen Sie bitte dieses Thema in Band I [Aquarium — Pflanzen — Fische]). Die bei dem geschilderten Begattungsvorgang abgegebenen Spermienpakete wandern von der weiblichen Geschlechtsöffnung in den Eileiter und bleiben dort 8 bis 15 Monate befruchtungsfähig. Hierdurch ist das Weibchen in die Lage gesetzt, auch ohne erneute Befruchtung über den gesamten Zeitraum (8—15 Monate) Junge zu gebären, weil die produzierten Eier vom Reservesperma jeweils befruchtet werden. Die Jungfische sind gleich schwimmfähig, fressen sofort und müssen sich vor den Nachstellungen anderer Fische, selbst der eigenen Eltern, in Sicherheit bringen. Der Züchter setzt deshalb ein trächtiges Weibchen in einen Ablaichbehälter, der nach unten hin mit einem Zwischenboden versehen ist, durch dessen Schlitze die Jungfische jedoch passieren können. Das Weibchen bleibt im oberen Teil und wird auf diese Weise von seinen Jungen getrennt. Im Gegensatz zur Zucht der Eierlegenden Zahnkarpfen kann man die Lebendgebärenden nicht kurzfristig ansetzen, sondern bringt die gewünschten Tiere im Daueransatz zusammen, zu deren Entwicklung wie auch für den Ansatz sind größere Becken besser geeignet als kleine. Gleiches gilt für die Aufzucht der Jungfische. Die Tiere sind starke Fresser und brauchen auch pflanzliche Kost. Im Gegensatz zu vielen ihrer eierlegenden Verwandten vertragen sie extrem weiches Wasser nicht! Man sollte es sogar mit einer Salzgabe etwas stärker mineralisieren. Man hält sie bei Temperaturen zwischen 22 und 25° C. Die verschiedenen Arten und Zuchtformen kreuzen sich untereinander, darum darf man sie, sollen reine Rassen erhalten werden, nicht im gleichen Becken halten.

Wenn häufig von den großen Becken für größere Poecilia- und die Xiphophorus-Arten gesprochen wird, so gilt das hauptsächlich für Züchter, die auf gute und vor allem gesunde Nachzuchtausbeute Wert legen. Sicher ist vielen Aquarianern bekannt, daß Fische in kleineren Becken,

Nothobranchius rachovi *bei der Laichabgabe.*

Richter

Nomorhamphus celebensis *bringt lebende Junge zur Welt, wie man auf diesem Foto beobachten kann.*

dazu noch bei ständiger Fütterung mit „Einheitsfutter“ und seltenem Wasserwechsel, langsamer heranwachsen als Tiere, die optimal gehalten werden. Eines Tages haben diese Fische aber auch die Normalgröße erreicht, zumal deren Endgröße von der Natur vorbestimmt ist. Es kann jedoch geschehen, daß schlechtgefütterte und auch anderweitig nicht gut gepflegte Tiere kümmernde Nachkommen zur Welt bringen. Stellt man an einem Weibchen Mangelerscheinungen fest, kann es sein, daß der Eidotter zurückgebildet ist, die embryonale Entwicklung der Jungfische mangelhaft wird, und einzelne Nachzuchttiere (oder der gesamte Wurf) Kümmerlinge werden. Derartiger „Zwergwuchs“, wie man ihn oft fälschlich nennt, wird zwar nicht vererbt, doch ist er der Zucht keineswegs dienlich. Die nicht seltene Verkrümmung der Wirbelsäule bei Lebendgebärenden Zahnkarpfen hingegen muß nicht, kann aber Folge solcher schlechten Haltung sein. Die Verkrümmung kann zufällig und ohne erkennbaren Anlaß auftreten, aber auch in äußeren Einflüssen (Chemikalien, Bestrahlung usw.) ihre Ursache haben. Eine solche Veranlagung kann ererbt sein, wenn äußere Einflüsse bereits auf ein Elterntier eingewirkt haben.

Die Nachzucht anderer, nicht zu den Zahnkarpfen zu rechnenden lebendgebärenden Arten ist ebenfalls nicht schwer zu erreichen. Oberflächenfische, die zuweilen wegen ihrer Schreckhaftigkeit auffallen (Anableps-, Dermogenys und Nomorhamphus-Arten), benötigen Becken mit großer Oberfläche und einigen Unterschlupfen (Schwimmpflanzen), damit sie sich wohlfühlen. Die Vertreter der Gattung *Anableps* (Vieraugen) dürften, zumal sie in brackigem oder gar reinem Meerwasser gehalten werden, wegen ihrer Größe von 25—30 cm ohnehin für die meisten Aquarianer zu groß werden. Dermogenys- und Nomorhamphus-Arten hingegen sind als Halbschnabelhechte schon seit langer Zeit in unseren Aquarien zu Hause, wenn sie auch relativ selten (vergleiche Foto von *Nomorhamphus celebensis)* gehalten werden. Weil diese Hechtlinge zum Kannibalismus neigen und ihre eigenen Jungen fressen, muß man dafür sorgen, daß das trächtige Weibchen, bei dem man einige Tage vor der Geburt die Augen der ungeborenen Jungfische durch die Bauchwand der Mutter hindurch erkennen kann, in ein flaches Becken mit sehr dichtem Pflanzenwuchs umquartiert wird. Der Wasserwert muß aber gleich bleiben! Die Wassertemperatur an der Oberfläche muß auf 28—32° C eingestellt sein. Das ist wichtig, denn Jungfische, kommen sie in kühlerem Wasser zur Welt, leiden alsbald an Wirbelsäulenverkrümmung. Halbschnäbler bringen, nach einer Tragedauer von 30—45 Tagen, 15—45 Jungfische zur Welt, je nach Größe der Weibchen. Die Kleinen sind bereits zwischen 5 und 10 mm groß, benötigen nur einen sehr geringen Wasserstand von wenigen Zentimetern und eine gute, abwechslungsreiche Fütterung.

In letzter Zeit sind wieder Exemplare von Lebendgebärenden eingeführt worden, die man nicht mehr zu den Zahnkarpfen *(Poeciliidae)* rechnet. Sie gehören den *Goodeidae* an. Die verbreitetsten zwei Vertreter sind *Xenophorus captivus* und *Xenotoca eiseni,* volkstümlich Hochlandkärpflinge genannt. Man findet die Fische in mexikanischen Hochlandbiotopen. Die Männchen der Goodeiden besitzen kein Gonopodium, wie wir es von den Poeciliiden kennen. Bei ihnen haben sich lediglich die ersten Strahlen der Afterflosse versteift und durch einen Spalt von den folgenden Flossenstrahlen getrennt. Die Entwicklung der Jungfische im Körper der Mutter ist wesentlich weiter fortgeschritten, als bei *Poeciliidae.* Untersuchungen von TURNER haben gezeigt, daß die Eierstöcke der Weibchen während der Embryoen-Entwicklung zu Organen für Ernährung und Atmung umgeformt werden. Es bilden sich Nährstränge, die in die Kiemenspalten der Jungfische hineinwachsen. Die Balz verläuft recht stürmisch, Männchen vollführen dabei oft echte Kopfstände. Nach einer Tragezeit von etwa 45 Tagen bringt das Weibchen 20—30 Jungtiere zur Welt. Diese sind bereits so weit entwickelt, daß sie schwimmfähig sind und normales Kleinfutter, auch in Staubform, nehmen können.

Viele lebendgebärende Fische wird man im Zoofachhandel vergeblich suchen. Neben den Standardfischen, wie Guppys, Helleries und Platys, findet man vivipare Arten hauptsächlich bei Liebhabern, vor allem, wenn sie Vereinen angehören, deren Mitglieder ihre Nachzuchten untereinander austauschen.

## Nanderbarsche
## *(Nandidae)*

Die Heimat der Nanderbarsche liegt im Nordosten des südamerikanischen Subkontinents, in Westafrika sowie in einigen Teilen Süd- und Südostasiens. Sie gelten als die letzten Vertreter früherer Erdepochen. Alle Arten sind Raubfische, die wegen ihrer ungeheuren Gefräßigkeit bekannt sind und täglich etwa eine ihrem eigenen Körpergewicht entsprechende Menge Futters verschlingen können. Im Aquarium kann man nur kleiner bleibende Arten pflegen — nie aber in einem Gesellschaftsbecken! Trotz allem sind es sehr interessante Fische, die ihre Brut pflegen. Meist indes sind daran nur die Weibchen beteiligt. Die Jungtiere entwickeln sich häufig recht unterschiedlich und haben einen so stark entwickelten Freßtrieb, daß größere im Aufzuchtbecken kleineren Geschwistern nachstellen und sie fressen. Deshalb müssen die Tiere stets nach Größen getrennt gehalten werden.

Neben dem Blaubarsch *(Badis badis)* und dem Südamerikanischen Vielstachler *(Polycentrus schomburgki)* gehört der Blattfisch *(Monocirrhus polyacanthus)* zu den bekanntesten Arten.

## Blattfische
## *Monocirrhus polyacanthus*

Wer zum erstenmal einen Blattfisch in seiner typischen Schwimmweise, leicht kopfab, in einem Becken vorfindet,

*Weibchen von* Monocirrhus polyacanthus *bei der Laichabgabe. Das Männchen wartet im Hintergrund, um die Eier sogleich zu befruchten.*

Richter

Richter (2)

*Die Eier werden an der Unterseite eines Blattes abgegeben (oben). Das Gelege wird bewacht (unten).*

wird ihn kaum erkennen, so gut kann er sich anpassen. In diesem Verhalten liegt auch die besondere Art des Beutemachens: Schwimmt ahnungslos ein Fisch vorüber, stößt der Blattfisch blitzschnell zu und verschlingt das Opfer. Er kann sein Maul nicht nur weit aufreißen, sondern auch extrem weit vorstülpen. Der entstehende Sog zieht die Beute ins Maul. So unbarmherzig die Ernährungsweise der Tiere manchem erscheinen mag, so interessant ist ihr Fortpflanzungsverhalten.

Die Unterscheidung nach Geschlechtern ist schwer. Man kann sie nur nach intensivem Beobachten vornehmen und sie möglicherweise, bei laichreifen Tieren, an der Bauchlinie feststellen. Diese verläuft bei den Männchen gerade, während sie bei weiblichen Tieren, je nach Laichansatz, mehr oder weniger vorgewölbt ist. Der Hautlappen an der Unterlippe jedenfalls ist kein Erkennungsmerkmal! Wie bei den meisten Zuchtversuchen, müssen auch bei den Blattfischen die Tiere gut im Futter stehen und sich zu Paaren zusammenfinden. Man sollte deshalb nicht nur zwei, sondern ein halbes Dutzend oder mehr Tiere ansetzen, aus denen sich Paare finden können. Die Fische benötigen möglichst weiches und leicht saures Wasser, wie es in den langsam dahinfließenden Bächen Guayanas (Nordosten von Südamerika) vorkommt. Im allgemeinen werden die Tiere um 8 cm lang. Dem Paar sollte man ein separates Becken anbieten, weil es dann ungestört der Zucht nachkommen kann. Beckengröße ab 60 cm. Als Einrichtung verwendet man ein Stück möglichst glattes Moorkienholz und eine großblättrige Pflanze (Amazonas). Man bietet den Tieren damit mehrere Substrate an, das geeignete suchen sie dann selbst aus. Pflanzen bleiben am besten in Töpfen, sie können dann derart gedreht werden, daß man die Laichabgabe wie auch das Gelege besser beobachten kann. Haben sich die Tiere, wie in unserem Fall, ein Blatt als Substrat ausgesucht, kehren sie nach jedem Umherschwimmen, verbunden mit einer gemächlichen Balz im freien Wasser, wieder an „ihre" Stelle zurück. Zuweilen stülpt ein Tier das Maul vor und wedelt mit dem Körper, später wird nur noch mit der Schwanzflosse gezittert. Es ist nicht sicher, ob das Vorstülpen des Maules (Gähnen) zur Balz gehört, weil manche Fische es auch ständig zeigen, vielleicht als Training ihres komplizierten „Fanggerätes", damit es im entscheidenden Augenblick auch einsatzbereit ist.

Vor Laichabgabe und dem Besamen der Eier schwimmen die Tiere mehrere Male probeweise über die Substratseite — vielleicht eine Art Vorsynchronisation. Die Eier werden zu etwa 10 Stück schubweise abgegeben, anschließend schwimmt das Weibchen zur Seite, um dem Männchen Platz zur Besamung zu machen. Am Ende des gesamten Zyklus kann man mit etwa 200 Eiern rechnen. Jetzt übernimmt der Vater die Brutpflege! Will das Weibchen sich einmischen, wird es energisch abgewehrt. Die etwa 1—2 mm großen Eier hängen an Fäden am Substrat, bekommen also von allen Seiten sauerstoffreiches Wasser. Das Männchen sorgt aufopfernd und befächelt das Gelege. Fällt einmal ein Ei herunter, läßt es der Vater unbeachtet liegen. Etwa nach drei Tagen schlüpfen die Larven und zehren vier Tage lang von ihrem Dottersack, bevor sie frei schwimmen. Anfangs ist der Vorderkörper der Jungfische noch schwarz. Sie wirken jetzt bereits sehr bedächtig und nehmen bald die ersten Cyclops-Nauplien auf. Wenn man sie zum Schutz vor erwachsenen Tieren in ein Aufzuchtbecken überführt, darf man den häufigen Wasserwechsel nicht vergessen. Die Tiere wachsen langsam heran.

## Buntbarsche
*(Cichlidae)*

Unabhängig vom Kontinent ihrer Herkunft unterscheiden wir bei den Cichliden drei Arten der Nachzucht: Offenbrüter und Maulbrüter. In der letzten Gruppe ist das Versteckbrüten insofern weiter verfeinert worden, als die Fischeltern die Eier und später auch die Jungen im Maul des weiblichen Tieres verbergen — ein besseres Versteck gibt es wohl nicht. Bei den Arten der Gattungen *Geophagus* und *Gymnogeophagus* wie auch *Aequidens* erkennt man bei einigen eine gewisse Übergangsform vom Offen- zum Maulbrüten. Meist rechnet man sie zu den Maulbrütern, weil die Mutter die Eier, wenn auch mit einiger Verspätung, ins Maul nimmt, sie dort vollends erbrütet und auch die Jungfische dort beschützt. Um unter den Lesern, wenn sie sich mit der Materie noch nicht beschäftigt haben, keine Verwirrung zu stiften, sei gesagt, daß man Offen- und Versteckbrüter deshalb auch zu den Substratbrütern rechnet, weil sie ihre Eier an oder auf ein Substrat (es bedeutet soviel wie „Haftgrund") heften. Letzteres bezieht sich auf die Art des Ablaichens; das erstere auf die Art des Erbrütens.

Trotz der Vielzahl der in den letzten Jahren hinzugekommenen Maulbrüter-Arten ist, weltweit gesehen, die Zahl der Substrat-Brüter (Offen- und Versteckbrüter) wahrscheinlich größer. Der Autor kann sich im Hinblick darauf, daß in diesem Band neben den allgemeinen Zuchtberichten die Besprechung der einzelnen Cichlidenarten ansteht, eine tiefschürfende Abhandlung über die Zucht der Buntbarsche ersparen. Das mag besonders für die Maulbrüter gelten. Zwei bereits unseren Vätern bekannte Arten mögen die Zucht von Offenbrütern und Versteckbrütern erklären. Es sei nochmals darauf hingewiesen, daß man unter „Versteckbrütern" generell jene Arten versteht, die ihren Laich nicht wie „auf dem Präsentierteller" haften lassen, wie es viele Offenbrüter tun. Versteckbrüter laichen in Höhlen ab, in schmalen Felsspalten oder in anderen Verstecken. Zu ihnen kann man auch viele Maulbrüter rechnen.

### Blaupunktbuntbarsche
*Aequidens pulcher*

Der frühere „Latifrons" gehört zu den bekanntesten unserer Buntbarsche. Sein Name ist etwas irreführend, denn blaue Punkte zeigen viele Buntbarsche, doch muß man bedenken, daß, als das Angebot an Cichliden noch kleiner war als heute, Fische mit blauen Punkten und in einem derart auffälligen Muster selten waren. Der Südamerikaner gehört zu den Offenbrütern, bei denen es sich lohnt, beim Laichvorgang zuzuschauen und später miterleben zu können, wenn die Eltern ihre Jungen großziehen. So sind denn auch die meist preiswerten Tiere und die problemlose Art, wie sie für Nachwuchs sorgen, ein Paradefall für jemanden, der sich mit der Nachzucht allgemein beschäftigen will und erste Erfahrungen sammeln möchte. Wie fast immer, versucht man auch bei dieser Art, nicht voll ausgewachsene, aber geschlechtsreife Tiere von ungefähr 10—12 cm Länge zu harmonierenden Paaren zusammenzuführen. Meist braucht man dazu mehrere Fische beiderlei Geschlechts, aus denen sich nach der Geschlechtsreife Paare bilden können. Das Zuchtbecken darf nicht zu klein sein (etwa 80—100 cm). Man kann es, wenn man will, mit einigen Steinen oder Wurzeln dekorieren. Wichtig ist ein flaches Substrat in Form eines Steines, den man — unübersehbar — in die Beckenmitte auf eine dünne Schicht feinen Sand plaziert.

In der Nähe befindliche Wasserpflanzen werden meist von den zukünftigen Eltern aus dem Bodengrund gerissen und schwimmen dann an der Wasseroberfläche. Die Tiere sind gute Fresser und haben einen dementsprechenden Stoffwechsel, deshalb empfiehlt sich ein guter Filter. Man füttert die Tiere währenddessen überwiegend und abwechslungsreich mit Lebendfutter. An die Wasserqualität werden keine sonderlich hohen Ansprüche gestellt, wenngleich die Härte nicht über 12° dH und der pH-Wert nicht über dem Neutralwert (7,0) liegen sollten. Im Gegensatz zur Haltungstemperatur — normal um 22° C — erhöht man zur Zucht auf etwa 26° C.

Nach gründlichem Inspizieren des Beckens, Entfernen der Pflanzen und Reinigen des Substrates können die Tiere zuchtaktiv werden. An der hervorschauenden Legeröhre erkennt man rechtzeitig die Laichbereitschaft des Weibchens. Beim Ablaichvorgang gibt das Tier seine Eier reihenweise genau hintereinander ab. Weil es beim folgenden Gang nicht in die gleiche Richtung schwimmt, jedoch mit den Eiern wieder eine Linie zieht, entsteht bald ein oft sternförmiges undefinierbares Muster (Fotos). Das größere Männchen wird ebenfalls aktiv und besamt das Gelege wieder und wieder. Ein gut harmonierendes Paar arbeitet so exakt, daß am Ende kaum ein unbefruchtetes Ei unter den nach Hunderten zählenden auf dem Laichstein zu finden ist. Das Gelege wird anschließend instinktmäßig verteidigt, ob ein Gegner vorhanden ist oder nicht. Selbst die Hand des Züchters bereitet den Tieren dann größten Unwillen. 60 bis 70 Stunden etwa befächeln die Eltern ihre Eier, dann sind die Larven geschlüpft. Die Schlupfzeit kann unterschiedlich lang sein. Die Larven werden von den Eltern nach dem Schlupf umgebettet und in eine vorbereitete Grube gebracht. Vier Tage später ist der Dottersack aufgezehrt, die Jungfische beginnen zu schwimmen. Sie brauchen jetzt sofort kleines Lebendfutter und können bereits Artemia-Larven und kurz darauf Cyclops und kleine Wasserflöhe verzehren. Aufmerksame Beobachter werden herausfinden, daß die Eltern ihren Jungen auch Futter, was für die Kleinen noch zu grob ist (Mückenlarven und Tubifex), vorkauen und es durch die Kiemenöffnungen den Jungen zuführen.

Aequidens pulcher
*beim Ablaichen und Führen der Jungfische.*
Zukal (3)

Ein gutes Zuchtpaar laicht im Jahr 6- bis 10mal ab. Jedesmal beginnt ein Vorgang mit intensivem Putzen des Substrates. Wahrscheinlich dient dieses Verhalten zum Synchronisieren der späteren Eiabgabe und Besamung. Gelege mit 500—700 Eiern sind nicht selten. Die Unverträglichkeit der Eltern gegenüber anderen Fischen bei Nachzucht in einem Gesellschaftsbecken kann je nach Art der Offenbrüter recht unterschiedlich sein. Zumal bei dieser Gruppe die Gelege, weil sie so frei daliegen, von den Eltern entsprechend gut bewacht werden müssen, so kann es vorkommen, daß die Tiere mit äußerster Härte gegen vermeintliche Störenfriede vorgehen. Wenn es sich nicht um eine zufällig in Gang gekommene Zucht handelt, sollte der Pfleger, sobald er die Laichbereitschaft eines Paares bemerkt, es in ein anderes Becken überführen und es erst dort zum Ablaichen bringen. Geschicktes Manipulieren der Wassertemperatur kann hilfreich sein, um das Ablaichen zu unterdrücken oder hinauszuschieben, andererseits aber auch fördern. Außerdem erspart man sich Verluste bei anderen Fischen, die zufällig Bekanntschaft mit den zornigen Eltern machen könnten.

Richter

*Gelbe Skalare bei der Laichabgabe.*

## Kongozwergbuntbarsche
## *Nanochromis nudiceps*

Dieser bodenbewohnende Buntbarsch stammt vom Unterlauf des Zaire, dem Kongofluß, wo die bis zu 8 cm langen Tierchen hauptsächlich im Bereich des (früheren) Stanley Pool (heute Pool Malebo) gefangen werden. Bei dieser Art zeigt das kleiner bleibende Weibchen die schöneren Farben, unter anderem eine rosa-violett leuchtende Bauchpartie. Die Tiere benötigen schon bei normaler Haltung weiches und saures bis leicht saures Wasser. Sind diese Werte nicht gegeben, kann es vorkommen, daß die Weibchen an Laichverhärtung eingehen. Bei der Balz dreht das Weibchen seinen prallen Bauch dem Männchen zu. Die Versteckbrüter beziehen darauf eine vorher ausgesuchte Höhle aus Steinen, aus einer umgestülpten Kokosnußschale oder aus einem entsprechend aufgestellten Blumentopf. Die weißlichgelben, ovalen Eier sitzen auf einem gallertartigen Stiel, damit das einzelne Ei freisteht, wie auch die Eier des gesamten Geleges nicht zu dicht beieinandersitzen, so daß sie optimal von sauerstoffreichem (!) Wasser umflossen werden (Foto S. 262). Ein Gelege besteht aus 100 bis 200 Eiern. Die Larven schlüpfen nach etwa 40—50 Stunden (temperaturabhängig). Sie werden von den Eltern mehrmals umgebettet und haben ihren Dottersack in 4—6 Tagen aufgezehrt. Darauf müssen sie allein Futter suchen und fressen sofort Artemia-Nauplien wie auch Staubfutter. Die Höhlenlaicher brauchen ein etwa 40—60 Liter fassendes Zuchtbecken, Zuchttemperatur etwa 26—28° C. Ähnlich dieser Art läßt sich auch ihr naher Verwandter, *Nanochromis dimidiatus*, nachzüchten. Deren Nachwuchs ist jedoch weniger zahlreich und erreicht im Durchschnitt nur halb so viele Jungtiere. Von beiden Arten werden nur die jeweils schönsten Exemplare zur Weiterzucht eingesetzt, denn nicht alle erreichen die gleiche Farbenpracht.

## Skalare
## *Pterophyllum scalare*

Von den hochgewachsenen Cichliden nehmen seit Jahren die Skalare und die an sie anschließend besprochenen Diskusfische einen festen Platz in der Aquaristik ein. Im Gegensatz zu den Vertretern der Gattung *Symphysodon* (Diskusfische) — für die meisten Aquarienliebhaber immer noch Problemfische — ist die Zucht von Skalaren nicht sonderlich schwierig, schafft man den Tieren halbwegs günstige Voraussetzungen. Um Ihnen die üblichen Skalar-

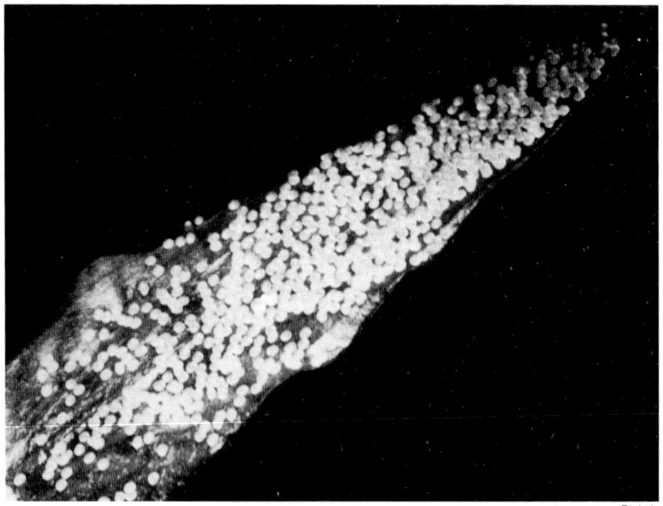

Richter

*Das Gelege auf einem Echinodorus-Blatt.*

bilder zu ersparen, möchte ich hier eine gelbe Variante abbilden, deren Zucht Hans Joachim RICHTER in der DDR gelang. Im Prinzip ist sie natürlich nicht anders als die aller Skalar-Varianten, ob sie nun marmoriert, rosarückig, schwarz oder rauchfarben sind. Eine Ausnahme bei der Zucht macht *Pterophyllum altum,* der zwar nach Meinungen einiger Wissenschaftler zur Art *P. scalare* zu stellen, in der Zucht jedoch derart heikel ist, daß man selbst heute noch sagen kann: die Art ist kaum einmal nachgezüchtet worden.

*Jungfische des Gelben Skalars wenige Tage nach dem Freischwimmen. Die Ähnlichkeit zu normal gefärbten Tieren ist noch erkennbar.*

Richter

Bei der hier gezeigten gelben Form handelt es sich im Hinblick auf die Färbung um einen Spätentwickler. Anhand der Fotoserie läßt sich das leicht beweisen.

Zur Nachzucht der Skalare wählt man ein 80—100 cm langes Becken. Die Geschlechtsbestimmung ist weder an äußeren Merkmalen noch später bei der Brutpflege feststellbar. Man muß bei der Zusammenstellung der Zuchttiere von Beobachtungen ausgehen, aus denen sich durch die Verhaltensweise auf die Geschlechter schließen läßt. Die Art der Aufgabenverteilung bei der Brutpflege sagt uns, daß wir es hier mit einer sogenannten Elternfamilie zu tun haben (beide Geschlechtspartner sind zu gleichen Teilen an der Aufzucht der Jungen beteiligt). Nach einer mäßigen Balz wird das Substrat ausgesucht, meist ein nach unten hängendes Pflanzenblatt von angemessener Breite. Aber auch ein Wurzelstück oder die Aquarienscheibe oder gar der Heizstab wird angenommen. Die Eiabgabe erfolgt in Schüben. Nach jedem Schub befruchtet das Männchen die Eier, bald darauf ist die gesamte Blattspreite bedeckt. Das Befächeln der Eier wird, wie bereits erwähnt, abwechselnd durchgeführt, doch beschränkt sich die Pflege nicht nur darauf: häufig sieht man die Fische ihre Eier lutschend reinigen. Offenbar soll damit einer Verpilzung vorgebeugt werden. Falls das doch einmal geschieht, werden befallene Eier im allgemeinen aus dem Gelege genommen, ob das aber geschieht, hängt von der Routine der Partner ab. Nach 70—90 Stunden schlüpfen die Larven. Dabei geben die Eltern durch intensives Lutschen und dabei durch Zerbrechen der Eihülle den Jungen Hilfe. Die Larven tragen am Kopf einen Schleimfaden, der wie ein Haftorgan wirkt. Sobald sie die Eihülle verlassen haben, werden sie von den Eltern „umgebettet", das heißt aufgenommen und an eine andere Stelle des Substrats gespuckt, dort bleiben sie dann dank des Sohlcimfadens sofort hängen. Erneut wird ihnen sauerstoffreiches Wasser zugefächelt. Mit intensivem Wedeln ihrer langen dünnen Schwänze wirken die Jungen dabei mit. Fallen sie einmal vom Substrat, werden sie von den Eltern aufgelesen und gleich wieder angeheftet. Eine solche Umbettung kann öfter geschehen, und nicht immer

Richter (3)

*Die jungen Fische beginnen die Umfärbung (links). Ein weiterer Stand der Umfärbung (Mitte). Ein fast völlig umgefärbter Jungfisch (rechts).*

sind sich die Eltern einig, wohin sie ihre Kinder transportieren sollen.

Haben die Larven ihren Dottersack aufgezehrt und werden zu schwimmfähigen Jungfischen, müssen sie gefüttert werden. Dazu braucht man nicht unbedingt Artemia-Nauplien. Die Jungen sind bereits soweit entwickelt, daß sie sofort mit Cyclops-Nauplien gefüttert werden können. In den ersten Tagen ihres schon munteren Lebens sind sie noch von gestreckter Form, zeigen aber nach mehreren Wochen bereits die Hochflossigkeit ihrer Eltern. Bei guter Fütterung und häufigem Wasserwechsel (!) wachsen die Jungen schnell heran. Die hier abgebildeten gelben Tiere zeigen in der Jugend anfangs die silbrige Grundfärbung mit den dunklen Querbinden, färben sich aber zunehmend in ihr Alterskleid um.

Obgleich der Skalar freilebend in sehr weichen Gewässern vorkommt, ist heute die Nachzucht der meist bereits domestizierten Tiere nicht mehr von extremen Wasserwerten abhängig. Das Zuchtwasser soll weich (bis 8° dH) sein mit einem leichten Säuregehalt (pH-Wert 6,8—6,5). Wie die Haltung der populären Fische beweist, sind sie mit einer durchschnittlichen Temperatur von 24° C zufrieden. Zur Zucht sollten es zwei bis höchstens vier Grad mehr sein. Tiere, die sich zur Paarbildung „entschlossen" haben, und wenn das Weibchen laichbereit ist, lassen sich auch im Gesellschaftsbecken nicht von der Pflege ihrer Nachkommenschaft abhalten. Sie sind dann allerdings besonders wachsam und einem vermeintlichen Gegner gegenüber werden sie schnell aggressiv. Kommt etwa die Hand des Pflegers dem Gelege zu nahe, wird sie sofort attackiert. Das gilt ebenfalls für Mitbewohner, die sich in die Nähe des Geleges verirren: Sie werden durch kräftige Rammstöße aus dem Revier vertrieben.

## Diskusfische *(Symphysodon)*

Manchen Aquarianern, die sich als Züchter versuchen wollen, wird der Diskusfisch zu einem echten Prüfstein. Man kann verschiedener Meinung darüber sein, ob man einen Rekordversuch starten soll, bevor man noch recht laufen gelernt hat. Warum seine Fähigkeiten nicht zuerst an anderen Arten versuchen? Nein, es muß der Diskus sein!

Diskuszucht, das sei hier wieder ausdrücklich gesagt, kann unter bestimmten Umständen ein Kinderspiel sein, nämlich dann, wenn es sich um Braune Diskus *(S. aequifasciata axelrodi)* handelt und die Eltern bereits aus Nachzuchten stammen. Eine andere Voraussetzung für die Diskuszucht (dazu gehört nicht nur das Laichen und Befruchten, sondern auch das Erbrüten der Eier und das Aufziehen!) ist sehr weiches Wasser. Zugegeben, es haben auch schon Fische in härterem Wasser abgelaicht, Jungfische hat es in diesem Wasser aber nicht gegeben: Die Eier verpilzten, nachdem sie abgestorben waren, weil der osmotische Druck wahrscheinlich nicht übereinstimmte. Eines der größten Probleme ist das Eierfressen, an dem sich, hat es erst begonnen, oft beide Tiere beteiligen. Dann kann man gar nichts machen, viele Versuche haben das ergeben. Wenn in bestimmten Zuchtgebieten zu bestimmten Zeiten bei den verschiedensten Züchtern die Gelege laufend aufgefressen werden, muß das einen Grund haben. Möglicherweise kann er in den Luftdruckverhältnissen zu finden sein. Sie könnten den Tieren ein Signal geben. Reine Theorie! Es heißt abzuwarten. Gut harmonierende Tiere werden mehrmals ablaichen und jedes neue Gelege kann Erfolge bringen. Oft fressen jüngere Tiere auch aus Unerfahrenheit die Eier auf. Bereits das nächste Gelege mag die ersehnten Jungtiere bringen.

Die Geschlechtsunterscheidung fällt dann nicht allzu schwer, wenn man die Tiere beobachtet. Männchen sind, wie bei vielen Cichliden, in der Stirnpartie bulliger und in der Gesamterscheinung größer. Ausnahmen kommen dann vor, wenn man groß werdende Wildfänge mit kleiner bleibenden Nachzuchten zusammenbringt. Das Kleinerbleiben ist nicht die Regel, kann jedoch vorkommen.

Hat man ein Paar beisammen, setzt man die Tiere in ein separates Becken (Mindestlänge 80—90 cm). Ein Bodengrund ist nicht nur überflüssig, er kann auch durch übermäßige Bakterien- oder Infusorienbildung den Erfolg mindern. Es hat sich eingebürgert, den Fischen den umgedrehten Kegel einer tönernen Grabvase als Laichsubstrat anzubieten. Sie nehmen solche Hilfe gern an, wenngleich die leuchtenden Gebilde den optischen Eindruck in den meisten Becken meiner Meinung nach stark stören. Das Hygienedenken verbietet vielen Züchtern, einen geraden Moorkienholzstamm einzusetzen, obgleich er wegen des Absonderns von Huminsäuren das Gelege vor bakteriellem Befall gut schützen könnte. Die auf dem Substrat klebenden Eier werden von beiden Eltern abwechselnd befächelt, nachdem Laichabgabe und Besamung überwiegend nach einer wenig spektakulären Balz harmonisch verlaufen sind. Bei gleichmäßiger Temperatur im Bereich um 28° C schlüpfen die Larven nach etwa 60 Stunden, teilweise unter Mithilfe der Eltern; sie werden aus der Eihülle „herausgekaut". Eine Hilfe ähnlicher Art ist in der Folgezeit nötig. Die Larven, die einen kleinen Schleimfaden am Kopf tragen, werden von den Eltern an eine andere Stelle des Substrats gehängt (man spricht hier von „umbetten"). Geschieht das nicht sorgfältig genug, löst sich bisweilen eine zappelnde Fischlarve und gleitet langsam am Substrat entlang zu Boden. Meist jedoch entgeht das den Eltern nicht, und die Larve wird mit dem Maul aufgelesen und erneut befestigt. Dazu erweist sich ein glatter, überschaubarer Aquarienboden als vorteilhaft. 60 Stunden nach dem Schlupf ist der Dottersack aufgezehrt, und die Jungfische beginnen, frei zu schwimmen. Als „Säugefische" apostrophiert man bisweilen die Diskus-Arten deshalb, weil sie sich in der Zeit bis zum Freischwimmen der Jungen eine leicht graue Schleimschicht zugelegt haben, die zuweilen ihre herrlichen Farben überdeckt, ja verbirgt. Meist führt darauf eines der Elterntiere die Kinderschar. Sie hält sich in den ersten Tagen dicht an die großflächigen Flanken von Vater oder Mutter. Die graue Schleimschicht dient in den ersten Tagen als Ernährungsgrundlage für die Kleinen, und wer mit Hilfe einer Lupe die Futteraufnahme der Jungfische deutlicher beobachtet, wird feststellen, daß die Tiere unentwegt an den schleimigen Flanken der Eltern zupfen. Sie lösen sich im Führen ab. Das geschieht derart, daß jener Fisch, der die Jungen gerade führt, plötzlich ruckartig vorschwimmt und die Kleinen frei im Wasser stehen. Augenblicklich aber schwimmt der andere Elternteil herbei und „übernimmt" den Nachwuchs. Während dieser Tage nehmen die Eltern nur wenig Nahrung zu sich. Man soll sie deshalb auch nur mäßig füttern und ihnen Nahrung reichen, die sofort absinkt (Tubifex und Enchyträen). Andere Lebendfutterarten, etwa Mückenlarven, können mit ihrem Zucken die Eltern irritieren. Während der Nachtstunden bringen die Alten ihre Jungen, solange deren Schleimfaden noch nicht vollständig zurückgebildet ist, regelrecht zu Bett: sie werden erneut an das Substrat geheftet. Das Elternpaar jedoch bleibt stets unmittelbar in der Nähe. Später leben die Jungen über Nacht im Pulk — ebenfalls nahe bei einem oder bei beiden Elterntieren. Manche Züchter lassen während dieser Zeit eine Lichtquelle im Zimmer durchgehend leuchten, damit die Tiere sich auch optisch wahrnehmen können.

Die Umstellung in der Nahrungsaufnahme vom Hautsekret der Eltern auf Lebendfutter ist eine schwierige Phase, bei der es gelegentlich Probleme geben kann, hat der Züchter nicht das passende Futter zur Hand. Wieder reicht man Artemia-Nauplien, ist bei den ersten Anfütterungsversuchen indes auf die Mithilfe der Diskus-Eltern angewiesen, die ihre Jungen in die Futterwolke hineinführen müssen. Sind die Fischchen erst einmal auf den Geschmack gekommen, ist meist das erste Gefecht der Schlacht gewonnen. Die „Wolke" darf nicht zu groß sein; lieber füttert man nach einiger Zeit nach. Man benutzt dazu am besten ein dünnes Glasrohr, in das man, nach Art einer Pipette, die Artemia-Larven hineinsaugt und sie im Rohr ins Zuchtbecken bringt und zwar in unmittelbare Nähe der Jungfische. Mit dem Loslassen des Daumens entläßt man die Larven aus dem Rohr, sie schweben direkt den Jungfischen vors Maul. Die Fremdfutteraufnahme beginnt etwa

1

4

2

3

5

1 *Diskus-Weibchen beim Kontrollieren des Geleges an einer Tonvase.*

2 *Weibchen beim Führen der nur wenige Tage alten Jungfische.*

3 *Die Jungfische werden durch ein Hautsekret ernährt, das sie von den Körperseiten der Elterntiere erhalten.*

4 *Die Jungfische entfernen sich mit zunehmendem Alter immer mehr von den Eltern. Die hier abgebildeten Tiere sind jedoch noch nicht selbständig.*

5 *Während des Führens der Jungen kann es zu leichten Kämpfen unter den Partnern kommen, wenn sich die Eltern nicht über die Reihenfolge beim Führen der Jungfische einigen können.*

Mayland

14 Tage nach dem Freischwimmen. Die Jungen verlassen nun immer häufiger die Flanken der Eltern, kehren jedoch wieder dorthin zurück, wenn Gefahr zu drohen scheint. Mit fortschreitender Aufzucht nehmen die Alttiere wieder mehr und mehr Futter und zeigen dabei den Jungen, wie sie das Futter vom Boden zu nehmen haben, und schnell eifern die Kleinen ihnen nach. Nachdem der Jungfischschwarm einige Zeit mit Artemia-Nauplien beköstigt wurde, kann langsam das Futter größer werden, am ehesten sind gesiebte Cyclops geeignet. Man darf aber auch jetzt nicht zuviel Futter reichen, zumal gerade Cyclops (oder Hüpferlinge) in dem bösen Ruf stehen, Jungfische anzuknabbern, wenn die Krebstierchen größer geworden sind. Die Ration muß also möglichst bald aufgefressen werden. Haben die Jungen Markstückgröße erreicht, können sie in ein gesondertes Aufzuchtbecken überführt werden.

Abschließend noch einige Worte zur Fütterung von Diskusfischen: Tubifex, von den Tieren sehr gern genommen, dürfen den Züchter aber nicht dazu verleiten, ständig damit zu füttern. Bekanntlich stecken in den Wurmklumpen auch andere Lebewesen (Egel und Planarien); sie kann man leicht ins Zuchtbecken einschleppen. Ich möchte deshalb noch einmal auf die Fütterung ausgewachsener Diskusfische mit Kalbs- oder Rinderherz zu sprechen kommen. Viele, die sich erst kurze Zeit mit der Diskushaltung befassen und denen „geschabtes Kalbs- und Rinderherz" nicht viel sagt, sollten folgendes beherzigen: Man nehme ein Stück von allen fettigen und sehnigen Anhängseln gesäubertes Herz und schneide es in Würfel von etwa 3 cm Seitenlänge. Die Würfel gibt man in einen Behälter und läßt sie im Tiefkühlschrank hart gefrieren. Mit Hilfe einer kleinen Mandelmühle, man kann sie preiswert in einem guten Haushaltswarengeschäft erstehen (die Reibeöffnungen müssen sehr fein sein!), zermahlt man Würfel für Würfel das steinharte Fleischstück und drückt die gewonnene Masse in eine Gefrierschale. Die abgeschabten „Würstchen" sind so fein und dünn wie Tubifex-Würmchen. Die Masse muß sehr flach auf den Boden der Schale gegeben werden. Nach erneutem Gefrieren (die Arbeit muß schnell hintereinander ablaufen, damit das Fleisch nicht vollends auftaut), erhält man eine flache Futterscheibe, von der man nach Belieben eine Portion abbrechen kann.

*Weibchen des Braunen Diskus* (S. a. axelrodi) *mit Jungtieren.*

Mayland

## Labyrinther oder Kletterfische
## *(Anabantidae)*

Labyrinthfische sind über Teile Süd-, Südost- und Ostasiens sowie über West-, Zentral- und Südafrika verbreitet. Von den 18 Gattungen und annähernd 60 Arten haben sich einige Vertreter einen Stammplatz in der Aquaristik erobert, während andere wegen ihrer Größe oder Gefräßigkeit höchstens in Liebhaberbecken gehalten werden. Bekannteste Vertreter sind die Kampffische der Gattung *Betta,* die Fadenfische der Gattungen *Colisa* und *Trichogaster,* die Küssenden Guramis der Gattung *Helostoma,* die Paradiesfische der Gattung *Macropodus* sowie die Knurrenden Guramis der Gattung *Trichopsis.* Alle angeführten Gattungen stammen vom asiatischen Kontinent oder von dessen Inseln. Der größte Teil von ihnen baut Schaumnester

*Ein Paar von* Colisa lalia *im Augenblick der Eiabgabe.* ▷

Richter

zur Aufnahme des Laichs an der Wasseroberfläche. Nachdem es ein Schaumnest gebaut hat, erjagt das Männchen sein Weibchen und versucht, es unter sein Nest zu locken. Der Mann hat sein Prachtkleid angelegt, spreizt die Flossen und imponiert mit allem, was er hat. Ist das Weibchen laichbereit, schwimmt es dicht an den Partner heran und drückt seine Kehlpartie an dessen Flanke. Jetzt beginnt das Männchen die Partnerin zu umschlingen. In dieser Stellung schwimmt das Paar bäuchlings in Richtung Wasseroberfläche zum Schaumnest, und Eier und Spermien werden abgegeben (Foto). Die leichten, schwimmfähigen Eier streben zur Oberfläche und gelangen so von unten ins Schaumnest. Meist betreut das Männchen das Nest und kümmert sich ständig um das Gelege. Seine Arbeit beginnt damit, noch im Wasser treibende Eier einzusammeln und ins Nest zu spucken. Noch mehrmals werden auf die gleiche Weise Eier abgegeben, bis der Vorrat des Weibchens erschöpft ist. Die „Pflegewut" mancher Männchen zwingt uns zuweilen, das nun überflüssige Weibchen zu entfernen, denn es will immer wieder neugierig zum Nest schwimmen, wird aber durch ständige Attacken seines Laichpartners zurückgedrängt und kann Schaden nehmen. Nun gibt das Männchen weitere Schaumblasen von der Unterseite in das Nest, um so das Gelege von unten her abzustützen. Die Larven schlüpfen relativ schnell: nach 20—30 Stunden, bleiben noch etwa 3—5 Tage im Schaumnest und zehren währenddessen ihren Dottersack auf. Sollte ein Jungfisch zu früh seine Schwimmfreudigkeit entdecken und das Nest verlassen, wird er sofort vom Männchen eingefangen und zurückgespuckt. Nach dem Freischwimmen leben die Jungfische dicht unter der Wasseroberfläche. Sie benötigen jetzt feines Infusorienfutter, das der Züchter in gehöriger Menge bereithaben sollte, denn die Jungen entwickeln einen gesunden Appetit. Das Verfüttern kleinster Krebstierchen, wie bei den meisten Jungfischarten üblich, klappt bei wenigen Arten von Labyrinther-Jungen (darunter bei *Trichopsis vittatus,* dessen Laichserie hier alle Vorgänge veranschaulicht). Andere nehmen fein gesiebte Cyclops-Nauplien, doch muß der Züchter die nötigen Mengen auch beschaffen können.

Wegen der unterschiedlichen Größe der Arten, muß ein jeweils passendes Zuchtaquarium bereitgehalten werden. Für kleiner bleibende Arten, wie *Colisa lalia, C. chuna* sowie für einige Vertreter der Gattungen *Betta, Macropodus* und *Trichopsis* genügen 20-Liter-Behälter. Man könnte selbst Becken mit geringerem Fassungsvermögen nehmen, doch muß man die zu erwartende Kinderschar berücksichtigen. Becken mit einem Fassungsvermögen zwischen 80 und 100 Liter sind für Vertreter der Gattungen *Belontia, Trichogaster* und *Ctenopoma* (soweit Schaumnestbauer) angebracht. Labyrinther leben oft in stark verkrauteten Gewässern, darum sollte man das Zuchtbecken ebenfalls bepflanzen. Unbedingt notwendig jedoch sind Schwimmpflanzen (meist *Riccia),* auf der Wasseroberfläche, in die die Männchen ihr Schaumnest bauen können. Die erwähnten Arten der Gattungen *Belontia* und *Ctenopoma* machen

*Das Paar beginnt die Balz (links). Jetzt werden alle Flossen gespreizt (Mitte).*
*Das Weibchen wird von seinem Partner umschlungen und hierbei mit der Bauchseite nach oben gedreht, damit die abgegebenen Eier besser in das Schaumnest gelangen (rechts).*

Richter (3)

*Das Weibchen von* Trichopsis vittatus *schwimmt mit gekrümmtem Körper vor das Männchen.*

*Ruckartig schießt das Eipaket aus der Geschlechtsöffnung des Weibchens.*

*Das Männchen schnappt nach dem Eipaket und befördert es ins Schaumnest.*

Richter (3)

sich meist wenig Mühe mit dem Schaumnestbau und geben ihre schwimmfähigen Eier einfach in die Pflanzen an der Wasseroberfläche. Weil die flachen Gewässer, in denen die Tiere meist im Heimatbiotop leben, recht warm sind, geben wir ihnen im Tropenaquarium entsprechend warmes Wasser, vor allem für die Zucht.

Bei einer Reihe von Labyrinther-Arten haben sich abweichende Vermehrungsformen entwickelt, anscheinend teilweise noch nach dem Schema der Nestbauer, aber auch weitgehend davon abweichend. Küssende Guramis beispielsweise entwickeln erst beim Ablaichvorgang ihr stürmisches Temperament, nachdem die Balz mit „Dauerküssen" stattgefunden hat. Dabei werden die Eier unter nur angedeutetem Umschlingen ausgestoßen und vom Männchen sogleich befruchtet und treiben zur Wasseroberfläche. Ihr großes Haftvermögen läßt sie an allen möglichen Gegenständen hängenbleiben, hauptsächlich an Pflanzenblättern. Einige Vertreter der Gattung *Betta* sind Maulbrüter. Der Schokoladengurami *(Sphaerichthys osphromenoides)* gilt im Hinblick auf die Zucht nach wie

Richter

Sphaerichthys osphromenoides. *Der Schokoladengurami trägt die Eier im Maul, wie diese Aufnahme beweist.*

vor als Problemfisch. Allein die normale Haltung der Tiere stellt schon Anforderungen: Wasserhärte bis 8° dH, pH-Wert sauer (ab 6,5 abwärts), Temperaturen um 28° C. Zur Zucht müssen diese Werte entsprechend eingestellt werden: Wasserhärte 0—2° dH, pH-Wert möglichst unter 6,0, Temperatur 28—30° C. Sind die Tiere auf dem Importweg stark abgekommen, müssen sie zuerst mit gutem Futter gepflegt werden. Damit sie später in Laichstimmung kommen, sollte viel Insektenfutter angeboten werden. Der Balz folgen Scheinpaarungen, dabei findet kein Umschlingen, sondern nur ein enges Aneinanderschwimmen statt. Bei der Abgabe der Keimzellen stößt das Männchen kleine Spermienwolken aus, in die hinein das Weibchen den Laich gibt. Die Tiere sind Maulbrüter, deshalb hat das Weibchen jetzt Mühe, alle Eier einzusammeln und im Kehlsack unterzubringen, doch erweist er sich letztendlich als aufnahmefähig genug. Beobachtungen zeigten, daß das Männchen, es hat fortan mit der Brut nichts mehr zu tun, ein verlorengegangenes Ei aufnimmt und dem Weibchen vors Maul spuckt.

Als nicht ganz geklärt muß der weitere Verlauf der Zucht angesehen werden. Häufig baut das Männchen zwar vor der Eiabgabe ein Schaumnest, doch nimmt das Weibchen die Eier trotzdem ins Maul. Bei der stattlichen Zahl (120—150 Eier) ist das nicht leicht, und die Entwicklung der Embryonen macht den Raum im Kehlsack nicht eben größer. Es ist möglich, daß die schlupfreifen Embryonen später in das Schaumnest gespuckt werden, erwiesen aber nicht. In einem Bericht über die Zucht des Schokoladenguramis (1962, „Tropische Fische", S. 484—488) erwähnt Dr. SCHMIDT-FOCKE, daß nach seiner Meinung das Männchen die Eier ins Maul genommen habe. Darauf habe er das Weibchen aus dem Becken genommen, und nach etwa 12—14 Tagen spuckte das Männchen zwischen 20 und 50 Jungfische aus, fast schon so groß wie junge Guppys. Die weitere Aufzucht der Jungfische erfolgte mit Artemia-Nauplien. Zur Geschlechtsunterscheidung gibt der Autor an: „Die Weibchen zeigen bei guter Fütterung deutlich Laichansatz und häufig eine tiefkaffeebraune Färbung. Die Kopfpartie ist spitzwinklig, in den meisten Fällen sind die Weibchen kleiner als die Männchen. Ausgewachsene Sphaerichthys-Männchen zeigen eine deutliche Vorwölbung der Kehle. Ihr Körperbau ist gedrungener, in der Laichzeit haben sie häufig eine lehmbraune Färbung."

## Ährenfische und Regenbogenfische *(Atherinidae* und *Melanotaeniidae)*

Von den hauptsächlich im Meer lebenden Ährenfischen sind nur wenige Arten auf Dauer ins Süßwasser vorgedrungen. Als Aquarienfische sind hauptsächlich die Vertreter dreier Gattungen eingeführt: *Bedotia geayi* von Madagaskar, *Iriatherina werneri* aus dem Süden Neuguineas und *Telmaterina ladigesi,* der Celebes-Segelfisch von der gleichnamigen Insel, die heute Sulawesi heißt. *T. ladigesi* soll uns als Muster für das Zuchtverhalten der Ährenfische dienen. Im Gegensatz zur Familie der Ährenfische, zu der früher auch die Gattungen der Regenbogenfische gestellt waren, benötigen die Vertreter der *Melanotaeniidae* (heute als Familie mit eigenem Status anerkannt) zur Haltung und Zucht kein härteres, sondern ausgesprochen weiches Wasser: Sie kann man als reine Süßwasserfische bezeichnen. Dies sei hier nur zur Unterscheidung beider Familien angeführt (auf die Mitglieder der Familie komme ich in Band II eingehend zu sprechen).

Die Inselbewohner von Sulawesi tragen ein unübersehbares Merkmal: Ihre Männchen haben lang ausgezogene Strahlen der zweiten Rücken- und der Afterflosse. Segelfische stellen einige Ansprüche: Sie mögen nur kristallklares und sehr sauerstoffreiches Wasser. Die Temperatur kann zwischen 22 und 26° C liegen, darf aber nicht häufig schwanken. Da-

Richter

Telmatherina ladigesi. *Laichwillige Weibchen zieht es immer wieder in die Nähe von Pflanzen. Anfangs wartet der Partner, als sei er unschlüssig.*

gegen stellen die Tiere — waren sie ursprünglich doch Meeresfische — gar keine Ansprüche im Hinblick auf weiches Wasser: es würde ihnen nur schaden. Das Wasser kann zwischen 16 und 20° dH aufweisen. Einige Teelöffel Seesalz können häufig schon die Vitalität der Tiere steigern. Wer eine erfolgreiche, aber auch produktive Nachzucht dieser Art anstrebt, der sollte mehrere Becken ähnlicher Größe mit gleichwertigem Wasser vorbereiten: Segelfische sind nämlich Dauerlaicher! Beckengröße am besten zwischen 40 und 50 cm Länge, Wassermenge etwa 25 bis 40 Liter. Am besten setzt man zu einem Weibchen zwei Männchen. Die Männchen werden um die Gunst des Weibchens buhlen, und man wird sehen, wie sich die Paare finden. Das überzählige Männchen wird wieder herausgefan-

*Wenn das Weibchen zu verstehen gibt, daß der rechte Platz gefunden ist, schwimmt auch das Männchen an seine Seite.*

Richter

Richter

*Hier flieht das Weibchen noch vor den heftigen Werbungen seines Partners an die Wasseroberfläche. Es wird jedoch sofort verfolgt.*

Richter

*Sucht das Weibchen besonders eifrig nach Futter, beginnt das Männchen sofort, seine Partnerin schnell zu umkreisen.*

gen. Laichwillige Weibchen bevorzugen feinfiedrige Pflanzen zur Eiablage. Ein mit Javamoos bewachsener Stein eignet sich besonders gut als Laichbeckenmittelpunkt. Gelaicht wird überwiegend in den Morgen- und Abendstunden. Die unter heftigem Zittern bei gleichzeitiger Befruchtung durch das Männchen abgegebenen Eier sind etwa 2 mm groß und glasklar. Sie hängen an kleinen Fäden an den Pflanzen. Zu Anfang der Laichperiode werden, wie beschrieben, in verschiedenen Phasen 30—50 Eier abgegeben, später werden es weniger. Ist die Laichabgabe beendet, kann das Paar in das nächste vorbereitete Becken überführt werden. Wasserqualität und -temperatur müssen exakt übereinstimmen. Das Männchen beginnt auch im neuen Becken mit der Balz und bedrängt die Partnerin. Das Weibchen soll eine Chance haben, vor allem, wenn es noch nicht laichbereit ist, ein Versteck aufzusuchen. Bevor sie sich erneut an das Laichgeschäft machen, müssen die Zuchttiere gut gefüttert werden.

Die Jungfische schlüpfen nach etwa 10 Tagen, sind gleich darauf schwimmfähig und müssen auch schon gefüttert werden. Die 6—7 mm großen Jungen nehmen Rädertierchen sowie Nauplien verschiedener Krebstiere. Sie wachsen verhältnismäßig langsam heran. Wichtig für den Fortgang der Aufzucht ist geregelter Wasserwechsel, dabei ist aber darauf zu achten, daß weder größere Temperaturschwankungen noch Abweichungen in der Wasserqualität auftreten dürfen! Regenbogenfische züchtet man in größeren Becken und verwendet sehr weiches, gut und reichlich angesäuertes Wasser. Hier sollte der Züchter die Familien nicht verwechseln!

Die Zuchtberichte in diesem Buch können eine kleine Anleitung sein für jene, die sich bisher nicht getraut haben, es mit der Nachzucht im Zuchtbecken zu versuchen. Der aufmerksame Leser wird feststellen, daß es, trotz vieler Unterschiede im Laichgebaren der Fische, sehr viele Übereinstimmungen in deren Verhalten gibt und daß vieles, von dem der Anfänger glaubt, es nicht „in den Griff" zu bekommen, gar nicht so schwer ist, wagt man sich erst einmal an die „Schwierigkeiten" heran. Dagegen kann man bei allen Arten feststellen: Das Anfüttern der Jungfische nach dem Schlüpfen oder nach dem Freischwimmen kann Probleme bringen, wenn man nicht über den nötigen Vorrat passenden Futters verfügt. Man muß also rechtzeitig planen und Fundstellen (oder Fänger) für Cyclops-Nauplien kennen. Auch kann man Artemia-Nauplien (Larven des Salinen-Krebschens *Artemia salina)* züchten, doch sollte man bedenken, daß deren Eier, saisonbedingt, bei den Händlern leider nicht immer vorrätig sind. Vor allem braucht der Züchter entweder Routine oder das stets notwendige Fingerspitzengefühl, um den Bedürfnissen seiner Pfleglinge zu entsprechen, besser wäre, er hätte beides. Aber — Anfänger waren wir alle einmal, bewußt oder zufällig. Viel Glück bei Ihren Zuchtversuchen!

# Hans J. Mayland

Durch viele Fachaufsätze in in- und ausländischen Magazinen und verschiedene aquaristische Bücher ist Hans Joachim Mayland für die meisten Aquarianer zu einem festen Begriff geworden. Als bekannter Praktiker hat er viele gleichgesinnte Freunde in der großen Familie der Aquarianer, mit denen er stets Erfahrungen austauschen und damit sein Wissen erweitern kann. Darüber hinaus pflegt er Kontakte zu vielen Wissenschaftlern in aller Welt, die er auf seinen Reisen teilweise persönlich kennenlernte.

Da auch Mayland sich der Faszination der Cichlidenhaltung nicht entziehen konnte, ergab es sich, daß er viele Arten, darunter den Diskusfisch in verschiedenen Farbvarianten, zur Nachzucht bringen konnte. Beim Studium der Heimatbiotope der Cichliden bereiste er die verschiedensten Länder in Süd- sowie Zentralamerika und vor allem auch in Afrika. Einige der Fotos von den Reisen zeigen in diesem Buch die Vielfalt der Landschaften, in denen die Buntbarsch-Gattungen und -Arten beheimatet sind. Nach dem Band I der „Großen Aquarienpraxis“ liegt nun Band III vor, in dem der Autor die bekanntesten Buntbarsche in Wort und Bild vorstellt.

# Dank

Nicht jede Idee kann man allein verwirklichen. Nicht jeder Weg ist bekannt. Nicht jeder Fisch augenblicklich erhältlich. An dieser Stelle möchte ich allen danken, die mir halfen, Geplantes zu verwirklichen und Unverständliches zu begreifen. Neben den Damen und Herren der Fachredaktion, den Zeichnern und Bildautoren, deren Namen bereits im Bildquellennachweis erwähnt wurden, gilt mein Dank an dieser Stelle:

Pierre Brichard, Bujumbura/Burundi
Jürgen Büttner, Berlin
Dr. William A. Bussing, San José/Costa Rica
Dr. Warren E. Burgess, Neptune, N. J./USA
Prof. Dr. Bruno Condé, Nancy/Frankreich
Dr. Dieter Danz, Maintal
Walter Deproost, Deurne/Belgien
Klaus Eckert, Bad Homburg
Stuart M. Grant, Salima/Malawi
Sven O. Kullander, Eskilstuna/Schweden
Dr. Jürg Lamprecht, Seewiesen
Frau Hannelore Reinehr, Walldorf
Freek F. Schmidt, Zwyndrecht/Holland
Dr. Eduard Schmidt-Focke, Bad Homburg
Peter Schoenen, Inden-Frenz
Rolf Schulten, Gernsheim
Stany Sirutis, Bogota und Villavicencio/Kolumbien
Tagis-Aquarium, Klaus Grom, Sprendlingen
Frau Dr. Ethelwynn Trewavas, London
Gerd Wenzel, Darmstadt
Karl Wirth, Usingen
Horst Zetzsche, Frankfurt

Oberursel, 1978 Hans J. Mayland

# Verzeichnis ergänzender Literatur


AHL, E.
Über eine kleine Sammlung von Süßwasserfischen aus dem Gebiet des Amazonas
Mitt. Zool. Mus. Berlin, 21, S. 264—269, 1936

ALBRECHT, H.
Das Jungeführen bei *Haplochromis (Pisces, Cichlidae)*
Z. Tierps., 20, S. 680—687, 1963
Ahnenforschung bei Soda-Tilapien — Fische in Schlamm und Soda
Aquarien Magazin, 1 (8), S. 316—324; 1 (9), S. 374—379, 1967
Freiwasserbeobachtungen an Tilapien in Ostafrika
Z. Tierps., 25, S. 377—394, 1968

—, ALBRECHT, APFELBACH und WICKLER
Über die Eigenständigkeit der Art *Tilapia grahami* BOULENGER, ihren Grubenbau und die Zucht in reinem Süßwasser
Senckenberg. biol., 49, S. 107—118, 1968

APFELBACH, R.
Maulbrüten und Paarbildung bei *Tilapia galilaea.*
Naturwissensch., 53, 22, 1966
Entwicklung der Brutpflege beim Buntbarsch *Tilapia*
Aquarien Magazin, 2, S. 212—213, 1968
Vergleichend quantitative Untersuchungen des Fortpflanzungsverhaltens brutpflegemono- und dimorpher Tilapien
Z. Tierps., 26, S. 692—725, 1969
und LEONG, D.
Zum Kampfverhalten in der Gattung *Tilapia*
Z. Tierps., 27, S. 98—107, 1970

ARONSON, L. R.
An analysis of reproductive behavior in the mouth-breeding cichlid-fisch, *Tilapia macrocephala* (BLEEKER)
Zoologica, 34, p. 133—158, 1949

ASTORQUI, I.
Peces de la cuenca de los grandes lagos de Nicaragua
Rev. Biol. Trop., 19, 7—57, 1971

AXELROD, G. S.
A new species of *Tropheus (Pisces: Cichlidae)* from Lake Tanganyika
J. L. B. Smith institute of Ichthyology, spec. publ. no. 17, Rhodes University, Grahamstown, South Africa, p. 1—12, 1977

AXELROD, H. R.
African cichlids of Lakes Malawi and Tanganyika
T. F. H. Publications, Neptune, N. J., USA, 1973

BARLOW, G. W.
Competition between colour morphs of the polychromatic Midas cichlids *Cichlasoma citrinellum.*
Science, 179, p. 806—807, 1973
Contrasts in social behavior between Central American cichlid fishes and coral-reef surgeon fisches
Amer. Zool., 14, p. 9—34, 1974
The Midas cichlid in Nicaragua.
In THORSON, T. B.: Investigations of Ichthyofauna of Nicaraguan Lakes
School of Life Sciences, Univ. Nebr.-Lincoln, p. 332—358, 1976
BAYLIS, J. R. and ROBERTS, D.
Chemical analyses of some crater lakes in relation to adjacent Lake Nicaragua
In THORSON, T. B., p. 17—20, 1976

and MUNSEY, J. W.
The red devil-midas-arrow cichlid species complex in Nicaragua
In THORSON, T. B., p. 359—369, 1976

BAYLIS, J. R.
The behavior and ecology of *Herotilapia multispinosa (Teleostei, Cichlidae).*
Z. Tierps., 34, S. 115—146, 1974

BECHTLE, W.
Räuberbande im Aquarium
Stuttgart, Kosmos/Franckh, 1964

BLEICK, C. R.
The behavior of a Central American cichlid fish, *Cichlasoma managuense,* and the function of its colour patterns: A laboratory and field study
Masters Thesis, University of California, Berkeley, 1970

BLÜM, V.
Zur hormonalen Steuerung der Brutpflege einiger Cichliden
Zool. Jb. Physiol., 72, S. 264—290, 1966
Das Kampfverhalten des braunen Diskusfisches, *Symphysodon aequifasciata axelrodi,* L. P. SCHULTZ *(Teleostei, Cichlidae).*
Z. Tierps., 25, S. 395—408, 1968
Immunological determination of injected mammalian prolactin in cichlid fishes.
General and comperative endocrinology, 11, p. 595—602, 1968
und FIEDLER, K.
Der Einfluß von Prolactin auf das Brutpflegeverhalten von *Symphysodon aequifasciata axelrodi,* L. P. SCHULTZ, *(Teleostei, Cichlidae).*
Naturwissensch., 51, S. 149—150, 1964

BOULENGER, G. A.
Catalogue of the freshwater fishes of Africa in the British Museum, vol. 3+4, London 1915/16, reprinted J. Cramer, Lehre

BURCHARD, J. jr. und WICKLER, W.
Eine neue Form des Cichliden *Hemichromis fasciatus* PETERS.
Z. Zool. Syst. Evolutionsforsch., 3, S. 277—283, 1965

BURGESS, W. E.
Visit to Malawi
T. F. H., 24, 1976

BUSSING, W. A.
New species and new records of Costa Rican freshwater fishes with a tentative list of species
Rev. Biol. Trop., 14, p. 205—249, 1966
Two new species of cichlid fishes, *Cichlasoma sajica* and *Cichlasoma disquis,* from south-eastern Costa Rica
Rev. Biol. Trop., 22, p. 29—49, 1974

BUTZ, E. und KUENZER, P.
Zur Brutpflege einiger Zwergcichliden
Z. Tierps., 14, S. 204—209, 1957

COE, M. J.
The biology of *Tilapia grahami* BOULENGER in Lake Magadi, Kenya
Acta Tropica, 23, p. 146—177, 1966

COLE, G. A.
Limnology of the Great Lakes of Nicaragua
In THORSON, T. B., p. 9—15, 1976

COLE, E. J. and WARD, J. A.
The communicative function of pelvic finflickering in *Etroplus maculatus*
Behaviour, 35, p. 179—199, 1970

COLLINS, H. L. and BRADDOCK, J. C.
Notes on fostering experiments with the cichlid fishes *Tilapia sparrmanii* and *Aequidens portalegrensis.*
Am. Zool., 2, p. 400, 1962

COULTER, G. W.
Low apparent oxygen requirements of deep-water fishes in Lake Tanganyika
Nature, 215, p. 317—318, 1967

CRIDLAND, C. C.
Laboratory, experiments on the growth of *Tilapia* spp. The reproduction of *Tilapia esculenta* under artificial conditions
Hydrobiologia, 18, p. 177—184, 1961
Laboratory experiments on the growth of *Tilapia* spp. The effect of light and temperature on the growth of *T. zillii* in aquaria
Hydrobiologia, 20, p. 155—167, 1962

CUNNINGTON, W. A.
The fauna of the African lakes; a study in comparative limnology with special reference to Tanganyika
Proc. Zool. Soc. Lond., p. 507—622, 1920

DE FAZIO, S.
Spawning *Limnochromis auritus*
Buntb. Bull., 41, p. 29—30, 1974

ECCLES, D. H.
An internal wave in Lake Nyasa and its probable significance in the nutrient cycle
Nature, Lond., 194, p. 832—833, 1962
Two new species of cichlid fishes from Lake Malawi
Arnoldia, 6, p. 1—7, 1973

ELDER, H. Y and GARROD, D. J.
A natural hybrid of *Tilapia nigra* and *Tilapia leucosticta* from Lake Naivasha, Kenya Colony
Nature, Lond., 191, p. 722—724, 1961

EIGENMANN, C. H.
The freshwater fishes of British Guiana, including a study of the ecological grouping of species, and the relation of the fauna of the plateau to that of the lowlands
Memoirs of the Carnegie Museum, vol. 5, p. 1—578, 1912
The fishes of western South America. Part I
Memoirs of the Carnegie Museum, vol. 9, p. 1—350, 1922—24

FIEDLER, K.
Hormonelle Steuerung des Verhaltens von Fischen
Umschau, 16, S. 508—509, 1970

FOWLER, H. W.
Fishes from Nicaragua.
Proc. Acad. Nat. Sci. Philadelphia, 75, p. 23—32, 1923
Os peixes de água doce do Brasil
Arquivos de Zoologica do Estado de São Paulo, Vol. IX, p. 1—400, 1954

FRANK, S.
Ein bißchen anders, der „Evergreen": Roter Neon *(Cheirodon axelrodi)*
DATZ, 28, S. 3—7, 1975
Was passiert in den Eiern des Kampffisches *Betta splendens* im Schaumnest?
DATZ, 29, S. 13—15, 1976

FREY, H.
Das große Lexikon der Aquaristik
Neumann-Neudamm, Leipzig und Radebeul, 1976

FRYER, G.
New species of cichlid fishes from Lake Nyasa
Revue Zool. Bot. afr., 53, p. 81—91, 1956
The tropic interrelationship and ecology of some littoral communities of Lake Nyasa with especial reference to the fishes, and a discussion of the evolution of a group of rock-frequenting *Cichlidae*
Proc. zool. soc. Lond., 132, p. 153—281, 1959

Some aspects of evolution in Lake Nyasa
Evolution, 13, p. 440—451, 1959

Some controversial aspects of speciation in African cichlid fishes
Proc. zool. Coc. Lond., 135, p. 569—578, 1960

Predation and its effects on migration and speciation in African fishes: a comment. With further comments by P. H. Greenwood, a reply by P. B. N. Jackson and a footnote and postscript by G. Fryer
Proc. zool. Soc. Lond., 144, p. 301—322, 1965

and ILES, T. D.
The cichlid fishes of the Great Lakes of Africa. Their biology and evolution
Oliver and Boyd, Edinburg, 1972

GEISLER, R.
Wasserkunde für die aquaristische Praxis
Alfred Kernen Verlag, Stuttgart, 1964

GERY, J.
The freshwater fishes of South America.
Biogeography and ecology in South America, ed. E. J. Fittkau et al. The Hague, p. 828—848, 1969

GESSNER, F.
Limnologische Untersuchungen am Zusammenfluß des Rio Negro und des Amazonas (Solimoes)
Int. Rev. ges. Hydrobiol., 45, S. 55—79, 1960

GILBERT, C. R. and KELSO, D. P.
Fishes of the Tortuguero area, Caribbean Costa Rica.
Bull. Fla. St. Mus. Biol. Sci., 16, p. 1—54, 1971

GILL, T.
Descriptive enumeration of a collection of fishes from the western coast of Central America presented to the Smithsonian Institution, by Capt. John M. Dow
Proc. Acad. Nat. Sci. Philadelphia, 15, p. 162—174, 1863
and BRANSFORD, J. F.
Synopsis of the fishes of Lake Nicaragua
Ibid., 29, p. 175—191, 1877

GOLDSTEIN, R. J.
Cichlids.
T. F. H. Publications, Neptune N. J. (USA) 1970

Buntbarsche fürs Aquarium.
Cichliden — ihre Zucht und Pflege
Franckh'sche Verlagshandlung, Stuttgart, 1976

GOSSE, J.-P.
Révision du genre *Geophagus (Pisces, Cichlidae).*
Acad. r. Sci. Nat. et Med., Bruxelles, 1975

GREENWOOD, P. H.
Evolution of the African cichlid fishes: The *Haplochromis* species-flock in Lake Victoria
Nature, Lond., 167, p. 19—20, 1951

On two species of cichlid fishes from the Malagarazi River (Tanganyika), with notes on the pharyngeal apophysis in species of the *Haplochromis* group
Ann. Mag. (Zool.) nat. Hist., 7, p. 401—414, 1954

A revision of the Lake Victoria *Haplochromis* species *(Pisces: Cichlidae)*
Pts. 1—6. Bull. Br. Mus. nat. Hist. Zool., 4, 223—244, 1956; 5, p. 73—97, 1957; 5, p. 179—218, 1959; 6, p. 227—281, 1960; 9, p. 139—213, 1962; 15, p. 29—119, 1967

The monotypic genera of cichlis fishes in Lake Victoria (Part I)
Bull. Br. Mus. nat. Hist. Zool., 3, p. 295 bis 333, 1956. Part II, 5, p. 163—177, 1959

Evolution and speciation in the *Haplochromis (Pisces, Cichlidae)* of Lake Victoria
15th Int. Congr. Zool., p. 147—150, 1958

Explosive specication in African lakes
Proc. R. Instn. Gt. Br., 40, p. 256—269, 1964/65

and GEE, J. M.
A revision of the Lake Victoria *Haplochromis* species *(Pisces, Cichlidae),* Part 7
Bull. Br. Mus, nat. Hist. Zool., 18, p. 1—65, 1969

GUENTHER, A.
An account of the fishes of the states of Central America, based on collections made by Capt. J. M. Dow, F. Godman, Esq., and O. Salvin, Esq.
Trans. Zool. Soc. London, 6, p. 377—494, 1869

HASEMAN, J. D.
An annotated catalog of the cichlid fishes collected by the Expedition of the Carnegie Museum to Central South America, 1907—1910
Ann. Carnegie Mus., 7, p. 329—372, 1911

HEILIGENBERG, W.
Ein Versuch zur ganzheitsbezogenen Analyse des Instinktverhaltens eines Fisches *(Pelmatochromis subocellatus kribensis).*
Z. Tierps., 21, S. 1—52, 1964

HUBBS, C. L.
Fresh-water fishes collected in British Honduras and Guatemala.
Univ. Mich. Mus. Zool. Misc. Publ., 28, p. 5—22, 1935

Fishes from the caves of Yucatan
Publ. of the Carnegie Institute Washington, Publ. No. 491, 1938

ILES, T. D.
A group of zooplancton feeders of the genus *Haplochromis (Cichlidae)* in Lake Nyasa
Ann. Mag. nat. Hist., 2, p. 257—280, 1960

Ecological aspects of growth in African cichlid fishes
J. Cons. perm. inst. Explor. Mer, 33, p. 362—384, 1971

and HOLDEN, M. J.
Bi-parental mouth brooding in *Tilapia galilaea (Pisces, Cichlidae)*
J. Zool. Lond., 158, p. 327—333, 1969

JACKSON, P. B. N.
Checklist of the fishes of Naysaland
Occasional Papers of the National Museum of Southern Rhodesia, Nat. Sciences, No. 25B (Nov.), p. 535—621, 1961

The impact of predation, especially by the Tigerfish *(Hydrocyon vittatus* CAST.) on African freshwater fishes
Proc. zool. Soc. Lond., 136, p. 603—622, 1961

JORDAN, D. S.
List of fishes now in the U. S. National Museum, collected in Nicaragua by Dr. Louis F. H. Birt
Proc. U. S. Nat. Mus., 11, p. 411—412, 1889

and EVERMANN, B. W.
The fishes of North and Middle America
(4 parts). Bull. U.S.Nat.Mus., 47 (1—4), 1896—1900

KENDALL, R. L.
An ecological history of the Lake Victoria basin
Ecol. Monogr., 39, p. 121—176, 1969

KIENER, A.
Poissons, pêche et pisciculture à Madagascar
Nogent-sur-Marne, 1963

et MAUGÉ, M.
Contributions à l'étude systématique et écologique des poissons cichlidae endémiques de Madagascar
Mém. Mus. Nat. Hist. Nat. Zool. (N. S.), 40, p. 4—99, 1966

KIRCHSHOFER, R.
Aktionssystem des Maulbrüters *Haplochromis desfontainesii*
Z. Tierps., 10, S. 297—318, 1953

KOSSWIG, C.
Genetische Grundlagen des Polymorphismus
Zoologischer Anzeiger, 175, 21—50, 1965

KRAFT, A. V. und PETERS, H. M.
Vergleichende Studien über die Oogenese in der Gattung *Tilapia (Cichlidae, Teleostei)*
Z. Zellforsch. mikrosk. Anat., 61, S. 434—485, 1963

KUEHME, W.
Das Schwarmverhalten elterngeführter Jungcichliden
Z. Tierps., 19, S. 513—539, 1962

Chemisch ausgelöste Brutpflege- und Schwarmreaktion bei *Hemichromis bimaculatus.*
Z. Tierps., 20, S. 688—704, 1963

KUENZER, P.
Die Auslösung der Nachfolgereaktion bei erfahrungslosen Jungfischen von *Nannacara anomala*
Z. Tierps., 25, S. 256—313, 1968

und KUENZER, E.
Untersuchungen zur Brutpflege der Zwergcichliden *Apistogramma reitzigi* und *A. borellii*
Z. Tierps., 19, S. 56—83, 1962

KULLANDER, S. O.
Amerikas Cichlider.
Umea, 1973

*Papiliochromis* gen. n., a new genus of South American cichlid fish *(Teleostei, Perciformes)*
Zool. Scr., 6, p. 253—254, 1977

LADIGES, W.
Beiträge zur Kenntnis der Cichliden des Tanganjikasees I
Intern. Rev. d. ges. Hydrobiol., 44, S. 431—438, 1959

Die Bedeutung ökologischer Faktoren für die Differenzierung der Cichliden des Tanganjika- und des Njassa-Sees
Intern. Rev. d. ges. Hydrobiol., 53, S. 339—352, 1968

LAMPRECHT, J.
Verhalten; Grundlagen — Erkenntnisse — Entwicklung der Ethologie
Herder Verlag, Freiburg, 1972

Paarbruch bei Cichliden. Zur Spontaneität der Aggression
Naturwissensch., 59, S. 275—276, 1972

Mechanismen des Paarzusammenhaltes beim Cichliden *Tilapia mariae* BOULENGER, 1899 *(Cichlidae, Teleostei)*
Z. Tierps., 32, S. 10—61, 1973

LEONG, C.-Y.
The quantitative effect of releasers on the attack readiness of the fish *Haplochromis burtoni (Cichlidae, Pisces)*
Z. vergl. Physiol., 65, S. 29—50, 1969

LEYHAUSEN, P.
Kennen Fische sich persönlich?
DATZ, 2, S. 130—131, 1949

LIEM, K. F. and STEWART, D. J.
Evolution of the scale-eating cichlid fishes of Lake Tanganyika:
A generic revision with a description of a new species
Bull. Mus. Comp. Zool., 147, p. 319—350, 1976

LOISELLE, P. V.
*Pelmatochromis guentheri*
Aquarium, Philad., 36, p. 10—16, 1967

Zwei lebende Edelsteine aus dem Land der Mayas. Bericht über *Cichlasoma maculicauda* und *C. synspilum.*
DATZ, 31, S. 40—45, 1978

and WELCOMME, R. L.
Description of a new genus of cichlid fish from West Africa
Rev. Zool. Bot. afr., 85, p. 37—58, 1972

LOWE, R. H.
Notes on the ecology and evolution of Nyasa fishes of the genus *Tilapia,* with a description of *T. saka* LOWE
Proc. zool. Soc. Lond., 122, p. 1035—1041, 1953

LOWE-McCONNELL, R. H.
Observations on the biology of *Tilapia (Pisces-Cichlidae)* in Lake Victoria, East Africa.
E. Afr. Freshwat. Fish Res. Suppl. Publ., 1, 1—72, 1956

The breeding behaviour of *Tilapia* species *(Pisces: Cichlidae)* in natural waters: Observations on *T. karomo* POLL and *T. variabilis* BOULENGER
Behaviour, 9, p. 140—163, 1956

Observations on the diagnosis and biology of *Tilapia leucosticta* TREWAVAS in East Africa
Rev. Zool. Bot. afr., 55, p. 353—373, 1957

Observations on the biology of *Tilapia nilotica* LINNE in East African waters
Rev. Zool. Bot. afr., 57, p. 129—170, 1958

Breeding behaviour patterns and ecological differences between *Tilapia* species and their significance for evolution within the genus *Tilapia*
Proc. zool. Soc. Lond., 132, p. 1—30, 1959

The cichlid fishes of Guayana, South America, with notes on their ecology and breeding behaviour
Journ. of the Linn. Soc. (Zool.), 48, p. 225—302, 1969

LOPEZ, M. I.
Variación, coloración y estado sistemático del pez centroamericano *Cichlasoma nicaraguense* (familia *Cichlidae*)
Rev. biol. Trop., 22, p. 161—185, 1974

MANN, M. J.
Report on a fisheries survey of Lake Rukwa, Tanganyika
Rep. E. Afr. Freshwat. Fish. Res. Org. 1962/63, p. 42—52, 1964

Report on a survey of Lake Rudolf, Kenya.
Rep. E. Afr. Freshwat. Fish, Org. 1962/63, p. 53—63, 1964

MARLIER, G.
Observations sur la biologie littorale du lac Tanganika
Rev. Zool. Bot. afr., 59, p. 164—183, 1959

and LELEUP, N.
A curious ecological „niche" among the fishes of Lake Tanganyika
Nature, 174, p. 935—936, 1954

McKAYE, K. R. and BARLOW, G. W.
Competition between color morphs of the Midas cichlid, *Cichlasoma citrinellum,* in Lake Jiloá, Nicaragua
In THORSON, 1976

and HALLACHER, L.
The Midas cichlid of Nicaragua
Pacific discovery, 26, p. 1—8, 1973

MARTINEZ, S.
Relative abundance and distribution of the „Mojarra" *(Cichlasoma citrinellum)* in Lake Nicaragua
In THORSON, p. 371—374, 1976

MAYLAND, H. J.
Diskusfische.
Philler Verlag, Minden, 1973

Die Buntbarsche Amerikas
Philler Verlag, Minden, 1975

Die Buntbarsche Afrikas
Philler Verlag, Minden, 1976

MAYR, E.
Systematics and the origin of species
Columbia Univ. Press, New York, 1942

MATTHES, H.
Un cichlide nouveau du lac Tanganika: *Julidochromis transcriptus* n. sp.
Rev. Zool. Bot. afr., 60, p. 126—130, 1959

Les communautés écologiques des poissons *cichlidae* au lac Tanganika
Folia sci. Afr. Centralis, 6, p. 8—12, 1960

*Boulengerochromis microlepis,* a Lake Tanganyika fish of economical importance
Bull. aquat. Biol., 3, p. 1—15, 1961

Poissons nouveaux ou interessants du lac Tanganika et du Ruanda
Ann. Mus. r. Afr. Centr., Sci. Zool., 111, p. 27—88, 1962

L'exploration sous-lacustre du lac Tanganika
Afrika-Tervuren, 8, p. 1—11, 1962

MEEK, S. E.
The fresh-water fishes of Mexico north of the Isthmus of Tehuantepec
Field Columb. Mus. Zool. Ser., 5, p. 1—252, 1904

Synopsis of the fishes of the great lakes of Nicaragua
Ibid, 7, p. 97—132, 1907

Notes on fresh-water fishes from Mexico and Central America
Ibid, 7, p. 133—157, 1907

and HILDEBRAND, S. F.
The Fishes of fresh waters of Panama
Ibid, 10, p. 217—374, 1916

MILLER, R. R.
Geographical distribution of Central American freshwater fishes
Copeia 1966, p. 773—802, 1966

MYERS, G. S.
Four new fresh-water fishes from Brazil, Venezela and Paraguay
Proc. Biol. Soc. Washington, 48, p. 7—13, 1935

Fish evolution in Lake Nyasa
Evolution, 14, p. 394—396, 1960

Derivation of Freshwater-Fish Fauna of Central America
Copeia 1966, p. 766—773, 1966

NEIL, E. H.
An analysis of color changes and social behavior of *Tilapia mossambica*
Univ. Calif. Publ. Zool., 75, p. 1—58, 1964

Observation on the behavior of *Tilapia mossambica (Pisces, Cichlidae)* in Hawaiian Ponds
Copeia 1966, p. 50—56, 1966

NELISSEN, M. H. J.
Sound production by *Simochromis diagramma* (GUENTHER) *(Pisces, Cichlidae)*
Acta Zool. et. Path. Antv., 61, p. 19—24, 1975

Contribution to the ethology of *Simochromis diagramma* (GUENTHER) *(Pisces, Cichlidae)*
Acta Zool. et Path. Antv., 61, p. 31—46, 1975

Sexual behaviour in *Simochromis diagramma* (GUENTHER) *(Pisces Cichlidae)*
Acta Zool. et. Path. Antv., 62, p. 203—206, 1975

Contribution to the ethology of *Tropheus moorii* BOULENGER *(Pisces, Cichlidae)* and a discussion of the significance of its colour patterns
Rev. Zool. afr., 90, p. 17—29, 1976

Contribution to the ethology of *Simochromis babaulti* PELLEGRIN *(Pisces, Cichlidae)*
Ann. Soc. r. Zool. Belg., 106, p. 167—175, 1977

Sound production by *Haplochromis burtoni* (GUENTHER) and *Tropheus moorii* (BOULENGER) *(Pisces, Cichlidae)*
Ann. Soc. r. Zool. Belg., 106, p. 155—166, 1977

Description of *Tropheus moorii kasabae* n. sspec. *(Pisces, Cichlidae)* from the south of Lake Tanganyika
Rev. Zool. afr., 91, p. 237—242, 1977

*Pseudosimochromis,* a new genus of the family *Cichlidae (Pisces)* from Lake Tanganyika
Rev. Zool. afr., 91, p. 3, 1977: 730—731

A taxonomic revision of the genera *Simochromis, Pseudosimochromis* and *Tropheus (Pisces, Cichlidae)*
Ann. Mus. r. Afr. Sc. Zool., (im Druck), 1978

and THYS van den AUDENAERDE, D. F. E.
Description of *Tropheus brichardi* sp. nov. from Lake Tanganyika *(Pisces, Cichlidae)*
Rev. Zool. afr., 89, p. 974—980, 1075

NOAKES, D. L. G.
Parental behavior and some histological features of scales in *Cichlasoma citrinellum (Pisces, Cichlidae)*
Can. J. Zool., 51, p. 619—622, 1973

and BARLOW, G. W.
Cross forstering and parent-offspring responses in *Cichlasoma citrinellum (Pisces, Cichlidae)*
Z. Tierps., 33, p. 147—152, 1973

Ontogeny of parent-contacting in young *Cichlasoma citrinellum (Pisces, Cichlidae)*
Behavior, 46, p. 221—255, 1973

NOBLE, G. K. and CURTIS, B.
The social behavior of the Jewel Fish, *Hemichromis bimaculatus* GILL
Bull. Am. Mus. nat. Hist., 76, p. 1—46, 1939

OHM, D.
Das Sozialverhalten von Fischen
Aquarien und Terrarien, 6, S. 229—233, 1959

Vergleichende Beobachtungen am Balzverhalten von *Aequidens (Cichlidae);* qualitative und quantitative Unterschiede bei *Ae. portalegrensis* HENSEL und *Ae. latifrons* STEINDACHNER
Wiss. Z. Humboldt-Univ. Berlin, Math.-Nat. R., 8, S. 357—404, 1958/59

Die Entwicklung des Kommentkampfverhaltens bei Jungcichliden
Z. Tierps., 21, S. 308—325, 1964

OLIVER, M. K.
*Labidochromis textilis,* a new cichlid fish *(Teleostei: Cichlidae)* from Lake Malawi
Proc. Biol. Soc. Wash., 88, p. 319—330, 1974

and LOISELLE, P. V.
A new genus and species of cichlid of the mbuna group from Lake Malawi
Rev. Zool. Bot. afr., 85, p. 309—320, 1972

PELLEGRIN, J.
Contribution à l'étude anatomique, biologique, et taxonomique des poissons de la famille des Cichlides
Mém. Soc. Zool. France, 16, p. 41—402, 1904

Poissons de la région du Kivu récolté par M. Guy Babault
Rev. Zool. Bot. afr., 27, p. 376—385, 1935

PETERS, H. M.
Experimentelle Untersuchungen über die Brutpflege von *Haplachromis multicolor,* einem maulbrütenden Knochenfisch
Z. Tierps., 1, S. 201—218, 1937

Eizahl, Eigewicht und Gelegeentwicklung in der Gattung *Tilapia (Cichlidae, Teleostei)*
Int. Rev. ges. Hydrobiol. Hydroger., 48, p. 547—576, 1963

Untersuchungen zum Problem des angeborenen Verhaltens
Naturwissenschaften, 22, S. 677—686, 1963

Angeborenes Verhalten bei Buntbarschen
Umschau, 65, S. 665—669 und S. 711—717, 1965

Über larvale Haftorgane bei *Tilapia (Cichlidae, Teleostei)* und ihre Rückbildung zur Evolution
Zool. Jb. Physiol., 71, S. 287—300, 1965

POLL, M.
Les poissons du Stanley-Pool
Ann. Mus. Congo Belge, Zool., Sér. I, vol. 4, 1, p. 1—60, 1939

Revision de la faune ichthyologique du lac Tanganika
Ann. Mus. Congo Belge, Zool., Sér. I, vol. 4, 3, p. 141—364, 1946

Histoire du peuplement et origine des espèces de la faune ichthyologique du lac Tanganika.
Ann. Soc. r. zool. Belg., 81, p. 111—140, 1950

Poissons *Cichlidae.* Résult. scient. Exploration hydrobiologique du lac Tanganika 1946—1947
Vol. 3, fasc. 5 B, p. 1—619, 1956

Ecologie des poissons du lac Tanganika
XVI. Intern. Congr. of Zool., 1953 (Copenhagen), p. 465—468, 1956

Les genres des poissons d'eau douce de l'Afrique
Ann. Mus. r. Congo Belge, Sci. Zool., vol. 54, p. 1—191, 1957

Recherches sur la faune ichthyologique de la region du Stanley-Pool.
Ann. Mus. r. Congo Belge, Sci. Zool., vol. 71, p. 75—174, 1959

Contribution à la faune ichtthyologique du lac Tanganika, d'après les récoltes de P. Brichard
Rev. Zool. afr., 88, p. 99—110, 1974

et MATTHES, H.: Trois poissons remarquables du lac Tanganika
Ann. Mus. r. Afr. cent., Sci. Zool., 111, p. 1—26, 1962

and STEWART, D. J.: A new cichlid fish of the genus *Xenotilapia* from Lake Tanganika, Zambia *(Pisces, Cichlidae)*
Rev. Zool. afr., 89, p. 919—924, 1975

et THYS van den AUDENAERDE, D. F. E.: Genre nouveau Triglachromis proposé pour *Limnochromis otostigma* REGAN, Cichlidae du lac Tanganika
Rev. Zool. afr., 88, p. 127—130, 1974

REGAN, C. T.
A Revision of the Fishes of South American Cichlid Genera *Acara, Nannacara, Acaropsis,* and *Astronotus*
Ann. Mag. Nat. Hist., Ser. 7, 15, p. 329—347, 1905

A Revision of the fishes of the South American Cichlid Genus *Cichlosoma* and of the Allied Genera
Ann. Mag. Nat. Hist., Ser. 7, 16, p. 60—77, p. 225—243, p. 316—340, p. 433—445, 1905

A Revision of the fishes of the South American Cichlid Genera *Retroculus, Geophagus, Heterogramma,* and *Biotoecus*
Ann. Mag. Nat. Hist., Ser. 7, 17, p. 49—66, 1905

A Revision of the Fishes of the South American Cichlid Genera *Crenacara, Batrachops,* and *Crenicichla*
Proc. Zool. Soc. Lond., 1, p. 152—168, 1905

A Revision of the Fishes of the South American Cichlid Genera *Cichla, Chaetobranchus,* and *Chaetobranchopsis,* with Notes on the Genera of American Cichlidae
Ann. Mag. Nat. Hist., Ser. 7, 17, p. 230—239, 1906

A Synopsis of the Cichlid Fishes of the Genus *Crenicichla*
Ann. Mag. Nat. Hist., Ser. 8, 11, p. 498—504, 1913

The Classification of the Fishes of the Family *Cichlidae.* I. The Tanganyika Genera
Ann. Mag. Nat. Hist., Ser. 9, 5, p. 33—53, 1920

The Cichlid Fishes of Lake Nyasa
Proc. Zool. Soc. Lond., p. 675—727, 1921

The Cichlid Fishes of Lakes Albert, Edward and Kivu
Ann. Mag. Nat. Hist., Ser. 9, 8, p. 632 bis 639, 1921

The Cichlid Fishes of Lake Victoria
Proc. Zool. Soc. Lond., p. 157—191, 1922

The Classification of the Fishes of the Family Cichlidae. II. On African and Syrian Genera not Restricted to the Great Lakes
Ann. Mag. Nat. Hist., Ser. 9, 10, p. 249—264, 1922

REID, M. R. and ATZ, J. W.
Oral incubation in the cichlid fish *Geophagus jurupari* HECKEL
Zoologica, 43, p. 77—88, 1958

REISINGER, E.
Phänomene und Probleme des Polymorphismus
Zool. Anz., 175, S. 1—20, 1965

REYER, H.-U.
Ursachen und Konsequenzen von Aggressivität bei *Etroplus maculatus (Cichlidae, Pisces).* Ein Beitrag zum Triebproblem
Z. Tierps., 39, S. 415—454, 1975

RIEDEL, D. R.
Informe al gobierno de Nicaragua sobre mejoramiento de las técnicas de pesca en el Lago de Managua y otras aguas continentales, 1961—62
Informe F. A. O. 1885, p. 1—46, 1964

Some remarks on the fecundity of *Tilapia (T. mossambica* PETERS) and its introduction into middle Central America (Nicaragua) together with a first contribution towards the limnology of Nicaragua
Hydrobiologica, 25, p. 357—388, 1965

Die Genesis der nicaraguensischen Grabenseen und des meso-amerikanischen Isthmus aus der Sicht des Fischereibiologen
Arch. Hydrobiol., 70, S. 82—107, 1972

ROBERTS, T. and STEWART, D. J.
An ecological and systematic survey of fishes in the rapids of the lower Zaire or Congo river
Bull. Mus. Comp. Zool., 147, p. 239—317, 1976

RODMAN, T. D.
Sound production by the African cichlid *Tilapia mossambica*
Ichthyologica, 38, p. 279—280, 1966

SCHEIN, H. K.
The reproductive behavior of the Central American cichlid fish, *Cichlasoma spilurum.*
M. A. thesis, Zool. Dept. Univ. of Calif., Berkeley, 1968

SCHEUERMANN, H.
Reich an Varianten ist *Tropheus moorii*
Das Aquarium, 9, S. 530—535, 1975
Grundelbuntbarsche sind Cichliden besonderer Art
Das Aquarium, 10, S. 295—298, 1976
Kampfarena Aquarium — Bemerkungen zum Kampfverhalten von Cichliden
Das Aquarium, 10, S. 348—350, 1976
Some notes on *Limnochromis,* the „Cypricichlids"
Buntb. Bull., Journ. of the Am. Cichl. Ass., 55, p. 21—23, 1976
A partial revision of the genus *Limnochromis* REGAN, 1920
Cichlidae, Vol. 3, No. 2, 1977

SCHMIDT-FOCKE, E.
Diskusfieber — Erlebnisse und Zuchtversuche mit dem Grünen Diskus
Aquarien Magazin, 4, S. 222—225, 1970
Der blaugestreifte Diskusfisch (Royal Blue)
DATZ, 23, S. 133—134, 1970
Vergiß den Preis — der Türkis-Diskus
Aquarien Magazin, 6, S. 6—7, 1972
Zuchtziel: Türkisgestreifte Rote Diskusfische
Aquarien Magazin, 11, S. 458—461, 1977

SCHUBERT, G.
Woran sterben unsere Diskus?
DATZ, 19, S. 82—85, 1966
Wie krank sind unsere Diskusfische?
Aquarien Magazin, 6, S. 390—393, 1972

SCHULTEN, R.
Aufbau einer Diskuszucht
Aquarien Magazin, 11, S. 170—174, 1976

SCHULTZ, L. P.
A review of the Pompadour or Discus fishes, genus *Symphysodon* of South America
T. F. H., 8 (6), p. 5—17, 1960

SEITZ, A.
Die Paarbildung bei einigen Cichliden I. Die Paarbildung bei *Astatotilapia strigigena* PFEFFER
Z. Tierps., 4, S. 40—84, 1940/41
Die Paarbildung bei einigen Cichliden. II. Die Paarbildung bei *Hemichromis bimaculatus* GILL
Z. Tierps., 5, S. 74—101, 1943
Vergleichende Verhaltensstudien an Buntbarschen
Z. Tierps., 6, S. 202—235, 1948/49

SHAW, E. S. and ARONSON, L. R.
Oral incubation in *Tilapia macrocephala*
Bull. Amer. Mus. Nat. Hist., 103, p. 397 bis 415, 1954

SJÖLANDER, S.
Feldbeobachtungen bei einigen westafrikanischen Cichliden (1, 2, 3)
Aquarien/Terrarien (DDR), 19, S. 42—45, S. 86—88, S. 116—118, 1972
Wie sprechen Fische miteinander?
Aquarien Magazin, 11, S. 20—26, 1977
and FERNO, A.
Sexual imprinting on another species in a cichlid fish, *Haplochromis burtoni*
Rev. Comp. Anim., 7, p. 77—81, 1973

STAECK, W.
Künstliche Aufzucht und Larvenentwicklung bei Pseudotropheus-Arten
Das Aquarium, 7, S. 442—444, 1973
Balz, Paarung und Brutpflege des Maulbrüters *Pseudotropheus elongatus*
Das Aquarium, 8, S. 2—6, 1974
*Tropheus duboisi* im Tanganjika-See beobachtet und fotografiert
Das Aquarium, S. 380—383, 1974
Cichliden — Verbreitung, Verhalten, Arten, Bd. I + II
Pfriem, Wuppertal, 1974 und 1977
A new fish from Lake Tanganyika *Julidochromis dickfeldi* sp. n. *(Pisces, Cichlidae)*
Rev. Zool. afr., 89, p. 982—986, 1975
Zwei eigentümliche Cichliden: *Limnochromis microlepidotus* und *L. nigripinnis*
Das Aquarium, 10, S. 60—63, 1976
Die südlichen Rassen von *Tropheus moorei*
Aquarien Magazin, 9, S. 518—521, 1975
Ergebnisse einer ichthyologischen Sammelreise zum Nordende des Nyassasees
Das Aquarium, 10, S. 436—442, S. 486—492, 1976

STERBA, G.
Süßwasserfische aus aller Welt
Urania-Verlag, DDR, 1977

SVÄRDSON, G.
Natural selection and egg number in fish
In: Rep. Inst. Fresh-Water Res. Drottningholm, 29, 115—122, 1949

TALLING, J. F.
The photosynthetic activity of photoplankton in East African lakes
Int. Rev. ges. Hydrobiol. Hydrogr., 50, p. 1—32, 1965

TERVER, D.
Nouveaux cichlides ornamentaux du lac Nyassa
Piscic. Franc. (9), p. 40—43, 1967
Les cichlides. Biologie et comportement sexuel
Piscic. Franc. (11), p. 42—49, 1967

THORSON, T. B.
Investigations of the ichthyofauna of Nicaraguan Lakes
Univ. of Nebraska-Lincoln, 1976

THYS van den AUDENAERDE, D. F. E.
Revision systematique des espèces Congolaises du genre *Tilapia (Pisces, Cichlidae)*
Ann. Mus. r. Afr. cent., Sci. Zool., p. 1—155, 1964
An annoted bibliography of Tilapia
Konin. Mus. Afr. (Tervuren), Zool. Doc. no. 14, p. 1—406, 1968
A preliminary contribution to a systematic revision of the genus *Pelmatochromis* HUBRECHT sensu lato
Rev. Zool. Bot. afr., 77, p. 349—391, 1968
and LOISELLE, P. V.
Description of two new small African cichlids
Rev. Zool. Bot. afr., 83, p. 193—206, 1971

TREWAVAS, E.
A synopsis of the cichlid fishes of Lake Nyasa
Ann. Mag. nat. Hist., 16, p. 65—118, 1935
Lake Albert fishes of the genus *Haplochromis*
Ann. Mag. nat. Hist., 1, p. 435—449, 1938
An example of mimicry in fishes
Nature, 160, p. 120, 1947
The origin and evolution of the cichlid fishes of the great African lakes, with special reference to Lake Nyasa
13th Int. Congr. Zool., p. 365—368, 1949
Fishes of the crater lakes of northwestern Cameroons
Bonn. zool. Beitr., 13, S. 146—192, 1962
A preliminary review of fishes of the genus *Tilapia* in the eastward-flowing rivers of Africa, with proposals of two new specific names
Rev. Zool. Bot. afr., 74, p. 394—424, 1966
On the cichlid fishes of the genus *Pelmatochromis* with proposal of a new genus for *Pelmatochromis congicus;* on the relationship between *Pelmatochromis* and *Tilapia* and the recognition of *Sarotherodon* as a distinct genus
Bull. Br. Mus. nat. Hist. (Zool.), 25, p. 1—26, 1973
A new species of cichlid fishes of Rivers Quanza and Bengo, Angola, with a list of the known *Cichlidae* of these rivers

and a note on *Pseudocrenilabrus natalensis* FOWLER
Bull. Br. Mus. nat. Hist. (Zool.), 25, p. 27—37, 1973

The freshwater fishes of rivers Mungo and Meme and Lakes Kotto, Mboandong and Soden, west Cameroon
Bull. Br. Mus. nat. Hist. (zool.), 26, p. 332—419, 1974

—, GREEN, J. and CORBET, S. A.: Ecological studies on crater lakes in West Cameroon — Fishes of Barombi Mbo J. Zool. Lond., 167, p. 41—95, 1972

VERBEKE, J.
Le régime alimentaire des poissons du lac Kivu (Congo Belge et Ruanda) et l'exploitation des ressources naturelles du lac
Résult. scient. Explor. hydrobiol. lacs Kivu, Édouard et Albert (1952—1954), 3, fasc. 2, p. 1—24, 1957

VIERKE, J.
Maulpacken, Maulklatschen und Maulbeißen — Maulkämpfe bei Buntbarschen und Labyrinthfischen
Aquarien Magazin, 10, S. 114—118, 1976

*Apistogramma kleei*, ein Juwel unter den Zwergbuntbarschen
Aquarien Magazin, 10, S. 472—475, 1976

Feuermaulbuntbarsche
Aquarien Magazin, 11, S. 30—33, 1977

Königscichliden — Zwergbuntbarsche ohne Probleme
Aquarien Magazin, 11, S. 316—319, 1977

VOSS, J.
Essais de quantification des mouvements d'expression chez les *Tilapia (Poissons, cichlides)*
Acta zool. path. Antv. (46), p. 3—16, 1968

Contribution à l'éthologie des poissons cichlides: *Tilapia zillii* (GERVAIS, 1848)
Rev. Zool. Bot. afr., 79, p. 99—109, 1969

Contribution à l'éthologie des poissons cichlides: *Pelmatochromis ansorgii* (BOULENGER, 1901)
Acta zool. path. Antv., 50, p. 29—43, 1970

Contribution à l'éthologie des poissons cichlides: *Tilapia sparrmanii* SMITH, 1840
Rev. Zool. Bot. afr., 85, p. 369—388, 1972

et RUWET, J.-C.
Inventaire des mouvements d'expression chez *Tilapia guineensis* (BLEEKER, 1963) et *T. macrochir* (BOULENGER, 1912) *(Poissons, cichlides)*
Ann. Soc. r. zool. Belg., 96, p. 145—188, 1966

WARD, J. A. and BARLOW, G. W.
The maturation and regulation of glancing off the parents by young Orange Chromides *(Etroplus maculatus): (Pisces-Cichlidae)*
Behaviour, 29, p. 1—56, 1967

WEBER, P.
Visual aspects of egg care behaviour in *Cichlasoma nigrofasciatum* (GUENTHER)
Anim. Behav., 18, p. 688—699, 1970

WELCOMME, R. L.
The habitats and habitat preferences of the young of the Lake Victoria *Tilapia (Pisces, Cichlidae)*
Rev. Zool. Bot. afr., 70, p. 1—28, 1964

Notes on the Haplochromis of Bungugu Lagoon, Lake Victoria
Rep. E. Afr. Freshwat. Fish. Res. Org. 1964, p. 32—42, 1964

Observations on the biology of the introduced species of *Tilapia* in Lake Victoria
Rev. Zool. Bot. afr., 76, p. 249—279, 1967

WELMAN, J. B.
Preliminary survey of the freshwater fisheries in Nigeria
Gouvernment Printer, Lagos, 1948

WICKLER, W.
Der Haftapparat einiger Cichliden-Eier
Z. Zellforsch., 45, S. 304—327, 1956

Vergleichende Verhaltensstudien an Grundfischen. II. Die Spezialisierung des *Steatocranus*
Z. Tierps., 15, S. 427—446, 1958

*Teleogramma brichardi* POLL, 1959
DATZ, 12, S. 228—230, 1959

Ei-Attrappen und Maulbrüten bei afrikanischen Cichliden
Z. Tierps., 19, S. 129—164, 1962

Das Züchten von Aquarienfischen
Franckh, Stuttgart, 1962

Zur Klassifikation der *Cichlidae*, am Beispiel der Gattungen *Tropheus, Petrochromis, Haplochromis* und *Hemihaplochromis* n. gen.
Senckenberg. Biol., 44, S. 83—96, 1963

Das Problem der stammesgeschichtlichen Sackgassen
Naturwiss. Medizin, 1, S. 16—29, 1964

Neue Varianten des Fortpflanzungsverhaltens afrikanischer Cichliden *(Pisces: Perciformes)*
Naturwiss., 52, S. 219, 1965

Die Evolution von Mustern der Zeichnung und des Verhaltens
Naturwis., 52, S. 335—341, 1965

Ein augenfressender Buntbarsch
Natur und Museum, 96, S. 311—315, 1966

Sexualdimorphismus, Paarbildung und Versteckbrüten bei Cichliden
Zool. Jb. Syst, 93, S. 127—138, 1966

Über die biologische Bedeutung des Genitalanhangs der männlichen *Tilapia macrochir*
Senckenberg. Biol., 47, S. 419—427, 1966

Zur Soziologie des Brabant-buntbarsches, *Tropheus moorei*
Z. Tierps., 26, S. 967—987, 1969

Stammesgeschichte und Ritualisierung. Zur Entstehung tierischer und menschlicher Verhaltensmuster
Piper & Co., München, 1970

WORTHINGTON, E. B.
On the evolution of fish in the great lakes of Africa
Int. Rev. ges. Hydrobiol. Hydrogr., 35, p. 304—317, 1937

Speciation of fishes in African lakes
Nature, Lond., 173, p. 1064—1067, 1954

and RICARDO, C. K.
Scientific results of the Cambridge Expedition to the East African lakes, 1930—31. The fish of Lake Rudolf and Lake Baringo
J. Sinn. Soc. (Zool.), 39, p. 353—389, 1936

ZOPPIS-BRACCI, L. y DEL GIUDICE, D.
Geologia de la costa del Pacifio de Nicaragua
Bol. Serv. Geol. Nacl. Nicaragua, 2, p. 25—68, 1958

# Synonym-Register

## Einleitung

In dieses Register * wurden auch etliche Schreibfehler bei Gattungs- und Artnamen aus der wissenschaftlichen Literatur, sogenannte *nomina nuda,* und Händlernamen aufgenommen, unter denen die Fische zeitweilig im Handel erhältlich waren oder noch sind. Dies gilt ebenfalls für Händlernamen, mit denen die Fische vor der Erstbeschreibung bekannt wurden. Falls Sie also einen Namen suchen, den Sie im „Register nach wissenschaftlichen Namen" nicht finden, versuchen Sie bitte, in diesem Synonym-Register nach ihm zu suchen.

Hinter einigen Artennamen ist jeweils ein Autorenname angeführt, oft mit Jahresangabe, das heißt, daß diese Arten, die dieser Autor im angegebenen Jahr beschrieb oder in seiner Arbeit aufführte, der rechts nebenstehenden Art zugeordnet wurden. Da diese Anzahl der „Falscherkennungen" jedoch so umfangreich ist, sind nur Beispiele aufgenommen worden. Wenn man nur diese Daten weiter ausarbeiten würde, könnte man damit allein ein Buch füllen.

Die Liste der Synonyme kann nie als abgeschlossen angesehen werden. Es kann sie niemals geben, weil naturwissenschaftliche Dinge stets in Bewegung sind und sicher bis zum Erscheinen dieses Buches bereits weitere Synonyme und Händlernamen auftauchen werden, die bis zur Stunde noch unbekannt sind. Infolgedessen muß man dieses Register als eine Hilfestellung bei der Durchsicht älterer wissenschaftlicher Literatur ansehen.

Die Arbeit von THYS van den AUDENAERDE aus dem Jahre 1968 ** ist ebenfalls in diesem Register berücksichtigt. Der Wissenschaftler teilte die umfangreiche Gattung *Tilapia* in verschiedene Sektionen und Gruppen auf, die in dieses Register so übernommen wurden, wie sie von THYS aufgeführt waren. Dazwischen befinden sich einige Untergattungen von *Tilapia,* die nicht mit Sektions- und Gruppenangaben versehen sind und auch nicht von THYS stammen. In der Zwischenzeit sind mehrere Untergattungen *(Sarotherodon* und *Pelmatochromis)* wieder in den Rang einer selbständigen Gattung erhoben sowie etliche Arten aus der Gattung *Tilapia* entfernt und anderen Gattungen zugeordnet worden. Man kann es für gerechtfertigt ansehen, diese seinerzeitigen Namen jetzt unter den Synonymen anzuführen, zumal spätere Autoren auch nur von den Gattungen *Tilapia* und *Sarotherodon* (ohne Untergattungen) sprechen.

Gelegentlich wird in der linken oder (und) rechten Spalte vor dem Gattungs- oder Artnamen ein „?" angeführt. Daraus ist zu erkennen, daß es nicht als sicher anzusehen ist, ob das Synonym zu dieser Gattung bzw. dieser Art zu rechnen ist.

Der Autor dieses Registers hat sich bei der Schreibweise von Gattungs- und Artnamen um größtmögliche Genauigkeit bemüht. Soweit die Erstbeschreibung nicht verfügbar war, wurde die Schreibweise der wissenschaftlichen Literatur übernommen, die jedoch auch verschiedentlich differiert und Fehler enthalten kann. Falls die eine oder andere Schreibweise nicht als korrekt angesehen werden sollte, ist dies auf die angeführten Umstände zurückzuführen.

Der Ordnung halber sei abschließend darauf hingewiesen, daß aus Raumgründen in diesem Buch nicht alle Arten näher besprochen werden konnten, deren Namen in der rechten Spalte des folgenden Registers angeführt werden mußten.

---

* Dieses Register wurde freundlicherweise von Peter Schoenen erarbeitet und zusammengestellt.

** THYS van den AUDENAERDE, Dirk: „A Preliminary Contribution to a Systematic Revision of the Genus Pelmatochromis Hubrecht sensu lato." Rev. Zool. Bot. Afr., 77, p. 349—391, 1968.

| Synonym | Gültiger Name |
|---|---|
| Acara adspersa | Cichlasoma tetracanthus |
| — aequinoctialis | Aequidens rivulatus |
| — bartoni | Cichlasoma bartoni |
| — bimaculata | Cichlasoma bimaculatum |
| — brasiliensis | Geophagus brasiliensis |
| — coeruleo-punctata | Aequidens pulcher |
| — coeruleo-punctata var. latifrons | Aequidens pulcher |
| — coeruleopunctata brevirostris | Aequidens pulcher |
| — coeruleopunctatus | Aequidens coeruleopunctatus |
| — cognatus | Acaronia nassa |
| — compressus | Astronotus ocellatus |
| — crassispinnis | Astronotus ocellatus |
| — cubensis | Cichlasoma tetracanthus |
| — curviceps | Aequidens curviceps |
| — diadema | Aequidens tetramerus |
| — dimerus | Aequidens tetramerus |
| — dorsigera | Aequidens dorsigerus |
| — faceta | Cichlasoma facetum |
| — flavescens | Aequidens flavescens |
| — flavilabris | Aequidens flavilabris |
| — flavilabrus | Aequidens dorsigerus |
| — frenifera / -ferus | Aequidens freniferus |
| — fusco-maculata | Cichlasoma tetracanthus |
| — geayi | Aequidens geayi |
| — gronovii | Cichlasoma bimaculatum |
| — guianensis | Aequidens guianensis |
| — gymnopoma | Geophagus brasiliensis |
| — heckelii | Acarichthys heckelii |
| — hyposticta | Astronotus ocellatus |
| — margarita | Cichlasoma bimaculatum |
| — marginata | Cichlasoma bimaculatum |
| — maronii | Aequidens maronii |
| — minuta | Geophagus brasiliensis |
| — nassa | Acaronia nassa |
| — obscura | Geophagus brasiliensis |
| — ocellata | Astronotus ocellatus |
| — pallidus | Aequidens tetramerus |
| — paraguayensis | Aequidens paraguayensis |
| — portalegrensis | Aequidens portalegrensis |
| — pulchra | Aequidens pulcher |
| — punctata | Cichlasoma bimaculatum |
| — punctulata | Crenicara punctulata |
| — rectangularis | Cichlasoma intermedium |
| — rivulata | Aequidens rivulatus |
| — sapayensis | Aequidens sapayensis |
| — subocularis | Acarichthys heckelii |
| — syspilus | Aequidens syspilus |
| — tetracanthus | Cichlasoma tetracanthus |
| — tetramera | Aequidens tetramerus |
| — thayeri | Aequidens thayeri |
| — ucayalensis | Chaetobranchus flavescens |
| — unicolor | Acaronia nassa |
| — uniocellata | Aequidens tetramerus |
| — unipunctata | Geophagus brasiliensis |
| — viridis | Aequidens tetramerus |
| — vittata | Aequidens vittatus |
| — zamorensis | Aequidens zamorensis |
| Acara (Acaropsis) nassa | Acaronia nassa |
| Acara (Heros) amphiacanthoides | Uaru amphiacanthoides |
| — autochthon | Cichlasoma facetum |
| — bimaculata | Cichlasoma bimaculatum |
| — coryphaenoides | Cichlasoma coryphaenoides |
| — crassa | Cichlasoma crassa |
| — festiva | Cichlasoma festivum |
| — festivus | Cichlasoma festivum |
| — imperialis | Uaru amphiacanthoides |
| — psittacus | Cichlasoma psittacum |
| — spuria | Cichlasoma severum |
| Acara (Petenia) spectabilis | Petenia spectabilis |
| Acarichthys thayeri | Acarichthys heckelii |
| Acaropsis rondoni | Acaronia rondoni |
| — rostratus | Acaronia nassa |
| Acerina zillii | Tilapia zillii |
| Acharnes speciosus | Cichla ocellaris |
| Aequidens azurifer | Aequidens rivulatus |
| — duopunctatus | Aequidens duopunctata |
| — hercules | Crenicara punctulata |
| — latifrons | Aequidens pulcher |
| — madeirae | Crenicara punctulata |
| — minutus | Aequidens portalegrensis |
| — tetranemus | Aequidens tetramerus |
| — vittata | Aequidens vittatus |
| Amphilophus froebelii | Cichlasoma labiatum |
| Apistogramma marmoratus | Apistogramma borellii |
| — ortmanni rupununi | Apistogramma ortmanni |
| — ramirezi | Papiliochromis ramirezi |
| — taeniatum pertense | Apistogramma pertense |
| — taeniatum taeniatum | Apistogramma taeniatum |
| — weisei | Taeniacara candidi |
| Astatheros | Cichlasoma |
| Astatore alluaudi | Astatoreochromis alluaudi |
| Astatoreochromis alluaudi occidentalis | Astatoreochromis alluaudi |
| Astatotilapia astatodon | Haplochromis astatodon |
| — astatodon var. nigroides | Haplochromis astatodon |
| — calliptera | Haplochromis callipterurs |
| — desfontainesi | Haplochromis desfontainesii |
| — ellenbergeri | Haplochromis darlingi |
| — graueri | Haplochromis graueri |
| — graueri var. adolphi-frederici | Haplochromis adolphifrederici |
| — guiarti | Haplochromis guiarti |
| — jeanneli | Platytaeniodus degeni |
| — johnstoni | Haplochromis johnstoni |
| — livingstonii | Haplochromis livingstonii |
| — moffati | Pseudocrenilabrus philander dispersus |
| — nigrescens | Haplochromis percoides |
| — paucidens | Haplochromis paucidens |
| — percoides | Haplochromis percoides |
| — roberti | Haplochromis roberti |
| Astronotus acaroides | Cichlasoma acaroides |
| — affinis | Cichlasoma affinis |
| — altifrons | Cichlasoma altifrons |
| — amphiacanthoides | Uaru amphiacanthoides |
| — angulifer | Cichlasoma intermedium |
| — aureus | Cichlasoma aureum |
| — autochthon | Cichlasoma autochthon |
| — balteatus | Cichlasoma nicaraguense |
| — basilaris | Cichlasoma citrinellum |
| — beani | Cichlasoma beani |
| — bifasciatus | Cichlasoma bifasciatus |
| — bimaculatus | Cichlasoma bimaculatum |
| — centrarchus | Cichlasoma centrarchus |
| — citrinellus | Cichlasoma citrinellum |
| — coryphaenoides | Cichlasoma coryphaenoides |
| — crassa | Cichlasoma crassa |
| — cyanoguttatus | Cichlasoma cyanoguttatus |
| — deppii | Cichlasoma sieboldii |
| — dovii | Cichlasoma dovii |
| — erythraeus | Cichlasoma labiatum |
| — facetus | Cichlasoma facetum |
| — fenestratus | Cichlasoma fenestratum |
| — festivus | Cichlasoma festivum |
| — filamentosus | ? Aequidens filamentosus |
| — freniferus | Cichlasoma freniferus |
| — friedrichsthalii | Cichlasoma friedrichsthalii |
| — gibbiceps | Cichlasoma nebuliferum |
| — godmanni | Cichlasoma godmanni |
| — helleri | Cichlasoma helleri |
| — hypostictus | Astronotus ocellatus |
| — imperialis | Uaru amphiacanthoides |
| — intermedius | Cichlasoma intermedium |
| — irregulare / -laris | Cichlasoma irregulare |
| — labiatus | Cichlasoma labiatum |
| — lentiginosus | Cichlasoma lentiginosum |
| — lobochilus | Cichlasoma labiatum |
| — longimanus | Cichlasoma longimanus |
| — macracanthus | Cichlasoma macracanthum |
| — maculipinnis | Cichlasoma aureum |
| — managuensis | Cichlasoma managuense |
| — margaritifer | Cichlasoma margaritiferum |
| — melanopogon | Cichlasoma melanurum |
| — melanurus | Cichlasoma melanurum |
| — microphthalmus | Cichlasoma microphthalmus |

| Synonym | Gültiger Name |
|---|---|
| — minuta | Aequidens portalegrensis |
| — montezuma | Cichlasoma sieboldii |
| — motaguensis | Cichlasoma motaguense |
| — multispinosus | Herotilapia multispinosa |
| — nebulifer | Cichlasoma nebuliferum |
| — nicaraguensis | Cichlasoma nicaraguense |
| — nigrofasciatus | Cichlasoma nigrofasciatum |
| — oblongus | Cichlasoma facetum |
| — parma | Cichlasoma fenestratum |
| — pavonaceus | Cichlasoma cyanoguttatum |
| — planifrons | Aequidens planifrons |
| — psittacus | Cichlasoma psittacum |
| — rectangularis | Cichlasoma intermedium |
| — rostratus | Cichlasoma rostratum |
| — salvini | Cichlasoma salvini |
| — severus | Cichlasoma severum |
| — sieboldii | Cichlasoma sieboldii |
| — spectabilis | Petenia spectabilis |
| — spirulus | Cichlasoma spilurum |
| — splendida | Petenia splendida |
| — subocularis | Acarichthys heckelii |
| — syspilus | Aequidens syspilus |
| — tetramerus | Aequidens tetramerus |
| — thayeri | Aequidens thayeri |
| — trimaculatus | Cichlasoma trimaculatum |
| — troscheli | Cichlasoma urophthalmus troscheli |
| — urophthalmus | Cichlasoma urophthalmus |
| Astronotus (Acara) coeruleopunctata | Aequidens coeruleopunctatus |
| — coeruleopunctata latifrons | Aequidens pulcher |
| — dorsigera | Aequidens dorsigerus |
| — ? filamentosus | ? Aequidens filamentosus |
| — frenriferus | Aequidens freniferus |
| — gymnopoma | Geophagus brasiliensis |
| — hyposticta | Astronotus ocellatus |
| — hypsosticta | Astronotus ocellatus |
| — maronii | Aequidens maronii |
| — minuta | Geophagus brasiliensis |
| — obscura | Geophagus brasiliensis |
| — portalegrensis | Aequidens portalegrensis |
| — pulchra | Aequidens pulcher |
| — punctulata | Crenicara punctulata |
| — subocularis | Acarichthys heckelii |
| — syspilus | Aequidens syspilus |
| — tetramerus | Aequidens tetramerus |
| — thayeri | Aequidens thayeri |
| — unipunctata | Geophagus brasiliensis |
| — vittata | Aequidens vittatus |
| Astronotus (Acaropsis) nassa | Acaronia nassa |
| Astronotus (Aequidens) tetramerus | Aequidens tetramerus |
| Astronotus (Astronotus) ocellata / -tus | Astronotus ocellatus |
| Astronotus (Cichlasoma) | |
| — bimaculata | Cichlasoma bimaculatum |
| — severus | Cichlasoma severum |
| Astronotus (Heros) | |
| acaroides | Cichlasoma facetum |
| — autochthon | Cichlasoma facetum |

| Synonym | Gültiger Name |
|---|---|
| — bimaculata | Cichlasoma bimaculatum |
| — coryphaenoides | Cichlasoma coryphaenoides |
| — crassa | Cichlasoma crassa |
| — efasciatus | Cichlasoma severum |
| — facetus | Cichlasoma facetum |
| — imperialis | Uaru amphiacanthoides |
| — oblongus | Cichlasoma facetum |
| — psittacus | Cichlasoma psittacum |
| — severus | Cichlasoma severum |
| Astronotus (Mesonauta) | |
| — festivus | Cichlasoma festivum |
| Astronotus (Petenia) | |
| — kraussi | Petenia kraussii |
| — spectabilis | Petenia spectabilis |
| Astronotus (Uaru) | |
| — amphiacanthoides | Uaru amphiacanthoides |
| Barombia maclareni | Pungu maclareni |
| Bayonia xenodonta | Macropleurodus bicolor |
| Biotodoma agassizii | Apistogramma agassizii |
| — commbrae | Apistogramma commbrae |
| — taeniatum | Apistogramma taeniatum |
| — trifasciatus | Apistogramma trifasciatum |
| Boggiania ocellata | Batrachops ocellatus |
| Callochromis rhodostigma | Callochromis pleurospilus |
| — stappersii | Callochromis pleurospilus |
| Callopharynx microdon | Cyclopharynx fwae |
| Caquetaia amploris | Petenia myersi |
| Centrarchus cyanopterus | Cichlasoma bimaculatum |
| — notatus | Cichlasoma severum |
| — ? rostratus | Acaronia nassa |
| — tetracanthus | Cichlasoma tetracanthus |
| Chaetobranchopsis australis | Chaetobranchus australis |
| — bitaeniatus | Chaetobranchus bitaeniatus |
| — orbicularis | Chaetobranchus orbicularis |
| Chaetobranchus brunneus | Chaetobranchus flavescens |
| Chaetodon caris | Etroplus suratensis |
| — kakaitsel | Etroplus maculatus |
| — maculatus | Etroplus maculatus |
| — suratensis | Etroplus suratensis |
| Champsochromis caeruleus | Haplochromis caeruleus |
| — esox | Rhamphochromis esox |
| — longiceps | Rhamphochromis longiceps |
| Christyella nyassana | Gephyrochromis moorii |
| Chromichthys elongatus | Hemichromis elongatus |
| Chromidotilapia caudifasciatus | Nanochromis caudifasciatus |
| — exul | (wurde ersatzlos gestrichen) |
| — ? frederici | Haplochromis greenwoodi |
| Chromis acora | Cichlasoma festivum |
| — acuticeps | Haplochromis acuticeps |
| — affinis | Tilapia zillii |
| — andrea | Tilapia zillii |
| — auratus | Melanochromis auratus |
| — bolti | Sarotherodon niloticum niloticum |
| — brasiliensis | Geophagus brasiliensis |
| — büttikoferi | Tilapia buettikoferi |
| — burtoni | Haplochromis burtoni |

| Synonym | Gültiger Name |
|---|---|
| — busumanus | Sarotherodon busumanum |
| — callipterus | Haplochromis callipterus |
| — coeruleomaculatus | Tilapia zillii |
| — dentatus | Petenia kraussii |
| — desfontainii | Haplochromis desfontainesii |
| — diagramma | Simochromis diagramma |
| — discolor | Sarotherodon discolor |
| — dumerilii STEINDACHNER, 1864 | ? Sarotherodon galilaeum galilaeum |
| — facetus | Cichlasoma facetum |
| — faidherbi | Tilapia zillii |
| — fasciatus | Haplochromis fasciatus |
| — fenestrata | Cichlasoma fenestratum |
| — flavii-josephi | Haplochromis flaviijosephi |
| — fouloni | Tilapia sparrmanii |
| — fusco-maculatus | Cichlasoma tetracanthus |
| — galilaeus | Sarotherodon galilaeum galilaeum |
| — guineensis | Tilapia guineensis |
| — güntheri | Sarotherodon (?) aureum aureum |
| — heudeloti | Sarotherodon heudelotii |
| — horii | Haplochromis horii |
| — humilis | Haplochromis humilis |
| — jallae | Haplochromis jallae |
| — johnstoni | Haplochromis johnstoni |
| — kirkii | Haplochromis kirkii |
| — lateralis | Sarotherodon galilaeum galilaeum |
| — lateristriga | Haplochromis lateristriga |
| — latus | Tilapia zillii |
| — latus STEINDACHNER, 1864 | ? Tilapia guineensis |
| — lethrinus | Lethrinops lethrinus |
| — macrocephalus | Sarotherodon melanotheron |
| — magdalenae | Tristramella simonis magdalenae |
| — melanopleura | Tilapia zillii |
| — menzalensis | Tilapia zillii |
| — microcephalus | Sarotherodon melanotheron |
| — microstomus | Sarotherodon galilaeum galilaeum |
| — mossambicus | Sarotherodon mossambicum |
| — multicolor | Pseudocrenilabrus multicolor |
| — natalensis | Sarotherodon mossambicum |
| — nebulifera | Cichlasoma nebuliferum |
| — nigripinnis | Sarotherodon nigripinne |
| — nilotica | Sarotherodon niloticum niloticum |
| — niloticus var. mossambicus | Sarotherodon mossambicum |
| — nuchisquamulatus | Haplochromis nuchisquamulatus |
| — obscura | Geophagus brasiliensis |
| — ogowensis GUENTHER, 1896 | Tilapia tholloni |
| — ogowensis GUENTHER, 1899/1902 | Sartotherodon busumanum |

| Synonym | Gültiger Name |
|---|---|
| — ovalis | Tilapia sparrmanii |
| — paterfamilias | Tristramella simonis simonis |
| — pleuromelas | Sarotherodon galilaeum galilaeum |
| — polycentra | Tilapia guineensis |
| — proxima | Geophagus surinamensis |
| — punctata | Aequidens tetramerus |
| — rangii | Sarotherodon heudelotii |
| — rivulata | Aequidens rivulatus |
| — simonis | Tristramella simonis simonis |
| — sparrmanni | Tilapia sparrmanii |
| — spilurus | Sarotherodon nigrum spilurum |
| — subocularis | Haplochromis subocularis |
| — taenia | Cichlasoma bimaculatum |
| — tanganicae | Sarotherodon tanganicae |
| — tholloni | Tilapia tholloni |
| — tiberiadis | Sarotherodon gaillaeum galilaeum |
| — tristrami | Tilapia zillii |
| — unimaculata | Geophagus brasiliensis |
| — uniocellatus | Aequidens tetramerus |
| — unipunctata | Geophagus brasiliensis |
| — vorax | Sarotherodon mossambicum |
| — williamsi | Pseudotropheus williamsi |
| — zillii | Tilapia zillii |
| Chromis (Ctenochromis) | |
| — philander | Pseudocrenilabrus philander |
| Chromis (Haplochromis) | |
| — obliquidens | Haplochromis obliquidens |
| Chromis (Tilapia) mossambicus | Sarotherodon mossambicum |
| Chromys andersonii | Sarotherodon andersonii |
| — appendiculata | Cichlasoma severum |
| — chapmanii | Sarotherodon andersonii |
| — fasciata | Cichlasoma severum |
| — frederici | Haplochromis greenwoodi |
| — gibbiceps | Geophagus brasiliensis |
| — lapidifera | Retroculus lapidifer |
| — ? levaillantii | Serranchromis angusticeps |
| — livingstonii | nomina nuda Trew., 1964 |
| — moffati | Pseudocrenilabrus philander dispersus |
| — ngamensis | nomina nuda Trew., 1964 |
| — oblonga | Cichlasoma facetum |
| — punctata | Aequidens tetramerus |
| — smithii | Haplochromis smithii |
| — ? unimaculata | Geophagus brasiliensis |
| — thumbergi | Serranochromis thumbergi |
| — ucayalensis | Chaetobranchus flavescens |
| — uniocellata | Aequidens tetramerus |
| Chuco axelrodi | Cichlasoma axelrodi |
| — manana | Cichlasoma maculicauda |
| — milleri | Cichlasoma microphthalmus |
| Cichla argus | Cichla ocellaris |
| — atabapensis | Cichla ocellaris |
| — bimaculata | Cichlasoma bimaculatum |
| — brasiliensis | Crenicichla brasiliensis |
| — chacoensis | ? Cichla chacoensis |
| — labrina | Crenicichla saxatilis |
| — monoculus | Cichla ocellaris |
| — neiderleini HOLMBERG, 1891 | ? Crenicichla spec. |
| — orinocensis | Cichla ocellaris |
| — tetrastigma | Haplochromis tetrastigma |
| — tucunare | Cichla temensis |
| Cichlasoma acutum | Cichlasoma robertsoni |
| — adspersum | Cichlasoma tetracanthus |
| — anguliferum | Cichlasoma intermedium |
| — autochthon | Cichlasoma facetum |
| — balteatum | Cichlasoma nicaraguense |
| — basilare | Cichlasoma citrinellum |
| — biocellatum | Cichlasoma octofasciatum |
| — bouchellei | Cichlasoma alfari |
| — caeruleogula | Cichlasoma microphthalmum |
| — cajali | Cichlasoma trimaculatum |
| — centrale | Cichlasoma trimaculatum |
| — coeruleo-punctatus | Aequidens pulcher |
| — corypoenoides | Cichlasoma coryphaenoides |
| — cutteri | Cichlasoma spilurum |
| — deppii | Cichlasoma ? sieboldii |
| — dorsatum | Cichlasoma labiatum |
| — erythraeum | Cichlasoma labiatum |
| — evermanni | Cichlasoma heterodontus |
| — frontale | Cichlasoma sieboldii |
| — gordonsmithi | Cichlasoma trimaculatum |
| — granadense | Cichlasoma citrinellum |
| — guttulatum BEHRE, 1928 | Cichlasoma tuba |
| — hedricki | Cichlasoma octofasciatum |
| — hicklingi | Cichlasoma synspilum |
| — insigne | Cichlasoma festivum |
| — insignis | Cichlasoma festivum |
| — kraussii | Patenia kraussii |
| — labridens | Cichlasoma bartoni |
| — lethrinus | Cichlasoma alfari |
| — lobochilus | Cichlasoma labiatum |
| — manana | Cichlasoma maculicauda |
| — meeki HILDEBRAND, 1925 | Cichlasoma guija |
| — melanopogon | Cichlasoma melanurum |
| — milleri | Cichlasoma microphthalmum |
| — mojarra | Cichlasoma trimaculatum |
| — montezuma | Cichlasoma ? sieboldii |
| — multispinosum | Herotilapia multispinosa |
| — nigritum | Cichlasoma maculicauda |
| — oblongum | Cichlasoma facetum |
| — parma | Cichlasoma fenestratum |
| — pavonaceum | Cichlasoma cyanoguttatum |
| — popenoei | Cichlasoma longimanus |
| — punctatum | Cichlasoma sieboldii |
| — rectangulare | Cichlasoma intermedium |
| — sieboldii REGAN (nicht STEINDACHNER) | Cichlasoma underwoodi |
| — spectabile | Petenia spectabilis |
| — spilotum | Cichlasoma nicaraguense |
| — spinosissimum var. immaculatum | Cichlasoma immaculatum |
| — teapae | Cichlasoma nebuliferum |
| — temporale | Cichlasoma coryphaenoides |
| — terrabae | Cichlasoma sieboldii |
| — troscheli | Cichlasoma urophthalmus troscheli |
| — underwoodi | Cichlasoma sieboldii |
| Cichlasoma (Aequidens) | |
| — biseriatum | Aequidens biseriatus |
| Cichlasoma (Parapetenia) | |
| — atromaculatum | Cichlasoma atromaculatum |
| — spectabile | Petenia spectabilis |
| Cichlasoma (Petenia) | |
| — spectabile | Petenia spectabilis |
| Cichlaurus acaroides | Cichlasoma acaroides |
| — aceroides | Cichlasoma acaroides |
| — bimaculatus | Cichlasoma bimaculatum |
| — coryphaenoides | Cichlasoma coryphaenoides |
| — facetus | Cichlasoma facetum |
| — festivus | Cichlasoma festivium |
| — ornatus gephyrus | Cichlasoma ornatum gephyrum |
| — psittacus | Cichlasoma psittacum |
| — severus perpunctatus | Cichlasoma ? severum perpunctatum |
| Cichlosoma | Cichlasoma |
| Clinodon bayoni | Haplochromis obliquidens |
| Cnestrostoma polyodon | Hoplotilapia retrodens |
| Copora alfaroi | Cichlasoma alfari |
| — balteatum | Cichlasoma nicaraguense |
| — nicaraguense | Cichlasoma nicaraguense |
| Coptodon zillii | Tilapia zillii |
| Crenacara punctulata | Crenicara punctulata |
| Crenicara elegans | Crenicara punctulata |
| — praetoriusi | Crenicara maculata |
| Crenicichila anthurus | Crenicichla lucius |
| Crenicichla anthurus | Crenicichla lucius |
| — argynnis | Crenicichla saxatilis |
| — brasiliensis funebris | Crenicichla lugubris |
| — brasiliensis strigata | Crenicichla strigata |
| — brasiliensis vittata | Crenicichla vittata |
| — brasiliensis var. adspersa | Crenicichla lenticulata |
| — brasiliensis var. fasciata | Crenicichla cincta |
| — brasiliensis var. johanna | Crenicichla johanna |
| — brasiliensis var. lenticulata | Crenicichla ornata |
| — brasiliensis var. lugubris | Crenicichla lugubris |

| Synonym | Gültiger Name |
|---|---|
| — brasiliensis var. marmorata | Crenicichla marmorata |
| — brasiliensis var. strigata | Crenicichla strigata |
| — cyanonota / -notus | Batrachops cyanonotus |
| — cyanotus | Batrachops cyanonotus |
| — elegans | Batrachops reticulatus |
| — frenata | Crenicichla saxatilis |
| — funebris | Crenicichla lugubris |
| — joanna | Crenicichla johanna |
| — johanna var. adspersa | Crenicichla lenticulata |
| — johanna var. carsevennensis | Crenicichla johanna |
| — johanna var. funebris | Crenicichla lugubris |
| — johanna var. johanna | Crenicichla johanna |
| — johanna var. lenticulata | Crenicichla lenticulata |
| — johanna var. lugubris | Crenicichla lugubris |
| — johanna var. strigata | Crenicichla strigata |
| — labrina | Crenicichla saxatilis |
| — lacustris var. geayi | Crenicichla geayi |
| — lagubris | Crenicichla lugubris |
| — obtusirostris | Crenicichla johanna |
| — orinocensis | Cichla ocellaris |
| — polysticta | Crenicichla lacustris |
| — proteus | Crenicichla saxatilis |
| — proteus var. argynnis | Crenicichla saxatalis |
| — pterogramma | Crenicichla alta |
| — punctata | Crenicichla lacustris |
| — punctulata | Batrachops reticulatus |
| — reticulata | Batrachops reticulatus |
| — saxatilis albopunctatus | Crenicichla saxatilis |
| — saxatilis var. lepidota | Crenicichla lepidota |
| — saxatilis var. semicincta | Crenicichla saxatilis |
| — vaillanti | Crenicichla saxatilis |
| — vittata var. acutirostris | Crenicichla acutirostris |
| Ctenochromis callipterus | Haplochromis callipterus |
| — kirkii | Haplochromis kirkii |
| — nuchisquamulatus | Haplochromis nuchisquamulatus |
| — obliquidens | Haplochromis obliquidens |
| — pectoralis | Haplochromis pectoralis |
| — sauvagei | Haplochromis sauvagei |
| — sparsidens | Haplochromis desfontainesii |
| — strigigena | Astatotilapia strigigena |
| Curraichthys dorsatum | Cichlasoma labiatum |
| — erythraeum | Cichlasoma labiatum |
| — labiatum | Cichlasoma labiatum |
| Cyathopharynx grandoculis | Cyathopharynx furcifer |
| Cychla argus | Cichla ocellaris |
| — fasciata | Crenicichla johanna |
| — flavo-maculata | Cichla temensis |
| — lacustris | Crenicichla lacustris |
| — nigromaculata | Cichla ocellaris |
| — rubroocellata | Astronotus ocellatus |
| — rutilans | Crenicichla saxatilis |
| — toucounarai | Cichla ocellattus |
| — trifasciata | Cichla ocellaris |
| Cychlasoma pulchrum | Aequidens pulcher |
| — taenia | Cichlasoma bimaculatum |
| Cycla lacustris | Crenicichla lacustris |
| — toucounarai | Cichla ocellaris |
| Cyrtocara annectens | Haplochromis annectens |
| — moorii | Haplochromis moorii |
| — venusta | Haplochromis venustus |
| Dicrossus maculatus | Crenicara maculata |
| Ectodus albini | ? Xenotilapia ochrogenys ochrogenys |
| — descampsii ornatipinnis | Callochromis spec. |
| — foae | Cyathopharynx furcifer |
| — longianalis | Xenotilapia melanogenys |
| — melanogenys | Xenotilapia melanogenys |
| Enantiopus longianalis | Xenotilapia melanogenys |
| — melanogenys | Xenotilapia melanogenys |
| — ochrogenys | Xenotilapia ochrogenys |
| Erythrichthus margaritiferum | Cichlasoma margaritiferum |
| Etroplus coruchi | Etroplus maculatus |
| — meleagris | Etroplus suratensis |
| Geophagus altifrons | Geophagus surinamensis |
| — amoenus | Apistogramma amoenum |
| — australe | Gymnogeophagus australis |
| — badiipinnis | Chaetobranchus flavescens |
| — balzanii | Gymnogeophagus balzanii |
| — brachyurus | Gymnogeophagus rhabdotus |
| — brasiliensis iporangensis | Geophagus brasiliensis |
| — brasiliensis itapicuruensis | Geophagus brasiliensis |
| — bucephalus | Gymnogeophagus gymnogenys |
| — camurus | Gymnogeophagus rhabdotus |
| — cauticeps | Geophagus daemon |
| — cupido | Biotodoma cupido |
| — duodecimspinosum | Gymnogeophagus balzanii |
| — gibbiceps | Geophagus brasiliensis |
| — gymnogenys | Gymnogeophagus gymnogenys |
| — labiatus | Gymnogeophagus gymnogenys |
| — lapidifera | Retroculus lapidifer |
| — leucostictus | Geophagus jurupari |
| — magdalenae | Geophagus hondae |
| — mapiritensis | Geophagus jurupari |
| — megasema | Geophagus surinamensis |
| — obscura | Geophagus brasiliensis |
| — olfersi | Geophagus brasiliensis |
| — pappaterra | Geophagus jurupari |
| — pedroinus AGASSIZ | nicht bekannt |
| — pygmaeus | Gymnogeophagus gymnogenys |
| — rhabdotus | Gymnogeophagus rhabdotus |
| — scymnophilus | Gymnogeophagus gymnogenys |
| — steindachneri | Geophagus hondae |
| — taeniatus | Apistogramma taeniatum |
| — thayeri | Acarichthys heckelii |
| — tuberosus | Geophagus brasiliensis |
| — wavrini | Biotodoma wavrini |
| Geophagus (Mesops) | |
| — agassizii | Apistogramma agassizii |
| — badiipinnis | Chaetobranchus flavescens |
| — cupido | Biotodoma cupido |
| — taeniatus | Apistogramma taeniatum |
| — thayeri | Acarichthys heckelii |
| Geophagus (Satanoperca) | |
| — acuticeps | Geophagus acuticeps |
| — crassilabris | Geophagus crassilabris |
| — daemon | Geophagus daemon |
| — jurupari | Geophagus jurupari |
| — lapidifera | Retroculus lapidifer |
| — pappaterra | Geophagus jurupari |
| Glyphisodon kakaitsel | Etroplus maculatus |
| — zillii | Tilapia zillii |
| Gobiochromis irvinei | Steatocranus irvinei |
| — tinanti | Steatocranus tinanti |
| Gymnogeophagus cyanopterus | Gymnogeophagus balzanii |
| Haligenes guineensis | Tilipia guineensis |
| — tristrami | Tilapia zillii |
| Haplochromis acutirostis | Haplochromis serranus |
| — alluaudi | Astatoreochromis alluaudi |
| — annectens | Haplochromis prodromus |
| — auritus | Lethrinops aurita |
| — bellicosus | Haplochromis caeruleus |
| — bicolor | Macropleurodus bicolor |
| — bodyi | Haplochromis holotaenia |
| — boultoni | Haplochromis caeruleus |
| — brevis | Lethrinops brevis |
| — centropristoides | Haplochromis callipterus |
| — centropristoides victorianus | Haplochromis nubilus |
| — dolorosus | Haplochromis wingatii |
| — fasciatus BORODIN | Sarotherodon tanganicae |
| — frederici | Haplochromis greenwoodi |
| — fuelleborni | Haplochromis kiwinge |
| — gestri | Haplochromis obesus |
| — gibbiceps | Haplochromis carlottae |
| — gigas | Haplochromis lepturus |
| — gracilicauda | Haplochromis longirostris |
| — jeanneli | Platytaeniodus degeni |
| — lamprogenys | Haplochromis prognathus |
| — ? lanceolatus | Haplochromis avium |
| — longipes | Haplochromis spilorhynchus |
| — macrochir | Lethrinops aurita |
| — macrodon | Haplochromis prognathus |
| — macrophthalmus | Lethrinops macrophthalmus |
| — macrorhynchus | Haplochromis rostratus |
| — malagaraziensis | Orthochromis malagaraziensis |
| — microstoma | Haplochromis pleurotaenia |
| — moffati | Pseudocrenilabrus philander dispersus |
| — multicolor | Pseudocrenilabrus multicolor |

| Synonym | Gültiger Name |
|---|---|
| — nigrescens | Haplochromis percoides |
| — nigroventralis | Haplochromis guiarti |
| — philander dispersus | Pseudocrenilabrus philander dispersus |
| — philander luebberti | Pseudocrenilabrus philander luebberti |
| — polyacanthus | Haplochromis (Rheohaplochromis) polyacanthus |
| — praeorbitalis | Lethrinops praeorbitalis |
| — rebeli | Haplochromis prognathus |
| — rheophilus THYS, 1963 | Haplochromis torrenticola |
| — serranoides AHL, 1927 | Haplochromis ahli |
| — serranoides REGAN, 1922 | Haplochromis spekii |
| — sexfasciatus | Haplochromis johnstoni |
| — simulans | Haplochromis venustus |
| — steindachneri | Haplochromis prognathus |
| — stormsii | Haplochromis (Rheohaplochromis) polyacanthus |
| — straeleni | Astatoreochromis straeleni |
| — strigigena | Astatotilapia strigigena |
| — swynnertoni | Haplochromis callipterus |
| — taeniatus | Haplochromis prognathus |
| — tenuis | Haplochromis longirostris |
| — versluysi | Haplochromis prognathus |
| — xenodon | Macropleurodus bicolor |
| Haplochromis (Neochromis) — nuchisquamulatus | Haplochromis nuchisquamulatus |
| Haplochromis (Tilapia) — maculiceps | Haplochromis horii |
| Hemichromis afer | Cynotilapia afra |
| — auritus | Hemichromis fasciatus |
| — bloyeti | Haplochromis bloyeti |
| — cavifrons | Haplochromis cavifrons |
| — desguezi | Hemichromis fasciatus |
| — dimidiatus | Haplochromis dimidiatus |
| — frederici | Haplochromis greenwoodi |
| — gigliolii | Haplochromis gigliolii |
| — guentheri | Chromidotilapia guentheri |
| — guttatus | Hemichromis bimaculatus |
| — intermedius | Haplochromis intermedius |
| — jallae | Serranochromis robustus jallae |
| — leiguardii | Hemichromis fasciatus |
| — letourneuxii | Hemichromis bimaculatus |
| — livingstonii | Haplochromis livingstonii |
| — longiceps | Rhamphochromis longiceps |
| — longirostris | Haplochromis longirostris |
| — modestus | Haplochromis modestus |
| — retrodens | Hoplotilapia retrodens |
| — robustus | Serranochromis robustus robustus |
| — rolandi | Hemichromis bimaculatus |
| — sacra | Tristramella sacra |
| — saharae | Hemichromis bimaculatus |
| — schwebischi | Sarotherodon schwebischi |
| — serranus | Haplochromis serranus |
| — subocellatus | Pelvicachromis subocellatus |
| — tersquamatus | Chromidotilapia guentheri |
| — voltae | Chromidotilapia guentheri |
| Hemigramma rondoni FOWLER, 1954 | Apistogramma rondoni |
| Hemihaplochromis multicolor | Pseudocrenilabrus multicolor |
| — philander dispersus | Pseudocrenilabrus philander dispersus |
| Hemitilapia bayoni | Haplochromis obliquidens |
| — materfamilias | Macropleurodus bicolor |
| Herichthys bocourti | Cichlasoma bocourti |
| — cyanoguttatus | Cichlasoma cyanoguttatum |
| — geddesi | Cichlasoma geddesi |
| — pearsei | Cichlasoma pearsei |
| — underwoodi | Cichlasoma sieboldii |
| Heros acaroides | Cichlasoma acaroides |
| — adspersum | Cichlasoma tetracanthus |
| — affinis | Cichlasoma affinis |
| — altifrons | Cichlasoma altifrons |
| — angulifer | Cichlasoma intermedium |
| — aureus | Cichlasoma aureum |
| — autochthon | Cichlasoma facetum |
| — balteatus | Cichlasoma nicaraguense |
| — basilaris | Cichlasoma citrinellum |
| — beani | Cichlasoma beani |
| — bifasciatus | Cichlasoma bifasciatum |
| — bimaculatus | Cichlasoma bimaculatum |
| — callolepis | Cichlasoma callolepis |
| — centralis | ? Aequidens portalegrensis |
| — centrarchus | Cichlasoma centrarchus |
| — citrinellus | Cichlasoma citrinellum |
| — coryphaenoides | Cichlasoma coryphaenoides |
| — coryphaeus | Cichlasoma severum |
| — cyanoguttatus | Cichlasoma cyanoguttatum |
| — deppii | Cichlasoma ? sieboldii |
| — dovii | Cichlasoma dovii |
| — dowi | Cichlasoma dovii |
| — efasciatus | Cichlasoma severum |
| — erythraeus | Cichlasoma labiatum |
| — facetus | Cichlasoma facetum |
| — fenestratus | Cichlasoma fenestratum |
| — festae | Cichlasoma festae |
| — festivus | Cichlasoma festivum |
| — friedrichsthalii | Cichlasoma friedrichsthalii |
| — fuscomaculatus | Cichlasoma tetracanthus |
| — gibbiceps | Cichlasoma nebuliferum |
| — godmanni | Cichlasoma godmanni |
| — goeldii | Cichlasoma coryphaenoides |
| — guttulatus | Cichlasoma guttulatum |
| — helleri | Cichlasoma helleri |
| — insidiator | Petenia splendida |
| — insignis | Cichlasoma festivum |
| — istlanus | Cichlasoma istlanum |
| — intermedius | Cichlasoma intermedius |
| — irregularis | Cichlasoma irregulare |
| — jenynsii | Cichlasoma facetum |
| — labiatum | Cichlasoma labiatum |
| — lentiginosus | Cichlasoma lentiginosum |
| — lobochilus | Cichlasoma labiatum |
| — longimanus | Cichlasoma longimanus |
| — macracanthus | Cichlasoma macracanthum |
| — maculipinnis | Cichlasoma aureum |
| — managuensis | Cichlasoma managuense |
| — margaritifer | Cichlasoma margaritiferum |
| — melanopogon | Cichlasoma melanurum |
| — melanurus | Cichlasoma melanurum |
| — mento | Cichlasoma mento |
| — microphthalmus | Cichlasoma microphthalmum |
| — modestus | Cichlasoma severum |
| — montezuma | Cichlasoma ? sieboldii |
| — motaguensis | Cichlasoma motaguense |
| — nebulifer | Cichlasoma nebuliferum |
| — nicaraguensis | Cichlasoma nicaraguense |
| — niger | Cichlasoma coryphaenoides |
| — nigricans | Cichlasoma tetracanthus |
| — nigrofaciatus | Cichlasoma nigrofasciatum |
| — oblongus | Cichlasoma facetum |
| — octofasciatus | Cichlasoma octofasciatum |
| — parma | Cichlasoma fenestratum |
| — pavonaceus | Cichlasoma cyanoguttatum |
| — psittacus | Cichlasoma psittacum |
| — rostratum | Cichlasoma rostratum |
| — salvini | Cichlasoma salvini |
| — septemfasciatus | Cichlasoma septemfasciatum |
| — severus | Cichlasoma severum |
| — sieboldii | Cichlasoma sieboldii |
| — spilurus | Cichlasoma spilurum |
| — spurius | Cichlasoma severum |
| — temporalis | Cichlasoma coryphaenoides |
| — teporatus | Cichlasoma cyanoguttatum |
| — tetracanthus | Cichlasoma tetracanthus |
| — tetracanthus cinctus | Cichlasoma tetracanthus |
| — tetracanthus griseus | Cichlasoma tetracanthus |
| — tetracanthus latus | Cichlasoma tetracanthus |
| — tetracanthus tetracanthus | Cichlasoma tetracanthus |
| — tetracanthus torralbasi | Cichlasoma tetracanthus |
| — triagramma | Cichlasoma salvini |
| — trimaculatus | Cichlasoma trimaculatum |
| — troschelii | Cichlasoma urophthalmus troschelii |
| — urophthalmus | Cichlasoma urophthalmus |
| Heros (Cichlasoma) — heterodontus | Cichlasoma heterodontus |
| — labridens | Cichlasoma labridens |
| — spinosissimus | Cichlasoma spinosissimum |

| Synonym | Gültiger Name |
|---|---|
| Heterochromis multidens | Pterochromis polyodon |
| Heterogramma agassizii | Apistogramma agassizii |
| — borellii | Apistogramma borellii |
| — commbrae | Apistogramma commbrae |
| — corumbae | Apistogramma commbrae |
| — ortmanni | Apistogramma ortmanni |
| — pleurotaenia | Apistogramma pleurotaenia |
| — ritense | Apistogramma ritense |
| — rondoni | Apistogramma rondoni |
| — steindachneri | Apistogramma steindachneri |
| — taeniatum | Apistogramma taeniatum |
| — taeniatum pertense | Apistogramma pertense |
| — trifasciatum | Apistogramma trifasciatum trifasciatum |
| — trifasciatum maciliense | Apistogramma trifasciatum maciliense |
| Hoplarchus pentacanthus | Cichlasoma psittacum |
| — planifrons | Aequidens planifrons |
| Hygrogonus ocellatus | Astronotus ocellatus |
| „Jodochromis sprengeri“ | (Händlername) |
| Julidochromis boulengeri | Lamprologus hecqui |
| — elongatus STEINDACHNER, 1909 | ? Lamprologus steindachneri |
| — macrolepis | Telmatochromis temporalis |
| — „magamba“ | (Händlername) |
| — „malagarassi“ | (Händlername) |
| — ocellatus | Lamprologus ocellatus |
| Labeotropheus curvirostris | Labeotropheus fuelleborni |
| Labidochromis caeruleus „likomae“ | Pseudotropheus — joanjohnsonae |
| — „edwardu“ | (Händlername) |
| — „erwarti“ | Labidochromis freibergi |
| — fryeri | (ungültig lt. STOCK, 1976) |
| — joanjohnsonae | Pseudotropheus joanjohnsonae |
| — spec. AXELROD, 1974 | Pseudotropheus joanjohnsonae |
| — spec. nov. marineatus NEERGARD, 1974 | Pseudotropheus joanjohnsonae |
| Labrochromis pallidus | Haplochromis pallidus |
| Labrus bimaculatus | Cichlasoma bimaculatum |
| — desfontainii | Haplochromis desfontainesii |
| — filamentosus | ? Aequidens filamentosus |
| — melanogaster | Sarotherodon niloticum niloticum |
| — niloticus | Sarotherodon niloticum niloticum |
| — punctatus | Cichlasoma bimaculatum |
| Lamprologus boulengeri | ? Lamprologus hecqui |
| — brevianalis | Lamprologus tetracanthus |
| — brevis DAVID, 1936 | Lamprologus ocellatus |
| — brevis DAVID & Poll, 1937 | Lamprologus ocellatus |
| — calliurus | ? Lamprologus brevis |
| — cunningtoni nyassae | Lamprologus elongatus |
| — lestradei | Lamprologus ocellatus |
| — „liolanoponey“ | (Händlername) |
| — macrolepis | Telmatochromis temporalis |
| — marginatus | Lamprologus tetracanthus |
| — modestus nyassae | Lamprologus callipterus |
| — mondabu | Lamprologus modestus |
| — obliquus | Lamprologus mocquardii |
| — ocellatus POLL, 1952 | Lamprologus kungweensis |
| — pleurostigma | Lamprologus attenuatus |
| — reticulatus | Lamprologus callipterus |
| — savoryi elongatus | Lamprologus brichardi |
| — savoryi pulcher | Lamprologus pulcher |
| — savoryi savoryi | Lamprologus savoryi |
| — taeniurus | Lamprologus brevis |
| — „termanus“ | (Händlername) |
| — tumbanus | Lamprologus concoensis tumbanus |
| — „vercantus“ | (Händlername) |
| Lepidiolamprologus elongatus | Lamprologus elongatus |
| Leptochromis calliurus REGAN, 1920 | Reganochromis calliura |
| Leptolamprologus monogramma | Teleogramma monogramma |
| Leptotilapia elongatus | Steatocranus rouxi |
| — irvinei | Steatocranus irvinei |
| — rouxi | Steatocranus rouxi |
| — tinanti | Steatocranus tinanti |
| Lethrinops fasciatus | Lethrinops praeorbitalis |
| — macrorhynchus | Lethrinops praeorbitalis |
| — marginatus | Lethrinops ? alba |
| Limnochromis microlepidotus | Cyprichromis microlepidotus |
| — otostigma | Triglachromis otostigma |
| — pfefferi | Haplochromis pfefferi |
| Limnotilapia pleurotaenia | Haplochromis pleurotaenia |
| Lipochromis obesus | Haplochromis obesus |
| Lobotes ocellatus | Astronotus ocellatus |
| Melanochromis „caelestris“ | (Händlername) |
| — exasperatus | Pseudotropheus joanjohnsonae |
| — labrosus | Haplochromis labrosus |
| — spec. „chipokae“ | Melanochromis chipokae |
| Melanogenes macrocephalus | Sarotherodon melanotheron |
| — microcephalus | Sarotherodon melanotheron |
| Mesonauta festivus | Cichlasoma festivum |
| — insignis | Cichlasoma festivum |
| Mesops cupido | Biotodoma cupido |
| — taeniatus | Apistogramma taeniatum |
| — taniatum | Apistogramma taeniatum |
| „Microgeophagus ramirezi“ | Papiliochromis ramirezi |
| Mylochromis lateristriga | Haplochromis lateristriga |
| Nannacara dorsigera | Aequidens dorsigerus |
| — hoehnei | Aequidens hoehnei |
| Nannochromis | Nanochromis |
| Neetroplus bocourti | Cichlasoma bocourti |
| — carpintis | Cichlasoma cyanoguttatum |
| — nicaraguensis | Neetroplus nematopus |
| — sieboldii | Cichlasoma sieboldii |
| — spec. ARNOLD, 1913 | Cichlasoma fenestratum |
| Neochromis nigricans REGAN, 1920 | Haplochromis nigricans |
| — nuchisquamulatus | Haplochromis nuchisquamulatus |
| — simotes nyassae | Haplochromis callipterus |
| Neotilapia andersonii | Sarotherodon tanganicae |
| — tanganicae | Sarotherodon tanganicae |
| ? Nhaquunda | Crenicichla johanna |
| Ophthalmotilapia foae | Cyathopharynx furcifer |
| — stappersii | Lestradea perspicax stappersii |
| Oreochromis d'anconai | Sarotherodon nigrum spilurum |
| — hunteri | Sarotherodon hunteri |
| — niger | Sarotherodon nigrum nigrum |
| — shiranus | Sarotherodon shiranum |
| Otopharynx auromarginatus | Haplochromis auromarginatus |
| — selenurus | Haplochromis selenurus |
| Paracara typus | Paratilapia polleni |
| Parachromis sacer | Tristramella sacra |
| Paraneetroplus bulleri | Cichlasoma bulleri |
| — sieboldii REGAN | Cichlasoma underwoodi |
| Paratilapia afra | Cynotilapia afra |
| — angusticeps | Serranochromis angusticeps |
| — arnoldi | Haplochromis darlingi |
| — aurita | Limnochromis auritus |
| — bayoni | Haplochromis bayoni |
| — bicolor | Macropleurodus bicolor |
| — bleekeri | Paratilapia polleni |
| — bloyeti | Haplochromis bloyeti |
| — caerulea | Haplochromis caeruleus |
| — calliura | Reganochromis calliura |
| — carlottae | Haplochromis carlottae |
| — cavifrons | Haplochromis cavifrons |
| — cerasogaster | Pelmatochromis cerasogaster |
| — chilotes | Haplochromis chilotes |
| — chrysonota | Haplochromis chrysonotus |
| — cinerea | Haplochromis cinereus |
| — codringtoni | Haplochromis codringtoni |
| — compressiceps | Haplochromis compressiceps |
| — corbali | Pelmatochromis corbali |
| — crassilabris | Haplochromis crassilabris |
| — demeusii | Haplochromis demeusii |
| — deschauenseei | Haplochromis carlottae |
| — dewindti | Aulonocranus dewindti |
| — dimidiatus | Haplochromis dimidiatus |
| — dorsalis | Haplochromis dorsalis |
| — ellenbergeri | Serranochromis macrocephalus |
| — esox | Rhamphochromis esox |
| — frederici | Haplochromis greenwoodi |

| Synonym | Gültiger Name |
|---|---|
| — frontosa | Cyphotilapia frontosa |
| — furcifera | Cyathopharynx furcifer |
| — gestri | Haplochromis obesus |
| — gibbiceps | Haplochromis carlottae |
| — granti | Haplochromis granti |
| — guiarti | Haplochromis guiarti |
| — habereri | Pterochromis polyodon |
| — intermedia | Haplochromis intermedius |
| — kafuensis | Serranochromis angusticeps |
| — leptosoma | Cyprichromis leptosoma |
| — livingstonii | Haplochromis livingstonii |
| — longiceps | Rhamphochromis longiceps |
| — longimanus | Serranochromis longimanus |
| — longipinnis | Pelmatochromis nigrofasciatus |
| — longirostris | Haplochromis longirostris |
| — luebberti | Pseudocrenilabrus philander luebberti |
| — lukugae | Aulonocranus dewindti |
| — macrocephela | Serranochromis macrocephalus |
| — macrops | Callochromis macrops macrops |
| — maculipinna | Haplochromis maculipinna |
| — marginata | Haplochromis codringtoni |
| — mariae | Stomatepia mariae |
| — mellandi | Haplochromis mellandi |
| — microlepis | Boulengerochromis microlepis |
| — modesta | Haplochromis modestus |
| — moeruensis | Haplochromis moeruensis |
| — moffati (nicht CASTELNAU) | Pseudocrenilabrus philander dispersus |
| — multicolor | Pseudocrenilabrus multicolor |
| — multidens | Pterochromis polyodon |
| — nigripinnis | Cyprichromis nigripinnis |
| — nigrofasciata | Pelmatochromis nigrofasciatus |
| — nototaenia | Haplochromis nototaenia |
| — parvidens | Haplochromis parvidens |
| — pectoralis | Haplochromis squamulatus |
| — pfefferi | Haplochromis pfefferi |
| — polyodon | Hoplotilapia retrodens |
| — prognatha | Haplochromis prognathus |
| — retrodens | Hoplotilapia retrodens |
| — rhoadesii | Haplochromis rhoadesii |
| — robusta | Serranochromis robustus robustus |
| — sacra | Tristramella sacra |
| — schwebischi | Sarotherodon schwebischi |
| — serranus | Haplochromis serranus |
| — smithii | Haplochromis smithii |
| — stenosoma | Hemibates stenosoma |
| — thomasi | Pelmatochromis thomasi |
| — thumbergii | Serranochromis thumbergi |
| — toddi | Haplochromis fasciatus |
| — typus | Paratilapia polleni |
| — ventralis | Ophthalmochromis ventralis |
| — ventralis NICHOLS, 1928 | Haplochromis ventralis |
| — victoriana | Haplochromis victorianus |
| — vittatus / -ta | Haplochromis vittatus |
| — vittata var. nigroides | Haplochromis vittatus |
| — vollmeringi | Haplochromis giglioli |
| — wingatii | Haplochromis wingatii |
| — zambesesensis | Serranochromis robustus jallae |
| Paratilapia (Pelmatochromis) | |
| — buettikoferi | Pelmatochromis buettikoferi |
| — jentinkii | Tylochromis jentinkii |
| Parectodus hemelrycki | Grammatotria lemairii |
| — lestradei | Xenotilapia lestradei |
| Pelmatochromis angolensis | Hemichromis angolensis |
| — annectens | Thysia annectens |
| — ansorgii | Thysia ansorgii |
| — arnoldi | Thysia ansorgii |
| — aureocephalus | Pelvicachromis pulcher |
| — auritus | Limnochromis auritus |
| — batesii | Chromidotilapia batesii |
| — boulengeri | Chromitotilapia guentheri guentheri |
| — „camerunensis" | Pelvicachromis sacramontis |
| — caudifasciatus | Nanochromis caudifasciatus |
| — cavifrons | Haplochromis cavifrons |
| — congicus | Pterochromis congicus |
| — darlingi | Haplochromis darlingi |
| — dimidiatus | Nanochromis dimidiatus |
| — exul | (diese Art existiert nicht mehr) |
| — flavipinnis | Haplochromis flavipinnis |
| — frontosus | Cyphotilapia frontosa |
| — genisquamulatus | Serranochromis macrocephalus |
| — guentheri | Chromidotilapia guentheri guentheri |
| — guentheri BOULENGER, 1896 | Tylochromis lateralis |
| — haugi | Chromidotilapia kingsleyae |
| — humilis | Pelvicachromis humilis |
| — intermedius | Tylochromis intermedius |
| — jentinkii | Tylochromis jentinkii |
| — kingsleyae | Chromidotilapia kingsleyae |
| — klugei | Pelvicachromis taeniatus |
| — kribensis | Pelvicachromis pulcher |
| — kribensis klugei | Pelvicachromis taeniatus |
| — kribensis var. calliptera | Pelvicachromis taeniatus |
| — lateralis | Tylochromis lateralis |
| — lepidurus | Tylochromis lateralis |
| — longipinnis | Pelmatochromis nigrofasciatus |
| — longirostris | Nanochromis longirostris |
| — loveredgei | Limnotilapia dardennii |
| — macrops | Callochromis macrops macrops |
| — maculifer | Thysia annectens oder ansorgii |
| — melanostigma | Callochromis macrops melanostigma |
| — microdon | Haplochromis microdon |
| — multidens | Pterochromis polyodon |
| — multiocellatus | Haplochromis multiocellatus |
| — ngamensis | Serranochromis robustus jallae |
| — obesus | Haplochromis obesus |
| — pellegrini | Chromidotilapia guentheri guentheri |
| — pleurospilus | Callochromis pleurospilus |
| — polli | Haplochromis polli |
| — polylepis | Tylochromis polylepis |
| — polyodon | Pterochromis polyodon |
| — pulcher | Pelvicachromis pulcher |
| — regani | Chromidotilapia kingsleyae |
| — rhodostigma | Callochromis pleurospilus |
| — riponianus | Haplochromis riponianus |
| — robustus | Haplochromis giardi |
| — ruweti | Tilapia ruweti |
| — schoutedeni | Chromidotilapia schoutedeni |
| — spec. affin. pulcher | Pelvicachromis sacramontis |
| — spekii | Haplochromis spekii |
| — stappersii | Callochromis pleurospilus |
| — subocellatus | Pelvicachromis subocellatus |
| — taeniatus | Pelvicachromis taeniatus |
| — taeniatus BOULENGER, 1902 | Pterochromis polyodon |
| — tanganaicae | Serranochromis robustus robustus |
| — tanganyicae | Serranochromis robustus robustus |
| — xenotilapiaformis | Callochromis macrops macrops |
| Perca bimaculata | Cichlasoma bimaculatum |
| ? — brasiliensis | Crenicichla brasiliensis |
| — saxatilis | Crenicichla saxatilis |
| Perissodus burgeoni | Perissodus microlepis |
| — gracilis | Perissodus microlepis |
| Petrochromis andersonii | Sarotherodon tanganicae |
| — nyassae | Petrochromis polyodon |
| — tanganicae | Sarotherodon tanganicae |
| Pintoichthys trifasciatus | Aequidens trifasciatum trifasciatum |
| Platax scalaris | Pterophyllum scalare |
| Plataxoides dumerilii | Pterophyllum dumerilii |
| — leopoldi | Pterophyllum dumerilii |
| Plecodus bimaculatus | Perissodus paradoxus |
| — elaviae | Perissodus elaviae |
| — multidentatus | Perissodus multidentatus |
| — paradoxus | Perissodus paradoxus |
| — straeleni | Perissodus straeleni |
| Pomotis bono | Aequidens tetramerus |
| — fasciatus | Cichlasoma psittacum |
| Promotis fasciatus | Cichlasoma psittacum |
| Pseudocrenilabrus natalensis | Pseudocrenilabrus philander philander |

| Synonym | Gültiger Name |
|---|---|
| Pseudotropheus „andreasi“ | (Händlername) |
| — „arnoldi“ | (Händlername) |
| — auratus | Melanochromis auratus |
| — „chamaeleo“ | (Händlername) |
| — „daviesi“ | Melanochromis johannii |
| — „dinghani“ | (Händlername) |
| — „eduardi“ | (Händlername) |
| — gracilior | Pseudotropheus tropheops gracilior |
| — „jacksoni“ | (Händlername) |
| — johannii | Melanochromis johannii |
| — „kenyi“ | Pseudotropheus lombardoi |
| — „kingsizei“ | (Händlername) |
| — „lilancinius“ | Pseudotropheus lombardoi |
| — „liliancinius“ | Pseudotropheus lombardoi |
| — „micracillius“ | (Händlername) |
| — „microcillius“ | (Händlername) |
| — „newsi“ oder „newsii“ | (Händlername) |
| — „ornatus“ | (Händlername) |
| — „sestonii“ | (Händlername) |
| — spec. „pindani“ | Pseudotropheus socolofi |
| — tropheus | Pseudotropheus tropheops tropheus |
| Pterophyllum eimekei | Pterophyllum scalare |
| — scalaris | Pterophyllum scalare |
| Ptychochromis betsileanus | Ptychochromoides betsileanus |
| — grandidieri | Ptychochromis oligacanthus |
| — madagascarienisis | Ptychochromis oligacanthus |
| — oliganthus STEINDACHNER, 1880 | Ptychochromis oligacanthus |
| Retroculus boulengeri | Retroculus lapidifer |
| Rhamphochromis melanotus | Rhamphochromis leptosoma |
| Saraca opercularis | Biotoecus opercularis |
| Sargochromis | |
| — angolensis REGAN, 1922 | Haplochromis giardi |
| — carlottae | Haplochromis carlottae |
| — codringtoni | Haplochromis codringtoni |
| — giardi | Haplochromis giardi |
| — mellandi | Haplochromis mellandi |
| Sarotherodon zillii | Tilapia zillii |
| Satanoperca acuticeps | Geophagus acuticeps |
| — balzanii | Gymnogeophagus balzanii |
| — crassilabris | Geophagus crassilabris |
| — daemon | Geophagus daemon |
| — jurupari | Geophagus jurupari |
| — leucosticta | Geophagus jurupari |
| — macrolepis | Geophagus jurupari |
| — pappaterra | Geophagus jurupari |
| — proxima | Geophagus surinamensis |
| Schubotzia eduardiana | Haplochromis eduardianus |
| „Sciaena“ | Crenicichla saxatilis |
| — bimaculata | Cichlasoma bimaculatum |
| ? — punctata | Geophagus brasiliensis |
| Serranochromis kafuensis | Serranochromis angusticeps |
| — levaillantii | Serranochromis angusticeps |
| Simochromis curvifrons | Pseudosimochromis curvifrons |
| Sparus Nr. 185 | Crenicichla saxatilis |
| — desfontainii | Haplochromis desfontainesii |
| — galilaeus | Sarotherodon galilaeum galilaeum |
| — pavoninus | Crenicichla saxatilis |
| — rufescens | Crenicichla saxatilis |
| — saxatilis | Crenicichla saxatilis |
| — surinamensis | Geophagus surinamensis |
| Stappersia singularis | Xenotilapia ochrogenys ochrogenys |
| Steatocranus elongatus | Steatocranus rouxi |
| Telmatochromis lestradei | Telmatochromis temporalis |
| Theraps irregularis | Cichlasoma irregulare |
| — terrabae | Cichlasoma sieboldii |
| Thorichthys ellioti | Cichlasoma ellioti |
| — helleri | Cichlasoma helleri |
| — helleri meeki | Cichlasoma meeki |
| Tilapia acuticeps | Haplochromis acuticeps |
| — adolfi STEINDACHNER, 1909 | ? Simochromis diagramma |
| — adolfi STEINDACHNER, 1916 Kiloso-spec | Sarotherodon hornorum |
| — adolfi STEINDACHNER, 1916 Ulanga-spec | Sarotherodon urolepe |
| — adolphi-frederice | Haplochromis adolphifrederici |
| — affinis | Tilapia guineensis |
| — alcalica | Sarotherodon alcalicum alcalicum |
| — alleni | Sarotherodon macrochir |
| — amphimelas | Sarotherodon amphimelas |
| — andersonii | Sarotherodon andersonii |
| — ansorgii | Tilapia buettikoferi |
| — arnoldi | Sarotherodon mossambicum |
| — athiensis | Sarotherodon nigrum spilurum |
| — athiensis HUBBS, 1918 | Sarotherodon nigrum spilurum |
| — aurata | Melanochromis auratus |
| — aurea | Sarotherodon aureum aureum |
| — aurea exul | Sarotherodon aureum exul |
| — auromarginata | Haplochromis auromarginatus |
| — bayoni | Haplochromis bayoni |
| — bayoni BOULENGER, 1911 | Haplochromis niloticus |
| — betsileana | Ptychochromoides betsileanus |
| — boops | Ophthalmotilapia boops |
| — boulengeri | Sarotherodon galilaeum boulengeri |
| — brevis | Lethrinops brevis |
| — browni | Sarotherodon nigrum spilurum |
| — burtoni | Haplochromis burtoni |
| — busumana | Sarotherodon busumanum |
| — cabrae | Tilapia cabrae |
| — caeruleomaculata | Tilapia zillii |
| — calciati | Sarotherodon niloticum niloticum |
| calliptera / -terus | Haplochromis callipterus |
| — cancellata | Sarotherodon niloticum cancellatum |
| — caroli | Sarotherodon caroli |
| — caudomarginata | Sarotherodon caudomarginatum |
| — christyi | Tilapia rendalli; teilw. Tilapia zillii und Sarotherodon upembae |
| — chungruruensis | Sarotherodon chungruruense |
| — coffea | Sarotherodon coffeum |
| — congicus BOULENGER, 1897 | Pterochromis congicus |
| — dardennii | Limnotilapia dardennii |
| — deschauenseei | Tilapia sparrmanii |
| — desfontainesii | Haplochromis desfontainesii |
| — dolloi | Sarotherodon nigripinne |
| — druryi | Tilapia rendalli rendalli |
| — dubia | Tilapia mariae |
| — dumerili BOULENGER, 1898 PELLEGRIN, 1904 | Sarotherodon ? aureum aureum |
| — eduardiana | Sarotherodon niloticum eduardianum |
| — eisentrauti | Konia eisentrauti |
| — ellenbergeri | Pseudocrenilabrus philander philander |
| — esculenta | Sarotherodon esculentum |
| — fasciata | Haplochromis fasciatus |
| — fasciata tanganaicae | Haplochromis horii |
| — flavii-josephi | Haplochromis flaviijosephi |
| — flavomarginata | Sarotherodon schwebischi |
| — fouloni | Tilapia sparrmanii |
| — franchettii | Sarotherodon franchettii |
| — fuelleborni | Haplochromis fuelleborni |
| — galilaea | Sarotherodon galilaeum galilaeum |
| — galilaea borkuana | Sarotherodon galilaeum borkuanum |
| — galilaea multifasciata | Sarotherodon galilaeum multifasciatum |
| — galilaea pleuromelas | Sarotherodon galilaeum pleuromelum |
| — gefuensis | Tilapia rendalli gefuense |
| — giardi | Haplochromis giardi |
| — girigan | Sarotherodon girigan |
| — grahami | Sarotherodon alcalicum grahami |
| — grandidieri | Ptychochromis oligacanthus |
| — grandoculis | Cyathopharynx furcifer |
| — guiarti | Haplochromis guiarti |
| — heudelotii | Sarotherodon heudelotii |
| — heudelotii dolloi THYS, 1964 | Sarotherodon nigripinne aber Nyong-spec. S. mvogoi |
| — horii | Haplochromis horii |

| Synonym | Gültiger Name |
|---|---|
| — hornorum | Sarotherodon hornorum |
| — humilior | Haplochromis humilior |
| — humilis | Haplochromis humilis |
| — hunteri | Sarotherodon hunteri |
| — inducta | Sarotherodon niloticum eduardianum |
| — inornata | Haplochromis inornatus |
| — intermedia | Sarotherodon andersonii |
| — jallae | Haplochromis jallae |
| — jipe | Sarotherodon jipe |
| — johnstonii | Haplochromis johnstoni |
| — kacherbi | Sarotherodon aureum aureum |
| — kafuensis | Sarotherodon andersonii |
| — karomo | Sarotherodon karomo |
| — karongae | Sarotherodon karongae |
| — kirkhami | Tilapia rendalli rendalli |
| — kirkii | Haplochromis kirkii |
| — korogwe | Sarotherodon korogwe |
| — labiata | Lobochilotes labiatus |
| — lacrimosa | Haplochromis lacrimosus |
| — lata | Tilapia zillii |
| — lata var. camerunensis | Tilapia camerunensis |
| — lateralis | Sarotherodon galilaeum galilaeum |
| — lateristriga | Haplochromis lateristriga |
| — latifrons | Tilapia zillii |
| — lemassoni | Sarotherodon aureum aureum |
| — lepidura | Sarotherodon lepidurum |
| — lethrinus | Lethrinops lethrinus |
| — leucosticta | Sarotherodon leucostictum |
| — lidole | Sarotherodon lidole |
| — linnellii | Sarotherodon linnellii |
| — livingstonii | Pseudotropheus livingstonii |
| — lohbergi | Sarotherodon lohbergi |
| — lucullae | Haplochromis lucullae |
| — luluae FOWLER, 1930 | unbestimmte Haplochromis-Art |
| — mackeani | Tilapia rendalli rendalli |
| — macrocentra | Sarotherodon galilaeum galilaeum |
| — macrocephala | Sarotherodon melanotheron |
| — macrochir | Sarotherodon macrochir |
| — macrophthalma | Lethrinops macrophthalmus |
| — macrops | Haplochromis macrops |
| — maculifer | Thysia annectens oder ansorgii |
| — madagascariensis | Ptychochromis oligacanthus |
| — magdalenae | Tristramella simonis magdalenae |
| — manyarae | Sarotherodon amphimelum |
| — martini | Haplochromis martini |
| — meeki | Tilapia mariae |
| — melanopleura | Tilapia zillii |
| — melanopleura rendalli | Tilapia rendalli rendalli |
| — melanopleura swierstrae | Tilapia rendalli swierstrae |
| — melanotheron | Sarotherodon melanotheron |
| — menzalensis | Tilapia zillii |
| — microcephala | Sarotherodon melanotheron |
| — microlepis | Boulengerochromis microlepis |
| — monodi | Sarotherodon aureum aureum |
| — monteiri | Haplochromis fasciatus |
| — mortimeri | Sarotherodon mortimeri |
| — mossambica | Sarotherodon mossambicum |
| — mossambica korogwe | Sarotherodon korogwe |
| — multifasciata | Sarotherodon galilaeum multifasciatum |
| — multiradiata | Tilapia zillii |
| — mvogoi | Sarotherodon mvogoi |
| — nadinae | Haplochromis burtoni |
| — natalensis | Sarotherodon mossambicum |
| — ngomoensis | Tilapia cabrae |
| — nigra | Sarotherodon nigrum nigrum |
| — nigricans | Haplochromis nigripinne |
| — nigripinnis | Sarotherodon nigripinnis |
| — nigrus spilurus | Sarotherodon nigrum spilurum |
| — nilotica | Sarotherodon niloticum niloticum |
| — nilotica cancellata | Sarotherodon niloticum cancellatum |
| — nilotica eduardiana | Sarotherodon niloticum eduardianum |
| — nilotica exul | Sarotherodon aureum exul |
| — nilotica regani | Sarotherodon niloticum eduardianum |
| — nilotica upembae | Sarotherodon upembae |
| — nilotica var. athiensis | Sarotherodon nigrum spilurum |
| — nilotica var. regani | Sarotherodon niloticum eduardianum |
| — nubila | Haplochromis nubilus |
| — nuchisquamulata | Haplochromis nuchisquamulatus |
| — nyirica | Sarotherodon nigrum spilurum |
| — obliquidens | Haplochromis obliquidens |
| — occidentalis | Sarotherodon occidentale |
| — ocellifer | Pelmatochromis ocellifer |
| — oligacanthus | Ptychochromis oligacanthus |
| — ovalis | Tilapia sparrmanii |
| — oxyrhynchus | Hemitilapia oxyrhynchus |
| — pallida | Haplochromis pallidus |
| — pappenheimi | Haplochromis pappenheimi |
| — pectoralis | Haplochromis pectoralis |
| — percivali | Sarotherodon percivali |
| — perrieri | Haplochromis perrieri |
| — placida | Sarotherodon placidum |
| — pleuromelas | Sarotherodon galilaeum pleuromelum |
| — pleurotaenia | Haplochromis pleurotaenia |
| — polyacanthus | Haplochromis (Rheohaplochromis) polyacanthus |
| — polycentra | Tilapia guineensis |
| — rangii | Sarotherodon heudelotii |
| — regani | Sarotherodon niloticum eduardianum |
| — rostrata | Haplochromis rostratus |
| — rubropunctata | Haplochromis horii |
| — rukwaensis | Sarotherodon rukwaense |
| — rumsayi | Haplochromis darlingi |
| — ruvumae | Sarotherodon ruvumae |
| — saka | Sarotherodon saka |
| — salinicola | Sarotherodon salinicola |
| — sanagaensis | Sarotherodon sanagaense |
| — sauvagii | Sarotherodon sauvagei |
| — savagei | Tilapia brevimanus |
| — schwebischi | Sarotherodon schwebischi |
| — sexfasciata | Tilapia zillii |
| — sheshekensis | Sarotherodon macrochir |
| — shirana | Sarotherodon shiranum |
| — shirana chilwae | Sarotherodon shiranum chilwae |
| — simonis | Tristramella simonis simonis |
| — simotes | Haplochromis nigricans |
| — sparrmani macrura LOHBERGER, 1929 | Haplochromis-spec. der „macrops"-Gruppe |
| — sparrmani multiradiata | Tilapia zillii |
| — sparsidens | Haplochromis bloyeti |
| — spilurus nigra | Sarotherodon nigrum nigrum |
| — spilurus spilurus | Sarotherodon nigrum spilurum |
| — squamipinnis | Sarotherodon squamipinne |
| — stanleyi | Haplochromis stanleyi |
| — steinbachi | Sarotherodon steinbachi |
| — steindachneri | Haplochromis steindachneri |
| — stigmatogenys | Haplochromis stigmatogenys |
| — stormsii | Haplochromis (Rheohaplochromis) polyacanthus |
| — subocularis | Haplochromis subocularis |
| — swierstrae | Tilapia rendalli swierstrae |
| — swynnertoni | Haplochromis callipterus |
| — sykesii | Tilapia rendalli rendalli |
| — tanganicae | Sarotherodon tanganicae |
| — tetrastigma | Haplochromis tetrastigma |
| — tholloni congica | Tilapia congica |
| — tournieri | Sarotherodon tournieri |
| — trematocephala | Limnotilapia trematocephala |

| Synonym | Gültiger Name |
|---|---|
| — tristrami | Tilapia zillii |
| — upembae | Sarotherodon upembae |
| — urolepis | Sarotherodon urolepe |
| — variabilis | Sarotherodon variabile |
| — vorax | Sarotherodon mossambicum |
| — vulcani | Sarotherodon niloticum niloticum |
| — williamsi | Pseudotropheus williamsi |
| — woosnami | Haplochromis codringtoni |
| — zebra | Pseudotropheus zebra |
| Tilapia (Alcolapia) Section III-C Sarotherodon-Gruppe | |
| — alcalica | Sarotherodon alcalicum alcalicum |
| — amphimelas | Sarotherodon amphimelas |
| — grahami | Sarotherodon alcalicum grahami |
| Tilapia (Coptodon) Section II-B Heterotilapia u. Coptodon-Gruppe | |
| — cameronensis | Tilapia camerunensis |
| — congica POLL & THYS, 1960 | Tilapia congica |
| — deckerti | Tilapia deckerti |
| — discolor | Sarotherodon discolor |
| — guineensis | Tilapia guineensis |
| — kottae | Tilapia kottae |
| — louka | Tilapia louka |
| — margaritacea | Tilapia margaritacea |
| — nyongana | Tilapia nyongana |
| — rendalli gefuensis | Tilapia rendalli gefuensis |
| — rendalli rendalli | Tilapia rendalli rendalli |
| — rendalli swierstrae | Tilapia rendalli swierstrae |
| — tholloni | Tilapia tholloni |
| — walteri | Tilapia walteri |
| — zillii | Tilapia zillii |
| Tilapia (Ctenochromis) | |
| — sparsidens | Haplochromis bloyeti |
| Tilapia (Dagetia) Section II-C Heterotilapia u. Coptodon-Gruppe | |
| — rheophila | Tilapia rheophila |
| Tilapia (Danakilia) Section III-A Sarotherodon-Gruppe | |
| — franchettii | Sarotherodon franchettii |
| Tilapia (Gephyrochromis) | |
| — linnellii | Sarotherodon linnellii |
| Tilapia (Heterotilapia) Section II-A Heterotilapia u. Coptodon-Gruppe | |
| — buttikoferi | Tilapia buttikoferi |
| — cessiana | Tilapia cessiana |
| Tilapia (Loruwiala) Section III-E Sarotherodon-Gruppe | |
| — angolensis | Sarotherodon angolense |
| — lepidura | Sarotherodon lepidurum |
| — macrochir | Sarotherodon macrochir |
| — rukwaensis | Sarotherodon rukwaense |
| — salinicola | Sarotherodon salinicola / -lus |
| — schwebischi | Sarotherodon schwebischi |
| — upembae | Sarotherodon upembae |
| — variabilis | Sarotherodon variabile |
| Tilapia (Neotilapia) Section III-B Sarotherodon-Gruppe | |
| — karomo | Sarotherodon karomo |
| — tanganicae | Sarotherodon tanganicae |
| Tilapia (Nyasalapia) Section III-D Sarotherodon-Gruppe | |
| — karongae | Sarotherodon karongae |
| — lidole | Sarotherodon lidole |
| — sake | Sarotherodon sake |
| — squamipinnis | Sarotherodon squamipinne |
| Tilapia (Oreochromis) Section III-F Sarotherodon-Gruppe | |
| — andersonii | Sarotherodon andersonii |
| — ? aurea aurea (Section III-G) | Sarotherodon aureum aureum |
| — ? aurea exul (Section III-G) | Sarotherodon aureum exul |
| — ? esculenta (Section III-G) | Sarotherodon esculentum |
| — girigan | Sarotherodon girigan |
| — hornorum | Sarotherodon hornorum |
| — hunteri | Sarotherodon hunteri |
| — jipe | Sarotherodon jipe |
| — korogwe | Sarotherodon korogwe |
| — ? leucosticta (Section III-G) | Sarotherodon leucostictum |
| — mortimeri | Sarotherodon mortimeri |
| — mossambica | Sarotherodon mossambicum |
| — nigra nigra | Sarotherodon nigrum nigrum |
| — nigra spilurus | Sarotherodon nigrum spilurum |
| — pangani | Sarotherodon pangani |
| — percivali | Sarotherodon percivali |
| — placida | Sarotherodon placidum |
| — ruvumae | Sarotherodon ruvumae |
| — shirana chilwae | Sarotherodon shiranum chilwae |
| — shirana shirana | Sarotherodon shiranum shiranum |
| — uroplepis | Sarotherodon urolepe |
| Tilapia (Oreochromis) Section III-H Sarotherodon-Gruppe | |
| — nilotica cancellata | Sarotherodon niloticum cancellatum |
| — nilotica eduardiana | Sarotherodon niloticum eduardianum |
| — nilotica nilotica | Sarotherodon niloticum niloticum |
| Tilapia (Pelmatochromis) Section I-D Tilapia-Gruppe | |
| — buettikoferi | Pelmatochromis buettikoferi |
| — busumana | Sarotherodon busumanum |
| — congicus | Pterochromis congicus |
| — ocellifer | Pelmatochromis ocellifer |
| Tilapia (Pelmatolapia) Section I-C Tilapia-Gruppe | |
| — bilineata | Tilapia bilineata |
| — brevimanus | Tilapia brevimanus |
| — cabrae | Tilapia cabrae |
| — eisentrauti | Konia eisentrauti |
| — mariae | Tilapia mariae |
| Tilapia (Sarotherodon) Section III-I Sarotherodon-Gruppe | |
| — heudelotii | Sarotherodon heudelotii |
| — ? linnellii | Sarotherodon linnellii |
| — ? lohbergeri | Sarotherodon lohbergeri |
| — melanotheron | Sarotherodon melanotheron |
| — ? mvogoi | Sarotherodon mvogoi |
| — nigripinnis | Sarotherodon nigripinne |
| Tilapia (Sarotherodon) Section III-J Sarotherodon-Gruppe | |
| — caudomarginata | Sarotherodon caudomarginatum |
| — galilaea borkuana | Sarotherodon galilaeum borkuanum |
| — galilaea boulengeri | Sarotherodon galilaeum boulengeri |
| — galilaea galilaea | Sarotherodon galilaeum galilaeum |
| — galilaea multifasciata | Sarotherodon galilaeum multifasciatum |
| — galilaea pleuromelas | Sarotherodon galilaeum pleuromelum |
| — occidentalis | Sarotherodon occidentale |
| — sanagaensis | Sarotherodon sanagaense |
| — steinbachi | Sarotherodon steinbachi |
| — tournieri | Sarotherodon tournieri |
| Tilapia (Tilapia) Section I-A Tilapia-Gruppe | |
| — ruweti | Tilapia ruweti |
| — sparrmanii | Tilapia sparrmanii |
| Tilapia (Trewavasia) Section I-B Tilapia-Gruppe | |
| — guinasana | Tilapia guinasana |
| Tomocichla | |
| — underwoodi REGAN, 1908 | Cichlasoma tuba |
| Tropheus annectens | Tropheus moorii moorii |
| — moorei | Tropheus moorii moorii |
| Tylochromis macrophthalmus | Callochromis macrops macrops |
| — microdon | Tylochromis lateralis microdon |
| Uaru centrarchoides | Cichlasoma severum |
| — imperialis | Uaru amphiacanthoides |
| — insignis | Cichlasoma festivum |
| — obscurum | Uaru amphiacanthoides |
| Xenochromis hecqui | Perissodus hequi |
| Xenotilapia mater-familias | Xenotilapia boulengeri |

# Register nach deutschen Bezeichnungen

## H



## I



## J



## K



## L



## M

## N



## O



## P



## Q



## R



## S

## T



## U



## V



## W



## Y



## Z

# Register nach wissenschaftlichen Namen

## D



## E



## F



## G

## H



## I



## J



## L

## M



## N



## O



## P

# U



# V



# X

# Anhang

Sehr geehrter Leser!
Bei den Aktivitäten der Wissenschaftler rund um den Globus ist es nicht verwunderlich, daß bei Neubeschreibungen und Revisionen den als Aquarienfischen beliebten Cichliden besondere Aufmerksamkeit geschenkt wird. Demzufolge haben sich, besonders in nomenklatorischer Hinsicht, also die Namensgebung betreffend, in einigen Gattungen dieser Familie Änderungen ergeben. Um dieses vielgelesene Buch ohne aufwendigen Neudruck auf dem in dieser Hinsicht neuesten Stand zu halten, haben sich Verlag und Autor entschlossen, in diesem Anhang dem Leser die neuesten Informationen zu Änderungen zukommen zu lassen. Sie geben den Stand vom Frühjahr 1983 wieder.

## Süd-, mittel- und nordamerikanische Arten

**Gattung *Acarichthys*** EIGENMANN, 1912 Seite 68
Neben der hier erwähnten Art *A. heckelii,* der auch aus Guayana bekannt ist, gehört nach der Arbeit von KULLANDER (1980) nun auch *Acarichthys geayi* (PELLEGRIN, 1902), der seither zur Gattung *Aequidens* gestellt wurde, dieser Gattung an.

**Gattung *Acaronia*** MYERS, 1940 Seite 68
Keine Ergänzungen oder Änderungen bekannt.

**Gattung *Aequidens*** EIGENMANN & BRAY, 1894 Seite 69
KULLANDER (persönliche Mitteilung) ist der Meinung, daß der Artname *A. awani* möglicherweise nicht gültig ist. Er wird meist für Exemplare von *A. bimaculatum* verwendet. Die seither als *A. geayi* geführte Art wurde vom selben Autor in die Gattung *Acarichthys* (s.d.) überführt. *A. paraguayensis,* der neben einigen anderen Arten der Gattung wegen seines Maulbrutverhaltens verschiedentlich in aquaristischen Berichten erwähnt wurde, ist nach Auffassung von KULLANDER (1981) keine gültige Art, sondern gilt nun als Synonym von *A. vittatus.*

**Gattung *Apistogramma*** REGAN, 1913 Seite 81
Mit der Revision von KULLANDER (1980) und einer Folge von Neubeschreibungen wurde die seitherige Verunsicherung in der Aquaristik insofern nur teilweise ausgeräumt, als der Autor, wie üblich, seinen wissenschaftlichen Arbeiten keine Farbbilder, sondern nur schwarz-weiße Aufnahmen von präparierten Tieren beifügen konnte. Es sei deshalb hier ausdrücklich auf SCHMETTKAMP, W.: „Die Zwergcichliden Südamerikas", Landbuch-Verlag, Hannover, 1982, hingewiesen, in dem eine Reihe von Fragen geklärt werden kann.
In der erwähnten Revision wurde eine Reihe von aquaristisch verbreiteten Artnamen in die Synonymität verwiesen, darunter *A. klausewitzi (= A. bitaeniata), A. kleei (= A. bitaeniata), A. ornatipinnis (= A. steindachneri), A. reitzigi (= A. borellii), A. weisei (= Taeniacara candidi)* und *A. wickleri (= A. steindachneri).* Für eine Zahl von noch nicht untersuchten Artexemplaren stehen Ergebnisse aus, darunter die von *A. pertensis, A. ortmanni* und *A. sweglesi.* Entsprechend den Körperformen wurden sogenannte Formenkreise gebildet, Gruppen also, denen der Name einer auch aquaristisch gut bekannten Art vorangestellt ist. So gehören zur:

Agassizii-Gruppe
*A. agassizii* (STEINDACHNER, 1875); *A. bitaeniata* PELLEGRIN, 1936; *A. elizabethae* KULLANDER, 1980; *A. gephyra* KULLANDER, 1980 sowie einige, bisher noch nicht wissenschaftlich beschriebene Formen.

Borellii-Gruppe
*A. borellii* (REGAN, 1906) und eine wissenschaftlich noch nicht beschriebene Form.

Commbrae-Gruppe
*A. commbrae* (EIGENMANN in REGAN, 1906); *A. pleurotaenia* (REGAN, 1909) sowie möglicherweise noch *A. luelingi* KULLANDER, 1976.

Gibbiceps-Gruppe
*A. gibbiceps* MEINKEN, 1969; *A. personata* KULLANDER, 1980. SCHMETTKAMP schließt eine gewisse Ähnlichkeit von *A. cacatuoides* und *A. gibbiceps* zwar nicht aus, hält eine Zuordnung zu dieser Gruppe jedoch für fraglich.

Macmasteri-Gruppe
*A. macmasteri* KULLANDER, 1979; *A. hoignei* MEINKEN, 1965; *A. hongsloi* KULLANDER, 1979, *A. viejita* KULLANDER, 1979 sowie einige noch nicht wissenschaftlich beschriebene Formen.

Moae-Gruppe
*A. moae* KULLANDER, 1980; *A. cunotus* KULLANDER, 1981 und *A. nijsseni* KULLANDER, 1979.

Pertensis-Gruppe
*A. pertensis* (HASEMAN, 1911); *A. iniridae* KULLANDER, 1979; *A. meinkeni* KULLANDER, 1980; *A. pulchra* KULLANDER, 1980; *A. uaupesi* KULLANDER, 1980 sowie einige noch nicht wissenschaftlich beschriebene Formen.

Regani-Gruppe
*A. regani* KULLANDER, 1980; *A. caetei* KULLANDER, 1980; *A. geisleri* KULLANDER, 1980; *A. piauiensis* KULLANDER, 1980 und *A. resticulosa* KULLANDER, 1980.

Steindachneri-Gruppe
*A. steindachneri* (REGAN, 1908) und *A. hippolytae* Kullander, 1982. Letzterer wurde zeitweilig in der aquaristischen Literatur als „Zweipunkt-Apistogramma" geführt.

In der vorgenannten Aufstellung mag der Leser einige der nach wie vor gültigen, aber auch einige der erst in den letzten Jahren bekanntgewordenen Artennamen vermissen. In alphabetischer Reihenfolge sind dies *A. brevis* KULLANDER, 1980; *A. eunotus* KULLANDER, 1981; *A. ortmanni* (EIGENMANN, 1912); *A. parva* AHL, 1931; *A. roraimae* KULLANDER, 1980; *A. taeniata* (GUENTHER, 1862) und *A. trifasciata* (EIGENMANN & KENNEDY, 1903). Von diesen Arten paßt keine in die aufgestellten Gruppen oder Formenkreise.

**Gattung *Apistogrammoides*** MEINKEN, 1965 Seite 92
Keine Ergänzungen oder Änderungen bekannt.

**Gattung *Astronotus*** SWAINSON, 1839 Seite 92
Keine Ergänzungen oder Änderungen belannt.

**Gattung *Batrachops*** HECKEL, 1840 Seite 94
Keine Ergänzungen oder Änderungen bekannt.

**Gattung *Biotodoma*** EIGENMANN & KENNEDY, 1903 Seite 94
Keine Ergänzungen oder Änderungen bekannt.

**Gattung *Chaetobranchus*** HECKEL, 1840 Seite 95
Keine Ergänzungen oder Änderungen bekannt.

**Gattung *Cichla*** BLOCH & SCHNEIDER, 1801 Seite 96
Keine Ergänzungen oder Änderungen bekannt.

**Gattung *Cichlasoma*** SWAINSON, 1839 Seite 97
Durch verschiedene Neubeschreibungen erhöhte sich die Zahl der gültigen Arten auf etwa einhundert für den mittelamerikanischen Raum (einschließlich der karibischen Inseln). Rund zwanzig Arten, von denen möglicherweise in den kommenden Jahren noch einige in die Synonymität rücken, sind vom südamerikanischen Subkontinent beschrieben worden. Mit einiger Sicherheit kann man sagen, daß *C. coryphaenoides* (S. 101) als Synonym von *C. crassum* (nicht *C. crassa,* wie irrtümlich geschrieben) angesehen werden muß.
Unter dem Sammelnamen *C. cyanoguttatum* werden in der europäischen und amerikanischen Aquaristik Exemplare aus einem Komplex ähnlicher Fische gepflegt. ALVAREZ (1970) wies seinerzeit bereits auf eine Unterteilung in drei Unterarten hin:

*Cichlasoma c. cyanoguttatum* (BAIRD & GIRARD, 1854)
*Cichlasoma c. carpintis* (JORDAN & SNYDER, 1899), beschrieben von

der Laguna Carpintero nahe der Stadt Tampico (Ostküste von Mexiko) und dem Gebiet des unteren Rio Panuco, und

*Cichlasoma c. temporatum* (FOWLER, 1903), gesammelt im Rio Soto de Marina-Becken im mexikanischen Staate Tamaulipas, das sich unmittelbar im Süden an das Rio Grande/Rio Conchos-System anschließt.

Die 1881 von GARMAN beschriebene Art *C. pavonaceum* gilt hingegen heute als Synonym von *C. cyanoguttatum*. In seiner Arbeit „Our national Cichlid" billigt LOISELLE (1982) *Cichlasoma carpintis* den Status einer selbständigen Art zu. Zu dieser Art müssen die Tiere gerechnet werden, deren Heimatbiotope vom Rio Panuco im Osten Mexikos bis zur westlichen Grenze der Verbreitung, den Wüstengegenden um Cuatro Ciénegas, vorkommen. Dazu gehören (nach LOISELLE, schriftliche Mitteilung 1982) wahrscheinlich alle Exemplare, die in europäischen Aquarien als *„C. cyanoguttatum"* gepflegt wurden und noch werden, wohingegen der amerikanische Wissenschaftler in Zweifel stellt, ob der wirkliche *C. cyanoguttatum* aus dem Rio Grande/Rio Conchos-System jemals nach Europa eingeführt wurde. Fotos, zum farblichen Vergleich beider Arten, können an dieser Stelle leider nicht beigefügt werden, doch wird dies in einer folgenden Arbeit nachgeholt.
Nur wenige Auto-Fahrstunden vom System des Rio Panuco entfernt liegt die Laguna Media Luna (= „Halbmondlagune"). Hier kommen zwei Arten vor, über die in letzter Zeit berichtet wurde: *C. bartoni* (BEAN, 1892) und *C. labridens* (PELLEGRIN, 1903). Sie heben sich, besonders während der Laichzeit, farblich deutlich voneinander ab und sind beide als gültige Arten anzusehen (schriftliche Mitteilung Dr. R. R. MILLER, 1982).

*Cichlasoma festae* (Seite 106) hat sich inzwischen zu einem beliebten Pflegling entwickelt. Er läßt sich, gemessen an seiner Endgröße, nur in größeren Becken halten, welche dazu noch mit solide gebauten Versteckken ausgestattet sein sollten.
*Cichlasoma festivum* wird von einer Reihe von Autoren zur Gattung *Mesonauta* GUENTHER, 1862 gestellt (siehe diese Gattung).
*Cichlasoma friedrichsthalii:* Das unter diesem Namen abgebildete Foto (Seite 107 oben) zeigt *C. atromaculatum* (REGAN, 1912) aus dem südlichen Mittelamerika und Kolumbien.
*Cichlasoma spectabile* ist wahrscheinlich über weite Teile des Amazonas-Beckens verbreitet. Der erwähnte Manari Creek liegt im Quellgebiet des Rio Branco.

**Gattung *Crenicara*** STEINDACHNER, 1875 Seite 126
*Crenicara filamentosa* wurde von LADIGES bereits ein Jahr früher als angegeben, also 1958, wissenschaftlich erstbeschrieben. KULLANDER verfaßte eine Neubeschreibung: „A rediscription of Crenicara filamentosa LADIGES, 1958"; Mitt. hamb. zool. Mus. Inst., vol. 75, pp. 267–278, 1978.
*Crenicara punctulata.* Zusätzlich zu den gemachten Angaben soll hier auf einen interessanten Artikel hingewiesen werden; OHM, D.: „Ein Buntbarsch wechselt sein Geschlecht . . .", DCG-Info, 11, (9), S. 161–170, 1980 oder (mit ähnlichem Inhalt): Aquarien Magazin, 14, (11), S. 631–634, 1980.

**Gattung *Crenicichla*** HECKEL, 1840 Seite 128
*Crenicichla dorsocellata.* Entgegen den zuerst gemachten Angaben ist die Verbreitung der Art auf die Gewässer um den Rio Paraíba beschränkt, einem nicht zu langen Fluß, der nördlich von Rio de Janeiro in den Südatlantik fließt.
Viele, wenn nicht alle, *Crenicichla-* und *Batrachops-*Junge haben einen oder mehrere Augenflecke in der Rückenflosse. Aus diesem Grunde werden wahrscheinlich die Jungfische manch anderer Art als *C. dorsocellata* angesprochen. Bei einer noch nicht genau bestimmten Art aus dem Bereich des Orinoco, die im Wuchs relativ klein bleibt, findet man den Fleck auch bei erwachsenen Tieren, weshalb meist auch diese Spezies aquaristisch als *C. dorsocellata* bezeichnet wird.
*Crenicichla lepidota.* KULLANDER (schriftliche Mitteilung) ist der Meinung, daß die meisten der aquaristisch unter diesem Namen gehaltenen Tiere der Art *C. saxatilis* angehören. *C. lepidota* ist dagegen ein ziemlich großer Fisch mit verhältnismäßig großen Schuppen. Seine Bauchlinie reicht tief hinab. Eine gewisse Ähnlichkeit beider Arten läßt diese Verwechslungen aufkommen.
Inzwischen hat KULLANDER („Cichlid fishes from the La Plata basin. Part III. The *Crenicichla lepidota* species group." Revue suisse Zool., 89, 3, pp. 627–661, 1982) mit *C. britskii* eine neue Art aus dem Rio Tieté-System im Staat Sao Paulo beschrieben. Die Musterung der präparierten Tiere erinnert stark an *C. lepidota* – oder was wir bisher dafür hielten.

**Gattungen *Geophagus*** HECKEL, 1840, und
***Gymnogeophagus*** Miranda RIBEIRO, 1918 Seite 134
*Geophagus hondae.* In seiner Revision von 1975 stellte GOSSE diese Exemplare mit *G. hondae* vor und setzte *G. steindachneri* ins Synonym. Diese Auffassung mußte revidiert werden (Buntbarsche Bulletin 83, April 1981, pp. 12–17); die Arbeit wurde von GOSSE & KULLANDER vorgenommen. Darin heißt es: *„G. steindachneri* EIGENMANN & HILDEBRANDT **in** EIGENMANN, 1909, ist ein *nomen nudum*" (= ‚nackter Name', ohne weitere Beschreibung, nach den Nomenklaturregeln ungültig). *„G. steindachneri* EIGENMANN & HILDEBRANDT **in** EIGENMANN, 1910, ist ein gültiger Name für diese Spezies." Somit hat auch hier die ältere Beschreibung Priorität. *„G. hondae* REGAN und *G. magdalenae* BRIND sind Synonyme."
*Gymnogeophagus gymnogenys.* In der Fußnote muß es lauten *G. brasiliensis* anstelle von *C. surinamensis.*

**Gattung *Herotilapia*** PELLEGRIN, 1903 Seite 144
Keine Ergänzungen oder Änderungen bekannt.

**Gattung *Mesonauta*** GUENTHER, 1862
Dieser beim Erstdruck des Bandes nicht publizierte Gattungsname wird nach Auffassung verschiedener Wissenschaftler heute wieder für den Gattungstyp *M. festivus* (HECKEL, 1840) verwendet. Die Gattung *Mesonauta* ist vom Autor speziell für diese Art geschaffen worden. GUENTHER bestimmte zwar *M. insignis* zum Gattungstyp, doch gilt diese Art heute als Synonym von *M. festivus,* der aquaristisch als *Cichlasoma festivum* bekannt ist.

**Gattung *„Microgeophagus*** H. AXELROD, 1971"
In einer kurzen Schilderung versuchen die Autoren C. R. ROBINS und R. M. BAILEY (Copeia, [1], pp. 208–210, 1982) den in verschiedenen Publikationen der vergangenen Jahrzehnte veröffentlichten Gattungsnamen *„Microgeophagus"* wieder einzusetzen. Die meisten der erwähnten Arbeiten genügen bereits bei oberflächlicher Betrachtung nicht den Erfordernissen der Internationalen Nomenklaturregeln (vergleiche auch MAYLAND, H. J.: „Große Aquarienpraxis" Band II, S. 32–37), nach denen es nicht genügt, nur einen Namen zu präsentieren bzw. vorzuschlagen. Nach Ansicht der Autoren ist der Gattungsname *Microgeophagus* H. AXELROD, 1971, gültig; als Gattungstyp würde in diesem Fall *M. ramirezi* gelten, der jedoch von KULLANDER (1977) ebenfalls als Gattungstyp für die von ihm geschaffene Gattung *Papiliochromis* (vergleiche diese, Seite 148). Mir liegt Axelrods Arbeit nicht vor, so daß ich an dieser Stelle keinen weiteren Kommentar dazu geben kann. Man wird abwarten müssen, ob sich andere Wissenschaftler der Meinung der beiden erstgenannten Autoren anschließen.

**Gattung *Nannacara*** REGAN, 1905 Seite 146
Diese Gattung bedarf einer Revision! Es kann als sicher gelten, daß man Fische dieser Gattung nicht außerhalb des nordöstlichen Teils von Südamerika gefunden hat.

**Gattung *Neetroplus*** GUENTHER, 1869 Seite 147
Keine Ergänzungen oder Änderungen bekannt.

**Gattung *Papiliochromis*** KULLANDER, 1977 Seite 148
*Papiliochromis ramirezi.* Korrektur: M. V. RAMIREZ war ein venezuelanischer Fischzüchter oder Exporteur, der, zusammen mit dem US-amerikanischen Importeur Hermann Blass Venezuela bereiste und bei dieser Gelegenheit Exemplare dieser Spezies entdeckte.
*Papiliochromis altispinosa* (HASEMAN, 1911). Mit der Arbeit über eine bolivianische Form des Schmetterlingsbuntbarsches (KULLANDER, S. O.: „The Bolivian Ram: a zoogeographical problem and its taxonomic solution"; DCG-Info, 12, [4], S. 61–79, 1981) publizierte der Autor das Ergebnis seiner Untersuchungen an der von HASEMAN 1911 beschrie-

benen *Crenicara altispinosa* aus dem Rio Marmoré, unterhalb der Mündung in den Rio Guaporé bzw. Exemplaren aus einem See nahe der Stadt San Joaquin. KULLANDER verglich dieses Material mit den aus neuerer Zeit vorliegenden Schmetterlingsbuntbarsch-Präparaten aus Bolivien und wurde schließlich veranlaßt, diese Art aus der Gattung *Crenicara* nach *Papiliochromis* zu überführen.
Unberücksichtigt bei den hier gemachten Ausführungen zur Gattung *Papiliochromis* blieben die Angaben, die für *Microgeophagus* gegeben wurden.

**Gattung *Petenia*** GUENTHER, 1862 Seite 150
Keine Ergänzungen oder Änderungen bekannt.

**Gattung *Pterophyllum*** HECKEL, 1840 Seite 151
Keine Ergänzungen oder Änderungen bekannt.

**Gattung *Symphysodon*** HECKEL, 1840 Seite 155
Korrektur: Gattungsname ist *maculinum,* also männlichen Geschlechts, eine Tatsache, welche von HECKEL bei seiner Erstbeschreibung (*S. discus*) mit der Endung „-us" beim Artnamen berücksichtigt wurde. Im Jahre 1903 beschrieb PELLEGRIN *S. discus* var. *aequifasciata* und schuf somit eine falsche Endung, nämlich das „-a" für das vorauszugehende weibliche Geschlecht des Gattungsnamens. EIGENMANN erhob den von PELLEGRIN vorgeschlagenen Namen für die Variation in den Rang einer Unterart (1910) und korrigierte ihn gleichzeitig in *Symphysodon discus aequifasciatus.* Unglücklicherweise muß sich SCHULTZ in seiner Revision auf den von PELLEGRIN verwendeten Namen mit der falschen Endung gestützt haben und schrieb neuerlich den nun in den Rang einer selbständigen Art erhobenen Namen mit der falschen Endung „-a", wie sie auch in dem vorliegenden Band übernommen wurde. Es muß korrekterweise lauten *Symphysodon aequifasciatus* usw. (vergleiche auch MAYLAND, H. J.: „Diskusfische, Könige Amazoniens", Landbuch-Verlag, Hannover, 1981).
*Symphysodon discus willischwartzi* BURGESS, 1981. Bei dieser Art handelt es sich um die Beschreibung einer Unterart aus einem Gebiet südlich des Rio Amazonas. Alle seither gefundenen Diskusfische von *S. discus* stammen aus Gewässern, die von Norden her in den Rio Amazonas fließen (vergleiche MAYLAND, H. J.: „Diskusfische, Könige Amazoniens", Landbuch-Verlag, Hannover, 1981, mit zwei Farbbildern zu dieser Neubeschreibung).

**Gattung *Taeniacara*** MYERS, 1935 Seite 159
Keine Ergänzungen oder Änderungen bekannt.

**Gattung *Uaru*** HECKEL, 1840 Seite 160
Keine Ergänzungen oder Änderungen bekannt.

## Afrikanische Arten

**Gattung *Allochromis*** GREENWOOD, 1980
In diese neu geschaffene Gattung wurde *A. welcommei* (früher *Haplochromis w.*; vergleiche Seite 209) als Gattungstyp eingesetzt. Die Gattung blieb bisher monotypisch.

**Gattung *Aristochromis*** TREWAVAS, 1935 Seite 161
Von den Endemiten aus dem Malawi-See waren bisher keine Farbfotos bekannt. Jetzt konnte der Räuber in Prachtfärbung als Titelfoto zu MAYLAND, H. J.: „Buntbarsche des Malawi-Sees", Philler Verlag, Minden, LB 86, abgebildet werden.

**Gattung *Astatoreochromis*** PELLEGRIN, 1903 Seite 162
In die Gattung wurde inzwischen auch *A. vanderhorsti* (GREENWOOD, 1954) übernommen. Die Art wird in diesem Buch noch als *Haplochromis v.* (Seite 207) geführt.

**Gattung *Astatotilapia*** PELLEGRIN, 1903 Seite 162
Gattungstyp *A. desfontainesi**. Weitere, zu dieser Gattung gestellte Arten sind *A. calliptera* (GUENTHER, 1893); *A. aeneocolor* GREENWOOD, 1973); *A. bararae* (GREENWOOD, 1967)*; *A. bloyeti* (SAUVAGE, 1883); *A. brownae* (GREENWOOD, 1962)*; *A. burtoni* (GUENTHER, 1893)*; *A. calliptera* (GUENTHER, 1893); *A. cinerea* (BOULENGER, 1906); *A. dolorosa* (TREWAVAS, 1933); *A. eduardi* (REGAN, 1921); *A. elegans* (TREWAVAS, 1933); *A. engyostoma* (TREWAVAS, 1933); *A. lacrimosa* (BOULENGER, 1906); *A. latifasciata* (REGAN, 1929); *A. macrops* (BOULENGER, 1911); *A. macropsoides* (GREENWOOD, 1973); *A. martini* (BOULENGER, 1906); *A. megalops* (GREENWOOD & GEE, 1969); *A. melanopus* (REGAN, 1922); *A. nubila* (BOULENGER, 1906); *A. oregosoma* (GREENWOOD, 1973); *A. pallida* (BOULENGER, 1911); *A. piceata* (GREENWOOD & GEE, 1969); *A. schubotziella* (GREENWOOD, 1973); *A. stappersi* (POLL, 1943)***; *A. strigigena* (PFEFFER, 1893)**; *A. velifer* (TREWAVAS, 1933). Die hier mit einem * bezeichneten Arten sind im Buchtext unter ihrem früheren Gattungsnamen *Haplochromis,* die mit zwei * bezeichneten unter *Astatotilapia* und die mit drei * bezeichneten unter dem früheren Gattungsnamen *Serranochromis* geführt worden.

**Gattung *Aulonocara*** REGAN, 1921 Seite 163
Ergänzungen bzw. Änderungen zu erwarten, jedoch bisher noch nicht veröffentlicht.

**Gattung *Aulonocranus*** REGAN, 1920 Seite 164
Keine Ergänzungen oder Änderungen bekannt.

**Gattung *Bathybates*** BOULENGER, 1898 Seite 164
Keine Ergänzungen oder Änderungen bekannt.

**Gattung *Boulengerochromis*** PELLEGRIN, 1904 Seite 165
Keine Ergänzungen oder Änderungen bekannt.

**Gattung *Callochromis*** REGAN, 1920 Seite 166
Keine Ergänzungen oder Änderungen bekannt.

**Gattung *Cardiopharynx*** POLL, 1946
Typ dieser seither monotypisch gebliebenen Gattung ist *C. schoutedeni* POLL, 1946, ein bis zu 16 cm lang werdender Maulbrüter, der endemisch im Tanganjika-See bis in Tiefen um 15 m lebt.

**Gattung *Chalinochromis*** POLL, 1974 Seite 167
Die Gattung blieb bisher monotypsch (*C. brichardi*). Obgleich einige Autoren in Aquarienzeitschriften die Formen „*C. bifrenatus*" und „*C. ndobhoi*" ohne Anführungszeichen und somit wie gültige Arten benannten (vergleiche Fotos Seite 350), haben diese Benennungen natürlich keine Gültigkeit und müssen als *nomen nudum* bewertet werden.

**Gattung *Chilotilapia*** BOULENGER, 1908 Seite 168
Keine Ergänzungen oder Änderungen bekannt.

**Gattung *Chromidotilapia*** BOULENGER, 1898 Seite 169
Zwischen dem Erscheinen des Bandes III und der Drucklegung dieses Anhanges erschienen zwei Neubeschreibungen: *C. bosumtwensis* PAULO, 1979 und *C. linkei* STAECK, 1980. Beide Arten sind aquaristisch seither nicht in Erscheinung getreten.

**Gattung *Corematodus*** BOULENGER, 1896 Seite 172
Keine Ergänzungen oder Änderungen bekannt.

**Gattung *Ctenochromis*** PFEFFER, 1893
Eine Gattung, an deren Existenz sich auch jetzt Aquarianer erinnern müssen. Neben dem, vom Autor bestimmten Gattungstyp *C. pectoralis* PFEFFER, 1893, werden heute die früher zu *Haplochromis* gestellten Arten *C. horii* (Seite 193); *C. luluae* (FOWLER, 1931); *C. oligacanthus* (REGAN, 1922) und *C. polli* (Seite 203) *Ctenochromis* zugeordnet.

**Gattung *Cunningtonia*** BOULENGER, 1906 Seite 173
Keine Ergänzungen oder Änderungen bekannt.

**Gattung *Cyathochromis*** TREWAVAS, 1935 Seite 173
Keine Ergänzungen oder Änderungen bekannt.

**Gattung *Cyathopharynx*** REGAN, 1920 Seite 174
Keine Ergänzungen oder Änderungen bekannt.

**Gattung *Cynotilapia*** REGAN, 1921 Seite 175
Keine Ergänzungen oder Änderungen bekannt.

**Gattung *Cyphotilapia*** REGAN, 1920 Seite 176
Keine Ergänzungen oder Änderungen bekannt.

**Gattung *Cyprichromis*** SCHEUERMANN, 1977 Seite 176
Zum Ablaichvorgang, wie auf Seite 179 für *C. nigripinnis* beschrieben, müssen die damaligen Beobachtungen heute korrigiert werden: Das Weibchen legt die Eier nicht (!) auf ein hartes Substrat, sondern preßt Ei für Ei aus, dreht sich jedoch nach jedem Ausstoß blitzschnell um und nimmt das Ei mit dem Maul auf. Die Befruchtung erfolgt dann durch das Männchen im Maul des Weibchens, nachdem die Partnerin alle Eier gesammelt hat. Man kann die Entwicklung der Larven durch die dünne Haut des Kehlsacks gut beobachten. Nach rund drei Wochen werden die Jungfische aus dem Maul der Mutter entlassen. Die Kleinen, die sich nun meist nahe der Oberfläche aufhalten, sind bereits völlig selbständig und werden von der Mutter nicht mehr beachtet. Vorsicht vor Räubern anderer Arten im Aquarium! *C. brieni* POLL, 1981 ist eine in neuerer Zeit beschriebene weitere Art.

**Gattung *Cyrtocara*** BOULENGER, 1902
Mit der Revision der Gattung *Haplochromis* in verschiedenen Arbeiten hat GREENWOOD die meisten dieser Arten einer Reihe von neu geschaffenen Gattungen zugeführt. Heute gehören noch fünf Arten der einstmals so artenreichen Gattung *Haplochromis* an. Lediglich die zur Gattung *Haplochromis* gestellten Cichlidenarten aus dem Malawi-See, fast alle Endemiten, wurden noch keiner Revision unterzogen, bzw. es ist davon bisher nichts veröffentlicht worden. Nach GREENWOOD, 1981, „The Haplochromine Fishes of the East African Lakes" (Kraus International Publications, München) gilt für die früheren Haplochromis-Vertreter aus dem Malawi-See vorerst der Gattungsname *Cyrtocara,* wie es die Internationalen Nomenklaturregeln für diesen Fall vorsehen. Dieser Name ist der älteste verfügbare und erhält somit Priorität. Dies gilt solange, bis im Rahmen einer Voll- oder Teilrevision die Arten dieser oder neu zu schaffenden Gattungen zugewiesen werden. Da das Geschlecht des Gattungsnamens *Cyrtocara,* im Gegensatz zu *Haplochromis* (dieses ist männlich) weiblich ist, kann sich gegebenenfalls auch die Endung des Artnamens von bisher „-us" auf „-a" ändern. Dies gilt aber, wohlbemerkt, nicht für alle Artnamen! In der Checkliste meines Buches „Der Malawi-See und seine Fische", Landbuch-Verlag, Hannover, 1982, wird auf die jeweils genaue Endung hingewiesen. Zum Gattungstyp bestimmte BOULENGER den in der Aquaristik hinreichend bekannten „Blauen Delphin", *Cyrtocara moorii,* der auf Seite 199 beschrieben ist.
Im Jahre 1982 wurde eine neue Art zu dieser Gattung gestellt: *Cyrtocara liemi* MCKAYE & MACKENZIE („A previously undescribed Paedophagous cichlid fish from Lake Malawi, Africa". Proc. Biol. Soc. Wash., 95, [2], pp. 398–402, 1982). Die neue Art lebt endemisch im Malawi-See und ist vermutlich am engsten mit *C. orthognathus* (TREWAVAS, 1935) verwandt. Die gefangenen Tiere maßen zwischen 6 und 19 cm Länge. Fundorte waren u. a. auf Tumbi West sowie im Bereich der Chikale Beach und der Nkhata Bay. Nach Angaben der Autoren kommt die Art nicht sehr häufig vor. Die als „paedophage" (= soviel wie „Kinderfresser") beschriebene neue Art, von der den Autoren nur präparierte Tiere vorlagen (weshalb keine Angaben über die Lebendfärbung vorliegen), scheint sich im Malawi-See vorwiegend von Eiern, Embryonen und Jungfischen anderer maulbrütenden Arten zu ernähren, wie die Magenuntersuchungen ergaben. Dieser Beuteerwerb ist auch das Thema einer weiteren Arbeit, die zur Zeit von den Autoren MCKAYE & KOCHER vorbereitet wird. Aus einer Tiefe von 0,5–2 m sollen die Tiere tragende Maulbrüter-Weibchen angreifen und ihnen in die Kehlregion stoßen: Die daraufhin meist ausgestoßenen Nachkommen würden so eine Beute der neuen Art.

**Gattung *Diplaxodon*** TREWAVAS, 1935 Seite 179
Keine Ergänzungen oder Änderungen bekannt.

**Gattung *Docimodus*** BOULENGER, 1896
Die aquaristisch unbedeutenden Vertreter dieser Gattung, die im Jahre 1976 von ECCLES & LEWIS revidiert wurde, sollen hier nur kurz angesprochen werden. Bei den zu dieser Gattung gestellten Arten handelt es sich um Tiere mit verhältnismäßig großem Kopf, dicken Lippen und einem besonders kräftig ausgebildetem Gebiß. Zum Gattungstyp wurde *D. johnstonii* BOULENGER, 1896 bestimmt. ECCLES & LEWIS beschrieben in ihrer Revision eine neue Art: *D. evelynae.*

**Gattung *Ectodus*** BOULENGER, 1898
Eine bisher monotypisch gebliebene Gattung, deren Vertreter *E. descampsii* BOULENGER, 1898 aquaristisch keine Rolle spielt. Die Endemiten aus dem Tanganjika-See werden etwa 10 cm lang und sind als Maulbrüter auch in ihrem natürlichen Biotop mit 20–25 Eiern nicht sonderlich produktiv. Die Tiere bewohnen flache, ufernahe Zonen mit groberem Sandboden.

**Gattung *Enterochromis*** GREENWOOD, 1980
Eine relativ neue Gattung, deren Vertreter, auch wenn sie früher zu anderen Gattungen gestellt waren, aquaristisch keine Rolle spielen. Das Vorkommen der Arten beschränkt sich auf die Gewässer von Viktoria-, Eduard- und Georg-See in Ostafrika. Bei vielen Exemplaren fand der Autor einen überlangen Darm, weshalb er aus diesem Begriff (*enteron* [griech.] = Darm, Eingeweide) den Gattungsnamen formulierte. Zum Typ wurde *E. erythrocephalus* (GREENWOOD & GEE, 1969) bestimmt; die Art war ursprünglich von den Autoren noch als *Haplochromis* beschrieben worden. Weitere Arten sind *E. nigripinnis* (REGAN, 1921), *E. cinctus* (GREENWOOD & GEE, 1969) und *E. paropius* (GREENWOOD & GEE, 1969).

**Gattung *Eretmodus*** BOULENGER, 1898 Seite 180
Keine Ergänzungen oder Änderungen bekannt.

**Gattung *Gaurochromis*** GREENWOOD, 1980
Eine weitere aus dem Kreis der von GREENWOOD neu geschaffenen Gattungen, zu deren Typ *G. empodisma* (GREENWOOD, 1960) bestimmt wurde. Die Art stammt aus dem Viktoria-See. Weitere der aquaristisch bisher nicht in Erscheinung getretenen Arten der neuen Gattung sind *G. angustifrons* (BOULENGER, 1914) aus dem Eduard- und Georg-See, *G. simpsoni* (GREENWOOD, 1965) aus dem Lake Nabugabo. *G. obtusidens* (TREWAVAS, 1928) gehört als einzige Art in die neu geschaffene Untergattung *Mylacochromis;* sie kommt im Viktoria-See vor.

**Gattung *Genyochromis*** TREWAVAS, 1935 Seite 181
Keine Ergänzungen oder Änderungen bekannt.

**Gattung *Gephyrochromis*** BOULENGER, 1901 Seite 182
Keine Ergänzungen oder Änderungen bekannt.

**Gattung *Gnathochromis*** POLL, 1981
Eine neu eingeführte Gattung, in welcher der früher zu *Limnochromis* gestellte *G. permaxilliaris* (DAVID, 1936) Gattungstyp und seither einzige Art ist. Bitte vergleichen Sie Gattung *Limnochromis* und den dort angeführten Vertreter auf Seite 248. Eine Art, die in den letzten Jahren in keiner Gattung eine rechte Heimat finden wollte und durch die Gattungen *Paratilapia, Limnochromis* und *Haplochromis* „wanderte", wurde nun von POLL zu dieser Gattung gestellt. Es ist *Gnathochromis pfefferi* (BOULENGER, 1898), in diesem Band auf Seite 203 beschrieben.

**Gattung *Grammatoria*** BOULENGER, 1899
Monotypische Gattung, deren einziger Vertreter, *G. lemairii* (BOULENGER, 1899) ein rund 26 cm lang werdender Freiwasserbewohner ist, der als Maulbrüter in Tiefen zwischen 5 und 30 m angetroffen wird. Der Vertilger unterschiedlich gearteter Nahrung (Fische, Insekten sowie ihre Larven usw.) ist bisher aquaristisch nicht in Erscheinung getreten.

**Gattung *Haplochromis*** HILGENDORF, 1888 Seite 183
Diese einstmals so reiche Gattung von sicherlich über 100 Arten ist, bedingt durch Umstellungen in andere oder neu geschaffene Gattungen wie auch durch Herausnahme der Malawi-See-Arten, auf sage und schreibe 5 Arten zusammengeschrumpft. Es versteht sich, daß der von HILGENDORF eingesetzte Gattungstyp *H. obliquidens* (Seite 201) als solcher bestehenbleibt. Die übrigen 4 Arten sind *H. lividus* (Seite 197); *H. annectidens* TREWAVAS, 1933, aus dem Lake Nabugabo; *H. astatodon* REGAN, 1921, aus dem Kivu-See und *H. limax* TREWAVAS, 1933,

aus Eduard- und Georg-See. Für Leser, die nach dem „Verbleib" bisher zur Gattung *Haplochromis* gestellter Arten forschen möchten, sei die folgende Liste (nach GREENWOOD) beigegeben:

| Früherer Artname in *Haplochromis* | Jetzt gültige Gattungsplazierung |
|---|---|
| *Haplochromis acidens* | *Psammochromis* |
| – *acuticeps* | *„Haplochromis"* |
| – *adolphifrederici* | *?Labrochromis* |
| – *aelocephalus* | *Psammochromis* |
| – *aeneocolor* | *Astatotilapia* |
| – *albertianus* | *Thoracochromis* |
| – *albolabris* | *„Haplochromis"* |
| – *altigenis* | *Harpagochromis* |
| – *angolensis* | *„Haplochromis"* |
| – *angustifrons* | *Gaurochromis* |
| – *annectidens* | *Haplochromis* |
| – *apogonoides* | *Incertae sedis* |
| – *arcanus* | *Prognathochromis* |
| – *argenteus* | *Prognathochromis* |
| – *artaxerxes* | *Harpagochromis* |
| – *astatodon* | *Haplochromis* |
| – *avium* | *Thoracochromis* |
| – *bakongo* | *Thoracochromis* |
| – *barbarae* | *Astatotilapia* |
| – *bartoni* | *Prognathochromis* |
| – *bayoni* | *Prognathochromis* |
| – *beadlei* | *Paralabidochromis* |
| – *bloyeti* | *Astatotilapia* |
| – *boops* | *Harpagochromis* |
| – *brownae* | *Astatotilapia* |
| – *burtoni* | *Astatotilapia* |
| – *buysi* | *„Haplochromis"* |
| – *callipterus* | *Astatotilapia* |
| – *carlottae* | *Serranochromis (Sargochromis)* |
| – *cassius* | *Psammochromis* |
| – *cavifrons* | *Harpagochromis* |
| – *chilotes* | *Paralabidochromis* |
| – *chlorochrous* | *Prognathochromis* |
| – *chromogynos* | *Paralabidochromis* |
| – *cinctus* | *Enterochromis* |
| – *cinereus* | *Astalotilapia* |
| – *codringtoni* | *Serranochromis (Sargochromis)* |
| – *coulteri* | *Serranochromis (Sargochromis)* |
| – *crassilabris* | *Paralabidochromis* |
| – *crocopeplus* | *Prognathochromis* |
| – *cronus* | *Incertae sedis* |
| – *cryptodon* | *Lipochromis* |
| – *cryptogramma* | *Prognathochromis* |
| – *darlingi* | *Pharyngochromis* |
| – *decticostoma* | *Prognathochromis* |
| – *demeusii* | *Thoracochromis* |
| – *dentex* | *Prognathochromis* |
| – *desfontainesii* | *Astatotilapia* |
| – *dichrourus* | *Prognathochromis* |
| – *diplotaenia* | *?Harpagochromis* |
| – *dolichorhynchus* | *Prognathochromis* |
| – *dolorosus* | *Astatotilapia* |
| – *eduardi* | *Astatotilapia* |
| – *eduardiana* | *Schubotzia* |
| – *elegans* | *Astatotilapia* |
| – *empodisma* | *Gaurochromis* |
| – *engyostoma* | *Astatotilapia* |
| – *erythrocephalus* | *Enterochromis* |
| – *estor* | *Prognathochromis* |
| – *eutaenia* | *Prognathochromis* |
| – *fasciatus* | *Thoracochromis* |

| Früherer Artname in *Haplochromis* | Jetzt gültige Gattungsplazierung |
|---|---|
| – *flavijosephii* | *Astatotilapia* |
| – *flavipinnis* | *Prognathochromis* |
| – *fuscus* | *Neochromis* |
| – *fusiformis* | *Yssichromis* |
| – *giardi* | *Serranochromis (Sargochromis)* |
| – *gilberti* | *Prognathochromis* |
| – *gowersi* | *Prognathochromis* |
| – *granti* | *Ptyochromis* |
| – *graueri* | *Psammochromis* |
| – *greenwoodi* | *Serranochromis (Sargochromis)* |
| – *horii* | *Ctenochromis* |
| – *humilior* | *Labrochromis* |
| – *humilis* | *„Haplochromis"* |
| – *ishmaeli* | *Labrochromis* |
| – *labiatus* | *Paralabidochromis* |
| – *lacrimosus* | *Astatotilapia* |
| – *laparogramma* | *Yssichromis* |
| – *latifasciatus* | *Astatotilapia* |
| – *limax* | *Haplochromis* |
| – *lividus* | *Haplochromis* |
| – *loati* | *Thoracochromis* |
| – *longirostris* | *Prognathochromis* |
| – *luluae* | *Ctenochromis* |
| – *macconneli* | *Thoracochromis* |
| – *machadoi* | *Orthochromis* |
| – *macrognathus* | *Prognathochromis* |
| – *macrops* | *Astatotilapia* |
| – *macropsoides* | *Astatotilapia* |
| – *maculipinna* | *Harpagochromis* |
| – *mahagiensis* | *Thoracochromis* |
| – *mandibularis* | *Prognathochromis* |
| – *martini* | *Astatotilapia* |
| – *maxillaris* | *Lipochromis* |
| – *megalops* | *Astatotilapia* |
| – *melanopterus* | *Lipochromis* |
| – *melanopus* | *Astatotilapia* |
| – *melichrous* | *Prognathochromis* |
| – *mellandi* | *Serranochromis (Sargochromis)* |
| – *mentatus* | *Harpagochromis* (siehe *H. squamipinnis*) |
| – *mento* | *Prognathochromis* |
| – *michaeli* | *Harpogochromis* |
| – *microdon* | *Lipochromis* |
| – *moeruensis* | *Thoracochromis* |
| – *mortimeri* | *Serranochromis (Sargochromis)* |
| – *multiocellatus* | *„Haplochromis"* |
| – *mylergates* | *Labrochromis* |
| – *mylodon* | *Labrochromis* |
| – *nanoserranus* | *Prognathochromis* |
| – *nigricans* | *Neochromis* |
| – *nigripinnis* | *Enterochromis* |
| – *niloticus* | *Xystichromis* (siehe *H. bayoni*) |
| – *nubilus* | *Astatotilapia* |
| – *nuchisquamulatus* | *Xystichromis* |
| – *nyanzae* | *Harpagochromis* |
| – *obesus* | *Lipochromis* |
| – *obliquidens* | *Haplochromis* |
| – *obtusidens* | *Gaurochromis* |
| – *oligacanthus* | *Ctenochromis* |
| – *oregosoma* | *Astatotilapia* |
| – *orthostoma* | *Pyxichromis* |
| – *pachycephalus* | *Harpagochromis* |
| – *pallidus* | *Astatotilapia* |
| – *pappenheimi* | *Yssichromis* |

| Früherer Artname in *Haplochromis* | Jetzt gültige Gattungsplazierung |
|---|---|
| – *paraguiarti* | *Prognathochromis* |
| – *paraplagiostoma* | *?Harpagochromis* |
| – *paropius* | *Enterochromis* |
| – *parorthostoma* | *Pyxichromis* |
| – *parvidens* | *Lipochromis* |
| – *paucidens* | *Paralabidochromis* |
| – *pectoralis* | *Ctenochromis* |
| – *pectoralis* | *Harpagochromis* |
| – *pellegrini* | *Prognathochromis* |
| – *percoides* | *Prognathochromis* |
| – *petronius* | *Thoracochromis* |
| – *pharyngalis* | *Thoracochromis* |
| – *pharyngomylus* | *Labrochromis* |
| – *phytophagus* | *Xystichromis* |
| – *piceatus* | *Astatotilapia* |
| – *placodus* | *Labrochromis* |
| – *plagiodon* | *Paralabidochromis* |
| – *plagiostoma* | *Harpagochromis* |
| – *plutonius* | *Prognathochromis* |
| – *polli* | *Ctenochromis* |
| – *polyacanthus* | *Orthochromis* |
| – *prodromus* | *Ptyochromis* (siehe *P. annectens*) |
| – *prognathus* | *Prognathochromis* |
| – *pseudopellegrini* | *Prognathochromis* |
| – *ptistes* | *Labrochromis* |
| – *riponianus* | *Psammochromis* |
| – *rudolfianus* | *Thoracochromis* |
| – *sauvagei* | *Ptyochromis* |
| – *saxicola* | *Psammochromis* |
| – *schoutedeni* | *Incertae sedis* |
| – *schubotzi* | *Psammochromis* |
| – *schubotziellus* | *Astatotilapia* |
| – *serranus* | *Harpagochromis* |
| – *serridens* | *Neochromis* |
| – *simpsoni* | *Gaurochromis* |
| – *spekii* | *Harpagochromis* |
| – *squamipinnis* | *Harpagochromis* |
| – *squannulatus* | *Harpagochromis* (siehe *Har. pectoralis*) |
| – *stappersi* | *Astatotilapia* |
| – *straeleni* | *Astatoreochromis* |
| – *sulphureus* | *Prognathochromis* |
| – *swynnertoni* | *Astatotilapia* |
| – *taurinus* | *Lipochromis* |
| – *teegelaari* | *Labrochromis* |
| – *theliodon* | *Incertae sedis* |
| – *thuragnathus* | *Harpagochromis* |
| – *thysi* | *Serranochromis (Sargochromis)* |
| – *tridens* | *Prognathochromis* |
| – *turkanae* | *Thoracochromis* |
| – *tyrianthinus* | *Prognathochromis* |
| – *vanderhorsti* | *Astatoreochromis* |
| – *velifer* | *Astatotilapia* |
| – *venator* | *Prognathochromis* |
| – *vicarius* | *Astatotilapia* (siehe *A. eduardi*) |
| – *victorianus* | *Harpagochromis* |
| – *vittatus* | *Prognathochromis* |
| – *welcommei* | *Allochromis* |
| – *welwitschii* | *„Haplochromis"* |
| – *wingatii* | *Thoracochromis* |
| – *wittei* | *Incertae sedis* |
| – *worthingtoni* | *?Harpagochromis* |
| – *xenognathus* | *Ptyochromis* |
| – *xenostoma* | *Prognathochromis* |

Achtung: Die früher zur Gattung *Hapolchromis* gestellten Arten aus dem Malawi-See sind in dieser Aufzählung nicht enthalten. Siehe unter Gattungsbesprechung *Haplochromis* und *Cyrtocara*. Steht in der zweiten Spalte der Gattungsnahme in Anführungszeichen, so ist die endgültige Plazierung noch nicht entschieden. Ähnliches gilt für Arten in Gattungen mit Fragezeichen.

**Gattung *Haplotaxodon*** BOULENGER, 1906
Eine weniger bekannte Gattung mit zwei endemischen Arten aus dem Tanganjika-See. Gattungstyp ist *H. microlepis* BOULENGER, 1906. Im Jahre 1948 beschrieb POLL *H. tricoti*. Die Vertreter beider Arten werden zwischen 20 und 24 cm lang und leben in größeren Gruppen von 40–60 Tieren in Zonen des tieferen Felslitorals (10–20 m). Neben Ruderfußkrebsen gehören vor allem auch Heringsfische aus der Familie Clupeidae (Gattungen *Limnothrissa* und *Stolothrissa*) zu ihrer Nahrung. Da die Fische aquaristisch bisher nicht hervorgetreten sind und auch Freiwasser-Beobachtungen noch fehlen, weiß man über ihre Vermehrung nichts.

**Gattung *Harpagochromis*** GREENWOOD, 1980
Eine der neueren Gattungen aus der Haplochrominen-Gruppe. Der Autor leitete ihren Namen aus dem Griechischen (*harpage* = Räuber) ab. Zum Gattungstyp wurde *H. serranus* (PFEFFER, 1896) bestimmt, der ursprünglich von seinem Autor zur Gattung *Hemichromis* gestellt wurde. Er ist ein Bewohner des Viktoria-Sees. Alle Vertreter dieser räuberischen Gattung stammen aus demselben See, dem Viktoria-Nil oder (nur *H. squamipinnis* REGAN, 1921) aus dem Eduard- und angeschlossenen Georg-See. Ein gutes Dutzend wurde beschrieben; sie haben wegen ihrer Lebensweise aquaristisch bisher keine Bedeutung gehabt.

**Gattung *Hemibates*** REGAN, 1920
Eine weitere Gattung mit räuberischen Vertretern, diesmal jedoch aus dem Tanganjika-See. REGAN überstellte den von BOULENGER als *Paratilapia* beschriebenen *H. stenosoma* (BOULENGER, 1901) und machte ihn zum Gattungstyp. Der Freiwasserbewohner mit der bulligen Gestalt und den großen Augen wird bis etwa 30 cm lang. Er hält sich mit Vorliebe vor den Mündungen von Flüssen auf.

**Gattung *Hemichromis*** PETERS, 1857 Seite 213
In dieser Gattung hat es mit der Revision von LOISELLE, „A Revision of the Genus Hemichromis PETERS 1858" (Mus. r. Afr. [Tervuren], Sci, Zool. 228, 1979) eine Reihe von Änderungen und Neubeschreibungen gegeben.
Hemichromis *bimaculatus* (Seite 213): Der „Zweipunkt-Hemichromis", wie sein Artname zu übersetzen wäre, hat über den Flanken zwei schwarze Flecke, wie sie das Farbfoto auf Seite 213 zeigten. Eine derartige Musterung weisen allerdings auch die meisten übrigen Gattungsverwandten auf. Das auf dem erwähnten Farbfoto im Vordergrund stehende Männchen hat eine rote Färbung nur am unteren Kopf und über der Kehlpartie. Die bekannte, völlig rote Form wurde dagegen jetzt von LOISELLE als *H. lifalili* beschrieben. Ebenso stellte sich bei Untersuchungen heraus, daß es sich bei den von mir im Text erwähnten geographischen Rassen zum Teil um neu beschriebene Arten handelt. Gelegentlich wurden früher von den Aquarianern Kreuzungsversuche der verschiedenen (heute bekannten) Arten untereinander versucht. Bei *H. bimaculatum* ist die obere Körperhälfte (♂ + ♀) ockerbeige gefärbt, eine Tönung, die sich beim Männchen auch über Bauch und Schwanzstiel fortsetzt und sich über hintere Rücken- und Afterflossen wie über die gesamte Schwanzflosse ausdehnt. Kommen die Partner in Brutstimmung, wird die vorhandene Rotfärbung der jeweiligen Zonen intensiviert.
*Hemichromis cerasogaster* (BOULENGER, 1899) und *H. cristatus* LOISELLE, 1979 sind aquaristisch unbekannte Arten. Während die erstgenannte Art aus dem früheren Leopold II.-See (heute Maji ndombe-See) nordöstlich der Stanley-Fälle (heute Pool Malebo) stammt, liegt der Lebensraum der zweiten Art weit verstreut in küstennahen Bächen Westafrikas von Guinea über Ghana bis Westnigeria. Bei dieser Art erkennt man, wie bei den meisten übrigen der Gattung, einen schwarzen Fleck auf der Flankenmitte; hier ist er jedoch von einem kreisförmigen hellen Saum umgeben. Die hellblauen Tüpfelreihen über den Körperseiten, wie wir sie von *H. lifalili* kennen, sind bei dieser Art ebenfalls

vorhanden. Die Tiere zeigen nicht die intensive Rotfärbung wie *H. lifalili*. *Hemichromis elongatus* (Seite 214) und *H. fasciatus* (Seite 216) bestehen nach wie vor. Mit *H. frempongi* LOISELLE, 1979 wurde ein sehr naher Verwandter von *H. fasciatus* erstmals beschrieben. Diese Art stammt aus dem Busumtwi-See im Inneren von Ghana, aus dem auch die neu beschriebene *Chromidotilapia bosumtwensis* stammt. Der Autor beschreibt die Art mit roter Färbung im unteren Drittel des Körpers. Aquaristisch ist *H. frempongi* noch nicht bekanntgeworden.

*Hemichromis lifalili* LOISELLE, 1979 ist die Art, die als „Roter Cichlide" von vielen Aquarianern gepflegt wurde und noch wird, und die auch die Fotos in diesem Buch (Seite 213 unten, Seiten 214 und 215) zeigen. Der natürliche Lebensraum dieser Art liegt in einem Teil des Zaire-Flusses (Kongo), oberhalb der Stanley Pool (= Pool Malebo).
Zwei weitere Neubeschreibungen stellt LOISELLE in seiner Revision vor: *H. paynei* und *H. stellifer*. Beide haben die typische Körperform dieser Fischgruppe; die erstgenannte Art kommt an der Westseite Westafrikas (Guinea, Sierra Leone, Liberia) vor, die zweite in einem Gebiet, das von Gabun über Kongo (Brazzaville) bis nach Zaire reicht. Während die Färbung von *H. paynei* hauptsächlich olivgrüne Töne aufweist (nur das Männchen zeigt rote Spuren über der Kehle sowie einen ebensolchen Saum über der Rücken- und der oberen Schwanzflosse), hat *H. stellifer* mehr rote Farbanteile. Auch diese Art zeigt, ähnlich wie *H. bimaculatum*, eine ockerbeige Rückenpartie; der übrige Körper hat eine blasse rostbraune Tönung. Kommen die Paare in die Balzzeit, so färbt sich dieses Rostbraun in ein kräftiges Rot bei den Männchen, während weibliche Tiere eher eine tomatenfarbene Tönung zeigen. Tiere beiderlei Geschlechts tragen nur einen schwarzen Fleck auf den Kiemendeckeln. Auf der Flankenmitte ist dagegen keine derartige Markierung zu erkennen.
Im Rahmen dieser Revision wurden auch zwei Arten mit überarbeitet, deren Namen sicher den meisten Aquarianern völlig unbekannt sind. Hier handelt es sich um *H. guttatus* GUENTHER, 1862 und *H. letourneuxi* SAUVAGE, 1880. Die Verbreitung von *H. guttatus* erstreckt sich von der Elfenbeinküste über Ghana und Nigeria bis Kamerun. Die Tiere dieser Art werden 10–12 cm lang und sind rot gefärbt. Der Bauch bleibt heller. Neben dem schwarzen Kiemendeckelfleck tragen die Fische eine ebensolche Markierung oberhalb der Flankenmitte. Oft „läuft" dieser letztgenannte Fleck etwas nach oben und unten aus. *H. letourneuxi* hat von allen heute bekannten Hemichromis-Arten den größten Verbreitungsraum. Die Tiere sollen von Senegal über Guinea, Elfenbeinküste, Ghana, Togo, Tschad, Zentralafrikanische Republik bis nach Algerien, den Sudan und sogar Ägypten vorkommen. Als Aquarienfische konnten sie sich gegenüber ihren farbigeren Verwandten wohl nicht durchsetzen. Über dem Körper liegt eine beige Grundfärbung; die Schuppen von Kopf und Flanken zeigen einen blaßroten Strich am Hinterrand. Ein roter feiner Saum ziert den Oberrand der Rückenflosse und der Schwanzflosse. Der Körper ist von drei schwarzen Punkten überlagert.

**Gattung *Hemitilapia*** BOULENGER, 1902 Seite 217
Keine Ergänzungen oder Änderungen bekannt.

**Gattung *Hoplotilapia*** HILGENDORF, 1988 Seite 218
Keine Ergänzungen oder Änderungen bekannt.

**Gattung *Iodotropheus*** OLIVER & LOISELLE, 1972 Seite 219
Keine Ergänzungen oder Änderungen bekannt.

**Gattung *Julidochromis*** BOULENGER, 1898 Seite 219
Keine Ergänzungen oder Änderungen bekannt.

**Gattung *Labeotropheus*** AHL, 1927 Seite 223
Keine Ergänzungen oder Änderungen bekannt.

**Gattung *Labidochromis*** TREWAVAS, 1935 Seite 226
Im Jahre 1982 erschien eine Revision von LEWIS (Zool. Journ. Linn. Soc., London, vol. 75, No. 2, p. 189–265). Erwartungsgemäß überlebten einige der in diesem Band genannten Arten dieser Gattung nicht: *L. freyeri* OLIVER, 1973 ist als *nomen nudum* (= nackter Name) zurückzuweisen. Er wurde nie mit einer, den Internationalen Nomenklaturregeln entsprechenden Artbeschreibung verbunden, sondern fand nur einmal in einer Arbeit des Autors (OLIVER) Erwähnung. LEWIS erwähnte diese Fakten bereits in einer Arbeit von 1980 (Rev. Zool. afr., 94, [4], p. 962). In der eingangs erwähnten Revision erklärt LEWIS ebenfalls den JOHNSON zugeschriebenen Namen *L. margaretae* für nicht gültig. *L. freibergi* JOHNSON, 1974 bleibt den Aquarianern als gültige Art erhalten, ebenso wie *L. mathotho* BURGESS & AXELROD, 1976 und *L. textilis* OLIVER, 1975, wenn auch der Autor (LEWIS) seinen Unwillen über eine Reihe von Mängeln in diesen Beschreibungen zum Ausdruck bringt.
LEWIS beläßt es in seiner Revision jedoch nicht bei Korrekturen, sondern beschreibt zusätzlich eine beachtliche Zahl neuer, zu dieser Gattung gestellter Arten. Es sind:

*Labidochromis chisumulae* LEWIS, 1982
— *flavigulis* LEWIS, 1982
— *gigas* LEWIS, 1982
— *heterodon* LEWIS, 1982
— *ianthinus* LEWIS, 1982
— *lividus* LEWIS, 1982
— *maculicauda* LEWIS, 1982
— *mbenjii* LEWIS, 1982
— *mylodon* LEWIS, 1982
— *pallidus* LEWIS, 1982
— *shiranus* LEWIS, 1982
— *strigatus* LEWIS, 1982
— *zebroides* LEWIS, 1982.

Gleichzeitig stellt LEWIS einen Farbschlüssel zum Erkennen lebender Männchen dieser Gattung vor, den ich hier nicht vorenthalten möchte:

1. a) Überall weiß gefärbt . . . . . . . . . . . . . . . . . . . . . . . . 2
   b) Überall blau bis schwarz-blau gefärbt . . . . . . . . . . . . . . . 3
   c) Überall braun bis purpurfarben . . . . . . . . . . . . . . . . . . 4

2. a) Körper weiß, mit oder ohne blauen Schimmer; ein kräftiges schwarzes submarginales, jederzeit wahrnehmbares Längsband in der Rückenflosse (Männchen und Weibchen); keine vertikalen Streifen *L. caeruleus* FRYER
   b) Bei sexuell aktiven Männchen Körper weiß mit Spuren von 3–5 dunklen Querbinden in der vorderen Körperhälfte; kein submarginales Band; Färbung ändert sich effektvoll bei sexueller Erregung (siehe 3d) *L. chisumulae* LEWIS
   c) Körper und Flossen alle weiß, mit oder ohne blauviolettem Schimmer; dunkle Binde zwischen den Augen und dunkle submarginale Binde in der Afterflosse; keine Querbänder über den Flanken und keine submarginale Binde in der Rückenflosse *L. pallidus* LEWIS *L. mylodon* LEWIS

3. a) Überall hellblau ohne Querbinden oder nur mit sehr schwachen Querbinden über den Flanken und einer schwarzen Binde mit blaßblauem Saum zwischen den Augen. Dorsale blaßblau, zipfeliger Teil mit braunen Tüpfeln; eine groß werdende Art *L. gigas* LEWIS
   b) Überall hellblau mit auffälligen dunklen Vertikalbinden (sieben unterhalb der Rückenflosse), welche die Flanken voll überziehen; Schnauze blaugrau, scharf abgegrenzt vom Rest des hellblauen Kopfes; Rückenflosse blaßblau, mit oder ohne dunkler, submarginaler Binde; Zipfel hellblau *L. freibergi* JOHNSON
   c) Überall königsblau (royal blue) mit variablen auffälligen dunklen Vertikalbinden; Rückenflosse hellblau mit dunkler, submarginaler Binde; Zipfel weiß mit scharlachroten Kanten; Körperform schlank *L. strigatus* LEWIS
   d) Überall hellblau mit Abblassung bis Weiß in hinterer Körperhälfte und über der Brust; 8–9 senkrechte Binden über den Flanken; vordere Binden auffälliger, nach hinten schwächer werdend. Vordere Bänder zur Dorsalbinde breiter werdend bis ineinander übergehend, im unteren Flankenbereich verblassend. Stacheliger Teil der Rückenflosse schwarz mit weißen Spitzen *L. chisumulae* LEWIS
   e) Überall hellblau mit wenigen breiten schwarzen Querbinden, die über die ganzen Körperseiten laufen und sich in die Rückenflosse hineinziehen. Dorsale zwischen den Binden blaßblau, Zipfel weiß. Unterkiefer und Spitze des Oberkiefers weiß, in schönem Kontrast zum blauen Kopf *L. zebroides* LEWIS

f) Sexuell aktive Männchen blauschwarz mit 7–8 feinen, blaßblauen Querbinden, unterhalb der Rückenflosse beginnend; zwei auffällig blaßblaue Binden zwischen den Augen; Rückenflosse blau-schwarz mit blaßblauen Zipfeln, manchmal mit blaßblauen Strichen, die sich als ebensolche Körperstreifen fortsetzen *L. lividus* LEWIS

4. a) Purpur-grau mit auffallend rostrotem Schimmer, besonders in der Kopfregion; 7–8 dunkle Querbinden von unterschiedlicher Intensität unterhalb der Rückenflosse; weiche Dorsale, Schwanz- und Afterflosse in Außenzonen orangebraun; Rückenflossenzipfel orangebraun *L. vellicans* TREWAVAS

b) Mittelbraun mit 10–11 dunklen senkrechten Binden unterhalb der Rückenflosse und zwei horizontalen Bändern; Rücken-, Schwanz- und Afterflosse gelblich mit dunklen Strahlen *L. mbenjii* LEWIS

c) Tiefdunkelbraun bis dunkelgrau, mit 9–11 dunkleren senkrechten Binden unterhalb der Rückenflosse; dunkle submarginale Binde in der Rückenflosse, im hinteren Bereich intensiver werdend; dunkle Flecke im hartstacheligen Teil der Dorsale *L. maculicauda* LEWIS

d) Olivbraun mit irisierend blauen Zentren und orangefarbenen Rändern auf den Schuppen; 9 dunkle Querbinden unterhalb der Rükkenflosse; kurze submarginale Binde im hartstrahligen Teil der Dorsale; meist dunkle Tüpfel im basalen Bereich der Schwanzflosse *L. shiranus* LEWIS

e) Rauchig-oliv mit orangebraunen horizontalen Binden (vergleichbar mit Weibchen von *L. shiranus*, *L. strigatus* und *L. maculicauda)* *L. flavigulis* LEWIS

f) Gelblichbraun mit blauviolettem Schimmer; 7–9 dunkle Querbinden unterhalb der Rückenflosse; Dorsale gelblich mit dunklem submarginalem Band *L. heterodon* LEWIS

g) Oliv mit blauviolettem Schimmer; 6–7 dunkle Querbinden unterhalb der Rückenflosse; Dorsale blaß gelblichgrau mit blauem Schimmer *L. ianthinus* LEWIS

**Gattung *Labrochromis*** REGAN, 1920

GREENWOOD (1980) weist die von REGAN als Gattungstyp vorgeschlagene *Tilapia pallida* BLGR, 1911 zurück und setzt dafür *Labrochromis ishmaeli* (BOULENGER, 1906) ein, eine aus der Gattung *Haplochromis* übernommene Art. Die zu dieser Gattung gestellten Arten leben ausschließlich im Viktoria-See. Mit einer Durchschnittslänge um 14 cm bleiben sie relativ klein. Die kräftige Bezahnung der Tiere, besonders auch der Schlundknochen, läßt erkennen, daß sie sich auf den Verzehr von Muscheln und Schnecken spezialisiert haben. Folgende, aquaristisch nur wenig bekannte Arten gehören der Gattung an: *L. humilior* (BOULENGER, 1911); *L. mylergates* (GREENWOOD & BAREL, 1978); *L. mylodon* (GREENWOOD, 1973); *L. pistes* (GREENWOOD & BAREL, 1978); *L. pharyngomylus* (REGAN, 1929) und *L. teegelaari* (GREENWOOD & BAREL, 1978). Die eingangs erwähnte *Tilapia pallida* wurde zur Gattung *Astatotilapia* gestellt. Bei der Zuweisung von zwei Arten *(Tilapia adolphifrederici* BOULENGER, 1914 aus dem Kivu-See und *„Haplochromis" placodus* POLL, 1939) erscheint GREENWOOD (1980) noch nicht als gesichert, da das vorhandene Typenmaterial keine endgültige Klassifizierung zuläßt.

**Gattung *Lamprologus*** SCHILTHUIS, 1981 Seite 229

*Lamprologus attenuatus* (Seite 229) und *L. cunningtoni* BOULENGER, 1906: In einer Arbeit (BRICHARD, P.: *„Lamprologus cunningtoni* alias *L. attenuatus"*, Chichlidae, 8, [3], p. 63–66, 1982 – Belgische Cichliden-Vereinigung) stellt der Autor beide Arten gleichzeitig vor und führt aus, daß sich alle aquaristischen Aufsätze, die sich bisher mit *L. attenuatus* befaßten, in Wirklichkeit von *L. cunningtoni* sprächen. Er gestand auch, daß er es wahrscheinlich selbst war, der etwa 1971, als er von seiner Export-Station in Burundi aus die ersten *L. cunningtoni* in den Handel brachte, diese fälschlich als *L. attenuatus* bezeichnete in der Annahme, daß es sich wirklich um *L. attenuatus* handele. Zur Färbung von *L. cunningtoni* braucht demnach nichts weiter gesagt zu werden, da alle Hinweise wie auch das hier für *L. attenuatus* ausgewiesene Foto auf *L. cunningtoni* bezogen werden müssen. Der echte *L. attenuatus* weist hingegen eine große Zahl von dunklen Flecken und senkrechten Streifen über den Körperseiten auf. Ebenso ist auf dem Kopf ein dunkles Streifenmuster erkennbar – eines über die Stirn verlaufend, ein anderes von der Stirn herab durch das Auge bis in den Mundwinkel.

*Lamprologus calvus* POLL, 1978: In dieser neuen Erstbeschreibung wird eine Spezies mit einem gültigen Artnamen versehen, die früher als *Lamprologus „compressiceps"*, südliche Farbform, bekannt war und in diesem Band auf Seite 233 (unten) auf einem Farbfoto abgebildet ist. In derselben Arbeit beschrieb POLL die neue Art *L. caudopunctatus* aus dem Süden des Tanganjika-Sees. Eine Ähnlichkeit dieser neuen Art mit *L. leloupi* ist gegeben. Die Grundfärbung der Tiere ist gelblich, der Kopf und die Flossen leicht grau. Im weichstrahligen Bereich von Rücken- und Afterflosse stehen farblose kleine Punkte, die man auch (= Artname) in der Schwanzflosse findet. In der Caudale sind diese jedoch schwarz und recht kontrastreich.

*Lamprologus leleupi:* Neben den hier bereits beschriebenen beiden Unterarten (Seite 236) beschrieb STAECK 1980 eine weitere: *L. leleupi longior,* wie sie auch in diesem Band (Seite 237) abgebildet ist. Man erkennt deutlich die gestreckte Körperform und den langen Vorderkopf.

*Lamprologus mustax* POLL, 1978. Eine neue Art mit goldgelber Körperfärbung, welche die Tiere etwas an *L. petricola* erinnern läßt. Die bis etwa 10 cm lang werdenden Fische stammen aus dem Süden des Tanganjika-Sees (um Cape Nundo, Chipimbi und Nkamba Bay in Zambia). Trotz ihrer inzwischen bekanntgewordenen Streitsüchtigkeit haben sie sich aquaristisch bisher gut eingeführt.

*Lamprologus nkambae* STAECK, 1978: Eine Erstbeschreibung für eine Art aus dem Süden des Tanganjika-Sees nahe der Nkamba Bay im Norden Zambias. Die Tiere sollen bis zu 14 cm lang werden. Sie haben einen gestreckten Körper und leben ausschließlich im Felslitoral. Ihre räuberische Lebensweise läßt sich an ihrem gespaltenen Maul erkennen. Verwandschaftliche Beziehungen bestehen zu *L. elongatus* und *L. kendalli* POLL & STEWART, 1977. Die Fische haben eine beigebraune, bei Erregung schwarzbraune Grundfärbung. Über den Flanken liegt ein Muster silbrigbeiger unregelmäßiger Zickzacklinien. Die Brustflossen sind gelblich; alle übrigen entsprechen der Grundfärbung und sind in der oberen Körperhälfte mit silbrigbeigen Tüpfelmusterungen durchzogen. Der Kopf ist mit großen Augen versehen und zeigt zudem ein Muster verwirrend gezackter Linien.

*Lamprologus obscurus* POLL, 1978. Der Autor beschrieb diese Art nach Exemplaren aus dem Süden des Tanganjika-Sees (Cape Chipimbi/Nordzambia). Rund 7 cm ist das größte Tier aus dem Bestimmungsmaterial lang. Das tief gespaltene Maul und der schräg nach oben verlaufende Unterkiefer (an *L. calvus* und *L. compressiceps* erinnernd) lassen einen Räuber vermuten. Über Lebendfärbung liegen noch keine Angaben vor.

*Lamprologus ocellatus* (STEINDACHNER, 1909): Diese Art, im vorliegenden Band nicht besprochen, führt die Vertreter der „Schneckenbuntbarsche" aus dem Tanganjika-See an, aus deren Artenfülle sie in den letzten Jahren mehr und mehr aquaristisch bekannt wurde. Schneckenbuntbarsche tragen ihren Namen deshalb, weil sie ihr Leben in den leeren Gehäusen von *Neothauma*-Schnecken auf Sandboden fristen. Im Aquarium ist das Eingeben solcher Gehäuse zur normalen Haltung nicht erforderlich, doch konnte festgestellt werden, daß man die Tiere ohne Schneckenhäuser kaum zur Fortpflanzung bewegen kann. Es genügen auch Häuser der Weinbergschnecken, doch muß man in jedem Fall von Zeit zu Zeit „nachdosieren", weil die leeren Häuser zerfallen. Soweit ich bis jetzt beobachten konnte, schwimmen alle Schneckenbuntbarsche mit dem Kopf voran in ihre Behausung. Ist diese zu knapp bemessen, so schaut oft der Schwanz ein Stückchen heraus. Manche Exemplare buddeln gern ihr Schneckenhaus in den weichen Sandboden ein, weshalb ein solcher Boden stets vorteilhafter für die Fische ist.

Eine weitere zu dieser Gruppe gehörende Art ist *L. brevis* BOULENGER, 1899. Diese Art stammt überwiegend (den Funden nach gerechnet) aus dem südlichen Teil des Tanganjika-Sees. Man findet die Fischchen (4–5 cm Länge) oft zu zweit in einem Schneckenhaus, wobei die etwas kleineren Weibchen als erste ins Versteck schlüpfen und die Männchen den „Abschluß" bilden. *L. brevis* hat eine ziemlich hellbraune Färbung, über der eine charakteristische Querstreifung aus weißen, ungleichmäßig gezeichneten Binden liegt. *L. calliurus* BOULENGER, 1906 wurde von Poll 1978 als Synonym dieser Art bezeichnet. Von anderen Arten, wie

*L. hecqui* (Seite 235); *L. kungweensis* (Seite 236); *L. multifasciatus* (Seite 240); *L. ornatipinnis* (Seite 241) und *L. wauthioni* POLL, 1949 wurden ähnliche Lebensweisen in Verbindung mit Schneckenhäusern auf Sandgrund bekannt. Bei *L. meeli* (Seite 239) macht POLL in seinem großen Werk (1956) keine entsprechenden Angaben.

**Gattung *Lethrinops*** REGAN, 1921 Seite 246
Mit der in diesem Band noch nicht erwähnten Revision von ECCLES & LEWIS (1977), der ersten, welche auf die von TREWAVAS (1931) folgte, wurde die Artenzahl dieser Gattung auf 31 erhöht. Als bevorzugte Aquarienfische konnte sich jedoch bis heute keine davon durchsetzen.

**Gattung *Lepidochromis*** POLL, 1981
Der Autor führte diese neue Gattung ein, als er einen Teil der seither noch in der Gattung *Limnochromis* verbliebenen Arten auf verschiedene neu geschaffene Gattungen aufteilte. Für diese Gattung wurde der im vorliegenden Band nicht angeführte *L. christyi* (TREWAVAS, 1953) zum Typ bestimmt. Ferner korrigierte POLL seine Erstbeschreibung von *Hemibates bellcrossi* (1976) und plazierte die Art, beschrieben von der Mutonde-Insel im Süden des Tanganjika-Sees, ebenfalls in die Gattung *Lepidochromis*, so daß diese Art jetzt als *Lepidochromis bellcrossi* (POLL, 1976) zu führen ist.

**Gattung *Leptochromis*** REGAN, 1920
Eine monotypisch gebliebene Gattung, deren einziger Vertreter im Tanganjika-See beheimatet ist. Der Autor bestimmte seinerzeit die früher als *Paratilapia calliura* BOULENGER, 1901 beschriebene Art zum Gattungstyp. *Leptochromis calliurus* (BOULENGER, 1901), wie der komplette Artname jetzt lauten muß, hat eine sehr gestreckte Körperform, wie man sie auch von den *Xenotilapia* kennt. Die Art sollte namentlich nicht mit *Lamprologus calliurus* BOULENGER, 1906, einem Synonym von *Lamprologus brevis*, verwechselt werden.
Bei *Leptochromis calliurus* handelt es sich um einen Allesfresser. Die Vertreter dieser Art tauchen bis etwa 20 m hinab und werden vorwiegend über sandigem und schlammigem Grund angetroffen. Etwa 15 cm werden die Fische lang. Sie vermehren sich nicht durch Maulbrut, vielmehr legt das Weibchen bis zu 200 Eier von etwa 2 mm Durchmesser ab, die dann erbrütet werden. Nach Freiwasserbeobachtungen berichten Fänger, daß es äußerst schwierig ist, diese Fische ins Netz zu bekommen. Die wenigen, in unsere Aquarien gelangten Tiere haben sich als ausdauernd und friedfertig gegenüber anderen Fischen erwiesen. Grundfärbung kupferbraunrot mit hellerer Bauchpartie. Von einem dunklen Fleck im oberen Kiemendeckelbogen ziehen zwei silbrigblaue Längsbinden zum Ende des Schwanzstieles. Die Stacheln der Rückenflosse sind grünlich. Im weichen Bereich der Flosse grünliche Tüpfel. After- und Schwanzflosse ebenso wie Körperfärbung mit grünlichen Binden, die etwa im rechten Winkel zu den Strahlen verlaufen. Bauchflossen heller mit weißem ersten Stachel. Kupferfarbener Kopf oben mit grünlichem Glanz.

**Gattung *Lestradea*** POLL, 1943
Die Gattung ist bis heute monotypisch geblieben, doch wurde dem Gattungstyp *Lestradea perspicax* POLL, 1943 neben der Nominatform noch eine Unterart beigefügt, so daß die Art jetzt in die beiden Unterarten *L. p. perspicax* POLL, 1943 und *L. p. stappersi* POLL, 1943 aufzuteilen ist. Die Vertreter dieser Subspecies sind derart über den Tanganjika-See verteilt, daß die der ersten schwerpunktmäßig im Norden des Sees verbreitet sind, die der zweiten im südlichen Teil. Die Tiere werden etwa 14 cm lang. Beide haben eine silbrige Grundfärbung mit bräunlichen Flossen und zwei Längsreihen aus größeren Punkten, von denen die obere über dem Rückenfirst, die untere auf der Flankenmitte liegt.

**Gattung *Limnochromis*** REGAN, 1920 Seite 247
Bereits bei der Gattungsbeschreibung wurde in diesen Band darauf hingewiesen, daß drei Arten der sogenannten Heringscichliden aus dieser Gattung herausgenommen und zwar zur neu geschaffenen Gattung *Cyprichromis* SCHEUERMANN, 1977 (vergleiche auch Seite 176) gestellt wurden. POLL legte 1981 („Contribution à la faune ichthyologique du lac tanganika. Révision du genre *Limnochromis* REGAN, 1920. Description de trois genres nouveaux et d'une espèce nouvelle: Cyprichromis brieni." Annls Soc. r. zool. Belg., Fasc. 1–4, pp. 163–179) eine Arbeit vor, in der die verbliebenen Vertreter der Gattung jetzt zu insgesamt vier Gattungen gestellt werden. Drei neue Gattungen wurden also geschaffen. Die Aufteilung der Arten ist wie folgt:

*Limnochromis abeeli* POLL, 1949
*Limnochromis auritus* (BOULENGER, 1901) als Gattungstyp
*Limnochromis staneri* POLL, 1949
Gattung *Gnathochromis* POLL, 1981
*Gnathochromis permaxillaris* (DAVID, 1936) als Gattungstyp
*Gnathochromis pfefferi* (BOULENGER, 1898)
Gattung *Lepidochromis* POLL, 1981
*Lepidochromis bellcrossi* (POLL, 1976)
*Lepidochromis christyi* (TREWAVAS, 1953) als Gattungstyp
Gattung *Tangachromis* POLL, 1981
*Tangachromis dhanisi* (POLL, 1949) als Gattungstyp

**Gattung *Limnotilapia*** REGAN, 1920 Seite 249
In einem Anhang zu seiner Arbeit von 1978 (GREENWOOD, P.H.: „A review of the pharyngeal apophysis and its significance in the classification of African cichlid fishes". Bull. Br. Mus. nat. Hist. [zool.], 33, pp. 297–323) stellt der Autor die Gattung *Limnotilapia* als Synonym von *Simochromis* BOULENGER, 1898 vor. Somit werden die hier noch als *Limnotilapia dardennii* und *L. loocki* beschriebenen Arten in die Gattung *Simochromis* überstellt. Für *L. trematocephala* (BOULENGER, 1901) hingegen muß die verwandtschaftliche Beziehung zu dieser Gattung erst überprüft werden. Dieses Taxon (= taxonomische Einheit wie Familie, Gattung, Art; hier Art) ist nur von seinem Holotyp (= angegebenes Einzelexemplar, das zur Zeit der Veröffentlichung als „Typusexemplar" festgelegt wurde) bekannt.

**Gattung *Lipochromis*** REGAN, 1920
Diese Gattung mit einer Reihe von aquaristisch weniger bekannten Arten aus Viktoria-, Eduard-, Georg- und Kwania-See ist in zwei Untergattungen (*Lipochromis* und *Cleptochromis*) unterteilt. In die erste wurde der Gattungstyp *L. obesus* (BOULENGER, 1906) gestellt, ein gedrungen wirkender Fisch, der bis zu 16 cm lang wird. Weitere Arten dieser Untergattung sind: *L. taurinus* (TREWAVAS, 1933); *L. maxillaris* (TREWAVAS, 1928) und *L. melanopterus* (TREWAVAS, 1928). Die zur zweiten Untergattung gehören: *L. (C.) cryptodon* (GREENWOOD, 1959); *L. (C.) microdon* (BOULENGER, 1906) und *L. (C.) parvidens* (BOULENGER, 1911). Die Vertreter dieser letztgenannten Arten werden etwas länger als die der zuerst genannten Untergattung und haben gegenüber dem Gattungstyp eine gestrecktere Form.

**Gattung *Lobochilotes*** BOULENGER, 1915 Seite 249
Keine Ergänzungen oder Änderungen bekannt.

**Gattung *Macropleurodus*** REGAN, 1922 Seite 250
Keine Ergänzungen oder Änderungen bekannt.

**Gattung *Melanochromis*** TREWAVAS, 1935 Seite 251
*Melanochromis exasperatus:* Diese Spezies wurde von LEWIS („A further examination of the taxonomic status of *Labidochromis joanjohnsonae* JOHNSON, 1974 with a redescription of the species." Rev. Zool. afr., 94, 4, pp. 959–971, 1980) als jüngeres Synonym von *Melanochromis joanjohnsonae* angesehen.
*Melanochromis loriae* JOHNSON, 1975: Rund 12 cm lang werden die Tiere, die der Autor aus dem Gebiet um Chipoka am südlichen Westufer des Malawi-Sees beschrieb. Eine nahe Verwandschaft mit *M. chipokae* soll gegeben sein. Ob die Art ihren selbständigen Status behalten will, bleibt künftigen Revisionen vorbehalten. Der Autor erklärte am Schluß seiner Arbeit (der Erstbeschreibung dieser Art): „Colour is the limiting factor" (hier sinngemäß übersetzt: „Die Farbe ist das abgrenzende Merkmal"). Färbung siehe MAYLAND: „Der Malawi-See und seine Fische", Landbuch-Verlag, Hannover, 1982. Vom selben Autor wurde *M. mellitus* (1976) beschrieben. Diese Art stammt von der Mombo-Insel nordwestlich von Cape Maclear.

**Gattung *Microchromis*** JOHNSON, 1975 Seite 259
Keine Ergänzungen oder Änderungen bekannt.

**Gattung *Nanochromis*** PELLEGRIN, 1904 Seite 259
Der Autor bestimmte *N. nudiceps* zum Gattungstyps. Zwischen dieser Art und dem von ROBERTS & STEWART beschriebenen *N. parilus* (Seite 262) soll es nach Meinung dieser beiden zitierten Autoren ein optisch entscheidendes Merkmal geben, nach dem auch der Aquarianer beide Arten leicht auseinanderhalten kann. Neben den Längsstreifen, die beide Arten in der oberen Hälfte der Schwanzflosse zeigen, weist die untere Hälfte dieser Flosse bei *N. nudiceps* Vertikalreihen roter Tüpfel auf, die bei *N. parilus* fehlen. Die meisten Aquarianer haben auf dieses Merkmal in früheren Jahren kaum geachtet und beide Arten nebeneinander gepflegt. So ist es auch „gelungen", die Vertreter beider Arten zu kreuzen. Aus diesen Nachzuchten gehen dann Jungtiere mit beiderlei Färbungen in der Schwanzflosse hervor.

**Gattung *Neochromis*** REGAN, 1920
Im Rahmen der Revision der Haplochrominen wurde auch dieser (fast) vergessene Gattungsname wieder ins Bewußtsein einiger Cichlidenfreunde gerufen. Mit dem Aufstellen der Gattung bestimmte der Autor *N. simotes* (von BOULENGER 1911 als *Tilapia* beschrieben) zum Gattungstyp. GREENWOOD merkt jedoch an, daß es sich bei dieser Art um ein jüngeres Synonym von *T. nigricans* handelt, so daß man heute *Neochromis nigricans* (BOULENGER, 1906) als Gattungstyp ansehen muß. Drei Arten gehören der Gattung an. Neben dem erwähnten Gattungstyp sind es noch *N. fuscus* (REGAN, 1925) und *N. serridens* (REGAN, 1925). Die erste lebt im Viktoria-See und Viktoria-Nil, während die beiden letztgenannten im Eduard-See beheimatet sind.

**Gattung *Ophthalmochromis*** POLL, 1956 Seite 264
Diese Gattung wurde von LIEM (1981) als Synonym zur Gattung *Ophthalmotilapia* PELLEGRIN, 1903 gestellt. Stammesgeschichtliche wie auch anatomische (Schädel-) Untersuchungen lagen dieser Entscheidung zugrunde (LIEM, K. F.: „A phyletic study of the Lake Tanganyika Cichlid Generas *Asprotilapia, Ectodus, Lestradea, Cunningtonia, Ophthalmochromis* and *Ophthalmotilapia*". Bull. Mus. Comp. Zool., 149, (3), pp. 191–214, 1981).

**Gattung *Ophthalmotilapia*** PELLEGRIN, 1902
Wenn man der Arbeit von LIEM (1981, siehe bei *Ophthalmochromis*) folgt, müssen alle zu *Ophthalmochromis* gestellten Arten in die Gattung *Ophthalmotilapia* überführt werden.

**Gattung *Oreochromis*** GUENTHER, 1989
Für die maulbrütenden Arten aus der Gruppe afrikanischer Tilapien wurde die bereits vor fast hundert Jahren aufgestellte Gattung wieder ins Licht gerückt. Sarotherodon (vergleiche Seite 299) ist jetzt nur noch zur Aufnahme westafrikanischer maulbrütender Tilapien vorgesehen. Zur Gattung *Oreochromis* sind nun die maulbrütenden Tilapien Ost- und Südafrikas gestellt. Gattungstyp ist *O. hunteri* GUENTHER, 1889, eine Art, die der Autor aus einem kleinen Kratersee im Gebiet des Kilimandscharo beschrieb. Durch eine Arbeit von TREWAVAS („Nomenclature of the Tilapias of southern Africa"; J. Limnol. Soc. sth. Afr., 7, [1], p. 42, 1981) wurde der Gattungsname in die Popularität gerückt. Eine große Vorarbeit leistete bereits THYS (1968).
Die Gattung *Oreochromis* ist in vier Untergattungen unterteilt: *Oreochromis*; *Nyasalapia* THYS, 1968 für die Arten mit Genitalanhang, die sogenannten Geißeltilapien; *Alcolapia* THYS, 1968 für die klein bleibenden Arten der alkalischen Seen (Lake Natron, Lake Magadi usw.) sowie *Neotilapia* REGAN, 1920 für die Art *O. (Ne.) tanganicae* aus dem Tanganjika-See.
Von den in diesem Band beschriebenen Arten werden zur Gattung *Oreochromis* gestellt: *O. (A.) alcalicus* – Seite 299; *O. (O.) aureus* – Seite 300; *O. (O.) esculentus* – Seite 302; *O. (N.) karomo* – Seite 303; *O. (O.) korogwe* – Seite 304; *O. (O.) leucostictus* – Seite 305; *O. (N.) macrochir* – Seite 306; *O. (O.) mossambicus* – Seite 308; *O. (O.) niger spilurus* – Seite 309; *O. (O.) niloticus* – Seite 309; *O. (N.) rukwaensis* – Seite 310; *O. (N.) shiranus* – Seite 311 und *O. (N.) variabilis* – Seite 312. Anmerkung zur Schreibweise bei den Artnamen: Da das Geschlecht des Gattungsnamens *Oreochromis* männlich ist, ändert sich die Schreibweise einiger Endungen bei den Art- und Unterartnamen von vorher „-um" in „-us" und von vorher „-e" in „-is".

**Gattung *Orthochromis*** GREENWOOD, 1954 Seite 265
In einer Folgearbeit zu der von GREENWOOD aufgestellten Gattung erklärt der Autor („Towards a phyletic classification of the ‚genus' *Haplochromis* and related taxa. Part I." Bull. Br. Mus. nat. Hist. [Zool.], 35, 4, pp. 295–299, 1979) die Gattung *Rheohaplochromis* THYS, 1963 zum Synonym von *Irthochromis*. Damit wird der Gattungstyp, nun als *O. torrenticola* (THYS, 1963), ebenso übernommen, wie der ursprünglich in *Rheohaplochromis* übernommene *O. polyacanthus* (BOULENGER, 1899), eine Art, zu der *Tilapia stormsii* als Synonym gestellt ist (GREENWOOD, 1979). Eine vierte Art, *O. machadoi* (POLL, 1967) gehört ebenfalls dieser Gattung an.
Die Verbreitung dieser vier, nun zu dieser Gattung gerechneten Arten ist weit gestreut: Während *O. malagaraziensis* aus dem in den Tanganjika-See mündenden Malagarazi-Fluß in Tanzania stammt, kommt *O. torrenticola* im Lufira-Fluß (= in Drainage des oberen Zaire-Flusses) vor. *O. polyacanthus* ist ebenfalls im Gebiet des oberen Zaire-Flusses (= Kongo) und im Lake Mweru beheimatet, wohingegen *O. machadoi* im Cunene-Fluß in Angola angetroffen wurde. Alle diese Arten erreichen wahrscheinlich Längen zwischen 8 und 15 cm, sind aber als Aquarienfische bis heute nicht eingeführt worden.

**Gattung *Paralabidochromis*** GREENWOOD, 1956 Seite 266
Diese Gattung ist, wie im Text des Bandes beschrieben, monotypisch gewesen, es jedoch nicht geblieben. GREENWOOD plazierte sieben Arten aus anderen Gattungen hinzu: *P. chromogynos* (GREENWOOD, 1959); *P. chilotes* (BOULENGER, 1911); *P. crassilabris* (BOULENGER, 1906); *P. headlei* (TREWAVAS, 1933); *P. labiatus* (TREWAVAS, 1933); *P. paucidens* (REGAN, 1921) und *P. plagiodon* (REGAN & TREWAVAS, 1928). Alle stammen aus dem Viktoria-, Eduard-, Georg-, Nabugabo- oder Kivu-See und sind meines Wissens als Aquarienfische seither nicht eingeführt worden.

**Gattung *Pelmatochromis*** STEINDACHNER, 1894 Seite 266
Keine Ergänzungen oder Änderungen bekannt.

**Gattung *Pelvicachromis*** THYS, 1968 Seite 268
Keine Ergänzungen oder Änderungen bekannt.

**Gattung *Perissodus*** BOULENGER, 1898 Seite 275
Die Autoren LIEM & STEWART beschrieben 1976 (Bull. Mus. Comp. Zool., 147, p. 319–350) die Art *P. eccentricus* aus dem Tanganjika-See, wo die Fische endemisch in Tiefen zwischen 60 und 100 m in der südlichen Hälfte des Sees angetroffen wurden (Musende Bay, Chituta Bay und außerhalb von Mwele, alle Zambia, sowie etwa 5 km östlich von Kalemié, Zaire-Seite). Die Art ist aquaristisch seither nicht bekannt geworden, was wahrscheinlich nicht nur am möglichen schuppenfressenden Verhalten der Tiere als vielmehr an ihrem so tief gelegenen Lebensraum liegen mag. Länge etwa bis 16 cm.

**Gattung *Petrochromis*** BOULENGER, 1898, Seite 276
Keine Ergänzungen oder Änderungen bekannt.

**Gattung *Petrotilapia*** TREWAVAS, 1935 Seite 279
Keine Ergänzungen oder Änderungen bekannt.

**Gattung *Pharyngochromis*** GREENWOOD, 1979
Die von BOULENGER im Jahre 1911 als *Pelmatochromis darlingi* beschriebene Art wurde von GREENWOOD zum Gattungstyp für die seither monotypisch gebliebene Gattung bestimmt. *Pharyngochromis darlingi* gehort zu den maulbrütenden Arten, bei denen die weiblichen Tiere das Brutgeschäft übernehmen. Die Spezies ist im System des Zambesi-Flusses weit verbreitet und wurde im Süden bis Limpopo festgestellt. Verschiedene Autoren stellten die Art entweder zu einer anderen Gattung (POLL, 1967 *Haplochromis darlingi*, aus dem Calundo-See im Zambesi-System) oder bestimmten sie fehl (PELLEGRIN, 1936 *H. welwitschii*, aus dem Cubango-Fluß in Angola, wie dort der Oberlauf des Okavango River genannt wird). Im englischsprachigen Raum Südafrikas wird diese Art als „Zambesi happy" geführt. BELL-CROSS („The Fishes of Rhodesia", Salisbury, 1976, p. 207–208) sagt ihr Ähnlichkeit mit *Astatotilapia calliptera* nach. Ferner beschreibt dieser Autor die Ernährungsweise („. . . eine

Vielzahl aquatischer Larven und auch Süßwassergarnelen") und die Vermehrung. Danach pflanzen sich die Tiere bereits mit einer Länge von 6–7 cm fort. BELL-CROSS berichtet von einem mit dem Netz gefangenen weiblichen Tier, das 224 Eier im Kehlsack trug! Im Gebiet des Kariba-Staudammes, wo dieses Tier ins Netz ging, leben die Fische unter Steinen verborgen, um so besser gegen die Nachstellungen des Tigerfisches (*Hydrocynus spp.*) geschützt zu sein.

**Gattung *Platytaeniodus*** BOULENGER, 1906 Seite 280
GREENWOOD („The monotypic genera of cichlid fishes in Lake Victoria", Bull. Br. Mus. nat. Hist. [Zool.], 3, 7, p. 315, 1956) stellt die als *Astatotilapia* und *Haplochromis jeanneli* (PELLEGRIN, 1913) beschriebene Art als Synonym zu *Platytaeniodus*.

**Gattung *Prognathochromis*** GREENWOOD, 1980
In dieser neuen Gattung wurde eine Gruppe von relativ klein bleibenden Cichliden (ausgewachsen 8–23 cm lang) zusammengefaßt und in zwei Untergattungen: *Prognathochromis* und *Tridontochromis* unterteilt. Zum Gattungstyp bestimmte der Autor *P. prognathus* (PELLEGRIN, 1904), zum Typ für die letztgenannte Untergattung *P. tridens* (REGAN & TREWAVAS, 1928). Bis auf wenige Ausnahmen sind alle der über dreißig zur Gattung gestellten Arten im Viktoria-See beheimatet und gehen einem mehr oder weniger räuberischen Nahrungserwerb nach. Diese Vertreter sind mit denen der Gattung *Harpagochromis* eng verbunden.

**Gattung *Psammochromis*** GREENWOOD, 1980
Eine Gruppe mit augenblicklich sieben kleiner bleibenden Arten, die allesamt über sandigem Grund (*psammos* [gr.] = Sand) leben. Diese Fische stammen mit zwei Ausnahmen alle aus dem Viktoria-See, aus dem es nur sehr selten Importe für die Aquaristik gibt. Gattungstyp ist *P. riponianus* (BOULENGER, 1911), vom Autor ursprünglich zur Gattung *Pelmatochromis* gestellt. Weitere Arten sind: *P. acidens* (GREENWOOD, 1967); *P. aelocephalus* (GREENWOOD, 1959); *P. cassius* (GREENWOOD & BAREL, 1978); *P. graueri* (BOULENGER, 1914) aus dem Kivu-See; *P. saxicola* (GREENWOOD, 1960) und *P. schubotzi* (BOULENGER, 1914) aus dem Eduard- und Georg-See.

**Gattung *Pseudocrenilabrus*** FOWLER, 1934 Seite 280
Dieser Gattung gehören nur die beiden hier beschriebenen und aquaristisch bekannten Vertreter an. *Haplochromis moffati* (CASTELNAU, 1861) wurde inzwischen als Synonym von *P. philander* eingestuft.

**Gattung *Pseudosimochromis*** NELISSEN, 1977 Seite 282
Keine Ergänzungen oder Änderungen bekannt.

**Gattung *Pseudotropheus*** REGAN, 1921 Seite 283
*Pseudotropheus joanjohnsonae*: Wie bereits aus dem Text in diesem Band zu erkennen ist, war der Status der Art, die als *Labidochromis* beschrieben und von STOCK (1976) nach *Pseudotropheus* überführt wurde, sehr umstritten. Inzwischen hat der in der Fisheries Research Station in Monkey Bay/Malawi arbeitende Wissenschaftler Dr. Digby S.C. LEWIS sich der Art angenommen und sie in einer Arbeit („A further examination of the taxonomic status of *Labidochromis joanjohnsonae* JOHNSON, 1974 with a rediscription of the species". Rev. Zool. afr., 94, 4, pp. 959–971, 1980) der Gattung *Melanochromis* zugeführt.
*Pseudotropheus tropheops*: Zu den beiden im Text angeführten Unterarten kam eine neue hinzu: *P. tropheops romandi* COLOMBE, 1979 („*Pseudotropheus tropheops romandi*, sous-espèce nouvelle du lac Malawi." Rev. fr. Aquariol., 6, 2, pp. 33–38), deren Typenmaterial von Likoma Island stammt.
An dieser Stelle sollte noch *P. williamsi* (GUENTHER, 1893), der Gattungstyp, erwähnt werden. Die bis zu 16 cm lang werdenden Fische sind bisher aquaristisch nicht sonderlich bekanntgeworden. Wenn man früheren Beschreibungen der (Lebend-?) Färbung trauen darf, sollen die Fische eine braune Grundfärbung haben, über der jeweils eine Reihe mittelgroßer dunkler Flecke auf den Flanken unterhalb des Rückens und über der Seitenmitte liegen. Die unpaaren grauen Flossen tragen rußig dunkle Säume.

**Gattung *Ptyochromis*** GREENWOOD, 1980
Eine Gattung, deren augenblicklich vier Vertreter ausschließlich im Viktoria-See beheimatet sind. Gattungstyp ist *P. sauvagei* (PFEFFER, 1896). Hinzu kommen *P. granti* (BOULENGER, 1906) und *P. xenognathus* (GREENWOOD, 1957). Zum folgenden und letzten Vertreter sollten einige Anmerkungen gemacht werden: *P. annectens* (REGAN, 1922). REGAN beschrieb diese Art ursprünglich als *Haplochromis annectens*. Als jedoch *Cyrtocara annectens* REGAN, 1921 (zusammen mit *C. moorii*) aus dem Malawi-See von TREWAVAS 1935 zur Gattung *Haplochromis* gestellt wurde, hätte es zwei Arten gleichen Namens in *Haplochromis* gegeben. Aus diesem Grund beließ die Wissenschaftlerin der früher beschriebenen („primäres Homonym") Art aus dem Malawi-See regelrecht seinen Artnamen. Die jüngere Beschreibung („sekundäres Homonym") mußte verworfen und durch einen neuen Namnen ersetzt werden, woraufhin die Neubeschreibung *Haplochromis prodromus* TREWAVAS, 1935 entstand. Dieser Name wurde jetzt von GREENWOOD nach Schaffung der neuen Gattung zurückgenommen und der ursprünglich von REGAN angegebene wieder eingesetzt.
Die zu dieser Gattung gehörenden Arten ernähren sich in erster Linie von Mollusken (Weichtieren). Sie haben sich jedoch nicht darauf spezialisiert, deren Gehäuse oder Schalen mit ihren Schlundzähnen zu zertrümmern und benötigen demnach auch keine besonders kräftigen Kiefer, doch sind diese stattdessen mit längeren, zum Teil nach vorn gerichteten einspitzigen Zähnen versehen.

**Gattung *Pungu*** TREWAVAS, 1972 Seite 298
Keine Ergänzungen oder Änderungen bekannt.

**Gattung *Pyxichromis*** GREENWOOD, 1980
Der Gattungsname (= *pyx* [griech.], einer späteren Form von *pyge*) bezieht sich auf den kleinwüchsigen Rumpf, der, in Verbindung mit der kräftig über den Augen aufragenden Nackenmuskulatur, den Tieren der bisher bekannten Arten ein gnomenhaftes Aussehen verleiht. Gattungstyp ist *P. parorthostoma* (GREENWOOD, 1967) aus dem Viktoria-See. Eine weitere Art wurde bereits früher aus dem Lake Salisbury (Kioga-System) beschrieben: *P. orthostoma* (REGAN, 1922). Das tief eingeschnittene Maul und der vorspringende Unterkiefer lassen den Räuber erkennen. Soweit bis jetzt bekannt, werden die Fische nicht länger als 10–15 cm.

**Gattung *Rhamphochromis*** REGAN, 1921 Seite 298
Keine Ergänzungen oder Änderungen bekannt.

**Gattung *Sarotherodon*** RUEPPELL, 1852 Seite 299
In dieser Gattung stehen heute nur noch die maulbrütenden Tilapien Westafrikas (vergleiche auch *Oreochromis*). Das Geschlecht des Gattungsnamens ist (nachdem es 1978 eine Meinungsverschiedenheit unter den Wissenschaftlern deswegen gegeben hatte) als maskulin anzusehen, weshalb sich in verschiedenen Fällen die angegebene Endung der Artnamen von vorher „-un" in „-us" oder vorher „-e" in „-is" ändert.
Von den in diesem Band beschriebenen Arten gehören auch heute noch in die Gattung: *Sarotherodon galilaeus* (Seite 302); *S. lepidurus* (S. 305); *S. melanotheron* (S. 307), zu dem *S. dolloi* (S. 302) als Synonym gestellt ist. Bei der irrtümlich auf Seite 301 zur Gattung *Sarotherodon* gestellten Art handelt es sich um keinen Maulbrüter. *Tilapia busumana* (GUENTHER, 1902) ist der richtige Name.

**Gattung *Schubotzia*** BOULENGER, 1914.
Eine monotypische Gattung für einen Endemiten aus Eduard- und Georg-See: *S. eduardiana* BOULENGER, 1914. Von GREENWOOD wurde die Art zwischenzeitlich zur Gattung *Haplochromis* gestellt, doch überführte der Autor sie wieder in ihre ursprüngliche Gattung, weil die besonderen Merkmale dies verlangten. Es fällt schwer, diese klein bleibende Art in verwandtschaftliche Beziehung etwa zu Vertretern aus dem Viktoria-See zu bringen. Bei den Tieren ist der Unterkiefer kürzer als der Oberkiefer, so daß die Oberlippe die Unterlippe überragt. Die besondere Bezahnung mit den nach innen gebogenen, oben verbreiterten Zähnen erinnert an die einiger Cichliden im Tanganjika-See (*Perissodus, Petrochromis*). Die Vertreter dieser 8–10 cm langen Art leben über sandigem Grund und

schlammigem Boden in Nähe der Ufer. Die besondere Bezahnung läßt auf einen speziellen Nahrungserwerb schließen. Genauere Angaben hierüber fehlen jedoch noch.

**Gattung *Serranochromis*** REGAN, 1920 Seite 312
REGAN teilte die Gattung bereits in zwei Untergattungen, *Serranochromis* und *Sargochromis,* auf. Die in diesem Band namentlich angeführten Arten gehören alle der erstgenannten Unterart an. Zur Unterart *S. sargochromis* gehören auch Arten, die erst im letzten Jahrzehnt beschrieben wurden, wie *S. greenwoodi* (BELL-CROSS, 1975); *S. thysi* (POLL, 1967); *S. coulteri* (BELL-CROSS, 1975) und *S. mortimeri* (BELL-CROSS, 1975).

**Gattung *Simochromis*** BOULENGER, 1898 Seite 313
Die ehemaligen Vertreter der Gattung *Limnotilapia* (s. d.) wurden zu dieser Gattung *(Simochromis)* gestellt. Es sind *S. dardennii* und *S. loocki* (vergleiche Seite 249). Für eine weitere frühere Limnotilapia-Art, *L. trematocephala* (BOULENGER, 1901) fehlt weiteres Untersuchungsmaterial. Von dieser Artbeschreibung ist nur das Material des Holotypus bekannt.
In neuerer Zeit wurden zwei neue Arten beschrieben: *S. pleurospilus* NELISSEN, 1978 und *S. margaretae* G. AXELROD & HARRISON, 1978.

**Gattung *Spathodus*** BOULENGER, 1900 Seite 315
Keine Ergänzungen oder Änderungen bekannt.

**Gattung *Steatocranus*** BOULENGER, 1899 Seite 316
Keine Ergänzungen oder Änderungen bekannt.

**Gattung *Tangachromis*** POLL, 1981
Diese Gattung entstand durch die Aufsplitterung von *Limnochromis* in *Gnathochromis, Lepidochromis* und *Tangachromis.* Gattungstyp wurde der bisher einzige Vertreter, *T. dhanisi* (POLL, 1949), über den als Aquarienfisch keine Angaben vorliegen (vergleiche auch Seite 249).

**Gattung *Tanganicodus*** POLL, 1950 Seite 320
Keine Ergänzungen oder Änderungen bekannt.

**Gattung *Teleogramma*** BOULENGER, 1899 Seite 321
Neben den hier angeführten Arten wurde von ROBERTS & STEWART (1976) noch *T. depressum* vom Unterlauf des Zaire- (= Kongo-) Flusses beschrieben. Auffälliges Merkmal ist der besonders flache Kopf der Tiere.

**Gattung *Telmatochromis*** BOULENGER, 1898 Seite 322
Im Augenblick keine Ergänzungen und Änderungen bekannt, doch muß man mit der Beschreibung einiger neuerlich bekanntgewordener Arten rechnen.

**Gattung *Thoracochromis*** GREENWOOD, 1979
Mit der Schaffung dieser Gattung hat die Art *T. wingatii* (BOULENGER, 1902), die früher zu *Haplochromis* gestellt war, hoffentlich eine endgültige Heimat gefunden. Wie bereits auf Seite 209f beschrieben, war der Status zuweilen umstritten. *T. wingatii* ist jetzt zum Gattungstyp bestimmt worden.
Die weiteren Vertreter, die zur Gattung *Thoracochromis* gestellt wurden, sind aquaristisch weitgehendst unbekannt. Es sind *T. albertianus* (REGAN, 1929) aus dem Albert-See; *T. avium* (REGAN, 1929), mit Synonym *Haplochromis lanceolatus* DAVID & POLL, 1937, aus dem gleichen Gewässer; *T. bakongo* (THYS, 1964) aus der Kasai-Drainage des unteren Zaire-Flusses; *T. demeusii* (BOULENGER, 1899) vom unteren Zaire-Fluß; *T. fasciatus* (PERUGIA, 1892) vom unteren Zaire; *T. loati* (GREENWOOD, 1971) vom oberen Nil und Albert-See; *T. macconneli* (GREENWOOD, 1974) aus dem Turkana-(=Rudolf-)See; *T. mahagiensis* (DAVID & POLL, 1937) aus dem Albert-See; *T. moeruensis* (BOULENGER, 1899) aus dem Lake Mweru; *T. petronius* (GREENWOOD, 1973) aus dem Georg-See in Uganda; *T. pharyngalis* (POLL, 1939) aus dem Eduard-See sowie *T. rudolfianus* (TREWAVAS, 1939) und *T. turkanae* (GREENWOOD, 1974) aus dem früheren Rudolf- und heutigen Turkana-See. Als Verbreitungsgebiet von *T. wingatii* werden der obere Nil und möglicherweise der Albert-See angegeben.

**Gattung *Thysia*** LOISELLE & WELCOMME, 1972 Seite 325
Keine Ergänzungen oder Änderungen bekannt.

**Gattung *Tilapia*** A. SMITH, 1849 Seite 327
*Tilapia busumana:* Bei der auf Seite 301 irrtümlich als *Sarotherodon* beschriebenen Art handelt es sich um die (nichtmaulbrütende) *Tilapia busumana.*
*T. guineensis* (Seite 329): Das auf dieser Seite irrtümlich mit diesem Namen gezeigte Foto gibt *T. mariae* wieder.
*Tilapia rendalli* (BOULENGER, 1896): Diese im vorliegenden Band nicht geführte Art, als deren Synonym *T. melanopleura* (non Duméril) BOULENGER, 1911 angesehen wird, ist in die beiden Unterarten *T. r. rendalli* (BOULENGER, 1896) und *T. r. swierstrae* (nach BELL-CROSS, 1976, „Fishes of Rhodesia") aufgeteilt. Man nennt *T. rendalli* auch „Rotbrusttilapie". Ihre Verbreitung reicht vom Oberlauf des Zaire über das System des Zambesi bis zum Okavango und schließt auch Tanganjika- und Malawi-See nicht aus.
*Tilapia tholloni* (Seite 331) zerfällt in zwei Unterarten: *T. t. tholloni* (SAUVAGE, 1884) und *T. t. congica* (POLL & THYS, 1960). Die Vertreter der ersten kommen von Kamerun bis Gabun vor, die der zweiten Unterart sind im Mittel- und Unterlauf des Zaire-(=Kongo-)Flusses vertreten.

**Gattung *Trematocara*** BOULENGER, 1899
In dieser Gattung mit interessanten, jedoch äußerst selten eingeführten Endemiten aus dem Tanganjika-See sind Arten zusammengefaßt, deren Vertreter in Tiefen bis zu 160 m vorkommen. Sie leben dort in Höhlen und ähnlichen Biotopen, wie wir sie besser von den (wahrscheinlich) parallel entwickelten Arten aus dem Malawi-See (Gattung *Trematocranus)* kennen. Die relativ klein bleibenden Fische sind zuweilen, ähnlich wie verschiedene Lamprologus-Arten, über Sandgrund und in Nachbarschaft zu Gehäusen der *Neothauma-* und anderen Schneckenarten angetroffen worden. Es sind folgende acht Arten beschrieben worden: *T. caparti* POLL, 1948 (7 cm lang, bis in 160 m Tiefe); *T. kufferathi* Poll, 1948 (7 cm lang, bis in 160 m Tiefe); *T. macrostoma* POLL, 1952 (5 cm, bis in 60 m [?] Tiefe); *T. marginatum* BOULENGER, 1899 (Gattungstyp, 10 cm, bis in 100 m Tiefe); *T. nigrifrons* BOULENGER, 1906 (12 cm lang, bis in 160 m Tiefe); *T. stigmaticum* POLL, 1943 (8 cm lang, bis in 76 m Tiefe); *T. unimaculatum* BOULENGER, 1901 (15 cm lang, bis in 100 m Tiefe) und *T. variabile* POLL, 1953 (9 cm lang, bis in 125 m Tiefe).

**Gattung *Trematocranus*** TREWAVAS, 1935 Seite 333
Keine Ergänzungen oder Änderungen bekannt.

**Gattung *Triglachromis*** POLL & THYS, 1974 Seite 336
Keine Ergänzungen oder Änderungen bekannt.

**Gattung *Tropheus*** BOULENGER, 1898 Seite 337
Zu den verschiedenen Farbvarianten des *T. moorii* kamen ein paar weitere hinzu, meist aus weniger erforschten Regionen im südwestlichen Zipfel des Tanganjika-Sees. Beschreibungen neuer Arten sind ausgeblieben.

**Gattung *Tylochromis*** REGAN, 1920 Seite 346
Zum Gattungstyp bestimmte der Autor *T. jentinki* (STEINDACHNER, 1894), eine Art von 30 cm Länge, die in Westafrika von Gambia bis Liberia verbreitet ist. Mit *T. banguelensis* REGAN, 1920 aus dem Zaire-Becken fügte der Autor (REGAN) seinerzeit eine weitere Neubeschreibung hinzu. Diese Fische können fast bis 30 cm lang werden, sie sind aber aquaristisch nie in Erscheinung getreten.

**Gattung *Xenochromis*** BOULENGER, 1899
Eine monotypisch gebliebene Gattung, deren einziger Vertreter ein Endemit aus dem Tanganjika-See ist. *X. hecqui* BOULENGER, 1899 lebt in tieferem und tiefem Wasser (20–125 m) und erreicht eine Länge von fast 30 cm. Die über Sandgrund vorkommenden Tiere ernähren sich in erster Linie von Krebsen *(Copepoda).* Über ihre aquaristische Haltung wie auch über ihre Vermehrung ist bisher nichts bekannt.

**Gattung *Xenotilapia*** BOULENGER, 1899 Seite 347
Keine Ergänzungen oder Änderungen bekannt.

**Gattung *Xystichromis*** GREENWOOD, 1980
Der Autor bestimmte *X. nuchisquamulatus* (HILGENDORF, 1888) zum Gattungstyp. Die Art stammt aus dem Viktoria-See und dem Viktoria-Nil.

Aus denselben Gewässern kommt eine weitere Art: *X. phytopagus* (GREENWOOD, 1966). Die dritte, der im Augenblick zu dieser Gattung gestellten Arten ist *X. bayoni* (BOULENGER, 1911). Hierzu sollte jedoch folgendes angemerkt werden: BOULENGER beschrieb im Jahre 1909 *Paratilapia bayoni* von Sesse Island für den Viktoria-See und den Viktoria-Nil. Diese Art wurde jedoch zur Gattung *Prognathochromis* gestellt. BOULENGER war es wieder, der im Jahre 1911 eine *Tilapia bayoni* von Kakindu am Viktoria-See beschrieb. Dies ist die Art, welche nun zu dieser Gattung *(Xystichromis)* gestellt wurde. Dabei dürfte es sich auch um die Art handeln, mit der wir Aquarianer gelegentlich konfrontiert wurden und werden. Es sei aber noch auf eine weitere Spezies gleichen Namens hingewiesen, denn BOULENGER beschrieb 1908 *Hemitilapia bayoni* – ebenfalls aus dem Viktoria-See und Viktoria-Nil. Diese etwa 10 cm lang werdende Art ist für die Arbeiten GREENWOODs („The Haplochromine Fishes of the East African Lakes", Kraus, Int. Pub., München, 1981) nicht herangezogen worden.

Die kleinen (bis zu 14 cm) bleibenden Arten dieser Gattung gleichen im Habitus den Arten von *Astatotilapia*. Der hier für *Xystichromis* verwendete Gattungsname ist von den Gewohnheiten der Nahrungsaufnahme abgeleitet: *xyster* (griech.) = „derjenige, der kratzt".

**Gattung *Yssichromis*** GREENWOOD, 1980

Eine Gattung mit (augenblicklich) drei Arten von gestreckter Körperform, auf welche auch der Gattungsname *(yssos* [griech.] = Speer, Wurfspieß) hinweist. Gattungstyp ist *Y. fusiformis* (GREENWOOD & GEE, 1969) aus dem Vitkoria-See. Die zweite Art, *Y. laparogramma* (GREENWOOD & GEE, 1969), stammt aus demselben Gewässer, während *Y. pappenheimi* (BOULENGER, 1914) aus dem Eduard- und Georg-See kommt. Die Körperform weist auf Freiwasserbewohner hin, die sich überwiegend von Zooplankton und Krebstieren *(Copepoda)* sowie Wasserflöhen *(Cladocera)* ernähren. Wahrscheinlich handelt es sich um maulbrütende Arten, die jedoch aquaristisch bisher nicht in Erscheinung getreten sind.

# Fachliteratur von Hans J. Mayland

**Große Aquarienpraxis I**

**Aquarium – Pflanzen – Fische**

296 Seiten, 154 Farbfotos, 32 Schwarzweiß-Fotos,
213 Zeichnungen, 2 farbige Gebietskarten,
Großformat 23,5 × 28 cm,
Kunstledereinband mit Schuber, DM 98,–

Band I der „Großen Aquarienpraxis" umfaßt die Kapitel Aquarientechnik – Einrichtung eines Aquariums – Pflanzen für Tropenaquarien, Heimataquarien und Gartenteiche – Unterhaltung eines Aquariums – Kaltwasserfische für das Heimataquarium oder den Gartenteich – Lebendgebärende Zahnkarpfen.

Band I soll die Grundlage für die eigene Fachbibliothek oder weitere Bände der „Großen Aquarienpraxis" sein.

**Große Aquarienpraxis II**

**Tropische Aquarienfische**

404 Seiten, 358 Farbfotos, 34 farbige Gebietskarten,
127 Schwarzweiß-Fotos, 202 Zeichnungen,
Großformat 23,5 × 28 cm,
Kunstledereinband mit Schuber, DM 112,–

In diesem Band werden alle tropischen Süßwasserfische behandelt, die für Aquarien interessant oder geeignet sind – mit Ausnahme der Lebendgebärenden Zahnkarpfen und Cichliden (siehe Bände I und III).

Auf viele Arten wird hingewiesen, deren Namen man in der bisher bekannten allgemeinen Sachbuch-Literatur nicht findet. Besonders die Welse werden in außergewöhnlicher Vielfalt besprochen. Verschiedene Biotop-Fotos runden das Bild der jeweiligen Fischgruppe ab.